U0590274

# 毛纺织染整手册

## （第3版）

## 上 册

中国毛纺织行业协会 编

中国纺织出版社

## 内 容 提 要

《毛纺织染整手册（第3版）》共十五篇，分上下两册。上册主要介绍毛纺织行业的原料、原毛准备、和毛给油、粗梳毛纺、毛条制造、精梳毛纺、产品设计、织造等，修订时针对毛纺行业目前使用的新材料、新工艺、新设备和新技术作了较多补充，是毛纺织行业的必备工具书。

本手册可供毛纺织行业技术人员、管理人员、营销人员以及纺织院校相关专业的师生阅读。

### 图书在版编目(CIP)数据

毛纺织染整手册. 上册/中国毛纺织行业协会编. ——3版.
——北京：中国纺织出版社，2018.8
ISBN 978-7-5180-5040-6

Ⅰ.①毛…　Ⅱ.①中…　Ⅲ.①毛纺织—染整—手册
Ⅳ.①TS190.643-62

中国版本图书馆CIP数据核字（2018）第100634号

策划编辑：孔会云　唐小兰　　责任编辑：孔会云
特约编辑：马　涟　符　芬　　责任校对：寇晨晨　　责任印制：何　建

中国纺织出版社出版发行
地址：北京市朝阳区百子湾东里A407号楼　邮政编码：100124
销售电话：010—67004422　传真：010—87155801
http://www.c-textilep.com
E-mail:faxing@c-textilep.com
中国纺织出版社天猫旗舰店
官方微博http://weibo.com/2119887771
北京华联印刷有限公司印刷　各地新华书店经销
1977年1月第1版　2018年8月第3版第1次印刷
开本：787×1092　1/16　印张：66.5
字数：1112千字　定价：498.00元

凡购本书，如有缺页、倒页、脱页，由本社图书营销中心调换

# 特别鸣谢

《毛纺织染整手册（第2版）》自1994年5月出版以来，已经超过20个年头。在此期间，我国的毛纺织工业得到了迅速的发展，毛纺织工业的生产规模、技术进步、管理水平和产品开发等方面都有了巨大的变化和改进，因此第2版的内容已经不能适应当前我国毛纺织工业的发展需求，《毛纺织染整手册（第2版）》亟需补充和修订。

在中国毛纺织行业协会的推动下，中国纺织出版社于2009年启动了《毛纺织染整手册（第3版）》的修订工作，本项目周期长、投入大、难度高，在编写过程中得到了毛纺织行业各生产企业、院校及专家的大力支持和帮助，特别是山东如意科技集团有限公司，不仅为本书的修订提供了技术支持，同时还为本书的出版提供了全额赞助，有力地推动了编写工作的进行，保证了本手册的修订工作顺利完成。

山东如意科技集团有限公司始终坚持实施"高端化、科技化、品牌化、国际化"的战略布局，综合竞争力居中国纺织服装企业竞争力500强第1位，企业拥有国家级工业设计中心、国家级企业技术中心、国家纺纱工程技术中心和博士后工作站等国家级创新科研平台，获得了数百项专利技术和创新成果。

山东如意科技集团有限公司在提升企业影响力的同时，不忘回报社会、回馈行业，积极提供经费支持本手册出版，体现出企业的责任担当意识和奉献精神，在此特别表示诚挚的感谢！

中国纺织出版社

2018年5月

# 第3版编写人员名单

**组织编写单位**　中国毛纺织行业协会

**总 负 责 人**　彭燕丽　邱亚夫

**主　　　　审**　姚　穆

**参加编写人员**（按姓氏笔画排序）

|  |  |  |  |  |
|---|---|---|---|---|
| 丁彩玲 | 丁雪芹 | 丁翠侠 | 于彩虹 | 马海涛 |
| 王春霞 | 王科林 | 王晓萍 | 井恩法 | 韦节彬 |
| 孔　健 | 石　庆 | 司守国 | 孙卫婴 | 孙占飞 |
| 李　航 | 李连锋 | 李春霞 | 李腊梅 | 杨爱国 |
| 张伟红 | 张后兵 | 张　志 | 张克强 | 张栓良 |
| 张晓玲 | 陈　青 | 陈　超 | 陈继申 | 陈继红 |
| 邵　蕾 | 罗　涛 | 金　光 | 赵　辉 | 胡素娟 |
| 祝亚丽 | 商显芹 |  |  |  |

**审稿人员**（按姓氏笔画排序）

|  |  |  |  |  |
|---|---|---|---|---|
| 于松茂 | 王　维 | 毛松丽 | 付建平 | 朱　洁 |
| 朱华君 | 刘　丹 | 刘　永 | 牟水法 | 李茹珍 |
| 杨桂芬 | 杨海军 | 吴砚文 | 邱晓忠 | 张书勤 |
| 张　红 | 张秀英 | 张金莲 | 张建民 | 张晓芳 |
| 张　锋 | 陈铁勇 | 林东辉 | 金凤珊 | 周卫忠 |
| 周仲银 | 周银良 | 赵俊杰 | 赵燕淑 | 索来贵 |
| 高滇东 | 黄小良 | 黄建刚 | 黄冠红 | 曹秀明 |
| 蒋农展 | 程彩霞 | 谭新丰 |  |  |

# 第1版编写人员名单

**组织编写单位** 上海市毛麻纺织工业公司

**总 负 责 人** 倪云凌

**主　　　编** 吴永恒　魏春身　席循良

**参加编写人员**（以姓氏笔画为序）

王左夫　印伯芳　刘曾贤　许　璟　吴永恒

邬　熊　陈桂棣　陈祖祺　汪均炳　李　存

金贵臻　周志炎　周　均　张学范　张祖熙

施炳权　顾嗣芬　项　恒　倪云凌　徐璧城

席循良　梁昌镐　钱彬衡　黄郁炎　盛　蔚

彭汉恩　董家铮　蔡式才　黎　斌　瞿炳晋

魏春身

**绘 图 人 员** 王芝君　宋秀凤

# 第2版编写人员名单

组织编写单位　上海市毛麻纺织工业公司

总 负 责 人　倪云凌

主　　　编　吴永恒　魏春身　席循良

　　　　　　钱彬衡

参加编写人员（以姓氏笔画为序）

王左夫　王遹葵　方雪娟　刘曾贤　朱柏年

孙鸿举　许　璟　邬　熊　吴永恒　陈桂棣

应乐舜　汪　达　林　萃　林璧珍　张学范

张扶耕　项　恒　徐文淑　徐璧城　姜新泉

倪云凌　席循良　钱彬衡　曹宪华　傅鸿芝

董家铮　瞿炳晋　瞿汝福　魏春身

绘 图 人 员　王芝君　尹愈隽　傅鸿芝

# 第3版前言

经过多年努力，《毛纺织染整手册（第3版）》即将面世。《毛纺织染整手册》自1977年出版发行以来，在1991年经过第2次修订，一直以来受到广大读者和生产企业的普遍欢迎，先后多次重印，累计印数近15万册。实践证明，《毛纺织染整手册》是从事毛纺行业相关工作的人士学习、工作不可多得的工具书。

《毛纺织染整手册（第2版）》出版至今已过去二十多年，随着改革开放的不断深化，我国毛纺织工业得到了跨世纪发展，毛纺织行业发生了根本性的改变。在市场配置资源的作用下，产业布局进退有序，形成了以东部地区毛纺产能高度集聚、西部地区加工山羊绒等特种动物纤维为特色的产业新格局，而且新企业不断进入行业，龙头骨干企业示范带动作用突出。毛纺织行业整体技术装备和企业管理水平全面提升，新材料、新工艺、新技术层出不穷，产品丰富多彩，质量稳步提升。我国已经成为全球最大的毛纺织原料进口、加工和产品消费国家。同期，纺织品国际贸易的自由化，给我国毛纺织产品的出口带来了新的市场机遇，同时也面临着生态安全等技术壁垒的挑战。为了使行业适应新时期高质量、可持续发展的新形势，更好地服务行业，按照中国纺织出版社的要求，我们在山东如意科技集团有限公司的合作支持下，组织专家对《毛纺织染整手册（第2版）》进行了全面的修订和补充。

《毛纺织染整手册（第3版）》在第1版、第2版的基础上，突出体现近年来毛纺织行业发展的平均水平，重点介绍行业中广泛使用的技术装备和成熟的工艺技术，并适当关注行业先进技术及发展趋势。第3版对从毛纺原料、加工到后整理的内容进行了比较全面的梳理调整，编入了相对较新的设备及改进工艺。在工艺特征、应用范围、最终产品特征等方面增加了较多新内容，尤其是新增了"山羊绒及其制品加工"和"半精梳毛纺"两篇内容，成为这次修订的最大亮点。

因为本次修订距第2版修订的时间间隔较长，参加第1版和第2版编写的专家年事已高，我们只能重新组织编写队伍。这次修订工作得到了山东如意科技集团有限公司的鼎力支持，不但出资支持手册的编写出版，而且还组织集团的工程技术人员参加第五篇、第六篇、第七篇、第八篇、第九篇、第十篇、第十二篇、第十三篇的编写，体现了企业的责任担当意识和奉献精神。还有全国很多企业的工程技术人员也参加了本次手册的修订和审稿。姚穆院士担任主审，亲自出席审稿会议，给予修订工作指导性意见和建议。在此，我们特向姚穆院士、邱亚夫董事局主席，以及参加本次修订和审稿的同志们表示衷心的感谢，向参与编写发行《毛纺织染整手册》第1版、第2版的前辈和幕后工作者致敬！

中国毛纺织行业协会

2018年5月

# 第1版前言

全国解放以来，我国毛纺织工业有了很大的发展。绝大多数省、市、自治区都建立了崭新的毛纺织工业企业。我国用成套的性能优良的国产设备，生产各种毛纺织产品，品种质量和科学技术水平都有了很大提高。我国的羊种改良工作也取得了显著进展。羊绒、兔毛、驼毛、牦牛绒等特种动物纤维的利用，化学纤维工业的蓬勃兴起，为毛纺织工业提供了新的原料。随着社会主义革命和社会主义建设事业的日益发展和人民生活水平的不断提高，我国毛纺织工业具有广阔的前景。

为了适应广大毛纺织工业的工人、干部、技术人员、科研人员和院校师生的工作和学习的需要，我们根据纺织工业部指示，在上海市纺织工业局的领导下，编写成这本手册，以供查阅和参考之用。

我国广大毛纺织工人、干部和技术人员在生产和科学研究中创造了丰富的经验，有力地推动了生产的发展和技术水平的提高。本书围绕毛纺织生产工艺、质量、品种等方面，力求比较全面地汇集这些经验，并以表格和数据的形式反映出来。除毛针织、工业用呢和制毡外，本书编入了原料到成品的各个生产工序的常用工艺参数、工艺处方、计算公式、换算表格、各种主要生产设备的技术特征和主要规格，产品疵点的成因和防止方法，以及成品、半制品的质量要求等。此外，对较成熟的新工艺、新技术、新设备也作了简要介绍。

本手册的编写工作得到了上海各毛纺织厂、华东纺织工学院、上海纺织科学研究院、上海纺织设计院及全国各纺织机械厂的大力支持和帮助，特别是各兄弟地区的轻工局、纺织局、有关工业公司、院校及毛纺织厂会同审稿，并提供了大量资料和修改意见，特此致谢。

上海市毛麻纺织工业公司

1977年1月

# 第2版前言

《毛纺织染整手册》自1977年出版以来已超过十个年头。在此期间，我国实行改革开放政策，毛纺织工业得到了迅速的发展。许多省市自治区新建了一大批毛纺织厂，全国总的设备能力翻了两番多，毛纺锭达到250多万枚。在这种形势下，《手册》受到广大读者和生产建设单位的普遍欢迎，先后多次重印，累计印量达35000套。当前，我国毛纺织工业已进入一个新时期，面临新形势。一方面，市场经济的竞争作用日益突出，产品的品种、质量和效益已成为企业经营管理的重点，企业将更加重视技术改造和技术进步的作用。另一方面，企业引进设备、引进技术、引进资金，与国外合资办厂、合作经营愈来愈多，一批具有先进水平的三资企业已经建立，与海外的技术交流日益频繁。为适应这一新的变化形势，更好地为毛纺织工业的新任务服务，按照纺织工业出版社的要求，我们对《毛纺织染整手册》进行了全面的修订和充实。

这次修订和充实的内容，包括国内外毛纺织染整新设备、新工艺，以及外国羊毛的原料资源、羊毛品质与羊毛分类分等情况。由于毛纺织工业的原料与产品种类较多，原料加工和纺织染整及测试技术也比较复杂，本版在这方面也作了较多的修改。

这次修订工作得到全国很多单位工程技术人员和读者的支持，他们为修订和审稿创造了有利条件，我们特向有关单位、工程技术人员、读者以及参加审稿的同志表示衷心的感谢。上海毛麻行业基层工作处、上海毛麻纺织联合公司和上海毛麻纺织科学技术研究所是手册修订的实际倡导者和组织者，为与第一版保持一致，编写单位仍保留上海市毛麻纺织工业公司的名称。

上海市毛麻纺织工业公司

1991年1月

# 目　　录

## 第一篇　原料

# 第三篇　和毛给油

# 第四篇　粗梳毛纺

## 第五篇　毛条制造

# 第六篇　精梳毛纺

# 第七篇　产品设计

# 第八篇　织造

# 第一篇　原料

# 第一章　绵羊毛

绵羊毛是纺织工业的重要原料之一，它具有许多优良特性，如弹性好、吸湿性强、保暖性好、不易沾污、光泽柔和。这些性能使毛纺织物高档华贵，具有各种独特风格。

## 第一节　绵羊的生长过程及绵羊毛的发生与发育

### 一、绵羊的生长过程

绵羊的生长过程一般可分为四个时期：怀胎期、哺乳期、性成熟期、壮年期。

### （一）怀胎期

绵羊的怀胎期即从开始受孕到分娩这一时期，一般约为150天。但妊娠期的长短因品种而异，如早熟肉毛兼用品种为145天左右，美利奴羊约155天，林肯羊约153天，玛拉雅地区的土种羊约160天。在怀胎期时，胎儿要吸收较多的营养，这会影响到母羊羊毛的生长，尤其在冬天怀孕，因饲料不足，母羊易产生弱节毛。母羊怀孕后期的营养好坏，关系到胎儿的发育及皮肤毛囊密度。因此，应特别重视母羊孕期的营养补充。

### （二）哺乳期

绵羊的哺乳期一般为4个月，每天哺乳3~4次。与怀胎期相同，哺乳期母羊营养的好坏直接影响到产乳量，对羔羊的成活与发育有很大的关系。尤其是两个月以内的羔羊，生长发育所需的营养主要是从母乳中获得的。因此在怀孕后期和哺乳前期的母羊，除补喂粗饲料外，还应补喂精饲料。这关系到羔羊的生长和母羊的产毛量与羊毛品质。

### （三）性成熟期

绵羊的性成熟期一般为7~8个月龄后，公羔羊比母羔羊早一些。这时，绵羊的性器官完全发育，在性腺中开始形成性细胞和性激素。绵羊在达到性成熟期后，会出现周期性发情。发情14~19天为一周期，每次持续24~30h（小时）。发情后12h配种或输精较为适宜。不在发情期内，母羊既不接受交配，也不受孕。从交配到卵子受精需2~6h。虽然公羊、母羊进入性成熟期后，都具备了繁殖能力，但还不能配种。因为，这时有机体的生长发育还没有完成，母羊配种过早，除影响本身的生长发育外，对胎儿的生长发育和以后的健康都会产生不良影响，并容易引起难产。公羊睾丸早期的强烈活动容易引起性机能的过早衰退。所以公羊、母羊都要在身体完全发育成熟后，才能开始配种繁殖。绵羊的初配年龄一般以1.5岁左右较为适宜，若饲养条件好、体重大、发育好，可适当提前。如巩乃斯种羊场对一些母羊8月龄时配种，产后再找保姆带羔，对母羊发育并不受到多大影响。

**（四）壮年期**

绵羊壮年期一般为3~5岁，这时，绵羊生机旺盛，配种繁殖时机最好，其毛、肉、乳产量较高。母羊一般满6岁后即结束了最盛期，此后母羊体力才逐渐减退。到六七岁时受孕能力和产毛量都降低，羊毛的品质和套毛的封闭性下降，羊毛卷曲也逐渐变得不明显，成为直线，手感变硬，经济价值降低。另外，公羊和母羊交配，一只公羊能配得上40~50只母羊，因此，在国外除必要的公羊以外，全部阉割去势，在生长10个月内全部作肉用宰杀掉，种公羊也是五年内为最盛期，六七岁后由年轻的羊代替，即使是特别高价的良种公羊，也至多饲养十年。绵羊在良好的环境中最长可活到20岁左右。

**二、绵羊毛的发生与发育**

**（一）绵羊毛的发生**

羊毛纤维的发生始于羔羊胚胎时期，从毛纤维原始的产生，到形成一套能够不断生长毛纤维的完整结构，是和胎羔的皮肤组织同时发育的。

羔羊胚胎发育到50~70天时，在皮肤生发层与乳头层之间将要生长毛纤维的地方，出现一些特殊的细胞集团，叫毛囊原始体。它在血液的营养下生成毛囊，毛囊内的毛球细胞不断分裂形成三角形圆锥，并逐渐向上长出，穿出表皮，出现于皮肤表面，这就是毛纤维。

**（二）绵羊毛的发育和毛囊群**

羊毛的发生和发育在胚胎期的皮肤内，不是同时和全面开始的。有研究资料指出：不同类型的毛囊和羊体不同部位的发生和发育，在时间上是有一定顺序的。不仅是初级毛囊（导向毛）先于次级毛囊（簇生毛），而且羊体前躯先于后躯。不同品种的绵羊毛毛囊密度见表1-1-1。

据研究，美利奴羊的毛囊原始体于胚胎50多日龄时，首先出现在胎羔额部，以后呈波浪状逐渐向后扩展到全身。这些初级毛囊原始体，在胚胎期都能发育成毛纤维。

表1-1-1　不同品种的绵羊毛囊密度

| 品　种 | 取样只数 | 被毛类型 | 绵羊年龄（日） | 初级毛囊+次级毛囊（个/mm²） |
|---|---|---|---|---|
| 澳洲美利奴羊（细毛型） | 148 | 美利奴型70~90支 | 10~15 | 71.7±13.2 |
| 澳洲美利奴羊（中毛型） | 145 | 美利奴型60~64支 | 12~20 | 64.4±13.9 |
| 澳洲美利奴羊（强毛型） | 63 | 美利奴型58~60支 | 12~15 | 57.1±10.7 |
| 波尔华斯羊 | 63 | 杂交型品种58~64支 | 14~15 | 50.2±9.7 |
| 考力代羊 | 63 | 杂交型品种50~56支 | 7~12 | 28.7±5.9 |

续表

| 品　　种 | 取样只数 | 被毛类型 | 绵羊年龄（日） | 初级毛囊+次级毛囊（个/mm²） |
|---|---|---|---|---|
| 南丘羊 | 21 | 丘陵型56~60支 | 11~12 | 27.8±4.5 |
| 罗姆尼羊 | 21 | 长毛型48~50支 | 11~12 | 22.0±3.8 |
| 边区莱斯特羊 | 21 | 长毛型46~48支 | 11~12 | 15.8±2.2 |
| 林肯羊 | 21 | 长毛型36~44支 | 10~11 | 14.6±1.8 |
| 地毯型兰德瑞斯羊 | 25 | 地毯毛型 | 16~17 | 12.8±2.6 |

### （三）绵羊毛的脱换

绵羊毛的脱换是由于毛球与毛乳头的营养联系中断，致使毛球细胞增殖过程减弱，毛根变形，毛纤维在毛鞘内处于分离状态，而最终脱落出来。与此同时，在旧毛纤维脱落以前，其下面的毛球又重新得到营养物质，重新增殖形成新的毛纤维。

羊毛的脱换有四种形式：

**1. 周期性脱毛**

它表现为羊毛的季节性脱换，又称为季节性脱毛。

**2. 年龄性脱毛**

年龄脱毛与季节无关。而是羔毛生长到一定时间羊毛的脱换。主要指细羊毛的品种羔羊。细毛羔羊在胚胎期，由初级毛囊长出的较粗纤维（犬毛），出生后至4月龄左右脱换。

**3. 连续性脱毛**

这是一种不定期性脱毛，能够在全年各个季节内进行，这种脱毛主要决定于毛球的生理状态，如衰老、毛球角质化及毛的正常营养供应受阻等，试验证明，细毛羊6岁以后，由于毛球细胞的衰老，经常发生局部性连续性脱毛。

**4. 病理性脱毛**

羊只患病后，因新陈代谢发生障碍以及皮肤营养遭到破坏而引起的脱毛，严重时会发生羊体局部或整体皮肤裸露。

# 第二节　绵羊毛的分类

我国绵羊毛的种类繁多，为了指导牧业生产，便于商业交接和工业利用，根据产区羊种特点和羊毛的品质特征，通常将绵羊毛分类列为几种。

## 一、绵羊毛按不同的纤维类型含量的分类

### （一）同质毛

被毛除边后各毛丛都由一种类型纤维组成。原则上不应有腔毛。即使偶有粗腔毛，其含量应在羊毛条标准的允许范围以内或0.5%以下。

1. **超细毛**

平均细度19μm以下，品质支数80支及80支以上。

2. **细毛**

平均细度25μm以下，品质支数60支及60支以上。

3. **半细毛**

平均细度25~34μm以下，品质支数48~58支。

4. **粗长毛**

品质支数48支以下，毛丛长度10cm以上，光泽特别好。

## （二）异质毛

被毛中各毛丛含有多种类型的纤维，含粗腔毛率超过同质毛标准。

1. **改良毛**

改良毛是指正在进行改良培育而尚未达到理想要求的绵羊所产的毛。

（1）改良细毛：其中低代的接近土种毛，高代的接近细毛。

（2）改良半细毛：其中低代的接近土种毛，高代的接近半细毛。

2. **土种毛**

是指未经改良的原始品种绵羊所产的羊毛，如蒙古毛、西藏毛、哈萨克毛等。

（1）粗毛：被毛毛丛大多带有明显的毛辫。毛丛由毛辫和底绒两部分组成。被毛含有大量40μm以上的粗毛，有的还含有相当数量52.5μm以上的粗毛、腔毛、死毛等疵毛。底绒的细度则和半细毛或细毛相似。我国大多数土种毛都是粗毛。

（2）土种半细毛、土种细毛：其被毛已接近半细毛或细毛。如寒羊毛、同羊毛等。

（3）优质土种毛：是指经国家有关部门确定不进行改良，保留的优良地方品种所产的羊毛。如西宁毛、和田毛、锦州毛等，这些品种的羊毛是织造长毛绒、地毯和提花毛毯等比较理想的原料。

## 二、绵羊毛按剪毛季节分类

1. **春毛**

春季剪取的羊毛。我国北方只有土种羊每年春秋两次剪毛，对这种羊来说，春季剪的毛称为春毛。土种羊的春毛，底绒多，毛质较好。同质毛羊仅在春季剪毛，细毛羊、半细毛羊都生长12个月才剪毛，但不称为春毛。

2. **秋毛**

北方牧区土种羊和南方农区养羊有两次剪毛的习惯，秋毛在羊身上只生长4~5个月，毛较短，毛丛中绒毛少、松散，质量较差。

## 三、绵羊毛按毛纺产品用料的分类

1. **精梳用毛**

用于生产精梳毛纺产品的羊毛。要求同质，纤维细而长，卷曲整齐，物理性能好。

2. 半精纺用毛

用于生产毛针织产品的羊毛，要求同质，纤维细但偏短，卷曲整齐，物理性能好。

3. 粗梳用毛

用于生产粗梳毛纺产品的羊毛，如呢绒、毛毯等。粗纺产品种类较多，用料要求各尽所用，从优到次。

4. 地毯用毛

羊毛粗有刚性，蓬膨、强度好、色泽光亮、品质均匀。

5. 毛毡用毛

短而粗的异质羊毛，可以制毡。高档工业用毡则需细而长的毛纤维。

6. 填充物用毛

分为用于生产羊毛被和玩具等的羊毛。生产羊毛被的羊毛细、膨松、柔软、透气性强。玩具填充物可以用杂毛或回用毛。

## 四、绵羊毛按纤维的粗细分类

1. 同质毛的毛纤维

（1）细绒毛[1]：细度在30.0μm以下。

（2）粗绒毛：细度在30.1～52.5μm。

（3）细刚毛[2]：细度在52.6～75.0μm。

（4）粗刚毛：细度在75.0μm以上。

2. 异质毛的毛纤维

（1）细毛：细度在40.0μm以下。

（2）粗毛[3]：细度在40.1μm以上。

（3）死毛：不计细度，具有铅丝状弯曲，颜色骨白，拉力特弱。死毛也属于粗腔毛。

## 第三节　绵羊毛纤维的形态、组织结构和被毛的夹杂物

### 一、绵羊毛纤维的外观形态

绵羊毛纤维的外观形态是羊毛品质面貌的综合反映。包括被毛、套毛、毛丛、油汗、色泽、净毛率以及毛纤维类型等。

1. 被毛、套毛和片毛

（1）被毛：指生长在绵羊身上的整体羊毛，在养羊业称为被毛，因羊毛生长紧密程度不一样，分为闭合型和开放型两类被毛。

---

[1] 绒毛又称真毛。
[2] 刚毛又称发毛，属于粗腔毛。
[3] 在纤维类型分析时，如有长度不到1cm的短碎毛，则抛弃不计。凡粗细不匀的单根纤维，如其粗的部分超过40μm，其长度占原纤维长度1/3及以上时，则按粗毛处理，不足1/3则仍作细毛处理。

（2）套毛：指羊毛从羊体上剪下后仍相互紧密地联结在一起成为完整的被毛，在羊毛流通领域中统称为套毛。

（3）片毛：当绵羊身上生长羊毛稀疏，毛丛结构不好，剪下来的套毛不能连在一起，呈大小不等散片状的羊毛，统称为片毛，但片毛应不小于巴掌大小（约20cm²），比片毛更碎散的羊毛称为碎毛。

**2. 毛丛的形态**

在绵羊皮肤上毛囊生长羊毛是成群生长，呈簇状密集在一起。在每一小簇中，有一根直径较粗、毛囊较深的导向毛，同群毛囊生长的毛纤维具有同样的卷曲波形、相互紧密围绕着导向毛，又有油脂粘连形成毛束，它是形成毛丛的基础。毛束在细羊毛中较明显，粗羊毛很少形成毛束。由若干个毛束紧密结合在一起便形成了毛丛，它是组成被毛或套毛的基础，亦是我们鉴别羊毛品质时所扦取最小的羊毛群体，是羊毛品质好坏的重要标志。毛丛形态分为毛嘴状毛丛和毛辫状毛丛，如图1-1-1、图1-1-2所示。

图1-1-1　毛嘴状毛丛图像

图1-1-2　毛辫状毛丛图像

**二、绵羊毛纤维的组织结构**

羊毛是由许多角蛋白细胞凝集构成。毛纤维细长，实心，接近圆柱形。外层覆盖着鳞片，内层是皮质层的细胞。纤维的中心有时有髓腔。鳞片是片状的细胞，形似鱼鳞。各种羊毛的鳞片大小相差不多，细羊毛每毫米有65~80层鳞片，粗羊毛只有45~60层。因而细羊毛的鳞片的重叠较长。皮质层由扁的锭状细胞排列而成，如图1-1-3、图1-1-4所示。在有卷曲的毛纤维中，皮质层由正皮质细胞与偏皮质细胞组成。正皮质细胞在卷曲波的外侧，与偏皮质细胞两者随着卷曲波而互相交捻。

髓腔由具有网状空洞、结构疏松的薄膜细胞组成，脆而易断。

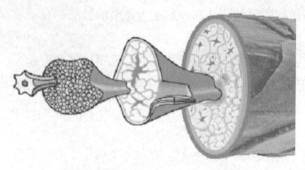 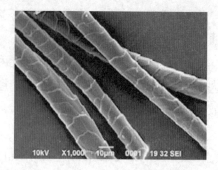

图1-1-3　羊毛纤维的组织结构图　　　　图1-1-4　美利奴羊毛纤维在显微镜下的图片

### 三、被毛的夹杂物

#### 1. 生活环境的夹杂物

主要有水、泥沙、植物性杂质以及其他如药剂、涂料、寄生虫等。

#### 2. 生理夹杂物

主要有羊毛脂（蜡）、汗、粪、尿、皮屑等。细毛的汗约占5%～10%。

羊毛脂又称为羊毛蜡，它是高级脂肪酸的高级一元醇酯。羊毛脂的组分复杂，是数千个化合物的混合物。它主要是甾醇、脂肪醇与高级脂肪酸形成的酯，还有少量游离态的脂肪酸、脂肪醇、甾醇及烃等物质。近年来，羊毛脂的化学分析已达到半定量的程度。

## 第四节　绵羊毛纤维的化学性质

### 一、绵羊毛纤维的化学组成

羊毛纤维的化学组成，主要是角朊。角朊是由多种$\alpha$-氨基酸缩合而成的链状大分子。$\alpha$-氨基酸的通式是：

$$H_2N-\underset{R}{\overset{H}{C}}-COOH$$

缩合$\alpha$-氨基酸大分子基本形式是：

$$\cdots-N-\overset{H}{\underset{R_1}{C}}-\overset{H}{\underset{O}{C}}-N-\overset{H}{\underset{H}{C}}-\overset{R_2}{\underset{H}{C}}-\overset{O}{\underset{H}{C}}-N-\overset{H}{\underset{R_3}{C}}-\cdots$$

羊毛分子结构的特点是：$\alpha$-氨基酸缩合而成的长链间还有以下三种交联而使大分子具有网状结构。

1. 二硫键

2. 盐式键

3. 氢键

## 二、绵羊毛化学元素大致含量

几种绵羊毛的化学元素含量见表1-1-2。

表1-1-2 几种绵羊毛的化学元素含量

| 化学元素含量（%） | 美利奴羊毛 | 爱尔兰羊毛 | 林肯羊毛 |
|---|---|---|---|
| 碳 | 49.83 | 49.8 | 52 |
| 氧 | 8.79 | 7.2 | 6.9 |
| 氮 | 21.1 | 19.9 | 20.4 |
| 氢 | 16.54 | 19.1 | 18 |
| 硫 | 3.58 | 3 | 2.5 |
| 灰分（金属氧化物） | 0.16 | 1（损失量） | 0.2（损失量） |

## 三、水对绵羊毛的影响

羊毛纤维在水中膨胀时具有各向异性（在纤维的各个方向上不同）。在冷水中有微量可溶性物质被溶解，但羊毛角蛋白是一种硬化而不易溶解的蛋白质。在常温下，水不能溶解羊毛，但高温下，水可以使羊毛裂解。例如将羊毛放在蒸馏水中，煮沸2h，羊毛将失重0.25%；毛织物在水中煮沸12h，强度降低29%。各种温度的水对羊毛的影响不一样。在80~110℃时煮羊毛，羊毛将发生显著的变化；在121℃有压力的水中，羊毛即发生分解。因此，在羊毛染色时，对水浴的温度、压力和时间必须严格控制。

羊毛在热水中进行处理后，再以冷水冷却，可以增加羊毛的可塑性，在毛纺厂整理中称为热定形。同时羊毛在热水中处理，可以增加羊毛对染料的亲和力，但在毛织物染色中，升温不能过快，否则会造成染色不匀。

## 四、酸对绵羊毛的影响

羊毛是一种比较耐酸的纤维。羊毛如浸泡在10%的硫酸溶液中（酸相当羊毛重量的1%），羊毛的强度不仅不损伤，反而会增加，在浓度达80%的硫酸溶液中短时间处理，不加热，羊毛的强度几乎不受损害，硫酸对羊毛产生的损害主要取决于处理时间和温度。采用酸性染料染色时，每100kg羊毛放入3%的硫酸，经过高温煮沸，并不发生明显的影响。

羊毛经稀硫酸处理后，并经100℃烘干。也不会有太明显的影响，但经处理的羊毛中植物质则全部炭化。所以在毛纺工业上可采用这种方法去除羊毛中所含的植物性杂质。

有机酸对羊毛的作用较无机酸弱。如醋酸和蚁酸是羊毛染色过程的主要化工助剂。它们对羊毛作用温和，醋酸又因价格便宜所以被广泛采用，且醋酸对羊毛损伤较硫酸更微。

总之，羊毛经硫酸、蚁酸、醋酸处理后，重量变化不大。但高温、高浓度的强酸对羊毛的角朊有破坏作用。pH值在4以下就有较显著的破坏作用。不同品种的羊毛与酸的反应有所不同。

## 五、碱对绵羊毛的影响

### 1. 碳酸钠（纯碱）对羊毛的影响

羊毛经碳酸钠处理后重量变化不显著，但强力有所下降。不同品种羊毛与碳酸钠的反应也有所不同。碱对羊毛的影响远超过酸。在毛纺工业中对原毛洗净、毛条复洗和染色前洗呢工程，都要采用洗剂与配有适量的碱。一般用碳酸钠（$Na_2CO_3$）有助于洗去羊毛脂和油污，但不能用氢氧化钠，因氢氧化钠对羊毛损害强烈。同时，碱液对羊毛的破坏作用还取决于碱液的浓度、温度和时间。

### 2. 氢氧化钠对羊毛的影响

氢氧化钠和氢氧化钾在任何情况下，对羊毛都有损害，所以不能用作洗涤剂。将羊毛放在5%的氢氧化钠溶液中，煮沸5分钟，羊毛即全部溶解，因此可用来鉴别混纺纱和混纺织物的定性定量分析。

羊毛对碱的反应是很敏感的，很容易被碱溶解。这是羊毛的重要化学性质。其原因主要是羊毛中胱氨酸的二硫键被破坏，断裂形成新键。因此，掌握羊毛与碱的反应特性，对纤维加工是极为重要的。

## 六、氧化剂对绵羊毛的影响

羊毛对氧化剂的反应亦是非常敏感的，如过氧化氢，高锰酸钾及重铬酸钠等溶液对羊毛都有影响，但损害的程度一般都取决于温度、浓度和时间。

## 七、还原剂对绵羊毛的影响

还原剂对羊毛的破坏较小，在酸性条件下破坏更小。某些含硫的还原剂还具有漂白作用，但漂白后羊毛仍然泛黄。亚硫酸氢钠等可使羊毛膨胀，二硫键受到破坏，生成硫醇。

## 八、盐类对绵羊毛影响

盐类如食盐、元明粉、氯化钾等对羊毛无影响，因为羊毛对这些溶液难于吸收。所以染色时采用元明粉作为缓染剂，洗毛时作为助洗剂。

# 第五节　绵羊毛纤维的物理性能

## 一、绵羊毛的细度

绵羊毛毛纤维截面近似圆形，通常用直径大小来表示它的粗细，称为细度，单位为微米（μm）。另外，还有其他指标来表示。细度是确定绵羊毛品质和使用价值的重要指标。

羊毛的细度，随着绵羊的品种，年龄、性别、毛的生长部位和饲养条件的不同，有相当大的差别。在同一只羊身上毛纤维的细度也不一样，如绵羊的肩部、体侧、颈部、背部的毛较细，前颈、前腿、臀部和腹部的毛较粗，喉部、腿下部、尾部的毛最粗。羊毛细度变化很大，最细的绒毛直径约7μm，最粗的直径可以达240μm。羊毛越粗，它的细度变化范围也越大。羊毛越细，细度越均匀；羊毛越粗，细度越不均匀。

### 1. 细度的表示方法

羊毛的细度指标主要有品质支数、平均直径、线密度（tex），向国际标准过渡时，细度指标还可用旦尼尔（旦）、公制支数表示。

（1）品质支数：同质毛按平均直径分支。同质毛又称支数毛。同质毛的品质支数和毛纤维直径的关系见表1-1-3。

随着超细绵羊毛产量的增加，2002年9月1日国际毛纺织组织在蓝皮书中对超细绵羊毛建议了品质支数（表1-1-4）。

表1-1-3　同质毛品质支数与直径的关系

| 品质支数 | 平均直径（μm） | 品质支数 | 平均直径（μm） |
|---|---|---|---|
| 70 | 19.6 ~ 20.5 | 56 | 27.1 ~ 29.0 |
| 66 | 20.1 ~ 21.5 | 50 | 29.1 ~ 31.0 |
| 64 | 21.6 ~ 23.0 | 48 | 31.1 ~ 34.0 |
| 60 | 23.1 ~ 25.0 | 46 | 34.1 ~ 37.0 |
| 58 | 25.1 ~ 27.0 | 44 | 37.1 ~ 40.0 |

表1-1-4　绵羊毛和超细绵羊毛平均直径与品质支数的换算表（现行）

| 毛纤维平均直径（μm） | 国际毛纺织组织2002年9月1日蓝皮书建议的品质支数 | 毛纤维平均直径（μm） | 国际毛纺织组织2002年9月1日蓝皮书建议的品质支数 |
|---|---|---|---|
| 19.6 ~ 20.5 | 70 | 14.6 ~ 15.0 | 170 |
| 19.1 ~ 19.5 | 80 | 14.1 ~ 14.5 | 180 |
| 18.6 ~ 19.0 | 90 | 13.6 ~ 14.0 | 190 |
| 18.1 ~ 18.5 | 100 | 13.1 ~ 13.5 | 200 |
| 17.6 ~ 18.0 | 110 | 12.6 ~ 13.0 | 210 |
| 17.1 ~ 17.5 | 120 | 12.1 ~ 12.5 | 220 |
| 16.6 ~ 17.0 | 130 | 11.6 ~ 12.0 | 230 |
| 16.1 ~ 16.5 | 140 | 11.1 ~ 11.5 | 240 |
| 15.6 ~ 16.0 | 150 | 10.6 ~ 11.0 | 250 |
| 15.1 ~ 15.5 | 160 | | |

　　2008年国际毛纺织组织（IWTO）在蓝皮书中进一步明确了细羊毛的定义：羊毛纤维直径19.5 ~ 22.0μm为细支羊毛，22.5 ~ 25.0μm为中细支羊毛。

　　2009年IWTO蓝皮书在附录2：纤维标识规则，对超细/极度细羊毛织物和羊毛混纺织物的标识进行了规范。关于"SUPER S"和"S"标识见表1-1-5、表1-1-6。确定了"SUPER"（例如SUPER 100'S）只能标识纯新羊毛织物。"SUPER S"标识必须符合表1-1-5中的平均纤维细度最大值。在标识混纺羊毛织物时，不能用"SUPER"字样。"S"可标识羊毛含量不低于45%的织物。

表1-1-5　纯新羊毛织物纤维标识对应表

| "SUPER S" | 平均纤维细度最大值（μm） | "SUPER S" | 平均纤维细度最大值（μm） |
|---|---|---|---|
| SUPER 80'S | 19.75 | SUPER 140'S | 16.75 |
| SUPER 90'S | 19.25 | SUPER 150'S | 16.25 |
| SUPER 100'S | 18.75 | SUPER 160'S | 15.75 |
| SUPER 110'S | 18.25 | SUPER 170'S | 15.25 |
| SUPER 120'S | 17.75 | SUPER 180'S | 14.75 |
| SUPER 130'S | 17.25 | SUPER 190'S | 14.25 |

续表

| "SUPER S" | 平均纤维细度最大值（μm） | "SUPER S" | 平均纤维细度最大值（μm） |
|---|---|---|---|
| SUPER 200'S | 13.75 | SUPER 230'S | 12.25 |
| SUPER 210'S | 13.25 | SUPER 240'S | 11.75 |
| SUPER 220'S | 12.75 | SUPER 250'S | 11.25 |

注 1. "SUPER S"也可标识羊毛与稀有纤维的混纺织物（如马海毛、山羊绒和羊驼毛）以及羊毛和丝混纺的织物。

2. 允许添加弹性纤维以增加织物弹性，允许不超过5%的非毛装饰用纤维。

3. 测试纤维平均直径的方法为IWTO-8（显微镜投影法）。

表1-1-6 羊毛混纺织物纤维标识对应表

| "SUPER S" | 平均纤维细度最大值（μm） | "SUPER S" | 平均纤维细度最大值（μm） |
|---|---|---|---|
| 80'S | 19.75 | 170'S | 15.25 |
| 90'S | 19.25 | 180'S | 14.75 |
| 100'S | 18.75 | 190'S | 14.25 |
| 110'S | 18.25 | 200'S | 13.75 |
| 120'S | 17.75 | 210'S | 13.25 |
| 130'S | 17.25 | 220'S | 12.75 |
| 140'S | 16.75 | 230'S | 12.25 |
| 150'S | 16.25 | 240'S | 11.75 |
| 160'S | 15.75 | 250'S | 11.25 |

注 1. 测试纤维平均直径的测试方法有IWTO-8（显微镜投影法）。

2. 操作：该规则的操作程序已经收录在国际毛纺组织的白皮书中。

（2）平均直径：羊毛细度常以直径表示，由于羊毛粗细不匀，一般测量根数较多，同质毛测量300根，异质毛测400根，仲裁试验时测500根，计算时按分组进行。

（3）公制支数：它的定义是单位重量的毛纤维所具有的长度（m/g），它为定重制。

（4）旦尼尔：以9000米长度毛纤维的重量克数表示。

（5）特克斯（tex）：简称特，是计量纱线或纤维粗细的国际通用单位。以1000m长度的纱线或纤维重量克数表示，即1000m长纱线或纤维重1g为1tex。与旦尼尔一样均为定长制，所不同的是采用定长长度单位不同而已。它已定为我国纱线或纤维的法定计量单位，逐步取代了公制、英制及旦等细度表示单位。

2. **细度与其他物理性能的关系**

（1）细度和长度的关系：在一般情况下，同品种同类型之间的羊毛细度和长度呈负相关，即羊毛越细长度越短；越粗则越长。但这并不是严格的规律，近代育成的一些细毛羊品种已有既细又长的毛纤维，能使两个品质性状结合得更好。

（2）细度和强度的关系：羊毛的强力取决于羊毛的细度，也就是越粗的羊毛强力越大。但在有髓毛中髓质层越大，羊毛强力越小。这种相比只对同类型正常的羊毛纤维而言，因而不同类型或不同粗细的羊毛纤维，若采用断裂长度或相对强度进行比较，这就排除了细度的影响。

（3）细度和卷曲的关系：在羊毛呈现卷曲波形的情况下，羊毛的细度与卷曲有着一定的关系。一般羊毛越细，卷曲越小，单位长度内卷曲数也越多。有的羊具有较大卷曲的细羊毛。

（4）细度和回潮率的关系：羊毛吸湿时直径增大，放湿时直径缩小。以相对湿度65%，温度20℃的大气条件为标准，不同相对湿度（或温度）环境下所测得的羊毛细度应增减的数值见表1-1-7，表现为羊毛的膨胀度不同。

表1-1-7　相对湿度对羊毛细度的影响

| 测得的细度（μm） | 测试时的相对湿度（%） | | | | | | | | | |
| --- | --- | --- | --- | --- | --- | --- | --- | --- | --- | --- |
| | 38~42 | 43~37 | 48~52 | 53~57 | 58~62 | 63~67 | 68~72 | 73~77 | 78~82 | 83~87 |
| 应加或应减 | 加（μm） | | | | | 减（μm） | | | | |
| 18~19.9 | 0.4 | 0.4 | 0.3 | 0.2 | 0.1 | 0 | 0.1 | 0.2 | 0.4 | 0.6 |
| 20~21.9 | 0.5 | 0.4 | 0.3 | 0.2 | 0.1 | 0 | 0.1 | 0.2 | 0.4 | 0.7 |
| 22~23.9 | 0.5 | 0.4 | 0.3 | 0.2 | 0.1 | 0 | 0.1 | 0.3 | 0.5 | 0.7 |
| 24~25.9 | 0.6 | 0.5 | 0.4 | 0.3 | 0.1 | 0 | 0.1 | 0.3 | 0.5 | 0.8 |
| 26~27.9 | 0.6 | 0.5 | 0.4 | 0.3 | 0.1 | 0 | 0.1 | 0.3 | 0.5 | 0.8 |
| 28~29.9 | 0.6 | 0.5 | 0.4 | 0.3 | 0.2 | 0 | 0.2 | 0.4 | 0.6 | 0.9 |
| 30~31.9 | 0.7 | 0.6 | 0.5 | 0.3 | 0.2 | 0 | 0.2 | 0.4 | 0.6 | 1 |
| 32~33.9 | 0.7 | 0.6 | 0.5 | 0.3 | 0.2 | 0 | 0.2 | 0.4 | 0.7 | 1 |
| 34~35.9 | 0.8 | 0.7 | 0.5 | 0.4 | 0.2 | 0 | 0.2 | 0.4 | 0.7 | 1.1 |
| 36~37.9 | 0.8 | 0.7 | 0.6 | 0.4 | 0.2 | 0 | 0.2 | 0.4 | 0.7 | 1.1 |

3. 其他羊毛细度指标

羊毛的细度指标还包括细度的均方差或离散系数。往往因羊种及地区自然条件的差异，细度离散系数有很大差异。

4. 粗腔毛含量

对于异质毛，还有一个很重要的指标是粗腔毛的含量。这个含量难以用平均细度或细度离散系数来确切地表示。所以，异质毛的含粗腔毛的百分率另外作为一个指标。异质毛各级毛条的粗腔毛百分率指标见第五篇第六章表5-6-1。原毛的粗腔毛含量的掌握可参照毛条的指标和车间的生产情况略变。

## 二、绵羊毛的长度

由于羊毛存在天然的卷曲，毛纤维长度可分为自然长度和伸直长度。一般用自然长度表示毛丛长度。毛丛长度常在羊毛收购及选毛后搭配时使用。毛纤维消除卷曲以后的长度，称为伸直长度。在毛纺厂生产中，多使用伸直长度来评价羊毛的品质。

绵羊品种、性别、年龄、饲养条件及剪毛次数等均影响毛纤维的长度。细毛的长度一般为6~12cm，半细毛的长度为7~18cm，有的粗毛的长度也不一致，肩、颈、背部毛较长，头、腿、腹部毛较短。

细羊毛的毛丛长度按生产使用可分为三类：55mm以上的可供精纺用，也可供半精纺和粗纺用；55mm以下的可供半精纺用和粗纺用；40mm以下的可供制毡或在粗纺中搭配使用，还可以作为羊毛被等羊毛填充物品。

## （一）我国细羊毛的毛丛大致长度（表1-1-8）

表1-1-8　细羊毛的细度和毛丛长度

| 名　　称 | 纤维品质支数（支） | 毛丛长度（cm） |
|---|---|---|
| 中国美利奴羊 | 64~70 | 8~10 |
| 新吉细毛羊 | 66~70 | 8~10 |
| 新疆细毛羊 | 60~64 | 7~8 |
| 内蒙古细毛羊 | 60~66 | 7.2~8.9 |
| 鄂尔多斯细毛羊 | 64~66 | 8~9.5 |
| 敖汉细毛羊 | 66~70 | 8~10 |
| 甘肃高山细毛羊 | 60~66 | 7~9 |
| 波尔华斯羊 | 58~60 | 10~12 |
| 高加索细毛羊 | 64 | 7~8 |
| 德国肉用美利奴羊 | 60~64 | 6~8 |
| 阿斯卡尼羊 | 64 | 7~8 |

## （二）我国几种改良细羊毛的毛丛大致长度（表1-1-9）

表1-1-9　改良细羊毛的毛丛长度　　　　　　　　　　　　　　单位：mm

| 羊毛种类 | 66支 | 64支 | 一级 | 三级 |
|---|---|---|---|---|
| 新疆改良细毛 | 62 | 63.3 | 65.4 | 70 |
| 东北改良细毛 | 67.2 | 68.6 | 72.6 | 76.5 |
| 内蒙古改良细毛 | 63 | 66 | 72.1 | 76.6 |
| 河南改良细毛 | 54.4 | 60.1 | 60.3 | 58.8 |
| 山东改良细毛 | 63.5 | 66.3 | 66.9 | 71.4 |

（三）我国几种土种毛的机测大致长度（表1-1-10）

表1-1-10　几种土种毛的机测长度　　　　　　　　单位：mm

| 羊毛种类 | 优级 | 一级 | 二级 | 三级 | 四级 | 五级 |
|---|---|---|---|---|---|---|
| 寒羊毛 | 60.5 | 60.7 | 65.8 | 62.4 | 53.4 | |
| 和田毛 | | 79.8 | 86.4 | 108.8 | 128.8 | 97.3 |
| 内蒙古春毛 | | | 59.7 | 65 | 57.8 | 38 |
| 华北春毛 | | 39.3 | 53.2 | 58 | 53.9 | 41.9 |
| 鲁东春毛 | | | 48.4 | 69.5 | 84.7 | 63.2 |
| 鲁西春毛 | | 42.5 | 58.6 | 63.7 | 54.6 | 51.2 |
| 湖羊毛 | | 42.1 | 42.3 | 44.6 | 42.8 | 39.7 |
| 西北春毛 | | | 54.1 | 61.6 | 74.5 | 60.1 |
| 宁夏毛 | | | 49.5 | 52.7 | 61.5 | 45.6 |
| 锦州毛 | | | 61.7 | 66.5 | 72.8 | 58.5 |
| 西宁毛 | | | 85.3 | 150.8 | 106.9 | 111.6 |
| 西藏毛 | | | 57.8 | 67.3 | 74.2 | |

## 三、绵羊毛的强伸度

（1）我国细毛和半细毛的强力参考指标见表1-1-11。

表1-1-11　细毛和半细毛的强力参考指标

| 品质支数 | 强力（cN） | 品质支数 | 强力（cN） |
|---|---|---|---|
| 70 | 5.88 | 56 | 12.7 |
| 64 | 6.86 | 50 | 14.7 |
| 60 | 7.84 | 48 | 16.7 |
| 58 | 9.8 | | |

（2）我国新疆细毛、考力代半细毛、华北春毛，西宁毛的实测强力和断裂伸长率见表1-1-12。

表1-1-12　我国几种毛的强力和断裂伸长率

| 羊毛种类 | 品质支数或级别 | 平均细度（μm） | 平均强力（cN） | 平均断裂伸长率（%） |
|---|---|---|---|---|
| 新疆细毛 | 70支 | 20.03 | 5.7 | 46.05 |
| | 64支 | 22.35 | 7.67 | 46.7 |
| | 60支 | 23.85 | 7.6 | 50.3 |
| | 58支 | 25.61 | 9.64 | 46.52 |

续表

| 羊毛种类 | 品质支数或级别 | 平均细度（μm） | 平均强力（cN） | 平均断裂伸长率（%） |
|---|---|---|---|---|
| 考力代半细毛 | 58支 | 25.65 | 9.94 | 41.8 |
| | 56支 | 27.77 | 10.96 | 39.2 |
| | 50支 | 29.73 | 12.31 | 41.3 |
| | 48支 | 32.16 | 11.6 | 41.68 |
| 华北春毛 | 一级 | 23.36 | 6.45 | 45.07 |
| | 二级 | 28.67 | 6.91 | 73.62 |
| | 三级 | 34.38 | 8.53 | 64.51 |
| | 四级 | 41.13 | 10.96 | 81.48 |
| 西宁毛 | 二级 | 30.1 | 16.46 | 60.47 |
| | 三级 | 37.59 | 17.78 | 57.56 |
| | 四级 | 49.58 | 28.04 | 38.95 |

（3）因生长季节和饲料条件的差异，羊毛的尖部、中部、根部的强伸度也有所不同，见表1-1-13。

表1-1-13　羊毛纤维的尖部、中部、根部的强力和断裂伸长率差异

| 羊毛种类 | 细度（μm） | | | 断裂强力 | | | | | |
|---|---|---|---|---|---|---|---|---|---|
| | | | | cN | | | gf | | |
| | 尖部 | 中部 | 根部 | 尖部 | 中部 | 根部 | 尖部 | 中部 | 根部 |
| 新疆改良细羊毛（64支） | 22.66 | 24.94 | 21.42 | 6.13 | 7.95 | 5.71 | 6.25 | 8.11 | 5.83 |
| 内蒙古改良细羊毛（64支） | 23.2 | 25.36 | 20 | 7.1 | 7.54 | 5 | 7.24 | 7.69 | 5.1 |
| 东北改良细羊毛（64支） | 25.67 | 23.7 | 22.16 | 7.6 | 9.73 | 4.45 | 7.75 | 9.93 | 4.54 |
| 内蒙古五一牧场细羊毛（64支） | | 25.83 | 20.25 | | 8.13 | 4.68 | | 8.3 | 4.77 |
| 澳洲美利奴毛（64支） | 20.95 | 22.87 | 23.73 | 6.66 | 7.74 | 5.54 | | 7.9 | 5.65 |

| 羊毛种类 | 相对强力 | | | | | | 断裂伸长率（%） | | |
|---|---|---|---|---|---|---|---|---|---|
| | cN/dtex | | | gf/旦 | | | | | |
| | 尖部 | 中部 | 根部 | 尖部 | 中部 | 根部 | 尖部 | 中部 | 根部 |
| 新疆改良细羊毛（64支） | 1.13 | 1.23 | 1.2 | 1.28 | 1.4 | 1.36 | 31.24 | 38.98 | 38 |
| 内蒙古改良细羊毛（64支） | 1.27 | 1.13 | 1.2 | 1.44 | 1.28 | 1.36 | 29 | 36.58 | 35.92 |
| 东北改良细羊毛（64支） | 1.13 | 1.67 | 0.88 | 1.28 | 1.9 | 1 | 27.28 | 35.68 | 33.88 |
| 内蒙古五一牧场细羊毛（64支） | | 1.7 | 1.1 | | 1.33 | 1.25 | | 36.8 | 40.4 |
| 澳洲美利奴毛（64支） | 1.46 | 1.43 | 0.94 | 1.66 | 1.62 | 1.07 | 34 | 42 | 33.61 |

（4）温湿度对羊毛纤维强力有显著影响。

## 四、绵羊毛卷曲度

绵羊毛的自然形态是沿长度方向有天然的周期性卷曲。一般以每厘米的卷曲数来表示羊毛卷曲的程度，叫卷曲度。卷曲度与绵羊品种和羊毛细度有关，同时也随着毛丛在绵羊身上的部位不同而有差异。因此，卷曲度的多少，对判断羊毛细度、同质性和均匀性有较大的参考价值。

按卷曲波的深浅，羊毛卷曲形状可分为弱卷曲、常卷曲和强卷曲三类。强卷曲如图1-1-5所示。

图1-1-5　羊毛强卷曲形状

## 五、绵羊毛的吸湿

羊毛纤维的吸湿就是纤维与周围大气之间的水分交换。羊毛吸收水分的量通常用回潮率表示。回潮率的大小与环境的温度、相对湿度有关，也与羊毛的萃取液的pH值有关。羊毛的回潮率还和羊毛是处于放湿状态还是处于吸湿状态有关。在同样的温湿度条件下，放湿（回潮率降低过程）时，要比吸湿时（回潮率提高过程）高些。这就是所谓"湿滞"现象。羊毛的吸湿性对其性能有很大影响。

### 1. 对重量的影响

羊毛的重量实际上是羊毛在一定回潮率下的重量，如果对羊毛的吸湿性能了解或掌握不够，那将在"重量"问题上造成一定的误差，以致影响产品和半成品的总重量，给生产和贸易带来许多问题，因此要进行公定重量的折算。

### 2. 对羊毛细度、长度的影响

羊毛吸湿后，长度和细度都发生了膨胀。

### 3. 对羊毛力学性能的影响

纤维材料的吸湿量多少与纤维力学性能有着规律性的关系，一般羊毛是随着回潮率的增加，强度下降，伸长增大。

### 4. 对羊毛热学性质的影响

空气中的水分子被纤维大分子上的极性基因所吸引而与其结合，使得水分子的运动能降低，必然伴随有能量的转换，以热的形式释放出来。吸湿时有热放出，反之放湿时则要吸收热量，这种吸湿放热效应在纺、织、染加工中对烘燥设备进行热工平衡计算时要加以考虑；对于纤维及其制品的贮存，仓库潮湿、通风不良均有可能因发热发霉而使纤维变质，甚至引起局部自燃。

### 5. 对羊毛电学性质的影响

随着羊毛纤维回潮增大，羊毛纤维的电阻大大下降，如羊毛在相对湿度10%时的体积电阻约为$10^{13}\Omega\cdot cm$，在相对湿度为90%时体积电阻下降到$10^7\Omega\cdot cm$。生产实践表明：体积电阻在$10^8\Omega\cdot cm$以下时，纺织加工就比较顺利。因此在生产过程中，掌握温湿度就十分重要。

绵羊毛的回潮率和pH值的关系如表1-1-14所示。

表1-1-14　绵羊毛回潮率和pH值的关系

| pH值 | 相对于pH值为7时的回潮率偏差（%） | | pH值 | 相对于pH值为7时的回潮率偏差（%） | |
| --- | --- | --- | --- | --- | --- |
| | 吸湿时 | 放湿时 | | 吸湿时 | 放湿时 |
| 2 | −1.4 | −1.55 | 7 | 0 | 0 |
| 3 | −1.05 | −0.95 | 8 | 0.15 | 0.1 |
| 4 | −0.65 | −0.8 | 9 | 0.25 | 0.15 |
| 5 | −0.35 | −0.4 | 10 | 0.3 | 0.2 |
| 6 | −0.15 | −0.2 | 11 | 0.35 | 0.3 |

## 六、绵羊毛的摩擦系数、缩绒性

### （一）绵羊毛的摩擦性能

绵羊毛表面有鳞片，鳞片的根部附着于毛干，尖端伸出毛干的表面而指向毛尖。出于鳞片的指向这一特点，羊毛沿长度方向的摩擦，因滑动方向不同，致摩擦系数不同。滑动方向从毛尖向毛根，为逆鳞片摩擦；滑动方向从毛根向毛尖，为顺鳞片摩擦。逆鳞片摩擦系数比顺鳞片摩擦系数要大，这一差异是羊毛缩绒的基础。一般用摩擦效应和鳞片度等指标来表示羊毛的摩擦特性。

### 1. 羊毛与金属的静摩擦系数

用摩擦辊式摩擦系数仪测定的数据如表1-1-15所示。

表1-1-15　羊毛与金属的静摩擦系数

| 项　　目 | 新疆改良细毛（64支） | 东北改良细毛（64支） | 内蒙古改良细毛（64支） | 澳洲美利奴毛（64支） |
| --- | --- | --- | --- | --- |
| 顺鳞片方向 | 0.143 | 0.155 | 0.148 | 0.136 |
| 逆鳞片方向 | 0.154 | 0.168 | 0.169 | 0.152 |

### 2. 羊毛与羊毛的静摩擦系数与摩擦效应

用斜面式静摩擦系数仪测定的数据如表1-1-16所示。

表1-1-16 羊毛的摩擦效应、缩绒性和沸水收缩率

| 项 目 | 新疆改良细毛（64支） | 内蒙古改良细毛（64支） | 东北改良细毛（64支） | 澳洲美利奴毛（64支） |
|---|---|---|---|---|
| 顺鳞片方向$\mu_1$ | 0.525 | 0.437 | 0.371 | 0.395 |
| 逆鳞片方向$\mu_2$ | 0.677 | 0.663 | 0.579 | 0.616 |
| 摩擦效应（%）① | 12.6 | 20.8 | 21.9 | 22.1 |
| 缩绒性（cm²）② | 11.31 | 10.7 | 9.95 | 7.66 |
| 沸水收缩率（%）③ | 3.7 | 2.93 | 2.57 | 1.57 |

①摩擦效应 $= \dfrac{\mu_2 - \mu_1}{\mu_2 + \mu_1} \times 100\%$。

②1g羊毛在一定的缩绒条件下处理后的面积。

③羊毛纤维在100℃的水中浸0.5h后取出，自然冷却并干燥，其缩掉的长度占原长度的百分率。

### （二）绵羊毛的缩绒性

绵羊毛在湿热及化学试剂作用下，机械外力反复挤压，纤维集合体逐渐收缩紧密，并相互穿插纠缠，交编毡化。这一性能，称为羊毛的缩绒性。

## 七、绵羊毛的体积电阻

干净的干羊毛是电的不良导体，有很大的比电阻，但是，由干羊毛本身有电介质，羊毛外面还有和毛油中的电介质，这些电介质的种类和数量的不同，羊毛所表现的导电性能也大为不同。一般来说，当回潮率在13%～16%时，每增加2%回潮率，其导电性能可增加8～10倍。

羊毛的体积电阻见图1-1-6。

## 八、绵羊毛纤维对热的反应及纤维的定形

### （一）绵羊毛纤维对热的反应

（1）绵羊毛经干热处理后，一般强度下降，重量减轻。但不同的羊毛品种对干热的反应有很大不同。

（2）绵羊毛经湿热处理后，强度有所下降，但比在空气中加热的损失为小。重量损失则很少。不同的羊毛品种对湿热的反应也有很大不同。

（3）绵羊毛经蒸汽处理后，其强度与重量的下降甚为迅速。不同羊毛品种对蒸汽处理后强度与重量的变化也不相同。

（4）绵羊毛经热处理后，一个显著的变化是弹性和手感变差，这是由于毛纤维中二硫键被破坏。羊毛在160℃的空气及蒸汽中处理后胱氨酸含量的变化情况如图1-1-7所示。

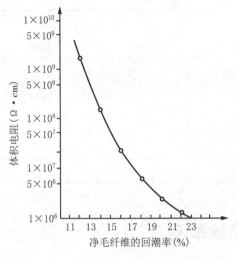 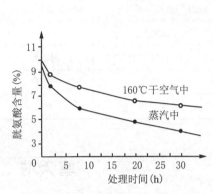

图1-1-6　羊毛纤维不同回潮率时的体积电阻　　图1-1-7　羊毛纤维经热空气及蒸汽处理后胱氨酸含量的变化

## （二）纤维的定形

定形是描述纺织材料的一种特定形式的结构稳定性。羊毛纤维在一定湿度、温度、外力作用下，经过一段时间，会使其形状稳定下来，称为羊毛的热定形。定形在毛纺的蒸纱定捻、毛织物整理工艺中得到广泛应用，通过定形为毛织物提供了良好的服用性能。

## 九、绵羊毛的光泽

光泽是羊毛鳞片排列对自然光线的反射所致，其明亮强弱程度与反射面大小、角度、表面光滑等有关，一般羊毛鳞片大、光滑、排列整齐，所以比较明亮，细羊毛光泽比较柔和似银光，但光泽与洗毛、染整加工有一定关系。羊毛的光泽分为下列四类。全光毛、银光毛、半光毛、无光毛。

## 十、日光气候对绵羊毛的作用

日光气候对毛纤维有破坏作用。破坏的主要形式是胱氨酸分解为半胱氨酸，因而弹性与手感变差。羊毛是天然纤维中最耐晒的纤维。日光对羊毛的影响称为风蚀。绵羊的毛被由于平常受到日光中的紫外线，热量，大气中的氧、雨水、温度、雨水中的酸碱、碱性的羊汗以及二硫键氧化后的酸性产物等的作用，使羊毛纤维的物理化学性能发生变化。

一年剪一次的改良细羊毛，其毛尖部分（受日光气候影响最多的部分）的胱氨酸、半胱氨酸以及硫的含量与毛纤维的其余部分含量的差异如表1-1-17所示。

表1-1-17　日光气候对羊毛中胱氨酸等含量的影响

| 项　　目 | 新疆毛 | 内蒙古毛 | 东北毛 | 澳洲细毛 |
|---|---|---|---|---|
| 每100g毛尖的胱氨酸量（g） | 8.01 | 7 | 6.91 | 6.88 |
| 每100g毛干的胱氨酸量（g） | 13 | 11.2 | 9.94 | 11.5 |
| 每100g毛尖的半胱氨酸量（g） | 0.703 | 0.826 | 0.818 | 0.694 |
| 每100g毛干的半胱氨酸量（g） | 测不到 | 测不到 | 测不到 | 测不到 |
| 每100g毛尖的含硫量（g） | 3.23 | 3.18 | | 2.99 |
| 每100g毛干的含硫量（g） | 3.55 | 3.21 | | 3.35 |

# 第六节　我国的绵羊毛

我国土地辽阔，自然条件差别很大，下面对适合于我国各地的多种类型的绵羊品种分述如下。

## （一）细毛羊

### 1. 中国美利奴羊（图1-1-8）

中国美利奴羊的培育是从引入澳洲美利奴羊种公羊开始，分别在新疆维吾尔自治区、新疆兵团、内蒙古自治区、吉林省的四个育种场进行。目前在国内五大牧区中，中国美利奴羊是存栏数最多的细毛羊品种。

图1-1-8　中国美利奴羊

中国美利奴羊的特点是体型好，体质结实，适于放牧饲养。中国美利奴羊具有良好的毛丛结构。毛被密度大，各部位毛丛长度与细度均匀。头毛着生好，着生至两眼连线，外形似帽状，前肢毛着生至腕关节，后肢至飞节。12个月的羊的体侧毛长不短于9cm，细度60~66支。油汗白色或乳白色，含量适中，分布均匀。全身被毛有明显的大、中卷曲，腹毛着生良好，呈毛丛结构，体侧净毛率不低于50%。中国美利奴羊的育种场型有新疆型、新疆军垦型、科尔沁型、新吉型、中国美利奴羊超细毛型。

（1）产地：内蒙古的嘎达苏种畜场，吉林的查干花种畜场，新疆的紫泥泉种羊场和巩乃斯种羊场。

（2）育种：科尔沁型和吉林型是以波尔华斯羊为母本与澳洲美利奴公羊进行级进杂交，经横交固定选育而成；新疆型和新疆军垦型是以新疆细毛羊和军垦细毛羊为母本、以澳大利亚美利奴羊为父本级进行杂交后横交固定培育而成。因此，中国美利奴羊主要是采用以澳大利亚美利奴羊为父系的级进杂交育种方法育成的品种。而中国美利奴羊超细毛型是利用兵团细毛羊品种及草场资源、群体优势和农垦科学院的技术支撑，以传统的育种方式，结合MOET育种技术，在新疆农垦科学院、兵团农八师紫泥泉种羊场、伊犁农四师76和77团培育超细型具有较高的纺织价值的优质细毛羊。

（3）性能：成年母羊（一级羊）体重40.90kg，（剪毛后）体侧毛丛长度10.20cm，剪毛量6.41kg/只，体侧部净毛率60.84%。

**2. 新疆毛肉兼用细毛羊（原名兰哈羊，简称新疆羊）**

它是我国1954年育成的第一个毛肉兼用细毛羊品种。

（1）产地：新疆的新源、巩留和尼勒克三县交界的巩乃斯种羊场。

（2）育种：由高加索种公羊和少数泊列考斯种公羊同当地的哈萨克母羊和蒙古母羊进行复杂杂交而成。

（3）性能：体重：公羊93kg，母羊53kg；屠宰率56.3%；繁殖率140%；年剪毛量：公羊13.7kg/只，母羊5.6kg/只；羊毛细度在60～64支之间；毛丛长度：公羊8.3cm，母羊6.4cm；净毛率42.8%。

**3. 东北毛肉兼用细毛羊**

（1）产地：由东北三省区联合育种于1976年培育出来的我国第二个细毛羊品种，育种场包括：黑龙江的银浪种羊场、吉林的双辽种羊场及辽宁的小东种羊场等。

（2）育种：伪满时期日本在哈尔滨至沈阳的铁路沿线使用美国引进的兰布列美利奴羊与当地蒙古羊杂交，获得了细毛及半细毛杂种。新中国成立后，农业部组织有关技术人员收集了这些杂种细毛羊，与引进的苏联细毛羊品种和新疆细毛羊进行杂交而成。

（3）性能（一级羊）：体重：公羊92kg，母羊49kg；羊毛细度在64支左右；毛丛长度7～9cm；年剪毛量：公羊13.5kg/只，母羊6kg/只；净毛率44.5%；屠宰率50.7%；繁殖率120.8%。

**4. 内蒙古毛肉兼用细毛羊**

（1）产地：内蒙古自治区各盟均存在，以五一种畜场和军垦某团为主要产区，1981年育种。现在均称谓各产地细毛羊品种，如鄂尔多斯细毛羊、科尔沁细毛羊、敖汉细毛羊等。

（2）育种：以当地蒙古羊为母本，以新疆羊、考力代羊、高加索羊、德国东部美利奴羊等为父本进行复杂杂交而成。

（3）性能：体重：公羊82kg，母羊45.6kg；年剪毛量：公羊12kg/只，母羊5.1kg/只；细度在64支左右；毛丛长度7.2～8.9cm；净毛率36%～45%；屠宰率42%～46%；繁殖率108%～115%。

5. 鄂尔多斯细毛羊

（1）产地：内蒙古乌审旗，以鄂尔多斯市为主要产区。

（2）育种：以当地蒙古羊为母本，以新疆羊、波尔华斯羊、苏联美利奴羊为父本进行复杂的育种杂交而成。

（3）性能：体重：公羊64kg，成年母羊38kg。细度以66支为主，12月龄公羊毛长9.5cm，母羊8cm。年剪毛量：公羊剪毛量11.4kg/只，母羊5.6kg/只，净毛率38%。繁殖率为105%～110%。

6. 敖汉细毛羊

（1）产地：内蒙古敖汉、翁牛特、赤峰、喀喇沁和宁城五个旗、县。

（2）育种：父系以苏联美利奴羊为主，母本为本地蒙古羊，培育期间引进波尔华斯导血杂交。1972年引入澳美导血杂交。

（3）性能：敖汉细毛羊成年公羊毛长11.75cm，年产毛量15.05kg/只，净毛量8.18kg，剪毛后体重100.4kg，净毛率54.4%。成年母羊毛长8.93cm，年产毛量6.83kg/只，净毛量3.24kg，剪毛后体重52.52kg，净毛率47.56%。敖汉细毛羊具有适应性强、体质结实、体格大、抓膘快、繁殖率高等优点。

7. 甘肃高山细毛羊

（1）产地：在甘肃祁连山麓的肃南裕固族自治县和天祝县，以皇城绵羊育种试验场和天祝种羊场为中心，产区属高寒牧区。

（2）育种：以新疆羊、高加索羊为父本，当地蒙古羊、西藏羊为母本，进行杂交、横交、多代选育而成。

（3）性能：该羊种适应性、放牧性较好。生长发育较快。体格中等，成年公羊、母羊剪毛各为8.54kg/只和4.38kg/只，羊毛长度为8.24cm和7.48cm，净毛率为43%～45%，羊毛主体细度为64支，64支毛单纤维断裂强力为5.8～6.6cN，断裂伸长率为36.2%～45.7%，适于高寒山区饲养。

8. 新疆军垦细毛羊

（1）产地：新疆某种羊场。

（2）育种：由苏联阿尔泰细毛羊和哈萨克粗毛羊复杂杂交而成，1976年育成。

（3）性能：体重：公羊96～122kg，母羊48～72kg；年产毛量：公羊14.2～24.5kg，母羊4.5～9.2kg；羊毛细度：公羊60支，母羊64支；毛长公羊8.3cm，母羊7.8cm；净毛率45%～49%。目前在新疆石河子、奎屯、昌吉、库尔勒等地区存栏50万只。

9. 新吉细毛羊

1994~2002年农业部组织新疆畜牧科学院和新疆农垦科学院与吉林省农业科学院共同培育的细毛型羊品种，2002年通过国家审定，2003年颁发品种证书。该品种于1992年、1993年在相关省区立项，经特殊途径引进国外细毛型美利奴羊品种资源，在新疆塔城种羊场、新疆农垦151团、吉林省镇南种羊场和前郭县查干花种畜场育成。其主要特点：体型外貌整齐，羊毛综合品质好，净毛产量高，羊毛纤维细度66～70支，毛丛长度9～10cm。成年母羊年净毛产量6.14~2.10kg/只，毛长9.39~8.15cm，剪毛后体重52.8~41.6kg，繁殖率110%～125%。饲养在新疆和吉林等省区。

### 10. 河南改良细毛羊

主要是新疆羊与当地土种羊（寒羊）杂交而成。毛丛长度5cm；细度60～64支；净毛率45%。

### 11. 山东细毛羊

用新疆羊、高加索羊、美利奴羊与当地土种羊杂交而成。一等、二等细毛细度60～64支，毛丛长度6cm左右。年剪毛量高加索与寒羊杂交二代为6.2kg/只，三代为8.7kg/只。

## （二）半细毛羊

### 1. 青海毛肉兼用改良半细毛羊

（1）产地：青海省乌兰里茶卡、海晏县青海湖和同营英德尔种羊场。

（2）育种：新疆细毛羊（或萨尔羊）与西藏母羊（或蒙古母羊）杂交，产生一代杂交种，再与茨盖半细毛公羊杂交，产生茨新藏（蒙）二代杂种；在二代杂种羊的基础上，引入罗姆尼羊的血液（引入罗姆尼羊血液的多少，各地不一，有的25%，有的50%）。然后再从罗茨新藏（蒙）杂种羊中选出理想型公羊母羊，进行横交固定，而成育种群。

（3）性能：体重43～80kg；繁殖成活率70%～80%；屠宰率50%以上；年剪毛量4～8kg/只；细度46～58支；长度8～10cm；洗净率56%～61%。

### 2. 内蒙古半细毛羊

（1）产地：内蒙古红格尔塔拉种羊场。

（2）育种：蒙古羊母羊与新疆羊等细毛羊杂交所产的二代或三代母羊，再与茨盖等半细毛羊杂交培育成，以达到理想型的半细毛羊。

（3）性能：体重35～45kg；繁殖成活率110%；屠宰率50%；年剪毛量2.5～5kg/只；羊毛细度48～58支，长度7～9cm；洗净率54%～60%。

### 3. 东北半细毛羊

（1）产地：辽宁、吉林、黑龙江三省的东部地区。

（2）育种：1949年以前，有的地方曾用考力代种羊与当地二代土种羊杂交改良，但收效甚微。中华人民共和国成立后，群众采取自群选育的办法提高了羊群质量，有的地方也曾引入细毛种公羊杂交。后来，继续引进考力代羊杂交改良。

（3）性能：成年体重：公羊61kg，母羊46kg；繁殖成活率81%，产羔率118%；年剪毛量3.7～4.5kg/只；羊毛细度50～60支；长度8～9.5cm；洗净率50%。

### 4. 小尾寒羊

（1）产地：分布于黄河中游的河南省北部，河北省中南部，山东省西部、西南部以及山西、安徽、江苏等省的部分地区。

（2）育种：小尾寒羊为蒙古羊的亚型，在以上地区经长期饲养选育，成为今日的小尾寒羊。小尾寒羊是当地的土种羊。

（3）性能：被毛尚属异质毛；年剪毛量母羊0.75~1.5kg，公羊1.25~3.7kg；毛丛长度4~6.5cm；洗净率50%~65%；繁殖率169%~229%；两周岁母羊体重28~31kg，屠宰率50%~65%。

附：安徽萧县改良半细毛羊。

先引用细毛公羊（主要是苏联美利奴羊）和寒羊杂交，至二代再导入半细毛公羊（考力代羊），产生第三代杂种羊，从中选出理想型横交固定；非理想型再用半细毛公羊或理想型公羊交配。此后，横交固定其理想型，淘汰其非理想型。苏、考、寒三代改良半细毛羊的性能是：体重公羊82.5kg，母羊52.5kg；年剪毛量5.5~8kg/只；毛丛长度8~12cm，细度56~64支，洗净率55%；繁殖率160%。

5．同羊

（1）产地：陕西省铜川市及附近各县。

（2）育种：由蒙古羊演变而来，在当地经长期培育，慢慢形成现在的同羊，是当地的土种羊。

（3）性能：体重公羊50~55kg，母羊30~45kg；年剪毛量1.5~2kg；细度50~60支；长度7cm。被毛尚属异质毛。

### （三）粗毛羊

1．蒙古羊

广泛分布于东北、华北、西北地区，是我国土种羊的一个主要品种。其生产性能：体重：公羊45~65kg，母羊35~55kg；年产毛量：公羊1.2~2kg/只，母羊1~1.5kg/只；繁殖率95%~100%。

华北与东北的一些蒙古羊生产粗次毛，如营字毛、海拉尔毛、巴楚毛、哈达毛，茌字毛、夏河毛、内蒙古土种毛、哈萨克土种毛等八大粗毛，羊种也是蒙古羊的亚种，其被毛含粗腔毛和死毛较多。

2．藏羊

分布于西藏、青海、四川等地。其生产性能：体重：公羊50~70kg，母羊40~60kg；年产毛量：公羊1~2kg/只，母羊0.7~1.5kg/只；繁殖率95%~100%。

藏羊所产的毛，以西宁毛和西藏毛为代表。西宁毛细度在32~50支；毛丛长度8.5~11cm；毛辫长15cm以上。西藏毛的长度和细度接近西宁毛而稍细短。

3．哈萨克羊

分布于新疆、甘肃及青海的部分地区。其生产性能：体重：公羊40~60kg，母羊30~55kg；年产毛量：公羊1.8kg/只，母羊1.4kg/只；繁殖率140%左右。

### （四）裘皮、羔皮和皮毛兼用的羊种

1．滩羊

主要产于宁夏回族自治区的中部和北部，是蒙古羊的亚种。其生产性能：年产毛量：公

羊1.91kg，母羊1.12kg；毛丛长度8.74cm；毛辫长达13.5cm；细度42~52支。

2. 湖羊

产于浙江、江苏太湖流域。湖羊原为北方大尾羊，是蒙古羊的一种，迁移南方后逐渐成为今日的湖羊。其生产性能：体重：公羊41.5kg，母羊37.8kg；毛丛长度5~7cm；年剪毛量0.8~0.9kg/只。

3. 库车羊

原产于天山南麓和塔里木盆地北部各县，以库车、沙雅、新和三县最多。库车羊体型颇似蒙古羊。其生产性能：体重：公羊52~57kg，母羊42~50kg；繁殖率87.27%；年产毛量：公羊1.6~1.8kg/只，母羊1.3~1.4kg/只；毛丛长度11.8~16.1cm；净毛率62.2%。

# 第二章  国内外养羊业情况

## 第一节  世界羊毛资源概况

全世界有绵羊品种600多个，山羊品种300多个。分布于五大洲100多个国家和地区。养羊业一直与人类生活息息相关，随着时代的发展，人类对养羊业的要求一直在发生相应的变化。

### （一）世界各国绵羊饲养数

据国际毛纺织组织统计，在全世界40个国家中牧羊头数为10.97亿头。1990～2008年世界各国绵羊数量变化情况见表1-2-1。

2000年之后，中国超过澳大利亚，牧羊头数居世界第一位。

表1-2-1  1990～2008年世界绵羊数量变化情况                  单位：万头

| 国家（地区）＼年度 | 1990 | 1995 | 2000 | 2005 | 2008 |
|---|---|---|---|---|---|
| 中国 | 11351 | 11745 | 13110 | 17088 | 13643 |
| 澳大利亚 | 17017 | 12086 | 11855 | 10113 | 7694 |
| 前独联体地区 | 13856 | 9050 | 5005 | 6579 | 7539 |
| 俄罗斯 | — | 3182 | 1260 | 1549 | 1929 |
| 土库曼斯坦 | — | 610 | 750 | 1427 | 1550 |
| 哈萨克斯坦 | — | 2427 | 873 | 1152 | 1347 |
| 乌兹别克斯坦 | — | 905 | 800 | 956 | 1063 |
| 前独联体其他国 | — | 1926 | 1322 | 1495 | 1651 |
| 印度 | 4870 | 5413 | 5790 | 6285 | 6499 |
| 伊朗 | 4458 | 5089 | 5390 | 5222 | 5380 |
| 苏丹 | 2070 | 3718 | 4280 | 4980 | 5110 |
| 新西兰 | 5785 | 4882 | 4226 | 3988 | 3410 |
| 英国 | 4447 | 4330 | 4226 | 3542 | 3313 |
| 巴基斯坦 | 2570 | 2907 | 2408 | 2490 | 2711 |
| 土耳其 | 4365 | 3565 | 2849 | 2520 | 2546 |

续表

| 国家（地区）＼年度 | 1990 | 1995 | 2000 | 2005 | 2008 |
|---|---|---|---|---|---|
| 尼日利亚 | 1246 | 1400 | 1400 | 2350 | 3387 |
| 埃塞俄比亚 | 2296 | 2175 | 2100 | 2073 | 2502 |
| 西班牙 | 2274 | 2306 | 2396 | 2275 | 1995 |
| 南非 | 2950 | 2530 | 2499 | 2163 | 2523 |
| 叙利亚 | 1451 | 1208 | 1351 | 1965 | 2287 |
| 阿尔及利亚 | 1770 | 1730 | 1762 | 1891 | 1995 |
| 摩洛哥 | 1351 | 1339 | 1730 | 1687 | 1708 |
| 阿根廷 | 2857 | 2163 | 1356 | 1500 | 1314 |
| 巴西 | 2002 | 1834 | 1479 | 1559 | 1663 |
| 秘鲁 | 1226 | 1257 | 1370 | 1482 | 1451 |
| 蒙古 | 1427 | 1379 | 1519 | 1168 | 1836 |
| 索马里 | 1300 | 1350 | 1200 | 1470 | 1310 |
| 乌拉圭 | 2522 | 2021 | 1320 | 1084 | 935 |
| 阿富汗 | 1417 | 1291 | 1200 | 1078 | 1071 |
| 印度尼西亚 | 601 | 717 | 743 | 833 | 961 |
| 肯尼亚 | 905 | 560 | 590 | 1003 | 991 |
| 玻利维亚 | 768 | 788 | 875 | 882 | 933 |
| 毛里塔尼亚 | 510 | 529 | 754 | 885 | 885 |
| 希腊 | 872 | 880 | 895 | 883 | 890 |
| 马里 | 609 | 543 | 620 | 840 | 950 |
| 法国 | 1121 | 1032 | 958 | 910 | 819 |
| 也门共和国 | 376 | 375 | 480 | 798 | 889 |
| 意大利 | 1085 | 1069 | 1102 | 811 | 824 |
| 罗马尼亚 | 1544 | 1090 | 812 | 743 | 847 |
| 突尼斯 | 597 | 622 | 693 | 721 | 730 |
| 墨西哥 | 585 | 620 | 590 | 762 | 783 |
| 布基纳法索 | 505 | 585 | 659 | 701 | 748 |
| 其他国家 | 13406 | 12196 | 11980 | 12680 | 13101 |
| 总计 | 120358 | 108370 | 103498 | 110002 | 108172 |

## （二）世界各国羊毛产量

国际毛纺织组织统计的世界各国含脂毛产量见表1-2-2。世界不同细度羊毛产量情况见表1-2-3。

表1-2-2 1990～2008年度世界各国含脂毛产量变化情况 单位：t

| 国家（地区） \ 年度 | 1990 | 1995 | 2000 | 2005 | 2008 |
|---|---|---|---|---|---|
| 澳大利亚 | 1100300 | 730988 | 666000 | 520000 | 437610 |
| 中国 | 239457 | 277375 | 292502 | 393172 | 395000 |
| 新西兰 | 309300 | 288535 | 257357 | 216091 | 205080 |
| 前独联体地区 | 473728 | 237356 | 129195 | 153349 | 172962 |
| 俄罗斯 | 226743 | 93012 | 392241 | 48033 | 53491 |
| 哈萨克斯坦 | 107942 | 58258 | 22924 | 30444 | 35200 |
| 乌兹别克斯坦 | 25800 | 19500 | 15834 | 20081 | 23779 |
| 土库曼斯坦 | 16000 | 19300 | 17977 | 18200 | 20200 |
| 阿塞拜疆 | 11200 | 9000 | 10916 | 13134 | 14770 |
| 吉尔吉斯斯坦 | 38600 | 13864 | 11250 | 9980 | 10900 |
| 前独联体其他国 | 47443 | 24422 | 11053 | 13477 | 14622 |
| 阿根廷 | 149130 | 90368 | 62739 | 80346 | 65000 |
| 伊朗 | 44600 | 50900 | 53900 | 53900 | 75000 |
| 乌拉圭 | 95984 | 84249 | 57218 | 37759 | 40953 |
| 南非 | 96998 | 67870 | 47654 | 46475 | 48400 |
| 土耳其 | 85000 | 70000 | 60000 | 46176 | 45000 |
| 印度 | 42700 | 41440 | 47600 | 44900 | 46400 |
| 苏丹 | 21000 | 38000 | 45000 | 45000 | 46000 |
| 英国 | 71900 | 67609 | 56000 | 42500 | 37000 |
| 巴基斯坦 | 46935 | 53200 | 38900 | 39700 | 40000 |
| 摩洛哥 | 35000 | 36000 | 38000 | 38000 | 40000 |
| 西班牙 | 37161 | 37950 | 39104 | 35624 | 32000 |
| 叙利亚 | 31396 | 25490 | 25530 | 22000 | 34000 |
| 爱尔兰 | 31100 | 27100 | 25600 | 16000 | 13000 |
| 阿尔及利亚 | 25000 | 24000 | 17709 | 18500 | 22360 |
| 美国 | 46796 | 33412 | 23653 | 19173 | 16987 |
| 罗马尼亚 | 31867 | 24323 | 17997 | 17600 | 17700 |
| 法国 | 22000 | 20645 | 16519 | 16500 | 22000 |
| 蒙古 | 21100 | 19600 | 21700 | 15000 | 20800 |
| 智利 | 17100 | 19000 | 17000 | 14000 | 11200 |
| 希腊 | 13681 | 13578 | 13413 | 13082 | 9000 |
| 埃塞俄比亚 | 12170 | 11500 | 11600 | 11000 | 12000 |
| 阿富汗 | 14500 | 15500 | 15500 | 11400 | 9600 |
| 伊拉克 | 22750 | 11200 | 13000 | 11000 | 12000 |

续表

| 国家（地区）＼年度 | 1990 | 1995 | 2000 | 2005 | 2008 |
|---|---|---|---|---|---|
| 巴西 | 29077 | 15000 | 13301 | 10777 | 11000 |
| 秘鲁 | 9949 | 9803 | 12729 | 10882 | 10100 |
| 其他国家 | 215124 | 154276 | 147994 | 147978 | 151848 |
| 总计 | 3399103 | 2596267 | 2284414 | 2147884 | 2102721 |

表1-2-3　1990~2008年度世界不同细度羊毛产量（净毛估计值）情况　　单位：t

| 羊毛类型＼年度 | 1990 | 1995 | 2000 | 2005 | 2008 |
|---|---|---|---|---|---|
| 细支羊毛（≤24.5μm） | 948457 | 648317 | 557439 | 465645 | 421975 |
| 中支羊毛（24.6~32.5μm） | 449652 | 313362 | 276377 | 259671 | 265751 |
| 粗支羊毛（≥32.5μm） | 608843 | 558558 | 509389 | 492931 | 501179 |

## （三）羊种分布

美利奴羊约占39%，其中绝大多数位于澳大利亚，其次在南非、中国和南美。交配种羊占33%，地毯用的粗毛羊占28%。主要分布在新西兰和欧洲及亚洲西部。如表1-2-4所示。

表1-2-4　各类型外国羊的生产性能表

| 羊　　种 | | | 年产毛量（kg/只） | | 品质支数（支） | 毛丛长度（cm） | 体重（kg） | | 繁殖率（%） |
|---|---|---|---|---|---|---|---|---|---|
| | | | 公羊 | 母羊 | | | 公羊 | 母羊 | |
| 细毛种 | 澳洲美利奴羊 | 超细型 | 4~5.5 | 2~4.5 | 100以细 | 5.6~8.5 | 40~45 | 30~35 | 105~135 |
| | | 细毛型 | 6.3~9 | 2.7~4.5 | 64~90 | 5.8~10 | 59~76 | 36~45 | 105~135 |
| | | 中间型 | 8~12 | 3.6~9 | 60~70 | 7.5~11 | 68~90 | 45~63 | 105~135 |
| | | 强壮型 | 10~15 | 5.4~8 | 56~64 | 7.5~12.5 | 79~114 | 54~72 | 105~135 |
| | 苏联美利奴羊 | | 10~12 | 5~7 | 64 | 7.5~10 | 95 | 50 | 135 |
| | 德意志美利奴羊 | | 7~8 | 5 | 60~64 | 7~10 | 125~150 | 100~130 | 120 |
| | 阿斯卡尼羊 | | 10~14 | 5.5~6 | 64 | 7.5~8 | 100~120 | 60~65 | 145~160 |
| | 高加索羊 | | 10~11 | 5.8~6.5 | 64~70 | 7~8 | 90~100 | 55~60 | |
| | 南非美利奴羊 | | 5.6~9.6 | 4.5~8.2 | 64~70 | 7.5~10 | 70~90 | 36~55 | 105~130 |
| | 兰布里亚羊 | | 7~10 | 4~5 | 64~80 | 6~8 | 70 | | 130~140 |
| | 特布里羊 | | 5.5~11 | 3.6~7.2 | 60~70 | 6.4~9 | 68~117 | 57~73 | |
| | 南美美利奴羊 | A型 | 11.7~16 | 4.1~10 | | 4.7~5.1 | 60~75 | 40~55 | |
| | | B型 | 10~14 | 4.1~8.2 | 60~64 | 5~7 | 68~80 | 50~60 | |
| | | C型 | 8.5~12.5 | 4.1~6.8 | | 4.7~9.5 | 68~91 | 55~66 | |

续表

| 羊　种 | | 年产毛量（kg/只） | | 品质支数（支） | 毛丛长度（cm） | 体重（kg） | | 繁殖率（%） |
|---|---|---|---|---|---|---|---|---|
| | | 公羊 | 母羊 | | | 公羊 | 母羊 | |
| 半细毛种 | 考力代羊 | 7.5 | 4.5 | 50~60 | 7.5~10 | 60~100 | 30~65 | 125~140 |
| | 波尔华斯羊 | 7.5 | 4 | 58~60 | 10~12 | 75 | 55 | |
| | 茨盖羊 | 5.5~6 | 4.3~4.5 | 46~56 | 8~9 | 72~78 | 52~53 | |
| 长毛种 | 罗姆尼—马什羊 | 12~14 | 6~9 | 40~46 | 15~20 | 130~140 | 110~120 | 105~145 |
| | 莱斯特羊 | 4.5 | | 46~56 | 14~20 | 100~150 | 80~99 | 120~165 |
| | 边区莱斯特羊 | 3.5~4.5 | | 44~48 | 18~23 | 92~100 | 68~80 | 150~200 |
| | 林肯羊 | 5.5 | | 36~44 | 30 | 136 | 110 | 125~160 |

## （四）原毛出口

1990~2008年世界原毛出口情况见表1-2-5。

表1-2-5　1990~2008年度世界原毛出口情况　　　　　　　　单位：t（实重）

| 国家（地区）＼年度 | 1990 | 1995 | 2000 | 2005 | 2008 |
|---|---|---|---|---|---|
| 澳大利亚 | 517155 | 519588 | 594072 | 420272 | 357646 |
| 新西兰 | 197015 | 217207 | 184486 | 153498 | 135587 |
| 德国 | 9431 | 11327 | 10328 | 35557 | 38017 |
| 南非 | 56092 | 23253 | 18449 | 41470 | 35315 |
| 英国 | 33556 | 46619 | 37905 | 32212 | 18911 |
| 前独联体地区 | 16326 | 147275 | 39128 | 18323 | 19323 |
| 俄罗斯 | — | 5707 | 11187 | 2864 | 4531 |
| 哈萨克斯坦 | — | 45348 | 9218 | 3186 | 4866 |
| 土库曼斯坦 | — | 4361 | 2947 | 5921 | 4553 |
| 乌兹别克斯坦 | — | 7730 | 8610 | 4503 | 3770 |
| 吉尔吉斯斯坦 | — | 18909 | 1469 | 1703 | 1208 |
| 阿根廷 | 49466 | 40118 | 25560 | 17183 | 17783 |
| 中国 | 2737 | 6268 | 6645 | 31574 | 12516 |
| 乌拉圭 | 38100 | 12401 | 10172 | 9384 | 14162 |
| 土耳其 | 110 | 1543 | 4548 | 13364 | 14425 |
| 比利时 | 9196 | 12393 | 7495 | 9248 | 12462 |
| 罗马尼亚 | 33 | 5383 | 7295 | 8004 | 12284 |
| 西班牙 | 9607 | 13219 | 11326 | 12385 | 11580 |
| 沙特阿拉伯 | 6231 | 8247 | 6250 | 11588 | 6374 |
| 叙利亚 | 1769 | 4176 | 4790 | 11008 | 14300 |

续表

| 国家（地区） \ 年度 | 1990 | 1995 | 2000 | 2005 | 2008 |
|---|---|---|---|---|---|
| 意大利 | 3895 | 13947 | 9201 | 8699 | 8040 |
| 爱尔兰 | 11690 | 14910 | 14136 | 4863 | 4854 |
| 美国 | 2266 | 3451 | 4010 | 7502 | 6229 |
| 法国 | 25274 | 24727 | 15179 | 10132 | 7262 |
| 蒙古 | 11400 | 11384 | 5216 | 6789 | 4409 |
| 葡萄牙 | 181 | 463 | 740 | 3677 | 2969 |
| 希腊 | 2663 | 3592 | 3093 | 5394 | 2887 |
| 巴西 | 1288 | 6293 | 2246 | 2949 | 4389 |
| 黎巴嫩 | 332 | 267 | 1973 | 26 | 31 |
| 智利 | 6958 | 5150 | 3271 | 6888 | 3361 |
| 挪威 | 3416 | 3587 | 4000 | 4454 | 4167 |
| 巴基斯坦 | 8435 | 5898 | 1294 | 1284 | 3767 |
| 其他 | 58570 | 82724 | 47410 | 69654 | 43962 |
| 总计 | 1081423 | 1241234 | 1075854 | 947643 | 805997 |

**注** 含脂毛、洗净毛、炭化毛、未粗（精）梳毛及再出口羊毛。

资料来源：以上数据来自IWTO2010年公布的数据。

## （五）有机羊毛

有机羊毛是国际毛纺织组织（IWTO）提出的有机羊毛、生态羊毛及其产品定义。2007年5月爱丁堡IWTO年会之后成立了有机羊毛工作小组，工作小组负责起草有机羊毛及其产品的定义，指导行业运用和规范市场。2008年4月北京IWTO年会期间，各相关委员会对修订的有机羊毛及其产品和新制订的生态羊毛及其产品定义进行了审议，最终一致同意新版的有机羊毛及其产品和生态羊毛及其产品定义，并将通过相关程序增补到《IWTO仲裁协议及有关国际协议》（蓝皮书）附录中。

1．**有机羊毛**（Organic Wool）

（1）有机生产羊毛（Organically-grown Wool）。

①牧场必须得到"有机"认证；

②如果产品最终的销售国有立法，必须符合销售国立法标准；

③牧场所获得的认证标准文件必须附在羊毛的"有机描述"后。

（2）有机羊毛产品（Organic Wool Product）。

①由有机生产羊毛加工制造；

②加工和/或转化的过程符合全球有机纺织品标准（GOTS）；

③必须是完全由达到全球有机纺织品标准或当地立法规定羊毛生产的纯羊毛产品；

④所有加工企业必须得到有机羊毛混纺产品认证。

（3）有机羊毛混纺产品（Organic Wool-containing Product）。

①由有机生产羊毛与其他经过认证的有机纤维混纺加工制造；

②产品中羊毛含量大于50%；

③转化的过程符合全球有机纺织品标准（GOTS）；

④加工企业必须得到认证；

⑤必须符合当地环保部门对工业废水处理的要求。

2. **生态羊毛**（Eco-wool）

（1）生态羊毛（Eco-wool）。

含脂毛的杀虫剂残留物不得超过欧盟生态标签（Eco-label）标准的规定。

（2）生态羊毛产品（Eco-Wool Product）。

①由生态羊毛加工制造；

②加工和/或转化的过程符合欧盟生态标签（Eco-label）相关标准；

③若当地立法规定高于欧盟生态标签（Eco-label）相关标准，加工企业必须服从当地环保部门对工业废水处理的要求。

（3）生态羊毛混纺产品（Eco-Wool-containing Product）。

①由生态羊毛与其他获得欧盟生态标签（Eco-label）认证的纤维混纺加工制造；

②产品中羊毛含量大于50%；

③加工和/或转化的过程符合欧盟生态标签（Eco-label）相关标准；

④若当地立法规定高于欧盟生态标签（Eco-label）相关标准，加工企业必须服从当地环保部门对工业废水处理的要求。

# 第二节　我国羊毛生产概况

我国的绵羊饲养在经历了多年品种引进、品种培育与杂交的品种改良、草场基地建设和新品种的培育后，绵羊的数量、质量均得到了很大的提高，绵羊存栏数由1949年的2622万只增加到2003年的15733万只，增长了5倍，占世界存栏量的14%。绵羊毛产量由新中国成立初的24700t，增长到2006年的3887770000t，增长了约15倍，占世界产毛量的14.4%。从而使我国成为世界第一大绵羊生产国和第二大羊毛生产国。

## 一、羊毛生产现状

虽然绵羊毛产量快速增长，但细羊毛占羊毛产量比重下降。自2000年以后，绵羊存栏及羊毛生产增长的幅度开始加速。在绵羊存栏中，以肉用和肉毛兼用型绵羊增长为主，这是全国羊肉市场快速膨胀的结果❶。尽管细毛羊存栏也出现增长，但细羊毛的增长速度远小于羊

---

❶ 以草原兴发、小肥羊为代表的肉羊龙头企业的发展、城乡居民对食物营养要求的提高导致了肉类消费结构的变化，牛羊肉在肉食结构中所占的比例大幅增加。

毛总量增长，细羊毛所占的比重仍呈下降的趋势。2009年，全国绵羊存栏达到1.34亿只，其中细毛羊存栏1698万只左右。绵羊毛和细羊毛产量分别达到36.4万吨和12.7万吨，比1995年的27.7万吨和11.3万吨分别增长31.4%和12.4%。在过去十多年间，细羊毛占绵羊毛的比重由1995年的40.9%下降到35%，下降了5.9%。见表1-2-6。

表1-2-6　1995~2009年细羊毛占绵羊毛的比重

| 年　份 | 绵羊毛产量（t） | 细羊毛产量（t） | 细羊毛/绵羊毛（%） |
|---|---|---|---|
| 1995 | 277376 | 113357 | 40.9 |
| 2000 | 292502 | 117386 | 40.1 |
| 2005 | 393172 | 127862 | 32.5 |
| 2007 | 363470 | 123920 | 34.1 |
| 2008 | 367687 | 123838 | 33.7 |
| 2009 | 364002 | 127352 | 35.0 |

资料来源：中国统计年鉴2011年。

自从1998年开始，由于羊毛和羊肉比价不合理，牧民纷纷用土种羊与细毛羊杂交，中国细毛羊出现严重的"倒改"❶现象，到2001年，整个细毛羊产业濒临崩溃。著名的伊犁细毛羊存栏由234万只锐减到不足70万只，和20世纪90年代初相比，下降幅度近70%。直到2002年中国细毛羊存栏数量和产毛量下滑的趋势才得到遏制。自2003年起，在经历了3年的增长后，2005年以后，由于羊肉价格不断攀升，毛肉价差越来越大，经济利益促使牧区转产情况普遍，牧区的细羊毛产量明显减少，2009年细羊毛产量向下波动至12.73万吨。

## （一）羊毛生产区域

从统计资料上看，全国约有十几个省生产细毛羊，新疆、内蒙古、吉林、河北、黑龙江为主要产区，甘肃、青海等省部分地区有优质细羊毛生产，但规模不大。据统计，2009年中国的绵羊存栏28452.2万只，年产羊毛364002t，其中细羊毛127352t，半细羊毛106760t。羊毛主产区主要集中在我国的北方及西部地区，羊毛年产量排全国前三位的是内蒙古102027t、新疆71600t和河北34588t，占全国羊毛总产量的57.2%；细羊毛产量排前三位的是内蒙古54234t、新疆25600t和吉林17088t，约占全国的78.2%；半细羊毛产量排前三位的是黑龙江20698t，河北16998t，内蒙古15509t，占全国产量的47%。

中国的细羊毛不像澳大利亚那样全部由牧区生产，中国绝大部分细羊毛是从牧区和半牧区生产的（表1-2-7）。

❶　细毛羊"倒改"是指将细毛羊与粗毛羊杂交、由同质毛羊变成异质毛羊的繁殖。西北细毛羊产区"倒改"是用细毛羊与阿勒泰羊、哈萨克羊与细毛羊杂交，内蒙古、吉林、黑龙江等地是用乌珠穆沁羊、小尾寒羊及国外的肉用种公羊与内蒙古细毛羊、东北细毛羊杂交。

表1-2-7　2009年绵羊毛牧区和半牧区产量分布情况

| 项目 | 全国（t） | 牧区（t） | 半牧区（t） | 牧区比例（%） | 半牧区比例（%） | 合计（%） |
|---|---|---|---|---|---|---|
| 绵羊毛 | 364002 | 42321 | 90271 | 11.62 | 24.80 | 36.42 |
| 细羊毛 | 127352 | 37305 | 55006 | 29.29 | 43.19 | 72.48 |
| 半细羊毛 | 113018 | 11301 | 14998 | 10 | 13.27 | 23.27 |

资料来源：《中国畜牧业年鉴》。

　　值得注意的是，近年来细毛羊的主产区出现了分化现象。在细毛羊生产滑坡的大环境下，部分地区出现了产量增长、质量提升的趋势。如内蒙古的乌审旗、敖汉；新疆的兵团、博州、拜城县；甘肃的肃南县；青海的三角城牧场等地，细毛羊先进生产技术的得到广泛应用，品种改良、穿羊衣、机械剪毛、分级打包等技术基本普及。但也有一些传统的细毛羊生产地区如新疆伊犁州、内蒙古正蓝旗、吉林的查干花及周围地区，细毛羊生产出现停滞不前甚至倒退的现象。目前细毛羊生产也因肉羊的冲击前景不容乐观。

### （二）羊毛品种结构

　　中国绵羊毛多年来一直是细羊毛占的比重较大，粗羊毛居第二位，半细羊毛排在第三位。1996年，半细毛产量超过了粗羊毛，这是细毛羊倒改的结果。1994~2009年细羊毛、半细羊毛、粗羊毛的产量构成如图1-2-1所示。

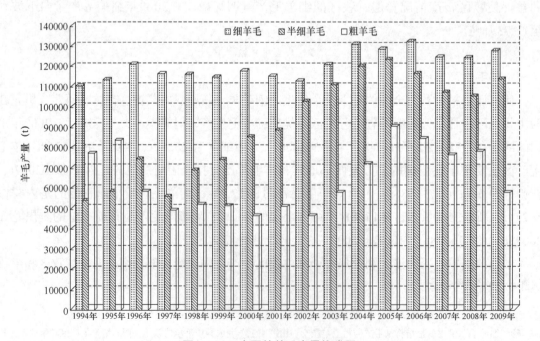

图1-2-1　中国的羊毛产量构成图

中国细羊毛主体细度以64~66支为主，近年来，部分地区开始发展超细型细毛羊，如新疆、河北、辽宁等地，尤其是新疆已经出现一定规模的超细型细毛羊种群。

## 二、羊毛生产方式（特点）

中国的细毛羊饲养方式包括三种：一是牧场，二是牧业小区专业户，三是分散的农牧户。农牧户是生产羊毛的主体，约有95%的羊毛是由农牧户生产的，农牧户生产特点如下。

### 1. 规模小，产量低

中国养羊业的规模很小，以小农户饲养为主。全国小农户所占的比例达98.4%，小农户提供的产品占73.1%，户均饲养规模仅5只，户场平均规模也仅有6.7只（表1-2-8）。牧区饲养规模稍高一些，全国牧区养羊户平均每户饲养量为71只左右。从新疆的调查看，每户饲养细毛羊平均100只以内，最少20几只，最多300~400只。羊毛产量从几十千克到几百千克。内蒙古乌审旗每户饲养量平均在200只左右，最大的为1000只。黑龙江省农户饲养细毛羊的规模明显偏大，专业户发育水平远高于其他地区，这与当地丰富的草场和耕地资源有关。2005年黑龙江省细毛羊年存栏在100~500只的专业户3985个，年存栏500~1000只的专业大户有1862个，年存栏1000只以上的大户（场）164个，占细毛羊总存栏的72%。最大的专业户在农区。

**表1-2-8　全国养羊规模状况**

| 小农户比例（%） | 小农户提供产品的比例（%） | 小农户平均规模（只/户） | 全体户场平均规模（只/户） |
|---|---|---|---|
| 98.4 | 73.1 | 5 | 6.7 |

资料来源：农业部农村经济研究中心，表中数据包括各种羊生产。

### 2. 居住分散，交通不便

牧民之间相距较远，部分牧民剪毛地点不通公路或通路条件差。

### 3. 混合饲养

由于利益驱使，除个别地区外，纯细毛羊养殖比例很低，绝大多数农牧户细毛羊与土种羊混养。

### 4. 舍饲圈养比例大

中国北方寒冷的气候条件，除极个别地区外，几乎所有的牧区都不能全年放牧，大部分细毛羊冬季要补饲。近两年实行退牧还草、禁牧、休牧等生态保护政策，使舍饲圈养的比例大幅度增加。

## 三、羊毛流通方式

中国的羊毛流通与国外有很大区别，小商贩在羊毛流通中发挥了极其重要的作用，但同时也阻碍了羊毛生产的发展。据调查分析表明，一般年景，约有90%以上的羊毛由小商贩入户或设点收购，并逐级销售给中商贩、代理商或经销商，最终销售给羊毛加工厂商（图

1-2-2）。羊毛收购中间环节多，缺乏质量控制机制，同时对牧民利益进行盘剥打压，影响了农牧民的生产积极性。

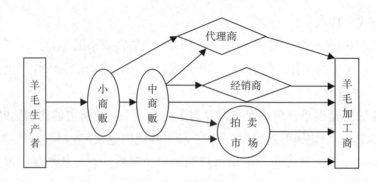

图1-2-2　羊毛流通渠道

## 四、羊毛质量

近几年优质细羊毛（指达到中高档毛纺需要、细度在21μm以下，品质支数64~70支的羊毛）产量不足全部细羊毛的1/10，近2/3的优质羊毛产自新疆。新疆羊毛细度一般在18~22μm，以20~21.5μm（66支）为主，占总量的50%，21.5μm以上（64支）的占总量的44%左右，18~20μm（70支）的占总量不足5%，细度小于18μm的占总量的1%左右。2006年5月23日至6月4日，南京羊毛市场、吉林省农科院及兵团农业局等有关单位和部门的专家，对兵团细毛羊主产区的四个师11个团场进行了普查，专家们认为，新疆兵团超细毛羊的发展状况良好，羊毛细度普遍达66~70支，20%的细毛羊达到80支，整体水平国内领先。

2003年以后，总体质量有所改善，根据新疆"萨帕乐"协会提供的数据显示，到2006年，羊毛细度提高0.5~0.8μm，洗净率提高5个百分点，长度提高5mm。但目前，"萨帕乐"牌优质细羊毛只占全疆细羊毛产量的3%~5%。全国经过南京羊毛市场拍卖的细羊毛只占全国产量的1%左右。2005年我国参加拍卖的五省区细羊毛主要技术指标见表1-2-9。

表1-2-9　2005年我国参加拍卖的五省区细羊毛主要技术指标

| 产地 | 总量（t） | 细度（μm） | | 毛丛长度（mm） | | 平均净毛率（%） |
|---|---|---|---|---|---|---|
| | | 细度范围 | 主体细度 | 平均长度 | >75mm所占比例（%） | |
| 新疆 | 596.05 | 18.1~23.0 | 20.1~21.5 | 73.46 | 40.45 | 58.87 |
| 内蒙古 | 72.42 | 20.1~21.5 | 20.1~21.5 | 79.58 | 100.00 | 51.31 |
| 吉林 | 10.70 | 18.1~21.5 | 20.1~21.5 | 85.75 | 100.00 | 44.78 |
| 青海 | 71.42 | 21.1~23.0 | 21.6~23.0 | 73.63 | 31.37 | — |
| 甘肃 | 258.40 | 21.1~23.0 | 21.6~23.0 | 74.69 | 20.82 | 51.70 |

由于我国绝大部分细毛羊产区均位于高纬度、冬季漫长寒冷牧区的地理位置，绵羊圈养时间长、补饲不足，羊毛单根纤维细度不一；部分产区海拔高、紫外线强；大部分改良品种

被毛密度差，春季风沙又大，净毛率低；另外羊毛收购地头交货，统毛统价。以上因素均对羊毛的品质造成很大影响。

# 第三节　澳大利亚的羊毛业

## 一、澳大利亚羊毛出口和生产情况

澳大利亚的羊毛业居世界首位，羊毛是最主要的出口商品之一，生产的羊毛95%用于出口。由于产量在逐年下降，澳大利亚统计局数据显示，包括原油毛、洗净毛、炭化毛、毛条、精短毛和废毛的纤维出口的数量均在下降（表1-2-10）。

表1-2-10　澳大利亚羊毛纤维出口数量　　　　　　　　单位：t

| 国家/地区 | 年度 | | | | | | | | | | |
|---|---|---|---|---|---|---|---|---|---|---|---|
| | 2000 | 2001 | 2002 | 2003 | 2004 | 2005 | 2006 | 2007 | 2008 | 2009 | 2010 |
| 中国 | 165357 | 170211 | 137284 | 92477 | 149010 | 171650 | 177370 | 182158 | 158748 | 257127 | 270863 |
| 印度 | 29551 | 25997 | 20644 | 16089 | 18863 | 20112 | 23005 | 16017 | 15431 | 23854 | 28750 |
| 意大利 | 89370 | 79333 | 57750 | 43634 | 39633 | 33786 | 32297 | 22481 | 20143 | 20265 | 10935 |
| 捷克 | 13092 | 12583 | 7497 | 7013 | 9520 | 8944 | 13754 | 9947 | 8732 | 8642 | 11355 |
| 韩国 | 26740 | 27273 | 26392 | 11420 | 5509 | 4754 | 4608 | 3273 | 4068 | 5074 | 9686 |
| 中国台湾 | 31893 | 24491 | 22718 | 13536 | 14378 | 10922 | 10421 | 2165 | 221 | 2522 | 7090 |
| 日本 | 15474 | 13126 | 9843 | 6310 | 5672 | 4266 | 4789 | 3695 | 2492 | 2028 | 3211 |
| 美国 | 10048 | 5943 | 3926 | 1781 | 2309 | 2122 | 2210 | 1316 | 848 | 897 | 2101 |
| 德国 | 23953 | 17653 | 13283 | 10474 | 9288 | 3469 | 4852 | 1208 | 648 | 641 | 721 |
| 法国 | 20674 | 21858 | 16204 | 14283 | 8306 | 2895 | 562 | 119 | 171 | 54 | — |
| 西班牙 | 10680 | 6239 | 4361 | 2084 | 2455 | 1711 | 997 | 730 | 118 | 38 | — |
| 其他国家 | 55352 | 50269 | 39644 | 36757 | 45424 | 38292 | 28572 | 44400 | 37702 | 32345 | 15668 |
| 总计 | 492184 | 454976 | 359546 | 255858 | 310367 | 302923 | 303437 | 287509 | 249322 | 351459 | 360380 |

澳大利亚生产的大部分是美利奴羊毛，约占总产量86.4%。由于常年干旱和羊毛收益减弱，羊毛在农产品中的优势明显下降，近年来澳大利亚羊毛产量逐年下降。澳大利亚羊毛产量情况见表1-2-11。

表1-2-11　澳大利亚羊毛产量情况　　　　　　　　单位：万吨

| 年度 | 1945/1946 | 1950/1951 | 1960/1961 | 1970/1971 | 1980/1981 | 1988/1989 | 1989/1990 | 1990/1991 | 1999/2000 | 2000/2001 |
|---|---|---|---|---|---|---|---|---|---|---|
| 原毛产量 | 36.94 | 46.69 | 66.77 | 80.06 | 63.79 | 89.89 | 102.94 | 98.96 | 61.90 | 60.20 |
| 年度 | 2001/2002 | 2002/2003 | 2003/2004 | 2004/2005 | 2005/2006 | 2006/2007 | 2007/2008 | 2008/2009 | 2009/2010 | 2010/2011 |
| 原毛产量 | 55.50 | 49.90 | 47.50 | 47.50 | 46.10 | 43.00 | 40.00 | 35.50 | 34.30 | 33.50 |

## 二、澳大利亚羊毛特征

2009/2010羊毛年度澳大利亚的美利奴羊毛占86.5%，杂交种毛半细毛和粗羊毛占13.5%。澳大利亚美利奴羊毛分为超细型、细支型和中细型，细度范围15~25μm，澳大利亚美利奴羊毛的主体细度为19~21μm，约占总量的52.1%，18μm以细的超细羊毛约占17.3%；25μm以粗的羊毛约占13.5%，如图1-2-3所示。

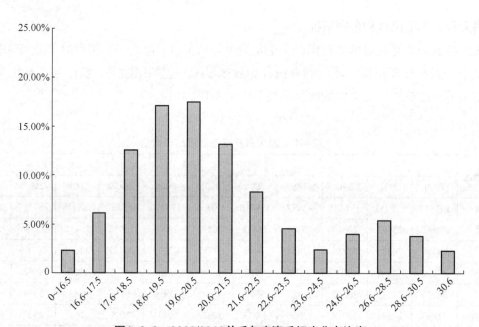

图1-2-3　2009/2010羊毛年度澳毛细度分布比率

### 1. 澳大利亚绵羊品种

澳大利亚最主要的品种是美利奴羊。其他在澳大利亚羊群中占优势的纯种是波尔华斯羊、考力代羊和边区莱斯特羊。澳大利亚有很多不同的绵羊品种，大多数是纯种羊，有一小部分是杂交种。

（1）澳大利亚美利奴羊羊种占澳大利亚全部毛用绵羊的83%左右。澳大利亚美利奴羊的基本品系有三个，即细毛型美利奴羊（萨克森"Saxony"种血统）、中毛型美利奴羊（丕宾"Peppin"种血统）、粗壮型美利奴羊（南澳大利亚"South Australian"种血统）。以上三个品系主要以它们所生长的地区而著称、主要分布地带大致如下：

①细毛型美利奴羊（含萨克森血统，19μm），主要分布在新南威尔士的台地、维多利亚的西部地区、昆士兰和塔斯马尼亚。

②中毛型美利奴羊（丕宾种，21μm），主要分布在新南威尔士中西部的利凡利那地区、昆士兰的中部。

③粗壮型美利奴羊（南澳大利亚种，23μm）。主要分布在南澳大利亚、新南威尔士的西部和西北部、西澳大利亚和昆士兰。

（2）其他品种。澳大利亚亦有很多其他羊种和杂交羊种，包括澳大拉西亚（Australasian，指澳大利亚、新西兰及附近南太平洋诸岛的总称）的羊种。例如波尔华斯羊和考力代羊以及许多英国羊种，包括边区莱斯特羊、罗姆尼沼泽地羊，有角杜塞特羊和萨福克羊。这些羊种经常与美利奴羊杂交，以培育出既产羊毛又产羊肉的两用羊。

（3）超细羊毛。1990年以来，澳大利亚在决策收缩牧羊头数的同时，着手于改变羊群结构，着意逐步收缩粗、中和一般细毛绵羊的头数，发展更细的毛用绵羊数量。经过十余年的发展，已经形成规模，并于21世纪初，经与多国协商并与专家讨论后对名词术语提出并通过了新的定义，见表1-2-12。按此定义，将原来的"细绒毛"和"细绵羊毛"及"细毛"改称为"中细毛"（mid-micro wool），而将平均直径19.5μm及以下的绵羊毛称为超细绵羊毛。

表1-2-12 细绵羊毛术语新定义

| 平均直径范围（μm） | 英文术语 | 暂用译名 |
| --- | --- | --- |
| 20～25 | mid-micro wool | 中细绵羊毛 |
| 18.6～19.5 | fine wool | 细绵羊毛 |
| 17.0～18.5 | superfine wool | 超细绵羊毛 |
| 15.0～16.9 | extrafine wool | 特细绵羊毛 |
| 14.9及以下 | ultrafine wool | 极细绵羊毛 |

超细羊毛的主要生产地在澳大利亚的西南和东南部地区。一般来讲，越往南（比较冷的地区），培育出来的细度会越细。但是到了16μm以下的羊种会变得很"娇气"，非常不容易饲养。这类的羊一般是采用圈养的方法。这也就是为什么纤维的生产成本增加的原因。而大部分的18～19μm细度的羊毛主要产自维多利亚州、新南威尔士州南部，南澳大利亚州南部以及西澳大利亚州的南部。如果说发源地的话，则主要是先从塔斯马尼亚和维多利亚州开始的。

目前看，只有利用美利奴羊种的羊毛可以生产这类纤维。而其他的羊种不具备改良的条件。

2. 澳大利亚羊毛品质综述

澳大利亚美利奴羊毛以手感柔软、弹性好、色泽洁白有光泽而著称。从细于11μm的超细型羊毛到25μm的粗壮型美利奴羊以及各类长度、品位档次的各种商品规格型号的羊毛，常年上市的达二三百种。对各种精纺、粗纺产品用毛，可挑选的范围很广。近年来，澳大利亚羊毛细度分布见表1-2-13、表1-2-14。

表1-2-13 1991～2004年度澳大利亚羊毛细度分布比例（%）

| 年度 | 羊毛细度（μm） | | | | | | | | | | |
| --- | --- | --- | --- | --- | --- | --- | --- | --- | --- | --- | --- |
| | <18.5 | 19 | 20 | 21 | 22 | 23 | 24 | 25/26 | 27/28 | 29/30 | >30 |
| 1991/1992 | 4.00 | 7.90 | 15.20 | 21.50 | 20.00 | 13.40 | 7.10 | 5.50 | 2.90 | 1.60 | 1.00 |
| 1992/1993 | 20.20 | 5.40 | 12.00 | 19.90 | 20.60 | 15.60 | 10.00 | 7.90 | 3.00 | 1.90 | 1.60 |

续表

| 年度 | 羊毛细度（μm） | | | | | | | | | | |
|---|---|---|---|---|---|---|---|---|---|---|---|
| | <18.5 | 19 | 20 | 21 | 22 | 23 | 24 | 25/26 | 27/28 | 29/30 | >30 |
| 1993/1994 | 3.00 | 6.50 | 12.10 | 18.80 | 20.80 | 15.70 | 10.00 | 7.40 | 2.80 | 1.90 | 1.70 |
| 1994/1995 | 4.20 | 8.60 | 15.20 | 20.90 | 19.90 | 13.00 | 7.00 | 4.70 | 2.30 | 2.00 | 1.70 |
| 1995/1996 | 3.90 | 8.20 | 15.30 | 20.80 | 18.50 | 13.20 | 8.10 | 6.00 | 2.70 | 1.80 | 1.60 |
| 1996/1997 | 4.80 | 9.70 | 15.30 | 20.20 | 18.30 | 13.10 | 7.40 | 5.30 | 2.30 | 1.90 | 1.80 |
| 1997/1998 | 5.90 | 9.80 | 14.80 | 19.40 | 18.30 | 12.80 | 7.70 | 5.40 | 2.60 | 1.80 | 1.50 |
| 1998/1999 | 5.40 | 8.80 | 14.60 | 19.60 | 18.60 | 14.00 | 7.60 | 5.10 | 2.70 | 2.00 | 1.50 |
| 1999/2000 | 5.30 | 9.30 | 14.40 | 19.10 | 18.20 | 13.60 | 7.70 | 5.20 | 2.90 | 2.40 | 1.90 |
| 2000/2001 | 6.70 | 11.10 | 15.70 | 18.50 | 16.40 | 11.40 | 6.80 | 5.10 | 3.60 | 2.80 | 1.90 |
| 2001/2002 | 9.50 | 14.40 | 19.90 | 18.90 | 12.90 | 7.70 | 4.10 | 3.70 | 3.80 | 3.10 | 1.90 |
| 2002/2003 | 14.60 | 15.70 | 18.90 | 17.60 | 12.00 | 6.60 | 2.90 | 3.40 | 3.70 | 2.90 | 1.70 |
| 2003/2004 | 14.20 | 15.80 | 18.30 | 16.60 | 11.90 | 7.50 | 3.60 | 3.50 | 3.80 | 2.90 | 1.80 |

表1-2-14　2004～2010年度澳大利亚羊毛细度分布比例（%）

| 年度 | 羊毛细度（μm） | | | | | | | | | | | |
|---|---|---|---|---|---|---|---|---|---|---|---|---|
| | <16.5 | 17 | 18 | 19 | 20 | 21 | 22 | 23 | 24 | 25/26 | 27/28 | 29/30 | >30 |
| 2004/2005 | 1.2 | 4.2 | 10.5 | 16.5 | 18.7 | 16.0 | 10.7 | 6.2 | 3.2 | 3.6 | 4.1 | 3.1 | 2.0 |
| 2005/2006 | 1.5 | 4.7 | 9.7 | 15.1 | 18.7 | 17.1 | 11.5 | 5.9 | 2.9 | 3.9 | 4.5 | 2.9 | 1.5 |
| 2006/2007 | 2.0 | 5.9 | 11.8 | 15.9 | 17.0 | 14.0 | 9.9 | 6.2 | 4.3 | 4.4 | 3.2 | 2.1 | |
| 2007/2008 | 2.0 | 5.3 | 10.9 | 16.8 | 18.4 | 14.3 | 9.2 | 5.5 | 5.5 | 4.1 | 4.8 | 3.6 | 2.2 |
| 2008/2009 | 2.0 | 5.1 | 10.2 | 16.5 | 19.6 | 16.0 | 9.6 | 4.9 | 4.9 | 3.7 | 4.5 | 3.5 | 1.8 |
| 2009/2010 | 2.3 | 6.2 | 12.6 | 17.1 | 17.5 | 13.2 | 8.4 | 4.6 | 2.5 | 4.1 | 5.4 | 3.8 | 2.3 |

　　澳大利亚供应的羊毛规格齐全，同批羊毛质量比较均匀，品质比较优良，花毛和死毛含量极少。澳大利亚杂交种羊毛在过去以品质支数作为规格买毛时，常比新西兰的同支毛稍细，回交种羊毛（58～60支）的质量也较高，但含杂草通常稍高于新西兰的同类型羊毛。澳大利亚羊毛的平均洗净率约为64%～65%，但中高档套毛的净毛率一般在70%以上。

　　3. 澳大利亚毛型号与品位

　　（1）羊毛型号是羊毛商品规格的说明，比羊毛的分级更细致。但型号本身只有相对意义，而且型号也不断发展和充实，目前，型号已与客观检验结果结合起来，并过渡到用技术指标直接购买羊毛，如在采购原毛时，以羊毛纤维细度、毛丛长度、毛丛强度等主要指标来衡量羊毛质量，而不再使用品质支数。20世纪90年代起澳毛拍卖开始不采用型号，而是用微米（μm）作为规格进行交易。见表1-2-15。

表1-2-15　2011/2012年度第二周澳大利亚羊毛拍卖市场行情

| 类别<br>（μm） | 地 区 | | | | | | | | |
|---|---|---|---|---|---|---|---|---|---|
| | 北部 悉尼2 | | | 南部 墨尔本2 | | | 西部 弗里曼特2 | | |
| | 2011/7/13 | 2011/7/7 | 涨跌 | 2011/7/13 | 2011/7/7 | 涨跌 | 2011/7/13 | 2011/6/30 | 涨跌 |
| 16.5 | 2620n | 2680n | −60 | 2591n | — | | — | — | — |
| 17 | 2384n | 2400n | −16 | 2313 | 2316n | −3 | — | — | — |
| 17.5 | 2185n | 2187n | −2 | 2168 | 2181 | −13 | — | — | — |
| 18 | 1964 | 1996 | −32 | 1954 | 1966 | −12 | — | 1948n | — |
| 18.5 | 1793 | 1803 | −10 | 1800 | 1776 | 24 | 1766n | 1807n | — |
| 19 | 1668 | 1666 | 2 | 1665 | 1650 | 15 | 1646 | 1716 | −70 |
| 19.5 | 1570 | 1560 | 10 | 1579 | 1559 | 20 | 1562 | 166 | −54 |
| 20 | 1493 | 1484 | 9 | 1498 | 1487 | 11 | 1461 | 1522 | −61 |
| 21 | 1439 | 1423 | 16 | 1449 | 1427 | 22 | 1423 | 1446 | −23 |
| 22 | 1390n | 1386n | 4 | 1403 | 1385 | 18 | 1349n | 1401n | −52 |
| 23 | 1266n | 1282n | −16 | 1287 | 1249n | 38 | 1261n | 1286n | −25 |
| 24 | — | — | | 1097 | | | — | — | — |
| 25 | — | — | | 898 | | | — | — | — |
| 26 | — | 885n | | 851 | 875n | −24 | — | — | — |
| 28 | 694 | 680 | 14 | 668 | 677n | −9 | — | — | — |
| 30 | 616 | 618 | −2 | 609 | 620 | −11 | — | — | — |
| 32 | 565n | 560n | 5 | 566 | 567 | −1 | — | — | — |
| 其他 | 801 | 796 | 4 | 792 | 835 | −43 | 791n | 799n | −8 |

注　n表示"名义额"，意思是在某种型号羊毛交易量不足的情况下，计算出来的价格。

目前，澳大利亚羊毛型号表中的部分套毛型号在中国市场上继续沿用，由于采购的套毛与型号表中的表述略有不同被称之为："中国型号"。请见澳大利亚羊毛型号表（表1-2-16~表1-2-18）。

表1-2-16　澳大利亚美利奴精梳套毛型号

| 细度<br>（μm） | 纺纱级套毛 | | | 优级梳条用套毛 | | | 良级梳条用套毛 | | | 可级梳条用套毛 | | | 低级梳条用套毛 | | |
|---|---|---|---|---|---|---|---|---|---|---|---|---|---|---|---|
| | A | B | C | A | B | C | A | B | C | A | B | C | A | B | C |
| 17.0~<br>17.4 | 34<br>M85 | 43PP<br>84~76 | 49PP<br>75~67 | — | — | — | — | — | — | — | — | — | — | — | — |
| 17.5~<br>17.9 | 35<br>M86 | 43P<br>85~77 | 49P<br>76~68 | 54PP<br>75~68 | 60PP<br>84~78 | 65PP<br>75~68 | 70PP<br>M83 | 76PP<br>82~74 | 82PP<br>72~66 | 87PP<br>M81 | 92PP<br>80~72 | 97PP<br>71~66 | E87PP<br>M79 | E92PP<br>78~69 | E97PP<br>68~57 |
| 18.0~<br>18.5 | 37<br>M87 | 43<br>86~78 | 49<br>77~68 | 54P<br>M85 | 60P<br>85~77 | 65P<br>76~68 | 70P<br>M84 | 76P<br>83~75 | 82P<br>74~66 | 87P<br>M82 | 92P<br>81~73 | 97P<br>72~66 | E87P<br>M82 | E92P<br>79~70 | E97P<br>69~57 |

续表

| 细度<br>（μm） | 纺纱级套毛 | | | 优级梳条用套毛 | | | 良级梳条用套毛 | | | 可级梳条用套毛 | | | 低级梳条用套毛 | | |
|---|---|---|---|---|---|---|---|---|---|---|---|---|---|---|---|
| | A | B | C | A | B | C | A | B | C | A | B | C | A | B | C |
| 18.6~<br>19.5 | 38<br>M89 | 44<br>88~79 | 50<br>78~68 | 54<br>M88 | 60<br>87~78 | 65<br>77~68 | 70<br>M86 | 76<br>85~76 | 82<br>75~66 | 87<br>M84 | 92<br>83~74 | 97<br>73~66 | E87<br>M84 | E92<br>81~71 | E97<br>69~57 |
| 19.6~<br>20.5 | 39<br>M91 | 45<br>90~81 | 51<br>80~69 | 55<br>M90 | 61<br>89~80 | 66<br>79~69 | 71<br>M88 | 77<br>87~78 | 83<br>77~67 | 87A<br>M86 | 92A<br>85~76 | 97A<br>76~68 | E87A<br>M84 | E92A<br>83~73 | E97A<br>72~57 |
| 20.6~<br>21.5 | 40<br>M93 | 46<br>92~82 | 52<br>81~70 | 56<br>M92 | 62<br>91~81 | 67<br>80~70 | 72<br>M90 | 78<br>89~79 | 84<br>78~68 | 88<br>M88 | 93<br>87~77 | 98<br>76~68 | E88<br>M85 | E93<br>84~74 | E98<br>75~58 |
| 21.6~<br>22.5 | 41<br>M94 | 47<br>93~83 | 53<br>82~71 | 57<br>M93 | 63<br>92~82 | 68<br>81~71 | 73<br>M91 | 79<br>90~80 | 85<br>79~69 | 89<br>M89 | 94<br>88~78 | 99<br>77~69 | E89<br>M86 | E94<br>85~75 | E99<br>74~59 |
| 22.6~<br>23.5 | 42<br>M95 | 48<br>94~84 | — | 58<br>M94 | 64<br>93~83 | 69<br>82~72 | 74<br>M92 | 80<br>91~81 | 86<br>80~70 | 90<br>M90 | 95<br>89~79 | 100<br>78~70 | E90<br>M87 | E95<br>86~76 | E100<br>75~60 |
| 23.6~<br>24.5 | 42A<br>M96 | 48A<br>95~85 | — | 59<br>M95 | 64A<br>94~84 | 69A<br>83~73 | 75<br>M95 | 81<br>92~82 | 86A<br>81~71 | 91<br>M91 | 96<br>90~80 | 101<br>79~71 | E91<br>M88 | E96<br>87~77 | E101<br>87~77 |

表1-2-17　澳大利亚美利奴边坎毛型号（PCS）

| 细度（μm） | 优级 | 良好 | 一般 | 稍短 | 短毛 | 特短 |
|---|---|---|---|---|---|---|
| 18.5 | 140P<br>M82 | 146PP<br>M79 | 156<br>78~73 | 161P<br>72~66 | 165P<br>65~57 | 169P<br>Max56 |
| 18.6~19.5 | 140<br>M83 | 146P<br>M80 | 157<br>79~73 | 161<br>72~66 | 166<br>65~57 | 169<br>Max56 |
| 19.6~20.5 | 141<br>M85 | 146<br>M82 | 158<br>80~74 | 162<br>73~67 | 166<br>66~58 | 170<br>Max57 |
| 20.6~21.5 | 142<br>M86 | 147<br>M82 | 159<br>81~74 | 163<br>73~67 | 167<br>66~58 | 171<br>Max57 |
| 21.6~22.5 | 143<br>M86 | 148<br>M83 | 159A<br>82~75 | 163A<br>74~68 | 167A<br>67~59 | 172<br>Max58 |
| 22.6~23.5 | 144<br>M87 | 149<br>M84 | 160<br>83~75 | 164<br>74~68 | 168<br>67~59 | 172A<br>Max58 |
| 23.6~24.5 | 145<br>M88 | 150<br>M85 | 160A<br>84~76 | 164A<br>75~69 | 168A<br>68~60 | 173<br>Max59 |

表1-2-18　澳大利亚杂交套毛型号

| 细度<br>（μm） | 最优级 | 超优级 | 优级 | 良好 | 一般 | 低级 | 长 | 中 | 短 | 特短 |
|---|---|---|---|---|---|---|---|---|---|---|
| 19.5以细 | 400PP<br>M97 | 410PP<br>M97 | 420PP<br>M92 | 430PP<br>M87 | 440PP<br>M80 | E440PP<br>M80 | 650PP<br>86~72 | 660PP<br>79~61 | 670PP<br>60~48 | 680PP<br>Max47 |
| 19.6~20.5 | 400P<br>M99 | 410P<br>M99 | 420P<br>M94 | 430P<br>M89 | 440PP<br>M82 | E440P<br>M82 | 650P<br>88~74 | 660P<br>81~63 | 670P<br>62~48 | 680P<br>Max47 |
| 20.6~21.5 | 400<br>M100 | 410<br>M100 | 420<br>M95 | 430<br>M90 | 440<br>M83 | E440<br>M83 | 650<br>89~75 | 660<br>82~64 | 670<br>63~49 | 680<br>Max48 |

续表

| 细度（μm） | 最优级 | 超优级 | 优级 | 良好 | 一般 | 低级 | 长 | 中 | 短 | 特短 |
|---|---|---|---|---|---|---|---|---|---|---|
| 21.6~22.5 | 401 M101 | 411 M101 | 421 M96 | 431 M91 | 441 M84 | E441 M84 | 651 90~76 | 661 83~65 | 671 64~50 | 681 Max49 |
| 22.6~23.5 | 402 M102 | 412 M102 | 422 M97 | 432 M92 | 442 M85 | E442 M85 | 652 91~77 | 662 84~66 | 672 65~51 | 682 Max50 |
| 23.6~24.5 | 402A M105 | 412A 103 | 422A M98 | 432A M93 | 442A M86 | E442A M86 | 652A 92~78 | 662A 85~67 | 672A 66~52 | 682A Max51 |
| 24.6~25.5 | 403 M108 | 413 M104 | 423 M99 | 433 M94 | 443 M87 | E443 M87 | 653 93~79 | 663 86~68 | 673 67~53 | 683 Max52 |
| 25.6~26.5 | 403A M110 | 413A M105 | 423A M100 | 433A M95 | 443A M88 | E443A M88 | 653A 94~80 | 663A 87~69 | 673A 68~54 | 683A Max53 |
| 26.6~27.5 | 404 M112 | 414 M107 | 424 M102 | 434 M97 | 444 M90 | E444 M90 | 654 96~82 | 664 89~71 | 674 70~56 | 684 Max55 |
| 27.6~28.5 | 404A M115 | 414A M110 | 424A M105 | 434A M100 | 444A M93 | E444A M93 | 654A 99~84 | 664A 92~72 | 674A 71~57 | 684A Max56 |
| 28.6~30.5 | 405 M117 | 415 M112 | 425 M107 | 435 M102 | 445 M94 | E445 M95 | 655 101~86 | 665 93~73 | 675 72~58 | 685 Max57 |
| 30.6~32.5 | 406 M120 | 416 M115 | 426 M110 | 436 M105 | 446 M98 | E446 M98 | 656 105~88 | 666 97~74 | 676 73~59 | 686 Max58 |
| 32.6~34.5 | 407 M122 | 417 M117 | 427 M112 | 437 M117 | 447 M9 | E447 M99 | 657 109~90 | 667 98~75 | 677 74~60 | 687 Max59 |
| 34.6~36.5 | 408 M125 | 418 M120 | 428 M115 | 438 M110 | 448 M100 | E448 M100 | 658 111~90 | 668 99~75 | 678 74~60 | 688 Max59 |
| 36.6以上 | 409 M130 | 419 M125 | 429 M120 | 439 M115 | 449 M100 | E449 M100 | 659 114~90 | 669 99~75 | 679 74~60 | 689 Max59 |

注　本表为澳大利亚羊毛公司（AWC）1991年发表。型号后的P表示高于原型号一个等级的补充型号；A表示低于原型号一个等级的补充型号；M表示毛丛长度，单位为mm。

（2）羊毛品位是综合性的羊毛品质概念，一般包括色泽、毛丛形态、长度、强度、含杂及弹性、手感等。品位兼有位次的含义，品位档次越高，羊毛品质越好。

4. 毛包刷唛

澳大利亚要求毛包是新的包装袋，目前使用尼龙袋皮，以解决染色问题。毛包刷唛的通则如图1-2-4、图1-2-5所示。

（1）美利奴羊毛分级说明后的文字是M，如AAAM、AM等。

（2）杂交种羊毛的文字代号视细度而有区别，例如回交种羊毛（Comcback）的代号为CBK；较细的杂交种羊毛的代号为Fx；中间细度的杂交种羊毛的代号为Mx；较粗的杂交种羊毛的代号为Cx等。

（3）AAA一般代表是一个牧场主线，是一个分级单元中最好的套毛，AA代表次于主线的套毛（毛稍短，或油汗杂质稍多）；A代表长度短的套毛，有时也代表有毛病而剔出来的套毛；COM代表比主线稍粗的套毛（只在传统分级中分出）；BBB代表美利奴套毛中分出的最粗毛。

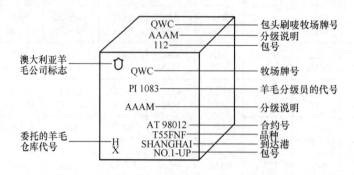

图1-2-4 澳大利亚毛包刷唛

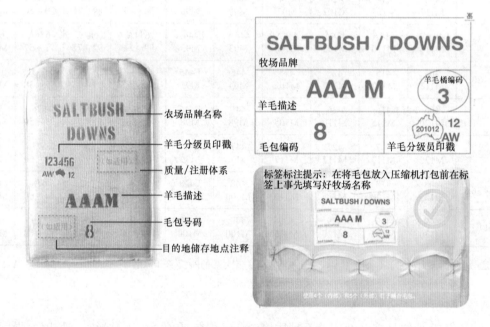

图1-2-5 澳大利亚毛包刷唛

（4）剔出毛的刷唛分级标记见表1-2-19。

表1-2-19 澳大利亚羊毛剔除毛刷唛分级标记

| 缺陷套毛 | 刷唛分级标记 | 零次毛 | 刷唛分级标记 |
|---|---|---|---|
| 弱节毛 | TDR | 头档边毛 | BKN，AAAPCS |
| 毡片毛 | COT | 低档边毛 | PCS |
| 变色毛 | COL | 颈部毛 | NKS |
| 卷曲不正常毛 | DGY | 背部毛 | BKS |
| 皮炎感染毛 | DER | 腹部毛 | BLS |

续表

| 缺陷套毛 | 刷唛分级标记 | 零次毛 | 刷唛分级标记 |
|---|---|---|---|
| 黑毛 | BLK | 下脚毛 | LKS, LX |
| 超期剪毛 | OG | 污渍毛 | STN |

（5）澳毛的各种标志见表1-2-20。

表1-2-20　澳毛的各种标志

| 标　　志 | | 表　示　内　容 |
|---|---|---|
| 规格的前标 | CC | 粗纺用毛，服装散毛（clothing wool） |
| | TG | 梳条用毛（topmaking fleece） |
| | PG | 造纸毛毯用毛（paper felting） |
| | CF | 洗净毛（scoured wool） |
| 型号的标志 | F | 色泽正常或偶有变色的毛 |
| | H | 部分脂黄色毛 |
| | J | 脂黄色毛 |
| | M | 24μm以上的粗美利奴毛 |
| | R | 腹部毛 |
| | V | 弱节毛 |
| | W | 部分弱节毛 |
| 型号的后标<br>（植物性杂质标志） | F | 0.5%以下（精纺用毛） |
| | FNF | 1%以下（精纺用毛） |
| | B | 1%～3%（精纺用毛） |
| | C | 3%～6%（精纺用毛） |
| | S | 少量的草或植物质 |
| | L | 中量至多量的草 |
| | Y | 少量的草刺或草籽 |
| | C | 2%～6%的植物性杂质，供炭化毛，批量较少（零头） |
| | K | 炭化用毛 |
| | T | 已经炭化的毛 |

　　毛包的标记，特别是毛包内容的描述对从打包直至羊毛被加工前，对毛包内羊毛的相对商业特征起着重要的确认作用。

　　大部分的套毛现在经过纤维直径、草杂含量、洗净率、毛丛长度和强度的客观检测。毛包描述的主要作用是向买家强调预期风险和不能被客观检测的特征品质。例如：结块毛会影响羊毛加工效果但不能被客观量化。

（6）毛包描述。

在澳大利亚羊毛交易所（AWEX）为牧民培训的2010～2012羊毛分级员《操作守则》中引入了一套带有四个简单、结构性强，含有四个变量，从左至右原则的简化的毛包描述系统。此描述需包括：

①分级分等质量等级，如AAA，COL，STN。

②指定的羊种，如美利奴（M）或优良杂交（FX）。

③经过验证的羊毛种类，如碎片毛（PCS），腹部毛（BLS）。

④如适用，对有色和有髓纤维的描述，如R,Y或K。

例如：

分级分等　羊种　羊毛种类　　毛包描述
$\boxed{AAA}$ + $\boxed{M}$ + $\boxed{PCS}$ = $\boxed{AAA\ M\ PCS}$

在《操作守则》中对毛包描述使用的规则如下：

①分级等级表示分级员已经按照本操作守则中的原则准备或分级此羊毛批。每一不同分等级反映不同的加工结果。套毛和劣质等级羊毛强制使用分级等级，非套毛可选择使用。如适用，使用劣质等级。

②羊种向买家提示潜在的基因风险和/或该羊种通常的特质。羊种描述符号是强制使用的，并被使用在所有等级羊毛上。由于澳洲羊只统计数字的变化和对延续整条羊毛产业链的纤维管理工具的需要，对羊种的清楚标示变得越来越重要。

③羊毛种类传达了所收获和准备的羊毛部分的基本羊毛种类的信息。每一不同羊毛种类反映不同的加工结果。成年套毛羊毛不属于任何羊毛种类，不用填写该信息（例如，AAAFX）。

④有色/有髓纤维标示了在等级羊毛中有色（Y）或有髓（K）纤维风险或实际存在的情况。R，Y或者K后缀在适用时必须使用。

羊毛分级员必须确保使用充分的毛包描述合理描述羊毛包内的内容。羊毛分级员不得使用不符合实际情况的毛包描述。

《操作守则》中要求羊毛包的编码应被标注于羊毛包名牌，羊毛记录簿，AWEX标签和羊毛分级员详细说明上。这种做法可以帮助在剪羊棚内和记录文件上管理和追踪（同一毛包描述的）不同品质特征的羊毛。

羊毛分级员可以选择以下几种建议的标记方法做羊毛包编码，例如：

a.数字编码：例如：1=主流等级，2=多弱节，3=轻微带色等

b.字母编码：例如：B=较粗，C=轻微带色，T=多弱节等

c.使用某客观检测结果：例如，17μm，17.5μm/18μm/18.5μm等，见图1-2-6。

毛包描述分为美利奴羊毛分级、超细支/极细支美利奴羊毛分级和杂交羊羊毛分级，见表1-2-21~表1-2-25。

表1-2-21　美利奴羊毛的分级

| 等级 | 美利奴套毛羊毛的分级标准 | 毛包描述 |
|---|---|---|
| 优等套毛等级 | 只用于纯美利奴羊毛，只有在羊毛分级员认为有必要从羊群中选出并强调此羊毛的特殊优良品质时才使用。不可以或只能带有极少的差别和杂质（如长度和强度的差别，有色毛和/或草杂） | AAAA　M |
| 主流套毛等级 | 羊群中羊毛的主要等级。所有羊毛特征必须一致。不同羊群中剪下的AAA　M等级羊毛可能会有差别，但同一批中的羊毛纤维直径、长度、强度、色泽和草杂含量不应该不同。与主流羊毛明显不同的羊毛应区分出来并分到优等、次等或劣等羊毛中 | AAA　M |
| 根据可检测特征划分出的次等套毛等级 | 粗套毛等级——只有在目测纤维直径明显粗于主流等级羊毛时才划分此等级（2μm或差别于主流等级的第四种支数羊毛） | AAA　M |
| | 短套毛等级——只有在羊毛明显短于主流等级羊毛时才划分此等级 | AAA　M |
| | 低张力强度——只有在纤维强度明显低于主流等级羊毛才划分此等级。脆断羊毛参见劣质等级 | AAA　M |
| | 多草杂质——只有在不同或同一套毛上的草杂质严重分布不匀时，并当草杂质的剔除显著改变了每一套毛草杂质特征时才使用此等级。如果被剔除的部分为颈部毛或背部毛，应将其相应描述为M　NKS，M　BKS | AAA　M |
| 非可检测的次等套毛等级 | 只有在羊毛非可检测特征次于主流套毛，但问题又没有劣质等级严重时才作此分级。如：轻微/中度不可洗净颜色，可洗净色泽，轻微结块，或可能不会被抓样检测到的较短毛 | AA　M |
| | 轻微不可洗净颜色套毛——在从主要套毛等级中分出轻微不可洗净颜色时作此分级。重度或密集的颜色，例如有腐烂的套毛应被分入不能洗净颜色劣质等级（见劣质等级） | AA　M |
| | 轻微结块套毛——在从主要套毛等级中分出轻微结块毛时作此分级。中度或重度的结块毛必须被分入中度/重度结块毛劣质等级（见劣质等级） | AA　M |

| 美利奴羊边肷毛 | | 毛包描述 |
|---|---|---|
| 碎片毛——从套毛上通过边缘去毛拣出的短污毛，汗渍毛，结块毛，有色毛和短的边缘毛。污渍必须被去除<br>不同羊群相似特征的碎片毛应合为一起<br>结块和污渍毛和羊皮碎片应分别放置并正确标示（如：COT　M　PCS，STN　M　PCS，SKN　M　PCS）。见劣质等级 | | M　PCS |
| 下颚毛——下颌部/上颈部去下的中度和/或重度结块碎片毛。通常带有很多的草刺和草籽。不要与柔软的碎片毛混合 | | M　JWL |
| 腹部毛——腹部羊毛。将同一羊群的腹部毛放在一起整理，从该群的腹部羊毛中挑出明显不同的羊毛。挑出颜色，长度"较差的"及带有粪污，污泥，重度不可洗净颜色及带有水渍的腹部毛和/或结块胸部毛并划分入合适的羊毛等级中 | | M　BLS |
| 地脚毛——次剪毛，短粪污碎毛（防蝇去毛后余下的在剪毛季节从臀部剪下的羊毛）和面部毛（从眼部/头部剪下的羊毛）。总是确保长于50mm的羊毛，（桌子上的碎片毛和头部的长毛等）与短于50mm的羊毛分开放置。除非羊毛数量足够单独形成一个等级，否则将剪毛台和桌子上的羊毛共同整理<br>带有污渍的地脚毛应被描述为STN　M　LKS | | M　LKS |
| 胫毛——绵羊下半部分腿部/踝部的短、质差和刚硬（有髓）的羊毛。这些羊毛经常有结块，有色和/或带有重度的草杂质<br>最佳操作方法：由于其带有有髓纤维，胫毛应被与所有羊毛隔离单独放置并正确标注。另一可行，但较少使用的方法是将胫毛与较短（短于50mm）的污渍毛放在一起<br>不得将胫毛与精梳长度污渍毛，碎片毛或地脚毛放在一起 | | M　SHK |

续表

| 美利奴羊边肷毛 | 毛包描述 |
|---|---|
| 腿臀毛——从胯部，阴茎剪下的羊毛<br>将较长（长于50mm）的腿臀毛与较短的（短于50mm）的腿臀毛分开放置。可能时，去掉（拣出）污渍，特别是较大批的腿臀毛<br>如果将腿臀毛分为两个等级，AAA和AA等级编码可以被使用来描述此等级<br>切记在羊毛分级员详细说明书上记录这些等级的具体内容<br>带有污渍毛的腿臀毛应被描述为STN　M　CRT | M　CRT |
| 粪污结块毛——从绵羊臀部剪下，带有粪便的羊毛，必须分开放置。如可能，将粪污结块毛划分入相似羊毛内容的羊毛等级中。粪污毛应保证干燥 | M　DAG |

| 以下等级只有在必要时才使用 | 毛包描述 |
|---|---|
| 断套毛——将断毛从套毛上拣出以形成统一，平整的套毛等级。严重的汗渍点和短污毛必须被去掉 | M　BKN |
| 颈部毛——含有很多草杂质或质量明显差于套毛其他部分的颈部毛必须被分开，并标注为M　NKS。这些羊毛需要边缘去毛处理。带有水渍的颈部毛应放在COL　M　PCS等级羊毛中 | M　NKS |
| 背部毛——只有在与套毛其他部分相比更多灰尘和脆弱时才被去掉。如果背部毛被全部去掉，则描述为背部毛（AAA　M　BKS）。如果只有一小部分被取下，则描述为碎片毛（AAA　M　PCS） | M　BKS |

| 美利奴羊毛劣质等级（所有等级）分级标准<br>在羊毛中有明显瑕疵时使用 | 毛包描述 |
|---|---|
| 污渍毛——粪污（深色的）污染<br>**所有深色污染都必须从套毛羊毛中去除。带有污渍的套毛羊毛不符合此操作守则标准要求**<br>污渍毛需按其长度和污染物"种类"分开。较长和较短的羊毛不应混合在一起，例如，腿臀毛要与碎片毛和腹部等级的羊毛分开放置<br>带有污渍污染的碎片毛，腹部毛，下脚毛或者腿臀毛必须划入合适的羊毛等级（如：STN　M PCS，STN　M　PLS，STN　M　LKS，STN　M　CRT，M　DAG）<br>带有血迹或笔迹污染的羊毛应被划分入相应长度和羊种的污渍毛等级中<br>羊皮碎片，烙印，有苍蝇产卵，死皮，有腐烂的套毛或黑色羊毛不得被划分入污渍毛等级中 | STN　M<br>（羊毛种类） |
| 结块毛——只用于中等或严重结块的套毛，碎片毛或腹部毛（例如COT　M　PCS）<br>只有在描述为COT　M时，不能边缘去毛的中等或严重结块的套毛可以加盖分级员印戳 | COT　M<br>（羊毛种类） |
| 不可洗净的有色毛——成年，断奶羊和羔羊：带有中度/严重（密集程度）不可洗净颜色，如明显不可洗净颜色，水渍或腐烂的套毛（细菌性皮炎）或淡黄色污渍毛。不用于可洗净的或"米黄色"套毛<br>带有中度/严重不可洗净颜色的碎片毛和腹部毛（胸部毛）必须划分如合适的羊毛等级（如：COL　M　BLS） | COL　M<br>（羊毛种类） |
| 标记物（套毛）羊毛——任何含有标记物质的套毛部分都要放在这个等级中<br>标记物质包括干燥的油漆，喷剂，粉笔盒背部的标记线 | BND　M |
| 皮炎（多块的羊毛）——成年，断奶羊或羔羊：由真菌引起的皮炎影响的套毛和碎片毛。轻微或独立的皮炎部分可以被划分入不可洗净颜色羊毛等级（COL　M）。按成年羊，断奶羊和羔羊分开等级分级<br>碎片毛应描述为DER　M　PCS | DER　M<br>（羊毛种类） |
| 犬毛状羊毛（套毛）——与主流等级套毛相比明显不卷曲的套毛或部分套毛<br>这种套毛的碎片毛需要与正常美利奴羊碎片毛分开放置 | DGY　M |

续表

| 美利奴羊毛劣质等级（所有等级）分级标准<br>在羊毛中有明显瑕疵时使用 | 毛包描述 |
|---|---|
| 多弱节套毛——只有明显脆裂或容易断裂的套毛使用这个单独列出的"多弱节"等级 | TDR　M |
| 过度长套毛——过分长于12个月的套毛，碎片毛或腹部毛。所有长于160mm的羊毛可以被划分为同一等级（例如，24/36个月）。较短长度应被分别放置<br>注意：结块和劣质的两倍长度羊毛必须分开放置，除非重度结块，否则应进行边缘去毛 | OG　M<br>（羊毛种类） |
| 羊皮碎片——羊皮碎片必须从套毛和其他等级羊毛中剔出并单独放置。因为羊皮碎片会在加工时造成极难被去掉的"污点"<br>不要将碎片毛放入污渍毛等级中 | SKN M PCS |
| 有苍蝇产卵的羊毛——所有有苍蝇产卵的套毛，碎片毛或腹部毛都要被去掉，放在这个等级内，并正确标示。在压缩前检查此种羊毛是否已经干燥，不要将有苍蝇产卵的羊毛放入污渍毛等级中 | FLY　M<br>（羊毛种类） |
| 皮板毛或死羊毛——从刚死或刚在牧场发现的羊只身上剪下的羊毛。这种羊毛经常带有羊皮，可与有苍蝇产卵的羊毛一起合批分级 | DDD　M<br>（羊毛种类） |
| 黑羊毛——任何含有（遗传）的有色的黑色/棕色纤维的羊毛都要放在这个等级中。当在白色羊毛剪毛过程中发现有色羊毛时，所有有色纤维（黑色/棕色斑点）都应被去除并被放置入垃圾桶中。在剪毛台上，将整套套毛，腹部毛和碎片毛从羊只上放入一个桶中，并清楚标示为黑色羊毛<br>白色羊群中的单独黑色套毛在送去大批量重新分级的情况下，不需要进行边缘去毛。如果可能，将这些羊毛在本轮剪毛结束时直接送去大批量分级，以避免之后可能的错误操作/交叉污染<br>在分级美利奴黑色羊群羊毛时，要对羊毛进行边缘去毛；如果有足够的羊毛，可以将其细化为"浅色"黑色/棕色和"深色"黑色/棕色等级。多数情况下，羊只和羊毛不足以做此细分。无论何种情况，应将羊毛标示为BLK。确保在所有的白色羊只剪毛后再为黑色羊毛羊只剪毛 | BLK　M<br>（羊毛种类）<br>（当使用BLK标示字符时不再要求同时使用Y后缀） |
| 美利奴断奶羊羊毛分级标准 | 毛包描述 |
| 断奶羊套毛（主流等级）——从幼年羊只上第一次剪下的毛，一般长于50mm，带有特别的断奶羊羊毛尖端。断奶羊羊毛应该被边缘去毛并/或按照与成年套毛相似的方法进行准备；然而，由于不同的加工效果，这种羊毛必须被描述为断奶羊羊毛<br>从幼年羊只上第二次剪下的羊毛可被描述为成年羊毛 | AAA　M　WNS |
| 断奶羊套毛（次等等级）——当需要把带有次等特征（例如，有色，较短）的断奶羊羊毛挑选出来并加以描述时使用此等级。避免长度过分大的差距 | AA　M　WNS |
| 断奶羊碎片毛——从断奶羊套毛上边缘去毛时去掉的羊毛<br>羊皮碎片，严重的色泽和污渍必须被去除 | M　W　PCS |
| 断奶羊腹部毛——将带有粪污，水渍，有色和结块的胸部毛挑选出来并放入合适的羊毛等级中 | M　WBLS |
| 有色/带有皮炎的断奶羊羊毛——当在优等和次等等级羊毛中发现带有不可洗净颜色和皮炎的羊毛时，将它们挑选出来并描述为COL　M　WNS或者DER　M　WNS | COL　M　WNS<br>DER　M　WNS |
| 污渍断奶羊羊毛——所有被挑选出来的带有粪污的断奶羊羊毛 | STN　M　WPCS |
| 黑色断奶羊羊毛——带有天然有色纤维的断奶羊羊毛 | BLK　M　WNS |

| 美利奴羔羊羊毛分级标准 | 毛包描述 |
|---|---|
| 羔羊套毛（主流等级）——从羔羊羊只上第一次剪下的毛，短于50mm，带有特别的羔羊羊毛尖端，所有短，有色和边缘毛被去除的羊毛。由于羔羊套毛被期望带有少于0.5%的草杂质，所有成片或成块的草杂质应该被去除<br>羔羊套毛长度的统一性极为重要。所有羊皮碎片都必须被去除 | AAA M LMS |
| 羔羊套毛（次等等级）——次等的羔羊羊毛，一般较短，所有边缘毛被去掉，避免长度过分大的差距 | AA M LMS |
| 羔羊碎片毛和腹部毛——带有最短的羔羊羊毛和带有一些颜色，草杂质的三等，（或次等）羔羊毛 | M LPCS |
| 有色/带有皮炎的羔羊羊毛——当在主流和次等等级羊毛中发现带有不可洗净颜色和皮炎的羊毛时，应将它们挑选出来并描述为COL M LMS或者DER M LMS | COL M LMS<br>DER M LMS |
| 污渍羔羊羊毛——所有被挑选出来的带有粪污的羔羊羊毛 | STN M L PCS |
| 黑色羔羊羊毛——带有天然有色纤维的羔羊羊毛 | BLK M LMS |
| **描述有色和有髓纤维风险（所有等级）** | 毛包描述 |
| 与外来羊种"一同放养"<br>**在以下情况下，"R"应该被标明在毛包上：**<br>由于与外来羊种的接触造成的有色（Y）和/或有髓（K）纤维污染的风险、但这些纤维不可见。比如：<br>*在羊毛生长过程中与外来羊种接触过的白色羊毛羊只（如美利奴羊）<br>*在羊毛生长过程中产下杂交绵羊的美利奴母羊 | R<br>例如：AAAM R<br>或者 M PCS R |
| 可见<br>**有色纤维无论什么羊毛等级和羊种：**只要在美利奴羊毛中有可见有色纤维，此羊毛标示加后缀"Y"［除非被描述为黑色羊毛（BLK）］<br>**有髓纤维：**无论什么羊毛等级和羊种，只要在美利奴羊毛中有可见有髓纤维，此羊毛标示加后缀"K"。<br>注意：如果同时有可见有色和有髓纤维，使用"YK"。 | Y<br>AAAM（羊毛种类）<br>K<br>AAAM（羊毛种类）<br>YK<br>AAAM（羊毛种类） |

例如：

分级分等 + 羊种 + 羊毛种类 + 有色/有髓纤维 = 毛包描述

| AAA | + | M | + | FLC | + | | = | AAA M LMS |
| COT | + | M | + | FLC | + | R | = | COT M R |
| | + | M | + | BLS | + | | = | M BLS |
| AAA | + | M | + | LMS | + | | = | AAA M LMS |

表1-2-22 超细支/极细支美利奴羊毛分级

| 超细支/极度细支美利奴套毛羊毛的分级标准 | 毛包描述 |
|---|---|
| 主流套毛等级——1：此等级套毛是从羊群中最优秀的羊毛中挑选出的最高羊毛种类/长度等级的最上等的羊毛。这些羊毛的所有特征都必须是最上等的，并一般被作为最佳纺纱毛甚至更好的"时尚羊毛"（表1-2-23）使用 | XXXX SUP<br>EX SUP XXXX* |
| 主流套毛等级——2：此等级套毛是羊毛中第二等羊毛种类/长度等级的羊毛。这些羊毛的所有特征都必须一致，并一般被作为纺纱毛甚至更好的"时尚羊毛"（表1-2-23）使用 | XXX SUP<br>EX SUP XXX* |

| 超细支/极度细支美利奴套毛羊毛的分级标准 | 毛包描述 |
|---|---|
| 　主流套毛等级——3：此等级套毛是羊毛中第三等羊毛种类/长度等级的羊毛。这些羊毛的所有特征都必须一致，并一般被作为纺纱毛/最佳梳条毛甚至更好的"时尚羊毛"（表1-2-23）使用 | AAAA SUP<br>EX SUP AAAA* |
| 　主流套毛等级——4：此等级套毛是羊毛中第四等羊毛种类/长度等级的羊毛。这些羊毛的特征可能有轻微变化，并一般被作为最佳梳条毛甚至更好的"时尚羊毛"（表1-2-23）使用 | AAA SUP<br>EX SUP AAA* |
| 　带有次等羊毛特征的套毛等级：<br>　——米色/可洗净颜色<br>　——较短<br>　——稍劣质羊毛种类<br>　——较高草杂质含量 | AA SUP<br>EX SUP AA* |
| 　背部毛——当这些羊毛不满足超细支羊毛种类的要求或者与主流等级套毛特征不一致时，应该被挑选出来单独分级。可能会轻微裂开 | AAA SUP BKS<br>SUP AAA* |
| 　颈部毛——当这些羊毛不满足超细支羊毛种类的要求或者与主流等级套毛特征不一致时，应该被挑选出来单独分级。经常带有草杂质，将这些羊毛从主流套毛中去除后通常会改善套毛中的草杂质含量。必须经过边缘去毛<br>　如果颈部毛被整体去除，可将其描述为超细支颈部毛。若小部分去除，则将其描述为超细支断套毛 | AAA SUP NKS<br><br>AAA SUP* |
| 　劣质等级——不可洗净颜色，皮炎，结块，质弱等 | （见美利奴羊分级标准） |
| 超细支/极度细支美利奴非套毛羊毛的分级标准 | 毛包描述 |
| **碎片毛/断套毛**<br>　断套毛——此种类羊毛一般是碎片种类羊毛（见下文）划分后做出的第二边缘去毛等级。此等级羊毛不带有汗渍毛，短污毛，有色或较短的边缘毛。用于不符合主流套毛等级标准要求的套毛外圈羊毛<br>　碎片毛——在将羊毛放到整毛台上后边缘去毛时第一遍取下的套毛外圈羊毛。可能会带有短毛，汗渍毛，短污毛或带色边缘毛<br>　碎片毛和腹部毛不得合并分级<br>　结块毛，下颚毛和污渍碎毛应被去除并分别放置（见分级美利奴羊毛） | SUP BKN<br><br>SUP PCS |
| **腹部毛**<br>　最佳/一等腹部毛——最佳长度，强度和颜色腹部羊毛等级。可能含有少量的边缘去毛，短污毛，汗渍毛，但是色泽好且必须长度一致。不得带有任何污渍。低草杂质含量为理想<br>　腹部毛——不适合划分入最佳腹部毛等级，但是长度和外观规则的腹部羊毛。可能带有有色，短污毛，和与最佳腹部毛相比较短或不规则长度的羊毛。有色和／或结块的胸部毛必须被挑拣出来（见分级美利奴羊毛）<br>　污渍部毛——带有污渍的腹部羊毛应被描述为STN M BLS | SUP BLS<br><br>M BLS<br><br>STN M BLS |
| 　地脚毛——见分级美利奴羊毛 | MLKS |
| 　腿臀毛——见分级美利奴羊毛 | M CRT |

续表

| 超细支/极度细支断奶羊羊毛的分级标准 | 毛包描述 |
|---|---|
| 断奶羊套毛（主流等级）——从幼年羊只上第一次剪下的毛，一般长于50mm，带有特别的断奶羊羊毛尖端。断奶羊羊毛应该被边缘去毛并/或按照与成年套毛相似的方法进行准备；然而，由于不同的加工效果，这种羊毛必须被描述为断奶羊羊毛<br>**从幼年羊只上第二次剪下的羊毛可被描述为成年羊毛** | AAA　SUP　WNS |
| 断奶羊套毛（次等等级）——当需要把带有次等特征，例如轻微不可洗净颜色，长度较短或米色/可洗净颜色的断奶羊羊毛挑选出来并加以描述时使用此等级。避免长度过分大的差距 | AA　SUP　WNS |
| 断奶羊碎片毛——从断奶羊套毛上边缘去毛时去掉的羊毛<br>羊皮碎片，严重的色泽和污渍必须被去除 | SUP　WPCS |
| 断奶羊腹部毛——将带有粪污，水渍，有色和结块的胸部毛挑选出来并放入合适的羊毛等级中 | SUP　WBLS |
| 有色/带有皮炎的断奶羊羊毛——当在主流和次等等级羊毛中发现带有不可洗净颜色和皮炎的羊毛时，应将它们挑选出来并描述为COL　M　WNS或者DER　M　WNS | COL　M　WNS<br>DER　M　WNS |
| 污渍断奶羊羊毛——所有被挑选出来的带有粪污的断奶羊羊毛 | STN　M　WPCS |
| 黑色断奶羊羊毛——带有天然有色纤维的断奶羊羊毛 | BLK　M　WNS |
| 超细支/极度细支羔羊羊毛的分级标准 | 毛包描述 |
| 羔羊套毛（主流等级）——从羔羊羊只上第一次剪下的毛，短于50mm，带有特别的羔羊羊毛尖端，所有短，有色和边缘毛被去除的羊毛。由于羔羊毛被期望带有少于0.5%的草杂质，所有成片或成块的草杂质应该被去除<br>羔羊套毛长度的统一性极为重要。**所有羊皮碎片都必须被去除** | AAA　SUP　LMS |
| 羔羊套毛（次等等级）——次等的羔羊羊毛，一般较短，所有边缘毛被去掉。避免长度过分大的差距 | AA　SUP　LMS |
| 有色/带有皮炎的羔羊羊毛——带有最短的羔羊毛和带有一些颜色，草杂质的三等（或次等）羔羊毛 | SUP　LPCS |
| 污渍羔羊羊毛——当在主流和次等等级羊毛中发现带有不可洗净颜色和皮炎的羊毛时，应将它们挑选出来并描述为COL　M　LMS或者DER　M　LMS | COL　M　LMS<br>DRE　M　LMS |
| 污渍羔羊羊毛——所有被挑选出来的带有粪污的羔羊羊毛 | STN　M　LPCS |
| 黑色羔羊羊毛——带有天然有色纤维的羔羊羊毛 | BLK　M　LMS |

\*传统的超细支羊毛描述。

例如：

超细支美利奴羊种（SUP）适用于带有传统超细支/极度细支美利奴羊毛特征（羔羊，断奶羊和成年羊）的套毛，碎片毛和腹部羊毛并细于18.5μm。

极度细支羊毛定义为直径细于15.5μm。

超细支羊毛定义为直径15.6~18.5μm。

　　羊毛分级术语中，超细支/极度细支部分的套毛羊毛可以被描述为以下图表中的"时尚"品牌。这里提到的"时尚"羊毛包含多种特征。

　　表1-2-23中的时尚品牌数量及其术语也出现在AWEX-ID中。在贸易操作中，羊毛买家和加工商可能使用更多的品牌定位。"时尚羊毛"中的每一种类都代表着统一性和羊毛外部表现的不同。

　　表1-2-24所示为杂交羊毛的种类。

表1-2-23　时尚羊毛的特征

| 时尚羊毛的种类 | 特征描述 |
| --- | --- |
| 精选品（Choice） | 高洗净率，密度大，高毛丛强度（相对于直径微米数），低中间断裂，长度和强度的高度统一性，高度的形态一致性（卷曲特征），优质的色泽（非常白），纯种，少于5mm的灰尘渗透，没有瑕疵，彻底边缘去毛，草杂质含量不超过1.5%<br>注意：所有超细支/极度细支羊毛中，只有少于0.1%的羊毛属于此时尚羊毛等级 |
| 最佳纺纱毛（Best Spinners Superior） | 高洗净率，密度大，高毛丛强度，低中间断裂，长度的高度统一性，高度的形态一致性（卷曲特征），优质的色泽（非常白），纯种，彻底边缘去毛，轻微灰尘渗透，草杂质含量不超过1.5% |
| 纺纱毛/最佳梳条毛（Spinners/Best Topmaking） | 高洗净率，高毛丛强度，低中度中间断裂，较差的长度统一性，良好的形态一致性，良好的色泽，经过边缘去毛，肉眼可见的卷曲率等于或大于74 |
| 梳条毛（Topmaking） | 最佳/良好的羊毛种类，稍低的洗净率，毛丛强度大约为36N/ktex，稍高的中间断裂，长度和形态统一性较不规则，良好/中等颜色，经过边缘去毛，7~12mm的灰尘渗透度 |

表1-2-24　杂交羊羊毛的种类

| 羊种 | 描述 | 天然波纹数 | MFD（μm） |
| --- | --- | --- | --- |
| CBK | 回交种——具有美利奴羊特征相似的杂交羊羊毛。此等级羊毛的一般天然波纹数为58/60/64（纤维直径21~26μm）<br>每一等级中，最大羊毛天然波纹等级差别不超过3个 | 64<br>60<br>58 | 21　22<br>23　24<br>25　26 |
| FX | 优良杂交羊羊毛——一般天然波纹数为50~56（纤维直径27~31μm）<br>每一等级中，最大羊毛天然波纹等级差别不超过2个 | 56<br>50 | 27　28　29<br>30　31 |
| MX | 中等杂交羊羊毛——一般天然波纹数为44~46（纤维直径32~35μm）<br>每一等级中，最大羊毛天然波纹等级差别不超过2个 | 46<br>44 | 32　33　34<br>35 |
| CX | 粗糙杂交羊羊毛——一般天然波纹数为40（纤维直径大于36μm）<br>每一等级中，最大羊毛天然波纹等级差别不超过2个 | 40<br>36 | 36　37　38<br>39　40 |
| CD | 考利代羊毛——从考利代羊只上剪下的羊毛，最大羊毛天然波纹等级差别不超过2个（纤维直径25~32μm） | | |

表1-2-25　杂交羊羊毛的分级

| 杂交羊套毛羊毛分级标准 | 毛包描述 |
|---|---|
| 　　主流套毛等级——每一羊群的主要套毛等级。分级为这一等级的羊毛必须被正确边缘去毛，所有的分级特征都必须一致<br>　　羊毛天然波纹的最大允许值请参考上一图表<br>　　当毛群的天然波纹数变化很大时，羊毛分级员可能必须在该毛群或套毛中分级出相邻的更细和/或更粗的羊毛等级，以减低其变化值 | AAA（羊种） |
| 　　次等套毛等级——只有在套毛品质与主流套毛等级羊毛有很大差别时才做出此等级。次等杂交羊羊毛等级通常包括较短，颜色重，轻微结块或草杂质含量过高的羊毛。属于此等级的套毛必须经过正确的边缘去毛 | AA（羊种） |
| **杂交羊非套毛羊毛分级标准** | **毛包描述** |
| 　　碎片毛——从套毛上通过边缘去毛拣出的短污毛，汗渍毛，结块毛，有色毛和短的边缘毛。污渍必须被去除<br>　　不同羊群相似特征的碎片毛应合为一起<br>　　结块和污渍毛和羊皮碎片应分别放置并正确标示[如：COT（羊种）PCS，STN（羊种）PCS，SKN（羊种）PCS]。见劣质等级 | （羊种）PCS |
| 　　腹部毛——腹部羊毛<br>　　挑出带有粪污，有色或结块的胸部毛和水渍毛放入到合适的等级中。带有过多泥渍的腹部毛也应该被单独挑选出来，划分入次等等级中[例如，AA（羊种）BLS]<br>　　腹部毛不得与碎片毛混合<br>　　褪色的和结块的胸部毛可以被描述为劣质腹部毛等级[COL（羊种）BLS]，或在带有阴茎污渍的情况下描述为STN（羊种）BLS | （羊种）BLS |
| 　　地脚毛——次剪毛，短粪污碎毛（防蝇去毛后余下的在剪毛季节从臀部剪下的羊毛）和面部毛（从眼部/头部剪下的羊毛）。确保将较长的羊毛（桌子上的碎片毛）与较短的大块地脚毛分开放置<br>　　带有污渍的地脚毛应被描述为STN（羊种）LKS | （羊种）LKS |
| 　　腿臀毛——从胯部，阴茎剪下的羊毛<br>　　将长于50mm的腿臀毛与较短的腿臀毛分开放置。可能时，去掉（拣出）污渍，特别是较大批的腿臀毛<br>　　如果将腿臀毛分为两个等级，AAA和AA等级编码可以被使用来描述此等级。切记在羊毛分级员详细说明书上记录这些等级的具体内容<br>　　带有污渍毛的腿臀毛应被描述为STN（羊种）CRT | （羊种）CRT |
| 　　粪污毛——从绵羊臀部剪下，带有粪便的羊毛，必须分开放置。粪污毛应保证干燥 | （羊种）DAG |
| **杂交羊羊毛劣质等级（所有等级）分级标准<br>在羊毛中有明显瑕疵时使用** | **毛包描述** |
| 　　污渍毛——粪污（深色的）污染<br>　　**所有深色污染都必须从套毛羊毛中去除。带有污渍的套毛羊毛不符合此操作守则标准要求**<br>　　污渍毛需按其长度和羊毛种类分开。较长和较短的羊毛不应混合在一起，例如，腿臀毛要与碎片毛和腹部等级的羊毛分开放置<br>　　带有污渍污染的碎片毛，腹部毛，下脚毛或者腿臀毛必须划入合适的羊毛等级[如：STN（羊种）PCS，STN（羊种）BLS，STN（羊种）LKS，STN（羊种）CRT，（羊种）DAG]<br>　　带有血渍或笔迹污染的羊毛应被划分入相应长度和羊种的污渍毛等级中<br>　　羊皮碎片，烙印，有苍蝇产卵，死皮，有腐烂的套毛或黑色羊毛不得被划分入污渍毛等级中 | STN（羊种）<br>（羊毛种类） |
| 　　结块毛——只用于中等或严重结块的套毛，碎片毛或腹部毛[例如COT M（羊种）PCS]<br>　　只有在描述为COT（羊种）时，对不能边缘去毛的中等或严重结块的套毛可以加盖分级员印戳 | COT M（羊种）<br>（羊毛种类） |
| 　　不可洗净的有色毛——成年，断奶羊和羔羊：带有中度/严重（密集程度）不可洗净颜色，如明显不可洗净颜色，水渍或腐烂的套毛（细菌性皮炎）或淡黄色污渍毛。不用于可洗净的或"米黄色"套毛<br>　　带有中度/严重不可洗净颜色的碎片毛和腹部毛（胸部毛）必须划分如合适的羊毛等级[如：COL（羊种）BLS] | COL（羊种）<br>（羊毛种类） |

| 杂交羊羊毛劣质等级（所有等级）分级标准<br>在羊毛中有明显瑕疵时使用 | 毛包描述 |
|---|---|
| 标记物（套毛）羊毛——任何含有烙印/标记物质的套毛部分都要放在这个等级中。标记物质包括干燥的漆，喷剂，粉笔盒背部的标记线 | BND（羊种） |
| 皮炎（多块的羊毛）——成年，断奶羊或羔羊：由真菌引起的皮炎影响的套毛和碎片毛。轻微或独立的皮炎部分可以被划分入不可洗净颜色羊毛等级（COL M）。按成年羊，断奶羊和羔羊分开等级分级<br>碎片毛应描述为DER（羊种）PCS | DER（羊种）（羊毛种类） |
| 犬毛状羊毛（套毛）——与主流等级套毛相比明显不卷曲的套毛或部分套毛<br>这种套毛的碎片毛需要与正常美利奴羊碎片毛分开放置 | DGY（羊种） |
| 多弱节套毛——只有明显**脆裂或容易断裂**的套毛使用这个单独列出的"多弱节"等级 | TDR（羊种） |
| 过度长套毛——过分长于12个月的套毛，碎片毛或腹部毛。所有长于160mm的羊毛可以被划分为同一等级（例如，24/36个月）。较短长度应被分别放置<br>注意：结块和劣质的两倍长度羊毛必须分开放置，除非重度结块，否则应进行边缘去毛 | OG（羊种）（羊毛种类） |
| 羊皮碎片——羊毛碎片必须从套毛和其他等级羊毛中剔出并单独放置。因为羊皮碎片会在加工时造成极难去掉的"污点"<br>不要将碎片毛放入污渍毛等级中 | SKN（羊种）PCS |
| 有苍蝇产卵的羊毛——所有有苍蝇产卵的套毛，碎片毛或腹部毛都要被去掉，放在这个等级内，并正确标示。在压缩前检查此种羊毛是否已经干燥<br>不要将有苍蝇产卵的羊毛放入污渍毛等级中 | FLY（羊种）（羊毛种类） |
| 皮板毛或死羊毛——从刚死或刚在牧场发现的羊只身上剪下的羊毛。这种羊毛经常带有羊皮，可与有苍蝇产卵的羊毛一起合批分级 | DDD（羊种）（羊毛种类） |
| 黑羊毛——任何带有相对于其他羊毛等级明显多的有色羊毛的杂交羊羊毛<br>带有黑色羊毛的碎片毛，下脚毛和腹部毛必须放入相应羊毛等级中（例如，BLK MX PCS）并清楚描述<br>当在白色羊剪毛过程中发现有色羊毛时，所有有色纤维（黑色/棕色斑点）都应被去除并被放置入垃圾桶中。在剪羊台上，将整套套毛，腹部毛和碎片毛从羊只上放入一个桶中，并清楚标示为黑色羊毛<br>白色羊群中的单独黑色套毛在送去大批量重新分级的情况下，不需要进行边缘去毛。如果可能，将这些羊毛在此轮剪毛结束时直接送去大批量分级，以避免之后可能的错误操作/交叉污染 | BLK（羊种）（Wool Cat）<br><br>当使用BLK标示字符时不再要求同时使用Y后缀 |
| 杂交羊断奶羊羊毛分级标准 | 毛包描述 |
| 断奶羊套毛（主流等级）——从幼年羊只上第一次剪下的毛，一般长于50mm，带有特别的断奶羊羊毛尖端。断奶羊羊毛应该被边缘去毛并/或按照与成年套毛相似的方法进行准备：然而，由于不同的加工效果，这种羊毛必须被描述为断奶羊羊毛<br>从幼年羊只上第二次剪下的羊毛可被描述为成年羊毛 | AAA（羊种）WNS |
| 断奶羊套毛（次等等级）——当需要把带有次等特征（例如，有色，较短）的断奶羊羊毛挑选出来并加以描述时使用此等级。避免长度过分大的差距 | AA（羊种）WNS |
| 断奶羊碎片毛——从断奶羊套毛上边缘去毛时去掉的羊毛<br>**羊皮碎片，严重的色泽和污渍必须被去除** | （羊种）WPSC |
| 断奶羊腹部毛——将带有粪污，水渍，有色和结块的胸部毛挑选出并放入合适的羊毛等级中 | （羊种）WBJS |
| 有色/带有皮炎的断奶羊羊毛——当在主流和次等等级羊毛中发现带有不可洗净颜色和皮炎的羊毛时，应将它们挑选出来并描述为COL（羊种）WNS或者DER | COL（羊种）WNS<br>DER（羊种）WNS |

| 杂交羊断奶羊羊毛分级标准 | 毛包描述 |
|---|---|
| 污渍断奶羊羊毛——所有带有粪污的断奶羊套毛 | STN（羊种）WPCS |
| 黑色断奶羊羊毛——带有天然有色纤维的断奶羊羊毛 | BLK（羊种）WNS |

| 杂交羊羔羊羊毛分级标准 | 毛包描述 |
|---|---|
| 羔毛套毛（主流等级）——从羔羊羊只上第一次剪下的毛，短于50mm，带有特别的羔羊羊毛尖端，最好是将所有短，有色和边缘毛都去除的羊毛。由于羔羊套毛被期望带有少于0.5%的草杂质，所有成片或成块的草杂质应该被去除<br>羔羊套毛长度的统一性极为重要。所有羊皮碎片都必须被去除 | AAA（羊种）LMS |
| 羔毛套毛（次等等级）——次等的羔羊羊毛，一般较短，所有边缘毛被去掉<br>避免长度过分大的差距 | AA（羊种）LMS |
| 羔羊碎片和腹部毛——带有最短的羔羊毛和带有一些颜色，草杂质的三等（或次等）羔羊毛 | （羊种）LPCS |
| 有色/带有皮炎的羔羊羊毛——当在主流和次等等级毛中发现带有不可洗净颜色和皮炎的羊毛时，应将它们挑选出来并描述为COL（羊种）LMS或者DER（羊种）LMS | COL（羊种）LMS<br>DER（羊种）LMS |
| 污渍羔羊羊毛——所有带有粪污的羔羊羊毛 | STN（羊种）LPCS |
| 黑色羔羊羊毛——带有天然有色纤维的羔羊羊毛 | BLK（羊种）LMS |

| 描述有色和有髓纤维风险（所有等级） | 毛包描述 |
|---|---|
| 与外来羊种"一同放养"<br>**在以下情况下，"R"应该被标明在毛包上：**<br>由于与外来羊种的接触造成的有色（Y）和／或有髓（K）纤维污染的风险，但这些纤维不可见。比如：<br>•在羊毛生长过程中与外来羊种接触过的白色羊毛羊只<br>•在羊毛生长过程中产下杂交绵羊的白色羊毛母羊 | R<br>AAA（羊种）<br>（羊毛种类）R<br>例如：AAA（羊种）R<br>或者（羊种）PCSR |
| 可见<br>**可见有色纤维：** 无论什么羊毛等级和羊种，只要在羊毛中有可见有色纤维，此羊毛标示加后缀"Y"。[除非被描述为黑色羊毛（BLK）]这也包括与落毛羊只共同放养过的羊只。带有黑色斑点的杂交羊绵羊一般被描述为AAA　FX　LMS　Y<br>**可见有髓纤维：** 无论什么羊毛等级和羊种，只要在羊毛中有可见有髓纤维，此羊毛标示加后缀"K"<br>这也包括与落毛羊只共同放养过的羊只<br>**注意：** 如果同时有可见有色和有髓纤维，使用"YK" | Y<br>AAA（羊种）<br>（羊毛种类）<br>K<br>AAA（羊种）<br>（羊毛种类）<br>AAA（羊种）<br>（羊毛种类）YK |

例如：

分级分等　+　　羊种　　+　羊毛种类 +　有色/有髓纤维 =　　毛包描述

| AAA | + | CD | + | FLC | + | | = | AAA　CD　FLC |
|---|---|---|---|---|---|---|---|---|
| | + | CX | + | LPCS | + | Y | = | CX　LPCS　Y |
| | + | FX | + | PCS | + | R | | FX　PCS　R |
| STN | + | MX | + | CRT | + | | = | STN　MX　CRT |

## 三、澳大利亚羊毛销售

　　与世界主要羊毛生产国一样，澳大利亚羊毛销售方式有拍卖和私人交易、远期合同和电子销售等。有80%原毛（含脂毛/污毛）以净毛计价的方式由拍卖市场进行拍卖。牧民把剪下的羊毛经过除边，主观评定，分级整理后打包，运往经纪人仓库，由经纪人和羊毛检验局代理检验后，根据检测指标经纪人与牧场主商议基价到指定的拍卖市场进行拍卖交易。澳大利亚羊毛检测局（AWTA）出具羊毛检测证书。在澳大利亚有五家拍卖市场，它们分别是悉尼、墨尔本、弗里曼特尔、纽卡索和莱切斯特城，拍卖活动在五家拍卖市场交替进行。90%以上的羊毛出口销售到世界各地。

澳大利亚羊毛工业的流程：剪毛和羊毛准备→售前准备→拍卖→运输。

## （一）剪毛和羊毛准备

剪毛和羊毛整理是在牧场进行的，剪毛是牧场的工作高潮，即收获的季节。一般在每年的9～10月份进行。剪毛由经验丰富的"剪毛工"用机械电剪小心地从羊身上剪下整身羊毛，完整的羊毛通常称之为"套毛"。在剪毛同时，由经过培训后持证上岗的注册羊毛分级员进行除边和分级。为了保证羊毛的质量，分级员首先对套毛边缘的汗渍毛、短毛和污染毛去除。然后按羊毛细度、毛丛长度、毛丛强度、羊毛色泽、洗净率的品质进行整理，以保证同一等级的套毛质量均匀一致。羊毛分级是一种主观评定，一般将羊毛分为套毛、边肷毛、腹部毛、污渍毛、羔羊毛、地脚毛。

将分级后的不同类别的羊毛，分别进行打包、称重、刷唛。每个毛包装有40～50个套毛，平均重量约为180kg。毛包随后被运输至经纪人仓库进行销售前的准备工作。

## （二）售前准备

羊毛运往经纪人仓库以后，在澳大利亚羊毛检测局特派员的监督下，对毛包取样检验。取样是根据国际毛纺织组织（IWTO）规则进行操作的。为了确保销售批羊毛的样品完全具有代表性，采用的是包包取样。取样又分为钻芯取样和抓样。

### 1. 钻芯取样

用于检测羊毛纤维细度、洗净毛、草杂含量和计算商业发票的重量。约99%以上的澳大利亚羊毛经过了该检验。

### 2. 抓样

用于检测羊毛的毛丛长度和强度以及在样品展示室中展示。约80%的澳大利亚精梳用毛接受了该检测。

### 3. 羊毛检测证书

国际毛纺织组织（IWTO）对出具的羊毛检测证书有着严格的规定。出具的检测证书必须标明毛基（WB）、草杂基（VMB）包括硬壳草杂（HH的百分比）及根据贸易双方所要求的不同洗净率的计算结果。

（1）洗净率。如果贸易双方没有特殊要求，一般AWTA所出具的洗净率为以下四种并在销售目录中分别加以表示：

SCH DRY          史·伯格干燥毛条与短毛率（1%TFM）

SCD 17%          IWTO洗净率，回潮率17%

JCSY　　　　　　日本国洗净率

ACY　　　　　　澳大利亚炭化率

①IWTO史·伯格干燥毛条与短毛率（1%TFM）—SCH DRY。IWTO史·伯格干燥毛条与短毛率（1%TFM）是羊毛贸易当中最为常见的一种商业洗净率。利用该洗净率可以预测出由含脂原毛能够产出毛条及落毛的数量。

该洗净率允许对残留灰分及油脂进行2.27%的修正，并且用18.25%的回潮率添加在毛条重量中作为修正，16%的回潮率添加在落毛中作为修正。另外，预计的全部含油脂成分（TFM）为1%，而产出比（公定回潮毛条重量与公定回潮落毛重量之比）假设为8∶1。对毛基的修正系数最后确认值为1.207。

该洗净率包括了实际修正量（或称加工允差）以便将加工过程中所可能损失的纤维数量计算在内。纤维在加工过程中的损失程度与草杂基和硬壳草杂之差存在一定的关系。其计算公式为：

SCH DRY =（WB × 1.207）−加工允差量

加工允差量 =（7.7 ~ 40.6）/（7.8+VMB−HH）

②IWTO洗净率，17%回潮率−SCD17%。IWTO于17%回潮率下的洗净率是以毛基（WB）及草杂基（VMB）为基准而获得的一种计算结果。该洗净率允许对残留灰分及油脂进行2.27%的修正，并且用17%的回潮率添加在毛条重量中作为修正。该洗净率是对羊毛在洗涤中并于加工之前所可能得到的洗净毛数量的预测。该洗净率常在与东欧的贸易中被加以使用。

SCD 17% =（WB+VMB）×1.1972

必须强调的是，尽管销售目录中没有加以标注。中国所要求的洗净率是IWTO 16%。

③日本国洗净率−JCSY。日本国洗净率顾名思义是与日本进行羊毛贸易所专门使用的一种洗净率。该洗净率允许对残留灰分及油脂进行1.5%的修正，并是用16%的回潮率添加在毛条重量中作为修正。尽管该洗净率对含草杂成分做了修正，但是没有对加工中所造成的纤维损失做出调整。

JCSY = WB × 1.1777

④澳大利亚炭化率−ACY。澳大利亚炭化率是澳大利亚、日本、韩国及欧洲在进行炭化毛及服散毛交易时所使用的特有的一种基准（二剪毛、修整毛、羔羊毛等）。

该洗净率允许对残留灰分及油脂进行2.27%的修正，并且用17%的回潮率作为修正指数。该炭化率通过毛基（WB）及草杂基（VMB）预测加工结果。

ACY =（WB × 1.1972）+（VMB × 0.162）− 5.12

（2）纤维细度。羊毛纤维细度检测是用激光细度检测仪检测，在检测证书上还包含细度离散系数，并且在第二页中出示纤维细度分布图。

（3）草杂含量。澳大利亚羊毛检测局（AWTA）对草杂类型的分类按照B、S、H（或1、2、3）加以表示，并标注在羊毛检测证书中。但AWEX（澳大利亚羊毛交易所）对澳毛草杂的标注与AWTA略有不同。

| AWTA分类定义 | AWEX分类定义 | |
|---|---|---|
| B——苜蓿类软壳草籽 | B——软壳草籽 | N——环状软壳草籽 |
| S——草秆类，条形类草杂 | E——草秆 | T——巴特类软壳草籽 |
| H——硬壳草籽（棍状及豆状） | S——草秆 | F——亚麻籽类草杂 |

（4）毛丛长度与毛丛强度。由澳大利亚羊毛检测局（AWTA）出具的国际毛纺织组织（IWTO）授权下的抓样取样检测证书必须出示毛丛的平均长度、毛丛长度离散系数、毛丛平均强度及尖、中、根部折断百分比，见图1-2-8。

（5）颜色。由澳大利亚羊毛检测局（AWTA）出具的颜色检测证书必须出示颜色检测的X、Y、Z值及检测颜色所使用的方法与Y-Z的结果。

D65／10的方法已经于2001年元月得到IWTO的批准，见图1-2-9。

**4. 羊毛质量标准和国家申报**

（1）羊毛质量标准。依照澳大利亚羊毛分级员操作守则准备羊毛批，是澳大利亚拥有世界上最好的羊毛的原因。羊毛买家可以使用两种方法确定羊毛批是由经过培训并注册的羊毛分级员所准备的。

·每一批由经过培训并注册的羊毛分级员所准备的羊毛都盖有该羊毛分级员的独有印戳，并在检测证书上有记录。

·只有由经过培训并注册的羊毛分级员所准备的羊毛有资格取得P或Q检测证书。

澳大利亚羊毛是依照最佳标准，由相应人员准备以取得以下不同种类证书的：

P检测证书：由注册羊毛分级员按照操作守则规定的羊毛质量标准分级的单一羊毛生产商的羊毛。

D检测证书：不是由注册羊毛分级员所分级的单一羊毛生产商的羊毛，质量标准不明。

Q检测证书：由注册羊毛分级机构按照操作守则规定的羊毛质量标准分级的合并多种来源的羊毛。

B检测证书：不是由注册羊毛分级机构所分级的合并多种来源的羊毛，质量标准不明。

（2）有色和有髓纤维（DMF）。羊毛生产商也提供关于有色／有髓纤维风险的信息。此等级体系分为1～6个等级。1和2为优等，6等则有很高的有色／有髓纤维风险。

有色／有髓纤维风险等级信息标注在拍卖销售目录和检测证书中。

国家羊毛申报为买家寻找符合自己标准的羊毛提供了非常有价值的信息。

（3）国家羊毛申报。国家羊毛申报（NWD）：由羊毛生产商为买家提供防蝇去毛情况和有色／有髓纤维风险的信息。这些信息可在拍卖销售目录和IWTO（国际羊毛纤维组织）的检测证书中取得。买家和羊毛加工商可利用这些信息购买符合他们需要的羊毛。

防蝇去毛情况：此防蝇去毛申报提供了关于每一个羊毛生产商健康操作的信息。

NM　未经防蝇去毛

CM　中止的防蝇去毛操作

PR　止痛，防蝇去毛时使用了麻醉药物

"空白"经防蝇去毛

ND　没有申报信息，结果未知

一般应在剪毛开始后的三个月内对羊只进行防蝇去毛，防蝇去毛是去除所有羊只的臀部毛、阉羊和公羊阴茎部分的羊毛。

澳大利亚羊毛交易公司有义务证实申报中提供的防蝇去毛情况信息，也正是这一体系保证了国家羊毛申报的完整性与买家和加工商的信心。

（4）羊毛批可观检测项目范围。将羊毛批混合在一起以形成更大的客观特征匹配的羊毛批（OML）的工作一般由羊毛经纪人和买家完成。客观合批要求操作人员掌握希望进行合批的羊毛包的客观检测数据。被挑选的进行客观合批的羊毛批必须符合被检测特征的技术和商业参数范围的要求，并且肉眼能见的监测和非检测特征相匹配。

表1-2-26描述的是用于建立客观合批（OML）的客观参数范围也可以用于作为羊毛分级员决定不同羊群羊毛是否匹配混合入一个羊毛等级的指南。目测的匹配性也是要求之一。

表1-2-26　客观合批（OML）的客观参数范围

| 检测特征 | 羊毛种类 | 如果混合等级的平均值 | 则允许的范围是（从最低—最高） |
|---|---|---|---|
| 洗净率（史·伯格干毛条及精梳落毛洗净率） | 所有 | ≤59.9% | 12% |
| | | 60.0% ~ 72.9% | 8% |
| | | ≥73.0% | 6% |
| 纤维直径 | 套毛 | ≤19.0μm | 0.8μm |
| | | 19.1 ~ 19.5μm | 1.0μm |
| | | 19.6 ~ 22.0μm | 1.5μm |
| | | 22.1 ~ 32.0μm | 2.0μm |
| | | ≥32.1μm | 4.0μm |
| | 其他 | ≤19.0μm | 1.0μm |
| | | 19.1 ~ 20.0μm | 1.5μm |
| | | 20.1 ~ 32.0μm | 2.0μm |
| | | ≥32.1μm | 4.0μm |
| 草杂质 | 套毛 | 0.1% ~ 0.5% | 0.8% |
| | | 0.5% ~ 1.0% | 1.0% |
| | | 1.1% ~ 6.0% | 2.0% |
| | | ≥6.1% | 3.0% |

续表

| 检测特征 | 羊毛种类 | 如果混合等级的平均值 | 则允许的范围是<br>（从最低—最高） |
|---|---|---|---|
| 草杂质 | 边缘去毛 | 0.1% ~ 2.0% | 1.5% |
| | | 2.1% ~ 6.0% | 3.0% |
| | | ≥6.1% | 5.0% |
| | 粗梳毛 | 0.1% ~ 1.0% | 1.0% |
| | | 1.1% ~ 5.0% | 2.0% |
| | | ≥5.1% | 5.0% |

## （三）拍卖和其他交易

### 1. 拍卖

从19世纪中叶起，澳大利亚就开始采用了拍卖作为羊毛出售的主要方式。在拍卖之前，羊毛仓库要把牧场送来等待出售的羊毛包抽出一部分陈列，以供购买商看货。到20世纪70年代，有一部分羊毛交易接受出售前的检验，并从每个羊毛包中抽出代表性的样品，在拍卖前陈列，从而取代了传统销售方式的样包陈列。这种新制度称为"凭样出售制"；与此相对应，把原来的陈列样包的销售方法称为"传统出售制"。

采用凭样出售制后，由于样品可以和毛包分离，因此可根据牧场主的要求把毛包从甲地送到经纪人羊毛仓库过磅抽样后，毛包仍可留在甲地，而把样品送到销售机会更好的乙地去陈列拍卖，称为隔地销售。隔地销售的长远发展趋向是使全国的羊毛交易中心相对集中。现在澳大利亚有悉尼、墨尔本、弗里曼特尔、纽卡索和莱切斯特城五个交易中心，过去的一些羊毛交易中心的经纪人仓库只负责收货、作初步整理、过磅扦样、毛包的储存和在成交后的发运。样品则集中到上述交易中心陈列销售。澳大利亚的羊毛样品集中到弗里曼特尔；南方区域（南澳大利亚、塔斯马尼亚和维多利亚）的样品主要集中到墨尔本；北方区域（新南威尔士和昆士兰）集中到悉尼。实现这一目标后称为集中销售。这样，羊毛出口商在羊毛销售忙季中来往奔波于数地的情况将有改善。

澳大利亚羊毛拍卖是按计划实行的，市场与样品展示室在一起，并提供了每批销售详细资料——拍卖目录，羊毛检验结果和牧场批情况编入羊毛销售目录中，购买商根据拍卖目录编号的顺序事先到展示室评毛，选出需要购买的羊毛，然后再委托有资格进场的买毛手进入拍卖市场喊价。在澳大利亚，一般较大的羊毛出口商都有自己的买毛手。

与其他国家不同的是，澳大利亚拍卖市场有两个拍卖厅，一个是专门用于拍卖套毛的，而另一个是拍卖边肷毛、头腿尾毛和下脚毛，与之配套的销售目录也是分开编制的。澳大利亚正在着手建立网上拍卖机制，目前已开通了在网上看现场拍卖的羊毛价格记录，见表1-2-27。

表1-2-27　澳大利亚拍卖销售目录（2009年标准格式）

| VMC MULE | ACY | JCSY | SCD 17% | SCH DRY | VMB / NETT | MIC | S/L MM | S/L CV% | S/S N/KT | POB T | POB M | POB B | SS25 DMFR | LOT NO. | BLS |
|---|---|---|---|---|---|---|---|---|---|---|---|---|---|---|---|
|  | 64.3 | 68.0 | 71.3 | 66.3 | 0.8 | 19.2 | 80 | 11 | 31 | 48 | 38 | 14 | 20 | N 10 | 8 |
| 0.8 | 927 | 981 | 1028 | 956 | 1442 | 20.3% | MF4S. |  |  |  |  |  | 2 |  |  |
| cm | Quality Scheme |  |  |  |  |  | SALTBUSH/DOWNS |  |  |  |  |  |  |  |  |
|  |  |  |  |  |  |  | N19　AAAM |  |  | Cat.　Symbol |  |  |  | P |  |
| 0.1 | 67.7 | 71.3 | 74.8 | 69.6 | 1.9 | 18.7 | 99 | 12 | 33 | 85 | 15 |  | 23 | N 12 | 4 |
| 1.8 | 510 | 538 | 564 | 525 | 754 | 20.9% | MF5S. |  |  |  |  |  | 2 |  |  |
| cm |  |  |  |  |  |  | AAAM |  |  |  |  |  |  | P |  |

羊毛买家利用这些信息，与目测评估展示样品相结合，预测羊毛的加工潜力，从而评价羊毛的价值。

表1-2-27内容名词表：

VMC：草杂质组成：螺旋形草杂，苜蓿和其他软壳草杂/草籽/硬壳草籽被标注为VM1，VM2，VM3，总数必须与草杂含量百分比（VMB）相符。

MULE：防蝇去皮情况。

ACY：澳大利亚炭化洗净率（下注净重kg数）。

JCSY：日本洗净率（下注净重kg数）。

SCD17%：IWTO洗净率，17%回潮（下注净重kg数）。

SCH DRY：IWTO史·伯格干毛条洗净率（下注净重kg数）。

VMB：草杂含量。

NETT：销售批的净重（kg）。

MIC：纤维直径均值（激光扫描）。纤维直径变化系数如下（%）：

　　S／L　　MM：毛丛长度（mm）。

　　S／L　　CV%：毛丛长度变化系数。

　　S／S　　N／KT：毛丛强度（N／ktex）。

　　POB（T/M/B）：当测量毛丛强度时纤维的断裂位置（T毛尖，M中部，B底部）。

　　SS25：最低25%毛丛强度的平均值结果。

　　DMFR：有色和有髓纤维风险等级。

LOTNO.：仓库编号和销售目录批号。羊毛准备标准等级编号标注在批号下（例如，P）。

BLS：销售批中的毛包数量。

此外，如下一些在表1-2-28中没有提及的名词，也做一下介绍：

CATALOGUESYMBOL：目录符号。用于表示其他附加信息，如包装物材料的符号。

AWEX-ID：非检测品质特征（由买方描述），例如，MF4S。

FARMBRAND：牧场或物业品牌，例如：SALTBUSH／DOWNS。

STATISTICALAREA：物业的位置，例如，N19。

BALEDESCRIPTION：羊毛等级在毛包上的描述。

QUALITY SCHEME（S）：表示与质量或会员方案相关性的编号。

国际毛纺织组织（IWTO）检测证书后缀代码见表1-2-28。

表1-2-28　国际毛纺织组织（IWTO）检测证书后缀代码

| 羊毛批定义 | 后缀代码 |
|---|---|
| **经过分级的牧场批**<br>同一羊毛生产商的剪毛现场在相同时间内经过分级的牧场批。羊毛批符合由IWTO国家委员会制定的羊毛批准备工作指南要求，即：羊毛必须由AWEX注册的羊毛分级员或分级机构分级，并且必须符合AWEX操作守则羊毛准备工作的要求 | P |
| **其他牧场批**<br>同一羊毛生产商的剪毛现场在相同时间内经过分级的牧场批。羊毛批可能不符合由IWTO国家委员会制定的羊毛批准备工作指南要求，即：由非注册羊毛分级员或分级机构分级，或者由AWEX注册的羊毛分级员分级，但分级工作不符合AWEX操作守则的要求 | D |
| **合批羊毛**<br>由两个或更多的分级牧场批在检测之前组成的一批原毛，一般由不同批组成，但羊毛来自于同一国家。重新处理或合级批不包括在内 | I |
| **带有少量主观合批的客观合批**<br>最终的羊毛批中含有不同独立检测且符合IWTO合批规定的羊毛，其中允许一个分批的羊毛是由最多不过4包并经过检测的主观合批毛所组成。羊毛来自于同一国家 | N |
| **客观合批**<br>不同羊毛批的毛包通过对其各自检测结果的对照而合于一处的羊毛批。合批的数据要求按照IWTO的规定执行。羊毛来自同一国家 | M |
| **合级批（质量保证）**<br>指在同一个销售批中含有由不同级别的羊毛混合成的但是来自于同一个地区的毛包。羊毛批准备工作符合IWTO国家委员会的要求，即：羊毛必须由AWEX注册的羊毛分级员或分级机构分级，并且必须符合AWEX操作守则羊毛准备工作的要求 | Q |
| **其他合级批**<br>指在同一个销售批中含有由不同等级的羊毛混合成的但是来自于同一个地区的毛包。羊毛批可能不符合由IWTO国家委员会制定的羊毛批准备工作指南要求，即：由非注册羊毛分级员或分级机构分级，或者由AWEX注册的羊毛分级员分级，但分级工作不符合AWEX操作守则的要求 | B |

从2008年开始，对牧场批地的描述将用"P"和"D"加以区分。带有"P"的牧场批是经过了澳大利亚羊毛工业质量控制体系的确认。带有"D"字母的羊毛批仍然被认为是牧场批。其他对羊毛的描述没有变化。仍然遵循以下的内容：

P——经过了质量控制体系确认的牧场批。

D——未经过质量控制体系确认的牧场批。

B——合级羊毛。

I——主观合批。

M——客观合批。

澳大利亚羊毛原毛编码表（AWEX~ID）范例见表1-2-29。

表1-2-29 澳大利亚羊毛原毛编码表（AWEX~ID）范例

| AWEX~ID | 编码解释 | 样品检测结果 | | | | |
|---------|---------|--------------|---|---|---|---|
| | | 纤维直径（μm） | 草杂质（%） | 洗净率（%） | 毛丛长度（mm） | 毛丛强度（N/ktex） |
| ASF3E.80 | 澳大利亚超细支羊套毛，品级3：优级，原毛长度76~85mm，草籽类草杂质 | 18.4 | 0.5 | 73.1 | | |
| MF4S | 美利奴羊套毛，品级4：次优，草秆类草杂质 | 21.1 | 0.6 | 71.6 | 91 | 37 |
| MF5S.90HI | 美利奴羊套毛，品级5：良，草秆类草杂质，毛丛长度86~95mm，轻度不可洗净颜色 | 23.5 | 0.9 | 71.6 | | |
| MP5B.HI | 美利奴羊碎片毛，品级5：良，软壳草籽，轻度不可洗净颜色 | 24.8 | 2.4 | 56.2 | 56 | 29 |
| MB5S.6WI | 美利奴羊腹部毛，品级5：良，草秆类草杂质，毛丛长度56~65mm，部分弱节 | 22.1 | 2.4 | 55.1 | | |
| XZ4E | 杂种羊地脚毛，品级4：次优，草籽 | 27.3 | 0.8 | 72.6 | | |

资料来源：澳大利亚羊毛交易所《话说羊毛》。

### 2. 买卖双方自行签约

这个办法是牧场主直接与羊毛商谈判，双方签订合同。这可以是牧场主主动，也可以是羊毛商主动；有的是延续多年的老买卖关系。据估计，澳大利亚有20%左右的羊毛是通过这种方法出售的。羊毛商和牧场主最初谈生意时往往在牧场随机寻几头羊来，在羊背上看羊毛生长情况，最后结算时，羊毛商大多采用传统的主观评毛方法验看羊毛。但近年来，客观检验方法极为普及，已有逐渐采用客观检验结果结算的倾向。现有三种不同的签约方式。

（1）在牧场售给农村的羊毛和皮革商人。所售的羊毛一般数量很少，交易大多是付现款；也有在牧场卖给代表大羊毛公司的羊毛购买商。

（2）自行展销。牧场主把准备好的羊毛运到自行签约展出场。在展出场有中间人代理牧场主和购买商随时洽谈交易和价格。

（3）直接与工厂自行签约。牧场主与工厂直接洽谈交易或牧场主与代表毛纺厂下乡购买羊毛的代理人洽谈。目前在澳大利亚采用这种交易办法的数量尚不多。

### 3. 公开招标

这个办法是20世纪70年代一家澳大利亚羊毛经纪人创造出来的。办法是把电脑与电传机连在一起，通过电传机接受购买商对展出羊毛的投标。近年来，随着网络信息的高速发展，网上交易也走入澳大利亚羊毛交易之中，澳大利亚羊毛交易公司（AWEX）在网上传播羊毛拍卖现场的交易信息，并有少量的羊毛是经过上网交易实现成交的。

### 4. 羊毛期货交易

这种方式本来是用以对付拍卖市场羊毛交易中行市的剧烈波动。几个月以后的期货报价与当月发货的报价一直保持着相近的比例。目前澳大利亚羊毛期货报价长达1年零6个月。为防止价格变动而进行的套头交易已无必要（套头交易指为避免因价格变动而引起的损失，买进现货，卖出期货，或反之）。

## （四）运输

澳大利亚的羊毛有90%以上是出口，羊毛的出口运输由出口商负责。拍卖后的羊毛根据外贸订单将牧场批合并，然后运入港口仓库进行高压打包，这样可以缩小羊毛包运输体积，一般将毛包打成三联包和两联包。羊毛采用集装箱运输，一个20英尺的集装箱可以容纳20多吨羊毛。

在澳大利亚运输羊毛的主要港口有：珀斯港、悉尼港、墨尔本港和基朗港。从出港到抵达（直达）中国港一般需要用15~20天。

# 第四节　新西兰养羊业

新西兰养羊业的规模仅次于澳大利亚，是世界上第二大羊毛生产和出口国家（按净毛统计）。2009/2010年度新西兰出口羊毛13.24万吨，其中含脂毛4.14万吨，洗净毛9.1万吨。新西兰在世界羊毛生产与贸易中占有重要的地位，羊毛产量占世界的13%左右，羊毛出口贸易量约占世界的12%。新西兰羊只和羊毛近期统计数量见表1-2-30。

表1-2-30　新西兰羊只和羊毛近期统计数量

| 年　　度 | 羊只数<br>（千只） | 变化百分比<br>（%） | 年　　度 | 总产量<br>（吨，净毛重量） | 变化百分比<br>（%） |
|---|---|---|---|---|---|
| 2001/2002 | 40033 | -5.30 | 2001/2002 | 173553 | -3 |
| 2002/2003 | 39546 | -1.20 | 2002/2003 | 172680 | -1 |
| 2003/2004 | 39552 | 0.00 | 2003/2004 | 167852 | -3 |
| 2004/2005 | 39255 | -0.08 | 2004/2005 | 158403 | -6 |
| 2005/2006 | 39928 | 1.70 | 2005/2006 | 166320 | 5 |
| 2006/2007 | 38400 | -3.8 | 2006/2007 | 161500 | -0.9 |
| 2007/2008 | 34200 | -11 | 2007/2008 | 148600 | -8.1 |
| 2008/2009 | 34100 | 0.00 | 2008/2009 | 146000 | -1.7 |
| 2009/2010 | 32380 | -0.05 | 2009/2010 | 134385 | -7.9 |

资料来源：新西兰羊毛局（包括灰退毛）。

新西兰羊毛多数用于地毯和其他室内装饰纺织品，但在目前也有可观的数量正被生产商应用于各类服装和其他用途。

### 1. 新西兰绵羊

（1）主要的羊种。首批永久性羊群是在1834年建立的，虽然在这以前的60年，库克船长试图向新西兰引进绵羊，但未能成功。这些首批绵羊是美利奴羊。在19世纪的后期，养羊业发展迅速，达到14000千只的高峰。由于在1882年输向英国的肉类海运冷藏技术的引进，成长缓慢的细羊毛羊种迅速被毛肉两用型羊种所替代。后者既可提供鲜肉和丰厚的套毛，羊肉为农民带来快速的利润，套毛又作为重要的补充收益。美利奴羊的不利之处是不能适应北岛新开发的较潮湿的草地。

北岛农民逐渐地转向适应于粗放草地的林肯羊和英国莱斯特羊种，经历一段过程之后，它们又接连地被生长和效益更好的罗姆尼羊所替代。

同时，南岛的农民正为南岛丰盛的较干的草地寻找两用型羊种。在此过程中，南岛农民将美利奴羊与英国莱斯特羊，林肯羊或罗姆尼羊杂交育种，培育成新西兰半纯种羊。连续的交错杂交改良形成考力代羊种。

目前，新西兰罗姆尼羊仍然是占支配地位的羊种，尽管罗姆尼羊在20世纪的年代中期占新西兰绵羊存栏总数的75%，当今则明显地下降至46%。当初在1853年引进新西兰的羊种是起源于英国罗姆尼羊，经过多年的专门养育改良，已经适应新西兰大部分高原和低海拔乡村的条件，并满足世界上主要羊肉市场改变着的需求。罗姆尼羊是目前独特的两用型羊种，所产的粗支羊毛强力好，中等膨松度。

新西兰全国都在养育罗姆尼羊，所以此羊种特性的变异是很大的。牧民们着眼于培育新的羊种，以便更为适应当地的特殊条件。杂交羊种中有两个品种占据支配地位，罗姆尼羊与耐苦的切维奥特羊杂交培育成的派伦代尔羊适应陡峭的高原乡村，罗姆尼羊与边区莱斯特羊杂交的库普沃斯羊适应潮湿的低洼地。

派伦代尔羊继承了切维奥特羊毛的高蓬松度和罗姆尼羊的高产毛量的特点，成为两用型羊种，有中等至高蓬松度的羊毛。然而，农民因草地的改良，着眼于具有丰厚套毛的羊种，派伦代尔羊的数量近年来已经下降。

库普沃斯羊的情况正好相反，其数量一直在增长，因其照管容易和较高的产羔率，具有受人注意的吸引力。此种羊也是两用型，生产具有光泽的粗长羊毛。

考力代和半纯种羊至今仍可见诸于主要在南岛的干旱地区。尽管也是两用型羊种，但培育此两种羊种是为了羊毛，羊肉是第二位的。两者的羊毛比杂交羊毛细，半纯种羊毛又稍细于考力代羊毛。

传统地说，美利奴羊仅限于南岛的高山干旱乡村，但新西兰许多其他地区逐渐地也在成功地放养着。这种趋势使美利奴羊的总数量从1984年起的十年来增长三倍，达到全国绵羊总数的6%以上。在高原地区的牧民组织为生产细支羊毛一直在进行着羊种改良，通过借助羊毛性能的客观检验和电脑储存手段，细度稳定在18μm以下的超细羊毛已可供给商业市场。

特拉斯代尔羊是在新西兰培育起来的，这是通过对具有隐性N基因的罗姆尼羊的选择性繁殖而成功的羊种，其羊毛是高髓化度的粗羊毛。特拉斯代尔羊是两用型绵羊，在全国都可见到，在市场上是作为地毯的特殊用毛。其他较次要的羊种，如塔吉代尔和地毯马斯特羊种也是以相类似的方式培育成的羊种。近年来，由于特拉斯代尔羔羊毛较周岁毛柔软，已经用于与较细的其他羔羊毛或美利奴羊毛混合配毛，用于生产特拉斯代尔风格的服装粗花呢。

塘种羊在新西兰主要为羊肉出口市场的羔羊生产作为种羊（公羊）之用。尽管塘种羊毛具有高的蓬松度，由于相对的低产毛量，以商业羊毛生产考虑，这是不足之处。近年来，由于羊肉和羊毛的价格走势，若干国外以产羔为主的羊种正被引进新西兰，例如德克塞尔、哥特兰伯特和芬纳希兰德瑞斯等羊种。

（2）新西兰主要羊种的纤维特性和主要用途见表1-2-31。

表1-2-31　新西兰主要羊种的纤维特性和主要用途

| 绵羊品种 | 纤维直径（μm） | 毛丛长度[1]（mm） | 蓬松度/光泽 | 套毛重量（kg） | 平均洗净率（%） | 主要用途[2] |
|---|---|---|---|---|---|---|
| 新西兰罗姆尼 | 30~40 | 125~175 | 低/中 | 4.5~6.0 | 75~80 | 1,2,3,4,5 |
| 派伦代尔 | 31~35 | 100~150 | 中/低 | 3.5~5.0 | 75~80 | 1,2,3,4,5 |
| 库普沃斯 | 35~39 | 125~175 | 低/高 | 4.5~6.0 | 75~80 | 1,3 |
| 边区代尔 | 30~35 | 100~150 | 低/中 | 4.5~6.0 | 74~78 | 3,4,5,7 |
| 边区莱斯特 | 37~40 | 150~200 | 低/高 | 4.5~6.0 | 76~81 | 1,3,4 |
| 特拉斯代尔 | >40 | 200~300 | 中/低 | 5.0~7.0 | 77~83 | 1 |
| 考力代 | 28~33 | 75~125 | 中/中 | 4.5~6.0 | 65~72 | 2,4,5,8,9 |
| 新西兰半纯种 | 25~31 | 75~110 | 中/低 | 4.0~5.0 | 65~72 | 4,5,6,8 |
| 美利奴 | 17~24 | 65~100 | 中/低 | 3.5~5.0 | 69~72 | 5,6,8 |
| 切维奥特 | 28~34 | 75~100 | 高/低 | 2.0~3.0 | 75~79 | 5,8,9 |
| 塘种 | 23~32 | 50~75 | 高/低 | 2.0~3.0 | 50~70 | 5,8,9,10 |

①周岁长足的代表性长度。

②1—地毯　2—毛毯　3—厚型粗呢/外衣呢　4—家具织物　5—手编毛线　6—薄型衣料　7—厚型衣料　8—针织衣　9—粗花呢　10—羊毛填料

（3）灰退毛。灰退毛取自因肉用而屠宰的羔羊或成年羊的毛皮。每年可生产约25000~30000吨的灰退毛，大型屠宰场在生产旺季（3~5月份），每天可退毛20000张羊皮。

灰退毛的退毛工序是，羊皮先在冷水中漂洗，然后喂入压辊挤出多余的水分，再摊平于移动的工作台，由人工修剪毛皮的边角。

修整过的羊皮经化学处理后，由专用拔毛机将羊毛从羊皮上取下，灰退毛作为一个单独的品种出售。

化学处理的工艺是：由硫化钠和石灰粉混合成糊状的退毛剂喷射在羊皮的内侧面，然后将羊皮堆放一起，化学药剂会渗透羊皮，软化毛根。对脱毛剂的正确控制使用，不会构成对皮面和羊毛的任何损伤。羊毛是通过机械方式剥取，散落在输送带上，操作工人在一旁分检、评级。有的工厂，退毛和分检均由人工同时进行。

此时主体羊毛直接送至烘干机，零次毛或短毛可能再经第二次清洗，除去过量的退毛剂。烘干后的灰退毛进入毛仓，打包成传统的毛包，毛包外刷有唛头，标明等级和生产厂的标记。

尽管灰退毛已经过清洗，它们仍需经过洗毛工序，以去除羊毛脂和残留的退毛剂。

2．新西兰羊毛的品种

（1）羊毛品种。总体来说，通常按羊种把羊毛分成三个主要品种：杂交种羊毛（粗支），半纯种羊毛（中支）和美利奴羊毛（细支）。

①杂交种羊毛。新西兰羊毛的多数是杂交羊毛，其大部分的细度为32~41μm。以杂交名词应用于新西兰羊毛，是用以表达具有英国长毛型羊种的血统或此羊种的某杂交种，主要的品种是罗姆尼、库普沃斯、派伦代尔、边区莱斯特、英国莱斯特和林肯。杂交羊毛还可进一步划分为细支（30~32μm），中支（33~34μm）和粗支（35μm以上）。杂交羊毛几乎整年有充足的数量可供应，但是11月至下一年1月，其产量达到高峰；多数年景，3~4月份还有第二次产量高峰，那时秋季二剪毛已可供应。大量的杂交套毛用于地毯生产。此外，杂交羊毛还用于毛毯、装饰布、窗帘布、厚型衣料和手编毛线。

②半纯种羊毛。当谈到新西兰羊毛时，半纯种羊一词是指一个广泛的群体，主要用于表述新西兰半纯种羊毛和考力代羊毛。然而美利奴与杂交羊的杂交种，其纤维直径为25~31μm的绵羊也包括在此半纯种羊的品种内。半纯种羊毛约占新西兰羊毛总量的10%。

半纯种羊毛的主要供应期在8~10月份，但是直至下年的1~2月份仍然有相当的数量。此羊毛主要用于服装、细支手编毛线、针织衣、春秋季外衣、精纺或薄型花呢。

③美利奴羊毛。近年来，新西兰美利奴羊毛的产量已成倍增长，随着国内众多的地区继续成功地引进美利奴羊种，此数字预期还会缓慢上升。美利奴羊通常在春季（9~10月份）每年剪毛一次，使绵羊身上有足够的羊毛以度过冬季。美利奴羊毛直径为17~24μm，尤其适宜于高品质精纺、粗纺织物和针织品。每年10月和11月的有限期内，足够数量的美利奴羊毛可供货。

（2）主要羊毛品种。为便于销售，一般划分为两个品种群体：套毛和零次毛。

套毛是指羊身主体部分所剪下的羊毛，还可进一步以羊种、纤维直径和剪毛期来划分。为改善套毛品质，对在剪毛棚里剪下羊毛的进行前处理，分检出零次毛。这些零次毛可能是长度较短，或白度较差，或含有较多的草杂或其他疵点。零次毛按品种分别划分，以供出售。零次毛常具有某些特性，如高蓬松度或髓化度，用于配毛，以使产品的性质具有多样性或特殊效果。新西兰羊毛的主要品种见表1-2-32。

**表1-2-32　新西兰羊毛的主要品种**

| 项　目 | 主要正身毛 | 零　次　毛 | | 杂　毛 |
|---|---|---|---|---|
| 从活羊体剪下的羊毛 | 套毛 | 颈毛<br>一级碎片毛<br>腹部毛 | 臀部毛、下脚毛、二级碎片毛、眼圈毛、头顶毛 | 黑花套毛、印记毛、死羊毛、两年套毛、尿渍毛、泥污毛、粪污毛 |
| | 早剪毛 | | | |
| | 二剪毛 | 二剪毛的腹部毛和碎片毛 | | |
| | 一级羔羊毛 | 二级羔羊毛 | | |
| 灰退毛 | 一级灰退毛 | 二级灰退毛 | 三级灰退毛 | 退毛机零次毛、下肢毛 |

（3）新西兰羊毛型号说明。新西兰羊毛型号一直沿用英国羊毛型号（BWC）制，根据羊毛品质支数、类别和品位，采用单一的数值对羊毛分级，BWC制总共包含近1000个型号，每个型号给予一个数值，主要依照品质支数，从细支开始逐步增至最粗，但每一个级别没有贴切的标准含义。目前，新西兰在销售羊毛时，已不采用国际通常使用的客观检验方法中技术指标反映羊毛品质。但是品位在拍卖中依然是价格的分水岭。新西兰套毛型号及羊毛的正身套毛品位说明分别见表1-2-33、表1-2-34。

**表1-2-33　新西兰套毛型号**

| 项目 | 品　　质 | | | | | | |
|---|---|---|---|---|---|---|---|
| 支数<br>（支） | 优级 AA | 上优 A | 上 BB | 上中 B | 中 C | 中下 D | 下 E |
| | 型　　号 | | | | | | |
| 58 | 69 | 70 | 71 | 72 | 73 | 74 | 75 |
| 56/58 | 76 | 77 | 78 | 79 | 80 | 81 | 82 |
| 56 | 83 | 84 | 85 | 86 | 87 | 88 | 89 |
| 50/56 | 90 | 91 | 92 | 93 | 94 | 95 | 96 |
| 52 | 831 | 832 | 833 | 834 | 835 | 836 | 837 |
| 50 | 97 | 98 | 99 | 100 | 101 | 102 | 103 |
| 48/50 | 104 | 105 | 106 | 107 | 108 | 109 | 110 |
| 46/50 | 111 | 112 | 113 | 114 | 115 | 116 | 117 |
| 48 | 118 | 119 | 120 | 121 | 122 | 123 | 124 |
| 46/48 | 125 | 126 | 127 | 128 | 129 | 130 | 131 |
| 46 | 132 | 133 | 134 | 135 | 136 | 137 | 138 |
| 44/46 | 139 | 140 | 141 | 142 | 143 | 144 | 145 |
| 44 | 146 | 147 | 148 | 149 | 150 | 151 | 152 |
| 40/44 | 153 | 154 | 155 | 156 | 157 | 158 | 159 |
| 40 | 160 | 161 | 162 | 163 | 164 | 165 | 166 |
| 36/40 | 167 | 168 | 169 | 170 | 171 | 172 | 173 |

表1-2-34 新西兰羊毛的正身套毛品位说明

| 级别 | 代号 | 品位说明 |
|---|---|---|
| 优级 | AA | 色泽良好，生长良好，除边清，分级良好，拉力强，无草杂 |
| 良好/优级 | A | 色泽良好，生长良好，除边清，分级良好，拉力强，草杂很轻微 |
| 良/好 | BB | 色泽良好，生长良好，除边清，分级良好，拉力强，无或近乎无草籽，可能有轻微弱节毛 |
| 良好/一般 | B | 良好的梳条用毛，已除边，色泽尚可到良好，可能含有一些毡片毛或轻微草刺 |
| 一般 | C | 梳条用毛，色泽尚可，可能未除边或枝梗沾污，有一些毡片毛或部分多草籽 |
| 一般/低级 | D | 一般到低级的梳条用毛，可能色泽差，多毡片或多草籽，未除边或枝梗沾污 |
| 低/级 | E | 低于上述等级的任何羊毛 |

（4）灰退毛。对多数灰退毛来说，灰退毛是从羊毛整个生长期内得到良好管理，具有良好营养水平的羔羊全盛期内取得的。所以，灰退毛的强度特别的好，未曾经历全年气候的变异，白度好，且均匀。灰退毛是拔取的，不是剪取的，所以不含短纤维，往往后加工过程中，落毛等损耗也少。此外，洗净率也高（80%～90%），因大部分尘杂和汗脂已在灰退毛生产时被清洗掉。

①灰退毛的主要品种有如下三种。

A. 未剪羔羊毛：占灰退毛总量的45%～50%，来自未曾剪过毛的3～5月龄的羔羊。通常，其细度比季节稍后的羔羊灰退毛为细。每年10月至来年5月有相当数量的此类羊毛上市。

B. 已剪羔羊毛：占灰退毛总量的30%～35%，来自3～4个月前已剪过毛的羔羊（此类剪下羔羊毛以原毛出售），因而纤维长度很短，主要的上市量在3～5月份。

C. 成年羊毛：占灰退毛总量的15%～20%，羊龄在2～6年，羊毛长度范围很大。主要的上市量在11月至次年3月，高峰期在12月至次年2月。

②灰退毛的分级。除了以上述品种划分，灰退毛还可按其分级标准进一步分级。此标准虽非强制性的，但已被大多数屠宰公司采纳。在采用此标准的那些退毛厂，灰退毛按下列等级划分：

一级灰退毛（羊体主体毛）：占毛皮的主体，强度好，生长良好，一般不含草杂和污渍。等级划分按细度、长度、白度和草杂含量。其通常不含有残留退毛剂。

二级灰退毛：由毛皮的边肷毛和腹部毛组成，也是按细度、长度、草杂含量划分等级。仍残留若干退毛剂，且常有黄色污渍。

三级灰退毛：由零次毛组成，所以长度变异极大，被石灰重度污染，须经冷水再次清洗。

退毛机拔下的毛，未经化学药剂处理的零散毛皮，使用机械方法拔下的羊毛，通常白度差，并予单独区分。

其他级别的灰退毛：包括臀部毛、皮板毛（25mm以下）、毡片毛和有色毛。

③灰退毛的供应。新西兰北岛和南岛南方的灰退毛通常与南岛其余地区生产的灰退毛存

在着差异。半纯种羊、考力代、美利奴羊和南岛大部分地区的细支罗姆尼羊等羊种的灰退毛与杂交羊灰退毛相比，杂交羊灰退毛则较粗，洗净率也高。

灰退毛常年都有相当的数量可供应，但是其长度则随生产季节的不同有着相当大的变化。

④灰退毛相对价格。拍卖场的价格受若干因素的影响，包括羊毛品种、纤维性能、供货量和市场需求。灰退毛并不在公众拍卖场销售，但其价格趋势与相同规格型号的剪下羊毛间存在着相似性。

# 第五节　其他国家和地区养羊业

## 一、阿根廷养羊业

阿根廷位于南美洲南部，面积277万平方千米。全国农业用地3000万公顷。农牧业产品的出口占出口总值的80%。在农牧业收入中，农业占60%，牧业占40%。由于气候温和、土壤肥沃，是世界著名的农牧业国家。

2008/2009年度全国拥有绵羊存栏数1245万只，年产含脂毛量降至3.3万吨。其中总产量的82%为服装用羊毛，分别剪自美利奴羊、波尔华斯羊及考力代羊。约80%的羊毛供出口，2009/2010年度阿根廷出口羊毛3.79万吨，其中含脂毛1.07万吨，洗净毛3459吨，毛条及其他梳毛1.85万吨。

阿根廷的畜牧业主要是利用天然草场和建立人工草场发展草食家畜：牛和羊，绵羊主要分布在以下四个地区。

沿海地区主要饲养罗姆尼羊、考力代羊、波尔华斯羊等品种。

边远地区主要饲养当地的粗毛羊克利罗羊。

潘帕地区主要饲养林肯羊、罗姆尼羊、考力代羊和澳大利亚美利奴羊等品种。

巴塔哥尔亚地区主要饲养澳大利亚美利奴羊、考力代羊等。

阿根廷绵羊品种主要为考力代羊，约占47%；澳洲美利奴羊约占28%；罗姆尼羊占5%；林肯羊占10%，另有少量波尔华斯羊、汉普夏羊等品种。在全国绵羊中，各类半细毛羊占绵羊总数的62%~65%，仅次于新西兰，特别是考力代羊和林肯羊的存栏数皆居世界第一位。

## 二、英国养羊业

英国位于欧洲西部，是大西洋中的一个岛国，由英格兰、苏格兰、威尔士组成。全国总面积24.4万平方千米，人口5596万。英格兰东部为低平地带；威尔士是山地；苏格兰中部为低地，其余为山丘地带。全国人工草场和放牧地有1203.2万公顷，占农业用地的62%。英国畜牧业产值占农业总产值70%左右，其中养羊业约占10%。英国全境属海洋性温带阔叶林气候，气候温和湿润，雨量丰富，降水均匀，全年平均气温10℃左右，牧草生长茂盛，这是英国育成绵羊优良品种的物质条件。

英国是三十多个肉毛兼用半细毛羊品种的原产地，对世界各国发展肉毛兼用半细毛羊有较大影响。新西兰、澳大利亚、阿根廷、乌拉圭、美国、法国和苏联等国都曾引进英国的绵羊品种，进行杂交培育半细毛羊品种。

英国羊毛的剪毛年度是5月1日至次年的4月30日。20世纪90年代以来，英国与欧洲各国绵羊都在减少。据英国羊毛局年度报告，近年来剪毛量逐年下降，与2009/2010年度2.87万吨相比，2010/2011年度剪毛量最终确定为2.86万吨。2010/2011年度英国的羊毛卖出了25年来的最好价格。

英国现有主要绵羊品种，按其生产方向不同分为：

细羊毛品种：美国美利奴羊、兰布列羊、提来恩美利奴羊。

中毛品种：雪维特羊、芬兰羊、汉普夏羊、雪洛普夏羊、南丘羊、萨福克羊和突尼斯羊等。

长毛羊品种：考兹伍德羊、来斯特羊、林肯羊和罗姆尼羊等。

杂交毛型品种：哥伦比亚羊、巴拿马羊和塔基羊等。

地毯毛品种：黑面山地羊等。

皮用品种：卡拉库尔羊等。

另外，按绵羊的生长地区品种大致可分为长毛种、短毛种和高地种三类。

长毛种一般繁育在英国东南部沿海低洼地区。该地区地势平坦，气候条件好，多为农牧业混合型，长毛羊品种的特点是体格大，肉用体型好，头肢皆为白色，毛长130～300mm，羊毛较粗（32～50支），羊毛呈丝光光泽，具有大的卷曲。属于这一类型的绵羊品种有莱斯特羊、林肯羊、边区莱斯特羊、罗姆尼—马什羊、考斯瓦德羊等。

短毛种亦称丘陵种。主要繁育在英国中部和南部的丘陵地区。短毛种绵羊以肉用为主，但也生产半细毛，主要为农业地所饲养。短毛种羊的特点是肉用体型好，被毛呈闭合型毛丛结构，毛长60～100mm，细度46～58支。属于这一类型的绵羊品种有南丘羊、萨福克羊、牛津羊、汉普夏羊、有角陶塞特羊等。

高地种繁育在英国北部和苏格兰，气候条件和饲养条件较差，羊毛偏粗，主要用于制造地毯、披肩等。属于这一类型的绵羊品种主要有雪维特羊、苏格兰黑脸羊等。

### 三、乌拉圭养羊业

乌拉圭位于南美洲东南部，面积17.6万平方千米，其中90%为沃土，非常适宜进行农牧活动，全国有84%的天然草场和10%人工改良草场。该国气候条件好，全年有85个降雨日，年降水量在1200mm左右，冬天平均气温为12℃，夏天平均气温为24℃。草生繁茂，多饲养肉牛和绵羊，其肉类、羊毛和皮革为传统的出口产品。西班牙殖民者在17世纪时将羊引入乌拉圭。从那时起，乌拉圭发展出了它自己的羊群生产文化，这是乌拉圭经济的基础支柱。

#### 1. 乌拉圭羊毛工业

羊群生产，尤其是羊毛生产，自20世纪以来一直是乌拉圭最重要的生产活动之一。乌拉圭的羊毛工业主要是面向出口市场。60%生产出来的羊毛都作为毛条出口。剩下的一些被用做原毛或洗净毛出口，或者由当地的纺织制造工业加工生产成面料、服装，同时用于出口和国内消费。羊毛和羊毛产品多年来构成了该国出口收入的主要来源。

乌拉圭是世界上第三大羊毛生产出口国，但却是第二大衣料用羊毛生产国。同时，乌拉圭还是最大的特定规格中型衣料用羊毛条（细度25～30μm）出口国。由于羊毛工业的重要性，于1968年乌拉圭牧民们建立了一个私人的组织：乌拉圭羊毛局（SUL），目的就是要支持并促进羊毛的生产、加工和消费。

### 2. 乌拉圭羊毛生产

牧民们对于生产技术的应用给予了特别的强调，以提高羊毛的数量和质量。此外，他们还强调了更为严格的羊毛采集和处理程序的开发，以消除污染，提高乌拉圭毛条的产品质量。与此同时，当地加工商和出口商也在以一种综合的形式协助这些计划的实施。最佳的品质、极好的纤维长度、不同寻常的抗拉伸、较高的洗净率、较高的精梳性能、较低的草杂、大批的散装货物、没有化学污染。

在2008/2009年度的那场几乎影响到包括羊毛在内的所有商品的国际金融危机之后，羊毛业的利润率因此下降，尤其是细羊毛，下跌幅度要大于中等细度的羊毛。肉牛、粮食、林产以及肥羔羊的生产也都受到了严重的影响。牧民们似乎并没有出现从传统的双重目标体系向以生产更多羊肉为目标的生产体系的转变。尽管似乎对于羔羊的生产有较好的国际市场预期，但乌拉圭羊毛针对欧盟的高价市场却有所削减。

2009/2010财政年度，乌拉圭羊群的存栏数测算减少了6%左右，从860万只减少到810万只。这个情况与乌拉圭过去10年的发展情况相吻合。羊毛的产量也随之从3.4万吨降到3.2万吨左右原毛重量（相当于2.35万吨洗净毛）。目前乌拉圭羊毛细度在各个品种的羊中均朝更细的方向发展。

### 3. 乌拉圭羊毛出口

在2009/2010年度，乌拉圭共出口羊毛4.69万吨，其中出口含脂毛3934吨，出口毛条2.38万吨。目前，乌拉圭是世界第二大毛条出口国。毛条出口的羊毛占了出口总额的50.8%，原毛和精短毛分别占8.4%和7.7%。目前，毛条加工仍然是乌拉圭羊毛工业较为重要的部分，有5个梳毛厂在运作。

2009/2010年度，中国、意大利和德国为乌拉圭羊毛出口总量的将近81.1%买了单。几乎所有原毛都出口到了中国。毛条的出口情况也大体如此。中国是乌拉圭羊毛出口的主要市场，占据了66.8%的份额，其次是意大利（7.4%）和德国（6.9%）。

## 四、南非养羊业

南非位于非洲大陆的最南端，在南纬22º～35º，东经17º～33º之间，东、南、西三面濒临印度洋，大西洋。北邻纳米比亚，博茨瓦纳，津巴布韦，莫桑比克和斯威士兰，中间包围着莱索托国。国土面积122.1万平方千米，海岸线长2954km，南非的地形以高原为主，东南沿海有不大的平原。高原的东南边缘横着德拉肯斯山脉，有不少海拔超过3000m

的山峰，整个高原由东南向西北逐渐倾斜。西北部是卡拉岭迪盆地的部分，主要为沙漠。奥兰沿河和林波波河是南非最主要的河流，全国的大部分地区属亚热带草原气候，东南沿海和亚热带湿润气候，西南沿海为地中海式气候，年平均气温为12~22℃，年降水量由西北向东南递增，月降水量100~1200mm，人口为310万，只有约13%的土地可以用来种植农作物。

羊毛是南非主要的农业出口产品，从1994年后南非成为世界第四大羊毛出口国，而且一直是排名前十位的羊毛生产国，大部分用于出口。2009/2010年度南非绵羊存栏2398万只，年产4.79万吨原毛，羊毛出口约4.4万吨，占90%以上，其中含脂毛出口占87%，毛条占8.4%。目前该国也有自己的羊毛加工企业，包括选毛、梳毛、纺纱和编织。

南非的绵羊品种有南非美利奴和杜泊羊等。南非美利奴羊是南非数量最多的绵羊品种，约有1800万只，该品种是在引进澳大利亚美利奴羊的基础上，经长期选择和培育而成，适应南非的自然条件，在集约化饲养的条件下表现出良好的生产性能，成年公羊的剪毛量是9~12kg，母羊6~8kg，主体细度范围19~23μm，平均细度21.7μm，平均洗净率65%~70%，平均草杂在1%，平均强度35cN/tex，正身套毛长度为65~70mm，70%的套毛经过二检，套毛的长度离散远低于澳大利亚羊毛，CVH在43%以下，套毛分为无黑花和有黑花（每米毛条允许6根）。

近年来培育的南非肉用美利奴羊是一个能适应干旱条件的肉毛兼用型绵羊品种，屠宰率和骨肉比分别为46.6%和1∶44。

杜泊羊是南非在1942~1950年间用从英国引入的有角陶塞特品种公羊与当地波斯黑头品种母羊杂交，经选择和培育而成的肉用绵羊品种，总数约700万只。杜泊羊分长毛型和短毛型。长毛型羊生产地毯毛，较适应寒冷的气候条件；短毛型羊毛短，没有纺织价值，但羊只能较好地抗炎热和雨淋。

大多数南非人喜欢饲养短毛型杜泊羊。因此现在该品种的选育方向主要是短毛型。杜泊羊早熟，生长发育快，100日龄公羊重34.72kg，母羔重31.29kg，成年公羊体重100~110kg，成年母羊体重75~90kg，1岁公羊体高72.7cm，3岁公羊体高75.3cm。

在2010版《羊毛分级整理执行准则》的标准中，南非的套毛必须按照相应的字母组合单独打包和标记。AA-EE代表羊毛的预估长度，FF，F，M，S，SS代表平均纤维直径（μm）。南非美利奴羊毛细度分级标准如表1-2-35所示。

表1-2-35　南非美利奴羊毛细度分级

| 长度范围<br>（mm） | 超细羊毛<br>（<19μm） | 细羊毛<br>（19.1~20μm） | 半细羊毛<br>（20.1~22μm） | 粗羊毛<br>（22.1~24μm） | 特粗羊毛<br>（24.1~27μm） |
|---|---|---|---|---|---|
| >90 | AAFF | AAF | AAM | AAS | AASS |
| 80~90 | AFF | AF | AM | AS | ASS |
| 70~80 | BBFF | BBF | BBM | BBS | BBSS |

续表

| 长度范围<br>（mm） | 超细羊毛<br>（<19μm） | 细羊毛<br>（19.1~20μm） | 半细羊毛<br>（20.1~22μm） | 粗羊毛<br>（22.1~24μm） | 特粗羊毛<br>（24.1~27μm） |
|---|---|---|---|---|---|
| 60~70 | BFF | BF | BM | BS | BSS |
| 50~60 | CFF | CF | CM | CS | CSS |
| 40~50 | DDFF | DDF | DDM | DDS | DDSS |
| 30~40 | DFF | DF | DM | DS | DSS |
| 20~30 | EEFF | EEF | EEM | EES | EESS |
| <20 | EFF | EF | EM | ES | ESS |

南非主要的山羊品种有波尔山羊、努比山羊、安哥拉山羊、西非侏儒山羊、西班牙山羊、田纳西州木腿山羊等，世界上60%的马海毛产自南非。

## 五、独联体地区养羊业

由于对独联体的绵羊饲养概况缺乏可参考的统计数据，现仅介绍苏联未解体时的概况，借以了解这一地区的绵羊生产。苏联曾是世界上绵羊头数最多的国家。1988年苏联有绵羊1.40亿头，产原毛47.6万吨。根据苏联中央统计局1980年统计，细毛羊占绵羊总数的62.7%，半细毛羊占10.8%，半粗毛羊和粗毛羊占26.5%。苏联时期，细毛羊主要分布在俄罗斯、乌克兰、哈萨克斯坦、阿塞拜疆和吉尔吉斯斯坦等共和国境内，半细毛羊主要分布在俄罗斯、乌克兰、哈萨克斯坦和亚美尼亚共和国境内。卡拉库尔羔皮羊主要在乌兹别克斯坦和土库曼共和国。

据1995年美国"世界农业生产"统计报道，苏联解体后独联体中的哈萨克斯坦的羊只存栏数为3200万头，比1990年减少了11.66%，俄罗斯的羊只存栏数为3590万头，比1990年减少了41.44%，乌克兰的羊只存栏数为640万头，比1990年减少了28.91%。据国际毛纺织组织（IWTO）统计，2009年独联体地区羊只存栏数1960万只，羊毛产量9.9万吨。其中：俄罗斯生产量2.4万吨；哈萨克斯坦生产量2万吨；乌兹别克斯坦1.87万吨；土库曼斯坦1.58万吨，是近年来羊毛增产的少数地区。减少部分主要是细毛羊产区。

## 六、印度养羊业

印度位于南亚次大陆，与巴基斯坦、中国、尼泊尔、锡金、不丹、缅甸、孟加拉国为邻，濒临孟加拉湾和阿拉伯海，国土面积297.47万平方千米，海岸线长5560km，印度全境分为德干高原和中部恒河平原及喜马拉雅山区三个自然地理区，属热带季风气候，气温因海拔高度不同而异，喜马拉雅山区年气温12~14℃，东部地区26~29℃，一年四季分为：冬天（1~2月）、盛夏（3~5月）、西南季风雨季（6~9月）、东北季风（10~12月）。

印度的畜牧业中以黄牛的数量最大，山羊次之，其次是水牛和绵羊，畜牧业产值占GDP

中的8%~9%。

  2009年印度绵羊存栏6572万只,羊毛年产量4.5万吨。印度的绵羊品种有40余种,大都分布在干旱的西北地区和拉贾斯坦邦,粗毛品种分布在南半岛的大部分地区,印度的山羊品种有20余种。

# 第三章　其他动物毛

## 第一节　山羊绒

山羊绒的纤维细长、均匀、柔软，弹性好，光泽柔和，拉力强，是毛纺织工业的高档原料。

### 一、概述

**（一）概念**

**1. 山羊绒**

山羊原绒、过轮山羊绒、洗净山羊绒、分梳山羊绒统称为山羊绒。其中直径在25μm及以下的属绒纤维。

**2. 山羊原绒**

从具有双层毛被的山羊身上取得的、以下层绒毛为主的、混有粗毛附带有少量自然杂质的、未经加工的绒毛纤维。

**3. 过轮山羊绒**

山羊原绒经过分选、除杂机打土过轮后的山羊绒。

**4. 洗净山羊绒**

山羊原绒、过轮山羊绒经过洗涤达到一定品质要求的山羊绒。

**5. 分梳山羊绒**

经洗涤、工业分梳加工剔除粗毛后的山羊绒，又称无毛绒。

**（二）与山羊毛区分界限**

（1）山羊绒是由身体具有外层粗毛、内层绒毛双层覆盖毛被的绒山羊生产的、柔软纤细的底绒纤维。

（2）山羊绒与山羊毛的细度分界线是25μm。山羊绒细度在25μm及以下，无髓质，有卷曲，而山羊毛细度在25μm以上。

（3）山羊绒纤维平均直径上限为19μm，粗毛（纤维直径大于25μm的山羊毛）含量应低于3%（重量百分比），商业上一般要求应低于1%。目前加工技术已可降到0.1%。

（4）山羊绒产品中如含有回用山羊绒，必须清楚标明，以与纯新山羊绒区分开。

## 二、山羊绒分布

### （一）全球分布

据《国际统计年鉴（2011）》的数据显示，2009年全世界山羊近8.7亿只，约生产山羊绒2.25万吨，主要生产国家有中国、蒙古、俄罗斯、伊朗、阿富汗、哈萨克斯坦、吉尔吉斯斯坦、巴基斯坦、土耳其等国家，主要产绒国家绒山羊分布见表1-3-1。中国是世界上山羊原绒产量最大的生产国，据中国统计年鉴记载，2009年山羊绒产量为1.7万吨，约占世界总产量的75%以上；蒙古生产山羊绒约20%；还有极少的一部分山羊绒生产在其余的国家。由于山羊绒的重要经济价值和多种用途。20世纪70年代以来，澳大利亚、新西兰、苏格兰、美国等也相继开始发展山羊绒产业。

表1-3-1 主要产绒国家绒山羊分布（2009年） 单位：万只

| 国　　家 | 山羊数 | 国　　家 | 山羊数 |
|---|---|---|---|
| 中国 | 15245 | 巴基斯坦 | 5830 |
| 印度 | 12601 | 土耳其 | 559.4 |
| 伊朗 | 2530 | 哈萨克斯坦 | 264.5 |
| 蒙古 | 1965.2 | 俄罗斯 | 216.8 |

山羊绒占动物纤维总量的0.2%。山羊绒按其天然颜色分为白绒、青绒、紫绒，其中以白绒最珍贵，仅占世界山羊绒产量的30%左右。

中国山羊绒白绒的比例较高，颜色纯正、光泽柔和，细度基本在16μm以下，是世界最细的山羊绒生产国家。

蒙古产的山羊绒，颜色以青、紫为主，约有5%的白绒、70%的青绒和紫绒，长度为35～37mm，细度为13～15μm。阿富汗、伊朗、哈萨克斯坦、吉尔吉斯斯坦等中西亚国家产的绒，颜色以深色为主，细度粗，长度短，手感较差。阿富汗山羊绒纤维直径为16.5～17.5μm；伊朗山羊绒纤维直径为17.5～19μm，只能纺织粗纺的羊绒制品；俄罗斯的顿河山羊绒纤维直径19.5μm；土耳其山羊绒纤维直径为16～17μm；澳大利亚野化山羊绒纤维直径16.5～16.9μm。

### （二）国内分布

我国的绒山羊品种繁多，产区分布广泛。绒山羊的主要品种包括：内蒙古绒山羊，如阿尔巴斯型、二狼山型、阿拉善型、乌珠穆沁型、罕山型；辽宁绒山羊；河西绒山羊；新疆绒山羊；西藏绒山羊；太行山绒山羊；子午岭黑山羊；燕山无角山羊。

内蒙古、新疆、西藏、青海、甘肃、宁夏、山西、河北、陕西、山东和辽宁等地区是中国山羊绒的主要产区。内蒙古是中国绒山羊数量最多、产绒量最高的山羊绒优势产区，约占世界山羊绒产量的1/3，占全国的60%以上，其中尤以内蒙古西部阿尔巴斯地区的绒质最好。

### 1. 内蒙古自治区

2009年生产山羊绒7375t，主产于鄂尔多斯市、巴彦淖尔市、阿拉善盟、锡林郭勒盟和赤峰市。所产山羊绒纤维细长、手感柔软、强度高、光泽好、颜色正白，多呈冰糖色，绒瓜松紧适中，呈圆球状或馒头状，含粗毛少，净绒率高。一般西部地区品质好于东部地区，颜色以白绒为主。全区山羊绒产量和质量均居我国首位。

### 2. 西藏自治区

2009年生产山羊绒550t，主产于阿里、那曲、日喀则地区，集中分布在日土、改则、革吉、尼玛、文部、班戈等县。其中以日土、改则品质较优。其待征：纤维较细、柔软，光泽柔和，卷曲多呈浅波，富有弹性，毛色较杂，绒细度14.5～15.5μm、长度40～50mm，净绒率在45%左右。

### 3. 新疆维吾尔自治区

2009年生产山羊绒1261t，主产于北疆的阿勒泰、塔城和青河地区，南疆的阿克苏、喀什、和田地区以及东疆的哈密、巴里坤等地。其中，北疆各地产量大，品质较好，南疆、东疆次之。其特征：纤维较长，拉力大，光泽好，颜色较杂，粗散毛的柔软性较差，细度14～16μm，个体产绒量150～300g，杂质含量较少，净绒率较高。

### 4. 青海省

2009年生产山羊绒416t，主产于海西州的都兰、乌兰及德令哈等地，以海北州产量大，品质较好。其特征：绒瓜较松散、膘薄，净绒率较高，洗净率60%～62%。

### 5. 甘肃省

2009年生产山羊绒359t，主要集中在肃北、肃南以及庆阳地区的还县、花池、合水等地。其特征：纤维较粗，含杂少，洗净率高，净绒率达46%左右，平均细度15.5μm，长度较短在40mm左右。

### 6. 河北省

2009年生产山羊绒676t，主产于太行山山区及北部的张家口地区和承德地区。河北省的紫绒产量也较多，集中在定县、唐县、易县等地。其待征：纤维较粗，手感发涩，粗毛较长，并有透心绒。绒瓜大小不一，肤皮等杂质含量较多，品质较差。

### 7. 辽宁省

2009年生产山羊绒1216t，以盖州市为中心，辐射辽东半岛。主产于盖州市、庄河、岫岩、本溪、辽阳、凤城、宽甸、瓦房店等地。其特征：绒纤维长，牵伸度好，拉力、弹性优，青白有光，手感好，细度较粗，多在15.5～16.5μm，净绒率在58%左右。

### 8. 山东省

2009年生产山羊绒925t，主产于泰山和沂蒙山周围地区，集中产于泰安地区和淄博地区。其特征：纤维较细而短，均匀度、色泽较好，绒瓜内含粗毛及杂质较多，绒瓜大而松。

### 9. 陕西省

2009年生产山羊绒1217t，主产于陕西北部的延安市和榆林地区，其中榆林地区山羊绒品质较好。其特征：纤维细而短，绒瓜较小，绒色较杂。紫绒生产占一定比例，手感好，油性适中，粗毛等杂质含量较大，洗净率和净绒率不高。

　　10. 宁夏回族自治区

　　2009年生产山羊绒317t，主要集中在贺兰山东麓的银北地区和六盘山附近地区。以惠农、平罗、银川市郊、中卫、海原、西吉、固原等地产量较大。其特征：纤维细长，手感好，含杂质较少，洗净率较高。但部分产区由于中卫山羊遗传影响，粗毛较细平均43μm，分梳中不易去除粗毛，给生产造成困难，很难达到质量要求。

## 三、山羊绒的收购分类与等级规格

### （一）按生产方法分

　　1. 活羊抓绒

　　按自然脱绒季节，从活山羊的毛丛根部用铁抓子抓下的细绒。品种比差为100%。

　　2. 其他绒

　　（1）活羊剪绒：指从活山羊身上连毛带绒剪下后拔出来的绒。品种比差为活羊抓绒的90%。

　　（2）生皮抓绒：指从绒山羊皮上抓下来的绒。品种比差为活羊抓绒的80%。

　　（3）熟皮抓绒：有灰褪绒、汤褪绒、干褪绒。品种比差为活羊抓绒的50%。

　　（4）套绒：因絮套时间不同，其品质差异很大。品种比差为70%以下，按质论价。

### （二）按纤维品质分

　　1. 头路绒

　　纤维细而长，光泽亮，手感柔软，含绒量为80%，含短粗毛20%，或带有少量活肤皮。等级比差为100%。

　　2. 二路绒

　　纤维粗短，光泽差，含绒量和短散毛量各为50%。肤皮严重、绒毛不易分开的薄膘子短绒、黑皮绒等也作为二路绒。等级比差为头路绒的33%。

## 四、含杂

　　国产山羊绒的净毛率为68%～82%，平均净毛率75%。原绒中脂汗含量不超过5%，其中脂蜡含量在3%以内。沙土含量则较大，草杂含量很少。所含皮屑在洗毛及分梳时应尽可能去净。以免在成品上形成疵点。

## 五、净绒率

　　山羊绒含有的粗毛必须在纺纱之前去除。洗净的山羊绒经两次分梳后所得的净绒为：白绒55%～63%，青绒45%～55%，紫绒40%～50%。

## 六、纤维形态

山羊绒纤维有不规则的卷曲，卷曲数较细羊毛少。山羊绒纤维由鳞片层和皮质层组成，没有毛髓。鳞片边缘光滑，覆盖间距比羊毛大。鳞片密度60～70个/mm，在较细的山羊绒纤维上，被1～2个环形鳞片所围绕。鳞片覆盖微呈突出，突出程度比马海毛清晰，而比羊毛差些。山羊绒纤维纵向形态如图1-3-1所示。

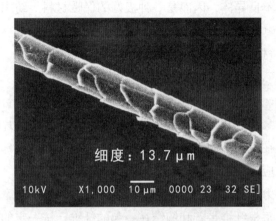

图1-3-1　山羊绒纤维纵向形态

粗毛纤维由鳞片层、皮质层和髓质层三部分组成。粗毛大部分都有毛髓。粗毛下半部的鳞片排列较为接近，鳞片边缘光滑或稍有波形，近毛尖的上半部鳞片边缘锯齿形增多，粗毛的横截面变化较多，大部分为接近圆形，亦有呈椭圆形的。圆形截面的粗毛，其整根纤维细度较为均匀。

## 七、物理化学性能

### （一）物理性能

1. 细度

我国的山羊绒细度在14.0～16.5μm。细度在14.5μm以下的占2%，14.5～16.0μm的占88.8%，16.0μm以上的占9.2%，细度在14.0μm以下的是山东泰安的紫绒，细度最粗的绒采自锡林郭勒盟东西乌旗，其值为16.51μm。

2. 手扯长度

我国山羊绒手扯长度在27～46mm之间，主体分布在30～40mm。手扯长度短于30mm的占2%，长度介于30～40mm的占81.7%，长度长于40mm的占16.3%。手扯长度最长的是采自罕山种羊场4岁公羊，为46mm，手扯长度最短的是山东的大货白绒，为27mm；其次是甘肃省的大货白绒，为30mm，再次就是甘肃和山东省的大货紫绒31mm。

3. 吸湿性能

山羊绒纤维的吸湿性能较好，在同样温湿度条件下，山羊绒纤维的吸湿性能较强，优于羊毛纤维。一般在干燥地区的含水率为9%～11%，在潮湿地区含水率可达到20%～30%。当山羊绒的含水率达到50%时，还没有达到它吸湿能力的饱和点。

**4. 电学性能**

洁净的绝干山羊绒纤维是电的不良导体。山羊绒纤维在加工过程中，绒纤维与金属机器或绒纤维相互之间不断产生摩擦，造成电荷在物体表面转移而产生静电。静电可以破坏山羊绒纤维的运动规律，直接影响山羊绒纤维的开松和梳理。

**5. 保暖性**

山羊绒纤维是热的不良导体，因而是一种极好的保暖材料。纺织材料的导热性，用导热系数来表示，单位是W/（m·℃）。导热系数越小，表示材料的导热性越低，保暖性越好。山羊绒在多种天然纺织材料中的导热系数最低，因而其保暖性最好。山羊绒的保暖率平均为70.3%。

**6. 缩绒性**

山羊绒纤维表面有鳞片，并且鳞片生长具有方向性，纤维逆鳞片的摩擦阻力总是大于顺鳞片的摩擦阻力，因而在一组不同方向力的作用下，纤维总是向根部方向移动，这种现象称为毛纤维的定向摩擦效应。

当山羊绒织物受外力作用时会产生变形，由于纤维之间的定向摩擦效应，纤维始终保持根端向前的运动方向，每根纤维带着和缠结在一起的纤维，按一定的方向缓慢蠕动，因而使山羊绒纤维紧密纠缠毡合，这就是山羊绒纤维的缩绒性能。缩绒使得山羊绒织物外观优美、手感丰厚、柔软，保暖性能提高。山羊绒纤维的缩绒性是各项性能的综合反应，山羊绒纤维越细，它的缩绒性能就越好。

**7. 光泽性**

光泽性是山羊绒纤维反射光线强弱的能力。纤维的光泽与纤维表面鳞片结构、鳞片疏密、鳞片紧贴毛干程度以及纤维细度、油脂含量等有关。根据山羊绒纤维反射光的强弱不同，可以将山羊绒分为光泽明亮型、光泽柔和型、光泽枯燥型。

**8. 其他力学性能**

山羊绒力学性能见表1-3-2。

表1-3-2　山羊绒的力学性能

| 项　目 | 白　绒 | 青　绒 | 紫　绒 |
| --- | --- | --- | --- |
| 平均直径（μm） | 14.8 | 14.27 | 14.12 |
| 直径范围（μm） | 13.8~19 | 13.6~16.4 | 13.2~15.8 |
| 直径离散系数（%） | 18.99 | 19.46 | 19.24 |
| 平均长度（mm） | 40.75 | 35.4 | 39.7 |
| 长度范围（mm） | 34.6~57.9 | 30.6~40.8 | 33~40 |
| 强力（cN） | 3.35~3.77 | 3.34~3.43 | 3.36~3.43 |
| 断裂伸长率（%） | 3.40~3.91 | 3.81~4.03 | 3.84~4.01 |
| 密度（g/cm³） | 1.27 | | |

## （二）化学性能

温度可直接影响羊绒蛋白质变形。山羊绒纤维在水温50～70℃浸泡1h后，由于绒吸水其直径开始增粗，皮质细胞膨胀，中心组织疏松，鳞片与皮质层脱离，皮质细胞中蛋白质分子变性，从而变形沉淀，进而形成颗粒状物。

在不同的外界受力条件下，温度对羊绒的影响为：在120℃张紧蒸纱条件下，山羊绒纱线在前5min内的断裂强力、断裂伸长率下降速率大于随后的20min；130℃以上的松弛煮纱使山羊绒纤维结晶松解，纱线发生过缩；120℃蒸纱条件下，张紧蒸纱5min，可以使山羊绒纤维的初始模量下降，屈服区伸长率减小，断裂强力及断裂伸长率减小。

山羊绒对氯离子比较敏感。常用次氯酸钠、氢氧化钠、高锰酸钾等来损伤山羊绒鳞片，降低摩擦效应，减少纤维纠缠能力，从而来达到使山羊绒织物防缩的目的。

# 第二节　兔毛

这里指的兔毛是长毛兔所产的兔毛，也叫安哥拉兔毛。安哥拉兔毛等级分类见表1-3-3。

表1-3-3　安哥拉兔毛等级分类表

| 等级 | 色泽 | 状态 | 长度 | | 粗毛含量（%）不超过 | 等级比差（%） |
| --- | --- | --- | --- | --- | --- | --- |
| | | | mm | 英寸 | | |
| 特级 | 纯白 | 全松 | 63.5以上 | $2\frac{1}{2}$以上 | 10 | 150 |
| 一级 | 纯白 | 全松 | 50.8以上 | 2以上 | 10 | 100 |
| 二级 | 纯白 | 全松 | 38.1以上 | $1\frac{1}{2}$以上 | 20 | 80 |
| 三级 | 纯白 | 全松 | 25.4以上 | 1以上 | 20 | 50 |
| 等外1 | 白 | 全松 | 25.4以下 | 1以下 | | 20 |
| 等外2 | 严重虫蛀、灰退、干退、杂色汤退、杂色毡块、黄残全粗毛比差另定 | | | | | |

注　1. 二级兔毛可略有易撕开，但不损品质的缠结毛。

2. 三级兔毛可有易撕开，但不损品质的缠结毛。

3. 等外1也包括白色的缠结毛、毡块毛、汤退毛。

## 一、兔毛的生产简况

兔的饲养国主要有中国、法国、德国、日本、捷克等。世界兔毛年产量约1万余吨。中国年收购量9500t左右，占世界产量的80%～90%，主要产地是浙江、江苏、山东、安徽、河南等地，其中以浙江、江苏一带产量最多，质量最优。

我国各地广泛饲养的主要品种有英国安哥拉兔、法国安哥拉兔、中国长毛兔、日本长毛兔和德国长毛兔等。

## 二、兔毛纤维形态

兔毛纤维分30μm以下的绒毛和30μm以上的粗毛两个类型。国产兔毛的粗毛含量大部分在10%～13%，有的高达20%以上，最低的有5%。粗毛含量多少是衡量兔毛品质的主要条件之一。各产地或同一产地前后批之间粗毛含量差异较大。

兔毛纤维由鳞片层、皮质层、髓质层所组成。在一根纤维上，根部、干部和尖部三个部分的鳞片形态存在很大差异。一般绒毛鳞片为瓦片覆盖状；根部鳞片边缘隆起外露，排列细密，自下而上地隆起程度渐减；毛尖部分的鳞片覆盖较为平伏；粗毛亦然，仅其鳞片较绒毛稍大，排列较稀。

兔毛的绒毛和粗毛都有毛髓，绒毛中也有极小部分没有毛髓。

兔毛的横截面，绒毛呈非正圆形或不规则四边形，粗毛是腰子形（或称骨头形）或椭圆形。

## 三、力学性能

兔毛绒毛细度为5～30μm，粗毛细度30～100μm，绒毛平均细度为11.5～15.9μm，而多数在12～14μm。细度10～15μm的纤维约占全部纤维的70%左右。细度离散系数为28%～34%。

兔毛的单纤维断裂强度，绒毛为1.76～3.4cN/dtex，粗毛为6.96～13.58cN/dtex，都远较绵羊毛为弱。平均断裂伸长率在31%～48%，纤维脆弱不耐磨。

兔毛的长度主要随采毛间隔时间和采毛方法而异。安哥拉兔每月生长25～30mm，2～3个月剪毛一次的绒毛纤维长度为50～75mm，适宜于纺织上使用。皮退毛及汤退毛的长度仅10～20mm。

兔毛绒毛有浅波状卷曲，粗毛没有卷曲。绒毛纤维的伸直长度为自然长度的113%～114%。

兔毛粗毛的毛髓部分多于绒毛。兔毛粗毛密度为0.96g/cm³，绒毛密度为1.12g/cm³，混合原毛密度为1.095g/cm³。由于充气的毛髓层发达，纤维轻而保暖性好，其保暖性能比绵羊毛优越。

## 四、化学性质

对酸、碱的反应，兔毛和细羊毛大致相同。

## 五、技术指标

安哥拉兔毛按粗毛率分为Ⅰ类和Ⅱ类。Ⅰ类安哥拉兔毛的粗毛率≤10%，Ⅱ类安哥拉兔兔毛的粗毛率≥10%。工类安哥拉兔毛分级技术指标见表1-3-4。

表1-3-4　Ⅰ类安哥拉兔兔毛分级技术指标

| 级别 | 平均长度（mm） | 平均直径（μm） | 粗毛率（%） | 松毛率（%） | 短毛率（%） | 外观特征 |
|---|---|---|---|---|---|---|
| 优级 | ≥55 | ≤14.0 | ≤8 | ≥100 | ≤5 | 颜色自然洁白，有光泽，毛形清晰，蓬松 |
| 一级 | ≥45 | ≤15.0 | ≤10 | ≥100 | ≤10 | 颜色自然洁白，有光泽，毛形清晰，较蓬松 |
| 二级 | ≥35 | ≤16.0 | ≤10 | ≥99 | ≤15 | 颜色自然洁白，光泽稍暗，毛形较清晰 |
| 三级 | ≥25 | ≤17.0 | ≤10 | ≥98 | ≤20 | 自然白色，光泽稍暗，毛形较乱 |

# 第三节　牦牛绒

## 一、牦牛绒、牦牛毛的分类与等级规格

牦牛是中国青藏高原的主要牛种，生长在海拔3000～6000m的高原上。中国牦牛主要分布在西藏、青海、四川、甘肃、新疆、云南一带。

### （一）牦牛绒纤维品质特征

牦牛绒是从牦牛身上抓取的，原绒大部分为褐色、黑色和花色，少量为白色和浅黄色。牦牛绒的质量因产地和绒批而异，同一批内的质量差异也很大，比山羊绒含土杂、皮屑、毛片多，松散程度差。原绒洗净率在60%左右。

牦牛绒的含绒率不如山羊绒高，杂质多，和骆驼毛一样有相当一部分两型毛，给分梳加工增加了困难。

抓取的原绒平均细度为24.62～24.7μm。长30mm以下的绒毛平均细度为19.29～20.19μm；长40mm以上的粗刚毛平均细度为49.96～61.90μm。原绒中最细的绒毛为7.5μm，最粗的刚毛为160μm。

### （二）牦牛绒和牦牛毛的划分

#### 1. 牦牛绒（包括活牛抓绒和手拔绒）

牦牛绒有独特风格，柔软，滑糯，细腻，保暖性强，绒细而长，含有粗短毛。含绒量70%，含粗短毛、细散毛、水细毛、嘴子毛30%者为牦牛绒。

#### 2. 牦牛毛

分为高尺和低尺两种，长度在10cm以上者为高尺，不足10cm者为低尺。长达16.7cm以上者按三等牦牛毛计价收购。高尺分为黑花、白二种，低尺不分颜色。牦牛毛最细10μm，

最粗为112μm。

### （三）牦牛绒的品质比差

牦牛绒为140%，高尺白牦牛毛为120%，黑花牦牛毛为100%，低尺牦牛毛为80%。

## 二、力学性能

牦牛绒的力学性能见表1-3-5。

表1-3-5　牦牛绒的力学性能

| 纤维类型 | 平均细度（μm） | 平均长度（mm） | 强度 | | 断裂伸长率（%） |
|---|---|---|---|---|---|
| | | | cN | gf | |
| 粗毛 | 70 | 113 | 8.62 | 8.8 | 54 |
| 绒毛 | 22 | 30 | 4.12 | 4.2 | 44 |

## 三、牦牛原绒技术指标

牦牛绒原绒按平均直径、手扯平均长度、净绒率及品质特征分等，低于四等为等外。牦牛原绒分等规定见表1-3-6。

表1-3-6　牦牛原绒分等规定

| 等别 | 类型 | 平均直径（μm） | 手扯平均长度（mm） | 净绒率（%） | 品质特征 |
|---|---|---|---|---|---|
| 特等 | 特细型 | ≤18 | ≥25 | ≥50 | 以绒为主体，丛状绒纤维较多，手感柔软滑糯，含有部分的毛及微量杂质 |
| 一等 | 细型 | 18～22 | ≥30 | ≥60 | 绒、毛比例大致相等，有少量结毡块，丛状绒纤维一般，手感柔软，含有少量杂质 |
| 二等 | | | ≥35 | ≥50 | |
| 三等 | | | ≥40 | ≥40 | |
| 四等 | 粗型 | ≥22 | ≥45 | ≥50 | 以毛为主体，手感较粗糙，绒大多在毛片（块）的底部，有少量结毡块，含有部分的绒及少量杂质 |

# 第四节　骆驼绒毛

## 一、原毛品种和等级规格

骆驼绒毛以双峰驼毛品质为准，主要产地为我国的内蒙古自治区和西北地区，以及蒙古国。

我国骆驼绒毛纤维品质的分类与等级规格分为头路、二路、三路。

**1. 头路**

绒毛纤维细长，有光泽，包括杏黄色、棕红色、银灰色、白色。等级比差为100%。

**2. 二路**

具有头路色泽，纤维粗而短者包括褐色、深红色毛，纤维细长者不得有黑色和粗撒毛。等级比差为65%。

**3. 三路**

三路绝大多数是粗毛，并包括有黑色、白色的二路绒。等级比差为50%。

## 二、纤维形态

骆驼绒毛中含有细毛和粗毛两类纤维。通称细毛为骆驼绒，粗毛为骆驼毛。骆驼绒含量为40%～60%不等，外形有常波卷曲，在显微镜下观察极似绵羊毛，主要由鳞片层和皮质层组成，但有不少亦有髓质层，这是骆驼绒的特性之一。纤维表面鳞片极少，呈不完全的覆盖，鳞片数为40～90个/mm，鳞片边缘光滑。在较粗的绒毛上，纤维下半部的鳞片边缘光滑，纤维上部的鳞片逐渐变为锯齿边缘。骆驼绒的皮质层细胞比绵羊毛的细而长，横截面为圆形。

骆驼绒毛的髓质层属于较细的间断型。粗毛的髓质层是不间断型，毛髓比较窄细，不超过纤维直径的一半，横截面为圆形或卵圆形。

在骆驼绒毛中含有较大比例的两型毛，造成分梳困难。分梳绒毛的细度离散系数较大（30%～40%）。

## 三、力学性能

骆驼绒毛的力学性能见表1-3-7。

表1-3-7　骆驼绒毛的力学性能

| 毛型 | 平均细度（μm） | 平均长度（mm） | 强度 | | 断裂伸长率（%） | 密度（g/cm³） |
| --- | --- | --- | --- | --- | --- | --- |
| | | | cN | gf | | |
| 毛绒 | 14～23 | 40～135 | 6.86～24.5 | 7～25 | 45～50 | 1.312 |
| 粗毛 | 50～209 | 50～300 | 4.41～58.8 | 45～60 | 45～50 | 1.284 |

骆驼绒毛的缩绒性能特别差，不易毡并。洗净率70%～85%，含油率4%左右。驼绒原绒毛回潮率不得超过14%。分梳驼绒毛公定回潮率定为15%。

## 四、化学性质

对化学药品的敏感性与羊绒相近似。

五、骆驼绒毛分等、分级规定

骆驼绒毛原绒毛的分等规定见表1-3-8。

表1-3-8　骆驼绒毛原绒毛分等规定

| 等　别 | 技　术　指　标 | | |
|---|---|---|---|
| | 含绒率（%） | 手扯长度（mm） | 外　观　特　征 |
| 特等 | ≥75 | ≥60 | 纤维细长，以绒为主体，含少量粗毛，手感柔软，富有弹性，颜色较浅 |
| 一等 | ≥65 | ≥60 | |
| 二等 | ≥65 | ≥50 | 手感柔软，绒毛比例大致相等，颜色深浅中等 |
| 三等 | ≥40 | ≥40 | 含有一定比例的绒，手感粗糙，含粗毛较多，颜色较深 |

分梳骆驼绒毛的分级规定见表1-3-9。

表1-3-9　分梳骆驼绒毛的分级规定

| 级　别 | 技　术　指　标 | | | | |
|---|---|---|---|---|---|
| | 平均直径（μm） | 平均长度（mm） | 含粗率（%） | 含杂率（%） | 20mm以下短绒率（%） |
| 优级 | ≤18.0 | ≥45 | ≤2.0 | ≤0.35 | ≤8 |
| 一级 | 18.1～20.0 | ≥42 | ≤3.5 | ≤0.35 | ≤8 |
| 二级 | 20.1～23.0 | ≥38 | ≤5.0 | ≤0.50 | ≤15 |
| 三级 | ≥23.1 | ≥30 | ≤7.0 | ≤0.50 | ≤15 |

# 第五节　马海毛

一、马海毛等级规格

（一）土耳其马海毛等级规格

土耳其马海毛主要根据产地分成下列九级。

1. 1号幼年毛

毛质最优，细度好，色泽好。净毛率70%～72%。品质支数可达60支。

2. 2号幼年毛

毛质较1号幼年毛稍次，有短抢毛。净毛率72%～74%。

3. 最上级

属于品质较好的产毛区选出的上级毛的通称。净毛率78%～80%。

4. 上级

属于土耳其一些产毛区上级毛的通称。大部分为长马海毛，中等细度。净毛率76%～78%。

5. 中级

细度较粗。净毛率74%～76%。

6. 喀斯坦波马海毛

系喀斯坦波及其他产区同等品级马海毛之通称。油脂少，色泽白亮，无结并毛丛。净毛率可高达90%～92%。

7. 哥尼阿山地马海毛

系哥尼阿山区及其他产毛区同等品级马海毛的通称。其细度色泽和净毛率可与上级马海毛相当，毛色通常白而微黄。净毛率82%～84%。

8. 哥尼阿平原马海毛

系哥尼阿平原及其他产毛区同等品级马海毛的通称。细度及洗净率均差，夹杂毡块、色毛。净毛率76%～78%。

9. 琴及林马海毛

棕色，类似骆驼绒毛。

## （二）南非马海毛等级规格

（1）南非马海毛色白，光泽甚好，纤维最细，品质支数可达58/60支，其主要的等级规格如下：

①幼羊夏毛（代号SK）：出生六个月左右的羊头剪毛，长度127～177.8mm（5～7英寸），品质支数56～60支，毛色白而极光亮，手感柔软。

②幼羊冬毛（代号WK）：出生一年左右的羊第二次剪毛，毛质与SK类似，品质支数50～56支。

③小羊夏毛（代号SYG）：出生18个月左右的羊第三次剪毛，长度152.4～177.8mm（6～7英寸），品质支数44～48支，光泽、手感和纤维性能较好。

④冬毛（代号WH）：出生期二年和二年以上成年羊的首剪、继剪毛。长度127mm（5英寸）以上，品质支数36～44支、光泽好，手感尚好，白色。

⑤夏毛（代号SH）：生长期二年半以上成年羊夏剪毛，长度127～177.8mm（5～7英寸），品质支数32～44支，光泽手感尚好，白色。

（2）在以上五个等级中，根据色泽、含草及纤维强度每一等级再分三类。

①优级毛（代号S）：是每一个等级中的上级和最上级品质的马海毛，色泽好，含草和印色毛少，具有良好特征，如毛质一致，手感好，没有粗死毛。

②中级毛：包括较好品质的马海毛，含草和印色毛极少。但毛质特征较差，毛丛散乱，纤维平直，毛色光泽和手感不稳定，有粗死毛。

③混级毛：包括品质差劣的马海毛，有草籽，颜色劣，光泽暗涩，毛脚平直，手感硬糙，含有较多粗死毛。这类马海毛也包含质劣的头腿毛、污块毛。

## （三）洗净马海羔毛、洗净成年马海毛的要求

表1-3-10　洗净马海羔毛、洗净成年马海毛的要求

| 类别 | 等级 | 平均直径（μm） | 手扯长度（mm） | 含杂率（%） | 含草率（%） | 回潮率（%） | 含油脂率（%） | 外观特征 |
|---|---|---|---|---|---|---|---|---|
| 洗净马海羔毛 | 特等 | ≤25.0 | ≥70 | ≤1.5 | | | | 自然白色，光泽明亮而柔和、蓬松 |
| | 一等 | 25.1～30.0 | | | | | | |
| | 二等 | ≥30.0 | | | | | | |
| 洗净成年马海毛 | 特等 | ≤35.0 | ≥75 | | ≤0.8 | ≤17 | 0.3～1.0 | 自然白色，光泽明亮、蓬松 |
| | 一等 | 35.1～40.0 | | | | | | |
| | 二等 | 40.1～45.0 | | | | | | 自然白色，有光泽、蓬松 |
| | 三等 | 45.1～52.0 | | ≤2.0 | | | | 自然白色，有光泽、蓬松 |
| | 四等 | ≥52.0 | ≥50 | | | | | 自然白色，光泽暗、蓬松 |

## （四）美国马海毛（毛条）等级规格

表1-3-11　美国马海毛（毛条）等级规格

| 等级（支） | 平均细度范围（μm） | 细度（μm）分布 | | | | | | |
|---|---|---|---|---|---|---|---|---|
| | | 最低含量（%） | | | 最高含量（%） | | | |
| | | 30以下 | 40以下 | 50以下 | 30.1以上 | 40.1以上 | 50.1以上 | 60.1以上 |
| 40以上 | 23.55以下 | 80 | | | 20 | 1 | | |
| 40 | 23.55～25.54 | 74 | | | 26 | 4 | | |
| 36 | 25.55～27.54 | 67 | | | 33 | 6 | | |
| 32 | 27.55～29.54 | 57 | | | 43 | 8 | | |
| 30 | 29.55～31.54 | 47 | | | 53 | 13 | | |
| 28 | 31.55～33.54 | | 80 | | | 20 | 3 | |
| 26 | 33.55～35.54 | | 73 | | | 27 | 5 | |
| 24 | 35.55～37.54 | | 64 | | | 36 | 8 | |
| 22 | 37.55～39.54 | | 56 | | | 44 | 13 | |
| 20 | 39.55～41.54 | | | 82 | | | 18 | 6 |

续表

| 等级（支） | 平均细度范围（μm） | 细度（μm）分布 | | | | | | |
|---|---|---|---|---|---|---|---|---|
| | | 最低含量（%） | | | 最高含量（%） | | | |
| | | 30以下 | 40以下 | 50以下 | 30.1以上 | 40.1以上 | 50.1以上 | 60.1以上 |
| 18 | 41.55～43.54 | | | 77 | | | 23 | 8 |
| 18以下 | 43.55以上 | | | | | | | |

注　如平均细度和细度分布都符合表中的规定，则按表中定一个单一的支数；如果平均细度在该支数的范围内，而细度分布不符合标准，则定一个交叉（双重）支数。这个支数的第二个数字比第一个数字（平均细度的支数）低一挡。例如平均细度30μm，30μm以下的纤维为45%，30.1μm以上的纤维为55%。40.1μm以上有14%，则该批产品为30 / 28支。

## 二、纤维形态及物理、化学性质

### （一）纤维形态和结构

马海毛是异质毛，夹杂一定数量的有髓毛和死腔毛。较好羊种产毛中有髓毛不超过1%，较差羊种的异质毛在20%以上。纤维形态和结构与长羊毛很相似，光泽特强。鳞片形态在较细和中细的纤维上是不规则波纹。

有髓毛含量在良种马海毛中通常低于1%，没有粗短的死抢毛；但较差的安哥拉山羊所产的马海毛含有大量有髓毛和死抢毛（15%以上）。纤维横切面为圆形，径比为1：1.2。

### （二）洗净率

洗净率一般范围为75%～85%，秋毛比春毛的洗净率高出40%左右。原毛含脂量以春毛较高，为5%～8%，秋毛为3.5%～7%；含植物性杂质很少，通常不超过0.25%。原毛沾有砂土和羊脂，色带浅棕。洗后呈现可贵的丝光，优质马海毛的白净度很好。

### （三）细度

马海毛的细度范围为10～90μm。幼年毛细度分布范围为10～40μm，成年毛细度范围为25～90μm。

### （四）长度、比重、强度、断裂伸长率

马海毛的长度随剪毛期的长短而定，一般半年剪的幼羊毛长度在100～150mm，一年剪的毛长200～300mm。马海毛的密度与绵羊毛相同。马海毛的相对强度约1.27cN / dtex，比低支羊毛稍弱。断裂伸长率约30%。

### （五）化学性质

马海毛对化学药品的反应比绵羊毛稍敏感些。

# 第六节 羊驼毛

羊驼又名骆马、驼羊，属哺乳纲骆驼科家畜。羊驼是南美的土著动物，主要分布在美洲大陆的中西部沿线的秘鲁、智利、玻利维亚等国，它在高原上行动自如，在的的喀喀湖地区尤为集中，其中大部分生活在秘鲁和玻利维亚交界的安第斯山脉地区。霍加耶系羊驼的绒毛平均直径为12～22μm，两年剪毛一次，苏力系羊驼的绒毛平均直径20～30μm，两年剪毛一次，纤维长度100～400mm。羊驼绒毛有卷曲、光泽强、抱合力小。

羊驼毛（alpaca）别称阿尔帕卡或秘鲁羊驼毛。

## 一、羊驼种类

羊驼有骆马、阿尔帕卡、维口纳和干纳柯四个纯种。阿尔帕卡与骆马杂交后，又产生两个杂交种：由骆马公羊与阿尔帕卡母羊杂交的后代叫华里查（Huarizo）；由阿尔帕卡公羊与骆马母羊杂交的后代叫密司梯（Misti）。

### （一）骆马羊

骆马羊的毛在羊驼毛中最粗最长，弹性较差。绒毛的细度为25～35μm，刚毛为150μm，长度为200～300mm。

### （二）阿尔帕卡

又称秘鲁羊驼，可分为两个品种：一种是霍加耶（Huacayo或Huacaya），体形较大，与骆马外形相似，其毛呈银光，产量较高，约占秘鲁羊驼毛的85%左右。另一种是苏力（Susi），体形较小，纤维顺直，毛细密而光滑，与安哥拉山羊相似，具有马海毛般的光泽。阿尔帕卡毛是羊驼毛中最主要的一种，毛质柔软，长度长，有白色、灰色、黑色和褐色，光泽介于马海毛和骆驼绒毛之间，属混合毛类型。绒毛细度为15～20μm，刚毛粗而少。绒毛无髓长度为8～12μm，刚毛有髓长度可达300mm。

### （三）维口纳

是野生羊驼，它的毛属于混合毛，在羊驼毛中是最细的，品质接近于羊绒，绒的细度在10～20μm，其中大部分绒的细度在13～14μm，相当于120～130支的羊毛品质支数，强力与羊绒相似。其化学组成与骆驼毛及秘鲁羊驼毛相似，对各种化学药品反应敏感。

### （四）干纳柯

它也属野生羊驼，印第安人已将其驯化家养，但数量不多。干纳柯毛属混合毛，其中粗刚毛含量为10%～20%。干纳柯毛与维口纳毛相似，但毛略粗，其细度为18～24μm，毛有光泽。

## 二、原毛等级分类和羊驼毛的特点

羊驼一般生长在海拔4000m的高原上，主要分布在南美洲的秘鲁、玻利维亚和智利等国，大部分已饲养成家畜，其中以秘鲁产羊驼毛最多，占世界总产量的90%左右，几乎全部出口。原毛等级规格尚无具体标准，而仅根据主要市场和口岸的名称来区分原毛等级。再将毛的颜色由浅至深分为白色、浅褐黄、灰、浅棕、棕色、深棕、黑色及杂色八种。秘鲁的阿力奎巴（Arequipa）口岸的原毛品质较好，加拉乌（Callao）和推克奈（Tacna）两个口岸的原毛质量较次，分级质量也较差。

由于羊驼生长在高原，毛纤维的特点如下：

（1）具有极好的隔热和保热性能、保暖性能，耐磨损度、强度比羊毛更高，而且不起球。

（2）羊驼毛中含少量油、油脂及羊毛脂，无异味。

（3）弹性好，属中空纤维，不易变形，不滞水，而且抗太阳辐射。

（4）羊驼毛呈现不同程度的弯曲，纤维力度和弹性惊人的强，即使很细，其力度仍不会消失。

（5）羊驼毛做成的纺织品轻盈、柔软，使用舒适，没有刺痛感。

## 三、羊驼毛的纤维形态和物理性质

### （一）纤维形态和结构

羊驼毛纤维的鳞片边缘比羊毛光滑，鳞片排列极似细羊毛，但边缘突出程度不如细羊毛。霍加耶种羊驼毛细度在30μm以内者，亦有出现纤维顶部鳞片边缘呈锯齿状，而苏力毛则一般出现于30~40μm纤维上。苏力毛鳞片覆盖比霍加耶毛更为平伏光滑。较细纤维横切面为圆形，而较粗纤维呈椭圆形，鳞片数平均100个/mm，范围70~150个/mm。

羊驼毛中较细纤维仅有表皮层和皮质层组成，无髓。而粗死毛的不间断型髓质层要占体积的50%以上。介于这两类纤维之间的中间型纤维属有髓毛，其毛髓是间断裂型的。较细羊驼毛的皮质层细胞与有卷曲的绵羊毛一样，也由正皮质细胞和侧皮质细胞构成。在有髓的较细纤维内两类细胞存在于无髓部分的纤维中。

### （二）细度

羊驼毛的平均细度范围为20~30μm，细度离散系数在25%~30%。商品毛的细度等级范围在50~70支（其中70支为幼年羊驼毛），平均径比为1:1.22。纤维从细到粗径比范围为1.00~1.84。由于羊驼毛一般均为每两年剪毛一次，夏季干旱气候的影响毛纤维的生长，因而产生普遍性的有规律的弱节毛。美国对羊驼毛的分级标准见表1-3-12。

表1-3-12  美国对羊驼毛的分级标准（ASTM，D2252~66）

| 型  号 | 平均细度（μm） | 几种型号的细度标准误差（%） |
|---|---|---|
| T Extra | 22.0以下 | |
| T | 22.0~24.99 | 6.6 |
| X | 22.0~24.99 | 6.6 |
| AA | 25.0~35.99 | 7.7 |
| SK | 30.0以上 | 10.2 |
| LP | 30.0以上 | 不限 |

**（三）长度**

两年剪毛的毛丛长度为200~300mm，少数毛丛长度为100~400mm。霍加耶毛纤维的卷曲伸直度在15%左右。各种颜色的羊驼毛，其长度范围基本相同。

两种羊驼毛的光泽具有明显的区别，霍加耶毛具有类似粗长羊毛似的银光，而苏力毛则具有类似幼年马海毛那样的丝光。

**（四）含杂情况**

羊驼毛的含杂情况见表1-3-13。

表1-3-13  羊驼毛的含杂（%）

| 项  目 | 霍加耶毛 | | 苏力毛 | |
|---|---|---|---|---|
| | 平均 | 范围 | 平均 | 范围 |
| 油脂 | 1.8 | 1.2~1.5 | 1.3 | 1.3~2.2 |
| 汗质 | 1 | 1.1~1.2 | 1.4 | 1.1~2.4 |
| 沙土及植物性杂质 | 7 | 3.3~10 | 6.2 | 4.7~7.4 |
| 合计 | 9.8 | 6.3~10.5 | 8.9 | 8.1~11.2 |
| 净毛率（%） | 90.2 | 86.6~92.7 | 91.1 | 88.8~91.8 |

# 第七节  羽绒

羽绒是由绒和羽构成的。迄今为止，羽绒是最好的用于人类保暖的天然材料，经过洗涤、干燥、分级等工艺处理以后，被人们制成羽绒服。跟人造材料相比，羽绒的保暖能力是一般人造材料的三倍。目前，全球有50%以上的羽绒来自于中国。中国是生产鹅、鸭的毛、绒大国，年产羽毛和羽绒12万t左右（其中羽绒约2万t），生产量占世界总量的70%，出口量占世界总量的50%。

羽绒是由不含毛杆的纤维（又称绒子），在其羽枝上长出的许多簇细丝状纤维，通过绒上的细丝相互交错形成了稳定的热保护层。因此，羽绒是保暖的主要材料。每1英两（28.3g）的羽绒大约有两百万根纤维。较好品质的羽绒纤维较长，形成的绒朵也相应较大。

羽毛是鸭或鹅的背部和尾部的带羽杆的小羽毛，也有长羽毛打碎后形成的，羽的含量不能太高，但因为它有提高羽绒蓬松度的作用，因此必须含有一定的比例。

## 一、羽绒的分类

羽绒是禽类体表所生长的绒，从生长部位来分，包括颈羽绒、背羽绒、肋羽绒、腹羽绒、翼羽绒和尾羽绒。

### 1. 羽绒来源

家鸭、家鹅、野鸭、天鹅、雁鹅等。

### 2. 羽绒颜色

灰绒、白绒,冰岛绒鸭产的黑绒等。

### 3. 羽绒成分

羽绒是一种动物蛋白质纤维。羽毛绒的成分主要是由成片形的毛片和平球状的绒朵组成。按出口羽绒的规格要求，鹅羽绒中的鹅羽毛含量、鸭羽绒中的鸭毛含量，均不能超过10%。

## 二、鸭羽绒、鹅羽绒的结构和特征

鸭羽绒、鹅羽绒又称绒子，是生长在禽体表皮层上被毛所覆盖的、呈球状的纤细而柔软的绒纤维。绒朵中心有一个极小的核，称为绒核；绒核上生有一根根纤维，称为绒纤维；每根羽绒纤维上生有多层次逐渐分枝的纤维茸，呈树枝状，称绒小枝。绒子是由绒核及其所放射出来的绒纤维所组成，按其形态可分为朵绒、未成熟绒、毛型绒、部分绒和绒丝等。

## 三、衡量羽绒的重要指标

### 1. 充绒量

是指一件羽绒被填充的全部羽绒的重量。一般羽绒被的充绒量根据目标设计的不同在1000~2000g。

### 2. 含绒量

含绒量是纤维中含羽绒的比例，一般以百分数的形式表示。高档羽绒被的含绒量一般在80%以上，这个数据表明其中羽绒的含量是80%，羽毛则占到20%。

### 3. 蓬松度

指在一定口径的容器内，加入经过预调制的定量毛绒，经过充分搅拌，然后在容器压板的自重压力下静止1min，羽绒所占有的体积就是它的蓬松度。蓬松度的好差直接影响羽绒服及制品的保暖性。

### 4. 耗氧指数

羽绒的耗氧指数指100g毛绒中含有的还原性物质，在一定情况下氧化时消耗的氧气的毫克数。耗氧指数≤10mg为合格，超过说明羽绒水洗工艺不够规范，会引起细菌繁殖，对人体健康不利。

### 5. 清洁度

通过水作载体，经震荡把羽绒中所含的微小尘粒转入水中，这些微小尘粒在水中呈悬浊状，然后用仪器来测定水质的透明度，以测定羽绒清洁程度。清洁度≥350mm为合格，反之，未达到指标要求，说明羽绒杂质多，容易引起各种细菌吸收在羽绒中，会对人体健康产生不利影响。

### 6. 异味等级

5名检验人员中的3个人意见相同时作为异味评定结果，如异味超出标准规定指标时，说明水洗羽绒加工过程中洗涤有问题，羽绒服在穿着、保存过程中容易引起变质，影响环境和人体健康。

## 四、主要国家羽绒国际标准

世界各国的羽绒标准不同，我国出口羽绒制品的主要国家标准有：

（1）JIS日本工业标准。
（2）美国联邦贸易委员会的规格标准。
（3）英国羽绒制品的填充料含量的测试方法。
（4）联邦德国羽绒品质标准规定（RAL.092A2条例说明）。
（5）意大利规格标准。
（6）波兰规格标准。

# 第八节 短毛

## 一、负鼠毛

负鼠是有袋目负鼠科的通称。是一种比较原始的有袋类动物，主要产自拉丁美洲。为中小型兽类，共12属66种。世界各地几乎都可以见到它。

因为负鼠皮的外观与浣熊非常相似，美国产的负鼠皮常被漂白用来仿制成浣熊皮，白色底毛，长毛为银灰色，有些黑色杂毛。澳大利亚和新西兰的负鼠毛更软，光泽更好，有天然蓝灰、铁灰等色调。在澳大利亚由于气候关系濒临灭绝。而在新西兰，每天晚上新西兰的负鼠都会吞食掉大量的本地森林，所以政府鼓励捕杀。

由于负鼠毛细软，是生产高档裘皮的材料和纺织材料。

### 1. 负鼠毛的分类

负鼠毛分两种：手抓毛和机抓毛。手抓毛是在活鼠身上抓下的，质量好毛长，细软有光泽。机抓毛一般是在死鼠身上抓下的，毛偏短，细软但光泽偏暗。

负鼠毛的纤维直径16～17μm，长度22～25mm，草杂含量1%左右。

## 2. 负鼠毛的用途

负鼠毛针织品是一种新西兰真正独有的天然混纺纤维。负鼠毛纱由负鼠毛皮和超细的新西兰美利奴绵羊毛这两种最好的天然纤维制成。严格的试验已经证明负鼠毛除了不可思议的柔软和保暖特点之外，负鼠毛纱还结实、耐用。制穿起来比其他山羊绒和美利奴绵羊毛服装更好，它有极好的抗起球特性。

负鼠毛的特点是每一根纤维髓部都是空的，这样就造就了其保暖的特性，由负鼠毛制作的服装穿起来比其他纺物更轻便。

## 二、其他特种动物短毛简介

随着我国毛纺工业新技术的日益发展，目前有部分裘皮动物的绒毛纤维被开发出高档的毛纺织物的原料，制成时尚的毛纺织物。如貉子绒、狐狸绒、貂毛等。为此，在我国北方部分地区对貉子、狐狸等特种动物进行人工规模性饲养。

### 1. 貉子绒

貉子又名狸、土狗、土獾、毛狗、貉子，是哺乳纲、食肉目，犬科，貉属半冬眠，貉子的外形像狐，但比狐小，体肥短粗，四肢短而细，尾毛蓬松，绒毛长3～3.5cm，针毛长5cm，体重6～10kg，体长45～65cm，尾长17～18cm。按产地可以分为北貉和南貉，北貉皮毛长绒厚，背毛呈黑棕或棕黄色，针毛尖部黑色，背中央掺尽可能较多的黑毛梢，它具有针毛长、底绒丰厚、细柔灵活，光泽好，保温力很强的特点。拔去针毛后，貉子绒可用于毛纺制作高档貉子绒织物。

### 2. 狐狸绒

狐狸属食肉目犬科，是肉食性动物。在人工饲养条件下，以配使饲料为主。银狐全称银黑狐，原产北美北部，西伯利亚东部地区，是目前主要饲养狐种之一。银黑狐因其部分针毛呈白色，而另一些针毛毛根与毛尖是黑色，针毛中部呈银白色而得名。蓝狐也称北极狐，原产于亚洲、欧洲、北美洲北部高纬度地区，北冰洋与西伯利亚南部均有分布。蓝狐形似银黑狐，但体型、四肢短小，体态圆胖，被毛丰厚。体色有两种，一种是浅蓝色，且常年保持这种颜色；另一种是冬季呈白色，其他季节颜色较深。成年公狐体长45～75cm，尾长25～30cm，体重5.5～7.5kg，母狐体长55～75cm，尾长25～30cm，体重4.5～6kg。狐狸绒的纤维结构与貉子绒的结构相似，绒长3～4cm，细腻柔软，光泽好，目前除了制作裘皮以外，狐狸绒毛也被毛纺企业做成上等的毛纺原料。

# 第四章　化学纤维

## 第一节　毛纺用主要纤维性能

毛纺用几种主要纤维性能见表1-4-1。

表1-4-1　毛纺用几种

| 项　目 | | | 黏胶短纤维 | 涤纶短纤维 | 腈纶短纤维 | 锦纶6短纤维 |
|---|---|---|---|---|---|---|
| 断裂强度 | cN/dtex | 干 | 1.94~2.73 | 3.78~5.72 | 2.02~4.40 | 3.52~6.60 |
| | | 湿 | 1.06~1.76 | 3.78~5.72 | 1.58~3.96 | 2.82~5.63 |
| 钩结强度 | cN/dtex | | 0.62~1.58 | 2.99~4.4 | 1.41~2.64 | 3.08~4.84 |
| 打结强度 | cN/dtex | | 0.62~1.50 | 3.52~4.4 | 1.14~2.64 | 3.08~4.84 |
| 断裂伸长率（%） | | 干 | 16~22 | 20~50 | 25~50 | 25~60 |
| | | 湿 | 21~29 | 20~50 | 25~60 | 27~63 |
| 回弹率（伸长3%时）（%） | | | 55~80 | 90~95 | 90~95 | 95~100 |
| 弹性模数（cN/dtex） | | | 26.4~61.6 | 22~44 | 22~54.6 | 7~26.4 |
| 密度（g/cm³） | | | 1.50~1.52 | 1.38 | 1.14~1.17 | 1.14~1.15 |
| 公定回潮率（%） | | | 13 | 0.4 | 2.0 | 4.5 |
| 耐热性 | 熔点和软化点 | | 不软化、不熔融，260~300℃开始变色分解，燃烧后留白色软灰 | 软化点240℃，熔点258~263℃ | 软化点190~240℃，熔点不明显，熔融收缩时燃烧，变成黑块状固体 | 软化点180℃，熔点215~220℃ |
| | 玻璃化温度（℃） | | | 67~81 | 80~100 | 45~70 |
| 耐日光性 | | | 强度稍下降 | 强度几乎不降低 | 是最耐晒的纤维 | 强度缓缓下降，并稍变黄 |
| 耐酸性 | | | 热稀酸、冷浓酸能使其强度降低，5%盐酸、11%硫酸对强度影响不大 | 在35%盐酸、75%硫酸，60%硝酸中强度几乎不降低 | 35%盐酸、65%硫酸，45%硝酸，对强度无甚影响 | 浓的无机酸可使其部分分解而溶解，7%盐酸、20%硫酸、10%硝酸对其强度无影响 |
| 耐碱性 | | | 2%烧碱对强度影响不大，强碱能使其膨润，强度降低 | 在10%烧碱、28%氨水中强度几乎不降低 | 在50%烧碱、28%氨水中强度几乎不降低 | 在50%烧碱、28%氨水中强度几乎不降低 |
| 耐蛀耐腐性 | | | 抗虫蛀，但受菌类腐蚀 | 良好 | 良好 | 良好 |
| 在20℃、相对湿度65%时的质量比电阻（g·Ω/cm²） | | | $10^7 \sim 10^8$ | $10^7 \sim 10^9$ | $10^7 \sim 10^9$ | $10^{10} \sim 10^{12}$ |

**主要纤维性能简表**

| 氯纶短纤维 | 绵羊毛 | 棉 | 桑蚕丝 | 苎麻 |
|---|---|---|---|---|
| 1.76 ~ 2.46 | 0.88 ~ 1.50 | 2.64 ~ 4.31 | 2.64 ~ 3.52 | 5.72 |
| 1.76 ~ 2.46 | 0.67 ~ 1.43 | 2.90 ~ 5.63 | 1.85 ~ 2.46 | 6.25 |
| 1.58 ~ 2.2 | | | | |
| 1.58 ~ 4.84 | | | 2.55 | 4.40 |
| 70 ~ 90 | 25 ~ 35 | | 15 ~ 25 | 1.8 ~ 2.3 |
| 70 ~ 90 | 25 ~ 50 | 3 ~ 7 | 27 ~ 33 | 2.2 ~ 2.4 |
| 70 ~ 85 | 99（2%），63（20%） | 74（2%），45（5%） | 54 ~ 55（8%） | 84（1%），48（2%） |
| 13.2 ~ 22 | 9.7 ~ 22 | 60.00 ~ 82.03 | 44.10 ~ 88.20 | 163.17 ~ 357.21 |
| 1.39 | 1.28 ~ 1.32 | 1.47 ~ 1.55 | 1.33 ~ 1.45 | 1.5 |
| 0 | 16 | 8.5 | 11.0 | 13 |
| 软化点90 ~ 100℃，熔点200 ~ 210℃ | 130℃开始分解，205℃发焦，300℃炭化 | 120℃下5h变黄，150℃分解 | 235℃分解，75 ~ 456℃燃烧 | 130℃下5h变黄，200℃开始分解 |
| 70 ~ 80 | | | | |
| 强度几乎不降低 | 强度下降，染色性能稍微变差 | 强度下降，并变黄 | 强度显著下降 | 强度几乎不降低 |
| 浓酸对其强度无影响 | 对酸一般能抵抗 | 冷浓酸、热稀酸可使之分解 | 与羊毛相同而略差 | 热酸液中损伤，硝酸中成淡黄色 |
| 在50%烧碱、浓氨水中强度几乎不降低 | 在强碱中分解，弱碱中损伤，在稀的酸或碱中摩擦产生缩绒 | 在烧碱中膨润（丝光化），但不损伤其强度 | 丝胶易溶解；丝素也受侵蚀，但比羊毛稍强些 | 耐碱性好 |
| 良好 | 不耐虫蛀 | 抗虫蛀，不耐霉 | 能抗霉，但耐蛀性比棉差 | 抗虫蛀，但受菌类侵蚀 |
| 良好 | $5 \times 10^8$ | $5 \times 10^8$ | | |

# 第二节　化学纤维性能

## 一、线密度和直径

$$线密度(tex) = \frac{纤维重(g)}{纤维长(m)} \times 1000$$

$$= \left[\frac{纤维直径(cm)}{2}\right]^2 \times \pi \times 100cm \times 密度(g/cm^3) \times 1000$$

$$= 78540 \times 密度(g/cm^3) \times [纤维直径(cm)]^2$$

$$直径(\mu m) = 35.6 \times \sqrt{\frac{线密度(tex)}{密度(g/cm^3)}}$$

几种纤维的线密度、直径及密度的近似值见表1-4-2。

表1-4-2　几种纤维的线密度、直径及密度的近似值

| 线密度 (dtex) | 旦 | 直　径（μm） | | | | | |
|---|---|---|---|---|---|---|---|
| | | 黏胶纤维 | 锦纶 | 涤纶 | 腈纶 | 氯纶 | 羊毛 |
| 1.1 | 1 | 9.7 | 11.1 | 10.1 | 11.1 | 10.1 | 10.3 |
| 2.2 | 2 | 13.7 | 15.8 | 14.3 | 15.7 | 14.3 | 14.6 |
| 3.3 | 3 | 16.8 | 19.3 | 17.5 | 19.2 | 17.5 | 17.9 |
| 4.4 | 4 | 19.4 | 22.3 | 20.2 | 22.2 | 20.2 | 20.7 |
| 5.5 | 5 | 21.6 | 24.9 | 22.6 | 24.8 | 22.6 | 23.1 |
| 6.6 | 6 | 23.7 | 27.3 | 24.8 | 27.2 | 24.7 | 25.3 |
| 7.7 | 7 | 25.6 | 29.5 | 26.8 | 29.3 | 26.7 | 27.4 |
| 8.8 | 8 | 27.4 | 31.5 | 28.6 | 31.4 | 28.5 | 29.3 |
| 9.9 | 9 | 29.0 | 33.4 | 30.4 | 33.3 | 30.3 | 31.1 |
| 11 | 10 | 30.6 | 35.2 | 32.0 | 35.1 | 31.9 | 32.7 |
| 密度（g/cm³） | | 1.51 | 1.14 | 1.38 | 1.15 | 1.39 | 1.32 |

## 二、几种纤维的拉伸曲线

几种纤维的拉伸曲线如图1-4-1所示。

## 三、化学纤维的吸湿性能

### （一）纤维的吸湿等温线（20℃）（图1-4-2）

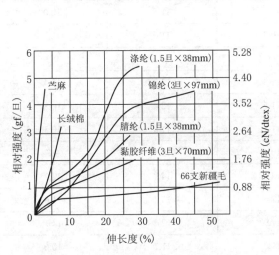

图1-4-1　几种纤维的拉伸曲线

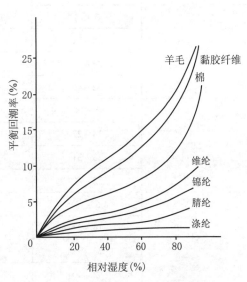

图1-4-2　几种纤维的吸湿等温线

### （二）黏胶纤维的平衡回潮率（表1-4-3）

表1-4-3　黏胶纤维的平衡回潮率

| 相对湿度（%） | 温度（℃） | 黏胶纤维回潮率（%） | | |
|---|---|---|---|---|
| | | 平均 | 放湿时 | 吸湿时 |
| 20 | 5~14 | 6.8 | 7.3 | 6.3 |
| | 14~22 | 6.5 | 6.9 | 6.0 |
| | 23~31 | 6.2 | 6.7 | 5.7 |
| | 32~40 | 5.8 | 6.3 | 5.3 |
| 30 | 5~14 | 8.5 | 8.9 | 8.0 |
| | 14~22 | 8.1 | 8.6 | 7.6 |
| | 23~31 | 7.8 | 8.3 | 7.2 |
| | 32~40 | 7.0 | 7.1 | 6.8 |
| 40 | 5~14 | 10.5 | 11.1 | 9.8 |
| | 14~22 | 9.9 | 10.6 | 9.2 |
| | 23~31 | 9.4 | 10.1 | 8.7 |
| | 32~40 | 8.8 | 9.4 | 8.2 |

续表

| 相对湿度（%） | 温度（℃） | 黏胶纤维回潮率（%） | | |
|---|---|---|---|---|
| | | 平均 | 放湿时 | 吸湿时 |
| 45 | 5 ~ 14 | 11.4 | 12.2 | 10.6 |
| | 14 ~ 22 | 10.8 | 11.5 | 10.0 |
| | 23 ~ 31 | 10.3 | 11.0 | 9.5 |
| | 32 ~ 40 | 9.6 | 10.2 | 9.0 |
| 50 | 5 ~ 14 | 12.3 | 13.2 | 11.4 |
| | 14 ~ 22 | 11.6 | 12.4 | 10.8 |
| | 23 ~ 31 | 11.1 | 11.8 | 10.3 |
| | 32 ~ 40 | 10.4 | 10.9 | 9.8 |
| 55 | 5 ~ 14 | 13.2 | 14.2 | 12.2 |
| | 14 ~ 22 | 12.5 | 13.4 | 11.6 |
| | 23 ~ 31 | 11.9 | 12.7 | 11.1 |
| | 32 ~ 40 | 11.2 | 11.7 | 10.6 |
| 60 | 5 ~ 14 | 14.1 | 15.0 | 13.2 |
| | 14 ~ 22 | 13.5 | 14.2 | 12.7 |
| | 23 ~ 31 | 12.9 | 13.6 | 12.2 |
| | 32 ~ 40 | 12.2 | 12.7 | 11.6 |
| 65 | 5 ~ 14 | 15.3 | 16.2 | 14.4 |
| | 14 ~ 22 | 14.6 | 15.4 | 13.7 |
| | 23 ~ 31 | 14.0 | 14.8 | 13.2 |
| | 32 ~ 40 | 13.2 | 13.9 | 12.5 |
| 70 | 5 ~ 14 | 14.7 | 17.5 | 15.8 |
| | 14 ~ 22 | 15.9 | 16.7 | 15.1 |
| | 23 ~ 31 | 15.2 | 16.0 | 14.4 |
| | 32 ~ 40 | 14.3 | 15.0 | 13.5 |
| 75 | 5 ~ 14 | 18.3 | 19.0 | 17.5 |
| | 14 ~ 22 | 17.5 | 18.2 | 16.7 |
| | 23 ~ 31 | 16.8 | 17.5 | 16.0 |
| | 32 ~ 40 | 15.8 | 16.5 | 15.1 |
| 80 | 5 ~ 14 | 20.3 | 20.9 | 19.6 |
| | 14 ~ 22 | 19.3 | 20.0 | 18.6 |
| | 23 ~ 31 | 18.5 | 19.3 | 17.7 |
| | 32 ~ 40 | 17.5 | 18.3 | 16.7 |

续表

| 相对湿度（%） | 温度（℃） | 黏胶纤维回潮率（%） | | |
|---|---|---|---|---|
| | | 平均 | 放湿时 | 吸湿时 |
| 85 | 5～14 | 22.7 | 23.2 | 22.1 |
| | 14～22 | 21.8 | 22.3 | 21.2 |
| | 23～31 | 21.1 | 21.6 | 20.5 |
| | 32～40 | 20.1 | 20.6 | 19.6 |
| 95 | 5～14 | 32.3 | 34.2 | 30.3 |
| | 14～22 | 31.1 | 33.0 | 29.1 |
| | 23～31 | 30.1 | 32.1 | 28.0 |
| | 32～40 | 28.8 | 30.8 | 26.8 |

## （三）涤纶、腈纶、锦纶的回潮率（表1-4-4）

表1-4-4　涤纶、腈纶、锦纶的回潮率（温度范围5～40℃）

| 相对湿度（%） | 回潮率（%） | | |
|---|---|---|---|
| | 涤纶 | 腈纶 | 锦纶66 |
| 30 | 0.18 | 0.8 | 1.9 |
| 40 | 0.24 | 1.0 | 2.4 |
| 45 | 0.27 | 1.2 | 2.7 |
| 50 | 0.30 | 1.3 | 3.0 |
| 55 | 0.34 | 1.5 | 3.35 |
| 60 | 0.37 | 1.6 | 3.7 |
| 65 | 0.40 | 1.8 | 4.1 |
| 70 | 0.44 | 2.0 | 4.5 |
| 75 | 0.46 | 2.2 | 5.0 |
| 80 | 0.49 | 2.4 | 5.5 |
| 85 | 0.52 | 2.9 | 6.1 |
| 90 | 0.55 | 3.5 | 6.8 |
| 95 | 0.60 | 5.5 | 7.7 |

## 四、几种化学纤维的耐磨性能（表1-4-5）

表1-4-5　几种化学纤维的耐磨性能

| 纤维 | 线密度 | | 磨断时的摩擦次数 | |
|---|---|---|---|---|
| | dtex | 旦 | 干态 | 湿态 |
| 黏胶纤维 | 2.2 | 2 | 880 | 28 |
| 锦纶 | 3.3 | 3 | 8800 | 3890 |
| 涤纶 | 2.2 | 2 | 1980 | 1870 |
| 腈纶 | 2.75 | 2.5 | 135 | 139 |

## 五、纤维的摩擦系数（表1-4-6）

表1-4-6　纤维的摩擦系数

| 纤维 | 静摩擦系数 | 动摩擦系数 | 纤维 | 静摩擦系数 | 动摩擦系数 |
|---|---|---|---|---|---|
| 棉 | 0.27 ~ 0.29 | 0.24 ~ 0.26 | 涤纶 | 0.38 ~ 0.41 | 0.26 ~ 0.29 |
| 毛 | 0.31 ~ 0.33 | 0.25 ~ 0.27 | 维纶 | 0.35 ~ 0.37 | 0.30 ~ 0.33 |
| 黏胶纤维 | 0.22 ~ 0.26 | 0.19 ~ 0.21 | 腈纶 | 0.34 ~ 0.37 | 0.26 ~ 0.29 |
| 锦纶 | 0.41 ~ 0.43 | 0.23 ~ 0.26 | | | |

注　1. 初始张力0.98mN，纤维自摩。

2. 测试条件：静摩擦系数：圆盘转速为1r/min；动摩擦系数：圆盘转速为30r/min。

## 六、纤维的静电序列

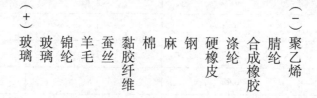

（1）上列任两种物体摩擦，左面的带正电（＋），右面的带负电（−）。

（2）所列次序，当试验条件变动时，排序也稍有变化。

## 七、纤维的比电阻

化学纤维和天然纤维都是电的绝缘体。它们的质量比电阻与所加油剂的种类及加油量关系很大，与测试时空气的相对湿度的关系也很大。这些性质都和羊毛相似。而化学纤维在机械加工过程中对静电更敏感些。

一般情况下质量比电阻（g·Ω/cm²）的对数在7及7以下，工艺上是可以正常进行的，9以上就较困难。测试误差往往很大。已加油剂的几种纤维的质量比电阻$R_s$及其对数$\lg R_s$见表1-4-7。

表1-4-7　几种纤维的质量比电阻

| 空气相对湿度（%） | 维　纶 | | 锦　纶 | | 涤　纶 | | 羊　毛 | |
|---|---|---|---|---|---|---|---|---|
| | $R_s$（g·Ω/cm²） | lg$R_s$（g·Ω/cm²） | $R_s$（g·Ω/cm²） | lg$R_s$（g·Ω/cm²） | $R_s$（g·Ω/cm²） | lg$R_s$（g·Ω/cm²） | $R_s$（g·Ω/cm²） | lg$R_s$（g·Ω/cm²） |
| 32 | $>10^{12}$ | >12 | $>10^{12}$ | >12 | $>10^{12}$ | >12 | $4.4 \times 10^{11}$ | 11.64 |
| 55 | $9.8 \times 10^{11}$ | 11.99 | $1.2 \times 10^{11}$ | 11.07 | $>10^{12}$ | >12 | $4.3 \times 10^{9}$ | 9.63 |
| 66 | $7.7 \times 10^{10}$ | 10.88 | $7.7 \times 10^{9}$ | 9.88 | $>10^{12}$ | >12 | $5.8 \times 10^{8}$ | 8.76 |
| 75 | $1.4 \times 10^{10}$ | 10.14 | $5.2 \times 10^{9}$ | 9.71 | $>10^{12}$ | >12 | $8.6 \times 10^{7}$ | 7.93 |
| 91 | $8 \times 10^{7}$ | 7.90 | $2.5 \times 10^{8}$ | 8.39 | $4.8 \times 10^{9}$ | 9.68 | $4.8 \times 10^{6}$ | 6.68 |

# 第三节　毛纺化学纤维原料的质量要求

## 一、黏胶短纤维[1]

### （一）力学性能和化学性能（表1-4-8）

表1-4-8　黏胶短纤维理化性能要求

| 项　目 | 要　求 | 项　目 | 要　求 |
|---|---|---|---|
| 干断裂强度不小于（cN/dtex） | 1.94 | 线密度偏差率不大于（%） | 8 |
| 湿断裂强度不小于（cN/dtex） | 1.06 | 倍长纤维含量不大于（%） | 0.08 |
| 钩接断裂强度不小于（cN/dtex） | 0.62 | 残硫量不大于（mg/100g纤维） | 20 |
| 干断裂伸长率不小于（%） | 18 | | |

注　倍长率系指纤维长度超过名义长度1倍以上者。

### （二）外观疵点

产品外观应保持松散，不应有扭结纤维及结块并块等现象存在。毛型黏胶短纤维性能项目和指标值见表1-4-9。

表1-4-9　毛型黏胶短纤维性能项目和指标值

| 项　目 | 优等品 | 一等品 | 合格品 |
|---|---|---|---|
| 干断裂强度（cN/dtex）　≥ | 2.05 | 1.90 | 1.75 |
| 湿断裂强度（cN/dtex）　≥ | 1.10 | 1.00 | 0.85 |
| 干断裂伸长率（%） | $M_1 \pm 2.0$ | $M_1 \pm 3.0$ | $M_1 \pm 4.0$ |
| 线密度偏差率（%）　± | 4.00 | 7.00 | 11.00 |
| 长度偏差率（%）　± | 7.0 | 9.0 | 11.0 |

[1]　指线密度2.75dtex，长度60mm以上的黏胶短纤维。

续表

| 项　目 | 优等品 | 一等品 | 合格品 |
|---|---|---|---|
| 倍长纤维（mg/100g）≤ | 8.0 | 50.0 | 120.0 |
| 残硫量（mg/100g）≤ | 12.0 | 20.0 | 35.0 |
| 疵点（mg/100g）≤ | 6.0 | 15.0 | 40.0 |
| 油污黄纤维（mg/100g）≤ | 0 | 5.0 | 20.0 |
| 干断裂强力变异系数（%）≤ | 16.0 | — | |
| 白度（%） | $M_2 \pm 3.0$ | — | |

**注** 1. $M_1$为干断裂伸长率中心值，不得低于18。

2. $M_2$为白度中心值，不得低于55。

3. 中心值亦可根据用户需求确定，一旦确定，不得随意更改。

4. 毛型黏胶短纤维线密度为3.3～6.7dtex。

## （三）温湿度条件

黏胶纤维的断裂强度和伸长随温湿度条件而变，标准规定的是在标准条件下（20℃，65%）检验的强度和断裂伸长率指标。如温湿度条件不是20℃及65%，则所测得的强度和伸长率应乘以一个修正系数，才是标准状态下的强度和伸长率。

系数的经验公式：

$$断裂强度修正系数 = \frac{9.027}{13.9 - 0.050\varphi - (0.00053\varphi + 0.0247)T}$$

$$断裂伸长率修正系数 = \frac{18.255}{13.446 + 0.074\varphi}$$

式中：$\varphi$ —— 相对湿度；

$T$ —— 温度（℃）。

黏胶短纤维强伸度修正系数的值如表1-4-10所示。

表1-4-10　黏胶短纤维强伸度修正系数

| 相对湿度（%） | 温　　度 | | | | | | | | | | | 伸长修正系数 |
|---|---|---|---|---|---|---|---|---|---|---|---|---|
| | 15℃ | 17℃ | 19℃ | 21℃ | 23℃ | 25℃ | 27℃ | 29℃ | 31℃ | 33℃ | 35℃ | |
| 40 | 0.825 | 0.832 | 0.839 | 0.847 | 0.854 | 0.862 | 0.870 | 0.877 | 0.885 | 0.894 | 0.902 | 1.113 |
| 42 | 0.835 | 0.842 | 0.850 | 0.858 | 0.866 | 0.874 | 0.882 | 0.890 | 0.899 | 0.907 | 0.916 | 1.103 |
| 44 | 0.845 | 0.853 | 0.861 | 0.869 | 0.877 | 0.886 | 0.894 | 0.903 | 0.912 | 0.921 | 0.930 | 1.093 |
| 46 | 0.855 | 0.863 | 0.872 | 0.880 | 0.889 | 0.898 | 0.907 | 0.916 | 0.926 | 0.935 | 0.945 | 1.084 |
| 48 | 0.866 | 0.875 | 0.883 | 0.892 | 0.901 | 0.911 | 0.920 | 0.930 | 0.940 | 0.950 | 0.960 | 1.074 |
| 50 | 0.876 | 0.886 | 0.895 | 0.904 | 0.914 | 0.923 | 0.934 | 0.944 | 0.954 | 0.965 | 0.976 | 1.065 |
| 52 | 0.888 | 0.897 | 0.907 | 0.917 | 0.927 | 0.937 | 0.948 | 0.959 | 0.970 | 0.981 | 0.992 | 1.056 |

续表

| 相对湿度（%） | 温　　度 | | | | | | | | | | | 伸长修正系数 |
|---|---|---|---|---|---|---|---|---|---|---|---|---|
| | 15℃ | 17℃ | 19℃ | 21℃ | 23℃ | 25℃ | 27℃ | 29℃ | 31℃ | 33℃ | 35℃ | |
| 54 | 0.899 | 0.909 | 0.919 | 0.930 | 0.940 | 0.951 | 0.963 | 0.974 | 0.985 | 0.997 | 1.009 | 1.047 |
| 56 | 0.911 | 0.921 | 0.932 | 0.943 | 0.954 | 0.965 | 0.977 | 0.989 | 1.001 | 1.014 | 1.026 | 1.038 |
| 58 | 0.923 | 0.934 | 0.945 | 0.957 | 0.968 | 0.980 | 0.993 | 1.005 | 1.018 | 1.031 | 1.045 | 1.029 |
| 60 | 0.935 | 0.947 | 0.958 | 0.970 | 0.983 | 0.995 | 1.003 | 1.021 | 1.035 | 1.049 | 1.063 | 1.020 |
| 62 | 0.948 | 0.960 | 0.972 | 0.985 | 0.998 | 1.011 | 1.025 | 1.039 | 1.053 | 1.068 | 1.083 | 1.012 |
| 64 | 0.961 | 0.974 | 0.986 | 1.000 | 1.013 | 1.027 | 1.041 | 1.056 | 1.071 | 1.087 | 1.102 | 1.004 |
| 66 | 0.974 | 0.988 | 1.001 | 1.015 | 1.029 | 1.043 | 1.059 | 1.075 | 1.091 | 1.107 | 1.123 | 0.996 |
| 68 | 0.988 | 1.002 | 1.016 | 1.031 | 1.046 | 1.061 | 1.079 | 1.097 | 1.113 | 1.129 | 1.145 | 0.988 |
| 70 | 1.002 | 1.017 | 1.031 | 1.047 | 1.062 | 1.078 | 1.098 | 1.118 | 1.135 | 1.151 | 1.167 | 0.980 |
| 72 | 1.017 | 1.032 | 1.048 | 1.064 | 1.080 | 1.097 | 1.117 | 1.136 | 1.155 | 1.173 | 1.191 | 0.972 |
| 74 | 1.032 | 1.048 | 1.064 | 1.081 | 1.098 | 1.116 | 1.135 | 1.155 | 1.175 | 1.195 | 1.215 | 0.965 |
| 76 | 1.047 | 1.064 | 1.081 | 1.099 | 1.117 | 1.136 | 1.156 | 1.175 | 1.196 | 1.218 | 1.240 | 0.957 |
| 78 | 1.063 | 1.081 | 1.099 | 1.118 | 1.137 | 1.156 | 1.177 | 1.198 | 1.220 | 1.243 | 1.267 | 0.950 |
| 80 | 1.080 | 1.098 | 1.117 | 1.136 | 1.156 | 1.177 | 1.199 | 1.221 | 1.244 | 1.269 | 1.293 | 0.943 |
| 82 | 1.097 | 1.116 | 1.136 | 1.156 | 1.178 | 1.199 | 1.223 | 1.246 | 1.271 | 1.297 | 1.323 | 0.936 |
| 84 | 1.114 | 1.134 | 1.154 | 1.176 | 1.199 | 1.222 | 1.247 | 1.271 | 1.298 | 1.325 | 1.352 | 0.929 |
| 86 | 1.132 | 1.153 | 1.175 | 1.197 | 1.221 | 1.245 | 1.272 | 1.298 | 1.326 | 1.355 | 1.384 | 0.922 |
| 88 | 1.151 | 1.174 | 1.196 | 1.220 | 1.245 | 1.270 | 1.293 | 1.326 | 1.355 | 1.386 | 1.417 | 0.915 |
| 90 | 1.170 | 1.194 | 1.217 | 1.242 | 1.269 | 1.295 | 1.324 | 1.354 | 1.385 | 1.418 | 1.450 | 0.908 |

黏胶短纤维外观疵点质量要求见表1-4-11。

表1-4-11　黏胶短纤维外观疵点质量要求

| 项　目 | 单　位 | 要　求 |
|---|---|---|
| 纤维块 | mg/100g纤维 | 不大于5 |
| 粗纤维包括并丝、流丝 | mg/100g纤维 | 不大于8 |
| 异状纤维 | mg/100g纤维 | 3.3dtex（3旦）不大于3<br>5.5dtex（5旦）不大于10 |
| 油污纤维 | mg/100g纤维 | 不大于5 |

注　1. 疵点：包括纤维块、粗纤维、并丝、流丝。纤维块是因纺丝不良而产生的块状黏胶。粗纤维是单根纤维直径达正常纤维4倍及以上者。并丝是5根及以上正常纤维胶合在一起。流丝是由于纺丝断头，断丝在凝固浴中受酸处理时间过长而变硬者，或断丝在纺丝通道中未牵伸，形成一束卷缩纤维而不易分开者。上述疵点在检验时应剪除其外表正常纤维后再称重。

2. 油污纤维指纤维上沾油污者。

3. 异状纤维指纤维外形不同于正常纤维，染色后不上色或出现发亮闪点者，检验时整根挑出称重计算。

## 二、黏胶长丝

### （一）力学性能和化学性能（表1-4-12）

表1-4-12　黏胶长丝理化性能要求

| 项　目 | 优等品 | 一等品 | 合格品 |
|---|---|---|---|
| 干断裂强度（cN/dtex）　≥ | 1.85 | 1.75 | 1.65 |
| 湿断裂强度（cN/dtex）　≥ | 0.85 | 0.80 | 0.75 |
| 干断裂伸长率（%） | 17.0~24.0 | 16.0~25.0 | 15.5~26.0 |
| 干断裂伸长变异系数（%）　≤ | 6.00 | 8.00 | 10.00 |
| 线密度（纤度）偏差（%） | ±2.0 | ±2.5 | ±3.0 |
| 线密度变异系数（%）　≤ | 2.00 | 3.00 | 3.50 |
| 捻度变异系数（%）　≤ | 13.00 | 16.00 | 19.00 |
| 单丝根数偏差（%）　≤ | 1.0 | 2.0 | 3.0 |
| 残硫量（mg/100g）　≤ | 10.0 | 12.0 | 14.0 |
| 染色均匀度（灰卡）级　≥ | 4 | 3~4 | 3 |

### （二）外观疵点

1. 筒装丝（表1-4-13）。

表1-4-13　筒装丝外观疵点项目及指标值

| 项目 | 单位 | 优等品 | 一等品 | 合格品 |
|---|---|---|---|---|
| 色泽 | （对照标样） | 均匀 | 轻微不均 | 较不均 |
| 毛丝 | 个/万米 | ≤0.5 | ≤1 | ≤3 |
| 结头 | 个/万米 | ≤1.0 | ≤1.5 | ≤2.5 |
| 污染 | | 无 | 无 | 较明显 |
| 成型 | | 好 | 较好 | 较差 |
| 跳丝 | 个/筒 | 0 | 0 | ≤2 |

2. 绞装丝（表1-4-14）。

表1-4-14　绞装丝外观疵点项目及指标值

| 项目 | 单位 | 优等品 | 一等品 | 合格品 |
|---|---|---|---|---|
| 色泽 | （对照标样） | 均匀 | 轻微不均 | 较不均 |
| 毛丝 | 个/万米 | ≤10 | ≤15 | ≤30 |
| 结头 | 个/万米 | ≤2 | ≤3 | ≤5 |
| 污染 | | 无 | 无 | 较明显 |
| 卷曲 | （对照标样） | 无 | 较微 | 较重 |
| 松紧圈 | | 无 | 无 | 较微 |

## 三、腈纶短纤维（表1-4-15）

表1-4-15　腈纶短纤维的性能项目和指标值

| 项　　目 | | 优等品 | 一等品 | 合格品 |
|---|---|---|---|---|
| 线密度偏差率（%） | | ±8 | ±10 | ±14 |
| 断裂强度[1]（cN/dtex） | | $M_1$±0.5 | $M_1$±0.6 | $M_1$±0.8 |
| 断裂伸长率[2]（%） | | $M_2$±8 | $M_2$±10 | $M_2$±14 |
| 长度偏差率（%） | ≤76mm | ±6 | ±10 | ±14 |
| | >76mm | ±8 | ±10 | ±14 |
| 倍长纤维含量（mg/100g） | 1.11~2.21dtex ≤ | 40 | 60 | 600 |
| | 2.22~11.11dtex ≤ | 80 | 300 | 1000 |
| 卷曲数[3]（个/25mm） | | $M_3$±2.5 | $M_3$±3.0 | $M_3$±4.0 |
| 疵点含量（mg/100g） | 1.11~2.21dtex ≤ | 20 | 40 | 100 |
| | 2.22~11.11dtex ≤ | 20 | 60 | 200 |
| 上色率[4]（%） | | $M_4$±3 | $M_4$±4 | $M_4$±7 |

[1]断裂强度中心值$M_1$由各生产单位根据品种自定，断裂强度下限值：1.11~2.21dtex不低于2.1cN/dtex、2.22~6.67dtex不低于1.9cN/dtex、6.68~11.11dtex不低于1.6 cN/dtex。

[2]断裂伸长率中心值$M_2$由各生产单位根据品种自定。

[3]卷曲数中心值$M_3$由各生产厂根据品种自定，卷曲数下限值：1.11~2.21dtex不低于6个/25mm、2.22~11.11dtex不低于5个/25mm。

[4]上色率中心值$M_4$由各生产单位根据品种自定。

## 四、毛型涤纶短纤维（表1-4-16）

表1-4-16　毛型涤纶短纤维[1]性能项目和指标

| 项　　目 | 优等品 | 一等品 | 合格品 |
|---|---|---|---|
| 断裂强度（cN/dtex）≥ | 3.80 | 3.60 | 3.30 |
| 断裂伸长率[2]（%） | $M_1$±7.0 | $M_1$±9.0 | $M_1$±13.0 |
| 线密度偏差率[3]（%）± | 4.0 | 5.0 | 8.0 |
| 倍长纤维含量（mg/100g）≤ | 5.0 | 15.0 | 40.0 |
| 疵点含量（mg/100g）≤ | 5.0 | 15.0 | 50.0 |
| 卷曲数[4]（个/25mm） | $M_2$±2.5 | $M_2$±3.5 | |
| 卷曲率[5]（%） | $M_3$±2.5 | $M_3$±3.5 | |

续表

| 项　　目 | 优等品 | 一等品 | 合格品 |
|---|---|---|---|
| 180℃干热收缩率（%） | ≤5.5 | ≤7.5 | ≤10.0 |
| 比电阻⑥（Ω·cm）　≤ | $M_4 \times 10^8$ | $M_4 \times 10^9$ | |

①毛型涤纶短纤维纤度为3.3～6.0dtex。

②$M_1$为断裂伸长率中心值，毛型在35.0%~50.0%范围内选定，确定后不得任意变更。

③线密度偏差率以名义线密度为计算依据。

④$M_2$为卷曲数中心值，由供需双方在8.0~14.0个/25mm范围内选定，确定后不得任意变更。

⑤$M_3$为卷曲率中心值，由供需双方在10.0%~16.0%范围内选定，确定后不得任意变更。

⑥$1.0\Omega\cdot cm \leqslant M_4 < 10.0\Omega\cdot cm$。

## 五、毛型锦纶6短纤维（表1-4-17）

表1-4-17　毛型锦纶6短纤维性能项目和指标

| 项　　目 | | 优等品 | 一等品 | 二等品 | 三等品 |
|---|---|---|---|---|---|
| 线密度偏差率（%） | | ±6.0 | ±8.0 | ±10.0 | ±12.0 |
| 长度偏差率（%） | | ±6.0 | ±8.0 | ±10.0 | ±12.0 |
| 断裂强度 | cN / dtex | ≥3.80 | ≥3.60 | ≥3.40 | ≥3.20 |
| | gf / 旦 | ≥4.30 | ≥4.08 | ≥3.85 | ≥3.63 |
| 断裂伸长率（%） | | ≤60.0 | ≤65.0 | ≤70.0 | ≤75.0 |
| 疵点含量（mg / 100g） | | ≤10.0 | ≤20.0 | ≤40.0 | ≤60.0 |
| 倍长纤维含量（mg / 100g） | | ≤15.0 | ≤50.0 | ≤70.0 | ≤100.0 |
| 卷曲数（个 / 25mm） | | $M\pm2.0$ | $M\pm2.5$ | $M\pm3.0$ | $M\pm3.0$ |

注　$M$为卷曲数中心值，由供需双方协商确定。

## 六、新型化学纤维

近年来，具有各种不同性能的新型化学纤维不断地开发出来，丰富了毛纺原料，为增加品种提供了条件。

### （一）新型再生纤维素纤维

溶剂型再生纤维素纤维如莱赛尔纤维等发展迅速，此纤维所用溶剂几乎全部回收，因此生产过程环保无污染，且制成的织物吸湿性强、手感好。如欧洲生产的莱赛尔（lyocell）纤维。

### （二）大豆蛋白复合纤维

该纤维主要组成为大豆蛋白质和聚乙烯醇，具有蚕丝般光泽和悬重感，纤维柔软、蓬松、密度小、吸湿性好、透气，穿着舒适性好，适于与毛、丝、山羊绒等混纺。

### （三）牛奶蛋白改性聚丙烯腈纤维

以牛奶蛋白与丙烯腈接枝共聚得到的纺丝原液湿法纺丝制成，纤维的物理力学性能和光泽度与天然蚕丝类似，为高档衣着用料。

### （四）聚对苯二甲酸丙二醇酯纤维

与PET同为聚酯类产品，但由于分子中软段不同，软段为丙二醇，具有极好的弹性，手感柔软，染色温度低，且织物尺寸稳定性好。

### （五）聚乳酸纤维

一种可生物降解的绿色环保纤维，具有良好的手感、防皱性和舒适性。目前用玉米淀粉生产成本高，其开发和应用受到一定限制。

### （六）其他新型纤维

#### 1. 吸湿快干纤维

该纤维制成的织物能把汗水快速从织物内层引导到织物外表，并散发到空气中，保持贴身干燥，并具有良好的延伸性和弹性。例如DuPont公司的Coolmax（四沟槽）、日本东洋纺的Triactor（Y型截面）、日本三菱公司开发的具有良好吸湿性能的微孔聚酯纤维和日本钟纺合纤公司开发的吸汗速干Y型截面涤纶丝等。

#### 2. 空调纤维

一种新型智能纤维，在纤维中涂层或植入微胶囊，在温度变化时，其包裹的热敏相变材料通过吸收储存或释放热量，使服装保持在舒适的温度范围内。目前有腈纶基和黏胶基两种。

#### 3. 抗静电纤维

该纤维主要以共混、共聚、复合纺丝和接枝共聚等方式向纤维中加入亲水性聚合物或导电性高分子化合物，改进了合成纤维的抗静电性能，防止静电积累和高压静电电击。

#### 4. 超细纤维

一种新型差别化纤维，一般把线密度0.3dtex（直径5μm）以下的纤维称为超细纤维。由于线密度极细，织物手感极为柔软，有良好的吸湿散湿性，在疏水和防污性方面也有明显提高。

# 第二篇　原毛准备

# 第一章　羊毛的拣选

同一地区、同一品种的羊，所产羊毛的品质是有所不同的，即使同一张套毛上，各部位羊毛的品质亦有差异。为了合理使用原料，对某些品质差异较大的羊毛需经人工根据生产的要求进行拣选分级。

## 第一节　羊毛拣选的工作条件

### 一、羊毛拣选的工作条件（表2-1-1）

表2-1-1　羊毛拣选的工作条件

| 项　目 | 要　求 | 备　注 |
|---|---|---|
| 工作台尺寸：长×宽×高（mm×mm×mm） | 一般为：2100×1250×800 | 连同周围放置羊毛容器，每台占地面积约10m² |
| 光照 | 以天然光为主，日光不宜直射，应采北光偏东，灯光要求均衡照明500lx | 光的强度影响视觉感官对羊毛细度的正确反映，采光过亮则羊毛显得粗，过弱则感到细 |
| 温度 | 冬季要求不低于22℃，夏季要求在32℃以下 | 原毛经成包运输，油杂粘并，拣扯困难，在一定的温度下有利于原毛的松解，降低劳动强度，并减少分拣过程中的毛纤维损伤；由于腥臊熏蒸会影响健康，夏季要求有降温装置 |
| 环境卫生 | 工作地点应有良好的通风，拣毛台应配备吸尘装置，供给每一操作工的风量为1000～1500m³/h，吸尘装置台面上的风速至少应为20cm/s | 羊毛有特殊气味，原毛中含有砂土粪杂甚至石灰，拣选抖动时容易飞扬，因此规定每立方米的空气中不超过10mg的尘埃尘埃自然飞扬速度约为10cm/s |

### 二、拣毛台吸尘装置

### （一）上吸式集尘箱吸尘装置（图2-1-1）

风量：每台1000m³/h。

风机风压：1000Pa（100mmH₂O左右）。

风管风速：6～8m/s。

效果：空气中含尘浓度5mg/m³。

## （二）侧吸式喷水池吸尘装置（图2-1-2）

风量：每台1500m³/h。

效果：空气中含尘浓度8～9mg/m³。

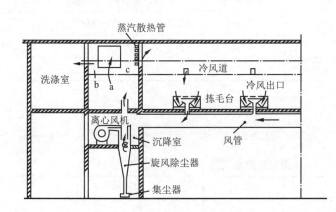

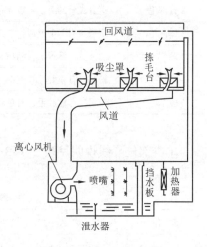

图2-1-1 上吸式吸尘装置图　　　　　图2-1-2 侧吸式吸尘装置图

a—排放室外　b—至洗涤室降温后经冷风道送回室

c—室内循环

# 第二节　羊毛的质量分等

## 一、一般绵羊各部位羊毛的质量分布情况（图2-1-3，表2-1-2）

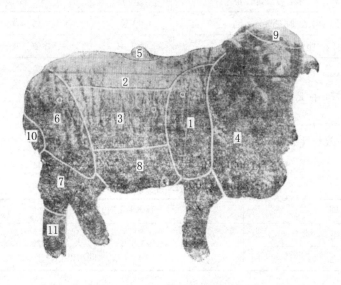

图2-1-3 各部位羊毛质量分布图

表2-1-2　绵羊羊身各部位羊毛质量分布

| 名　称 | 内　　容 | 名　称 | 内　　容 |
|---|---|---|---|
| 1 肩部毛 | 全身最好的毛 | 7 上腿毛 | 毛短，草籽较多 |
| 2 背部毛 | 正身成套的毛，一般无草杂 | 8 腹部毛 | 细而短，近前腿部毛质较好 |
| 3 体侧毛 | 质量与肩部毛近似，油杂略多 | 9 顶盖毛 | 含油少，草杂多，毛短质次 |
| 4 颈部毛 | 油杂少，纤维长，结辫，有粗毛 | 10 污渍毛 | 尿渍粪块，毛脏，油杂重 |
| 5 脊毛 | 松散，有粗腔毛（枪毛） | 11 胫部毛 | 都系发毛和死毛 |
| 6 股部毛 | 较粗，有粗腔毛，有草籽，有缠结 | | |

羊身部位界线说明见表 2-1-3。

表2-1-3　羊身部位界线说明

| 部　位 | 界　线　说　明 | 部　位 | 界　线　说　明 |
|---|---|---|---|
| 1 肩 | 在肩胛骨的中心点（肩胛上缘中点到肘端连线的中点） | 6 股 | 从腰角与飞节引一连线的中点 |
| 2 背 | 在背线的中点 | 8 腹 | 在腹线的中点稍左右 |
| 3 体侧 | 在体侧中线稍高一些，距肩胛骨后缘约一掌处 | | |

羊毛质量测定部位见表 2-1-4。

表2-1-4　羊毛质量测定部位

| 项目 | 采样部位 | 项目 | 采样部位 |
|---|---|---|---|
| 细度 | 肩、体侧、股 | 形态 | 体侧、腹、背 |
| 长度 | 体侧、腹、背 | 净毛率 | 肩、体侧、腹、背、股 |

目测鉴定国产细羊毛、改良毛的细度，以体侧部位为主。

## 二、国产细羊毛、改良毛的分类（表2-1-5）

表2-1-5　国产细羊毛、改良毛的分类

| 类　别 | 要　求 |
|---|---|
| 支数毛 | 同质毛 |
| 级数毛 | 基本同质毛和异质毛 |

## 三、细羊毛、半细羊毛、改良羊毛分等分支规定（表2-1-6）

表2-1-6　细羊毛、半细羊毛、改良羊毛分等分支规定

| 类别 | 等别 | 细度（μm） | 毛丛自然长度（mm） | 油汗占毛丛高度（%） | 粗腔毛、干、死毛含量（占根数%） | 外观特征 |
|---|---|---|---|---|---|---|
| 细羊毛 | 特等 | 18.1~20.0（70支） | ≥75 | ≥50 | 不允许 | 全部为自然白色的同质细羊毛。毛丛的细度、长度均匀。弯曲正常。允许部分毛丛有小毛嘴 |
| | | 20.1~21.5（66支） | | | | |
| | | 21.6~23.0（64支） | ≥80 | | | |
| | | 23.1~25.0（60支） | | | | |
| | 一等 | 18.1~21.5（66~70支） | ≥60 | | | 全部为自然白色的同质细羊毛。毛丛的细度、长度均匀。弯曲正常。允许部分毛丛顶部发干或有小毛嘴 |
| | | 21.6~25.0（60~64支） | | | | |
| | 二等 | ≤25.0（60支及以上） | ≥40 | 有油汗 | | 全部为自然白色的同质细羊毛。毛丛细度均匀程度较差，毛丛结构散，较开张 |
| 半细羊毛 | 特等 | 25.1~29.0（56~58支） | ≥90 | 有油汗 | 不允许 | 全部为自然白色的同质半细羊毛。细度、长度均匀，有浅而大的弯曲。有光泽。毛丛顶部为平顶、小毛嘴或带有小毛辫。呈毛股状。细度较粗的半细羊毛，外观呈较粗的毛辫 |
| | | 29.1~37.0（46~50支） | ≥100 | | | |
| | | 37.1~55.0（36~44支） | ≥120 | | | |
| | 一等 | 25.1~29.0（56~58支） | ≥80 | | | |
| | | 29.1~37.0（46~50支） | ≥90 | | | |
| | | 37.1~55.0（36~44支） | ≥100 | | | |
| | 二等 | ≤55.0（36支及以上） | ≥60 | | | 全部为自然白色的同质半细羊毛 |
| 改良羊毛 | 一等 | — | ≥60 | — | <1.5 | 全部为自然白色改良形态明显的基本同质毛。毛丛由绒毛和两型毛组成。羊毛细度的均匀度及弯曲、油汗、外观形态上较细羊毛或半细羊毛差。有小毛辫或中辫 |
| | 二等 | — | ≥40 | — | <5.0 | 全部为自然白色改良形态的异质毛。毛丛由两种以上纤维类型组成。弯曲大或不明显。有油汗。有中辫或粗辫 |

# 第三节　羊毛拣选方法

## 一、拆包

加压的紧包，羊脂凝结，尤其是进口的原毛，拣毛前最好提前24h拆包放置，任其自然舒解。

### （一）套毛包卷方式（图2-1-4）

### （二）加热松包（图2-1-5）

冬季需先预热，几种预热加热松包的方法如表2-1-7所示。

表2-1-7　毛包加热松包方法

| 名　　称 | 方　　法 |
|---|---|
| 暖房贮存 | 室内保温在50℃左右，毛包解开放置24h |
| 汽　蒸 | 多孔的蒸汽管插入毛包内直接喷蒸汽0.5～1min |
| 高频电解热 | 毛包放在作为高频振荡电容器电极的两铝板间，当电路产生振荡时，频率达18MHz，高频电压加在两铝板上，使之产生交变电场，毛包处于交变电场中，加快了毛包中电子运动的速度，从而产生热能，使毛包发热松解（图2-1-5） |

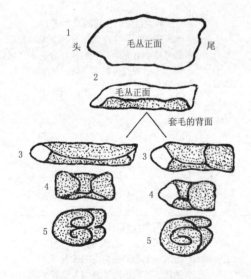

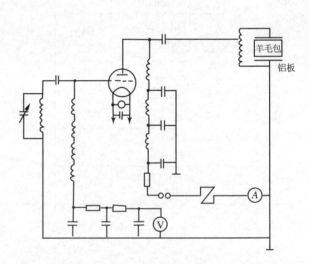

图2-1-4　套毛包卷方式　　　　　图2-1-5　30kW高频发生器振荡部分电气原理图

用高频电解热方法处理体积为800mm×600mm×1200mm的羊毛包，所需的时间每包约为4min。

加热温度可达50℃左右，耗电量约2kWh。

## 二、羊毛的拣选

拆包后，分层将套毛取出，逐只放置在拣毛台上，照包卷方式复原摊开。毛尖向上，毛根向下。首先拉除边肷，再把花毛、色污毛及做记号的沥青毛等疵点毛剔出。按体侧部位毛丛的细度、含粗及形态等外观，确定支数和等级，再将其他部位的毛丛按照对比，从边缘向内按部位撕去，归入分档的盛器内。带皮毛用剪刀剪去；大草籽、粪块从毛上拉去；缠结毛、块毛拣出。按部位拣毛的方法比较方便、快速和正确。

大片套毛有两个以上级别时，照级别部位沿毛丛隙缝拉下，投入有关的盛器。

片毛拣选：目前成套的少，不成套的块状碎片毛多。拣选方法是逐片逐块对标样进行分支分级，大片扯小，在拣选的同时，如发现上列各种疵点毛和杂质应随即剔出。

## 三、一般套毛质量分布

### （一）国产细羊毛、改良毛各部位质量优劣次序（图2-1-6）

羊毛质量优劣的次序：肩、背、体侧、腹、股。

### （二）进口套毛各部位质量情况（图2-1-7）

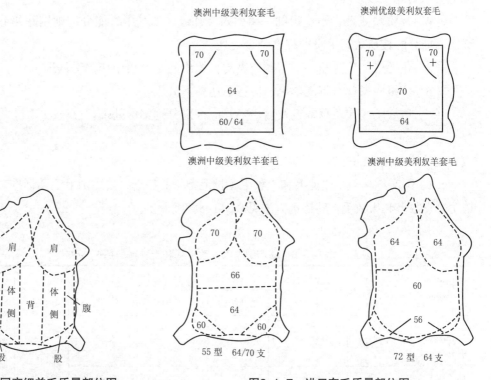

图2-1-6　国产细羊毛质量部位图　　　　图2-1-7　进口套毛质量部位图

## 四、试拣——建立标样

每批不同型号、不同唛头或不同等级的原毛，需采样试拣，试拣量一般可为总量的4%，根据不同"等"的毛与不同的要求，由仪器复核细度，并建立标样，再按照标样进行拣选。

从试拣工作中测得各支、级的百分率，对于百分比大的支、级，可把盛器放在靠近拣选者身边，以利操作。

## 五、粗纺用毛的拣选

（1）粗纺羊毛分级基本上是根据羊毛的平均细度，一般分为五级，即一级、二级、三级、四级、五级（等外级）。如羊毛品质较粗，则根据实际情况分成三或四个等级。改良毛与土种毛相同，其细度范围大致为：一级64支以上，二级58～60支，三级50～56支，四级36～48支，五级36支以下。如因产品有特殊要求，需要提高、降低或归并的，则按实际情况掌握。

（2）一级毛的毛丛应无头毛、死毛、硬块及泥污毛，细毛量至少在90%以上。如细度超过一级毛，其鬈曲、长度和色泽等亦能达到支数毛标准，则把这些毛拣出，作为支数毛集中，另行分支。

（3）毛被在分级时，首先需识别四肢毛，把它剔除。多级毛毛片中有两种或三种不同级别的羊毛时，要按各该级分清。两型毛基本上按底板毛绒的细度分级，但需视毛尖粗细，如毛尖粗则降一级处理。

（4）凡整块死毛，不论粗细一律列入等外级，如其中有能分的则剔除死毛，把好毛分级，不能分的按所含死毛量的程度降级处理。

（5）花毛应如数拣净，不留剩或黏附，拣出的花毛集中作黑毛处理。

（6）分级时发现有带皮羊毛，应将毛丛剪下分级。

（7）毡块毛、大块草籽毛及腐烂毛等应拣出分别集中处理。

## 六、精纺梳条用毛的拣选

（1）国产细羊毛、改良毛和土种毛（长毛型）的拣选，按照国毛毛条标准（见本书第五篇）分支数毛和级数毛。其拣选方法见表2-1-8。

表2-1-8　国产细羊毛、改良毛和土种毛的拣选方法

| 分支分级情况 | 拣选方法 | | | | | | 备注 |
|---|---|---|---|---|---|---|---|
| | 品质 | 纤维类型 | 毛丛结构 | 毛梢 | 弯曲 | 手感 | |
| 支数毛：一般分为70支、66支、64支三种（亦有按实际分为70支、66支、64支及60支四种） | 70支 | 细绒毛 | 平行整齐，无交叉 | 平 | 细密 | 刚性增加↓　柔性增加↑ | 半细毛一般分为48、50、56、58四种支数，分支是以细度为主，按毛条标准规定适当提高掌握，疵点毛另行分开 |
| | 66支 | 细绒毛 | 同上 | 平 | 细密或略大弯曲 | | |
| | 64支 | 绒毛，偶有两型毛 | 同上或略呈交叉 | 平或圆锥形毛尖 | 细密或较大弯曲 | | |

续表

| 分支分级情况 | 拣选方法 | | | | | | 备注 |
|---|---|---|---|---|---|---|---|
| | 品质 | 纤维类型 | 毛丛结构 | 毛梢 | 弯曲 | 手感 | |
| 级数毛：改良毛一般分为四级（最差的列入五级，含粗腔毛在5.6%以上） | 一级 | 绒毛、少量两型毛，偶有干毛 | 平行、无交叉或有较明显交叉 | 平毛尖或圆锥形毛尖和小毛尖 | 较大弯曲 | 刚性增加↑ ↓柔性增加 | 分级是以粗腔率为主，按毛条标准规定，结合细度范围进行拣选 两型毛：根部与尖部有明显的粗细差异，最粗部分超过本分支范围，其长度占羊毛三分之一以上者作降级处理 |
| | 二级 | 绒毛，两型毛、少量干毛 | 一般，交叉较明显 | 平毛尖、小毛尖或细小毛辫 | 较大弯曲 | | |
| | 三级 | 绒毛，两型毛、干毛较多，偶有粗死毛 | 有明显交叉 | 平或细长毛辫 | 弯曲不明显 | | |
| | 四级 | 绒毛，两型毛、干毛、少量粗死毛 | 有明显交叉 | 较粗长毛辫 | 较粗直 | | |
| | 五级 | 绒毛、两型毛、干毛、粗死毛 | 有明显交叉 | 粗长毛辫 | 粗直 | | |
| 土种毛列为三级与四级两个级 三级分甲乙两档 | 三级 甲：和田毛等 乙：西藏毛等 | | | | | | 大部分为绒线和长毛绒用的原料，粗腔率按品种根据毛条标准的规定结合细度范围进行拣选；对于其他各地产的羊毛可按相当的质量，并入类似的档内 拣选时剔除粗死毛、疵点毛及草杂 |
| 四级分甲、乙、丙三档 | 四级 甲：和田毛等 乙：西藏毛等 丙：西宁毛等 | | | | | | |

根据各类羊毛所含支、级的不同百分比和生产品种的不同需要，可以考虑并级或缩档。

（2）进口外毛按照细度分支，单一支数型号或交叉支数型号一般都分为三档。长度不足30mm的短毛要分开。

如纤维长度在55mm以下的毛丛较多，或长短毛丛差异显著（一般不匀率大于16%时），需进行长度拣选。

## 第四节　洗净毛、炭化毛以及其他毛的拣选

根据生产各种产品的需要，对于洗净毛、炭化毛及生产过程中的下脚毛还需进行加工拣选，其拣选要求见表2-1-9。

表2-1-9 洗净毛、炭化毛及其他毛的拣选要求

| 品　名 | 拣选（剔出）要求 |
| --- | --- |
| 秋毛、抓毛 | 草刺、花毛、油污、杂物、黄尖 |
| 改良毛、西宁毛、羔毛 | 草刺、花毛、油污、杂物、毡片 |
| 炭化的外毛、国毛、精梳短毛 | 草刺、沥青、油污、杂物、色毛、毡并毛 |
| 染色毛 | 油污、杂物 |
| 国毛精梳短毛 | 油污、杂物 |
| 炭化外毛（浅色粗纺女式呢） | 羊皮、黑点（包括沥青）、草杂、黄毛、毡块 |
| 炭化细支国毛（浅色粗纺女式呢） | 黑点、草杂、羊皮、粗腔毛、色毛、毡并毛 |
| 炭化细支短毛（深色粗纺女式呢） | 黑点、草杂 |
| 洗净山东寒羊四级毛（提花毛毯白底） | 黄毛、黑点、大草杂 |
| 洗净西宁四级毛（提花毛毯白底） | 黄毛、黑毛、硬块、死毛、大草杂 |
| 炭化细支短毛（羊皮屑特多）（用套色方法区别皮屑） | 羊皮屑、草杂 |
| 其他 | 杂毛条 | 分色、撕短 |
| | 皮辊毛 | 分色、拉断，剔除回丝 |
| | 回丝 | 分色、杂质 |

# 第五节　拣选羊毛的质量要求

## 一、混级率（表2-1-10）

表2-1-10 拣选羊毛的混级率要求

| 原　料 | 混级差别情况 | 允许含量（%） |
| --- | --- | --- |
| 粗纺用毛 | 上一级混入 | 10以下 |
| | 下一级混入 | 10以下 |
| | 上一级和下一级混入之和 | 10以下 |
| | 下二级混入 | 不允许 |
| 精纺梳条用毛 | 支、级上一档混入 | 4 |
| | 支、级下一档混入 | 3 |
| | 支、级上一档和下一档混入之和 | 4 |
| | 支、级下二档混入 | 不允许 |

精纺梳条用的级数毛中含有支数毛按混级率计算。

## 二、疵点毛（表2-1-11）

表2-1-11　疵点毛拣选要求

| 名　称 | 内　容 | 要　求 |
|---|---|---|
| 草刺毛 | 含有果刺或草刺的毛 | 剔　除 |
| 印记毛 | 毛束尖上染有做记号的沥青或其他颜色 | 剔　除 |
| 毡块毛 | 类似毛毡，手扯不松散 | 剔　除 |
| 黄残毛 | 颜色深黄，或略呈深黄色 | 剔　除 |
| 霉烂毛 | 受热受湿，强力受损，手扯即碎 | 剔　除 |
| 疥癣毛 | 毛根有皮屑，纤维受损伤 | 剔　除 |
| 花　毛 | 白羊毛中夹有非沾染的有色羊毛 | 剔　除 |
| 粪蛋毛 | 黏结粪块的毛，无法分开 | 剔　除 |
| 弱节毛 | 一束毛中，在上中下任何一部位有明显瘦细节段、一扯即断的 | 不超过0.1% |
| 边肷毛 | 碎毛中或毛套腹、腿、股等部的毛 | 不超过0.2% |
| 重剪（二剪）毛 | 长度不足30mm的短毛 | 不超过0.2% |

## 三、拣选质量检查（表2-1-12）

表2-1-12　羊毛拣选质量检查

| 检查方式 | 检　查　方　法 |
|---|---|
| 普遍检查 | 逐台逐个容器检查各支、级羊毛的混级率和疵点毛含量 |
| 抽样检查 | 按品种级别上、中、下诸筐取样，1~3筐取样1kg，4~6筐取样2kg |

检查结果如发现超过规定的，要求返工重行拣选。

# 第六节　拣选操作注意事项

（1）工作前后与吃饭前后要洗手。皮肤上有受损要迅速治好，或用消毒防护物品包扎好，防止尘土细菌等的沾污传染。

（2）拣选羊毛全凭眼手感官鉴定，可先以羊毛标样（60支）作为细度练习的对象，再与其他细度的羊毛标样作比较，如：50支⇌56支⇌58支↓60支↑64支⇌66支⇌70支。每天上班时先看标样（工厂应以仪器测定作为依据，校正标样），对于辨认不清的，可比照标样再确定支级。

（3）在检查质量过程中，随时选择有代表性的或不同形态的毛样作为实物样。每周组织讨论辨认，经常统一目光。

（4）带皮毛要随时剪下，放入相应的等级。轻度毡结的大块毛要用手撕开拉松，按标准分级。

（5）羊毛中各种夹杂物如麻绳、麻袋片、羊粪块、植物枝杆、金属物、棉花、丝绵、破布条、草果、牛毛、鸡毛、头发、沥青块、石块等非毛杂物要随时剔出。

（6）拆包与装包时最易混入麻丝和袋皮屑，对于捆包的绳索，最好用手解开，凡手力不能解开的，可用刀割，但每根绳索只可割一刀，尽量保持绳索、袋皮的完整和妥善收管。如系布包，应按缝线处拆开，拉去线头，不要撕破乱剪。

（7）长时间集中使用目力，容易疲劳，影响鉴别的正确性，可在工间安排闭目休息或做眼保健操。

# 第二章  洗毛

LB021、LB022型洗毛联合机的外形尺寸及重量见表2-2-1，其组成如下。

LB021型：B031-92型喂毛机—B041-90型双锡林开毛机—B031-92型喂毛机—B051-92型洗毛机—B033-183型喂毛机—B061型烘燥机。

表2-2-1  洗毛联合机外形尺寸及重量

| 项　目 | 参　数 |
|---|---|
| 机器外形尺寸（长×宽×高）<br>（mm×mm×mm） | LB021型：71100×3450×2744<br>LB022型：71100×4050×2744 |
| 机器总重量（kg） | LBO21型：约70000<br>LBO22型：约75500 |
| 电动机 | 共32只，总功率67.5kW |

LB022型：B031-122型喂毛机—B041-122型双锡林开毛机—B032-152型喂毛机—B051-152型洗毛机—B033-183型喂毛机—B061型烘燥机。

第二喂毛机满毛时有电气联锁装置使第一喂毛机自停。

LB023-100型洗毛联合机的组成如下：B034-100型喂毛机—B044-100型三锡林开毛机—B035-120型喂毛机—B052-100型洗毛机—R435型喂毛机—B991-1型圆网烘燥机。

## 第一节  喂毛

**一、B031-92、B031-122、B032-152、B033-183型喂毛机的主要技术特征**

喂毛平帘：工作面距地面高度643mm，运行速度1.1~3m/min。

角钉斜帘：钉高32mm，钉距32mm，平行排列；运行速度6.5~15.2m/min。

斩刀摆动：161.5次/min。

剥毛打手：直径478mm，转速104~161.5r/min。

机器外形尺寸及重量见表2-2-2。

表2-2-2  喂毛机外形尺寸及重量

| 型　　号 | 机幅（mm） | 外形尺寸（长×宽×高）（mm×mm×mm） | 机器重量（kg） |
|---|---|---|---|
| B031-92 | 915 | 2453×1745×2720 | 约1500 |
| B031-122 | 1220 | 2453×2050×2720 | 约1750 |
| B032-152 | 1520 | 2453×2350×2720 | 约1750 |
| B033-183 | 1830 | 2645×2660×2720 | 约2000 |

电动机：功率1.1kW，转速950r/min。

## 二、B031-92、B032-152、B031-122、B033-183型喂毛机传动及工艺计算

喂毛机传动图如图2-2-1所示。

$$平帘间隙运动（次/min）=\frac{950\times76.8\times D_1\times36\times Z}{452\times D_2\times76\times128}$$

$$=\frac{0.597\times D_1\times Z}{D_2}$$

$$斜帘运行速度（m/min）=\frac{950\times76.8\times D_1\times36\times Z\times\pi\times180}{452\times D_2\times76\times128\times1000}$$

$$=\frac{0.338\times D_1\times Z}{D_2}$$

$$斩刀工作摆动（次/min）=\frac{950\times76.8}{452}=161.4$$

$$剥毛辊转速（m/min）=\frac{950\times76.8\times D_1}{452\times D_2}=\frac{161.4\times D_1}{D_2}$$

式中：$D_1$，$D_2$——皮带盘直径（表2-2-3）；

$Z$——角钉斜帘变换齿轮，为$30^T$、$35^T$、$40^T$、$45^T$，可分别使用。

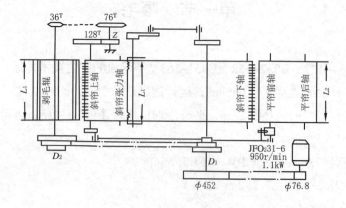

图2-2-1  喂毛机传动图

喂毛机皮带盘直径见表2-2-3。

表2-2-3　喂毛机皮带盘直径

| 项　　目 | 参　　　数 | | |
|---|---|---|---|
| 主动宝塔皮带盘直径$D_1$（mm） | 230 | 205 | 180 |
| 被动宝塔皮带盘直径$D_2$（mm） | 230 | 255 | 280 |
| $D_1/D_2$对比系数 | 1 | 0.804 | 0.643 |

## 三、B034-100、B035-120型喂毛机的主要技术特征（表2-2-4）

表2-2-4　B034-100、B035-120型喂毛机的主要技术特征

| 项　　目 | 主要技术特征 |
|---|---|
| 短平帘 | 长995mm，工作面距地面高度615mm |
| 长平帘 | 长1500mm，工作面距地面高度615mm |
| 机幅（mm） | 1000（B034-100型） |
| | 1200（B035-120型） |
| 剥毛打手直径（mm） | 510 |
| 外形尺寸：长×宽×高（mm×mm×mm） | 4685×1365×3110（B034-100型） |
| | 2995×1565×3110（B035-120型） |
| 机器重量（t） | 1.7（B034-100型） |
| | 2（B035-120型） |

## 四、R435型喂毛机的主要技术特征（表2-2-5）

表2-2-5　R435型喂毛机的主要技术特征

| 项　　目 | 主要技术特征 |
|---|---|
| 机幅（mm） | 1600 |
| 产量（kg/h） | 300～500 |
| 水平帘线速（m/min） | 1.54～6.93 |
| 提升帘 | 合成帆布，木条包不锈钢，上植不锈钢角钉，线速6.15～27.7m/min |
| 大打手 | 辊筒式，8叶片，$\phi$500，113～512r/min |
| 小打手 | 辊筒式，8叶片，$\phi$300，233r/min |
| 匀毛耙 | 双偏心轮式，120r/min |
| 剥毛装置 | 叶片式剥毛辊，有绕毛自停装置 |
| 外形尺寸：长×宽×高（mm×mm×mm） | 2730×2762×2700 |
| 电动机 | JQ$_2$-42-6，4kW |

R435型喂毛机用于将湿羊毛喂给圆网烘燥机。

## 五、喂毛工艺

喂毛机有变换皮带盘和变换齿轮，可以按照羊毛投入量的需要调节速度。

喂毛机斩刀与角钉斜帘的间隔距离，系根据羊毛纤维的长短、毛块大小进行调节。粗纺用较短的毛是以斩刀尖与斜帘钉尖垂直距离40mm为准。喂毛机一般隔距和速度情况（加工长毛）见表2-2-6。

B031型第一喂毛机角钉与斩刀间可调节距离为45～90mm。

提高产量不能以加大斩刀距离为措施，否则影响羊毛的松散和供毛的均匀。

表2-2-6　喂毛机一般隔距和速度（加工长毛）

| 原　料 | 第一喂毛机 | | 第二喂毛机 | | 第三喂毛机 | |
|---|---|---|---|---|---|---|
| | 隔距（mm） | 斜帘速度（m/min） | 隔距（mm） | 斜帘速度（m/min） | 隔距（mm） | 斜帘速度（m/min） |
| 澳毛64支 | 50 | 13 | 70 | 10.1 | 50 | 7.4 |
| 澳毛48支 | 50 | 10.1 | 70 | 10.1 | 50 | 9.3 |
| 国产改良一级 | 70 | 10.1 | 90 | 10.1 | 50 | 9.3 |

斜帘系由木条与35°角钉和帆布制成。对于结构紧密的毛块，需要加强扯松作用，可把角钉的倾斜角度改小，同时把角钉的粗度加大。但是角钉的倾斜角度不宜过小，否则将会引起羊毛带上量小，不能均匀分布，喂入量减少。

## 六、喂毛操作注意事项

（1）喂毛数量应保持均匀适量，将按工艺规定的每小时投入量，分为每10分钟的数量控制给毛。

（2）随时注意喂毛帘轴承及斩刀两旁的绕毛情况，及时处理。

（3）喂毛拆包时，防止麻绳、钩钉及破袋皮等杂物混入。

# 第二节　开毛

## 一、B041型双锡林开毛机的主要技术特征（表2-2-7）

表2-2-7　开毛机的主要技术特征

| 项　目 | 机　器　型　号 | |
|---|---|---|
| | B041-90型 | B041-122型 |
| 机器幅度（mm） | 900 | 1220 |

续表

| 项　目 | | | 机　器　型　号 | |
|---|---|---|---|---|
| | | | B041-90型 | B041-122型 |
| 喂毛罗拉 | 第一只上沟槽罗拉 | 直径（mm） | 120 | 120 |
| | | 速度（r/min） | 28 | 28 |
| | 第一只下光罗拉 | 直径（mm） | 100 | 100 |
| | | 速度（r/min） | 21 | 21 |
| | 第二只上钩齿罗拉 | 直径（mm） | 94 | 94 |
| | | 速度（r/min） | 22.7 | 22.7 |
| | 第二只下光罗拉 | 直径（mm） | 100 | 100 |
| | | 速度（r/min） | 22.7 | 22.7 |
| 锡林 | 幅宽（mm） | | 880 | 1200 |
| | 直径（mm） | | 892 | 892 |
| | 第一锡林：速度（r/min） | | 255 | 255 |
| | 第二锡林：速度（r/min） | | 286 | 286 |
| | 钉距（mm） | | 50 | 51 |
| | 第一锡林：钉排（排） | | 12 | 12 |
| | 第二锡林：钉排（排） | | 6 | 6 |
| | 送毛打手 | 直径（mm） | 752 | 752 |
| | | 速度（r/min） | 550 | 550 |
| 尘笼 | 直径（mm） | | 635 | 635 |
| | 幅宽（mm） | | 880 | 1200 |
| | 速度（r/min） | | 13 | 13 |
| 风扇 | 直径（mm） | | 560 | 560 |
| | 速度（r/min） | | 1045 | 1045 |
| 主机传动电动机 | 型号 | | $JFO_261-6$ | $JFO_261-6$ |
| | 功率（kW） | | 7.5 | 7.5 |
| | 转速（r/min） | | 960 | 960 |
| 输毛部分传动电动机 | 型号 | | $JFO_241B-6$ | $JFO_241B-6$ |
| | 功率（kW） | | 2.6 | 2.6 |
| | 转速（r/min） | | 960 | 960 |
| 机器外形尺寸（长×宽×高）（mm×mm×mm） | | | 5758×2596×1595 | 5758×2916×1595 |
| 机器重量（kg） | | | 约4000 | 约4500 |

## 二、B041型双锡林开毛机的传动（图2-2-2）及工艺计算

第一锡林转速 $= \dfrac{960 \times 163}{613} = 255r/min$

第一锡林表面线速 $= \dfrac{255 \times 892 \times 3.14}{1000} = 714m/min$

第二锡林转速 $= \dfrac{960 \times 163 \times 405}{613 \times 360} = 286r/min$

第二锡林表面线速 $= \dfrac{286 \times 892 \times 3.14}{1000} = 801m/min$

喂毛第一上沟槽罗拉转速 $= \dfrac{255 \times 170 \times 18(24,26) \times 13}{430 \times 85 \times 10} = 28r/min（37r/min，40r/min）$

喂毛第一上沟槽罗拉表面线速 $= \dfrac{28(37,40) \times 120 \times 3.14}{1000}$

$\qquad = 10.5m/min (14m/min, 15.1m/min)$

喂毛第一下罗拉转速 $= \dfrac{255 \times 170 \times 18(24,26)}{430 \times 85}$

$\qquad = 21r/min (28.5r/min, 30.3r/min)$

喂毛第一下罗拉表面线速 $= \dfrac{21(28.5,30.3) \times 100 \times 3.14}{1000}$

$\qquad = 6.6m/min (8.9m/min, 9.5m/min)$

进毛帘转速 $= \dfrac{255 \times 170 \times 18(24,26) \times 19}{430 \times 85 \times 25}$

$\qquad = 16.2r/min(21.6r/min, 23.4r/min)$

进毛帘表面线速 $= \dfrac{16.2(21.6,23.4) \times 105 \times 3.14}{1000}$

$\qquad = 5.3m/min (7.12m/min, 7.71m/min)$

喂毛第二下罗拉转速 $= \dfrac{255 \times 170 \times 18(24,26) \times 16}{430 \times 85 \times 15}$

$\qquad = 22.7r/min (30.2r/min, 32.8r/min)$

喂毛第二下罗拉表面线速度 $= \dfrac{22.7(30.2,32.8) \times 100 \times 3.14}{1000}$

$\qquad = 7.13m/min(9.5m/min, 10.3m/min)$

送毛打手转速 $= \dfrac{960 \times 163.3}{285} = 550r/min$

风扇转速 $= \dfrac{960 \times 163.3}{150} = 1045r/min$

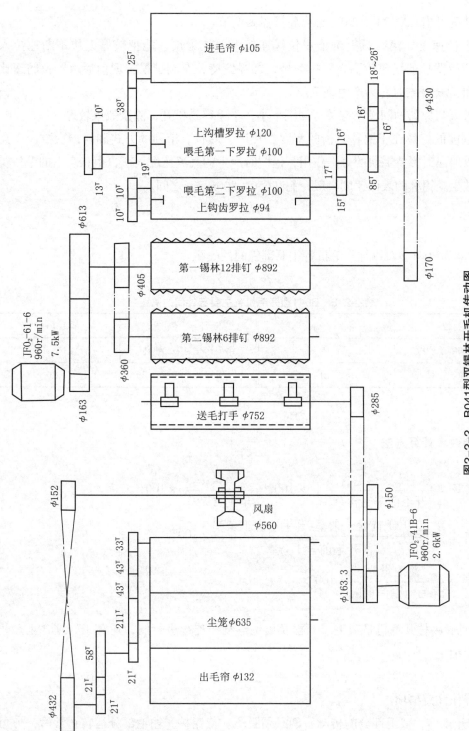

图2-2-2 B041型双锡林开毛机传动图

## 三、开毛工艺

### （一）速度

喂毛速度可借18^T^、24^T^、26^T^三种齿轮视需要调节。

喂毛罗拉速度，第一只上沟槽罗拉线速较下罗拉为快，能把较厚毛块不断地拉入。第二只上钩齿罗拉的线速较下光罗拉为慢，加强握持，有利扯松。但前后上罗拉的速比为1：0.64，处理长纤维时容易产生绕毛。

除杂效果与原料的回潮率有关。回潮率小，羊毛容易松开，除杂效果较好。

开松程度的好坏在于锡林钉齿的密度、长度、形状、植列的方式和打击次数。提高锡林速度可以加强对握持毛块的打击作用，但同时产生的气流速度大，自由状态下的毛块受到的打击次数少。锡林的表面速度一般控制在650~800m/min之间。

### （二）隔距

表2-2-8为B041型双锡林开毛机各主要部件间的隔距。

表2-2-8　B041型开毛机各主要部件间的隔距

| 部　　位 | 隔距（mm） | 部　　位 | 隔距（mm） |
|---|---|---|---|
| 喂毛罗拉与喂毛罗拉 | 15 | 第一锡林与第二锡林 | 10~15 |
| 喂毛罗拉与锡林 | 10 | 锡林与打手 | 20 |

### （三）除杂效率计算方法

$$除杂效率 = \frac{落毛率 \times 落毛含杂率}{开毛前羊毛含杂率} \times 100\% = \frac{落杂率}{羊毛含杂率} \times 100\%$$

$$或：除土杂率 = \frac{开毛前含土杂率 - 开毛后含土杂率}{开毛前含土杂率} \times 100\%$$

$$落毛率 = \frac{落毛量}{开毛前原毛重量} \times 100\%$$

B041型双锡林开毛机是喂毛、开松及出毛等动作连续进行的，适宜于处理含土杂较少的细毛及半细毛。

## 四、开毛操作注意事项

（1）开车前，喂毛部分的传动手柄必须脱离。待锡林和输毛部分运转正常后，方可扳上喂毛传动手柄。

（2）漏底尘格的清洁程度同除尘效果很有关系。要按不同含土含杂情况，安排出清漏底的次数。

## 五、提高开毛除杂效率的途径

国产改良毛砂土含杂较多，有的高达50%。B041型双锡林开毛机的除土能力不够，为提高其除杂效率，可采取以下措施。

### （一）原机改进

（1）如羊毛油脂含量高，尘笼易被沾污填塞，除尘效果就会降低，在实际使用中，可以：

① 在尘笼两端加装毛毡密封，防止漏气。

② 在尘笼下面加装尘道，以利排风。

（2）B041型开毛机一般都加装土杂输送帘子，便于出土，不会造成阻塞，减轻劳动强度。

（3）第一锡林因油污较多，容易封塞。在漏底尘格空隙间装一拉耙，定时抽拉，可防止漏底封塞。

（4）锡林漏底下接管道，利用鼓风机把土杂送至尘道（图2-2-3），可以提高去土杂的效率，并改善操作环境卫生。

鼓风机：风量3400m³/h，风压600Pa（60mmH₂O），风速24m/s。

### （二）原机改装

将原机型式改为三锡林，去除尘笼，加装一个打手，并在四叶打手上增加锥形角钉（图2-2-4）。除土效率可在60%以上。

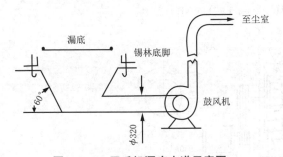

图2-2-3　开毛机漏底尘道示意图

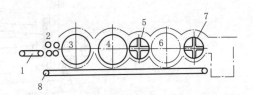

图2-2-4　三锡林双打手开毛机示意图

1—喂毛帘　2—喂毛罗拉　3—第一锡林

4—第二锡林　5—第一打手　6—第三锡林

7—第二打手　8—土杂输送帘

### （三）双锡林双打手开毛机改装（图2-2-5）

第一锡林：直径892mm，速度260r/min；

第二锡林：直径892mm，速度280r/min；

第一打手：直径740mm，速度320r/min，4排角钉，每排8只。角钉呈圆锥形，小头6mm，大头20mm，长75mm。中心位置较第二锡林中心线高54mm。

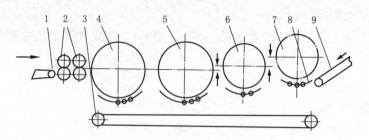

图2-2-5　双锡林双打手开毛机示意图

1—喂毛帘　2—喂毛罗拉　3—土杂输送帘子　4—第一锡林　5—第二锡林

6—第一打手　7—第二打手　8—漏底　9—出毛帘

第二打手：直径650mm，速度564r/min，4排角钉，每排7只。角钉规格同第一打手，中心位置较第一打手的中心线高135mm。

抽斗漏底：漏底隔距分8mm和12mm两种，漏底与角钉隔距为30～35mm。墙板上开槽，使漏底可自由抽出，便于经常做清洁工作，也有准备两套以便交替使用的。

### （四）B043型锥形打土机（图2-2-6）

除杂效果较好，适宜于较短的原毛。

圆锥锡林出口处直径500mm；入口处直径800mm，上有固定角钉3排。

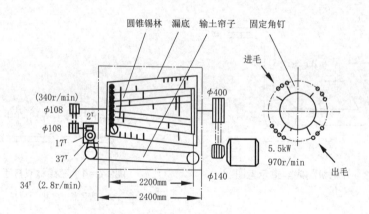

图2-2-6　B043型锥形打土机

### （五）B044-100型三锡林原毛开松除杂机（图2-2-7）

主要技术特征如表2-2-9所示。

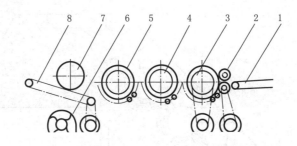

图2-2-7　B044-100型三锡林开毛机示意图

1—喂入帘　2—喂入罗拉　3—第一开毛锡林　4—第二开毛锡林
5—第三开毛锡林　6—风机　7—压毛罗拉　8—输出帘

表2-2-9　B044-100型三锡林开毛机的主要技术特征

| 项　目 | | 主要技术特征 | |
| --- | --- | --- | --- |
| 机幅（mm） | | 1000 | |
| 喂毛罗拉 | 直径（mm） | 转速（r/min） | 线速（m/min） |
| | 120 | 2.79~27.9 | 1.24~12.4 |
| 第一锡林 | 1000 | 218 | 882.7 |
| 第二锡林 | 1000 | 302 | 948.7 |
| 第三锡林 | 1000 | 340.4 | 1069.4 |
| 漏底 | 型式 | 抽斗式 | |
| | 隔距（mm） | 8、12两种 | |
| 尘笼 | 规格（mm×mm） | $\phi$635×980 | |
| | 外形尺寸（mm×mm×mm） | 5800×2500×1800 | |
| 电动机型号和功率 | | JO₃-140M-6，7.5kW（传动锡林） | |
| | | JO₃-100L-6，2.2kW（传动风机） | |
| | | A1-7134，0.55kW（传动出土横帘） | |
| 机器重量（t） | | 约4 | |

## （六）多刺辊斜立阶梯式开松除杂机（图2-2-8）

标准型为五刺辊，一般有3~6个刺辊不等，可按需要选择。刺辊系低碳钢制成，长刺均经表面淬火，经久耐磨。刺辊两端用双排滚珠轴承架持，每一刺辊上有钢质挡板，下有13mm厚钢板凹形多孔漏底，漏底上装两排除尘刀，亦经表面淬火。漏底系活动抽出式，便于清洁。漏底下装吸风装置，加强去除土杂。羊毛在刺辊间的相互作用下得到开松与混和。第一刺辊一般以250r/min的速度运行，变速范围为60~600r/min，刺辊逐只以22.5r/min向后加速，以利于开松，并将羊毛抛向前进。刺辊上部有较宽大的盖板，每块盖板都可掀起，以便做清洁和维修工作。一般工作幅有1.2m、1.5m及1.8m几种，与洗毛机幅阔相适应。

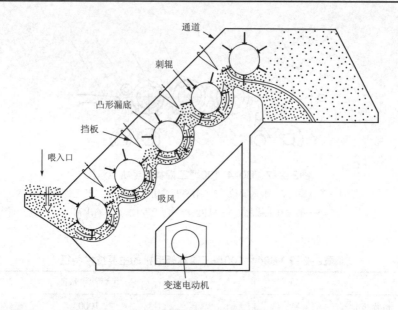

**图2-2-8　多刺辊斜立阶梯式开松除杂机示意图**

（图中标注：通道、刺辊、凸形漏底、挡板、喂入口、吸风、变速电动机）

　　这类开松除杂机效率高，对纤维损伤小，适宜于含土杂较重的原毛以及洗净毛等的开松除杂与混和。

# 第三节　洗毛

**一、B051-92、B051-152型洗毛机的主要技术特征（表2-2-10~表2-2-13）**

　　耙式洗毛机，主槽五槽，辅助槽五槽，适于pH值为7~11的碱性洗液。

**表2-2-10　洗毛机外形尺寸和重量**

| 型　　号 | 外形尺寸：长×宽×高（mm×mm×mm） | 机器重量（kg） |
|---|---|---|
| B051-92型 | 43550×3025×2260 | 约　45000 |
| B051-152型 | 43550×3650×2385 | 约　50000 |

**表2-2-11　洗毛机的电动机规格**

| 项　　目 | 型　　号 | 功率（kW） | 转速（r/min） |
|---|---|---|---|
| 洗毛槽（主槽）耙架 | JFO$_2$-41A-6 | 1.8 | 960 |
| 轧压机（第1、第2、第3台） | JFO$_2$-41B-4 | 3.5 | 1440 |
| 轧压机（第5台） | JFO$_2$-42B-4 | 4.7 | 1440 |
| 回流水泵 | JFO$_2$-22-4 | 1.1 | 1420 |

表2-2-12　洗毛槽尺寸

| 型　号 | 洗毛槽 | | | | | |
|---|---|---|---|---|---|---|
| | 第1槽、第2槽 | | | 第3~第5槽 | | |
| | 工作高度（mm） | 工作长度（mm） | 槽身容积（m³） | 工作高度（mm） | 工作长度（mm） | 槽身容积（m³） |
| B051-92型 | 365 | 7320 | 4 | 365 | 5490 | 3 |
| B051-152型 | 365 | 7320 | 7.5 | 365 | 5490 | 5.6 |

表2-2-13　辅助槽尺寸

| 型　号 | 第1槽、第2槽 | | 第3~第5槽 | |
|---|---|---|---|---|
| | 沉淀面积（m²） | 槽身容积（m³） | 沉淀面积（m²） | 槽身容积（m³） |
| B051-92型 | 3.48 | 1.15 | 2.32 | 0.77 |
| B051-152型 | 3.48 | 1.36 | 2.32 | 0.91 |

机幅：B051-92型915mm，B051-152型1520mm。

各槽耙钉速度：主耙12次/min，出毛耙36次/min。

主耙动程：220mm。

压液机：弹簧加压式5台（每槽一台），最大工作压力为$12 \times 10^5$kPa（12tf）。

轧辊工作直径：主动轧辊305mm，被动轧辊360mm（包覆毛条前为305mm）。

轧辊工作宽度：B051-92型1020mm，B051-152型1600mm。

轧辊工作转速：7.8r/min。

回流水泵：叶轮直径115mm，工作转速1420r/min。

## 二、B052-100型耙架式洗毛机的特点

该机与原来B051型洗毛联合机的主要不同点有：

（1）洗毛槽槽身为单面斜底，清洁和修理比较方便。

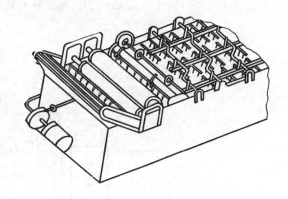

图2-2-9　B052-100型洗毛机示意图

（2）主耙结构改为曲轴式，每回转120°有一排耙钉推毛，沿横向共分为三排。主耙速度5次/min（图2-2-9）。

（3）第1槽、第2槽设有不锈钢污泥承接翻管，中心设有蒸汽喷射管，两端定时喷射蒸汽或热水。由时间继电器控制定时翻管及热水洗刷缸底，并使污泥推向放水阀口（图2-2-10）。排泥调节范围：0~2h放水一次，每次放水时间0~40s。

（4）压液方式改用气泵加压，最大工作压力为$12 \times 10^5$kPa（12tf）。

（5）采用圆网型吸入式烘燥机。利用干热空气透过羊毛流动，代替热空气垂直于羊毛

喷吹的错流方法。

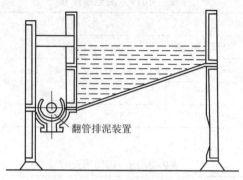

图2-2-10　翻管排泥示意图

## 三、B051-92、B051-152型洗毛机的传动（图2-2-11）及工艺计算

$$小耙架偏心轮转速 = \frac{960 \times 1 \times 20}{15.5 \times 34} = 36.4 r/min$$

$$大耙架凸轮转速 = \frac{960 \times 1 \times 20 \times 22}{15.5 \times 34 \times 66} = 12.1 r/min$$

$$下轧压辊转速 = \frac{1440 \times 130 \times 1 \times 19}{450 \times 15.734 \times 66} = 7.6 r/min$$

$$下轧压辊表面线速 = \frac{305 \times \pi \times 7.6}{1000} = 7.28 m/min$$

$$输出帘转速 = \frac{1440 \times 130 \times 1 \times 19 \times 60}{450 \times 15.734 \times 66 \times 20} = 22.8 r/min$$

出泥螺旋杆转速为1r/min，出泥螺旋杆开放时间为每分钟0.29次，即每隔3min 27s开放一次。

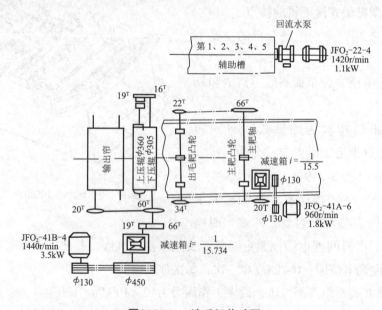

图2-2-11　洗毛机传动图

## 四、洗毛工艺

### （一）制订工艺前原毛测试项目

在洗毛过程中要保持羊毛固有的弹性、强度、色泽、吸色能力等特性，使纤维承受最低限度的损伤，防止在加工中受到一系列化学和物理的影响。制订洗毛工艺需了解原毛中杂质的性状。对不同种类的原毛，洗毛前需测试的项目有：

**1.羊毛所含羊毛脂的熔点**

熔点的高低是决定第1槽清水温度的主要依据，一般熔点低，槽水温度可低些，使纤维损伤小些。

**2.羊毛油脂的乳化力**

油脂的去除是由于洗剂对油脂进行乳化和胶溶等作用，乳化力大，去油率亦大，羊毛容易洗净。

**3.羊毛的含油脂量**

**4.砂土含量及不同类型砂土的钙镁含量**

参考测试项目有：

**1.皂化价**

皂化价系表示油脂皂化难易一种指标，皂化价高，去油容易。

**2.酸值、碘值**

羊毛油脂中不饱和键在长时间曝晒或储存下，由于日光、空气、水和生物酶等作用，产生氧化分解，油脂中胶质状α-酮烯物增多，色泽变深，酸值升高，碘值降低，形成油脂去除困难。反之酸值低碘值高则去油较易。

**3.二羟基酯的含量**

羊毛油脂是由高级脂肪酸（包括羟基酸）和高级一元醇形成的酯组成，脂肪酸的羟基酸（以二羟基酸为多）可被油脂中的不皂化物部分醇酯化。这些高分子量组分的存在，是形成羊毛脂乳化性质的原因之一，而且二羟基酯的含量与测定的乳化率成正比。

几种原毛油脂性状、乳化力与钙镁含量测试结果见表2-2-14。

表2-2-14　羊毛油脂性状、乳化力和钙镁含量的测试结果

| 原　料 | 含油脂率（%） | 油脂熔点（℃） | 乳化力（%） | 皂化价 | 砂　土 | |
|---|---|---|---|---|---|---|
| | | | | | 氧化钙（%） | 氧化镁（%） |
| 新疆改良毛（塔城） | 7.5 ~ 12.5 | 41 | 41.6 | 110.7 | 0.34 | 0.0694 |
| 内蒙古改良毛（哈达） | 8 ~ 10 | 43 | 41.2 | 103.7 | 0.0791 | 0.0309 |
| 东北改良毛（嫩江） | 6.5 ~ 13.4 | 34.5 | 23 | 91.9 | 0.175 | 0.104 |
| 澳洲美丽诺羊毛 | 12 ~ 15 | 43.5 | 35.8 | 102.7 | 0.15 | 0.0724 |

## （二）工艺制订的条件

### 1. 水

水是洗毛工艺中的基础净洗条件，是热的介质，运送羊毛的工具，在一般常温下能溶解羊毛上的汗质，汗液能帮助洗涤羊毛油脂。

在第1槽内加强对羊毛的浸润，进行清水洗涤，一般的除杂率可达60%~70%（对净毛）。当汗质从毛干上溶下时，黏附着的砂土杂质及一部分油脂被一起剥离。去除油杂与水的流量有关，流量越大，去油杂效果越好。

试验说明，保持足够的大水流量，在与温度的交互作用下，羊毛的油杂含量可以得到较低值。所以采用适当的温度，提高第1槽的活水流量，可以提高去油杂率。加大第1槽的水流量，可采取末槽回用，或另接水源，可不一定用软水。B051-152型洗毛机的水流量可调节的范围一般如表2-2-15所示。

表2-2-15　B051-152型洗毛机水流量调节范围

| 量　　别 | 水流量（kg/h） |
| --- | --- |
| 大 | 约5100 |
| 中 | 约4300 |
| 小 | 约3800 |

洗剂依靠水组成洗液，而水质是重要因素。洗毛用的水应是软水。在没有软水设备的条件下，一般洗毛用水的硬度应控制在75mg/kg以下（德制4度左右）。皂碱法洗毛用水的硬度应更降低。硬度增加1度（德制），多消耗肥皂0.17g/L。

水质硬度的关系：

17.9mg/kg=德制1度=苏制1度=英制1.25度=法制1.79度

水质及软水方法详见本书第三篇。

钙镁离子在水中与羊毛的汗盐结成不溶物，黏附于羊毛上，不易除去。即使中性洗毛，水质硬度亦不宜太高。

羊毛与水浴的比虽因羊毛状态、油杂以及温度等因素而不相一致，但一般是以0.4%~0.7%为宜（按重量）。

在洗毛过程中，洗液中的含油脂量达到5%时为饱和状态，会降低洗涤效果。洗液中油脂和砂土浓度限度见表2-2-16。

表2-2-16　洗液中油脂和砂土浓度限度

| 槽　　别 | 油脂浓度限度（%） | 砂土浓度限度（%） |
| --- | --- | --- |
| 第2槽 | 3 | 1.0 |
| 第3槽 | 1.5 | 0.4 |
| 第4槽 | 0.5 | 0.2 |

2. 洗剂

洗剂的长链大分子两端，一端是亲水性基团，另一端是疏水性基团，在油污和洗液的界面上产生定向吸附，降低界面和表面张力，提高纤维上油污的电荷。洗剂渗入到羊毛脂污垢层的隙缝中，形成的薄膜受温度与机械作用，将污垢层分裂和破坏成许多胶体大小的微粒，并乳化羊毛的油脂，形成稳定的乳化液，把污浊杂质分散悬浮于泡沫中，使之从羊毛上剥离。槽液中洗剂的浓度达到临界胶束浓度时，槽液形成大量的胶束，去污能力最强。超过临界胶束浓度时，去污能力增加不明显。制订洗毛工艺时，洗剂的浓度应略大于该洗剂临界胶束浓度的值。

（1）常用洗剂及其在洗毛温度50℃时的临界胶束浓度（表2-2-17）：

表2-2-17 常用洗剂及其在洗毛温度50℃时的临界胶束浓度

| 洗 剂 | 临界胶束浓度 | 洗 剂 | 临界胶束浓度 |
|---|---|---|---|
| 烷基磺酸钠（601） | 0.3%~0.4% | 对甲氧基脂肪酰氨基苯磺酸钠（LS） | 0.07%~0.08% |
| 烷基苯磺酸钠（工业皂粉） | 0.3%左右 | 肥皂 | 0.2%~0.4% |

目前，洗毛大多都用非离子型表面活性剂，非离子型洗剂在水溶液中不解离，且不易吸附在羊毛上，较低的洗剂浓度就能获得很好的去污效果。因环境保护的需要，脂肪醇聚氧乙烯醚类生物可降解洗剂近年来得到广泛的使用。在碱性溶液中非离子表面活性剂浓度为0.03%~0.05%，在中性溶液中非离子表面活性剂浓度为0.05%~0.08%就可以获得良好的洗涤效果。

（2）洗剂的初加料数量：助剂的初始浓度一般都调节到临界点上，但由于初加的洗剂在洗毛槽中往往不易扩散均匀，而且为了弥补纤维对助剂的吸收，纤维带走的液量以及补充溶性洗涤微粒储备等需要，助剂的初加料计算总是要过量一些。同时还应考虑到浴比的大小，洗液易脏，增加的助剂还要被用来防止高浓度的泥杂污物重沾纤维。但是助剂过多会引起羊毛打滑，给操作带来不便，因此也有用增加电解质来补充的。初加料的计算，以B051-152型洗毛机（第2槽的主槽和辅助槽实际槽水容量约7.5t）使用净洗剂LS为例，用量可在6kg（最佳去污去油条件的浓度为0.07%~0.08%）以上；碳酸钠22.5kg（0.3%）左右。

（3）洗液浓度的保持：随着洗毛时间的增长，洗液中乳化和悬浮杂质逐渐积累，洗液的洗涤能力也就下降。阴离子型的洗剂还有被羊毛纤维吸附和带走的倾向。为维持洗涤的持续能力，需要不断增加洗剂，以补足洗液的浓度。

（4）洗剂的追加：追加洗剂的数量，原则上是为保持洗液需要的浓度。具体用量应对各个品种洗毛的各阶段洗液中实际滴定后计算得之。洗剂的总用量应为初加料与追加料之和。所以，一般是按总用量扣除初加料后进行不同的安排：

①等分追加：按一定时间（每半小时或1小时）或一定的喂毛量（每100kg或200kg）等量追加助剂，在一班内用尽。

②递增追加：根据生产过程中测定所得的资料分析，结合考虑助剂的损耗和油杂的增

加而追加。追加洗剂的数量随洗涤时间延长逐步递增，追加的时间有每隔一定时间的或间隔的。

③只追加助剂不补加电解质：有的考虑，洗涤开始后，以羊汗形式的电解质（主要是各种有机酸的钾盐）将不断对洗液进行补充，增效剂一次加入后，可不再补加。

总之，不论哪一种安排，都需视生产实际中发生的情况，随时加以掌握。一般是以加料作用槽中的泡沫多少，洗毛的色泽及油污味的感觉等情况作为参考。具体追加方法如表2-2-18所示。

表2-2-18　洗剂追加的方法

| 追加方式 | 具 体 方 法 |
|---|---|
| 分批追加 | 按照工艺规定由人工操作，按时按量加入，一般为每半小时一次 |
| 连续追加 | 在洗毛机作用槽的边上，加装一加料箱，待羊毛经本槽时开放龙头，按实际资料计算开关大小，掌握流量或使用定量泵进行计量施加 |
| 交叉追加 | 第1次追加时，第1加料槽追加，第2加料槽不追加；第2次追加时，第1加料槽不追加，第2加料槽追加，交替轮流进行 |

从辅助槽加入的助剂向主槽扩散很慢，主槽内助剂浓度往往长时间内得不到均匀，并显得总的浓度偏低。改进的方法是将洗剂直接滴入洗液回流泵管路内，滴入点位于泵的前方，借泵内高速度循环运动，使洗剂均匀扩散在回流洗液内，这样加料效果较好。

**3. 温度**

熔融羊毛油脂，可增加分子运动。羊毛油脂的熔点在31～44℃。一般认为羊毛在55℃开始递降分解，会影响羊毛的弹性和强力，洗毛常用温度为50～55℃。各槽洗毛温度安排参见表2-2-19。

表2-2-19　洗毛温度安排

| 槽　别 | 温度安排 |
|---|---|
| 第1槽 | 清水溶解汗质，温度不必超过所洗羊毛油脂的熔点太多，否则脂蜡熔软，进入轧辊时，羊毛会出现打滑，同时纤维膨胀，泥土杂质有可能回到鳞片细隙之间 |
| 第2、第3槽 | 加料重洗作用槽的温度，根据洗剂的不同性质，可略高或略低 |
| 第4、第5槽 | 清水漂洗，去除羊毛上的残留洗剂，低温对洗净毛的白度有帮助 |

**4. 运送**

完整的洗涤过程基本上由以下两个阶段组成：

（1）脂、汗、污的混合物与洗剂集合体形成小珠。

（2）用机械去除纤维上的这些小珠。

把钉推动羊毛通过洗液，亦使洗液通过羊毛，从而产生洗涤的机械作用及对羊毛的运送作用。

把毛钉排的间距应与把钉动程接近，把钉与把钉间距离应在150mm左右。前后把钉的排列以交叉式为宜。

把钉的长度要与洗槽的深度相适应。最好让钉尖与缸底板距离保持在10~15mm，以尽可能减少羊毛沉底。

缸底螺旋式自动出泥装置对减少洗液中泥杂污物的累积和提高净洗效果颇有帮助。开放的时间应按不同原料的含杂情况调节。B051型洗毛机每隔3min 27s排泥一次，每次9s。有的厂改为每半小时排泥一次，每次3s，效果较好。也可根据所洗原毛的性状设定排泥时间间隔和每次排泥时间。

油脂从羊毛纤维上的排除，主要在于轧辊轧点上羊毛中的洗液被挤进而快速射出，射速越快，去油越多。槽内洗液的缓慢流动，仅是分散油粒的形成阶段。迸射流速达到10cm/s，能去油80%。所以轧辊挤轧湿羊毛，排出带有油脂杂质的洗液是净洗的关键之一。

轧辊的效率影响羊毛的洁净程度、含碱多少、洗剂的消耗、烘干的效果，以及羊毛的毡缩。

出毛的含水率一般掌握在40%左右。最后漂洗槽的出毛含水率应在40%以下。

轧辊一般采用弹簧加压或改装气泵加压。

改装气泵加压只需用2V0.6/7移动式空压机（电动机功率5.5kW）供应压缩空气。工作压力的调整由减压阀控制，减压阀表压与轧辊实际承受总压力的关系如表2-2-20所示。

表2-2-20 减压阀表压与轧辊实际承受总压力的关系

| 项 目 | 参 数 | | | | |
|---|---|---|---|---|---|
| 表压（$10^2$kPa） | 2 | 2.5 | 3 | 3.5 | 4 |
| 总压力（10kN） | 6 | 7.5 | 9 | 10.5 | 12 |

气泵加压的轧压效果较弹簧加压的为好，轧后羊毛含水率可达到37%~40%。

一般上轧辊表面的包覆物采用聚氨酯胶圈、羊毛条和化学纤维方型编织绳。早期的设备使用粗支羊毛条包覆物的比较多，毛条层在轧点前能吸取足量的洗液，可以加大湿羊毛被压榨排出的水量与流速，更由于弹性较大，对湿毛块的包围角增大，轧压比较完全。化学纤维方型编织绳轧压效果与毛条相近，但使用寿命和维护成本优于毛条。毛条包卷方法见表2-2-21和图2-2-12。

毛条经两根导辊，绕双道以调节张力。

表2-2-21  轧辊毛条包卷方法

| 包卷次序 | 具体方法 | 要求 |
|---|---|---|
| 打底 | 用旧造纸毛毯（锦纶、羊毛混纺）裁成30～35cm宽的条子，从右到左，包约三层<br>有的利用旧钢丝针布的底布挑去废针使用 | 要拉直，摆平，靠自压，厚度以轧辊的直径达到340mm为度 |
| 中衬 | 为防止外层加捻毛条的滑移搓捻，在中层用不加捻的散毛条包一层，方向从右到左 | 包时注意两边略高使压水均匀 |
| 外层包覆 | 48支毛条6～7根（或48支毛条4根和锦纶条1根）合股加捻，在张力下从左到右，边卷绕边用木槌敲紧，使排列平伏 | 每米约16捻，要求挺直不拱，在卷绕中发现过于紧张，可随势略为退解 |

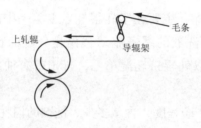

图2-2-12  包毛条示意图

### 5.使用槽数

5槽的洗毛机作用比较缓和，适宜于洗细支的或较脏的羊毛。含脂杂较少的粗支羊毛一般可用4槽（表2-2-22）。

表2-2-22  洗毛使用槽数

| 羊毛种类 | 第1槽 | 第2槽 | 第3槽 | 第4槽 | 第5槽 |
|---|---|---|---|---|---|
| 粗支毛和半细毛 | 重洗 | 续洗 | 轻洗 | 漂洗 | — |
| 细支毛 | 浸润 | 重洗 | 续洗 | 漂洗 | 漂洗 |
| 细支毛 | 浸润 | 略重洗 | 续洗 | 轻洗 | 漂洗 |
| 细支毛（砂土较重） | 浸润 | 清洗 | 重洗 | 续洗 | 漂洗 |

### 6.烘燥

在不损伤羊毛质量的前提下，应利用最快而经济的烘燥方法，使洗净羊毛的含水从40%左右达到要求的水分（一般为10%～13%）。

温度的选择：温度升高，空气的体积膨胀。表2-2-23所列空气带湿量与温度的关系虽不成正比例，但带湿量随温度增加较快。提高温度可以直接增加干燥效率，同时必须考虑质量和经济等因素，选择能达到烘燥效果较好的最低温度。一般是以掌握在80℃左右为宜，对含碱较低的羊毛，可以防止羊毛的质量损伤。

表2-2-23　温度与空气带湿量的关系

| 空气温度（℃） | 1kg干燥空气达到饱和状态含水汽的数量（g） | 1kg干燥空气其体积与0℃时体积的比 |
|---|---|---|
| 50 | 86.10 | 1.183 |
| 60 | 152.45 | 1.220 |
| 65 | 203.5 | 1.238 |
| 70 | 275 | 1.257 |
| 75 | 381 | 1.275 |
| 80 | 544 | 1.293 |
| 85 | 824 | 1.312 |
| 90 | 1395 | 1.330 |
| 95 | 3110 | 1.348 |
| 100 | ∞ | 1.367 |

**（三）各种洗毛方法**

**1. 中性洗毛**

合成洗剂的分子或离子在油污与洗液的界面上产生定向吸附，降低界面能和表面能，提高纤维及油污的电荷能，可促进从纤维上除去油污，并利用保护胶体使油污分散在溶液中，使分散体系稳定，从而具有较高的去油去污性能。

合成洗剂洗液的pH值一般在6.5～7.5，有利于减少对羊毛的损伤。它不与羊毛纤维起实质性的结合，不会引起羊毛的毡化，白度也较好。洗草籽毛时不会像皂碱那样产生使草籽污染羊毛的情况。洗毛时用的水质要求不必像皂碱法那样高，掌握pH值和追加洗剂保持浓度都比较容易。

（1）电解质增效：阴离子型洗涤剂在低于临界浓度时加入电解质（如氯化钠、硫酸钠及多偏磷酸钠等）会影响其溶解度。由于其本身的胶体性质或由于生成络合物的能力，促使产生额外的洗涤作用，并随着伴存离子浓度的提高而成比例地增大，从而使洗涤剂的临界浓度可以降低，用量可以减少。但在非离子型洗涤剂中加入电解质对洗涤作用影响很小。一般认为原子化学价单价的不如多价的有效。

（2）阴离子型表面活性剂去污力（表2-2-24）。

（3）阴离子型表面活性剂去油力（表2-2-25）。

（4）工艺处方参考资料（表2-2-26）。

表2-2-24　阴离子型表面活性剂去污力

| 项　目 | 烷基磺酸钠（601） | 对甲氧基脂肪酰氨基苯磺酸钠（LS） |
|---|---|---|
| 去污临界值 | 浓度在0.3%附近 | 浓度在0.07%（50℃） |
| 温度提高 | 从50℃升到60℃，去污力自0.8提高到1.2 | 60℃时达到去污临界值的浓度可在0.05% |

续表

| 项　目 | 烷基磺酸钠（601） | 对甲氧基脂肪酰氨基苯磺酸钠（LS） |
|---|---|---|
| 加增效剂硫酸钠 | 在原来临界值附近加入增效剂，去污力可再提高0.6～0.8 | 去污力从5提高到7，浓度0.02%可获得0.07%的去污力 |
| 最好去污条件 | （1）601：0.3%～0.5%，50～60℃<br>（2）601：0.3%～0.5%<br>　　硫酸钠：0.1%～0.3%，50～60℃ | （1）LS：0.07%，50℃<br>（2）LS：0.05%，60℃<br>（3）LS：0.05%～0.08%，60℃<br>　　硫酸钠：0.1%～0.3% |

表2-2-25　阴离子型表面活性剂的去油力

| 项　目 | 烷基磺酸钠（601） | 对甲氧基脂肪酰氨基苯磺酸钠（LS） |
|---|---|---|
| 去油临界值 | 50℃时，浓度1%达最大去油力（在0.7%浓度时有一突跃） | 去油力随浓度增加而增加，浓度0.08%时，去油力达最大值；浓度0.05%，洗毛残脂率2%，浓度0.08%，洗毛残脂率1.2% |
| 温度提高 | 60℃时，浓度只需0.8%（在0.5%浓度时有一突跃） | 温度提高，去油力增加<br>浓度0.08%：<br>　50℃洗毛残脂率2%以下<br>　60℃洗毛残脂率1% |
| 加增效剂硫酸钠 | 在洗剂浓度0.3%时，加增效剂促进作用显著，但其最大去油力仍不如洗剂浓度0.5%或0.7%，加硫酸钠0.1%的高 | 加增效剂使去油力大大提高<br>LS 0.08%：<br>　不加增效剂，残脂率1.2%<br>　增效剂0.1%，残脂率0.6%<br>　增效剂0.2%，残脂率0.4%<br>　增效剂0.3%，去油效果最高 |
| 最好去油条件 | （1）60℃：601：0.5%，硫酸钠0.3%<br>（2）50℃：601：0.7%，硫酸钠0.2% | LS 0.08%，硫酸钠0.3%，60℃ |

表2-2-26　中性洗毛工艺处方

| 洗剂名称 | 去污最适宜的浓度 | 去油最适宜的浓度 |
|---|---|---|
| 601<br>加增效剂硫酸钠 | （1）601：0.3%～0.5%（50～60℃）<br>（2）601：0.3%～0.5%（50～60℃）加0.1%～0.2%硫酸钠 | （1）601：0.5%～0.8%（60℃）<br>（2）601：0.8%～1.0%（50℃）<br>（3）601：0.5%～0.7%（60℃）加0.2%～0.3%硫酸钠 |
| LS<br>加增效剂硫酸钠 | （1）LS：0.05%～0.07%（60℃）<br>（2）LS：0.07%（50℃）<br>（3）LS：0.05%～0.08%（60℃），加0.1%～0.3%硫酸钠 | （1）LS：0.08%（60℃）<br>（2）LS：0.08%（60℃），加0.3%硫酸钠 |

其他洗剂：

净洗剂RS：pH值较高，达9.15，不适宜于中性洗毛。

雷米邦A：去污效果较差。

烷基苯磺酸钠：洗净毛的手感干糙。

非离子型洗剂的效果较好。虽然价格较高，但由于洗涤过程中，该类洗剂不为羊毛所吸附，洗剂用量可较小。对改善洗净毛的手感不如阴离子型洗剂的显著。

中性洗毛的洗净毛储藏日久不易泛黄，纤维在梳毛机上的损伤较少。

（5）洗羊绒：羊绒属于高级动物纤维，绒毛的纤度细，光泽好，强度低，净绒在后道生产中较一般羊毛还要多一道分绒的工序。而且羊绒制品已由粗纺呢绒、毛毯及针织品等发展到了精纺的高级花呢，所以洗净羊绒的手感光泽以及松散程度都比羊毛的要求为高。在洗毛工艺中特别要注意防止纤维损伤与毡并。羊绒的油脂含量虽不多，但油脂的乳化性能较差，抗乳化力大（白羊绒与一般新疆毛相比为5.3∶1），熔点亦高（51℃），杂质中钙镁含量多，不宜用皂碱方法，需用去油污力较强的601或LS等净洗剂，并对在整个洗毛过程中的pH值包括进入烘房前的纤维抽出液值，都要认真仔细对待。

一般认为储存较久的羊绒比新的羊绒较为难洗。

2. **合成洗剂加纯碱洗毛**

无机弱酸类的碱式盐，还有如纯碱、水玻璃等也可以作为合成洗剂洗涤液的电解质进行增效。纯碱也是皂化油脂的有效助剂。合成洗剂加纯碱洗毛，属于轻碱型的洗涤，目前已比较普遍使用。由于羊毛对碱敏感，所以制订工艺时除选择洗剂与增效剂两者的最佳浓度条件外，对于pH值、洗液温度及烘毛温度等的安排和掌握，需较中性洗毛更仔细，以防止损伤纤维。

3. **皂碱洗毛**

肥皂是良好而价廉的洗净剂。皂碱洗毛是沿用较久的一种方法。

（1）pH与温度（表2-2-27）。

表2-2-27　皂碱洗毛的pH值和温度

| 洗剂 | 作　用 | pH值和温度 |
|---|---|---|
| 肥皂 | 能降低水的表面张力，润湿羊毛的油腻表面，降低脂类与溶液间的界面张力，乳化羊毛脂 | 皂液浓度在0.1%～0.2%<br>pH值接近10时最易乳化羊毛脂<br>pH值落到9～8时，其乳化力很快下降<br>增加皂液浓度乳化力又恢复<br>pH值为9时，羊毛脂的乳化稳定度达到最高<br>pH值低于9时，泥土更能悬浮，悬浮时最适宜的pH值接近pH值范围碱性较少的一端；皂液浓度超过0.4%，乳化能力降低 |
| 纯碱 | 改善水质，促进皂化；调整溶液的pH值，帮助肥皂乳化羊毛脂达到一定的稳定度 | pH值10以上，温度在45℃时即与羊毛中的胱氨酸结合，使纤维的强度和弹性受到损伤<br>pH值10时，常温中亦能侵蚀羊毛的角质<br>pH值10.4、温度70℃时，羊毛即将被分解 |

（2）皂碱比例：加料槽内洗剂的浓度按各种羊毛的油脂性质、数量和羊毛中杂质的多寡而定。64支美利奴澳毛用的洗剂，肥皂一般的浓度可在0.12%～0.16%，纯碱的浓度在0.13%～0.2%。

皂碱用量可以通过测定不同品种羊毛油脂的乳化性能加以决定。方法是将原毛上的油脂抽出，取0.2g。用各种不同洗液（洗液20mL）在温度为45℃的烧杯内搅拌1min，观察其乳化程度，并用等级表示（表2-2-28），再用逐步增加洗液浓度的方法，找出达到一级乳化程度的皂碱用量。

洗液配方：纯碱2g/L；肥皂2g/L。

表2-2-28　乳化等级

| 等　级 | 乳　化　程　度 |
|---|---|
| 1级 | 完全乳化成乳白液 |
| 2级 | 乳化不完全，乳液稍黄，但没有浮油点 |
| 3级 | 乳化不完全，乳液稍黄，有浮油点 |
| 4级 | 乳化不完全，乳液黄色，有浮油面 |
| 5级 | 完全不乳化 |

皂碱洗剂初加量的控制，系根据不同品种羊毛油脂的乳化性能，以测得最易乳化羊毛脂的洗剂浓度为基础。一般国产羊毛，以皂液浓度达到0.2%时最易乳化羊毛脂。但在实际生产中，超过0.2%的浓度，不但乳化力没有显著提高，反而会因肥皂的泡沫过多使羊毛漂浮，影响洗涤效果。碱液浓度应控制在0.2%以下，以防损伤纤维。由于碱液在软化水质时的消耗，因此在洗毛水质较硬时，纯碱用量就应稍多。应考虑充分利用纯碱能与羊毛脂形成天然肥皂而起乳化羊毛脂的作用，所以第1加料作用槽应为碱多皂少，同时为了保证净洗质量，第2加料作用槽应皂多碱少。

追加量的控制也是以第1加料作用槽碱多皂少，第2加料作用槽皂多碱少为原则，基本上以连续追加为合适，掌握先多后少。

（3）残碱含量：碱浓度对羊毛纤维的损伤，很难在单纤维强度测定上明显地表现出来。因为羊毛的干强，只有当羊毛中70%的胱氨酸断裂后才会显出变化。洗净羊毛的损伤程度需要到梳毛和精梳工程中，从纤维的断裂和毛粒的形成数中才能反映出来，或者在染色鲜艳度及手感上反映出来。因此对于洗净的羊毛，可用尿素–亚硫酸氢钠溶解度以重量对比测定羊毛损伤，作为制订工艺的参考依据。末槽洗液的pH值如为9时，洗净毛烘干后的纤维强度将受到较大损伤。因此要注意控制洗净毛的残碱含量。残碱含量与强度和弹性损失的关系见图2-2-13和图2-2-14。

洗净毛含碱量应在净毛重量的0.62%以下。

### 4. 铵碱法洗毛

合成洗剂加纯碱的洗毛，残留的碱在烘干和贮放过程中，会因氧化而使羊毛发脆。铵碱法洗毛就是在两个加料作用槽的后一个槽中加进硫酸铵，代替纯碱，与残留的碱起复分解反应：

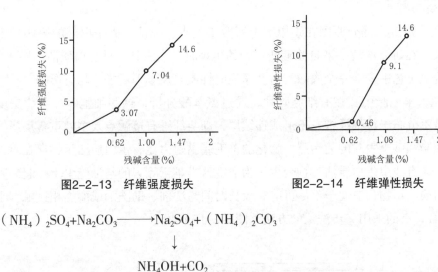

图2-2-13　纤维强度损失　　　　　　图2-2-14　纤维弹性损失

$$(NH_4)_2SO_4 + Na_2CO_3 \longrightarrow Na_2SO_4 + (NH_4)_2CO_3$$

$$\downarrow$$

$$NH_4OH + CO_2$$

硫酸铵是强酸弱碱的盐，2g/L的浓度在50℃时，pH值为4.9。洗涤过程中只要硫酸铵的物质的量稍大于羊毛上所带纯碱的物质的量，残留碱可被完全中和。

复分解反应的生成物，对于洗毛还有帮助作用。硫酸钠可以促进洗剂的洗涤作用。氢氧化铵可以去除羊毛上面的皂化物。二氧化碳可以起到松散羊毛、去除草屑等机械杂质的化学搅拌作用。

洗涤用水应为软水。

硫酸铵的用量取决于第1加料作用槽的轧液率。一般硫酸铵与纯碱的用量换算比例为1:3。

### 5. 酸性洗毛

羊群放牧在日光辐射强度大、气候变化幅度大、盐碱土壤多的高原地带，所产的羊毛往往油脂含量低，土杂含量高。这类羊毛（如新疆毛）原来本身的弹性和强度就比较差，如用一般的皂碱法洗毛易使洗净毛发黄毡并，色光灰暗；土杂中钙镁元素的化合物多，使洗毛过程中水质不断变硬，pH值很难控制，纤维易受损伤。

采用酸性洗毛的方法可以消除碱土杂质的碱性影响，保护羊毛纤维原来的弹性和强度，降低毡化缩绒的程度，酸浴中的氢离子与羊毛中$\alpha$-氨基酸的酸基结合，从而提高氨基酸的活动力。合成洗剂中如烷基磺酸钠等的磺酸基随着酸溶液中的酸根负离子，可以很快扩散到纤维内部，提高湿润乳化效果，使纤维膨化，改善鳞片层开张角的均一性，使羊毛容易洗净，光泽好。

采用酸性洗毛要注意对机械的腐蚀，部分部件（如加料泵等）要考虑改用耐酸材料。

酸性洗毛工艺举例：

原料：新疆细毛　　　　　　　　　原毛含油：8.43%

洗净毛量：每班1200kg　　　　　　洗毛用水：软水，10mg/kg以下

洗剂：工业粉　　　　　　　　　　助剂：醋酸

### 6. 二步法洗毛

洗净毛色泽黯沉，部分原因在于原毛上所含羊毛脂、羊汗、砂土以外的第四种主要沾污物。近年来，在研究洗液中来自原毛沾污物的机理时，注意到一种蛋白质沾污层（PCL）在一般传统洗毛工艺中未能完全去除，对洗净毛的性质以及羊毛后加工均有影响。

研究发现，羊毛脂中存在有细胞碎片，通过氨基酸分析，这些细胞碎片可能是皮屑及内部根梢，虽不分布于整根纤维，不形成连续层，却与纤维有接触点及多处重叠皮屑，形成一种阻止羊毛脂和砂土去除的沾污层。膨化的羊毛脂黏附力比有蛋白质沾污物存在时为小。较白的洗净毛含有残余蛋白质沾污物较少，为清洗这类难于除去的与油脂尘土一起黏附在纤维表面的蛋白质沾污物，应使羊毛尽可能有较长时间与洗剂、助洗剂或酶类相接触。于是有的使用6槽联合，有的采用二步洗毛的方法（图2-2-15）。

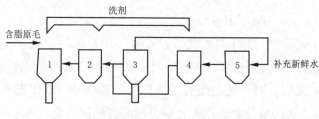

图2-2-15　二步法洗毛

## （四）洗毛工艺举例（表2-2-29）

表2-2-29　洗毛工艺举例

| 项　目 | | 洗　毛　方　法 | | |
| --- | --- | --- | --- | --- |
| | | 合　成　洗　剂　加　纯　碱 | | |
| 机　型 | | LB022 | LB022 | LB021四槽 |
| 原料名称 | | 内蒙古改良64支 | 新疆改良一级 | 东北改良一级 |
| 投入量（kg/h） | | 500 | 620/640 | 600 |
| 槽水温度（℃） | 第1槽 | 50±2 | 50 | 72 |
| | 第2槽 | 50±2 | 52 | 56 |
| | 第3槽 | 50±2 | 52 | 58 |
| | 第4槽 | 46±2 | 50 | 48 |
| | 第5槽 | 46±2 | 48 | — |

续表

| 项目 | | | 洗毛方法 合成洗剂加纯碱 | | | | | |
|---|---|---|---|---|---|---|---|---|
| 加料(kg) | 洗剂和助剂 | | ABS | 纯碱 | 601 | 纯碱 | 601 | 纯碱 |
| 加料(kg) | 初加 | 第2槽 | 20 | 15 | 20 | 18 | 55 | 8 |
| | | 第3槽 | 25 | — | 25 | 8 | 25 | — |
| | | 第4槽 | — | — | — | — | — | — |
| | 追加 | 第2槽 | 2×10 | 2×10 | 2.5×10 | 2.5×10 | 6×10 | 0.8×10 |
| | | 第3槽 | 3×10 | — | 2×10 | 1×10 | 3×10 | — |
| | | 第4槽 | — | — | — | — | — | — |
| 每100kg净毛用洗剂量(kg) | | | ABS 6.8 | | 601 4.3 | | 601 6.45 | |
| 每100kg净毛用助剂量(kg) | | | 纯碱 2.54 | | 纯碱 2.9 | | 纯碱 0.66 | |

| 项目 | | 洗毛方法 | | | | | | | | | |
|---|---|---|---|---|---|---|---|---|---|---|---|
| | | 合成洗剂加食盐（氯化钠） | | | | 合成洗剂元明粉（硫酸钠） | | | | 皂碱 | |
| 机型 | | LB022 | | 四槽耙式 | | LB021 | | LB022四槽 | | LB022 | |
| 原料名称 | | 新疆改良一级 | | 新疆改良一级 | | 紫羊绒 | | 白羊绒 | | 新疆改良支数毛 | |
| 投入量（kg/h） | | 420/440 | | 500/700 | | 200 | | 180 | | 500 | |
| 槽水温度（℃） | 第1槽 | 52 | | 50~52 | | 55 | | 76 | | 46~48 | |
| | 第2槽 | 50 | | 50~52 | | 65 | | 74 | | 49~50 | |
| | 第3槽 | 50 | | 50~52 | | 68 | | 50 | | 49~51 | |
| | 第4槽 | 49~50 | | 44~46 | | 55 | | 46 | | 51 | |
| | 第5槽 | 48~49 | | — | | 50 | | — | | 43~45 | |
| 加料(kg) | 洗剂和助剂 | 洗衣粉 | 盐 | 601 | 盐 | 721 | 元明粉 | 601 | 元明粉 | 肥皂 | 纯碱 |
| | 初加 第2槽 | 4 | 16 | 15 | 15 | 9 | 17 | 25 | | 5 | 15 |
| | 第3槽 | 16 | 4 | 10 | 10 | 10 | 7.5 | LS 6 | 25 | 12 | 7 |
| | 第4槽 | — | — | — | — | — | — | — | — | — | — |
| | 追加 第2槽 | — | 3~3.5×10 | 8×10 | 1×10 | 1.5×10 | 3×10 | 601 5×10 | | — | — |
| | 第3槽 | 4×10 | 3×10 | 2~2.5×10 | — | 1.6×10 | 1.5×10 | LS 0.6×10 | 2.5×10 | 2.5×10 | 4×10 |
| | 第4槽 | — | — | — | — | — | — | — | — | — | — |
| 每100kg净毛用洗剂量(kg) | | 601 5.5 | | | | | | | | 皂 5 | |
| 每100kg净毛用助剂量(kg) | | 盐 4.3 | | | | | | | | 碱 3.1 | |

续表

| 项　目 | | 洗 毛 方 法 | | | | | | | | | |
|---|---|---|---|---|---|---|---|---|---|---|---|
| | | 铵　碱 | | | | | | | | | 酸　性 |
| 机　型 | | 四　槽　耙　式 | | | | | | | | | LB022 |
| 原料名称 | | 60支以上 | | | 新疆二级毛 | | | 春三级、西宁四、五级 | | | 新疆细毛 |
| 投入量（kg/h） | | 400 | | | 400 | | | 480 | | | 400 |
| 槽水温度（℃） | 第1槽 | 34 | | | 34 | | | 34 | | | 39~41 |
| | 第2槽 | 50±2 | | | 50±2 | | | 50±2 | | | 46~48 |
| | 第3槽 | 42±2 | | | 42±2 | | | 42±2 | | | 51~53 |
| | 第4槽 | 40±2 | | | 40±2 | | | 40±2 | | | 49~51 |
| | 第5槽 | — | | | — | | | — | | | 48~50 |
| 加料（kg） | 洗剂和助剂 | AS | 纯碱 | 硫酸铵 | AS | 纯碱 | 硫酸铵 | AS | 纯碱 | 硫酸铵 | 工业粉 | 醋酸（mL） |
| | 初加 第2槽 | 40 | 35 | — | 30 | 25 | — | 25 | 20 | | 5 | — |
| | 初加 第3槽 | 30 | — | 15 | 20 | — | 10 | 15 | | 6 | 10 | 2500 |
| | 初加 第4槽 | — | | | | | | | | | 12 | 1500 |
| | 追加 第2槽 | 4.5×10 | — | — | 3×10 | — | — | 2.5×10 | — | — | 1.2×10 | — |
| | 追加 第3槽 | 3×10 | — | — | 1.5×10 | — | — | 1×10 | — | — | 1.8×10 | 500×10 |
| | 追加 第4槽 | — | | | | | | | | | 2.2×10 | 300×10 |
| 每100kg净毛用洗剂量（kg） | | — | | | | | | | | | 工业粉 6.6 |
| 每100kg净毛用助剂量（kg） | | — | | | | | | | | | 醋酸 1000mL |

注　601、ABS、AS等为烷基磺酸钠；洗衣粉、工业粉等为烷基苯磺酸钠；LS、721等为对甲氧基脂肪酰氨基苯磺酸钠类。

# 第四节　烘燥

## 一、B061、B061A型烘燥机的主要技术特征（表2-2-30）

表2-2-30　B061、B061A型烘燥机的主要技术特征

| 型　号 | B061 | B061A |
|---|---|---|
| 型　式 | 连续烘燥式 | 连续烘燥式 |
| 机　幅（mm） | 1800 | 1800 |
| 运毛帘进口及出口高度（mm） | 1200 | 1200 |
| 运毛帘有效面积（m²） | 20.62 | 14.067 |

| 型　号 | | B061 | B061A |
|---|---|---|---|
| 运毛帘线速度（m/min） | | 0.136 ~ 0.93 | 0.136 ~ 0.93 |
| 散热面积（m²） | | 140 | 92 |
| 使用蒸汽压力 | kPa | 392 | 392 |
| | kgf/cm² | 4 | 4 |
| 烘房 | 烘干温度（℃） | 70 ~ 90 | 70 ~ 90 |
| | 烤焦温度（℃） | 90 ~ 120 | 90 ~ 120 |
| 上风机 | 直径（mm） | 610 | 610 |
| | 转速（r/min） | 1050 | 1050 |
| 下风机 | 直径（mm） | 685 | 685 |
| | 转速（r/min） | 1050 | 1050 |
| 外形尺寸：长×宽×高<br>（mm×mm×mm） | | 12615×2775×2355 | 8995×2775×2355 |
| 电动机型号和功率 | | JFO₂-41A-4（左），2.6kW，4台<br>JFO₂-32A-4（右），1.8kW，2台<br>JFO₂-22-6（右），0.8kW，1台 | JFO₂-41A-4（左），2.6kW，2台<br>JFO₂-41A-4（右），1.8kW，2台<br>JFO₂-22-6（右），0.8kW，1台 |
| 机器重量（t） | | 16 | 14 |

## 二、B061型烘燥机的传动（图2-2-16）及工艺计算

$$运毛帘链轮最低转速 = \frac{960 \times 90 \times 1 \times 95 \times 1 \times 19}{250 \times 1.73 \times 245 \times 240 \times 76} = 0.0806 \text{r/min}$$

$$运毛帘链轮最高转速 = \frac{960 \times 90 \times 1.73 \times 160 \times 1 \times 19}{250 \times 1 \times 185 \times 240 \times 76} = 0.54 \text{r/min}$$

运毛帘最低移动线速度 $= 0.0806 \times (0.53242 + 0.0055 \times 2) \times \pi = 0.138 \text{m/min}$

运毛帘最高移动线速度 $= 0.54 \times (0.53242 + 0.0055 \times 2) \times \pi = 0.921 \text{m/min}$

## 三、烘燥工艺

B061型烘燥机系由逆流和错流两种方式综合而成。湿羊毛进入的方向与空气进行的方向相反，热空气由下而上，再由上而下，垂直穿透毛层，可防止毛层上湿空气膜的形成，使水分汽化和扩散快，空气多次加热循环，各节烘燥段可以按要求调节不同温度。运毛帘线速度的调节可以改变烘干程度

烘燥的温度自湿羊毛进口处起划分为三个区段，主要考虑的是中区温度。由于水分蒸发，羊毛吸留的洗液逐渐变浓，带碱的羊毛强度容易受损，对于含水40% ~ 50%的羊毛，中区的温度以70 ~ 80℃为宜，前区（即湿羊毛进口）可略高，后区应略低。

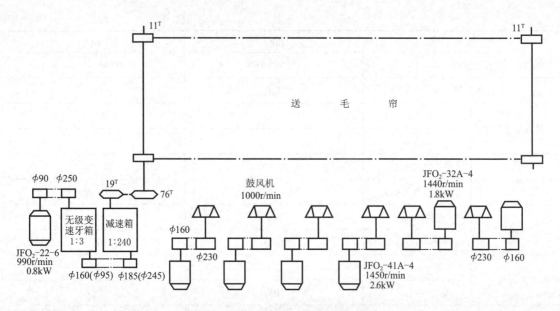

图2-2-16　B061型烘燥机传动图

烘燥机的风扇为离心式叶轮，2只上，4只下。烘燥机顶部装有两个开口气孔，进毛第2节顶部有活动调节装置将湿空气排出机外。进毛第1节侧面有一个湿空气排出口，可以接风道拔风，或用排气风扇直接排出室外。出口处要有活门以调节排出湿空气量的大小。

调节烘房内气流的挡风板共24块，可根据具体情况和需要，利用挡风板的数量和悬挂在风机通道的散热管上的角度不同来调节气流的流向和各部位的风量，使热风均匀地吹向毛层各部。

温度计应反映经蒸汽管加热后接触羊毛的空气温度，温泡装置的地位对正确反映温度很有关系。B061型烘燥机系错流方式，在热风由上压下的烘燥节中，温泡的位置宜在烘房中部的蒸汽管与运毛帘之间；在热风由下压上的烘燥节中，温泡的位置宜在烘房中部运毛帘的下面。要注意不能使温泡和导液管直接接触蒸汽管，以免损坏，并要防止羊毛堆积在温泡上影响传热。

## 四、B061型烘燥机提高效率的措施

升高烘毛温度，可以直接提高烘干效率，但高温对羊毛纤维的质量有显著的影响。羊毛在70℃以上开始发生颜色变化，更高的温度如100℃会引起羊毛分子结构间力的不大的重新分配，吸湿能量减弱。温度对质量、产量及经济效果等都有密切关系，不宜随意提高，而应适当控制。为促进和加速湿羊毛水分的蒸发，提高烘燥效率，在工艺上可以从洗净湿毛的含水率、羊毛进烘燥机时的状态及空气的性质等方面采取措施。

### （一）减少进入烘房前羊毛的含水率

湿羊毛的含水率与需蒸发水量的关系如下式。令 $a$ 为湿羊毛含水率（％）；$b$ 为烘后羊毛

含水率（％），$W$为需蒸发水量：$W = \dfrac{1}{(1-a)\left(1+\dfrac{b}{1-b}\right)} - 1$

以烘干后羊毛的含水率为12%计算，不同含水率需要蒸发的水量如表2-2-31所示。

表2-2-31　烘干1kg湿羊毛需蒸发的水量

| 湿羊毛含水率（％） | 60 | 55 | 50 | 45 | 40 | 35 | 30 | 25 |
|---|---|---|---|---|---|---|---|---|
| 烘干1kg湿羊毛需蒸发的水量（kg） | 1.2 | 0.96 | 0.76 | 0.60 | 0.47 | 0.35 | 0.26 | 0.17 |

含水率每增加5%，蒸发量相差20%～40%。所以末槽轧辊要保证轧压效率。按原机型设计的第5槽轧辊出毛含水率可不超过35%～40%。但是轧辊如加压超过$3.5 \times 10^2$kPa（3.5kgf/cm$^2$）后，并不能提高效率，相反会影响压辊的寿命，关键在于压力要分布均匀。为达到应有的效率要注意：

（1）轧辊上弹簧加压重力的矢向要与罗拉中心水平垂直，两边重锤和调节加压标志要相等。

（2）橡胶或其他材料的上轧辊容易粘罗拉和滑溜，包覆纤维粗长的羊毛条有利于加速排挤洗液，但容易受到机械和化学损伤及微生物侵蚀。要注意包覆物的完整与平整，使受压与压水均匀。

（3）校正进毛板角度，使进入轧辊的羊毛均匀铺平。

（4）经常测定从末槽轧辊出来羊毛的含水率。

（5）改装用空压机的压缩空气加压的轧辊。毛层厚时，上轧辊趋高，压力随之增加。毛层薄时，上轧辊下降，压力自动减小，去水均匀。压力由减压阀控制，调节准确方便。压力表以读数显示压力大小。

减压阀表压与轧辊实际承受总压力的关系如表2-2-20所示。渐进式的压力增减比杠杆式或弹簧式的可靠耐用，效果更好。

**（二）掌握羊毛的松散状态**

对于块状的羊毛，热空气仅与表面接触。水分从内层到外层的移动较缓慢，毛块越大，干燥作用越迟缓。松散的羊毛，热空气能够较充分地通过。所以：

（1）喂毛机斩刀与钉帘的隔距要根据不同的毛型经常校正，使毛块形态小，纤维松散。

（2）喂入烘房的湿羊毛层要求厚薄均匀，毛层薄的部位热空气容易穿透，形成热风短路，产生毛层干湿不匀，毛层的厚度以6～8cm为宜。

## （三）根据空气的含湿量与干燥作用的关系进行调节

用来吸收并排除烘毛机中湿毛已蒸发水分的空气耗用量与湿羊毛的含水率成正比，而与机中排出的空气含湿量和进机空气含湿量的差成反比。因此不要使机内滞留过量的含湿大的空气。研究装好拔风管道，使之有多档可以调节，并设法改善进机空气的干燥程度，以提高烘干效率。进入烘燥机的空气干燥程度以每公斤空气含0.1～0.15kg水分最为适宜。

## （四）利用风速对烘干的影响

湿羊毛受热后，部分水分蒸发，空气与羊毛之间的湿量差异减小，逐渐阻滞毛层中水分的继续蒸发。增加热空气流动的速度。吹散羊毛表面上的湿气稳定层，提高蒸发系数，可以加速汽化；风速越大，干燥越快。B061型烘燥机离心风扇的风速调节范围为630～750m/min。

# 第五节　洗毛工序其他注意事项

## 一、洗净毛质量要求

洗净毛质量要求见表2-2-32。

表2-2-32　洗净毛质量要求

| 羊毛品种 | | 等级 | 含土杂率不大于（%） | 毡并率不大于（%） | 油漆点,沥青点 | 洁白度 | 含油脂率（%） | | | 回潮率（%） | | 含残碱率不大于（%） | 含草率不大于（%） |
|---|---|---|---|---|---|---|---|---|---|---|---|---|---|
| | | | | | | | 标准 | 允许范围 | | 标准 | 允许范围 | | |
| | | | | | | | | 精纺 | 粗纺 | | | | |
| 国产细羊毛及改良毛 | 支数毛 | 1 | 3 | 2 | 不允许 | 比照标样 | 1 | 0.4～1.0 | 0.5～1.5 | 15 | 10～18 | 0.6 | |
| | | 2 | 4 | 3 | | | | | | | | | |
| | 级数毛 | 1 | 3 | 3 | 不允许 | 比照标样 | 1 | 0.4～1.0 | 0.5～1.5 | 15 | 10～18 | 0.6 | — |
| | | 2 | 4 | 5 | | | | | | | | | |
| 国产土种毛 | 二、三级 | — | 4 | 3 | | 比照标样 | | 0.4～1.5 | | 15 | 8～15 | 0.6 | 1.5 |
| | 四、五级 | — | 6 | 4 | | 比照标样 | 1 | 0.4～1.5 | | 15 | 8～15 | 0.6 | 2 |
| 外毛 | 60支以上 | — | 0.6 | 1 | | 比照标样 | 0.8 | 0.4～1.2 | | 16 | 9～16 | 0.6 | 0.7 |
| | 58支以下 | — | 0.6 | 1 | | 比照标样 | 0.8 | 0.4～1.2 | | 16 | 9～16 | 0.6 | 0.5 |

在江南梅雨季节，洗净毛回潮率在19%以上，要防发霉变质。

皂碱法洗毛的净毛含皂率，按照酒精试验结果，应在0.6%以下。

洗净羊毛中的含杂率，应用手抖法测定，含杂率为杂质对羊毛重量的比。

$$含杂率 = \frac{砂土、羊污屑、杂质、细草总量}{试样总量（干重）} \times 100\%$$

洗净羊毛的白度可以先选定标样，在生产中随机采样，凭目测对比。考虑到标样保留日久有可能泛黄，可以把选定的标样通过白度仪测定出的数据作为基数，需要时凭数据对比作为参考指标。

洗净毛的松散度可以将一定重量的洗净毛经气流仪测定。按读数与松散羊毛标样所测定的数据对比，以百分率表示。或将1kg洗净毛装桶加1kg重量，量其高度，放去所加压力，测其回复高度，与标样的数据对比。也可以将同体积的洗净毛作称重对比。

## 二、生产过程中的工艺测定和技术检查

生产过程中的工艺测定和技术检查如表2-2-33、表2-2-34所示。

表2-2-33　生产过程中的工艺测定

| 工艺测定项目 | 要求 | 方法 | 周期 |
|---|---|---|---|
| 投入量 | ±15kg/h | 定重的毛包量 | 每班一次 |
| 洗涤初加液浓度 | 作用槽pH值应低于10.4 | 滴定法 | 每周一次 |
| 皂碱洗毛碱浓度 | 不超过0.3% | 硫酸滴定法 | 每周一次 |
| 槽水温度 | ±2℃ | 温度计 | 每班三次 |
| 洗液含油浓度 | 不超过3% | 溶剂萃取 | 每批一次 |
| 洗液含砂土浓度 | 不超过1% | 沉淀方法 | 每批一次 |
| 洗净毛含碱量（进烘房前） | 不超过0.6% | | 每批一次 |
| 进烘房羊毛的含水量 | 40%以下 | 烘干 | 每周二次 |
| 烘毛温度 | 按工艺规定 | 温度计，机旁测定 | 每班三次 |

表2-2-34　生产过程中的技术检查

| 项目 | 要求 | 方法 | 周期 |
|---|---|---|---|
| 洗净毛含油率 | 根据质量要求 | 溶剂萃取 | 每班每批一次 |
| 洗净毛含杂率 | 根据质量要求 | 手工或机械去杂 | 每班每批一次 |
| 洗净毛残碱率 | 根据质量要求 | 盐酸滴定法 | 根据需要 |
| 洗净毛毡并率 | 根据质量要求 | 按标样分类 | 每班每批一次 |
| 烘干毛回潮率 | 根据质量要求 | 烘干 | 每班每批2~3次 |
| 烘干毛洁白度 | 根据质量要求 | 比照标样 | 根据需要 |

### 三、洗毛操作注意事项

（1）羊毛投入量要按工艺规定掌握均匀。时多时少，会影响洗涤质量的稳定。

（2）洗剂和助剂的加入量和加入时间应保持在要求的范围内。洗涤初液浓度及pH值用滴定法及pH仪测量后调节。洗涤过程中洗液的pH值应用pH仪测量（包括第1槽的浸润和末槽的漂洗）。

（3）使用皂碱作洗剂，要注意皂碱中杂有的游离苛性钠，必须加强对洗剂的分析验收。苛性钠含量不宜超过0.5%。

（4）洗剂必须按定量用水先溶解和稀释。初加料须待槽水温度升到35℃以上后才加入。空车运转15min后开始投毛。

（5）无论洗剂的初加料或追加料均须在辅助槽中进行。皂碱法洗毛应先加纯碱，待主槽及辅助槽和匀，然后加入皂液。如泡沫过多外溢，可先加大部分，留1/5在羊毛入槽后10min内陆续加入。

（6）要经常检查槽水温度。

（7）轧辊上包覆毛条的平整情况，洗毛进入轧辊的均匀情况，重锤的地位，加压标志及弹簧的情况，都应经常注意，并随机采取压出的洗毛样作烘干试验，测定含水率，以调整加压到工艺规定。

（8）酸性洗毛要注意操作与器材的安全，防止对人体的损伤腐蚀。酸贵碱廉，要严格控制pH值，正确确定用酸量，以事节约。

（9）不断去除第1槽缸底砂土杂质，加强清水槽的漂洗作用。

（10）烘燥机蒸汽的进汽压力及各间烘房的温度，要经常检查。如发现与规定不符，要及时调节。

（11）轧辊下面流出的毛和辅助槽滤板上的毛要经常捞取，回入本槽或前面一槽。

（12）机械发生小故障时，如估计停车时间不长，应保持洗涤槽的水泵和耙架继续运转。如中间停车再开车，要适当追加洗涤剂，并先把洗涤槽中溶液充分调匀，然后再喂毛。

### 四、洗毛疵点成因及防止方法

洗毛疵点成因及防止方法见表2-2-35。

表2-2-35　洗毛疵点成因和防止方法

| 疵点种类 | 造成原因 | 防止方法 |
|---|---|---|
| 洗净毛含杂过多，毛色不洁白 | （1）原毛含杂多，毛块缠结，不够松散；喂入量过多<br>（2）洗剂用量不足<br>（3）漂洗槽槽水过脏 | （1）调整工艺，及时清扫开毛机的漏底，适当掌握开毛机的喂入量<br>（2）酌加洗剂，按时追加<br>（3）调换部分槽水或加大活水量 |

续表

| 疵点种类 | 造成原因 | 防止方法 |
|---|---|---|
| 洗净毛含脂高 | （1）洗剂用量不足<br>（2）追加洗剂不及时<br>（3）轧辊效果不良<br>（4）槽水温度过低<br>（5）辅助槽滤板上羊毛堆积时间过长 | （1）追加洗剂<br>（2）加强对洗液浓度的测定，执行定时追加洗剂的次数和用量<br>（3）检修包覆的毛条，或调整轧辊压力<br>（4）经常检查温度，及时调节<br>（5）经常捞取处理辅助槽滤板上的积毛 |
| 洗烘后毛色灰暗，手感粗糙 | （1）用碱过多<br>（2）槽水温度过高<br>（3）漂洗槽含碱过多<br>（4）烘房温度过高 | （1）减少用碱量，或不用碱，适当增加肥皂或其他合成洗剂<br>（2）经常测定并正确调节槽水温度<br>（3）减少前槽用碱量，提高前槽轧辊压水效果，或用酸调节漂洗槽的pH值<br>（4）研究工艺，控制烘毛温度 |
| 洗烘后羊毛毡并 | （1）洗毛槽水温度过高<br>（2）洗毛机耙钉不良或位置不当，造成羊毛与槽底摩擦，或在喂毛斗和烘毛过程中翻滚过度<br>（3）羊毛洗涤时间过长<br>（4）作用槽的轧辊压力过大，调速装置和轧辊状态不良 | （1）调整工艺条件，正确调节槽水温度<br>（2）修理或调换耙钉，调整推耙的位置，检查调整喂毛量，调节喂毛机斩刀与帘子的隔距<br>（3）调整推耙速度，或加大水泵流量<br>（4）调整各辊压力，检修压辊装置 |
| 烘后羊毛过潮 | （1）毛丛不松散<br>（2）烘前羊毛含水率太高<br>（3）烘后羊毛干湿不匀<br>（4）烘毛帘上毛层过厚<br>（5）烘毛机内湿气太大；鼓风机风力不足<br>（6）烘毛机温度太低 | （1）提高开毛质量，调节喂毛机斩刀隔距<br>（2）检查和提高轧辊压水效果及出毛均匀程度<br>（3）检查和调整烘毛机挡风板位置，并注意帘子上羊毛的均匀程度<br>（4）检查和调整羊毛喂入量<br>（5）检查和调整鼓风机速度及排湿气门大小<br>（6）检查蒸汽压力，按规定调节 |

## 五、洗毛机常用器材和配件

洗毛机常用器材和配件见 表2-2-36。

表2-2-36　洗毛机常用器材和配件

| 名　称 | | 规　格 | 材　料 |
|---|---|---|---|
| 耙钉<br>（mm） | 大 | 长310，290，240 | 68黄铜板，厚1.5 |
| | 小 | 长175，130，120，115，110 | 68黄铜板，厚1.5 |
| 上轧辊（mm） | | 宽1100，直径305 | 铸铁 |

续表

| 名　称 | | 规　格 | 材　料 |
|---|---|---|---|
| 输送帘（mm） | 上木辊 | 长250，直径148 | 落叶松 |
| | 下木辊 | 长250，直径108 | 落叶松 |
| | 帘子木棒 | — | 桄木 |
| 输送帘连接皮带（mm） | | 传动带宽60×厚4 | 胶布 |
| 输送帘连接铆钉（mm） | | 长18，20，22，直径3 | 铜 |
| 泵 | 叶轮直径（mm） | 115 | |
| | 转　速（r/min） | 1420 | |
| | 电动机功率（kW） | 1.1 | |
| 洗槽假底（mm） | | 长1510，宽460，孔眼φ3，孔眼中心距8 | 铜板厚2，或不锈钢厚1.5 |
| 喂毛机刺毛帘木棒（mm） | | （92型）-890<br>梯形，长（122型）-1195　顶宽15<br>　　　　（152型）-1495　高16<br>　　　　（183型）-1805　底宽28 | 桄　木 |

| 开毛机喂毛罗拉（mm） | 型号 | B041-90型 | B041-122型 | 45#钢 |
|---|---|---|---|---|
| | 沟槽罗拉工作宽 | 874 | 1210（42槽） | |
| | 光罗拉工作宽 | 870 | 1215 | |
| | 钩齿罗拉工作宽 | 870 | 1215 | |

| 开毛机喂毛罗拉传动齿轮（mm） | 15ᵀ、16ᵀ　　内径40　　6M<br>齿交23　　啮合弧　R25 | СЧ 18-36 |
|---|---|---|
| 开毛机锡林角钉（mm） | 长50，大头φ20，钉头R2的球面 | 20#钢，钉头渗碳淬火HRC56° 以上 |
| 烘毛机输毛帘（mm） | 长1870，宽150，孔眼φ5，<br>密度194孔/100cm² | 不锈钢，厚1.5 |
| 包轧辊的毛条 | 9～10kg/轧辊 | 48支毛条 |

# 第六节　洗毛新设备和新技术

## 一、管道输送自动加压成包（图2-2-17）

在烘燥机出口处装一承毛漏斗，用管道将毛输送至磅秤上自动加压成包。

一般每班能成包35包左右，重量达2500kg。每包重量可根据产量高低和羊毛的潮湿程度加以调节。

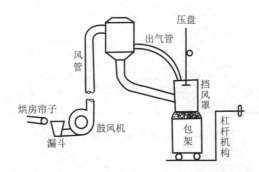

图2-2-17 管道输送自动加压成包装置示意图

## 二、圆网吸入式烘燥机

圆网为密布孔眼的圆筒，圆网的一半被装在内层的密封板挡住，相邻两个圆网以相反的方向回转，而密封板则固定不动。空气由离心风机通过加热器加热后，经过导流板，穿过羊毛层进行循环。导流板使热风沿羊毛层宽度方向均匀分布，羊毛喂入随即被空气吸附在圆网表面上，羊毛中的水分，由热风通过网眼带走。在两个圆网交接处，由于密封板位置的安排而组成气流，使羊毛转上第2个圆网的表面，羊毛层正反面交替受到烘燥。

B991-4型圆网烘燥机的主要技术特征如表2-2-37所示。

表2-2-37 B991-4型圆网烘燥机的主要技术特征

| 项　目 | 主要技术特征 | 项　目 | 主要技术特征 |
|---|---|---|---|
| 型式 | 4圆网平列式 | 风机 | 离心式，直径950mm，风量25400m³/h，风压80mmH$_2$O |
| 机幅（mm） | 1600 | 加热器 | 多管套片式，每区2只，全机8只，散热面积每区110m²，全机440m² |
| 产量（kg/h） | 300~500（羊毛） | 进料装置 | 橡胶输送帘子 |
| 速度（m/min） | 2.5~25 | 外形尺寸（mm）：长×宽×高 | 8531×3911×4093 |
| 使用蒸汽压力（kPa） | 49~147（羊毛）<br>196~392（化学纤维） | 电动机型号和功率 | JO$_2$-51（T$_2$），2.2kW，1台<br>JQO$_2$-62-6，13kW，4台 |
| 烘房温度（℃） | 75~85（羊毛）<br>100~120（化学纤维） | FW-082-4，60W，1台<br>机器重量（t） | 16.5 |
| 圆网 | 直径1400mm，工作幅宽1600mm，孔径8.5mm，表面涂锌，外覆26目不锈钢丝网 | | |

有的圆网型吸入式烘燥机，在圆网滚筒的上面和下面，各设置一层网眼钢板（图2-2-18），使热空气能均匀进入，圆网滚筒的纵向与全幅面受到的热量，其差异可达±1.5℃。

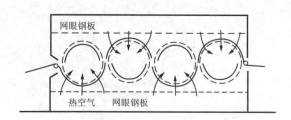

图2-2-18　圆网型吸入式烘燥机示意图

圆网滚筒烘燥机的优点是热量消耗省，干燥效率高，但用电量较一般为高。

在理论上，干燥速度较一般的喷射错流和平行逆流等方法高约10倍。

图2-2-19为圆网吸入式与喷射错流式、平行逆流式干燥速度（烘羊毛毡呢）的比较。

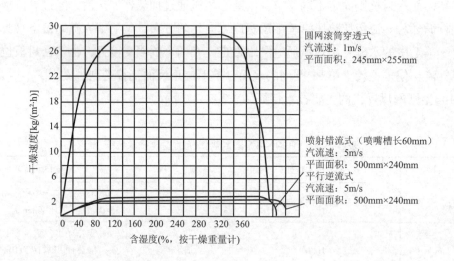

图2-2-19　圆网滚筒式同喷射错流式、平行逆流式的烘干效率的比较图

## 三、圆网吸入式洗毛机

德国福来斯纳公司的圆网吸入式洗毛机（图2-2-20）属缓和型处理羊毛原料的机器，为欧洲、澳大利亚许多国家所采用，适用于洗涤油脂重、砂土草杂较少的羊毛。

该洗毛机系由多孔网眼滚筒在洗槽内向下回转。羊毛进入洗槽，贴附于滚筒表面，浸入洗液，向前转移。水与空气被吸入滚筒时，透过每根单独的纤维。

洗液由外面吸入网眼滚筒后，即向两端流去。轴流泵将洗液打回洗槽，液位高于槽内滚筒浸入的液面。正由于这样的液位差，使洗液强烈地而又均匀地穿透毛层，进入网眼滚筒，以完成洗涤循环。液位的高低与流透量的多少可以在运转中随时调节。泵是无级变速的，可以适应处理不同原料的不同工艺要求。

圆网吸入式洗毛生产线的组成如图2-2-21所示。

图2-2-20　圆网型吸入式洗毛机示意图

**图2-2-21　圆网吸入式洗毛生产线示意图**

1—喂毛箱　2—称重运送带　3—去土杂滚筒　4—网眼吸入式滚筒　5—轧压机　6—圆网吸入式烘燥机

松包后的已开松原毛，经喂毛箱落到附有称重装置的传送带上，通过计量器与时间继电器相连接的调速装置，使传送带变速，调节喂入重量使之恒定，因此洗净毛的质量可以稳定，洗剂消耗与用水量都可降低。

在这种水流穿透式洗毛方法中，羊毛紧贴着滚筒表面向前转移，纤维自身间的移动摩擦减少，羊毛在洗涤中的毡化机会减少，洗净毛纤维松散，没有传统洗毛由于耙齿运动而产生的缠结，适当保持了纤维长度，在梳毛机上可以进行较缓和的梳理，因此精梳短毛减少，毛条制成率得以提高。

洗槽是组装式的，可以根据生产的需要，由几个相同的洗槽组成，因此洗液逆流系统亦可按需要单独运行。

处理洗净率60%的含脂羊毛，其用水量每千克原毛为4.5~5.5kg。

1200mm机幅洗毛机的洗净毛台时产量为500~700kg。

2000mm机幅洗毛机的洗净毛台时产量为1000~1300kg。

## 四、小槽洗毛

小槽洗毛（图2-2-22）的设计理论根据，是认为要去除乳化油脂，只需在轧去水之前，羊毛充分浸湿即可，不必有较长时间的浸渍，油脂的剥落在26s内可以完成。因此原毛经过第1槽为16s，第2槽为30s，较第1、第2槽都在2min以上的传统洗毛机，节约较多的时间。该机是为洗涤新西兰含土杂率低的半纯种或杂交种羊毛专门设计的。

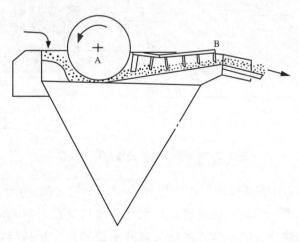

**图2-2-22　小槽洗毛**

原毛进入洗槽，由网眼不锈钢滚筒A回转压入洗液，使羊毛充分浸湿，毛耙B把羊毛推向轧辊，回流的洗液由定温开关自动控制，用蒸汽、煤气或热水再加热。洗槽的液面用浮球式装置调节。槽底自动排泥由压缩空气定时开启，通向污水处理或循环回用系统。强力的循环泵支持足够的洗液。

洗毛槽幅宽与长度都改为2m，槽体呈方形，用不锈钢板加撑档焊接而成，槽身为锥形漏斗式，沉降污泥迅速。

耙架为镀镍弯轴，装不锈钢耙齿，1.5kW电动机通过蜗杆变速箱和链条传动。耙架速度有27r/min、34r/min及44r/min三档，浸压滚筒的速度为3.4r/min、4.4r/min或5.7r/min。

洗液循环由4kW的离心泵进行。洗槽容量3000L，边槽容量800L。

小槽的容水量较传统洗毛长槽为少，升温迅速，不需边槽预热。更因表面面积减小一半以上，减少了由于对流、蒸发以及辐射而损失的热量。

由于水容量少，洗液必须回流，循环使用。第1、第2、第3槽每小时排水1~2t，第4、第5、第6槽每小时排水为12t，总共每小时排水不超过15t，用水量较传统洗毛为省。一般都与新西兰WRONZ循环系统（图2-2-23）连接使用。

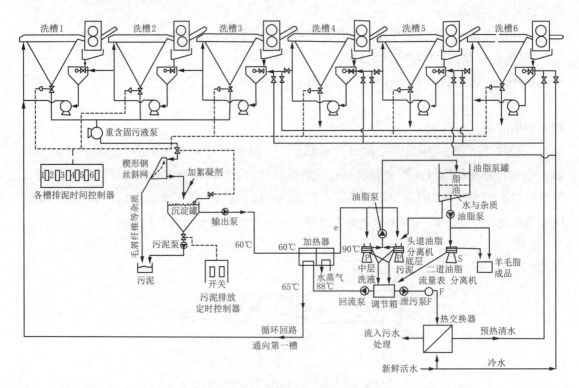

图2-2-23 小槽洗毛洗液循环系统图

第1、第2、第3洗毛槽排放的污水，经楔形钢丝斜网过滤去毛纤维与重颗粒，进入沉淀罐，加絮凝剂分离出污泥。洗液经输出泵送入加热器升温到90℃，通过头、二道油脂分离机提取上层的油脂，底层较浓的污液经热交换器回收热量后排放，中层的洗液通过调节箱按污浊浓淡程度调节回流量，降温后送入第1槽回用。在生产过程中，不断注入新鲜的冷热活水,以补充循环系统中损耗的水量。洗毛机连续运转,效率提高,产量增加,节约用水,回收热量。羊毛脂回收量可增加50%左右,并减少洗毛污水的排放量。

化学处理可以有双氧水漂白、防蛀、羊毛酸碱值调节。

小槽洗毛的工艺有多种方案可以选择,参见表2-2-38。

表2-2-38 小槽洗毛的工艺选择

| 工艺选择 | 第1槽 | 第2槽 | 第3槽 | 第4槽 | 第5槽 | 第6槽 |
|---|---|---|---|---|---|---|
| 1 | 洗涤 | 洗涤 | 洗涤 | 清洗(冷) | 清洗(冷) | 清洗(热) |
| 2 | 洗涤 | 洗涤 | 洗涤 | 清洗(冷) | 清洗(冷) | 清洗(冷) |
| 3 | 洗涤 | 洗涤 | 洗涤 | 清洗(冷) | 清洗(冷) | 化学处理 |
| 4 | 洗涤 | 洗涤 | 洗涤 | 清洗(热) | 清洗(热) | 清洗(热) |
| 5 | 洗涤 | 洗涤 | 洗涤 | 清洗(热) | 清洗(热) | 化学处理 |
| 6 | 洗涤 | 洗涤 | 洗涤 | 洗涤 | 清洗(冷) | 清洗(热) |
| 7 | 洗涤 | 洗涤 | 洗涤 | 洗涤 | 清洗(冷) | 清洗(冷) |
| 8 | 洗涤 | 洗涤 | 洗涤 | 洗涤 | 清洗(冷) | 化学处理 |
| 9 | 洗涤 | 洗涤 | 洗涤 | 洗涤 | 清洗(热) | 清洗(热) |

一般以采用第1工艺为宜。如羊毛中含粪污块毛较多,会玷污羊毛的颜色,则第6槽宜作冷水清洗。

第1、第2、第3槽洗涤和第6槽热水清洗,其温度一般在60~65℃。

初始手工操作加料:第1槽为2L,第2槽为1L,第3槽为1L。在洗毛进程中,第2、第3槽的追加料由洗剂流量泵自动加入。每1000kg原毛,洗涤剂的总用量应不超过5L。

乳化法洗毛中,"毛透过水"型的传统耙式洗毛机,以其适应性较广,目前还普遍在采用。"水透过毛"型的喷射式洗毛机,产量高,占地小,净毛质量好,但对含土杂多的羊毛效果差。德国的圆网吸入式洗毛,在欧洲采用较多,同样适用于处理油多杂少的羊毛。此外,值得注意的是溶剂法洗毛,已在工业中使用成功,洗净毛不毡并,纤维少损伤,含油均匀,羊毛脂回收量大,基本解决水的污染问题,但适宜于大批量生产,并需严密的防火防爆措施。

## 五、福丰FU-183型联合式洗毛设备

FU-183型联合式洗毛设备采用六槽洗毛方式,特点是可依据不同草杂含量的原毛调整主洗槽的位置,其工艺流程分为原毛开松、槽液洗毛、净毛处理三段。设备组成如下:

解包机—太平式供毛机—自动称重皮带—四滚筒开毛机—18呎洗槽—绞干机—20呎洗槽—绞干机—18呎洗槽—绞干机—18呎洗槽—绞干机—16呎洗槽—绞干机—16呎洗槽—绞干机—绞干机—10滚筒圆网式烘干机—成品检测台—输毛风机。

1. **原毛毛包解包机的主要技术特征**

喂毛平帘：采用10mm厚耐油橡胶皮带，配置0.75kW 6极电动机，电动机附带齿轮减速箱，速比1∶60。运行速度使用变频控制。

开毛打手：三组开毛打手采用上中下设置，分别配置7.5kW 6极、7.5kW 6极和11kW 6极高转矩电动机传动。速度分别为411.4r/min、448.8r/min和374r/min。

出口平帘：配置0.75kW 4极电动机，电动机附带齿轮减速箱，速比1∶30。运行速度使用变频控制。

外形尺寸：长×宽×高为10.440m×2.030m×3.200m。

2. **旋转式供毛机的主要技术特征**

入口平帘：采用榉木制作。

角钉斜帘：采用榉木制作，钉子为#304材质。设羊毛高位光电控制器，配置1.52kW 4极电动机，电动机附带齿轮减速箱，速比1∶10。运行速度使用变频控制。

撕毛器：旋转式，配置1.5kW 4极电动机，电动机附带齿轮减速箱，速比1∶15，运行速度使用变频控制。

剥毛轮：配置0.75kW 4极电动机，电动机附带齿轮减速箱，速比1∶5，速度201.6r/min。

外形尺寸：长×宽×高为3.420m×2.000m×3.000m。

3. **自动称重皮带的主要技术特征**

自动称的主要功能，是在洗毛过程中，让洗毛人员知道当时通过的重量，以便及时调整洗剂用量及碱液用量，更方便使用者建立数据资料，形成一套洗毛专用数据库。

4. **四滚筒开毛机的主要技术特征**

入口平帘：采用2mm厚PVC材质。喂毛罗拉及入口平帘配置0.75kW 4极电动机，电动机附带齿轮减速箱，速比1∶30，喂毛罗拉速度16.55 r/min。

漏底尘格：采用自动清洁式格栅，格栅条采用方形钢条。

开毛罗拉：配置15kW 6极高转矩电动机，四个羊角开毛罗拉速度分别为286.6r/min、316.46r/min、349.42r/min和385.82 r/min。

草杂收集：配置机下二台草杂输送机完成草杂自动收集工作，分别配置0.37kW电动机，电动机附带齿轮减速箱，速比1∶30。

外形尺寸：长×宽×高为4.076m×1.930m×2.787m。

5. **洗涤槽和清洗槽的主要技术特征**

机幅：1830mm。

耙钉速度：主耙配置1.5kW 6极电动机，电动机附带齿轮减速箱，速比1∶30，运行速度使用变频控制。

副耙配置1.5kW 4极电动机，电动机附带齿轮减速箱，速比1∶30，运行速度使用变频控制。

排泥装置：FU-183×20'洗槽配置8孔排泥，FU-183×18'洗槽配置8孔排泥。FU-183×16'洗槽配置4孔（或为六孔）排泥。排泥采用气动式控制，可根据工艺要求设定排泥频率和排泥时间。

加热装置：采用蒸汽源加热，每槽均配置蒸汽直接加温装置和间接加温装置，分别用于初配和运转时的加热。每槽均配置自动温度控制装置和温度显示计。

pH值控制：在洗2槽及洗3槽增加配置pH值控制仪及控制电磁阀用于槽液pH值控制。

回流水泵：每槽配置3kW卧式泵，口径80mm。

### 6. 轧干机的主要技术特征

工作宽度：2000mm。

加压方式：采用空气气缸施压、杠杆放大加压系统，压力可调节。

轧辊材质：上下轧干罗拉采用#304材质，上罗拉外部包覆60mm×60mm方形编织条。

轧辊传动：配置3.75kW 6极电动机，电动机附带齿轮减速箱，速比1∶60，运行速度使用变频控制。下罗拉基础速度5.11r/min。

出口平帘：采用2mm厚PVC材质。

外形尺寸：长×宽×高为1.735m×2.540m×1.565m。

### 7. 10滚筒式烘干机的主要技术特征

滚筒宽度：2000mm。

烘箱材料：采用#304不锈钢材质。保温板厚度80mm。

循环风机：第1、第2室配置11kW 4极电动机，叶轮转速953r/min。第3、第10室配置11kW 4极电动机，叶轮转速840 r/min。

滚筒传动：配置1.5kW 6极电动机，电动机附带齿轮减速箱，速比1∶15，运行速度使用变频控制。基础速度62.33r/min。

出口平帘：采用2mm厚PVC材质。

外形尺寸：长×宽×高为14.725m×2.995m×2.900m。

### 8. 工艺举例（表2-2-39）

表2-2-39　福丰洗毛工艺举例（70支美丽诺羊毛，1000kg原毛/h）

| 槽 位 | 槽体容积（T） | 温度（℃） | pH | 槽液药剂初配浓度（%） | | 槽液药剂追加浓度（mL/min） | | 绞干机压力 | | 排泥时间 |
|---|---|---|---|---|---|---|---|---|---|---|
| | | | | 洗剂 | 纯碱 | 洗剂 | 纯碱 | kgf/cm² | kPa | |
| 洗1槽 | 10.5 | 52±2 | 7~8 | 0.02 | 0.02 | — | — | 2 | 196.2 | 2s/5min |
| 洗2槽 | 10.5 | 61±1 | 8~9 | 0.08 | 0.06 | 150~250 | 根据槽液pH值自动追加 | 3.5 | 343.35 | 2s/5min |
| 洗3槽 | 10.5 | 61±1 | 8~9 | 0.06 | 0.06 | 50~150 | — | 4 | 392.4 | 2s/10min |
| 洗4槽 | 9.5 | 48±2 | 7.5~8.5 | — | — | — | — | 4 | 392.4 | 5s/1h |
| 洗5槽 | 9.5 | 45±2 | 7~8 | — | — | — | — | 4 | 392.4 | 5s/2h |
| 洗6槽 | 9.5 | 40±2 | 7~8 | — | — | — | — | 4.5, 5 | 441.45, 490.5 | 5s/2h |

## 六、安达Topmaster洗毛设备

### 1. 原毛喂入部分的主要技术特征

喂入平帘：工作宽度2000mm或3000mm，长度5000mm。

喂毛设备：工作宽度2000mm或3000mm，平帘和角钉帘均由变速控制。

开毛设备：工作宽度2000mm或3000mm，双滚筒水平配置，速度400r/min。入口平帘PVC材质，变速驱动控制。配有自动清洁功能的除尘格栅，格栅下方草杂由输送带集中收集。

称重皮带：工作宽度2000mm或3000mm，包括重量传感器和软件控制系统，精确的可达±0.5%。

### 2. 洗槽部分的主要技术特征

第1洗槽：工作宽度2000mm或3000mm，工作长度6000mm，配有4个排泥斗。

第2洗槽：工作宽度2000mm或3000mm，工作长度6000mm，配有3个排泥斗。

第3、第4、第5洗槽：工作宽度2000mm或3000mm，工作长度4000mm，配有2个排泥斗。

第6洗槽：工作宽度2000mm或3000mm，工作长度6000mm，配有3个排泥斗。

绞干罗拉：工作宽度2000mm或3000mm，压力最大可达20吨，下压辊带有轴向沟槽，上压辊包覆50mm或60mm方形编织绳。速度4~5 m/min。

### 3. 烘干部分的主要技术特征

烘箱形式：10滚筒烘箱，分5个烘干区。蒸汽加热。

烘干滚筒：滚筒采用#304不锈钢，独立齿轮变速电动机传动。安置压力平衡盖板。

保温材料：保温板选用镀锌内外嵌板，保温材料厚度50mm，密度36kg/m³。

湿度控制：STREAT 湿度仪，能够准确连续地测量羊毛输出烘箱时的回潮率。

### 4. 工艺举例（表2-2-40）

表2-2-40 安达Topmaster洗毛工艺举例

| 项目 | | 美丽诺羊毛 | 新西兰粗支羊毛 |
|---|---|---|---|
| 开松平帘速度（m/min） | | 10 | 10 |
| 开松打手速度（r/min） | | 400 | 300 |
| 洗剂初始浓度（%） | | 0.05 | 0.05 |
| 洗剂追加浓度（L/t） | | 8 | 3 |
| 槽液温度（℃） | 除汗槽：第1洗槽 | 30 | 25 |
| | 洗涤槽：第2~4洗槽 | 65 | 60 |
| | 漂洗槽：第5~6洗槽 | 55 | 50 |
| 压毛轮速度（r/min） | | 2 | 2 |
| 主耙速度（r/min） | | 8 | 8 |
| 出毛耙速度（r/min） | | 20 | 20 |
| 轧水辊速度（r/min） | | 4 | 4.5 |
| 烘干滚筒速度（m/min） | | 4 | 4 |
| 烘干温度（℃） | | 70~90 | 70~80 |
| 排出湿气比例（%） | | 大约30 | 大约30 |

## 七、溶剂洗毛

溶剂洗毛机系用水及乙醇和己烷为溶剂。在进入溶剂处理前，先用水喷射羊毛，再用水及乙醇喷射五次溶解羊汗，然后用己烷喷射五次，除去羊毛脂。羊毛于每次喷射后，都经轧辊挤压。脱脂后的羊毛进入烘毛机，用经过脱氧的氮气（脱氧为了防止爆炸），去除羊毛中残留的溶剂，并烘干羊毛。最后经冷却器，将羊毛调湿到正常回潮率。从喂入到冷却都是在低温、中性的大气条件下进行，全部设备需严密封闭。随着羊毛的连续处理，洗涤液中的乙醇、己烷和油脂、汗、杂质等成为混合物，进入配套设备（分离器）连续处理。加以回收。混合物进入分离器后，很快分成三层：上层主要是己烷和油脂；下层系水、乙醇、汗及杂质；经一定时间，产生比水轻的未溶解杂质的中层。三层液体经过配套的油脂和溶剂回收设备，羊毛脂提炼为产品，己烷经冷凝回收再使用，乙醇经蒸发冷凝后回收使用，淤泥经烘干后处理。

### 1. 主洗工艺流程

经过松包、开松后的原毛由给毛机匀量平铺在有孔眼的输毛钢带上，由输毛钢带带动进入密闭隔离的脱脂机中，每个脱脂机有四到五个喷嘴向随钢带运送的羊毛喷射溶剂混合液。溶剂混合液的主要成分是正己烷、异丙醇。由正己烷萃取羊毛中的油脂，异丙醇主要是去除羊汗，同时也有利于随后的正己烷和杂质的分离。靠喷嘴喷射溶剂的力量将泥沙与羊毛分离。萃取的油脂和原毛中的尘土等杂物与溶剂混合一起流入沉淀槽中。

脱脂洗净的羊毛随输送钢带进入烘干机，烘干机的热源为蒸汽，由于溶剂属易燃易爆物质。烘干机内循环的热空气需经脱氧处理，并在进入口处均设有气密装置。烘干后的洗净毛经脱味调节后，由输送风机送入自动混毛储毛仓中。

溶剂洗毛设备工艺流程简图如图2-2-24所示。

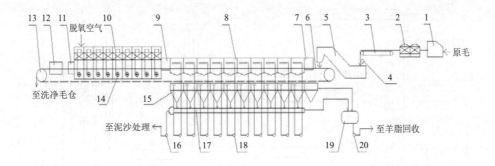

**图2-2-24　溶剂洗毛设备工艺流程简图**

1—松包机　2—开毛机　3—原毛输送带　4—吸铁器　5—喂毛机　6—输毛钢带　7—入口气闸　8—脱脂机
9—中间气闸　10—烘干机　11—出口气闸　12—调节部　13—输毛钢带主动轮　14—烘干循环风机　15—主沉淀槽
16—泥沙输送泵　17—螺杆式泥沙输送器　18—溶剂循环泵　19—Miscella储槽　20—Miscella输送泵

流入主沉淀槽的混合液，在沉淀槽中分层，下层的泥沙经螺杆式泥沙输送器输送至泥沙处理系统处理。溶剂与油脂的混合液（称为Miscella）一部分通过循环泵回用至脱脂机，一部分送至油脂和脂肪酸的回收系统处理。

### 2. 脱脂机溶剂喷嘴的配置

脱脂机溶剂喷嘴配置简图如图2-2-25所示。

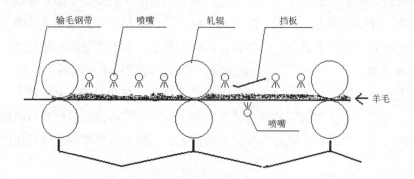

输毛钢带    喷嘴    轧辊    挡板

← 羊毛

喷嘴

图2-2-25  脱脂机溶剂喷嘴配置简图

连续式溶剂洗毛系统配有十组脱脂机，每组有一对轧水轮和四至五排溶剂喷嘴组成。喷射的配置有上下两种形式，并按一定规律交替排列，以便使钢带上的羊毛上、下层均能够得到溶剂的喷射。轧水轮是用压缩空气施压，其转动是通过输毛钢带摩擦传动的。

### 3. 羊脂和脂肪酸回收系统

从主沉淀槽分离出的溶剂与油脂的混合液，经氢氧化钠中和及过氧化氢漂白后再沉淀分离为油脂和脂肪酸分离液，分别使用萃取过滤和皂化裂解等方法提取羊毛脂和脂肪酸。系统可回收85%~90%的羊毛脂。具体工艺流程如图2-2-26所示。

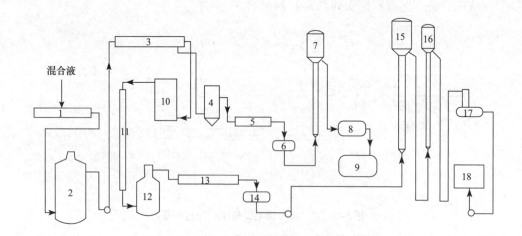

混合液

图2-2-26  羊毛脂和脂肪酸回收流程图

1—初储泄槽  2—中和、漂白反应槽  3—分离槽  4—皂化裂解反应槽  5—储泄槽  6—脂肪酸缓冲槽
7—脂肪酸蒸发塔  8—脂肪酸精练塔  9—脂肪酸储存槽  10—羊毛脂萃取塔  11—加压塔  12—过滤器  13—储
泄槽  14—羊脂缓冲槽  15—溶剂蒸发塔（一）  16—溶剂蒸发塔（二）  17—羊毛脂精练  18—羊毛脂储存槽

4. 溶剂回收系统

在羊毛脂回收和泥沙处理过程中蒸发分离的溶剂采用冷凝器回收，经过下列流程分离储存，循环使用。

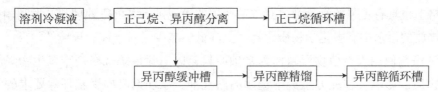

5. 废料排放

从主沉淀槽分离出的泥沙，由输送泵送至泥沙沉淀槽中，经泥浆沸腾分离塔将溶剂蒸发分离后，由回转式浓缩机泥浆进行浓缩处理，再经干燥后储存在槽中。定期送出作为植物肥料。洗毛产生的废气，经多道异丙醇、正己烷吸收塔吸收后达到排放标准后排放至大气中。以确保环境和大气不受污染。

## 八、环保洗毛

环保洗毛是近几年发展起来的一种"清洁生产"和"环境友好"的洗毛方式，其主要内容是在洗毛过程中进行在线废水、废料和废气的处理，减少对环境的影响，同时选用生物可降解的，不含APEO（烷基酚聚氧乙烯醚）等有毒成分的化学助剂。

环保洗毛综合处理系统图如图2-2-27所示。

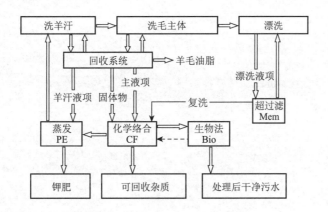

图2-2-27　环保洗毛综合处理系统

APEO是烷基酚聚氧乙烯醚类化合物的简称，是曾被广泛使用的非离子表面活性剂的主要代表。APEO以烷基酚为原料，用KOH作催化剂，在一定压力和温度下，通过滴加环氧乙烷缩合而成。APEO具有良好的润湿、渗透、乳化、分散、增溶和洗涤作用，曾用于洗涤剂和纺织品加工中常用的精练剂、润湿剂、渗透剂、各种乳液和分散剂等。

鉴于APEO较大的生物毒性、极差的生物降解性和降解代谢产物的毒性，世界上一些国家逐渐限制或禁止使用APEO产品，洗毛过程中改用生物降解性能好的脂肪醇聚氧乙烯醚表面活性剂。

　　环保洗涤剂的综合性能优良，部分指标优于传统洗涤剂，如润湿、洗涤的能力不错，洗涤后羊毛具有特殊抗静电功能，蓬松柔软的质感，可减少纤维的断裂，减少短毛的产生，有助于提高羊毛的可纺性和制成率，提升毛条的整体品质。回收的羊毛脂符合环保要求，在销售及价格上也具有更强的竞争力。对洗毛产生的污泥进行无公害处理和开发利用提供了有利条件。排放的污水中有害化学物质含量明显降低，减少了对水体和环境的污染。

　　环保洗涤剂使用天然植物原料作为基础原料，以消除传统洗涤剂难以生物降解和含有有毒有害物质的影响，在配方组成中选用的助洗剂、添加剂又要受到环保要求的限制，因此，与纯化学物质构成的传统洗涤剂相比，环保洗涤剂的乳化、脱脂性能略显不足，在洗毛过程中环保洗涤剂的使用量略大于传统洗涤剂。

　　环保洗毛操作注意事项如下：

　　（1）把握好原毛喂入量，避免喂入和开松不均匀。

　　（2）控制各槽用水量，调整好水温，避免洗剂无为流失和蒸汽浪费。

　　（3）掌握好不同洗槽中洗剂的投放比例、添加量，手工加料的要控制好追加间隔时间和追加量，避免波动过大和随意性。

　　（4）调整好轧辊的压力，提高脱水效果。

　　（5）控制烘箱温度，防止温度过高（羊毛易泛黄、手感下降）或过低（会造成洗净毛干湿不均、羊毛纠结）。

# 第三章  炭化

LBC061型散毛炭化联合机的主要组成：

BC034-92型第一喂毛机—第一浸酸槽—第一轧车—第二浸酸槽—第二轧车—不锈钢输毛帘—第三轧车—BC034-183型第二喂毛机—B061型六节烘焙机—输毛横帘—输毛斜帘—BC034-76型第三喂毛机—BC011A型碎炭除杂机—BC034A-92型第四喂毛机—第一中和槽—第四轧车—第二中和槽—第五轧车—第三中和槽—第六轧车—小车输毛帘—BC034-183型第五喂毛机—B061A型四节烘燥机。

全机外形尺寸（长×宽×高）：42600mm×8100mm×2830mm（其中BC011A型碎炭除杂机的高度2770mm，有575mm深入地面以下）。

全机重量：约90000kg。

## 第一节  浸酸

### 一、浸酸各机的主要技术特征

### （一）喂毛机的主要技术特征（表2-3-1）

表2-3-1  喂毛机的主要技术特征

| 项　　目 | | 机　　型 | | | |
|---|---|---|---|---|---|
| | | BC034-76型 | BC034-92型 | BC034A-92型 | BC034-183型 |
| 机宽（m） | | 0.760 | 0.915 | 0.915 | 1.830 |
| 平帘长度（m） | | 0.850 | 1.425 | 1.425 | 0.850 |
| 外形尺寸 | 长（mm） | 2510 | 3185 | 3185 | 2510 |
| | 宽（mm） | 1543 | 1698 | 1698 | 2613 |
| | 高（mm） | 2830 | 2830 | 2830 | 2830 |
| 电动机 | 功率（kW） | 1 | 1 | 1 | 1 |
| | 转速（r/min） | 960 | 960 | 960 | 960 |

**注**　钉高42mm，植钉间距32mm，与帘子木棒下平面成50°角，平行排列。

### （二）浸酸机的主要技术特征（表2-3-2）

浸酸机第2槽有两对轧辊，轧辊系压缩空气加压。使用空气压力如下：

150kPa（1.5kgf/cm²），轧辊总压力约40kN（4000kgf）。

300kPa（3kgf/cm$^2$），轧辊总压力约80kN（8000kgf）。

450kPa（4.5kgf/cm$^2$），轧辊总压力约120kN（12000kgf）。

表2-3-2　浸酸机的主要技术特征

| 项　目 | | | 第1槽 | 第2槽 |
|---|---|---|---|---|
| 长度（mm） | | | 4670 | 5590 |
| 工作宽度（mm） | | | 915 | 915 |
| 高度（mm） | | | 460 | 460 |
| 容积（包括辅助槽）（m³） | | | 2.97 | 3.8 |
| 主耙速度（次/min） | | | 5.5 | 4.1 |
| 出毛耙速度（次/min） | | | 18.2 | 13.6 |
| 主耙动程（mm） | | | 130 | 130 |
| 辅助槽长度（mm） | | 大 | 4420 | 4420 |
| | | 小 | 3600 | 3600 |
| 辅助槽宽度（mm） | | 大 | 770 | 770 |
| | | 小 | 600 | 600 |
| 辅助槽深度（mm） | | 大 | 450 | 450 |
| | | 小 | 450 | 450 |
| 上轧辊直径（包覆毛条后）（mm） | | | 357 | 357 |
| 下轧辊直径（mm） | | | 305 | 305 |
| 轧辊工作宽度（mm） | | | 985 | （1）985<br>（2）985 |
| 下轧辊转速（r/min） | | | 3.53 | （1）3.53<br>（2）4.5 |
| 主机外形尺寸（包括辅助槽）：长×宽×高（mm×mm×mm） | | | 4670×2290×2300 | 5590×2290×2300 |
| 轧车外形尺寸：长×宽×高（mm×mm×mm） | | | 2797×2583×1530 | （1）4749×2670×1570<br>（2）4749×2583×1570 |
| 电动机的型号、功率和转数 | 耙用 | 型号 | FW12-4 | FW12-4 |
| | | kW | 0.55 | 0.55 |
| | | r/min | 1420 | 1420 |
| | 泵用 | 型号 | JFO$_2$-44 | JFO$_2$-44 |
| | | kW | 1.1 | 1.1 |
| | | r/min | 1420 | 1420 |
| | 轧车用 | 型号 | JFO$_2$-42B-6 | （1）JFO$_2$-42 B-6<br>（2）JFO$_2$-42 B-6 |
| | | kW | 3.5 | （1）3.5<br>（2）3.5 |
| | | r/min | 960 | （1）960<br>（2）960 |

## 二、浸酸各机的传动及工艺计算

### （一）喂毛机的传动（图2-3-1、图2-3-2）

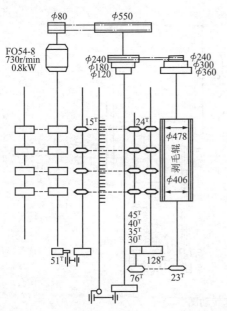

图2-3-1 BC034-183型第2、第5喂毛机传动图

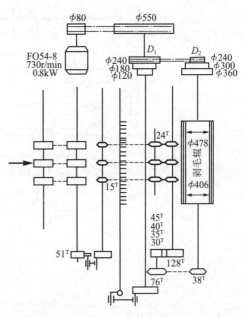

图2-3-2 BC034-76型、BC034-92型、BC034A-92型喂毛机传动图

### （二）浸酸机的传动（图2-3-3~图2-3-5）

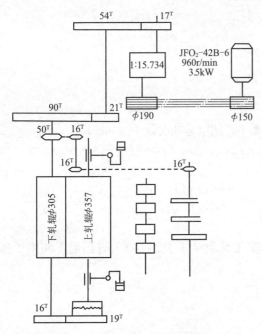

图2-3-3 第1、第2轧车传动图

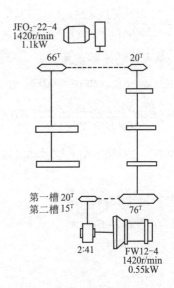

图2-3-4 第1、第2浸酸机的传动图

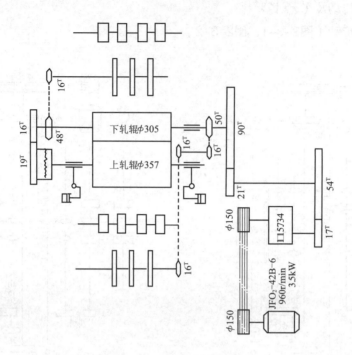

图2-3-5　第3轧车传动图

## （三）喂毛机工艺计算

### 1.斜帘运行线速

BC034-76型、BC034-92型、BC034A-92型斜帘运行线速度（m/min）

$$=\frac{730\times80\times D_1\times38\times Z\times\pi\times242}{550\times D_2\times76\times128\times1000}=0.315\times\frac{D_1\times Z}{D_2}$$

BC03-183型斜帘运行线速度（m/min）

$$=\frac{730\times80\times D_1\times23\times Z\times\pi\times240}{550\times D_2\times76\times128\times1000}=0.19\times\frac{D_1\times Z}{D_2}$$

### 2.平帘间歇运动次数

BC034-76型、BC034-92型、BC034A-92型平帘间歇运动次数（次/min）

$$=\frac{730\times80\times D_1\times38\times Z\times24}{550\times D_2\times128\times15}=0.66\times\frac{D_1\times Z}{D_2}$$

BC034-183型平帘间歇运动次数（次/min）$=\dfrac{730\times80\times D_1\times23\times Z\times24}{550\times D_2\times76\times128\times15}=0.4\times\dfrac{D_1\times Z}{D_2}$

变换齿轮Z为45$^T$、40$^T$、35$^T$、30$^T$。不同皮带盘组合（表2-3-3）时剥毛辊和帘子速度如表2-3-4~表2-3-6所示。

表2-3-3　喂毛机变换皮带盘组合

| 代　号 | 可 变 换 数 | | |
|---|---|---|---|
| | 第一级组合 | 第二级组合 | 第三级组合 |
| | 皮带盘直径（mm） | | |
| $D_1$ | 240 | 180 | 120 |
| $D_2$ | 240 | 300 | 360 |

表2-3-4　皮带盘第一级组合时的速度

| $Z$ | 剥毛辊106r/min | | | |
|---|---|---|---|---|
| | 斜帘（m/min） | | 平帘（次/min） | |
| | $0.315 \times \dfrac{240}{240} Z = 0.315Z$ | $0.19 \times \dfrac{240}{240} Z = 0.19Z$ | $0.66 \times \dfrac{240}{240} Z = 0.66Z$ | $0.4 \times \dfrac{240}{240} Z = 0.4Z$ |
| $45^T$ | 14.17 | 8.55 | 29.7 | 18 |
| $40^T$ | 12.6 | 7.6 | 26.4 | 16 |
| $35^T$ | 11.02 | 6.65 | 23.1 | 14 |
| $30^T$ | 9.45 | 5.72 | 19.8 | 12 |

表2-3-5　皮带第二级组合时的速度

| $Z$ | 剥毛辊63r/min | | | |
|---|---|---|---|---|
| | 斜帘（m/min） | | 平帘（次/min） | |
| | $0.315 \times \dfrac{180}{300} Z = 0.189Z$ | $0.19 \times \dfrac{180}{300} Z = 0.114Z$ | $0.66 \times \dfrac{180}{300} Z = 0.396Z$ | $0.4 \times \dfrac{180}{300} Z = 0.24Z$ |
| $45^T$ | 8.5 | 5.13 | 17.82 | 10.8 |
| $40^T$ | 7.56 | 4.56 | 15.84 | 9.6 |
| $35^T$ | 6.61 | 3.99 | 13.86 | 8.4 |
| $30^T$ | 5.67 | 3.42 | 11.88 | 7.2 |

表2-3-6　皮带盘第三级组合时的速度

| $Z$ | 剥毛辊35r/min | | | |
|---|---|---|---|---|
| | 斜帘（m/min） | | 平帘（次/min） | |
| | $0.315 \times \dfrac{120}{360} Z = 0.105Z$ | $0.19 \times \dfrac{120}{360} Z = 0.063Z$ | $0.66 \times \dfrac{120}{360} Z = 0.22Z$ | $0.4 \times \dfrac{120}{360} Z = 0.133Z$ |
| $45^T$ | 4.72 | 2.83 | 9.9 | 6 |
| $40^T$ | 4.2 | 2.52 | 8.8 | 5.23 |
| $35^T$ | 3.67 | 2.20 | 7.7 | 4.65 |
| $30^T$ | 3.15 | 1.89 | 6.6 | 4 |

## （四）浸酸机工艺计算

### 1.小耙架偏心轮转速

$$浸酸第1槽小耙架偏心轮转速 = \frac{1420 \times 2 \times 20}{41 \times 76} = 18.2r/min$$

$$浸酸第2槽小耙架偏心轮转速 = \frac{1420 \times 2 \times 15}{41 \times 76} = 13.6r/min$$

### 2.大耙架凸轮转速

$$浸酸第1槽大耙架凸轮转速 = \frac{18.2 \times 20}{66} = 5.5r/min$$

$$浸酸第2槽大耙架凸轮转速 = \frac{13.6 \times 20}{66} = 4.12r/min$$

### 3.轧车

$$第1、第2轧车下轧辊转速 = \frac{960 \times 150 \times 1 \times 17 \times 21}{190 \times 15.734 \times 54 \times 90} = 3.54r/min$$

$$第3轧车下轧辊转速 = \frac{960 \times 150 \times 1 \times 21 \times 17}{150 \times 15.734 \times 90 \times 54} = 4.5r/min$$

$$第1、第2轧车不锈钢帘子转速 = \frac{3.54 \times 16}{50} = 1.13r/min$$

$$第1、第2轧车不锈钢帘子表面线速 = 1.13 \times 0.138 \times \pi = 0.489m/min$$

$$第3轧车不锈钢帘子转速 = \frac{4.5 \times 16}{50} = 1.44r/min$$

$$第3轧车不锈钢帘子表面线速 = 1.44 \times 0.138 \times \pi = 0.624m/min$$

## 三、浸酸工艺

　　羊毛上的植物性杂质如草籽、蒿杆、糠籽、碎叶等纠缠在毛丛中,用机械方法很难除尽。这些植物杂质的主要组成部分是纤维素$[C_6(H_2O)_5]_r$。把含有这些杂质的羊毛在稀酸溶液中处理后进行烘干,再经高温烘焙,可使纤维素破坏,成为易碎的炭质,或因失掉过多的水分而变脆,就可以用压碎和吹打的方法从羊毛中分离出去。用这种方法炭化处理羊毛时,如果酸浓度过高,易使羊毛中的蛋白质水解。羊毛在酸液中吸收硫酸的饱和吸酸量为4.41g硫酸/100g羊毛。在饱和吸酸量以下,酸和羊毛的结合是可逆的,超过饱和吸酸量以后,羊毛继续与酸反应,就属不可逆的,用水冲洗或用碱中和都无法去除,将损伤羊毛。所以工艺和操作要严格控制。

　　羊毛炭化的助剂一般有表2-3-7所示的几种。

表2-3-7　羊毛炭化助剂

| 助剂名称 | 方　　法 |
| --- | --- |
| 硫酸 | 3°Bé ~ 5°Bé 或4% ~ 6%的浓度,室温 |
| 盐酸 | 加热至100℃变为氯化氢气体,处理物在气体中停留2 ~ 10h |
| 三氯化铝 | 6°Bé ~ 8°Bé,40 ~ 90min |

LBC061型散毛炭化联合机进行炭化时，用的是硫酸。

炭化工序：开松→浸酸→轧酸→烘焙→除杂→中和→烘燥→成包

## （一）制订工艺的依据

松散的羊毛吸酸较快，在5%硫酸溶液中吸酸速度如表2-3-8所示。

表2-3-8　羊毛吸酸速度

| 浸酸时间 | 吸 酸 程 度 | 浸酸时间 | 吸 酸 程 度 |
|---|---|---|---|
| 2min后 | 为总吸酸量的92% | 8min后 | 为总吸酸的100% |
| 4min后 | 为总吸酸量的99% | | |

经轧压后，羊毛吸取的总酸量一般约为6%，其中3%~4%是与羊毛化合，这种化学反应是可逆的，其余3%~2%仅是表面附着。草屑对于酸是没有化学结合性能的，从酸浴中吸收多少就是多少。

一般浸酸轧压后的羊毛，其含水量如在40%以内，实际含酸量为5%~6%。

不同浓度、不同时间下羊毛和草质的吸酸测定结果如图2-3-6所示。

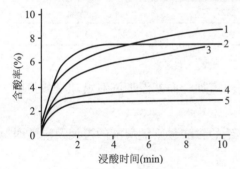

1—64/70支澳毛，10℃，酸液浓度7.5%（约6.7°Bé）

2—64/70支澳毛，32℃，酸液浓度5.5%（约4.7°Bé）

3—64/70支澳毛，10℃，酸液浓度5.5%（约4.7°Bé）

4—螺丝草，10℃，酸液浓度7.5%（约6.7°Bé）

5—螺丝草，10℃，酸液浓度5.5%（约4.7°Bé）

图2-3-6　浸酸时间与吸酸量

羊毛的吸酸量随着浸酸时间而增加，而草质吸酸未到3min已达平衡状态。

温度升高会使羊毛吸酸量增加，但对草籽吸酸没有影响（表2-3-9）。

表2-3-9　温度与羊毛、草籽吸酸量的关系

| 温度（℃） | 硫酸浓度（%） | 羊毛吸酸（%） | 软草籽吸酸（%） |
|---|---|---|---|
| 10 | 5.5 | 5.7 | 2.8 |
| 32 | 5.5 | 7.7 | 2.8 |

因此，酸槽的温度可以采用室温，以全年四季均能掌握为度。

同浓度酸液（硫酸溶液的浓度为5°Bé）、不同浸酸时间与各种草屑吸酸量的关系如表2-3-10所示。

表2-3-10　同浓度酸液（5°Bé）、不同浸酸时间与各种草屑吸酸量的关系

| 草屑类型 | 吸酸量（%） | | |
|---|---|---|---|
| | 浸3min | 浸5min | 浸10min |
| 松草团 | 4.02 | — | 4.02 |
| 螺丝草 | 2.25 | 2.94 | 3.19 |
| 硬草果 | 0.78 | 0.83 | 0.83 |
| 麦壳草 | 2.11 | — | 2.21 |
| 同时试验的64支羊毛 | 5.64 | 5.66 | 6.05 |

不同浓度的硫酸溶液和不同浸酸时间（溶液温度为38℃）与圆草籽（苜蓿类）吸酸量的关系如表2-3-11所示。

表2-3-11　不同浓度酸液、不同浸酸时间与圆草籽吸酸量的关系

| 硫酸溶液浓度（°Bé） | 吸酸量（%） | | |
|---|---|---|---|
| | 浸3min | 浸5min | 浸10min |
| 3 | 2.7 | 2.9 | 2.7 |
| 4 | 3.7 | 3.2 | — |
| 5 | 3.2 | 3.7 | 3.4 |

对于圆草籽来说，即使浸酸时间加长，吸酸量并不增加，而酸液加浓对增加吸酸量则有较明显的影响。

草屑的浸酸时间与吸酸量的关系变化不大，而羊毛的含酸量则随酸液的温度及浸酸时间的增加而增加。

不同种类草质的吸酸情况不同，一般含酸为2%～4%。不同种类草质的炭化需要不同的含酸量，如螺丝草需2.8%～3.0%，黄麻丝仅需2.2%～2.5%。

**（二）常用的浸酸浓度**

浸酸的可变条件包括羊毛的品种、粗细和松解状态，草籽的种类、大小和多少，以及酸的浓度、温度和浸酸的时间等。

一般浸酸所用酸液的浓度分为浓淡等四级（表2-3-12）。

表2-3-12　羊毛浸酸的酸液浓度

| 等级 | 酸液浓度 | 等级 | 酸液浓度 |
|---|---|---|---|
| 浓级 | 4.5°Bé～5°Bé（47～54.9g/L） | 淡级 | 3.5°Bé～4°Bé（37.7～43.4g/L） |
| 中级 | 4°Bé～4.5°Bé（43.4～47g/L） | 较淡级 | 3°Bé～3.5°Bé（32～37.7g/L） |

硫酸浓度以g/L表示较为准确，亦有用%的，为了操作方便，一般都用波美（°Bé）比重控制浓度（实际上应以滴定为准）。

粗毛含草籽草屑多而大的采用浓级；半细毛草多的用中级；一般细毛用淡级。

不同酸浓度的选择系根据草籽的多少、羊毛的粗细情况进行控制，并按温度加以调节。

酸的浓度随温度而变化，选用酸浓度时需视温度的升降而改变（表2-3-13）。

表2-3-13　酸液浓度与温度的关系

| 温　　度（℃） | 酸液浓度（°Bé） |
| --- | --- |
| 15 | 如用的酸浓度为6 |
| 25 | 可改用5.5 |
| 35 | 可改用5 |

例如，60支和64支细毛，草籽含量一般，使用酸液的浓度如表2-3-14所示。

表2-3-14　60支和64支细毛炭化时使用的酸液浓度

| 温　　度 | 采 用 浓 度 级 别 |
| --- | --- |
| 超过28℃时 | 淡级或较淡级（草籽较多的用中级） |
| 24～28℃时 | 中级或淡级 |
| 低于23℃时 | 浓级或中级（草籽极少的用淡级） |

在工艺中对新老酸的浓度应有不同的控制，掌握数据见表2-3-15。

表2-3-15　新老酸的浓度掌握幅度

| 酸的情况 | 浓度掌握的幅度 | 备注 |
| --- | --- | --- |
| 未使用过的新酸 | -0.2°Bé | 因力份较足 |
| 已使用的老酸 | +0.2°Bé | 由于杂质形成 |

## （三）浸酸工艺

根据测试的实际效果确定浸酸工艺的时间，一般为3min左右。

在两槽浸酸的工艺中，一般的工艺是把第1槽用作清水浸润，第2槽作浸酸。酸损伤会使纤维强度降低，产生重量损耗。采用表面活性剂作湿润剂能使酸液较快较充分地渗入到毛块中，改进羊毛块中草籽吸酸的情况。湿润剂对草籽的吸酸量没有什么影响，但可提高轧压去酸水量的效果。

使用表面活性剂湿润，可以降低羊毛的结合酸量，减少羊毛纤维的损伤和重量损耗。

有些非离子型表面活性剂湿润性良好，用量在0.5%左右；有些阴离子型表面活性剂亦有较好的湿润作用，用量可为1%～1.5%。

采用表面活性剂作湿润剂宜放在第1槽，可使羊毛吸水均匀，防止局部吸酸的情况，纤维的酸损伤程度减轻，炭化后羊毛状态松散，毡并减少。据测定，中和后等体积羊毛重量较不加表面活性剂的轻10%左右。表面活性剂还有去油去杂的作用，有利于去除原料中的油污杂质。

在浸酸槽中，洗净毛携带的残余碱质与硫酸化合，生成硫酸钠，对羊毛在炭化过程中具有保护作用。但硫酸钠在酸槽中积累到一定程度后会影响草屑的烤焦效果，同时还有硫酸钙等白色粉状物结成，经常会塞住泵和缸底网眼。酸液中的杂质超过1.5°Bé时，草屑炭化效果下降，应随时清除杂质或换酸。

精梳短毛中和毛油含量较高，炭化前需先经洗毛洗去油污，但纤维易被紧缩成团，除草效果降低。如不经洗毛机，可以直接在炭化机第1槽清水浸润中加净洗剂LS或仲烷基硫酸钠，第2槽浸酸。炭化后纤维的松散状态、色泽、草屑炭化程度均较好。

**（四）轧酸工艺**

为使进入烘房前带酸湿羊毛的含水量尽可能减低，以降低含酸，并易于烘干，所以对轧辊的轧液效率要求较高。浸酸末槽有两对轧辊，用压缩空气加压，有三档压力可供调节，应按含酸要求测试选用。但压力过大，容易引起羊毛毡并。上轧辊包粗支羊毛条（44～48支），要求包覆平整紧密，经常保持良好弹性，才能使所含酸水均匀。轧酸后羊毛含酸水率一般控制在36%以下。

毛条包卷方法见本篇第二章第三节的"四、洗毛工艺"。

# 第二节　烘干和烘焙

## 一、B061A型炭化烘燥机的主要技术特征（表2-3-16）

表2-3-16　炭化烘燥机的主要技术特征

| 项　　目 | | | B061A型四节烘燥机 | |
| --- | --- | --- | --- | --- |
| 烘毛帘工作宽度（mm） | | | 1768 | |
| 烘毛帘表面速度（m/min） | | | 0.275～1.84 | |
| 机器外形尺寸（mm×mm×mm） | | | 9175×4095×2735 | |
| 鼓风机速度（r/min） | | | 1000 | |
| 电动机 | 风扇用 | 功率（kW） | 2.6（2只） | 1.8（2只） |
| | | 速度（r/min） | 1450 | 1440 |
| | 烘毛帘用 | 功率（kW） | 0.8 | |
| | | 速度（r/min） | 960 | |

烘焙机使用B061型六节烘燥机（详见本篇第二章第四节）。

## 二、B061A型烘燥机的传动（图2-3-7）及工艺计算

$$运毛帘链轮最低转速 = \frac{960 \times 90 \times 1 \times 95 \times 1 \times 19}{250 \times 1.73 \times 245 \times 240 \times 38} = 0.1612r/min$$

$$运毛帘链轮最高转速 = \frac{960 \times 90 \times 1.73 \times 160 \times 19}{250 \times 1 \times 185 \times 240 \times 38} = 1.08r/min$$

运毛帘链轮最低表面线速 = 0.1612 × （0.5324+0.0055 × 2）× $\pi$ = 0.275m/min

运毛帘链轮最高表面线速 = 1.08 × （0.5324+0.0055 × 2）× $\pi$ = 1.84m/min

$$上下风扇转速 = \frac{1440 \times 160}{230} = 1000r/min$$

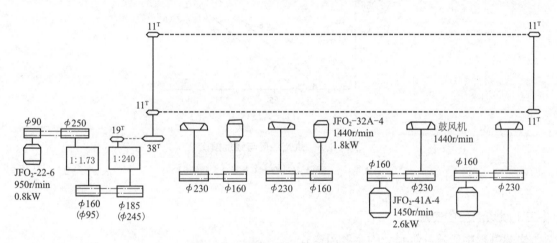

图2-3-7　B061A型烘燥机传动图

## 三、烘焙工艺

烘干使草质所含酸液失去水分，逐渐变成浓硫酸。高温烘焙在于使草质上的浓硫酸浓缩而夺去植物中的水分，使之变成发焦的炭质。

烘焙温度和烘焙时间对于含酸羊毛的重量损耗和纤维强力产生影响。

### （一）烘焙温度、烘焙时间与羊毛重量损耗的关系（表2-3-17、表2-3-18）

表2-3-17　不同温度下羊毛的重量损耗（硫酸浓度5%，烘焙时间12min）

| 烘焙温度（℃） | 羊毛的重量损耗（%） | 烘焙温度（℃） | 羊毛的重量损耗（%） |
|---|---|---|---|
| 71 | 0.45 | 115 | 3.60 |
| 83 | 0.85 | 138 | 4.95 |
| 93 | 1.75 | | |

表2-3-18 不同时间下羊毛的重量损耗（硫酸浓度5%，烘焙温度115℃）

| 烘焙时间（min） | 羊毛的重量损耗（%） | 烘焙时间（min） | 羊毛的重量损耗（%） |
|---|---|---|---|
| 3 | 1.45 | 12 | 3.60 |
| 6 | 2.35 | 16 | 3.85 |
| 9 | 3.30 | 20 | 4.00 |

## （二）烘干温度与带酸羊毛纤维强度的关系（图2-3-8）

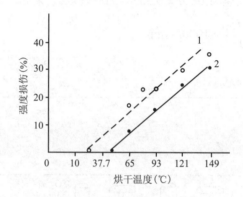

图2-3-8 烘焙温度与强度损伤

1—64支羊毛，硫酸6.4% 2—56支羊毛，硫酸6.85%

## （三）烘焙温度的安排

炭化过程中影响纤维强力的主要因素有：

（1）浸酸羊毛进入烘房前的含酸率。

（2）浸酸羊毛进入烘房前的含水率。

（3）烘房中第1节的实际温度（即烘焙前的烘干温度）。

以上三项参数如有一项超出，就会影响羊毛纤维强力。

羊毛含酸的临界限度应在6%以内。

浸酸羊毛进入烘房前的含水率应不超过36%。

高温烘焙时，羊毛中的含酸水率高，对羊毛的强度、色泽损伤大。工艺上要安排有预先烘干的阶段，预烘温度要求较严，一般都保持在低温下进行（表2-3-19）。

表2-3-19 各段烘焙温度

| 原料 | 预先烘干温度 | 烘焙温度 | |
|---|---|---|---|
| | | 各段 | 最高 |
| 粗毛 | 65℃左右 | 逐段递增 | 105～110℃ |
| 细毛 | 60℃左右 | 逐段递增 | 100～105℃ |

烘干的实际温度应低于66℃，同时要求保证烘焙前羊毛的含水率低于15%。因为残留酸水过多，毛块表面水分蒸发，内部水分向外渗出，羊毛纤维相并处形成毛细管现象，酸液由此向外渗出，在羊毛表面积累，浓缩成浓度较高的硫酸，再经高温烘焙会使羊毛溶解。具体反映为羊毛颜色泛紫，强力消失。

由于烘燥机的温度对草屑炭化和羊毛损伤有着重大作用，必须正确测定和控制接触羊毛的实际温度。据测定，接触羊毛的温度若为90℃，而透过羊毛后的温度则一般为70℃。所以测定温度的传感器，应正确地安置在加热器与羊毛之间。

烘焙时间应根据各批原料的粗细及含草情况而定，如草屑炭化或变脆程度良好，原则上烘焙时间越短对羊毛纤维的损伤越小。

炭化烘焙机的速度，除调节烘焙时间的长短外，其作用还可控制毛层厚薄，这对烤焦草籽有很大影响。如果草籽多而容易炭化，则以毛层薄（即烘毛时间短）较好。也就是在同样单位产量条件下，速度略快，使热风容易穿过毛层而使草籽炭化。反之，如毛层过厚，尤其是精梳短毛，浸酸后容易形成团状，虽然烘燥效果相似，但毛层中草籽易出现夹心不焦的现象。

## 四、带酸羊毛烘焙后的质量要求（表2-3-20）

表2-3-20　带酸羊毛烘焙后的质量要求

| 项　目 | 要　求 | 项　目 | 要　求 |
|---|---|---|---|
| 羊毛含酸率 | 不超过6% | 草质炭化 | 草质成黑炭或毛层中的草质已焦，手揉脆松 |
| 羊毛含水率 | 3%以下 | 紫色毛 | 不允许有小块，只可偶有丝状 |

# 第三节　碎炭除杂

## 一、BC011A型碎炭除杂机的主要技术特征（表2-3-21）

表2-3-21　碎炭除杂机的主要技术特征

| 项　目 | | BC011A型碎炭除杂机 |
|---|---|---|
| 碾碎辊 | 数量（对） | 12 |
| | 工作宽度（mm） | 608 |
| | 直径（mm） | 200 |
| 进毛帘表面线速（m/min） | | 6.4 |
| 角钉锡林 | 至钉端直径（mm） | 950 |
| | 转速（r/min） | 312 |
| 排尘风扇转速（r/min） | | 838 |

续表

| 项　目 | | | BC011A型碎炭除杂机 |
|---|---|---|---|
| 出毛风扇 | | 直径（mm） | 560 |
| | | 转速（r/min） | 1004 |
| 剥毛打手 | | 直径（mm） | 345 |
| | | 转速（r/min） | 618 |
| 出毛尘笼 | | 直径（mm） | 405 |
| | | 转速（r/min） | 160 |
| 全机外形尺寸 | | 长（mm） | 5020 |
| | | 宽（mm） | 5398 |
| | | 高（mm） | 2700（内575深入地面之下） |
| 电动机 | 碎炭机用 | 型号 | $JFO_2$–42B–6 |
| | | 功率（kW） | 3.5 |
| | | 转速（r/min） | 960 |
| | 除杂机用 | 型号 | $JFO_2$–42B–4 |
| | | 功率（kW） | 4.7 |
| | | 转速（r/min） | 1440 |
| | 出毛部分用 | 型号 | $JFO_2$–32–4 |
| | | 功率（kW） | 2.2 |
| | | 转速（r/min） | 1440 |

| 下碾碎辊速度 | 次序 | 1 | 2 | 3 | 4 | 5 | 6 | 7 | 8 | 9 | 10 | 11 | 12 |
|---|---|---|---|---|---|---|---|---|---|---|---|---|---|
| | 转速（r/min） | 17.4 | 18.2 | 19 | 19.9 | 20.8 | 21.7 | 23.1 | 24.2 | 25.3 | 26.4 | 27.6 | 28.9 |

## 二、碎炭除杂机的传动（图2-3-9）及工艺计算

减速箱出轴转速 $= \dfrac{960 \times 130 \times 1}{190 \times 15.734} = 41.74 \text{r/min}$

下碾碎辊转速：

第1对 $= \dfrac{18.2 \times 22}{23} = 17.4 \text{r/min}$ 　　　第2对 $= \dfrac{19 \times 22}{23} = 18.2 \text{r/min}$

第3对 $= \dfrac{41.74 \times 26}{57} = 19 \text{r/min}$ 　　　第4对 $= \dfrac{19 \times 23}{22} = 19.9 \text{r/min}$

第5对 $= \dfrac{19.9 \times 23}{22} = 20.8 \text{r/min}$ 　　　第6对 $= \dfrac{20.8 \times 23}{22} = 21.7 \text{r/min}$

第7对 $= \dfrac{24.2 \times 22}{23} = 23.1 \text{r/min}$ 　　　第8对 $= \dfrac{25.3 \times 22}{23} = 24.2 \text{r/min}$

第9对 $= \dfrac{26.4 \times 22}{23} = 25.3 \text{r/min}$ 　　　第10对 $= \dfrac{41.74 \times 26}{41} = 26.4 \text{r/min}$

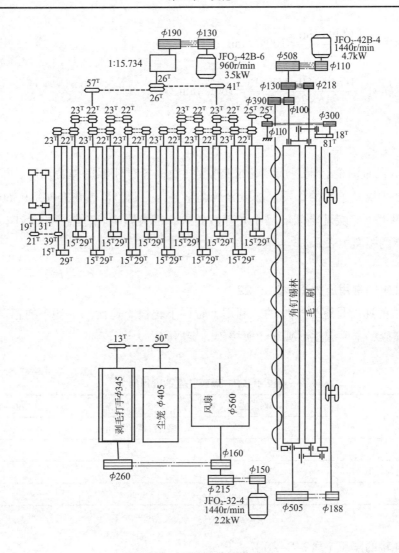

图2-3-9　碎炭除杂机传动图

$$第11对 = \frac{26.4 \times 23}{22} = 27.6 \, r/min \qquad 第12对 = \frac{27.6 \times 23}{22} = 28.9 \, r/min$$

$$进毛帘主轴转速 = \frac{17.4 \times 39 \times 19}{21 \times 31} = 19.8 \, r/min$$

$$进毛帘表面线速 = \frac{19.8 \times (78 + 2 \times 5.4) \times \pi}{1000} = 6.4 \, m/min$$

$$角钉锡林转速 = \frac{1440 \times 110}{508} = 312 \, r/min$$

$$排尘风扇转速 = \frac{312 \times 505}{188} = 838 \, r/min$$

$$剥毛打手转速 = \frac{1440 \times 150 \times 160}{215 \times 260} = 618 \, r/min$$

$$出毛风扇转速 = \frac{1440 \times 150}{215} = 1004 r/min$$

$$出毛尘笼转速 = \frac{1440 \times 150 \times 160 \times 13}{215 \times 260 \times 50} = 160 r/min$$

## 三、碎炭除杂工艺

碎炭系由12对沟槽轧辊组成，轧辊自重135kg，各对轧辊用弹簧加压，根据含草的种类、数量的多少以及羊毛的长短，加以分档调整，压力调整范围在3600N（360kgf）以内。压力的大小对上下碎炭轧辊间的隔距和碎炭效果有很大影响。轧辊压力大小以螺旋杆高度（即弹簧压下的距离）表示。

### （一）碾碎轧辊的常用压力（表2-3-22）

各对轧辊的速度是逐辊递增的，利用上辊慢下辊快（速比15：29）的相对速度，将羊毛内的炭屑搓碎，羊毛层逐渐减薄，所搓碎的炭屑亦由大到小。

表2-3-22　碾碎轧辊的常用压力

| 原　料 | 第1～4对轧辊 | 第5～8对轧辊 | 第9～12对轧辊 |
|---|---|---|---|
| | 螺　杆　高　度（mm） | | |
| 精梳短毛 | 24 | 23 | 22 |
| 一般改良毛与外毛 | 26 | 25 | 24 |
| 长纤维 | 27 | 26 | 25 |

### （二）碾碎轧辊的隔距（表2-3-23）

由于轧辊的重压及搓揉，上下轧辊间的隔距不宜太小，否则会锉断羊毛，为此要经常检查纤维外形有无切痕。

表2-3-23　碾碎轧辊的隔距

| 轧辊次序 | | 1 | 2 | 3 | 4 | 5 | 6 | 7 | 8 | 9 | 10 | 11 | 12 |
|---|---|---|---|---|---|---|---|---|---|---|---|---|---|
| 速　比 | | 1 | 1.046 | 1.092 | 1.142 | 1.193 | 1.247 | 1.328 | 1.39 | 1.454 | 1.517 | 1.586 | 1.66 |
| 隔距 | mm | 0.35±0.05 | | | | 0.3±0.05 | | | | 0.25±0.05 | | | |
| | 1/1000英寸 | 14±2 | | | | 12±2 | | | | 10±2 | | | |

轧辊表面要保持平整光滑，沟槽的沟纹不能有锋口、缺损和毛糙，要经常在使用中检查，防止轧辊使用日久，在相对速度中轧辊中部磨损成弧形。如隔距超过0.5mm（20/1000英寸）要检修或换新。

轧辊次序间的速比有差异或隔距太小，都会损伤纤维，在确定隔距时可以用44支或46支毛条先行测试有无伤痕。

## （三）除杂机隔距（表2-3-24）

表2-3-24　除杂机隔距

| 原　料 | 隔距或交叉 | 原　料 | 隔距或交叉 |
|---|---|---|---|
| 精梳短毛 | 角钉互相交叉插入 | 国产改良毛，春毛 | 半交叉或不交叉 |
| 土种毛（寒羊毛、秋毛） | 交叉或半交叉 | 长　毛 | 不　交　叉 |

除杂机螺旋形钢板条上的角钉高50mm，其排列为间距52.5mm的13只，90mm的28只。

除杂后的羊毛必须在24h内中和完毕，并避免在阳光中暴露，否则羊毛带酸会损伤毛纤维。

除杂效果与排尘的作用有关。排尘风扇的风量宜保持在3.5～4.5m³/s，过低会使尘笼上的尘屑不能及时排出机外，过高则易使机内气流紊乱，羊毛吸附在尘笼内而影响出毛速度。

# 第四节　中和

## 一、中和槽的主要技术特征（表2-3-25）

表2-3-25　中和槽的主要技术特征

| 项　目 | | 第1槽 | 第2槽 | 第3槽 |
|---|---|---|---|---|
| 长　度（m） | | 6.49 | 5.62 | 5.62 |
| 工作宽度（m） | | 0.915 | 0.915 | 0.915 |
| 高　度（m） | | 0.985 | 0.590 | 0.590 |
| 容积（包括辅助槽）（m³） | | 6.07 | 3.5 | 3.5 |
| 主耙速度（次/min） | | 8.96 | 8.96 | 11.96 |
| 出毛耙速度（次/min） | | 29.6 | 29.6 | 39.5 |
| 主耙动程（mm） | | 220～240 | 220～240 | 220～240 |
| 轧辊工作宽度（mm） | | 985 | 985 | 985 |
| 轧辊直径（包覆毛条后）（mm） | 上辊 | 357 | 357 | 357 |
| | 下辊 | 305 | 305 | 305 |
| 下轧辊转速（r/min） | | 6.27 | 6.27 | 6.27 |
| 主机外形尺寸（包括辅助槽）（mm） | 长 | 6485 | 5625 | 5625 |
| | 宽 | 2160 | 2055 | 2055 |
| | 高 | 2300 | 2300 | 2300 |
| 轧车外形尺寸（mm） | 长 | 2473 | 2473 | 2473 |
| | 宽 | 2583 | 2583 | 2583 |
| | 高 | 1385 | 1385 | 1385 |

| 项　　目 | | | 第1槽 | 第2槽 | 第3槽 |
|---|---|---|---|---|---|
| 电动机 | 耙用 | 型号 | FW12–4 | FW12–4 | FW12–4 |
| | | 功率（kW） | 0.55 | 0.55 | 0.55 |
| | | 速度（r/min） | 1420 | 1420 | 1420 |
| | 泵用 | 型号 | JFO$_2$–22–4 | JFO$_2$–22–4 | JFO$_2$–22–4 |
| | | 功率（kW） | 1.1 | 1.1 | 1.1 |
| | | 速度（r/min） | 1420 | 1420 | 1420 |
| | 轧车用 | 型号 | JFO$_2$–42B–6 | JFO$_2$–42B–6 | JFO$_2$–42B–6 |
| | | 功率（kW） | 3.5 | 3.5 | 3.5 |
| | | 速度（r/min） | 960 | 960 | 960 |

## 二、中和槽和轧车的传动（图2–3–10、图2–3–11）及工艺计算

### 1. 小耙架偏心轮转速

$$第1、第2槽偏心轮转速=\frac{1420\times2\times15}{41\times35}=29.6r/min$$

$$第3槽偏心轮转速=\frac{1420\times2\times20}{41\times35}=39.5r/min$$

### 2. 大耙架凸轮转速

$$第1、第2槽凸轮转速=\frac{29.6\times20}{66}=8.96r/min$$

$$第3槽凸轮转速=\frac{39.5\times20}{66}=11.96r/min$$

### 3. 轧车速度

$$第4、第5、第6轧车下轧辊转速=\frac{960\times150\times1\times21}{340\times15.734\times90}=6.27r/min$$

下轧辊表面线速=6.27 × 0.305 × $\pi$ =6m/min

$$木帘子转速=\frac{6.27\times50}{16}=19.6r/min$$

木帘子表面线速=19.6 × 0.16 × $\pi$ =9.85m/min

## 三、中和工艺

含酸量高的羊毛（除非在1.6%以下）必须进行中和，否则因酸的作用使羊毛分解而产生游离氨，纤维会受到损伤。

### （一）碱与氨水

纯碱中和一般在第2槽内进行，纯碱浓度0.1%的pH值可达11。在反应过程中，碳酸盐转

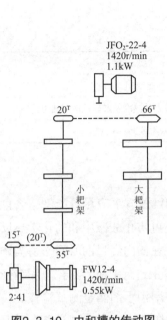

JFO₂-22-4
1420r/min
1.1kW

20ᵀ 66ᵀ

小耙架 大耙架

15ᵀ (20ᵀ)

35ᵀ

FW12-4
1420r/min
0.55kW

2:41

图2-3-10 中和槽的传动图

第3中和槽15ᵀ改为20ᵀ

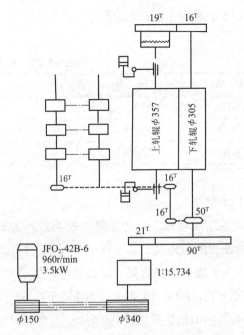

19ᵀ 16ᵀ

上轧辊 φ357 下轧辊 φ305

16ᵀ

16ᵀ 16ᵀ 50ᵀ

21ᵀ 90ᵀ

JFO₂-42B-6
960r/min
3.5kW

1:15.734

φ150 φ340

图2-3-11 轧车的传动图

化为碳酸氢盐:

$$2Na_2CO_3+H_2SO_4 = 2NaHCO_3+Na_2SO_4$$

碳酸氢钠的pH值不高于8.4,中和继续进行:

$$2NaHCO_3+H_2SO_4 = Na_2SO_4+2H_2CO_3$$
$$\longrightarrow 2CO_2+2H_2O$$

pH值下降,需要追加浓碱液,以维持两者的平衡,但加入的碳酸钠,即与水中的碳酸起作用,又生成碳酸氢钠。由于pH值不能正确反映碱的浓度,因此需要防止用量过多而损伤羊毛。

实践证明,碱浓度不宜超过0.6%,羊毛在碱槽中停留的时间以2min左右为宜,碱浓、时间短、效果好。

有的羊毛因鳞片细密,吸酸较多,如在碱槽内浸渍时间不足,中和作用不够充分,可在第3槽内用氨水补充。氨水能很快渗入羊毛内部,减少结合剩酸。

一般纯碱用量为3.5%左右(对毛重),氨水用量为1%。不同原料的用碱量如表2-3-26所示。

表2-3-26 不同原料的用碱量

| 原 料 | 纯 碱 用 量(%) | 原 料 | 纯 碱 用 量(%) |
|---|---|---|---|
| 国产长毛 | 3.5(碱浓度0.3%~0.5%) | 细支外毛 | 3(碱浓度0.25%~0.45%) |
| 精梳短毛 | 3(碱浓度0.25%~0.45%) | | |

## （二）槽水温度（表2-3-27）

表2-3-27　中和槽的槽水温度

| 槽　数 | 作　用 | 温　度 |
|---|---|---|
| 第1槽 | 清水冲洗 | 常温或35～40℃ |
| 第2槽 | 碱液中和 | 38℃，应考虑前槽带来的温度及酸碱反应时放出的热量 |
| 第3槽 | 清水漂洗 | 常温或35～37℃ |

## （三）pH值

羊毛经酸处理后，含酸量一般为5%～6%。中和的第1槽清水应尽可能洗去含酸的50%（即可洗去的游离酸），不仅节省纯碱的耗用量，而且还可防止酸碱中和的化学热反应损伤羊毛。为了提高清洗效果，可在槽内增加活水，或把羊毛在槽内经过的时间作适当调整。

第2槽的pH值从开始时的11迅速降至7～8，是靠追加的碱液进行中和，要求能保持在8以上。末槽的pH值最好保持在6.5～7.5。各槽pH值在生产中用指示剂滴定测试检查。

为了减少烘干时对羊毛纤维的损伤并节约耗碱量，中和后的羊毛如不能达到中性，则含碱不如含酸。

羊毛经酸处理，由于蛋白质分解，在中和槽中形成沉淀，损耗量一般为5%～8%。浸酸时加非离子型湿润剂可以起保护作用，减少重耗。要去除夹杂的炭黑或使羊毛颜色增白，可在中和的碱槽中添加净洗剂或在末槽清洗时加着色剂。

中和后烘干时，烘房温度应保持在70℃以下，烘燥时间6～9min，对于较细的羊毛亦有采用温度60℃、时间15min的。

# 第五节　炭化工序其他注意事项

## 一、炭化工艺举例

炭化工艺举例见表2-3-28。

表2-3-28　炭化工艺举例

| 工序 | 项　目 | | 洗净64支外毛 | 洗净一级国毛 | 细支精梳短毛 |
|---|---|---|---|---|---|
| 原毛 | 含草率（%） | | 1.5以下 | 2以下 | 2～4 |
| | 投入量（kg/h） | | 140～160 | 140～160 | 90～110 |
| 浸渍 | 时间（min） | | 1.5～2.5 | 1.5～2.5 | 1.5～2.5 |
| | 温度（℃） | | 32～36 | 28～32 | 36～40 |
| | 601用量（kg） | 初加 | 1～2 | 0.5～1 | 2～3.5 |
| | | 追加 | 1.5～2.5/班 | 2.5～5/班 | 5～12/班 |
| | 盐用量（kg） | | 同上 | 同上 | 同上 |

续表

| 工序 | 项　目 | | 洗净64支外毛 | 洗净一级国毛 | 细支精梳短毛 |
|---|---|---|---|---|---|
| 浸酸 | 时间（min） | | 2.5～4.5 | 2.5～4.5 | 2.5～4.5 |
| | 温度（℃） | | 不加热 | 不加热 | 不加热 |
| | 硫酸浓度（°Bé） | | 3～3.5或3.5～4 | 3.5～4或4～4.5 | 4～4.5或4.5～5 |
| 轧酸 | 含水率（%） | | 34～36 | 34～36 | 34～36 |
| 烘焙 | 时间（min） | | 15±2 | 15±2 | 18±2 |
| | 温度（℃） | 第1段 | 65～75 | 70～80 | 65～75 |
| | | 第2段 | 102～106 | 102～106 | 102～108 |
| | | 第3段 | 104～108 | 104～110 | 104～110 |
| 碾碎辊压力 | 螺杆高度（mm） | 第1～4对 | 26 | 27 | 24 |
| | | 第5～8对 | 25 | 26 | 23 |
| | | 第9～12对 | 24 | 25 | 22 |
| 中和 | 时间（min） | 第1槽 | 4 | 4.5～5.5 | 4.5～5.5 |
| | | 第2槽 | 3 | 3.5～4.5 | 3.5～4.5 |
| | | 第3槽 | 2.5 | 2.5～3.5 | 2.5～3.5 |
| 中和 | 温度（℃） | 第1槽 | 活水、不加热 | 活水、不加热 | 活水、不加热 |
| | | 第2槽 | 38～40 | 38～40 | 38～40 |
| | | 第3槽 | 33～37 | 33～37 | 不加热 |
| | pH值 | 第2槽 | 8～10.4 | 8～10.4 | 8～10.4 |
| | | 第3槽 | 8以下 | 7.5以下 | 7.5以下 |
| | 第二槽纯碱用量（kg） | 初加 | 6 | 6 | 4 |
| | | 追加 | 每小时5.5～6，共追加7h | 每小时5.5～6，共追加7h | 每小时3～3.5，共追加7h |
| | 第三槽氨水用量（kg） | 初加 | 2 | — | — |
| | | 追加 | 6/班 | — | — |
| 烘干 | 时间（min） | | 6～9 | 6～9 | 6～9 |
| | 温度（℃） | | 75以下 | 75以下 | 70以下 |

## 二、炭化疵点成因及防止方法

炭化疵点成因及防止方法见表2-3-29。

表2-3-29　炭化疵点成因及防止方法

| 疵点种类 | 造成原因 | 防止方法 |
|---|---|---|
| 草屑过多 | （1）羊毛喂入量过多<br>（2）炭化前开松不良<br>（3）酸液浓度不足<br>（4）羊毛在酸液中浸渍不良<br>（5）烘焙后草屑不焦不脆<br><br><br>（6）碾碎除尘效果不良<br><br><br><br><br><br><br><br>（7）清洁工作不良 | （1）调整喂毛量<br>（2）提高开松机质量<br>（3）调整酸液浓度或级别<br>（4）调整酸泵流量或喂毛量<br>（5）检查调整毛层厚度和烘焙时间；检查和调整烘焙机风扇转速，调整和防止烘焙机温度不足；检查和调整烘焙机进气和排气量；检查烘焙机帘子板清洁程度，及时清扫<br>（6）检查及调整上下碾碎辊距离和加压，检查除尘机尘笼里外清洁程度，及时清扫，如因羊毛油多而堵塞，需在炭化前洗涤，尘笼中如因紫色毛过多而堵塞，应先解决烘前的含水问题；检查和调整除尘机排尘风扇皮带张力，保证转速正确；检查排尘风扇清洁情况，及时处理。<br>（7）加强交接班和换批时的清洁工作 |

续表

| 疵点种类 | 造成原因 | 防止方法 |
|---|---|---|
| 含酸过高 | （1）中和机第1槽洗酸效果不良<br><br>（2）中和机第2槽碱浓度不足<br>（3）中和机氨水浓度不足<br>（4）羊毛在中和机浸渍时间过短 | （1）测定含酸量，加大活水量，调整轧压效果或提高第1槽槽水温度<br>（2）按时均匀追加纯碱溶液<br>（3）按时均匀追加氨水<br>（4）调整水泵流量 |
| 羊毛毡并、结条过多 | （1）炭化前开松不良<br>（2）浸酸后羊毛在烘焙的喂毛机里翻滚过多<br>（3）除尘机尘笼中羊毛过多<br>（4）除尘机尘笼角钉插入过深 | （1）提高开松质量，要求羊毛充分开松，且不结条<br>（2）调整羊毛喂入量或第2喂毛机的帘子速度<br><br>（3）调整羊毛喂入量<br>（4）按纤维长短和草屑多少调整喂入量和角钉插入度 |
| 烘毛后回潮率不合要求 | （1）烘毛机温度不足<br>（2）轧辊效果不良 | （1）检查和调整烘毛机温度<br>（2）检查轧辊加压情况并及时调整；检查和保持轧辊上所包覆毛条的平整度及弹性 |

### 三、炭化操作注意事项

（1）不论洗净散毛或精梳短毛，在炭化之前，必须先经开毛机充分开松，并去除部分杂质。

（2）喂毛要按定量均匀投入，要求差异不超过 ±10kg/h。

（3）净酸的浓度要用氢氧化钠标准溶液滴定法测试，使之符合工艺要求。

（4）硫酸溶液中的含铁量要在使用前先测定，应低于0.01%。

（5）硫酸中的亚硝酸量不宜超过0.01%。

（6）加酸时要严格注意安全，必须戴上劳动保护用具，先放水，后加酸；否则会引起酸液爆溅，伤害人身。

（7）浓酸液稀释是个放热过程，酸槽中直接大量注入浓酸会使工作液温度升高。应将稀释的酸液通过耐酸泵打到浸酸机主槽中，并要等浸酸槽内酸液浓度均匀后，再喂入原料。

（8）开始喂毛半小时后，就应测定槽内酸液浓度，加以调整。生产中根据槽内酸液消耗情况，随时追加酸液，补足浓度。如用波美表测定比重的方法检查浸酸槽中酸液浓度的变化，虽较方便，但每班必须用烧碱滴定法或每半小时用快速测定仪器测试以调整规定浓度，还要注意酸中杂质的累积。最好从辅助槽中采取酸液用滴定法试验，杂质达到1.5°Bé时就应更换酸液。

（9）各机槽水和浸酸的温度要经常用温度计测定，及时调整。

（10）要定期调酸，新的酸液炭化效率较高。

（11）中和槽碱液的pH值可用指示剂滴定。

（12）要及时捞取浸酸机及中和机辅助槽滤板上的羊毛回入本槽，以免浸渍时间过长而损伤纤维强力。

（13）要经常注意浸酸机和中和机上轧辊的压力和包覆毛条的平整状态，测定轧液率，并随时用手挤测其轧压效果。含酸羊毛层通过轧辊要均匀，防止较厚毛层边缘上的小块羊毛受不到轧压，产生含酸水量过多而损伤羊毛。

（14）要注意测定进入烘焙机前带酸湿羊毛的含酸水率。如超过38%，容易出现紫色毛。

（15）浸酸后的羊毛要及时烘干，并注意不能让其在第2喂毛斗中长时间的滚动不进烘房，以防毡化和损伤强力。

（16）羊毛块的直径以不大于6 cm为宜，使热量容易进入内部，利于炭化。

（17）烘房温度必须经过实测，使温度计所表示的数字，是空气加热后接触羊毛的实际温度。经常检查机上的温度计的读数，及时调节，并严格保持烘焙机各段温度符合规定。

（18）经常测定烘焙后羊毛的含水率和植物纤维的松脆或焦黑程度。

（19）碾碎除杂机的尘笼及机下的废屑每班要清扫1～2次。

（20）散毛炭化联合机系多种机械组成，单机坏车必然影响前后机械的正常运转，需及时处理，否则会影响纤维强力和除草效果。例如羊毛浸渍在酸液中不宜超过20min，浸酸毛轧压后贮放不宜超过30min，烘焙机内羊毛烘焙时间不宜超过40min，烘焙后羊毛要防止草屑回潮，除尘后羊毛必须在24h内中和完毕。单机坏车时间估计在10min以上的，都需酌减羊毛投入量。

具体处理措施举例如下。

**（一）浸酸机坏车**

不论时间长短，应停止进毛，机内羊毛放出，后道照常生产。

（1）如酸泵或耙架损坏严重，浸酸槽羊毛不能放出，而时间又较长，则需将酸槽内羊毛捞出，以清水冲洗羊毛，待恢复生产后再投入浸酸槽。

（2）第2道或第3道轧车的轧压辊坏车，可利用后道或前道轧压一或二次，使酸水率达到要求。

**（二）烘焙机坏车**

（1）喂毛机坏车，估计时间较长，需将浸酸轧压后的羊毛用清水冲洗，烘毛帘照常运转，将机内羊毛放出。

（2）烘毛帘坏车如不能运转，浸酸机应停止进毛，把槽内羊毛放出，如估计时间较短，则浸酸轧压后的羊毛可暂贮于喂毛机内。否则，要用清水冲洗。

（3）一只鼓风机损坏，可酌减前道投入毛量，延长烘焙时间，减薄毛层，照常生产。如两只鼓风机损坏，则停止进毛，用上述措施处理完机内羊毛。

（4）蒸汽管损坏，如情况严重，应立即停车处理，否则可处理完机内羊毛后再停车。

**（三）除尘机坏车**

（1）估计时间不长，可将烘焙后的羊毛暂贮于除尘机喂毛箱内，烘焙机内羊毛暂停放出（但需关闭蒸汽，保持鼓风机运转），浸酸后羊毛暂贮于烘焙机喂毛箱内。

（2）估计坏车时间长，停止浸酸机进毛，使浸酸后的羊毛全部进入烘焙机后停车（关蒸汽，开鼓风机），烘焙后的羊毛在除尘机修复后，根据草屑炭化回潮情况，决定直接除尘，或再烘焙后除尘。

### （四）中和机坏车

（1）估计时间不长，则前道照常生产，各机羊毛可由后而前暂贮于各机喂毛箱内。

（2）注意羊毛在第2槽中停留时间不宜超过10min，要采取措施把碱液漂洗干净后烘干。

### （五）烘干机坏车

（1）估计时间不长，前道照常生产，各机羊毛可由后而前暂贮于各机喂毛箱内。

（2）如时间较长，烘毛帘不能运转，则浸酸机停止进毛，由前而后把各机内羊毛放出后停车。中和后尚未烘干的羊毛可摊开吹干，但要注意防止杂物混入。

（3）鼓风机或蒸汽管损坏，处理情况与烘焙机同。

## 四、炭化毛质量要求

炭化毛质量要求见表2-3-30。

表2-3-30　炭化毛质量要求

| 品　种 | 炭化前毛 | 炭　化　毛 | | | | |
|---|---|---|---|---|---|---|
| | 含土杂率（%） | 含草率（%） | | 含酸率（%） | 回潮率（%） | 毡并率（%） |
| | | 一等品 | 二等品 | | | |
| 散毛（洗净毛） | 3.0及以下 | 0.05 | 0.10 | 0.3~1.6 | 9~15 | 3 |
| | 3.1~5.0 | 0.08 | 0.12 | | | |
| | 5.1~8.0 | 0.12 | 0.16 | | | |
| 精梳短毛 | 3.0及以下 | 0.10 | 0.12 | 0.3~1.6 | 9~15 | 0 |
| | 3.1~5.0 | 0.18 | 0.22 | | | |
| | 5.1~8.0 | 0.3 | 0.35 | | | |

## 五、炭化工艺测定和技术检查

炭化工艺测定和技术检查分别见表2-3-31和表2-3-32。

表2-3-31　炭化工艺测定

| 项　目 | 要　求 | 方　法 | 周　期 |
|---|---|---|---|
| 羊毛喂入量 | 按工艺规定 | 机旁测定，以小时计算重量 | 每班1~2次 |
| 浸渍温度 | 按工艺规定 | 温度计，机旁测定 | 每班1~2次 |
| 浸酸时间 | 按工艺规定 | 深色呢片投入酸槽，计时测定 | 每班1~2次 |
| 酸液浓度 | 按工艺规定 | （1）波美表，机旁测量 | 每半小时1次 |
| | | （2）1mg/L烧碱溶液法滴定 | 每小时1次 |

| 项 目 | 要 求 | 方 法 | 周 期 |
|---|---|---|---|
| 轧酸含酸水率 | 34%～36% | 烘干 | 每班1次 |
| 烘烤温度 | 按工艺规定 | 温度计，机旁测定 | 每班3～4次 |
| 烘烤后羊毛含水率 | 低于3% | 烘干 | 根据需要每周1～2次 |
| 烘烤后羊毛含酸率 | 5%～7% | 吡啶法 | 根据需要每周1～2次 |
| 中和槽水温度 | 按工艺规定 | 温度计，机旁测定 | 每班3～4次 |
| 中和槽碱浓度 | 按工艺规定 | 标准酸液滴定法 | 每班3～4次 |
| 烘干温度 | 按工艺规定 | 温度计，机旁测定 | 每班3～4次 |

表2-3-32 炭化技术检查

| 项 目 | 要 求 | 方 法 | 周 期 |
|---|---|---|---|
| 中和毛含草率 | 根据质量要求 | 手抖法 | 每班1～2次 |
| 中和毛含酸率 | 根据质量要求 | 吡啶法 | 每班1～2次 |
| 中和毛回潮率 | 根据质量要求 | 烘干 | 每班2～3次 |
| 中和毛毡并率 | 根据质量要求 | 按标样分等 | 每班1～2次 |

## 六、炭化机常用器材和配件

炭化机常用器材和配件见表2-3-33。

表2-3-33 炭化机常用器材和配件

| 名 称 | | 规 格（mm） | 材 料 |
|---|---|---|---|
| 不锈钢输毛帘 | 帘子板 | 长1056，宽26 | 不锈钢，钢板厚1mm |
| | 铆钉 | 高6，直径4 | 不锈钢 |
| | 铰链 | | $A_3$扁钢50×16mm |
| 酸槽 | 大耙架耙钉 | 长302，312，292，250 | 不锈钢 |
| | 出毛耙耙钉 | 长100，110，120，135，150，170 | 不锈钢 |
| | 漏底面板 | | 不锈钢，钢板厚1.5mm |
| | 落毛滤板 | 长910，宽665 | |
| 耐酸泵叶轮片 | | 长66 | 钢板厚8mm |
| 中和槽 | 大耙架耙钉 | 长320，312，250 | 钢板厚1.5mm |
| | 出毛耙耙钉 | 长100，110，120，135，150，170 | 钢板厚1.5mm |
| | 网眼板 | | 钢板厚2mm |
| | 上轧辊 | 长1064 | 不锈钢 |
| 帘子链轮 | | $16^T×15.875×\phi 89$ | |
| 帘子棒 | | 长1100，厚25 | 枪木 |
| 轧辊包覆毛条 | | 与洗毛机同 | |

续表

| 名　　称 | 规　格（mm） | 材　料 |
|---|---|---|
| 烘毛机输送帘板 | 长1870，宽150<br>孔眼直径4mm，138眼/10cm² | 不锈钢，钢板厚2mm |
| 碾碎辊 | 长609，直径200<br>沟槽130条，沟槽深度1.8 | 45号钢冷锻冷轧，表面硬度HRC50～55° |

# 第六节　炭化新设备和新技术

## 一、精纺梳条用的散毛炭化

精纺梳条用国毛采用低浓度酸处理及低温烘焙，仅使原料中的细长草杂、麻丝等脆化，便于在梳条过程中去除，对毛纤维强度影响较小。

工艺举例如表2-3-34所示。

表2-3-34　工艺举例

| 项　　目 | | | 工艺条件 |
|---|---|---|---|
| 原料 | | | 66支国毛 |
| 浸酸 | 浓度 | | 1.5°Bé～2°Bé（硫酸） |
| | 浸酸时间（min） | | 10～11 |
| | 轧辊压力 | kPa | （3.5～4）×10² |
| | | kgf/cm² | 3.5～4 |
| | 轧后含水率（%） | | 30～35 |
| 烘焙 | 蒸汽压力 | kPa | 2.5×10² |
| | | kgf/cm² | 2.5 |
| | 温度（℃） | 入口 | 75～85 |
| | | 出口 | 85～95 |
| | 时间（min） | | 29～31 |
| 中和 | 各槽温度（℃） | 第1槽 | 34～36 |
| | | 第2槽 | 36～38 |
| | | 第3槽 | 38～40 |
| | 碱槽pH值 | | 7～7.5 |
| | 用碱量 | | 2.3kg/100kg羊毛 |
| 烘干 | 温度（℃） | | 90～95 |

## 二、毛条炭化

在精梳毛条制造过程中，将经过梳毛机和头道针梳机下来的生毛条，利用其纤维已充分疏松，纤维中混进的大草刺已被大量除去，而长草杂和麻丝等也已梳成单纤维状，因而吸酸快和分解容易等特点，采用低浓度酸处理及低温烘焙，仅使条子中的细长草杂和麻丝等脆化，便于在后道精梳、针梳等过程中去除。

炭化可在经过改造的复洗机（两台连接）上进行，机身适当加长，洗槽改用耐酸的材料（图2-3-12）。

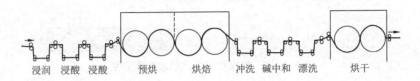

浸润 浸酸 浸酸 预烘 烘焙 冲洗 碱中和 漂洗 烘干

图2-3-12 毛条炭化示意图

毛条炭化工艺：

原料：66支毛条（新疆改良毛）。

### （一）炭化工序

浸润→浸酸→轧酸→烘焙→冲洗→碱中和→漂洗→烘干。

### （二）炭化工艺（表2-3-35）

表2-3-35 炭化工艺条件

| 项　　目 | | 工　艺　条　件 | | 项　　目 | | 工　艺　条　件 | |
|---|---|---|---|---|---|---|---|
| 浸润 | | 平平加2g/L，拉开粉1g/L | | 中和 | 第1槽 | 清水冲洗，平平加1g/L，温度40~45℃ | |
| 浸酸 | 时间 | 16s（槽每8s） | | | 第2槽 | 纯碱用量3.5%（对毛条重量），分五次追加，室温 | |
| | 温度（℃） | 35~38 | | | 第3槽 | 清水漂洗（活水） | |
| | 硫酸浓度（°Bé） | 3.2~3.5 | | 烘干 | 温度（℃） | 70~75 | |
| 轧酸 | 含液率（%） | 28 | | | 时间 | 1min10s | |
| | 含酸率（%） | 5.12 | | | 残留酸（%） | 2.1 | |
| 烘焙 | 温度（℃） | 第1段75~80 | 第2段90 | | | | |
| | 时间 | 1min45s | 1min45s | | | | |

**注** 喂入量为24根进条，每根毛条的单位重量为20g/m，台时产量可达90kg。

### 三、德国福来斯纳公司的炭化联合机（图2-3-13）

浸酸、中和与烘焙都是圆网型滚筒吸入式，整个生产线按U字形排列，节省空间，便利操作。

喂入部分大致与其洗毛生产线相同，装运松包原料的喂入帘可以取任意长度，以利操作。箱内用光电控制毛堆高度。计时器与电子称重联合控制运送带的速度，保持喂入均匀。两只预开松滚筒的作用，可以帮助羊毛吸酸快速均匀。

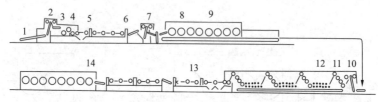

图2-3-13　福来斯纳公司的炭化联合机

1—长帘　2—自动喂毛箱　3—秤重运送带　4—双滚筒开松　5—浸酸槽　6—轧压装置　7—喂毛装置
8—预烘　9—烘焙　10—喂毛箱　11—多刺辊开松除杂机　12—碎炭轧压罗拉　13—中和槽　14—烘燥

浸酸槽内有加热系统，由温度自动控制装置掌握。液面水位自控装置掌握供水，计量泵与流量表正确调节加料。如遇因故停车，称重运送带会自动控制加料。酸槽有自动滴定装置，随时控制槽内硫酸的浓度，并有数据记录，由计量系统自动调节。

浸酸后的原料在60℃温度下预烘。烘房内的温度逐渐上升。圆网滚筒上的毛层厚薄可以用滚筒变速进行调节。在进入烘焙区之前，羊毛的含湿应低于30%，毛层逐渐加厚，烘焙温度为110~130℃。

碎炭除杂的喂入部分是防散热、不吸湿的喂毛箱，保持炭化物的干燥与松脆。碎炭除杂部分由三套轧碎辊组与多刺辊除杂机组成。轧碎辊由空压系统加压，各对轧辊的压力、隔距和速度均不相同，由油浴的变速齿轮传动。原料从最后一对轧压辊送出，进入斜立式多刺辊除杂机的第1只刺辊，刺辊逐只上升，逐级加速。每一刺辊下面都有可移换的尘格及吸风。刺辊的开松功能，完成去除炭屑的作用。

4个中和槽采用逆流回水方式，均由计量泵与流量表控制水量，并有自动排污装置。圆网吸入方式使中和工作进行得迅速、完全、缓和，并省水省料。

福来斯纳炭化联合机的产量：

工作幅　1200mm的为500~600kg/h。

工作幅　1800mm的为800~900kg/h。

### 四、坯布炭化

坯布炭化是利用炭化原理，对坯布中的植物性杂质进行炭化处理。坯布炭化机包括浸酸和烘干两部分。首先，坯布通过炭化机的清理部分，面料上的杂物被毛刷辊清洁，通过展布辊，面料平坦地进入调制好浓度（7.5°Bé）的稀硫酸槽中浸酸；浸酸后通过轧酸辊将多余的酸液去除，确保坯布含酸量均等；之后，含酸面料进入烘箱，烘箱的温度一般在

120~140℃之间，高温使酸溶液变为浓硫酸，浓硫酸将植物性纤维炭化。整个过程必须确保坯布强力和草杂的充分炭化。炭化后的草杂就如同烟灰，在后整理的其他过程中通过物理的揉搓而不断减少。酸浓度、烘箱温度、入布速度等参数是根据坯布的重量、组织、含杂和成分情况而制定的。

　　新型坯布炭化机增加了自动化PLC电脑编程控制，提高了在酸槽中酸液浓度的精度，设备自检，故障自动报警，设备运转的同步性增强；增加了烘箱个数，温度逐步升高，增进炭化的效果，提高了设备效率。更为先进的是，增加了溶剂（四氯乙烯）清洗部分，可以去除原毛油脂和面料上的油污，也可以做精纺面料的低温清洗设备；羊毛面料首先经过溶剂清洗，羊毛吸收溶剂，在浸酸和烘干过程中，羊毛可以受到四氯乙烯的"加倍呵护"，保证羊毛纤维受损小，不损伤坯布强力；增加了密闭的循环蒸馏系统，可以回收溶剂、硫酸和水，达到环保排放要求。适用于羊毛、羊绒等动物纤维面料及毛锦等混纺面料的处理。工作幅宽2m，每小时处理能力为1000~1500kg，速度8~80m/min。图2-3-14为新型坯布炭化机。

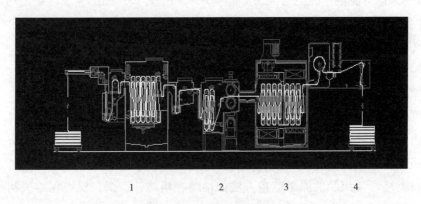

1　　　　　　2　　　　3　　　　4

**图2-3-14　新型坯布炭化机**

1—溶剂清洗，去除油污　2—硫酸溶剂酸化面料，多余的硫酸溶液经轧辊榨干

3—烘干加炭化，可由一室、二室或多室组成

4—面料除味，脱水脱酸。真空负压抽出多余溶媒，封闭式活性炭过滤吸收

# 第四章 再生毛制备

把新旧衣片、剪刀口、绒线头及回丝等打开成为纤维，作为再生毛原料混和使用，是粗纺原料的一个重要组成部分。研究和合理使用这些原料，既可以扩大原料范围，又节约产品成本。

## 第一节 呢片回丝的预处理

新与旧、深色与浅色、纯毛与混纺等的呢片和回丝可按产品的需要区别使用。

旧呢片要先进行分类、消毒和剪切成需要的长度，最好再经洗涤除尘，然后上呢片机或回丝机开松。

### 一、制备品的分类

（1）可以按原料的质量分为细毛的、半细毛的以及粗毛的几类。

（2）也可以按原料的组合分为全毛的、混纺的（黏胶纤维混纺、合纤混纺）和纯化学纤维的进行分类。

（3）每类还可按织品的原来制造方法如精纺、粗纺、针织、机织和缩绒制品等作进一步的分档，以利开松工艺的安排和合理使用。

（4）根据生产需要，还可按照颜色的大类分红、黄、蓝、绿等类；或按照颜色的程度分深、浅档；如系同类色也可分深、中、浅各档。

### 二、消毒方法

（1）可用2%～3%工业石炭酸溶液浸渍。

（2）可在密闭硫磺气中烟熏，此法温度较高，容易损伤纤维。

（3）或在真空密封设备中散放甲醛气体，温度较低。

### 三、切割

切割采用三刀切割机（图2-4-1）。

回丝、衣片等下脚原料，长短不一，开弹前先切割成需要的长度。切割是由2片或3片回转刀片完成。切割的长度由变速电动机控制，在运转中随时可以调节，调节长度的范围15～250mm。原料由人工均匀铺在喂入帘上。喂入帘厚3mm，中部有金属探测自停装置，防止硬物轧入，损坏机器。深沟槽喂入罗拉系等高线锯齿形。上罗拉由液压控制加压，回转刀的刀刃系镍铬合金钢特制。输出帘由磁铁板组成，防止金属混入切割原料。一般切割工序由两台切割机成直角排列联合生产，使纵切与横切结合，有利于开弹。

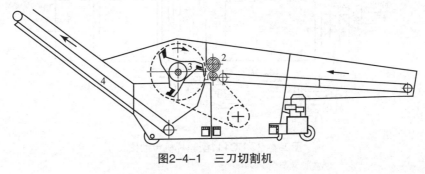

图2-4-1　三刀切割机

1—喂入帘　2—喂入罗拉　3—回转刀片　4—输出帘

# 第二节　开呢片

## 一、BC111型呢片机的主要技术特征（表2-4-1）

表2-4-1　呢片机的主要技术特征

| 项　目 | 规　格 | 项　目 | 规　格 |
|---|---|---|---|
| 机幅（mm） | 554 | 翼片罗拉宽度（mm） | 457 |
| 锡林直径（光）（mm） | 926 | 喂毛罗拉直径（mm） | 62 |
| 锡林直径（带钉）（mm） | 1016 | 喂毛罗拉宽度（mm） | 580 |
| 锡林宽度（mm） | 544 | 喂毛帘（钢板）长×宽（mm） | 790×400 |
| 锡林有效宽度（mm） | 457 | 翼片罗拉直径（mm） | 220 |
| 钉板钉距（mm） | 12 | 机器外形尺寸（mm） | 3100×520×570 |
| 钉板高（mm） | 45 | 机器重量（kg） | 约2500 |
| 钉子伸出长度（mm） | 20 | 电动机型号 | JO72-6 |
| 除尘风扇直径（mm） | 282 | 电动机功率（kW） | 14 |
| 除尘风扇宽度（mm） | 305 | 电动机转速（r/min） | 980 |

## 二、BC111型呢片机的传动（图2-4-2）及工艺计算

$$锡林转速 = \frac{980 \times 250}{504或360} = 486r/min 或 680r/min$$

$$锡林表面线速 = \frac{锡林转速 \times 1016 \times \pi}{1000} = 1550m/min 或 2170m/min$$

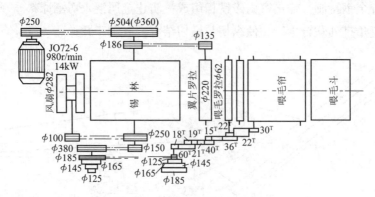

图2-4-2　BC111型呢片机传动图

$$除尘风扇转速 = \frac{锡林转速 \times 250}{100} = 1215r/min 或 1700r/min$$

$$除尘风扇表面线速 = \frac{除尘风扇转速 \times 282 \times \pi}{1000} = 1076m/min 或 1506m/min$$

$$翼片罗拉转速 = \frac{锡林转速 \times 186}{135} = 670r/min 或 937r/min$$

$$翼片罗拉表面线速 = \frac{翼片罗拉转速 \times 220 \times \pi}{1000} = 462m/min 或 646m/min$$

$$喂毛罗拉转速 = \frac{锡林转速 \times 150 \times 165 \times 18 \times 18 \times 15}{380 \times 145 \times 60 \times 40 \times 36} = 12.3r/min 或 17.2r/min$$

$$喂毛罗拉表面线速 = \frac{喂毛罗拉转速 \times 62 \times \pi}{1000} = 2.34m/min 或 3.27m/min$$

$$喂毛帘转速 = \frac{喂毛罗拉转速 \times 22}{30} = 9.02r/min 或 12.6r/min$$

$$喂毛帘表面线速 = \frac{喂毛帘转速 \times 90 \times \pi}{1000} = 2.55m/min 或 3.56m/min$$

呢片机生产量（kg/h）= 喂毛帘表面线速（m/min）× 帘子工作宽度（m）×

帘上每平方米呢片重量（kg）× 制成率（%）× 60

## 三、开呢片工艺

呢片开松工艺要求达到：

（1）把呢片处理成单根纤维状态。

（2）开松后纤维的平均长度达到最大的限度。

（3）尽可能减少纤维的强力损失。

### （一）弹前准备

旧衣片必须经过一次严密的检查。金属物、纽扣、缝眼及各种硬质异物等应先去除，以防止生产中发生事故。至于纤维素纤维可根据生产产品的需要而保留或剪除。

目前合成纤维在毛纺织品中广泛使用。这是在炭化工程中无法去除的。纯毛和合纤混纺的织品要在开松前分开。有的用羊毛再套色的方法来鉴别以便拣剔。

洗涤除尘不仅可改善劳动卫生条件，还使开片前加的油容易渗透，并可以提高开松后的纤维长度。

呢片的形态大小不一，开弹前需先剪小成阔约50～100mm的条子。

呢片开弹前应先加油，以降低纤维间的摩擦，维护纤维的弹性，减少纤维被拉断而影响长度，不加油的干摩擦系数比完全加油达到粘状摩擦的大20～100倍。呢片铺匀成堆，加油9%左右，闷放24h，保持上机时回潮率在30%～33%。

经呢片机打开的纤维往往需要经过一次单节梳毛机的松解。

## （二）速度

### 1. 主要部件速度（表2-4-2）

表2-4-2　呢片机主要部件速度

| 部件名称 | 外径（mm） | 速　度 | | | |
| --- | --- | --- | --- | --- | --- |
| | | 转速（r/min） | 表面速度（m/min） | 转速（r/min） | 表面速度（min） |
| 锡　林 | 1016 | 486 | 1550 | 680 | 2170 |
| 除尘风扇 | 282 | 1215 | 1076 | 1700 | 1500 |
| 翼片罗拉 | 220 | 670 | 462 | 940 | 650 |
| 喂毛帘 | 90 | 9.02 | 2.55 | 12.6 | 3.56 |
| 喂毛罗拉 | 62 | 12.3 | 2.34 | 17.2 | 3.27 |

表列速度是以锡林486r/min与680r/min为计算基础，喂毛部分的速度是以皮带盘直径145mm与直径165mm作为计算基础，其他各档从略。

### 2. 速度的选择

提高锡林的速度，可以提高开呢片的质量，锡林速度快，开片中含线头少。

当锡林速度逐步提高到570r/min时，呢块逐步减少，当从570r/min提高到750r/min时，小呢块增加。降低喂毛罗拉速度，开片后的纤维中含线头减少，加快喂毛罗拉速度，线头和小呢块随速度增加而增加。不同类型的呢片应采用不同的锡林速度（表2-4-3）。

表2-4-3　不同原料时的锡林速度

| 呢片种类 | 锡林速度（r/min） | 呢片种类 | 锡林速度（r/min） |
| --- | --- | --- | --- |
| 精纺呢片 | 650以上 | 缩绒毡块 | 350以下 |
| 针织衣片 | 350 | | |

## （三）钉齿选择（表2-4-4）

钉齿都需经过淬火，顶部锐利，根部坚牢。

表2-4-4　锡林钉齿的选择

| 锡林钉齿 | 用　途 | 锡林钉齿 | 用　途 |
|---|---|---|---|
| 单头齿 | 用于木条 | 尖顶钉子 | 处理细的、结实的精纺织品 |
| 双头齿 | 用于全钢的大锡林 | 平顶钉子 | 处理一般纺织品，目前使用较多 |

锡林上钉齿作用次数与松解程度成正比。锡林上使用较密的钉齿，开片中的含线头率减少。钉齿作用次数从90万次增加到360万次，线头逐渐减少，散纤维含量增加。但钉齿作用次数达到$39 \times 10^5$以上，效果即不显著（图2-4-3）。

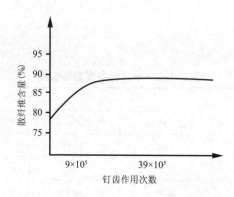

图2-4-3　钉齿作用次数与松解的关系

不同类型的呢片应采用不同的钉齿密度（表2-4-5）。

表2-4-5　不同原料时的锡林钉齿密度

| 呢片种类 | 锡林钉齿 | 呢片种类 | 锡林钉齿 |
|---|---|---|---|
| 精纺呢片 | 钉密 | 缩呢毡片 | 钉稀 |
| 针织衣片 | 钉稀 | | |

## （四）钉排规格选择（表2-4-6）

表2-4-6　钉排规格的选择

| 呢片种类 | 排/条 | 钉/排 |
|---|---|---|
| 精纺呢片 | 5/1 | 52/1 |
| 针织衣片 | 4/1 | 45/1 |
| 缩呢毡片 | 10/1 | 50/1 |

#### 四、开呢片操作注意事项

（1）在喂毛帘上铺呢片时要掌握工作面的宽度，不能只局限在一个部分，从而使这个部分锡林的钉齿容易磨损，以致降低抓取开松的效果。

（2）铺呢片的厚薄要均匀，否则薄的部分喂毛罗拉握持不牢，撕开效果不好。

（3）为加强上喂毛罗拉的握持，可在罗拉表面包卷毛呢，但要平整。

（4）发现喂毛帘歪斜或运转迟滞，应即停车检修，可把被动轴处的螺丝加以调节，校正喂毛帘的平直度。

（5）机器上不要放置金属和其他物品。发现有不正常响声要及时停车检查，防止损坏机件和发生火灾。

（6）开车前要做好各部件的检查工作，先空车运转，状况正常后方可投料。

（7）机器在运转时不要开启锡林罩盖，或装卸任何零件或做清洁、加油等工作。

#### 五、多锡林呢片机（图2-4-4）

一般为四节锡林联合生产。开弹衣片部分由喂入罗拉、钉板锡林及尘笼组成。四组连接，亦可分别一节或三节使用。第一锡林系上向运行，其后各节均为下向运转。锡林上有吸尘装置，下有尘格漏底。每节可以单独输出成品。每节锡林可以单独起吊。

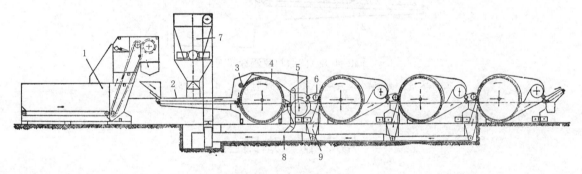

图2-4-4　多锡林呢片机

1—自动喂料箱　2—喂入帘　3—打手　4—钉板锡林　5—尘笼
6—喂入罗拉　7—除尘笼　8—地沟　9—未碎大片

不同品种原料使用的锡林数：精纺衣片4节，硬回丝（紧捻）4节，针织回丝、衣片3节。

第一锡林上有一打手3，未打碎的大片可打落在喂入帘上，重新喂入再开松。其后各道锡林因系下行，未碎大片直接从喂入罗拉与锡林之间落下，进入地沟，由风扇送入喂入帘上的除尘笼。经滤尘后，再重新喂入开弹。锡林直径一般为1500mm，速度510r/min，处理化学纤维产品可减速为380r/min。尘笼的吸风风速可变，杂少毛松的可减慢。锡林用液压制动，可于30~40s间停车。机上有防火水管。锡林经使用一定时间后，需掉向再使用。锡林的植钉规格见表2-4-7。

表2-4-7 锡林植钉规格

| 项 目 | 工作幅（m） | 植钉数（枚） | 钉阔（mm） | 钉 高（mm） | 与喂入罗拉隔距（mm） | 掉向期（h） |
|---|---|---|---|---|---|---|
| 第1锡林 | 1.5 | 32400 | 32 | 43 | 4 | 32 |
| 第2锡林 | 1.5 | 58000 | 26 | 43 | 3 | 50 |
| 第3锡林 | 1.5 | 78500 | 22 | 43 | 2 | 50 |
| 第4锡林 | 1.5 | 98100 | 22 | 43 | 1 | 50 |

原料的开松应视其本身的结构密度而转移，钉密和钉齿形状、锡林的线速度、原料的喂入速度和厚度以及钉齿到握持点的距离等均为可变参数，取决于经验和测试。

处理纯羊毛原料时应采用钝针和较低的锡林线速，以免损伤纤维。对于人造纤维，由于其阻力较大，应采用较高的锡林线速。如原料中含有合成纤维，高速摩擦会产生熔融效应，为防止摩擦热导致纤维损伤，采用大直径锡林和减少握持点钉齿数，或在加工前对原料喷洒冷却剂及合适的添加剂（图2-4-5）。

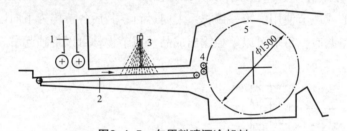

图2-4-5 向原料喷洒冷却剂

1—Cilos容量式喂入装置 2—喂入帘 3—喷射装置 4—喂入罗拉 5—锡林

# 第三节 弹回丝

## 一、BC121、BC121A型回丝机的主要技术特征（表2-4-8）

表2-4-8 回丝机的主要技术特征

| 项 目 | | BC121 | BC121A |
|---|---|---|---|
| 喂毛罗拉 | 直径（mm） | 63.5 | 63.5 |
| 上下开毛辊 | 直径（mm） | 228 | 228 |
| | 包覆直径（mm） | 236.4 | 236.4 |
| 胸锡林 | 直径（mm） | 508 | 508 |
| | 包覆直径（mm） | 516 | 516 |
| 中尾锡林 | 直径（mm） | 762 | 762 |
| | 包覆直径（mm） | 770.4 | 770.4 |

| 项　　目 | | BC121 | BC121A |
|---|---|---|---|
| 中尾锡林工作辊 | 直径（mm） | 90 | 90 |
| | 包覆直径（mm） | 98.4 | 98.4 |
| 风轮 | 直径（mm） | 228 | 228 |
| | 包覆直径（mm） | 236.4 | 236.4 |
| 运输辊 | 直径（mm） | 228 | 228 |
| | 包覆直径（mm） | 236 | 236 |
| 道夫 | 直径（mm） | 610 | 610 |
| | 包覆直径（mm） | 618.4 | 618.4 |
| 机器外形尺寸： | 长×宽×高（mm×mm×mm） | 5515×3450×1450 | 3830×3485×1450 |
| 电动机 | 型号 | $JFO_2$-61-6 | JFO62-6 |
| | 功率（kW） | 7.5 | 4.5 |
| | 转速（r/min） | 960 | 960 |
| 机器重量（kg） | | 约8000 | — |

## 二、BC121、BC121A型回丝机的传动（图2-4-6）及工艺计算

$$中尾锡林转速（r/min）=\frac{电动机转速×电动机皮带盘节径}{锡林皮带盘节径}$$

$$中尾锡林表面线速（m/min）=\frac{锡林转速×770.4×\pi}{1000}=2.42×锡林转速$$

$$中尾道夫转速（r/min）=\frac{锡林转速×100×Z(35,40,45,50)}{415×190}$$

$$中尾道夫表面线速（m/min）=\frac{道夫转速×618.4×\pi}{100}=1.94×道夫转速$$

$$喂毛帘转速（r/min）=\frac{胸锡林转速×310×40×19×130×26(28,32)×30}{290×76×100×320×126×34}$$

$$喂毛帘表面线速（m/min）=\frac{喂毛帘转速×90×\pi}{1000}=0.28×喂毛帘转速$$

$$中风轮转速（r/min）=\frac{胸锡林转速×720}{风轮皮带盘节径}$$

$$尾风轮转速（r/min）=\frac{尾锡林转速×720}{风轮皮带盘节径}$$

$$中风轮表面线速（m/min）=\frac{中风轮转速×236.4×\pi}{1000}=0.74×中风轮转速$$

$$尾风轮表面线速（m/min）=0.74×尾风轮转速$$

$$斩刀轴转速（r/min）= \frac{尾锡林转速 \times 720 \times 240(280)}{280 \times 斩刀油箱皮带盘直径(\phi 130、\phi 150)}$$

回丝机的生产量（kg/h）=喂毛帘速度×喂毛帘上铺回丝宽度（m）×每平方米铺回丝重量（kg）×效率×制成率×60

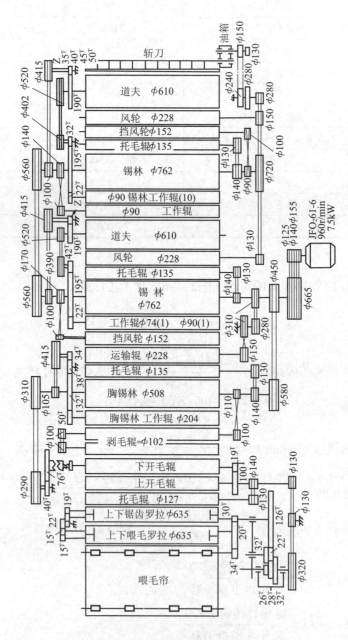

图2-4-6 BC121型回丝机传动图

### 三、弹回丝工艺

#### （一）工艺的安排

（1）根据回丝的松紧程度往往采用重复工艺。

精纺回丝可以在单锡林回丝机处理后，再经双锡林回丝机开松。

精纺高支合股线可以用双锡林回丝机处理两次。

粗纺强捻回丝及经开呢片机初步开松而含线量较高的纤维，均可用双锡林回丝机进行开松。

粗纺的及绒线的回丝（包括绒线头）可以在单锡林回丝机上处理。

（2）精纺硬回丝及粗纺紧捻回丝需先加和毛油，油水比一般为1：10，加和毛油量为回丝量的20%～30%，均匀喷入，堆放俟其渗透。如果原料太潮，容易在锡林下跌落；原料太干，则线头被打击后不开花，或纤维损伤，成品的长度减短。

（3）精纺或紧捻回丝在开弹前用热水浸渍，可以得到较好的开松效果。

#### （二）速度

1. BC121、BC121C型回丝机主要部件速度（表2-4-9）

表2-4-9　回丝机主要部件的速度

| 部件名称 | 外径（mm） | 齿轮齿数或带轮直径 | 速度 | | | | | |
|---|---|---|---|---|---|---|---|---|
| | | | $\phi 125$[①] | | $\phi 140$[①] | | $\phi 155$[①] | |
| | | | 转速（r/min） | 表面线速度（m/min） | 转速（r/min） | 表面线速度（m/min） | 转速（r/min） | 表面线速度（m/min） |
| 中尾锡林 | 770 | | 180 | 435 | 202 | 489 | 224 | 542 |
| 道夫 | 618 | 35ᵀ | 8 | 15.5 | 8.9 | 17.2 | 9.9 | 19.2 |
| | | 40ᵀ | 9.1 | 17.6 | 10.2 | 19.7 | 11.3 | 21.9 |
| | | 45ᵀ | 10.2 | 19.7 | 11.5 | 22.3 | 12.7 | 24.6 |
| | | 50ᵀ | 11.4 | 22.1 | 12.8 | 24.8 | 19.2 | 27.5 |
| 中风轮 | 236 | 130 | 996 | 738 | 1118 | 828 | 1240 | 918 |
| 尾风轮 | 236 | 150 | 864 | 640 | 969 | 718 | 1075 | 796 |
| 斩刀 | | 280/150 | 864（次/min） | — | 969（次/min） | — | 1075（次/min） | — |
| | | 240/130 | 853（次/min） | — | 957（次/min） | — | 1061（次/min） | — |

①指电动机皮带盘直径。

2. 速度的选择

锡林转速一般采用200～250r/min。

## （三）隔距（图2-4-7）

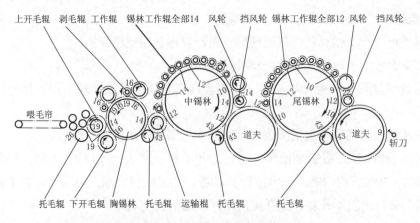

**图2-4-7　BCl21型回丝机隔距**

（单位：1/1000英寸；弹毡块毛时锡林工作辊的齿向要相反；图示为弹毡块毛时的隔距，

弹精纺回丝时托毛辊至开毛辊隔距改为26，上下开毛辊间隔距改为12）

## 四、锯齿条规格的选择（表2-4-10、表2-4-11）

**表2-4-10　回丝机胸锡林部分锯齿条规格**

| 部件名称 | 齿总高（mm） | 工作角（°） | 齿背角（°） | 齿底半径（mm） | 齿距（每2.54cm齿数） |
|---|---|---|---|---|---|
| 上锯齿辊 | 8.75 | 70 | 30 | 1.00 | 3 |
| 下锯齿辊 | 8.75 | 70 | 30 | 1.00 | 3 |
| 开毛辊 | 6 | 70 | 30 | 0.8 | 3.5 |
| 托毛辊 | 6 | 70 | 30 | 0.8 | 3.5 |
| 剥毛辊 | 5.4 | 70 | 30 | 0.8 | 4.5 |
| 胸锡林工作辊 | 5.4 | 70 | 30 | 0.8 | 4.5 |
| 胸锡林 | 5.4 | 70 | 30 | 0.8 | 4.5 |
| 运输辊 | 5.4 | 70 | 30 | 0.8 | 4.5 |

**表2-4-11　回丝机锡林部分锯齿条规格**

| 部件名称 | 背齿 | | | | | | 嵌齿 | | | | | |
|---|---|---|---|---|---|---|---|---|---|---|---|---|
| | 锯齿根部高（mm） | 锯齿总高（mm） | 工作角（°） | 齿背角（°） | 齿底半径（mm） | 齿距（每2.54cm齿数） | 锯齿根部高（mm） | 锯齿总高（mm） | 工作角（°） | 齿背角（°） | 齿底半径（mm） | 齿距（每2.54cm齿数） |
| 中锡林 | 2.7 | 5.4 | 60 | 30 | 0.55 | 6 | 1.5 | 4.2 | 60 | 30 | 0.55 | 6 |
| 锡林工作辊（11只） | 2.7 | 5.4 | 60 | 30 | 0.55 | 6 | 1.5 | 4.2 | 60 | 30 | 0.55 | 6 |

续表

| 部件名称 | 背　齿 | | | | | | 嵌　齿 | | | | | |
|---|---|---|---|---|---|---|---|---|---|---|---|---|
| | 锯齿根部高（mm） | 锯齿总高（mm） | 工作角（°） | 齿背角（°） | 齿底半径（mm） | 齿距（每2.54cm齿数） | 锯齿根部高（mm） | 锯齿总高（mm） | 工作角（°） | 齿背角（°） | 齿底半径（mm） | 齿距（每2.54cm齿数） |
| 风轮 | 2.7 | 5.4 | 60 | 30 | 0.55 | 6 | 1.5 | 4.2 | 60 | 30 | 0.55 | 6 |
| 挡风轮 | 2.7 | 5.4 | 60 | 30 | 0.55 | 6 | 1.5 | 4.2 | 60 | 30 | 0.55 | 6 |
| 道夫 | 2.7 | 5.4 | 60 | 30 | 0.55 | 6 | 1.5 | 4.2 | 60 | 30 | 0.55 | 6 |
| 锡林小工作辊（1只） | 2.7 | 5.4 | 60 | 30 | 0.55 | 6 | 1.5 | 4.2 | 60 | 30 | 0.55 | 6 |
| 尾锡林 | 2.7 | 5.4 | 60 | 35 | 0.45 | 8 | 1.5 | 4.2 | 60 | 35 | 0.45 | 8 |
| 锡林工作辊 | 2.7 | 5.4 | 60 | 35 | 0.45 | 8 | 1.5 | 4.2 | 60 | 35 | 0.45 | 8 |
| 风轮 | 2.7 | 5.4 | 60 | 35 | 0.45 | 8 | 1.5 | 4.2 | 60 | 35 | 0.45 | 8 |
| 挡风轮 | 2.7 | 5.4 | 60 | 35 | 0.45 | 8 | 1.5 | 4.2 | 60 | 35 | 0.45 | 8 |
| 道夫 | 2.7 | 5.4 | 60 | 35 | 0.45 | 8 | 1.5 | 4.2 | 60 | 35 | 0.45 | 8 |
| 锡林小工作辊 | 2.7 | 5.4 | 60 | 35 | 0.45 | 8 | 1.5 | 4.2 | 60 | 35 | 0.45 | 8 |

**注**　齿距有的全部采用每2.54cm 8齿。锡林锯齿槽每2.54cm 11～12槽。槽细齿密，产品质量较好，但锯齿使用时间缩短。

## 五、弹回丝操作注意事项

（1）加工前的回丝需经人工按毛纤维的粗细、颜色深浅分开，剔除杂质，然后用剪刀剪断成100～200mm的长度，或由机械切割。

（2）喂料要均匀地平铺在喂毛帘上，把缠成结头的回丝剪开，杂质、硬物要仔细抖拣剔除。

（3）喂毛帘如运转不平稳，有走斜现象，要停车校正。

（4）运转时不能用手剥取轴上的绕毛及做揩拭加油等工作。

（5）黏胶纤维弹毛时容易起火，喂入纤维应在喂毛帘中间，喂入量不宜太多，应稀薄均匀。

（6）块毛的开松亦可以利用BC121A型单锡林回丝机处理。为防止纤维损坏，可以减少工作辊数量，以减少梳理点。否则成品的长度减短，毛粒增加。

（7）旧的衣片、回丝含尘杂较多，需先经过打土除杂，一般用双刺辊卧式除杂机（图2-4-8）效果较好。

双刺辊卧式除杂机有一对卧式刺辊打手，每排各有四根刺辊，相互交叉。刺辊直径630mm，速度均为440r/min。上方有尘格和吸风，下部有多孔漏底与螺旋排杂器，以去除尘杂。喂入部分由自动变速系统传动，间歇生产。喂毛箱的斜帘与喂入平帘上方都有强力吸尘装置，以提高除杂效率，改善工作环境。工作幅1.5 m的，45s的产量可达150～180kg；工作幅2.2m的，45s的产量可达240～260kg。

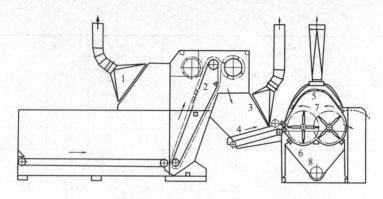

图2-4-8　双刺辊卧式除杂机

1, 3, 5—吸风　2—斜帘　4—平帘　6—尘格　7—刺辊　8—螺旋排杂器

# 第四节　其他下脚原料的处理和再生毛质量要求

## 一、其他下脚料的处理

其他毛纺下脚原料的处理方法见表2-4-12。

表2-4-12　毛纺下脚原料的处理方法

| 名　称 | 处　理　方　法 |
| --- | --- |
| 梳毛机抄针毛 | 卧式开毛机吹除草杂，按情况可反复进行 |
| 梳毛机车肚 | 卧式开毛机吹除草杂尘屑，按情况可反复进行 |
| 细纱机皮辊毛 | 已拉断的可直接上梳毛机，未拉断的需先经撕碎 |
| 毡块毛 | 单锡林或双锡林回丝机开松 |

注　根据各项原料的污杂情况，可另行安排洗毛，炭化等工艺。

## 二、再生毛质量要求

再生毛质量要求见表2-4-13。

表2-4-13　再生毛质量要求

| 类　别 | 原料名称 | 用途 | 等级 | 长度（mm） | 弹松率（%） | 毛筋率（%） | 毛粒（只/克） |
| --- | --- | --- | --- | --- | --- | --- | --- |
| 针织绒 | 精纺针织绒线回丝 | 粗纺 | 1 | 22 | 94 | 5 | 1 |
| | | 粗纺 | 2 | 18 | 90 | 8 | 2 |
| | 精纺针织绒线衫片刀口 | 粗纺 | 1 | 16 | 93 | 6 | 1 |
| | | 粗纺 | 2 | 13 | 89 | 9 | 2 |
| | 精纺针织绒线衫片直条 | 粗纺 | 1 | 13 | 92 | 6 | 2 |
| | | 粗纺 | 2 | 11 | 88 | 9 | 3 |

续表

| 类　别 | 原料名称 | 用途 | 等级 | 长度（mm） | 弹松率（%） | 毛筋率（%） | 毛粒（只/克） |
|---|---|---|---|---|---|---|---|
| 针织绒 | 粗纺针织绒线回丝 | 粗纺 | 1 | 12 | 96 | 3 | 1 |
|  |  | 粗纺 | 2 | 10 | 92 | 6 | 2 |
|  | 粗纺针织绒线衫片刀口 | 粗纺 | 1 | 10 | 94 | 5 | 1 |
|  |  | 粗纺 | 2 | — | 90 | 8 | 2 |
| 回丝 | 精纺双股回丝 | 粗纺 | 1 | 19 | 92 | 6 | 2 |
|  |  | 粗纺 | 2 | 16 | 88 | 9 | 3 |
|  | 精纺单股回丝 | 粗纺 | 1 | 24 | 96 | 3 | 1 |
|  |  | 粗纺 | 2 | 21 | 92 | 6 | 2 |
|  | 精纺紧捻双股回丝 | 粗纺 | 1 | 18 | 90 | 8 | 2 |
|  |  | 粗纺 | 2 | 15 | 86 | 11 | 3 |
|  | 精纺混纺双股回丝 | 粗纺 | 1 | 17 | 92 | 6 | 2 |
|  |  | 粗纺 | 2 | 14 | 88 | 9 | 3 |
|  | 精纺混纺单股回丝 | 粗纺 | 1 | 23 | 96 | 3 | 1 |
|  |  | 粗纺 | 2 | 20 | 92 | 6 | 2 |
|  | 精纺紧捻双股回丝 | 粗纺 | 1 | 16 | 90 | 8 | 2 |
|  |  | 粗纺 | 2 | 13 | 86 | 11 | 3 |
|  | 精纺外毛回丝 | 粗纺 | 1 | 22 | 94 | 4 | 2 |
|  |  | 粗纺 | 2 | 18 | 90 | 7 | 3 |
|  | 精纺国毛回丝 | 粗纺 | 1 | 23 | 94 | 4 | 2 |
|  |  | 粗纺 | 2 | 17 | 90 | 7 | 3 |
| 衣片 | 进口新片 | 粗纺 | 1 | 14 | 88 | 10 | 2 |
|  |  | 粗纺 | 2 | 11 | 85 | 12 | 3 |
|  | 国内新片 | 粗纺 | 1 | 11 | 82 | 14 | 2 |
|  |  | 粗纺 | 2 | 9 | 78 | 18 | 4 |
|  | 化学纤维新片 | 粗纺 | 1 | 11 | 82 | 14 | 2 |
|  |  | 粗纺 | 2 | 9 | 78 | 18 | 4 |
|  | 精纺双股回丝 | 粗纺 | 1 | 22 | 88 | 8 | 2 |
|  |  | 粗纺 | 2 | 19 | 86 | 11 | 3 |
|  | 精纺单纱回丝 | 粗纺 | 1 | 28 | 93 | 8 | 2 |
|  |  | 粗纺 | 2 | 19 | 90 | 11 | 3 |
|  | 衣片刀口 | 粗纺 | 1 | 22 | 90 | 8 | 2 |
|  |  | 粗纺 | 2 | 19 | 86 | 11 | 3 |
|  | 衣片直条 | 粗纺 | 1 | 18 | 85 | 13 | 2 |
|  |  | 粗纺 | 2 | 16 | 81 | 15 | 4 |

　　表中数据均系经呢片机或回丝机开弹后再经一次梳毛机（弹性针布）的工艺。

　　弹松率与长度两项是分等条件。毛筋与毛粒两项是弹松率的保证条件。再生毛的公定回潮率为15%±3%。含油率以2.5%计算公量。

# 第五章 羊毛脂回收

羊毛脂回收的方法大致有离心分离法、混凝沉淀法、酸裂法以及化学处理精炼法等。

## 第一节 离心分离法回收油脂

### 一、离心分离机的主要技术特征（表2-5-1）

表2-5-1 离心分离机的主要技术特征

| 项 目 | | FVK4R型头道粗分机 | B719A型精分机 |
|---|---|---|---|
| 机器尺寸：长×宽×高（mm） | | 1346×570×570 | 1105×390×435 |
| 分离缸直径（mm） | | 380 | 305 |
| 比重片直径（mm） | | 240 | 214 |
| 比重片数量（片） | | 48~52 | 59~60 |
| 蜗轮（齿数） | | 52 | 55 |
| 蜗杆（头数） | | 8 | 13 |
| 传动皮带盘直径（mm） | | 298 | — |
| 电动机皮带盘直径（mm） | | 178 | — |
| 电动机 | 功率（kW） | 3.7 | 2.6 |
| | 转速（r/min） | 1440 | 1440 |

### 二、离心分离机的传动（图2-5-1、图2-5-2）及工艺计算

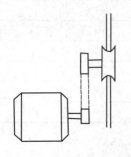

图2-5-1 间接传动分离缸传动图

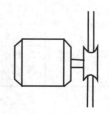

图2-5-2 直接传动分离缸传动图

间接传动分离缸主轴转速 $=\dfrac{1440\times178\times52}{298\times8}=5590\text{r}/\min$

直接传动分离缸主轴转速 $=\dfrac{1440\times55}{13}=6092\text{r}/\min$

离心分离机的设备运转率为70%，在三班生产情况下，以产量衔接计算，其配备大致如表2-5-2所示。

表2-5-2　离心分离机的配备

| 洗毛机台数 | FVK4R型头道粗分机 | B719A型二道精分机 |
|:---:|:---:|:---:|
| 1 | 1 | 1 |
| 2 | 1 | 1 |
| 3 | 2 | 1 |
| 4 | 2~3 | 2 |
| 5 | 3 | 2 |
| 6 | 4 | 3 |

粗分机每台时处理污水2.5~3t，污水中含脂量的提取率一般为45%~55%。

精分机每台时分离水1t左右，产粗制羊毛脂量（根据初分油的含脂量多寡）一般为70~100kg。

## 三、羊毛脂回收工艺

### （一）洗毛污水分析（表2-5-3）

表2-5-3　洗毛污水分析

| 项　目 | 含　量 | 项　目 | 含　量 |
|:---:|:---:|:---:|:---:|
| 含油率 | 1.8%~2.6% | 生物需氧量 | 20000~40000mg/L |
| 磷 | 36mg/L | 耗氧量 | 8000~10000mg/L |
| 钾 | 1600mg/L | 悬浮固体（沉淀前） | 6100~8000mg/L |
| pH值 | 9.1~9.3 | 悬浮固体（沉淀后） | 2000mg/L |
| 总固体 | 50000mg/L | | |

## （二）各种羊毛洗毛污水中含油情况（表2-5-4）

表2-5-4　各种羊毛洗毛污水中含油情况

| 品　种 | | 含　油　率（%） | |
|---|---|---|---|
| | | 原　毛 | 洗毛污水 |
| 澳毛 | 70支 | 17~20 | 2.5~3 |
| | 60支、64/70支 | 15~18 | 2~2.6 |
| | 64支 | 13~16 | 1.8~2.3 |
| | 48~54支 | 7~9 | 0.8~1.5 |
| 国产 | 改良毛 | 7~14 | 1.3~1.7 |
| | 新疆改良二级 | 12 | 1.38 |
| | 内蒙古改良一级 | 8.9 | 0.92 |
| | 东北改良一级 | 3.6~4.3 | 1.00 |
| 国产 | 土种毛 | 3~7 | 0.3~0.8 |
| | 山东秋毛 | 2.21 | 0.3~0.33 |

## （三）离心分离机油脂回收工艺流程（图2-5-3）

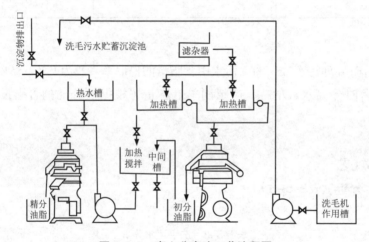

图2-5-3　离心分离法工艺流程图

## （四）离心分离法回收羊毛脂工艺

### 1. 粗分工艺（表2-5-5）

表2-5-5　回收羊毛脂粗分工艺

| 工　序 | 工　艺 | 备　注 |
|---|---|---|
| 沉淀 | 一般是把洗毛机的第1和第2两个槽的污水用高压泵吸送至沉淀池沉淀，时间为1~2h | 污水中含有的油脂一般为洗下油脂含量的80%左右，大颗粒的杂质残渣经30min即可自然沉淀，如沉淀超过5h，污水中含脂量的60%左右将随着固体杂质沉入渣中被废弃，大大影响分离回收的得率，同时沉淀物还会发臭 |

续表

| 工　序 | 工　艺 | 备　注 |
|---|---|---|
| 过滤 | 带有羊毛脂的污水通过沉淀池中滤杂器 | 去除羊毛屑和悬浮的大杂质 |
| 加热 | 滤过的污水溢入加热槽，直接加热使污水温度达到85~90℃ | 加热使油脂呈游离粒子，悬浮在乳化液中，有利于分离；温度低时，油脂凝附于杂质，温度在65℃以上时，油脂才能成游离粒子<br>15℃时比重为0.97，90℃时比重为0.94，温度提高，比重减轻，可以提高分离效率；但是温度如达95℃以上，油脂的酸价因高温氧化而增加，会使色泽变为深黄，不符药典要求 |
| 分离 | 加热后的污水进入头道粗分，离心机转速5800~6200r/min；高速的离心力作用使不同比重的油和泥杂分三层分别析出；油从上管道流出；水从中层管道流出；泥杂从下层管道流出 | 型号FVK4R<br>速度低于5600r/min，离心力不足影响分离效果 |

## 2. 精分工艺（表2-5-6）

### 表2-5-6　回收羊毛脂精分工艺

| 工序 | 工　艺 | 备　注 |
|---|---|---|
| 加热 | 经过粗分的羊毛脂半制品汇集入中间槽，加热到95℃ | |
| 灌水 | 通过抽油泵送入二道精分机，另由管道合并送入10倍左右95℃以上的热水，水质为软水或蒸馏水 | 油泵功率1.7kW，进口管直径50mm，出口管直径175mm，型号B719A，精分机应用B700A型作两道，B719型作三道，但一般可以B719A型代用<br>水量大小按油量浓度进行调节，油多水大，油少水小；如用硬水，油脂中残渣增高 |
| 分离 | 转速：6500r/min左右 | 型号B719A |

比重片（分离片）的选择：不锈钢比重片的规格共有87mm，89mm，90mm，90.5mm，91mm，91.5mm，92mm，93.5mm，95mm，97mm，99mm，101mm十二种。比重片的选择应在各种特定情况下，用试验的办法找出合适的以供使用。一般都以中档尺寸92mm为宜。

如有较多的水从出油的喷嘴里随油流出，应使用较大眼子的比重片；如有油随水从中层喷嘴出来，则用较小眼子的比重片。中层的污水还含有剩脂，可用混凝沉淀法再回收。

装在分离缸罩壳边上的4只泥浆喷嘴，其孔眼的尺寸有0.70mm和0.85mm两种规格，可根据喂入量的大小，离心机转速的快慢、污泥的粗细等因素考虑选择。图2-5-4为分离缸示意图。

离心分离机一般为三道，亦有采用粗分和精分两道。有的把粗制羊毛脂在精分机上重复走几次的，用的水量为第一次的一半。总之经过分离机的次数越多，羊毛脂的损失越大。

粗制羊毛脂的得率约为原来洗毛污水含脂量的35%～40%。为提高羊毛脂的回收量，还可采用循环水洗毛工艺及浮洗泡沫法。

### （五）提高回收量措施

#### 1. 循环水洗毛

分离后排出的污水中仍含有不少油脂，把这部分含油的水打回到洗毛机第2槽循环使用，污水中含油浓度提高，使羊毛脂的回收率可以提高到50%以上。但是循环水洗毛工艺只适用于单一品种的羊毛，如果是多台洗毛机同时洗不同种的羊毛，而且是在一组设备上回收的，则在废液回用的掌握上就比较困难。

中性洗毛的污水经第一道离心粗分机后分离出的污水，如再回入洗槽循环使用，必须用化学助剂处理。因油脂在分离出的污水中形成极为稳定的乳化液，顽强抵制第二次的离心分离作用。

#### 2. 浮洗泡沫法

另一种提高分离效率的方法，是在分离前采用浮洗泡沫法。在离心分离法中，洗毛污水需加热到90～95℃，从洗美利奴羊毛的污水中提取1t羊毛脂，约耗蒸汽量18t左右。为节约蒸汽，提高得率，可使沉淀后的羊毛污水通过浮洗机充气泡沫化，污水中的油脂珠在泡沫化过程中析出到泡沫中去。

浮洗离心分离油脂回收的流程如图2-5-5所示。

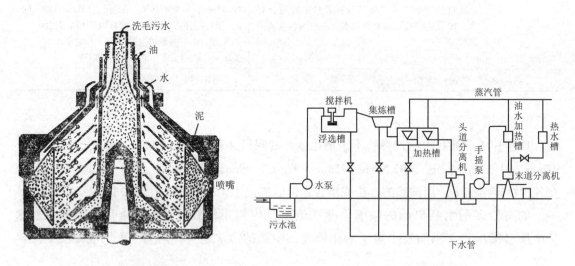

图2-5-4　分离缸示意图　　　　　　　　　　图2-5-5　浮洗法流程图

浮洗机是一个离心涡轮，速度1500r/min，电动机功率4.5kW。高速旋转产生部分真空，使空气和洗毛污水冲入，发生混合作用，造成大量泡沫向四周排出，泡沫体积可达原容积的67%。凝聚到泡沫中的油脂为总含油量的95.84%，泡沫经加热后进入头道离心粗分机，这样油脂的得率可以提高，剩下的污水含油太小，废弃不再加热，可减少蒸汽耗用量约三分之一。

污水中的羊毛脂从洗毛槽排出经过沟管的损失一般为30%。

浮洗中油脂损失约0.43%（对总含油量计算）。

在离心机分离时排出污水中的损失约21%，排出污泥中的损失约20.5%。

浮洗泡沫的提油率约为55.5%，去除沟管损失，实际为40%左右。

## 四、粗制羊毛脂质量要求

离心分离法生产的粗制羊毛脂（经过精分的）的质量要求如表2-5-7所示。

**表2-5-7 离心分离法粗制羊毛脂质量要求**

| 项 目 | 质 量 指 标 | 项 目 | 质 量 指 标 |
|---|---|---|---|
| 水 分 | 0.5% | 灰 分 | 0.15% |
| 酸 值 | 1 | 碘 值 | 18~36 |

## 五、离心分离机羊毛脂回收主要故障原因及防止方法（表2-5-8）

**表2-5-8 离心分离机羊毛脂回收主要故障原因及防止方法**

| 名 称 | 原 因 | 防 止 方 法 |
|---|---|---|
| 出油带水或出水口出水减少 | （1）分离缸速度太慢，原因是皮带太松，电动机的速度低，传动部分被油污沾污而打滑，润滑油太稠太黏<br>（2）喂入量太多，或温度太低<br>（3）喷嘴头子阻塞（机身发生振动）<br>（4）机内污泥淤积太多<br>（5）分离机直立主轴眼子有污物嵌入或传动销子磨损，以致分离缸在主轴上打滑<br>（6）比重片的眼子太小 | （1）揩清，换油<br>（2）调整喂入量或温度<br>（3）拆开集合罩，通清喷嘴，减少喂入量，或把喷嘴孔眼放大一档<br>（4）每次分离完成后要将污泥彻底出清<br>（5）检查和清洁该部件，磨损的要调换<br>（6）调换比重片 |
| 油随水出 | （1）比重片眼子太大<br>（2）喷嘴孔眼太大<br>（3）喂入液量太多 | 适当调整 |
| 洗液漏入分离缸的箱子内 | （1）分离缸主体与罩壳间渗漏<br>（2）分离缸装得太低 | （1）清洁橡胶垫圈的螺纹，注意垫圈是否受损<br>（2）调整底部轴承的位置 |
| 机身振动 | （1）有一个或几个泥浆喷嘴阻塞<br>（2）比重片松动<br>（3）装配不正确，分离叶片套装孔眼未对准<br>（4）污泥淤积<br>（5）传动部件蜗杆、主轴等磨损<br>（6）主轴的上轴承固定弹簧损坏<br>（7）下轴承弹簧损坏<br>（8）分离缸平衡不良<br>（9）机架水平不良 | （1）见"操作注意事项"之"七"<br>（2）装入备用片检修<br>（3）校正位置<br>（4）充分出清<br>（5）检修，调换<br>（6）检修，调换<br>（7）检修，调换<br>（8）重行检修校正<br>（9）重行检修校正 |

### 六、羊毛脂回收操作注意事项

（1）机械运转前，要检查集合罩是否接紧，制动器必须松开，齿轮箱中贮油要充足。

（2）开车时，当分离机达到全速（至少1min以上）时，要先行注入热清水，以清洗试车（5~10min），然后再放入洗毛污水，喂入量必须充分。检查中层集合罩流出的泥浆量，如出量太大，则要调换较小直径的喷嘴。

（3）经常检查洗液污水进口处的过滤网有无破损，并及时检修。不能让较大的固体物质漏进离心机，以免喷嘴的细小孔眼被阻塞。

（4）齿轮油槽的加油至少应达到透视玻璃的中线，并保持不过低。在运转了500~1000h以后，必须检查齿轮油槽的清洁情况，如已污浊，应全部出清，用布揩清（包括齿槽），另注新油。

（5）注意分离缸上轴承的加油。在运转中，每2h应拧开机身旁的玻璃油杯，加油10min，油流的速度应保持每分钟12滴。

（6）出水口如有大量的油带出，表示分离不良。比较常见的原因是离心机被污杂阻塞，应停车清除。

（7）一个或几个泥水喷嘴的孔眼被阻塞，机内会很快被泥杂填满，机身即运转不稳。如果停止喂入，机身将更震动，因此不能停止喂送，必须继续供应无泥杂的洗液，或直接把水放入，使分离机在停车前机内充满液量。分离工作不能停止，否则喷嘴的阻塞将更严重。

（8）关闭电动机后，应立即按制动器，待直接停车后，再放开制动器。

# 第二节　混凝沉淀法回收羊毛脂

在洗毛污水中，羊毛油脂分散成小的油珠，由于净洗剂的作用，与水分子结成乳化液。但因羊毛脂具有突出的油水相乳化性能，形成多相性的乳化液，一部分分解出的低脂肪酸组成的乳化液，可以在离心力的物理作用下比较容易分离，而一部分分解出来的高脂肪酸则组成稳定的乳液，只能用酸化法或其他化学方法才能分离出来。

洗毛污水中的含油脂量如果低于1%，用离心方法回收的效果很差。因此国产土种毛的洗毛污水及离心分离机排出的污水（其中还有少量油脂）可采取混凝沉淀法回收油脂。混凝沉淀法回收油量的得率较高（可达70%~90%），同时还可使污水变清。

## 一、混凝沉淀法生产流程（图2-5-6）

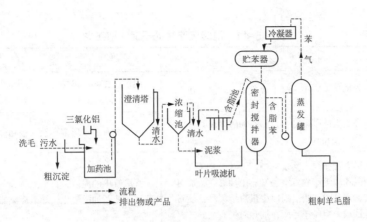

图2-5-6　混凝沉淀法生产流程图

## 二、混凝沉淀法工艺

### （一）富集（表2-5-9）

表2-5-9　混凝沉淀法的富集过程

| 工序 | 工　　艺 | 备　　注 |
|---|---|---|
| 沉淀 | 洗毛污水经自然沉淀，较多的羊毛脂则留在混浊液中 | 沉淀物含有毛屑、羊粪，可作肥料 |
| 加药 | 混浊液流入加药池，加入沉淀剂三氯化铝（$AlCl_3$）1%，搅拌均匀，用泵打入澄清塔 | 用硫酸铝（1%～1.5%）或三氯化铁1%，如用造纸厂的下脚次氯酸钙替代，对成品的色泽更有利 |
| 澄清 | 沉淀的泥浆集中在澄清塔的倒锥形底部，经管道运送到浓缩池 | 塔上部的水变得澄清透明，可排入下水道 |
| 浓缩 | 泥浆在浓缩池中进一步澄清，排出清水，泥浆变稠 | |
| 脱水 | 泥浆流入叶片吸滤机的池中，用叶片吸滤机脱水，成为湿的半固体状的含脂泥 | 含脂泥含有羊毛脂5%～16%，含水65%左右 |

### （二）萃取

#### 1. 湿泥萃取（表2-5-10）

表2-5-10　混凝沉淀法的湿泥萃取工艺

| 工序 | 工　　艺 | 备　　注 |
|---|---|---|
| 溶脂 | 把湿的半固体状的含脂泥放在密封的搅拌器内加一倍于泥的苯，加温到60℃，搅拌半小时，静置半小时，上部澄清的含脂苯液泵入贮藏罐中，下部污泥再加苯（苯量为第一次的一半），用上法处理一次 | 一般湿泥含脂约10%以上，使羊毛脂溶入苯中，搅拌器内的泥渣加水稀释，加热，充分回收泥渣中的苯，剩渣排出可作农肥 |
| 沉淀 | 合并两次的萃取液在贮藏罐内自然沉淀 | 沉淀掉一部分砂土 |
| 蒸发 | 含脂苯液送入蒸发罐中加热，蒸发回收苯，最后抽真空，充分回收剩苯 | 罐中残留物即为粗制羊毛脂 |

## 2．干泥萃取（表2-5-11）

表2-5-11 混凝沉淀法的干泥萃取工艺

| 工序 | 工 艺 | 备 注 |
|---|---|---|
| 干泥 | 把湿泥在地坪上晾干、晒干或烘干，碎成小块 | 用烘房在90℃烘20h，一般干泥中含油脂约30%～40% |
| 溶脂 | 干泥装在密封的萃取缸中，用石油醚冷浸4～6次，每次30～40min | 缸底装有由双层多孔铁夹板和棕丝组成的过滤层 |
| 蒸发 | 把含脂的石油醚泵入蒸发缸中，蒸发回收石油醚；残留的粗羊毛脂在真空蒸发器中抽真空，加热蒸发残留的石油醚，最后通以少量直接蒸汽，使石油醚充分回收，粗制羊毛脂在加热时失去水分 | 萃取缸中的泥渣，自缸上方和下方交替通入直接蒸汽，使石油醚气化，导入冷凝器中回收之 |

当几个萃取缸同时萃取时，可采用石油醚逆流法，即新鲜干泥先用已萃取过的含脂石油醚萃取，但最后一次萃取时，需用新鲜的石油醚。萃取次数多，羊毛脂回收得量高，约可达总量的90%左右。

湿泥用苯萃取，可免除含脂泥的烘干手续，但只适用于用铝盐作混凝沉淀剂，其羊毛脂回收得量约在73%左右。

混凝沉淀剂亦可用铅灰、氢氧化铝废渣和废酸制造铝盐等代替。

双锡林开毛机打下的羊毛灰(落屑）中有羊毛脂约5%～10%，可照干泥方法萃取羊毛脂。将羊毛灰倒入萃取缸内，加砻糠，砻糠用量为粗毛灰的5%，细毛灰的10%。加石油醚，液面高出毛灰层，浸20～30min，然后抽去，再反复加石油醚，浸20～30min。

含脂石油醚经蒸发后提炼得粗制羊毛脂。剩下的羊毛灰残渣中含有氮等元素，可作农肥。

### 三、混凝沉淀法回收羊毛脂操作注意事项

（1）脚水要放干净，以免油脂内剩留杂质。

（2）必须正确掌握pH值，防止反应不稳定。

（3）溶剂萃取时要注意设备的密封，防止渗漏；操作时要警惕气体积聚，引起燃爆。

（4）真空泵拉出时的尾气，亦应用冷凝法吸收，以防环境污染。

（5）提炼油脂，防止高温，如温度超过工艺规定，油脂的色泽容易变老，影响质量。

# 第三节 酸裂法回收羊毛脂

此法从洗液中可回收含油脂量的50%，剩下泥渣可作农肥。酸裂法工艺见表2-5-12。

表2-5-12　酸裂法工艺

| 工　序 | 工　艺 | 备　注 |
|---|---|---|
| 酸化 | 用浓流酸处理，把皂碱洗毛污水的pH值10～11或中性洗毛污水的pH值6.5～8.5降低到3.5 | — |
| 分层 | 污水经搅拌静置后分为三层，利用上下两层合成含油、杂和水的稠糊软块 | 排去中层的清水 |
| 加热加压 | 加热到88～91℃，加压到$3.5 \times 10^2$ kPa（3.5kgf/cm²）,油和水被挤出 | — |

# 第四节　精制羊毛脂

粗制的羊毛脂是棕色膏状物，还含有游离酸和灰分，只能作为工业用的低温润滑剂和防锈剂。如经精炼达到药典标准的规定，则可用作高级化妆品及药用油膏，并可作合成甾体激素的原料。

精制的羊毛脂是把粗制的羊毛脂（精分三道的或混凝沉淀法干、湿泥萃取的），按照药典标准规定的项目和要求，通过各种方法提纯而得，如用活性氧漂白脱色，用水洗、酸洗去除一部分可溶物、杂质和灰分，以及在合成溶剂中洗涤，去除游离脂肪酸等。

## 一、化学处理精炼羊毛脂

### 1. 精炼羊毛脂工艺举例（表2-5-13）

表2-5-13　精炼羊毛脂工艺

| 工　序 | 工　艺 | 备　注 |
|---|---|---|
| 稀释 | 以离心法分离所得三道油脂或干湿泥萃取的羊毛脂为100%，加纯苯200%，沉淀16h，放去下脚 | 下脚入下脚库，回收苯 |
| 酸处理 | （1）加硫酸9.5%（对苯脂液重量），水9.5%，在30min内缓缓加入，苯脂液保温55℃，从加酸开始搅拌45min，沉淀30min，放去下脚<br>（2）加淡酒精22%，水22%，保温60℃，搅拌30min，沉淀30min，放去下脚<br>（3）加淡酒精28.5%，保温60℃，搅拌30min，沉淀30min，放去下脚 | 硫酸浓度98%<br><br>工业用酒精95度 |
| 碱中和 | （1）加淡酒精28.5%，碱液0.42%，控制pH值为9，加水28.5%，保温60℃；在加水完毕后继续搅拌10min，沉淀60min，放去下脚<br>（2）在搅拌中加淡酒精28.5%，保温60℃，沉淀60min，放去下脚 | 烧碱30% |
| 脱色 | （1）加双氧水5%，保温60℃，搅拌60min，缓缓加入，加完后继续搅拌15min，沉淀30min，放去下脚<br>（2）淡酒精28.5%（搅拌加入），如pH值达不到9，再加碱调整，沉淀2h，放去下脚 | 工业用双氧水39% |
| 蒸苯 | 蒸发回收苯液，蒸苯完毕后，抽真空60min | |
| 洗涤 | 把羊毛脂冷却至60℃以下，加入浓酒精50%，搅拌60min，保温55～60℃，沉淀60min，反复两次完毕后，蒸去酒精 | 回收酒精 |

续表

| 工　序 | 工　艺 | 备　注 |
|---|---|---|
| 脱臭 | 抽真空120min | 羊毛脂精炼的得率为50%～60% |
| 过滤 | 羊毛脂经绢筛过滤后为成品 | 筛绢120目 |

### 2. 水洗法去除易氧化物

将粗制羊毛脂与水按1∶3的比例加入反应罐中，用直接蒸汽加热至沸腾，保持5min，静置至油水分层，弃去废水，反复水洗至废水中加入高锰酸钾试液不褪色为止。再于羊毛脂中注入清水，加热至沸腾，经末道精分机分离，可得药用羊毛脂。

### 3. 强氧化剂脱色

根据质量要求，精制羊毛脂的色泽为淡棕黄色，一般可用强氧化剂反复脱色。

方法：加苯稀释后，脂苯液加亚氯酸钠（或与次氯酸钠等量混合）2%～3%，搅拌氧化后，放去下脚，然后翻入另一缸，使自然沉淀，沉下的苯予以回收；再加双氧水2%，温度40～50℃，搅拌20min；加酒精（20°～25°）6%（对油脂量），掌握pH值8～8.5，反复洗2次。

### 4. 氢化处理

润肤用的羊毛脂需经氢化处理，在20个大气压（$2.02 \times 10^3$kPa）下，用铝或镍作接触剂，吹氢脱色。

## 二、精制羊毛脂质量要求

精制羊毛脂质量要求见表2-5-14。

表2-5-14　精制羊毛脂质量要求

| 熔点（℃） | 碘值 | 水分（%） | 酸值（KOHmg/g） | 皂化值（KOHmg/g） | 酸碱性 | 可溶性易氧化物 | 烧灼残渣（%） | 凡士林 | 氯化物 |
|---|---|---|---|---|---|---|---|---|---|
| 36～42 | 18～36 | 0.5以下 | 1以下 | 92～106 | 石蕊检验呈中性，水溶液澄清 | $KMnO_4$不完全褪色 | 0.15以下 | 在热醇中澄清溶解 | 0.35以下 |

**注**　羊毛脂的酸值：工业用1；药用0.8。

# 第三篇　和毛给油

# 第一章　配毛

## 第一节　粗纺配毛原则

粗纺产品由于品种繁多，用途各异，因而所使用的原料十分复杂。配毛时，需要根据织物品质、风格等特点与使用要求，原料资源与供应情况，混料与成品色泽变化，生产成本和消费水平等因素综合加以考虑。

### 一、适应产品风格要求

一般来说，长度在20mm以上的羊毛、驼绒、兔毛等动物纤维，各种化学纤维及棉纤维等其他植物纤维均可作为粗纺原料。

在配毛时，重起毛、长绒类织物需用的纤维平均长度应在65mm以上。紧密产品的经纱强力要高，起毛织物的纬纱要经得起拉毛，原料都不能太短。

精梳短毛等细、软、短的纤维，可以改进织物手感，增加缩绒性，降低成本。但比例过大时，成品易起球，不耐磨。

掺用10%左右的合成纤维（如锦纶、涤纶）可使纺纱性能及织物耐磨性能有显著的提高。

掺用一定数量的化学纤维（如黏胶纤维）可提高纺纱性能，降低成本，其掺用量如不超过30%，成品可不失去毛感。

### 二、满足工艺条件

在配毛时要考虑各种原料的可纺性，纺低号数纱应选细度细、细度离散小、长度较长的纤维，避免纺纱断头过多。

经纱应选用强力较大、长度较长的纤维，以满足织造时经纱所受张力较大的要求。

原料中各成分纤维的长度、细度不匀率不宜差异较大，以免加工困难。

由于各种原料在生产过程中制成率不同，为了保证产品达到规定的纤维含量，在配毛时，混纺产品混料比例的设定应考虑制成率的影响。

### 三、考虑生产成本

毛纺织品的原料通常占总成本的75%以上，因此，在保证产品质量的前提下，要尽量地利用价格低的原料。低档产品可大量掺用回丝、回毛、呢片、车肚等再生原料。

## 四、注意混色效果

浅色的、漂白的及色泽鲜艳的品种，原料要有相当的白度。混色缩绒的产品，其染色坚牢度应较高。

需要有特殊光泽及混色效应的产品，应根据织物要求，采用不同品种（如马海毛、有光化学纤维）、不同截面形态（如三角形、扁带形）或不同吸色性能、不同收缩性能的纤维进行混合。

# 第二节　精纺梳条配毛原则

精纺梳条配毛是将不同产区、不同血统、不同指标、不同批次的原毛或洗净毛,在满足产品质量要求的前提下，进行合理搭配，以保证毛条成品质量符合质量标准，并使同一型号、同一批号毛条成品质量保持稳定。一般情况下，梳条的配毛不能代替纺纱时的混条。

## 一、长度选择原则

（1）配毛时一般选择毛丛长度较短的一种毛为主体毛，其比例应占70%左右。

（2）以毛丛较长的一二种或三四种作为配合毛，并可使用少量较短的毛，其总量一般在30%左右。配合毛的毛丛长度与主体毛的长度差异一般不超过20mm。

（3）超过95mm的细支毛不宜作主体毛，太短的细支毛只能作配合毛合理使用。

（4）主体毛数量不足时，也可选择两种毛合并作为主体毛，但其长度与细度要相当接近。

（5）品质差异不大，一般毛丛平均长度差异在10mm以内的，可以无主体配毛。

（6）配毛时混合的毛丛平均长度，通过梳条加工后，在正常情况下，除毛丛长度过长者外，毛条的纤维平均长度一般会比毛丛平均长度有所增加，需要在配毛时结合考虑。

细支毛梳条后纤维平均长度的变化情况见表3-1-1。

机械与工艺条件对梳条后纤维平均长度的增减有显著影响。

表3-1-1　细支毛梳条后纤维平均长度的变化

| 毛丛的自然平均长度（mm） | | 梳条后毛条的纤维平均长度（mm） |
| --- | --- | --- |
| 国产细支毛 | | 增加　　6~2 |
| 澳洲细支毛 | 65~70 | 增加　　12 |
| | 70~75 | 增加　　8 |
| | 75~80 | 增加　　6.5 |
| | 80~85 | 增加　　4 |
| | 85~90 | 增加　　1.5 |
| | 90~95 | 不增加，略有损伤、减短 |

## 二、细度选择原则

（1）占30%左右的配合毛的平均细度不宜与主体毛相差过大，一般应控制在2μm以内。

（2）配毛时，混合的原料的平均细度，经梳条后也有变化，配毛时应结合考虑。国毛及细支澳毛（60～70支）平均直径一般约增加0.3μm左右。

## 三、原料性能的送配

原料性能差异较大的，一般不宜拼用，特殊要求者除外。如南美毛与马海毛，国毛与澳毛，一般不宜拼用。

梳条后毛条中粗腔毛的含量，实际上是有所减少的，但配毛时仍应按毛条要求加以选择。为保持成条的长度均匀，要注意弱节毛不宜过多搭配。

## 四、草杂含量的选配

原料草刺含量的选配应根据设备的除草能力及工艺条件适当掌握。同一规格产品分批投料时，原毛草杂含量差异控制在±1%范围内较好。

## 五、原料色泽、手感

原料的色泽和手感，应以较接近的互相拼和。

## 六、TEAM预测公式的使用

TEAM预测公式是澳大利亚羊毛检测局（AWTA）研制开发的用于预测毛条加工性能和质量的计算公式。根据原毛的参数包括（毛丛长度、毛丛强度、纤维平均细度、草杂含量及中部断裂位置等）对制条工厂的成品毛条中纤维的长度和长度离散进行预测，同时运用预测结果对实际生产水平进行监控和评估，指导和修正毛条的配毛。目前，国际上制条工厂常用的有TEAM-2公式与TEAM-3公式，可以按照国际毛纺织组织的有关规定同时对这两个公式加以使用。

1. TEAM-2公式

豪特长度Hauteur ＝ $0.52L + 0.47S + 0.95D - 0.19M* - 0.45V - 3.5 + [MA1]$

豪特长度离散CV Hauteur ＝ $0.12L - 0.41S - 0.35D + 0.20M* + 49.3 + [MA2]$

落毛率Romaine ＝ $-0.11L - 0.14S - 0.35D + 0.94V + 27.7 + [MA3]$

式中：$L$——毛丛的长度，mm；

　　　$S$——毛丛的强度，N/ktex；

　　　$D$——平均纤维细度，μm；

　　　$V$——草杂含量，%；

　　　$M*$——调整之后的中部断裂点比例，%；

　　　$MA$——工厂调整数字（$MA1$＝豪特长度，$MA2$＝豪特长度离散，$MA3$＝落毛率）。

2．TEAM-3公式

豪特长度Hauteur $= 0.43L + 0.35S + 1.38D - 0.15M - 0.45V - 0.59CVD - 0.32CVL + 21.8 + [MA1]$

豪特长度离散CV Hauteur $= 0.30L - 0.37S - 0.88D + 0.17M + 0.38CVL + 35.6 + [MA2]$

落毛率Romaine $= -0.13L - 0.18S - 0.63D + 0.78V + 38.6 + [MA3]$

式中：$L$——毛丛的长度，mm；

$\quad\quad S$——毛丛的强度，N/ktex；

$\quad\quad D$——平均纤维细度，$\mu$m；

$\quad CVD$——纤维的细度离散，%；

$\quad CVL$——毛丛长度的离散，%；

$\quad\quad V$——草杂含量，%；

$\quad\quad M$——中部断裂点比例，%；

$\quad\quad MA$——工厂调整数字（$MA1 =$豪特长度，$MA2 =$豪特长度离散，$MA3 =$落毛率）。

在使用以上的这组公式的时候，应该在今后的所有加工过程中对预测与实际加工的差值进行观察与记录，积累足够的原始数据，将预测值与实际值的平均差作为工厂的调整数字。

# 第二章　和毛

## 第一节　B261型和毛机的主要技术特征

B261型和毛机的主要技术特征见表3-2-1。

表3-2-1　B261型和毛机的主要技术特征

| 项　　目 | | 规　格 | 项　　目 | | 规　格 |
|---|---|---|---|---|---|
| 原料喂入方法 | | 人工，机械 | 剥毛辊 | 个数 | 4 |
| 主要机件的工作宽度（mm） | 喂毛帘 | 1100 | | 外径（mm） | 158 |
| | 喂毛罗拉 | 1133 | | 齿高（mm） | 17.5 |
| | 工作辊 | 1134 | | 轴向齿距（mm） | 21 |
| | 剥毛辊 | 1113 | | 齿排数（排） | 16 |
| | 锡林 | 1200 | 喂毛罗拉 | 对数 | 1 |
| | 道夫 | 1200 | | 外径（mm） | 120 |
| 主要机件规格 | 锡林　外径（钉尖）（mm） | 1064 | | 齿高（mm） | 17.5 |
| | 钉高（mm） | 33 | | 轴向齿距（mm） | 21 |
| | 钉排数（排） | 144 | | 齿排数（排） | 16 |
| | 轴向钉距（mm） | 21 | 喂毛帘长度（mm） | | 1970～2030 |
| | 道夫　外径（钉尖）（mm） | 586 | 锡林漏底 | 圆棒直径（mm） | 6 |
| | 钉高（mm） | 43 | | 圆棒中心距（mm） | 12.5 |
| | 钉排数（排） | 12 | | 径向调节范围（mm） | ±12.5 |
| | 皮翼数（片） | 4 | 道夫漏底 | 圆棒直径（mm） | 6 |
| | 锡林道夫　中心距（可调节）（mm） | 812～832 | | 圆棒中心距（mm） | 12.5　25 |
| | 工作辊　个数 | 3 | 出毛口 | 中心高（mm） | 727.5 |
| | 外径（mm） | 178 | | 面积（mm²） | 22.5×1200 |
| | 齿高（mm） | 17.5 | 电动机 | 型式 | JFO₂52B-6 |
| | 轴向齿距（mm） | 21 | | 功率（kW） | 6.5 |
| | 齿排数（排） | 22 | | 转速（r/min） | 960 |
| | | | 机器外形尺寸：长（mm）×宽（mm）×高（mm） | | 4035×2212×2252 |
| | | | 机器重量（kg） | | 约3000 |

# 第二节　B261型和毛机的传动及工艺计算

B261型和毛机的传动见图3-2-1。

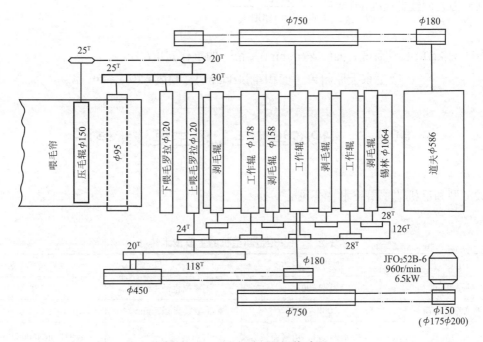

图3-2-1　B261型和毛机传动图

B261型和毛机的工艺计算如下：

$$锡林转速(r/min) = \frac{960 \times 电动机皮带盘节径}{750}$$

$$锡林表面线速(m/min) = \frac{锡林转速 \times 1064 \times 3.14}{1000}$$

$$道夫转速(m/min) = \frac{锡林转速 \times 750}{180}$$

$$道夫表面线速(m/min) = \frac{道夫转速 \times 586 \times 3.14}{1000}$$

$$喂毛罗拉转速(r/min) = \frac{锡林转速 \times 180 \times 20(18,22)}{450 \times 118}$$

$$喂毛罗拉表面线速(m/min) = \frac{喂毛罗拉转速 \times 120 \times 3.14}{1000}$$

$$喂毛帘表面线速(m/min) = \frac{喂毛罗拉转速 \times 30 \times 95 \times 3.14}{25 \times 1000}$$

$$工作辊（剥毛辊）转速(r/min) = \frac{锡林转速 \times 180 \times 20(18,22) \times 24}{450 \times 118 \times 28}$$

$$工作辊表面线速(m/min) = \frac{工作辊转速 \times 178 \times 3.14}{1000}$$

$$剥毛辊表面线速(m/min) = \frac{剥毛辊转速 \times 158 \times 3.14}{1000}$$

$$生产量(kg/h) = 喂毛帘表面线速(m/min) \times 帘子的工作宽度(m) \times$$
$$喂毛帘上原料单位面积重量(kg/m^2) \times 制成率(\%) \times 60$$

## 第三节　B262型和毛机的主要技术特征

B262型和毛机的主要技术特征见表3–2–2。

表3–2–2　B262型和毛机的主要技术特征

| 项　　目 | 主要技术参数 | 项　　目 | 主要技术参数 |
|---|---|---|---|
| 机幅（mm） | 1200 | 工作罗拉直径（mm） | 178 |
| 喂入量（kg/h） | 1000~1500 | 剥毛罗拉直径（mm） | 158 |
| 喂入方式 | 羊毛通过风道，由气流输送到喂入帘 | 加油桶规格 | $\phi$910mm×1000mm，容量630kg |
| 出毛方式 | 由风机送入毛仓或打包间 | 占地面积（m²） | 3.92×1.4 |
| 锡林转速（r/min） | 200，230 | | Y160L–8，7.5kW，1台 |
| 锡林直径（mm） | 1064 | 电动机型号和功率 | Y112M–4，4kW，1台 |
| 道夫直径（mm） | 584 | | Y90S–4，1.1kW，1台 |
| 喂毛罗拉直径（mm） | 120 | 机器重量（t） | 4.5 |

## 第四节　和毛工艺

## 一、主要机件的隔距（表3–2–3）

表3-2-3　B261型和毛机主要机件的隔距

| 关系机件 | 隔距（mm） | | 交叉深度（mm） | |
|---|---|---|---|---|
| | 粗纺 | 精纺 | 粗纺 | 精纺 |
| 喂毛罗拉~锡林钉尖 | — | 9.5 | 5~8 | — |

续表

| 关系机件 | 隔距（mm） | | 交叉深度（mm） | |
| --- | --- | --- | --- | --- |
| | 粗纺 | 精纺 | 粗纺 | 精纺 |
| 工作辊钉尖~锡林钉尖 | — | 3.5 | 5~8 | — |
| 剥毛辊钉尖~锡林钉尖 | — | 2 | 5~8 | — |
| 锡林钉尖~漏底圆棒表面 | 15 | — | — | — |
| 道夫钉尖~漏底圆棒表面 | 50 | 20 | — | — |
| 剥毛辊钉尖~工作辊钉尖 | — | 2 | 4~6 | — |
| 锡林钉尖~道夫钉尖 | 20 | 3~5 | — | — |
| 锡林钉尖~道夫皮翼 | — | — | 4~6 | — |

## 二、主要机件的速度（表3-2-4）

表3-2-4 B261型和毛机主要机件的速度

| 机件名称 | 在不同锡林转速下的相应速度 | | |
| --- | --- | --- | --- |
| 锡林（r/min） | 180 | 210 | 240 |
| 道夫（r/min） | 750 | 875 | 1000 |
| 工作辊、剥毛辊（r/min） | 9.9 | 11.6 | 13.2 |
| 喂毛罗拉（r/min） | 11.6 | 13.5 | 15.5 |
| 喂毛罗拉钉尖（m/min） | 4.35 | 5.1 | 5.8 |
| 喂毛帘（m/min） | 4.28 | 5 | 5.7 |

为防止纤维损伤，一般都选择第一档速度，即锡林转速为180r/min。

## 三、速比的选择（表3-2-5）

表3-2-5 B261型和毛机主要机件的速比

| 机件名称 | 主动传动齿轮 | | |
| --- | --- | --- | --- |
| | 18$^T$ | 20$^T$ | 22$^T$ |
| 锡林~喂毛辊 | 14.7:1 | 13.2:1 | 12:1 |
| 锡林~工作辊 | 11.6:1 | 10.4:1 | 9.4:1 |
| 锡林~道夫 | 1:2.3 | 1:2.3 | 1:2.3 |

主动传动变换齿轮有18$^T$、20$^T$及22$^T$三档，一般常用的为20$^T$。

精纺梳条用的细支羊毛在保证基本开松的前提下，为减少纤维损伤，有选择使用22$^T$的。

## 四、原料的混和（表3-2-6）

### （一）粗纺混料

品质极不一致或比例差异较大的原料，要先经过"假和"❶。

容易产生毛粒的原料（如兔毛），或比例特别小的或色泽差异大的原料，要先经过"预分梳"❷，使纤维松散体积扩大，以利于混和均匀。

纤维经过染色易有毡并，一定要事先开松或分梳。

除了呢面要求有白抢的效应外，如用两种极端的相对色混和，要组合均匀的混成色，最好用增加中间色的方法，来提高混色效果。

在有色原料的混和中，平素织物的混料成分的几种色泽要比较接近。

粗纺混料的混和方法见表3-2-6。

表3-2-6 粗纺混料的混和方法

| 混料种类 | 混和方法 |
| --- | --- |
| 纯羊毛或纯羊绒 | 第一次混和、开松、加油水→第二次混和→第三次混和→装包或进毛仓 |
| 黏胶纤维（或其他化学纤维）、羊毛（或精梳短毛、下脚毛） | 开松 / 开松、加油水 }混和→混和→混和→装包或进毛仓 |
| 兔毛、羊毛（或精梳短毛、下脚毛） | 预分梳 / 开松、加油水 }混和→混和→装包或进毛仓 |
| 原料种类多或色泽多 | 比例小的几种先"假和"、开松 / 比例大的 }混和加油水→混和→混和→装包或进毛仓 |
| 对立色的拼和：白（浅）色少 黑（深）色多 | 白色与黑色中的小量先"假和"、分梳 / 黑色原料 }混和加油水→混和→混和→装包或进毛仓 |
| 呢面要求白抢效应：兔毛（白）羊毛（色） | 分梳 / 混和 }混和分梳→混和、加油水→混和→装包或进毛仓 |

注 混和开松均在和毛机上进行；加油水后，一般需堆放8h

粗细原料混和时，纤维粗的色泽表现较纤维细的明显，如产品要求突出某种色彩，可在粗的纤维上发挥。

织物上要特别显示的颜色，可染在色泽光亮的纤维上，且其长度要短，以保证在混料中分布均匀。

❶ "假和"是指混料时，如成分多且各成分的比例差异较大，应先将几种数量少的原料经过一次或二次和毛混在一起，成为一种新的原料，此即所谓"假和"。然后再将"假和"成的几个大批量的原料进行混和。
对于成分少而比例相差很大的混料，应先把数量大的成分中的一小部分与批量小的成分先行"假和"，然后再与剩余的部分混和。
有色原料的拼色混和时，"假和"的方法使用得更多。
❷ 经过单节梳毛机梳松（工艺与一般梳毛时相同，不成球也不成条），称为"预分梳"。

## （二）精纺梳条时的混料

方法可参照表3-2-6中混料种类相同的混和方法。

## （三）毛条的混和

详见本书第六篇第一章。在混条时，如个别原料的混和比例特别小（如1%或2%），为避免混和不匀造成毛纱横截面上各种原料含量不匀，成品呢面不匀净或产生雨丝，可先将比例特别小的原料与比例特别大的原料中的一部分（如15%）先在针密较高的针梳机上经过一次混条，然后再与其余部分毛条在混条机或针梳机上进行混和。

# 第五节 和毛方法

## 一、机械铺层和毛

两只并行的螺旋式铺毛漏斗装在伸缩管道中间，全部挂在钢轨上（图3-2-2）。轨道固定于屋梁，两端装有限位开关，开松的原料由除杂机或和毛机，或直接由风机送入伸缩管道，进入漏斗。漏斗由电动机拖动来回运行，不断喷出原料，撒在地面上铺层，再由人工分段直向截取铺成层的毛堆，或由运输帘等机械送到和毛机混和。机械铺层和毛的主要技术特征见表3-2-7。

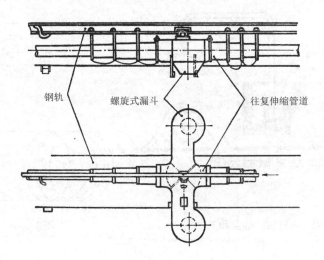

钢轨　螺旋式漏斗　往复伸缩管道

图3-2-2　和毛铺层机示意图

表3-2-7　机械铺层和毛的主要技术特征

| 项 目 | 参 数 | 备 注 |
|---|---|---|
| 漏斗离地高度 | 3m以上 | 根据车间或毛仓高度与面积可自行安排 |
| 往复移动范围 | 11m左右 | |
| 伸缩管道 | 漏斗两端各6节 | 共12节 |
| 班产量 | 约3000kg | |

各种原料分层相间铺放，铺5～15层，每层高度20～25cm，毛堆总高度不超过1.2～2 m。混和的各种原料其松散状态应较接近。

根据一批混料的总重量及各成分所占的比例，计算出各成分的重量，按照各层重量接近但又要铺匀的原则来确定铺层数。铺放层数越多，均匀程度越高。

在铺层中，纤维较短的与较长的要交叉铺放，深色的与浅色的要交叉铺放，黏胶纤维与羊毛要交叉铺放，粗毛与细毛要交叉铺放。

一般毛堆混毛，铺一层加一次和毛油，或在和毛机出口处加油。

羊毛与黏胶纤维混和时，羊毛加油，黏胶纤维不加油。

羊毛与合成纤维混和时，合成纤维不加油。

## 二、半机械式铺层和毛

把要混和的原料按照其混和比例按次序推入运输地道的喂料口（图3-2-3），由风扇输送通过除尘笼，落到和毛机喂毛帘上，经和毛机混和开松除杂后，再由强力风扇经管道送到毛仓或堆毛场地。喷出口为一个S形的转头（图3-2-4），由电动机直接传动回转，或由于喷出有冲力的空气羊毛混合体而自行转动，回转时羊毛被喷洒在毛仓中。

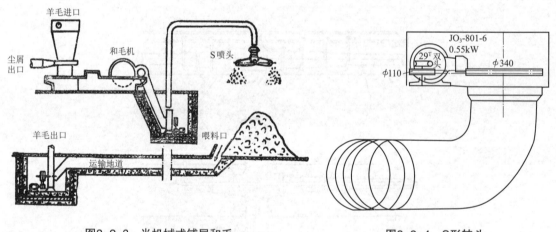

图3-2-3　半机械式铺层和毛　　　　图3-2-4　S形转头

S形转头混毛机结构简单，效率较高，可以节约劳动力，但毛块重量差异较大时，容易造成不匀。

按照和毛分堆各层的次序和重量，依次由S形转头在毛仓中回转撒落铺毛。当各种原料按规定铺完后，开启毛仓由人工将原料由上向下切取，再用上法经和毛机混和均匀后装包，或通过管道送入另一毛仓，或直接送上梳毛机。

和毛机的喂毛帘上装有除尘笼，其除杂效率可达70%（图3-2-5）。

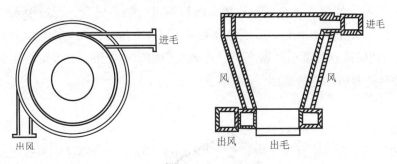

图3-2-5　除尘笼示意图

## 三、利用羊毛空气分离器进行铺层和毛

混料各组成成分分别经过和毛机混和或开松，沿管道输送入旋风式落毛器即羊毛空气分离器（图3-2-6），羊毛便落入毛仓进行分层铺堆和毛。

在管道运输中，大多采用离心风扇，其装置有排气式的，亦有吸气式的（图3-2-7）。

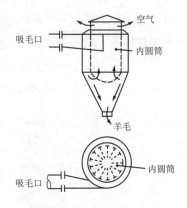

图3-2-6　羊毛空气分离器

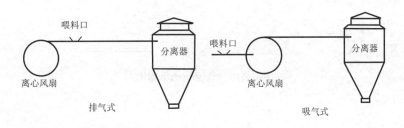

图3-2-7　离心风扇装置

## 四、人工和毛

### 1. 喂毛帘上手工和毛

把已准备的各种原料，按混料的比例重量和次序陆续放到和毛机的喂毛帘上，送入和毛机混和。这种方法只适用于小批量，而且每袋原料的重量要求正确，以便按比例搭配。

### 2. 人工铺层和毛

人工铺层和毛多用于小批量、多品种、多色泽的散纤维染色的生产方式中。把已准备的各种原料，按混料的比例重量和次序陆续放到和毛区域，依照和毛工艺要求预定分层次序，一层一层地平铺在地面上，形成毛堆。每层原料所铺的面积、厚度及密度等尽可能保持一致，重量也应保持准确。为了使每层厚薄均匀，在铺层前需要使用和毛机对原料进行开松。毛堆层数是根据混合料的种类、重量及和毛空间来确定，一般需分8~15层。

　　分层后的毛堆，使用工具直取各层组分的原料进行挑匀混合，然后喂入和毛机进行开松混合，再进行一层一层地铺毛，形成混合毛堆。混合毛堆再次挑匀混合，开松铺层。通常进行2~3次挑匀铺层或开松铺层的循环，以达到混合均匀的效果。必要时根据每层原料的要求进行和毛油和抗静电助剂的施加。

### 五、气流输毛

　　混料经和毛机的鼓风机打出，由管道（400mm×200mm长方截面）直接送达梳毛机的喂毛机内（图3-2-8）。喂毛机装有带喂入罗拉的储毛箱，此箱与输毛管连接。羊毛在输毛管中流动，并与管道内三把挡毛叉（$\phi 8mm×150mm$）相撞而落入储毛箱。喂毛机的斜帘进行送毛时，储毛箱的喂入罗拉同时送毛。几台梳毛机可以联成一组，由风管输送。第1台喂满后，羊毛冲过挡毛叉吹送至第2台，这样依次送毛，气流穿过最后一台梳毛机后经回风管进入毛仓。

　　一般管道中空气流动速度在16m/min的情况下，羊毛处于悬浮状态，风扇产生风量约2m³/s。单机台输送量最大可达800kg/h。多台组合喂毛输送量为250~300kg/h。

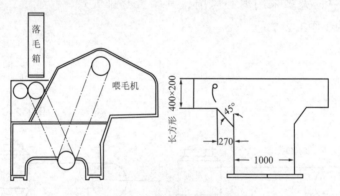

图3-2-8　气流输毛示意图

## 第六节　和毛质量要求

　　和毛质量要求见表3-2-8。

表3-2-8　和毛质量要求

| 项　　目 | 要　　求 | 测验方法 |
| --- | --- | --- |
| 上机回潮 | 同一批内各包最高与最低差异在10%以内 | 从已和的毛包中，任意抽样，用红外线烘20min称重，测定各包的回潮率 |
| 油水均匀 | ±2% | 整批已和毛的重量与工艺规定比较（结合损耗考虑） |
| 色泽均匀 | 接近标样公差范围内 | 对标样目测 |

# 第七节　和毛操作注意事项

（1）喂毛帘上铺毛不宜过厚（200mm以下）。

（2）喂入的混料要防止有金属杂物等带入。

（3）工作机件间的隔距或交叉深度要求正确。如工作辊未按规定充分进入锡林钉隙内，会引起原料充塞钉间，影响扯松作用，还会损坏钉齿。

（4）锡林和工作辊的速比越大，扯松作用越大。在处理精纺混料成分少的较长纤维或化学纤维时，为防止纤维损伤，可采用较小速比或将工作辊的数量从3对减为1对。

（5）和毛机上各部位的钉子要完整，如有歪斜要进行校正，弯曲或残缺在10%以上的，应停机检修。

（6）注意皮带打滑现象。道夫转速减慢，亦会造成纤维扭结。

（7）原料换批时一定要揩车出清（包括管道和弯头）。

# 第八节　和毛疵点成因及防止方法

和毛疵点成因及防止方法见表3-2-9。

**表3-2-9　和毛疵点成因及防止方法**

| 疵点名称 | 造成原因 | 防止方法 |
|---|---|---|
| 油水偏高偏低 | 油水率控制不当 | 根据羊毛原有的含油和回潮，结合空气的干湿情况，正确掌握油水率，控制加入量 |
| 油水不均匀 | 喷油设备不良，喂毛或多或少，或快或慢，或喂毛辊轧刹 | 检修喷油设备，按比例均匀投毛，喷油水量要掌握前后均匀 |
| 混合不匀 | 分层交叉铺叠不当，原料之间的松散程度相差较大，截取不匀 | 注意铺层和喂入的均匀，适当采用"假和"的方法，做好原料的开松工作，或经过一次预分梳 |
| 杂毛、色污毛带入 | 拣毛包装不清，和毛机揩车不清，管道粘毛，使用袋皮不当 | 注意了批，换批、揩车和管道容器的清洁工作 |
| 纤维缠结成萝卜丝状 | 经过和毛机次数过多，鼓风机叶片绕毛，叶片与罩壳的间隙不适当 | 适当调整工艺，混和细长的羊毛时少用风道输送 |

# 第三章　给油

洗净羊毛的残存油脂一般为0.4%～1.2%，由于纤维表面的残存油脂分布极不均匀，因此适当补加油剂可以减少纤维的摩擦系数和它的变动率，使表面性状差异很大的纤维（包括不同原料混合）得到近似的摩擦系数。在粗纺中应用较大剂量的油，可使纤维的摩擦系数接近于油类本身的流体摩擦，使纤维容易开松，减少损伤。并防止加工中产生静电，使牵伸顺利，减少纱疵形成。油类适度的黏性有利于较短纤维的抱合成纱。此外，给油还使纤维柔软，保持弹性，减少飞毛和落屑等损耗。不同种类纤维，应用不同性能的和毛油。羊绒、兔毛有专用的和毛油。

一般工厂用的和毛油均系乳化液。这是由于羊毛的表面积较大，加油量有一定限制，用几倍于油量的水与油组成乳化液，使油分成无数小粒，增大散布面，能使和毛油比较均匀地分布在纤维表面。一般认为乳化液的pH值不宜超过8。

## 第一节　和毛油

### 一、和毛油应具备的条件（表3-3-1）

表3-3-1　和毛油应具备的条件

| 项　目 | 条　件 |
|---|---|
| 自　燃 | 在90℃的空气中放2h不着火，引火点在170℃以上 |
| 酸　值 | 40以下（中和1g油脂中的游离酸所需氢氧化钠的毫克数） |
| 碘　值 | 90以下（100g油类所吸收碘的克数） |
| 皂化值 | 190以上（皂化1g油脂所用氢氧化钠的毫克数） |
| 凝固点 | 10℃以下 |
| 黏　度 | 恩氏条件度0.98～2.93$^{\circ}E_{50}$ |
| 洗涤性能 | 把0.3mg的油涂在手上，用0.2%碱溶液500mL能洗去 |
| 外　观 | 橙黄色或淡褐色，无臭味 |

注　在20～40℃时，用软水或一般的水能组成稳定均匀的乳化液；测定乳化程度：以油水1∶3的乳化液放入16mm直径的试管中摇100次，放置24h，要求油水不分层。

## 二、矿物及植物和毛油的性能（表3-3-2）

表3-3-2　矿物及植物和毛油的性能

| 油类名称 | 项　目 | | | | | |
|---|---|---|---|---|---|---|
| | 黏度（°E$_{50}$） | 引火点（℃） | 酸　值 | 碘　值 | 凝固点（℃） | 皂化值 |
| 5#锭子油 | 1.29～1.4 | 不低于110 | 不大于0.04 | | -10 | |
| 7#锭子油 | 1.48～1.67 | 不低于125 | 不大于0.04 | | -10 | |
| 10#机械油 | 1.57～2.15 | 165 | 不大于0.05 | | -15 | |
| 20#机械油 | 2.6～3.31 | 170 | 不大于0.16 | | -15 | |
| 花生油 | 10～20（°E$_{20}$） | 150以上 | 4 | 89～98 | -5～-10 | 180～197 |
| 菜籽油 | 4 | 240～265 | 5 | 94～106 | -5～-10 | 172～175 |
| 棉籽油 | 3 | 273 | 1 | 101～120 | -6～-1 | 191～198 |
| 橄榄油 | 3.78 | 233～254 | | 75～88 | 0～-9 | 189～196 |
| 油酸 | | 160～180 | | 89.86 | 13.36~16.25 | |

## 三、合成和毛油

合成和毛油是采用化学合成手段制得的，具有灵活多变的化学结构，更能体现人们对和毛油性能的要求，性能好而用量小，加之合成原料来源广泛，因而得到了快速发展。

合成碳氢化合物具有与矿物油不同的平滑、抱合性能，且在微细分散的形式下可被微生物分解。可使用与乳化矿物油时相仿的表面活性剂。

脂肪酸酯是以合成脂肪族化合物为基础的和毛油。主要是脂肪酸单、双酯和多元醇酯，如硬脂酸丁酯、癸二酸二辛酯、新戊基多元醇酯等。这类油剂具有凝固点低、黏润性好、易被乳化，用量小等优点。多采用非离子表面活性剂乳化。

聚乙二醇及其衍生物主要包括聚乙二醇、脂肪酸聚乙二醇酯和聚醚类表面活性剂。具有很强的亲水性，能溶于水，故无须另加乳化剂，油剂无基础油剂和乳化剂之分，且极易洗除。其原料便宜，产品为液态，具有良好的平滑性和抱合性。

近期，国内外研制由纯表面活性剂复配再添加其他辅助物而成的非乳化型油剂。此类油剂无须乳化，可以分子或胶束状态溶于水，且其水溶液不分层，含油量高达95%以上，非离子表面活性剂和阴离子表面活性剂是油剂的主体成分，可通过调整油剂各组分的比例来适应各种纤维的纺纱要求，赋予纤维较好的平滑性、抱合力、抗静电性及润湿渗透性等，油剂表面张力可设计成与纤维的表面张力接近。因此油剂在纤维表面铺展成连续油膜，牢固吸附，并可快速渗透到纤维块中，使纤维堆放时间缩短，较高的油膜强度可使纤维在梳毛时少受损伤。非乳化型油剂多由聚醚类表面活性剂组成。

# 第二节  和毛油乳化液的调制

## 一、乳化液调制设备

### 1. 搅拌器种类

（1）间接传动搅拌器：一般在不锈钢的圆桶内装一个或两个搅拌器，由一组伞齿轮连接皮带盘传动（图3-3-1）。这样的装置，搅拌速度较慢，一般在200～300r/min，调制需要的时间较长。

$$叶轮转速=\frac{960\times72\times32}{400\times20}=276(r/min)$$

（2）直接传动搅拌器：搅拌器亦可采用直立式电动机直接传动（图3-3-2），转速可以达到950r/min。

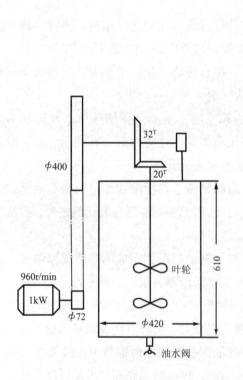

图3-3-1  间接传动搅拌器

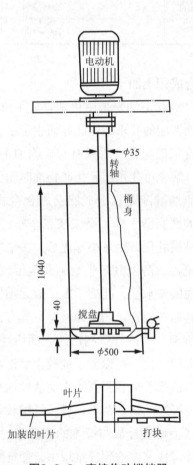

图3-3-2  直接传动搅拌器

（3）超声波发生器：采用声波振荡（图3-3-3）代替机械搅拌，作用强，乳化充分。制造时间可以缩短到1h。

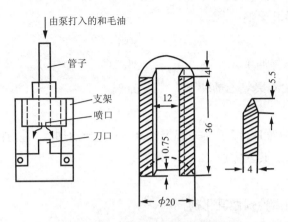

图3-3-3 超声波发生器示意图

## 2. 齿轮泵规格（表3-3-3）

表3-3-3 齿轮泵规格

| 型 号 | 进出口径（mm） | 流量（m³/h） | 排出压力（10²kPa） | 吸入真空高度（水银柱） | 安全阀回收压力（10²kPa） | 油泵转速（r/min） | 电动机功率（kW） |
|---|---|---|---|---|---|---|---|
| 2CY-3.3/3.3 | 25.4 | 3.3 | 3.3 | 5 | 5.5 | 1430 | 2.2 |
| 2CY-5/3.3 | 28.1 | 5 | 3.3 | 5 | 5.5 | 1430 | 3 |

## 3. 三缸活塞泵规格（表3-3-4）

表3-3-4 三缸活塞泵规格

| 流量（m³/h） | 工作压力（10²kPa） | 吸水高度（m） | 最高工作压力（10²kPa） | 曲轴转速（r/min） | 电动机功率（kW） |
|---|---|---|---|---|---|
| 2.2~2.4 | 10~25 | 5 | 30 | 700~800 | 2.2~2.6 |

## 二、矿物油的乳化

### （一）用油酸三乙醇胺皂做乳化剂

| | |
|---|---|
| 7#锭子油或5#机白油 | 70% |
| 油酸 | 20% |
| 三乙醇胺 | 10% |

锭子油加油酸边加温（60~80℃）边搅拌20min，然后将三乙醇胺加三倍的温水冲稀，慢慢加入（10~15min加完）。加入时继续搅拌，温度保持60℃左右，最后加入45℃温水，搅拌30min。

亦有先制成油酸三乙醇胺皂而后混合的。

## （二）用硫酸化油类做乳化剂

| | |
|---|---|
| 7#锭子油 | 30% |
| 太古油（磺化蓖麻籽油） | 3% |
| 乳化剂EL（蓖麻油酸聚氧乙烯酯） | 0.6% |
| 水 | 66.4% |

乳化剂EL、太古油及1kg锭子油一起搅拌30min，余油加入再搅拌30min，然后把水分3次加入，每次加后搅拌，共2h完成。

## （三）用非离子型表面活性剂做乳化剂

| | |
|---|---|
| 7#锭子油 | 30% |
| 磷酸脂 | 1.2% |
| 乳化剂EL | 0.6% |
| 水 | 68.2% |

把乳化剂EL和磷酸脂混和搅拌至糊状，滴入锭子油，在30min内加完，再搅拌30~60min，加入总加水量的1/3，然后逐渐加完，再继续搅拌1h。

# 三、植物油的乳化

## （一）纯碱制皂

花生油、纯碱及水放在一起，用蒸汽加热，搅拌20min，冷却到40~50℃，即可使用。

## （二）磺化

| | |
|---|---|
| 花生油 | 100% |
| 浓硫酸（66°Bé） | 20%~23%（对油重量比） |
| 烧碱（30°Bé） | 27%~30%（对油重量比） |

硫酸徐徐滴入花生油中，搅拌，在6h内加完，温度控制在35~38℃，不超过40℃，放置24h，加2倍的软水，搅拌15min，静置24h，待游离的硫酸吸入水中，油质轻浮于酸水上，从底部将水放出。

加烧碱溶液于油中，加入要快，搅拌要急。磺化油在使用时再按比例加水搅拌混合。

## （三）皂化

### 1. 油酸氨皂

| | |
|---|---|
| 花生油 | 9份 |
| 油酸 | 7份 |
| 氨水（24%） | 2份 |
| 清水 | 按需要的比例 |

花生油与油酸混和搅拌10min，先用1/2清水稀释氨水，徐徐加入，不断搅拌，在90min

内加完，再加其余1/2的清水，搅拌1h。

**2．油酸三乙醇胺皂**

| | |
|---|---|
| 花生油 | 5份 |
| 油酸 | 4份 |
| 三乙醇胺 | 1份 |

油与油酸先混合搅拌，再加入三乙醇胺，搅拌加水。亦有先制成油酸三乙醇胺皂而后混合的。

此外亦可用硼砂、松香等制皂。

## 四、乳化剂组成的配比

自乳化方法是借助于对乳化剂的亲油亲水性起调节作用的助剂，使助剂在油相和水相的界面，形成亲油亲水性平衡的薄膜，这就要求亲油性和亲水性助剂的用量配合适当。

### （一）亲水亲油平衡值

乳化剂组成的配比，应从实践中摸索，一般只能是大致的估计。计算的依据是按各种不同乳化剂的亲水亲油平衡值（HLB值）的总和相当于被乳化油类的亲水亲油平衡值（表3-3-5）来推算各该乳化剂的百分率。

表3-3-5　各种被乳化油类的亲水亲油平衡值

| 被乳化物 | 要求乳化剂具有的HLB值（水包油型乳液） | 被乳化物 | 要求乳化剂具有的HLB值（水包油型乳液） |
|---|---|---|---|
| 无水羊毛脂 | 15 | 矿油（密封用） | 10.5 |
| 石脑油 | 13 | 凡士林 | 10.5 |
| 棉籽油 | 7.5 | 蜂蜡 | 10～16 |
| 矿油（重脂） | 10.5 | 石蜡 | 9 |
| 矿油（轻脂） | 10 | | |

（油类的）HLB值=∑（乳化剂的）HLB值×每种乳化剂在总用量中的百分比

各种乳化剂的HLB值表示乳化剂的亲油亲水性能。HLB值低，亲油；HLB值高，亲水。一般亲油性表面活性剂的HLB值为3.5～6，亲水性的为8～18。使用复合的乳化剂乳化效果比单一乳化剂好（表3-3-6）。

表3-3-6　几种乳化剂的亲水亲油平衡值

| 助剂结构 | 类型 | HLB值 | 商品名称 |
|---|---|---|---|
| 山梨醇单硬脂酸酯 | 非离子 | 4.7 | 乳化剂S-60 |
| 山梨醇单油酸酯 | 非离子 | 4.3 | 乳化剂S-80 |
| 山梨醇单棕榈酸酯 | 非离子 | 6.7 | 乳化剂S-40 |

| 助剂结构 | 类型 | HLB值 | 商品名称 |
|---|---|---|---|
| 山梨醇单月桂酸酯 | 非离子 | 8.6 | 乳化剂S-20 |
| 山梨醇单油酸酯聚氧乙烯醚 | 非离子 | 10.0 | 乳化剂T-81 |
| 山梨醇三硬脂酸酯聚氧乙烯醚 | 非离子 | 10.5 | 乳化剂T-65 |
| 油酸三乙醇胺 | 阴离子 | 12.0 | 油酸三乙醇胺皂 |
| 蓖麻油酸聚氧乙烯酯 | 非离子 | 13.3 | 乳化剂EL |
| 山梨醇单硬脂酸酯聚氧乙烯醚 | 非离子 | 14.9 | 乳化剂T-60 |
| 鲸油醇聚氧乙烯醚 | 非离子 | 15.7 | 匀染剂O |
| 油酸钠 | 阴离子 | 18 | 油酸钠皂 |
| 油酸钾 | 阴离子 | 20 | 油酸钾皂 |

## （二）配比组合的方法举例

已知矿物油乳化所需的HLB值为10.5左右，如用表内1与9配合，则

HLB值=4.7×40%+14.9×60%=10.82

基本符合要求。

乳化液处方：

| | |
|---|---|
| 矿物油 | 85% |
| 乳化剂S-60 | 6% |
| 乳化剂T-60 | 9% |

被乳化物与乳化剂的HILB值差别越大，两者之间的亲和力就越差，乳化效果也差。如亲油性助剂过量，乳化液变稠，表面结成脂层。如亲水性助剂过量，黏度降低，乳化液松懈稀淡。

乳化剂用量一般为被乳化物的2%～50%不等。可先用20%～30%的不同乳化剂做乳化平行试验，从中选出最合适的乳化剂，然后再逐渐减少乳化剂的用量。

## （三）乳化方法

用表面活性剂作乳化剂的乳化方法，大致有三种。

### 1. 慢慢加水转相法

把加有乳化剂的油类加热，在搅拌条件下，慢慢加入温水（50℃）成油包水型乳液，再继续加水，则随着水的增加乳化液变稠，最后黏度急剧下降，转相为水包油型乳化液。

### 2. 自乳化分散方法

把乳化剂预先溶入油中制成液态产品，用时加水略加搅拌即成乳状液。

3. 机械乳化

利用均化器和胶体磨等把被乳化物粉碎磨细，使其能很好地被乳化分散，制得的乳化液粒子细小均匀。

（四）几种和毛油的组成

主要是自乳化分散法制成的液态产品（表3-3-7）。

表3-3-7　几种和毛油的组成

| 名　　称 | 组 成 内 容 |
|---|---|
| 水化白油 | 矿物油和菜油混合，用磺酸钠加烧碱制成，用时需加热到60℃，然后加水溶化 |
| 皂化溶解油 | 用氧化菜油与松香制成钠皂（加酒精）乳化矿物油（10#机械油） |
| 软皮白油 | 用石油磺酸钠、乙醇及丁醇乳化矿物油（10#机械油） |
| 防锈乳化油 | 环烷酸、松香、磺酸钠等和矿物油（10#机械油）乳化并加磺酸钡防锈 |
| 和毛油CN | 变性脂肪酸与抗静电剂的混合液。非离子型 |
| 和毛油L | 烷基聚氧乙烯醚衍生物的复配物。非离子表面活性剂 |
| 和毛油XL | 特种脂肪酸酯、非离子乳化剂和抗静电剂复合而成，呈非/阴离子特性 |

注　商品和毛油可按需要的油水比例，加水溶化成乳白色溶液后直接使用。

（五）各种和毛油乳化液的黏度（表3-3-8）

表3-3-8　各种和毛油乳化液的黏度

| 和毛油种类（乳化液油水比1∶2） | 恩氏黏度（°E） | 掺硅胶溶液1%后的恩氏黏度（°E） |
|---|---|---|
| 矿物油（三乙醇胺油酸） | 1.9 | — |
| 矿物油（非离子型表面活性剂乳化） | 1.27 | 1.13 |
| 水化白油 | 1.2 | 0.98 |
| 皂化溶解液 | 1.29 | 1.23 |
| 软皮白油 | 1.14 | 1.01 |

**五、调制和毛油乳化液注意事项**

（1）用油酸氨皂、油酸三乙醇胺皂及松香皂等皂类作乳化剂的，不耐酸、碱、硬水和高温（95℃），在酸性介质中很不稳定，会影响后道加工的质量。油酸还有可能在羊毛上留下黄色色迹。用非离子型乳化剂则不受上述影响，乳化稳定性较好。

（2）油类与乳化剂混合后边加水边搅拌的方法，其乳化稳定程度比乳化剂与油类混合搅拌后待使用时加水的自乳化方法为好。前者油微粒在1~10μm范围内的不超过10%。而后者的油粒加水后自行分散，油的微粒直径超过5μm的约有20%～30%。

（3）亲油性的乳化剂加入油相和亲水性的乳化剂加入水相形成水包油的单乳化层。其乳化液的稳定性较差；把两种乳化剂先混合乳化再加油，形成油包水再水包油的双乳化层，其乳化液的稳定性较好。

（4）较稳定的乳化液要求微粒直径最好在2μm以内，助剂配比适当，搅拌越剧烈，乳化程度越好。

（5）选择乳化剂时，除HLB值外还应考虑：

①乳化剂的离子型。乳化液粒子如带同种电荷，则相互排斥，乳化液稳定。

②乳化剂的憎水基和被乳化物的结构相似，乳化效果较好。

③乳化剂在被乳化物中易于溶解，乳化效果较好。

（6）加入其他助剂。

①为防止和毛油氧化，可加入抗氧剂，如β-萘酚、卵磷脂等，用量为油量的0.5%左右。

②调制和毛油一般用自来水，可能带有大量微生物，它们以油剂尤其是乳化剂为养料，繁殖增长，夏季油剂容易发臭，在室温20℃以上时，应加煤酚皂或甲醛等作防腐剂，一般加入量为0.02%～0.1%。

③为防止油水对金属的腐蚀，可采用防锈方法。和毛油防锈方法有三种：

中和：加氢氧化钠10%，使pH值达到8。

还原：加亚硝酸钠1%。

产生表面保护膜：加磷酸三钠1%。

④为使乳化稳定，亦可用酒精1%来加强乳化。


# 第三节　和毛油乳化液的油水量


再生毛开弹前的呢片回丝，精粗纺在梳毛前的混料，精纺复洗后的毛条，以及精纺混条等都要加油水。

粗纺梳毛加油量应按所测得洗净毛实际含油率来确定，一般洗净毛含油率是以0.8%±0.2%概算。加油水后，原则上使总含油量不超过1.5%为宜。在这个范围内。再看羊毛的弹性、强力等物理性能加以增减。毛细、弹性差的少加，毛粗、脆弱的多加。

羊毛纺纱以18%的回潮率较为适当。在工艺过程中，回潮率如低于12%会发生静电干扰，高于24%则摩擦系数增大。

水分的掌握不但要考虑挥发的情况（通过两节锡林的梳毛机大概挥发去原料中含有水分的20%左右），还需根据气候条件和相对湿度的变化而酌量增减。原料中加油水后贮放的时间应不少于8h。

# 一、粗纺混料和毛加油水量（表3-3-9）

表3-3-9　粗纺混料和毛加油水量

| 原　料 | | 加和毛油量（油水1∶3） | 上梳毛机回潮率（%） | | 附　加 |
|---|---|---|---|---|---|
| | | | 钢丝针布 | 金属针布 | |
| 羊毛 | 外毛64支 | 4～5 | 30～35 | 20～24 | |
| | 外毛60支 | 4～5 | 30～35 | 20～24 | |
| | 国毛1～3级 | 3～4 | 30～33 | 20～24 | |
| | 国毛4～5级 | 4～5 | 30～33 | 20～24 | 硅胶溶液2% |
| 毛和黏胶纤维 | | 按羊毛产量计算 | 24～28 | 18～22 | |
| 毛和涤纶 | | 按羊毛产量计算 | 20～25 | 18～22 | 静电防止剂0.5%～1% |
| 纯黏胶纤维 | | — | 15～20 | 15～18 | 静电防止剂0.5%～1% |
| 纯腈纶 | | — | — | 6～8 | 喷雾，静电防止剂2% |
| 羊绒 | | 4～5 | 25～30 | 24 | 硅胶溶液1%～2% |
| 羊毛与兔毛 | | 4～5 | 30～35 | 24 | 硅胶溶液1%～2% |

# 二、精纺梳条混料加油量（表3-3-10）

表3-3-10　精纺梳条混料加油量

| 原　料 | | 加纯油量（%） | 金属针布上梳毛机回潮率（%） |
|---|---|---|---|
| 西宁毛 | | 1～1.5 | 16～20 |
| 新疆改良毛 | | 0.5～1 | 16～20 |
| 粗支澳毛（48～56支） | | 1～1.5 | 16～20 |
| 细支澳毛 | 60支 | 0.5～1 | 18～22 |
| | 64支 | 0.4～0.8 | 18～22 |
| | 66支 | 0.3～0.6 | 18～22 |
| | 70支 | 0.2～0.6 | 18～22 |
| 澳毛（粗支）和黏胶纤维（75∶25） | | 1～1.5 | 14～18 |
| 西宁毛和黏胶纤维 | | 1～1.5 | 14～18 |
| 浙江改良毛和黏胶纤维 | | 0.5～1 | 14～18 |
| 黏锦混梳 | | 0.5～0.8 | 13～16 |
| 毛涤、毛涤黏三合一 | | 0.5 | 13～16 |

## 三、精纺混条加油量（表3-3-11）

表3-3-11　精纺混条加油量

| 原料种类 | 含油量控制范围（%） | 备　注 |
|---|---|---|
| 干　条 | 1.6～1.8 | 包括毛条原来含油量；使用皮圈式牵伸机构的纺纱设备，为防止绕毛，含油量应控制在1.5%以内 |
| 合成纤维 | 0.5～1 | 或只用静电防止剂 |
| 纯黏胶纤维 | 纯油酸0.8～1（加入量）或平平加0.6（不加油） | 保持回潮率13%～14% |
| 油条（含油量3.5%） | 0.5～1（加入量） | 油水比可改为1：6 |

## 四、加入油水量的计算

### 1. 粗纺混料和精纺梳条混料

粗纺混料和精纺梳条混料和毛油的加入量和上机回潮率是以油水率的计算来控制的。油水率是设计加油量（和毛油，一般油水比为1：3）与应加水量之和占投入原料标准重量（按公定回潮率折算）的百分比。

油水率一般控制范围为：

天气干燥时　　　　　19%～21%

天气潮湿时　　　　　17%～19%

计算举例：

设：投料羊毛1000kg，实际回潮率为15%，含油0.5%，设计加和毛油4%（要求和毛后羊毛含油达到1.5%），油水率为18%，计算应加的乳化液量和上机回潮率。

当回潮率为15%时，羊毛的含水率=$\frac{100\times15}{100+15}$=13%，即1000kg羊毛中含水130kg

羊毛干重应为1000kg-130kg=870kg

加和毛油4%，应为1000kg×4%=40kg（以油水比1：3计，其中纯油量为10kg，水量为30kg）

按油水率18%计算，应再加的水量为1000kg×（18%-4%）=140kg

乳化液量=和毛油40kg+水140kg=180kg

加油水率18%后，羊毛总共含水=原料含水量130kg+和毛油中含水量30kg+另加水量140kg=300kg

这样，和毛后回潮率=$\frac{(870+300)-870}{870}\times100$=34.5%

通过和毛机后的水分挥发量，一般第一次混和开松时以2%计算。以后每次为1%，实际上机回潮率在30%左右。

### 2. 精纺混条时的加油量计算

毛条总加和毛油量=投入毛条量×加油比例×油水比之和

混条机每分钟加油量=（要求达到的含油率-毛条原有含油率）×混条机速度（m/min）×混条单位重量（g/m）×油水比之和

混纺织品的加油量=[要求达到的总含油率-（羊毛原有含油率+化学纤维原有含油率）]×混条机速度（m/min）×混条单位重量（g/m）×油水比之和

计算举例：

（1）64支毛条投料975kg，原料含油0.8%，要求总含油率为1.2%，应补加0.4%的油。

①可以分2次加入，B411型混条机速度30m/min，B412型混条机速度50m/min；毛条单位重量25g/m。

第一次上B411型混条机，先加0.18%的油。

加入和毛油量=975kg×0.18%×（油1+水6）=12.3kg

每分钟加入量=（0.98%-0.8%）×30m/min×25g/m×（1+6）=9.5kg

实际加入量应将溅出或飞散损耗估算在内。

第二次上B412型混条机，再加0.22%。

加入和毛油量=975kg×0.22%×（1+6）=15kg

每分钟加入量=（1.2%-0.98%）×50m/min×25g/m×（1+6）=19.3g

实际加入量也应将溅出或飞散损耗估算在内。

②如系一次加入，则在B412型混条机上加0.4%。

总加和毛油量=975kg×0.4%×（1+6）=27.3kg

混条机每分钟加入量=（1.2%-0.8%）×50m／min×25g/m×（1+6）=35g

实际加入量应将溅出或飞散损耗估算在内。

（2）毛黏50/50混纺投料量830kg，羊毛原料含油0.8%，黏胶纤维含油0.4%。

要求总含油0.8%，上B 412型混条机一次加入。

每分钟加入量=[0.8%-（0.8%×50%+0.4%×50%）]×50m/min×25g/m×（1+6）=17.5g

实际加入量应将溅出或飞散损耗估算在内。

# 第四节 和毛油加入方法

## 一、粗纺加和毛油

一般都用喷雾法。

（1）毛堆混毛是把喷雾头装在堆毛场地中间上方，或者装在小车上、行车上推移喷洒。

（2）在和毛机喂毛帘上装一排喷雾头给油。

（3）在和毛机出口处装自动喷油装置。

（4）转头式和毛是在S头上部装自动喷油装置。

（5）旋风式和毛是在毛仓顶上装喷雾头。

## 二、精纺加和毛油

混毛和梳条部分都采用喷雾法（与粗纺相同）。

毛条复洗时的加油特别是化学纤维条，有在末槽漂洗液内加入和毛油，并提高轧液率，使毛条吸附足量的油剂（包括静电防止剂）；亦可于烘干后在针梳机上采用滚筒接触式或滴入式加油。

在混条机上加油，可用滴入式、喷雾式或圆盘转动翼式等方法。

合成纤维的吸湿性能较差，散布油剂或静电防止剂时要求粒细均匀，因此用喷雾式较为适宜。

和毛油调制成以后，取样，烘干，称重，确定烘干油量多少，作为和毛油加入量计算的参考。

测试机台上具体加入量的多少，可用量杯按单位时间在机积聚称重。在生产过程中，由于和毛油的稀稠、液面高低、机械状态以及其他管理因素等的变化，加入量常会有较大的波动。如把总量分成几次加入，取其平均数，则波动可以减少。

## 三、具体加油方法

### （一）喷雾法

#### 1. 压缩空气喷雾

用空气压力和空气量来调节油粒大小及送油量，见图3-3-4。

#### 2. 侧板转子喷雾

乳化油用齿轮泵压入，通过侧板转子，从喷嘴喷出微粒，见图3-3-5。

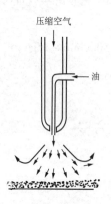

图3-3-4　压缩空气喷雾装置

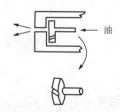

图3-3-5　侧板转子喷雾装置

#### 3. 油管喷头

和毛油由油泵从储油箱内压到油管里。喷头外壳用螺丝套在油管外面，喷头芯子在油管内侧，并被外壳包紧。在芯子边缘有四条螺旋形沟槽，乳化油从油管内沿沟槽流至顶端，由于液体压力作用，形成雾状喷散在羊毛上（图3-3-6）。

圆盘转动方式（图3-3-7）：B412型混条机采用TF16A型和毛油喷雾器，其耐酸铝圆盘的转速为2700～2800r/min。中心部进油，扩散至圆盘的四周，由离心力把油直接化成微粒，从喷雾口射出，不会阻塞，不需过滤。在输油管上分接一根旁通管（管径较输油管小），旁通管的出口头子插在油箱内，可通过改变出口头子的孔径调节油量（表3-3-12）。

放大和经常清洁回油口，可以保持回油畅通，避免漏油。

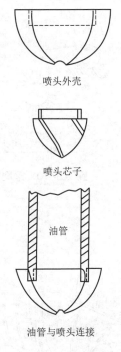

图3-3-6　油管喷头

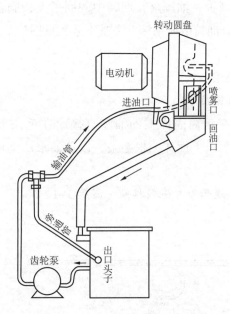

图3-3-7　圆盘转动翼喷雾装置图

表3-3-12　孔径与输油量的关系（实测）（油水比1∶6）

| 孔径（mm） | 油量（g／min） | 孔径（mm） | 油量（g／min） |
| --- | --- | --- | --- |
| 30 | 10 | 12 | 46.4～47.2 |
| 16 | 24.7～24.9 | 10 | 50.2～51.3 |
| 14 | 37.4～38.7 | | |

## （二）滴入法

### 1. 滴舌式

按加油量大小的要求，可以用一个或数个滴舌来调节，见图3-3-8。

### 2. 金属网式

金属网要经常移动位置或经常清洁，否则固定的网眼易被油腻黏结堵塞，不能散成细滴，见图3-3-9。

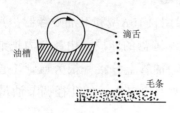

图3-3-8　滴舌式加油

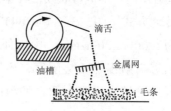

图3-3-9　金属网式加油

### 3. 滚刷式

通过滴舌，油滴落在回转中的刷子上，刷辊与固定的刮刀接触，油粒散成细沫，飞溅下来，见图3-3-10。

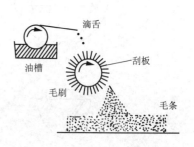

图3-3-10　滚刷式加油

### （三）接触法

#### 1. 滚筒接触

黏附在滚筒表面上的油膜直接涂在毛条上，并可在加过油的毛条下面铺一根毛条，以免油水沾染机件，见图3-3-11。

#### 2. 螺旋形刀片滚筒接触（图3-3-12）

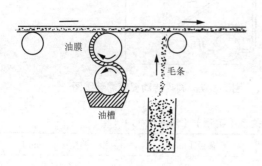

图3-3-11　滚筒接触加油

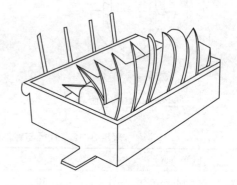

图3-3-12　螺旋形刀片滚筒

## 四、机械自动和毛生产线加和毛油

机械自动和毛生产线均为管道输送，分别采用仓内加油、管道加油及仓外加油，但有其特点：仓内加油仓壁易沾油污。管道加油，加油量有限制，一般只能在6%以内，同时管道不易清洁。仓外加油，不同原料不能做到区别加油。加油点位置和方式根据具体条件确定。

当前采用以下几种加和毛油方式。

### （一）回转式混毛圆仓加油

混毛圆仓仓底是角铁行架，底盘有10只轮子在轨道上行走，仓顶为漏斗散毛器（图3-3-13），原料沿内圆切线喂入，沿内圆壁旋转，经圆锥体落入仓底。仓内有压毛辊4节，压在铺好的毛层上。压毛辊的支架固定在仓顶盖上，能升降。圆仓作逆时针方向旋转，毛层上的压毛辊随之转动。自动加油装置固定在压毛辊前方，有9只不同角度的喷嘴，但不转动。圆仓将原料转到自动加油装置下，受到油雾喷射，随铺随加，加过油的毛层被带到压毛辊压紧，和毛油渗入纤维间，油水均匀。

圆仓只有一个出毛口，不能自动清仓取毛，需赖人工耙取，横铺而不能直切。

### （二）管道加油

在送毛风管弯头上，装一加油装置（图3-3-14），喷嘴在管道内向原料喷洒油水雾。由于纤维在风力运送中经常翻滚，油水沾附比较均匀，但因面积限制，加入量最多不能超过6%。

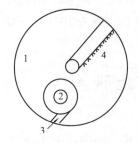 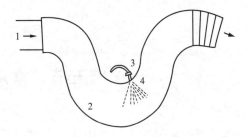

图3-3-13　回转式混毛圆仓加油
1—回转圆仓　2—漏斗散毛器　3—输毛管道　4—加油装置

图3-3-14　管道加油
1—管道送毛　2—弯道　3—加油装置　4—喷嘴

### （三）仓外加油

普遍采用封闭式回转底盘加油机。

纤维从风管落到回转的底盘上。加油架有4只向下的喷嘴，固定不转。纤维达到一定高度时，喷嘴方才喷油。加油架与乳化装置连接。配制的和毛油通过可调节的喷嘴对纤维进行喷雾加油，油量根据纤维流量调节。加过油的纤维由底盘转到吸口，由气流从管道输出（图3-3-15）。整台设备凡与纤维接触的部分，全用不锈钢制造，可耐腐蚀，并便利清洁工作。当纤维传送停止时，加油器自动停止喷油，因此底盘上无剩油。

另一种回转式圆盘加油机如图3-3-16所示。

加油机本身回转，转速可调节。混料由凝毛器输入，经称重输送带调节定重，4只喷雾嘴进行加油，加过油的混料被风机吸出。实际使用结果，盘底常有积油。

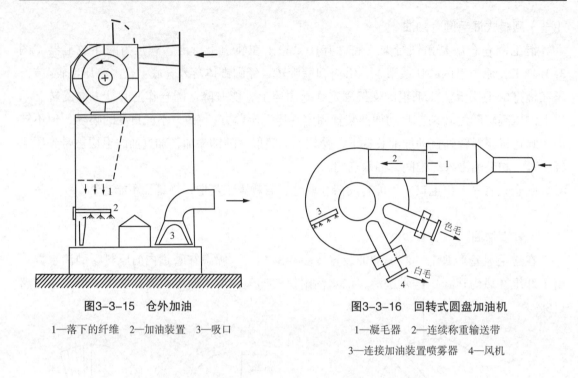

图3-3-15　仓外加油

1—落下的纤维　2—加油装置　3—吸口

图3-3-16　回转式圆盘加油机

1—凝毛器　2—连续称重输送带

3—连接加油装置喷雾器　4—风机

# 第五节　常用的静电防止剂

纯毛纤维回潮率大，比电阻小，如和毛油用量调节适当，静电现象不突出。合成纤维混纺和纯纺由于纤维导电性差，吸湿性小，容易产生静电。为了减少纤维与纤维之间以及纤维与金属之间的摩擦产生静电，应加静电防止剂。优良的静电防止剂大都是表面活性剂，用量一般为纤维量的0.5%～1%。

## 一、静电防止剂的种类

作为静电防止剂使用的主要表面活性剂大致如表3-3-13、表3-3-14所示。

表3-3-13　离子型活性剂

| 类　　别 | 化 学 组 成 | 商 品 名 称 |
|---|---|---|
| 阴离子型 | 脂肪族磺酸盐 | 净洗剂601 |
| | 高级醇硫酸酯盐<br>高级醇环氧乙烷加成物硫酸酯盐 | FS<br>乳化剂FES |
| | 高级醇磷酸酯盐<br>高级醇环氧乙烷加成物磷酸酯盐 | 静电防止剂P<br>磷酸化平平加 |
| 阳离子型 | 季铵盐型阳离子活性剂 | 静电防止剂SN |
| 两性型 | 甜菜碱型两性活性剂 | 两性甜菜碱活性剂 |

表3-3-14　非离子型活性剂

| 类　　别 | 化 学 组 成 | 商 品 名 称 |
|---|---|---|
| 聚乙二醇型 | 高级醇环氧乙烷加成物<br>聚乙二醇脂肪酸酯 | 匀染剂O（平平加O）<br>柔软剂SG |
| 多元醇型 | 多元醇脂肪酸酯 | 乳化剂S<br>乳化剂T |

这些助剂的结构中，大部分有亲水性基团，它在空气和纤维的界面上形成定向吸附膜，与空气中的水分结合，保留在纤维表面，使憎水性纤维变成容易导电的导体，摩擦产生的电荷，可立刻逸散到远处，当然周围空气的湿度亦是一个需要注意的条件。

## 二、表面活性剂的选择

选择使用消除静电的表面活性剂，可从以下几个方面考虑：

（1）能降低纤维表面的电阻（表3-3-15），使导电率上升，电荷衰减时间缩短，电荷迅速逸散和密度减少。各类表面活性剂降低电阻的效果比较见表3-3-16。

表3-3-15　常用纤维的质量比电阻

| 纤维种类 | 质量比电阻（$\Omega \cdot g/cm^2$） | 纤维种类 | 质量比电阻（$\Omega \cdot g/cm^2$） |
|---|---|---|---|
| 棉 | $10^6 \sim 10^7$ | 黏胶纤维 | $10^7$ |
| 麻 | $10^7 \sim 10^8$ | 锦纶，涤纶（去油） | $10^{13} \sim 10^{14}$ |
| 羊毛 | $10^8 \sim 10^9$ | 腈纶（去油） | $10^{12} \sim 10^{13}$ |
| 蚕丝 | $10^9 \sim 10^{10}$ | | |

表3-3-16　表面活性剂降低电阻效果比较

| 类　　型 | 效　　果 |
|---|---|
| 阳离子型（特别是季胺盐型）与阴离子型 | 显著 |
| 聚乙二醇型非离子表面活性剂 | 中等 |
| 多元醇型非离子表面活性剂 | 较差 |

（2）能中和电荷。助剂的电荷性质要选择与纤维所带的相反，不同纤维在摩擦中产生的静电符号不同，选择适当，助剂用量不但可以减少，而且效果好。物体的带电顺序，参见本书第一篇。

（3）有柔软润滑，并调整纤维间摩擦系数的作用。助剂应能使纤维和纤维间的静摩擦系数达到上限，动摩擦系数略低，从而增加纤维的集束性，以利纤维间的抱合；同时能降低纤维与金属之间的摩擦系数，减少静电的产生，以提高纱条的通过性能（表3-3-17）。

表3-3-17　用于化学纤维柔软润滑用的表面活性剂

| 化学组成 | | 适用的纤维 | 商品名称 |
|---|---|---|---|
| 憎水基脂肪族烃 | 十六烷基 | 腈纶、黏胶纤维 | 柔软剂VS |
| | 十八烷基 | | |
| 高级醇型脂肪酸环氧乙烷 | | 腈纶、涤纶 | 柔软剂SG |
| 季铵盐 | | 锦纶、腈纶、涤纶 | |
| 胺盐 | | | |
| 环氧基阳离子活性剂 | | 腈纶、涤纶 | 柔软剂ES |
| 聚乙二醇型非离子表面活性剂 多元醇型非离子脂肪酸酯 | | 黏胶纤维 | |

能调整腈纶摩擦系数的表面活性剂有聚氧乙烯月桂酸酯$MOA_4$等。

## 三、化学纤维使用静电防止剂的要求

化学纤维（不论本色的，有色的和染色的）在使用静电防止剂后，要求能达到表3-3-18所列的各项指标。

表3-3-18　化学纤维使用静电防止剂后应达到的指标

| 项　目 | 指　标 | 项　目 | 指　标 |
|---|---|---|---|
| 质量比电阻 | $10^7\Omega$以下 | 手感 | 柔软，有身骨，不涩 |
| 纤维间静电压 | 50V以下 | | |

## 四、化学纤维抗静电剂的使用（表3-3-19）

化学纤维一般常用的抗静电剂，有针对纤维不同性能复方配合组成综合油剂使用的；亦有单独掺在和毛油乳化液中直接加上纤维的，但后者有破坏乳化状态的可能。

表3-3-19　化学纤维一般常用的抗静电剂

| 纤维类别 | 综合油剂配方 | 抗静电剂 |
|---|---|---|
| 锦纶 | （1）锦油1#（北京） | （1）高度磺化油AH |
| | （2）十六碳烷基磺酸钠（601）　1 蓖麻油90（乳化剂EL）　1 高度磺化油AH　1 | （2）乳化剂EL |
| 腈纶 | （1）腈油2#（北京） | （1）烷基季铵盐（抗静电剂SN） |
| | （2）$MOA_1$　5 月桂酸（EO）₉　2.5 十六～十八醇　2 抗静电剂SN　7 | （2）三乙醇硫酸二甲酯（抗静电剂TM） |

| 纤维类别 | 综合油剂配方 | | 抗静电剂 |
|---|---|---|---|
| 涤纶 | （1）涤油5#（北京） | | （1）平平加O |
| | （2）十二醇磷脂甲盐PK<br>　　　月桂酸（环氧乙烷）₉<br>　　　十二醇（环氧乙烷）₄<br>　　　甘油 | 4<br>2<br>3<br>2 | （2）脂肪醇磷酸酯二乙醇胺PA（P） |
| 黏胶纤维 | 脂肪醇硫酸钠<br>抗静电剂P | | （1）平平加O<br>（2）柔软剂SCM |
| 维纶 | | | （1）磷酸化平平加<br>（2）磺化平平加（乳化剂FES） |
| 氯纶 | 乳化剂EL<br>匀染剂OP<br>机械白油 | | 抗静电剂SN |

# 第四章　硅胶溶液

在纺纱过程中，为增加纤维抱合力，减少梳理牵伸中纤维扩散，可在加和毛油的同时调入1%～2%（对原料）的硅胶溶液。这类二氧化硅的乳状液，可以帮助用较短纤维纺较高的纱支。对粗硬光滑的纤维如马海毛，细软的纤维如兔毛等，可以提高纺纱性能，增加成纱强力，减少断头。硅胶溶液亦可用于合成纤维，但不适于黏胶纤维。

## 第一节　调制设备

### 一、主要设备

水玻璃（硅酸钠）缸（500L）1～2只；耐酸交换缸（400L）1～2只；蒸发浓缩器（400L）1只；盛半制品缸1～2只；盛成品缸数量根据需要定。

### 二、耐酸交换缸

### 三、蒸发浓缩器

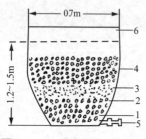

图3-4-1　耐酸交换缸示意图

1—石英块，或焦炭（大小约3～5cm），或石子，或大块硫酸氢碎片　2—较小的石英块（大小约1～2cm），或玻璃弹子，或玻璃丝，或小块硫酸氢碎片　3—洗净的黄砂，或双层棕榈　4—磺化煤　5—泄口（口径3cm）　6—陶瓷缸或耐酸材料制成的桶

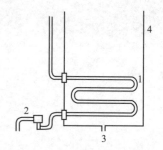

图3-4-2　蒸发浓缩器示意图

1—蛇形管（25mm蒸汽管约10m）　2—回汽氅
3—闸门阀　4—耐热缸或耐酸碱材料制成的缸

# 第二节　调制工艺

## 一、主要原料

（1）40°Bé或56°Bé的水玻璃（泡花碱），在缸中用回汽水溶化成6°Bé。

（2）硫酸。

（3）磺化煤（或其他合成树脂），颗粒大小不论。

## 二、工艺与操作（表3-4-1）

表3-4-1　制备硅胶溶液的工艺和操作

| 工艺程序 | 操作内容 | 备注 |
|---|---|---|
| 1. 浸酸 | （1）将15°Bé～20°Bé的硫酸均匀地灌入交换缸，液面高出磺化煤表层约20～30mm<br>浸透时间1h，如使用新磺化煤应浸24h<br>（2）放入酸液，以水冲洗，泄出液的pH值要求为5，再用回汽水浸渍15min，泄去，重复浸渍一次后待用 | （1）要使磺化煤、砂层、石子等浸透<br><br>（2）要求沥干到没有水 |
| 2. 交换 | （1）溶化成6°Bé的水玻璃，静置5～6h，取其上部清液均匀地注入交换缸，液面露出磺化煤表层，作用半小时左右，泄出液（即为硅胶溶液的半制品）呈微酸性，pH值在4以下；流速每分钟15L，比重自0°Bé逐渐升到2°Bé～2.5°Bé，滤毕再以20～30kg水均匀地注入，使泄出液比重自2°Bé逐渐降至0°Bé，泄出液合计为一次交换单位<br>（2）用回汽水冲洗磺化煤后，立即用大量自来水由泄水口进入，使水向上溢出，随带污物、泡沫，边溢边刮，去除务尽，直至交换缸内的水达pH值为6～7，再用水从上注入 | （1）灌注务求均匀，防止短路。泄出液应透明无色，如带碱性应废弃不用<br><br><br><br>（2）必须将结块的磺化煤重新粉碎，否则会失效 |
| 3. 回苏 | 在已冲洗干净的交换剂上浇注5°Bé～7°Bé的硫酸，液面高出磺化煤20～30mm，关闭泄出口停留1h后，全部放去；用水冲洗残酸，并再用水由泄水口进入，自下向上溢出，约15min，去除污物，继续放水冲洗及浸渍，使泄出液的pH值达5时为止，浸渍的水留在缸内，备下次交换时用 | |
| 4. 成熟及浓缩 | （1）将交换的硅胶溶液半制品，用水玻璃调节到pH值为8.5～9，放入蒸发器内浓缩<br>（2）硅胶溶液半制品在浓缩过程中，水分蒸发，浓度增加，陆续将一次交换得的硅胶半制品（pH值为4～6）加入，共约8～10个交换单位，浓缩时间约需30h，使浓度达9°Bé～10°Bé，即成硅胶溶液的成品<br>（3）另再配制再次交换的硅胶半制品，即将第一次交换得的硅胶半制品再交换一次，泄出液pH值为4～6，放在半制品缸内备添加用；在浓缩过程中，如出现pH值超过9时，可将再次交换的硅胶半制品加入调节 | （1）pH值必须在8.5以上，以防止凝结<br>（2）pH值过低时可加入水玻璃以调节 |

# 第三节　硅胶溶液调制操作注意事项

（1）调和水玻璃时，如发现有肥皂泡沫状物，乃系水玻璃存放时间过长，或受太阳晒过，不能使用。

（2）一般磺化煤的使用期限以连续生产硅胶溶液（9°Bé）的数量为水玻璃的30～40倍为限，超过此数，磺化煤的性能即趋衰退，应予换新。

（3）凝结问题。

①第一次交换的硅胶溶液半制品发生凝冻，其原因有：

a 水质硬度超过260mg/kg；

b 氯化物超过80；

c 浸酸后冲洗不净；

d 交换不全面（有短路情况发生）；

e 交换缸内过滤用的石子空隙过大。

②再次交换的硅胶溶液半制品有时也会凝结，可以加水玻璃溶液，即可自行溶开，对质量无影响。

③硅胶溶液半制品的pH值在8以下时，如发生凝结，需将凝结物做小样试验。在烧杯中加热浓缩20～30min，放冷，如仍有凝冻、结面或发腻等变质现象，这一交换单位不能再用于浓缩。

如果硅胶溶液半制品的pH值在8.5以上也发生凝结现象，也不能再用于浓缩。

（4）成品的乳白程度不够，可追加水玻璃溶液来调节。

# 第四节　硅胶溶液质量要求

硅胶溶液质量要求见表3-4-2。

当前商品硅胶溶液中的硅粒子的大小应不大于10μm。

表3-4-2　硅胶溶液的成品质量

| 项　目 | 指　标 |
| --- | --- |
| 色　泽 | 乳白，不泛黄 |
| 浓　度 | 9°Bé～10°Bé |
| pH值 | 9 |

# 第五章　国外和毛给油新设备简介

## 第一节　全自动机械和毛

　　长期以来，和毛工序都是人工操作或半机械生产方式。人为的误差往往影响梳毛和纺纱的质量。为改进纤维混和的均匀程度，降低劳动强度，改善劳动条件，根据产品要求，可以有选择地、针对性地组合有关开松、除杂、混和及加油等设备，形成连续化生产。全自动机械和毛生产线一般都通过中央控制台调节操作，由管道风力输送，并用管道连接成连续生产线。

　　国外全自动和毛机械的设备有如下几种。

### 一、松包机

　　当前的松包机结构坚固，有较强的角钉斜帘，角钉植在钢管上，并作螺旋形排列（图3-5-1）。松包机由中心控制台控制操作。喂毛箱的贮毛量可以通过光电装置调节。调节角钉斜帘传动机构，可以改变喂入与输出速度。针对不同原料设定开松程度，办法是调节均毛罗拉与角钉斜帘间的隔距，其范围在10～100mm之间。剥毛罗拉打下的原料，与各种开毛、除杂或和毛等设备连接。松包机的角钉斜帘、均毛罗拉及剥毛罗拉，分别由3个电动机传动，可在调节后进行自控运转。各电动机按一定的延迟时间依次转动，亦可单独分别开停。

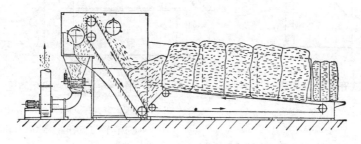

图3-5-1　松包机示意图

　　喂入部分系一长帘，亦由钢管组成。根据需要，长度可放大至12m，以节省劳动力。

### 二、卧式开毛机

　　横轴上安装8排打手，轴向排列成螺旋形。在喂入口内机架上，装有两排固定刀片，与横轴打手成交叉插入（图3-5-2）。机内有金属探测装置，以排除硬物轧入。开松和混和舱位较大，对于不同颜色和不同品种的原料，能起较好的混和作用，可以处理散纤维的开松、除杂与混和。从进口到出口，横轴作用区长2.4m，开松较充分，纤维损伤小。舱位的上部有尘格，下部有漏底，上下都有吸风，除尘效率较高，但夹杂纤维落毛也较多。机器既可用于再生纤维的除杂，亦可用于梳毛前的和毛。

### 三、和毛机

当前的自动和毛生产线，原料在进入混毛仓铺层之前，仍都先用类似梳毛机作用的和毛机开松混和。以德国泰玛法（Temafa）KRW0201型为例（图3-5-3），其结构采用低密高速，与旧式和毛机的高密低速相比较，纤维损伤减少，产量提高，台时产量约800～4000kg。

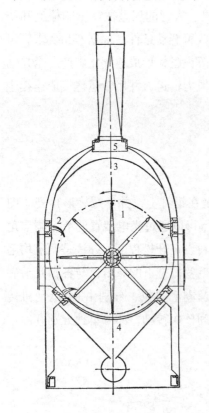

图3-5-2　卧式开毛机示意图

1—打手　2—固定刀片　3—尘格
4—漏底　5—吸风

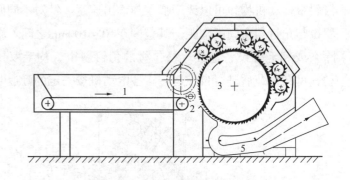

图3-5-3　和毛机示意图

1—喂入帘　2—喂入罗拉　3—锡林
4—工作辊与剥毛辊　5—吸风出口

锡林表面植有高弹性铸钢鹰嘴形角钉24排，每排116只，共2784只。罩盖上装有电气联锁防护装置。三对工作辊和剥毛辊上有弹性角钉，钉距为20mm/40mm，呈螺旋形排列。工作辊的钉数为672只，角钉系活套于方形轴上，利于检修调换。工作辊角钉与锡林角钉之间交叉插入的深度，从喂入方向由前到后逐渐加深，顺序为3mm、4mm及6mm。剥毛辊与工作辊交叉插入的深度依次为5mm、5.5mm及6mm，开松力由弱到强，逐渐增加。大块纤维被撕成小块，并反复混和。机上没有漏底和道夫，开松混和后的纤维由风机吸送出机。

锡林单独由11kW三相制动电动机传动。喂毛帘、喂毛罗拉、工作辊及剥毛辊由无级变速电动机传动。通过调节齿轮变速器，用手轮改变喂毛速度。变速器可在运转时调速。当喂入过多时，滑动离合器可使锡林高速运转，工作辊与剥毛辊亦随之相应加速，以防止阻塞。

## 四、纤维开松机

此机与传统的和毛机相似，但没有工作辊与剥毛辊，锡林上装有扁形角钉。喂入罗拉握持原料，由锡林角钉开松（图3-5-4）。工作宽度有1m，1.5m和2m几种。锡林转速230r/min，操作简便可靠，作用柔和，纤维损伤小，适用于长度小于100mm的原料。生产能力约为800～3000kg/台·h。

## 五、开松除杂和毛机

此机由德国泰玛法公司制造，全机包括PVC喂毛帘，钢管锡林和一对喂毛罗拉（图3-5-5）。上喂毛罗拉有等腰三角形的细沟槽，下喂毛罗拉表面有9条6.4mm宽的沟槽。锡林上方有两条固定的工作刀片，每条有31片刀，装在喂毛罗拉对面尘格的机架上，与锡林上的角钉成负隔距。锡林直径970mm，速度370r/min。锡林表面的角钉系等腰梯形钢板，计12行，每行30只，共360只，因此插入交叉梳理点为8258400钉次，远较一般和毛机打击钉次数为少。有两套尘格和一套吸尘装置。内罩壳是孔径3mm的网眼板，它与外罩壳之间是负压，负压值6～7大气压。锡林从喂毛罗拉抓取羊毛，在固定刀片中开松，羊毛由于离心力被送入气流出毛系统。锡林回转方向为下行，羊毛经过尘格，被打碎的杂质和尘屑被风管吸走。本机可以连续生产，台时产量为1500～2500kg。对杂质多的原料，可以间歇生产，其喂料速度、开松除杂与出毛时间，单独由时间继电器控制，台时产量为300～2000kg，纤维损伤少，适于处理精纺梳条用毛。

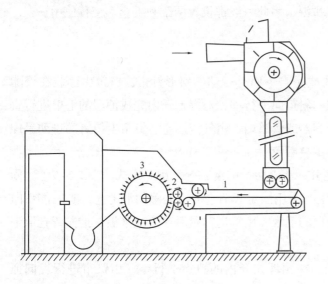

**图3-5-4　纤维开松机示意图**

1—喂毛帘　2—喂入罗拉　3—锡林

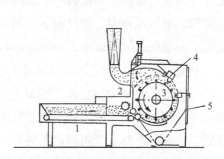

**图3-5-5　开松除杂和毛机示意图**

1—喂毛帘　2—喂入罗拉　3—锡林
4—固定刀片　5—尘格

## 六、混毛仓

全自动机械混毛的主体是混毛仓（图3-5-6）。混毛仓一般为长方形，由标准组件嵌板组装而成。嵌板系镀锌钢板，与纤维接触的表面有一层塑料薄膜，嵌板中心夹层充塞聚氨酯泡沫塑料。

工作宽度可以2~6m，仓高5~6m，堆积高度2.75~4.75m，长度可达20m不等。长14m、宽4m、毛层高2.5m的和毛量约为3t。混毛仓前面配备有移门或卷门，保持和毛铺层在完全封闭的状态下进行。

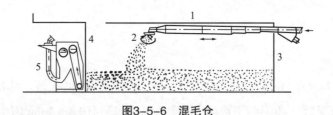

图3-5-6　混毛仓
1—伸缩送毛管　2—漏斗散毛器　3—后壁　4—封闭门　5—清仓取毛装置

混毛仓后壁有固定式和活动式两种。固定式后壁有检查门。活动式的后壁可根据所混原料的批量大小作前后移动，以缩小或放大混毛仓的容积，利于正确分层，铺层完成后，凭借底帘移动，后壁（有的为直立推板）推毛向前，压上清仓取毛装置的斜帘。后壁的移动由感应装置控制，并有电磁限位，以防止碰撞清仓取毛装置的斜帘。

混毛仓系风管送毛。漏斗散毛器由伸缩管带动，在毛仓中作纵向往返运动，形成铺层。伸缩管沿钢轨由钢丝绳拉动。

有些混料工艺，要求分别反复多次拼混，因此一般都设置两个和毛仓，交替使用。

## 七、清仓取毛装置

清仓取毛装置紧接在混毛仓前，主要是自下而上行动的斜形钉帘。钉帘由固装在聚酯底布上的横向植钉和不植钉的木条组成。斜帘向上行动，对混毛仓内完成铺层的毛堆进行直向截取，至顶部被剥毛罗拉剥下，落入容器或管道内，由气流运走。钉帘上植钉的排列呈螺旋形，目的在于定量取毛，并防止原料重叠翻滚。

清仓取毛装置有固定式和移动式之分，活动后壁的混毛仓采用固定式（图3-5-7）。固定后壁的混毛仓采用移动式（图3-5-8）。采用固定式清仓取毛装置的混毛仓，其底部系向前运动的输送帘子，按工艺规定完成铺层的毛堆，由输送帘及后壁（或推板）推向清仓取毛装置，钉帘自下而上直向截取混料。

移动式清仓取毛装置下设4个轮子，在预埋在仓内的轨道上行走，由钉帘进行直向抓取，原料落入管道内，由气流运送至储料仓。管道可随清仓装置的进退而伸缩，由几只带轮的铁架支持。移动式清仓取毛装置的前进、后退和横移行动，是由直流齿轮电动机与速度控制器通过链条牵引。向前移动的速度可根据需要的产量与和毛堆的层高，由电子遥控装置预先设定。一台清仓取毛装置可为几个毛仓使用。在横向移动时，由手动泵操作液压提升装置将清仓装置抬起。

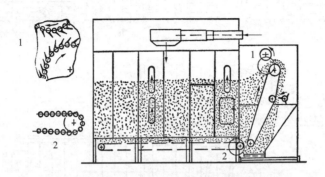

图3-5-7　固定式清仓取毛装置

1—匀毛罗拉　2—活动底帘

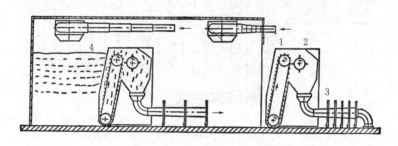

图3-5-8　移动式清仓取毛装置

1—钉帘　2—剥毛罗拉　3—伸缩管　4—毛堆

　　清仓取毛装置的钉帘由变速电动机通过链条带动主轴转动。主轴上有12只转轮，由橡胶带平面接触产生的摩擦，使斜帘转动。斜帘棒上钢钉所受到的力应小于12个转轮平面接触的总摩擦力，以保证运转正常。机上装有晶体管与集成电路自动控制装置。毛层过高时取毛装置会自动后退。

# 第二节　全自动机械和毛生产线

## 一、用于粗纺的全自动机械和毛生产线

　　组合一：松包机→卧式开毛机→纤维开松机→加油仓→混毛仓→储毛仓→梳毛机，如图3-5-9所示。

　　组合二：和毛机→混毛仓→加油盘→储毛仓→梳毛机，如图3-5-10所示。

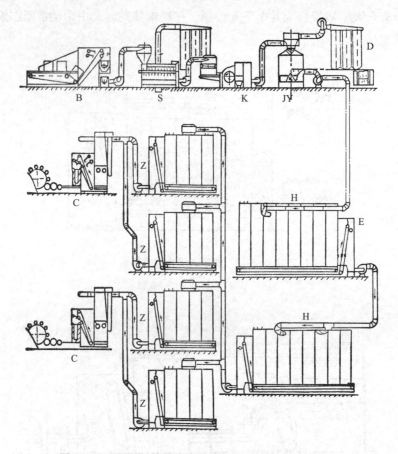

图3-5-9　用于粗纺的全自动机械和毛生产线组合之一

B—松包机　S—卧式开毛机　K—开松机　JY—加油仓　D—尘袋

E—清仓取毛装置　H—混毛仓　Z—储毛仓　C—梳毛机

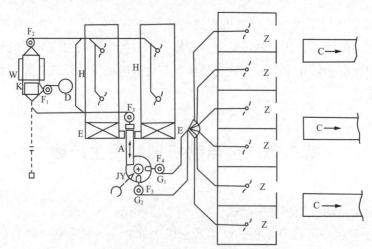

图3-5-10　用于粗纺的全自动机械和毛生产线组合之二

K—集毛除尘器　D—滤尘袋　W—和毛机　F—风机　H—混毛仓　E—固定式清仓取毛装置

A—往复式送毛帘　JY—圆盘式加油装置　G₁—本色毛风道　G₂—有色毛风道　Z—储毛仓　C—梳毛机

组合三：多台重量式喂毛斗→喂毛装置→和毛机→平帘加油→混毛仓和清仓取毛装置→
开松除杂机

储毛仓→梳毛机，如图3-5-11所示。

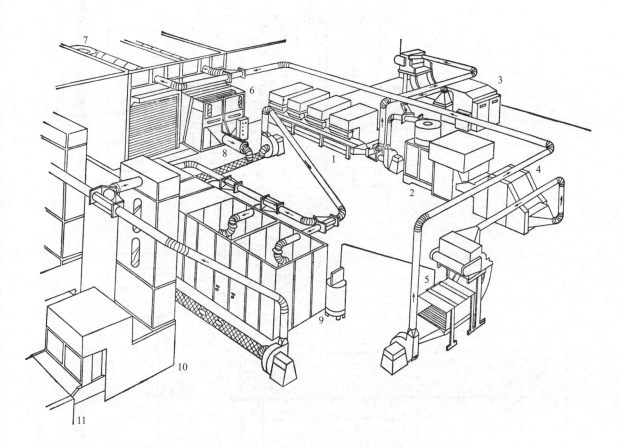

**图3-5-11　用于粗纺的全自动机械和毛生产线组合之三**

1—多台喂毛斗结合叠层运输帘　2—喂毛装置　3—开松除杂机　4—和毛机　5—平帘加油装置

6—清仓取毛装置　7—伸缩管送毛漏斗　8—伸缩管吸毛装置　9—储毛仓　10—调节喂毛箱　11—梳毛机

## 二、用于精纺的全自动机械和毛生产线

组合一：松包机→和毛机→加油仓或管道加油→混毛仓→储毛仓→梳毛机，如图3-5-12所示。

组合二：松包机→开松除杂机→管道加油→混毛仓→储毛仓→梳毛机，如图3-5-13所示。

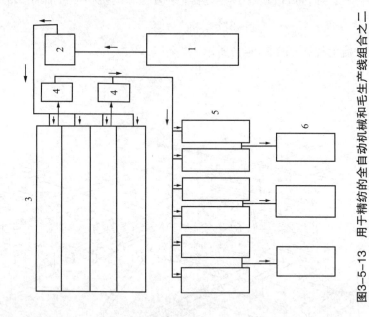

图3-5-13　用于精纺的全自动机械和毛生产线组合之二

1—松包机　2—开松除杂机　3—混毛仓
4—清仓取毛装置　5—储毛仓　6—梳毛机

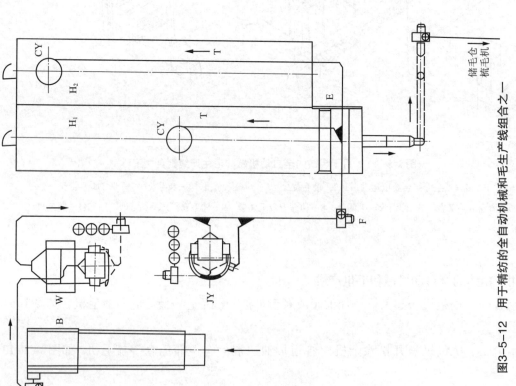

图3-5-12　用于精纺的全自动机械和毛生产线组合之一

B—松包机　W—和毛机　JY—加油机　F—风机　H—混毛仓
CY—散毛漏斗　T—伸缩管　E—清仓取毛装置

# 第四篇　粗梳毛纺

# 第一章　粗纺梳毛

## 第一节　国产粗纺梳毛机的主要技术特征

### 一、BC272D、BC272E、BC272H、BC274型粗纺梳毛机（表4-1-1、表4-1-2）

表4-1-1　BC272D、BC272E、BC272H、BC274型粗纺梳毛机的主要技术特征（一）

| 项　目 | | 机　型 | | | | | | | | |
|---|---|---|---|---|---|---|---|---|---|---|
| | | BC272D | | | BC272E | BC272H | | BC274 | | | |
| 节数 | | 3 | | | 2 | 4 | | 2 | | | |
| 出条根数 | | 80，120 | | | 80，120 | 120，144 | | 96，160 | | | |
| 过桥帘子数 | | 2 | | | 1 | 2 | | 1 | | | |
| 占地面积：长×宽（m×m） | | 19.673×3.445 | | | 14.938×3.445 | 23.025×3.300 | | 18.520×4.420 | | | |
| 机身高度（m） | | 2.634 | | | 2.634 | 2.7 | | 3.18 | | | |
| 机幅（mm） | | 1550 | | | 1550 | 1550 | | 2000 | | | |
| 电动机 | 型号 | 初、中梳锡林 JFO$_3$-51-8 | 末梳锡林 JFO$_3$-52-8 | 边条吸毛 Y-802-2B5 | 同BC272D | 主电动机 JFO$_2$-62-4 | 毛斗电动机 斜帘 MCC71B-140/D$_2$ 均毛耙 JFO$_2$-22-6 | 吸毛电动机 IFO$_2$-21-2 | 初梳锡林 ZO$_2$-82型全封闭直流电动机 | 末梳锡林 ZO$_2$-91型全封闭直流电动机 | 斜钉帘 MCC71B-140D$_2$ 电磁转差离合器 | 均毛，剥毛耙 FO54-8 交流电动机 | 除草机 Y-802-4B$_3$ 交流电动机 | 边条吸毛 Y-802-2B5 交流电动机 |
| | 转速（r/min） | 725 | 725 | 2840 | | 120~1200 940 | 2850 | 1000 | 1000 | 120~1200 | 720 | 1500 | 3000 |
| | 功率及只数 | 5.5kW | 7.5kW | 1.1kW | | 17kW | 0.8kW×2 | 1.1kW | 5.5kW | 7.5kW | 0.8kW | 0.8kW | 0.75kW | 1.1kW |
| 自动喂毛斗形式 | | 电子二次称重式 | | | 电子二次称重式 | 机械式三挡变速，一次喂毛 | | 机械连杆式结合电气控制 | | | |
| 角钉帘斜度（°） | | 94 | | | 94 | 94 | | 94 | | | |

续表

| 项　目 | 机　型 | | | |
|---|---|---|---|---|
| | BC272D | BC272E | BC272H | BC274 |
| 钉密及钉高（mm） | 钉钜32，钉高15，斜度45° | 钉距32，钉高15，斜度45° | 钉距32，钉高15，斜度45° | 钉距32，钉高15，斜度45° |
| 剥毛耙形式（前后） | （前）单排锯齿偏心（后）双排梳针 | （前）单排锯齿偏心（后）双排梳针 | （前）单排锯齿偏心（后）双排梳针 | （前）单排锯齿偏心（后）双排梳针 |
| 秤斗内有无挡毛板 | 有 | 有 | 有 | 有 |
| 喂毛辊只数及规格（mm） | 1对$\phi$65（+8）清洁辊$\phi$82（+8） | 1对$\phi$65（+8）清洁辊$\phi$82（+8） | 1对$\phi$65（+8）清洁辊$\phi$82（+8） | 1对$\phi$72（+8）清洁辊$\phi$72（+8） |
| 开毛辊规格（mm） | $\phi$195（+8） | $\phi$195（+8） | $\phi$195（+8） | $\phi$215（+8） |
| 开毛锡林规格（mm） | $\phi$492（+8） | $\phi$492（+8） | $\phi$850（+8） | |

　　喂毛机可选择双喂毛箱电子二次称重式、数控自调匀整式或电子称重与容积式相结合的喂毛机（可带自调匀整）等，取代机械式称重喂毛机。

表4-1-2　BC272D、BC272E、BC272H、BC274型粗纺梳毛机的主要技术特征（二）

| 项　目 | | 机　型 | | | |
|---|---|---|---|---|---|
| | | BC272D | BC272E | BC272H | BC274 |
| 工作辊只数及规格（mm） | | 2×$\phi$167（+8） | 2×$\phi$167（+8） | 3×$\phi$167（+8） | — |
| 开毛剥毛辊只数及规格（mm） | | 2×$\phi$88（+8） | 2×$\phi$88（+8） | 2×$\phi$88（+8） | — |
| 漏底形式 | | 封闭式 | 封闭式 | 封闭式 | — |
| 初梳 | 第1胸锡林规格（mm） | — | — | — | $\phi$1000（+8） |
| | 胸锡林工作辊规格（mm） | — | — | — | 3×$\phi$164（+8） |
| | 胸锡林剥毛辊规格（mm） | — | — | — | 3×$\phi$105（+8） |
| | 锡林规格（mm） | $\phi$1230（+23.8） | $\phi$1230（+23.8） | $\phi$1230（+23.8） | $\phi$1400（+23.8） |
| | 道夫规格（mm） | $\phi$850（+23.8） | $\phi$850（+23.8） | $\phi$850（+23.8） | $\phi$1000（+23.8） |
| | 工作辊只数及规格（mm） | 1×$\phi$180（+20）4×$\phi$215（+20） | 1×$\phi$180（+20）4×$\phi$215（+20） | 1×$\phi$180（+20）4×$\phi$215（+20） | 5×$\phi$214（+20） |
| | 剥毛辊只数及规格（mm） | 4×$\phi$80（+20） | 4×$\phi$80（+20） | 4×$\phi$80（+20） | 5×$\phi$105（+20） |
| | 风轮规格（mm） | $\phi$300（+50） | $\phi$300（+50） | $\phi$294（+50） | $\phi$300（+50） |

续表

| 项　目 | | BC272D | BC272E | BC272H | BC274 |
|---|---|---|---|---|---|
| | | 机　型 | | | |
| 初梳 | 转移辊规格（mm） | φ263（+20） | φ263（+20） | φ263（+20） | — |
| | 挡风辊只数及规格（mm） | （上）φ57（+20）（下）φ88（+20） | （上）φ57（+20）（下）φ88（+20） | （上）φ57（+20）（下）φ88（+20） | （上）φ90（+20）（下） |
| | 锡林漏底形式 | 封闭式 | 封闭式 | 封闭式 | 封闭式 |
| 中梳 | 喂毛辊只数及规格（mm） | 1对φ65（+8） | 1对φ65（+8） | 1对φ65（+8） | 1对φ72（+8） |
| | 清洁辊规格（mm） | φ82（+8） | φ82（+8） | φ82（+8） | φ72（+8） |
| | 开毛辊规格（mm） | φ195（+8） | φ195（+8） | — | — |
| | 胸锡林规格（mm） | — | — | — | φ1000（23.8） |
| | 胸锡林工作辊规格（mm） | — | — | — | 4×φ214（+20） |
| | 胸锡林剥毛辊规格（mm） | — | — | — | 4×φ105（+20） |
| | 锡林规格（mm） | φ1230（+23.8） | φ1230（+23.8） | φ1230（+23.8） | φ1400（+23.8） |
| | 道夫规格（mm） | φ850（+23.8） | φ1230（+23.8） | φ850（+23.8） | φ1000（+23.8） |
| | 工作辊只数及规格（mm） | 1×φ180（+20）4×φ215（+20） | 1×φ180（+20）4×φ215（+20） | 1×φ180（+20）4×φ215（+20） | 5×φ214（+20） |
| | 剥毛辊只数及规格（mm） | 5×φ80（+20） | 4×φ80（+20） | 5×φ80（+20） | 5×φ105（+8） |
| | 风轮规格（mm） | φ300（+50） | φ300（+50） | φ294（+50） | φ300（+50） |
| | 转移辊规格（mm） | — | φ263（+20） | φ263（+20） | φ400（+20） |
| | 挡风辊只数及规格（mm） | （上）φ57（+20）（下）φ88（+20） | （上）φ57（+20）（下）φ88（+20） | （上）φ57（+20）（下）φ88（+20） | （上）φ90（+20）（下） |
| | 锡林漏底形式 | 封闭式 | 封闭式 | 封闭式 | 封闭式 |
| 末梳 | 喂毛辊只数及规格（mm） | 1对φ65（+8） | — | 第三、第四节1对φ65（+8） | — |
| | 清洁辊规格（mm） | φ82（+8） | — | φ82（+8） | — |
| | 开毛辊规格（mm） | φ195（+8） | — | φ195（+8） | — |
| | 锡林规格（mm） | φ1230（+23.8） | — | φ1230（+23.8） | — |
| | 道夫规格（mm） | φ1230（+23.8） | — | 第三道夫φ850（+23.8）第四道夫φ1230（+23.8） | — |
| | 工作辊只数及规格（mm） | 1×φ180（+20）4×φ215（+20） | — | 1×φ180（+20）4×φ215（+20） | — |
| | 剥毛辊只数及规格（mm） | 5×φ80（+20） | — | 5×φ80（+20） | — |
| | 风轮规格（mm） | φ300（+50） | — | φ294（+50） | — |
| | 挡风辊只数及规格（mm） | （上）φ57（+20）（下）φ88（+20） | — | （上）φ57（+20）（下）φ88（+20） | — |
| | 锡林漏底形式 | 封闭式 | — | 封闭式 | — |
| 第一过桥帘形式 | | 狭带 | — | 狭带 | — |

续表

| 项 目 | 机 型 | | | |
|---|---|---|---|---|
| | BC272D | BC272E | BC272H | BC274 |
| 第二过桥帘形式 | 宽带 | 宽带 | 宽带 | 宽带 |
| 出条部分：大分割辊规格（mm） | $\phi200$ | $\phi200$ | $\phi200$ | $\phi200$ |
| 皮带丝规格（宽×长×厚）（mm×mm×mm） | 88根（短）17.5×1398×4（长）17.5×1768×4 | 80根（短）17.5×1398×4（长）17.5×1768×4 | 120根（短）11.5×1400×4（长）11.5×1770×4 | 96根（短）19×1550×4（长）19×1950×4 |
| | 120根（短）11.5×1398×4（长）11.5×1768×4 | 120根（短）11.5×1398×4（长）11.5×1768×4 | 144根（短）9.5×1400×4（长）9.5×1770×4 | 160根（短）11.3×1550×4（长）11.3×1950×4 |
| 每条皮带丝分头根数 | 1×1 | 1×1 | 1×1 | 1×1 |
| 上搓板规格（宽×长×厚）（mm×mm×mm） | 1650×1050×5 | 1650×1050×5 | 1650×1009×5 | 2100×1050×5 |
| 下搓板规格（宽×长×厚）（mm×mm×mm） | 1650×1100×5 | 1650×1100×5 | 1650×1040×5 | 2100×1100×5 |
| 出条层数×木杆数 | 4×1 | 4×1 | 4×1 | 4×2 |
| 卷取辊规格（mm×mm×mm） | $\phi128×1545$ | $\phi128×1545$ | $\phi128×1545$ | $\phi160×1545$ |
| 卷取木杆规格（mm×mm×mm） | — | — | $\phi55×1550$ $\phi46×1550$ | — |
| 出条往复形式 | — | — | 卷取滚筒往复 | — |
| 机器重量（t） | — | — | 30 | 29.6 |

**注** 1. 除表列型号外，还有：（1）BC272F型，3锡林，2过桥，出条120头和144头，搓板1650mm×1009mm×5mm和1650mm×1040mm×5mm，皮带丝宽11.5mm和9.5mm；（2）BC272F₁型除过桥只有一个外，其余均同BC272F型；（3）BC272G型，2锡林，1过桥，出条80头和120头，搓板1650mm×1009mm×5mm和1650mm×1040mm×5mm，皮带丝宽17.5mm和11.5mm；（4）BC272H1型，4锡林，1过桥，出条120头和144头，搓板1650mm×1009mm×5mm和1650mm×1040mm×5mm，皮带丝宽11.5mm和9.5mm。关于梳毛机的节数是以大锡林和道夫为一个单元称1节，胸锡林不计标节数。

2. 还有"联"，联的计算＝过桥帘子数＋1，如：1个过桥3个锡林组（单元），即称××型2联3锡林梳毛机，如过桥帘子为2个，有4个大锡林组（单元）即称××型3联4锡林梳毛机。过桥帘有横铺式和直铺式或两种，横铺式即与设备纵向轴线成垂直方向的往复铺层，直铺式即与设备纵向轴线一致的往复铺层。

## 二、LFN241型羊绒分梳联合机（表4-1-3）

表4-1-3 LFN241型羊绒分梳联合机的主要技术特征

| 项目 | 主要技术特征 | 项目 | 主要技术特征 |
|---|---|---|---|
| 工艺流程 | FN241喂毛机→FN243型罗拉分梳机→FN244型盖板梳理机 | 含杂率（%） | 小于0.2 |

| 项目 | 主要技术特征 | 项目 | 主要技术特征 |
|---|---|---|---|
| 工作宽度（mm） | 1020 | 绒毛提取率（%） | 约85 |
| 加工纤维长度（mm） | 24～45 | 纤维损伤率（%） | 约15 |
| 喂毛量（kg/h） | 4～7 | 外形尺寸（长×宽×高）（mm×mm×mm） | 14100×1880×2000 |
| 产量（kg/h） | 3～5 | 机器重量（t） | 约15 |

# 第二节　国产粗纺梳毛机的传动及工艺计算

## 一、BC272E型梳毛机的传动（图4-1-1）

## 二、工艺计算
### （一）各主要部件速度的计算

$$锡林转速（r/min）= 电动机转速 \times \frac{电动机皮带盘节径}{880}$$

$$锡林表面线速（m/min）= 锡林转速 \times 1.254 \times \pi = 3.94 \times 锡林转速$$

$$初梳道夫转速（r/min）= 初梳锡林转速 \times \frac{250 \times Z_G \times Z_F}{450 \times 50 \times 270} = 4.12 \times 10^{-5} \times Z_G \times Z_F \times 初梳锡林$$

转速

表4-1-4　BC272E型梳毛机变换齿轮齿数对照表

| 变换齿轮名称 | 代号 | 齿数 | 变换齿轮名称 | 代号 | 齿数 |
|---|---|---|---|---|---|
| 斜帘牙 | $Z_A$ | $25^T \sim 38^T$ | 末梳给毛牙 | $Z_L$ | $20^T \sim 40^T$ |
| 初梳给毛牙 | $Z_B$ | $20^T \sim 40^T$ | 末梳轮盘传动牙 | $Z_M$ | $28^T \sim 43^T$ |
| 初梳轮盘传动牙 | $Z_C$ | $28^T \sim 43^T$ | 末梳胸锡林工作辊牙 | $Z_N$ | $20^T \sim 40^T$ |
| 初梳胸锡林工作辊牙 | $Z_D$ | $20^T \sim 40^T$ | 末梳锡林工作辊牙 | $Z_O$ | $19^T \sim 56^T$ |
| 初梳锡林工作辊牙 | $Z_E$ | $19^T \sim 56^T$ | 末梳道夫牙 | $Z_P$ | $35^T \sim 45^T$ |
| 初梳道夫牙 | $Z_F$ | $28^T \sim 38^T$ | 末梳毛网牙 | $Z_Q$ | $50^T \sim 70^T$ |
| 初梳速度牙 | $Z_G$ | $20^T \sim 40^T$ | 末梳速度牙 | $Z_R$ | $20^T \sim 40^T$ |
| 往复滚筒牙 | $Z_H$ | $35^T \sim 49^T$ | 皮板牙 | $Z_S$ | $22^T \sim 29^T$ |
| 毛网牙 | $Z_I$ | $23^T \sim 31^T$ | 三道皮板牙 | $Z_T$ | $32^T \sim 46^T$ |
| 往复帘牙 | $Z_J$ | $50^T \sim 85^T$ | 木辊牙 | $Z_U$ | $65^T \sim 85^T$ |
| 平底帘牙 | $Z_K$ | $25^T \sim 34^T$ | 二道皮板牙 | $Z_V$ | $47^T \sim 57^T$ |

❶ BC272E型变换齿轮齿数见表4-1-4。

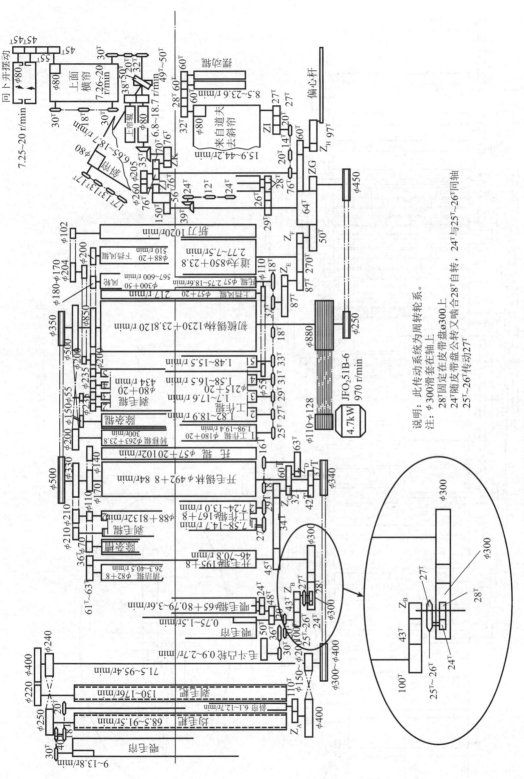

图4-1-1（a） BC272E型梳毛机传动图

说明：此传动系统为周转轮系。

注：φ300滑套在轴上。
28T固定在定皮带盘φ300上。
24T随皮带盘公转又啮合28T自转，24T与25T~26T同轴
25T~26T传动27T

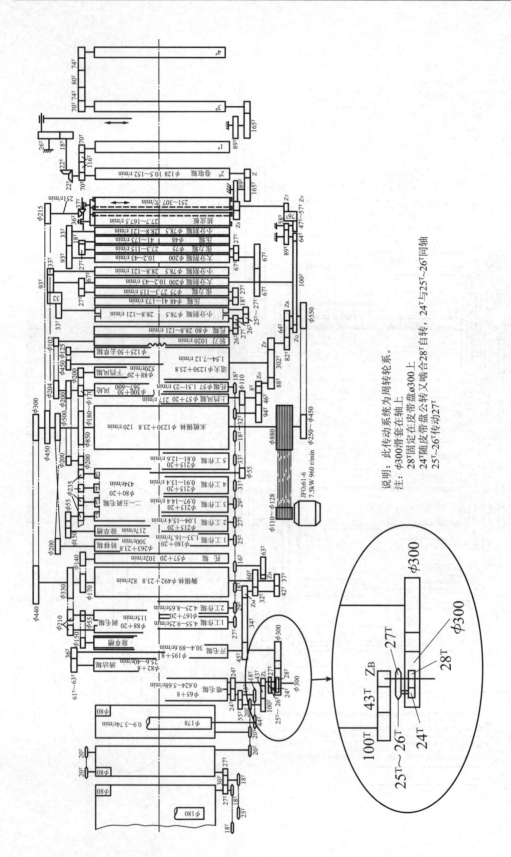

图 4-1-1（b）　BC272E型梳毛机传动图

末梳道夫转速（r/min）=末梳锡林转速×$\dfrac{(250\sim450)\times Z_R\times Z_P}{550\times82\times302}$

$=7.34\times10^{-8}\times(250\sim450)\times Z_R\times Z_P\times$末梳锡林转速

初梳道夫表面线速（m/min）=初梳道夫转速×0.874×$\pi$=2.75×初梳道夫转速

末梳道夫表面线速（m/min）=末梳道夫转速×1.254×$\pi$=3.94×末梳道夫转速

喂毛辊转速（r/min）=锡林转速×$\dfrac{350\times37\times Z_C\times300\times\left(\dfrac{1}{12.5}\text{或}\dfrac{1}{8.1}\right)\times50\times Z_B}{500\times42\times45\times300\times100\times48}$

$=1.43\times10^{-4}\times Z_C\times Z_B\times\left(\dfrac{1}{12.5}\text{或}\dfrac{1}{8.1}\right)\times$锡林转速

注：周转轮系减速比=$\dfrac{1}{\left[1-\dfrac{28\times(25\sim26)}{24\times27}\right]}=-12.5\text{或}-8.1$

喂毛辊表面线速（m/min）=喂毛辊转速×0.073×$\pi$=0.23×喂毛辊转速

初梳工作辊转速（r/min）=初梳锡林转速×$\dfrac{250\times Z_G\times Z_F\times Z_E\times32}{450\times50\times87\times87\times\text{工作辊链条牙齿数}}$

$=4.70\times10^{-5}\times$初梳锡林转速×$\dfrac{Z_G\times Z_F\times Z_E}{\text{工作辊链条牙齿数}}$

末梳工作辊转速（r/min）=末梳锡林转速×$\dfrac{(250\sim450)\times Z_R\times Z_F\times Z_Q\times32}{550\times82\times88\times94\times\text{工作辊链条牙齿数}}$

$=8.6\times10^{-8}\times$末梳锡林转速×$\dfrac{(250\sim450)\times Z_R\times Z_P\times Z_Q}{\text{工作辊链条牙齿数}}$

工作辊表面线速（m/min）=工作辊转速×工作辊针面直径×$\pi$

风轮转速（r/min）=锡林转速×$\dfrac{850}{180\sim170}$

风轮表面线速（m/min）=0.35×$\pi$×风轮转速=1.1×风轮转速

大分割辊转速（r/min）=锡林转速×$\dfrac{(250\sim450)\times Z_R\times Z_Q}{550\times64\times100}$

$=2.84\times10^{-7}\times(250\sim450)\times Z_R\times Z_Q\times$锡林转速

大分割辊表面线速（m/min）=大分割辊转速×0.20×$\pi$=0.63×大分割辊转速

搓板直立轴转速（r/min）=末梳锡林转速×$\dfrac{(450\sim550)\times36}{215\times37}$

$=4.52\times10^{-3}\times(450\sim550)\times$末梳锡林转速

卷取辊转速（r/min）=末梳锡林转速×$\dfrac{(250\sim450)\times Z_R\times Z_Q\times89\times(47\sim57)\times Z_S\times165}{550\times64\times64\times58\times Z_T\times89\times Z_U}$

$$= 1.26 \times 10^{-6} \times (250 \sim 450) \times (47 \sim 57) \times \frac{Z_R \times Z_Q \times Z_S}{Z_U} \times 末梳锡林转速$$

卷取辊表面线速（m/min）= 卷取辊转速 × 0.128 × π = 0.4 × 卷取辊转速

## （二）梳毛机牵伸值的计算

### 1. 梳理部分工作机件间牵伸值

$$初梳牵伸值 = \frac{初梳道夫表面线速}{初梳喂毛辊表面线速} = \frac{初梳道夫转速 \times 0.874}{初梳喂毛辊转速 \times 0.073} = 11.97 \times \frac{初梳道夫转速}{初梳喂毛辊转速}$$

$$末梳牵伸值 = \frac{末梳道夫表面线速}{末梳喂毛辊表面线速} = \frac{末梳道夫转速 \times 1.254}{末梳喂毛辊转速 \times 0.073} = 17.18 \times \frac{末梳道夫转速}{末梳喂毛辊转速}$$

$$全机总牵伸值 = \frac{卷取辊表面线速}{初梳喂毛辊表面线速} = \frac{卷取辊转速 \times 0.128}{初梳喂毛辊转速 \times 0.073} = 1.75 \times \frac{卷取辊转速}{初梳喂毛辊转速}$$

### 2. 车头部分工作机件之间牵伸值

$$小分割辊至道夫间牵伸值 = \frac{302 \times 82 \times 93 \times 76.5 \times Z_Q}{64 \times 100 \times 33 \times 1254 \times Z_P} = 0.66 \times \frac{Z_Q}{Z_P}$$

$$搓板至皮带丝间牵伸值 = \frac{100 \times 80 \times 33 \times 70.5 \times Z_V}{64 \times 58 \times 93 \times 76.5 \times Z_T} = 0.785 \times \frac{Z_V}{Z_T}$$

$$卷取辊至搓板间牵伸值 = \frac{165 \times 128 \times Z_S}{89 \times 70.5 \times Z_U} = 3.37 \times \frac{Z_S}{Z_U}$$

$$成条机总牵伸值 = 1.76 \times \frac{Z_Q \times Z_V \times Z_S}{Z_P \times Z_T \times Z_U}$$

$$过桥铺毛并合数 = \frac{初梳牵伸值 \times 末梳牵伸值 \times 成条机总牵伸}{全机总牵伸值}$$

$$= \frac{初梳道夫转速 \times 末梳道夫转速 \times 0.874 \times 1.25 \times 1.76 Z_Q \times Z_V \times Z_S}{末梳喂毛辊转速 \times 卷取辊转速 \times 0.073 \times 0.128 Z_P \times Z_T \times Z_U}$$

$$= 206.44 \times \frac{初梳道夫转速 \times 末梳道夫转速 \times Z_Q \times Z_V \times Z}{末梳喂毛辊转速 \times 卷取辊转速 \times Z_P \times Z_T \times Z_U}$$

## （三）喂毛量的计算

1.5m国产梳毛机喂毛量（g/次）

$$= \frac{4 \times 卷取辊周长 \times 卷取辊转速 \times 定重 \times 毛斗开合时间(s/次) \times (1+消耗率)}{60}$$

该公式有局限性，不能用于2m及以上幅宽的梳毛机。也不能用于英式6层卷取架的梳毛机。

消耗率与常数对照见表4-1-5。

表4-1-5　消耗率与常数对照表

| 消耗率 | 15% | 20% | 25% |
|---|---|---|---|
| 常数 | 0.031 | 0.032 | 0.033 |

注　1. 定重的含义是有限定的条件和范围，此外定重只指一个毛卷辊上所有粗纱根数均取1m长的重量（因1.5m幅宽的梳毛机，每一层卷取架上只有一只毛卷辊。如幅宽为2m及2m以上的梳毛机每一层卷取架上有2只或2只以上毛卷辊了，按习惯称呼所谓定重就是一层卷取架上一只毛卷辊上的全部粗纱取1m长的重量之和；而有2m幅宽梳毛机的工厂，是把一层卷取架上所有毛卷辊的全部粗纱均取1m长的重之和称呼所谓定重，故必须注明定重的含义，以免混淆而搞错）。

　　2. 原料消耗率包含原料回潮率的大小及变化、两边废条、落毛及飞毛等损耗，在15%～25%。一般取20%或18%。

　　3. 喂入量大的，喂毛周期宜短些；反之宜长。

各支纱的称毛量和喂毛周期即毛斗开合时间，可参考表4-1-6掌握。

表4-1-6　各支纱的喂毛量与喂毛周期参考表（1.5m幅宽）

| 纺纱范围 | | 喂毛量（g/次） | 喂毛周期（s） |
|---|---|---|---|
| tex | 公支 | | |
| 83.3以下 | 12以上 | 200～230 | 45～55 |
| 125～83.3 | 8～12 | 230～250 | 40 |
| 200～142.9 | 5～7 | 250～270 | 35～38 |
| 400～200 | 2.5～5 | 270～350 | 30～35 |

喂毛量计算的普遍公式有如下一些表达形式，可供需要选择：

（1）$W = \dfrac{v \times n \times M \times T \times (1+\phi)}{60}$

式中：$W$——毛斗每一次的喂入量，g/次；

　　　　$v$——出条速度，m/min（$v$=卷取滚筒周长×卷取滚筒转速或仪表显示）；

　　　　$n$——卷取滚筒架层数，一般为4层；

　　　　$M$——每一层毛卷辊上，所有粗纱根数每米重量之和，g/m；

　　　　$T$——喂毛周期，s/次；

　　　　$\phi$——消耗率，一般范围为（20±5）%，一般取20%或18%（消耗指废边纱、飞毛损耗、回潮率变化等）。

一般$n=4$，那么4层的所有粗纱根数，即全部粗纱（根数）每米重量之和为4M。

令：全部粗纱总定量$G$=4M（g/m）　上面公式简化为：

（2）$W(g/次) = \dfrac{v \times G \times T \times (1+\phi)}{60}$

（3）通用公式以文字表达如下：

$$喂毛量（g/次）= \dfrac{\begin{matrix}粗纱出条\\速度(m/min)\end{matrix} \times \begin{matrix}全部粗纱每米\\重量之和(g)\end{matrix} \times \begin{matrix}喂毛周\\期(s/次)\end{matrix} \times (1+消耗百分率)}{60}$$

### （四）斩刀速度的计算

$$斩刀速度（次/min）= \dfrac{\pi \times 道夫直径(mm) \times 道夫转速}{斩刀每一往复道夫被拨取毛网的实际长度(mm)} \times 可靠系数$$

注：可靠系数一般为 1～1.5（常用 1.2）。

斩刀速度的确定，要求能很好地将道夫上的毛网剥下来。速度太快会增加动力消耗，降低斩刀寿命。不同纱支的斩刀速度可参考表 4-1-7。

表4-1-7　不同纱支的斩刀速度参考表

| 支　别 | 前　车 | 后　车 |
| --- | --- | --- |
| 高　支 | 950～1100 | 900～950 |
| 中低支 | 900～1050 | 850～950 |

### （五）搓捻次数的计算

搓捻次数（次/min）

$$= \dfrac{4 \times 直立轴转速 \times 直立轴偏心距(mm) \times 两搓捻板接触面纵向长度(mm) \times 粗纱与搓捻板间滑移系数}{\pi \times 搓捻板隔距(mm) \times 出条速度(m/min)}$$

注：粗纱与搓捻板间滑移系数约 0.95。

搓捻过程注意事项：

（1）粗纱通过搓捻板的速度增加，则搓捻强度降低，因此在提高出条速度时，必须保持搓捻强度在一定范围内。

（2）提高偏心轴转速或偏心距（10~25mm），都能加强搓捻强度，但尽可能增大偏心距以保证机器运转的稳定。

（3）增大搓板的工作宽度，粗纱搓捻时间增加，搓捻强度也增加。

（4）搓捻板的材质，搓捻板与纤维之间摩擦系数愈大，则滑移愈小，搓捻强度愈大。因此，一般在搓捻板上都刻有槽纹，并在下搓捻板中加有托轴，上搓捻板中加有压轴，增加摩擦力。在运转过程中，牛皮或猪皮搓捻板上需加黏性较大的油剂（蓖麻油），既可滋润皮板，又可减少滑移。丁腈搓捻板在需要时（生头或接头）用湿布稍抹些水或和毛油。

（5）粗纱愈细，在搓捻时更易产生不匀的滑移，故更需注意。

（6）纤维愈短，抱合力愈小，搓捻强度应愈高。细羊毛抱合力好，粗羊毛较差，因此对细羊毛的搓捻强度应低些，粗羊毛的应高些。

（7）搓板隔距见表4-1-8。

表4-1-8　搓板隔距

| 支别 | 进口（mm） | 出口（mm） |
|---|---|---|
| 20tex以下（5公支以上） | 0.80 | 0.55~0.60 |
| 200tex以上（5公支以下） | 1.10 | 0.80 |

## （六）产量计算

产量（kg/h）=0.00006×粗纱根数×卷取辊表面线速×有效时间系数×粗纱线密度（tex）

## （七）某厂生产典型产品时BC272E型梳毛机变换齿轮齿数举例（表4-1-9）

表4-1-9　BC272E型梳毛机变换齿轮齿数举例

| 品　　名 | | 麦尔登 | 海军呢 | 提花毛毯 |
|---|---|---|---|---|
| 纺纱范围 | tex | 77 | 100 | 400 |
| | 公支 | 13 | 10 | 2.5 |
| 原料成分（%） | | 河南支数毛95<br>新疆改良60支5 | 河南改良二级55<br>一级平梳短毛15<br>5.55dtex×70mm黏胶30 | 甘肃四级50<br>西宁四级50 |
| 上机回潮率（%） | | 25.43 | 22.74 | 34.79 |
| 车间相对湿度（%） | | 70 | 70 | 70 |
| 毛斗开合时间（s/次） | | 63 | 49 | 31 |
| 喂毛量（g/次） | | 254 | 240 | 225 |
| 木辊转速（r/min） | | 38 | 41 | 40 |
| 出条长度（m/min） | | 15.2 | 16.4 | 16 |
| 斜帘牙$Z_A$ | | $26^T$ | $26^T$ | $38^T$ |
| 初梳给毛牙$Z_B$ | | $21^T$ | $27^T$ | $32^T$ |
| 初梳轮盘传动牙$Z_C$ | | $28^T$ | $28^T$ | $40^T$ |
| 初梳胸锡林工作辊牙$Z_D$ | | $35^T$ | $35^T$ | $22^T$ |
| 初梳锡林工作辊牙$Z_E$ | | $51^T$ | $51^T$ | $45^T$ |
| 初梳道夫牙$Z_F$ | | $26^T$ | $23^T$ | $28^T$ |
| 初梳速度牙$Z_G$ | | $40^T$ | $40^T$ | $28^T$ |
| 往复滚筒牙$Z_H$ | | $35^T$ | $35^T$ | $41^T$ |
| 毛网牙$Z_I$ | | $28^T$ | $28^T$ | $26^T$ |
| 往复帘牙$Z_J$ | | $65^T$ | $65^T$ | $79^T$ |
| 平底帘牙$Z_K$ | | $27^T$ | $27^T$ | $26^T$ |
| 末梳给毛牙$Z_L$ | | $27^T$ | $27^T$ | $30^T$ |
| 末梳轮盘传动牙$Z_M$ | | $30^T$ | $30^T$ | $40^T$ |
| 末梳胸锡林工作辊牙$Z_N$ | | $24^T$ | $24^T$ | $22^T$ |

续表

| 品　　名 | 麦尔登 | 海军呢 | 提花毛毯 |
|---|---|---|---|
| 末梳锡林工作辊牙$Z_O$ | $30^T$ | $49^T$ | $40^T$ |
| 末梳道夫牙$Z_P$ | $30^T$ | $32^T$ | $35^T$ |
| 末梳毛网牙$Z_Q$ | $47^T$ | $47^T$ | $54^T$ |
| 末梳速度牙$Z_R$ | $39^T$ | $39^T$ | $22^T$ |
| 皮板牙$Z_S$ | $26^T$ | $26^T$ | $35^T$ |
| 三道皮板牙$Z_T$ | $38^T$、$39^T$、$41^T$ | $38^T$、$39^T$、$41^T$ | $42^T$ |
| 木辊牙$Z_U$ | $41^T$、$80^T$、$77^T$ | $40^T$、$80^T$、$77^T$ | $76^T$ |
| 二道皮板牙$Z_V$ | $72^T$、$72^T$、$53^T$、$56^T$ | $72^T$、$72^T$、$53^T$、$56^T$ | $53^T$ |

# 第三节　粗纺梳毛工艺

## 一、隔距

### （一）工作机件隔距表

#### 1. BC272E型梳毛机隔距表（表4-1-10）

表4-1-10　BC272E型梳毛机隔距

| 机件 | 76.8～58.8tex（13～17公支） | | | | 200～76.9tex（5～13公支） | | | | 200tex以上（5公支以下） | | | |
|---|---|---|---|---|---|---|---|---|---|---|---|---|
| | 初梳隔距 | | 末梳隔距 | | 初梳隔距 | | 末梳隔距 | | 初梳隔距 | | 末梳隔距 | |
| | mm | 1/1000英寸 | mm | 1/1000英寸 | mm | 1/1000英寸 | mm | 1/1000英寸 | mm | 1/1000英寸 | mm | 1/1000英寸 |
| 上下喂毛辊间 | 单层牛皮纸有齿印 | | 单层牛皮纸有齿印 | | 单层牛皮纸有齿印 | | 单层牛皮纸有齿印 | | 单层牛皮纸有齿印 | | 单层牛皮纸有齿印 | |
| 上下喂毛辊～开毛辊 | 0.53 | 21 | 0.48 | 19 | 0.53 | 21 | 0.48 | 19 | 0.53 | 21 | 0.48 | 19 |
| 下喂毛辊～清洁辊 | 0.53 | 21 | 0.48 | 19 | 0.53 | 21 | 0.48 | 19 | 0.53 | 21 | 0.48 | 19 |
| 胸锡林～开毛辊 | 0.31 | 12 | 0.25 | 10 | 0.31 | 12 | 0.25 | 10 | 0.31 | 12 | 0.25 | 10 |
| 胸锡林～胸锡林工作辊 | 0.36～0.31 | 14～12 | 0.31～0.25 | 12～10 | 0.36～0.31 | 14～12 | 0.31～0.25 | 12～10 | 0.38～0.36 | 15～14 | 0.36～0.31 | 14～12 |
| 胸锡林～胸锡林剥毛辊 | 0.53 | 21 | 0.53 | 21 | 0.53 | 21 | 0.53 | 21 | 0.53 | 21 | 0.53 | 21 |
| 胸锡林工作辊～胸锡林剥毛辊 | 0.53 | 21 | 0.53 | 21 | 0.53 | 21 | 0.53 | 21 | 0.53 | 21 | 0.53 | 21 |
| 胸锡林～转移辊 | 0.31 | 12 | 0.25 | 10 | 0.31 | 12 | 0.25 | 10 | 0.36 | 14 | 0.31 | 12 |

| 机件 | 76.8~58.8tex（13~17公支） | | | | 200~76.9tex（5~13公支） | | | | 200tex以上（5公支以下） | | | |
|---|---|---|---|---|---|---|---|---|---|---|---|---|
| | 初梳隔距 | | 末梳隔距 | | 初梳隔距 | | 末梳隔距 | | 初梳隔距 | | 末梳隔距 | |
| | mm | 1/1000英寸 | mm | 1/1000英寸 | mm | 1/1000英寸 | mm | 1/1000英寸 | mm | 1/1000英寸 | mm | 1/1000英寸 |
| 锡林~转移辊 | 0.31 | 12 | 0.25 | 10 | 0.31 | 12 | 0.25 | 10 | 0.36 | 14 | 0.31 | 12 |
| 锡林~工作辊 | 0.31, 0.25, 0.25, 0.23, 0.23 | 12, 10, 10, 9, 9 | 0.31, 0.23, 0.23, 0.18, 0.18 | 12, 9, 9, 7, 7 | 0.38, 0.31, 0.31, 0.25, 0.25 | 15, 12, 12, 10, 10 | 0.36, 0.31, 0.31, 0.23, 0.23 | 14, 12, 12, 9, 9 | 0.38, 0.36, 0.36, 0.31, 0.31 | 15, 14, 14, 12, 12 | 0.36, 0.31, 0.31, 0.25, 0.25 | 14, 12, 12, 10, 10 |
| 锡林~剥毛辊 | 0.48 | 19 | 0.43 | 17 | 0.53 | 21 | 0.48 | 19 | 0.53 | 21 | 0.48 | 19 |
| 工作辊~转移辊 | 0.48 | 19 | 0.48 | 19 | 0.48 | 19 | 0.48 | 19 | — | — | — | — |
| 工作辊~剥毛辊 | 0.43 | 17 | 0.41 | 16 | 0.48 | 19 | 0.43 | 17 | 0.53 | 21 | 0.48 | 19 |
| 锡林~上下挡风辊 | 0.53 | 21 | 0.48 | 19 | 0.53 | 21 | 0.48 | 19 | 0.53 | 21 | 0.48 | 19 |
| 风轮~上下挡风辊 | 1.09 | 43 | 1.09 | 43 | 1.09 | 43 | 1.09 | 43 | 1.09 | 43 | 1.09 | 43 |
| 风轮插入锡林弧长 | 29~32 | $1\frac{1}{8}$~$1\frac{1}{4}$英寸 | 29~32 | $1\frac{1}{8}$~$1\frac{1}{4}$英寸 | 29~32 | $1\frac{1}{8}$~$1\frac{1}{4}$英寸 | 29~32 | $1\frac{1}{8}$~$1\frac{1}{4}$英寸 | 29~32 | $1\frac{1}{8}$~$1\frac{1}{4}$英寸 | 29~32 | $1\frac{1}{8}$~$1\frac{1}{4}$英寸 |
| 锡林~道夫 | 0.23 | 9 | 0.20 | 8 | 0.25 | 10 | 0.23 | 9 | 0.25 | 10 | 0.23 | 9 |
| 道夫~斩刀 | 0.25 | 10 | 0.23 | 9 | 0.25 | 10 | 0.23 | 9 | 0.25 | 10 | 0.23 | 9 |

**注** 金属针布锡林道夫隔距选用0.13~0.18mm（5/1000~7/1000英寸）。

2. **四锡林梳毛机隔距表**（表4-1-11）

表4-1-11 四锡林梳毛机纺6.25tex以下（16公支以上）针织纱主要机件隔距

| 机件 | 预 梳 | | 初 梳 | | 中 梳 | | 末 梳 | |
|---|---|---|---|---|---|---|---|---|
| | mm | 1/1000英寸 | mm | 1/1000英寸 | mm | 1/1000英寸 | mm | 1/1000英寸 |
| 锡林~第1工作辊 | 0.58 | 23 | 0.53 | 21 | 0.48 | 19 | 0.43 | 17 |
| 锡林~第2工作辊 | 0.53 | 21 | 0.48 | 19 | 0.43 | 17 | 0.36 | 14 |
| 锡林~第3工作辊 | 0.48 | 19 | 0.43 | 17 | 0.43 | 17 | 0.36 | 14 |
| 锡林~第4工作辊 | 0.43 | 17 | 0.43 | 17 | 0.38 | 15 | 0.30 | 12 |
| 锡林~第5工作辊 | 0.38 | 15 | 0.38 | 15 | 0.30 | 12 | 0.25 | 10 |
| 锡林~剥毛辊 | 0.48 | 19 | 0.48 | 19 | 0.43 | 17 | 0.38 | 15 |

续表

| 机件 | 预　梳 | | 初　梳 | | 中　梳 | | 末　梳 | |
|---|---|---|---|---|---|---|---|---|
| | mm | 1/1000英寸 | mm | 1/1000英寸 | mm | 1/1000英寸 | mm | 1/1000英寸 |
| 工作辊~剥毛辊 | 0.58 | 23 | 0.53 | 21 | 0.48 | 19 | 0.43 | 17 |
| 上挡风辊~风轮 | 0.58 | 23 | 0.53 | 21 | 0.48 | 19 | 0.48 | 19 |
| 下挡风辊~风轮 | 1.09 | 43 | 1.09 | 43 | 1.09 | 43 | 1.09 | 43 |
| 锡林~道夫 | 0.30 | 12 | 0.30 | 12 | 0.25 | 10 | 0.23 | 9 |
| 风轮插入锡林弧长 | 30 | $1\frac{1}{4}$英寸 | 30 | $1\frac{1}{4}$英寸 | 30 | $1\frac{1}{4}$英寸 | 30 | $1\frac{1}{4}$英寸 |

## （二）选用和决定隔距的几项原则

（1）隔距应根据原料的长度、细度、种类、纺纱支数以及使用的设备和针布种类等确定。在同一机台上加工短而粗的纤维时，隔距一般稍大，以不损伤纤维为宜；在生产细羊毛高支纱时，隔距以稍小为宜。使用三联式梳毛机时，隔距应较二联式为大。

（2）工作辊与锡林的隔距，随着分梳作用的逐步完善应该沿着纤维前进方向逐渐减小。但每一节的第一只隔距不能小，宜适当大些。

（3）风轮针布插入锡林针隙的深度应以不破坏或少破坏取出毛层为原则。

## （三）校对隔距用工具——隔距片

其规格有两种，一为公制，一为英制。

公制隔距片为10片。厚度分别为1mm、0.50mm、0.40mm、0.35mm、0.30mm、0.25mm、0.20mm．0.15mm、0.12mm和0.10mm。

英制隔距片为5片（图4-1-2），厚度分别为12/1000英寸、10/1000英寸，9/1000英寸、7/1000英寸和5/1000英寸。

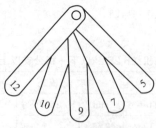

图4-1-2　英制隔距片

在我国，英制隔距片现在仍广泛采用，它是非法定计量单位。应该要采用法定计量单位。英制隔距片以千分之一英寸（英丝）为单位、1英寸 = 25.4mm。

$$1英丝 = \frac{1英寸}{1000} = 0.0254mm$$

不少纺织企业为称呼简便，俗称1英丝=2.5公丝，把0.01mm叫1公丝，这个"公丝"与过去非法定计量单位的"丝"或"丝米"（即dmm，1dmm=0.1mm）的概念是完全不同的。在维修、工艺单及工艺隔距调整等有关计量单位应用时，请务必注意为要。

## 二、速度

### （一）主要机件常用速比（表4-1-12）

表4-1-12　梳毛机主要机件速比范围

| 纱线线密度 | 71~59 tex（14~17公支） | | | 111~77 tex（9~13公支） | |
|---|---|---|---|---|---|
| 部位 | 初梳 | 中梳 | 末梳 | 初梳 | 末梳 |
| 锡林转速（r/min） | 110 | 120 | 130 | 130 | 140 |
| 锡林线速/风轮线速 | 1/1.2~1/1.25 | 1/1.2~1/1.25 | 1/1.2~1/1.25 | 1/1.2~1/1.25 | 1/1.2~1/1.25 |
| 工作辊转速（r/min） | 4.5~5.0 | 5~5.5 | 5.5~6 | 5.5~6 | 6.5~7 |
| 锡林线速/工作辊线速 | 130/1~140/1 | 120/1~130/1 | 115/1~125/1 | 120/1~130/1 | 110/1~120/1 |
| 纱线线密度 | 200~125 tex（5~8公支） | | 62.5 tex以下（16公支以上）针织毛纱 | | |
| 部位 | 初梳 | 末梳 | 预梳 | 初梳 | 中梳 | 末梳 |
| 锡林转速（r/min） | 135 | 145 | 95 | 92 | 92 | 90 |
| 锡林线速/风轮线速 | 1/1.2~1/1.25 | 1/1.2~1/1.25 | 1/1.1~1/1.15 | 1/1.1~1/1.15 | 1/1.15~1/1.2 | 1/1.21/1.25 |
| 工作辊转速（r/min） | 6~7 | 8~8.5 | 14~10 | 14~10 | 12~8 | 7~10 |
| 锡林线速/工作辊线速 | 110/1~125/1 | 95/1~100/1 | 40/1~50/1 | 40/1~50/1 | 45/1~70/1 | 50/1~80/1 |

### （二）BC272E型梳毛机各主要机件速度（表4-1-13）

表4-1-13　BC272E型梳毛机各主要机件速度

| | 机件名称 | 直径（mm） | 200tex以上（5公支以下） | | 200~76.9tex（5~13公支） | | 76.9tex以下（13公支以上） | |
|---|---|---|---|---|---|---|---|---|
| | | | r/min | m/min | r/min | m/min | r/min | m/min |
| 初梳 | 喂毛辊 | 65+8 | 1.4~2 | 320~340 | 1.3~1.6 | 0.30~0.37 | 0.8~1.2 | 0.18~0.28 |
| | 开毛辊 | 195+8 | 45~65 | 28.68~41.43 | 60~80 | 38.24~50.99 | 40~60 | 25.50~38.24 |
| | 胸锡林 | 492+8 | 80~100 | 125.60~157.00 | 90~100 | 141.30~157.00 | 80~100 | 125.60~157.00 |
| | 胸锡林工作辊 | 167+8 | 10~12 | 5.50~6.68 | 8~10 | 4.40~5.50 | 7~9 | 3.85~4.95 |
| | 胸锡林剥毛辊 | 88+8 | 130~140 | 39.18~42.20 | 130~140 | 39.18~42.20 | 110~130 | 33.15~39.18 |
| | 转移辊 | 263+23.8 | 320~340 | 288.16~306.17 | 320~340 | 288.16~306.17 | 250~280 | 225.13~252.14 |
| | 工作辊 | 180+20 | 4~7 | 2.51~4.40 | 7~11 | 4.40~6.91 | 6~8 | 3.77~5.03 |
| | | 215+20 | 3.5~6.5 | 2.58~4.80 | 8~12 | 5.90~8.85 | 7~10 | 5.17~7.38 |
| | 剥毛辊 | 80+20 | 430~450 | 135.02~141.30 | 430~450 | 135.02~141.30 | 360~400 | 113.04~125.60 |
| | 风轮 | 300+50 | 550~600 | 604.45~659.40 | 600~700 | 659.74~769.30 | 500~550 | 549.50~604.45 |
| | 上挡风辊 | 57+20 | 200 | 48.38 | 200 | 48.38 | 150 | 36.29 |
| | 下挡风辊 | 88+20 | 500~550 | 169.55~186.51 | 500~550 | 169.55~186.51 | 500~550 | 169.55~186.51 |

续表

| 机件名称 | | 直径(mm) | 200tex以上（5公支以下） | | 200～76.9tex（5～13公支） | | 76.9tex以下（13公支以上） | |
|---|---|---|---|---|---|---|---|---|
| | | | r / min | m / min | r / min | m / min | r / min | m / min |
| 初梳 | 锡林 | 1230+23.8 | 125～135 | 492.45～531.84 | 125～135 | 492.45～531.84 | 110～120 | 433.06～472.43 |
| | 道夫 | 850+23.8 | 5～6 | 13.72～16.46 | 5～6 | 13.72～16.46 | 3.5～6 | 9.60～16.46 |
| | 斩刀 | — | 850～950 | — | 850～950 | — | 900～950 | — |
| 末梳 | 喂毛辊 | 65+8 | 2.5～3 | 0.57～0.69 | 2.8～3.5 | 0.64～0.80 | 1.5～2 | 0.34～0.46 |
| | 开毛辊 | 195+8 | 45～70 | 28.68～44.62 | 50～75 | 31.87～47.81 | 55～70 | 35.06～44.62 |
| | 胸锡林 | 492+23.8 | 80～100 | 129.57～161.96 | 90～110 | 145.26～178.16 | 80～100 | 129.57～161.96 |
| | 胸锡林工作辊 | 167+20 | 6～10 | 3.52～5.87 | 6～10 | 3.52～5.87 | 5～8 | 2.96～4.70 |
| | 胸锡林剥毛辊 | 88+20 | 130～150 | 44.08～50.87 | 130～150 | 44.08～50.87 | 110～130 | 37.30～44.08 |
| | 转移辊 | 263+23.8 | 320～340 | 288.16～306.17 | 320～340 | 288.16～306.17 | 260～330 | 234.13～297.17 |
| | 工作辊 | 180+20 | 4～7 | 2.51～4.40 | 7～11 | 4.40～6.91 | 6～8 | 3.77～5.02 |
| | | 215+20 | 3.5～6.5 | 2.58～4.80 | 4～7 | 2.95～5.17 | 4～6 | 2.95～4.43 |
| | 剥毛辊 | 80+20 | 430～450 | 135.02～141.30 | 430～450 | 135.02～141.30 | 360～400 | 113.04～125.60 |
| | 风轮 | 300+50 | 580～700 | 637.42～769.30 | 600～700 | 659.40～769.30 | 600～650 | 659.40～714.35 |
| | 上挡风辊 | 57+20 | 200 | 48.34 | 200 | 48.34 | 150 | 36.29 |
| | 下挡风辊 | 88+20 | 500～550 | 169.55～186.51 | 500～550 | 169.55～186.51 | 500～550 | 169.56～186.51 |
| | 锡林 | 1230+23.8 | 130～145 | 511.80～570.85 | 130～140 | 511.80～551.17 | 120～130 | 472.43～511.80 |
| | 道夫 | 1230+23.8 | 4.5～6 | 17.72～23.62 | 4.5～6 | 17.72～23.62 | 3.5～5 | 13.78～19.67 |
| | 斩刀 | — | 900～1050 | — | 900～1050 | — | 950～1100 | — |
| | 直立轴 | — | 300～360 | — | 300～360 | — | 300～360 | — |

## 三、分配系数

### （一）负荷

#### 1. 喂入负荷 $\alpha_1$

每平方米锡林表面从开毛辊或转移辊接受的纤维重量克数称为喂入负荷。

$$\alpha_1 = \frac{ng}{v_1 B}(1 - P_1)$$

式中：$n$ ——每分钟开斗次数；

　　　$g$ ——每斗投毛量，g；

　　　$v_1$ ——锡林表面线速度，m/min；

　　　$B$ ——锡林针区宽度，m；

　　　$P_1$ ——毛斗至锡林部分落毛率。

#### 2. 出机负荷 $\alpha_2$

每平方米锡林表面交给道夫的纤维重量克数称为出机负荷。在工作稳定之后，出机负荷应当与喂入负荷很接近（略少于喂入负荷）。

$$\alpha_2 = \frac{Gv_4}{v_1 B}$$

式中：$G$——出机粗纱（或毛条）每米总重量克数；

　　　$v_1$——锡林表面线速度，m/min；

　　　$v_4$——卷取辊表面线速，m/min。

**3. 交工作辊负荷$\beta$**

每平方米锡林表面交给工作辊的纤维重量克数称为交工作辊负荷。

测定方法：

抬下工作辊，用两侧钉有木块、保持针面互相贴近但不互相插入的钢丝刷（拉耙，针面保持0.5mm的隔距）顺着工作辊针面将毛刷下，称其重量为$Q$（g）。量得工作辊挂毛部分面积$A$（m$^2$），则：

$$\beta = \frac{Qv_2}{Av_1}$$

式中：$v_2$——工作辊表面线速，m/min；

　　　$v_1$——锡林表面线速，m/min。

**4. 返回负荷$\alpha_3$**

锡林与道夫发生分梳作用后留在锡林单位针面上的纤维重量克数称为返回负荷。

测定方法：

机器运转正常后将转移辊皮带拉掉，切断喂入，在前车还要移出车头，拿掉斩刀处的毛网，然后使锡林、道夫部分回转，直到斩刀部分毛网出完为止，称全部毛网重量，得$G_1$（g）。

$$\alpha_3 = \frac{G_1 - (\alpha_1 A_1 + \overline{\beta} A_2)}{\pi DB}$$

式中：$D$——锡林直径，m；

　　　$B$——锡林针区宽度，m；

　　　$A_1$——从转移辊向上直到道夫之间锡林面积，m$^2$；

　　　$A_2$——各剥毛辊上对应工作辊锡林面积之和，m$^2$；

　　　$\overline{\beta}$——交工作辊负荷的平均值，g/m$^2$。

**5. 抄针负荷$\alpha_4$**

在上述测定$G_1$后，锡林针面上尚残存许多纤维，用插入针间的钢丝刷（拉耙），顺着锡林针向剥下，称其总重量$G_2$（g），则：

$$\alpha_4 = \frac{G_2}{\pi DB}$$

**（二）对负荷的要求**

喂入负荷越大，产量越高，所以在保证质量的前提下，应当力求将其提高。喂入负荷相同时，交工作辊负荷与返回负荷越大，则梳理与混和越充分，出条的单重和成分混合均匀程度的波动越小。相对地说，交工作辊负荷影响出条单重和短片段的均匀度，返回负荷则影响长片段均匀度。

金属针布返回负荷很小，为求梳理与混和的充分，必须注意提高交工作辊负荷，减慢工作辊速度，使交工作辊负荷影响的出机毛条片段长度增大，但须兼顾其他质量指标，如毛粒、纤维损伤等。

抄针负荷应力求减少，并减慢其增长速度。

### （三）分配系数的测定方法

因为交工作辊负荷和返回负荷都随喂入负荷增减而增减，所以在将不同喂入负荷的几种情况作对比时，单用负荷还不能说明问题，必须另外用分配系数（$K_1$）测定。

$$K_1 = \frac{\beta}{\alpha_1 + \beta}$$

有的文献中，分母包括返回负荷，但返回负荷与喂入负荷参加分配的情况，是很不相同的。喂入负荷中有相当大的部分，分配到工作辊上去；返回负荷中则只有极小部分分配到工作辊上，两者不能相提并论，从抓主要矛盾出发，分母中应不包括返回负荷。

$$K_2 = \frac{\alpha_3}{\alpha_1}$$

分配系数和返回系数越大，则梳理与混和越充分，出条的重量和成分的波动越小，生产越稳定；但要结合其他质量指标通盘考虑。

每只工作辊的分配系数都反映锡林梳理区的综合效果。因此，调整任意一只工作辊的参数（隔距、速比、针密、针角等），对所有工作辊的分配系数都将产生或大或小的影响。

## 四、针布配置
### （一）弹性针布号数的选用

（1）首先要考虑机器经常处理的原料种类。如经常处理粗原料，应采用低号数的针布；如经常处理细原料，应采用高号数的针布。

（2）在联合梳毛机上，第1道梳理机采用较低号数的针布，而第2道梳理机的针布号数应比第1道高些，第3道又比第2道高些。如以细原料为例，第1道锡林为32号，第2道为33号，第3道为34号。

（3）工作辊的针布号数与其相接近的大锡林大致相等，或比锡林高1号。一般头一、二只工作辊的针布号数与锡林相等，最后三只工作辊则比锡林高1号，以增加分梳作用，逐渐提高其接取纤维的能力。

（4）剥毛辊的针布号数可等于或比工作辊低，一般低1～2号，以利于剥取。

（5）道夫针布号数可高于锡林1号，以增强其接取纤维的能力。

（6）风轮的钢丝密度宜小，便于插入锡林针隙，钢丝号数则稍大于锡林，一般高1号，但不宜过细，以保证有足够的弹力。

**（二）弹性针布选用举例**

1. BC272D、BC272E型针布配置（表4-1-14）

表4-1-14　BC272D、BC272E型针布配置表

| 纺纱线密度 | 工作机件名称 | BC272D型 | | | BC272E型 | |
|---|---|---|---|---|---|---|
| | | 第一节 | 第二节 | 第三节 | 第一节 | 第二节 |
| | | 针布号数 | 针布号数 | 针布号数 | 针布号数 | 针布号数 |
| 200tex以上<br>（5公支以下） | 清洁辊 | 28 | — | — | 28 | 29 |
| | 转移辊 | 28 | — | — | 28 | 29 |
| | 胸锡林 | — | — | — | — | 31或32 |
| | 大锡林 | 30 | 31 | 32 | 31 | 32 |
| | 工作辊1 | 30 | 31 | 32 | 31 | 32 |
| | 工作辊2 | 30 | 31 | 32 | 31 | 32 |
| | 工作辊3 | 31 | 32 | 33 | 32 | 33 |
| | 工作辊4 | 31 | 32 | 33 | 32 | 33 |
| | 工作辊5 | 31 | 32 | 33 | 32 | 33 |
| | 剥毛辊 | 28 | 29 | 30 | 29 | 30 |
| | 风轮及道夫 | 31 | 32 | 33 | 32 | 33 |
| | 挡风辊 | 29 | 30 | 31 | 30 | 31 |
| 200~76.9tex<br>（5~13公支） | 清洁辊 | 29 | — | — | 29 | 30 |
| | 转移辊 | 29 | — | — | 29 | 30 |
| | 胸锡林 | — | — | — | — | 32或33 |
| | 大锡林 | 31 | 32 | 33 | 32 | 33 |
| | 工作辊1 | 31 | 32 | 33 | 32 | 33 |
| | 工作辊2 | 31 | 32 | 33 | 32 | 33 |
| | 工作辊3 | 32 | 33 | 34 | 33 | 34 |
| | 工作辊4 | 32 | 33 | 34 | 33 | 34 |
| | 工作辊5 | 32 | 33 | 34 | 33 | 34 |
| | 剥毛辊 | 29 | 30 | 31 | 30 | 31 |
| | 风轮及道夫 | 32 | 33 | 34 | 33 | 34 |
| | 挡风辊 | 30 | 31 | 32 | 31 | 32 |
| 76.9~58.8tex<br>（13~17公支） | 清洁辊 | 30 | — | — | 30 | 31 |
| | 转移辊 | 30 | — | — | 30 | 31 |
| | 胸锡林 | — | — | — | — | 33或34 |
| | 大锡林 | 32 | 33 | 34 | 33 | 34 |
| | 工作辊1 | 32 | 33 | 34 | 33 | 34 |
| | 工作辊2 | 32 | 33 | 34 | 33 | 34 |
| | 工作辊3 | 33 | 34 | 35 | 34 | 35 |
| | 工作辊4 | 33 | 34 | 35 | 34 | 35 |
| | 工作辊5 | 33 | 34 | 35 | 34 | 35 |
| | 剥毛辊 | 30 | 31 | 32 | 31 | 32 |
| | 风轮及道夫 | 33 | 34 | 35 | 34 | 35 |
| | 挡风辊 | 31 | 32 | 33 | 32 | 33 |

注　针布号数与针布上使用的钢丝号数相同。

## 2. 四锡林梳毛机纺细支针织纱针布配置参考（表4-1-15）

表4-1-15　四锡林梳毛机纺细支针织纱针布配置参考表

| 纺纱线密度 | 工作机件名称 | 预梳 | 初梳 | 中梳 | 末梳 |
|---|---|---|---|---|---|
| | | 针布号数 | 针布号数 | 针布号数 | 针布号数 |
| 62.5～41.67 tex （16～24公支） | 清洁辊 | — | — | — | 36 |
| | 转移辊 | — | 29 | — | 32 |
| | 大锡林 | 30 | 33 | 34 | 35 |
| | 工作辊 | 30 | 33 | 34 | 35 |
| | 剥毛辊 | 29 | 32 | 33 | 34 |
| | 道夫 | 31 | 34 | 35 | 36 |
| | 风轮 | 31 | 34 | 35 | 36 |
| | 挡风辊 | 31 | 32 | 34 | 35 |

## （三）金属针布选用举例（表4-1-16）

表4-1-16　金属针布选用举例

| 工作机件名称 | 金属针布型号 | |
|---|---|---|
| | 第一节 | 第二节 |
| 清洁辊 | SRT-103 | SRT-103 |
| 转移辊、剥毛辊 | SRT-103 | SRT-103 |
| 胸锡林 | — | SBC-101 |
| 大锡林 | SBC-101 | SBC-102 |
| 工作辊 | SBW-101 | SBW-102 |
| 工作辊 | SBW-102 | SBW-104 |
| 道夫 | SBD-101 | SBD-102 |

注　适用于中支纱。

## （四）全金属针布与弹性针布的使用比较

与使用弹性针布作比较，使用金属针布有以下一些不同点。

（1）可降低原料消耗，提高制成率。

（2）可省去风轮。

（3）适用于纯化学纤维及混纺比例较高的产品。

（4）可延长抄针周期。

（5）使用弹性针布，相对金属针布比较，弹性针布对纤维损伤小，金属针布的锯齿工作角是不能随纤维上梳理力的大小而改变的，相对说，容易损伤纤维。

（6）磨针工作可以省略。

（7）必须严格防止铁器混入，否则损伤针布，难于补救。

（8）上机回潮要求适当，过高过低都会影响质量。

（9）粗纺用金属针布的型号及规格尚有待于作进一步的探讨，以便确定不同型号的金属针布对各种原料的适应性。

金属针布规格详见本书第五篇。

## 五、车间温湿度

### （一）目的

纺织厂的纺纱车间温湿度与通风的控制甚为重要，控制与调节适当，可以达到以下目的。

（1）提高分梳效果，改善成纱质量，减少断头。

（2）防止因静电发生绕皮板、绕皮辊、绕罗拉等现象，降低原料消耗。

（3）改善环境清洁程度，减少尘埃废屑。

（4）保证车间卫生，通风换气次数一般每小时5次，确保工人身体健康。

### （二）要求

冬天比较干燥，可以用蒸汽给湿加暖装置，使车间保持一定的温度和相对湿度；夏季用喷雾装置给湿降温（用制冷式深井水降温）。现在推广节能技术，可利用地源热泵的采暖，制冷调控温湿度。不同季节的温度和相对湿度控制如表4-1-17所示。

表4-1-17　粗纺厂不同季节温度和相对湿度

| 季节 | 梳　　毛 | | 细　　纱 | |
| --- | --- | --- | --- | --- |
| | 温度（℃） | 相对湿度（%） | 温度（℃） | 相对湿度（%） |
| 春秋 | 22～25 | 60～70 | 22～25 | 60～65 |
| 夏 | 不超过32 | 60～70 | 不超过32 | 60～65 |
| 冬 | 不低于20 | 65～75 | 不低于20 | 65～70 |

注　1. 南方黄梅季节细纱间相对湿度高于70%时采用回风；但要注意补充新鲜空气给车间换气$CO_2$含量。可采用去湿方法。

2. 冬天干球温度低于20℃时开暖气。

3. 夏天喷淋室采用粗喷，接触冷却，利用制冷或有条件开采用深井水降温。冬天要回灌自来水。

4. 细纱车间（区域）的相对湿度要低于梳毛车间（区域），使其在纺纱时处于放湿状态为宜。

5. 利用节能技术如地源热泵的采暖、制冷。

# 第四节　抄针

## 一、抄针周期

　　抄针周期的长短，主要根据原料的实际情况，一般每三个至六个工作班抄一次。如下脚原料或原料比较脏，可以每个工作班抄一次。

## 二、抄针工具（图4-1-3）

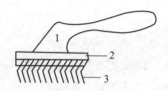

图4-1-3　抄针拉耙

1—木质手柄　2—木板（宽80～120mm，长200～300mm）　3—针布（27号或28号）

## 三、抄针注意事项

　　（1）抄大锡林时必须注意拉耙及使用方法，轻轻抬起拉动，不使损伤针布。

　　（2）工作人员踏上道夫时应放软垫和穿软底鞋，防止损伤针布。

　　（3）放辊子时必须将轴套销钉放在凹槽内。

　　（4）抄针时应将车上羊毛纺空，先抄后车，前车等毛网出完后再关车抄针。

　　（5）装上皮带后再复校隔距。

　　（6）装风轮盖要防止碰针布钢丝。

　　（7）建议使用真空抄针。

# 第五节　磨针

## 一、磨针周期

　　磨针周期的长短决定于工作时间的长短，处理原料的性质，钢针硬度，纱支的粗细，隔距大小，速比大小和维护保养等，一般在30个工作日左右。

## 二、磨针速度（表4-1-18）

表4-1-18 磨针速度表

| 项 目 | | 转速<br>（r/min） | 表面线速度<br>（m/min） | 相对速度<br>（m/min） |
|---|---|---|---|---|
| 磨锡林 | 锡林 | 115 ~ 140 | 452.7 ~ 551.2 | — |
| | 长磨辊 | 400 ~ 450 | 263.8 ~ 296.7 | 716.5 ~ 847.9 |
| | 短磨辊 | 450 ~ 500 | 296.7 ~ 329.7 | 749.5 ~ 880.9 |
| 磨道夫 | 道夫 | 100 ~ 110 | 274.4 ~ 301.8<br>393.7 ~ 433.1 | — |
| | 长磨辊 | 400 ~ 450 | 263.8 ~ 296.7 | 538.1 ~ 598.5<br>657.6 ~ 729.8 |
| | 短磨辊 | 350 ~ 450 | 230.8 ~ 296.7 | 505.2 ~ 598.5<br>624.5 ~ 729.8 |
| 磨转移辊 | 转移辊 | 270 ~ 350 | 243.1 ~ 315.2 | — |
| | 长磨辊 | 300 ~ 390 | 197.8 ~ 257.2 | 441.0 ~ 572.4 |
| 磨工作辊 | 工作辊 | 300 ~ 350 | 188.4 ~ 219.8<br>221.4 ~ 258.3 | — |
| | 长磨辊 | 360 | 237.4 | 425.8 ~ 457.2<br>458.8 ~ 495.6 |
| 磨剥毛辊 | 剥毛辊 | 400 ~ 420 | 125.6 ~ 131.9 | — |
| | 长磨辊 | 360 | 237.4 | 363.0 ~ 369.3 |
| 磨风轮 | 风轮 | 300 ~ 370 | 329.7 ~ 406.6 | — |
| | 长磨辊 | 350 ~ 390 | 230.8 ~ 257.2 | 560.5 ~ 663.8 |
| 磨胸锡林 | 胸锡林 | 200 ~ 220 | 323.9 ~ 356.3 | — |
| | 长磨辊 | 350 ~ 390 | 230.8 ~ 257.2 | 554.7 ~ 613.5 |

## 三、磨针注意事项

（1）磨针前应检查针的锐利程度，根据目测和手感检查结果决定其磨砺时间与轻重。

（2）磨前先开空车，抄清钢丝，使针布底内的垃圾及短纤维彻底清除干净。

（3）磨时将锡林、道夫间隔距放大到不小于0.50mm（20/1000英寸），避免挂上皮带后因锡林道夫接触过紧而损伤针布。

（4）被磨机件的转向与针尖的倾向相反，磨辊的转向与被磨机件转向一致。

（5）磨砺程度用耳朵听到有沙沙声，目视偶有火花并分布均匀即可。

（6）磨针以轻磨勤校为原则，操作上掌握轻、重、轻轻的方法。为保证磨针质量，可先用长磨辊后用短磨辊，两者结合使用。这里重磨是指在磨辊与针布间火花连续出现，且有较大的沙沙声；轻磨是指在磨辊与针布间没有火花，只有轻微的沙沙声或西西声。

（7）磨针要平磨及侧磨相结合，要有侧磨片，侧磨后再平磨一次。侧磨是游动磨头往复来回磨。

# 第六节　搓捻板

## 一、搓捻板的选择

搓捻板的材料，过去以牛皮为主，现在用合成材料制成的搓捻板，例如丁腈搓捻板或合成拍塑搓捻，不论用什么材料都要满足如下条件：

（1）全部要无缝。搓捻板内缘两端限位凸钉的铆接或胶接牢固。

（2）厚度（4～5mm）均匀、宽度在内侧周长及冗差符合用户规定的要求。

（3）材料质量要均匀、耐油。硬度适中，有一定柔性、弹性和身骨。

（4）由温度（-10～60℃）、光引起的物理、化学性变化要小，不会发黏。

（5）径向和轴向的伸缩性都要小。

（6）要有良好的耐磨性，耐弯曲疲劳好，不易龟裂。要不易膨胀、没有波浪形起鼓。

（7）为了能够充分搓捻好粗纱的光圆紧，表面要有适当的粗糙度，有沟槽或滚花。

（8）表面要平，无疵点。

## 二、搓捻板规格

（1）搓捻板的厚度一般为4～5mm，表面有与出条方向平行的槽纹，以增强搓捻性能。搓板槽距有各种规格，一般为2～3mm。也有组成菱形的，槽子的深度，根据纱支粗细而定。粗支纱槽较粗深，细支纱槽较细浅。也有用光面而没有槽的。

（2）搓捻板的宽度与周长是根据梳毛机的规格来决定的。BC272D、BC272E型上、下搓捻板宽度都为1640mm，上、下搓捻板内侧周长分别为1050mm及1100mm。

## 三、新搓捻板的处理

### 1. 新丁腈搓捻板

必须做好搓捻板内缘两端凸钉的铆接或胶接工作（一般制作厂根据用户提供的规格，已搞好凸钉，不需用户自搞）。

### 2. 新牛皮搓捻板

使用前须经过处理，处理方法大多是涂上皮板油后空车运转一段时间再正式开车。但这样会影响机台的运转率，可做与车头偏心盘相同的小型搓板机构，新皮板使用前，将上下皮板同时安装于该机构上，涂上皮板油，运转1～2日，使油渗透到牛皮中，待皮板柔软后再上机使用。这样可减少因新牛皮搓捻板上机所造成的回毛损耗及提高机器运转率。现在很少用了，新型合成拍塑搓捻板的性能已超过牛皮搓捻板，性价比合算。

## 四、搓捻板的保养维修

在操作中需注意如下几点。

（1）牛皮搓捻板适当地涂抹植物油，以保持皮搓捻板的柔软性（丁腈搓捻板可涂水或和毛油）。

（2）避免日光直晒，防止加速老化。

（3）如果长时间停车而不使用，必须把张紧的搓捻板放松到自然状态，如是牛皮搓捻板再涂抹植物油，如是丁腈搓捻板则清洗干净晾干用布或纸包好，垂直放置为宜。

（4）尽可能避免不进原料的空车运转，可停止偏心立轴转动。

（5）要经常保持清洁，变换原料种类时要进行清扫，如是牛皮搓捻板要用植物油擦净，这一工作要同机器加油一样仔细。

（6）搓捻板需保持一定的张紧度，但如果张力过紧，会使搓条辊弯曲而增加轴承负荷并造成粗纱不均匀。

**五、开车注意事项**

（1）在搓条器上无纤维网的情况下进行梳毛机的试车时，必须使搓条器偏心轮停止工作，应使其脱开传动。如在搓捻板之间无纤维网情况下进行搓捻，将会磨坏搓捻板表面而生成粗表面，降低搓捻效果。

（2）根据搓捻板的材质，仔细阅读出厂商有关搓捻板上机、使用保养的说明要求，按要求进行操作。

# 第七节　皮带丝

## 一、皮带丝的选择和使用

（1）皮带丝的材料过去以牛皮为主，现在随着合成树脂工业的发展，已经采用合成橡塑材料，合成树脂制成的皮带丝或牛皮和合成材料混合制成的皮带丝中间有不易伸长的夹片，必须具备如下条件：

①能保持精确的尺寸，特别要保持长度和宽度的正确性。必须以分割辊凹槽宽度（隔距）配皮带丝宽度（因为皮带丝的宽度与大分割辊槽宽度之间只有0.10mm的间隙）。

②材料质量要均匀，这对保持一定张紧度非常重要。

③伸缩性尽可能要小。

④不因温度变化引起物理化学性变化。抗弯曲疲劳性、抗扭曲疲劳性、抗静电性好。

⑤耐磨性好，而且有韧性。

⑥断裂时容易修补和调换。

⑦对纤维有适当的附着性。但不粘毛，即易附易脱。

⑧边缘的四角隅，能较长时期保持快口等。

（2）皮带丝厚度要求一致，一般在3.5或4mm。

（3）皮带丝宽度要求一致，比分割辊凹槽宽度（隔距）要小0.20mm左右，配合不能太紧或太松。

（4）牛皮皮带丝的皮质更要求均匀，无特殊疵点，以保证弹性均匀，伸长一致，坚韧性好，基本无伸长率。

（5）接头长度在40～60mm之间，接头两端均削为斜坡形。出单根毛条的皮带丝，每根有一扭转（180°）有Z向与S向之别，每台车的皮带丝扭向要一致，故接头时要一正一反。接头处的厚度与其他正常部位一致，所用胶水应有较高的粘合牢度。

## 二、皮带丝的保养与管理

（1）预处理过的皮带丝，做好记号，吊放在固定存放处。

（2）皮带丝使用时应随时保持清洁。

（3）防止皮带丝张力辊绕毛，致使皮带丝产生意外张力或断裂。

（4）抄针时用软刷或揩布把黏附在皮带丝上的毛块除去。

（5）磨针时用粉笔划一直线，然后空转一圈，视各根皮带丝伸长情况，超长的予以调整（切去伸长部分，两头沾上胶水，然后用两块小铁板固定），短的部分用手施以拉力，以保持所需要的长度。

## 三、皮带丝穿法

### （一）深槽皮带丝穿法（图4-1-4）

每根皮带丝出毛条一根。

### （二）浅槽皮带丝穿法（图4-1-5）

每根皮带丝出毛条两根。

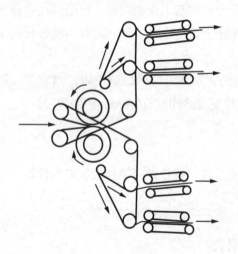

图4-1-4  深槽皮带丝穿法

（一根皮带丝出毛条一根）

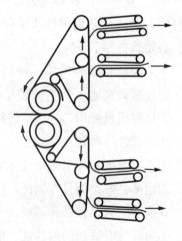

图4-1-5  浅槽皮带丝穿法

（一根皮带丝出毛条两根）

## 四、皮带丝宽度与纺纱细度的关系（表4-1-19）

表4-1-19　皮带丝宽度与纺纱细度关系表

| 皮带丝宽度 | | 22mm | 17.5mm | 11.5mm | 9.5mm | 8.5mm |
|---|---|---|---|---|---|---|
| 纺纱细度 | tex | 333 | 333～200 | 200～76.9 | 76.9以下 | 38.5以下 |
| | 公支 | 3 | 3～5 | 5～13 | 13以上 | 26以上 |

# 第八节　粗纺梳毛机操作注意事项

（1）对本人所负责看管的机台，按规定进行巡回检查，观察帘子有无翻毛现象及运行是否正常，观察铺毛毛层折叠是否合理，倾听机器声音有否异响，检查链条、皮带有否挂毛及断裂等，发现问题应及时修理，使设备经常处于良好状态，防止发生机械事故。

（2）经常检查粗纱毛卷的质量，发现有大肚皮纱、粗细纱、并头纱、夹心纱等疵点，应立即与修机工联系及时解决。

（3）每落毛卷应抽磅两次粗纱重量，并保证在工艺规定范围内，不符合要求的毛卷严禁送给细纱间使用。

（4）每班抽磅边头1～2次。

（5）做好各部位的清洁工作，如斩刀、张力轴、清洁轴及皮板轴、分割罗拉等，使其经常保持清洁，不沾毛、绕毛，保证粗纱质量。

（6）调批时应严格分清，防止纱批混错，造成质量事故。

（7）喂毛时必须两包毛同时交叉喂入，减少由于和毛不匀所造成的色差，本批回用的回毛必须经开松后均匀地混进原料内使用。并注意原料的回潮率（回毛量大，且回潮率较低时需加适当水分，使上机回潮率达到规定值）

（8）喂毛时要勤喂少喂，并将原料抖松后喂入，使毛箱内毛量经常保持在75%左右。

（9）喂入原料的毛包必须核对品号、支数、色泽及纺制机台，防止发生差错造成事故。

（10）经常做好机台毛包周围、后车罩壳、车肚、压毛板、风轮盖、喂毛斗上等部位的清洁工作。

# 第九节　彩色毛粒纱的生产

## 一、先制毛粒后和毛

在和毛工序将已制成的彩色短毛粒子混和在羊毛中，以便纺成带有彩色颗粒的毛纱，织成一种在呢面上散布着不规则彩色颗粒的织物，形成一种独特的花型风格。毛粒所用原料，除粒子毛外，均应采用松散的短毛纤维，并可与30%黏胶纤维混纺。

**（一）制造毛粒方法**

选用纤维细而短的64～70支的短毛原料，一般在普通的一节弹毛机上进行。上机前加入为短毛重量20%～25%的乳化油（乳化油的油水比为1∶3）及20%～25%的9°硅胶，充分混和放置24h后上机生产。

**（二）弹毛机的改装特点（图4-1-6）**

（1）提起工作辊A，使不起开毛作用。

（2）锡林上面的工作辊B反方向安装2～3只，如要粒子小而紧可以多装，颗粒大而松则少装。

（3）斩刀C，提起或拆除。

原料进入弹毛机后，由于凝集在道夫针齿上的纤维没有被斩刀剥取，愈聚愈厚，并因锡林表面的纤维与工作辊不起梳开作用，仅起搓轧作用，故形成毛粒，附在锡林表面。由于锡林高速回转的离心作用，锡林与道夫之间的毛粒被抛入机底。

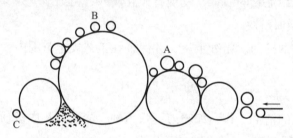

图4-1-6　弹毛机改装图

**（三）毛粒加入方法**

在和毛工序中采用一般和毛方法，使粒子与羊毛混合后，在梳毛机上纺成粗纱。因要经过两节锡林和工作辊的分梳，虽然隔距已作了适当的放大，但粒子仍难免受到破坏，使成纱表面的彩色颗粒，显现较小，但粒子散布均匀是其优点。

**（四）梳毛机的隔距**

如采用和毛混和粒子的纺纱方法，则梳毛机前后节锡林上的工作辊隔距，都要提高3mm左右。在梳毛机上现场观察时，工作辊上应该没有毛粒或微带毛粒。

## 二、在梳毛机上同时制毛粒和生产粗纱

在梳毛机上可采用三种不同的方式生产彩色毛粒纱或彩色粗纱。

（1）在前道夫上加装喂入毛卷架，8只彩色毛卷安放在退卷辊筒上，由退卷辊筒3退出来的彩色粗纱经过分头导纱杆2，交给包有弹性针布的上喂入罗拉4，由于上喂入罗拉的针向与转向关系，彩色粗纱通过下喂入光罗拉5，再交给转移辊6。转移辊同样包有弹性针布，除顺时针转动外（转速约100r/min），还能上下移动（由电气阀控制，间隙时间可调节，转

移辊从最高点到最低点时间间隔是短暂的）。由于转移辊的针向、转向，其针布号数低于道夫针布，故道夫针布将剥取转移辊针布表面的彩色毛粒，与道夫毛网一起经车头部分形成彩色粗纱（图4-1-7）。

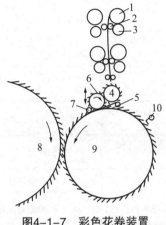

**图4-1-7　彩色花卷装置**

1—彩色毛卷　2—分头导纱杆　3—退卷辊筒　4—上喂入罗拉（包弹性针布）

5—下喂入（光）罗拉　6—转移辊　7—小光罗拉　8—锡林　9—道夫　10—斩刀

（2）在梳毛机过桥平帘上安装小喂毛斗，喂入短的色粗纱，长度在20～30mm左右。

（3）在前锡林第2、第3工作辊上方，安装小喂毛斗，喂入口位于两对工作辊之间，喂入短的有色粗纱。小喂毛斗用链轮传动。箱中喂入原料亦可用剪短的混色回毛或色毛，亦可将搓好粒子的原料喂入。

# 第十节　粗纺梳毛主要疵点成因及防止方法

粗纺梳毛主要疵点成因及防止方法见表4-1-20。

表4-1-20　粗纺梳毛主要疵点成因及防止方法

| 疵点名称 | 造成原因 | 防止方法 |
|---|---|---|
| 毛粒 | （1）混料粗细悬殊或短毛过多 | （1）合理选择原料，20mm及以下原料在加工过程及穿着过程易掉下，故要控制，尽量少用。混料中如长短纤维或色泽相差悬殊，宜先将部分原料进行"假和"、分梳，再和毛上梳毛机 |
| | （2）原料状态不良，有毡缩、辫条 | （2）加强对原料检查，及时改进前道（洗毛、炭化、和毛及加油）工艺。加强质量信息沟通及反馈，不合格原料退回处理 |
| | （3）上机回潮不当 | （3）羊毛黏胶纤维混纺原料上机回潮率一般在24%～28%；羊毛合纤混纺原料上机回潮率一般在30%左右；回潮率过高会出现针布绕毛现象，并产生毛粒。注意混和均匀 |

| 疵点名称 | 造 成 原 因 | 防 止 方 法 |
|---|---|---|
| 毛粒 | （4）梳理隔距或风轮扫弧长度不当 | （4）加强机械状态的检查，及时调整隔距 |
| | （5）针尖不锋利 | （5）加强机械状态的检查，需磨针 |
| 粗纱纵向不匀（夹心花卷） | （1）控制毛斗的一套机件有故障 | （1）定期检查修理，通过技术改造，使用电子二次称重或CNC数控自动喂毛机，提高喂毛精度。使重量不匀率≤1.5% |
| | （2）喂毛周期太短，空毛斗平衡与等待落毛时间过短 | （2）适当延长喂毛周期。喂毛箱贮毛量下限，采用光电控制，会报警 |
| | （3）毛箱毛量忽多忽少 | （3）喂毛时须勤加少加，使毛箱毛量保持一定高度，75%较好 |
| | （4）原料上机回潮不一，或加油不均匀 | （4）改善和毛工艺，梳毛采用多包喂毛。和毛油一定要乳化 |
| | （5）进毛辊，进毛帘子运转打顿，各部传动皮带打滑 | （5）加强巡回，定期检查修理 |
| | （6）中车毛层搭头不良 | （6）搭头要匀整，一般以6~7层为宜，并注意各过桥帘的速比 |
| | （7）风轮速度过慢或风轮针布损坏 | （7）正确配备风轮速比，更换已坏针布 |
| | （8）开毛辊与喂毛辊之间隔距太松 | （8）后车0.58mm（23/1000英寸），前车0.48mm（19/1000英寸）较为适宜 |
| 粗纱横向不匀（粗细头） | （1）喂入毛网不平整 | （1）斩刀剥下毛网速度与一对导辊速度相互适当，毛网呈水平状进入进毛辊。 |
| | （2）皮带丝张力辊高低不一致 | （2）调整皮带丝张力辊 |
| | （3）中车喂入毛层宽窄不一致 | （3）调整中车喂入毛层的宽窄 |
| | （4）四只花卷重量不一致 | （4）调整皮带丝张力，应力求一致，细支纱差异不超过4%，粗支纱差异不超过5% |
| | （5）梳理机件两边隔距不一，皮带丝张力不一或打滑 | （5）加强状态维修工作，按保全保养制度进行调整维修 |
| | （6）皮带丝宽窄厚薄不一，边口不平整 | （6）定期检查皮带丝 |
| | （7）风轮速比或两边扫弧长度不当 | （7）调整风轮速比或扫弧长度 |
| 并头 | （1）皮带丝、搓捻板隔距过紧 | （1）调整皮带丝、搓捻板间隔距 |
| | （2）两层搓捻板动程不一致 | （2）调整搓捻板动程 |
| | （3）搓捻板动程过大，搓捻板沟槽磨平或皮带丝与搓捻板往复速比不当 | （3）缩小搓捻板动程，搓捻板调换刨槽或调整出条速度 |
| 细节纱（脱节纱） | （1）斩刀到进毛辊之间毛网过紧 | （1）调节各道毛网牙，使张力恰当 |
| | （2）车头各部牵伸过大 | （2）配制适当的工艺 |
| | （3）锡林至道夫间托辊绕毛，道夫针布损伤，风轮锡林速比或扫弧长度不当 | （3）加强巡回检查，合理调整工艺 |
| 短粗节纱（大肚纱） | （1）梳理工作机件运转不灵活、打顿或咬煞不走 | （1）加强巡回检查，及时修理 |
| | （2）各部位的漏底隔距过大 | （2）锡林漏底1.1mm（43/1000英寸），一般漏底3~6mm（1/8~1/4英寸）较为适宜。漏底隔距不宜偏大，特别要注意前车的漏底隔距。要按混料情况掌握，短毛比重少的品种，漏底隔距约为1.1mm，一般品种约为3~6mm。按回转方向，入口处隔距稍偏大，以后随回转方向隔距逐渐收小，出口处隔距稍偏小 |

| 疵点名称 | 造成原因 | 防止方法 |
|---|---|---|
| 短粗节纱（大肚纱） | （3）风轮插板机械状态不良或安装质量不当，风轮安全罩挂毛 | （3）插板边口要求光滑、齐正，内弧无油垢；插板的圆弧与风轮的圆弧面要吻合，安装隔距在不相碰情况下，偏紧为宜 |
| | （4）前车大锡林上靠近转移辊的工作辊及靠近风轮的工作辊针尖不锋利，隔距过大，上下挡风辊针布不锐利，速度不当，隔距过大 | （4）需保持各主要机件针布锐利状态，按不同要求调整隔距速比 |
| | （5）飞毛过多，斩刀沾毛，下挡风辊积毛 | （5）混毛中短毛比例多的品种，和毛时宜加部分硅胶，防止产生过多的飞毛；夏天和毛后的毛包存放时间不宜过长，以2~3天为宜，防止原料发热变质，影响飞毛的增加 |
| | （6）锡林~道夫间托辊绕毛或隔距不当 | （6）及时清除绕毛或调整隔距 |
| | （7）抄针周期过长 | （7）视原料成分而定：一般3~6个工作班抄一次；短毛成分在70%左右，2个工作班抄一次；64支澳毛纺72tex以下，（14公支以上）可延长到4~6班抄一次 |
| | （8）前车开毛辊及清洁辊绕毛 | （8）及时清除绕毛或调整隔距 |
| 粗纱松散 | （1）原料粗硬抱合力差 | （1）合理选用原料，增加搓捻动程或次数 |
| | （2）搓捻板沟槽浅，表面过于光滑 | （2）及时调换搓捻板 |
| | （3）原料干燥 | （3）适当增加乳化油水 |
| | （4）搓捻板动程过小 | （4）同步调节上下搓捻板动程（摆幅）（各为偏心距10~25mm的2倍），一般从30~45mm$\left(1\frac{1}{4}~1\frac{3}{4}英寸\right)$，最大50mm（2英寸） |
| | （5）搓捻板隔距偏松 | （5）一般为1.1mm（43/1000英寸），进口处宜略松，出口处宜略紧 |
| | （6）搓捻板紧张度不够，中间架轴压力太轻 | （6）适当调整搓捻板张力及中间架轴压力 |
| | （7）卷取辊和搓捻板间牵伸过小 | （7）卷取辊表面线速度与搓捻板出纱速度相适应，一般以1.03~1.07m/min较好 |

# 第十一节　粗纺梳毛质量指标及其控制

粗纺梳毛机产品（粗纱）的质量指标包括重量不匀率、条干不匀率、毛粒、色泽和其他疵点等。由于所用原料复杂，产品种类较多，用途和要求也不一样，所以未有统一指标。下面介绍一些工厂自订的指标，供参考。

## 一、重量不匀率

### （一）纵向不匀

#### 1. 喂毛量不匀

由于喂毛机构的影响，每次喂毛量都可能有一定的差异。校正喂毛量时，一般要连续测定20次，喂毛不匀差异一般用极差值和重量不匀率表示（表4-1-21）。

表4-1-21　不同纱支毛斗极差值与重量不匀率范围参考表

| 纱线细度 | tex | 200以上 | 167~83 | 77~59 |
|---|---|---|---|---|
| | 公支 | 5以下 | 6~12 | 13~17 |
| 喂毛斗重量不匀率（%） | | 1.7 | 1.5 | 1.2 |
| 毛斗重量极差值（g） | | 15 | 7 | 5 |
| 毛斗重量极差不匀率（%） | | ≤8% | ≤7% | ≤7% |

**2. 毛卷重量差异**

以毛卷轴上全部粗纱1m长的实际重量与标准量（粗纱定重）的差异来衡量。其不同纱支的公差范围知表4-1-22所示。

表4-1-22　不同纱支毛卷标准定重公差范围表

| 纱线细度 | tex | 200以上 | 167~83 | 77~59 |
|---|---|---|---|---|
| | 公支 | 5以下 | 6~12 | 13~17 |
| 毛卷标准定重差异（g） | | ±0.20 | ±0.15 | ±0.10 |

**3. 校粗纱定重法及毛卷称重法**

近年来，粗纺设备纺针织用纱较普遍，纺粗纺针织纱工厂，尤其是一些老厂，厂房空调，车间温湿度不稳定、变化大，受季节气候影响较大。为提高针织纱的质量，对粗纱定重采用按公定回潮率校正法及毛卷称重法。

校粗纱定重法：结合当天当班测出的实际回潮率，按公定回潮率的标定重折算，修正实际回潮率下粗纱每米的定重。

毛卷称重法：

（1）在校对粗纱定重的基础上，新批上机或抄针后再开车，校核粗纱支数采用毛卷200m折算。以62.5tex（16公支）为例，在BC272型梳毛机上总出条为120根，每一只毛卷辊上有30根粗纱，取其200m（即定重的200倍）重量范围为473~502g（200m标准重量±3%，细纱牵伸倍数1.3）。校对重量时，4只毛卷重量均要求在范围之内。如达到即可进行正常生产，达不到时则要调整到该范围内。

（2）然而根据细纱管纱所需定长（如1300m或1500m）进行生产，生产中又可分A，B，C，…组，每组（组与组之间的）毛卷重量差异范围为100g，哪一组先达到细纱机所需数量即可上细纱机使用。在细纱机上根据A，B，C，…每组内平均重量调整牵伸牙，以达到所需标准纱支。以上做法有利于减少针织纱织片的档子（条干长片段不匀），提高成纱率。

## （二）横向不匀

对每只毛卷的粗纱进行逐根称重，计算其不匀率，不匀率一般掌握在3.5%以下，针织纱2.5%以下。单根重量与标准重之差超过标准重量±4%的根数应不大于毛卷总根数的10%。

## 二、毛网状态

前车毛网清晰均匀，毛粒很少，具体数据无统一规定，主要看细纱质量，10块纱板的毛粒数不超过20个即为一级纱，在20～30个之间为二级纱，超过30个为级外纱。有的企业用Uster条干均匀度仪，根据企业内控质量标准及客户要求品质，制定和设定参数条干均匀度CV%值，CV%变异系数，短粗节（S），长粗节（L），细节（T），毛粒（N）的百分比及输入速度。

## 三、大肚纱、双纱、细节纱、条干不匀、色泽不匀

对照标样（自制）或织成织片。

现在多用（Uster）条干均匀度仪测试，结合针织织片检查。

# 第十二节　梳毛用弹性针布的规格及包卷

## 一、产品形式和基本尺寸

梳毛用弹性针布分为梳毛锡林针布、梳毛道夫针布、梳毛运输辊针布、梳毛工作辊针布、梳毛剥毛辊针布、梳毛清扫辊针布、梳毛弯脚风轮针布、梳毛直脚风轮针布、梳毛弯脚风轮片针布、梳毛直脚风轮片针布10种。

## （一）梳毛用弹性针布的结构、规格

各种梳毛用弹性针布的结构图见图4-1-8，其基本尺寸和极限偏差见表4-1-23～表4-1-33。

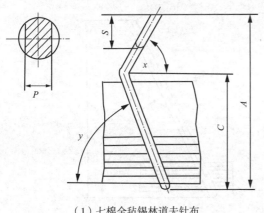

（1）七棉全毡锡林道夫针布

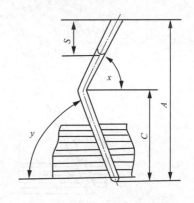

（2）七层橡皮面锡林道夫针布

图4-1-8

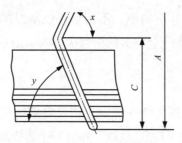
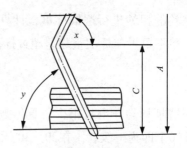

（3）六棉半毡运输辊、工作辊、
剥毛辊、清扫辊针布

（4）六层橡皮面运输辊、工作辊、
剥毛辊、清扫辊针布

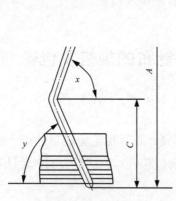
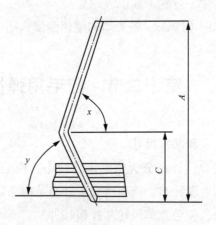

（5）五层中层橡皮半毡弯脚风轮针布　　　　（6）六层橡皮面弯脚风轮针布

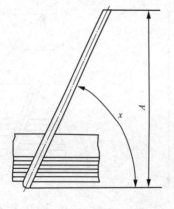
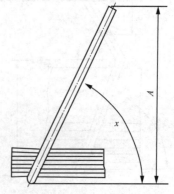

（7）五层中层橡皮半毡直脚风轮针布　　　　（8）六层橡皮面直脚风轮针布

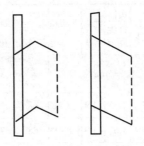

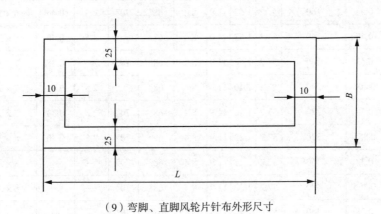

（9）弯脚、直脚风轮片针布外形尺寸

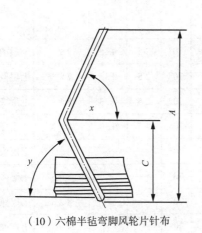

（10）六棉半毡弯脚风轮片针布

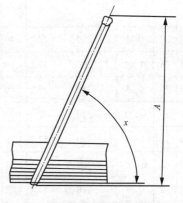

（11）六棉半毡直脚风轮片针布

图4-1-8　弹性针布结构

表4-1-23　锡林针布的基本尺寸和极限偏差

| 针布种类 锡林 | 钢丝 号数 | 钢丝 直径（mm） | 针尖密度 [针数/（25.4mm）²] | 植针宽度 | 横向针尖距 α | 针高 A | 下膝高 C | 工作角 x | 植角 y | 侧磨深 S | 侧磨细度 p | 植针方式（行×针） | 底布种类 |
|---|---|---|---|---|---|---|---|---|---|---|---|---|---|
| | | | | mm | | | | | | mm | | | |
| WA21$\phi$80 | 21 | 0.81 | 80 | 57.2 | 1.63 | 11.9 | 8.4 | 68° | 70° | 2.5 | 0.63 | 6×3 | 七棉全毡 |
| WA22$\phi$80 | 22 | 0.71 | 80 | 57.2 | 1.63 | 11.9 | 8.4 | 68° | 70° | 2.5 | 0.58 | 6×3 | 七棉全毡 |
| WA23$\phi$120 | 23 | 0.63 | 120 | 57.2 | 1.63 | 11.9 | 8.4 | 68° | 70° | 2.5 | 0.53 | 6×3 | 七棉全毡 |
| WA24$\phi$120 | 24 | 0.58 | 120 | 57.2 | 1.63 | 11.9 | 8.4 | 68° | 70° | 2.5 | 0.48 | 6×3 | 七棉全毡 |
| WA25$\phi$160 | 25 | 0.53 | 160 | 57.2 | 1.63 | 11.9 | 8.4 | 68° | 70° | 2.5 | 0.43 | 6×3 | 七棉全毡 |
| WA26$\phi$160 | 26 | 0.48 | 160 | 57.2 | 1.63 | 11.9 | 8.4 | 68° | 70° | 2.5 | 0.40 | 6×3 | 七棉全毡 |
| WA27$\phi$200 | 27 | 0.43 | 200 | 57.2 | 1.40 | 11.9 | 8.4 | 68° | 70° | 2.5 | 0.38 | 7×3 | 七棉全毡 |
| WA28$\phi$240 | 28 | 0.405 | 240 | 57.2 | 1.40 | 11.9 | 8.4 | 68° | 70° | 2.5 | 0.35 | 7×3 | 七棉全毡 |
| WA29$\phi$280 | 29 | 0.38 | 280 | 57.2 | 1.40 | 11.9 | 8.4 | 68° | 70° | 2.5 | 0.33 | 7×3 | 七棉全毡 |
| WA30$\phi$320 | 30 | 0.355 | 320 | 57.2 | 1.22 | 11.9 | 8.4 | 68° | 70° | 2.5 | 0.30 | 8×3 | 七棉全毡 |
| WA31$\phi$360 | 31 | 0.33 | 360 | 57.2 | 1.22 | 11.9 | 8.4 | 68° | 70° | — | — | 8×3 | 七棉全毡 |
| WA32$\phi$400 | 32 | 0.305 | 400 | 57.2 | 1.22 | 11.9 | 8.4 | 68° | 70° | — | — | 8×3 | 七棉全毡 |
| WA33$\phi$440 | 33 | 0.28 | 440 | 57.2 | 1.22 | 11.9 | 8.4 | 68° | 70° | — | — | 8×3 | 七棉全毡 |
| WA34$\phi$480 | 34 | 0.255 | 480 | 57.2 | 1.08 | 11.9 | 8.4 | 68° | 70° | — | — | 9×3 | 七棉全毡 |
| WA35$\phi$520 | 35 | 0.23 | 520 | 57.2 | 1.08 | 11.9 | 8.4 | 68° | 70° | — | — | 9×3 | 七棉全毡 |
| WA36$\phi$560 | 36 | 0.205 | 560 | 57.2 | 0.97 | 11.9 | 8.4 | 68° | 70° | — | — | 10×3 | 七棉全毡 |
| 极限偏差 | — | — | $+5 \atop -3$ % | — | — | ±0.5 | ±0.2 | ±3° | ±3° | ±0.3 | $+0.01 \atop -0.02$ | — | — |
| WA27$\phi$200-1 | 27 | 0.43 | 200 | 57.2 | 1.40 | 10 | 5.9 | 62° | 70° | 2.5 | 0.38 | 7×3 | 七层橡皮面 |
| WA28$\phi$240-1 | 28 | 0.405 | 240 | 57.2 | 1.40 | 10 | 5.9 | 62° | 70° | 2.5 | 0.35 | 7×3 | 七层橡皮面 |
| WA29$\phi$280-1 | 29 | 0.38 | 280 | 57.2 | 1.40 | 10 | 5.9 | 62° | 70° | 2.5 | 0.33 | 7×3 | 七层橡皮面 |
| WA30$\phi$320-1 | 30 | 0.355 | 320 | 57.2 | 1.22 | 10 | 5.9 | 62° | 70° | 2.5 | 0.30 | 8×3 | 七层橡皮面 |
| WA31$\phi$360-1 | 31 | 0.33 | 360 | 57.2 | 1.22 | 10 | 5.9 | 62° | 70° | — | — | 8×3 | 七层橡皮面 |
| WA32$\phi$400-1 | 32 | 0.305 | 400 | 57.2 | 1.22 | 10 | 5.9 | 62° | 70° | — | — | 8×3 | 七层橡皮面 |
| WA33$\phi$440-1 | 33 | 0.28 | 440 | 57.2 | 1.22 | 10 | 5.9 | 62° | 70° | — | — | 8×3 | 七层橡皮面 |
| WA34$\phi$480-1 | 34 | 0.255 | 480 | 57.2 | 1.08 | 10 | 5.9 | 62° | 70° | — | — | 9×3 | 七层橡皮面 |
| WA35$\phi$520-1 | 35 | 0.23 | 520 | 57.2 | 1.08 | 10 | 5.9 | 62° | 70° | — | — | 9×3 | 七层橡皮面 |
| WA36$\phi$560-1 | 36 | 0.205 | 560 | 57.2 | 0.97 | 10 | 5.9 | 62° | 70° | — | — | 10×3 | 七层橡皮面 |

### 表4-1-24　道夫针布的基本尺寸和极限偏差

| 针布种类 | 钢丝 | | 针尖密度[针数/(25.4mm)²] | 植针宽度 | 横向针尖距 α | 针高 A | 下膝高 C | 工作角 X | 植角 Y | 侧磨深 S | 侧磨细度 P | 植针方式（行×针） | 底布种类 |
|---|---|---|---|---|---|---|---|---|---|---|---|---|---|
| 道夫 | 号数 | 直径（mm） | | mm | | | | | | mm | | | |
| WB21φ80 | 21 | 0.81 | 80 | 50.8 | 1.45 | 11.9 | 8.4 | 68° | 70° | 2.5 | 0.63 | 6×3 | 七棉全毡 |
| WB22φ80 | 22 | 0.71 | 80 | 50.8 | 1.45 | 11.9 | 8.4 | 68° | 70° | 2.5 | 0.58 | 6×3 | 七棉全毡 |
| WB23φ120 | 23 | 0.63 | 120 | 50.8 | 1.45 | 11.9 | 8.4 | 68° | 70° | 2.5 | 0.53 | 6×3 | 七棉全毡 |
| WB24φ120 | 24 | 0.58 | 120 | 50.8 | 1.45 | 11.9 | 8.4 | 68° | 70° | 2.5 | 0.48 | 6×3 | 七棉全毡 |
| WB25φ160 | 25 | 0.53 | 160 | 50.8 | 1.45 | 11.9 | 8.4 | 68° | 70° | 2.5 | 0.43 | 6×3 | 七棉全毡 |
| WB26φ160 | 26 | 0.48 | 160 | 50.8 | 1.45 | 11.9 | 8.4 | 68° | 70° | 2.5 | 0.40 | 6×3 | 七棉全毡 |
| WB27φ200 | 27 | 0.43 | 200 | 50.8 | 1.45 | 11.9 | 8.4 | 68° | 70° | 2.5 | 0.38 | 6×3 | 七棉全毡 |
| WB28φ240 | 28 | 0.405 | 240 | 50.8 | 1.45 | 11.9 | 8.4 | 68° | 70° | 2.5 | 0.35 | 6×3 | 七棉全毡 |
| WB29φ280 | 29 | 0.38 | 280 | 50.8 | 1.45 | 11.9 | 8.4 | 68° | 70° | 2.5 | 0.33 | 6×3 | 七棉全毡 |
| WB30φ320 | 30 | 0.355 | 320 | 50.8 | 1.24 | 11.9 | 8.4 | 68° | 70° | 2.5 | 0.30 | 7×3 | 七棉全毡 |
| WB31φ360 | 31 | 0.33 | 360 | 50.8 | 1.24 | 11.9 | 8.4 | 68° | 70° | — | — | 7×3 | 七棉全毡 |
| WB39φ400 | 32 | 0.305 | 400 | 50.8 | 1.24 | 11.9 | 8.4 | 68° | 70° | — | — | 7×3 | 七棉全毡 |
| WB33φ440 | 33 | 0.28 | 440 | 50.8 | 1.24 | 11.9 | 8.4 | 68° | 70° | — | — | 7×3 | 七棉全毡 |
| WB34φ480 | 34 | 0.255 | 480 | 50.8 | 1.08 | 11.9 | 8.4 | 68° | 70° | — | — | 8×3 | 七棉全毡 |
| WB35φ520 | 35 | 0.23 | 520 | 50.8 | 1.08 | 11.9 | 8.4 | 68° | 70° | — | — | 8×3 | 七棉全毡 |
| WB36φ560 | 36 | 0.205 | 560 | 50.8 | 0.96 | 11.9 | 8.4 | 68° | 70° | — | — | 9×3 | 七棉全毡 |
| 极限偏差 | — | — | +5%/−3% | — | — | ±0.5 | ±0.2 | ±3° | ±3° | ±0.3 | +0.01/−0.02 | — | — |
| WB27φ200-1 | 27 | 0.43 | 200 | 50.8 | 1.45 | 10 | 5.9 | 62° | 70° | 2.5 | 0.38 | 6×3 | 七层橡皮面 |
| WB28φ240-1 | 28 | 0.405 | 240 | 50.8 | 1.45 | 10 | 5.9 | 62° | 70° | 2.5 | 0.35 | 6×3 | 七层橡皮面 |
| WB29φ280-1 | 29 | 0.38 | 280 | 50.8 | 1.45 | 10 | 5.9 | 62° | 70° | 2.5 | 0.33 | 6×3 | 七层橡皮面 |
| WB30φ320-1 | 30 | 0.355 | 320 | 50.8 | 1.24 | 10 | 5.9 | 62° | 70° | 2.5 | 0.30 | 7×3 | 七层橡皮面 |
| WB31φ360-1 | 31 | 0.33 | 360 | 50.8 | 1.24 | 10 | 5.9 | 62° | 70° | — | — | 7×3 | 七层橡皮面 |
| WB32φ400-1 | 32 | 0.305 | 400 | 50.8 | 1.24 | 10 | 5.9 | 62° | 70° | — | — | 7×3 | 七层橡皮面 |
| WB33φ440-1 | 33 | 0.28 | 440 | 50.8 | 1.24 | 10 | 5.9 | 62° | 70° | — | — | 7×3 | 七层橡皮面 |
| WB34φ480-1 | 34 | 0.255 | 480 | 50.8 | 1.08 | 10 | 5.9 | 62° | 70° | — | — | 8×3 | 七层橡皮面 |
| WB35φ520-1 | 35 | 0.23 | 520 | 50.8 | 1.08 | 10 | 5.9 | 62° | 70° | — | — | 8×3 | 七层橡皮面 |
| WB36φ560-1 | 36 | 0.205 | 560 | 50.8 | 0.96 | 10 | 5.9 | 62° | 70° | — | — | 9×3 | 七层橡皮面 |

表4-1-25　运输辊针布的基本尺寸和极限偏差

| 针布种类 | 钢丝 | | 针尖密度<br>[针数/<br>（25.4mm²）] | 植针<br>宽度 | 横向<br>针尖<br>距 α | 针高<br>A | 下膝<br>高 C | 工作角<br>x | 植角<br>y | 侧磨<br>深 S | 侧磨细<br>度 P | 植针方式<br>（行×针） | 底布种类 |
|---|---|---|---|---|---|---|---|---|---|---|---|---|---|
| 运输辊 | 号数 | 直径<br>（mm） | | mm | | | | | | mm | | | |
| WF21ϕ80 | 21 | 0.81 | 80 | 44.5 | 1.93 | 10 | 6.5 | 65° | 70° | 2.5 | 0.63 | 6×2 | 六棉半毡 |
| WF22ϕ80 | 22 | 0.71 | 80 | 44.5 | 1.93 | 10 | 6.5 | 65° | 70° | 2.5 | 0.58 | 6×2 | 六棉半毡 |
| WF23ϕ120 | 23 | 0.63 | 120 | 44.5 | 1.93 | 10 | 6.5 | 65° | 70° | 2.5 | 0.53 | 6×2 | 六棉半毡 |
| WF24ϕ120 | 24 | 0.58 | 120 | 44.5 | 1.93 | 10 | 6.5 | 65° | 70° | 2.5 | 0.48 | 6×2 | 六棉半毡 |
| WF25ϕ160 | 25 | 0.53 | 160 | 44.5 | 1.93 | 10 | 6.5 | 65° | 70° | 2.5 | 0.43 | 6×2 | 六棉半毡 |
| WF26ϕ160 | 26 | 0.48 | 160 | 44.5 | 1.93 | 10 | 6.5 | 65° | 70° | 2.5 | 0.40 | 6×2 | 六棉半毡 |
| WF27ϕ200 | 27 | 0.43 | 200 | 44.5 | 1.53 | 10 | 6.5 | 65° | 70° | 2.5 | 0.38 | 5×3 | 六棉半毡 |
| WF28ϕ240 | 28 | 0.405 | 240 | 44.5 | 1.53 | 10 | 6.5 | 65° | 70° | 2.5 | 0.35 | 5×3 | 六棉半毡 |
| WF29ϕ280 | 29 | 0.38 | 280 | 44.5 | 1.53 | 10 | 6.5 | 65° | 70° | 2.5 | 0.33 | 5×3 | 六棉半毡 |
| WF30ϕ320 | 30 | 0.355 | 320 | 44.5 | 1.27 | 10 | 6.5 | 65° | 70° | 2.5 | 0.30 | 6×3 | 六棉半毡 |
| WF31ϕ360 | 31 | 0.33 | 360 | 44.5 | 1.27 | 10 | 6.5 | 65° | 70° | — | — | 6×3 | 六棉半毡 |
| WF32ϕ400 | 32 | 0.305 | 400 | 44.5 | 1.27 | 10 | 6.5 | 65° | 70° | — | — | 6×3 | 六棉半毡 |
| WF33ϕ440 | 33 | 0.28 | 440 | 44.5 | 1.27 | 10 | 6.5 | 65° | 70° | — | — | 6×3 | 六棉半毡 |
| WF34ϕ480 | 34 | 0.255 | 480 | 44.5 | 1.09 | 10 | 6.5 | 65° | 70° | — | — | 7×3 | 六棉半毡 |
| WF35ϕ520 | 35 | 0.23 | 520 | 44.5 | 1.09 | 10 | 6.5 | 65° | 70° | — | — | 7×3 | 六棉半毡 |
| WF36ϕ560 | 36 | 0.205 | 560 | 44.5 | 1.09 | 10 | 6.5 | 65° | 70° | — | — | 7×3 | 六棉半毡 |
| 极限偏差 | — | — | $+5\%$<br>$-3$ | — | — | ±0.5 | ±0.2 | ±3° | ±3° | ±0.3 | $+0.01$<br>$-0.02$ | — | — |
| WF27ϕ200-1 | 27 | 0.43 | 200 | 44.5 | 1.53 | 10 | 5.9 | 62° | 70° | 2.5 | 0.38 | 5×3 | 六层橡皮面 |
| WF28ϕ240-1 | 28 | 0.405 | 240 | 44.5 | 1.53 | 10 | 5.9 | 62° | 70° | 2.5 | 0.35 | 5×3 | 六层橡皮面 |
| WF29ϕ280-1 | 29 | 0.38 | 280 | 44.5 | 1.53 | 10 | 5.9 | 62° | 70° | 2.5 | 0.33 | 5×3 | 六层橡皮面 |
| WF30ϕ320-1 | 30 | 0.355 | 320 | 44.5 | 1.27 | 10 | 6.9 | 62° | 70° | 2.5 | 0.30 | 6×3 | 六层橡皮面 |
| WF31ϕ360-1 | 31 | 0.33 | 360 | 44.5 | 1.27 | 10 | 5.9 | 62° | 70° | — | — | 6×3 | 六层橡皮面 |
| WF32ϕ400-1 | 32 | 0.305 | 400 | 44.5 | 1.27 | 10 | 5.9 | 62° | 70° | — | — | 6×3 | 六层橡皮面 |
| WF33ϕ440-1 | 33 | 0.28 | 440 | 44.5 | 1.27 | 10 | 5.9 | 62° | 70° | — | — | 6×3 | 六层橡皮面 |
| WF34ϕ480-1 | 34 | 0.255 | 480 | 44.5 | 1.09 | 10 | 5.9 | 62° | 70° | — | — | 7×3 | 六层橡皮面 |
| WF35ϕ520-1 | 35 | 0.23 | 520 | 44.5 | 1.09 | 10 | 5.9 | 62° | 70° | — | — | 7×3 | 六层橡皮面 |
| WF36ϕ560-1 | 36 | 0.205 | 560 | 44.5 | 1.09 | 10 | 5.9 | 62° | 70° | — | — | 7×3 | 六层橡皮面 |

表4-1-26　工作辊针布的基本尺寸和极限偏差

| 针布种类 | 钢丝 | | 针尖密度 [针数/ (25.4mm)²] | 植针宽度 | 横向针尖距α | 针高A | 下膝高C | 工作角x | 植角y | 侧磨深S | 侧磨细度P | 植针方式 （行×针） | 底布种类 |
|---|---|---|---|---|---|---|---|---|---|---|---|---|---|
| 工作辊 | 号数 | 直径（mm） | | | mm | | | | | mm | | | |
| WG21φ80 | 21 | 0.81 | 80 | 38.1 | 1.66 | 10 | 6.5 | 65° | 70° | 2.5 | 0.63 | 4×3 | 六棉半毡 |
| WG22φ80 | 22 | 0.71 | 80 | 38.1 | 1.66 | 10 | 6.5 | 65° | 70° | 2.5 | 0.58 | 4×3 | 六棉半毡 |
| WG23φ120 | 23 | 0.63 | 120 | 38.1 | 1.66 | 10 | 6.5 | 65° | 70° | 2.5 | 0.53 | 4×3 | 六棉半毡 |
| WG24φ120 | 24 | 0.58 | 120 | 38.1 | 1.66 | 10 | 6.5 | 65° | 70° | 2.5 | 0.48 | 4×3 | 六棉半毡 |
| WG25φ160 | 25 | 0.53 | 160 | 38.1 | 1.66 | 10 | 6.5 | 65° | 70° | 2.5 | 0.43 | 4×3 | 六棉半毡 |
| WG26φ160 | 26 | 0.48 | 160 | 38.1 | 1.66 | 10 | 6.5 | 65° | 70° | 2.5 | 0.40 | 4×3 | 六棉半毡 |
| WG27φ200 | 27 | 0.43 | 200 | 38.1 | 1.66 | 10 | 6.5 | 65° | 70° | 2.5 | 0.38 | 4×3 | 六棉半毡 |
| WG28φ240 | 28 | 0.405 | 240 | 38.1 | 1.66 | 10 | 6.5 | 65° | 70° | 2.5 | 0.35 | 4×3 | 六棉半毡 |
| WG29φ280 | 29 | 0.38 | 280 | 38.1 | 1.66 | 10 | 6.5 | 65° | 70° | 2.5 | 0.33 | 4×3 | 六棉半毡 |
| WG30φ320 | 30 | 0.355 | 320 | 38.1 | 1.31 | 10 | 6.5 | 65° | 70° | 2.5 | 0.30 | 5×3 | 六棉半毡 |
| WG31φ360 | 31 | 0.33 | 360 | 38.1 | 1.31 | 10 | 6.5 | 65° | 70° | — | — | 5×3 | 六棉半毡 |
| WG32φ400 | 32 | 0.305 | 400 | 38.1 | 1.31 | 10 | 6.5 | 65° | 70° | — | — | 5×3 | 六棉半毡 |
| WG33φ440 | 33 | 0.28 | 440 | 38.1 | 1.31 | 10 | 6.5 | 65° | 70° | — | — | 5×3 | 六棉半毡 |
| WG34φ480 | 34 | 0.255 | 480 | 38.1 | 1.09 | 10 | 6.5 | 65° | 70° | — | — | 6×3 | 六棉半毡 |
| WG35φ520 | 35 | 0.23 | 520 | 38.1 | 1.09 | 10 | 6.5 | 65° | 70° | — | — | 6×3 | 六棉半毡 |
| WG36φ560 | 36 | 0.205 | 560 | 38.1 | 0.93 | 10 | 6.5 | 65° | 70° | — | — | 7×3 | 六棉半毡 |
| 极限偏差 | — | — | +5/−3 % | — | — | ±0.5 | ±0.2 | ±3° | ±3° | ±0.3 | +0.01/−0.02 | — | — |
| WG27φ200-1 | 27 | 0.43 | 200 | 38.1 | 1.66 | 10 | 5.9 | 62° | 70° | 2.5 | 0.38 | 4×3 | 六层橡皮面 |
| WG28φ240-1 | 28 | 0.405 | 240 | 38.1 | 1.66 | 10 | 5.9 | 62° | 70° | 2.5 | 0.35 | 4×3 | 六层橡皮面 |
| WG29φ280-1 | 29 | 0.38 | 280 | 38.1 | 1.66 | 10 | 5.9 | 62° | 70° | 2.5 | 0.33 | 4×3 | 六层橡皮面 |
| WG30φ320-1 | 30 | 0.355 | 320 | 38.1 | 1.31 | 10 | 5.9 | 62° | 70° | 2.5 | 0.30 | 5×3 | 六层橡皮面 |
| WG31φ360-1 | 31 | 0.33 | 360 | 38.1 | 1.31 | 10 | 5.9 | 62° | 70° | — | — | 5×3 | 六层橡皮面 |
| WG32φ400-1 | 32 | 0.305 | 400 | 38.1 | 1.31 | 10 | 5.9 | 62° | 70° | — | — | 5×3 | 六层橡皮面 |
| WG33φ440-1 | 33 | 0.28 | 440 | 38.1 | 1.31 | 10 | 5.9 | 62° | 70° | — | — | 5×3 | 六层橡皮面 |
| WG34φ480-1 | 34 | 0.255 | 480 | 38.1 | 1.09 | 10 | 5.9 | 62° | 70° | — | — | 6×3 | 六层橡皮面 |
| WG35φ520-1 | 35 | 0.23 | 520 | 38.1 | 1.09 | 10 | 5.9 | 62° | 70° | — | — | 6×3 | 六层橡皮面 |
| WG36φ560-1 | 36 | 0.205 | 560 | 38.1 | 0.93 | 10 | 5.9 | 62° | 70° | — | — | 7×3 | 六层橡皮面 |

表4-1-27　剥毛辊针布的基本尺寸和极限偏差

| 针布种类 | 钢丝 | | 针尖密度[针数/（25.4mm²）] | 植针宽度 | 横向针尖距 α | 针高 A | 下膝高 C | 工作角 x | 植角 y | 侧磨深 S | 侧磨细度 P | 植针方式（行×针） | 底布种类 |
|---|---|---|---|---|---|---|---|---|---|---|---|---|---|
| 剥毛辊 | 号数 | 直径（mm） | | | mm | | | | | mm | | | |
| WH21φ80 | 21 | 0.81 | 80 | 28.6 | 1.63 | 10 | 6.5 | 65° | 70° | 2.5 | 0.63 | 3×3 | 六棉半毡 |
| WH22φ80 | 22 | 0.71 | 80 | 28.6 | 1.63 | 10 | 6.5 | 65° | 70° | 2.5 | 0.58 | 3×3 | 六棉半毡 |
| WH23φ120 | 23 | 0.63 | 120 | 28.6 | 1.63 | 10 | 6.5 | 65° | 70° | 2.5 | 0.53 | 3×3 | 六棉半毡 |
| WH24φ120 | 24 | 0.58 | 120 | 28.6 | 1.63 | 10 | 6.5 | 65° | 70° | 2.5 | 0.48 | 3×3 | 六棉半毡 |
| WH25φ160 | 25 | 0.53 | 160 | 28.6 | 1.63 | 10 | 6.5 | 65° | 70° | 2.5 | 0.43 | 3×3 | 六棉半毡 |
| WH26φ160 | 26 | 0.48 | 160 | 28.6 | 1.63 | 10 | 6.5 | 65° | 70° | 2.5 | 0.40 | 3×3 | 六棉半毡 |
| WH27φ200 | 27 | 0.43 | 200 | 28.6 | 1.63 | 10 | 6.5 | 65° | 70° | 5.5 | 0.38 | 3×3 | 六棉半毡 |
| WH28φ240 | 28 | 0.405 | 240 | 28.6 | 1.63 | 10 | 6.5 | 65° | 70° | 2.5 | 0.35 | 3×3 | 六棉半毡 |
| WH29φ280 | 29 | 0.38 | 280 | 28.6 | 1.63 | 10 | 6.5 | 65° | 70° | 2.5 | 0.33 | 3×3 | 六棉半毡 |
| WH30φ320 | 30 | 0.355 | 320 | 28.6 | 1.22 | 10 | 6.5 | 65° | 70° | 2.5 | 0.30 | 4×3 | 六棉半毡 |
| WH31φ360 | 31 | 0.33 | 360 | 28.6 | 1.22 | 10 | 6.5 | 65° | 70° | — | — | 4×3 | 六棉半毡 |
| WH32φ400 | 32 | 0.305 | 400 | 28.6 | 1.22 | 10 | 6.5 | 65° | 70° | — | — | 4×3 | 六棉半毡 |
| WH33φ440 | 33 | 0.28 | 440 | 28.6 | 1.22 | 10 | 6.5 | 65° | 70° | — | — | 4×3 | 六棉半毡 |
| WH34φ480 | 34 | 0.255 | 480 | 28.6 | 1.22 | 10 | 6.5 | 65° | 70° | — | — | 4×3 | 六棉半毡 |
| WH35φ520 | 35 | 0.23 | 520 | 28.6 | 1.22 | 10 | 6.5 | 65° | 70° | — | — | 4×3 | 六棉半毡 |
| WH36φ560 | 36 | 0.205 | 560 | 28.6 | 1.22 | 10 | 6.5 | 65° | 70° | — | — | 4×3 | 六棉半毡 |
| 极限偏差 | — | — | $^{+5}_{-2}$% | — | — | ±0.5 | ±0.2 | ±3° | ±3° | ±0.3 | $^{+0.01}_{-0.02}$ | — | — |
| WH27φ200-1 | 27 | 0.43 | 200 | 28.6 | 1.63 | 10 | 5.9 | 62° | 70° | 2.5 | 0.38 | 3×3 | 六层橡皮面 |
| WH28φ240-1 | 28 | 0.405 | 240 | 28.6 | 1.63 | 10 | 5.9 | 62° | 70° | 2.5 | 0.35 | 3×3 | 六层橡皮面 |
| WH29φ280-1 | 29 | 0.38 | 280 | 28.6 | 1.63 | 10 | 5.9 | 62° | 70° | 2.5 | 0.33 | 3×3 | 六层橡皮面 |
| WH30φ320-1 | 30 | 0.355 | 320 | 28.6 | 1.22 | 10 | 5.9 | 62° | 70° | 2.5 | 0.30 | 4×3 | 六层橡皮面 |
| WH31φ360-1 | 31 | 0.33 | 360 | 28.6 | 1.22 | 10 | 5.9 | 62° | 70° | — | — | 4×3 | 六层橡皮面 |
| WH32φ400-1 | 32 | 0.305 | 400 | 28.6 | 1.22 | 10 | 5.9 | 62° | 70° | — | — | 4×3 | 六层橡皮面 |
| WH33φ440-1 | 33 | 0.28 | 440 | 28.6 | 1.22 | 10 | 5.9 | 62° | 70° | — | — | 4×3 | 六层橡皮面 |
| WH34φ480-1 | 34 | 0.255 | 480 | 28.6 | 1.22 | 10 | 5.9 | 62° | 70° | — | — | 4×3 | 六层橡皮面 |
| WH35φ520-1 | 35 | 0.23 | 520 | 28.6 | 1.22 | 10 | 5.9 | 62° | 70° | — | — | 4×3 | 六层橡皮面 |
| WH36φ560-1 | 36 | 0.205 | 560 | 28.6 | 1.22 | 10 | 5.9 | 62° | 70° | — | — | 4×3 | 六层橡皮面 |

表4-1-28　清洁辊针布的基本尺寸和极限偏差

| 针布种类 | 钢丝 | | 针尖密度 [针数/ (25.4mm)²] | 植针宽度 | 横向针尖距 a | 针高 A | 下膝高 C | 工作角 x | 植角 y | 侧磨深 S | 侧磨细度 P | 植针方式 (行×针) | 底布种类 |
|---|---|---|---|---|---|---|---|---|---|---|---|---|---|
| 清洁辊 | 号数 | 直径 (mm) | | | mm | | | | | mm | | | |
| WK21φ80 | 21 | 0.81 | 80 | 25.4 | 2.21 | 10 | 6.5 | 65° | 70° | 2.5 | 0.63 | 2×3 | 六棉半毡 |
| WK22φ80 | 22 | 0.71 | 80 | 25.4 | 1.45 | 10 | 6.5 | 65° | 70° | 2.5 | 0.58 | 3×3 | 六棉半毡 |
| WK23φ120 | 23 | 0.63 | 120 | 25.4 | 1.45 | 10 | 6.5 | 65° | 70° | 2.5 | 0.53 | 3×3 | 六棉半毡 |
| WK24φ120 | 24 | 0.58 | 120 | 25.4 | 1.45 | 10 | 6.5 | 65° | 70° | 2.5 | 0.48 | 3×3 | 六棉半毡 |
| WK25φ160 | 25 | 0.53 | 160 | 25.4 | 1.45 | 10 | 6.5 | 65° | 70° | 2.5 | 0.43 | 3×3 | 六棉半毡 |
| WK26φ160 | 26 | 0.48 | 160 | 25.4 | 1.45 | 10 | 6.5 | 65° | 70° | 2.5 | 0.40 | 3×3 | 六棉半毡 |
| WK27φ200 | 27 | 0.43 | 200 | 25.4 | 1.45 | 10 | 6.5 | 65° | 70° | 2.5 | 0.38 | 3×3 | 六棉半毡 |
| WK28φ240 | 28 | 0.405 | 240 | 25.4 | 1.45 | 10 | 6.5 | 65° | 70° | 2.5 | 0.35 | 3×3 | 六棉半毡 |
| WK29φ280 | 29 | 0.38 | 280 | 25.4 | 1.45 | 10 | 6.5 | 65° | 70° | 2.5 | 0.33 | 3×3 | 六棉半毡 |
| WK30φ320 | 30 | 0.355 | 320 | 25.4 | 1.45 | 10 | 6.5 | 65° | 70° | 2.5 | 0.30 | 3×3 | 六棉半毡 |
| WK31φ360 | 31 | 0.33 | 360 | 25.4 | 1.45 | 10 | 6.5 | 65° | 70° | — | | 3×3 | 六棉半毡 |
| WK32φ400 | 32 | 0.305 | 400 | 25.4 | 1.45 | 10 | 6.5 | 65° | 70° | — | | 3×3 | 六棉半毡 |
| WK33φ440 | 33 | 0.28 | 440 | 25.4 | 1.08 | 10 | 6.5 | 65° | 70° | — | | 4×3 | 六棉半毡 |
| WK34φ480 | 34 | 0.255 | 480 | 25.4 | 1.08 | 10 | 6.5 | 65° | 70° | — | | 4×3 | 六棉半毡 |
| WK35φ520 | 35 | 0.23 | 520 | 25.4 | 1.08 | 10 | 6.5 | 65° | 70° | — | | 4×3 | 六棉半毡 |
| WK36φ560 | 36 | 0.205 | 560 | 25.4 | 1.08 | 10 | 6.5 | 65° | 70° | — | | 4×3 | 六棉半毡 |
| 极限偏差 | — | — | +5 -3 % | — | — | ±0.5 | ±0.2 | ±3° | ±3° | ±0.3 | +0.01 -0.02 | — | — |
| WK27φ200-1 | 27 | 0.43 | 200 | 25.4 | 1.45 | 10 | 5.9 | 62° | 70° | 2.5 | 0.38 | 3×3 | 六层橡皮面 |
| WK28φ240-1 | 28 | 0.405 | 240 | 25.4 | 1.45 | 10 | 5.9 | 62° | 70° | 2.5 | 0.35 | 3×3 | 六层橡皮面 |
| WK29φ280-1 | 29 | 0.38 | 280 | 25.4 | 1.45 | 10 | 5.9 | 62° | 70° | 2.5 | 0.35 | 3×3 | 六层橡皮面 |
| WK30φ320-1 | 30 | 0.355 | 320 | 25.4 | 1.45 | 10 | 5.9 | 62° | 70° | 2.5 | 0.30 | 3×3 | 六层橡皮面 |
| WK31φ360-1 | 31 | 0.33 | 360 | 25.4 | 1.45 | 10 | 5.9 | 62° | 70° | — | — | 3×3 | 六层橡皮面 |
| WK32φ400-1 | 32 | 0.305 | 400 | 25.4 | 1.45 | 10 | 5.9 | 62° | 70° | — | | 3×3 | 六层橡皮面 |
| WK33φ440-1 | 33 | 0.28 | 440 | 25.4 | 1.08 | 10 | 5.9 | 62° | 70° | — | | 4×3 | 六层橡皮面 |
| WK34φ480-1 | 34 | 0.255 | 480 | 25.4 | 1.08 | 10 | 5.9 | 62° | 70° | — | | 4×3 | 六层橡皮面 |
| WK35φ520-1 | 35 | 0.23 | 520 | 25.4 | 1.08 | 10 | 5.9 | 62° | 70° | — | | 4×3 | 六层橡皮面 |
| WK36φ560-1 | 36 | 0.205 | 560 | 25.4 | 1.08 | 10 | 5.9 | 62° | 70° | — | — | 4×3 | 六层橡皮面 |

表4-1-29　弯脚风轮针布的基本尺寸和极限偏差

| 针布种类 | 钢丝 | | 针尖密度[针数/(25.4mm)²] | 植针宽度 | 横向针尖距 α | 针高 A | 下膝高 C | 工作角 x | 植角 y | 植针方式（行×针） | 底布种类 |
|---|---|---|---|---|---|---|---|---|---|---|---|
| （弯脚）风轮 | 号数 | 直径（mm） | | mm | | | | | | | |
| WL26ϕ60 | 26 | 0.46 | 60 | 38.1 | 2.24 | 25 | 12 | 70° | 70° | 3×3 | 五层中层橡皮半毡 |
| WL27ϕ60 | 27 | 0.43 | 60 | 38.1 | 2.24 | 25 | 12 | 70° | 70° | 3×3 | 五层中层橡皮半毡 |
| WL28ϕ80 | 28 | 0.405 | 80 | 38.1 | 1.81 | 25 | 12 | 70° | 70° | 5×4 | 五层中层橡皮半毡 |
| WL29ϕ100 | 29 | 0.38 | 100 | 38.1 | 1.81 | 25 | 12 | 70° | 70° | 5×4 | 五层中层橡皮半毡 |
| WL30ϕ120 | 30 | 0.355 | 120 | 38.1 | 1.81 | 25 | 12 | 70° | 70° | 5×4 | 五层中层橡皮半毡 |
| WL31ϕ140 | 31 | 0.33 | 140 | 38.1 | 1.81 | 25 | 12 | 70° | 70° | 5×4 | 五层中层橡皮半毡 |
| WL32ϕ160 | 32 | 0.305 | 160 | 38.1 | 1.81 | 25 | 12 | 70° | 70° | 5×4 | 五层中层橡皮半毡 |
| WL33ϕ180 | 33 | 0.28 | 180 | 38.1 | 1.81 | 25 | 12 | 70° | 70° | 5×4 | 五层中层橡皮半毡 |
| WL34ϕ200 | 34 | 0.255 | 200 | 38.1 | 1.19 | 25 | 12 | 70° | 70° | 5×6 | 五层中层橡皮半毡 |
| WL35ϕ220 | 35 | 0.23 | 220 | 38.1 | 1.19 | 25 | 12 | 70° | 70° | 5×6 | 五层中层橡皮半毡 |
| WL36ϕ240 | 36 | 0.205 | 240 | 38.1 | 1.19 | 25 | 12 | 70° | 70° | 5×6 | 五层中层橡皮半毡 |
| 极限偏差 | — | — | $^{+5}_{-3}$% | — | — | ±5 | ±0.3 | ±3° | ±3° | — | — |
| WL26ϕ60-1 | 26 | 0.48 | 60 | 47.6 | 1.90 | 25 | 12 | 70° | 70° | 6×4 | 五层中层橡皮半毡 |
| WL27ϕ60-1 | 27 | 0.43 | 60 | 47.6 | 1.90 | 25 | 12 | 70° | 70° | 6×4 | 五层中层橡皮半毡 |
| WL28ϕ80-1 | 28 | 0.405 | 80 | 47.6 | 1.90 | 25 | 12 | 70° | 70° | 6×4 | 五层中层橡皮半毡 |
| WL29ϕ100-1 | 29 | 0.38 | 100 | 47.6 | 1.90 | 25 | 12 | 70° | 70° | 6×4 | 五层中层橡皮半毡 |
| WL30ϕ120-1 | 30 | 0.355 | 120 | 47.6 | 1.90 | 25 | 12 | 70° | 70° | 6×4 | 五层中层橡皮半毡 |
| WL31ϕ140-1 | 31 | 0.33 | 140 | 47.6 | 1.90 | 25 | 12 | 70° | 70° | 6×4 | 五层中层橡皮半毡 |
| WL32ϕ160-1 | 32 | 0.305 | 160 | 47.6 | 1.90 | 25 | 12 | 70° | 70° | 6×4 | 五层中层橡皮半毡 |
| WL33ϕ180-1 | 33 | 0.28 | 180 | 47.6 | 1.90 | 25 | 12 | 70° | 70° | 6×4 | 五层中层橡皮半毡 |
| WL34ϕ200-1 | 34 | 0.255 | 200 | 47.6 | 1.90 | 25 | 12 | 70° | 70° | 6×4 | 五层中层橡皮半毡 |
| WL35ϕ220-1 | 35 | 0.23 | 220 | 47.6 | 1.90 | 25 | 12 | 70° | 70° | 6×4 | 五层中层橡皮半毡 |
| WL36ϕ240-1 | 36 | 0.205 | 240 | 47.6 | 1.90 | 25 | 12 | 70° | 70° | 6×4 | 五层中层橡皮半毡 |

表4-1-30　弯脚风轮针布的基本尺寸和极限偏差

| 针布种类 | 钢丝 | | 针尖密度[针数/(25.4mm)²] | 植针宽度 | 横向针尖距 α | 针高 A | 下膝高 C | 工作角 x | 植角 y | 植针方式(行×针) | 底布种类 |
|---|---|---|---|---|---|---|---|---|---|---|---|
| （弯脚）风轮 | 号数 | 直径（mm） | | | mm | | | | | | |
| WL26φ60-2 | 26 | 0.48 | 60 | 38.1 | 2.24 | 25 | 7 | 65° | 75° | 3×3 | 六层橡皮面 |
| WL27φ60-2 | 27 | 0.43 | 60 | 38.1 | 2.24 | 25 | 7 | 65° | 75° | 3×3 | 六层橡皮面 |
| WL28φ80-2 | 28 | 0.405 | 80 | 38.1 | 1.81 | 25 | 7 | 65° | 75° | 5×4 | 六层橡皮面 |
| WL29φ100-2 | 29 | 0.38 | 100 | 38.1 | 1.81 | 25 | 7 | 65° | 75° | 5×4 | 六层橡皮面 |
| WL30φ120-2 | 30 | 0.355 | 120 | 38.1 | 1.81 | 25 | 7 | 65° | 75° | 5×4 | 六层橡皮面 |
| WL31φ140-2 | 31 | 0.33 | 140 | 38.1 | 1.81 | 25 | 7 | 65° | 75° | 5×4 | 六层橡皮面 |
| WL32φ160-2 | 32 | 0.305 | 160 | 38.1 | 1.81 | 25 | 7 | 65° | 75° | 5×4 | 六层橡皮面 |
| WL33φ180-2 | 33 | 0.28 | 180 | 38.1 | 1.81 | 25 | 7 | 65° | 75° | 5×4 | 六层橡皮面 |
| WL34φ200-2 | 34 | 0.255 | 200 | 38.1 | 1.19 | 25 | 7 | 65° | 75° | 5×6 | 六层橡皮面 |
| WL35φ220-2 | 35 | 0.23 | 220 | 38.1 | 1.19 | 25 | 7 | 65° | 75° | 5×6 | 六层橡皮面 |
| WL36φ240-2 | 36 | 0.205 | 240 | 38.1 | 1.19 | 25 | 7 | 65° | 75° | 5×6 | 六层橡皮面 |
| 极限偏差 | — | — | $^{+5}_{-3}$% | — | — | ±0.5 | ±0.3 | ±3° | ±3° | — | — |
| WL26φ60-3 | 26 | 0.48 | 60 | 47.6 | 1.90 | 25 | 7 | 65° | 75° | 6×4 | 六层橡皮面 |
| WL27φ60-3 | 27 | 0.43 | 60 | 47.6 | 1.90 | 25 | 7 | 65° | 75° | 6×4 | 六层橡皮面 |
| WL28φ80-3 | 28 | 0.405 | 80 | 47.6 | 1.90 | 25 | 7 | 65° | 75° | 6×4 | 六层橡皮面 |
| WL29φ100-3 | 29 | 0.38 | 100 | 47.6 | 1.90 | 25 | 7 | 65° | 75° | 6×4 | 六层橡皮面 |
| WL30φ120-3 | 30 | 0.355 | 120 | 47.6 | 1.90 | 25 | 7 | 65° | 75° | 6×4 | 六层橡皮面 |
| WL31φ140-3 | 31 | 0.33 | 140 | 47.6 | 1.90 | 25 | 7 | 65° | 75° | 6×4 | 六层橡皮面 |
| WL32φ160-3 | 32 | 0.305 | 160 | 47.6 | 1.90 | 25 | 7 | 65° | 75° | 6×4 | 六层橡皮面 |
| WL33φ180-3 | 33 | 0.28 | 180 | 47.6 | 1.90 | 25 | 7 | 65° | 75° | 6×4 | 六层橡皮面 |
| WL34φ200-3 | 34 | 0.255 | 200 | 47.6 | 1.90 | 25 | 7 | 65° | 75° | 6×4 | 六层橡皮面 |
| WL35φ220-3 | 35 | 0.23 | 220 | 47.6 | 1.90 | 25 | 7 | 65° | 75° | 6×4 | 六层橡皮面 |
| WL36φ240-3 | 36 | 0.205 | 240 | 47.6 | 1.90 | 25 | 7 | 65° | 75° | 6×4 | 六层橡皮面 |

表4-1-31　直脚风轮针布的基本尺寸和极限偏差

| 针布种类 | 钢丝 | | 针尖密度[针数/(25.4mm)²] | 植针宽度 | 横向针尖距 α | 针高 A | 工作角 x | 植针方式（行×针） | 底布种类 |
|---|---|---|---|---|---|---|---|---|---|
| （直脚）风轮 | 号数 | 直径（mm） | | | mm | | | | |
| WM26φ60 | 26 | 0.48 | 60 | 38.1 | 2.24 | 25 | 70° | 3×3 | 五层中层橡皮半毡 |
| WM27φ60 | 27 | 0.43 | 60 | 38.1 | 2.24 | 25 | 70° | 3×3 | 五层中层橡皮半毡 |
| WM28φ80 | 28 | 0.405 | 80 | 38.1 | 1.81 | 25 | 70° | 5×4 | 五层中层橡皮半毡 |
| WM29φ100 | 29 | 0.38 | 100 | 38.1 | 1.81 | 25 | 70° | 5×4 | 五层中层橡皮半毡 |
| WM30φ120 | 30 | 0.355 | 120 | 38.1 | 1.81 | 25 | 70° | 5×4 | 五层中层橡皮半毡 |
| WM31φ140 | 31 | 0.33 | 140 | 38.1 | 1.81 | 25 | 70° | 5×4 | 五层中层橡皮半毡 |
| WM32φ160 | 32 | 0.305 | 160 | 38.1 | 1.81 | 25 | 70° | 5×4 | 五层中层橡皮半毡 |
| WM33φ180 | 33 | 0.28 | 180 | 38.1 | 1.81 | 25 | 70° | 5×4 | 五层中层橡皮半毡 |
| WM34φ200 | 34 | 0.255 | 200 | 38.1 | 1.19 | 25 | 70° | 5×6 | 五层中层橡皮半毡 |
| WM35φ220 | 35 | 0.23 | 220 | 38.1 | 1.19 | 25 | 70° | 5×6 | 五层中层橡皮半毡 |
| WM36φ240 | 36 | 0.205 | 240 | 38.1 | 1.19 | 25 | 70° | 5×6 | 五层中层橡皮半毡 |
| 极限偏差 | — | — | +5−3 % | — | — | ±0.5 | ±3° | — | — |
| WM26φ60-1 | 26 | 0.48 | 60 | 47.6 | 1.9 | 25 | 70° | 6×4 | 五层中层橡皮半毡 |
| WM27φ60-1 | 27 | 0.43 | 60 | 47.6 | 1.9 | 25 | 70° | 6×4 | 五层中层橡皮半毡 |
| WM28φ80-1 | 28 | 0.405 | 80 | 47.6 | 1.9 | 25 | 70° | 6×4 | 五层中层橡皮半毡 |
| WM29φ100-1 | 29 | 0.38 | 100 | 47.6 | 1.9 | 25 | 70° | 6×4 | 五层中层橡皮半毡 |
| WM30φ120-1 | 30 | 0.355 | 120 | 47.6 | 1.9 | 25 | 70° | 6×4 | 五层中层橡皮半毡 |
| WM31φ140-1 | 31 | 0.33 | 140 | 47.6 | 1.9 | 25 | 70° | 6×4 | 五层中层橡皮半毡 |
| WM32φ160-1 | 32 | 0.305 | 160 | 47.6 | 1.9 | 25 | 70° | 6×4 | 五层中层橡皮半毡 |
| WM33φ180-1 | 33 | 0.28 | 180 | 47.6 | 1.9 | 25 | 70° | 6×4 | 五层中层橡皮半毡 |
| WM34φ200-1 | 34 | 0.255 | 200 | 47.6 | 1.9 | 25 | 70° | 6×4 | 五层中层橡皮半毡 |
| WM35φ220-1 | 35 | 0.23 | 220 | 47.6 | 1.9 | 25 | 70° | 6×4 | 五层中层橡皮半毡 |
| WM36φ240-1 | 36 | 0.205 | 240 | 47.6 | 1.9 | 25 | 70° | 6×4 | 五层中层橡皮半毡 |

表4-1-32　直脚风轮针布的基本尺寸和极限偏差

| 针布种类 | 钢丝 | | 针尖密度 [针数/ (25.4mm)²] | 植针宽度 | 横向针尖距 α | 针高 A | 工作角 x | 植针方式 (行×针) | 底布种类 |
|---|---|---|---|---|---|---|---|---|---|
| （直脚）风轮 | 号数 | 直径 （mm） | | | | | | | |
| | | | | | mm | | | | |
| WM26φ60-2 | 26 | 0.48 | 60 | 38.1 | 2.24 | 25 | 70° | 3×3 | 六层橡皮面 |
| WM27φ60-2 | 27 | 0.43 | 60 | 38.1 | 2.24 | 25 | 70° | 3×3 | 六层橡皮面 |
| WM28φ80-2 | 28 | 0.405 | 80 | 38.1 | 1.81 | 25 | 70° | 5×4 | 六层橡皮面 |
| WM29φ100-2 | 29 | 0.38 | 100 | 38.1 | 1.81 | 25 | 70° | 5×4 | 六层橡皮面 |
| WM30φ120-2 | 30 | 0.355 | 120 | 38.1 | 1.81 | 25 | 70° | 5×4 | 六层橡皮面 |
| WM31φ140-2 | 31 | 0.33 | 140 | 38.1 | 1.81 | 25 | 70° | 5×4 | 六层橡皮面 |
| WM32φ160-2 | 32 | 0.305 | 160 | 38.1 | 1.81 | 25 | 70° | 5×4 | 六层橡皮面 |
| WM33φ180-2 | 33 | 0.28 | 180 | 38.1 | 1.81 | 25 | 70° | 5×4 | 六层橡皮面 |
| WM34φ200-2 | 34 | 0.255 | 200 | 38.1 | 1.19 | 25 | 70° | 5×6 | 六层橡皮面 |
| WM35φ220-2 | 35 | 0.23 | 220 | 38.1 | 1.19 | 25 | 70° | 5×6 | 六层橡皮面 |
| WM36φ240-2 | 36 | 0.205 | 240 | 38.1 | 1.19 | 25 | 70° | 5×6 | 六层橡皮面 |
| 极限偏差 | — | — | $+5 \atop -3$ % | — | — | ±0.5 | ±3° | — | |
| WM26φ60-3 | 26 | 0.48 | 60 | 47.6 | 1.90 | 25 | 70° | 6×4 | 六层橡皮面 |
| WM27φ60-3 | 27 | 0.43 | 60 | 47.6 | 1.90 | 25 | 70° | 6×4 | 六层橡皮面 |
| WM28φ80-3 | 28 | 0.405 | 80 | 47.6 | 1.90 | 25 | 70° | 6×4 | 六层橡皮面 |
| WM29φ100-3 | 29 | 0.38 | 100 | 47.6 | 1.90 | 25 | 70° | 6×4 | 六层橡皮面 |
| WM30φ120-3 | 30 | 0.355 | 120 | 47.6 | 1.90 | 25 | 70° | 6×4 | 六层橡皮面 |
| WM31φ140-3 | 31 | 0.33 | 140 | 47.6 | 1.90 | 25 | 70° | 6×4 | 六层橡皮面 |
| WM32φ160-3 | 32 | 0.305 | 160 | 47.6 | 1.90 | 25 | 70° | 6×4 | 六层橡皮面 |
| WM33φ180-3 | 33 | 0.28 | 180 | 47.6 | 1.90 | 25 | 70° | 6×4 | 六层橡皮面 |
| WM34φ200-3 | 34 | 0.255 | 200 | 47.6 | 1.90 | 25 | 70° | 6×4 | 六层橡皮面 |
| WM35φ220-3 | 35 | 0.23 | 220 | 47.6 | 1.90 | 25 | 70° | 6×4 | 六层橡皮面 |
| WM36φ240-3 | 36 | 0.205 | 240 | 47.6 | 1.90 | 25 | 70° | 6×4 | 六层橡皮面 |

表4-1-33　风轮片针布的基本尺寸和极限偏差

| 针布种类 | | | 钢丝 | | 针尖密度 [针数/(25.4mm)²] | 植针宽度 | 横向针尖距 α | 针高 A | 下膝高 C | 工作角 x | 植角 y | 植针方式（行×针） | 底布种类 |
|---|---|---|---|---|---|---|---|---|---|---|---|---|---|
| 风轮片 | | | 号数 | 直径（mm） | | mm | | | | | | | |
| 弯脚 | | WV28φ100 | 28 | 0.405 | 100 | <1030 | 2.12 | 25 | 12 | 70° | 70° | 3×4 | 六棉半毡 |
| | | WV29φ100 | 29 | 0.38 | 100 | <1030 | 2.12 | 25 | 12 | 70° | 70° | 3×4 | 六棉半毡 |
| | | WV30φ120 | 30 | 0.355 | 120 | <1030 | 2.12 | 25 | 12 | 70° | 70° | 3×4 | 六棉半毡 |
| | | WV31φ120 | 31 | 0.33 | 120 | <1030 | 2.12 | 25 | 12 | 70° | 70° | 3×4 | 六棉半毡 |
| | | WV32φ140 | 32 | 0.305 | 140 | <1030 | 2.12 | 25 | 12 | 70° | 70° | 3×4 | 六棉半毡 |
| | | WV33φ140 | 33 | 0.28 | 140 | <1030 | 2.12 | 25 | 12 | 70° | 70° | 3×4 | 六棉半毡 |
| | | WV34φ160 | 34 | 0.255 | 160 | <1030 | 2.12 | 25 | 12 | 70° | 70° | 3×4 | 六棉半毡 |
| | | WV35φ180 | 35 | 0.23 | 180 | <1030 | 2.12 | 25 | 12 | 70° | 70° | 3×4 | 六棉半毡 |
| | | WV36φ200 | 36 | 0.205 | 200 | <1030 | 2.12 | 25 | 12 | 70° | 70° | 3×4 | 六棉半毡 |
| 极限偏差 | | | — | — | +5/−3 % | — | — | ±0.5 | — | ±3° | — | — | — |
| 直脚 | | WW28φ100 | 28 | 0.405 | 100 | <1030 | 2.12 | 25 | — | 70° | — | 3×4 | 六棉半毡 |
| | | WW29φ100 | 29 | 0.38 | 100 | <1030 | 2.12 | 25 | — | 70° | — | 3×4 | 六棉半毡 |
| | | WW30φ120 | 30 | 0.355 | 120 | <1030 | 2.12 | 25 | — | 70° | — | 3×4 | 六棉半毡 |
| | | WW31φ120 | 31 | 0.33 | 120 | <1030 | 2.12 | 25 | — | 70° | — | 3×4 | 六棉半毡 |
| | | WW32φ140 | 32 | 0.305 | 140 | <1030 | 2.12 | 25 | — | 70° | — | 3×4 | 六棉半毡 |
| | | WW33φ140 | 33 | 0.28 | 140 | <1030 | 2.12 | 25 | — | 70° | — | 3×4 | 六棉半毡 |
| | | WW34φ160 | 34 | 0.255 | 160 | <1030 | 2.12 | 25 | — | 70° | — | 3×4 | 六棉半毡 |
| | | WW35φ180 | 35 | 0.23 | 180 | <1030 | 2.12 | 25 | — | 70° | — | 3×4 | 六棉半毡 |
| | | WW36φ200 | 36 | 0.205 | 200 | <1030 | 2.12 | 25 | — | 70° | — | 3×4 | 六棉半毡 |

## （二）梳毛用弹性针布技术要求

（1）针布上的钢针应排列整齐，不得生锈，侧面须成对称的光洁斜面，并不得有倒钩。

（2）针布的底布应清洁，切边须平直，边宽为横向针尖距的一半。

（3）同一条针布上钢针的高度公差不大于0.10mm（风轮、风轮片除外）。

（4）梳毛锡林，道夫针布前端应留有800mm无针区长度，其长度见下面无针区长度计算。

（5）梳毛用弹性针布物理性能应符合表4-1-34规定。

表4-1-34 梳毛用弹性针布物理性能

| 针布名称 | 宽度（mm） | 断裂强力大于 | | 包卷伸长（%） | 包卷张力 | |
|---|---|---|---|---|---|---|
| | | N | kgf | | N | kgf |
| 锡林 | $59.0^{+2}_{-1}$ | 6377 | 650 | 4~6 | 1962 | 200 |
| 道夫 | $52.0^{+2}_{-1}$ | 5886 | 600 | 4~6 | 1766 | 180 |
| 运输辊 | $45.5^{+2}_{-1}$ | 4905 | 500 | 4~6 | 1472 | 150 |
| 工作辊 | $40.0^{+2}_{-1}$ | 4415 | 450 | 4~6 | 1226 | 125 |
| 剥毛辊 | $29.6^{+2}_{-1}$ | 3188 | 325 | 4~6 | 981 | 100 |
| 清扫辊 | $26.4^{+2}_{-1}$ | 2943 | 300 | 4~6 | 883 | 90 |
| 直脚、弯脚风轮 | $49.0^{+2}_{-1}$ | 4905 | 500 | 4~6 | 1668 | 170 |
| 直脚、弯脚风轮 | $40.0^{+2}_{-1}$ | 3826 | 390 | 4~6 | 1226 | 125 |
| 弯脚风轮片 直脚风轮片 | $\beta$ = 风轮圆周长 ÷ 风轮片数 $L$ = 风轮幅宽 | | | | | |

## 二、钢针与针布号数的关系

针布号数表示针布上所栽钢针直径及钢针密度。钢针及针布号数，有公制及英制之分，公制和英制之间的关系如表4-1-35所示。

表4-1-35 钢针、针布号数公英制对照表

| 弹性针布号数 | | 钢丝号数及直径 | | |
|---|---|---|---|---|
| | | | 直径 | |
| 公制 | 英制 | 号数 | mm | 英寸 |
| 8 | 40 | 25 | 0.53 | 0.021 |
| 10 | 50 | 26 | 0.48 | 0.019 |
| 12 | 60 | 27 | 0.43 | 0.017 |
| 14 | 70 | 28 | 0.40 | 0.016 |
| 16 | 80 | 29 | 0.38 | 0.015 |
| 18 | 90 | 30 | 0.35 | 0.014 |
| 20 | 100 | 31 | 0.33 | 0.013 |
| 22 | 110 | 32 | 0.30 | 0.012 |
| 24 | 120 | 33 | 0.28 | 0.011 |
| 26 | 130 | 34 | 0.25 | 0.010 |
| 28 | 140 | 35 | 0.23 | 0.009 |

续表

| 弹 性 针 布 号 数 | | 钢 丝 号 数 及 直 径 | | |
|---|---|---|---|---|
| 公 制 | 英 制 | 号 数 | 直    径 | |
| | | | mm | 英寸 |
| 30 | 150 | 36 | 0.205 | 0.008 |

注   1. 公制针布号数是随 "2" 递增的。

    2. 英制针布号数是公制号数的5倍。

    3. 钢丝号数是随 "1" 递增的，直至36号。

    4. 公制针布号数与钢丝号数之间关系：公制针布号数 = 2 × 钢丝号数 – 42，钢丝号数 = $\dfrac{\text{公制针布号数}}{2}$ + 21

## 三、弹性针布的包卷

### （一）条形针布的包卷计算

一周滚筒所需针布长度：

$$x = \pi \times \text{滚筒直径}（1-\text{包卷伸长率}）$$

$$\text{无针区长度} = \frac{\text{无针区边缘宽度}}{\text{针布宽度}} \times \pi \times \text{滚筒直径}（1-\text{包卷伸长率}）$$

无针区的边缘应与滚筒边缘平齐，其宽度根据所包铁皮宽度而定，约15mm（等于或大于铁皮宽度）。

### （二）挑针及裁切

（1）若全宽度$\omega$内钢针为24列，则把$x$分成24段，用粉笔在针布背面划出分界线（图4-1-9）。

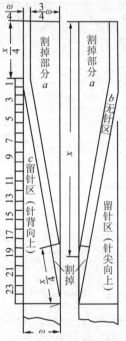

图4-1-9 挑针及切割法

（2）第1段所有的钢针全部挑掉。

（3）第2段留1列，其余23列全部挑掉。

（4）第3段留2列，其余22列挑掉。

（5）如此类推至第24列留23列，挑掉1列。

（6）割去左端$a$部，割时注意无针区（$b$）两头对齐。

（7）用与左端相似的办法割去右端$a$部。

注：两端裁切边部均向外，称为外裁法。

## （三）包卷张力（表4-1-36）

表4-1-36　针布包卷张力表

| 底布层数 | | 13层 | 11层 | 9层 | 8层 | 7层 | 6层 | 5层 |
|---|---|---|---|---|---|---|---|---|
| 单位针布宽度张力 | kg／mm | 6 | 5.5 | 5 | 4.3 | 4.0 | 3.7 | 3.5 |
| 包卷伸长（%） | | 2～3.5 | 2～4 | 3～5 | 4～6 | 4～6 | 4～6 | 4～6 |

注　上表为多层柏胶针布的包卷张力；如用多层棉全毡或多层棉半毡、棉麻层、毛毡泡沫面、全毛毡，其包卷张力在上表相应层数的张力减少0.5kg/mm。针布包卷张力（kg）=单位针布宽度张力（kg/mm）×针布宽度（mm）。

建议：1. 针布长度小于130m采用7层底布，有的用6层或5层针布（如上挡风辊、下挡风辊、托毛辊等）。

2. 针布长度大于130m，小于170m，采用9层底布。

3. 针布长度大于170m，采用11层底布或13层底布（特别是锡林道夫）。

## （四）梳毛机梳理部分各轴需用条形针布长度计算

$$各轴需用针布长度 = \pi \times 工作机件直径 \times \left( \frac{工作机件幅宽}{针布宽} + 1 \right) \times （1 - 包卷伸长率）$$

## （五）BC272D、BC272E型梳毛机各轴需用条形针布长度参考表（表4-1-37）

表4-1-37　BC272D、BC272E型梳毛机各轴需用条形针布长度参考表

| 机件名称 | 直径（mm） | 幅宽（mm） | 针布宽（mm） | 针布伸长率（%） | 需用针布长（m） | 额外长度（m） |
|---|---|---|---|---|---|---|
| 锡林 | 1230 | 1550 | 57.2 | 4～6 | 104～102 | 2.5 |
| 道夫 | 850 | 1550 | 50.8 | 4～5 | 79～81 | 2.5 |
| | 1230 | — | — | — | 114.4～116.9 | — |
| 工作辊1 | 180 | 1550 | 38.1 | 3～4 | 22.8～22.7 | 2 |
| 工作辊2～5 | 215 | 1550 | 38.1 | 3～4 | 27.4～27.1 | 2 |
| 剥毛辊 | 80 | 1550 | 28.6 | 2～3 | 14.61～14.47 | 2 |
| 转移辊 | 263 | 1550 | 44.5 | 3～4 | 28.7～28.4 | 2 |

续表

| 机件名称 | 直径（mm） | 幅宽（mm） | 针布宽（mm） | 针布伸长率（%） | 需用针布长（m） | 额外长度（m） |
|---|---|---|---|---|---|---|
| 风轮 | 300 | 1550 | 38.1 | 3~4 | 38.1~37.7 | 2 |
| 开毛锡林 | 492 | 1550 | 57.2 | 4~5 | 41.7~41.2 | 2.5 |
| 开毛工作辊 | 167 | 1550 | 38.1 | 3~4 | 21.3~21.1 | 2 |
| 开毛剥毛辊 | 88 | 1550 | 28.6 | 2~3 | 15.95~15.8 | 2 |
| 挡风辊（上） | 57 | 1550 | 28.6 | 2~3 | 10.68~10.59 | 2 |
| 挡风辊（下） | 88 | 1550 | 28.6 | 2~3 | 15.95~15.8 | 2 |

**（六）针布的保管和使用**

（1）针布开箱开封要在梳毛车间或相当的室内进行，开箱后放置一天以上后进行包卷。

（2）包针布前，先检查滚筒的静平衡（有条件或可能，查动平衡）和有否变形等情况，其技术要求是：滚筒表面的径向跳动不超过0.02mm，滚筒表面母线直线度不超过0.02mm，表面无锈蚀，不良者须进行修正。

（3）包针布前，应先用砂皮纸去除滚筒上的旧油漆，再均匀地漆上新油漆。

（4）针布包卷前，须先将针根刮平，不能用汗手或湿手进行操作。针布不能放置在潮湿处或喷雾器下方，避开湿度较大天时（如南方黄梅天，雨天）进行包卷。

（5）针布包卷时要求张力均匀，避免张力波动和顿挫、松紧不一现象，应注意包卷起始和收层时的张力增减。

（6）新针布上车后使用要注意经常观察，如发现有针布松弛现象，应及时退下重包。

（7）如为手工抄针，要选择粗细合适的抄针针布，尽量选用较细的抄针针布（18~24号针布）。及专用工具刷。抄针时，针尖向上，避免针尖向下而抄伤针布，切忌抄到针布的底布。推荐使用真空抄针机。

（8）针布包卷器，建议选用B831，通道宽63mm。

**四、粗纺梳毛机金属针布规格及包卷**

见本书第五篇第一章第七节。

**五、梳毛机齿条规格**

目前国内梳毛机上所用的各种齿条规格颇为复杂。现将国产BC272D、BC272E型梳毛机金属齿条规格列示于表4-1-38。

表4-1-38　梳毛机金属齿条规格表

| 工作机件名称 | 规　　　格 | | | | 每根重量（kg） |
|---|---|---|---|---|---|
| | 每25.4mm内齿数 | 角度 | 齿厚（mm） | 总长（m） | |
| 上喂毛辊 | 3½ | 70° | 1.5 | 71 | 2.5 |

| 工作机件名称 | 规　　格 | | | | 每根重量（kg） |
|---|---|---|---|---|---|
| | 每25.4mm内齿数 | 角度 | 齿厚（mm） | 总长（m） | |
| 下喂毛辊 | 3½ | 70° | 1.5 | 71 | 2.5 |
| 开毛辊 | 3½ | 70° | 1.5 | 211 | 7.8 |
| 清洁辊 | 4 | 60° | 1.5 | 134 | 5 |
| 剥毛辊 | 4 | 60° | 1.5 | 144 | 5.3 |
| 工作辊 | 4 | 60° | 1.5 | 272 | 10.5 |
| 开毛辊 | 4 | 60° | 1.5 | 317 | 11.7 |
| 胸锡林 | 4 | 60° | 1.5 | 800 | 29.6 |

**注** 根据原料种类，亦可选用4.5齿 / 25.4mm配之。

# 第十三节　梳毛机主要辅助设备

## 一、B811、B813、B813-155型包锡林道夫机主要规格（表4-1-39）

表4-1-39　B811、B813、B813-155型包锡林道夫机主要规格

| 机　型 | B811 | B813 | B813-155 |
|---|---|---|---|
| 型式 | 手摇式 | 电动式 | 电动式 |
| 适用梳毛机幅度（mm） | 1550 | 2000 | 1550 |
| 最大拉力（N） | 2250 | 2205 | 2205 |
| 针布导槽宽度（mm） | 60 | 63 | 63 |
| 传动方式 | 手摇操作 | 电动机传动 | 电动机传动 |
| 外形尺寸（长×宽）（mm×mm） | 2280×520 | 2780×500 | 2780×500 |
| 电动机功率（kW） | — | 1.5 | 1.5 |
| 机器重量（kg） | 约300 | 800 | 800 |

## 二、B801、B802、B802-155型磨锡林道夫机主要规格（表4-1-40）

表4-1-40　B801、B802、B802-155型磨锡林道夫机主要规格

| 机　型 | B801 | B802 | B802-155 |
|---|---|---|---|
| 适用梳毛机幅度（mm） | 1550 | 2000 | 1550 |
| 砂轮尺寸（mm×mm） | $\phi300\times40$ | $\phi250\times40$ | $\phi250\times40$ |
| 砂轮往复行程（mm） | 1641.5 | 2060 | 1610 |

续表

| 机　型 | B801 | B802 | B802-155 |
|---|---|---|---|
| 砂轮转速（r/min） | 500 | 1967 | 1967 |
| 传动方式 | 由锡林皮带轮传动 | 由电动机传动 | 由电动机传动 |
| 外形尺寸（长×宽×高）<br>（mm×mm×mm） | 2380×527×400 | 2970×650×600 | 2470×650×600 |
| 电动机功率（kW） | — | 1.1 | 1.1 |
| 机器重量（kg） | 约300 | 600 | 550 |

### 三、B851、B853型两辊磨砺机主要规格（表4-1-41）

表4-1-41　B851、B853型两辊磨砺机主要规格

| 机　型 | B851 | B853 |
|---|---|---|
| 适用辊子工作幅度（mm） | 1560 | 2000 |
| 长磨辊辊筒（直径×长）（mm×mm） | $\phi250\times1600$ | $\phi220\times2050$ |
| 长磨辊游移动程（mm） | 20 | 16 |
| 长磨辊辊筒转速（r/min） | 560 | 560 |
| 传动方式 | 单独电动机传动 | 单独电动机传动 |
| 外形尺寸（长×宽×高）（mm×mm×mm） | 2108×1562×970 | 2756×1173×960 |
| 电动机型号和功率 | $JFO_2$-32A6，1.3kW | Y100L-6，1.5kW |
| 机器重量（kg） | 680 | 1000 |

### 四、B852型四辊磨砺机主要规格（表4-1-42）

表4-1-42　B852型四辊磨砺机主要规格

| 磨砺范围 | | 一次可同时磨砺工作辊及剥毛辊各2根，亦可磨砺其余各种辊子。辊子工作幅度最大为1560mm，直径最大350mm，最小79mm。当直径小于79mm时，须用长磨辊磨砺 |
|---|---|---|
| 往复磨辊 | 砂轮（直径×宽）（mm×mm） | $\phi250\times100$ |
| | 砂轮中心行程（mm） | 1641.5 |
| | 砂轮转速（r/min） | 560 |
| 长磨辊 | 辊筒（直径×长）（mm×mm） | 250×1600 |
| | 游移动程（mm） | 20 |
| | 辊筒转速（r/min） | 560 |
| 传动方式 | | 单独电动机传动 |
| 外形尺寸（长×宽×高）（mm×mm×mm） | | 2390×880×1155 |
| 机器重量（kg） | | 600 |

## 五、B821、B822型长磨辊主要规格（表4-1-43）

表4-1-43　B821、B822型长磨辊主要规格

| 机　型 | B821 | B822 |
|---|---|---|
| 辊筒直径（mm） | $\phi$210 | $\phi$220 |
| 辊筒长度（mm） | 1600 | 2050 |
| 磨辊轴向游移动程（mm） | 16 | 16 |
| 传动方式 | 由锡林皮带轮传动 | 同左 |
| 外形尺寸（长×宽×高）（mm×mm×mm） | 2342×210×210 | 2756×210×210 |
| 重量（kg） | 约90 | 100 |

## 六、B831、B832型来回磨辊主要规格（表4-1-44）

表4-1-44　B831、B832型来回磨辊主要规格

| 机　型 | B831 | B832 |
|---|---|---|
| 磨轮外径（mm） | $\phi$210 | $\phi$220 |
| 磨轮宽度（mm） | 104 | 100 |
| 磨辊中心动程（mm） | 1641.5 | 2022.5 |
| 传动方式 | 由锡林皮带轮传动 | 同左 |
| 外形尺寸（长×宽×高）（mm×mm×mm） | 2548×210×210 | 2741×210×210 |
| 重量（kg） | 约95 | 106 |

## 七、B842、B842A、B842-155型刺辊罗拉包卷机主要规格（表4-1-45）

表4-1-45　B842、B842A、B842-155型刺辊罗拉包卷机主要规格

| 型　号 | | B842 | B842A | B842-155 |
|---|---|---|---|---|
| 工作幅度（mm） | | 2000 | 1550，2000 | 1550 |
| 包金属锯条时 | 辊子直径（mm） | 60~300 | 60~300 | 60~300 |
| | 螺距（mm） | 6，9 | 6，9 | 6，9 |
| | 旋向 | 左，右 | 左，右 | 左，右 |
| | 转速（r/min） | 8.79 | 8.79 | 8.79 |
| 在梳毛机上包金属锯条时 | 辊子直径（mm） | 大于300 | 大于300 | 大于300 |
| | 螺距（mm） | 6，9 | 6，9 | 6，9 |
| | 旋向 | 右 | 右 | 右 |
| | 转速（r/min） | 1.58 | 1.58 | 1.58 |

续表

| 型　号 | | B842 | B842A | B842-155 |
|---|---|---|---|---|
| 包弹性针布时 | 辊子直径（mm） | 56～400 | 56～400 | 56～400 |
| | 针布底布宽（mm） | 25～59 | 25～59 | 25～59 |
| | 转速（r/min） | 8.75（辊子直径56～300）<br>5.45（辊子直径300～400） | 8.75（辊子直径56～300）<br>5.45（辊子直径300～400） | 8.75（辊子直径56～300）<br>5.45（辊子直径300～400） |
| 外形尺寸（长×宽×高）<br>（mm×mm×mm） | | 2785×1250×1845 | 2785×1250×1845 | 2785×1250×1845 |
| 电动机型号及功率 | | Y90L-6，1.1kW<br>FW12-4（T$_2$），0.55kW | JO$_2$-22-6，1.1kW<br>FW12-4（T$_2$），0.55kW | JO$_2$-22-6，1.1kW<br>FW12-4（T$_2$），0.55kW |
| 机器重量（t） | | 1.6 | 1.6 | 1.6 |

## 八、金刚砂带规格

上海砂轮厂生产的"上海"牌金刚砂带有表4-1-46所示的两种规格。

表4-1-46　金刚砂带规格

| 砂带宽度（mm） | 磨料粒度 | 沟槽数 | 每盘长度（m） |
|---|---|---|---|
| 25.4 | 36 | 16／25.4mm | 60 |
| 38.1 | 36 | 16／25.4mm | 70 |

注　1. 磨料粒度系指砂粒大小尺寸，磨料粒度按颗粒大小分为29个号。各号的尺寸范围，以其基本粒群的尺寸范围表示。粒度组成以各粒群所占的重量百分比计（详见磨料磨具标准JB1182-71磨料粒度号数，JB1192-71磨具硬度等级及代号，砂轮的形状及代号）。

2. 胶合砂粒用4°以上的动物胶，砂布系棉布，回潮率控制在9%～10%。

3. 粒度尺寸及组成，沟槽数的多少，可根据生产厂要求供应。

## 九、ZC350型真空抄针机主要规格（表4-1-47）

表4-1-47　ZC350型真空抄针机主要规格

| 项　目 | 参　数 | 项　目 | 参　数 |
|---|---|---|---|
| 工作真空度（kPa） | 40～80 | 噪声（dB） | ≤85 |
| 工作排气量（m³／h） | 1260～1800 | 转速（r／min） | 950 |
| 温升（℃） | ≤65 | 外形尺寸（长×宽×高）<br>（mm×mm×mm） | 4000×2000×3500 |
| 功率 | 18.5kW×2 | 机器重量（t） | 2.5 |

# 第二章 粗纺环锭细纱

## 第一节 粗纺环锭细纱机的主要技术特征

粗纺环锭细纱机的主要技术特征见表4-2-1。

表4-2-1 粗纺环锭细纱机的主要技术特征

| 项　目 | | 机　型 | | | |
|---|---|---|---|---|---|
| | | BC584 | BC586 | BC585 | BC583 |
| 锭数 | | 240 | 240，288，300 | 160，168 | 160 |
| 占地面积（m²） | | 14.668×1.060 | 240锭：13.915×1.280<br>288锭：15.715×1.280<br>300锭：16.165×1.280 | 160锭：14.350×1.640<br>168锭：14.950×1.640 | 14.150×2.000 |
| 机身高度（m） | | 1.75 | 1.635 | 1.775 | 1.865 |
| 车面高（m） | | 1.02 | 1.755 | — | — |
| 纺纱细度 | tex | 50~125 | 50~167 | 125~1000 | 125~1000 |
| | 公支 | 8~20 | 6~20 | 1~8 | 1~8 |
| 捻度范围（捻/m） | | 260~800 | 260~800 | 100~600 | 100~600 |
| 常用捻度范围（捻/m） | | 380~560 | — | — | — |
| 电动机型号 | | JFO₂，52B-6（左）<br>JFOM2-22B-2 | — | — | JO₃-160S-6（D₂）<br>JO₃-90S（D₂）<br>A₁-7134（D₂）（左） |
| 电动机转速（r/min） | | 970<br>2880 | — | — | 970<br>2880 |
| 电动机功率（kW）及只数 | | 6.5×1<br>1.8×1 | — | — | 11×1<br>2.2×1<br>0.55×1 |
| 牵伸形式 | | 针圈式 | 针圈式 | 单罗拉羊尾假捻式 | 离心钳假捻式 |
| 前下罗拉直径（mm） | | 32 | 32 | 32 | 32 |
| 后下罗拉直径（mm） | | 32 | 32 | 32 | 32 |
| 中罗拉直径（mm） | | 19 | 19 | — | 32 |

续表

| 项　目 | 机　　　型 | | | |
|---|---|---|---|---|
| | BC584 | BC586 | BC585 | BC583 |
| 前上罗拉直径（mm） | — | — | — | — |
| 铁芯 | 24 | 24 | 40 | 40 |
| 包覆丁腈橡胶后 | 35 | — | — | 50 |
| 后上罗拉直径（mm） | 自重加压 | 自重加压 | 85 | 55（大铁辊）<br>65（包覆丁腈橡胶） |
| 前后罗拉隔距（mm） | 130～170 | | | |
| 罗拉加压方式 | 重锤杠杆式 | 前罗拉弹簧加压，后罗拉自重加压 | 前罗拉弹簧加压，后罗拉自重加压 | 前罗拉弹簧加压，后罗拉自重加压 |
| 往复形式 | 针圈往复 | — | — | 前罗拉、皮辊同时往复 |
| 退卷滚筒直径（mm） | 175 | 150 | 150 | 220 |
| 假捻器形式 | — | — | — | 离心钳式 |
| 假捻器滚筒直径（mm） | | | | 150 |
| 锭子滚筒直径（mm） | 254 | 250 | | 200 |
| 锭盘直径（mm） | （27）$\phi$24 | 40 | | 45 |
| 锭距（mm） | 108 | 100 | 150 | 150 |
| 锭脚形式 | 直立式 | 直立式 | — | 直立式 |
| 锭子速度（r/min） | 3000～9000 | 3000～8000 | 2000～4000 | 1800～1500 |
| 筒管规格（mm） | $\phi$19×$\phi$24×230 | — | $\phi$46×$\phi$52.6×430 | $\phi$34×$\phi$60×$\phi$315 |
| 满纱卷取规格（mm） | 200～230 | | | |
| 钢领形式 | 单边平缘式 | | 竖边粉末冶金 | 竖边粉末冶金 |
| 钢领规格（mm） | $\phi$60（$\phi$57） | $\phi$75×11.2 | $\phi$110×22.2 | $\phi$110×22.2 |
| 成形形式 | 1:3 | — | — | 1:2 |
| 牵伸倍数 | 1.2～2.8 | 2倍以下 | 1.4以下 | 1～1.5 |
| 针圈直径（mm） | 33 | 33 | | |
| 机器重量（t） | 7 | 8 | — | — |
| 自动机构 | | 1.关车时有自动适位停车装置<br>2.满管钢领板自动下降装置<br>3.开车前钢领板自动复位装置 | 1.关车时有自动适位停车装置<br>2.满管钢领板自动下降装置；如提前落纱，钢领板亦自动下降<br>3.开车前钢领板自动复位装置 | 1.满管自停<br>2.满管龙筋上升<br>3.开车龙筋下降 |

# 第二节　粗纺环锭细纱机的传动及工艺计算

## 一、BC584型细纱机

### （一）BC584型细纱机传动图（图4-2-1）

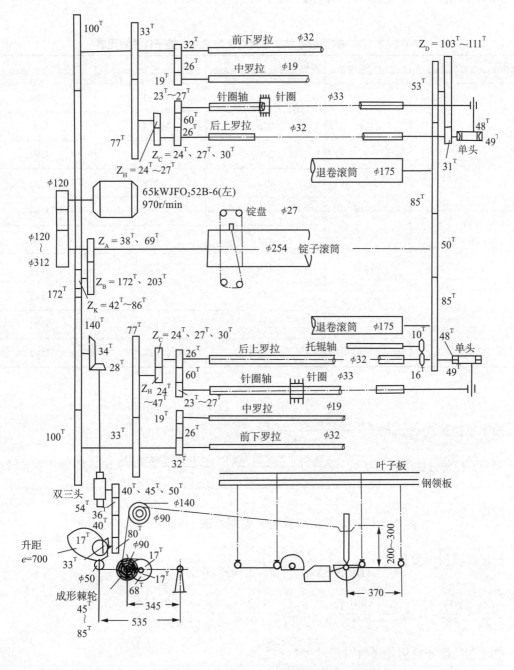

**图4-2-1　BC584型细纱机传动图**

（二）BC584型细纱机工艺计算

$$滚筒转速（r/min）=\frac{970×主动皮带盘节径×(1-滑溜率)}{滚筒皮带盘节径}=\frac{115236}{滚筒皮带盘节径}$$

$$锭子转速（r/min）=\frac{滚筒转速×(滚筒直径+锭带厚度)×(1-滑溜率)}{锭盘直径+锭带厚度}=8.925×滚筒转速$$

注：滑溜率0.01。

BC584型细纱机皮带盘直径与滚筒、锭子转速对照见表4-2-2。

表4-2-2　BC584型细纱机皮带盘直径与滚筒、锭子转速对照表

| 电动机皮带盘节径（mm） | 适用三角皮带 | 滚筒皮带盘节径（mm） | 滚筒转速（r/min） | 锭子转速（r/min） |
|---|---|---|---|---|
| 120 | B1295 | 312 | 366 | 3300 |
| | | 276 | 414 | 3730 |
| | | 240 | 476 | 4290 |
| | B1092 | 216 | 529 | 4770 |
| | | 192 | 595 | 5360 |
| | | 168 | 680 | 6130 |
| | | 156 | 730 | 6580 |
| | | 144 | 792 | 7140 |
| | | 132 | 865 | 7800 |
| | | 120 | 950 | 8560 |

$$前下罗拉转速（r/min）=\frac{滚筒转速×Z_A×Z_K}{Z_B×100}$$

$$前下罗拉每分钟出纱长度（m）=\frac{\pi×前下罗拉直径×前下罗拉转速}{1000}=0.10053×前下罗拉转速$$

$$捻度（捻/m）=\frac{锭子转速}{前下罗拉每分钟出纱长度×捻缩系数}=\frac{8.925×Z_B×100}{0.10053×Z_A×Z_K×0.97}$$

$$捻度变换齿轮齿数\ Z_K=\frac{8.925×100×Z_B}{0.10053×捻度(捻/m)×Z_A×0.97}$$

当$\frac{Z_B}{Z_A}=\frac{203^T}{38^T}$时，$Z_K=\frac{48894}{捻度(捻/m)}$；　当$\frac{Z_B}{Z_A}=\frac{172^T}{69^T}$时，$Z_K=\frac{22815}{捻度(捻/m)}$

捻度和捻度变换齿轮齿数对照见表4-2-3。

表4-2-3　BC584型细纱机捻度和捻度变换齿轮齿数对照表

| $Z_K$ | $\dfrac{Z_B}{Z_A}=\dfrac{172^T}{69^T}$ | $\dfrac{Z_B}{Z_A}=\dfrac{203^T}{38^T}$ | $Z_K$ | $\dfrac{Z_B}{Z_A}=\dfrac{172^T}{69^T}$ | $\dfrac{Z_B}{Z_A}=\dfrac{203^T}{38^T}$ |
|---|---|---|---|---|---|
| 42$^T$ | 543 | | 65$^T$ | 351 | 752 |
| 43$^T$ | 530 | | 66$^T$ | 346 | 741 |
| 44$^T$ | 518 | | 67$^T$ | 341 | 730 |
| 45$^T$ | 507 | | 68$^T$ | 336 | 719 |
| 46$^T$ | 496 | | 69$^T$ | 331 | 709 |
| 47$^T$ | 485 | | 70$^T$ | 326 | 698 |
| 48$^T$ | 475 | | 71$^T$ | 321 | 689 |
| 49$^T$ | 467 | | 72$^T$ | 317 | 679 |
| 50$^T$ | 456 | | 73$^T$ | 313 | 670 |
| 51$^T$ | 447 | | 74$^T$ | 308 | 661 |
| 52$^T$ | 439 | | 75$^T$ | 304 | 652 |
| 53$^T$ | 430 | | 76$^T$ | 300 | 643 |
| 54$^T$ | 423 | | 77$^T$ | 296 | 635 |
| 55$^T$ | 415 | | 78$^T$ | 293 | 627 |
| 56$^T$ | 407 | | 79$^T$ | 289 | 619 |
| 57$^T$ | 400 | | 80$^T$ | 285 | 611 |
| 58$^T$ | 393 | | 81$^T$ | 282 | 600 |
| 59$^T$ | 387 | | 82$^T$ | 278 | 596 |
| 60$^T$ | 380 | | 83$^T$ | 275 | 589 |
| 61$^T$ | 374 | 802 | 84$^T$ | 272 | 582 |
| 62$^T$ | 368 | 789 | 85$^T$ | 268 | 575 |
| 63$^T$ | 362 | 776 | 86$^T$ | 265 | 568 |
| 64$^T$ | 356 | 764 | 87$^T$ | 262 | 562 |

后下罗拉至前下罗拉间牵伸倍数

$$=\frac{前下罗拉表面线速度}{后下罗拉表面线速度}=\frac{\pi\times前下罗拉直径\times前下罗拉转速}{\pi\times后下罗拉直径\times后下罗拉转速}=\frac{77\times Z_C}{33\times Z_H}$$

牵伸变换齿轮齿数 $Z_H=\dfrac{77\times Z_C}{牵伸倍数\times33}$

当$Z_C$=24$^T$时，$Z_H=\dfrac{56}{牵伸倍数}$；　当$Z_C$=27$^T$时，$Z_H=\dfrac{63}{牵伸倍数}$；　当$Z_C$=30$^T$时，$Z_H=\dfrac{70}{牵伸倍数}$

牵伸变换齿轮齿数与牵伸倍数对照见表4-2-4。

表4-2-4　BC584型细纱机牵伸变换齿轮齿数与牵伸倍数对照表

| $Z_H$ | $Z_C$ | | | $Z_H$ | $Z_C$ | | |
|---|---|---|---|---|---|---|---|
| | $24^T$ | $27^T$ | $30^T$ | | $24^T$ | $27^T$ | $30^T$ |
| $24^T$ | | | | $36^T$ | 1.56 | 1.75 | 1.86 |
| $25^T$ | | | | $37^T$ | 1.52 | 1.70 | 1.82 |
| $26^T$ | | | | $38^T$ | 1.48 | 1.66 | 1.76 |
| $27^T$ | 2.08 | | | $39^T$ | 1.44 | 1.62 | 1.72 |
| $28^T$ | 2 | | | $40^T$ | 1.40 | 1.58 | 1.68 |
| $29^T$ | 1.94 | | | $41^T$ | 1.37 | 1.54 | 1.64 |
| $30^T$ | 1.87 | | | $42^T$ | 1.34 | 1.50 | 1.60 |
| $31^T$ | 1.81 | 2.03 | | $43^T$ | 1.30 | 1.47 | 1.56 |
| $32^T$ | 1.75 | 1.97 | | $44^T$ | 1.28 | 1.44 | 1.53 |
| $33^T$ | 1.70 | 1.91 | 2.04 | $45^T$ | 1.25 | 1.40 | 1.49 |
| $34^T$ | 1.65 | 1.86 | 1.98 | $46^T$ | 1.22 | 1.37 | 1.46 |
| $35^T$ | 1.60 | 1.80 | 1.92 | $47^T$ | 1.19 | 1.34 | 1.43 |

后下罗拉至针圈间牵伸倍数

$$=\frac{针圈表面线速度}{后下罗拉表面线速度}=\frac{\pi\times针圈直径\times针圈转速}{\pi\times后下罗拉直径\times后下罗拉转速}=\frac{26.9}{针圈变换齿轮(23\sim27)}$$

退卷滚筒至后下罗拉间牵伸倍数

$$=\frac{后下罗拉表面线速度}{退卷滚筒表面线速度}=\frac{\pi\times后下罗拉直径\times后下罗拉转速}{\pi\times退卷滚筒直径\times退卷滚筒转速}=\frac{2720\times Z_D}{287525}=0.00946Z_D$$

升降卷绕:

每一升降前下罗拉转数 $=\dfrac{140\times28\times54\times80\times17}{100\times34\times Z_M\times Z_N\times33}=\dfrac{2570}{Z_M\times Z_N}$

每一升降出纱长度（m）＝前下罗拉直径 $\times\pi\times$ 每一升降下罗拉转数

$$=32\times\pi\times每一升降下罗拉转数=\frac{258}{Z_M\times Z_N}$$

BC584型细纱机纺纱细度与成形变换齿轮齿数对照见表4-2-5。

表4-2-5　BC584型细纱机纺纱细度与成形变换齿轮齿数对照表

| 纺纱细度 | tex | 125~83.3 | 83.3~62.5 | 62.5~41.7 |
|---|---|---|---|---|
| | 公支 | 8~12 | 12~16 | 16~24 |
| 卷绕齿轮$Z_N$ | | $50^T$ | $45^T$ | $40^T$ |
| 蜗杆头数$Z_M$ | | $3^T$ | $2^T$ | $2^T$ |
| 每一升降前罗拉转数 | | 17.1 | 28.5 | 32.1 |
| 每一升降出纱长度（m） | | 1.72 | 2.87 | 3.23 |

$$每锭每小时产量（kg）=\frac{\pi \times 前下罗拉直径 \times 纺纱线密度(tex)}{1000 \times 1000}=$$

$$= 前下罗拉转速 \times 60 \times 实际运转效率$$

$$= 6.03 \times 10^{-6} \times 纺纱线密度（tex）\times 前下罗拉转速 \times 实际运转效率$$

## 二、BC586型细纱机

### （一）BC586型细纱机传动图（图4-2-2）

### （二）BC586型细纱机工艺计算

$$锭子转速（r/min）=\frac{960 \times 电动机主动皮带盘节径 \times (250+1)}{电动机被动皮带盘节径 \times (40+1)}$$

$$=5877.07 \times \frac{电动机主动皮带盘节径}{电动机被动皮带盘节径}$$

注：式中不计入滑溜率。

细纱机皮带盘节径与锭子转速的对照见表4-2-6。

表4-2-6　BC586型细纱机皮带盘节径与锭子转速对照表

| 主动盘节经（mm） ＼ 被动盘节经（mm）／锭子转速（r/min） | 150 | 156 | 168 | 192 | 198 | 210 | 228 |
|---|---|---|---|---|---|---|---|
| 150 | — | 5651 | 5247 | 4591 | 4452 | 4198 | 3866 |
| 168 | 6582 | 6329 | — | 5142 | 4987 | 4702 | 4330 |
| 192 | 7523 | 7233 | 6717 | — | 5699 | 5373 | 4949 |
| 198 | 7758 | 7459 | 6927 | 6061 | — | 5541 | 5104 |
| 210 | 8228 | 7911 | 7346 | 6428 | 6233 | — | 5413 |
| 228 | 8933 | 8590 | 7976 | 6979 | 6768 | 6381 | — |

$$捻度（捻/m）=\frac{(滚筒直径+锭带厚度)/(锭盘直径+锭带厚度)}{\dfrac{19 \times Z_C \times Z_E \times \pi \times 前罗拉直径}{59 \times Z_D \times 60 \times 1000}}$$

$$=\frac{(250+1) \times 59 \times Z_D \times 60 \times 1000}{(40+1) \times 19 \times Z_C \times Z_E \times \pi \times 32}=11345.92 \times \frac{Z_D}{Z_C \times Z_E}$$

捻度和捻度变换齿轮齿数对照见表4-2-7。

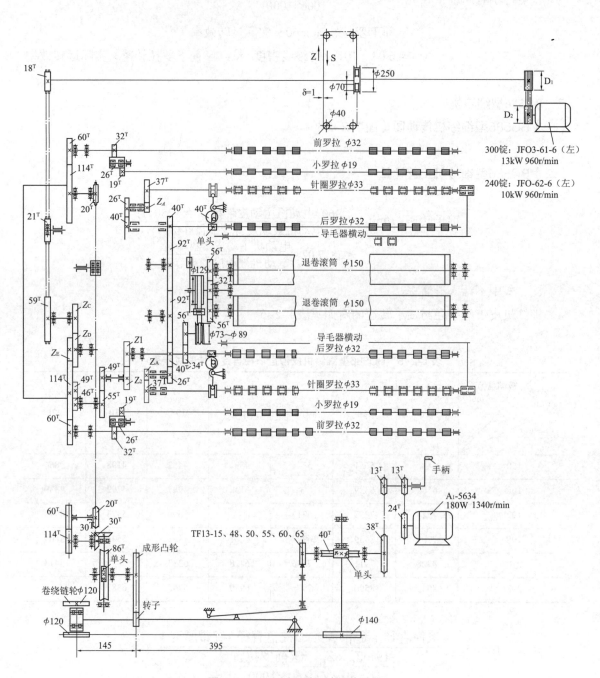

图4-2-2　BC586型细纱机传动图

表4-2-7　BC586型细纱机捻度与捻度变换齿轮齿数对照表

| $Z_E$ | $\dfrac{Z_D}{Z_C}=\dfrac{58^T}{68^T}$ | $\dfrac{Z_D}{Z_C}=\dfrac{62^T}{64^T}$ | $\dfrac{Z_D}{Z_C}=\dfrac{68^T}{58^T}$ | $\dfrac{Z_D}{Z_C}=\dfrac{74^T}{52^T}$ | $\dfrac{Z_D}{Z_C}=\dfrac{80^T}{46^T}$ | $\dfrac{Z_D}{Z_C}=\dfrac{86^T}{40^T}$ | $\dfrac{Z_D}{Z_C}=\dfrac{92^T}{34^T}$ |
|---|---|---|---|---|---|---|---|
| $34^T$ | 284.6 | 323.3 | 391.2 | 474.9 | 580.4 | 717.5 | 903 |
| $35^T$ | 276.5 | 314 | 380 | 461.3 | 563.8 | 697 | 877.2 |
| $36^T$ | 268.8 | 305.3 | 369.5 | 448.5 | 548.1 | 677.6 | 852.8 |
| $37^T$ | 261.6 | 297.1 | 359.5 | 436.4 | 533.3 | 659.3 | 829.7 |
| $38^T$ | 254.7 | 289.2 | 350.1 | 424.9 | 519.3 | 641.9 | 807.9 |
| $39^T$ | 248.1 | 281.8 | 341.1 | 414 | 505.9 | 625.5 | 787.2 |
| $40^T$ | 241.9 | 274.8 | 332.6 | 403.7 | 493.3 | 609.8 | 767.5 |
| $41^T$ | 236 | 268.1 | 324.4 | 393.8 | 481.3 | 595 | 748.8 |
| $42^T$ | 230.4 | 261.7 | 316.7 | 384.4 | 469.8 | 580.8 | 731 |

$$总牵伸倍数 = \frac{114\times46\times49\times Z_1}{60\times49\times55\times Z_2} = 1.58909\times\frac{Z_1}{Z_2}$$

$$针圈至后罗拉间牵伸倍数 = \frac{33\times40\times Z_A}{32\times26\times37} = 0.04288Z_A$$

总牵伸倍数与牵伸变换齿轮齿数对照见表4-2-8。

表4-2-8　BC586型细纱机总牵伸倍数与牵伸变换齿轮齿数对照表

| $Z_1$ | $Z_2$ | 牵伸倍数 | $Z_1$ | $Z_2$ | 牵伸倍数 | $Z_1$ | $Z_2$ | 牵伸倍数 |
|---|---|---|---|---|---|---|---|---|
| $70^T$ | $53^T$ | 2.0988 | $68^T$ | $63^T$ | 1.7152 | $60^T$ | $67^T$ | 1.4231 |
| $69^T$ | $53^T$ | 2.0688 | $67^T$ | $63^T$ | 1.6900 | $60^T$ | $68^T$ | 1.4021 |
| $68^T$ | $53^T$ | 2.0388 | $63^T$ | $60^T$ | 1.6685 | $60^T$ | $69^T$ | 1.3818 |
| $67^T$ | $53^T$ | 2.0089 | $70^T$ | $67^T$ | 1.6602 | $60^T$ | $70^T$ | 1.3621 |
| $70^T$ | $56^T$ | 1.9864 | $69^T$ | $67^T$ | 1.6365 | $53^T$ | $63^T$ | 1.3369 |
| $69^T$ | $56^T$ | 1.9580 | $68^T$ | $67^T$ | 1.6128 | $56^T$ | $67^T$ | 1.3282 |
| $68^T$ | $56^T$ | 1.9296 | $67^T$ | $67^T$ | 1.5891 | $56^T$ | $68^T$ | 1.3087 |
| $67^T$ | $56^T$ | 1.9012 | $67^T$ | $68^T$ | 1.5657 | $56^T$ | $69^T$ | 1.2897 |
| $63^T$ | $53^T$ | 1.8889 | $67^T$ | $69^T$ | 1.5430 | $56^T$ | $70^T$ | 1.2713 |
| $70^T$ | $60^T$ | 1.8539 | $67^T$ | $70^T$ | 1.5210 | $53^T$ | $67^T$ | 1.2570 |
| $69^T$ | $60^T$ | 1.8275 | $60^T$ | $63^T$ | 1.5134 | $53^T$ | $68^T$ | 1.2386 |
| $68^T$ | $60^T$ | 1.8010 | $63^T$ | $67^T$ | 1.4942 | $53^T$ | $69^T$ | 1.2206 |
| $67^T$ | $60^T$ | 1.7745 | $63^T$ | $68^T$ | 1.4722 | $53^T$ | $70^T$ | 1.2032 |
| $70^T$ | $63^T$ | 1.7657 | $63^T$ | $69^T$ | 1.4509 | | | |
| $69^T$ | $63^T$ | 1.7404 | $63^T$ | $70^T$ | 1.4302 | | | |

针圈至后罗拉间牵伸倍数与变换齿轮齿数对照见表4-2-9。

表4-2-9 BC586型细纱机针圈至后罗拉间牵伸倍数表

| $Z_A$ | $23^T$ | $24^T$ | $25^T$ | $26^T$ | $27^T$ |
|---|---|---|---|---|---|
| 牵伸倍数 | 0.9862 | 1.0291 | 1.072 | 1.1149 | 1.1577 |

每一升降前罗拉输出纱条长度 $L(\text{m}) = \dfrac{86 \times 30 \times Z_P \times 20 \times 114 \times \pi \times 32}{1 \times 30 \times Z_S \times 20 \times 60} = 16426.7597 \times \dfrac{Z_P}{Z_S}$

每一升降绕纱长度 $L'(\text{m}) = \dfrac{管纱直径 + 筒管直径}{2} \times \pi \times \dfrac{绕纱斜面A}{绕纱螺距h} \times \left(1 + \dfrac{1}{3}\right)$

$$= 49.4 \times \pi \times \dfrac{81.64}{h} \times \dfrac{4}{3} = \dfrac{16893.8}{h}$$

注：$\left(1 + \dfrac{1}{3}\right)$ 由成形凸轮1:3所得。

$L$ 应等于 $L'$，则 $16426.7597 \dfrac{Z_P}{Z_S} = \dfrac{16893.8}{h}$，$\dfrac{Z_P}{Z_S} = \dfrac{1.02843}{h}$。

本机选定绕纱螺距$h$为纱线直径的4倍。

$$h = 4 \times \dfrac{e}{\sqrt{\dfrac{1000}{细纱特数}}}, \quad e = 1.36$$

$$h = 4 \times \dfrac{1.36\sqrt{细纱特数}}{31.62} = 0.172\sqrt{细纱特数}$$

$$\dfrac{Z_P}{Z_S} = \dfrac{1.02843}{h} = \dfrac{1.02843}{0.172\sqrt{细纱特数}} = \dfrac{5.979}{\sqrt{细纱特数}}$$

BC586型细纱机纺纱细度与卷绕变换齿轮齿数关系见表4-2-10。

按机械传动，钢领板每一升降的级升量为：

级升量（mm）$= \dfrac{棘轮撑过齿数}{棘轮齿数} \times \dfrac{1}{40} \times \pi \times 140 \times \dfrac{120}{120} = 10.9956 \times \dfrac{棘轮撑过齿数}{棘轮齿数}$

按纺纱工艺要求，钢领板每一升降的级升量可计算如下：

卷绕密度 $= \dfrac{钢领板一次升降的绕纱重量}{钢领板一次升降的绕纱体积}$

钢领板一次升降的绕纱体积（$\text{cm}^3$）= 钢领板一次升降的级升量 $\times$

$$绕纱斜面A \times \sin\dfrac{\alpha}{2} \times \dfrac{管纱直径 + 筒管直径}{2} \times \pi \times \dfrac{1}{1000}$$

表4-2-10　BC586型细纱机纺纱细度与卷绕变换齿轮齿数关系表

| 钢领直径（mm） | | | | 75 | | | | |
|---|---|---|---|---|---|---|---|---|
| 管纱直径（mm） | | | | 70 | | | | |
| 筒管直径（mm） | | | | 28.8 | | | | |
| 锥角α | | | | 29°13′48″ | | | | |
| 钢领板短动程（mm） | | | | 79 | | | | |
| 纺纱细度 | tex | 166.67 | 125 | 100 | 83.3 | 71.43 | 62.5 | 55.56 | 50 |
| | 公支 | 6 | 8 | 10 | 12 | 14 | 16 | 18 | 20 |
| 卷绕层实际螺距（mm） | | 2.22 | 1.923 | 1.720 | 1.570 | 1.454 | 1.360 | 1.282 | 1.216 |
| 计算传动比 | | 0.463 | 0.535 | 0.598 | 0.655 | 0.707 | 0.756 | 0.802 | 0.846 |
| $\dfrac{Z_P}{Z_s}$ | | $\dfrac{30^T}{64^T}$ | $\dfrac{33^T}{61^T}$ | $\dfrac{36^T}{58^T}$ | $\dfrac{38^T}{56^T}$ | $\dfrac{39^T}{55^T}$ | $\dfrac{41^T}{53^T}$ | $\dfrac{43^T}{51^T}$ | $\dfrac{44^T}{50^T}$ |
| 实际传动比 | | 0.4688 | 0.5410 | 0.6207 | 0.6786 | 0.7091 | 0.7736 | 0.8431 | 0.88 |

$$钢领板一次升降的绕纱重量（g）=\frac{钢领板一次升降的绕纱直径}{纺纱公制支数}$$

$$=\frac{管纱直径+筒管直径}{2}\times\pi\times\frac{绕纱斜面}{绕纱螺距}\times(1+\frac{1}{3})\times\frac{1}{1000}\times\frac{1}{纺纱公制支数}$$

则：

$$卷绕密度=\frac{\dfrac{管纱直径+筒管直径}{2}\times\pi\times\dfrac{绕纱斜面}{绕纱螺距}\times\dfrac{4}{3}\times\dfrac{1}{1000}}{钢领板一次升降的级升量\times绕纱斜面\times\sin\dfrac{\alpha}{2}}\times\dfrac{\dfrac{1}{纺纱公制支数}}{\dfrac{管纱直径+筒管直径}{2}\times\pi\times\dfrac{1}{1000}}$$

卷绕密度在绕纱螺距为纱线直径4倍及一般纺纱张力的情况下可取为0.42g/cm³，将此值代入上式得：

$$钢领板一次升降的级升量=\frac{4}{3}\times\frac{1}{0.42\times卷绕螺距\times纺纱公制支数\times\sin\dfrac{\alpha}{2}}$$

$$=\frac{12.7954}{卷绕螺距\times纺纱公制支数}$$

纺纱工艺要求钢领板每一升降的级升量应等于机械传动钢领板每一升降的级升量，则

$$10.9956\times\frac{棘轮撑过齿数}{棘轮齿数}=\frac{12.7954}{卷绕螺距\times纺纱公制支数}=\frac{12.7954\times纺纱特数}{卷绕螺距\times1000}$$

$$\frac{\text{棘轮齿数}}{\text{棘轮撑过齿数}} = 0.8593 \times \text{纺纱公制支数} \times \text{卷绕螺距} = \frac{859.3 \times \text{卷绕螺距}}{\text{纺纱特数}}$$

BC586型细纱机纺纱细度与级升变换棘轮齿数关系见表4-2-11。

表4-2-11 纺纱细度与级升变换棘轮齿数关系表

| 纺纱细度 | tex | 166.67 | 125 | 100 | 83.3 | 71.43 | 62.5 | 55.56 | 50 |
|---|---|---|---|---|---|---|---|---|---|
| | 公支 | 6 | 8 | 10 | 12 | 14 | 16 | 18 | 20 |
| 计算级升量（mm） | | 0.9602 | 0.8316 | 0.7438 | 0.6790 | 0.6286 | 0.588 | 0.5544 | 0.5259 |
| 要求 $\frac{\text{棘轮齿数}}{\text{棘轮撑过齿数}}$ | | 11.4504 | 13.217 | 14.782 | 16.193 | 17.491 | 18.698 | 19.833 | 20.905 |
| 实际 $\frac{\text{棘轮齿数}}{\text{棘轮撑过齿数}}$ | | $45^T/4^T$ | $55^T/4^T$ | $45^T/3^T$ | $48^T/3^T$ | $50^T/3^T$ | $55^T/3^T$ | $60^T/3^T$ | $65^T/3^T$ |
| 实际级升量（mm） | | 0.977 | 0.8 | 0.7330 | 0.687 | 0.6597 | 0.5998 | 0.5498 | 0.5075 |

后罗拉至退卷滚筒间的牵伸倍数

$$= \frac{\text{后罗拉每分钟出纱长度}}{\text{退卷滚筒每分钟出纱长度}} = \frac{\pi \times \phi 32}{\pi \times \phi 150} \times \frac{56}{34} \times \frac{129}{73 \sim 89} \times \frac{56}{32} = 0.8913 \sim 1.0866$$

后罗拉至退卷滚筒间牵伸倍数与无级变速三角带轮直径对比见表4-2-12。

表4-2-12 无级变速三角带轮直径与后罗拉至退卷滚筒间牵伸倍数关系表

| 直径（mm） | 牵伸倍数 | 直径（mm） | 牵伸倍数 | 直径（mm） | 牵伸倍数 |
|---|---|---|---|---|---|
| 73 | 1.0866 | 79 | 1.0041 | 85 | 0.9332 |
| 74 | 1.0719 | 80 | 0.9915 | 86 | 0.9224 |
| 75 | 1.0576 | 81 | 0.9793 | 87 | 0.9118 |
| 76 | 1.0437 | 82 | 0.9673 | 88 | 0.9014 |
| 77 | 1.0302 | 83 | 0.9557 | 89 | 0.8913 |
| 78 | 1.0170 | 84 | 0.9443 | | |

## 三、BC585型细纱机

### （一）BC585型细纱机传动图（图4-2-3）

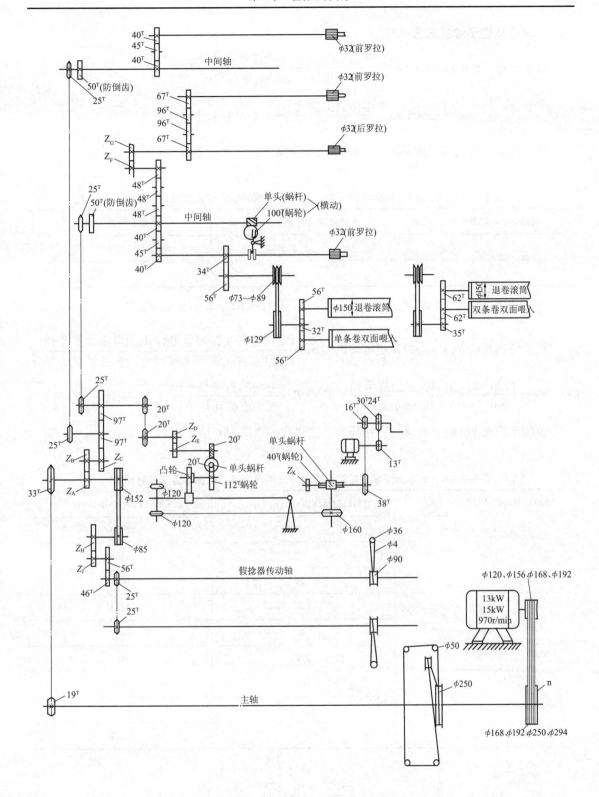

**图4-2-3 BC585型细纱机传动图**

## （二）BC585型细纱机工艺计算

$$锭子转速（r/min）=1200×\frac{(250+1)×电动机主动皮带盘节径}{(50+1)×电动机被动皮带盘节径}$$

$$=5905.88×\frac{电动机主动盘节径}{电动机被动盘节径}（式中未计入滑溜率）$$

细纱机锭子转速与电磁调速异步电动机皮带盘节径对照见表4-2-13。

表4-2-13　BC585型细纱机锭子转速与电磁调速异步电动机皮带盘节径对照表

| 电动机主动皮带盘节径（mm） | 电动机被动皮带盘节径（mm） | 锭子转速（r/min） |
| --- | --- | --- |
| 156 | 256 | 3598 |
| 192 | 256 | 4429 |

注　电磁调速异步电动机输出调速范围120～1200 r/min，本表按最高输出转速1200r/min计算。

$$锭子转速（r/min）=三相异步电动机转速×\frac{(滚筒直径+锭带厚度)×电动机主动盘节径}{(锭盘直径+锭带厚度)×电动机被动盘节径}=$$

$$970×\frac{(250+1)×电动机主动盘节径}{(50+1)×电动机被动盘节径}=4773.92×\frac{电动机主动盘节径}{电动机被动盘节径}（式中未计入滑溜率）$$

BC585型细纱机锭子转速与三相异步电动机皮带盘节径对照见表4-2-14。

表4-2-14　BC585型细纱机锭子转速与三相异步电动机皮带盘节径对照表

| 电动机主动皮带盘节径（mm） | 电动机被动皮带盘节径（mm） | 锭子转速（r/min） |
| --- | --- | --- |
| 120 | 168 | 3409 |
| | 192 | 2983 |
| | 294 | 1948 |
| 156 | 168 | 4432 |
| | 192 | 3878 |
| | 294 | 2533 |
| 168 | 168 | 4773 |
| | 192 | 4177 |
| | 294 | 2727 |

$$捻度（捻/m）=\frac{锭子转速}{前罗拉输出长度}=\frac{33×Z_B×97×(250+1)×1000}{19×Z_A×Z_C×(50+1)×π×32}=8247.7×\frac{Z_B}{Z_A×Z_C}$$

注：$Z_A$、$Z_B$为捻度对牙，成对调换，$Z_C$为细调捻度齿轮。

BC585型细纱机捻度与捻度变换齿轮齿数对照见表4-2-15。

表4-2-15 BC585型细纱机捻度与捻度变换齿轮齿数对照表

| $Z_C$ | $Z_B/Z_A$ | | | | | | | | | |
|---|---|---|---|---|---|---|---|---|---|---|
| | $37^T/96^T$ | $43^T/90^T$ | $50^T/83^T$ | $56^T/77^T$ | $63^T/70^T$ | $70^T/63^T$ | $77^T/56^T$ | $83^T/50^T$ | $90^T/43^T$ | $96^T/37^T$ |
| $34^T$ | 93.5 | 115.9 | 146.1 | 176.4 | 218.3 | 269.5 | 333.6 | 402.7 | 507.7 | 629.4 |
| $35^T$ | 90.8 | 112.6 | 142.0 | 171.4 | 212.1 | 261.8 | 324.0 | 391.2 | 493.2 | 611.4 |
| $36^T$ | 88.3 | 109.5 | 138.0 | 166.6 | 206.2 | 254.6 | 315.0 | 380.3 | 479.5 | 594.4 |
| $37^T$ | 85.9 | 106.5 | 134.3 | 162.1 | 200.6 | 247.7 | 306.5 | 370.0 | 466.6 | 578.4 |
| $38^T$ | 83.7 | 103.7 | 130.8 | 157.0 | 195.3 | 241.2 | 298.4 | 360.3 | 454.3 | 563.1 |
| $39^T$ | 81.5 | 101.0 | 127.4 | 153.8 | 190.3 | 235.0 | 290.8 | 351.1 | 442.6 | 548.7 |
| $40^T$ | 79.5 | 98.5 | 124.2 | 150.0 | 185.6 | 229.1 | 283.5 | 342.3 | 431.6 | 535.0 |
| $41^T$ | 77.5 | 96.1 | 121.2 | 146.3 | 181.1 | 223.5 | 276.6 | 333.9 | 421.0 | 521.9 |
| $42^T$ | 75.7 | 93.8 | 118.3 | 142.8 | 176.1 | 218.2 | 270.0 | 326.0 | 411.0 | 509.5 |

$$前后罗拉间牵伸倍数 = \frac{前罗拉表面线速度}{后罗拉表面线速度} = \frac{48}{40} \times \frac{Z_G}{Z_F} = 1.2 \times \frac{Z_G}{Z_F}$$

BC585型细纱机前后牵伸罗拉间牵伸倍数与牵伸变换齿轮齿数对照见表4-2-16。

表4-2-16 BC585型细纱机前后罗拉间牵伸倍数与牵伸变换齿轮齿数对照表

| $Z_F$ | $Z_G$ | 牵伸倍数 | $Z_F$ | $Z_G$ | 牵伸倍数 |
|---|---|---|---|---|---|
| $66^T$ | $55^T$ | 1.0000 | $64^T$ | $64^T$ | 1.2000 |
| $65^T$ | $55^T$ | 1.0153 | $64^T$ | $65^T$ | 1.2187 |
| $64^T$ | $55^T$ | 1.0312 | $64^T$ | $66^T$ | 1.2374 |
| $55^T$ | $48^T$ | 1.0472 | $64^T$ | $67^T$ | 1.2562 |
| $67^T$ | $59^T$ | 1.0566 | $48^T$ | $51^T$ | 1.2750 |
| $66^T$ | $59^T$ | 1.0727 | $55^T$ | $59^T$ | 1.2872 |
| $65^T$ | $59^T$ | 1.0891 | $59^T$ | $64^T$ | 1.3016 |
| $64^T$ | $59^T$ | 1.1062 | $59^T$ | $65^T$ | 1.3216 |
| $59^T$ | $55^T$ | 1.1182 | $59^T$ | $66^T$ | 1.3423 |
| $51^T$ | $48^T$ | 1.1293 | $48^T$ | $55^T$ | 1.3749 |
| $67^T$ | $64^T$ | 1.1462 | $51^T$ | $59^T$ | 1.3882 |
| $66^T$ | $64^T$ | 1.1635 | $53^T$ | $65^T$ | 1.4182 |
| $65^T$ | $64^T$ | 1.1815 | | | |

$$每一升降前罗拉输出纱条长度 L\,(m) = \frac{40 \times 25 \times 20 \times Z_E \times 20 \times 112 \times \pi d}{40 \times 25 \times 20 \times Z_D \times 20 \times 1} = 11259.49 \times \frac{Z_E}{Z_D}$$

每一升降绕纱长度 $L'(\text{m}) = \dfrac{D+d}{2} \times \pi \times \dfrac{A}{h} \times \dfrac{3}{2} = \dfrac{105+44}{2} \times \pi \times \dfrac{95}{h} \times \dfrac{3}{2} = \dfrac{33400}{h}$ （凸轮比 $1:2$）

应使 $L = L'$，则 $11259.49\dfrac{Z_E}{Z_D} = \dfrac{33400}{h}$  $\dfrac{Z_E}{Z_D} = \dfrac{2.96}{h}$

由于卷绕层螺距 $h$ 为纱线直径 $d$ 的4倍，而 $d = \dfrac{1.36\sqrt{纱线特数}}{31.62}$

所以  $h = 4 \times \dfrac{1.36\sqrt{纱线特数}}{31.62} = 0.172\sqrt{纱线特数}$

BC585型细纱机纺纱细度与卷绕变换齿轮齿数关系见表4-2-17。

表4-2-17 BC585型细纱机纺纱细度与卷绕变换齿轮齿数关系表

| 纺纱细度 | tex | 1000 | 666.67 | 500 | 400 | 333.33 | 285.71 | 250 | 222.22 | 200 | 166.67 | 142.86 | 125 |
|---|---|---|---|---|---|---|---|---|---|---|---|---|---|
| | 公支 | 1 | 1.5 | 2 | 2.5 | 3 | 3.5 | 4 | 4.5 | 5 | 6 | 7 | 8 |
| $Z_E/Z_D$ | | 0.544 | 0.666 | 0.769 | 0.860 | 0.942 | 1.018 | 1.088 | 1.154 | 1.216 | 1.333 | 1.439 | 1.539 |
| $Z_E$ | | 43$^T$ | 48$^T$ | 52$^T$ | 56$^T$ | 59$^T$ | 61$^T$ | | 64$^T$ | 66$^T$ | 68$^T$ | 72$^T$ | |
| $Z_D$ | | 77$^T$ | 72$^T$ | 68$^T$ | 64$^T$ | 61$^T$ | 59$^T$ | | 56$^T$ | 54$^T$ | 52$^T$ | 48$^T$ | |
| 卷绕层实际螺距（mm） | | 5.30 | 4.44 | 3.87 | 3.38 | 3.06 | 2.86 | | 2.59 | 2.42 | 2.26 | 1.97 | |

假捻器转速（r/min）= 锭子转速 $\times \dfrac{51 \times 19 \times 152 \times 56 \times 94 \times Z_H}{251 \times 33 \times 85 \times 46 \times 40 \times Z_J} = 0.5985 \times \dfrac{Z_H}{Z_J} \times$ 锭子转速

BC585型细纱机假捻器转速与锭子转速对照见表4-2-18。

表4-2-18 BC585型细纱机假捻器转速与锭子转速对照表  单位：r/min

| $Z_H$ | $Z_J$ | 锭子转速（r/min） | | | | | | | | | | |
|---|---|---|---|---|---|---|---|---|---|---|---|---|
| | | 1948 | 2533 | 2727 | 2983 | 3409 | 3593 | 3878 | 4177 | 4429 | 4432 | 4773 |
| 41$^T$ | 50$^T$ | 956 | 1243 | 1333 | 1463 | 1673 | 1765 | 1903 | 2049 | 2173 | 2175 | 2342 |
| 42$^T$ | 50$^T$ | 979 | 1273 | 1370 | 1499 | 1713 | 1808 | 1949 | 2099 | 2226 | 2228 | 2399 |
| 43$^T$ | 50$^T$ | 1002 | 1303 | 1403 | 1535 | 1754 | 1851 | 1996 | 2149 | 2279 | 2281 | 2456 |
| 45$^T$ | 50$^T$ | 1049 | 1364 | 1468 | 1606 | 1836 | 1938 | 2088 | 2249 | 2385 | 2387 | 2570 |
| 48$^T$ | 50$^T$ | 1119 | 1455 | 1566 | 1713 | 1958 | 2067 | 2228 | 2399 | 2544 | 2546 | 2742 |
| 50$^T$ | 50$^T$ | 1165 | 1516 | 1632 | 1785 | 2040 | 2153 | 2320 | 2499 | 2650 | 2652 | 2856 |
| 50$^T$ | 48$^T$ | 1214 | 1579 | 1700 | 1859 | 2125 | 2243 | 2417 | 2604 | 2761 | 2763 | 2975 |
| 50$^T$ | 45$^T$ | 1296 | 1684 | 1813 | 1983 | 2266 | 2392 | 2578 | 2777 | 2945 | 2947 | 3174 |

| $Z_H$ | $Z_J$ | 锭子转速（r/min） | | | | | | | | | | |
|---|---|---|---|---|---|---|---|---|---|---|---|---|
| | | 1948 | 2533 | 2727 | 2983 | 3409 | 3593 | 3878 | 4177 | 4429 | 4432 | 4773 |
| $50^T$ | $43^T$ | 1355 | 1762 | 1897 | 2075 | 2372 | 2506 | 2698 | 2906 | 3082 | 3084 | 3321 |
| $50^T$ | $42^T$ | 1387 | 1804 | 1942 | 2125 | 2428 | 2563 | 2766 | 2976 | 3155 | 3157 | 3400 |
| $50^T$ | $41^T$ | 1421 | 1848 | 1990 | 2177 | 2488 | 2626 | 2830 | 3048 | 3232 | 3234 | 3483 |

$$单条卷双面喂入时后罗拉与退卷滚筒间牵伸倍数 E = \frac{后罗拉每分钟出纱长度}{退卷滚筒每分钟出纱长度}$$

$$= \frac{\pi \times 后罗拉直径 \times 56 \times 129 \times 56}{\pi \times 滚筒直径 \times 34 \times \phi \times 32} = 79.3224 \times \frac{1}{\phi}（注：\phi 为无级变速三角带轮直径）。$$

无级变速三角带轮直径与牵伸倍数的关系见表4-2-19和表4-2-20。

表4-2-19　无级变速三角带轮直径与牵伸倍数对照表（单条卷双面喂入）

| $\phi$（mm） | $E$ | $\phi$（mm） | $E$ | $\phi$（mm） | $E$ |
|---|---|---|---|---|---|
| 73 | 1.0866 | 79 | 1.0040 | 85 | 0.9332 |
| 74 | 1.0719 | 80 | 0.9915 | 86 | 0.9223 |
| 75 | 1.0576 | 81 | 0.9792 | 87 | 0.9117 |
| 76 | 1.0437 | 82 | 0.9673 | 88 | 0.9013 |
| 77 | 1.0301 | 83 | 0.9556 | 89 | 0.8912 |
| 78 | 1.0169 | 84 | 0.9443 | | |

表4-2-20　无级变速三角带轮与牵伸倍数表（双条卷双面喂入）

| $\phi$（mm） | $E$ | $\phi$（mm） | $E$ | $\phi$（mm） | $E$ |
|---|---|---|---|---|---|
| 73 | 1.0999 | 79 | 1.0164 | 85 | 0.9446 |
| 74 | 1.0850 | 80 | 1.0036 | 86 | 0.9336 |
| 75 | 1.0706 | 81 | 0.9913 | 87 | 0.9229 |
| 76 | 1.0565 | 82 | 0.9792 | 88 | 0.9124 |
| 77 | 1.0428 | 83 | 0.9674 | 89 | 0.9022 |
| 78 | 1.0294 | 84 | 0.9559 | | |

$$双条卷双面喂入时后罗拉与退卷滚筒间牵伸倍数 E = \frac{后罗拉每分钟出纱长度}{退卷滚筒每分钟出纱长度}$$

$$= \frac{\pi \times 后罗拉直径 \times 56 \times 129 \times 62}{\pi \times 滚筒直径 \times 34 \times \phi \times 35} = 80.2936 \times \frac{1}{\phi}$$

BC585型细纱机纺纱细度与级升变换齿轮齿数关系见表4-2-21。

表4-2-21　BC585型细纱机纺纱细度与级升变换齿轮齿数关系表

| 纺纱细度 | tex | 1000 | 500 | 333.33 | 250 | 200 | 166.67 | 142.86 | 125 |
|---|---|---|---|---|---|---|---|---|---|
| | 公支 | 1 | 2 | 3 | 4 | 5 | 6 | 7 | 8 |
| 实际级升量（mm） | | 1.558 | 1.34 | 1.12 | 0.89 | 0.84 | 0.78 | 0.74 | 0.67 |
| $Z_n/n$ | | $43^T/4^T$ | $50^T/4^T$ | $60^T/4^T$ | $55^T/3^T$ | $60^T/3^T$ | $43^T/2^T$ | $45^T/2^T$ | $50^T/2^T$ |

注　$Z_n$—级升变换齿轮齿数；$n$—棘轮撑过齿数。

# 第三节　粗纺纺纱工艺设计

纺纱工艺设计的确定，主要根据产品的技术特征、原料性能及各项品质指标以及设备的特点及其性能等因素。

## 一、纺纱原料选择

纺纱原料的选择应根据成品的技术特征、风格和质量要求，并考虑纺纱性能，选用适当长度、细度的羊毛以及与羊毛混纺的化学纤维。

（1）高支、薄型、不缩绒或轻缩绒、不起毛织物，需用细度均匀、手感好、长度中等偏长的原料。

（2）重缩绒、不拉毛、呢面丰满而细洁的产品，在混料中除采用80%以上60~64支改良毛或一级毛以外，还须混用一部分短毛，如混有化学纤维，必须采用细度较细、长度中等的规格，一般都用3.33dtex（3旦）、70mm长度。

（3）绒面要求一般，但强度要求高的缩绒织物，如学生呢、制服呢、大衣呢之类，对原料的选择在某些方面可适当放宽，并用较粗的5.55dtex（5旦）黏胶纤维混纺。

（4）重起毛长绒织物，如提花毯、长顺毛大衣呢，以较长纤维为主要原料，如要求有较好的光泽与弹性，可加入一些马海毛。

（5）漂白特浅色织物，需用洁白精练原料。

（6）粗羊毛纺中支纱，如48支毛纺143tex（7公支）纱，58支毛纺91tex（11公支）纱，原料最好经过软化处理。

（7）兔毛混纺产品，一般掺用30%~50%兔毛，如掺用过多纺纱困难，强力降低。

## 二、混纺注意事项

（1）羊毛与化学纤维混纺时，化学纤维的长度最好采用三种不等长纤维混合纺纱，羊毛与化学纤维长度、细度相差愈大，条干愈差。

（2）黏胶纤维，锦纶、腈纶、涤纶等化学纤维极易飞散，梳毛机的锡林速度可适当减慢，斩刀速度可适当加快，原料混和时可加抗静电剂。

（3）羊毛与化学纤维混纺时，粗纱不宜搓得太紧，否则支数易偏粗，化学纤维比例越多，纤维越长，如粗纱搓得越紧，这种情况就越严重。

（4）混纺时如化学纤维与羊毛色泽相差悬殊，宜单独进行一次分梳，然后两者相混。法兰绒、学生呢采用化学纤维、羊毛分别分梳然后相混的办法，有利于混色均匀，减少毛粒。

（5）兔毛与羊毛相混的混色品种，宜将兔毛单独进行一次分梳，然后将羊毛与兔毛进行"假和"、分梳，这样可以减少毛粒，防止色档。

## 三、捻系数的选择
### （一）捻系数计算公式

$$捻系数\ \alpha = \frac{每米捻度}{\sqrt{公制支数}} = \frac{每米捻度\sqrt{特克斯数}}{31.63}$$

### （二）粗梳毛纱捻系数范围（表4-2-22）

表4-2-22　粗梳毛纱捻系数参考表

| 纱的种类 | 原料种类 | | |
|---|---|---|---|
| | 粗毛 | 半粗毛 | 细毛 |
| 经纱 | 125~140 | 125~150 | 125~160 |
| 纬纱 | 60~120 | 60~130 | 70~140 |

### （三）实用捻系数范围（表4-2-23）

表4-2-23　粗梳毛纱常用捻系数范围

| 纱别 | 再生纱 | 主要经纱 | 经纱 | 纬纱 | 棉毛混纺纱 |
|---|---|---|---|---|---|
| 捻系数范围 | 150~190 | 140~160 | 120~150 | 110~120 | 70~110 |

### （四）选用捻系数注意事项

（1）捻系数的大小随纱的用途、产品特征及所用纤维原料的品质而异。

（2）经纱要求强力高，捻系数应较高；纬纱要求比较柔软，捻系数可较低。

（3）不缩绒织物经纬纱可以选择相同的捻系数；缩绒织物纬纱捻系数可较低。

（4）原料品质提高，捻系数可以适当降低。

（5）重缩绒织物捻系数宜小，轻缩绒织物捻系数较大。

（6）混纺毛纱捻系数应按混合化学纤维成分的不同而改变。

（7）毛染纱的捻系数等于匹染纱的捻系数×1.05。

## 四、捻缩

### （一）捻缩的意义

细纱加捻过程中，尽管由于张力的作用使纤维长度略有增加，然而纤维发生的倾斜，实际上是缩短了每根纤维两端之间的距离，因此整个被加捻的细纱也随之缩短。这个缩短的部分称为捻缩。

### （二）捻缩的计算

$$捻缩率 = \frac{前罗拉输出的纱条长度 - 加捻后的细纱长度}{前罗拉输出的纱条长度} \times 100\%$$

$$捻缩系数 = \frac{加捻后的细纱长度}{前罗拉输出的纱条长度}$$

### （三）捻系数与捻缩系数的关系（表4-2-24）

表4-2-24　捻系数与捻缩系数的关系

| 毛纱细度 | | 捻 系 数 | | | | | | | |
|---|---|---|---|---|---|---|---|---|---|
| | | 80 | 90 | 100 | 110 | 120 | 130 | 140 | 150 |
| tex | 公支 | 捻 缩 系 数 | | | | | | | |
| 333.33~250 | 3~4 | 0.96 | 0.96 | 0.95 | 0.95 | 0.94 | 0.94 | 0.93 | 0.93 |
| 200~166.67 | 5~6 | 0.97 | 0.96 | 0.96 | 0.96 | 0.95 | 0.95 | 0.94 | 0.94 |
| 142.86~125 | 7~8 | 0.97 | 0.97 | 0.96 | 0.96 | 0.96 | 0.95 | 0.95 | 0.94 |
| 111.11~100 | 9~10 | 0.97 | 0.97 | 0.97 | 0.96 | 0.96 | 0.96 | 0.95 | 0.95 |
| 90.90~76.92 | 11~13 | 0.98 | 0.97 | 0.97 | 0.97 | 0.96 | 0.96 | 0.96 | 0.95 |
| 71.43~62.5 | 14~16 | 0.98 | 0.97 | 0.97 | 0.97 | 0.97 | 0.96 | 0.96 | 0.96 |
| 58.82~50 | 17~20 | 0.98 | 0.98 | 0.97 | 0.97 | 0.97 | 0.97 | 0.96 | 0.96 |
| 7.62~41.67 | 21~24 | 0.98 | 0.98 | 0.97 | 0.97 | 0.97 | 0.97 | 0.97 | 0.96 |

## 五、纺纱细度与钢丝圈号数、锭速的关系

### （一）BC584型细纱机纺各种纱支时实用钢丝圈号数的选择（表4-2-25）

### （二）钢丝圈号数的选择原则

钢丝圈的轻重一般以号数表示，选用时应参照毛纱支数、锭速、捻度、机械状态以及车

间温湿度等情况决定。选择钢丝圈时应考虑下列情况：

（1）纺粗支纱时用重钢丝圈，纺细支纱时用轻钢丝圈。

表4-2-25　BC584型细纱机钢丝圈号数的选择

| 纺纱细度 | | 锭速（r/min） | 捻度（捻/10cm） | G型钢丝圈号数 |
|---|---|---|---|---|
| tex | 公支 | | | |
| 333.33 | 3 | 1700～2100 | 17～20 | 35 |
| 227.27～222.22 | 4.4～4.5 | 3000～3350 | 20～30 | 29～35 |
| 166.7 | 6 | 3750～4600 | 30～34 | 19 |
| 125 | 8 | 3000～4800 | 36～38.5 | 14 |
| 111.11 | 9 | 4800～5100 | 40～50 | 13 |
| 105.26 | 9.5 | 4800～5825 | 39～42 | 12 |
| 100 | 10 | 4890～5830 | 40～46 | 12 |
| 90.90～83.33 | 11～12 | 4850～5400 | 48～50 | 10 |
| 71.43 | 14 | 4300～4900 | 52 | 7 |
| 62.5 | 16 | 4600～4800 | 54 | 6 |

（2）钢领直径大时，离心力也大，对同样支数来说，应选择较轻的钢丝圈。

（3）锭速高时，宜用轻钢丝圈，锭速每提高1000r/min，钢丝圈应减轻1～2号。

（4）当纱的捻度大时，容易产生小辫子纱、双头纱，使用的钢丝圈要重一些。

（5）如发现纱线张力大，断头增多时，可换较轻的钢丝圈。

（6）当气候潮湿时，钢领与钢丝圈间的摩擦增大，可用稍轻的钢丝圈。

（7）如不按周期揩车，钢领上油污较多，会影响钢丝圈的正常运行，此时可换轻些的钢丝圈。

钢丝圈的重量以号数表示。G型钢丝圈以每100只的重量克数为标准，如5.83g为1号，重于1号的为2，3，…号，轻于1号的为1/0，2/0，…号。耳型钢丝钩的型号有11.1mm、16.7mm和22.2mm三种（均以钢领的高度表示）。

## 六、粗梳毛纺纺纱工艺设计举例（表4-2-26）

表4-2-26　粗梳毛纺纺纱工艺设计举例

| 类　别 | 机　织　用　纱 | | | | |
|---|---|---|---|---|---|
| 品　名 | 混纺法兰绒 | 全毛海军呢 | 全毛平厚呢 | 学生呢 | 粒子花呢 |
| 原料成分 | 64支炭化进口毛70%，5.55dtex×70mm黏胶纤维30% | 新疆改良毛1～2级85%，改良细支毛15% | 河南改良毛一级（白）92%，3.33dtex×62mm锦纶或涤纶（白）8% | 河南改良毛二级（色）30%，64支澳毛短（白）40%，3.33dtex×70mm半光黏胶纤维（色）9%，（白）21% | 64支澳毛（色）16%，66支精短（色）14%，涤纶（色）30%，黏胶纤维（色）40% |
| 纺纱线密度（tex） | 64.5 | 76.9 | 83.3 | 111.1 | 166.7 |

| 类　别 | | 机　织　用　纱 | | | | |
|---|---|---|---|---|---|---|
| 品　名 | | 混纺法兰绒 | 全毛海军呢 | 全毛平厚呢 | 学生呢 | 粒子花呢 |
| 捻度（捻/10cm） | | 48～52 | 46 | 50 | 40.12 | 31 |
| 和毛 | 油（%） | 4 | 3 | 3 | 3 | 2～3 |
| | 硅胶（%） | — | — | — | 1.5 | — |
| | 抗静电剂（2） | — | — | — | — | — |
| | 水（%） | 15 | 20～22 | 18～20 | 17～19 | 6～8 |
| | 方法 | 黏胶纤维开一次，混和后开二次 | 和二次 | 和一次开二次 | 和一次开三次 | 和一次开二次 |
| 梳毛 | 喂毛量（g/次） | 200 | 273 | 270 | 240 | 260 |
| | 喂毛周期 | 60s | 53s | 56s | 40s | 36s |
| | 出条速度（m/min） | 15 | 18 | 18 | 19 | 19 |
| | 抄针周期（班/次） | 3 | 3 | 3 | 前车2 后车3 | 3 |
| | 上机回潮率（%） | 24～28 | 30～32 | 22～26 | 24～28 | 22～24 |
| 细纱 | 牵伸倍数 | 1.65 | 1.5 | 1.4 | 1.2 | 1.2 |
| | 走锭机出车次数 | — | — | — | — | — |
| | 环锭机前罗拉转速（r/min） | 90 | 117 | 110 | 110 | 106 |
| | 锭速（r/min） | 4500 | 5360 | 5500 | 4410 | 3280 |
| | 钢丝圈号 | 6号（G） | 8号（G） | 10号（G） | 14号（G） | 30～35号（G） |
| 备注 | | | | 和毛时，先将色、白羊毛假和，分梳一次，再将色、白黏胶纤维假和，分梳一次，然后全部原料和一次开三次 | | 前车：胸锡林工作辊2，4号各垫一只垫圈，大锡林工作辊4～10号各垫一只垫圈，12号不垫，2号工作辊放出86/1000英寸；常用可放一段8号铅丝。后车与前车相同 |

| 针织用纱 | | | | |
|---|---|---|---|---|
| 提花毛毯 | | 羊仔毛纱 | 1∶2∶7兔羊毛纱 | 7∶2∶1兔羊毛纱 | 羊绒纱 |
| 甘肃四级毛（白）50%，西宁四级毛（白）50% | 甘肃四级毛（白）50%，西宁四级毛（色）50% | 64支澳毛77%，64支澳毛条15%，2.22dtex锦纶8% | 羊仔毛35%，羊仔毛碎毛条35%，兔毛20%，锦纶3.33dtex×65mm10% | 64~70支澳毛20%，优、特级兔毛70%，锦纶10% | 100%羊绒，长度34mm或36mm |
| 2.5 | 2.8 | 16/1 | 16/1 | 16/2 | 24/2 |
| 17 | 17.68 | 24 | 24 | 单纱22/合股12 | 单纱35/合股20 |
| 3 | | 3.8 | 3.8 | 5 | 3 |
| — | | 0.8 | 0.5 | 0.5 | 0.5 |
| | | 0.5 | 0.8 | 平平加0.5 | |
| 17~19 | | 16 | 19 | 10~12 | 15 |
| 和一次开二次 | | | | | 羊绒混和均匀加乳化油水大混合二次 |
| 320 | | 160 | 195 | 180 | 160 |
| 30s | | 32ᵀ | 39ᵀ | 34ᵀ | 36ᵀ |
| 16 | | 18 | 18~20 | 16~18 | 17~18 |
| 3 | | 3 | 3 | 3 | 3 |
| 30~33 | | 22~26 | 24~28 | 24~28 | 22~26 |
| 1.15 | | 1.2 | 1.28 | 1.25 | 1.25 |
| — | | 3 | 3 | 3 | 3 |
| 110 | | — | — | — | — |
| 1870 | | 5500~7000 | 5500~7000 | 5500~7000 | 5500~7000 |
| 13号（耳型） | | — | — | — | — |
| | | 毛条开松一次；羊毛与毛条混和加乳化油水开一次；锦纶开松二次；全部原料混和开二次，毛条要撕开 | 碎毛条开松一次；羊仔毛碎毛条混合均匀加乳化油水开一次；锦纶开松二次；全部原料混和开二次 | 锦纶开松二次；部分兔毛与羊毛加乳化油水闷2h；剩余兔毛与锦纶分三层铺毛，直到混料铺完，装包闷8h | |

# 第四节　粗纺环锭细纱操作和安全生产注意事项

## 一、细纱操作注意事项

（1）粗纱卷应妥善地放在适当的位置，分清品号，并分别放置在粗纱卷架上，堆放整齐，防止飞毛、尘埃。粗纱卷上细纱机时，应与工艺设计单核对品号及号头纸无误。

（2）挡车工应按操作法执行巡回路线，检查粗纱卷和细纱疵点，飘头要拉掉，做好接头及清洁工作，认真执行交接班制度。

（3）换卷落纱工应按操作法进行换卷与落纱，做好粗纱埋头及检查粗纱卷的质量优劣工作。

（4）机台翻改品种时，应执行工艺设计制度，做好品种翻改工作，如调换皮带盘、捻度牙、牵伸牙、钢丝圈等，经试验毛纱合格后，才能正式开车。生头时所用的异质毛纱，需与调批纱有明显区别，以便在倒筒时剔去。

（5）纱批要分清，次纱应剔出另行处理；回毛回丝也要分清。

（6）不要用油污的手接头、落纱、换粗纱等，接头时要检查断头的纱管是否已造成油纱，如已沾上油污应拉掉。了批时不要等全部纺完再落纱。对已纺完的锭子，应先拔掉纱管。应先落纱后再揩车。

（7）如有绕罗拉出现时，应先剥清绕毛，将粗纱引入吸风管，然后再接头；纱头拉出后，不要过早放开刹锭器，以免造成紧捻纱。

（8）落纱时注意成形疵点及断头较多的锭子，以便及时检修。

（9）相邻机台生产白、浅色与深色不同品种时，应拉帘隔开，防止不同颜色飞毛；互相沾染。

## 二、安全生产注意事项

（1）发现机台有较大的振动、异响、锭带绕滚筒、滚珠轴承发烫等情况，要及时与有关人员联系进行处理，以避免造成严重的机械与人身事故。

（2）上班前要穿好围裙，戴好安全帽，女工的长头发要盘在安全帽内。操作时思想要集中，严格执行操作，防止工伤事故。

（3）运转时不可靠近接触机器危险部分，如传动皮带、滚筒齿轮等。

# 第五节 粗纺环锭细纱主要疵点成因及防止方法

**一、粗纺环锭细纱主要疵点成因及防止方法（表4-2-27）**

**二、粗纺环锭细纱成形不良造成原因及防止方法（表4-2-28）**

表4-2-27 粗纺环锭细纱疵点成因及防止方法

| 疵 点 名 称 | 造 成 原 因 | 防 止 方 法 |
|---|---|---|
| 粗细节纱 | （1）粗纱条干不匀或粗纱中含有毛块或粗纱接头不良<br>（2）牵伸区各部件积聚飞毛<br>（3）粗纱退卷不良，产生意外牵伸<br>（4）罗拉隔距不当，皮辊加压对纤维控制不良<br>（5）牵伸装置的齿轮损坏，罗拉偏心，运转不正常<br>（6）罗拉皮辊表面磨损过多 | 改善粗纱条干均匀度，挡车工及时做好清洁工作，注意各机件的正常运转，加强机器的维护检修，合理选定工艺 |
| 双纱（单纱直径粗1倍以上者） | （1）粗纱并头<br>（2）粗纱退卷时一根粗纱断头与相邻粗纱相并<br>（3）细纱断头后发生的飘头与相邻细纱相并 | 挡车工加强巡回检查，提高吸毛装置断头吸入率，吸毛管位置要准确 |
| 大肚纱（粗纱粗于原纱4倍以上） | （1）细纱操作接头不良<br>（2）细纱清洁工作不当 | 改进接头操作，做好清洁工作 |
| 松捻纱 | （1）细纱筒管在锭子上松动，成形过大<br>（2）锭胆太脏、磨损、缺油<br>（3）锭带张力松弛，钢丝圈过轻 | 加强巡回检查，防止跳筒管，加强机械维修保养 |
| 紧捻纱 | （1）皮辊运转不灵活，或其表面不平整<br>（2）接头时间太长，接头时刹车放得过早<br>（3）锭带滑至锭杆上，锭速变快 | 维护机械的正常状态，正确执行操作法 |
| 毛粒杂质 | （1）原料中长短纤维勾结较紧<br>（2）炭化工艺不当，羊毛毡化<br>（3）和毛前白抢品种未经预梳理 | 合理选择配料，选定适当炭化工艺与梳毛工艺 |
| 油污纱 | （1）粗纱运输时掉在地上或用油手接触<br>（2）锭子偏心，纱管碰钢领<br>（3）成形太大碰钢领<br>（4）钢领加油过多，加油不当或油眼堵塞<br>（5）筒管上油污未揩清或盛纱容器不清洁<br>（6）挡车工清洁工作不当 | 加强运输管理及清洁制度，正常机械状态，按不同支数选用撑头牙，加强清洁管理制度 |
| 小辫子纱 | （1）细纱机停车后毛纱未卷绕到筒管上去<br>（2）接头时间过长<br>（3）捻度过紧 | 注意操作，避免加捻过紧 |
| 羽毛纱 | （1）飞毛沾在纱上<br>（2）车间温湿度调节不当 | 改善操作，加强清洁工作，加强车间温湿度管理 |

表4-2-28 粗纺环锭细纱成形不良造成原因及防止方法

| 成形不良名称 | 造 成 原 因 | 防 止 方 法 |
|---|---|---|
| 冒头冒脚纱 | 锭子上回丝过多，筒管插不到底，钢领板摇得过低，落纱不及时 | 正确操作 |

续表

| 成形不良名称 | 造　成　原　因 | 防　止　方　法 |
|---|---|---|
| 成形过松 | 钢丝圈太轻，锭带张力过小，锭脚缺油 | 及时调换修理，补充锭油 |
| 纱穗太粗太细 | 撑头牙撑得太少或太多，成形齿轮齿数过多或过少 | 及时调整 |
| 葫芦形纱穗 | 钢板被轧，中途停止不动，羊脚杆被阻塞在套筒中 | 及时修理，清除杂物 |
| 纱穗表面凹凸不平 | 钢领板运动不均匀或跳动；成形凸轮表面磨损；轴芯安装松弛；传动齿轮松动；成形杠杆上转子磨损；锭带断脱；接头换卷不及时 | 加强检修，及时换卷，接头 |
| 纱穗顶部太粗、毛纱脱落 | 成形凸轮尖端磨损，使钢领板在上部位置停顿时间延长 | 修理凸轮尖端 |

# 第六节　粗纺环锭细纱机专用器材和配件

## 一、钢领

见本书第六篇第三章第六节。

## 二、钢丝圈

见本书第六篇第三章第六节。

## 三、针圈

BC584型细纱机用23#小针圈，规格见图4-2-4。

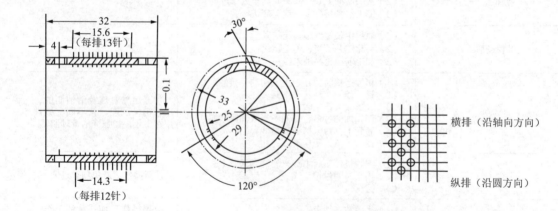

图4-2-4　23#小针圈规格图

其技术要求如下：

（1）钢针交叉排列，每排12针或13针；

（2）横向针尖距1.3mm；

（3）纵向针尖距1.69mm；

（4）总针排数52，总针数650；

（5）任意相邻两横排纵向针中心距不大于±0.15mm；

（6）锐边倒角0.5mm×45°。

# 第三章　粗纺走锭细纱

## 第一节　走锭细纱机的特点

（1）走锭机在牵伸的同时就施加捻度，其牵伸区长度是从喂入罗拉握持点开始至锭子顶端点的长度。纱的粗段部分对加捻作用抗扭力大，被施加的捻度较小，而捻度小的纱段纤维间的摩擦力小，所以被牵伸的倍数就大；反之，纱的细段部分对加捻作用抗扭力小，因而被施加的捻度就大，捻度大的纱段，纤维间的摩擦力就大，于是被牵伸的倍数就小。这样，粗细不匀的纱段在纺纱时能受到调节作用，使毛纱条干均匀度有所改善。因此走锭纺纱机可纺那些长度较短的高档纤维，或长度短、长度差异大的低档原料，而这类纤维在环锭细纱机上是难以纺出条干良好的毛纱的。

（2）由于走锭机采用了锭子回转，纱条在锭端滑出脱圈（转一圈、脱一圈、加一捻）加捻，避免了环锭机上钢领、钢丝圈引导纱条旋转、形成气圈所产生的离心力，因而不会产生钢丝圈、隔纱板、气圈环、锭端加捻器等对纱条造成的摩擦和碰撞，从而减少纺纱过程中的摩擦，使条干丰满均匀。这对于纺制一些纤维抱合力差而产品质量要求高的毛纱如兔毛纱、羊绒纱等尤为合适。

（3）针织用毛纱要求毛纱的捻度较低，由于走锭机在纺纱时纱条所受的纺纱张力很小，所纺的纱捻度可较小，所以走锭纺纱机尤其适合纺针织用纱。

目前我国已有FN561型走锭细纱机生产，但毛纺厂大都使用引进的走锭机。

FN561型走锭细纱机的简要技术特征如表4-3-1所示。

表4-3-1　FN561型走锭细纱机的简要技术特征

| 项　目 | 参　数 | 项　目 | 参　数 |
|---|---|---|---|
| 锭距（mm） | 60 | 罗拉加压（N） | 21／双锭 |
| 锭数 | 400 | 锭速（r／min） | 4500～6500 |
| 成形尺寸（mm） | $\phi 55 \times 210$ | 捻向 | Z或S |
| 排纱长度（mm） | 50～80 | 捻度范围（捻／m） | 200～500 |
| 适纺细度[tex（公支）] | 400～33.3（2.5～30） | 走车行程（mm） | 最大2500 |
| 牵伸倍数 | 1.0～1.6 | 喂入型式（mm） | 条卷单面喂入，最大卷装$\phi 250$ |
| 输出罗拉直径（mm） | 30 | 产量（kg／台班） | 80 |

续表

| 项　目 | 参　数 | 项　目 | 参　数 |
|---|---|---|---|
| 外形尺寸(长×宽×高)<br>(mm×mm×mm) | 25500×4000×1500 | 电动机 | JO$_2$-62-4，17kW |
| 安全机构 | 出入车越位自停，液压无级调速器超载保护 | | |

本章以国内使用较为普遍的日本京和公司生产的走锭纺纱机为例，分别介绍该机的工艺计算和使用上的有关内容。

该机的机械结构及传动可以用电子信息技术交流变频伺服传动进行改造，操作更简便、机械结构简单、运行更可靠。

改造方案参考如下：

① 锭子架改为固定、喂入毛卷架改为来回运行的走架，即把原来走锭细纱机改为走架立锭细纱机，减轻工人劳动强度，避免长年操作形成罗圈腿的职业病。

②取消了绳子传动，走架采用交流变频电动机传动，由改造后的PLC控制。

③锭子采用直流或交流变频电动机传动。

④牵伸罗拉采用伺服电动机传动，取消机械电磁离合器。

⑤控制系统用PLC、人机界面，触摸屏显示调节。

⑥取消成形桥，采用纱穗成形结构（类似意大利B5型的成形机构）。

# 第二节　京和走锭细纱机的传动及工艺计算

## 一、走锭细纱机传动图（图4-3-1）

## 二、走锭细纱机工艺计算

### （一）喂入计算

纺车出车时，就应根据纺纱需要，开始喂入适量的粗纱，这段粗纱的长度称喂入长度，以 $l$ 表示。$h$ 为每周期所纺毛纱的长度。$E$ 为牵伸值，喂入长度与牵伸值之间的关系是

$E = \dfrac{h}{l}$，则 $l = \dfrac{h}{E}$。如 $E = 1.35$ 倍，$h = 2.5$m，则 $l = \dfrac{2.5}{1.35} = 1.852$m。

喂入长度 $l$ 的计算方法如下：

当齿轮A（169$^\mathrm{T}$或171$^\mathrm{T}$）（图4-3-2）转一周时，喂入长度与变换齿轮 $x$ 的关系为：

喂入长度 $l = \dfrac{169或171}{x} \times \dfrac{97}{28} \times 32\pi \times \dfrac{1}{1000} = \dfrac{58.75}{x}$ 或 $\dfrac{59.45}{x}$

当 $x = 26^\mathrm{T}$ 时，$l = \dfrac{58.75}{26} = 2.26$m 或 $l = \dfrac{59.45}{26} = 2.29$m

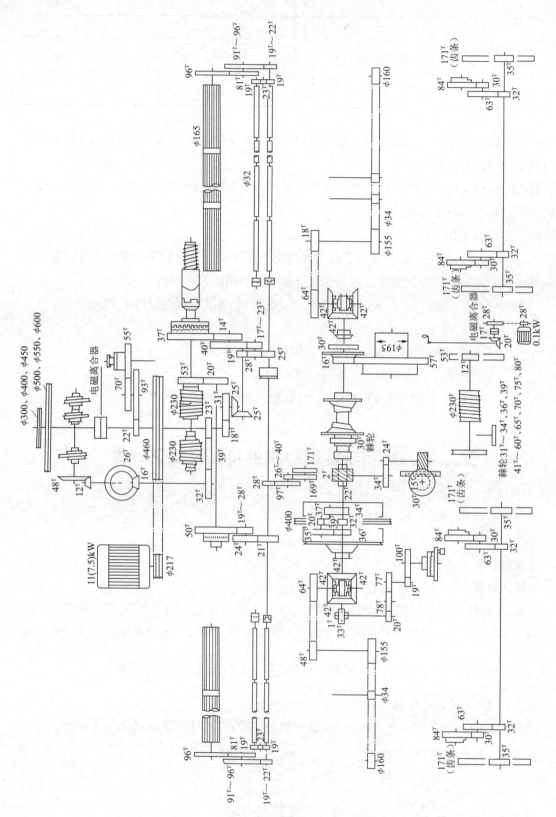

图4-3-1　京和走锭细纱机传动图

当 $x = 40^{\mathrm{T}}$ 时，$l = \dfrac{58.75}{40} = 1.469\mathrm{m}$　或　$l = \dfrac{59.45}{40} = 1.486\mathrm{m}$

如已知牵伸值 $E$ 与纺纱长度 $h$，则变换齿轮 $x$ 的齿数亦可求出：$x = \dfrac{58.75}{l}$　或　$\dfrac{59.45}{l}$

由于 $l = \dfrac{h}{E}$，所以 $x = \dfrac{58.75E}{h}$　或　$\dfrac{59.45E}{h}$

假设：$h$ 为2.5m，$E$ 为1.35倍，则

$$x = \frac{58.75 \times 1.35}{2.5} = 31.73^{\mathrm{T}} \approx 32^{\mathrm{T}}　或　x = \frac{59.45 \times 1.35}{2.5} = 32.10^{\mathrm{T}} \approx 32^{\mathrm{T}}$$

### （二）牵伸计算

（1）若喂入长度为1.47m，出车长度为2.5m，则

$$牵伸值 = \frac{出车长度}{喂入长度} = \frac{2.5}{1.47} = 1.7 倍$$

（2）若喂入粗纱是10公支，纺出毛纱是12公支，则

$$牵伸值 = \frac{纺出支数}{喂入支数} = \frac{12}{10} = 1.2 倍$$

### （三）捻度计算（图4-3-3）

走锭机的捻度刻度为60等分（即60小格），故一刻度的锭子旋转数 $= \dfrac{1 \times 100 \times 77 \times 40 \times 64 \times 157}{60 \times 19 \times 20 \times 1 \times 48 \times 34}$

$=83.17$。若展距为3000mm，如需要240捻/m时，捻度刻度盘旋转的格数可计算如下：

3m纱条上的捻回数 $= 240 \times 3 = 720$ 捻

$$刻度盘应旋转的格数 = \frac{720}{83.17} = 8.65 格$$

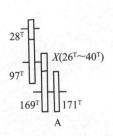

图4-3-2　走锭机喂入部分传动图

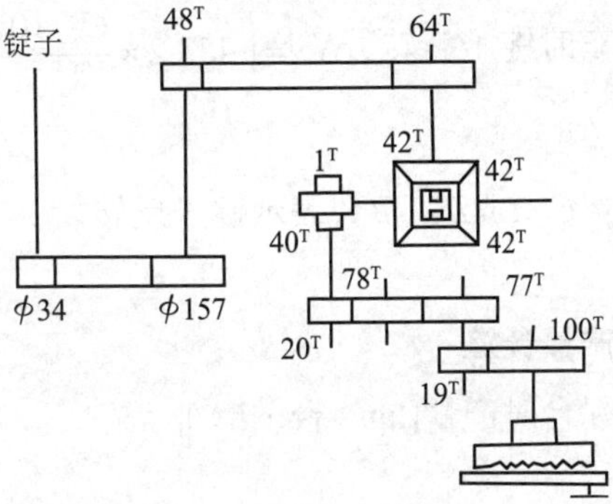

图4-3-3　走锭细纱机加捻系统传动图

## （四）锭子三级转动速度的计算（图4-3-4）

第一级转速 $N_1$（r/min）＝主轴转速×$\dfrac{A-绳子直径}{锭绳轮直径-绳子直径}×\dfrac{64}{48}×\dfrac{155+2}{34}$

$$=452.2×\dfrac{A-10}{400-10}×6.16=7.14×(A-10)$$

注：$A$ 为交换用轮子直径（小捻用）；锭绳轮直径为400mm；锭子直径为10mm；龙带厚为2mm。

第二级转速 $N_2$（r/min）$=N_1×\left(1+\dfrac{36×20}{35×32}\right)=11.7×(A-10)$

第三级转速 $N_3$（r/min）$=\left(452.2×\dfrac{B-10}{390}\right)×6.16×\left(1+\dfrac{36×20}{35×32}\right)=11.7×(B-10)$

注：$B$ 为交换用轮子直径（大捻用）。

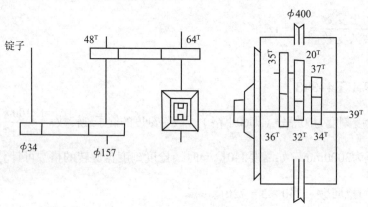

图4-3-4　锭子传动差微装置图

回车时锭子旋转数 $N_r=\left(452.2×\dfrac{C-10}{390}\right)×6.16×\left(1-\dfrac{34×39}{37×32}\right)=-0.88×(C-10)$

注：$C=A$或$B$；负数表示锭子反转。

## （五）产量计算

实际台时产量[kg/（台·h）]

$$=\dfrac{纺纱长度(m)×每分钟出车次数×每台走锭机锭子数×60×生产效率(\%)}{纺纱支数×1000}$$

## 三、走锭细纱机六大运动配合表（表4-3-2）

表4-3-2　走锭细纱机六大运动配合表

| 机件 ＼ 动作 | 出车给条小捻运动 | 牵伸 | 加大捻 | 反转 | 卷绕 | 存转 |
|---|---|---|---|---|---|---|
| 纺车 | 离开罗拉出车 | 继续出车至最外端 | 停止 | 停止 | 进车 | 停止 |
| 罗拉 | 回转送条 | 分散牵伸时回转，集中牵伸时停转 | 停止 | 停止 | 停止 | 停止 |
| 锭子 | 正方向回转加小捻 | 同左 | 快速正方向回转 | 慢速反方向回转 | 慢速正方向回转 | 同左 |
| 双弓 | 停止 | 停止 | 停止 | 导纱弓下降张力弓上抬 | 保持反转时状态 | 双弓还原 |

## 四、走锭细纱机工艺参数参考值（表4-3-3）

表4-3-3　工艺参数参考值表

| 项　　目 | 参数值（mm） |
|---|---|
| 送条前罗拉外端到车面的水平距离 | 31 |
| 车面到地面距离 | 826 |
| 车面到走车车面垂直距离 | 456 |
| 前成形块顶部离成形轨道端面垂直距离 | 55 |
| 成形轨道后端搁于后成形块的转子中心离成形轨端面垂直距离 | 32 |
| 导纱弓轴下端面离梁架面上距离 | 28 |
| 张力弓轴下端面离梁架面上距离 | 32 |
| 双弓还原时导纱弓尖端离锭尖垂直距离 | 50 |
| 双弓还原时导纱弓尖端离锭尖水平距离 | 12 |
| 双弓还原时导纱弓和张力弓钢丝间距离 | 95 |
| 纺车在最前端位置时，锭尖离前罗拉前端距离 | 70 |
| 初始卷绕时导纱弓最低位置离纸管底端距离 | 1.5~2 |

# 第三节　走锭细纱疵点成因及防止方法

走锭细纱疵点成因及防止方法见表4-3-4。

表4-3-4　走锭细纱疵点成因及防止方法

| 疵点名称 | 造成原因 | 防止方法 |
|---|---|---|
| 成形不良（包括烂头、烂脚纱，纱穗松软及葫芦纱等） | （1）导线丝轴与架线丝轴转动不灵活，卷绕松软 | （1）检修两轴使其转动灵活 |
| | （2）导线铁丝、架线铁丝高低不一致，或架线铁丝重量不足，毛纱张力小 | （2）调整两铁丝高低位置及架线铁丝重量 |
| | （3）扇面机丝杆链结上升太快，锭子转数少 | （3）调整链结上升速度，或注意每次摇柄转数 |
| | （4）成形齿轮齿数太少，成形桥下降太快 | （4）注意检查调整 |
| | （5）锭绳松，锭子沾毛，锭速慢，造成捻度不足，纱穗软 | （5）加强巡回检查，做好清洁工作，张紧绳轮 |
| | （6）接头不及时，纱穗绕纱量不一致，造成葫芦纱 | （6）做好巡回接头，出车三分之一后禁止接头，防止捻度不足 |
| | （7）成形桥曲线坡度不正，桥面光度不良，磨损或高低不平，使纱穗凹凸不平 | （7）检查调整或更换修理 |
| | （8）成形齿轮过大或过小，致使纱穗过粗或过细，成形齿轮跑空，形成烂脚纱 | （8）注意检查，随时调整 |
| | （9）桥架移动不正确，纱穗底部行程太短，形成烂脚纱 | （9）注意使桥架移动正确 |
| 断头过多 | （1）喂入粗纱与出车速度配合不当或进车时罗拉离合器未合上，以致纺车第二次出车时罗拉不转形成拉断头 | （1）调整喂入与出车的速比，注意进车时要合上罗拉离合器 |
| | （2）锭子向罗拉座倾斜度太小或锭子位置太高 | （2）调整锭子位置 |
| | （3）加大捻时回车长度不够 | （3）按捻缩情况调整回车长度 |
| | （4）反转与卷绕时重锤太重，毛纱张力太大 | （4）根据毛纱卷绕张力，调整重锤重量 |
| | （5）扇面机丝杆链结位置太低或上升太慢 | （5）调整丝杆链结位置，增加摇柄转数 |
| | （6）导线铁丝与架线铁丝高低不一致 | （6）调整好两铁丝的位置 |
| | （7）气候过冷过干燥，开冷车时断头多 | （7）注意掌握好车间温湿度 |
| 小辫子纱 | （1）喂入多，卷绕少，或捻度过多，锭尖上绕成小辫子纱疙瘩 | （1）喂入出车、进车卷绕与所加捻度，应调整适当，加大捻时回车不宜过多 |
| | （2）全部锭子未排成一条直线，不与罗拉平行，个别锭子倾斜度太大或锭尖位置太低 | （2）应进行重点检查修理 |
| | （3）纺车轨道高低不平，或出车绳子不正，出车时滚筒弯曲 | （3）整顿机械状态 |
| | （4）加捻完了后，反转退绕过长 | （4）调整退绕纱长度 |
| | （5）相邻两锭断头后，与邻纱纠缠成双纱或粗纱（俗称穿门纱） | （5）认真做好巡回接头，见到并头，随手拉掉 |

# 第四节　走锭细纱安全操作注意事项

（1）开车时值车工必须互相招呼。

（2）加捻即将结束、反转期间，禁止拔管、插管，以免钢丝轧痛手。

（3）走车接头取粗纱必须在双弓还原后，以免被钢丝打痛。

（4）值车工接头后退速度须与出车速度一致，以免锭脚碰痛脚。

（5）传动绳盘处不得站立，以防绳子断裂飞出伤人。

（6）停机修车时，注意车头油渍，防止滑倒。

（7）当人在走车和锭架之间工作时必须把长手柄后拉，关闭电源。

（8）不能用金属物体同时接近车右侧电控倒臂手柄回转的两个磁极，否则会造成严重机械事故。

# 第五节　走锭细纱品质指标及其控制

## 一、细纱品质检验项目

毛纱质量指标分物理指标与织片外观质量。物理指标包括纱支偏差、捻度偏差、捻度不匀、重量不匀、强力、强力不匀、断裂长度等。织片实物外观质量包括毛粒、细节、粗节、色不匀、色花、云斑、条纹斑、厚薄档等。

机织纱一般只考核物理指标，针织纱除考核物理指标外，尚需考核织片实物质量。因为针织物组织松稀，当纱的支数偏差超过一定范围时，织片就会出现厚薄档子，因此针织纱的厚薄档是粗纺针织纱的一个重要考核指标。外销针织毛纱还应考核乌斯特指标。

## 二、控制织片厚薄档的细纱分克定档法

参照行业标准FZ/T 71002-2003，83.3tex及以下（12公支及以上）毛纱一等品纱支偏差率为±5%，二等品的纱支偏差率为±6.5%。

当班分等纱穗可结合当班细纱实际回潮率修正车面纱穗支数。

$$走锭机每只纱穗的标准重量（g）=\frac{走锭机出车次数×(出车长度-0.12m)×0.98×1000}{纱穗修正支数(tex)}+$$

$$纱管重量$$

注：（1）走锭机输出罗拉钳口至锭端距离约0.12m；

（2）上式中的0.98为考虑细纱断头因素系数。

纱穗标准重量±6%范围内均属标准纱，其中+6%以内的可分为A档纱，-6%以内的可分为B档纱，A、B档纱可分别装箱供后道使用。此外均作为次纱，次纱量不应超过总量的2%。

织片其他外观疵点，如毛粒、细节、粗节、色花、色不匀等应在和毛梳毛工序中加以解决。

## 三、针织纱的乌斯特指标（表4-3-5）

表 4-3-5　针织纱的乌斯特指标

| 项　　目 | 范　　围 |
|---|---|
| CV%（条干均匀度变异系数） | 11% ~ 13% |
| -50%细节 | 500个/km |
| +35%粗节 | 200个/km |
| +140%毛粒 | 650个/km |

# 第四章　自由端纺纱

自由端纺纱是将喂入的条子经过较彻底的开松，使纤维呈单根状态或充分分离的小簇纤维束状态，使加捻转矩不传到后面的纤维中，形成一种自由端，与喂入须条断开，而单根纤维或小簇纤维在一定的设备、一定的工艺条件下连续凝聚起来，受高速回转，加捻而成纱。

## 第一节　转杯纺纱

转杯纺即通俗称为气流纺，是自由端纺纱方法之一，是目前各种新型纺纱中较为成熟，在棉纺行业大量推广应用的新技术纺纱。在粗梳毛纺，转杯纺也是适用的，转杯纺生产出来的质量，产量和成本（用原料、人工、电耗等）比梳纺纱（环锭及走锭）的效益好。

### 一、转杯纺纱的工艺过程

转杯纺纱有条筒喂入、刺辊开松、凝聚加捻和引纱卷绕四个过程。

按照转杯内负压产生的方式，可分为自排风式和抽气式两大类。图4-4-1所示为抽气式转杯纺纱工艺示意图。

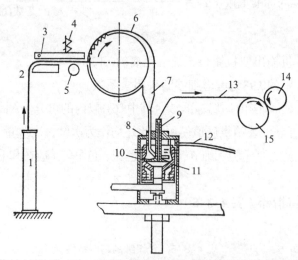

**图4-4-1　抽气式转杯纺纱工艺示意图**

1—毛条筒　2—毛条　3—给毛板　4—阀门　5—喂入罗拉　6—分梳刺辊　7—输导管　8—加捻杯

9—引纱管　10—假捻盘　11—阻捻盘　12—抽气管　13—种子纱　14—槽筒　15—筒子纱

毛条2从毛条筒1中引出，经过给毛板3，喂入罗拉5，喂入分梳刺辊6，分梳刺辊上包有较细密的金属齿条，分梳刺辊速度在4000~9000r/min范围，它能将喂入的条子开松成单根纤维，开松后的纤维，受气流和离心力作用，脱离刺辊送进输导管7进入高速加转的加捻杯（即转杯）8中，加捻杯的速度为15000~5000r/min。加捻杯的高速回转产生的气流和离心力，使纤维沿着转杯内的滑壁抛向加捻杯内径往最大处的凝聚槽周壁上，形成一纤维带。由于杯中气流很大，必须由风机不断地从抽气管12中抽出气流，使加捻杯内形成负压，保持一定的真空度。通常引纱管9开口处的负压在3~4kPa（千帕）以上。引纱管是插在加捻杯中的，生头或接头时，用一根细纱（最好相同细度的纱叫种子纱）从引纱管口吸入到加捻杯内，在加捻杯气流离心力的作用下，该根细纱（种子纱）被甩到凝聚槽内，其自由端纱尾与凝聚槽上的纤维带相连接。拉动种子纱13，使纤维离开凝聚槽上剥离点（即自由端的尾），从纤维带上剥离纤维通过加捻杯中心出口处的假捻盘10受到摩擦作用，使这一段纤维带在高速回转中加捻成纱。所加捻度的扭转力矩还向加捻杯凝聚槽内剥离点附近的纤维须条传递，使剥离点附近的纤维须条有一定的强力，可以减少断头。加捻后的毛纱经过阻捻盘11引出，再经过槽筒14直接卷绕成筒子纱15。

**二、粗梳毛纺企业选用转杯纺实例**

国内部分粗梳毛纺企业用国产FA601型转杯纺纱机，原山西榆次经纬纺机厂制造，200头一台，主要是纺短毛、纺再生纤维、纺兔毛纱和羊绒纱，取得了较好的经济效益。山西某粗梳毛纺企业引进RULL型转杯纺纱机，德国Ingolstadt（因果尔斯特塔）公司制造转杯直径（mm）有48，56，65，92。喂入条子定量为4~6g/m，该公司与瑞士立达公司联合，生产R40型转杯纺纱机纺兔毛纱、兔毛和绢丝混纺高支纱、兔羊毛纱等。还有的毛纺企业采用国产F2601型（机器主要特征后面介绍）纺17公支以下的毛及毛混纺纱。举例：FA601型转杯纺纱机200头一台，是经纬纺织机械股份有限公司榆次分公司的第一代产品，转杯直径（mm）有54，66；喂入定量2.2~5g/m。发展的机型有FA601A，F1603，F1604，F1605，JWF1681型，适纺原料长度为25~40mm、25~60mm，纤维长度增加，适纺范围更广。转杯纺系统需相应配量前道设备，有（如羊毛条、绢丝条的）a.拉断机；b.盖板或罗拉梳理成条机（有带电子称重自动喂毛机，梳理机有单节，也有双节的）；c.二道并条机。

（1）生产13.7公支毛黏混纺纱。原料配比：60%的60~66公支精梳短毛，40%的3D×51mm黏胶纤维。工艺流程为精短毛经开松加油水和黏胶短纤维混和开松，存放，经梳理机成条、二道并条，从第二道并条下来的熟条，上转杯纺纱机直接纺成纱，纱的强力和条干均达到粗纺一等品纱标准。此纱可作为针织纱，用于织羊毛衫、裤。也可用作机织纱：如加工法兰绒，呢面细洁，手感柔软，条干好。加工麦尔登呢一类，由于纱中精短毛多，缩绒性好，呢面不露底，手感丰满，弹性足。

（2）纺再生纤维纱。利用呢片开松，精粗纺的回条、回丝开松后的再生纤维等各种杂料约占80%与3D×51mm黏胶纤维20%混纺（要求综合含毛量在35%~40%），纺成8~10公支的纱线，用于机织纱，如双层织物（双层大衣呢等）的背面纱，大衣呢的背面纱。织物条干好，无细节，织造的断头少。

（3）纺兔毛纱、羊绒纱。转杯纺的纱线，其质量可与四锡林梳毛机、走锭细纱机的纱媲美。山西省某毛纺企业用RULL型转杯纺纱机，纺特种动物纤维高支混纺纱，原料配比：兔绒70%，桑蚕丝30%，纺80公支纱，合股后织成141g/m²的兔绒高级衬衣呢，用此配比纺95公支纱，合股后作经纬纱，织133g/m²丝兔绒凡立丁。原料配比：兔绒60%，桑蚕丝40%，纺80公支纱，合股后织160g/m²的高级兔绒衬衣呢；纺80公支纱，织148g/m²兔绒高级衬衣呢，呢面细洁、匀净，条干好，手感糯滑。

### 三、F2601型转杯纺纱机的主要技术特征和规格（表4-4-1）

表4-4-1　F2601型转杯纺纱机的主要技术特征和规格

| 项　目 | 主要技术特征和规格 | 项　目 | 主要技术特征和规格 |
|---|---|---|---|
| 纺纱器间距（mm） | 250 | 转杯传动 | 单根龙带传动 |
| 纺纱器数量（只） | 60（标准型） | 分梳辊传动 | 单锭单电机，平皮带传动 |
| 适纺原料 | 人造纤维、合成纤维、毛及其毛型纤维混纺 | 装机功率 | 转杯电动机18.5kW<br>分梳辊电动机60只×0.25kW=15kW<br>引纱卷绕电动机2.6kW<br>喂入电动机1.5kW |
| 适纺纤维长度（mm） | 50～105 | 全机总长（mm） | 18100 |
| 适纺线密度（tex） | 1000～58.8 | 机器宽度（车头尾）（mm） | 800 |
| 捻度范围（r/m） | 100～550 | 机器高度（导条架至地面）（mm） | 2000 |
| 牵伸倍数（倍） | 6～102 | 卷绕罗拉中心至地面高（下行式）（mm） | 550 |
| 喂入速度（m/min） | 0.617～10.256 | 占地面积（mm） | 18100×2100 |
| 引纱速度（m/min） | 40～120 | 机器总重量（kg） | 约7500 |
| 转杯直径（mm） | φ120 | 条筒规格（mm） | φ400×900（φ16"×36"） |
| 转杯速度（r/min） | 4000～20000 | 管筒尺寸（mm） | φ62×φ56×200mm |
| 分梳辊直径（mm） | φ100 | 满管尺寸（mm） | φ350×155mm |
| 分梳辊转速（r/min） | 头道3000，二道9000 | 卷装重量（g） | 约4000 |

此机适纺原料纤维长度较长，是纺粗支数的高速高效转杯纺纱机。

转杯纺纱机的适纺纤维长度，关键在于纺纱器，就是转杯直径的大小及分梳辊直径的大小，直径增加涉及转速、能耗等。现在一般是适合纺小于60mm纤维的，有立达（Rieter）R40型，苏拉纺织系统（苏州）有限公司的BD-320型、BD-D321型，可纺特粗转杯纱，最粗可纺600tex，转杯直径φ76mm、φ66mm。苏拉纺织系统（赐来福）有限公司Autocoro的480型及S360型；意大利萨维奥公司的FRS3000型；经纬纺机有限公司榆次分公司的JWF1681型、JWF1605型、JWF1604型；浙江日发纺织机械有限公司的RFRS40型；浙江泰坦股份有限公司的TQF268型等。要用长一些纤维50～105mm的，有经纬纺机有限公司榆次分公司的F2601型，如用于纺过滤布的纱，产能为一天可纺制1000～2000kg，产量较高。

## 四、转杯纺的经济效果

转杯纺具有产量高，成纱质量好，纺纱工艺流程短，占地面积少，使用人员少和节能等优点。粗梳毛纺企业应用转杯纺只需适当配置纤维拉断机（江苏海安纺机厂），梳理成条机（有单锡林的盖板梳理机和罗拉梳理机，还有双锡林的罗拉梳理机及双锡林的罗拉、盖板混合梳理机，都可配电子数控自动喂毛机，由山东东佳纺机集团等制造），二道并条机（具体台数视产量、规模而定）。工艺流程为：原料准备→混和、加油水→梳理机成条→并条（一）→并条（二）→转杯纺纱机。与环锭纺纱相比：转杯纺285.71tex（3.5公支）纱的千锭时产量为1800kg，是环锭细纱机的10倍左右；转杯纺161.29tex（6.2公支）纱的千锭时产量为1000kg，是环锭细纱机的8倍左右；转杯纺100tex（10公支）纱的千锭时产量为500~600kg，是环锭细纱机的5~7倍，经济效益比环锭纺好。粗支纱效益更高。

粗梳毛纺选用转杯纺，一般转杯的直径要大于纤维长度，分梳辊（金属针布）锯齿或梳针的工作角度要大于80°，一般在80°~85°。现在国内棉纺行业转杯纺已有130万头左右，说明转杯纺的优势和效益，毛纺行业的转杯纺还很少，还需进一步探讨，扩大应用。例：开发转杯纺包芯纱，另外向转杯中心喂入长丝（不锈钢丝、弹性长丝等品种）不但增加了强力，而且扩大了品种。又：改变喂入速度又可生产竹节转杯纺纱。改变喂入变化纱条颜色，可生产多色彩转杯纺多色纱等，开发品种很多。

# 第二节　摩擦纺纱

## 一、摩擦纺纱的特点

摩擦纺纱是利用机械和空气动力原理的一种自由端纺纱方法，其特点在于纺纱辊（即纺纱尘笼）的直径一般为$\phi$60mm，比纱线的直径大得多，因此纺纱辊转动一周，更有为数很多的捻回进入纱线结构。如果纺纱辊与纱线直径之比为100：1，纺纱辊转速为3000r/min，则理论上纺纱机可以产生每分钟300000个捻回。即使考虑到纱线表面在纺纱辊表面滑动造成的损失高达50%，每分钟还可以产生150000个捻回，这大大高于任何常规纺纱工艺。

摩擦纺纱的工艺流程为：洗净毛→单锡林梳毛机（条重15~20g/m）→摩擦纺纱机。

## 二、摩擦纺纱机的工艺过程

摩擦纺纱机的工艺过程见图4-4-2。喂入毛条1经过三对牵伸罗拉2的牵伸拉细后，喂入包有金属齿条的分梳辊3，将条子开松成松散的单根纤维5，由吹风管4的气流（风速为15m/s）和分梳辊回转（2000~4000r/min）产生的离心力，将纤维从分梳辊上剥下。挡板6对单根纤维起导向作用，可将单根纤维5限制在一定的空间范围内，并向多孔纺纱辊7移动。纺纱辊内装有吸风管8（压力为1472Pa），单纤维随气流吸附到由一对纺纱辊7组成的楔形槽区域内（图4-4-3）。这里纤维与气流分离，纤维沿纺纱辊轴向排列凝聚成须条，两只纺纱辊作相同方向回转，对须条起施加捻度的作用。加捻作用的强弱，决定于纺纱辊与纱条之间的摩擦力和纺纱辊转速的大小。被加捻后的纱条，再通过输入的引纱（图中看不出）经一对输出罗拉9，卷绕成筒子10。

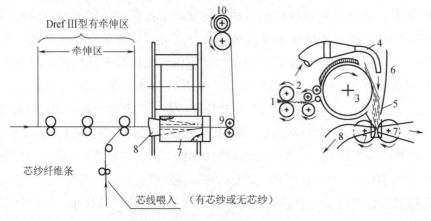

图4-4-2 摩擦纺纱机的工艺过程

1—喂入毛条　2—牵伸罗拉　3—分梳辊　4—吹风管　5—单根纤维

6—挡板　7—多孔纺纱辊（多微孔尘笼）　8—吸风管　9—输出罗拉　10—筒子

图4-4-3 气流吸附纤维示意图

## 三、摩擦纺纱适制产品（表4-4-2）

表4-4-2 摩擦纺纱适制产品

| 使用范围 | | 成纱支数 | | 原　料 |
| --- | --- | --- | --- | --- |
| | | tex | 公支 | |
| 纺织地毯 | 起绒织物、平圈织物（簇绒机织） | 769.2~181.82 | 1.3~5.5 | 羊毛、锦纶、涤纶、腈纶，黏胶纤维及其混纺 |
| | 机织地毯，手编地毯 | 5000~250 | 0.2~4 | |
| | 家具织物、桌布、纺织壁毯、窗帘布 | 769.2~111.11 | 1.3~9 | 羊毛、黏胶纤维、涤纶、腈纶及其混纺、黄麻、棉 |
| 花色纱 | 衣着织物 | 1000~111.11 | 1~9 | 羊毛、黏胶纤维、涤纶、腈纶 |
| | 盖毯 | 1000~111.11 | 1~9 | 羊毛、腈纶、黏胶纤维、再生纤维 |
| | 针织、机织用纱 | 2000~40 | 0.5~25 | 天然纤维、化学纤维 |
| 工业用织物 | 帘子线 | 2500~111.11 | 0.4~9 | 羊毛，锦纶、涤纶、腈纶、黏胶纤维 |

续表

| 使用范围 | | 成纱支数 | | 原　料 |
|---|---|---|---|---|
| | | tex | 公支 | |
| 下脚纤维利用 | 抹布 | 5000 ~ 111.11 | 0.2 ~ 9 | 纤维下脚 |
| | 机器针织用纱 | 400 ~ 181.82 | 2.5 ~ 5.5 | 羊毛、腈纶 |
| | 手工针织用纱 | 2500 ~ 500 | 0.4 ~ 2 | 羊毛、腈纶 |

## 四、摩擦纺纱机

摩擦纺纱机也称尘笼纺纱机，生产厂使用较多的是奥地利菲勒（REHRER）公司生产的Dref2000型摩擦纺纱机，纺纱辊（即过去称为尘笼）直径约为60mm，整个筒上约有2500个小气孔，表面有硬度很高的涂层，每台有12锭；Dref3000型摩擦纺纱机，每台有6锭。Dref3000型在纱条喂入两只纺纱辊（尘笼）处的侧面有牵伸摇架，功能比Dref2000型又多了几项。

### 1. 纺纱原理

喂入条子经过分梳辊（包有金属针布的锡林）分梳为很小的束纤维或单纤维，由离心力带入到2只表面打有微孔的、内有负压吸风管的纺纱辊（尘笼），内压力为1472Pa。这2只纺纱辊向同一方向回转，被开松的纤维在纺纱辊摩擦力的作用下被加捻成纱；也可以在纺纱辊的轴向一侧喂入一根芯纱或长丝，使开松纤维被加捻缠绕在喂入的芯线（或长丝）上，2只纺纱辊可同时正转或反转形成Z捻或S捻的纱。然后由输出辊引出卷绕成筒纱。在纺纱辊轴向可以喂入一根长丝或纱线到摩擦滚筒中间，可生产包芯纱线（如不锈钢丝、铜丝、玻璃纤维等），另外加入芯线可以提升机器的速度，减少断头，提高效率。操作简单一台12锭的Dref2000型摩擦纺纱机的用工为每班1人。由于其纺纱原理简单，即喂入即开松，吸附摩擦旋转加捻，引出卷绕成纱。纺纱中对环境温湿度要求不高，相比之下节约了能源。

### 2. 主要特点

（1）工艺流程短，前道是原料配比混和制条，成条后即可纺纱。

（2）可加工的原料种类广。不仅可加工常规的棉纤维、化纤短纤维及羊毛、绢丝、麻等其他天然纤维，更可以节约资源、循环使用各种再生纤维、废棉、废毛和废化纤。还可纺如芳纶、玻璃纤维、不锈钢丝。适纺原料更加广泛长度为15 ~ 120mm，细度为0.6 ~ 10tex。

从其纺纱原理讲，它没有牵伸区握持隔距的限制，没有浮游纤维的概念；从结构上讲，分梳辊（即包锯齿条的刺辊锡林）有直径限制，2只纺纱辊（尘笼）有长度限制，所以在目前机器结构的尺寸中适纺长度为15 ~ 120mm。但从纺纱加工及实际使用和服用穿着来讲，因为≤20mm的超短纤维很容易在加工和使用中散失和掉脱，不能真正利用，所以要给予限制和控制，否则会影响使用价值。

（3）成纱有独特的结构和性能，纺纱细度范围广，为2000 ~ 40tex（0.5 ~ 25公支）。纱线中纤维排列平行度低，内紧外松，纱线可做得紧，也可做得比较蓬松。纺纱时可以很方便地喂入各种不同芯纱，形成100%包覆的包芯纱和特种纱线结构。例如：在Dref3000型摩擦纺纱机上，在一侧带三罗拉牵伸区的喂入羊毛条可用较长的纤维长度，也可以同原来喂入的芯线或长丝同时喂入，生产双层包芯纱线。在分梳辊上的喂入采取较短纤维（30~50mm）的短毛条，因为喂入分梳辊的纤维不能太长，否则易缠绕分梳辊。经过2只纺纱辊摩擦加捻后形成长羊毛纱为芯纱，短羊毛为包覆纱，其手感柔软、蓬松，可用于针织纱。中间芯纱喂入弹性纱或弹力长丝，还可开发弹力包芯纱。该机还可生产双层包覆纱，即利用三罗拉喂入第一次包芯纱，然后进入纺纱辊，形成第二次包覆纱。目前在过滤纱、针织纱、填充纱方面用得较多。

（4）高产高效，短流程大卷装，低能耗，用工少，环境清洁。

摩擦纺纱机的引纱速度（即输出的纺纱速度）为250m/min，纺纱效率95%以上，一台机12锭用工1人，纺低支纱一台12锭的Dref2000型一天最大产量3000kg左右，一只卷装重量8kg，筒子直径400mm，提高了纺纱及后道工序的效率。可以同时喂入若干根纤维条，起到并合作用，省去了并纱及络筒工序。单锭能耗1.7kW/h。

（5）产品应用领域：常规的有地毯，地毯基布，清洁布，拖把，过滤填充物，石棉替代物，防护服。可开发新的特种纺织品，室内装潢、装饰用纺织品、针织外套、再生纺织品等。从纺纱辊侧向可以喂入各种各样的纱线或长丝，例如：不锈钢长丝、铜丝，可生产特种纱线，防静电、防辐射；喂入高强度长丝、玻璃纤维、弹力丝等可制作很多用途的纱线及有一定强力的摩擦纺包芯纱。喂入不同颜色条子，可生产多种颜色变化的色纺纱；改变喂入速度还可生产摩擦纺竹节纱；喂入变化的多种原料或彩色条子，可生产梦幻般的摩擦纺彩色纱。多种原料组合的纱线，产品开发的潜能很大。

摩擦纺纱机Dref 2000型及Dref 3000型的纺织原理见图4-4-4和图4-4-5。

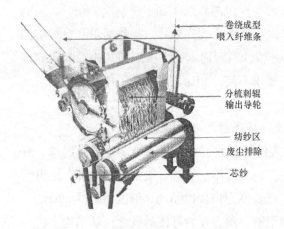

图4-4-4　Dref 2000型的纺纱原理图

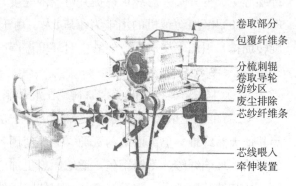

图4-4-5　Dref 3000型的纺纱原理图

## 五、摩擦纺纱经济效益

摩擦纺纱经济效益高，突出表现在高速、大卷装和缩短工艺流程等方面，纺出速度一般在100~200m/min，甚至可以更高，达250m/min。也可以纺制再生纤维和下脚纤维纱（纤维长度15mm及以上）。目前这种纺纱法以纺制粗支纱100tex（10公支）以下最有前途。缺点是纤维排列较紊乱，纱线强力低，动力消耗大。

# 第五章 络筒、并纱和加捻

对粗梳毛纺纱线的使用有单纱和股线（2股及以上）之分。粗纺细纱机不论环锭或走锭，下机的单纱都是管纱，一是容纱量小，二是卷装形式不符合后道工序的要求，这就需要络筒，把管纱络成筒子纱，能满足高质、高效、低耗、一定长度的单纱的要求。使用气流纺（转杯纺）下来的单纱是直接卷绕成筒的，一般不需再经过络筒工序。如需股线的，则经络筒后，还要有并纱和加捻工序，一般是2股单纱并合，然后再经捻线，施加与单纱捻向相反的捻度，使捻度平衡，在针织成衣上不会出现衣片歪斜。络、并、捻工序是在成纱以后，成品包装以前的再加工，一般称为后道加工，与用户的关系密切，诸如筒子的大小，定长要求，接头的要求，捻度大小，回潮率控制，纱线定型（也是后道加工范围需用蒸纱机定型，调湿，本章不展开）。后道加工的质量保证是十分重要的，直接与产量、质量、消耗、能耗相关。生产企业也应给予像对原料准备、梳毛、细纱一样的重视，确保优质筒子纱，满足用户的需要。

## 第一节 络筒

粗纺使用的络筒机有自动络筒机和普通络筒机。如果有需要粗纺筒子染色的，则要用精密络筒机或松式络筒机（如筒子纱的密度一致，软硬一致）。

### 1. 国产自动络筒机

介绍典型的几家，国外络筒机见国外设备部分的介绍。自动络筒机的主要技术参数见表4-5-1。

表4-5-1　自动络筒机的主要技术参数

| 制造厂商 | 经纬股份青岛宏大纺织机械有限责任公司 | | | 上海二纺机 | 东飞马佐里纺机 |
|---|---|---|---|---|---|
| 机器型号 | SMARO–M | SMARO–I | ESPERO–NUOVO | EJP438 | DTM439 |
| 锭数 | 6锭或8锭1节，最少6锭，最多64锭 | | 8锭1节，最少8锭，最多64锭 | 10锭1节，最少60锭 | 6锭1节，最少60锭 |
| 加工原料 | 天然纤维、合成纤维及其混纺纱线 | | | 棉、毛、化纤及其混纺纱线 | 棉、毛、化纤及其混纺纱线 |
| 细度范围 [tex（公支）] | 286～6（3.5～166.7） | | | 333～5.9（3～169.5） | 286~6（3.5~166.7） |
| 纱管尺寸（mm） | 长度180～350，直径32～72 | | | 长度180～32.5，直径32～72 | 长度180～280，直径32～57 |
| 筒子卷装 | 动程110～152mm，锥度5°57'，最大直径300mm | | | 150mm，锥度5°57'，最大直径320mm | 152mm，锥度5°57'，最大直径300mm |

续表

| 制造厂商 | 经纬股份青岛宏大纺织机械有限责任公司 | | | 上海二纺机 | 东飞马佐里纺机 |
|---|---|---|---|---|---|
| 机器型号 | SMARO-M | SMARO-I | ESPERO-NUOVO | EJP438 | DTM439 |
| 卷取速度（m/min） | 400~2200 | | 400~1800 | 300~2000 | 300~1800 |
| 槽筒 | 镍铸铁，直流无刷无槽电动机同轴驱动 | | 镍铸铁，变频电动机驱动 | 镍铸铁，直流无刷电动机同轴驱动 | |
| 防叠 | 电子防叠 | | 机械防叠 | 电子防叠 | |
| 定长 | 电子定长 | | | 电子定长 | |
| 电子清纱器 | 全程控制，可选Vster，LOEPFE，长岭电子清纱器等 | | | 全程控制，可选配 | |
| 筒子锥度增加 | 机械式 | | | 机械式 | |
| 接头装置 | 空气捻接器，加湿捻接器，机械搓捻器 | | | 空气捻接器 | |
| 纱线张力控制 | 单张力盘，积极传动，电砰加压，带张力传感器闭环控制 | | 双张力盘，气动加压 | 单张力盘，积极传动，弹簧加压 | 单张力盘 |
| 上腊装置 | 偏转式，主动驱动 | | | 选用件 | 选用件 |
| 退绕加速器 | 张力渐减装置 | | | 有 | 气圈控制器 |
| 筒纱输送带 | 向机头或机尾方向输送或分开向两个方向输送 | | | 有 | 有 |
| 巡回（次/吸风） | 程序控制，巡回游动及灰尘卸载次数（选用件） | | | 有 | 有 |
| 电脑 | 工艺参数V.S.S变速控制，生产参数，数据显示 | | | 记录、监控生产工艺参数，提供生产数据和通讯状态 | 有记录，监控生产工艺数据 |
| 集中气动调节 | 筒子平衡，捻接器气压力 | 筒子平衡，捻接器气压力，张力盘压力 | | 筒子平衡，捻接器气压，张力盘压力 | 筒子平衡，张力盘压力，捻接器气压 |
| 吸风装置 | 变频电动机 | | | 电动机传动 | 电动机传动 |
| 自动落筒 | 落筒周期15秒，双落筒（选用件） | | | 无 | 无 |

### 2. 普通络筒机

老型号1332型槽筒式络筒机已经淘汰，现在生产普通络筒机的厂商很多，归纳如下：

（1）天津宏大纺织机械有限公司生产的GA013型、JWG1016型、GA014型、GA015型、筒倒筒的GA012型、GA036型。

（2）上海新四机力健纺机有限公司生产的GSA669型半自动络筒机。

（3）上海阿德旺纺织机械有限公司生产的SF200-2型、SF200A型络筒机和SF200-4A型大卷装络筒机、SF202-1型松式络筒机。

（4）上海海石花纺机设备有限公司生产的HS-101CH型、HS-101CS型、HS-101D型、HS-101F型、S-101H型等几种型号络筒机。

（5）上海红悦纺机有限公司生产的IGR101型高速络筒机和IGR102型、IGR103型松式络筒机。

（6）上海联辉机械公司生产的GA168型络筒机。

（7）上海斯达拉姆德—机械制造有限公司生产的SCS型松式络筒机和SCH筒倒筒络筒机。

（8）上海第二丝绸机械厂生产的GA014（MD、PD）型、ASKV072型、ASKV073型、ASGA008型络筒机。

（9）江苏兴化纺机有限公司生产的GA014型、GA016型、GA018S三种型号的络筒机。

（10）沈阳华岳机械有限公司生产的HGA021型络筒机。

（11）台州市泰和纺织机械有限公司生产的TH–8A络筒机。

（12）杭州长翼纺织机械有限公司生产的ZR2003型电子式络筒机。

（13）宁波星源纺织机械有限公司生产的XFL型络筒机。

这些机种基本上还是原有的普通络筒机，在适应用户的要求上各自作了变化改进，普遍采用了空气捻接器、电子清纱器、定长器、断头感应自停、筒子定长自停、筒子抬起等功能。有的还在保持卷绕张力一致上作了改进，通过气缸活塞作用于筒子架，平衡筒纱压力，使筒纱直径增加时始终保持对筒纱一致的压力，改善卷绕张力恒定等技术改造措施，能提高普通络筒机的技术水平，以保证络筒纱线的质量。

**3. 络纱工艺技术注意要点**

（1）在络纱工艺中，科学地掌握质量与产量的关系，络纱速度不宜过高。应尽量使纱线的强力、条干、捻度、伸长等物理性能以及光洁度不受损伤。纱线的细节及毛羽要尽可能少增加。

（2）严格控制好张力，要求均匀一致，使筒子内部卷绕结构及总体成形良好，确保后道工序退绕轻快顺利。

（3）使用空气捻接器要调整好捻接的三个参数（退捻、加捻、接头长度），接头强度能达到原纱线强力的80%及以上；如采用手工接头要采用自紧结，纱线的2只羊角留长为结头抽紧后3mm。不使后道脱结。

（4）要采用质量优、效果好的电子清纱器，应尽量去除按工艺设定的短粗节、长粗节、细节和毛粒杂质等纱疵，以符合后道针织、机织的使用要求。

（5）导纱件及纱线通道要清洁、光滑，无磨灭沟槽，要使用游动往复式吹吸风装置，减少飞花毛羽，改善环境，有利纱线质量及工人健康。

# 第二节 并纱

粗纺毛纱除使用单根纱外，两根及以上的多股也不少，这就需要并纱、加捻，对并纱的质量要求高，要两根或两根以上纱的张力均匀一致，不能缺根，不能分纱，不能多于规定的根数，不能有松紧。老型号的1381型并纱机已淘汰。机电一体化的并纱机型号较多。

国内有10多家厂商制造，可供用户选择，现将部分厂商并纱机的主要技术参数和技术特征列于表4-5-2~表4-5-5中。

表4-5-2　并纱机的主要技术参数及技术特征（一）

| 制造厂商 | 沈阳华岳机械有限公司 | | | 天津宏大纺织机械<br>有限公司 | 浙江新亚纺织<br>机械有限公司 |
|---|---|---|---|---|---|
| 型　号 | FA763型 | FA712型 | FA706型 | JWF1716型 | XY238E型 |
| 机器形式 | 双面机 | 单面机 | 双面机 | 单面机 | 双面机 |
| 纱线类型 | 短纤纱 | 短纤纱及化纤长丝 | 短纤纱 | 短纤纱 | 短纤纱 |
| 并合股数 | 2~6 | 2~3（可加氨纶丝） | 2~3 | 2~4 | 2~3 |
| 锭距（mm） | 420 | 420 | 280 | 500 | 340 |
| 锭数（标准） | 88 | 36 | 88 | 30 | 72 |
| 卷绕形式 | 随机卷绕 | 随机卷绕 | 随机卷绕 | 精密卷绕 | 随机卷绕 |
| 传动方式 | 单锭电动机直驱槽筒，单锭变频调速 | 单锭单电动机传动，单锭变频调速 | 双面分别电动机集体传动，变频调速 | 单锭单电动机传动，单锭变频带调速 | 单锭电动机通过齿形带传动槽筒，单锭变频调速 |
| 导纱方式 | 槽筒式 | 单锭电动机传动摩擦辊卷绕，同时传动沟槽凸轮驱动导纱器导纱 | 槽筒式 | 双拨片 | 槽筒式 |
| 导纱动程（mm） | 152 | 150~175 | 152 | 152 | 152 |
| 张力调节方式 | 双圆盘夹持式张力片调节 | | | 单张力盘积极传动，弹簧加压 | 双圆盘夹持式，单纱和合股纱均有 |
| 断纱监控方式 | 光电式断纱自停并切断 | 电子式断纱自停并切断 | 磁感传感式断纱自停并切断 | 光电式断纱自停并切断 | 光电式断纱自停并切断 |
| 最大卷绕速度（m/min） | 700 | 800 | 600 | 1000 | 650 |
| 卷装筒子直径（mm） | $\phi$180 | $\phi$280 | $\phi$200 | $\phi$300 | $\phi$190 |
| 装机功率（kW/锭） | 0.06 | 0.18 | 2只×1.1 | 0.11（消耗功率） | 0.06 |

表4-5-3　并纱机主要技术参数及技术特征（二）

| 制造厂商 | 浙江万利纺织机械有限公司 | | 山东同济机电有限公司 | | |
|---|---|---|---|---|---|
| 型　号 | WL2002型 | WL2003型 | TM08HA型 | TM08HB型 | TM08HC型 |
| 机器形式 | 单面机 | 双面机 | 单面机 | 双面机 | |
| 纱线类型 | 短纤纱及化纤长丝 | 短纤纱 | 短纤纱及化纤长丝 | 短纤纱 | |
| 并合股数 | 2~3（可加氨纶丝） | 2~3 | 2~5（可加氨纶丝） | 2~5 | 2 |
| 锭距（mm） | 350 | 350 | 400 | 400 | 326 |
| 锭数（标准） | 40 | 80 | 30 | 60 | 100 |

续表

| 制造厂商 | 浙江万利纺织机械有限公司 | | 山东同济机电有限公司 | | |
| --- | --- | --- | --- | --- | --- |
| 型　号 | WL2002型 | WL2003型 | TM08HA型 | TM08HB型 | TM08HC型 |
| 卷绕形式 | 随机卷绕 | 随机卷绕 | 精密卷绕 | 随机卷绕 | 随机卷绕 |
| 传动方式 | 单锭电动机传动，单锭变频调速 | 单锭电动机通过齿形带传动槽筒，单锭变频调速 | 单锭直流无刷电动机通过齿形带传动卷绕筒管，单锭变频调速 | 单锭电动机通过齿形带传动槽筒 | 双面分别电动机集体传动，变频调速 |
| 卷绕导纱方式 | 单锭电动机传动摩擦辊卷绕，同时传动沟槽凸轮驱动导纱器导纱 | 槽筒式 | 伺服电动机传动导纱钩往复导纱（较先进，动程可调） | 槽筒式 | 槽筒式 |
| 导纱动程（mm） | 152 | 152 | 100～200无级可调 | 152 | 152 |
| 张力调节方式 | 双圆盘夹持式，张力片调节 | | 单张力盘，积极传动，直流电动机加压，合股调节 | 碟片夹持弹簧加压，合股调节 | 碟片夹持弹簧加压，合股调节 |
| 断纱监控方式 | 电子式断纱自停并切断 | 电子式断纱自停并切断 | 光电式断纱自停并切断 | | |
| 最大卷绕速度（m/min） | 600 | 800 | 机械速度1200 | | |
| 卷装筒子直径（mm） | φ220 | φ200 | φ260 | φ260 | φ260 |
| 装机功率（kW/锭） | — | — | 0.1（消耗功率） | 0.06（消耗功率） | 2只×1.8 |

### 表4-5-4　并纱机主要技术参数及技术特征（三）

| 制造厂商 | 上海海石花纺织机械设备有限公司 | 浙江泰坦股份有限公司 | 浙江凯成纺织机械有限公司 | 浙江东星纺织机械有限公司 | |
| --- | --- | --- | --- | --- | --- |
| 型　号 | HS-102GP型 | TSB-36型 | CY205型 | DX231F型 | DX231G型 |
| 机器形式 | 双面机 | 双面机 | 单面机 | 双面机 | |
| 纱线类型 | 短纤纱及化纤长丝 | 短纤纱 | 短纤纱及化纤长丝 | 短纤纱 | |
| 并合股数 | 2～3 | 2～3 | 2～3（可加氨纶丝） | 2～6 | 2～3 |
| 锭距（mm） | 320 | 280 | 520 | 550 | 280 |
| 锭数（标准） | 108 | 120 | 8 | 每节8锭，节数可选 | 96 |
| 卷绕形式 | 随机卷绕 | 随机卷绕 | 随机卷绕 | 随机卷绕 | |
| 传动方式 | 单锭交流电动机传动槽筒（可变频调速） | 单锭电动机通过齿形带传动槽筒（可变频调速） | 单锭电动机传动摩擦辊被动卷绕，同时传动圆柱沟槽凸轮驱动导纱器往复导纱，变频调速 | 单锭电动机直驱槽筒，单锭变频调速 | 单锭变频调速电动机通过齿形带传动槽筒 |
| 导纱方式 | 槽筒式往复 | 槽筒式往复 | 导纱器往复 | 槽筒式往复 | 槽筒式往复 |
| 导纱动程（mm） | 152 | 152 | 254 | 152 | 152 |
| 张力调节方式 | 双圆盘夹持式，张力片调节，单根和合股纱均有 | 双圆盘夹持式，张力片调节 | 超喂轮 | 双圆盘夹持式，张力片调节 | |
| 断纱监控方式 | 电子断纱自停 | 光电式断纱自停并切断 | | 光电式断纱自停并切断 | |

续表

| 制造厂商 | 上海海石花纺织机械设备有限公司 | 浙江泰坦股份有限公司 | 浙江凯成纺织机械有限公司 | 浙江东星纺织机械有限公司 | |
|---|---|---|---|---|---|
| 型　　号 | HS-102GP型 | TSB-36型 | CY205型 | DX231F型 | DX231G型 |
| 最大卷绕速度（m/min） | 800 | 800 | 600 | 750 | 750 |
| 卷装筒子直径（mm） | $\phi$280 | $\phi$200 | $\phi$230 | $\phi$200 | $\phi$200 |
| 装机功率（kW/锭） | 0.09（消耗功率） | 0.06 | 0.37 | 0.09 | 0.09 |

表4-5-5　并纱机主要技术参数及技术特征（四）

| 制造厂商 | 浙江日发纺织机械有限公司 | 杭州横达纺织机械有限公司 | 绍兴县华裕纺织机械有限公司 | 中国人民解放军第四〇六工厂（凯灵纺机） | 浙江天竺纺织机械有限公司 |
|---|---|---|---|---|---|
| 型　　号 | RF231A型 | HD707型 | HY368B型 | FA710型 | TZ528型 |
| 机器形式 | 单面机 | 单面机 | 双面机 | 双面机 | 单面机 |
| 纱线类型 | 短纤纱，可并入氨纶长丝 | 短纤纱及化纤长丝 | 短纤纱 | 短纤纱 | 短纤纱及可并氨纶长丝；可络筒、空气包覆集于一机 |
| 并合股数 | 2～3，可并入氨纶丝 | 2～3（可加氨纶丝） | 2～3 | 2～3 | 2～3，可并入氨纶丝 |
| 锭距（mm） | 350 | 350 | 280 | 310 | 400 |
| 锭数（标准） | 50 | 40 | 100 | | 28 |
| 卷绕形式 | 随机卷绕 | 随机卷绕 | 随机卷绕 | 随机卷绕 | 随机卷绕 |
| 传动方式 | 单锭电动机变频调速传动 | 单锭变频调速电动机传动 | 双面分别电动机集体传动，变频调速 | 单锭电动机，变频调速 | 单锭电动机，变频调速 |
| 导纱方式 | 摩擦滚筒卷绕，导纱器往复（由圆柱沟槽凸轮传动） | | 槽筒式 | 槽筒式 | 摩擦滚筒卷绕，导纱器往复 |
| 导纱动程（mm） | 152 | 152 | 152 | 152 | 152 |
| 张力调节方式 | 双圆盘夹持式，张力片调节 | 双圆盘夹持式，张力片调节 | 双圆盘夹持式，张力片调节 | 双圆盘夹持式，张力片调节 | 双圆盘夹持式，张力片调节 |
| 断纱监控方式 | 静电感应式，断纱切断自停 | 电子式断纱自停并切断 | | 静电感应式，断纱切断自停 | 静电感应式，断纱切断自停 |
| 最大卷绕速度（m/min） | 500 | 500 | 650 | 600 | 800 |
| 卷装筒子直径（mm） | $\phi$200 | $\phi$220 | $\phi$190 | $\phi$254 | $\phi$220 |
| 装机功率（kW/锭） | 0.25 | 0.25 | 2只×3 | 0.06 | 0.18 |

# 第三节　捻线

　　粗梳毛纺的加捻工序也是后道加工的重要工序（有的还需要定形、给湿，由辅机真空定型调湿机完成）。要注意捻线的质量，捻线的接头操作及接头牢度及大小，接头这一段纱线的捻度控制即锭子刹车与筒子复位的时间配合要恰当，否则有松捻纱或紧捻纱或脱结；掌握好捻线中的张力控制，超喂调节，防止飞毛及污染，做好清洁工作；导纱器件的光滑、清洁、有否磨起沟痕、飞毛堵塞都要注意。锭子运转稳定可靠，对捻度不匀率有很大关系，要经常用数字式闪光测速仪检测。上机前，要检查并纱筒子质量，如有不合格要返回处理。从实践生产中表明，在目前的加捻设备中，生产粗纺毛纱并纱，加捻纱线质量最好的是无气圈加捻机，毛羽少，纱光洁，几乎不断头，损耗低；张力小且均匀，纱线捻度不匀率比倍捻要小，用工少。尤其是加工高档羊绒纱等最适宜。国产无气圈加捻机曾有面市，但因质量等原因没有推广，它要与配套的并纱机联合研制。现在加捻大多用倍捻机，其主要技术参数及特征见表4-5-6及表4-5-7。

表4-5-6　国产纱线倍捻机主要技术参数和特点（一）

| 制造厂商 | | 山东同济机电有限公司 | 浙江绍兴华裕纺织机械有限公司 | | | 浙江日发纺织机械有限公司 | 浙江泰坦股份有限公司 |
|---|---|---|---|---|---|---|---|
| 型　　号 | | TM08NC型 | HY369A型 | HY328型 | HY363D型 | RF5C1型 | TDN128型 |
| 锭距（mm） | | 248/225 | 198 | 247.5 | 225 | 225 | 198 |
| 每节锭数 | | 16/18 | 20 | 16 | 16 | 18 | 20 |
| 标准锭数 | | 160/180 | 200 | 128 | 128 | 144 | 200 |
| 最高锭速（r/min） | | 13500 | 12000 | | | 12000 | 11000 |
| 适纺细度 | tex | $74 \times 2 \sim 5 \times 2$ | $36 \times 2 \sim 3 \times 2$ | $100 \times 2 \sim 5 \times 2$ | $100 \times 2 \sim 5 \times 2$ | $36.5 \times 2 \sim 9.7 \times 2$ | $60 \times 2 \sim 5 \times 2$ |
| | 公支 | 13.5/2 ~ 200/2 | 27.8 ~ 333.3/2 | 10/2 ~ 200/2 | 10/2 ~ 200/2 | 27.4/2 ~ 103/2 | 16.7/2 ~ 200/2 |
| 捻度范围（T/m） | | 80 ~ 2800 | 114 ~ 2592 | 104 ~ 2360 | 167 ~ 2027 | 139 ~ 2066 | 133 ~ 3201 |
| 锭子传动方式 | | 锭子由变频电动机（可调速）龙带传动，卷绕和往复分电动机传动 | 龙带传动 | | | 锭子龙带传动，机械调速每挡1000转，卷绕和往复分电动机传动 | 龙带传动 |
| 喂入卷装（mm）（注意内孔，未注） | | $\phi160 \times 152$ $\phi140 \times 152$ | $\phi135 \times 152$ | $\phi160 \times 152$ | $\phi140 \times 152$ | $\phi140 \times 152$ | $\phi160 \times 152$ |
| 卷取卷装（mm） | | $\phi300 \times 152$ | $\phi280 \times 152$ | $\phi280 \times 152$ | $\phi280 \times 152$ | $\phi250 \times 152$ | $\phi280 \times 152$ |
| 装机功率（kW） | | 25 | 22 | 11 | 11 | 22 | 30 |
| 特点 | | 是TF06A型的改型产品，增加225锭距规格 | 气动穿纱，筒子气动抬升，双电动机传动，油浴锭托 | 其锭子结构是将H369型的气穿通道去掉 | 经济型 | 新机型，窄幅，小锭子，经济型 | 减少了锭距增加了锭子，节约能源，减少占地。气动抬起筒子，筒子架压力改用弹簧 |

表4-5-7　国产纱线倍捻机主要技术参数和特点（二）

| 制造厂商 | 浙江东星纺织机械有限公司 | 浙江新亚纺织机械有限公司 | | 浙江万利纺织机械有限公司 | | |
|---|---|---|---|---|---|---|
| 型　　号 | DX321G型 | XY398型 | XY368型 | WL2002型 | WL320F型 | WL2002A型 |
| 锭距（mm） | 225 | 225 | 225 | 247.5 | 225 | 247.5 |

续表

| 制造厂商 | 浙江东星纺织机械有限公司 | 浙江新亚纺织机械有限公司 | | 浙江万利纺织机械有限公司 | | |
|---|---|---|---|---|---|---|
| 型　　号 | DX321G型 | XY398型 | XY368型 | WL2002型 | WL320F型 | WL2002A型 |
| 每节锭数 | 18 | 16 | 16 | 16 | 16 | 16 |
| 标准锭数 | 162 | 160 | 224 | 128 | | |
| 最高锭速（r/min） | 12000 | 12000 | | 15000 | 10000 | 15000 |
| 适纺细度　tex | $4 \times 2 \sim 14 \times 2$ | $4 \times 2 \sim 60 \times 2$ | | $6 \times 2 \sim 100 \times 2$ | $6 \times 2 \sim 120 \times 2$ | $6 \times 2 \sim 100 \times 2$ |
| 公支 | 71.4/2 ~ 250/2 | 16.7/2 ~ 250/2 | | 10/2 ~ 166.7/2 | 8.3/2 ~ 166.7/2 | 10/2 ~ 166.7/2 |
| 捻度范围（r/m） | 156 ~ 2027 | 150 ~ 1980 | 80 ~ 2600 | 128 ~ 2800 | 148 ~ 2487 | 128 ~ 2800 |
| 锭子传动方式 | 龙带传动 | 龙带传动 | | 龙带传动 | | |
| 喂入卷装（mm） | $\phi140 \times 152$ | $\phi135 \times 152$ | | $\phi166 \times 152$ | $\phi135 \times 152$ | $\phi166 \times 152$ |
| 卷取筒子（mm） | $\phi250 \times 152$ | $\phi250 \times 152$ | $\phi250 \times 152$ | $\phi300 \times 152$ | $\phi250 \times 152$ | $\phi300 \times 152$ |
| 装机功率（kW） | 22 | 22 | 30或2×11 | 20 | 11 | 11 |
| 特点 | 新产品，经济型 | 采用同步带传动，捻度变换齿轮也采用同步带轮 | 经济型，机身窄，纱路长，可选用摇臂式锭子刹车，双电动机传动 | 锭子结构为气动穿纱，方便操作 | | 经济型，与WL2002型区别：手动穿纱，机械式断头自停 |

广东东莞市缝神机械有限公司生产专门用于羊毛衫纱线加捻的简易倍捻机，与缝盘机配套。每节锭数为并纱4，捻线2，单锭驱动，无级调速。

（1）倍捻机的选用在功能上要有如下几项。

①纱线断头，筒子架自动抬起功能，避免纱线断头后筒子在卷绕辊筒上空转过多的摩擦。

②要配脚踏气动穿线装置，以便于接头、生头操作，提高效率。

③要配好纱线张力调节、控制部分的配套件，为不同品种、细度纱线及不同锭速时更换、调节。

④要配加油装置、上蜡装置，以减少毛羽、飞毛。

⑤要配空气捻接器，一般为轨道滑移式，每台设备两边各配2只（有的客户对纱线强力要求高的，还要配自紧结打接器）。

⑥要配数字式转速检测仪，至少一周2次检测倍捻锭子的转速差异，降低捻度不匀率。

⑦要用工业吸尘器对锭子龙带部分、喂入、卷取等部位做好清洁工作，防止龙带及其张力轮的污尘、飞毛随气流作用而沾污加捻纱线，造成"黑灰筒子"。

（2）筒并捻车间的温湿度空调也很重要。一是纱线质量的需要，可减少飞毛降低静电，达到适当回潮率，减少断头。二是贯彻以人为本，保障工人健康的需要，减少车间空气尘埃飞毛，补充一定量新鲜空气所必需的空调换气次数。

（3）有的品种需要定形调湿。有的品种（如强捻，不同纤维材料等）要求定形，达到内外层均匀的规空的回潮率，有的还需要经过热湿定形，调节纱线的含水率。真空定形调湿设备有：香港立信集团的沙立拉（XORELLA CONTEXXOR）真空纱线定形调湿机；西安博通节能设备有限公司也生产此类设备。经过定形调湿的纱线在机织、针织中断头减少，飞毛减少，消耗降低，效率提高，视觉平整。定形调湿已逐渐成为高档针织用纱的一个重要工序。

# 第六章　粗梳毛纱的品质要求

　　粗梳毛纱按用途分为粗梳机织毛纱，粗梳毛针织绒线和羊绒针织绒线。其品质要求均有国家纺织行业标准规定；技术要求包括分等规定，物理指标、染色牢度及外观疵点的评等。

　　详见：粗梳机织毛纱——中华人民共和国行业标准FZ/T 22002-2010。

　　　　　粗梳毛针织绒线——中华人民共和国行业标准FZ/T 71002-2003。

　　　　　羊绒针织绒线——中华人民共和国行业标准FZ/T 71006-2009。

　　　　　毛纱试验方法——中华人民共和国行业标准FZ/T 20017-2010。

　　　　　国家纺织产品基本安全技术规范——中华人民共和国国家标准GB 18401-2003。

　　企业在生产中，把行业标准作为基本要求（基本标准），并相应制定产品的内控质量标准及各道在制品、半制品的内控质量标准。要把客户要求的标准作为要求达到的生产标准，满足客户的需要。出口的产品，还要求达到客户提出的某个国家标准，所以要了解国际上不同国家的纺织产品标准，现在生态环保方面要求也很高，出口到欧洲的要有符合Reach注册的一些规定。

# 第七章　国外粗梳毛纺纺纱设备简介

## 第一节　国外粗纺梳毛机简介

20世纪80年代改革开放以来，我国从意大利、日本、比利时、德国、波兰、英国引进数百套的粗纺梳毛机，这些梳毛机大都是国外20世纪40～60年代的水平，1992年以后引进的设备（不包括二手设备）则一部分是20世纪80年代末的水平，如意大利奥蒂尔（OCTIR）公司的龙型梳毛机，在技术上有了较大的改进，顺应了时代发展和服饰结构向轻、薄、高支、舒适、休闲发展的变化，粗纺面料的重量250~350g/m²，比较流行，粗纺纱的应用不单在机织面料及传统产品上，而且向针织服装发展，因此，对粗梳毛纱提出了更高的要求，要条干均匀，细度向高支化发展，由原来的12~16公支到18~24公支。纺纱的原料也呈现了多样化，除羊毛、黏胶纤维外，还有羊绒、兔毛（绒）、绢丝等其他天然纤维、合成纤维、人造纤维。品种有三合一、五合一、六合一等。

因此，要求粗纺梳毛机具有如下特点：

（1）机械结构稳固，配置合理，精度高，动态隔距准确，稳定性好，噪声小。

（2）各分部的速比、张力易调节、控制、监测，各分部传动与整机联动的同步性好，易操纵。

（3）喂入机构数控化，可确保均匀喂入，离散小。

（4）配置的纺织专用器材，如针布分条皮带丝，搓捻皮板等质量优良，符合生产高品质的要求。

（5）工作幅宽系列化，各功能部位组合模块化，节能高效，安全性好。

引进的具有良好性能和维护的梳毛机，能梳理充分，纤维损伤小，混料和混色均匀，纺出的粗纱条干均匀，纵向及横向的不匀率均很小，符合轻薄高支、优良纱线的品质。

（6）自动化、智能化、IT（信息技术）水平先进，设定与运转的各工艺参数、产量能耗等显示清楚，调节方便，具有网络化远程操纵及监控功能。

### 一、国外粗纺梳毛机的主要技术特征

#### （一）喂入部分

自动喂毛机从喂入方式区分，可分为称重式喂入、容量式喂入及称重和容量式相结合喂入等。国内外粗纺梳毛机大都采用称重式喂入方式，属间断式喂入，要求每斗称重必须精确。容量式喂入目前主要用于非织造布梳理机等产量较高的连续式喂入。称重式喂毛的喂入

量精确与否及喂入是非均匀、稳定等直接关系到粗纺出条粗纱的重量不匀率及长、中、短片段的不匀，是影响梳毛质量非常重要的因素之一，而且也是一个关键因素。

（1）意大利奥蒂尔（OCTIR）自动喂毛机采用Uster-Octir喂料自匀装置，变速喂毛帘电子称重。它利用一个精确的天平，不断称出输毛帘某单位面积的原料重量，并与设定量喂入讯号相比较，若有偏差，便由电脑控制系统调节喂毛帘子和喂给罗拉的速度，使之达到均匀喂毛。喂毛重量不匀率控制小于1%。

（2）带电子控制高精度称重毛斗和瞬时关闭的挡毛板；二挡喂入速度，第一次快速、量大的喂入，到最后100g时调整为减半喂入，当达到设定重量时立即停止喂入，能快速打开和关闭称斗的底板（落料活门、称毛斗活门用不锈钢制造）。

（3）电子称重控制采用"BERO"传感器，称重误差（缺陷）补充的电子装置，有灵敏度高及声响亮灯的报警装置，称毛斗容积为0.27m³。大喂毛箱容积为6m³。也可选择双喂毛箱。

（4）喂毛周期不需人工设定，只要向电脑输入要纺粗纱的公支数，由电脑自动最优化调节，控制纺纱支数准确、方便。

（5）上升毛帘、匀毛耙、剥毛耙的传动用3只无级变速电动机控制（原来老式的用一只电动机），均可各自调速。匀毛耙用三排钉，可方便调节与上升帘之间的隔距、速比，对毛团起开松作用。

（6）称斗的开合采用气动式，开合时间可调节，使开合动作柔和，减少振动，而老式的是用机械弹簧式开合，冲击大，易产生气流使纤维飞舞。

（7）采用加大喂毛箱容量或双喂毛箱，第一喂毛箱由毛仓自动气流输送供料（或人工喂料），使其保持一定的数量，第一喂毛箱根据第二喂毛箱的需要及时供料，使第二喂毛箱内的原料基本保持在一定的高度（可用光电管控制），使原料呈松散状态，有利于减少喂毛重量不匀率。

（8）喂毛箱顶部有永久性强磁钢的吸铁装置，以吸出混在原料中的金属物，以免损坏罗拉针布，影响毛网质量。

（9）其他形式喂毛机，例如：电子称重式喂毛机或容积式喂毛机。做要求高的产品时，再配调节梳毛机喂入罗拉速度的自调匀整装置。有称重式（ACE）或用X射线式检测喂毛帘上的毛量或密度，由微处理机控制，调节喂入罗拉速度，达到均匀喂入。

（10）自动喂毛机要求前道和毛工序注意加强开松、除杂（混料、混色）及加乳化油水的规范性和均匀性，纤维块要小、均匀，纤维损伤要尽可能小，为后道纺高质量毛纱、降低消耗创造必要条件。

## （二）改进结构，增强基础，提高梳理和混合效果，减少了纤维损伤

### 1. 采用大锡林直径，增加梳理环个数，以增加梳理与混和效果

据试验在一个机组上配8~10个梳理环最理想，国外有人试验，在一个机组上梳理环从4个增加到10个，毛网均匀度逐步增加，一般在8个梳理环后，毛网均匀度已相当好了。OCTIR梳毛机锡林，用1.65m直径，配有6~8个梳理环，且都在锡林中心水平线的上部，如

提高锡林速度也不会掉毛，梳理点个数多，隔距可逐渐减少，分梳作用渐近柔和，可尽最大可能减少纤维损伤，加强了梳理。OCTIR龙型四个1.65m直径大锡林共配28个梳理环，比KYC型（原来1个直径1.28m只能配4个梳理环）的22个梳理环要增加6个梳理环。道夫直径$d$与锡林直径$D$的比值，即$\frac{d}{D}$的比值宜在0.7~0.9（少数为1），OCTIR的$\frac{d}{D}=\frac{1280}{1650}=0.775$，说明锡林直径增大后，仍能满足$\frac{d}{D}$的比值。

**2. 大锡林、道夫采用铸铁铸造，铸铁抗变形系数比用钢板卷焊的高40%，不易变形**

锡林铸件经过时效处理，静、动平衡调校，加工精确，锡林的形状公差圆度、圆柱度及位置公差同轴度的精度很高，其径向圆跳动公差值可控制在0.01~0.02mm范围以内，所以动态隔距变化很小。

**3. 采用无挠度工作辊和剥毛辊**

OCTIR龙型的工作辊直径为220mm，剥毛辊直径为85mm。达到无挠度的主要措施如下：

（1）材质为"Unidal"铝合金，性能优良，其弹性系数比其他铝合金材质增加一倍以上（一般铝合金材质为：AVIONAL）。

（2）特殊设计工作辊的辊子托架，辊子轴的两端各用两只坚硬密封的滚珠轴承支承。如图4-7-1（a）、图4-7-1（b）所示。

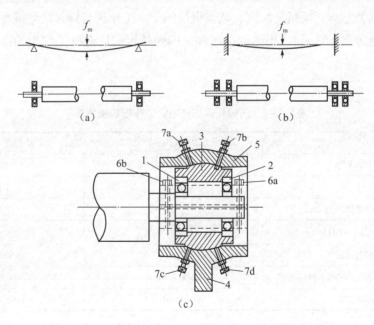

**图4-7-1 工作辊的辊子托架及辊子轴端的滚珠轴承**

1，2—滚珠轴承 3—轴承座 4—工作辊托架 5—托架盖 6a，6b—螺钉 7a，7b，7c，7d—螺丝

此时工作辊挠曲度$f_m$为：

$$f_m=\frac{5PL^3}{384EI}$$

式中：$f_m$——工作辊挠曲度，mm；

　　　$P$——工作辊质量，g；

　　　$L$——两端支承点间的距离；

　　　$E$——材料的刚性模量；

　　　$I$——工作辊的惯性矩。

传统工作辊结构为两端各用一只自对中心的滚珠轴承支撑，此时传统的挠曲度$f_m$为：

$$f_m = \frac{5PL^3}{384EI}$$

说明，OCTIR龙型工作辊在轴的两端各用2只滚珠轴承，挠曲度比传统工作轴（两端各用1只滚珠轴承）要减少5倍。

（3）可调节的球面双轴承座，形成抗挠曲预应力，最大限度降低工作辊的挠曲度。

为了使挠曲度接近于0，OCTIR龙型采用如图4-7-1（c）的结构，工作辊的两端轴头由2只滚珠轴承（可调心的）支承，该2只轴承又装在球面的轴承座3上，3则装在工作辊托架4上及托架盖5之间，2只轴承座在工作轴两端的轴向位置各由2只螺钉6a及6b固定。为调节挠曲度，使在全幅范围内的挠曲度接近于零，可调节螺丝7a、7b、7c和7d。实践证明，这一措施的效果十分有效，已试验在3.5m幅宽的梳毛机上，工作辊的挠曲弯度也可≤0.003mm，接近于零（掌握调节方法，提高熟练度，调节很快的）。工作辊与锡林之间隔距在轴向全幅宽度上，目前，允差≤0.03mm，当然越小越好。国内外粗纺梳毛机工作辊的挠曲度，经测定如表4-7-1所示。

表4-7-1　国内外粗纺梳毛机工作辊的挠曲度

| 型　　号 | 幅宽（mm） | 挠曲度（mm） |
|---|---|---|
| 日本KYOWA | 1500 | 0.08 |
| 意大利FOR | 2500 | 0.05 |
| 意大利OCTIR KYC | 2500 | 0.03 |
| 意大利BONINO | 2500 | 0.08 |
| 比利时HDB | 2500 | 0.06 |
| 意大利OCTIR DRAGON-MULTITRAVE | 2000～4000 | 0.001 |
| 中国BC272 | 1550 | 0.08～0.09 |

这样动态隔距准确、稳定，使毛网更加均匀。

4. 隐蔽式多横梁固定立体机架（图4-7-2）

墙板由分段改成整体栓塞式结构。在锡林与墙板间，消除了纤维渗入和形成小毛团。

用锡林轴联接固定两边墙板中心位置，加上固定两边墙板的几根横梁，形成立体六面整体骨架，因此十分稳固；锡林在轴上转动（特殊设计的专利轴承），锡林轴不转动，只受弯曲压力，不受反复弯曲应力作用，不受疲劳强度影响，所以也十分稳定、坚固。锡林、道夫的转动中心，即振源在六面体整体骨架内（或在整机的固定点上）没有力臂或力矩，因此大大降低了振动的振幅，保证了梳毛机的稳定运行，几个月甚至半年才调校一次隔距，也没有什么变化。特殊设计的锡林轴承和皮带盘，固定成一个整体，装配后整体加工调整平衡。锡林轴固定墙板上，锡林轴就是立体构架的隐蔽横梁，与另外横梁构成六面体。在高速运转时，设备稳定性好，动态隔距准确。

特殊设计的锡林轴承保证使用150万小时以上（即保用170年）轴也无磨损，称无缝装配，可谓长寿轴承。

图4-7-2　隐蔽式多横梁固定立体机架

**5. 为减少分割辊、导条辊的挠度，都采取了抗挠曲措施**

分割辊在轴上共有四个支撑点，可最大限度降低挠度；因为OCTIR机架很稳固，承重量大可以增大分割辊的直径，以提高抗弯性，减少挠度。由于导条辊采取了抗弯措施，对皮带丝的张力均匀有了很可靠的保证作用，也保证了毛网分割的均匀性，可减少横向不匀率及纵向不匀率。

## （三）无扭力道夫斩刀

工作幅宽2~2.5m由2段组成，有一个中间支撑；工作幅宽3~3.5m由3段组成，有2个中间支撑，确保无挠度，使运行稳定，噪声小。斩刀横梁是极坚硬的上下摆动的曲柄传动装置，装在密封的油箱内，每分钟最多3200次，大大消除了因斩刀速度过低而产生的意外牵伸，消除了因斩刀扭力而产生的斩频不一。在OCTIR龙型末道夫上也是采用无扭力专利设计的斩刀，而不用老式的三罗拉式剥毛，因为如果用罗拉剥毛，道夫与剥毛罗拉间存在无控制区，纤维因气流容易产生混乱及毛网容易产生意外牵伸。当电源中断梳毛机停止转动时，由单独电动机带动的斩刀，由于飞轮的惯性运转继续带动斩刀而缓慢停止，保证毛网连续不断。

## （四）中间过桥装置

**1. 主要特点**

用下行式宽带底过桥铺毛，可大大减少毛网带的意外牵伸。

（1）下行式底过桥。下行距离470mm，比上行式距离约2000mm要小得多，减少了毛网带垂直输送时因自重容易产生的意外牵伸的概率。

（2）差动式均匀铺毛。采用"U"字形差动式可水平往复伸缩的铺毛帘（U为⊃，即U逆转90°），与下面的喂给平帘保持等高度，铺层均匀。毛网带进入U形铺毛帘被夹持，处于受控状态，无意外伸长，铺毛速度均匀。

（3）有多个无级调速装置，调节各部速比。采用5个或6个无级调速装置，调节各输送帘子，确保速比适宜，减少意外牵伸，降低不匀。用无级调速器控制调节的帘子有：

① 斜帘：从道夫上剥下的均匀毛网，横向水平输送。斜帘角度6°～10°范围可调，一般8°左右。

② 底帘：接受从斜帘下行的宽网带，直向水平输送至上升帘处。

③ 提升帘：一对提升帘，把宽网带相对夹持，垂直向上输送至上水平帘，由于一对帘子两边均吻合夹持，距离短，意外伸长很小。

④ 上水平帘：接受提升帘输入的宽网带，横向水平输送至机幅中间部位的铺层帘。

⑤ 一对"U"形铺层帘：吻合夹持网带，从入口喂入按横向的U字形水平输送，短距离向下转入垂直输送，进入水平方向往复均匀铺层，调节好速比，未受大的意外牵伸破坏的网带是以菱形状（截面形状）一个连接一个等距、均匀地铺在梳毛机的水平喂入帘上，十分匀称。

2. 等距离匀速铺毛

采用差动式"U"字形铺毛帘装置，如图4-7-3所示。

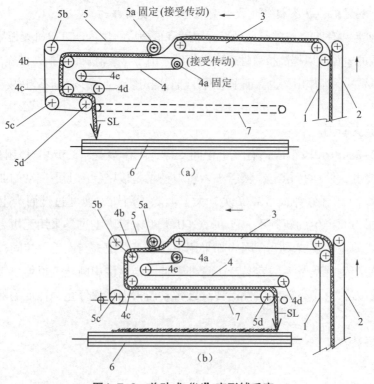

图4-7-3　差动式"U"字形铺毛帘

1，2—垂直上升帘　3—上水平帘　4，5—"U"字形差动式伸缩帘　6—喂给平帘　7—链条　SL—毛网条带图（a）中1和2为垂直上升帘，3是上水平帘，均是固定的传送带。两张帘子4与5为"U"字形差动式伸缩帘，组成共同吻合夹持毛网，它们的速度是相同的。4a点与5a点是固定的（它们的轴端各有齿轮接受传动，使帘子回转），4b、4c、4d、4e及5b、5c、5d均可沿机架上的滑轨移动，其中4b、4c、4d、4e及5b、5c均固定在一个滑架车上，其最大动程为铺毛动程宽度的1/2；而4d与5d则通过连杆接头与链条7相连，链条作回转运动，使4d和5d作往复运动，4d与5d的动程等于铺毛往复动程（滑架移动距离为$a$，则滑架上的帘子也跟着移动，且帘子又在转动，又送出距离为$a$，则帘子送出毛网条带的绝对长度为$a+a=2a$，所以铺网滑架移动为毛网条带全程宽度的1/2，即可铺毛网为全程宽度），故称U形帘5与4为差动式伸缩帘。图4-7-3的（a）表示输出的毛网条带SL在喂给平帘6的极左位置，图4-7-3的（b）表示输出的毛网条带SL在喂给平帘6的极右位置。

生产实践证明，用差动式"U"形帘铺毛，它是水平式往复铺层，与上行式过桥直立的三角形上平摆动、往复铺毛相比有明显的优点，网带不会受意外牵拉而伸长；等距离匀速铺层，网带均匀而没有破坏；既有纵向混合，又有横向混合，增加了原料（混料、混色）的均匀性；过桥装置的毛帘输送与整个机组是同步运行，不会产生意外伸长，使出条粗纱的重量不匀率及结构不匀率有较大的降低。

对传统粗纺梳毛机，人们认为毛网的重量差异及出条的纵向不匀率主要是有2个部位造成的，一是毛斗的喂毛不匀率，二是中间（一个或两个）过桥装置的几个帘子对网带意外牵伸造成的不匀，搭接头不匀，所以20世纪80年代末老型号梳毛机的出条不匀率很难降低，90年代以来，随着机电一体化的采用，加工精度的提高，结构的改进，电脑微机的应用，以数字化和网络化为代表的信息技术的发展，例如意大利OCTIR龙型粗纺梳毛机就改进了上述喂毛斗的不匀和中间过桥的意外牵伸，大大降低了不匀率，因此提高了出条质量，特别适用于针织轻薄高支的高档产品用纱。

### （五）压草辊（Peralta squeezing珀拉尔塔式除草压辊）

多年生产实践使用的效果证明一对压草辊是起作用的，尤其是原料多变，如遇到含有草杂和毡块的短纤维、染色纤维，压草辊能将毛网中的草杂和毡块轧碎并排除出来，即使有些部分仍残存于毛网内，经过后道梳理机的梳理过程就可排除掉，对于高档、高支和高品质的纱线，确实是一个有效应对措施。过去的压辊采用液压控制，现改为气压控制。如图4-7-4所示。

压草辊1和2是一对直径为350mm、采用铸铁铸造、表面经冷硬处理的硬质铸铁辊，其硬度为HB（布氏硬度）500以上（约合洛氏硬度HRC52以上），表面加工精细，先磨光再抛光，达到镜面光洁度。安装调节要求两辊之间轴向全幅线状接触，中间无缝隙，使毛网受压均匀。上压辊自重1700kg，上压辊两端的活塞筒5（气压缸体）内的弹簧4的最大压力为750kg，两边共1500kg，所以上压辊1对下压辊2的最大压力为1500kg+1700kg=3200kg。上压辊活塞筒5的下部可通入压缩空气，利用控制台上的调节器可以调节通入的压缩空气压力P。压力越大，则上压辊对下压辊压力越小。压缩空气压力的大小与一对压辊之间压力大小的相应关系见表4-7-2。

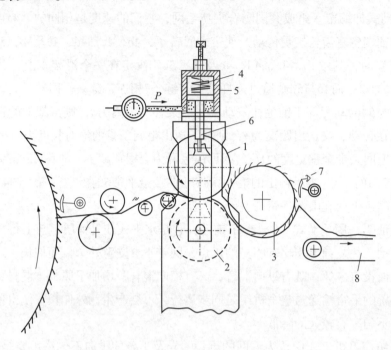

图4-7-4　压草辊气压控制

1，2—压草辊　3—毛网滚筒　4—弹簧　5—话塞筒　6—压力杆　7—斩刀　8—毛网输送帘

表4-7-2　压缩空气压力的大小与一对压辊之间压力大小的相应关系

| 压缩空气的压力（Mpa） | 上压辊对下压辊的压力（kg） | 压缩空气的压力（Mpa） | 上压辊对下压辊的压力（kg） |
|---|---|---|---|
| 0 | 3200 | 0.4 | 800 |
| 0.1 | 2600 | 0.5 | 200 |
| 0.2 | 2000 | 0.533 | 0 |
| 0.3 | 1400 | — | — |

　　上下压辊间常用的压力范围是800～2000kg。在停机及再启动或换批次时，上压辊可自动抬起及后退，便于毛网自动喂入压辊。该装置压力调节容易，压力相当稳定，也便于维修和保养，所以常被采用。

**（六）末道两梳理锡林组间的纤维转移辊**

　　末道两节梳理锡林组间有三个转移辊，每只辊的直径为400mm，这三个转移辊的速度自后向前逐渐递增，使毛网不仅顺利转移，还能起到开松、梳理的作用。由于没有了原来的一只大转移辊，气流减少了，不会产生转移辊与道夫之间的打滚毛卷和毛团现象。

## （七）搓捻装置

搓捻装置有单搓捻板、双搓捻板、三搓捻板三种，搓捻动程范围为10~25mm，直立搓捻，曲轴转速可无级调速，最大转速可达750r/min。

一般出条速度在20~30m/min范围的选用单搓板，如高支数的针织纱、羊绒纱、兔绒纱等。如纺梭织纱及比较低支数的，例如0.5公支的地毯纱等，出条速度在55m/min的宜选用双搓板，以提高粗纱的光圆紧度。为保证搓板间接触良好，搓皮板呈弧形状，粗纱条子在两块搓皮板间的压力均匀，使上下整个搓皮板面接触，以确保搓捻质量。

## （八）车头部分

### 1. 采用了含油轴承

只需半年加一次油，减少了每天的维修保养。最高机械速度为70m/min。

### 2. 传动同步

用分电动机交流矢量变频联动控制传动同步转、同步停。进入21世纪10年代，第三代交流变频矢量控制技术已成熟使用变频器，不但方便而且节能。交流变频技术发展很快，变速范围大，动态响应快，还有伺服控制电动机等。这些技术可以替代机械结构烦琐的长轴、变速箱、大皮带传动，而且安全，同步性好，一般可节能三分之一。国内老型号梳毛机如技术改造，可以考虑采用，既方便又节能，维修成本还低，工艺、生产调速方便，效率高。

### 3. 配备约30个无级变速装置，全机可由电脑控制和调节的无级变速装置30个左右（不同型号，有些数量变化），可调以下参数

（1）喂毛斗的喂毛周期，均毛耙、帘子、落毛耙。

（2）各节的喂入罗拉、喂入帘。

（3）胸锡林与工作辊梳理组的速比。

（4）每个主锡林与工作辊梳理组的速比。

（5）道夫与锡林，即道夫输出的毛网重量及张力。

（6）毛网在过桥时各部分之间的张力（每一过桥有5个调速）。

（7）分割辊与搓捻板之间，搓捻板与卷取辊筒之间的张力。

（8）搓捻速度。

（9）调节出条速度，即梳毛机产量，这一调节与各部分的变速器协同一致，同步传动。

（10）预梳部分及末梳部分喂入罗拉无级变速调节开松程度，无级变速调节粗纱支数，约±15%的调节量。

### 4. 卷取架

粗纺梳毛机的卷取架有4层，即出粗纱条的层数为4层（除英国TATHAM出条为6层外，国际上其他型号都是4层出条，便于操作和看管）。出粗纱条每一层的卷取木辊（俗称毛卷辊、卷取木棒）数量为1~6根，这要根据梳毛机的有效工作幅宽及出粗纱条根数而定。每一层的毛卷辊最多为6根，全机为24根。

为减少出条时的意外牵伸，采取卷取架往复横动，导纱杆固定不动。往复横动的距离可调（调偏心盘上的偏心距）。

粗纱卷绕的最大直径可达400mm。落卷方式有两种，全自动式或手动式。在全自动落纱时，可以不降低出条速度，所以国外梳毛机的运转效率较高。

5．分条皮带形式，出条数与分条皮带宽度

（1）分条皮带（俗称皮带丝）的三种形式。

①一带多头连续循环式，见图4-7-5。穿法先（1），再（2），以此循环。

②一带一头套式，见图4-7-6。

③一带二头套式，见图4-7-7。

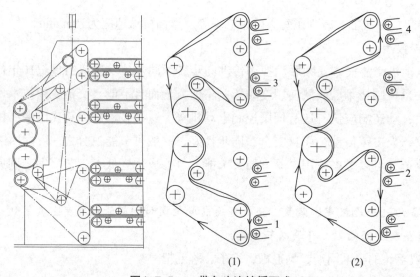

(1)　　　　　　　　(2)

图4-7-5　一带多头连续循环式

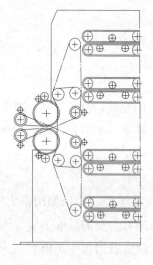

图4-7-6　一带一头套式

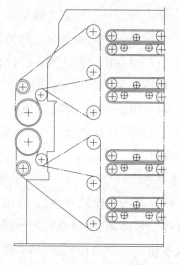

图4-7-7　一带二头套式

（2）分条皮带数量、宽度及型式的选择。

① 在选购粗纺梳毛机时，分条皮带的数量及宽度是十分重要的，粗纺梳毛机的工作幅宽选定后，可根据所纺产品的纱支范围、品质、风格综合考虑梳毛机出条粗纱的总根数与分条皮带宽度的关系。图4-7-8中深色区域为推荐的皮带丝宽度对应的成条细度范围。

② 分条皮带的型式，也要根据产品的品质及操作、维修的技术水平来考虑。

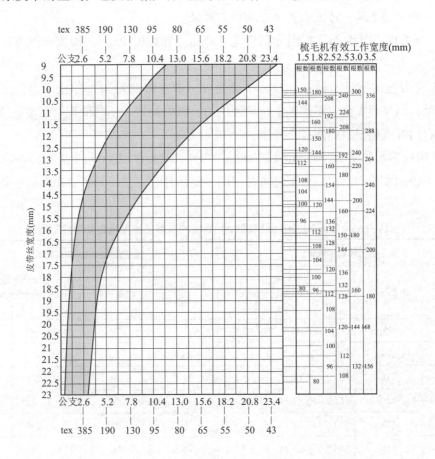

成条细度

**图4-7-8　皮带丝宽度与成条细度的关系**

一般来说，纺高支数、高品质的纱线可采用一带多头连续循环型式。相比较而言，连续分条皮带的张力比较一致，可以消除套式分条皮带（例：一带1根及一带2根的）根与根之间的张力差异。但也要说明，连续式的分条皮带很长，如果生产运转中有严重绕毛等情况而轧断，则维修粘接比较麻烦、费时，如粘接技术不良，会有厚薄段，软硬不一，影响张力均匀，也会造成分条不匀，支数偏差。一台2500mm宽的梳毛机，出条240根，这根连续循环式分条皮带总长有700多米，总体上认为张力比较一致，但实际运行中不可能保证其每一段的张力都绝对均匀一致，也就是说：张力差异总是存在的，由于张力差异造成的分割不匀也还是存在的。所以选用哪一种分条皮带型式要综合考虑，做到心中有数，把差异控制在最小。一般单头差异控制在±5%以内（测试根与根的支数差异、全机240根头、每根取20m

称重）。当然粗纱支数有差异的原因不仅仅是梳毛机的因素，与喂入原料也有很大关系，诸如：有长纤维及超长纤维（一般是>60mm的纤维），在皮带丝分割时会"裙带"出一些纤维，尤其在工艺调节等方面，毛网中所分布的纤维平行顺直不够，尤为严重，还有混入的原料有比重（密度）差异大的，如：不锈钢纤维（为导电、防辐射作用，混入多时达30%），在毛网中分布不匀称，也会造成横向支数差异，总之对横向支数差异的原因要全面来看，深入分析，采取对症下药，才能取得事半功倍的效果。

（3）分条皮带宽度与分割辊分割槽宽（隔距）相差0.10mm，即皮带丝宽度比槽宽小0.10mm。

（4）皮带丝的质量、规格、尺寸十分重要。要求厚薄均匀，伸长率小，工艺性能好（能附着毛，但又不黏毛、不带毛），软硬均匀，张力均匀，不易变形，耐油，棱角不易磨损等。材料用合成拍塑，中间有夹片层。

（5）国内多数机幅为2500mm及2000mm。表4-7-3为常用2000mm及2500mm幅宽的皮带丝宽度及出条细度范围。表中数据是参考范围（随品种、工艺、设备状态等而变化）。

表4-7-3　常用2000mm及2500mm幅宽的皮带丝宽度及出条细度范围

| 梳毛机机幅2500mm | | | | 梳毛机机幅2000mm | | | |
| --- | --- | --- | --- | --- | --- | --- | --- |
| 皮带丝宽度（mm） | 出条根数 | 出条细度 | | 皮带丝宽度（mm） | 出条根数 | 出条细度 | |
| | | tex | 公支 | | | tex | 公支 |
| 24.5 | 96 | 1250 ~ 357.17 | 0.8 ~ 2.8 | 26 | 72 | 1428.6 ~ 400 | 0.7 ~ 2.5 |
| 22.4 | 104 | 769.2 ~ 312.5 | 1.3 ~ 3.2 | 23.5 | 80 | 1000 ~ 333.3 | 1 ~ 3 |
| 21.1 | 112 | 769.2 ~ 263.2 | 1.3 ~ 3.8 | 21.4 | 88 | 833.3 ~ 285.7 | 1.2 ~ 3.5 |
| 19.7 | 120 | 666.7 ~ 238.1 | 1.5 ~ 4.2 | 19.6 | 96 | 666.7 ~ 250 | 1.5 ~ 4 |
| 18.4 | 128 | 555.6 ~ 222.2 | 1.8 ~ 4.5 | 18 | 104 | 500 ~ 200 | 2 ~ 5 |
| 17.4 | 136 | 454.6 ~ 208.3 | 2.2 ~ 4.8 | 16.7 | 112 | 416.7 ~ 181.8 | 2.4 ~ 5.5 |
| 16.4 | 144 | 400 ~ 192.3 | 2.5 ~ 5.2 | 15.6 | 120 | 357.1 ~ 161.3 | 2.8 ~ 6.2 |
| 15.3 | 152 | 333.3 ~ 153.8 | 3 ~ 6.5 | 14.6 | 128 | 312.5 ~ 133.3 | 3.2 ~ 7.5 |
| 14.7 | 160 | 303 ~ 133.3 | 3.3 ~ 7.5 | 13.8 | 136 | 263.2 ~ 119 | 3.8 ~ 8.4 |
| 13.9 | 168 | 250 ~ 117.7 | 4 ~ 8.5 | 13 | 144 | 181.8 ~ 83.3 | 5.5 ~ 12 |
| 13.3 | 176 | 222.2 ~ 100 | 4.5 ~ 10 | 12.3 | 152 | 166.7 ~ 75.8 | 6 ~ 132 |
| 12.8 | 184 | 200 ~ 91 | 5 ~ 11 | 11.6 | 160 | 142.9 ~ 68.5 | 7 ~ 14.6 |
| 12.2 | 192 | 172.4 ~ 76.9 | 5.8 ~ 13 | 11.2 | 168 | 125 ~ 62.5 | 7.2 ~ 16 |
| 11.8 | 200 | 153.9 ~ 70.4 | 6.5 ~ 14.2 | 10.6 | 176 | 117.6 ~ 45.5 | 9 ~ 18 |
| 10.9 | 216 | 125 ~ 55.6 | 8 ~ 18 | 9.8 | 192 | 83.3 ~ 35.7 | 12 ~ 24 |
| 10.5 | 224 | 111.1 ~ 45.5 | 9 ~ 18/20 | 9.5 | 200 | 71.4 ~ 35.7 | 12 ~ 26 |
| 10.1 | 232 | 100 ~ 38.5 | 11 ~ 20 | 9.0 | 208 | 71.4 ~ 333 | 14 ~ 28 |

续表

| 梳毛机机幅2500mm | | | | 梳毛机机幅2000mm | | | |
|---|---|---|---|---|---|---|---|
| 皮带丝宽度（mm） | 出条根数 | 出条细度 | | 皮带丝宽度（mm） | 出条根数 | 出条细度 | |
| | | tex | 公支 | | | tex | 公支 |
| 9.8 | 240 | 83.3~35.7 | 12~24 | 8.5 | 216 | 62.5~33.3 | 17~29 |
| 9.5 | 248 | 71.4~35.7 | 12~26 | | | | |
| 9 | 260 | 71.4~33.3 | 14~28* | | | | |
| 8.5 | 280 | 62.5~33.3 | 17~29* | | | | |
| 8.0 | 296 | 55.6~31.3 | 18~30* | | | | |

**注**　有*者若细纱牵伸用1.38倍，则可纺40公支，分条质量随原料、品种、设备、器材、工艺等而变化。

用户实例：山东沂水2500mm宽梳毛机皮带丝宽9.8mm，纺16~32公支，纱条干很好；天津有两家用户2500mm宽梳毛机，9.8mm宽皮带丝，纺16~28公支，纱条干也极佳。意大利资料，2000mm宽梳毛机，用9.6mm宽皮带丝，192根出条，可纺28公支纱。表中灰底部分常多用。

（6）皮带丝宽与不同品种细度的选用对照曲线图（图4-7-9）。

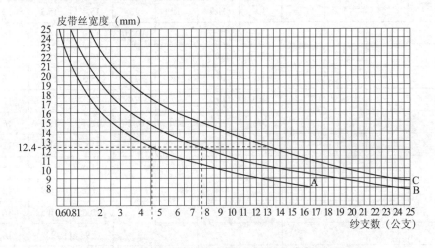

**图4-7-9　皮带丝宽与不同品种细度的选用对照曲线图**

A—较低支数系列　B—通常支数系列　C—高支、精细支数系列

（7）梳毛机工作幅宽，出粗纱条根数，分割辊隔距（槽宽），分条皮带丝宽度，卷取木辊数量及每只卷取木辊上的粗纱条根数的选配，见表4-7-4。

## （九）粗纺梳毛机工作幅宽系列

OCTIR粗纺梳毛机工作幅宽系列有2500mm，3000mm，3500mm及4000mm共四个；推荐的系列为2500mm，有的厂生产试样机，工作幅宽为1000mm。幅宽增加主要视工作辊、剥毛辊等挠度、弯曲度有否问题，要有机械精度保证，不变形，确保工艺准确。目前只有意大利OCTIR工厂有专利生产的无挠度辊子，所以可以有较大的幅宽。

表4-7-4　粗纺梳毛机出条总根数、工作幅宽、

| 出粗纱条的总根数 | 工作幅宽1500mm、1550mm | | | | 工作幅宽2000mm | | | | 工作幅宽2500mm | | | |
|---|---|---|---|---|---|---|---|---|---|---|---|---|
| | 隔距（mm） | 皮带丝宽（mm） | 卷取木辊 | 每辊粗纱根数 | 隔距（mm） | 皮带丝宽（mm） | 卷取木辊 | 每辊粗纱根数 | 隔距（mm） | 皮带丝宽（mm） | 卷取木辊 | 每辊粗纱根数 |
| 80 | 17.6 | 17.5 | 4 | 20 | | | | | | | | |
| 84/88 | 15.6 | 15.5 | 4 | 2/22 | | | | | | | | |
| 96 | 12.7 | 12.6 | 4 | 24 | 19.4 | 19.3 | 12/8 | 8/12 | 25.0 | 24.9 | 16 | 6 |
| 108 | 11.4 | 11.3 | 12 | 9 | 17.4 | 17.3 | 12 | 9 | 22.2 | 22.1 | 12 | 9 |
| 112 | 11.9 | 10.9 | 8 | 14 | 17 | 16.9 | 16 | 7 | 21.4 | 21.3 | 16 | 7 |
| 120 | 10.7 | 10.6 | 8/4 | 15/30 | 15.6 | 15.5 | 12 | 10 | 20.0 | 19.9 | 12 | 10 |
| 128 | 10.6 | 10.5 | 8 | 16 | 14.6 | 14.5 | 16 | 8 | 18.7 | 18.6 | 16 | 8 |
| 132 | 10.4 | 10.3 | 12 | 11 | 14.2 | 14.1 | 12 | 11 | 18.0 | 17.9 | 12 | 11 |
| 144 | 9.6 | 9.5 | 8/4 | 18/36 | 16.4 | 16.3 | 12 | 12 | 16.6 | 16.5 | 16 | 9 |
| 156 | | | | | 12 | 11.9 | 12 | 13 | 15.4 | 15.3 | 12 | 13 |
| 160 | | | | | 11.6 | 11.5 | 16/8 | 10/20 | 15.0 | 14.9 | 16 | 10 |
| 168 | | | | | 11 | 110.9 | 12 | 13 | 15.4 | 15.3 | 12 | 13 |
| 176 | | | | | 10.5 | 10.4 | 16 | 11 | 13.5 | 13.4 | 16 | 11 |
| 180 | | | | | 10.3 | 10.2 | 12 | 15 | 13.2 | 13.1 | 12 | 15 |
| 192 | | | | | 9.9 | 9.8 | 12/8 | 16/24 | 12.4 | 12.3 | 16 | 12 |
| 204 | | | | | | | | | 11.7 | 11.6 | 12 | 17 |
| 208 | | | | | | | | | 11.4 | 11.3 | 16 | 13 |
| 216 | | | | | | | | | 11 | 10.9 | 12 | 18 |
| 224 | | | | | | | | | 10.6 | 10.5 | 16 | 14 |
| 240 | | | | | | | | | 9.9 | 9.8 | 16 | 15 |
| 256 | | | | | | | | | 9.3 | 9.2 | 16 | 16 |
| 280 | | | | | | | | | | | | |
| 300 | | | | | | | | | | | | |
| 320 | | | | | | | | | | | | |
| 336 | | | | | | | | | | | | |
| 360 | | | | | | | | | | | | |
| 384 | | | | | | | | | | | | |
| 400 | | | | | | | | | | | | |
| 432 | | | | | | | | | | | | |
| 480 | | | | | | | | | | | | |

**分割辊隔距（槽宽）卷取木辊数及每根粗纱根数**

| 工作幅宽3000mm | | | | 工作幅宽3500mm | | | | 工作幅宽4000mm | | | |
|---|---|---|---|---|---|---|---|---|---|---|---|
| 隔距（mm） | 皮带丝宽（mm） | 卷取木辊 | 每辊粗纱根数 | 隔距（mm） | 皮带丝宽（mm） | 卷取木辊 | 每辊粗纱根数 | 隔距（mm） | 皮带丝宽（mm） | 卷取木辊 | 每辊粗纱根数 |
| | | | | | | | | | | | |
| | | | | | | | | | | | |
| | | | | | | | | | | | |
| | | | | | | | | | | | |
| | | | | | | | | | | | |
| | | | | | | | | | | | |
| 20.0 | 19.9 | 16 | 9 | | | | | | | | |
| 18.5 | 18.4 | 12 | 13 | | | | | | | | |
| 18 | 17.9 | 16 | 10 | | | | | | | | |
| 18.5 | 18.4 | 12 | 13 | | | | | | | | |
| 16.3 | 16.2 | 16 | 11 | | | | | | | | |
| 16 | 15.9 | 12 | 15 | 18.7 | 18.6 | 20 | 9 | | | | |
| 15 | 14.9 | 16 | 12 | 17.4 | 17.3 | 16 | 12 | | | | |
| 14.1 | 14 | 12 | 17 | | | | | | | | |
| 13.7 | 13.6 | 16 | 13 | | | | | | | | |
| 13.3 | 13.2 | 12 | 18 | | | | | | | | |
| 12.8 | 12.7 | 16 | 14 | 15 | 14.9 | 16 | 14 | 17.2 | 17.1 | 16 | 14 |
| 12 | 11.9 | 16 | 15 | 14 | 13.9 | 20 | 12 | 16.1 | 16 | 16 | 15 |
| 11.1 | 11 | 16 | 16 | 13.1 | 13 | 16 | 16 | 15.1 | 15 | 16 | 16 |
| 10.2 | 10.1 | 20 | 14 | 12 | 11.9 | 20 | 14 | 13.8 | 13.7 | 20 | 14 |
| 9.6 | 9.5 | 20 | 15 | 11.2 | 11.1 | 20 | 15 | 12.8 | 12.7 | 20 | 15 |
| 9.0 | 8.9 | 20 | 16 | 10.5 | 10.4 | 20 | 16 | 12 | 11.9 | 20 | 16 |
| | | | | 10.0 | 9.9 | 24 | 14 | 11.5 | 11.4 | 24 | 14 |
| | | | | 9.3 | 9.2 | 24 | 15 | 10.7 | 10.6 | 24 | 15 |
| | | | | | | | | 10.0 | 9.9 | 24 | 16 |
| | | | | | | | | 9.6 | 9.5 | 20 | 20 |
| | | | | | | | | 9.0 | 8.9 | 24 | 18 |
| | | | | | | | | 8.1 | 8 | 24 | 20 |

## （十）适纺细度范围、原料及出条速度

适纺细度范围为1667~33tex（0.6~30公支）的针织纱、机织纱、装饰布及地毯用纱。

适用原料：天然或再生纤维，羊毛纯纺及混纺，特种动物纤维，化学纤维的纯纺或混纺。

出条速度：工作速度按不同原料、纱支而不同，最高机械速度70m/min。

## （十一）电脑化管理

电脑配有微处理机、显示器，打印机等，现在先进的电脑是触摸屏，自动化管理系统，能调节、控制、显示、贮存梳毛机各种工艺参数，如粗纱支数（出条重量）、速度、产量、耗电、各运动机件的速度和各机原料的参数。各部分的单独传动及组合的无级变速调节系统，调校准确后由电脑统一管理。电子显示板驱动及控制整台梳毛机同步运行，还有自动监测系统可监测以下主要工艺参数：各罗拉、辊子、锡林、道夫的工作速度，粗纱支数，能耗，弹性针布的清洁周期，每一机原料的即时产量或总产量，可全自动控制。当采用相同原料及纺制相同支数时，监测系统可按原有的工艺参数及资料自行调节有关速度。

1980年以后，我国引进的粗纺梳毛机有意大利的OCTIR，FOR，BONINO，CORMATEX，TEMATEX，TAMELLA，COSMATEX（小样机，二手设备翻新，也有杂牌组合），比利时的HDB，日本的KYOWA，英国的TATHAM，波兰的BEFAMA，德国的SPINNBAU。国外粗纺梳毛机的主要技术特征见表4-7-5。

## （十二）国产粗纺梳毛机技术改造、研制开发的技术要点

### 1. 自动喂毛机

自动喂毛机的毛斗称重精度及喂入的均匀性，单位长度（宽度即机幅）上的喂料均匀、差异小是关键，粗纺纱的纵向重量不匀率约有90%左右的原因，在于梳毛机喂毛斗的称重不匀及单位长度上的喂料差异。以往认为控制纵向不匀一般规定极差小于15g，极差之间不匀率小于7%，每斗喂料的重量不匀率小于1.5%（一般测20次）。现在用先进的数控自调匀整、电子称重（称重传感器可选用综合精度为1/5000FS的高精度）传感器，分辨率为±1g，内部感量0.25g，不包括称斗皮重的最大称量可达1000g，皮重自校范围为500g，通过精细调整后，称重精度很高，出条重量不匀率在1%以内。现在称重式毛斗已经从过去的机电一次称重（用霍尔元件）发展成了→机电二次称重→电子称重→数控自调匀整电子称重。所以粗纺毛纱的纵向不匀问题，随科技特别是电子、微机、信息技术的发展，经过技术改造或采用先进的喂毛机，是可以得到很大改善的。山东东佳集团（原胶南纺织机械厂）早在1996年已研制了FTW型通用数控自调匀整式喂毛机。经用户使用，反映效果理想，宜在国内推广应用。见图4-7-10。现许多厂使用双喂毛箱喂毛，对开松、混合、均匀毛块也是有利的。上述新型国内喂毛机工作幅宽有1500mm及2000mm，还应向2500mm、3000mm等宽幅方向发展，与宽幅系列梳毛机配套。

表4-7-5　国外粗纺梳毛机的主要技术特征

| 国别与厂名 / 项目 | 意大利 OCTIR | 意大利 FOR | 比利时 HDB | 日本 KYOWA | 波兰 BEFAMA | 意大利 TEMATEX | 备注 |
|---|---|---|---|---|---|---|---|
| 型号 | A3C/S4T1 | 04832/01 | AA202 | WL～59/C80 | CR674 | AST204A | — |
| 联数及锡林数 | 3联4锡林 | 2联4锡林 | 2联3锡林 | 2联3锡林 | 2联4锡林 | 2联2锡林 | 联数=过桥帘数+1 |
| 过桥帘子数 | 2 | 1 | 1 | 1 | 1 | 1 | |
| 锡林直径（mm） | （2000）1650 | 1500 | 1270，1270（1500），1500（1270） | 1230 | 1500 | 2000 | 锡林直径还有2000 |
| 道夫直径（mm） | （1650）1280 | 1270 | 1000 1270 1270（1500） | 1230 1500 | 末节1500 1270 | 1500 | |
| 道夫直径（d）与锡林直径（D）的比值 d/D | （0.83）0.78 | 0.85 | 0.85（1.18） | 1.0，1.22 | 0.85，1.0 | 0.75 | |
| 工作辊直径（mm） | 217 | 252 | 216 | 213 | 240 | 225 | 215～278 |
| 剥毛辊直径（mm） | 85 | 80 | 97 | 120 | 105 | 80 | 80～120 |
| 胸锡林（mm） | 1650 | 1508 | 1000 | 850 | 1270 | | |
| 梳理点 | 36 | 25 | 20 | 18 | 25 | 17 | |
| 过桥帘形式 | 宽带下行式底过桥输送 | 上行式架空输送 | 上行式架空输送 | 上行式 | 上行式架空输送 | 上行式架空输送 | |
| 工作幅宽（mm） | 2500 | 2500 | 2000，2500 | 1560～3000 | 2000～2500 | 2500 | |
| 风轮直径（mm） | 350 | 320 | 300 | 300 | 315 | 320 | |
| 自动喂毛斗形式 | 电子称重自匀喂料 | 电磁控制称重式 | 气动控制重量式或射线测量密度，自调匀整容积式 | 电磁控制称重式 | 电磁控制称重式 | 气动控制称重式 | |
| 压草装置 | 气压Peralta式一对压辊 | 气压Peralta式一对压辊 | | 油压Peralta式一对压辊 | 水压Perlta式一对压辊 | 油压Peralta式一对压辊 | |
| 斩刀速度（次/min） | 3200 | | 3000 | | | 2100 | |
| 出条速度（m/min） | 最大 70～50～20 | 40 | 设计40 实际25 | 最大50 | 设计35 实际23 | 设计45 实际30 | |
| 出条根数 | （机幅2500mm）240 | （机幅2500mm）240 | （机幅2500mm）240 | （机幅2000mm）180 | （机幅2000mm）192 | （机幅2500mm）156 | |
| 皮带丝宽度（mm） | 9.8 | 9.8 | 9.8 | 10 | 9.7 | 15.3 | |
| 分条类别 | 连续循环式一带多头 | 连续循环式一带多头 | 连续循环式一带多头 | 连续循环式一带多头 | 套式一根皮带丝出1头 | 套式一根皮带丝出1头 | |

| 项目　　国别与厂名 | 意大利 OCTIR | 意大利 FOR | 比利时 HDB | 日本 KYOWA | 波兰 BEFAMA | 意大利 TEMATEX | 备注 |
|---|---|---|---|---|---|---|---|
| 搓捻板道数 | 单道至三道可选 | 双道 | 单道或双道可选 | 单道 | 单道或双道 | 双道搓板 | |
| 出条往复形式 | 卷取架往复 | 卷取架往复 | 卷取架往复或双排导杆往复 | 卷取架往复或导条杆往复 | 卷取架固定导条杆往复 | 卷取架往复 | |

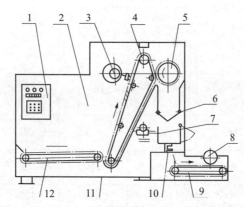

图4-7-10　FTW型通用数控自调匀整式喂毛机

1—电脑控制箱　2—毛箱　3—均毛耙　4—升毛斜帘　5—剥毛辊　6—挡毛板

7—平推式毛斗　8—压毛辊　9—喂毛平帘　10—电子秤　11—机架　12—底平帘

　　FTW型数控自调匀整电子称重式喂毛机，其特点是喂毛机周期不是设定好就固定死的，而是在一定范围内变化，而且称重量也不要求一定精确相等，它的整个工作过程由一套计算机系统控制。电子称重系统连续不断地监测着毛斗中的纤维量，升毛帘可无级调速，开始升速喂入，当毛斗中纤维量接近设定值时，升毛帘降速喂入，达到设定值时，升毛帘立即停止喂入，挡毛板同时闭合，然后再称出毛斗中的纤维量，再把这个实际量与设定标准量相比较，如果实际纤维量小于设定标准量，则计算机向控制部件发信号，使毛斗适时提前打开，使落到喂入平帘上的纤维在单位长度上精确相等，这时实际的喂毛周期就小于原先设定的喂毛周期；反之，如果实际的喂入量大于设定的标准量，则计算机向控制部分发出信号，使喂毛斗适时地延迟打开，这时实际的喂毛周期就大于设定的喂毛周期，也使保持落在喂毛平帘上单位长度（面积）的纤维量精确相等，以保证喂入的均匀性。因此这种自调匀整式数控喂毛机实际上是一种微调喂入周期的自动喂毛机。它是在相邻两次喂入量的极差和喂入时间不能超过一定范围的条件下使用。它也可以在无自调匀整功能（即称重或射线检测，改变喂入罗拉速度的功能）下工作，其喂入不匀率在1%以内。

　　粗纺梳毛机采用容量式自动喂毛机已经比较少，比利时HDB梳毛机是用容量式自动喂毛，采用了"Servolap"的自调匀整装置（专利），能较好地控制出条粗纱的均匀度，对控制中长片段不匀有一定效果。其控制原理是在微机内设定：喂入罗拉速度（$v$）×喂入罗拉间的毛层密度（$D$）=常数（$C$）。即$v×D=C$。利用同位素锔放出的射线测定通过罗拉之间的毛层密度，根据检测到的毛层密度变化情况，由计算机控制直流电动机，改变喂入罗拉速度，从而精确控制喂入量，使出条长片段重量不匀率控制在2%以内。

2. **梳理机部分**

（1）梳理机的工作幅宽，国内只有1560mm及2000mm的，生产能力不高，效率低，能耗相对高。要跟进国际水平，向宽幅系列化发展，可以先从2500mm工作幅度（有效幅度）研制，再向3000mm、3500mm、4000mm方向发展。

（2）完善锡林的梳理环配置，适当增大锡林、道夫的直径。较完善的梳理是在一个锡林上配7~8只梳理环，以8只为佳；前几只梳理环可以以大隔距、小速比，后几只梳理环为逐步减少隔距，增大速比，这样的分梳是渐进、柔和的梳理，达到良好、均衡地梳理纤维，又增加混料、混色均匀的效果，把纤维损伤减到最小。梳理环适当增加后，还可使锡林上的纤维层更为均匀，因为锡林表面的某一区域如负荷充满后，则该区范围内就不再接纳由剥毛辊返回的纤维负荷，只有在负荷尚未充满，毛层较薄的区段才会接纳纤维，所以适当增加了梳理环，具有均化毛网的作用，无疑是调整结构所必需的。据国外公司的试验结果，一节梳毛机上，随着梳理环的增加，从4只到10只，毛网的均匀度就会有所提高，以8～10只梳理环为最佳，故国外新推出的梳毛机一般都配7～8只梳理环。梳理环增加，必然要把锡林做大、做强、做好。国际上锡林直径2000mm的有5个型号；直径1650mm的3个型号，这2个型号占已调查56个型号的14.3%；锡林直径为1500mm的有14个型号，占25%。由此可见，适当增大锡林、道夫直径是发展的必然要求。道夫直径也是比较大的，道夫直径$d$与锡林直径$D$的比值，根据多年的经验，据48个数据统计，道夫直径与大锡林直径的比值基本在0.6～1，近20年还有$\frac{d}{D}$达1.22（如日本的粗纺梳毛机KYOWA WL78，末梳锡林直径1500mm，道夫直径1830）。$\frac{d}{D}$在0.7～0.9之间占了58.3%，在0.9～1的占10.4%，粗纺梳毛机的前车（末节梳理机）宜仍保持原来的$\frac{d}{D}$=1（国产粗纺梳毛机的末节梳理机的道夫直径与锡林直径之比为1，其余的都比较小，基本在0.6左右，而国外梳毛机，这个比值较大，大多数在0.7～0.9，少数达到1甚至1.22）。增大道夫直径与锡林直径的比值，有利于提高梳理机效能。

（3）配套调整工作辊、剥毛辊及转移辊直径。工作辊外径一般为215~278mm，要与锡林直径、梳理环数、剥毛辊直径综合考虑。剥毛辊外径不宜过小，直径太小的剥毛辊对保护纤维长度不利，其外径为80～105mm，加大剥毛辊外径对减少纤维长度损伤有利。关于转移辊直径的大小，主要考虑避免缠毛现象，还要减少落毛，所以现代梳毛机转移辊趋向采用较大的外径，但为使机器不要太加大长度，因此适当地从200～300mm加大到300～500mm，粗纺因其加工的纤维比较短，所以转移辊一般直径为400mm。在前车末道梳理机组的锡林与其后一节梳理机道夫的连接采用3只$\phi$400mm的转移辊，避免原来一只大转移辊上三角区有毛团打转，进入毛网的现象。

（4）改进机架结构。采用整体式，多横梁结构，用栓塞式整体式墙板坚固结构，在此设备基础上用宽地轨承载设备，便于维修、包针布、磨针布、抄车等。

（5）提高加工精度。调好锡林、道夫的静平衡、动平衡，锡林道夫的径向圆周跳动控制在0.01～0.02mm之内，锡林、道夫表面平整。

（6）工作辊、剥毛辊等细长轴类件，要注意梳毛机向宽幅方面发展后的配套。要在材质、加工工艺、热处理及表面处理方面再提高。要注意长轴类的挠度及弯曲，目前要向2500mm幅宽的梳毛机配套。要在材质、结构、加工工艺方面借鉴已有的成功经验，生产出基本无挠度、无弯曲（挠曲度≤0.003mm）的工作辊、分梳辊、剥毛辊、导条辊、分割辊等，确保动态隔距准确，运转稳定。

（7）梳毛机预梳装置的组合形式。为了使纤维层在到达大锡林之前尽可能均匀，进一步开松束纤维，用多级逐步松解，可使大锡林的梳理环针对毛网中还存在一定量毛粒的纤维层能够进一步精细地分梳，以去除毛粒。这就需要有好的预梳装置，把纤维束开松好，尤其在前车，从过桥装置输送来的毛网带，是经过多次往复、重叠、铺层混和，纤维的排列方向、顺直度较差，存在不匀，通过喂入装置的进一步梳理、开松、混和，有利于提高到达锡林的纤维层的均匀度，做到尽可能均匀，有助于精细分梳与混和。预梳装置也是不断改进的，现有梳毛机大致有三种形式：

①比较新型，有两对喂入罗拉、开毛辊、小胸锡林及分梳辊（其中小胸锡林上面置一对工作辊、剥毛辊），再接上、下各1只运输（转移）辊至大锡林，见图4-7-11。其特点如下：

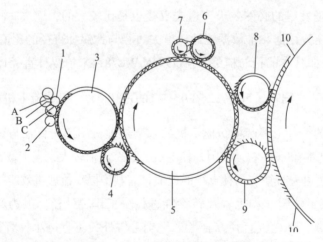

图4-7-11　梳毛机预梳装置的组合形式

1—喂入罗拉（2对，$\phi$66+12mm，0.32m/min）　2—清洁辊（$\phi$66+12mm，0.43m/min）

3—开毛辊（$\phi$400+12mm，43.15m/min）　4—分梳辊（$\phi$227+12mm，0.27m/min）

5—小型胸锡林（$\phi$500+12mm，81.79m/min）　6—工作辊（$\phi$217+12mm，2.27m/min）

7—剥毛辊（$\phi$98+12mm，46.08m/min）　8—上运输辊（$\phi$217+12mm，115.11m/min）

9—下运输辊（$\phi$278+24mm，126.51m/min）　10—大锡林（$\phi$1650+24mm，435.23m/min）

a. 四个喂入罗拉，对与对之间错位排列，共有A、B、C三个锯齿相互交叉1~2mm的握持点，毛层握持长度大，有助于开毛辊3均匀地抓取纤维。

b. 在开毛辊3和小型胸锡林5之间有分梳辊4，它以慢速逆时针方向运转，与开毛辊3之间发生分梳作用，凝聚抓取了相当一部分纤维，并转移给小型胸锡林5，开毛辊上的另一部分纤维则直接由小型胸锡林剥取。这两部分纤维层在小胸锡林5上互相叠合，起着匀化纤维层的作用。

c. 小胸锡林5上方的一对工作辊6和剥毛辊7也起着梳理和匀化纤维层的作用。这种形式的喂给机构，有利于提高前节，尤其是中车过桥帘子输出的铺叠后的毛网带喂入均匀和再梳理，适应纺制高档针织纱线的要求。意大利OCTIR公司采用此形式。

②一对或两对喂入罗拉、开毛辊转给大锡林剥取；还有一种在开毛辊与大锡林之间的下三角区置一只小分梳辊（直径27.7mm，回转方向与开毛辊相同，都为逆时针，起分梳作用，抓取的部分纤维又被大锡林剥取），也增加了分梳混匀作用。类似的有国产BC272D型、日本KYOWA型。

③一对或两对喂入罗拉，小型胸锡林、运输辊转递给大锡林。这个小型胸锡林直径为500~850mm，上面有一对或两对工作辊、剥毛辊，更加开松纤维层，还有粗梳、混和作用。如英国的TATHAM型及波兰BEFAMA型用此形式。

以上三种形式，对改进前节大锡林的喂入均匀性很有必要，合理的喂入硬件再配上合理的工艺（速比、隔距等）软件，使纤维损伤降到最低限度，有利于提高粗纱质量。

（8）采用无扭力高速电磁斩刀，使斩刀速度提高，最高可达3200m/min。

3. 过桥机

国产粗纺梳毛机中的过桥装置，有一过桥及二过桥。在意大利二过桥中，主要用于混色达5个颜色或混料达5种及以上的纱线，国产的二过桥设备，在生产原料、颜色比较单一时，也只好经过二个过桥。而意大利OCTIR粗纺梳毛机如果配有二过桥，当生产单一原料、颜色的品种时，只需用一个过桥也可以，在二个过桥之间增设了超越装置（BY-PASS），使毛网带由第一联的过桥下来后，经水平直行（不受意外拉伸）超越第二过桥而直接进入第三联，可增加梳毛机的生产能力。一般说过桥可增加纵向及横向混和，尤其是横向混合。

（1）采用下行式宽带底过桥代替上行式窄带架空过桥的形式。

（2）用差动式水平往复伸缩（U字横卧⊏，俗称U形帘）帘铺叠毛网带的方式，代替垂直、既上下运动又左右摆动、帘子夹持性差的铺叠毛网带方式。

（3）二过桥要同时设置"越站"式装置，既能用二过桥，又可用一过桥，有较好的灵活性。

4. 成条机（输出机构）

（1）分条装置。

①大分割辊、导条辊可适当增大分割辊直径，分割辊轴上有四个支撑点等措施，以减少挠度，采用抗弯曲措施，确保皮带丝张力均匀，以保证分割毛网均匀，减少粗纱出条的横向

不匀率。

②推荐采用一根带多头的连续循环式皮带丝，根据用户需要也可选一根带1、一根带2的套式多根皮带丝形式。

③分割辊的槽宽与分割皮带丝宽相差0.10mm（原来相差0.20mm）（现在可用数控机床加工分割辊，精度可以很高）。

④用户选用的分割皮带丝（又称：分条皮带丝），要求制作精良、材质结构符合毛纺分条使用，伸长率很小，不变形。中间夹有合成高分子化学材料带，防止伸长变形，两面贴有牛皮正面革，保持切口的直角锋利。这种皮带丝价格较贵，搭接技术要求高。还有一种较松密度的丁腈橡胶皮带，价格便宜，缺点是容易伸长，优点是用特种快胶随机胶接很方便，需经常测试，横向各头（粗纱）支数差异在10%以上，就要整修。一般横向支数不匀率控制在±5%以内。

（2）搓捻装置。为了使高支数针织用纱能有好的品位，梳毛下机的粗纱光圆紧度要好，在细纱退卷时不易有意外牵伸，而纺地毯纱一类支数较粗、梳毛机出条速度快，必须要增加搓捻程度。为提高搓捻程度，主要措施有：

①采用宽皮板，即加大搓捻皮板的周长（涉及设备结构，一般是固定规格的）。

②用双搓捻板或三搓捻板，目前国内的梳毛机还没有双搓及三搓，要考虑研制。

（3）卷取装置。

①卷取装置的架子是往复移动的，导条杆固定不动，这样搓板出来的粗纱意外伸长小。

②卷取架上毛卷辊配置与机幅及出条总头数（出条总根数）有关，一般每层毛卷辊最多6根，卷取架为四层，最多24根毛卷辊。一般要求每根毛卷辊上粗纱条根数不少于8～10根，最多30根，有利于细纱机上喂入，减少毛卷轴上两边粗纱的喂入斜角太大而造成意外伸长。

③在卷取架支承毛辊轴端芯子的两边支臂上，有可调节的对毛卷辊两端芯子加压的滑铁块，可在槽内滑动，调节压力大小，位置有螺丝固定。其目的是注意全过程每一细节，最后的卷绕张力，粗纱饼的松紧也是高质量粗纱的体现。

5. 压草装置：称帕拉尔塔式（Peralta）

一对压草辊，一般安装在第一梳理机的前面，对道夫所出毛网压一次，使草质及小毛毡块容易脱落，国外使用很普遍，而国产梳毛机未配压草辊，对纺制高支、高档次、高品质的针织用纱不利，应该列入研制。

6. 传动装置及无级变速装置

要采用先进、节能的分电动机，交流矢量变频传动与整机同步联动的控制器，使主要机组（节）既可个别各自调节速度又有统一综合同步联动。

对各部的喂入张力、主要速比，如工作辊与锡林的速比，过桥装置，成条装置，粗纱支数±15%的调节，末节道夫的出条速度等，在设备上均要有不同形式的无级变速器进行调节。

7. 自动化、智能化、信息化水平要先进

（1）有触摸屏显示各项参数、设备运转情况、出条粗纱支数、出条重量、运动件的速度、产量、能耗。有声响及光信号的安全报警装置，电脑化操作程序等可打印。

（2）可控制和操作，变速装置的遥控，工艺参数的电脑管理系统，可联网，远程监控。

（3）有在线检测，如出条乌斯特条干均匀度（可移动式，测一个或几个不等），喂入原料，出条粗纱的回潮率等可自动计算、打印等。

### 8. 梳毛机要向系列化、模块化组合式方向发展

梳毛机向宽幅发展是一个趋势，从1500mm逐步发展为2000mm，2500mm，3000mm，3500mm，4000mm，也不是越宽越好，一般到4000mm幅宽形成一个系列。我国粗纺梳毛机最宽为2000mm（即BC274型），要继续向2500mm，3000mm发展，这样有利于提高生产效率、节能，当然从现有条件出发，关键在技术上能否保证2500mm，3000mm，甚至3500mm（3500mm精纺梳毛机OCTIR型早已生产）宽幅机的质量。粗纺梳毛机是一台联合机组，因此各单元、各节，可根据用户生产的不同产品、品种进行选配，像模块化那样可以自由组合：

（1）预梳机组单元一对或两对喂入罗拉，开毛辊、小胸锡林至大胸锡林或大锡林；也有喂入罗拉，开毛辊至大胸锡林或锡林；喂入罗拉，小胸锡林至大胸锡林或锡林等。

（2）主锡林、道夫梳理组（节），有四锡林组或三锡林组。

（3）自动喂毛机，有称重式电子数控自调匀整喂毛机，容积式、X射线检测自调匀整喂毛机，或称重、容积复合式自调匀整喂毛机；有单个大容积喂毛箱或双喂毛箱，总之使自动喂毛机形成一个系列组合。

（4）过桥机。

①单过桥式，宽带、底过桥、差动式铺层、无级调速。

②双过桥式，除上述功能外，还有"越站"、超越功能，即配双过桥的用户，在产品变化不需要双过桥时，就可以越过一个过桥，成为单过桥功能的装置。

（5）搓捻装置：有单搓板、双搓板、三搓板式等。

（6）有不同的同步传动控制系统，交流变频带矢量控制，无级变速器，无级变速装置，伺服电动机控制更精确、稳定，如用于出条支数（细度）控制、调节等。

总之，逐步努力做到梳毛机系列化、模块化组合，有利于提高竞争力。

### 9. 要配真空抄针机

（1）优点。真空抄针是利用真空（抽吸式）技术来完成对锡林、道夫、工作辊、剥毛辊、转移辊等进行抄针，它与手工抄针相比，具有使用方便，抄针效率高，干净，可减少飞毛、尘埃在空气中弥漫，有利于车间环境清洁等优点，同时还大大减轻了工人的劳动强度（工人由于抬辊子，有的上百千克重，踏高踩低，时间长了，腰都有伤），保护针布，对产品质量、生产效率都有明显提高。经济效益也较明显，1套真空抄针机可配3~5台梳毛机，被工人称为福音的ZC350型真空抄针机是浙江省东阳纺织机械厂根据国外先进技术，经消化吸收再创新而研制生产的，曾被北京、上海、杭州、宁波、镇海等有关毛纺企业使用，效果明显，深受工人欢迎。但由于多种原因，现已不生产。由于该机性能不错，有的企业一直使用至今，而且用真空抄针机效益好。抄针效益对照表如表4-7-6所示。

表4-7-6　抄针效益对照表

| 对照项目 | 人 工 抄 针 | 真 空 抄 针 |
|---|---|---|
| 工作效率 | 抄一台车需6人，劳动4～8h，平均6h，受工人熟练程度、机型影响，6人×6h=36工时 | 抄一台车2人工作2h，2人×2h=4工时 |
| 梳毛机运转率 | 三班或六班抄针一次，需停机6h，统一按三班计算：$\frac{24}{24+6}\times100\%=80\%$ | 统一按三班抄针一次，需停机2h，$\frac{24}{24+2}\times100\%=92.3\%$ |
| 对针布影响 | 抄针工具与针布接触，针布损伤大 | 吸嘴与针布保持一定距离，基本不伤针布 |
| 对质量影响 | 抄针水平因人而异，质量不易控制 | 抄针质量稳定，保证梳毛质量 |
| 对环境影响 | 飞毛、尘屑飞扬、污染空气，不利健康，打扫强度大 | 采用抽吸式，空气不污染，车间比较清洁，有利于工人健康 |

（2）ZC350型真空抄针机主机的主要参数，如表4-7-7所示。

表4-7-7　ZC350型真空抄针机主机的主要参数

| 名称 | 数值 | 名称 | 数值 |
|---|---|---|---|
| 工作真空度（kPa） | 40～80 | 温度（℃） | ≤65 |
| 工作排气量（m³/h） | 1260～1800 | 转速（r/min） | 950 |
| 噪声（dB） | ≤85 | 电动机功率（kW） | 18.5×2 |

真空抄针机适用面宽，真空抄针装置配有弯、直、扁、圆及大小不等各种规格型号的吸嘴。除抄针外，还适用于各种纺织机械任何部位及地面等处的清洁工作。

## 二、国外毛网类梳毛机——羊绒分梳机简介

前面介绍的粗纺梳毛机，按梳毛机输出方式的不同分类，是属于粗纱类梳毛机（还有粗条类梳毛机，主要指精纺梳毛机、半精纺梳毛机，主要输出是条子）。再一类是毛网类梳毛机，由自动喂毛机、梳理机（包括盖板梳理、罗拉梳理、多组平辊非握持式转移分梳等）及输出机构三部分。山羊绒分梳机、制毡梳毛机及非织造物梳毛机常用这类梳毛机。后两种梳毛机的梳理部分较为简单，一般由一节梳理机组成，但它们的输出部分却比较复杂，毛网要进行多次铺层，形成单位长度不同重量要求的毛帘，以便下一步制成毛毡或加工成一定规格的非织造物。山羊绒梳毛机的输出部分很简单，在最后一节道夫的毛网由斩刀剥下来，进入成品箱内即可。下面介绍一下羊绒分梳机的类型及意大利BONINO分梳机的结构、特征及分梳的质量效果、产能。

随着国内外市场对山羊绒消费量的增加，国内山羊绒加工业有了较快发展。对羊绒分梳设备的需求也随之不断增加。山羊绒分梳机的类型很多，主要有盖板式、罗拉式，罗拉与盖板相结合的分梳机。这些类型的机器还在继续研究改进中。这些机器分梳羊绒的好坏，主要考核其分梳后的无毛绒中的含粗率、含杂率，分梳中的纤维损伤率，分梳全过程中净绒毛提取率及其加工的产能（即每小时的产绒量）。这些指标：如损伤率低，加工羊绒长度增加2～3mm，净绒的绒毛提取率高出2~3个百分点，无毛绒的含杂、含粗越低，产量又相对高，不仅会带来可观的经济效益，而且对后道的加工质量、效率及提高最终产品的服用性能，都会有重要的影

响。所以对山羊绒分梳机的着眼点首先保护羊绒长度，尽可能减少长度损伤，在此前提下尽可能把含粗、含杂（皮屑）等清除掉，增加提取率。根据这一思路，柔和的、逐渐开松的功能成为分梳机的主体，因为只有柔和，才能减少纤维损伤。羊绒团也只有开松了、松散了，粗刚毛、死毛、杂质才能容易被通用机械或气流离心力分离甩出来，意大利BONINO的羊绒"分梳机"就是这种类型的，见图4-7-12。按（1）—（2）—（3）—（4）运行。

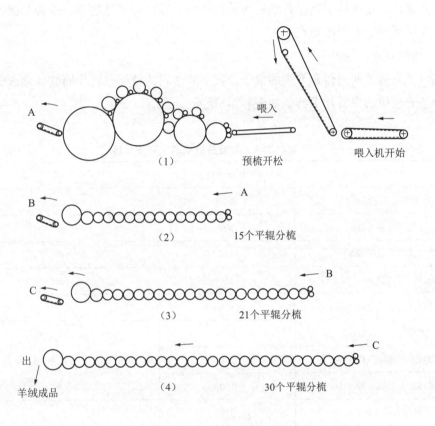

图4-7-12　羊绒分梳机分梳流程

图中文字：喂入　预梳开松　喂入机开始　A　B　15个平辊分梳　C　21个平辊分梳　出　羊绒成品　30个平辊分梳

### （一）机器结构

该机的结构可分为四个部分。

**1. 自动喂毛机**

称重式，用接近开关控制斜帘的喂入与停止，斜帘顶部有永久磁铁，防止铁物轧伤金属针布，在喂入罗拉处也可装防轧装置，有报警装置（这是老式，现在可用电子式称重）。

**2. 预梳开松部分**

有喂入罗拉、开毛辊、胸锡林、道夫、主锡林，工作辊、剥毛辊、道夫、包覆弹性针布，梳理开松缓和，对纤维损伤小。预梳部分共有8个梳理点，使开松充分，每个滚筒下部均装有尘格，防止落绒。道夫斩刀速度高，单独传动。

**3. 平梳辊部分**

分为去粗平梳辊及整理平梳辊两个区。

（1）第一区为去粗平梳区，共有36个平梳辊，包金属针布，分成2节，第1节由喂入罗拉、15个平梳辊组成，其中最后一个为输出辊及输出帘组成。第2节由喂入罗拉、21个平梳辊组成，其中最后一个辊由输出及输出帘组成。

（2）第二区为整理平梳，有30个包覆金属针布（规格与第一区平梳辊不同）的平梳辊进行整理平梳，进一步分梳，去除绒中所含剩余的两型毛等杂质。平梳辊直径小，速度由后向前逐步加快，使纤维层通过各辊逐步分梳转移、减薄并甩除粗杂，这种非握持连续转移式梳理，作用缓和，对纤维损伤小。

**4. 回收部分**

在机下安装了两对传送下脚的帘子，视下脚落料的情况，再作回收处理或加工。

羊绒分梳机的主要技术特征如表4-7-8所示。

表4-7-8　羊绒分梳机的主要技术特征

| 项　目 | 主要技术特征 | 备　注 |
| --- | --- | --- |
| 工作幅宽（mm） | 2500 | |
| 开毛辊直径（mm） | 500 | |
| 胸锡林直径（mm） | 770 | |
| 胸锡林工作辊直径（mm） | 210 | |
| 胸锡林上剥毛辊直径（mm） | 100 | |
| 大锡林直径（mm） | 1270 | |
| 大锡林上工作辊直径（mm） | 250 | 包弹性针布 |
| 大锡林上剥毛辊直径（mm） | 100 | |
| 风轮直径（mm） | 310 | |
| 道夫直径（mm） | 1270 | 包弹性针布 |
| 平梳辊直径（mm） | 200 | 包金属针布（去粗辊与整理辊的规格不同） |
| 输出辊直径（mm） | 500 | |

**（二）加工流程**

洗净的原毛绒经自动喂毛机的喂入帘、上升帘、均毛耙、剥毛耙，初步松解一下，从喂入帘进入开松预梳机，毛块被较充分地开松并去除部分粗杂，经过8个梳理点后由道夫斩刀剥取，通过给绒帘送入两组去粗平梳辊中，经过多达36个平梳辊的非握持式转移分梳，绒中大部分的粗毛及杂质被去除，然后再由给绒帘喂入一组整理平梳辊中，经过30个平梳辊的分梳，彻底去除绒中所含剩余两性毛杂质，最后获得合格的无毛绒。据BONINO公司资料，该联合机产量、制成率见表4-7-9、表4-7-10。

表4-7-9　BONINO分梳机产量

| 含粗率（%） | 产量（kg/台·h） |
|---|---|
| 1 | 20 |
| 0.2 | 10 |
| 0.1 | 5 |

表4-7-10　BONINO分梳机制成率

| 原料<br>制成率 | 一级白绒（中国） | 一级紫绒（中国） | 二级白绒（中国） | 一级青绒（蒙古） | 伊朗白绒 |
|---|---|---|---|---|---|
| 洗净率（%） | 70～80 | 70～80 | 80～90 | 70～75 | 80～85 |
| 原绒制成率（%） | 48～52 | 48～52 | 35～40 | 50～55 | 40～45 |
| 洗净后制成率（%） | 65～72 | 65～72 | 45～50 | 70～80 | 50～55 |

不同机型的相关技术性能指标见表4-7-11。

表4-7-11　不同机型的相关技术性能指标

| 项　目 | LFN241 | 日本尤尼吉可 | 意大利BONINO |
|---|---|---|---|
| 机型 | 罗拉盖板结合式 | 罗拉刺辊气流结合式 | 罗拉式 |
| 含粗率（%） | 0.23 | 0.2 | 0.2 |
| 最大产量（kg/台·h） | 2.0 | 6.0 | 10.0 |
| 纤维损伤率（%） | ≤16.2 | ≤14 | ≤10 |
| 综合提取率（%） | 82 | 86 | 90 |
| 制成率（%） | 40～43.5 | 42～45.5 | 48～52 |
| 整机长度（m） | 18.36 | 28.8 | 29.36 |

　　分析：从数据对比可以看出，BONINO罗拉式分梳机具有台时产量高，综合得绒率高，纤维损伤率小，含粗率也小的优点。BONINO分梳机的预梳开松部分有8个梳理点，比国产罗拉盖板式及日本罗拉刺辊式（taker in）分梳机的开松梳理点要多，梳理开松的效果比较好，这就为平梳辊部分去除粗杂创造了必要的条件，可以使粗杂在离心力和气流力的作用下克服纤维间的阻力甩出来，可以使平辊的锯齿把粗杂分梳出来，BONINO分梳机在结构上的最大特色就是目的明确，抓住主要矛盾。一种设备的设计、目的性、定位很重要，如认为分梳工程的最终目的就是去粗、去杂是很不全面的，分梳是一种手段，其目的是通过去粗、去杂，获得优质羊绒。因此获得优质羊绒才是分梳的真正目的。尽一切可能保护"软黄金"的天然纤维长度，减少损伤。把开松作为重要抓手，它是必要条件。一般预梳开松机都是用金属针布，而BONINO分梳机的预梳开松机的主锡林用的是弹性针布，包括梳理环的工作辊、剥毛辊及道夫都用弹性针布，众所周知弹性针布握持纤维的钢针因为有弹性，所以能减少纤维的损伤。预梳部位有8个梳理点（从喂入罗拉与开毛辊起至道夫与锡林分梳、凝聚长区止），可把喂入的羊绒纤维块、团进行较为充分的、缓和的梳理、扯松、撕开，分成小块甚至束状，同时也去除一部分粗杂（死粗毛、刚毛等），开毛辊、

运输辊、大锡林在运转中与下面的尘格之间也可落杂，道夫的斩刀在高速振荡下也起了落杂的作用。预梳开松梳理好，去掉了一部分粗杂，就为下一步平梳部分的去除粗杂创造了良好、必要的条件。BONINO梳理机的最大特色是采用了两组去粗平梳辊和一组整理平梳辊，共有66根平梳辊。而且去粗梳辊与整理平梳辊采用规格不同的金属针布，使去除粗杂的作用比其他类型号的羊绒分梳机更加充分。BONINO分梳机平梳辊之间的纤维层减薄、转移、甩除粗杂的过程实际上是非握持梳理的过程，它与罗拉盖板式（盖板速度很低）和日本的罗拉刺辊（taker in）气流式（刺辊部分的喂入罗拉速度很低）的握持式梳理相比，BONINO平梳辊对纤维的作用缓和，这就决定了其对纤维损伤小。对纺高支、高质、高附加值的羊绒纱是有利的，纺高支羊绒针织纱，要求羊绒长度在36mm以上，后来用34mm，因为长度长的羊绒价格贵，中国羊绒品牌还不是非常强大，其附加值比国外品牌低得多，BONINO羊绒分梳机是纯罗拉式分梳机，其分梳质量和综合得绒率明显提高。羊绒纤维损伤小，是世界上比较先进的水平。这些设备结构的特点及分梳的实际效果对于我国研发、再创新羊绒分梳机是很有参考价值的。图4-7-13为OCTIR粗纺梳毛机二联及三联，2（节）锡林，3（节）锡林，4（节）锡林，共8种类型，供参考。

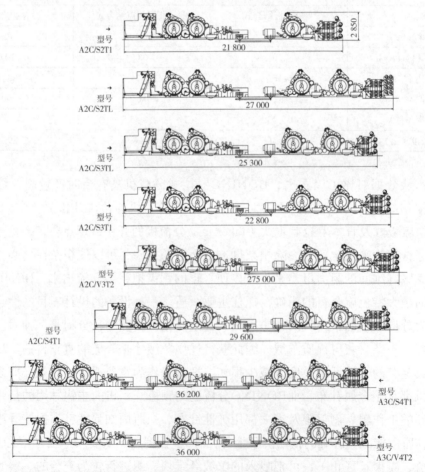

图4-7-13　OCTIR粗纺梳毛机二联及三联，2（节）锡林，3（节）锡林，4（节）锡林

# 第二节　国外粗纺环锭细纱机

粗纺细纱机一般都采用环锭细纱机。随着科学技术的进步，社会经济的发展，粗纺纱也越来越多地用于针织服饰，并且对粗纺纱的要求也越来越高。20世纪90年代以来，粗纺环锭细纱机（包括梳毛机）为适应市场的要求，作了较大的改进，使之适应高支、均匀、原料多样化、纺纱效率高、节能低耗和占地面积小等要求，以有利于竞争。环锭细纱机在牵伸结构方面的改进主要有：把原来单区牵伸改为双区牵伸，为改善纱条均匀度，增加了对短纤维（浮游纤维）的有效控制，提高了牵伸倍数和牵伸效率。另一方面在自动化、智能化、信息化提高方面，在节能、降耗、减轻工人劳动强度方面，在减少用工及提高生产效率等方面也作了不断完善，使环锭细纱机有很大的改观。生产环锭细纱机的厂商有意大利葛庭诺（Gaudino）公司的FST03型，意大利奥福比科（Off·Big）公司的Selespin型（这家公司由Proxima公司和BLV公司组建，代替Bigagli公司，它们分别是电气设计、制造和机械制造），还有波兰贝法玛（Befama）公司也生产粗纺环锭细纱机。

## 一、粗纺环锭细纱机的主要技术特征

### 1. 电子车头，微机控制

显示屏可设定、查看和显示工艺、工作参数及产量数据，毛卷退卷滚筒、假捻器、喂入罗拉、牵伸罗拉、钢领板由单独的无刷电动机驱动，锭子由AC电动机带变频器驱动。

### 2. 自动化程度高

有自动落纱、插空管、自动换空卷、上满卷，全部是单面机。还有自动割除、清洁锭脚废纱，清洁钢丝钩装置，还可以提供细络连。

## 二、葛庭诺FST-03型细纱机的主要特点

### 1. 喂入部分

单滚筒退卷，退卷速度无级可调。

### 2. 牵伸部分

有两个专利牵伸区，总牵伸倍数可达1.7倍，如图4-7-14所示为FST-03型双区牵伸机构示意图。加工原料范围适应性广，牵伸倍数大，纺制纱线的条干均匀，强度、断裂伸长度好。第一牵伸区（后牵伸区）长度为470mm，在靠近罗拉2处有带振动片的假捻器5，其作用是在牵伸时给粗纱加假捻，通过振荡作用把捻度更快地传递到被牵伸的粗纱上，并适当分布捻度，在细节处的捻度多些，而在粗节处的捻度少些，故在边加捻边牵伸时能均匀改善粗纱的粗细节，尤其不会出现周期性的弱段和细节。第一牵伸区是主牵伸区，牵伸倍数达1.45倍，在第一牵伸区中的大部分长度，是对纤维采用垂直向下牵伸，与粗纱条的重力成直线，这样在假捻器回转带动纱条抖动时，使纤维排列分布更为顺直，更为均匀，从而提高可纺支

数，增加了纱的蓬松感。第一牵伸区的喂入罗拉、皮辊部分有一个可调压力的摇臂架控制，还装有气动装置，利用气流将断的粗纱吹入假捻斗中，经风道送入收集箱内，减少缠结，方便接头。

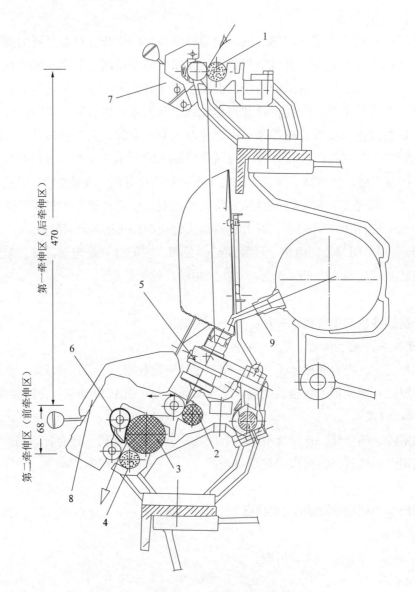

**图4-7-14　FST-03型双区牵伸机构示意力图**

1—后喂入罗拉（与后皮辊配对）　2—下后中罗拉（与皮辊配对）　3—下前中大罗拉（与皮辊、皮圈配对）

4—下前罗拉（与前皮辊配对）　5—假捻器（内带振动片）　6—上皮圈（内套中皮辊，前有皮圈销装在上皮圈架内）

7—后压力摇架　8—前压力摇架　9—吹风管自动导纱

第二牵伸区是大下中罗拉上托式弧形皮圈牵伸及小前隔距，见图4-7-15，皮圈钳口很靠近前罗拉钳口，有利于对粗纱中短纤维的控制和提高牵伸倍数，第二牵伸区的牵伸倍数是1.173倍，这样细纱机的总牵伸倍数可达1.7倍，既适用较长纤维纺纱又能适应较短的，例如再生纤维纺纱，可提高牵伸倍数、车速和进行高速生产。其成纱的均匀度、强力、断裂伸长等各项指标均可与传统的走锭纺纱机媲美。

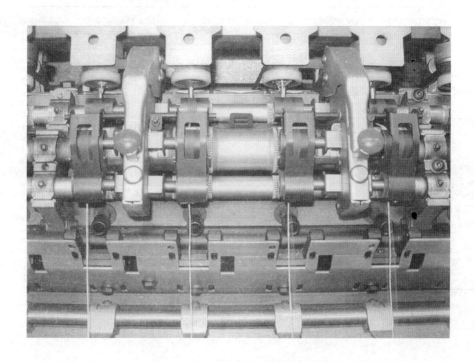

图4-7-15　FST-03型第二牵伸区

3. **加捻卷绕部分**

（1）国外粗纺环锭细纱机普遍采用锭端加捻，以减小或消除气圈，减少纱线张力。FST-03型采用双翼锭端（锭帽），在纱线加捻中，是不会产生气圈的。锭端有两种形式：冠形和指形。双翼锭端和齿形锭端都属于冠形，双翼锭端在加捻中纱线是无气圈的，齿形锭端是半气圈，而指形锭端也是半气圈的。齿形锭端用于机织纱，比较紧密、光洁，指形锭端用于针织毛纱，比较蓬松。双翼锭端介乎上述两者之间、比较通用。

（2）采用粉末冶金锥面含油钢领，加捻"Z"或"S"可方便切换。

（3）锭端与导纱钩之间的距离可以微调，在机器起动或停止时，自动调节导纱钩与锭端之间的距离，防止纱发生缠结。

（4）有延时驱动，相对于锭子，延迟开始喂入。

（5）带调整纱穗直径大小的微调器。

（6）电子传动感应，产生渐起慢停的制动装置。

（7）假捻器的形式：为螺旋导入式，内有钢珠（类似于凸钉）假捻装置（据介绍现在有一种振动片装置），可以用同一套假捻装置加工任何粗纱细度，包括花式纱。

## 三、国外粗纺环锭细纱机的主要技术规格（表4-7-12）

表4-7-12　国外粗纺环锭细纱机主要技术规格

| 项目<br>国别机型 | 锭距<br>（mm） | 钢领直径<br>（mm） | 纱管高度<br>（mm） | 最大锭数（个） | 最大机械锭速<br>（r/min） | 适纺细度范围<br>[tex（公支）] | |
|---|---|---|---|---|---|---|---|
| 意大利<br>GandinoFST-03型 | 90 | 65 | 310~320 | 384 | 11000 | 20.8~100（10~48） | |
| | 105 | 75~80 | 310~350 | 360 | 10000 | 41.7~166.7（6~24） | |
| | 115 | 90 | 350 | 336 | 9000 | 62.5~250（4~16） | |
| 意大利奥福比科，<br>BGS单区牵伸，<br>DS双区牵伸，<br>DDS新单伸区 | 106 | 75~80 | 350~400 | 360 | 10000~12500 | 33.3~125（8~30） | 细高支 |
| | 120 | 90~95 | 400~450 | 320 | 8500~10500 | 62.5~166.7（6~16） | |
| | 145 | 110 | 450~500 | 280 | 7000~9500 | 83.3~250（4~12） | 粗支 |
| | 165 | 127 | 500~600 | 240 | 6000~8000 | 125~500（2~8） | |
| | 180 | 140 | 600 | 220 | 5500~8000 | 200~1000（1~5） | |
| | 240 | 200 | 700~800 | 170 | 3800~5000 | 250~2000（0.5~4） | 很粗支 |
| | 300 | 300 | 700~800 | 140 | 3000~4200 | 333.3~2000<br>（0.5~3） | |

意大利奥福比科公司细纱机DS双区牵伸结构，见图4-7-16。

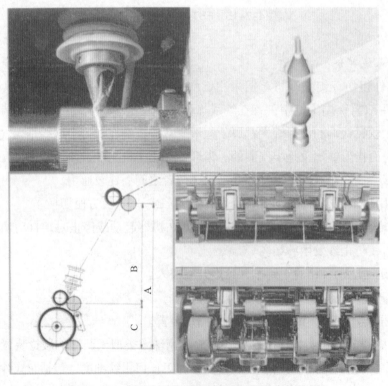

图4-7-16　奥福比科公司细纱机DS 双区牵伸结构

A—总隔距　B—第一牵伸区　C—第二牵伸区

假捻器下端要尽量靠近前罗拉钳口（此处假捻抵消，纱条强力低）。在第二牵伸区有一个大上中皮辊下压式（侧压式）弧形牵伸与自调加压的轻质钢辊相接触，以更好控制中、短纤维（≤100mm），第二牵伸区是垂直弧形牵伸。该机总牵伸达1.5倍。

# 第三节　国外粗纺走锭纺纱机

## 一、简况

20世纪走锭纺纱机在粗梳毛纺领域的使用还是很普遍的，尤其是纺羊绒纱和兔毛纱。我国自1983年以来，仅意大利毕加力（Bigagli）公司的立锭走架细纱机就引进了200多台，分布在100多家企业。国外生产的走锭纺纱机（分为三种，有锭子架运动的，喂入毛卷辊退卷架运动的，锭子架和退卷架双向运动的）有意大利毕加力公司的立锭走架式，现为奥福比科公司的新型自动立锭走架纺纱机普罗西马（Proxima）BTDD，已代替RobospinBb。

意大利考尔玛坦克斯（Cormatex）公司的C4、C7型，其中C4型为双向运动。C7型为新型立锭走架式。现在国外主要是这两家公司。

随着科学技术的发展，粗纺梳毛机的技术改进，粗纺环锭细纱机的技术改进，早已出现环锭细纱逐步取代走锭细纱的趋势，虽然走锭纺纱也在不断改进，但用户从最终纺纱的适应性、质量、成本、效率、价格、占地面积、投资等综合因素考虑加以选择。

## 二、国外立锭走架式细纱机的主要技术特征

原来意大利毕加力公司的B5型被意大利奥福比科公司的B6型所替代，B6系列是把电子技术、机械技术和纺纱技术有机结合在一起，形成机电纺一体化，它取消了B5型中繁复的机械部件，如牵伸的电磁离合器、张力弓的重锤调张力。解决了导纱弓不同步配合的问题。与以前旧式机器所需的必须"终身为徒"的说法相比较［在旧社会、老式走锭机的纺纱动作由13只挑盘（凸轮）成形桥等，由绳索来回传动控制，机械结构十分复杂，从十几岁进厂一直到退休，操作工、维修工有"终身为徒"的说法，说明要弄清楚不容易，维修也很难，修得好更非一般人］，B6型控制系统意味着走锭机经过100多年不断改进，已由复杂到简单，容易操作了，无需长时间培训，非技术人员也不需要很长时间培训就可学会操作机器。B7型则更是在B6型基础上提高一些。

### 1. B6型立锭走架纺纱机的主要技术特征

（1）主要技术数据：适纺细度范围：29.4～200tex（5~34公支），锭距62mm，65mm，70mm，锭子倾角14°～16°，锭子传动形式：滚筒弹性皮带传动。锭子高度320mm，锭子机械最高速度12500r/min，回车长度3-4-5-6m，最多回车次数6次/min（机械）。

（2）电源总功率107kW，运转实际耗电平均为总功率的30%~50%。

（3）可选配粗纱毛卷辊自动更换、粗纱自动生头、自动落纱和自动插管等功能。

（4）电子计算机数字化控制，可对各种纤维进行纺纱，尤其是高级纤维纺纱。由计算机数字化控制的电气能精确控制所有纺纱性能，并使其具有可重现性。

（5）全中文人机界面，通过触摸屏和监视器十分便于人机交流，可设定、调节锭子、喂入走架、喂入罗拉、粗纺退绕滚筒、导纱弓、张力弓所有参数，而且均可预先设置，可精密、准确地操作、运行所有纺纱参数，如支数、牵伸倍数、捻长和卷绕张力，在运转中均可显示及调整，所有生产参数如速度、加速度、减速度、加捻回缩长度（jakingim）等均可设定、显示、存储于计算机软件中，当再纺类似品种时，B6可自动重新装载设置相同的参数。免去了B5型重新计算、重新调整变换齿轮、重新设定牵伸捻度等程序。

（6）主要功能：

①锭子控制：加捻加速度、加捻速度、退绕反转速度、反转圈数、捻度。

②喂入走架控制：出车加速度、出车速度、回车加速度、回车速度、回车长度、走架捻缩回车长度、筒管卷绕高度（导纱弓高度）。

③牵伸控制：退绕喂入滚筒转速调节（喂入张力），设置牵伸控制（牵伸倍数）的形式，设置细纱支数（并输入已知粗纱支数）。

④纱穗成形控制：纱穗直径、接线端、纱线张力、卷绕螺距、扇形体高度及底部成形，独有的双层卷绕，即可调的卷绕层及束缚层，提高了卷装密度，退绕时更顺利。

⑤实用操作：数据提取，数据的磁盘储存，循环喂入，报警控制等。

（7）可纺弹性纱线装置，见图4-7-17。这种装置用于生产弹力纱。弹力丝的喂入可通过电子或机械调节确定预牵伸倍数。弹力丝的加入是从生头就连接好的，这样可以调节罗拉和弹力丝之间的张力（预牵伸倍数）。这种结构装置在生产中允许根据需要去掉任意一头或抬起弹力丝卷，特别适合在断纱或毛卷辊上毛饼空了的状况。

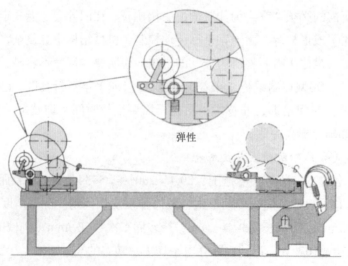

图4-7-17　B6型纺弹性纱装置

**2. 自动立锭走架细纱机Proxima B7DD（即B7 Double Drive）的主要特点（与Robospin B6相比）**

（1）由完全独立双面传动的两面车组成。

（2）高产：两面车完全独立传动，当一面（如左面）停车时，另一面（如右面）仍可正常运转。可分别落纱，分别更换粗纱毛卷辊，缩短了总停机时间，产量更高。

（3）优质：质量更好，机械、电子和软件方面的新技术使设备能生产更加优质高支的纱线。例如：可生产44公支的纯羊绒纱。

（4）更具灵活性，完全独立传动的两面车，可同时纺两个不同品种的纱线，一台车相当两台车，方便上车试验，小批量生产和批尾安排，纺纱制造率更高。

B7DD型双面驱动立锭走架细纱机见图4-7-18。控制台位于立锭架细纱机的中间，台上有两面车的控制按钮和带有操作界面的个人电脑，便于人机交流。设备由12台西门子无刷电动机驱动，电动机由动能强大的数字模块Warper10控制。

图4-7-18　B7DD型双面驱动立锭走架细纱机

（5）设备可接企业内部互联网和国际互联网远程控制。设备开机后显示的主菜单见图4-7-19。

**3. 牵伸方式**

走锭纺纱机的牵伸区长度是从喂入罗拉与上铁辊的握持点到出车结束时锭子上部的锭端处。根据喂入罗拉喂入的速度，何时开始喂入、停止及与走架的行程配合，可有不同形式的牵伸方式。

（1）出车全过程无牵伸，只加捻。一般适用于再生纤维纺纱。

（2）逐步连续牵伸。

（3）第一阶段连续牵伸，第二阶段罗拉停止输出，走架继续出车前进，纱条在加捻中受"拉拔"。

（4）第一阶段无牵伸，第二阶段连续牵伸。

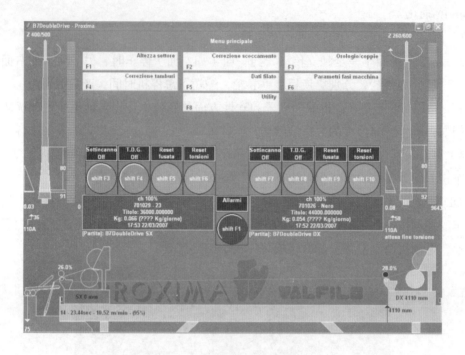

图4-7-19　开机后显示的主菜单

（5）第一阶段无牵伸，第二阶段连续牵伸，第三阶段"拉拔"，走架继续出车前行（例如400~600mm），适用于长纤维纺纱。

上述第（2）、（3）、（4）适用于羊毛纱、兔羊毛纱、羊绒纱、羊仔毛纱。

B6型、B7型调节更方便。

$$牵伸率 = \frac{喂入罗拉输出长度}{走架有效行程长度} \times 100\%$$

$$牵伸倍数 = \frac{走架有效行程长度}{喂入罗拉输出长度}$$

立锭走架式细纱机的最大牵伸倍数一般为1.5。

**4. 回缩功能**

立锭走架式细纱机还有一个功能就是在纺机织纱或高捻纱，捻系数大于110以上，纱线捻缩较大，又容易断头时，B5型、B6型、B7型有走架行进到底后又可缓缓稍稍退回一段距离（约60mm左右）的回缩（jaking in），何时开始回缩，可根据纱线的原料特性及纺纱时断头情况调节，一般生产中掌握回缩时间为加捻至设定工艺捻度的80%开始回缩。在控制框或控制台上有2只仪表可分别设定工艺规定的纱线捻度及回缩开始的捻度。而环锭细纱机则无此功能，这对控制成品的缩率有利。

# 第四节　国外络并捻设备

## 一、络筒机

国外络筒机技术进步很快，控制张力均匀，自动化程度高，最新型的是德国 AUTOCONER5S型络筒机，采用导纱叉智能往复代替槽筒沟槽往复等，都有了很大发展，型号很多，机电一体化程度高。络筒机的种类有自动络筒机和普通络筒机。用于粗纺短纤维的自动络筒机主要有德国SCHLAFHORST，日本MURATEC，意大利SAVIO这三家，主要技术参数见表4-7-13。

表4-7-13　国外自动络筒机的主要技术参数

| 制造厂商 | 德国SCHLAFHORST | | 日本MURATEC | 意大利SAVIO | |
|---|---|---|---|---|---|
| 机器型号 | AUTOCONER5 | AUTOCONER5S | NO21C | 易络佳 POLAR-M | 易络佳 POLAR-I |
| 导纱方式 | 槽筒、镍铸铁直滚无刷电动机同轴驱动 | 导纱叉往复摆动，用伺服电动机驱动，可选择卷绕形式 | 镍铸铁，直流无刷电动机同轴驱动 | 镍铸铁，直流无刷电动机同轴驱动 | |
| 锭数 | 10锭为1节，最多60锭 | | 10锭或12锭为1节，最多60锭 | 6锭或8锭为1节，最少6锭，最多72锭 | |
| 加工原料 | 天然和人造纤维、合成纤维的单纱或股线 | | 棉、毛、丝、麻、化学纤维和混纺纱或线 | 天然纤维、人造纤维、合成纤维的单纱或股线 | |
| 细度范围 [tex（公支）] | 333.3~5.9（3~170） | | 200~4.2（5~240） | 285.7~4（3.5~250） | |
| 纱管尺寸（mm） | 长度180~360，直径最大72 | | 长度280，最大直径57 | 长度180~350，直径32~72 | |
| 筒子卷装 | 动程：110~152mm，锥度5°57′，最大直径320mm | | 动程：83mm，108mm，125mm，152mm，锥度5°57′，最大直径300mm | 动程110~152mm，锥度5°57′，最大直径300mm | |
| 卷取速度（m/min） | 300~2200 | | 最高速度2000 | 400~2200 | |
| 防叠 | 电子防叠 | | 电子防叠 | 电子防叠 | |
| 定长 | 电子精密定长 | | 电子精密定长 | 电子精密定长 | |
| 筒子锥度选择 | 机械调节 | | 机械调节 | 机械调节 | |
| 接头装置 | 空气捻接器（热捻接，喷湿捻接，弹力纱捻接） | | 空气捻接器 | 空气捻接，加湿捻接，机械搓捻器和打结器 | |
| 纱线张力控制 | 单张力盘积极传动，电磁加压带，张力传感器闭环控制 | | 栅式张力器，电磁加压，张力控制系统 | 单张力盘积极传动，电磁加压带，张力传感器闭环控制 | |
| 上蜡装置 | 主动传动 | | 可先配 | 偏转式，主动驱动 | |

续表

| 制造厂商 | 德国SCHLAFHORST | 日本MURATEC | 意大利SAVIO |
|---|---|---|---|
| 退绕加速器 | 可调，适用于纱管长度为：180~360mm | 气圈控制器 | 选用件，张力渐减装置 |
| 筒纱输送带 | 有，可承载60个卷装，250kg重量 | 有 | 向机头或机尾输送，或向两边分别输送 |
| 巡回吸风 | 收集灰尘、纤维尘埃送入机内集尘箱或外部除尘系统（选用） | 有 | 程序控制往复巡回次数、灰尘卸载次数（选用） |
| 电　脑 | 触摸式显示屏，PC格式软盘工艺，生产数据 | MMC/3生产、工艺参数、维修保养、网络化 | 工艺参数、VSS变速控制、生产参数、有数据显示 |
| 集中气动调节 | 当气压低于0.65Mpa时，自动停车 | 气压不小于0.6Mpa捻接器所需压力 | 气压不小于0.6Mpa，筒子平衡，捻接器所需压力 |
| 吸风装置 | 负压值在电脑设定，变频电动机驱动 | 单机功率11kW、15kW，变频集中方式（选用件）为30kW变频 | |
| 自动落筒 | 30锭最多配2个，60锭最多配4个（选配） | 可选配 | 落筒周期15s，双络筒（选用件） |

注　意大利SAVIO公司的易络佳络筒机是该公司在我国山东省济宁市生产的产品，其技术水平和性能实际就是洛利安ORION机型。

意大利SAVIO公司的POLAR-M/I自动络筒机是在ORION机的基础上作了改进，体现了其机型的多样性，主要有：配置毛羽减少装置，是通过旋转气流在纱线上形成假捻，使纤维产生紧密和包缠作用；改进筒纱支架使筒纱卷绕适应高速；增加了筒子重量平衡可调装置，使筒子纱线的卷绕密度大小可以调整；增加精密定长系统，配合电脑智能卷绕系统可使筒子成形更佳，防叠效果更好，定长更准确。

## 二、并纱机

国外生产并纱机的厂商有瑞士的SSM公司，意大利的FADIS公司及RITE公司，还有印度、土耳其（有2家公司）等，现将主要3家并纱机的主要技术参数和特征列于表4-7-14中。

表4-7-14　国外并纱机的主要技术参数及特征

| 制造厂商 | 瑞士SSM | | 意大利FADIS | 意大利RITE |
|---|---|---|---|---|
| 型　号 | CW2-D | TW2-D | Sincro BL | RE-FLEXA |
| 机器形式 | 单面机 | 单面机 | 单面机 | 单面机 |
| 适用纱线 | 短纤纱 | 短纤纱 | 短纤纱及化学纤维长丝 | |
| 并合股数 | 2~3 | 2~3 | 2~3可加氨纶丝 | |
| 锭距（mm） | 415 | 366 | 400 | 420 |
| 锭数（标准数） | 80 | 96 | 80 | 60 |
| 卷绕形式 | 随机卷绕 | 精密卷绕 | 精密卷绕 | 精密卷绕 |

续表

| 制造厂商 | 瑞士SSM | | 意大利FADIS | 意大利RITE |
|---|---|---|---|---|
| 型　号 | CW2-D | TW2-D | Sincro BL | RE-FLEXA |
| 传动方式 | 单锭电动机、直驱槽筒单锭变频调速 | 单锭两电动机分部传动纱线卷绕与横动。单锭变频调速 | | |
| 导纱方式 | 槽筒式 | 单锭电动机传动，摩擦辊卷绕，单锭微型电动机通过微缆驱动导纱器导纱 | 单锭电动机通过齿形带传动筒管卷绕，单锭微型电动机通过齿形带驱动导纱器导纱 | |
| 导纱动程（mm） | 152，180，200 | 100～200无级可调 | 152 | 152~250无级可调 |
| 张力调节方式 | 碟片夹持弹簧加压，合股调节 | | 数控式张力装置 | |
| 断纱监控方式 | 电子式断纱自停并切断 | | 光电式断纱自停并切断 | |
| 最大卷绕速度（m/min） | 1300（机械速度） | 1500（机械速度） | 2250 | 1200 |
| 卷装筒子直径（mm） | 250 | 250 | 170 | 200 |
| 装机功率（kW/锭） | 0.09（消耗功率） | 0.1（消耗功率） | 0.15 | 0.25 |

瑞士SSM公司和意大利FADIS公司的精密并纱机代表着当今并纱机的国际先进水平，并纱机的发展方向是高速化，综合卷绕线速度达1000m/min以上，高支化，并纱支数提高到5.9～2.95tex；纱线张力的在线检测与自动调节，通过张力传感器检测纱线张力变化并自动调节。适合粗纺毛纱的并纱。

## 三、捻线机械

捻线机械现在多数用的是短纤倍捻机，老式8字型6字头环锭捻线机已淘汰。苏拉（saurer）集团还有无气圈捻线机及一转三捻的无气圈捻线机，因其价位较倍捻机高，故国内市场引进少。国内使用企业已有生产实线证明，加捻质量最好的是无气圈加捻机，捻不匀率小，纱毛羽少，纱的接头少，几乎不断头，卷装量大，纱线张力小，原料消耗很低，用工也少。还可生产弹性包覆纱，可供参考。国外短纤维倍捻机的主要技术特征见表4-7-15。

表4-7-15　国外短纤维倍捻机的主要技术特征

| 制造厂商 | OERLIKON，SAURER（欧瑞康苏拉）苏州 | | 意大利SAVIO山东意莎玛 | | 日本MURATEC（村田） |
|---|---|---|---|---|---|
| 型　号 | Fusion VTS-08 | Fusion VTS-09 | COSMOS-S201A | GEMINIS-S201AR | No.3C1-S |
| 锭距（mm） | 198/247.5 | 198/247.5 | 200 | | 212 |
| 每节锭数（个） | 20/16 | 20/16 | 20 | | 20 |
| 标准锭数（个） | 240/192 | 240/192 | 340 | | — |
| 最高锭速（r/min） | 12500 | 13500 | 13000 | | 15000 |
| 适纺线密度范围（tex） | 9.0×2～50×2 | 8.4×2～50×2 | 5×2～60×2 | | 5×2～74×2 |

续表

| 制造厂商 | OERLIKON，SAURER（欧瑞康苏拉）苏州 | | 意大利SAVIO山东意莎玛 | | 日本MURATEC（村田） |
|---|---|---|---|---|---|
| 型　　号 | Fusion VTS-08 | Fusion VTS-09 | COSMOS-S201A | GEMINIS-S201AR | No.3C1-S |
| 捻度范围（T/m） | 123~2800 | 123~2800 | 100~2274 | | 90~1850 |
| 锭子传动方式 | 龙带传动 | | 龙带传动 | | 单锭电动机驱动 |
| 喂入卷装（mm） | 152×φ155 | 152×φ135 | 152×φ140 | 152×φ125 | 152×φ140 |
| 卷取卷装（mm） | 152×φ280 | | 152×φ300 | | 152×φ300 |
| 装机功率（kW） | 参考（22~30） | | 参考（22~30） | | 每锭0.2，卷绕1.5×2 |
| 特　　点 | 应用模块化技术，在满足一般需求的基本配置外，增加大量选配装置来满足特殊需求和实现差异化和个性化，增加标准锭数，提高产量。新设计节能型锭子 | | 与欧瑞康苏拉FOCUS同档次的经济型系列新产品，260锭以上配两个电动机 | 小锭距品种 | 与No.3CA型比，窄幅小锭距，小储纱罐直径，节约空间，节能。有较好的操作性，通用性 |

# 第五篇　毛条制造

将洗净毛梳松、理顺，除去草籽、草屑等植物性杂质，除去太短的和已经缠结成毛粒、毛块的毛纤维，按照羊毛原来的性能特点，分别制成各种规格、各种风格的精梳毛条，供精梳毛纺纺纱用。这个过程就是毛条制造。

毛条制造的工艺过程，一般是将洗净毛开松、混合、加上和毛油之后，先经梳毛制成松散的粗梳条子；再经二三次针梳将纤维理顺，然后进行精梳以去除短纤维及其他杂质；最后经一二次针梳，制成粗细均匀的精梳毛条。

精梳毛条通常再经一次热湿处理，以消除纤维在加工后残留的应力，使毛纤维在伸直状态下定形，并使毛条清洁美观，这就是复洗。也有将复洗这一工序放在精梳之前的，其效果可使精梳顺利，并提高制成率。

# 第一章　精纺梳毛

## 第一节　国产精纺梳毛机的主要技术特征

### 一、B272型精纺梳毛机的主要技术特征（表5-1-1）

表5-1-1　B272型精纺梳毛机的主要技术特征

| 项　目 | 技术参数 |
|---|---|
| 喂入方法 | 电磁控制自动喂毛斗 |
| 毛斗开放次数（次/min） | 3~5 |
| 除草机构 | 有去草打手3根 |
| 梳理部分 | 两次预梳——大锡林 |
| 出条方法 | 单独装筒 |
| 机幅（mm） | 1550 |
| 外形尺寸（长×宽×高）（mm×mm×mm） | 8200×2600×2500 |
| 重量（t） | 约12 |
| 电动机 | 主机：$JFO_251B-6$（右），4.5kW，1台 |
| | 喂毛：FO55-8（右），1kW，1台 |
| | 去草：FW12-4（右），0.55kW，3台 |
| | 斩刀：FW12-4（右），0.55kW，1台 |

B272型精纺梳毛机如图5-1-1所示。

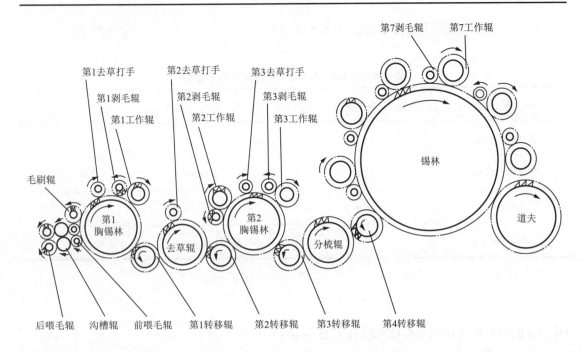

图5-1-1　B272型精纺梳毛机示意图

## 二、B272A型梳毛机的主要技术特征（表5-1-2）

表5-1-2　B272A型梳毛机的主要技术特征

| 项　　目 | 主要技术特征 | 项　　目 | 主要技术特征 |
|---|---|---|---|
| 机幅（mm） | 1550 | 产量（kg/h） | 32~45 |
| 胸锡林直径①（mm） | 第1胸锡林608，第2胸锡林860 | 出条单位重量（g/m） | 8~15 |
| 胸锡林工作辊直径①（mm） | 178 | 毛斗开放次数（次/min） | 2.9~3.5 |
| 胸锡林剥毛辊直径①（mm） | 138 | 盛毛箱最大容量（kg） | 40 |
| 去草辊直径①（mm） | 407 | 占地面积（m²） | 9.44×3.85 |
| 锡林直径①（mm） | 1287.6 | 电动机型号和功率 — 主机 | JROM–6，4.5kW，1台 |
| 锡林工作辊直径①（mm） | 224 | 电动机型号和功率 — 喂毛斗 | FO55–8（右），1kW，1台 |
| 锡林剥毛辊直径①（mm） | 129.2 | 电动机型号和功率 — 去草刀 | A1–7134，0.55kW，3台 |
| 道夫直径①（mm） | 808.4 | 电动机型号和功率 — 斩刀 | A2–7132，0.75kW，1台 |
| 出条轧辊直径①（mm） | 110 | 机器重量（t） | 12.7 |

①指包覆直径。

## 三、B273A型梳毛机的主要技术特征（表5-1-3）

表5-1-3  B273A型梳毛机的主要技术特征

| 项　目 | 参　数 | 项　目 | 参　数 |
|---|---|---|---|
| 锡林幅宽（mm） | 1550 | 出条速度（m/min） | 72.5 |
| 锡林直径（mm） | 1280 | 斩刀速度（次/min） | 1750 |
| 道夫直径（mm） | 800 | 功率（kW） | 7.2 |
| 产量（kg/h） | 70 | 占地面积（m²） | 8.38×2.17 |

注　用于加工细度3.33~6.67dtex（3~6旦）、长度120mm以下的腈纶不等长纤维。

## 四、SFB213型梳毛机的主要技术特征（表5-1-4）

表5-1-4  SFB213型梳毛机的主要技术特征

| 项　目 | 参　数 | 项　目 | 参　数 |
|---|---|---|---|
| 机幅（mm） | 1550 | 去草辊直径（mm） | 400+7.2 |
| 开毛胸锡林直径（mm） | 600+6 | 第4转移辊直径（mm） | 250+9 |
| 上转移辊直径（mm） | 174+11.2 | 锡林直径（mm） | 1280+7.5 |
| 下转移辊直径（mm） | 200+60（毛刷） | 剥毛辊直径（mm） | 122+7.2 |
| 胸锡林直径（mm） | 1280+6 | 产量（kg/h） | 48~70 |
| 锡林转速（r/min） | 163 | 出条重量（g/m） | 15~20 |
| 工作辊直径（mm） | 215+9.6 | 毛斗开放次数（次/min） | 3.0~3.5 |
| 剥毛辊直径（mm） | 90+40（毛刷） | 占地面积（m²） | 9.44×3.85 |
| 道夫直径（mm） | 800 | 电动机功率（kW） | 约9/台 |
| 道夫转速（r/min） | 8.1~36.6 | 机器重量（t） | 9 |

SFB213型梳毛机如图5-1-2所示。

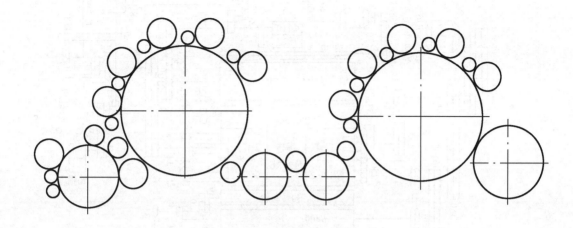

图5-1-2　SFB213型梳毛机示意图

## 五、Octir型梳毛机的主要技术特征（表5-1-5）

表5-1-5　Octir型梳毛机的除草机构主要技术特征

| 项　目 | 技术参数 | 项　目 | 技术参数 |
|---|---|---|---|
| 喂入方法 | 通用性自动喂毛机 | 机幅（mm） | 1550 |
| 毛斗开放次数（次/min） | 3~6 | 外形尺寸（长×宽×高）<br>（mm×mm×mm） | 11065×3600×2500 |
| 除草机构 | 2套莫雷尔装置，除尘刀一把 | 重量（t） | 约9 |
| 梳理部分 | 一次预梳—大锡林 | 电动机（kW） | 约9 |
| 出条方法 | 圈条器圈条入筒 | | |

# 第二节　精纺梳毛机的传动及工艺计算

## 一、B272型梳毛机的传动（图5-1-3）

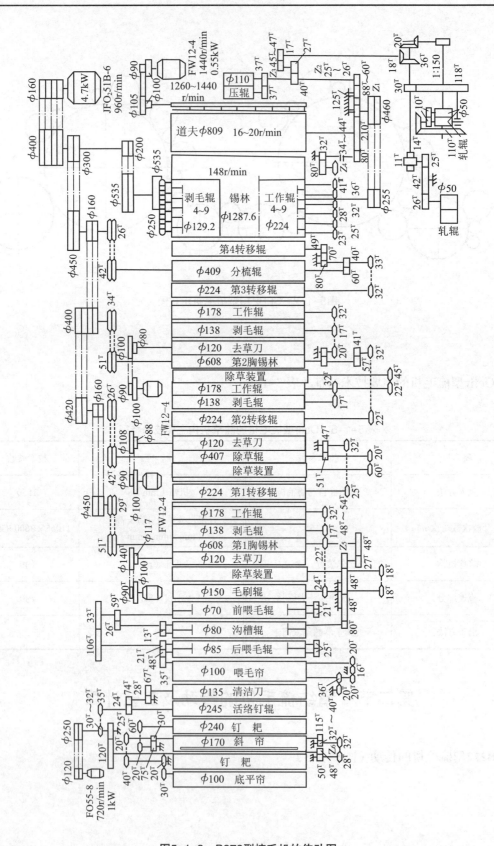

图5-1-3　B272型梳毛机的传动图

## （一）各主要机件的速度（表 5-1-6）

表 5-1-6　B272型梳毛机主要机件的速度

| 机件名称 | 光辊直径（mm） | 包覆后直径（mm） | 转速（r/min） | 线速（m/min） |
|---|---|---|---|---|
| 锡林 | 1280 | 1287.6 | $960 \times \dfrac{160 \times 200}{400 \times 535} = 144$ | $N_1 = 584$ |
| 道夫 | 800 | 809 | $144 \times \dfrac{255 \times Z_1}{460 \times 210} = 0.38 \times Z_1$ | $N_2 = 0.964 \times Z_1$ |
| 出条轧辊 | 110 | | $0.38 \times Z_1 \times \dfrac{210}{Z_2} = 79.8 \times \dfrac{Z_1}{Z_2}$ | $N_3 = 27.6 \times \dfrac{Z_1}{Z_2}$ |
| 圈条轧辊 | 50 | | $79.8 \times \dfrac{Z_1 \times 40 \times Z_3 \times 18 \times 30 \times 110}{Z_2 \times 27 \times 17 \times 36 \times 118 \times 22} = 4.42 \times \dfrac{Z_1 \times Z_3}{Z_2}$ | $N_4 = 0.694 \times \dfrac{Z_1 \times Z_3}{Z_2}$ |
| 工作辊9 | 215 | 224 | $0.38 \times Z_1 \times \dfrac{210 \times 32 \times Z_4}{80 \times 80 \times 41} = 0.0097 \times Z_1 \times Z_4$ | $N_5 = 0.00692 \times Z_1 \times Z_4$ |
| 剥毛辊 4~9 | 122 | 129.2 | $144 \times \dfrac{535}{250} = 308$ | $N_6 = 125.6$ |
| 第1胸锡林 | 600 | 608 | $960 \times \dfrac{160 \times 300 \times 160 \times 400 \times 160}{400 \times 450 \times 400 \times 420 \times 450} \times \dfrac{29}{51} = 19.7$ | $N_7 = 37.6$ |
| 沟槽辊 | 80 | | $19.7 \times \dfrac{48 \times}{27 \times 80} = 0.438 \times$ | $N_8 = 0.11 \times Z_5$ |
| 前喂毛辊 | 63 | 70 | $0.437 \times Z_5 \times \dfrac{26}{59} = 0.193 \times Z_5$ | $N_9 = 0.0424 \times Z_5$ |
| 后喂毛辊 | 73 | 85 | $0.193 \times Z_5 \times \dfrac{33}{106} = 0.060 \times Z_5$ | $N_{10} = 0.016 \times Z_5$ |
| 喂毛帘 | 100 | | $0.06 \times Z_5 \times \dfrac{21}{35} = 0.036 \times Z_5$ | $N_{11} = 0.0113 \times Z_5$ |
| 喂毛凸轮 | | | $0.036 \times Z_5 \times \dfrac{36}{20} = 0.065 \times Z_5$ | |
| 毛斗开放时间（s） | | | $\dfrac{60}{0.065 \times Z_5}$ | |

## （二）各主要机件间速比

后喂毛辊与喂毛帘速比 $= \dfrac{N_{10}}{N_{11}} = \dfrac{0.016}{0.0113} = 1.42$

沟槽辊与后喂毛辊速比 $= \dfrac{N_8}{N_{10}} = \dfrac{0.11}{0.016} = 6.90$

前喂毛辊与后喂毛辊速比 $= \dfrac{N_9}{N_{10}} = \dfrac{0.0424}{0.016} = 2.64$

第1胸锡林与前喂毛辊速比 $= \dfrac{N_7}{N_9} = \dfrac{37.6}{0.0424 \times Z_5} = \dfrac{887}{Z_5} = 16.4 \sim 18.4$

锡林与道夫速比 $= \dfrac{N_1}{N_2} = \dfrac{584}{0.964 \times Z_1} = \dfrac{606}{Z_1} = 10 \sim 16$

锡林与第9工作辊速比 $= \dfrac{N_1}{N_5} = \dfrac{584}{0.00636 \times Z_1 \times Z_4} = \dfrac{9180}{Z_1 \times Z_4} = 34.6 \sim 71$

出条轧辊与道夫速比 $= \dfrac{N_3}{N_2} = \dfrac{27.6 \times Z_1 \times Z_2}{0.964 \times Z_1} = \dfrac{28.6}{Z_2} = 1.11 \sim 1.14$

圈条轧辊与出条轧辊速比 $= \dfrac{N_4}{N_3} = \dfrac{0.694 \times \dfrac{Z_1 \times Z_3}{Z_2}}{27.6 \times \dfrac{Z_1}{Z_2}} = 0.025 \times Z_3 = 1.13 \sim 1.18$

圈条轧辊与后喂毛辊间总牵伸 $= \dfrac{N_4}{N_{10}} = \dfrac{0.694 \times \dfrac{Z_1 \times Z_3}{Z_2}}{0.016 \times Z_5} = 43.4 \times \dfrac{Z_1 \times Z_3}{Z_2 \times Z_5} = 52 \sim 101$

## （三）产量

$$产量 [ kg/（台 \cdot h）] = \dfrac{圈条辊速度(m/min) \times 出条重量(g/m) \times 60}{1000}$$

## 二、Octir型梳毛机
## （一）各主要机件的速度（表5-1-7）

表5-1-7　Octir型梳毛机主要机件的速度

| 机件名称 | 光辊直径（mm） | 包覆后直径（mm） | 转　速（r/min） | 线　速（m/min） |
|---|---|---|---|---|
| 锡林 | 1650 | 1660 | $\dfrac{1470 \times 130 \times 202}{510 \times 887} = 85.3$ | $N_1 = 444.6$ |
| 道夫 | 1280 | 1288 | $\dfrac{1470 \times (130 \times \phi_1 \times \phi_2 \times 14)}{510 \times 415 \times 310 \times 222} = 0.00018 \times \phi_1 \times \phi_2$ | $N_2 = 0.0007279 \times \phi_1 \times \phi_2$ |
| 梳理区出条辊 | 125 | | $\dfrac{1470 \times 130 \times 200 \times 220 \times 110}{510 \times 415 \times 200 \times 125} = 174.7$ | $N_3 = 68.6$ |
| 工作辊 | 278 | 298 | $\dfrac{1470 \times 130 \times 200 \times 95 \times 19 \times 57 \times 14}{510 \times 240 \times 305 \times 57 \times Z_1 \times 37} = 699.2/Z_1$ | $N_4 = \dfrac{699.2}{Z_1}$ |
| 剥毛辊 4~9 | 124 | 144 | $\dfrac{1470 \times 130 \times 200 \times 200}{510 \times 240 \times 290} = 215.3$ | $N_5 = 97.35$ |

续表

| 机件名称 | 光辊直径（mm） | 包覆后直径（mm） | 转速（r/min） | 线速（m/min） |
|---|---|---|---|---|
| 预梳理区锡林 | 1650 | 1660 | $\dfrac{1470\times130\times300\times215\times107\times172}{510\times315\times410\times515\times887}=7.5$ | $N_6=39.09$ |
| 预梳理区工作辊 | 265 | 285 | $\dfrac{1470\times130\times300\times215\times107\times227\times155\times19\times57\times14}{510\times315\times410\times515\times200\times305\times57\times515\times Z_2\times37}=\dfrac{160}{Z_2}$ | $N_7=\dfrac{143.2}{Z_2}$ |
| 喂毛辊 |  | 104 | $\dfrac{1470\times130\times300\times215\times107\times39\times42\times28\times28}{510\times315\times410\times515\times42\times75\times45\times61}=2.16$ | $N_8=0.7$ |
| 开毛辊 | 500 | 510 | $\dfrac{1470\times130\times300\times215\times107\times39\times16}{510\times315\times410\times515\times42\times75}=7.85$ | $N_9=12.57$ |

## （二）各主要机件间速比

喂毛辊与喂毛帘间速比 $=\dfrac{N_8}{N_9}=0.91\sim1.217$

开毛辊与喂毛辊速比 $=\dfrac{N_8}{N_9}=\dfrac{12.57}{0.7}=17.95$

预梳理区锡林与工作辊速比 $=\dfrac{N_6}{N_7}=\dfrac{39.09\times Z_2}{143.2}=0.2729\times Z_2=5.45\sim19.1$

锡林与工作辊速比 $=\dfrac{N_1}{N_4}=\dfrac{444.6\times Z_1}{699.2}=0.6358\times Z_1=12.7\sim44.5$

锡林与道夫速比 $=\dfrac{N_1}{N_2}=\dfrac{444.6}{0.0007279\times\phi_1\times\phi_2}=\dfrac{610798.2}{\phi_1\times\phi_2}=12.0\sim16.96$

## （三）产量计算

B272型梳毛机与SFB型梳毛机的产量计算公式为：

单台产量（kg/h）＝出条速度（m/min）×出条单重（g/min）×60/1000

# 第三节　针布配置

B272型主要梳理部件包覆金属针布，其针布型号见表5-1-8。

表5-1-8　B272型梳毛机金属针布型号

| 梳毛机梳理机件 | 针布型号 | 梳毛机梳理机件 | 针布型号 |
|---|---|---|---|
| 喂毛辊 | ST-E | 剥毛辊1~3 | SBT-8 |
| 第1胸锡林 | SBT-3 | 转移辊1~3 | SBT-8 |
| 工作辊1~3 | SBT-8 | 去草辊 | SBB-3 |

续表

| 梳毛机梳理机件 | 针布型号 | 梳毛机梳理机件 | 针布型号 |
|---|---|---|---|
| 第2胸锡林 | SBT–4 | 工作辊4~6 | SBW202 |
| 分梳辊 | SBW201 | 工作辊7~9 | SBW204 |
| 转移辊 | SBW201 | 剥毛辊4~9 | SBT203 |
| 锡林 | SBC202 | 道夫 | SBD202 |

在梳理3.33dtex（3旦）涤纶等合成纤维时，金属针布还可选择绢纺针布SBC–21（锡林）和SBD–21（道夫）。

为适应细特精纺产品的毛条质量要求，改善梳理效果，设计改进了精纺梳毛机的金属针布，在开松预梳区采用V形自锁针布、在主梳区的锡林和道夫上采用具有小、矮、尖、薄、密特征的针布。一些防滑针布也投入使用，如侧面有三道沟槽的针布。

SFB213型主要梳理部件针布型号见表5–1–9。

表5–1–9　SFB213型主要梳理部件针布型号

| 部件序号 | 针布齿条型号 | 单件重量/kg | 可选齿型 |
|---|---|---|---|
| A | BT 3.7 40×6.0 3.0-3 | 35 | |
| B | BT 3.7 40×8.3 4.0-3 | 34 | |
| C | BT 5.0/（-6）×7.8 4.0-3 | 18 | |
| D | BT 6.0 20×7.3 1.5 | 10 | |
| E | 嵌条1.5×2.5 | 8 | |
| E | BT 3.7 40×6.0 3.0-3 | 14 | |
| F | BT 3.7 40×8.3 4.0-3 | 13 | |
| G | BT 5.2 40×4.2 3.0-3 | 2.5×5 | |
| G | BM 3.6 42×4.0 1.0 | 17 | |
| H | BM 3.6 42×5.5 1.0 | 17 | |
| I | BM 3.6 42×4.0 8.0 | 18 | |
| I | BM 3.6 42×4.0 8.0 | 18 | |
| J | BW 4.5 25×2.5 1.2 | 10 | |
| K | BT 3.6 30×3.2 1.2 | 9×5 | |
| K | BW 4.5 25×2.1 1.0 | 18×3 | |
| L | BW 4.5 25×1.8 1.0 | 18×8 | |
| L | BC 3.8 12×1.8 1.0 | 104 | |

续表

| 部件序号 | 针布齿条型号 | 单件重量/kg | 可选齿型 |
|---|---|---|---|
| M | BD 4.2 30 × 1.8 9.0 | 68 | |

注　1. 针布齿条型号是指：型号+齿总高+工作角+齿距+齿总厚。如BW 4.5 25 × 2.1 1.0，表示BW齿型、齿总高4.5mm、工作角25°、齿距2.1mm、齿总厚1.0mm。

2. 同一台梳毛机上随毛块逐渐松解，毛层由厚变薄，由机后向机前，选用金属针布的齿高由高到低，齿隙由大到小、由深到浅，齿密由稀到密。同一锡林上的工作辊齿密，中间一只与锡林齿密相近，由后向前齿密由稀到密。

3. 相邻机件间金属针布的齿形规格配合，一般按高配高、低配低、密配密、稀配稀、小角度配小角度、大角度配大角度的规律选配。粗纺梳毛机上弹性针布改换为金属针布，一定程度上可防止金属针布轧伤和损伤纤维。

# 第四节　精纺梳毛工艺

## 一、隔距

### （一）B272型梳毛机主要梳理件的隔距（表 5-1-10）

表5-1-10　B272型梳毛机主要梳理件的隔距

| 机件名称 | 66支以上细毛或3.33dtex涤纶、锦纶、黏胶纤维 | | 60支及64支细毛或3.33dtex腈纶、5.55dtex黏胶纤维 | | 60支及以上较长的细毛或6.67dtex腈纶 | | 半细毛及三级、四级毛 | | 较粗长的半细毛及三级、四级国毛 | |
|---|---|---|---|---|---|---|---|---|---|---|
| | mm | 1/1000英寸 | mm | 1/1000英寸 | mm | 1/1000英寸 | mm | 1/1000英寸 | mm | 1/1000英寸 |
| 喂毛辊与第1胸锡林 | 2.18 | 86 | 2.18 | 86 | 3.28 | 129 | 3.28 | 129 | 3.28 ~ 5.59 | 129 ~ 220 |
| 工作辊1与第1胸锡林 | 0.97 | 38 | 1.70 | 67 | 2.18 | 86 | 2.67 | 105 | 3.28 | 129 |
| 工作辊2与第2胸锡林 | 0.84 | 33 | 0.97 | 38 | 1.70 | 67 | 2.18 | 86 | 2.67 | 105 |
| 工作辊3与第2胸锡林 | 0.74 | 29 | 0.84 | 33 | 0.97 | 38 | 1.70 | 67 | 2.18 | 86 |
| 工作辊4与锡林 | 0.69 | 27 | 0.74 | 29 | 0.84 | 33 | 0.97 | 38 | 1.22 | 48 |
| 工作辊5与锡林 | 0.61 | 24 | 0.69 | 27 | 0.74 | 29 | 0.84 | 33 | 1.09 | 43 |
| 工作辊6与锡林 | 0.53 | 21 | 0.61 | 24 | 0.69 | 27 | 0.74 | 29 | 0.91 | 36 |
| 工作辊7与锡林 | 0.48 | 19 | 0.53 | 21 | 0.61 | 24 | 0.69 | 27 | 0.79 | 31 |
| 工作辊8与锡林 | 0.46 | 18 | 0.48 | 19 | 0.53 | 21 | 0.61 | 24 | 0.66 | 26 |
| 工作辊9与锡林 | 0.30 | 12 | 0.38 | 15 | 0.43 | 17 | 0.48 | 19 | 0.53 | 21 |

续表

| 机件名称 | 66支以上细毛或3.33dtex涤纶、锦纶、黏胶纤维 | | 60支及64支细毛或3.33dtex腈纶、5.55dtex黏胶纤维 | | 60支及以上较长的细毛或6.67dtex腈纶 | | 半细毛及三级、四级毛 | | 较粗长的半细毛及三级、四级国毛 | |
|---|---|---|---|---|---|---|---|---|---|---|
| | mm | 1/1000英寸 | mm | 1/1000英寸 | mm | 1/1000英寸 | mm | 1/1000英寸 | mm | 1/1000英寸 |
| 道夫与锡林 | 0.18（0.23） | 7（9） | 0.23 | 9 | 0.30 | 12 | 0.30 | 12 | 0.30 | 12 |
| 斩刀与道夫 | 0.23 ~ 0.38 | 9 ~ 15 | 0.23 ~ 0.38 | 9 ~ 15 | 0.38 | 15 | 0.38 | 15 | 0.38 | 15 |

## （二）B272型梳毛机其余梳理机件的隔距（表 5-1-11）

**表5-1-11　B272型梳毛机其余梳理机件的隔距**

| 机件名称 | 半细毛及三级、四级毛 | | 细支毛、化学纤维 | |
|---|---|---|---|---|
| | mm | 1/1000英寸 | mm | 1/1000英寸 |
| 去草打手1 ~ 3 | 0.66 ~ 1.09 | 26 ~ 43 | 0.48 ~ 1.09 | 19 ~ 26 |
| 转移辊1 ~ 4 | 0.48 ~ 0.65 | 19 ~ 27 | 0.48 ~ 0.65 | 19 ~ 27 |
| 剥毛辊1 ~ 3 | 0.79 ~ 1.09 | 31 ~ 43 | 0.61 ~ 0.97 | 24 ~ 38 |
| 剥毛辊4 ~ 9 | 0.43 ~ 0.61 | 17 ~ 24 | 0.30 ~ 0.41 | 12 ~ 24 |

## （三）Octir型梳毛机主要梳理件的隔距（表 5-1-12）

**表5-1-12　Octir型梳毛机主要梳理件的隔距**

| 机件名称 | 90 ~ 100支超细毛（15.5 ~ 18.5μm） | | 70 ~ 80支细毛（18.5 ~ 20.5μm） | | 64 ~ 66支细毛（20.5 ~ 23.5μm） | | 64支以下（大于23.5μm） | |
|---|---|---|---|---|---|---|---|---|
| | mm | 1/1000英寸 | mm | 1/1000英寸 | mm | 1/1000英寸 | mm | 1/1000英寸 |
| 工作辊1与胸锡林 | 3.81 | 150 | 3.94 | 155 | 3.94 | 155 | 4.06 | 160 |
| 工作辊2与胸锡林 | 3.05 | 120 | 3.17 | 125 | 3.17 | 125 | 3.3 | 130 |
| 工作辊3与胸锡林 | 2.54 | 100 | 2.67 | 105 | 2.8 | 110 | 2.89 | 114 |
| 工作辊4与胸锡林 | 2.16 | 85 | 2.03 | 90 | 2.4 | 95 | 2.54 | 100 |
| 工作辊5与胸锡林 | 1.78 | 70 | 1.9 | 75 | 2.01 | 80 | 2.1 | 83 |
| 工作辊6与胸锡林 | 1.52 | 60 | 1.65 | 65 | 1.7 | 67 | 1.75 | 69 |
| 工作辊7与锡林 | 1.52 | 60 | 1.65 | 65 | 1.7 | 67 | 1.75 | 69 |
| 工作辊8与锡林 | 1.14 | 45 | 1.27 | 50 | 1.4 | 54 | 1.4 | 56 |
| 工作辊9与锡林 | 0.76 | 30 | 0.89 | 35 | 0.99 | 39 | 1.09 | 43 |
| 工作辊10与锡林 | 0.51 | 20 | 0.51 | 20 | 0.6 | 24 | 0.74 | 29 |

续表

| 机件名称 | 90~100支超细毛（15.5~18.5μm） | | 70~80支细毛（18.5~20.5μm） | | 64~66支细毛（20.5~23.5μm） | | 64支以下（大于23.5μm） | |
|---|---|---|---|---|---|---|---|---|
| | mm | 1/1000英寸 | mm | 1/1000英寸 | mm | 1/1000英寸 | mm | 1/1000英寸 |
| 工作辊11与锡林 | 0.25 | 10 | 0.28 | 11 | 0.3 | 12 | 0.38 | 15 |
| 道夫与锡林 | 0.25 | 10 | 0.28 | 11 | 0.3 | 12 | 0.33 | 13 |

## 二、速比

速比可根据原毛的长度、纤维的强力、毛块的松散程度等因素决定。加工松散而较长的纤维，速比宜小；加工细、短、强力高的纤维可适当增大。对于抱合力较差的纤维，有时工作辊上会有毛网剥落的现象，这时应将速比加大，工作辊放慢，使能抓住纤维。

### （一）B272型梳毛机的速比（金属针布）（表5-1-13）

梳长纤维时，前后喂毛辊可稍加快（将沟槽辊传动前喂毛辊的齿轮从原来的$26^T$、$59^T$改为$30^T$、$55^T$），以减少沟槽辊的绕毛。

表5-1-13 B272型梳毛机速比

| 变换齿轮 | 60支以上细毛或3.33~4.44dtex化学纤维 | 三级毛75%、5.55dtex黏胶纤维25% | 6.67dtex腈纶 |
|---|---|---|---|
| 道夫齿轮齿数 | 40 | 42 | 44 |
| 道夫转速（r/min） | 15 | 16 | 17 |
| 工作辊齿轮齿数 | 42 | 34 | 45 |
| 喂毛辊齿轮齿数 | 48 | 54 | 54 |

### （二）斩刀与道夫的速比（金属针布）

斩刀口最高点与最低点的距离为45mm时，斩刀每摆动一个来回，道夫可转过38mm左右，对于较易剥落的化学纤维，可增大为40mm左右。

## 三、出条单位重量（金属针布）（表5-1-14）

表5-1-14 各种纤维原料金属针布出条单位重量

| 纤维原料种类 | 出条单位重量（金属针布）（g/m） |
|---|---|
| 细支毛 | 12~15 |
| 三、四级毛 | 14~18 |
| 黏胶纤维3.33dtex（3旦） | 9~13 |
| 腈纶3.33~6.67dtex（3~6旦） | 12~17 |

续表

| 纤维原料种类 | | 出条单位重量（金属针布）（g/m） |
|---|---|---|
| 涤纶3.33dtex（3旦） | | 7～10 |
| Octir型梳毛机 | 80支以上细支毛 | 16～20 |
| | 64～80支中低支毛 | 20～25 |

涤纶纯梳时，锡林速度(r/min)为125～135，其余为146。

出条单位重量，以毛网的质量为准，特别是毛网中的毛粒要保持最少。减少喂入量和出条单位重量，可使纤维获得充分梳理，从而减少毛粒。

### 四、原料回潮率和车间温湿度要求（表5-1-15）

表5-1-15　原料回潮率和车间温湿度要求

| 原料 | 原料回潮率（%） | | 车间相对湿度（%） | 温度（℃） | |
|---|---|---|---|---|---|
| | 加油水后 | 上机时 | | 冬 | 夏 |
| 羊毛 | 18～20 | 16～18 | 70～80 | 不低于20 | 32 |
| 黏胶纤维 | 13～15 | 13～14 | 60～70 | 不低于20 | 32 |
| 合成纤维 | 一般不加油水 | | 60～70 | 不低于20 | 32 |

## 第五节　精纺梳毛注意事项

（1）进入梳毛机的原料，羊毛不宜太干，化学纤维不宜太湿。

（2）再生纤维加油水要均匀，不宜过多，加油后储存时间不宜太短，否则会有纤维湿块，易造成锡林绕毛，绕毛处毛网毛粒特别多。如发现这一情况，可在锡林绕毛处撒些滑石粉，如仍不能解决，就要关车清除。道夫与锡林的隔距改小些，可改善锡林绕毛。

（3）漏底出口处，要及时清洁，不要让垃圾堆积太多，以免碰到道夫。墙板及各滚筒轴的绕毛应经常清除。凡机器周围的飞毛都要用花衣棒卷起，不要直接用手去拿。

（4）避免硬物进入梳毛机，以保护针布。

（5）定期抄针。抄针时注意针布表面是否有缺陷，发现有缺陷，应及时补救。

## 第六节　成球

毛条车间通常是将6～8台B272型梳毛机并列为一组，每台梳毛机输出的毛条，通过一根很长的运输带，送到成球机绕成毛球。

B281型成球机传动如图5-1-4所示。

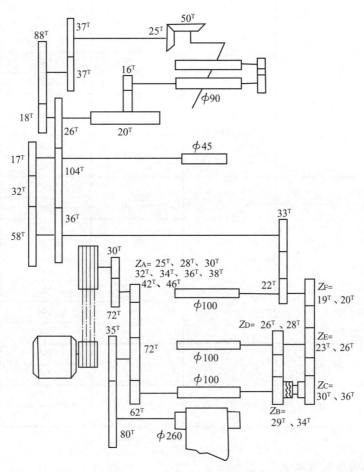

图5-1-4　B281型成球机传动图

B281型成球机的牵伸计算如下：

输送带与第一对罗拉（与$Z_A$、$Z_C$轮同轴的罗拉）间的牵伸倍数 $= \dfrac{80 \times 72 \times 100}{35 \times 62 \times 260} = 1.02$

第一对罗拉到卷绕滚筒间的牵伸倍数（不计卷绕往复动程，快挡用$Z_B$轮时）

$$= \frac{Z_B \times Z_E \times 22 \times 36 \times 20 \times 90}{Z_D \times Z_F \times 33 \times 26 \times 16 \times 100} = 1.039 \times \frac{Z_B \times Z_E}{Z_D \times Z_F}$$

第一对罗拉到卷绕滚筒间的牵伸倍数（慢挡用$Z_C$轮时）$= \dfrac{Z_C \times 22 \times 36 \times 20 \times 90}{Z_F \times 33 \times 26 \times 16 \times 100} = 1.039 \times \dfrac{Z_C}{Z_F}$

具体牵伸倍数见表5-1-16。

表5-1-16　B281型成球机牵伸倍数表

| $Z_B$ | $Z_C$ | $Z_D$ | $Z_E$ | $Z_F$ | 牵伸倍数 |
|---|---|---|---|---|---|
| $29^T$ | | $26^T$ | $23^T$ | $19^T$ | 1.40 |
| | | | | $20^T$ | 1.33 |
| | | | $26^T$ | $19^T$ | 1.59 |
| | | | | $20^T$ | 1.51 |
| | | $28^T$ | $23^T$ | $19^T$ | 1.31 |
| | | | | $20^T$ | 1.24 |
| | | | $26^T$ | $19^T$ | 1.47 |
| | | | | $20^T$ | 1.40 |
| $34^T$ | | $26^T$ | $23^T$ | $19^T$ | 1.64 |
| | | | | $20^T$ | 1.56 |
| | | | $26^T$ | $19^T$ | 1.82 |
| | | | | $20^T$ | 1.77 |
| | | $28^T$ | $23^T$ | $19^T$ | 1.53 |
| | | | | $20^T$ | 1.45 |
| | | | $26^T$ | $19^T$ | 1.72 |
| | | | | $20^T$ | 1.64 |
| | $30^T$ | | | $19^T$ | 1.64 |
| | | | | $20^T$ | 1.56 |
| | $36^T$ | | | $19^T$ | 1.97 |
| | | | | $20^T$ | 1.87 |

牵伸值选择方法如下所述。

设梳毛机出条重量为$g_1$，成球机出条重量为$g_2$，梳毛机开台数为$n$，成球机慢挡牵伸为$e_1$，快挡牵伸为$e_2$，则：

$$\frac{g_1 \times n}{e_1} = \frac{g_1 \times (n+1)}{e_2} = g_2$$

所以　　$e_1 = e_2 \times \dfrac{n}{n+1} = \dfrac{g_1 \times n}{g_2}$

$e_2 = e_1 \times \dfrac{n+1}{n} = \dfrac{g_1(n+1)}{g_2}$

根据成球机出条重量的要求确定$e_1$或$e_2$后，即可根据上式计算出$e_2$或$e_1$。$e_1$或$e_2$可在表中选择与所需牵伸相同或最接近的数值。在选择$e_1$与$e_2$值的时候，最好在同一个$Z_F$（$19^T$或$20^T$）的条件下选择$Z_B$、$Z_C$、$Z_D$、$Z_E$的齿数，使得梳毛机开$n$台的慢挡传动与梳毛机开（$n+1$）台的快挡传动所得到的毛条单位重量一致。

牵伸倍数选择举例：当有8台或7台梳毛机集体成球时，B281型成球机的齿轮可作表5-1-17的配置。

表5-1-17　B281型成球机牵伸倍数配置举例

| 设备台数 | 运转台数 | $Z_B$ | $Z_C$ | $Z_D$ | $Z_E$ | $Z_F$ | 牵伸倍数 |
|---|---|---|---|---|---|---|---|
| 8 | 8 | | $36^T$ | | | $20^T$ | 1.87 |
| | 7 | $34^T$ | | $28^T$ | $26^T$ | $20^T$ | 1.64 |
| 7 | 7 | | $30^T$ | | | $19^T$ | 1.64 |
| | 6 | $29^T$ | | $26^T$ | $23^T$ | $19^T$ | 1.40 |

# 第七节　精纺梳毛机专用器材及配件

## 一、梳毛机常用金属针布（图5-1-5）和刺毛锯条规格（表5-1-18）

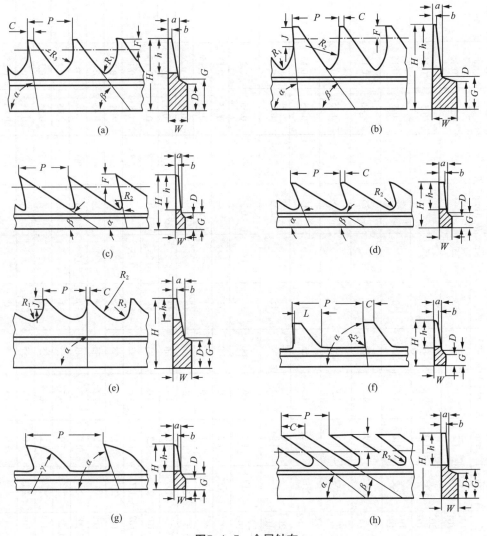

(a)

(b)

(c)

(d)

(e)

(f)

(g)

(h)

图5-1-5　金属针布

表5-1-18　梳毛机常用金属针布和刺毛锯条规格

| 型号 | 齿距 P (mm) | 齿根厚 W (mm) | 齿总高 H (mm) | 工作角 α (°) | 齿背角 β (°) | 齿底半径 R₁ (mm) | 齿底半径 R₂ (mm) | 齿底半径 R₃ (mm) | 齿壁宽 a (mm) | 齿尖厚 b (mm) | 齿尖高 J (mm) | 齿尖长 C (mm) | 齿深 h (mm) | 齿根高 D (mm) | 齿根高 G (mm) | 淬火深度 F (mm) | 图5-1-5 |
|---|---|---|---|---|---|---|---|---|---|---|---|---|---|---|---|---|---|
| SBC-101 SRC-101 | 2.45 | 1.2 | 4.0 | 78 | 53 | 0.25 | | 1.8 | 0.55 | 0.15 | | 0.15 | 2.0 | 1.5 | 1.7 | 0.5~0.6 | (a) |
| SBC-202 SRC-102 | 1.82 | 1.0 | 3.8 | 78 | 53 | 0.25 | | 1.3 | 0.5 | 0.15 | | 0.15 | 1.5 | 1.5 | 1.7 | 0.5~0.6 | (a) |
| SBD-101 SRD-101 | 2.1 | 1.2 | 4.5 | 60 | 40 | | 0.25 | | 0.5 | 0.15 | | 0.15 | 2.3 | 1.5 | 1.7 | 0.5~0.6 | (d) |
| SBD-202 SRD-102 | 1.82 | 0.9 | 4.2 | 60 | 42 | | 0.25 | | 0.45 | 0.15 | | 0.15 | 2.2 | 1.35 | 1.55 | 0.5~0.6 | (d) |
| SBW-201 SRW-101 | 2.54 | 1.2 | 4.5 | 65 | 45 | | 0.6 | | 0.55 | 0.15 | | 0.15 | 2.3 | 1.5 | 1.7 | 0.5~0.6 | (d) |
| SBW-202 SRW-102 | 2.1 | 1.0 | 4.5 | 65 | 45 | | 0.35 | | 0.45 | 0.15 | | 0.15 | 2.4 | 1.5 | 1.7 | 0.5~0.6 | (d) |
| SBW-204 SRW-104 | 1.82 | 1.0 | 4.5 | 65 | 45 | | 0.25 | | 0.5 | 0.15 | | 0.15 | 2.3 | 1.5 | 1.7 | 0.5~0.6 | (d) |
| SBT-203 SRT-103 | 3.17 | 1.2 | 3.6 | 60 | 34 | 0.5 | 0.3 | | 0.65 | 0.25 | 0.4 | 0.15 | 1.4 | 1.5 | 1.7 | 0.5~0.6 | (h) |
| BC-1 | 2.5 | 1.2 | 4.0 | 78 | 53 | | | | 0.55 | 0.15 | | 0.15 | 1.7 | 1.5 | | | (a) |
| BC-2 | 1.8 | 1.1 | 4.0 | 78 | 58 | | | | 0.55 | 0.15 | | 0.15 | 1.3 | 1.5 | | | (a) |
| BD-1 | 2.0 | 1.0 | 4.5 | 60 | 40 | | | | 0.6 | 0.2 | | 0.2 | 2.5 | 1.5 | | | (d) |
| BD-2 | 1.6 | 1.0 | 4.5 | 60 | 40 | | | | 0.6 | 0.2 | | 0.2 | 2.2 | 1.5 | | | (a) |
| SBC-101 | 2.4 | 1.2 | 4.0 | 83 | 58 | 0.25 | | 1.8 | 0.55 | 0.15 | | 0.15 | 2.0 | 1.5 | 1.7 | 0.5~0.6 | (a) |
| SBC-102 | 1.7 | 1.0 | 3.8 | 83 | 65 | 0.25 | | 1.3 | 0.5 | 0.15 | | 0.15 | 1.5 | 1.5 | 1.7 | 0.5~0.6 | (a) |
| SBD-101 | 2.1 | 1.2 | 4.5 | 55 | 37 | | 0.25 | | 0.5 | 0.15 | | 0.15 | 2.2 | 1.5 | 1.7 | 0.5~0.6 | (d) |
| SBD-102 | | 1.0 | 4.2 | 55 | 37 | | 0.25 | | 0.45 | 0.15 | | 0.15 | 2.2 | 1.35 | 1.55 | 0.5~0.6 | (d) |
| SBC-21 | 2.0 | 0.8 | 3.2 | 83 | 38 | 0.7 | 2.0 | 0.3 | 0.4 | 0.1 | 0.3 | 0.05 | 0.8 | 1.35 | 1.5 | | (e) |
| SBD-21 | 2.4 | 1.0 | 4.5 | 55 | 33 | 0.3 | 0.3 | 0.3 | 0.45 | 0.15 | | 0.15 | 2.15 | 1.5 | 1.7 | | (d) |
| SBW-101 | 25.4 | 1.2 | 4.5 | 55 | 35 | | | | 0.55 | 0.15 | | 0.15 | 2.4 | 1.5 | 1.7 | | (d) |
| SBN-102 | 2.1 | 1.0 | 4.5 | 55 | 35 | | | 0.3 | 0.45 | 0.15 | | 0.15 | 2.25 | 1.5 | 1.7 | | (d) |
| BB-1A | 4.2 | 1.0 | 3.5 | 35 | 30 | 0.3 | | 0.3 | 0.45 | 0.25 | | 2.8 | 1.7 | 1.35 | 1.7 | | (h) |

续表

| 型号 | 齿距 P(mm) | 齿根厚 W(mm) | 齿总高 H(mm) | 工作角 α(°) | 齿背角 β(°) | 齿底半径 $R_1$(mm) | 齿底半径 $R_2$(mm) | 齿底半径 $R_3$(mm) | 齿壁宽 a(mm) | 齿尖厚 b(mm) | 齿尖高 J(mm) | 齿头长 C(mm) | 齿深 h(mm) | 齿根高 D(mm) | 齿根高 G(mm) | 淬火深度 F(mm) | 图5-1-5 |
|---|---|---|---|---|---|---|---|---|---|---|---|---|---|---|---|---|---|
| BB-1B | 2.7 | 1.0 | 3.5 | 35 | 30 | — | — | — | 0.45 | 0.25 | — | 1.3 | 1.7 | 1.35 | 1.7 | — | (h) |
| BB-2 | 2.8-3.4 | 1.0 | 3.5 | 35 | 27 | — | — | — | 0.45 | 0.25 | — | 1.1~1.3 | 1.7 | 1.35 | 1.7 | — | (h) |
| SBB-3 | 2.8-3.4 | 0.85 | 3.5 | 35 | 30 | — | — | — | 0.4 | 0.3 | — | 1.3~1.9 | 1.7 | 1.35 | 1.55 | — | (h) |
| BT-1 | 5.4-7.1 | 1.50 | — | 65 | 31 | — | 0.8 | — | 0.85 | 0.6 | — | 0.1~1.8 | 3.2 | 1.5 | — | — | (d) |
| SBT-1 | 5.4-7.1 | 1.50 | — | 65 | 31 | — | 0.5 | — | 0.85 | 0.6 | — | 0.1~0.8 | 3.2 | 1.5 | — | — | (d) |
| SBT-2 | 4.2 | 1.5 | — | 60 | 32 | — | 0.8 | — | 0.7 | 0.3 | — | — | 3.0 | 1.5 | 1.6 | — | (d) |
| SBT-3 | 5.35~7.15 | 1.5 | — | 70 | 35 | — | 0.5 | — | 0.85 | 0.6 | — | 0.95~2.75 | 3.0 | 1.5 | 1.6 | — | (d) |
| SBT-4 | 3.73~4.73 | 1.8 | — | 60 | 38 | — | — | — | 0.8 | 0.55 | — | 0.6~1.6 | 3.0 | 1.5 | 1.6 | — | (d) |
| SBT-5 | 4.23 | 1.2 | — | 65 | 35 | 0.5 | — | 1.5 | 0.8 | 0.5 | 0.4 | 0.2 | 2.4 | 1.4 | 1.6 | — | (b) |
| SBT-6 | 5.35~7.15 | 2 | — | 70 | 35 | — | 1.0 | — | 0.85 | 0.6 | — | 0.2~2.0 | 3.0 | 1.5 | 1.6 | — | (d) |
| SBT-7 | 5.35~7.15 | 1.5 | — | 70 | 35 | — | 0.8 | — | 0.85 | 0.6 | — | 0.95~1.75 | 3.0 | 1.5 | 1.6 | — | (d) |
| SBT-A | 4T | — | — | 75 | 33 | — | 0.8 | — | — | — | — | — | — | — | — | — | (c) |
| SBT-A | 4T | — | — | 75 | 32 | — | 0.8 | — | — | — | — | — | — | — | — | — | (c) |
| SBT-A | 4.5T | — | — | 75 | 35 | — | 0.8 | — | — | — | — | — | — | — | — | — | (c) |
| SBT-A | 4.5T | — | — | 80 | 37 | — | 0.8 | — | — | — | — | — | — | — | — | — | (c) |
| SBT-A | 4.5T | — | — | 75 | 36 | — | 0.8 | — | — | — | — | — | — | — | — | — | (c) |
| SBT-A | 5T | — | — | 85 | 41 | — | 0.6 | — | — | — | — | — | — | — | — | — | (c) |
| SBT-A | 5T | — | — | 75 | 37 | — | 0.6 | — | — | — | — | — | — | — | — | — | (c) |
| SBT-A | 6T | — | — | 85 | 47 | — | 0.6 | — | — | — | — | — | — | — | — | — | (c) |
| SBT-A | 6T | — | — | 80 | 44 | — | 0.6 | — | — | — | — | — | — | — | — | — | (c) |
| SBT-A | 6T | — | — | 75 | 42 | — | 0.6 | — | — | — | — | — | — | — | — | — | (c) |
| SBT-A | 6T | — | — | 60 | — | — | — | — | — | — | — | — | — | — | — | — | (c) |
| ST-B | 2T | — | — | 90 | 37 | — | 1.5 | — | — | — | — | — | — | — | — | — | (c) |
| ST-B | 2.5T | — | — | 80 | 30 | — | 1.2 | — | — | — | — | — | — | — | — | — | (c) |
| ST-B | 3.5T | — | — | 75 | 30 | — | 0.8 | — | — | — | — | — | — | — | — | — | (c) |
| ST-B | 3T | — | — | 70 | 28 | — | 0.8 | — | — | — | — | — | — | — | — | — | (c) |
| ST-B | 3T | — | — | 70 | 25 | — | 0.8 | — | — | — | — | — | — | — | — | — | (c) |
| ST-B | 3T | — | — | 70 | 30 | — | 1.0 | — | — | — | — | — | — | — | — | — | (c) |
| ST-B | 3T | — | — | 80 | 38 | — | 1.0 | — | — | — | — | — | — | — | — | — | (c) |

续表

| 型号 | 齿距 P (mm) | 齿根厚 W (mm) | 齿总高 H (mm) | 工作角 α (°) | 齿背角 β (°) | 齿底半径 R₁ (mm) | 齿底半径 R₂ (mm) | 齿底半径 R₃ (mm) | 齿壁宽 a (mm) | 齿尖厚 b (mm) | 齿尖高 J (mm) | 齿尖长 C (mm) | 齿深 h (mm) | 齿根高 D (mm) | 齿根高 G (mm) | 淬火深度 F (mm) | 图5-1-5 |
|---|---|---|---|---|---|---|---|---|---|---|---|---|---|---|---|---|---|
| ST-C | 4T | — | — | 60 | 30 | — | 0.8 | — | — | — | — | — | — | — | — | — | (c) |
| ST-C | 3T | — | — | 102 | 30 | — | 1.2 | — | — | — | — | — | — | — | — | — | (c) |
| ST-C | 5T | — | — | 100 | 32 | — | 0.6 | — | — | — | — | — | — | — | — | — | (c) |
| ST-C | 6T | — | — | 100 | 38 | — | 0.6 | — | — | — | — | — | — | — | — | — | (c) |
| ST-D | 3T | — | — | 70 | 28 | — | 1.0 | — | — | — | — | — | — | — | — | — | (d) |
| ST-E | 2.5T | — | 5.0 | 70 | — | — | V=6 | — | 0.9 | 0.7 | — | — | 3.3 | — | 1.6 | — | (g) |
| ST-F | 3T | — | 5.1 | 83 | — | — | L=3 | — | 0.8 | 0.5 | — | 0.9 | 3.3 | — | 1.6 | — | (f) |
| ST-G | 5T | — | 5.4 | 60 | 24 | — | 0.5 | — | 0.6 | 0.4 | — | — | — | — | 2.5 | — | (c) |
| ST-G | 8T | — | 5.4 | 60 | 34 | — | 0.5 | — | 0.6 | 0.4 | — | — | — | — | 2.5 | — | (c) |
| ST-G | 6T | — | 5.8 | 65 | 25 | — | 0.125 | — | 0.6 | 0.4 | — | — | — | — | 2.5 | — | (c) |
| ST-G | 6T | — | 5.4 | 60 | 30 | — | 0.5 | — | 0.6 | 0.4 | — | — | — | — | 2.5 | — | (c) |
| ST-G | 6T | — | 5.6 | 78 | 33 | — | 0.5 | — | 0.6 | 0.4 | — | — | — | — | 2.5 | — | (c) |
| ST-G | 6T | — | 6.1 | 60 | 25 | — | 0.35 | — | 0.6 | 0.4 | — | — | — | — | 2.5 | — | (c) |
| ST-H | 5T | — | 4.4 | 60 | 24 | — | 0.5 | — | — | — | — | — | — | — | 1.4 | — | (c) |
| ST-H | 8T | — | 4.4 | 60 | 34 | — | 0.5 | — | — | — | — | — | — | — | 1.4 | — | (c) |
| ST-H | 8T | — | 4.2 | 60 | 35 | — | 0.5 | — | — | — | — | — | — | — | 1.4 | — | (c) |
| ST-H | 6T | — | 4.2 | 60 | 30 | — | 0.5 | — | — | — | — | — | — | — | 1.4 | — | (c) |
| ST-H | 6T | — | 4.5 | 78 | 36 | — | 0.5 | — | — | — | — | — | — | — | 1.4 | — | (c) |

注　1. SBC-21、SBD-21系绢纺针布，可供毛纺梳化学纤维时选用。ST-A、ST-B、ST-C也可供毛纺选用。

2. BB型、BT型、SBT型针布，也称剌毛锯条，多在开毛部分使用。

3. ST-A～ST-H等八种型号的针布，分薄型、中型、厚型三种。

ST型金属针布补充规格见表5-1-19。

表5-1-19 ST型金属针布补充规格

| 类型 | 齿根厚 $W$（mm） | 齿壁宽 $a$（mm） | 齿尖厚 $b$（mm） | 齿底半径 $R_2$（mm） | 齿根高 | |
|---|---|---|---|---|---|---|
| | | | | | $D$（mm） | $G$（mm） |
| 薄型 | 1.05~1.3 | 0.6 | 0.3 | 0.8 | 1.55 | 1.75 |
| 中型 | 1.3~1.5 | 0.7 | 0.4 | 0.8 | 1.55 | 1.75 |
| 厚型 | 1.5~1.7 | 0.75 | 0.5 | 0.8 | 1.6 | 1.85 |

## 二、梳毛机金属针布的包卷和抄针

### （一）包卷

（1）平整机框、滚筒并磨光。滚筒两端各100mm处，多磨掉一些，形成倾斜，最低处比滚筒中间部分的表面低0.1mm。用粒度为45~60号的碳化硅砂轮磨光，最后用0号砂布打光，再均匀涂上淡金水油，然后校动平衡。

（2）两端车槽，槽外侧距滚筒边缘为8mm（锡林15mm，道夫12mm），然后用榔头将边条逐渐打入，边条两端接头焊锡，整圈边条的外侧也用锡焊与滚筒表面焊牢固。

（3）边条内侧车一刀，使与滚筒表面尽量垂直，边条露出部分车至一定高度，即比金属针布齿肩高出0.1~0.2mm。

（4）金属针布开头约100mm，将其一侧锉成均匀的斜面，焊在边条上即可开始包卷（利用B812型金属针布包卷工具）。

包卷时张力依金属针布厚度而定。通常每厚0.1mm，张力为10N（1kgf）左右。齿背硬度在HRC13~18时，包卷张力及速度大致见表5-1-20。

表5-1-20 金属针布包卷张力及速度

| 机 件 | 包卷速度（r/min） | 张 力 | | 侧压力 | |
|---|---|---|---|---|---|
| | | N | kgf | N | kgf |
| 剥毛辊 | 13~20 | 200 | 20 | 90 | 9 |
| 工作辊 | 12~18 | 180 | 18 | 90 | 9 |
| 锡林、道夫 | 8 | 160~180 | 16~18 | 90 | 9 |

在包卷滚筒中间部分时表中张力应比两端小10%左右，以防辊子变形过大（尤其是工作辊）。

（5）起头和结尾各一圈要用焊锡固定，可在圆周六点等分处各焊50~80mm。

（6）包完后，涂以滑石粉一两天，以去除油污，再进行检查修理。个别太高的齿可用手工修低，然后用拉耙清除滑石粉。最后可用一些下脚毛试车，以增加针布的光洁度。

## （二）抄针

　　梳理羊毛时要定期抄针。抄针工具主要是两个钩子，一般可用废锯条磨成，尖钩处磨成刀口，两个钩子的中间是一把普通的钢丝刷（上面有一块压铁使刷子压向针布），都装在一个抄针工具上（图5-1-6）。辊子的针布倒走时，钩子就嵌入缝中剔除草杂，并随着辊子的转动而作缓慢的横向移动，直至抄完全部隙缝。

　　抄针周期，根据原料含杂和针布嵌塞程度，从一天一次到一星期一次不等。

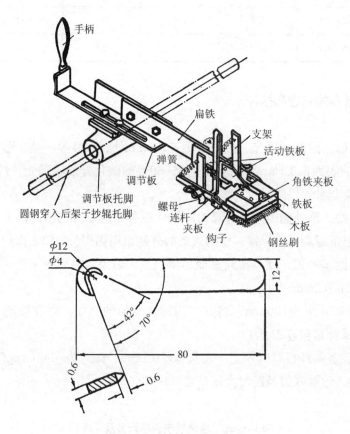

图5-1-6　抄针工具示意图

## 三、B812型、B814型金属针布包卷工具（表5-1-21）

表5-1-21　B812型、B814型金属针布包卷工具

| 型号 | B812 | B814 |
|---|---|---|
| 形式 | 双轨式 | 单轨式 |
| 包卷最大直径（mm） | 1000～2000 | 1000～2000 |
| 工具组成 | 减速器2台，倒料机1台，包卷器2套，焊接器1只 | 同左（外加包小直径滚筒架1台） |
| 电动机功率（kW） | 2.57 | 3.37 |

# 第八节　国外精纺梳毛机简介

国外精纺梳毛机正向高速、高产、高效方向发展，主要有下列几个方面特点：

（1）机幅加宽至2m、2.5m或3.5m，目的是提高梳毛机产量。

（2）用条筒代替出条成球装置，不但容量大，还可保护松散的粗梳毛条，不致在车间搬运时擦毛、碰坏。

（3）有更完备的除草装置，除草点也增多，可以提高除草杂效果。

（4）以毛刷辊替代包覆针布的剥毛辊和转移辊，可以保护纤维，减少纤维损伤。

（5）喂毛辊与给进辊隔距增大，速比减小，使动作缓和。

## 一、意大利FOR型梳毛机

（1）采用整体落地墙板，锡林、工作辊、剥毛辊都嵌在墙板上，遇到未被开松的块毛嵌入时，三者同时移位，可以防止针布轧坏。

（2）不需要更换针布、速比和隔距，可适用于16～60μm的羊毛。

（3）由于胸锡林采用大隔距、低速比，使预梳达到充分开松纤维后再梳理，纤维不易损伤，与B272型梳毛机比较，平均下机纤维长度长10mm左右。

（4）由于纤维被充分开松后除草，因此除草效果较好，采用3～4个莫雷尔除草装置，其除草效率可达12%～20%。

## 二、意大利Octir型梳毛机

### （一）主要特点

（1）工作幅度宽，产量高。由于锡林、工作辊、剥毛辊等直径较大，梳理弧长，有利于分梳。

（2）易于除草杂。在胸锡林之后设置两个莫雷尔去草辊，由于纤维已分成小束状，草刺附于表面，易于除去。工作辊、剥毛辊均包覆弹性针布，梳理效果好，也有都用金属针布。

（3）主锡林转速低，只有97r/min，锡林与工作辊速比小，而隔距较大，纤维不易损伤；主锡林用自动对位轴承，可以与工作辊确保平行。

## （二）Octir型梳毛机简图（图5-1-7）

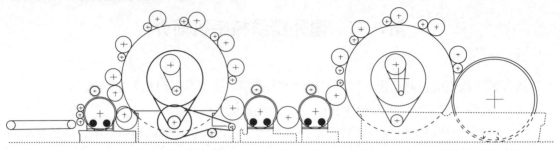

图5-1-7　Octir型梳毛机简图

## （三）Octir型梳毛机的主要技术特征（表 5-1-22）

表5-1-22　Octir型梳毛机的主要技术特征

| 项　目 | 参　数 | 项　目 | | 参　数 |
|---|---|---|---|---|
| 机幅（mm） | 2500～3500 | 产量（kg/h） | | 60～120 |
| 胸锡林直径[①]（mm） | 1660 | 出条单位重量（g/m） | | 20～30 |
| 胸锡林工作辊直径[①]（mm） | 275 | 盛毛箱最大容量（kg） | | 350 |
| 胸锡林剥毛辊直径[①]（mm） | 135 | 电动机功率 | 主电动机 | 15kW，1台 |
| 去草辊直径[①]（mm） | 177 | | 喂毛斗 | 1kW，3台 |
| 锡林直径[①]（mm） | 1660 | | 去草刀 | 0.55kW，3台 |
| 锡林工作辊直径[①]（mm） | 275 | | 斩刀 | 0.75kW，1台 |
| 锡林剥毛辊直径[①]（mm） | 144 | | 开启罩壳 | 0.75kW，2台 |
| 道夫直径[①]（mm） | 1288 | | | |

①指包覆后直径。

## 三、法国Thibeau型梳毛机

其主要特点是：

（1）产量高，去除草杂作用强，梳理作用好。另外配置有3500mm工作幅的机型，在出条之前增添一个装有自调匀整装置的牵伸头，牵伸倍数可以达到1.1～2.5，从而保证高产。

（2）由电磁斩刀取代机械式斩刀，其打击次数可以提高到2500～3200次/min。

（3）喂毛斗采用容量式，内有超声波自动控制装置，喂入罗拉配有自停装置，当喂入纤维的回潮率超过30%时自动停止喂入。

（4）工作辊、剥毛辊均采用轻金属管，重量轻，便于抄针、搬运。

国外几种精纺梳毛机的主要技术特征见表5-1-23。

表5-1-23　国外精纺梳毛机的主要技术特征

| 项目 | 意大利FOR794型 | 意大利Octir CIS/GR | 法国Thibeau 23MM$_4$ |
|---|---|---|---|
| 喂入方式 | 称重式 | 称重式 | 容量式 |
| 适用原料细度范围（μm） | 16～60 | 18～35 | 17～35 |
| 梳理性能 | 9个梳理点 | 12个梳理点 | 8个梳理点 |
| 除草机构 | 3～4除草点（可选择） | 3个除草点 | 3个除草点 |
| 出条方法 | 条筒 | 条筒 | 条筒 |
| 出条速度（m/min） | 42～45 | 20～60 | 40～79 |
| 机幅（mm） | 2500 | 2500 | 2500 |
| 主电动机功率（kW） | 11 | 11 | 11 |

## 四、法国CA型梳毛机

CA6TRIO型、CA7TWIN型梳毛机是当前精梳毛纺系统的最新一代梳毛机，其主要技术特征如表5-1-24所示。

在制条工序中，CA7TWIN型梳毛机可与高速链条式针梳机（如GC30型）和高速精梳机（如ERA精梳机）相配套，建议梳毛机与精梳机之间的并合次数应大于200次。

表5-1-24　CA6TRIO型、CA7TWIN型梳毛机的主要技术特征

| 项　　目 | 型　号 | |
|---|---|---|
| | CA6TRIO | CA7TWIN |
| 喂入方法 | 容量式或重量式电子自动喂毛 | 容量式或重量式电子自动喂毛 |
| 除草机构 | 开毛辊配备除草打手，3组莫雷尔辊 | 开毛辊配备除草打手，装有2组串联的莫雷尔，每组有一把除草刀 |
| 机幅（m） | 2.5、3.0 | 2.5、3.5 |
| 台时产量（kg/h） | 200 | 300 |
| 主锡林线速度（m/min） | 1200 | 1500 |
| 主锡林直径（mm） | 900、1200 | 1500 |

CA6TRIO型、CA7TWIN型梳毛机分别如图5-1-8和图5-1-9所示。

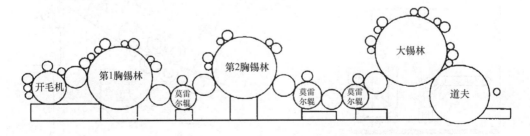

图5-1-8　CA6TRIO型梳毛机示意图

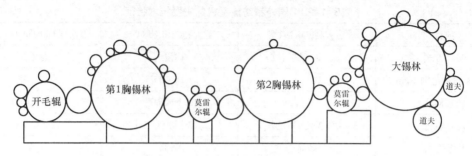

图5-1-9　CA7TWIN型梳毛机示意图

这两种机型在胸锡林和大锡林上都有12个梳理工作区，这种梳理的分布对缠结的羊毛进行逐步地开松梳理，减少了纤维的损伤。其次CA6TRIO型和CA7TWIN型梳毛机在开毛辊上都安装有一个除草打手，其目的主要用来清除较大、较硬的草杂。CA6TRIO型单道夫梳毛机全机配有三组莫雷尔辊，大大提高了梳毛机的除草杂能力。CA7TWIN型双道夫梳毛机尽管只用了两个莫雷尔辊，但每个莫雷尔辊上使用2个打草刀辊，这样，全机共有5个除草点，比CA6TRIO型单道夫梳毛机还多1个，其除草能力更强，CA7TWIN型双道夫梳毛机最大能够加工含草杂15%左右的羊毛。

**1. 自动喂毛装置**

CA6TRIO型、CA7TWIN型梳毛机可配容量式或重量式电子自动喂毛，两者都装有管道自动喂毛仓，由多只伺服变速电动机（M）精确地控制喂毛罗拉、斜帘、平帘等处的纤维流量（图5-1-10）。

**2. 出条牵伸装置**

出条牵伸装置可根据整条生产线的条重配置和不同的加工纤维，在开车条件下方便地调整其牵伸倍数和隔距（图5-1-11），其最高出条速度可达350m/min。

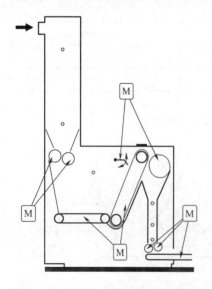

图5-1-10　CFX容量式自动喂毛装置

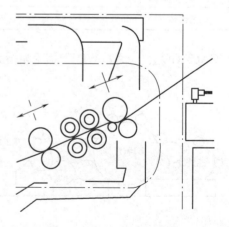

图5-1-11　出条牵伸装置

### 3. 梳毛机产量

正常工作情况下，CA6TRIO型梳毛机锡林上的纤维量是恒定的，若单道夫梳毛机锡林上的毛纤维量按100%计算，道夫接取20%出机，80%返回重新与转移辊带来的纤维混合（图5-1-12）；而双道夫接取纤维的量分别为20%和16%，返回纤维重新参与梳理的只有64%，转移辊需带进36%的纤维与之混合，很明显纤维出机量增加，产量提高（图5-1-13）。CA6TRIO型、CA7TWIN型梳毛机产量对比如表5-1-25所示。

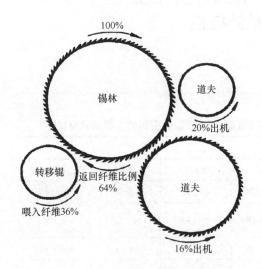

图5-1-12　CA6TRIO型单道夫梳毛机
梳理原理示意图

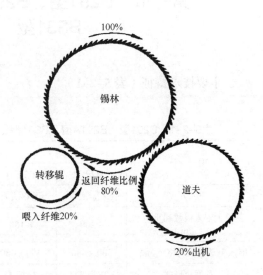

图5-1-13　CA7TWIN型双道夫梳毛机
梳理原理示意图

从表5-1-24可以看出，在相同条件下，CA7TWIN型双道夫梳毛机比CA6TRIO型单道夫梳毛机产量高30%～50%。

表5-1-25　CA6TRIO型、CA7TWIN型梳毛机产量对比

| 纤维细度（μm） | CA6TRIO型梳毛机（kg/h） | CA7TWIN型梳毛机/（kg/h） | 纤维细度（μm） | CA6TRIO型梳毛机（kg/h） | CA7TWIN型梳毛机/（kg/h） |
|---|---|---|---|---|---|
| 15 | 48 | 61 | 20 | 95 | 162 |
| 16 | 59 | 77 | 21 | 107 | 178 |
| 17 | 64 | 97 | 22 | 112 | 197 |
| 18 | 72 | 111 | 23 | 117 | 220 |
| 19 | 85 | 135 | | | |

# 第二章 针梳

## 第一节 B291型、B291A型、B301型、B321型、B331型、B341型针梳机

### 一、主要技术特征（表5-2-1）

表5-2-1 B291型、B291A型、B301型、B321型、B331型、B341型针梳机的主要技术特征

| 项 目 | 型 号 | | | | | |
|---|---|---|---|---|---|---|
| | B291 | B291A | B301 | B321 | B331 | B341 |
| 喂入方式 | 退卷滚筒 | 退卷滚筒 | 退卷滚筒 | 毛条筒 | 退卷滚筒 | 退卷滚筒 |
| 最大喂入根数和重量（g/m） | 4/200 | 8/180 | 2×4=8/180 | 10/180 | 8/132 | 8/176 |
| 喂入毛球最大规格（mm） | 500×480 | 450×450 | 450×450 | — | 450×420 | 400×350 |
| 前罗拉形式 | 皮板式 | 皮板式 | — | — | — | — |
| 前下罗拉直径（mm） | 30（八斜槽） | 28（八斜槽） | 25/50 | 25/50 | 25/50 | 25/50 |
| 后下罗拉直径（mm） | 50 | 50 | 50 | 50 | 50 | 50 |
| 最大卷取动程（mm） | 450 | 450 | 350 | 420 | 350 | 350 |
| 针板最高击落次数 | 620 | 620 | 620 | 620 | 620 | 620 |
| 最大出条速度（m/min） | 32 | 32 | 32 | 32 | 32 | 32 |
| 最大出条单位重量（g/m） | 30 | 25 | 16 | 25 | 22 | 25 |
| 牵伸倍数 | 3.21~8.93 | 3~8.74 | 5.14~11.23 | 3.85~11.23 | 3.85~7.88 | 3.85~11.23 |
| 针板规格[针号（PWG）×针长（mm）] | 16×38 | 17×38 | 18×38 | 17~38 | 14×38 | — |
| 成球规格（mm） | 450×450 | 450×450 | 400×350 | 450×420 | 400×350 | 400×350 |
| 皮板规格（mm） | 1065×270×4.5 | 1065×270×4.5 | | | | |
| 筒管规格（mm） | φ70×φ42×540 | φ70×φ42×540 | φ70×φ42×410 | φ70×φ42×480 | φ70×φ42×410 | φ70×φ42×410 |
| 头数×球数 | 4×4 | 4×4 | 6×12 | 4×4 | 4×4 | 4×4 |
| 电动机型号及功率（kW） | JFO51-4 2.8 | JFO51-4 2.3 | JFO51-4 2.8 | JFO51-4 2.8 | — | JFO51-4 2.8 |
| 占地面积（mm²） | 3200×5000 | 3200×5000 | 4000×7100 | 4000×5560 | — | 3900×4500 |

## 二、传动（图5-2-1、图5-2-2）及工艺计算

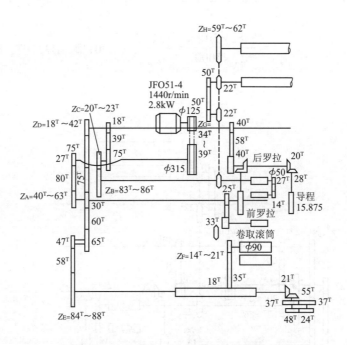

图5-2-1 B291型、B291A型针梳机传动图

针梳机变换齿轮数见表5-2-2。

表5-2-2 针梳机变换齿轮齿数

| 机型 | $Z_A$ | $Z_B$ | $Z_C$ | $Z_D$ | $Z_E$ | $Z_F$ | $Z_G$ | $Z_H$ |
|---|---|---|---|---|---|---|---|---|
| B301 | 40ᵀ~63ᵀ | 83ᵀ~86ᵀ | 20ᵀ~23ᵀ | 24ᵀ~44ᵀ | 84ᵀ~88ᵀ | 16ᵀ~21ᵀ | 34ᵀ~39ᵀ | 59ᵀ~62ᵀ |
| B321 | 40ᵀ~63ᵀ | 83ᵀ~86ᵀ | 22ᵀ~23ᵀ | 20ᵀ~34ᵀ | 70ᵀ~73ᵀ | 17ᵀ~21ᵀ | 32ᵀ~35ᵀ | 59ᵀ~62ᵀ |
| B331 | 40ᵀ~63ᵀ | 83ᵀ~86ᵀ | 22ᵀ~23ᵀ | 30ᵀ~34ᵀ | 70ᵀ~73ᵀ | 17ᵀ~21ᵀ | — | — |
| B341 | 40ᵀ~63ᵀ | 83ᵀ~86ᵀ | 22ᵀ~23ᵀ | 18ᵀ~44ᵀ | 70ᵀ~73ᵀ | 17ᵀ~21ᵀ | 34ᵀ~39ᵀ | 59ᵀ~62ᵀ |
| B421 | 36ᵀ~63ᵀ | 83ᵀ~86ᵀ | 20ᵀ~22ᵀ | 24ᵀ~48ᵀ | 70ᵀ~73ᵀ | 17ᵀ~21ᵀ | 34ᵀ~39ᵀ | 59ᵀ~62ᵀ |
| B431 | 40ᵀ~63ᵀ | 83ᵀ~86ᵀ | 20ᵀ~22ᵀ | 24ᵀ~48ᵀ | 70ᵀ~73ᵀ | 17ᵀ~21ᵀ | 34ᵀ~39ᵀ | 59ᵀ~62ᵀ |
| B421A | 40ᵀ~63ᵀ | 83ᵀ~86ᵀ | 20ᵀ~22ᵀ | 24ᵀ~48ᵀ | 70ᵀ~73ᵀ | 17ᵀ~21ᵀ | 34ᵀ~39ᵀ | 59ᵀ~62ᵀ |

$$前罗拉转速（r/min）= \frac{1440 \times 125 \times 27 \times 25}{3.5 \times Z_A \times 33} = \frac{11688}{Z_A} \quad （B291型、B291A型）$$

$$= \frac{1440 \times 125 \times 27 \times 25}{315 \times Z_A \times 46} = \frac{8385}{Z_A} \quad （B301型、B321型、B341型）$$

$$前罗拉表面线速度（m/min）= \frac{11688 \times 30 \times \pi \times K_1（周长系数）}{Z_A \times 1000} = \frac{1101.6 \times K_1}{Z_A} \quad （B291型）$$

$$= \frac{11688 \times 28 \times \pi \times K_1}{Z_A} = \frac{1028.2 \times K_1}{Z_A} \quad （B291A型）$$

$$= \frac{8385 \times 50 \times \pi}{Z_A \times 1000} = \frac{1317.3}{Z_A} \quad （B301型、B321型、B341型）$$

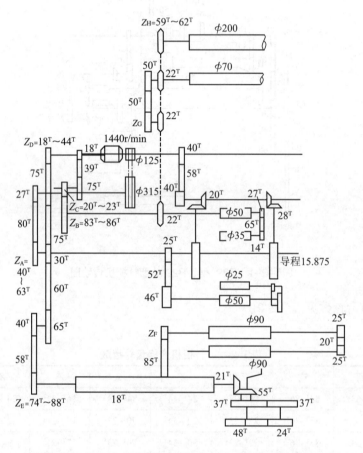

图5-2-2　B301型、B321型、B341型针梳机传动图

B291型、B291A型针梳机前罗拉转速及线速度与变换齿轮$Z_A$对照见表5-2-3。

表5-2-3　B291型、B291A型针梳机前罗拉转速及线速度与变换齿轮$Z_A$对照表（$K_1$=1.06)

| 主轴变换齿轮$Z_A$齿数 | 前罗拉转速（r/min） | 前罗拉线速度（m/min） | |
|---|---|---|---|
| | | B291型 | B291A型 |
| 42ᵀ | 278 | 27.8 | 25.9 |
| 45ᵀ | 260 | 26.0 | 24.2 |
| 50ᵀ | 234 | 23.4 | 21.8 |
| 56ᵀ | 209 | 20.9 | 19.5 |
| 63ᵀ | 186 | 18.6 | 17.4 |

B301型、B321型、B341型针梳机前罗拉转速及线速度与变换齿轮$Z_A$对照见表5–2–4。

表5-2-4　B301型、B321型、B341型针梳机前罗拉转速及线速度与变换齿轮$Z_A$对照表

| 主轴变换齿轮$Z_A$齿数 | 前罗拉转速（r/min） | 前罗拉线速度（m/min） |
|---|---|---|
| $40^T$ | 209.63 | 32.9 |
| $42^T$ | 199.65 | 31.4 |
| $45^T$ | 186.34 | 29.3 |
| $50^T$ | 167.70 | 26.3 |
| $5^T$ | 143.73 | 23.5 |

$$后罗拉转速（r/min）=\frac{1440\times125\times27\times30\times18\times Z_C}{315\times Z_A\times Z_D\times75\times Z_B}=111082\times\frac{Z_C}{Z_A\times Z_B\times Z_D}$$

$$后罗拉表面线速度（m/min）=后罗拉转速\times\frac{50\times\pi\times K_2(周长系数)}{1000}=K_2\times17449\times\frac{Z_C}{Z_A\times Z_B\times Z_D}$$

$$前后罗拉间牵伸倍数=\frac{\dfrac{K_1\times1101.6}{Z_A}}{\dfrac{K_2\times17449\times Z_C}{Z_A\times Z_B\times Z_D}}=0.0631\times\frac{K_1\times Z_B\times Z_D}{K_1\times Z_D}\quad（B291型）$$

$$=\frac{\dfrac{K_1\times1028.2}{Z_A}}{\dfrac{K_2\times17449\times Z_C}{Z_A\times Z_B\times Z_D}}=0.0589\times\frac{K_1\times Z_B\times Z_D}{K_2\times Z_C}\quad（B291A型）$$

$$=\frac{\dfrac{1317.3}{Z_A}}{\dfrac{K_2\times17449\times Z_C}{Z_A\times Z_B\times Z_D}}=0.0594\times\frac{Z_B\times Z_D}{K_2\times Z_C}\quad（B301型、B321型、B341型）$$

不同型号针梳机的牵伸倍数与变换齿轮齿数对照见表5–2–5~表5–2–7。

表5-2-5　B291型针梳机牵伸倍数与变换齿轮齿数对照表(当$K_1$=1.06，$K_2$=1.27时)

| $Z_D$ | $Z_C$=20$^T$ | | | | $Z_C$=21$^T$ | | | | $Z_C$=22$^T$ | | | | $Z_C$=23$^T$ | | | |
|---|---|---|---|---|---|---|---|---|---|---|---|---|---|---|---|---|
| | $Z_B$ | | | | $Z_B$ | | | | $Z_B$ | | | | $Z_B$ | | | |
| | $83^T$ | $84^T$ | $85^T$ | $86^T$ | $83^T$ | $84^T$ | $85^T$ | $86^T$ | $83^T$ | $84^T$ | $85^T$ | $86^T$ | $83^T$ | $84^T$ | $85^T$ | $86^T$ |
| $18^T$ | 3.93 | 3.98 | 4.03 | 4.08 | 3.75 | 3.79 | 3.84 | 3.88 | 3.58 | 3.62 | 3.66 | 3.71 | 3.42 | 3.46 | 3.50 | 3.54 |
| $20^T$ | 4.37 | 4.42 | 4.48 | 4.53 | 4.16 | 4.21 | 4.26 | 4.31 | 3.97 | 4.02 | 4.07 | 4.12 | 3.80 | 3.85 | 3.89 | 3.94 |
| $22^T$ | 4.81 | 4.87 | 4.92 | 4.99 | 4.58 | 4.63 | 4.69 | 4.74 | 4.37 | 4.42 | 4.48 | 4.53 | 4.18 | 4.23 | 4.28 | 4.33 |
| $24^T$ | 5.25 | 5.31 | 5.37 | 5.44 | 5.00 | 5.06 | 5.12 | 5.18 | 4.77 | 4.83 | 4.88 | 4.94 | 4.56 | 4.62 | 4.67 | 4.73 |
| $26^T$ | 5.68 | 5.75 | 5.82 | 5.89 | 5.41 | 5.48 | 5.54 | 5.61 | 5.17 | 5.23 | 5.29 | 5.35 | 4.94 | 5.00 | 5.06 | 5.12 |

续表

| $Z_D$ | $Z_C=20^T$ | | | | $Z_C=21^T$ | | | | $Z_C=22^T$ | | | | $Z_C=23^T$ | | | |
|---|---|---|---|---|---|---|---|---|---|---|---|---|---|---|---|---|
| | $Z_B$ | | | | $Z_B$ | | | | $Z_B$ | | | | $Z_B$ | | | |
| | $83^T$ | $84^T$ | $85^T$ | $86^T$ | $83^T$ | $84^T$ | $85^T$ | $86^T$ | $83^T$ | $84^T$ | $85^T$ | $86^T$ | $83^T$ | $84^T$ | $85^T$ | $86^T$ |
| $28^T$ | 6.12 | 6.19 | 6.27 | 6.34 | 5.83 | 5.90 | 5.97 | 6.04 | 5.56 | 5.63 | 5.70 | 5.76 | 5.32 | 5.39 | 5.45 | 5.51 |
| $30^T$ | 6.57 | 6.64 | 6.71 | 6.79 | 6.24 | 6.32 | 6.40 | 6.47 | 5.96 | 6.03 | 6.10 | 6.18 | 5.70 | 5.77 | 5.84 | 5.91 |
| $32^T$ | 6.99 | 7.08 | 7.16 | 7.25 | 6.66 | 6.74 | 6.82 | 6.90 | 6.36 | 6.43 | 6.51 | 6.59 | 6.08 | 6.15 | 6.23 | 6.30 |
| $34^T$ | 7.43 | 7.52 | 7.62 | 7.70 | 7.08 | 7.16 | 7.25 | 7.33 | 6.76 | 6.84 | 6.92 | 7.00 | 6.46 | 6.54 | 6.62 | 6.70 |
| $36^T$ | 7.87 | 7.96 | 8.06 | 8.15 | 7.49 | 7.58 | 7.67 | 7.86 | 7.15 | 7.24 | 7.33 | 7.41 | 6.84 | 6.92 | 7.01 | 7.09 |
| $38^T$ | 8.32 | 8.41 | 8.51 | 8.61 | 7.91 | 8.01 | 8.10 | 8.20 | 7.55 | 7.64 | 7.73 | 7.82 | 7.22 | 7.31 | 7.40 | 7.48 |
| $40^T$ | 8.74 | 8.85 | 8.95 | 9.06 | 8.33 | 8.43 | 8.53 | 8.63 | 7.95 | 8.04 | 8.14 | 8.24 | 7.60 | 7.69 | 7.79 | 7.88 |
| $42^T$ | 9.18 | 9.29 | 9.40 | 9.51 | 8.74 | 8.85 | 8.95 | 9.06 | 8.35 | 8.45 | 8.55 | 8.65 | 7.98 | 8.08 | 8.17 | 8.27 |

表5-2-6　B291A型针梳机牵伸倍数与变换齿轮齿数对照表(当$\kappa_1=1.06$，$\kappa_2=1.27$时)

| $Z_D$ | $Z_C=20^T$ | | | | $Z_C=21^T$ | | | | $Z_C=22^T$ | | | | $Z_C=23^T$ | | | |
|---|---|---|---|---|---|---|---|---|---|---|---|---|---|---|---|---|
| | $Z_B$ | | | | $Z_B$ | | | | $Z_B$ | | | | $Z_B$ | | | |
| | $83^T$ | $84^T$ | $85^T$ | $86^T$ | $83^T$ | $84^T$ | $85^T$ | $86^T$ | $83^T$ | $84^T$ | $85^T$ | $86^T$ | $83^T$ | $84^T$ | $85^T$ | $86^T$ |
| $18^T$ | 3.67 | 3.72 | 3.76 | 3.81 | 3.50 | 3.54 | 3.58 | 3.62 | 3.34 | 3.38 | 3.42 | 3.46 | 3.19 | 3.23 | 3.27 | 3.31 |
| $20^T$ | 4.08 | 4.13 | 4.18 | 4.23 | 3.89 | 3.93 | 3.98 | 4.03 | 3.71 | 3.75 | 3.80 | 3.84 | 3.55 | 3.59 | 3.62 | 3.68 |
| $22^T$ | 4.49 | 4.54 | 4.60 | 4.65 | 4.27 | 4.33 | 4.38 | 4.43 | 4.08 | 4.14 | 4.18 | 4.23 | 3.90 | 3.95 | 4.00 | 4.04 |
| $24^T$ | 4.90 | 4.96 | 5.01 | 5.07 | 4.66 | 4.72 | 4.78 | 4.83 | 4.45 | 4.50 | 4.56 | 4.61 | 4.26 | 4.31 | 4.36 | 4.41 |
| $26^T$ | 5.30 | 5.37 | 5.43 | 5.50 | 5.05 | 5.11 | 5.17 | 5.23 | 4.82 | 4.88 | 4.94 | 5.00 | 4.61 | 4.67 | 4.72 | 4.78 |
| $28^T$ | 5.71 | 5.73 | 5.85 | 5.92 | 5.44 | 5.51 | 5.57 | 5.64 | 5.19 | 5.26 | 5.32 | 5.38 | 4.97 | 5.03 | 5.09 | 5.15 |
| $30^T$ | 6.12 | 6.19 | 6.27 | 6.34 | 5.83 | 5.90 | 5.97 | 6.04 | 5.56 | 5.63 | 5.70 | 5.77 | 5.32 | 5.39 | 5.45 | 5.51 |
| $32^T$ | 6.53 | 6.61 | 6.69 | 6.76 | 6.22 | 6.29 | 6.37 | 6.44 | 5.94 | 6.01 | 6.08 | 6.15 | 5.68 | 5.75 | 5.81 | 5.88 |
| $34^T$ | 6.94 | 7.02 | 7.10 | 7.19 | 6.61 | 6.69 | 6.77 | 6.85 | 6.31 | 6.38 | 6.46 | 6.53 | 6.03 | 6.10 | 6.18 | 6.25 |
| $36^T$ | 7.34 | 7.43 | 7.52 | 7.61 | 6.99 | 7.08 | 7.16 | 7.25 | 6.68 | 6.76 | 6.84 | 6.92 | 6.39 | 6.46 | 6.54 | 6.62 |
| $38^T$ | 7.75 | 7.85 | 7.94 | 8.03 | 7.38 | 7.47 | 7.56 | 7.65 | 7.05 | 7.13 | 7.22 | 7.30 | 6.74 | 6.82 | 6.90 | 6.99 |
| $40^T$ | 8.16 | 8.26 | 8.36 | 8.46 | 7.77 | 7.87 | 7.96 | 8.05 | 7.42 | 7.51 | 7.60 | 7.69 | 7.10 | 7.18 | 7.27 | 7.35 |
| $42^T$ | 8.57 | 8.67 | 8.78 | 8.88 | 8.16 | 8.26 | 8.36 | 8.46 | 7.79 | 7.88 | 7.99 | 8.07 | 7.45 | 7.54 | 7.63 | 7.72 |

表5-2-7　B301型、B321型、B331型、B341型针梳机牵伸倍数与变换齿轮齿数对照表

| $Z_D$ | $Z_C=20^T$ | | | | $Z_C=21^T$ | | | | $Z_C=22^T$ | | | | $Z_C=23^T$ | | | |
|---|---|---|---|---|---|---|---|---|---|---|---|---|---|---|---|---|
| | $Z_B$ | | | | $Z_B$ | | | | $Z_B$ | | | | $Z_B$ | | | |
| | $83^T$ | $84^T$ | $85^T$ | $86^T$ | $83^T$ | $84^T$ | $85^T$ | $86^T$ | $83^T$ | $84^T$ | $85^T$ | $86^T$ | $83^T$ | $84^T$ | $85^T$ | $86^T$ |
| $18^T$ | 4.44 | 4.49 | 4.54 | 4.60 | 4.23 | 4.28 | 4.33 | 4.38 | 4.03 | 4.08 | 4.13 | 4.18 | 3.86 | 3.90 | 3.95 | 4.00 |

续表

| $Z_D$ | $Z_C=20^T$ | | | | $Z_C=21^T$ | | | | $Z_C=22^T$ | | | | $Z_C=23^T$ | | | |
|---|---|---|---|---|---|---|---|---|---|---|---|---|---|---|---|---|
| | $Z_B$ | | | | $Z_B$ | | | | $Z_B$ | | | | $Z_B$ | | | |
| | $83^T$ | $84^T$ | $85^T$ | $86^T$ | $83^T$ | $84^T$ | $85^T$ | $86^T$ | $83^T$ | $84^T$ | $85^T$ | $86^T$ | $83^T$ | $84^T$ | $85^T$ | $86^T$ |
| $20^T$ | 4.93 | 4.99 | 5.05 | 5.11 | 4.70 | 4.75 | 4.81 | 4.87 | 4.48 | 4.54 | 4.59 | 4.64 | 4.29 | 4.34 | 4.39 | 4.45 |
| $22^T$ | 5.42 | 5.49 | 5.55 | 5.62 | 5.16 | 5.23 | 5.29 | 5.35 | 4.93 | 4.99 | 5.05 | 5.11 | 4.72 | 4.77 | 4.83 | 4.89 |
| $24^T$ | 5.92 | 5.99 | 6.06 | 6.13 | 5.63 | 5.70 | 5.77 | 5.84 | 5.38 | 5.44 | 5.51 | 5.57 | 5.14 | 5.21 | 5.27 | 5.33 |
| $26^T$ | 6.41 | 6.49 | 6.56 | 6.64 | 6.10 | 6.18 | 6.25 | 6.32 | 5.83 | 5.90 | 5.97 | 6.04 | 5.57 | 5.64 | 5.71 | 5.77 |
| $28^T$ | 6.90 | 6.99 | 7.07 | 7.15 | 6.57 | 6.65 | 6.73 | 6.81 | 6.27 | 6.35 | 6.43 | 6.50 | 6.00 | 6.07 | 6.15 | 6.22 |
| $30^T$ | 7.40 | 7.48 | 7.57 | 7.66 | 7.04 | 7.13 | 7.21 | 7.30 | 6.72 | 6.81 | 6.89 | 6.97 | 6.43 | 6.51 | 6.59 | 6.66 |
| $32^T$ | 7.89 | 7.98 | 8.08 | 8.17 | 7.51 | 7.60 | 7.69 | 7.78 | 7.17 | 7.26 | 7.34 | 7.43 | 6.86 | 6.94 | 7.02 | 7.11 |
| $34^T$ | 8.38 | 8.48 | 8.58 | 8.68 | 7.98 | 8.08 | 8.17 | 8.27 | 7.62 | 7.71 | 7.80 | 7.89 | 7.29 | 7.38 | 7.46 | 7.55 |
| $36^T$ | 8.87 | 8.98 | 9.09 | 9.20 | 8.45 | 8.55 | 8.66 | 8.76 | 8.07 | 8.16 | 8.26 | 8.36 | 7.72 | 7.82 | 7.90 | 8.00 |
| $38^T$ | 9.37 | 9.49 | 9.59 | 9.71 | 8.92 | 9.03 | 9.14 | 9.24 | 8.52 | 8.62 | 8.72 | 8.82 | 8.15 | 8.25 | 8.34 | 8.44 |
| $40^T$ | 9.86 | 9.98 | 10.1 | 10.2 | 9.09 | 9.50 | 9.62 | 9.73 | 8.96 | 9.07 | 9.18 | 9.29 | 8.57 | 8.69 | 8.78 | 8.88 |
| $42^T$ | 10.4 | 10.5 | 10.6 | 10.7 | 9.86 | 9.98 | 10.1 | 10.2 | 9.41 | 9.53 | 9.64 | 9.75 | 9.00 | 9.12 | 9.22 | 9.33 |
| $44^T$ | 10.8 | 11.0 | 11.1 | 11.2 | 10.3 | 10.5 | 10.6 | 10.7 | 9.86 | 9.98 | 10.1 | 10.2 | 9.43 | 9.55 | 9.66 | 9.77 |

$$针板打击次数（次/min）= \frac{1440 \times 125 \times 27 \times 30 \times 40 \times 20 \times 2}{315 \times Z_A \times Z_D \times 40 \times 28} = \frac{661224}{Z_A \times Z_D}$$

不同型号针梳机针板打击次数见表5-2-8。

表5-2-8　B291型、B291A型、B301型、B341型针梳机针板打击次数 (次/min)

| $Z_D$ \ $Z_A$ | $40^T$ | $42^T$ | $45^T$ | $50^T$ | $56^T$ | $63^T$ |
|---|---|---|---|---|---|---|
| $18^T$ | 918.4 | 874.6 | 816.3 | 734.7 | 656.0 | 583.1 |
| $20^T$ | 826.5 | 787.2 | 734.7 | 661.2 | 590.4 | 524.8 |
| $22^T$ | 751.4 | 715.6 | 667.9 | 601.1 | 536.7 | 477.1 |
| $24^T$ | 688.8 | 656.0 | 612.3 | 551.0 | 492.0 | 437.3 |
| $26^T$ | 635.8 | 605.5 | 565.2 | 508.6 | 454.1 | 403.7 |
| $28^T$ | 590.4 | 562.3 | 524.8 | 472.3 | 421.7 | 374.8 |
| $30^T$ | 551.0 | 524.8 | 489.8 | 440.8 | 393.6 | 350.0 |
| $32^T$ | 516.6 | 492.0 | 459.2 | 413.3 | 369.0 | 328.0 |
| $34^T$ | 486.2 | 463.0 | 432.2 | 389.0 | 347.3 | 308.7 |
| $36^T$ | 459.2 | 437.3 | 408.2 | 367.4 | 328.0 | 291.5 |
| $38^T$ | 535.0 | 414.3 | 386.7 | 348.0 | 310.7 | 276.2 |
| $40^T$ | 413.3 | 393.6 | 367.4 | 330.6 | 295.2 | 262.4 |
| $42^T$ | 393.6 | 374.8 | 349.9 | 314.9 | 281.1 | 249.9 |
| $44^T$ | 375.7 | 357.8 | 334.0 | 300.6 | 268.4 | 228.5 |

$$针板线速度（m/min）=\frac{661224\times15875\times1}{Z_A\times Z_D\times1000\times2}=\frac{5294}{Z_A\times Z_D}$$

$$针板与后罗拉间牵伸倍数=\frac{5294\times Z_A\times Z_D\times Z_B}{Z_A\times Z_D\times K_2\times52321.5\times Z_C}=0.101\times\frac{Z_B}{K_2\times Z_C}$$

针板与后罗拉间牵伸倍数见表5-2-9。

表5-2-9　针板与后罗拉间牵伸倍数

| $Z_C$ \ $Z_V$ | $83^T$ | $84^T$ | $85^T$ | $86^T$ |
|---|---|---|---|---|
| $22^T$ | 0.895 | 0.905 | 0.916 | 0.928 |
| $23^T$ | 0.856 | 8.866 | 0.877 | 0.886 |

$$后罗拉与退卷滚筒间牵伸倍数=\frac{50\times\pi\times K_2\times22\times50\times Z_H}{200\times\pi\times22\times Z_G\times22}=0.568\times\frac{K_2\times Z_H}{Z_G}$$

针梳机后罗拉与退卷滚筒间牵伸倍数见表5-2-10。

表5-2-10　B291型、B291A型、B301型、B341型针梳机后罗拉与退卷滚筒间牵伸倍数

| $Z_H$ \ $Z_G$ | $36^T$ | $37^T$ | $38^T$ | $39^T$ |
|---|---|---|---|---|
| $60^T$ | 1.21 | 1.17 | 1.14 | 1.11 |
| $61^T$ | 1.22 | 1.19 | 1.16 | 1.13 |

针梳机加压杠杆如图5-2-3所示。

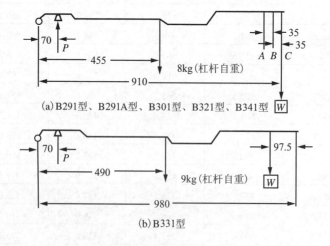

(a) B291型、B291A型、B301型、B321型、B341型

(b) B331型

图5-2-3　针梳机加压杠杆

B291型、B291A型、B301型、B321型、B341型针梳机前罗拉压力 $= \dfrac{[8\times455+\mathrm{W}(910-n\times35)]\times2}{70}\times10$

重锤W位置在A、B、C处，n分别为2、1、0。

B331型针梳机前罗拉压力 $= \dfrac{[9\times490+\mathrm{W}(980-97.5)]\times2}{70}\times10$

针梳机的前罗拉压力见表5–2–11。

表5–2–11　B291型、B291A型、B301型、B321型、B341型针梳机的前罗拉压力（N）

| 重锤位置 | 重锤片数 | | | | | | |
|---|---|---|---|---|---|---|---|
| | 0 | 1 | 2 | 3 | 4 | 5 | 6 |
| | 重锤重量 | | | | | | |
| | 4kg | 5kg | 6kg | 7kg | 8kg | 9kg | 10kg |
| A | 2000 | 2240 | 2480 | 2720 | 2960 | 3200 | 3440 |
| B | 2040 | 2100 | 2540 | 2800 | 3040 | 3300 | 3540 |
| C | 2080 | 2340 | 2600 | 2860 | 3120 | 3380 | 3640 |

生产量[kg/（台·h）] = 出条单位重量（g/m）× 出条速度（m/min）× 出条根数 ×

$$\dfrac{60}{1000}\times效率$$

说明：

（1）未注明型号的公式都是B291型、B291A型、B301型、B321型、B341型针梳机通用。

（2）后罗拉的周长=$K_2$×后罗拉直径×π。

（3）B291型、B291A型针梳机前罗拉的周长=$K_1$×前罗拉直径×π。

（4）周长系数$K_1$、$K_2$的数值随各种情况而变化，其大致范围：$K_1$为1.05～1.25，$K_2$为1.15～1.35，本书取$K_1$=1.06，$K_2$=1.27。

（5）实际牵伸倍数可将进条重量除以出条单位重量求得，调整牵伸时也应以出条重量是否达到要求为准。

（6）皮带滑溜未计入。

## 第二节　B302型、B303型、B304型、B305型、B306型、B306A型针梳机

**一、主要技术特征（表 5–2–12）**

表5-2-12　B302型、B303型、B304型、B305型、B306型针梳机的主要技术特征

| 项目 | | 型　号 | | | | | |
|---|---|---|---|---|---|---|---|
| | | B302 | B303 | B304 | B305 | B306 | B306A |
| 喂入方式 | | 条筒喂入，条筒$\phi$600mm×900mm | | | 条筒喂入，条筒$\phi$400mm×900mm | 毛球架喂入，退绕滚筒$\phi$200mm | 条筒喂入，条筒$\phi$600mm×900mm |
| 工作螺杆 | | $\phi$50mm，3头，导程27mm | | | | | |
| 针板扁针针号（PWG） | | 16/20 | | | 17/23 | 17/23 | 17/23 |
| 针密（针/2.54cm） | | 5 | 7 | 7，10 | 10，13 | 13，19 | 13，19 |
| 每块针板针数 | | 39 | 54 | 77 | 99 | 144 | 144 |
| 每头针板数 | | 88块（四排）（18~26~26~18） | | | | | |
| 前罗拉 | | 上：$\phi$78，宽196mm，丁腈橡胶包覆<br>下：（大）$\phi$67，宽200mm，68沟槽<br>　　（小）$\phi$24，宽200mm，32沟槽 | | | | | |
| 后罗拉 | | 上：$\phi$72，宽208mm，丁腈橡胶包覆，弹簧加压<br>下：$\phi$53，宽210mm | | | | | |
| 条筒规格（mm） | | $\phi$600×900 | $\phi$400×900 | 球$\phi$450×380 | 球$\phi$450×380 | 球$\phi$450×380 | |
| 头数×筒数×出条根数 | | 1×1×1 | 1×1×2 | 1×1×1 | 1×1×1 | 1×1×1 | |
| 最大喂入量（g/m） | | 200 | | | | | |
| 并合根数 | | 10 | 8 | 8 | 10 | 8 | 8 |
| 最大出条单位重量（g/m） | | 25 | 25 | 2×12 | 25 | 25 | 25 |
| 出条速度 | | 40~80m/min；针板打击次数：800次/min、1000次/min | | | | | |
| 前罗拉加压 | | 油泵加压 | | | | | |
| 自停装置 | | 有定长、进出条断头、前罗拉绕毛、传动箱门开启等自停 | | | | | |
| 静电消除器 | | 高压工频微电流针棒式静电消除器 | | | | | |
| 外形尺寸<br>（mm×mm×mm） | 长 | 5339 | 4556 | 4412 | 4150 | 4300 | 4932 |
| | 宽 | 1179 | 1179 | 1143 | 1280 | 1347 | 1347 |
| | 高 | 1765 | 1765 | 1765 | 1590 | 1590 | 1590 |
| 重量（t） | | 1.8 | 1.8 | 1.8 | 1.8 | 2 | 2 |
| 电动机 | | JFO$_2$32-4（左），2.2kW，1台（主传动）<br>FW11A2YD2/T$_2$，0.37kW，1台（吸尘） | | | | | |

注　1. B305A型针梳机有和毛油喷雾装置，电动机为JWO8B-4T$_{21}$，20W，1台，JWO5A-2T$_2$，25W，1台，喷和毛油用。B305A型针梳机宽为1672mm，其余均与B305型同。

2. BS06型无吸尘专用电动机。

3. B306A型专供直接成条机配套用，无退卷架，其余与B306型同。B306型与B306A型都有自调匀整装置。B306B型的"针板密度×针数"为"10针/2.54cm×77枚"。

## 二、传动（图5-2-4）及工艺计算

$$主轴转速n（r/min）= \frac{电动机转速 \times 电动机皮带盘直径}{主轴皮带盘直径} \times 滑溜率$$

$$针板打击次数（次/min）= n \times \frac{29}{69} \times 3 = 1.26 \times n$$

$$针板线速度（m/min）= \frac{n \times 29 \times 27}{69 \times 1000} = 0.0114 \times n$$

$$前罗拉出条线速度（m/min）= \frac{n \times Z_A \times 32 \times 67 \times 3.14}{Z_B \times 38 \times 1000} = \frac{Z_A}{Z_B} \times N \times 0.177$$

$$牵伸倍数 = \frac{前罗拉线速度}{针板线速度} = \frac{\dfrac{Z_A}{Z_B} \times n \times 0.177}{n \times 0.0114} = \frac{Z_A}{Z_B} \times 15.5$$

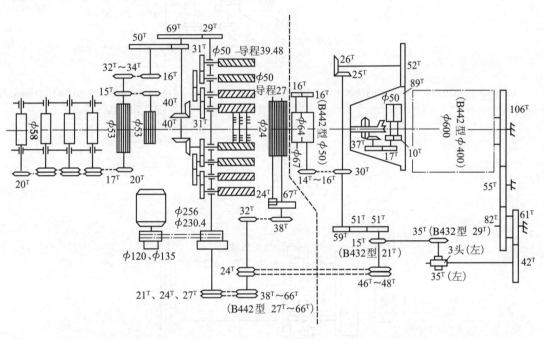

（a）B302型、B303型、B304型、B305型、B412型、B432型、
　　B442型针梳机喂给与牵伸部分

（b）B302型、B303型针梳机出条部分

图5-2-4

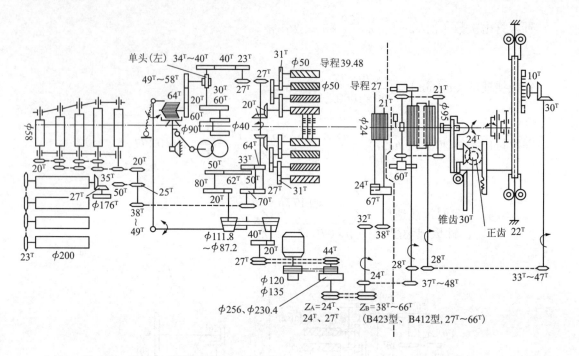

（c）B306型、B306A型、B423型针梳机喂给与牵伸部分

（d）B305型、B305A型、B306型、B306A型、B412型针梳机出条部分

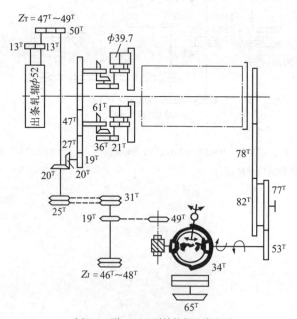

（e）B304型、B432型针梳机出条部分

图5-2-4　针梳机传动图

$$前张力牵伸倍数 E = \frac{圈条轧辊线速度}{出条轧辊线速度} = \frac{Z_T \times 25 \times 52 \times 36 \times 37 \times 50}{30 \times 26 \times 89 \times 17 \times 17 \times 64}$$

$$= 0.0674 \times Z_T \quad (\text{B302型、B303型})$$

$$= \frac{Z_T \times 19 \times 61 \times 36 \times 39.7}{47 \times 30 \times 21 \times 50 \times 52} = 0.02157 \times Z_T \quad (\text{B304型})$$

$$= \frac{24 \times 95 \times 38}{Z_T \times 32 \times 67} = \frac{40.4}{Z_T} \quad (\text{B305型、B306型})$$

不同机型的针板速度见表5-2-13。

表5-2-13　B302型、B303型、B304型、B305型针梳机的针板速度

| 电动机皮带盘直径（mm） | 主轴皮带盘直径（mm） | 主轴转速（r/min） | 针板打击次数（次/min） | 针板线速度（m/min） |
|---|---|---|---|---|
| 120 | 256 | 634.5 | 800 | 7.2 |
| 135 | 230 | 793.1 | 1000 | 9.0 |

不同型号针梳机的牵伸倍数与前罗拉出条线速度见表5-2-14。

表5-2-14　B302型、B303型、B304型、B305型、B306型针梳机牵伸倍数与前罗拉出条线速度

| $Z_B$ | 牵伸倍数 $Z_A=21^T$ | 前罗拉出条线速度（m/min）（一） | （二） | $Z_B$ | 牵伸倍数 $Z_A=24^T$ | 前罗拉出条线速度（m/min）（一） | （二） | $Z_B$ | 牵伸倍数 $Z_A=27^T$ | 前罗拉出条线速度（m/min）（一） | （二） |
|---|---|---|---|---|---|---|---|---|---|---|---|
| $38^T$ | 8.63 | 62.15 | 77.69 | 38 | 9.86 | 71.03 | 88.79 | 38 | 11.10 | 79.91 | 99.88 |
| $39^T$ | 8.41 | 60.55 | 75.69 | 39 | 9.61 | 69.21 | 86.51 | 39 | 10.81 | 77.85 | 97.32 |
| $40^T$ | 8.20 | 59.04 | 73.80 | 40 | 9.37 | 67.47 | 84.34 | 40 | 10.54 | 75.91 | 94.89 |
| $41^T$ | 8.00 | 57.60 | 72.00 | 41 | 9.14 | 65.83 | 82.29 | 41 | 10.29 | 74.06 | 92.57 |
| $42^T$ | 7.81 | 56.22 | 70.28 | 42 | 8.93 | 64.26 | 80.33 | 42 | 10.04 | 72.30 | 90.37 |
| $43^T$ | 7.63 | 54.92 | 68.65 | 43 | 8.72 | 62.77 | 78.46 | 43 | 9.81 | 70.61 | 88.26 |
| $44^T$ | 7.45 | 53.67 | 67.09 | 44 | 8.52 | 61.34 | 76.68 | 44 | 9.58 | 69.00 | 86.26 |
| $45^T$ | 7.29 | 52.48 | 65.60 | 45 | 8.33 | 59.98 | 74.97 | 45 | 9.37 | 67.47 | 84.34 |
| $46^T$ | 7.13 | 51.34 | 64.17 | 46 | 8.15 | 58.67 | 73.34 | 46 | 9.17 | 66.01 | 82.51 |
| $47^T$ | 6.98 | 50.25 | 62.81 | 47 | 7.98 | 57.43 | 71.78 | 47 | 8.97 | 64.61 | 80.76 |
| $48^T$ | 6.83 | 49.20 | 61.50 | 48 | 7.81 | 56.22 | 70.28 | 48 | 8.79 | 63.26 | 79.07 |
| $49^T$ | 6.69 | 48.20 | 60.25 | 49 | 7.65 | 55.08 | 68.85 | 49 | 8.61 | 61.96 | 77.45 |
| $50^T$ | 6.56 | 47.23 | 59.04 | 50 | 7.50 | 53.98 | 67.47 | 50 | 8.43 | 60.72 | 75.91 |
| $51^T$ | 6.43 | 46.30 | 57.88 | 51 | 7.35 | 52.92 | 66.15 | 51 | 8.27 | 59.54 | 74.42 |
| $52^T$ | 6.31 | 45.42 | 56.77 | 52 | 7.21 | 51.90 | 64.88 | 52 | 8.11 | 58.39 | 72.99 |
| $53^T$ | 6.19 | 44.55 | 55.69 | 53 | 7.07 | 50.93 | 63.66 | 53 | 7.96 | 57.29 | 71.61 |

续表

| $Z_B$ | 牵伸倍数 $Z_A=21^T$ | 前罗拉出条线速度（m/min）（一） | 前罗拉出条线速度（m/min）（二） | $Z_B$ | 牵伸倍数 $Z_A=24^T$ | 前罗拉出条线速度（m/min）（一） | 前罗拉出条线速度（m/min）（二） | $Z_B$ | 牵伸倍数 $Z_A=27^T$ | 前罗拉出条线速度（m/min）（一） | 前罗拉出条线速度（m/min）（二） |
|---|---|---|---|---|---|---|---|---|---|---|---|
| $54^T$ | 6.07 | 43.73 | 54.67 | 54 | 6.94 | 49.98 | 62.48 | 54 | 7.81 | 56.22 | 70.28 |
| $55^T$ | 5.96 | 42.93 | 53.67 | 55 | 6.82 | 49.07 | 61.34 | 55 | 7.61 | 55.21 | 69.01 |
| $56^T$ | 5.86 | 42.17 | 52.71 | 56 | 6.69 | 48.20 | 60.25 | 56 | 7.53 | 54.22 | 67.78 |
| $57^T$ | 5.75 | 41.43 | 51.79 | 57 | 6.58 | 47.35 | 59.18 | 57 | 7.40 | 53.27 | 66.58 |
| $58^T$ | 5.66 | 40.72 | 50.90 | 58 | 6.46 | 46.53 | 58.17 | 58 | 7.27 | 52.35 | 65.44 |
| $59^T$ | 5.56 | 40.03 | 50.04 | 59 | 6.35 | 45.72 | 57.15 | 59 | 7.14 | 51.41 | 64.26 |
| $60^T$ | 5.46 | 39.31 | 49.14 | 60 | 6.24 | 44.93 | 56.16 | 60 | 7.02 | 50.54 | 63.18 |
| $61^T$ | 5.37 | 38.66 | 48.33 | 61 | 6.14 | 44.21 | 55.26 | 61 | 6.91 | 49.75 | 62.19 |
| $62^T$ | 5.29 | 38.09 | 47.61 | 62 | 6.04 | 43.49 | 54.36 | 62 | 6.80 | 48.96 | 61.20 |
| $63^T$ | 5.23 | 37.66 | 47.07 | 63 | 5.94 | 42.84 | 53.55 | 63 | 6.69 | 48.17 | 60.21 |
| $64^T$ | 5.14 | 36.86 | 46.08 | 64 | 5.85 | 42.12 | 52.65 | 64 | 6.58 | 47.38 | 59.22 |
| $65^T$ | 5.06 | 36.29 | 45.36 | 65 | 5.76 | 41.47 | 51.84 | 65 | 6.48 | 46.66 | 58.32 |
| $66^T$ | 4.97 | 35.78 | 44.73 | 66 | 5.63 | 40.90 | 51.03 | 66 | 6.38 | 45.01 | 57.51 |

注　（一）表示针板打击次数800次/min；

　　（二）表示针板打击次数1000次/min。

不同型号针梳机的前张力牵伸见表5-2-15~表5-2-17。

表5-2-15　B302型、B303型针梳机的前张力牵伸倍数

| $Z_T$ | $14^T$ | $15^T$ | $16^T$ |
|---|---|---|---|
| $E$ | 0.944 | 1.011 | 1.078 |

表5-2-16　B304型针梳机的前张力牵伸倍数

| $Z_T$ | $47^T$ | $48^T$ | $49^T$ |
|---|---|---|---|
| $E$ | 1.01 | 1.03 | 1.05 |

表5-2-17　B305型、B306型针梳机的前张力牵伸倍数

| $Z_T$ | $37^T$ | $38^T$ | $39^T$ | $40^T$ | $41^T$ | $42^T$ | $43^T$ | $44^T$ | $45^T$ | $46^T$ | $47^T$ | $48^T$ |
|---|---|---|---|---|---|---|---|---|---|---|---|---|
| $E$ | 1.09 | 1.06 | 1.03 | 1.01 | 0.985 | 0.961 | 0.939 | 0.918 | 0.897 | 0.878 | 0.859 | 0.841 |

$$中间张力牵伸倍数H = \frac{出条轧辊线速度}{前罗拉线速度}$$

$$= \frac{64 \times 30 \times 51 \times 24 \times 38}{Z_T \times 59 \times Z_J \times 32 \times 67} = \frac{706}{Z_T \times Z_J} \quad (\text{B302型、B303型})$$

$$= \frac{52 \times 50 \times 31 \times 40 \times 38}{Z_T \times 25 \times Z_J \times 32 \times 67} = \frac{2285}{Z_T \times Z_J} \quad (\text{B302型})$$

中间张力牵伸见表5-2-18、表5-2-19。

表5-2-18　B302型、B303型针梳机的中间张力牵伸倍数

| $Z_T$ | $Z_J$ | | |
|---|---|---|---|
| | $14^T$ | $15^T$ | $16^T$ |
| $46^T$ | 1.096 | 1.023 | 0.959 |
| $47^T$ | 1.072 | 1.001 | 0.938 |
| $48^T$ | 1.050 | 0.981 | 0.919 |

表5-2-19　B304型针梳机的中间张力牵伸倍数

| $Z_T$ | $46^T$ | $47^T$ | $48^T$ |
|---|---|---|---|
| $47^T$ | 1.06 | 1.03 | 1.01 |
| $48^T$ | 1.03 | 1.01 | 0.98 |
| $49^T$ | 1.01 | 0.98 | 0.97 |

$$后张力牵伸倍数 G = \frac{针板线速度}{后罗拉或测量罗拉线速度}$$

$$= \frac{27 \times Z_C \times 50}{17 \times 16 \times 53 \times \pi} = 0.2981 \times Z_C \quad (\text{B302型、B303型、B304型、B305型})$$

$$= \frac{60 \times Z_C \times 27}{20 \times 23 \times 40 \times \pi} = 0.028039 \times Z_C \quad (\text{B306型、B306A型})$$

后张力牵伸见表5-2-20、表5-2-21。

表5-2-20　B302型、B303型、B304型、B305型针梳机的后张力牵伸倍数

| $Z_C$ | $30^T$ | $31^T$ | $32^T$ | $33^T$ | $34^T$ |
|---|---|---|---|---|---|
| $G$ | 0.894 | 0.924 | 0.954 | 0.984 | 1.014 |

表5-2-21　B306型、B306A型针梳机的后张力牵伸倍数

| $Z_C$ | $34^T$ | $35^T$ | $36^T$ | $37^T$ | $38^T$ | $39^T$ | $40^T$ |
|---|---|---|---|---|---|---|---|
| $G$ | 0.953 | 0.981 | 1.009 | 1.037 | 1.065 | 1.094 | 1.122 |

$$前罗拉压力（N）=\frac{2\times表压力\times(活塞直径)^2\times\pi\times9.8}{4}=\frac{表压力\times4.5^2\times\pi\times9.8}{2}$$

$$=310.7\times表压力$$

表压力与前罗拉压力对照见表5-2-22。

表5-2-22　B302型、B303型、B304型、B305型针梳机表压力与前罗拉压力对照表

| 表压力（kgf/cm²） | | 7 | 8 | 9 | 10 | 11 | 12 |
|---|---|---|---|---|---|---|---|
| 前罗拉压力 | N | 2185 | 2490 | 2793 | 3097 | 3430 | 3724 |
| | kgf | 223 | 254 | 285 | 316 | 350 | 380 |

$$产量（kg/h）=出条单位重量（g/m）\times前罗拉出条速度（m/min）\times出条根数\times$$
$$60\times10^{-3}\times效率$$

纺机厂生产的B字系列同型号针梳机，在传动系统方面作了简化，重新设计了变换齿轮（链轮）的配置，在不增大牵伸级差的条件下减少了齿轮的数量，如前后罗拉间的牵伸变换齿轮从原来的32只减少为8只。其他方面的改动，有电动机转速除B412型为960r/min外，全都改为940r/min；针板植针改为每块54根（精梳前）和每块77根（精梳后），以及自调匀整装置中增加了匀整范围超差自停。此外，还有个别齿轮作了调整等。

改进后的针梳机系列增加了一种B305B型针梳机，它与B305型不同点只是条筒规格改为$\phi600\times900mm$。

改进后的各型针梳机的具体改动如下：

B302型、B803型：主轴皮带盘节径由原来的$\phi230$、$\phi256$改为$\phi322$、$\phi357$；主轴链轮$Z_A$、$Z_B$由原来的$21^T$、$24^T$、$27^T$和$38^T\sim66^T$改为$34^T$、$37^T$、$41^T$、$45^T$、$50^T$、$51^T$、$52^T$、$53^T$；后牵伸传动齿轮由原来$69^T$、$29^T$改为$52^T$、$46^T$。

B304型：喂给和牵伸部分的改动同B302型、B303型；出条部分如图5-2-5（a）所示。

B304A型：喂给和牵伸部分的改动同B302型、B303型；出条部分如图5-2-5（b）所示。

B305型、B305A型、B305B型：喂给和牵伸部分的改动同B302型、B303型；其余部分同原B305型、B305A[图5-2-4（d）]，但B305B型的条筒规格改为$\phi600\times900mm$。

B306型、B306A型：喂给和牵伸部分的改动同B302型、B303型；主轴传动铁炮的链轮由原$44^T$、$27^T$改为$72^T$、$21^T$。

B412型：喂给和牵伸部分如图5-2-5（c）所示。

B423型：喂给牵伸部分的改动同B306型。

B432型：喂给牵伸部分的改动同B302型、B303型；出条部分如图5-2-5（d）所示。

B442型：喂给牵伸部分的改动同B302型、B303型；出条部分如图5-2-5（e）所示。

改进后各型针梳机的工艺计算如下：

主轴转速 $n$（r/min）$= \dfrac{\text{电动机转速} \times \text{电动机皮带盘直径}}{\text{主轴皮带盘直径}} \times \text{滑溜率}$

针板打击次数（次/min）$= n \times \dfrac{46}{52} \times 3 = 2.654 \times n$

针线板速度（m/min）$= n \times \dfrac{46}{52} \times \dfrac{27}{1000} = 0.0239 \times n$

前罗拉出条线速度（m/min）$= n \times \dfrac{Z_A \times 32 \times 67 \times \pi}{Z_B \times 38 \times 1000} = 0.177 \times n \times \dfrac{Z_A}{Z_B}$

牵伸倍数 $E = \dfrac{\text{前罗拉出条线速度}}{\text{针板线速度}} = \dfrac{0.177 \times n \times \dfrac{Z_A}{Z_B}}{0.0239 \times n} = 7.4 \times \dfrac{Z_A}{Z_B}$

前、中、后张力牵伸倍数的计算同前。

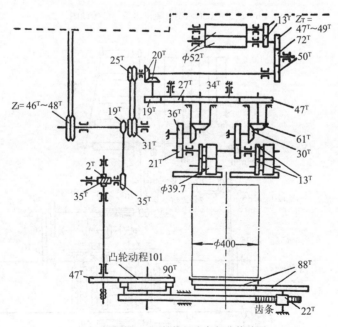

（a）改进的B304型针梳机出条部分传动图

图5-2-5

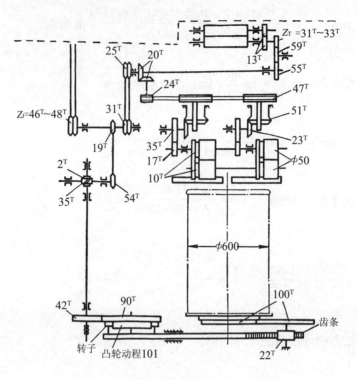

（b）改进的B304A型针梳机出条部分传动图

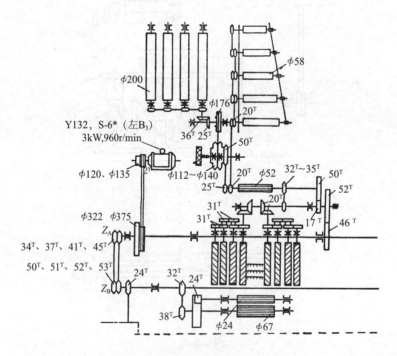

（c）改进的B412型针梳机喂给牵伸部分传动图

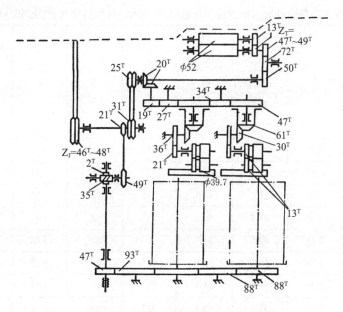

（d）改进的B432型针梳机出条部分传动图

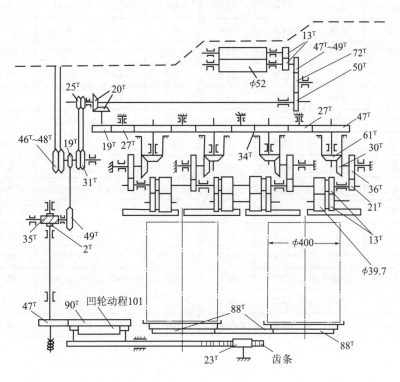

（e）改进的B442型针梳机出条部分传动图

图5-2-5　改进后的各型针梳机传动图

改进后各型针梳机的前罗拉出条速度、针板打击次数和牵伸倍数见表5-2-23。

表5-2-23　改进后各型针梳机前罗拉出条速度(m/min)、针板打击次数(次/min)和牵伸倍数

| $Z_A$ | $Z_B$ | $E$ | 120/357 | 135/322 | $Z_A$ | $Z_B$ | $E$ | 120/357 | 135/322 |
|---|---|---|---|---|---|---|---|---|---|
| | | | 852 | 1062.5 | | | | 852 | 1062.5 |
| | | | 出条线速度 | | | | | 出条线速度 | |
| $34^T$ | $53^T$ | 4.76 | 36.5 | 45.5 | $45^T$ | $45^T$ | 7.42 | 56.9 | 70.9 |
| $34^T$ | $52^T$ | 4.85 | 37.2 | 46.4 | $52^T$ | $51^T$ | 7.57 | 58.1 | 72.3 |
| $34^T$ | $51^T$ | 4.95 | 38.0 | 47.3 | $53^T$ | $51^T$ | 7.71 | 59.1 | 73.6 |
| $34^T$ | $50^T$ | 5.05 | 38.7 | 48.3 | $53^T$ | $50^T$ | 7.87 | 60.3 | 75.3 |
| $37^T$ | $53^T$ | 5.18 | 49.5 | 49.5 | $37^T$ | $34^T$ | 8.08 | 62 | 77.2 |
| $37^T$ | $52^T$ | 5.28 | 50.5 | 50.5 | $50^T$ | $45^T$ | 8.25 | 63.3 | 78.9 |
| $37^T$ | $51^T$ | 5.38 | 51.4 | 51.4 | $51^T$ | $45^T$ | 8.41 | 64.5 | 80.3 |
| $37^T$ | $50^T$ | 5.49 | 52.5 | 52.5 | $52^T$ | $45^T$ | 8.58 | 65.8 | 82.1 |
| $34^T$ | $45^T$ | 5.60 | 53.6 | 53.6 | $53^T$ | $45^T$ | 8.74 | 67 | 83.6 |
| $41^T$ | $53^T$ | 5.74 | 54.8 | 54.8 | $41^T$ | $34^T$ | 8.95 | 68.6 | 85.5 |
| $41^T$ | $52^T$ | 5.85 | 55.9 | 55.9 | $50^T$ | $41^T$ | 9.05 | 69.4 | 86.4 |
| $41^T$ | $51^T$ | 5.97 | 57.0 | 57.0 | $51^T$ | $41^T$ | 9.23 | 70.8 | 88.2 |
| $37^T$ | $45^T$ | 6.10 | 46.8 | 58.3 | $52^T$ | $41^T$ | 9.41 | 72.2 | 89.9 |
| $34^T$ | $41^T$ | 6.15 | 47.2 | 58.7 | $53^T$ | $41^T$ | 9.59 | 73.5 | 91.6 |
| $45^T$ | $53^T$ | 6.30 | 48.3 | 60.2 | $45^T$ | $34^T$ | 9.82 | 75.3 | 93.8 |
| $45^T$ | $52^T$ | 6.42 | 49.2 | 61.4 | $50^T$ | $37^T$ | 10.03 | 76.9 | 95.8 |
| $45^T$ | $51^T$ | 6.55 | 50.2 | 62.6 | $51^T$ | $37^T$ | 10.23 | 78.4 | 97.7 |
| $45^T$ | $50^T$ | 6.68 | 51.2 | 63.9 | $52^T$ | $37^T$ | 10.43 | 80.0 | 99.6 |
| $41^T$ | $45^T$ | 6.76 | 51.8 | 64.6 | $53^T$ | $37^T$ | 10.63 | 81.5 | 101.7 |
| $34^T$ | $37^T$ | 6.82 | 52.3 | 65.1 | $50^T$ | $34^T$ | 10.91 | 83.7 | 104.3 |
| $50^T$ | $53^T$ | 7.00 | 53.7 | 66.9 | $51^T$ | $34^T$ | 11.13 | 85.4 | 106.3 |
| $50^T$ | $52^T$ | 7.14 | 54.7 | 68.3 | $52^T$ | $34^T$ | 11.35 | 87 | 108.5 |
| $51^T$ | $52^T$ | 7.28 | 55.8 | 69.6 | $53^T$ | $34^T$ | 11.57 | 88.7 | 110.6 |

# 第三节　FB331型、FB341型、FB351型、FB361型针梳机及进口针梳机

一、FB331型、FB341型、FB351型、FB361型针梳机的主要技术特征（表5-2-24）

表5-2-24　FB331型、FB341型、FB351型、FB361型针梳机的主要技术特征

| 项　　目 | 型　　号 | | | |
|---|---|---|---|---|
| | FB331 | FB341 | FB351 | FB361 |
| 喂入方式 | 条筒喂入（$\phi700\times1000$） | 条筒喂入（$\phi700\times1000$） | 条筒喂入（$\phi700\times1000$） | 条筒喂入（$\phi700\times1000$） |
| 最大喂入重量（g/m） | 300 | 300 | 300 | 300 |
| 并合根数 | 8 | 8 | 8~12 | 12 |
| 梳理方式 | 交叉针板式 | 交叉针板式 | 交叉针板式 | 交叉针板式 |
| 螺杆规格 | 螺杆$\phi35$，双头 | 螺杆$\phi35$，双头 | 螺杆$\phi35$，双头 | 螺杆$\phi35$，双头 |
| 针板针幅（mm） | 200 | 220 | 220 | 220 |
| 针板数量 | 上下各36块 | 上下各36块 | 上下各36块 | 上下各36块 |
| 针号×针长（mm） | 16#~20#×25.5 | 16#~22#×25.5 | 16#~22#×25.5 | 17#~23#×25.5 |
| 针板打击次数（次/min） | 2000 | 2000 | 2000 | 2000 |
| 牵伸倍数 | 5~15 | 5~15 | 5~15 | 5~15 |
| 前罗拉规格（mm） | 大$\phi62.5\times245$ 小$\phi30\times260$ | 大$\phi62.5\times245$ 小$\phi30\times260$ | 大$\phi62.5\times245$ 小$\phi30\times260$ | 大$\phi62.5\times245$ 小$\phi30\times260$ |
| 后罗拉规格（mm） | 上$\phi90\times218$ 下$\phi80\times218$ | 上$\phi90\times218$ 下$\phi80\times218$ | 上$\phi90\times218$ 下$\phi80\times218$ | 上$\phi90\times218$ 下$\phi80\times218$ |
| 出条速度（m/min） | 105~120 | 105~120 | 105~120 | 105~120 |
| 圈条：头×筒×根 | 1×1×1 | 1×1×1 | 2×2×2 | 4×2×4 |
| 自调匀整装置 | 无 | 机械式，±15% | 无 | 无 |
| 外形尺寸（mm×mm×mm） | 6270×1190×2073 | 6822×1190×2073 | 6180×1985×2073 | 7440×1590×2073 |
| 电动机型号和功率 | FA132MW2/6　4.4/1.5kW，1台 Y801-2（1P44）$B_5$，0.75kW，1台 | | FA132MW2/6　3/1.3kW，1台 Y801-2（1P44）$B_5$，0.75kW，1台 | |

## 二、FBL312型、FBL313型、FBL314型、FBL315型、FBL316型针梳机的主要技术特征（表5-2-25）

表5-2-25　FBL312型、FBL313型、FBL314型、FBL315型、FBL316型针梳机的主要技术特征

| 项目　　机型 | FBL312 | FBL313 | FBL314 | FBL315 | FBL316 |
|---|---|---|---|---|---|
| 输出条数量（根） | 1 | 1 | 2 | 1 | 1 |
| 喂入条数量（根） | 10 | 8 | 2×4 | 10 | 10 |
| 喂入条筒规格（mm） | $\phi700\times1000$ | $\phi700\times1000$ | $\phi700\times1000$ | $\phi700\times1000$ | $\phi700\times1000$ |
| 输出条筒规格（mm） | $\phi700\times1000$ | $\phi700\times1000$ | $\phi700\times1000$ | $\phi700\times1000$ | $\phi700\times1000$ |
| 最大喂入重量（g/m） | 240 | 240 | 240 | 240 | 240 |
| 最大出条单位重量（g/m） | 25 | 25 | 18 | 25 | 25 |
| 梳箱梳理方式 | 链条式（Chaintype） | 链条式（Chaintype） | 链条式（Chaintype） | 链条式（Chaintype） | 链条式（Chaintype） |
| 针板规格（mm） | 332×13.5 | 332×13.5 | 332×13.5 | 332×13.5 | 332×13.5 |

续表

| 项目＼机型 | FBL312 | FBL313 | FBL314 | FBL315 | FBL316 |
|---|---|---|---|---|---|
| 针板数（块） | 左、右各72 | 左、右各72 | 左、右各72 | 左、右各72 | 左、右各72 |
| 针密（针/cm） | 4~7（选用Optional） | 4~7（选用Optional） | 4~7（选用Optional） | 4~7（选用Optional） | 4~7（选用Optional） |
| 针棒打击次数（次/min） | 5000 | 5000 | 5000 | 5000 | 5000 |
| 特种链条规格 | 9.525-3×72 | 9.525-3×72 | 9.525-3×72 | 9.525-3×72 | 9.525-3×72 |
| 前罗拉出条速度（m/min） | 200 | 200 | 200 | 200 | 200 |
| 牵伸倍数 | 4.4~12.7 | 4.4~12.7 | 4.4~12.7 | 4.4~12.7 | 4.4~12.7 |
| 前罗拉隔距（mm） | 39~63 | 39~63 | 39~63 | 39~63 | 39~63 |
| 自调匀整装置 | | FBL313Y有 | | | FBL316Y有 |
| 和毛油装置 | 无 | 无 | 无 | 无 | 有 |
| 前罗拉规格（mm） | $\phi62.5/\phi30$ | $\phi62.5/\phi30$ | $\phi62.5/\phi30$ | $\phi62.5/\phi30$ | $\phi62.5/\phi30$ |
| 前皮辊规格（mm） | $\phi80$ | $\phi80$ | $\phi80$ | $\phi80$ | $\phi80$ |
| 后罗拉规格（mm） | $\phi62.5$ | $\phi62.5$ | $\phi62.5$ | $\phi62.5$ | $\phi62.5$ |
| 后加压罗拉规格（mm） | $\phi80$ | $\phi80$ | $\phi80$ | $\phi80$ | $\phi80$ |
| 前罗拉加压方式 | 气动式 | 气动式 | 气动式 | 气动式 | 气动式 |
| 后罗拉加压方式 | 气动式 | 气动式 | 气动式 | 气动式 | 气动式 |
| 主电动机功率（kW） | 5.5 | 5.5 | 5.5 | 5.5 | 5.5 |
| 吸尘电动机功率（kW） | 1.5 | 1.5 | 1.5 | 1.5 | 1.5 |
| 变频器规格（kW） | 3G3RV-A4055 | 3G3RV-A4055 | 3G3RV-A4055 | 3G3RV-A4055 | 3G3RV-A4055 |
| 外形尺寸（长×宽×高）（mm×mm×mm） | 8006×1880×1981 | 7816×1880×1981 | 7166×1880×1981 | 7881×1880×1981 | 8416×2124×1981 |

## 三、GC-13型、GC-14型、GC-15型针梳机的主要技术特征（表5-2-26）

表5-2-26　GC-13型、GC-14型、GC-15型针梳机的主要技术特征

| 项目 | 型号 | | |
|---|---|---|---|
| | GC-13 | GC-14 | GC-15 |
| 喂入方式 | 条筒喂入 | 条筒喂入 | 条筒喂入 |
| 最大喂入重量（g/m） | 270 | 300 | 300 |
| 并合根数 | 8 | 10 | 10 |
| 梳理方式 | 交叉针板式 | 交叉针板式 | 链条式 |
| 针板针幅（mm） | 220 | 270 | 270 |
| 针板数量 | 上下各72块 | 上下各72块 | 上下各72块 |
| 针号 | 3~6 | 3~6 | 3~6 |
| 针长（mm） | 13.5 | 13.5 | 13.5 |

续表

| 项　目 | 型　号 | | |
|---|---|---|---|
| | GC-13 | GC-14 | GC-15 |
| 牵伸倍数 | 4.4 ~ 12.7 | 4.4 ~ 12.7 | 4.1 ~ 11.9 |
| 出条速度（m / min） | 180 ~ 300 | 180 ~ 300 | 180 ~ 350 |
| 圈条：头 × 筒 × 根 | 2 × 1 × 2 | 1 × 1 × 1 | 2 × 1 × 2（1~2） |
| 自调匀整装置 | 无 | 电子机械式，± 15% | 电子式，± 15% |
| 圈条方式 | 桶出 | 球出（扎绳） | 桶出 |

（1）GC-13型、GC-14型、GC-15型针梳机牵伸机构如图5-2-6所示。GC-15型针梳机传动机构如图5-2-7所示。

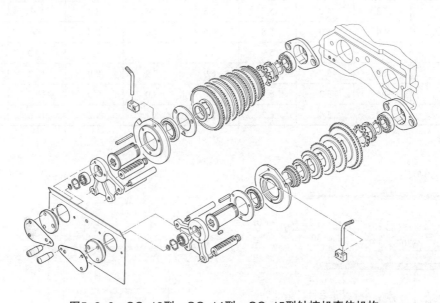

图5-2-6　GC-13型、GC-14型、GC-15型针梳机牵伸机构

（2）GC-13型、GC-14型针梳机牵伸倍数见表5-2-27，GC-15型针梳机牵伸倍数见表5-2-28。

表5-2-27　GC-13型、GC-14型针梳机牵伸倍数

| A~H ＼ 1~8 | 1 | 2 | 3 | 4 | 5 | 6 | 7 | 8 |
|---|---|---|---|---|---|---|---|---|
| A | 4.4 | 5.1 | 5.8 | 6.7 | 7.7 | 8.6 | 9.9 | 11.2 |
| B | 4.5 | 5.2 | 5.9 | 6.8 | 7.8 | 8.8 | 10.1 | 11.4 |
| C | 4.6 | 5.3 | 6.1 | 7.0 | 8.0 | 9.0 | 10.3 | 11.6 |
| D | 4.7 | 5.4 | 6.2 | 7.1 | 8.1 | 9.2 | 10.5 | 11.8 |
| E | 4.7 | 5.5 | 6.3 | 7.2 | 8.3 | 9.3 | 10.7 | 12.1 |
| F | 4.8 | 5.6 | 6.4 | 7.4 | 8.4 | 9.5 | 10.9 | 12.3 |

续表

| 1~8<br>A~H | 1 | 2 | 3 | 4 | 5 | 6 | 7 | 8 |
|---|---|---|---|---|---|---|---|---|
| G | 4.9 | 5.7 | 6.5 | 7.5 | 8.6 | 9.7 | 11.1 | 12.5 |
| H | 5.0 | 5.8 | 6.6 | 7.6 | 8.7 | 9.9 | 11.3 | 12.7 |

注　A~H为针梳机喂入的8个挡位，1~8表示针梳机输出的8个挡位。

表5-2-28　GC-15型针梳机牵伸倍数

| 1~8（R2）<br>A~H（R3） | 1 | 2 | 3 | 4 | 5 | 6 | 7 | 8 |
|---|---|---|---|---|---|---|---|---|
| A | 4.1 | 4.7 | 5.5 | 6.3 | 7.2 | 8.1 | 9.3 | 10.4 |
| B | 4.2 | 4.8 | 5.6 | 6.4 | 7.3 | 8.2 | 9.5 | 10.6 |
| C | 4.3 | 4.9 | 5.7 | 6.5 | 7.4 | 8.4 | 9.6 | 10.8 |
| D | 4.4 | 5.0 | 5.8 | 6.6 | 7.6 | 8.6 | 9.8 | 11.0 |
| E | 4.4 | 5.1 | 5.9 | 6.7 | 7.7 | 8.7 | 10.0 | 11.3 |
| F | 4.5 | 5.2 | 6.0 | 6.9 | 7.9 | 8.9 | 10.2 | 11.5 |
| G | 4.6 | 5.3 | 6.1 | 7.0 | 8.0 | 9.0 | 10.4 | 11.7 |
| H | 4.7 | 5.4 | 6.2 | 7.1 | 8.1 | 9.2 | 10.6 | 11.9 |

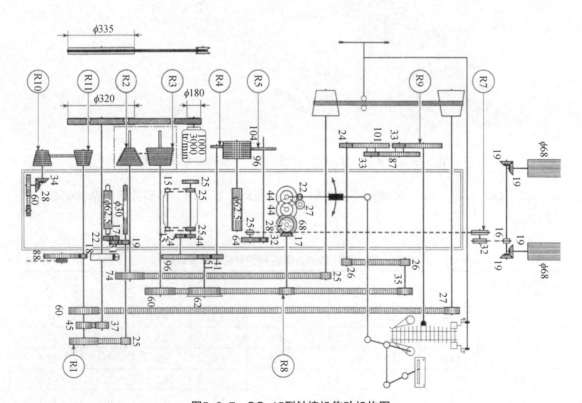

图5-2-7　GC-15型针梳机传动机构图

GC–14型、GC–15型针梳机配置自动扎绳装置，大大提高了下道工序的生产效率。

# 第四节　针梳工艺

## 一、前隔距（表5-2-29）

表5-2-29　针梳前隔距

| 项　　目 | 针梳前隔距（mm） | |
|---|---|---|
| | 精梳前 | 精梳后 |
| 60支以上细羊毛和一级、二级毛 | 35 ~ 40 | 40 ~ 45 |
| 58支以下半细毛和粗长毛 | 40 ~ 45 | 45 ~ 50 |
| 三级、四级毛 | 40 ~ 45 | 40 ~ 45 |
| 3.33 ~ 6.67dtex（3 ~ 6旦）黏胶纤维、腈纶 | 40 ~ 45 | 40 ~ 45 |

梳毛后纤维弯曲较多，其后的针梳可用小隔距，精梳后的纤维较顺直，隔距偏大控制。有些机器受位置限制，前隔距缩不到35mm，可将隔距调节至最小。

## 二、前后罗拉间牵伸倍数

头针（B291型或B302型）为5 ~ 6，一般不超过7。

三针（B301型或B304型）为7.5 ~ 8.5，一般不低于7。

精梳后的条筒针梳（B321型或B305型），牵伸倍数也是大些好，可为7.5 ~ 8.5，一般不低于6.5。

末针为6 ~ 7，不宜太大。

使用88块扁针针板的针梳机，其牵伸范围可稍为放宽。

## 三、后牵伸

后罗拉到针板间的牵伸倍数在0.85 ~ 1之间，使毛片进入梳针时能稍为铺开，但纤维不过分松弛。

## 四、出条单位重量

末道须校正至所需的重量。

三针的重量不宜太重，一般在8 ~ 9g/m，半细毛或三级、四级毛可在9 ~ 12g/m。而用产量较高的进口精梳机制条时，根据加工的羊毛规格的不同，三针的重量一般在13 ~ 17g/m。

牵伸与出条单位重量的安排受机台之间的产量平衡的影响很大。以上仅就一般情况而言。

对于有些纤维（3.33dtex即3旦涤纶、锦纶、羊绒等），如混合比例较大或纯梳，必须将牵伸和重量都改小些。

梳理羊毛，一般经三次针梳后进行精梳。如跳去第二道针梳后，精梳落毛尚不是增加很多，则也可以采用精梳前两次针梳的工艺。

## 五、前罗拉加压

B302型、B303型、B304型、B305型、B306型：加工羊毛时为80～100N（8～10kgf）；加工化学纤维时为100～120N（10～12kgf）。

## 六、车间温湿度

相对湿度：70%～80%。

温度：冬季不低于20℃，夏季不超过33℃。

## 七、针梳工艺举例

### （一）64～66支或一级、二级国毛针梳工艺举例（表5-2-30）

表5-2-30　64～66支或一级、二级国毛针梳工艺举例

| 型号 | 道数 | 并合根数 | 牵伸倍数 | 出条单位重量（g/m） | 隔距（mm） | 针板针号（PWG） | 前罗拉加压重锤片数 |
|------|------|----------|----------|---------------------|------------|-----------------|---------------------|
| B291 | 1 | 3 | 5.72 | 22 | 35～40 | 14 | 2片外档 |
| B291A | 2 | 6 | 6 | 22 | 35～40 | 14 | 2片外档 |
| B301 | 3 | 3～4 | 8.25 | 8～10 | 35～40 | 16 | 2片外档 |
| B321 | 4 | 7 | 6.6 | 18 | 35～40 | 17 | 3片里档 |
| B331 | 5 | 6 | 5.68 | 19 | 35～40 | 14 | 3片里档 |
| B341 | 6 | 7 | 6.65 | 20 | 35～40 | 18 | 3片里档 |

### （二）三级、四级国毛针梳工艺举例（表5-2-31）

表5-2-31　三级、四级国毛针梳工艺举例

| 型号 | 并合根数 | 牵伸倍数 | 出条单位重量（g/m） | 隔距（mm） | 针板针号（PWG） | 前罗拉加压重锤片数 |
|------|----------|----------|---------------------|------------|-----------------|---------------------|
| B291 | — | 6.00 | 22 | 40 | 14 | 3～4 |
| B291A | 6 | 6.93 | 19 | 40 | 16 | 3～4 |
| B301 | 4 | 6.4～8 | 9.5～12 | 40 | 17 | 3～4 |
| B321 | 9 | 7.36 | 22 | 45 | 16 | 3～4 |
| B341 | 6 | 6.00 | 22 | 45 | 18 | 3～4 |

**注**　如跳去二道针梳（B291A型），则在B301型上可三根并合，牵伸8.25倍，出条8g/m。

## （三）3.33~5.55dtex（3~5旦）黏胶纤维针梳工艺举例（表5-2-32）

表5-2-32　3.33~5.55dtex黏胶纤维针梳工艺举例

| 型号 | 并合根数 | 牵伸倍数 | 出条单位重量（g/m） | 隔距（mm） | 针板针号（PWG） | 前罗拉加压重锤片数 |
|------|---------|---------|------------------|-----------|---------------|------------------|
| B291 | — | 5.5 | 18 | 40 | 14 | 3~4 |
| B301 | 3 | 6.0 | 9 | 45 | 14 | 3~4 |
| B321 | 7 | 6.6 | 19 | 45 | 16 | 3~4 |
| B341 | 6 | 5.7 | 20 | 45 | 17 | 3~4 |

## （四）70~80支澳毛针梳工艺举例（表5-2-33）

表5-2-33　70~80支澳毛针梳工艺举例

| 型号 | 道数 | 并合根数 | 牵伸倍数 | 出条单位重量（g/m） | 隔距（mm） | 针板针号（公制） |
|------|------|---------|---------|------------------|-----------|----------------|
| GC-13 | 1 | 8 | 4.8 | 33 | 35~40 | 3 |
| GC-13 | 2 | 6 | 7.1 | 28 | 35~40 | 4 |
| GC-13 | 3 | 6 | 7 | 23~25 | 35~42 | 4 |
| GC-14 | 4 | 7 | 7 | 22 | 35~40 | 5 |
| GC-14 | 5 | 6 | 6.6 | 20 | 35~40 | 5 |

## （五）加工17.5~18.5μm羊毛针梳工艺举例（表5-2-34）

表5-2-34　加工17.5~18.5μm羊毛针梳工艺举例

| 型号 | 道数 | 并合根数 | 牵伸倍数 | 出条单位重量（g/m） | 隔距（mm） | 针板针号（公制） |
|------|------|---------|---------|------------------|-----------|----------------|
| GC-15 | 1 | 8 | 5.2 | 30 | 35 | 3 |
| GC-15 | 2 | 6 | 6.4 | 28 | 35 | 4 |
| GC-15 | 3 | 3 | 6.5 | 13 | 40 | 4 |
| GC-15 | 4 | 7 | 7 | 22 | 40 | 5 |
| GC-15 | 5 | 6 | 6.6 | 20 | 40 | 5 |

目前，90支、100支、120支等高支毛条的需求量逐年上升，加工此类毛条时，为保证梳理效果，各工序出条重量逐渐减小。

# 第五节 针梳疵点及故障成因和防止方法

针梳疵点及故障成因和防止方法见表5-2-35。

表5-2-35 针梳疵点及故障成因和防止方法

| 疵点和故障名称 | 造 成 原 因 | 防 止 方 法 |
|---|---|---|
| 条干不匀、粗细节 | 1.接头不良 | 1.正确执行接头操作法 |
| | 2.胶辊磨蚀或偏心 | 2.加强保养和检修，调换 |
| | 3.皮板厚薄不匀或接头太硬 | 3.根据情况调换 |
| | 4.缺针板 | 4.随时发现随时补足 |
| | 5.前隔距过大 | 5.按原料性能修改工艺 |
| | 6.牵伸倍数过大 | 6.按原料性能修改工艺 |
| | 7.中间罗拉绕毛或运转顿挫 | 7.清除绕毛，清洁罗拉，搭好齿轮 |
| | 8.喂入幅度太小 | 8.放宽些有利于牵伸，但要两边不绕毛 |
| | 9.前罗拉加压不稳定，重锤或压力表指针跳动过大 | 9.校直罗拉（小罗拉尤其易弯），丁腈橡胶层太薄的胶辊换新 |
| | 10.针板针号选择不当 | 10.根据原料选用 |
| | 11.前小罗拉绕毛甚至引起弯曲 | 11.清除绕毛，搭好齿轮 |
| 重量不匀 | 1.同台车，头与头之间罗拉压力不统一（尤其在后罗拉） | 1.调整罗拉压力，使出条重量一致 |
| | 2.毛球铁心轻重不一 | 2.统一铁心重量及筒管规格。B304型、B306型卷绕毛球加用的回转重锤，起始时应在水平位置 |
| | 3.并合根数少或道数不够 | 3.合理修改工艺 |
| | 4.喂入毛球大中小未搭配 | 4.一个头的喂入毛球要大中小适当搭配 |
| | 5.缺条（指喂入根数缺少一根或数根） | 5.加强巡回，发现缺条后立即补足，并将缺条已引出的部分拉出 |
| 毛粒增加 | 1.梳箱部分不清洁 | 1.按时做好清洁工作 |
| | 2.罗拉、绒板、皮板上清洁工作差，或绒板毛刷不好 | 2.按时做好清洁工作，或调换 |
| | 3.喂入毛球采用抽心供应 | 3.采用退卷架 |
| | 4.退卷毛球剥皮 | 4.增加前道毛球的假捻及使卷取张力适当 |
| | 5.针板状态不良，弯针、钩针、缺针、断针多，或针排密度过大 | 5.及时轮换检修，或更换针板 |
| | 6.头、二针牵伸倍数过大 | 6.调整头、二道牵伸倍数 |
| | 7.毛条通道（导条架、假捻喇叭管等）发毛 | 7.及时检修 |
| 毛条表面发毛（不光洁） | 1.回潮率低（尤其在复洗机） | 1.增加相对湿度，提高原料回潮 |
| | 2.罗拉、皮板、喇叭口挂毛 | 2.经常加强清洁工作，前罗拉不光洁时用0号砂皮打光 |
| | 3.化学纤维产生静电，纤维抱合力差 | 3.适当采用抗静电剂，提高静电消除器的电压 |

续表

| 疵点和故障名称 | 造　成　原　因 | 防　止　方　法 |
|---|---|---|
| 牵伸时罗拉抽取困难，条子牵不开或出硬头 | 1. 某些化学纤维长度度长，隔距太小，罗拉拔取牵伸力不够 | 1. 改小针的密度，放大前隔距，增加前罗拉压力 |
|  | 2. 喂入幅度太小 | 2. 放宽喂入幅度，但防止两边绕毛 |
|  | 3. 毛条进入梳针时太紧 | 3. 加大后罗拉速度，减小针板与后罗拉的牵伸 |
|  | 4. 车间湿度过大 | 4. 调整湿度 |
| 轧针板 | 1. 导轨不平，或有进出，头端磨灭，位置不正 | 1. 调换导轨，使针板刚搁上时不歪斜，两头同时升降，而且针板进入螺杆时，嵌在凹槽的正中间，使针板在静止或运动中经常保持水平状态 |
|  | 2. 打手磨灭或两边的角度不一致 | 2. 调换打手，使打手在最高位置时与导轨平齐；两边的打手要同时打击针板并使针板始终保持水平状态；两端高低差异不超过1mm |
|  | 3. 挡板位置不好，有松紧，摆动太紧 | 3. 挡板与导轨的距离约1.5mm，使针板通过时略有阻力；挡板步司要清洁、活络；两面的挡板弹簧要松紧一致 |
|  | 4. 螺杆磨灭 | 4. 用内卡量螺纹凹槽宽度（针板进入处较易磨灭），比新螺杆宽0.5mm者换掉；磨起槽子而造成外形不平整的也换掉 |
|  | 5. 导轨上的缓冲块松动，或两头的两块高低不一致，或缓冲块与导轨不平伏有阶梯（老针梳机无此问题） | 5. 修理缓冲块或调换橡皮 |
|  | 6. 针板不平、不直 | 6. 将针板放在平台上校验，不平整的校平或换掉，使针板正反面四角着实 |
|  | 7. 挡板的弧形部分磨灭，针板从上工作螺杆走向上回程螺杆时跳得太高 | 7. 换掉挡板 |
| 碰针尖 | 1. 上下针板进入工作螺杆时，位置没有错开 | 1. 使针板进入螺杆时位于凹槽的正中间 |
|  | 2. 导轨头端磨灭，针板升降时位置不准 | 2. 导轨与打手磨灭在1mm以上的应调换 |
|  | 3. 打手磨灭，针板升降的时间不准 | 3. 也可使针板打入工作螺杆的时间稍微提早些，以错开上下针板的针尖位置 |
| 碰针背 | 针板进入螺杆后来不及移动，而被后面的针板赶上，针与针背互碰 | 处理方法同上 |

# 第六节　针梳操作注意事项

（1）喂入毛条要并排，不要重叠，也不要将条子扭转。尽量避免将一个毛条筒的毛条倒入另一个筒（并筒），或将小毛球的外层头子接到另一个毛球的外层（并球）。

（2）接头时，拉去蓬松的头子，搭接长度适当（比纤维长度稍长）。搓捻不要太紧，避免有两个以上接头同时喂入。包接的方向应使包在外层的毛条在前面（顺向移动）。

（3）同批回用的回毛条，可在条筒针梳机喂入，或集中梳理成球后再在末道喂入。无自调匀整装置的不要直接在末道喂入。

（4）纤维不同的条子在同一机台内进行混梳时，进条要尽可能间隔排列。

（5）各头之间的重量差异要尽量缩小，并尽可能使喂入的条子从前道不同的头取得。退卷喂入时，最好大中小搭配喂入。

（6）油毛条加油后，要先做先用，最好能有几个小时的储存。

（7）较长时间的停车（如厂休日），要松去前罗拉压力。

（8）B305型针梳机、B306型针梳机的出条滚筒往复速度不宜过高，一般不要超过70次/min，毛球卷绕也不要过大，直径以不超过450mm为宜。

（9）油泵的分配阀不要两个同时开。

# 第七节　针梳机自调匀整装置和静电消除器

## 一、毛C07型自调匀整装置（图5-2-8）

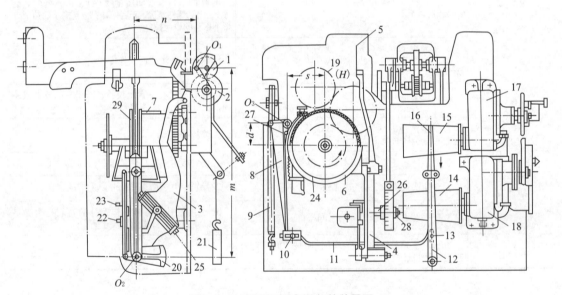

**图5-2-8　毛C07型自调匀整装置图**

1—上测量罗拉　2—下测量罗拉　3—测量放大杠杆　4—活动瓦块摆动杠杆　5—指针　6—活动瓦块

7—记忆钢辊　8—放大杠杆　9—楔形块弹簧　10—传导放大横向调节螺丝　11—下放大杠杆

12—铁炮皮带叉　13—铁炮皮带移动量调节螺丝　14—下铁炮　15—上铁炮　16—铁炮传动皮带

17—上铁炮传动变速箱　18—传动下铁炮变速箱　19—记忆钢辊锡林延迟时间变换齿轮　20—复位重锤

21—测量罗拉加压重锤　22—行程开关　23—行程开关　24—复位瓦块　25—丝杆　26—小罗拉

27—楔形块　28—小罗拉固定螺丝　29—记忆钢辊锡林

## （一）主要技术特征

### 1. 喂入重量

速度较低的针梳机（B291型等）喂入重量为70～290g/m。速度较高的针梳机（B302型等）为110～370g/m。喂入重量的差异应在±20%以内。

### 2. 测量部分

机械式。

（1）测量罗拉直径：下罗拉（主动）40mm，上罗拉90mm。

（2）测量罗拉宽度：低速的为25mm、19mm、12mm，高速的为32mm、25mm、19mm。

（3）测量罗拉开口高：7～14mm。

### 3. 放大部分

杠杆式。

### 4. 记忆—延迟部分

钢辊圆鼓。钢辊直径8mm，钢辊长度115mm，钢辊根数70根，工作钢辊数34根，钢辊动程71mm，延迟角度178°。

### 5. 传达部分

楔形块。

### 6. 变速部分

铁炮式无级变速。

（1）铁炮外形：双曲线。

（2）铁炮长度：150mm。

（3）铁炮直径：主动铁炮，小头90.2mm，大头114.8mm；被动铁炮，小头87.2mm，大头111.8mm。主动铁炮转速2000～3000r/min，皮带内周长718mm。

### 7. 调速部位

后罗拉及针板变速。

## （二）安装时的调整

（1）下列尺寸要尽可能准确：

$O_1$及$O_2$的垂直距离 $m$=595mm；

$O_1$及$O_2$的水平距离 $n$=195mm；

$S$ = 108mm；

$d$ = 54mm。

（2）安装齿轮箱17、齿轮箱18及皮带叉12时，应使上下铁炮的中心线平行，并保持在水平位置，皮带松紧适度。皮带叉12垂直状态时，皮带正好在铁炮的中心。这时调节皮带叉上的小辊子，使与皮带两边的间隙小于0.5mm。

（3）上测量罗拉在下测量罗拉内要转动灵活，又不太松。

（4）钢辊7不能有弯曲，推动钢辊（向前拉动3）要省力。向后推动3时，钢辊7随着活动瓦块6能很快复位。但是钢辊7在圆鼓孔中不能太松，以免因机器振动而自行移位。

活动瓦块6的弧形板出口处与钢辊7两端的距离要小于0.5mm，在任何位置都不能使钢辊7跑到弧形板的外边。

（5）卸下传动测量罗拉的齿轮，使测量罗拉不转。轻推3，将7mm的隔距板插入测量罗拉的开口间。

（6）松开3上的螺母28，转动丝杆25，使调节小罗拉26上下移动，直至小罗拉推动4，使钢辊7伸出圆鼓法兰边35.5mm。拧紧螺母28，开车一会儿再停车，观察是否仍外伸35.5mm，若改变了，再调节小罗拉的位置。

这时，指针5应指在"0"点，若不指"0"，可再将指针略加调节。

（7）依次将隔距板换为8.05mm及5.95mm，开车片刻后，停车观察，钢辊外伸长度应为8.9mm及62mm（允许1mm的误差；如误差太大，应检查安装上是否有问题）。

（8）支点$O_3$位置的调节。

①摘下弹簧9及横连杆11。

②将指针5固定指在"0"位，将记忆装置反时针方向旋转，这时，8约在垂直位置。用手抵住8的下端，开车运转时，如手上感到振幅很大，即将$O_3$向左或向右移动，使感到的振幅最小。将指针固定在+15%及−15%位置，开车运转时也不应有较大的摆动。如摆动较大，也可调节$O_3$的位置，但不要过多影响指针在"0"位时的稳定。

（9）皮带位置的调节。

①装上弹簧9及横连杆11，并使横连杆11在水平位置。

②移动销钉10、销钉13在长孔内的位置，使隔距板为7mm时，上铁炮皮带位于铁炮中点，即皮带中心距铁炮皮带盘左端面为66mm（铁炮中心线上的距离，下同）。隔距板为8.05mm及5.95mm时，皮带中心线距铁炮左端面为21mm及111mm（三次都是在开车片刻后停车观察）。这三种距离可以有2mm的误差。

（10）超限开关23的调节：拉动指针5，使钢辊伸出圆鼓法兰为0mm及71mm时（指针在+20%和−20%），都能使超限开关23发生作用而停车，这时，止针22应抵住4的突起。

（11）取下隔距板，装上测量罗拉的传动齿轮。

## （三）使用时的调整

（1）取差异不太大的毛条6根，通过喇叭口喂入测量罗拉，测量罗拉及重锤的选择见表5-2-36。

表5-2-36　测量罗拉和重锤的选择

| 毛条重量范围（g/m） | | | 测量罗拉宽度 | 加压重锤 |
|---|---|---|---|---|
| 最大 | 最小 | 平均 | （mm） | （kg） |
| 140 | 70 | 105 | 12 | 11.5 |
| 220 | 110 | 165 | 19 | 18 |
| 290 | 145 | 218 | 25 | 24 |
| 370 | 185 | 278 | 32 | 30 |

（2）调节小罗拉26，使开车时指针在"0"左右摆动。

（3）确定延迟齿轮齿数。

延迟齿轮H的齿数，先按下式计算：

$$H = \frac{36200}{L - \frac{\bar{l}}{2}}$$

式中：L——测量罗拉到前罗拉的距离，mm；

$\bar{l}$——纤维平均长度，mm。

然后分别用H、H+2、H−2三个延迟齿轮开车，分别计算出条的不匀率，选择不匀率最小的那个延迟齿轮。

### （四）差异调节

#### 1. 先调节上铁炮速度

摘下测量罗拉的传动齿轮，先用7mm的隔距板插入测量罗拉，开车测量上铁炮或上铁炮传动的齿轮转速；再用5.95mm及8.05mm的隔距板换入，再测速度。这时测得的速度应是比原来增加或减少15%±1%。若不符合这个要求，就要调整销钉13的位置。销钉13朝上移，5.95mm的转速减少，而8.05mm的转速增加，向下移则相反。

#### 2. 调整出条重量差异

装上测量罗拉的传动齿轮，取即将上车的毛条，分别以5根、6根、7根喂入。各开车，试验出条的平均单位重量，为重量5、重量6、重量7，这时，重量5或重量7，对于重量6的差异应小于1%。

如果达不到这个要求，就进一步调节销钉13。销钉13向上移，重量5减少，而重量7增加，向下移则相反。

#### 3. 最后调整出条重量差异

针梳机的出条平均单位重量，如果不符合工艺计划的要求，应调换牵伸变换齿轮，改变前罗拉速度。如果这样做了之后，出条重量仍有细微的偏差，可稍微移动小罗拉26的位置。小罗拉26向上移，出条重量增加；下移则出条减轻。这时，指针会偏离"0"位，但并不影响匀整效果。

### （五）使用

（1）不要用刚拆包的毛条喂入自调匀整装置。压紧的毛条拆包后，先经一道针梳，再上自调匀整，效果较好。

（2）选择牵伸倍数，改变前罗拉速度，最好使下铁炮转速保持在2500r/min左右，并合数最好在6根以上。

（3）销钉10、销钉13的位置调整好后，不要再变动，如要变动或平车，需要重新进行调整。

（4）一般用改变前罗拉速度来调整出条重量，万不得已时，才用改变小罗拉26的位置来校准重量。

（5）喂入条子的操作，仍要和一般针梳机一样仔细，不要将条子扭曲或折转。如指针经常在接近+20%或-20%处摆动，则要增加或减少一根喂入数。

（6）钢辊与圆鼓要保持清洁，不直的钢辊要换新。

（7）铁炮皮带的油污可用酒精洗拭，不要用皮带蜡，换新皮带时要调整出条差异。

（8）记忆圆鼓及其钢辊，必须在水平状态下运行。钢辊不能弯曲或有毛刺。因揩车生头等需将测量罗拉压力松掉时，必须防止杠杆4突然动作，将钢辊压到里面的极端位置，甚至将超重自停的限位铁皮撞弯。为此，有的厂就装一个钩子，在放松压力时钩住杠杆4，并在对准活动瓦块的墙板上钻一螺孔，拧入一个调节螺栓，当指针在极端位置时能顶住活动瓦块，以消除杠杆4的突然撞击。

（9）为避免进入针板的毛条过分集中，在测量罗拉与针板间加一凸形装置，使毛条稍为铺开。

## 二、Y12A型静电消除器（图5-2-9）

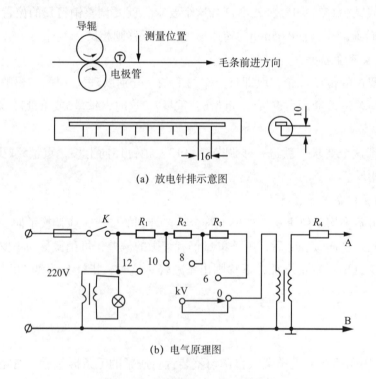

图5-2-9　Y12A型静电消除器示意图

A—接到电极管放电铜棒　B—接到电极管铜线

Y12A型静电消除器系利用尖端放电原理，由高压发生器获得较高的电压，经高压电线送到电极管针尖上，使针尖周围空气电离，产生正负离子与毛条上所积累的负的或正的静电荷中和,从而达到消除或减少静电的目的。本机功率消耗不大于35W。

工艺举例见表5-2-37。

表5-2-37 Y12A型静电消除器工艺举例

| 品 种 | 机台 | 出条重量(g/m) | 针板速度(次/mm) | Y12A输出电压(V) |
|---|---|---|---|---|
| 一级国毛 | B303 | 26 | 800 | 8000 |
| 纯锦纶(蓝)不加抗静电剂 | B303 | 20 | 800 | 8000 |
| 纯涤纶(灰)不加抗静电剂 | B302 | 20 | 800 | 12000 |
| 混纺(毛75%、黏胶纤维25%) | B306 | 22 | 1000 | 5000 |

电极管安装位置,对消除静电效果影响很大,针尖宜和带电体垂直,距离约13mm,但针尖离罗拉表面不要小于25mm。长期使用针尖变钝,应磨尖或用808唱针更换。

# 第八节 针梳机专用器材及配件

## 一、针板

### (一)B291型、B301型、B321型、B331型、B341型针梳机用的针板(图5-2-10、表5-2-38)

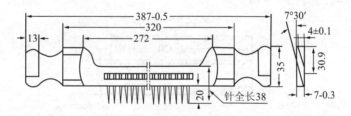

图5-2-10 B291型、B301型、B321型、B331型、B341型针梳机用的针板

表5-2-38 圆针针板规格

| 针号(PWG) | 14 | 16 | 17 | 18 |
|---|---|---|---|---|
| 针数 | 76 | 107 | 117 | 127 |
| 针距(mm) | 3.06 | 2.16 | 2.00 | 1.82 |
| 针幅(mm) | 229.5 | 229 | 232 | 230 |
| 针根处针隙宽(mm) | 1.08 | 0.54 | 0.58 | 0.60 |

（二）B302型、B303型、B304型、B305型、B306型针梳机用的针板（图5-2-11、表5-2-39）

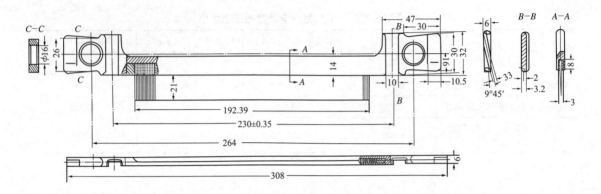

图5-2-11　B302型、B303型、B304型、B305型、B306型针梳机用的针板

表5-2-39　扁针针板规格

| 针密（根/25.4mm） | 5 | 7 | 10 | 13 | 16 | 19 | 21 |
|---|---|---|---|---|---|---|---|
| 针号（PWG） | 16/20 | 16/20 | 16/20 | 17/23 | 17/23 | 17/23 | 17/23 |
| 每块用针数（根） | 39 | 54 | 77 | 99 | 122 | 144 | 159 |
| 针幅（mm） | 193 | 193 | 193 | 193 | 193 | 193 | 193 |

## 二、筒管（图5-2-12、表5-2-40）

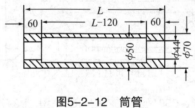

图5-2-12　筒管

表5-2-40　针梳机筒管规格

| 机型 | B291、B291A | B301 | B321 | B331、B341 |
|---|---|---|---|---|
| L | 550 | 430 | 470 | 420 |

## 三、皮板

B291型、B291A型用的皮板宽287mm，周长1065mm，厚3.5～4mm。

# 第九节　无针板牵伸并条机

　　无针板牵伸并条机（如罗拉牵伸并条机、胶圈牵伸并条机）可部分代替针梳机。与针梳机比较，具有速度快、噪声小、产生毛粒少、机配件易于配备、不易损伤等优点。

## 一、BR200型罗拉牵伸并条机（图5-2-13）

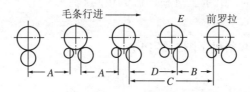

图5-2-13　罗拉牵伸示意图

## （一）主要规格（表5-2-41）

表5-2-41　BR200型罗拉牵伸并条机的主要规格

| 项目 | 主要规格 | 项目 | 主要规格 |
|---|---|---|---|
| 出条罗拉 | 下沟槽罗拉φ65，上丁腈橡胶辊φ85 | 加压方式 | 弹簧加压 |
| 牵伸罗拉 | 四罗拉品字形，下沟槽大罗拉φ65，下沟槽小罗拉φ35，上丁腈橡胶辊φ85 | 清洁装置 | 多翼离心式吸尘风扇 |
| 喂毛罗拉 | 深沟槽罗拉一对，φ75 | 出条方式 | 圈条装筒 |

## （二）工艺性能（表5-2-42）

表5-2-42　BR200型罗拉牵伸并条机的工艺性能

| 项目 | 工艺性能 | 项目 | 工艺性能 |
|---|---|---|---|
| 出条速度（m/min） | 120~180 | 最大喂入根数 | 10根，条筒喂入 |
| 出条单位重量（g/m） | 15~30 | 出条根数 | 1根1筒，条筒φ600 |
| 总牵伸倍数 | 7~12倍 | | |

## （三）工艺举例（表5-2-43）

表5-2-43　BR200型罗拉牵伸并条机工艺条件

| 牵伸区 | 牵伸倍数 | 隔　距 |
|---|---|---|
| A | 1.3~1.5 | 相当于羊毛的交叉长度至最大长度 |
| B | 3~4 | 相当于羊毛的平均长度 |
| C | 3~4 | A+（20~40）mm |
| D | 1 | C−B |

E处不加压或轻微加压。出条重量和针梳机相同。

## 二、BR221型双胶圈牵伸并条机（图5-2-14）

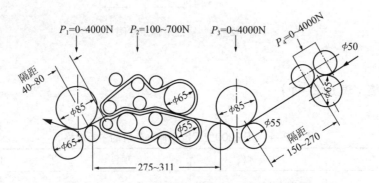

图5-2-14　BR221型双胶圈牵伸并条机示意图

## （一）主要规格

### 1. 喂入形式

$\phi 600 \times 900$mm条筒10只，两侧喂入。

### 2. 牵伸形式

双区牵伸。

（1）前牵伸区：前隔距40~80mm，牵伸范围3.947~10.5倍，胶圈前钳口间距0~15mm。

（2）后牵伸区：隔距150~270mm，牵伸范围1.2~1.5倍。

（3）前罗拉组：下罗拉$\phi 65$、$\phi 35$各1只；轧辊$\phi 85$，丁腈橡胶包覆，加压0~4000N（0~400kgf）。

（4）双胶圈组：钳口罗拉上$\phi 23.5$，下$\phi 32$（光罗拉）；上下胶圈罗拉上$\phi 65$，下$\phi 55$（浅沟槽）；上下胶圈内周长500mm，宽280mm，厚2mm；胶圈加压100~700N（10~70kgf）。

（5）中罗拉组：下两根$\phi55$（浅沟槽）；丁腈橡胶轧辊$\phi85$，罗拉加压$0\sim4000N$（$0\sim400kgf$）。

**3. 出条**

小圈式，$\phi600\times900mm$条筒，单头单条落筒。

**4. 自停装置**

有喂入断条、出条断条、罗拉绕毛、胶圈绕毛，自动换筒时无筒等电气自停。

**5. 外形尺寸**

长4785mm×宽1525mm×高1344mm。

**6. 电动机**

主电动机$JO_2$-32-4，3kW，1440r/min；自动换筒$FW_{12}$-4（右），0.55kW，1440r/min；吸尘FWH-2（$T_2$），0.55kW，2880r/min。

**（二）工艺性能**

**1. 出条速度**

120m/min、160m/min、210m/min、250m/min。

**2. 出条单位重量**

$10\sim30g/m$。

**3. 总牵伸倍数**

$5\sim15.75$倍。

**4. 喂入根数**

最多10根，每根$15\sim25g/m$。

**（三）工艺举例（表5-2-44）**

表5-2-44　BR221型并条机工艺举例

| 原　　料 | 并合根数 | 喂入量（g/m） | 牵伸倍数 | | 罗拉隔距（mm） | | 上胶圈开口（mm） |
|---|---|---|---|---|---|---|---|
| | | | 前区 | 后区 | 前 | 后 | |
| 羊毛梳毛下机条 | 7 | 240 | 6~7 | 1.4~1.5 | 70 | 220 | 10 |
| 腈纶正规条 | 8~10 | 96~160 | 5.1~7.6 | 1.4~1.5 | 70 | 220 | 10 |
| 膨体腈纶条 | 8~10 | 90~160 | 4.85~8 | 1.4~1.5 | 40~70 | 220 | 6~8 |
| 涤纶条 | 8~10 | 80~130 | 7.5~10 | | 40 | 167 | 7~8 |

**三、BR221A型、BR231型双胶圈牵伸并条机**

**1. 喂入形式**

$\phi600\times900mm$条筒10只。

2. 牵伸形式

多曲面双胶圈双区牵伸，前区由前罗拉、双胶圈组成，后区由中罗拉、后罗拉组成。

（1）集束罗拉、前罗拉：$\phi45\times300$mm。

（2）中、后罗拉：$\phi60\times300$mm。

（3）轧辊：$\phi60\times290$mm。

（4）胶圈：内周长496.3mm，宽290mm，厚3mm。

（5）加压：前、中、后罗拉1~14kN（100~400kgf）；集束罗拉、胶圈0.5~1kN（50~100kgf）。

3. 出条形式

单条单筒小圈条成形，条筒$\phi600\times900$mm（BR221A型）；单条双筒大圈条成形，条筒$\phi400\times900$mm（BR231型）。

4. 最大喂入量

250g/m（BR221A型），$2\times125$g/m（BR231型）。

5. 出条单位重量

18~25g/m（BR221A型），3~10g/m（BR231型）。

6. 牵伸倍数

5.35~18.35（BR221A型），5.35~13.76（BR231型）。

7. 隔距

前隔距235~265mm（钳口距离），后隔距160~250mm（钳口距离）。

8. 出条速度

120m/min、160m/min、210m/min、250m/min。

9. 外形尺寸

5244mm×1728mm×1460mm（BR221A型），5050mm×1462mm×1400mm（RB231型）。

10. 电动机

JD112M-3/4（右$B_3$），1.5/3kW，1台；Y905-3（左$B_3$），0.75kW，1台；A1-7132（$T_2$），0.75kW，1台。

## 四、BR400型并条机

### （一）主要规格

1. 喂入形式

悬臂导条辊积极喂入，喂入根数$5\times2$头，喂入条重10g/m$\times5\times2$。

2. 牵伸形式

单区双胶圈微曲面牵伸。

（1）罗拉：前$\phi60$、$\phi35$；后：$\phi65$。

（2）胶辊：$\phi85$，包覆丁腈橡胶。

（3）上胶圈：508mm×280mm×3mm。

（4）下胶圈：535mm×280mm×3mm。

3．卷绕方式

柱面交叉螺旋线卷装，条饼规格$\phi$350～400×240mm（双头）。

4．出条根数

2根（2个头卷绕成1个条饼）。

5．外形尺寸

长3530mm×宽980mm×高1620mm。

6．电动机

$JO_2$-41-6/4，2.2/3kW；$JO_2$-12（A201），1.1kW；$JO_3$-810-4，0.75kW。

（二）工艺性能

1．出条速度

100m/min、115m/min、132m/min、152m/min、174m/min、200m/min。

2．出条单位重量

4～6g/m（假捻毛条）。

3．出条捻度

3～5捻/m。

4．总牵伸倍数

5～15倍。

# 第三章 复洗

## 第一节 复洗机的主要技术特征

### 一、LB331型复洗机的主要技术特征（表5-3-1）

表5-3-1 LB331型复洗机的主要技术特征

| 项 目 | 技 术 特 征 |
|---|---|
| 喂 给 | 毛球架退卷滚筒喂入，最大喂入根数4×8=32根 |
| 洗 涤 | 连续三槽浸轧，洗槽容积，第1槽0.455m³，第2、第3槽各0.592m³ |
| 烘 干 | 2节烘房，各有40个热辊分列左右两侧 |
| 出 条 | B331型针梳机成球 |
| 电 动 机 | AO52-4型，7kW，1440r/min |
| 外形尺寸（mm×mm×mm） | 长17920×宽4170×高1490 |
| 全机净重（t） | 约13 |

### 二、LB334型、LB334A型复洗机的主要技术特征（表5-3-2）

表5-3-2 LB334型、LB334A型复洗机的主要技术特征

| 项 目 | 技 术 特 征 |
|---|---|
| 喂 给 | LB334型为托盘式，可自由回转；LB334A型为毛球架退卷滚筒式，喂入24根，每根12~25g/m |
| 洗 涤 | 液流吸入式，连续3槽 |
| 烘 干 | R456Q型圆网烘燥机，热风吸入式<br>（1）3个圆网，圆网直径1400mm<br>（2）风机，离心式，ϕ1200，685r/min<br>（3）加热面积270m²，蒸汽压力300kPa（3kgf/cm²），烘干温度80~110℃<br>（4）速度：2.5~15m/min<br>（5）蒸汽比耗：1.6~1.8kg蒸汽/kg水分 |
| 出 条 | 卷绕成球，速度3.5~10m/min |
| 洗槽及烘房工作宽度 | 800mm |

续表

| 项　　目 | 技　术　特　征 | | | |
|---|---|---|---|---|
| | 主　　机 | | 空气压缩机<br>（最大表压力<br>600kPa） | 电气操纵箱 |
| | LB334 | LB334A | | |
| 外形尺寸（mm） | 长14741.5 | 长14017.5 | 长890 | 长500 |
| | 宽3609.5 | 宽3650.5 | 宽500 | 宽1050 |
| | 高3995 | 高3995 | 高640 | 高2200 |
| 电动机 | 主传动：JFO$_2$–518–4，6.5kW，1440r/min，1台<br>洗槽水泵：JO$_3$–90S$_2$，2.2kW，2880r/min，3台<br>烘房风扇：JO$_3$–51–4，7.5kW，1440r/min，3台<br>成球部分：JO$_2$–22–4，1.1kW，1440r/min，1台<br>空气压缩：JO$_3$–112S$_2$，5.5kW，2880r/min，1台 | | | |
| 重量（t） | 约11 | | | |

# 第二节　复洗机的传动及工艺计算

## 一、LB331型复洗机的传动（图5–3–1）及工艺计算

$$针梳机主轴转速（r/min）=\frac{1440\times130\times Z_1}{414\times44}=10.3\times Z_1$$

$$后罗拉转速（r/min）=\frac{10.3Z_1\times18\times Z_3}{75\times Z_4}=2.48\times\frac{Z_1\times Z_3}{Z_4}$$

$$后罗拉表面线速度（m/min）=0.389\times\frac{Z_1\times Z_3}{Z_4}\times K$$

$$螺杆转速（r/min）=\frac{10.3\times Z_1\times40\times20}{40\times28}=7.4\times Z_1$$

$$针板线速（m/min）=0.111\times Z_1$$

$$针板打击次数（次/min）=2\times7.4\times Z_1$$

$$前罗拉转速（r/min）=\frac{10.3\times Z_1\times Z_2\times25}{30\times46}=0.187\times Z_1\times Z_2$$

$$前罗拉表面线速度（m/min）=0.0293\times Z_1\times Z_2$$

$$热辊转速（r/min）=\frac{10.3\times Z_1\times40\times60\times5\times22\times19}{Z_7\times59\times31\times Z_8\times58}=504\times\frac{Z_1}{Z_7\times Z_8}$$

$$热辊表面线速度（m/min）=317\times\frac{Z_1}{Z_7\times Z_8}$$

$$第三轧辊转速（r/min）=\frac{10.3\times Z_1\times 40\times 60\times 5\times 21}{Z_7\times 59\times 54\times 88}=113\times\frac{Z_1}{Z_7}$$

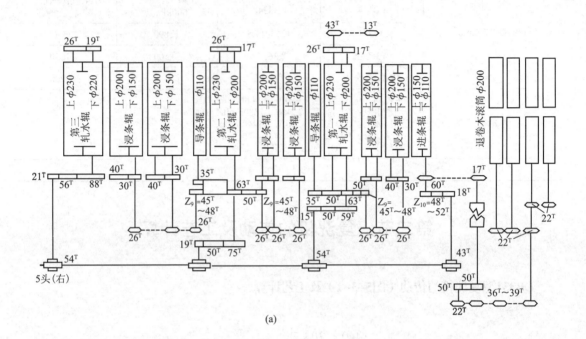

(a)

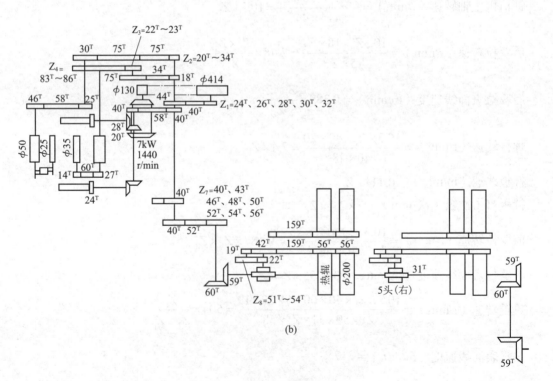

(b)

图5-3-1　LB331型复洗机传动图

第三轧辊表面线速度（m/min）$=5.93\times\dfrac{Z_1}{Z_7}$

进条辊转速（r/min）$=\dfrac{10.3\times Z_1\times40\times60\times5\times18}{Z_7\times59\times43\times Z_{10}}=877\times\dfrac{Z_1}{Z_7\times Z_{10}}$

进条辊表面线速度（m/min）$=303\times\dfrac{Z_1}{Z_7\times Z_{10}}$

前后罗拉间的牵伸倍数 $=\dfrac{0.0293\times Z_1\times Z_2\times Z_4}{0.389\times Z_1\times Z_3\times K}=0.075\times\dfrac{Z_2\times Z_4}{Z_3\times K}$

式中：$K$——后罗拉（大沟槽）的周长系数，在1.15~1.35之间。

生产量 [kg/（台·h）] $=0.0293\times Z_1\times Z_2\times$ 出条单位重量（g/m）$\times60\times4\times10^{-3}\times$效率

$=7.05\times$出条重量$\times Z_1\times Z_2\times10^{-3}\times$效率

## 二、LB334型复洗机的传动（图5-3-2）及工艺计算

主传动无级变速器的输出轴转速为295~1770r/min。

### （一）洗槽部分

1. **洗槽下铁炮轴转速**

下铁炮轴最大转速 $=1770\times\dfrac{100}{162}\times0.985=1075.6$（r/min）

下铁炮轴最小转速 $=295\times\dfrac{100}{162}\times0.985=179.27$（r/min）

2. **下轧辊转速及表面线速（第3槽）**

下轧辊最大转速 $=1075.6\times\dfrac{27\times1}{30\times40}=24.2$(r/min)

下轧辊最小转速 $=179.27\times\dfrac{27\times1}{30\times40}=4.033$(r/min)

下轧辊最大表面线速度 $=24.2\times\dfrac{200\times\pi}{1000}=15.2$(m/min)

下轧辊最小表面线速度 $=4.033\times\dfrac{200\times\pi}{1000}=2.534$(m/min)

3. **网眼锡林转速及表面线速（第3槽）**

网眼锡林最大转速 $=24.2\times\dfrac{29}{75}=9.35$(r/min)

网眼锡林最小转速 $=4.033\times\dfrac{29}{75}=1.55$(r/min)

网眼锡林最大表面线速度 $= 9.35 \times \dfrac{500 \times \pi}{1000} = 14.68 (\mathrm{m/min})$

网眼锡林最小表面线速度 $= 1.55 \times \dfrac{500 \times \pi}{1000} = 2.44 (\mathrm{m/min})$

### 4. 第1、第2槽对第3槽速差（利用铁炮微调）

皮带在极限位置，上下铁炮工作直径小端为115.375、96.375mm，大端为123.625、104.625mm。

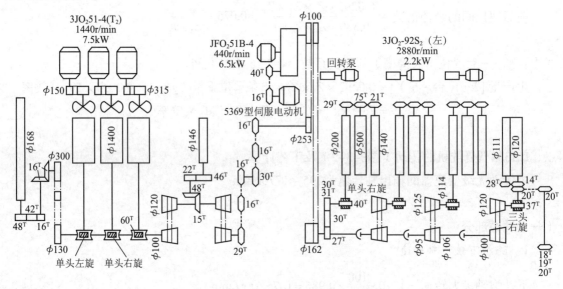

(a)

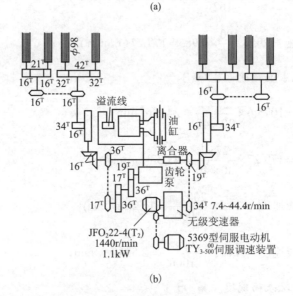

(b)

图5-3-2　LB334型复洗机传动图

$$最大速差 = \left( \frac{30 \times 104.625}{27 \times 115.375} - 1 \right) \times 100\% = 0.7\%$$

$$最小速差 = \left( \frac{30 \times 96.375}{27 \times 123.625} - 1 \right) \times 100\% = 13.3\%$$

## （二）进条部分（B334A型）

### 1. 蜗轮变速箱出轴转速（铁炮皮带在中间位置时）

$$蜗轮变速箱出轴最高转速 = 1075 \times \frac{110 \times 3}{110 \times 37} = 87.21(r/min)$$

$$蜗轮变速箱出轴最低转速 = 179.27 \times \frac{110 \times 3}{110 \times 37} = 14.53(r/min)$$

### 2. $\phi$70导条辊转速及表面线速度

$$导条辊最大转速 = 87.21 \times \frac{20 \times 20}{20 \times 25} = 69.76(r/min)$$

$$导条辊最小转速 = 14.53 \times \frac{20 \times 20}{20 \times 25} = 11.62(r/min)$$

$$导条辊最大表面线速度 = 69.76 \times \frac{70 \times \pi}{1000} = 15.34(m/min)$$

$$导条辊最小表面线速度 = 11.62 \times \frac{70 \times \pi}{1000} = 2.555(m/min)$$

### 3. $\phi$200退卷辊表面线速度

$$退卷辊最大表面线速度 = 69.76 \times \frac{22 \times 200 \times \pi}{50 \times 1000} = 16.3(m/min)$$

$$退卷辊最小表面线速度 = 11.62 \times \frac{22 \times 200 \times \pi}{62 \times 1000} = 2.59(m/min)$$

### 4. 导条辊对第3洗槽下轧辊速差（利用蜗轮变速箱微调）

皮带在极限位置时的铁炮工作直径小端为102.5mm，大端为117.5mm。

$$最大速差 = \left[ \left( \frac{2.555}{2.534} - 1 \right) + \left( \frac{117.5}{102.5} - 1 \right) \right] \times 100\% = 154\%$$

$$最小速差 = \left[ \left( \frac{2.555}{2.534} - 1 \right) + \left( \frac{102.5}{117.5} - 1 \right) \right] \times 100\% = 11.9\%$$

## （三）烘房部分

### 1. 主轴转速

主轴最大转速 $= 1770 \times \dfrac{100 \times 16 \times 16}{253 \times 30 \times 29} \times 0.9909 = 204\,(\mathrm{r/min})$

主轴最小转速 $= 295 \times \dfrac{100 \times 16 \times 16}{253 \times 30 \times 29} \times 0.9909 = 34\,(\mathrm{r/min})$

## 2. $\phi$164进条辊表面线速度

进条辊最大表面线速度 $= 204 \times \dfrac{15 \times 22 \times 164 \times \pi}{48 \times 46 \times 100} = 15.708\,(\mathrm{m/min})$

进条辊最小表面线速度 $= 34 \times \dfrac{15 \times 22 \times 164 \times \pi}{48 \times 46 \times 1000} = 2.618\,(\mathrm{m/min})$

## 3. $\phi$1400圆网表面线速度

圆网最大表面线速度 $= 204 \times \dfrac{1 \times 1400 \times \pi}{60 \times 1000} = 14.954\,(\mathrm{m/min})$

圆网最小表面线速度 $= 34 \times \dfrac{1 \times 1400 \times \pi}{60 \times 1000} = 2.492\,(\mathrm{m/min})$

## 4. $\phi$168出条辊表面线速度

出条辊最大表面线速度 $= 204 \times \dfrac{130 \times 16 \times 16 \times 168 \times \pi}{300 \times 16 \times 48 \times 1000} = 15.5\,(\mathrm{m/min})$

出条辊最小表面线速度 $= 34 \times \dfrac{130 \times 16 \times 16 \times 168 \times \pi}{300 \times 16 \times 48 \times 1000} = 2.59\,(\mathrm{m/min})$

注意：进条辊、圆网、出条辊表面线速均指铁炮皮带在中间位置时。

## 5. 第3槽下轧辊对烘房进条辊的速差

下轧辊速度减进条辊速度，利用烘房第1对铁炮微调。

皮带在极限位置时的铁炮工作直径，小端为102.5mm，大端为117.5mm。

最大速差 $= \left[\left(\dfrac{2.534}{2.618} - 1\right) + \left(1 - \dfrac{102.5}{117.5}\right)\right] \times 100\% = 9.5\%$

最小速差 $= \left[\left(\dfrac{2.534}{2.618} - 1\right) + \left(1 - \dfrac{117.5}{102.5}\right)\right] \times 100\% = 17.8\%$

## 6. 烘房的进条对圆网及出条辊的超喂率

进条辊速度减圆网速度，利用烘房第2对铁炮微调，铁炮直径与第1对相同。

最大速差 $= \left[\left(\dfrac{2.618}{2.492} - 1\right) + \left(1 - \dfrac{102.5}{117.5}\right)\right] \times 100\% = 17.7\%$（超喂）

最小速差 $= \left[\left(\dfrac{2.618}{2.492} - 1\right) + \left(1 - \dfrac{117.5}{102.5}\right)\right] \times 100\% = -9.6\%$

### （四）成球部分

1. $\phi98$成球辊表面线速度

$$成球辊最大表面线速度 = 44.4 \times \frac{34 \times 16 \times 16 \times 42 \times 98 \times \pi}{19 \times 16 \times 34 \times 32 \times 1000} = 15 \, (\mathrm{m/min})$$

$$成球辊最小表面线速度 = 7.4 \times \frac{34 \times 16 \times 16 \times 42 \times 96 \times \pi}{19 \times 16 \times 34 \times 32 \times 1000} = 2.5 \, (\mathrm{m/min})$$

2. 齿轮油泵转速

$$齿轮油泵最大转速 = 444 \times \frac{34 \times 36 \times 36 \times 36}{19 \times 17 \times 17 \times 19} = 675 \, (\mathrm{r/min})$$

$$齿轮油泵最小转速 = 7.4 \times \frac{34 \times 36 \times 36 \times 36}{19 \times 17 \times 17 \times 19} = 112.5 \, (\mathrm{r/min})$$

# 第三节　复洗工艺

毛条制造过程中的复洗工序，目的在于对毛条进行一次热湿处理，消除纤维的疲劳和静电，并对纤维进行一次定形。同时，在复洗时可以洗去油污、浸轧油剂助剂，对于染色后的毛条或化学纤维条，有清洗浮色和染色助剂的作用。

复洗的位置有两种摆法，一种是放在最后，羊毛经湿热处理以消除前面各工序所得到的疲劳并在纤维平直状态下定形，而稍经洗涤的毛条又可使产品得到清洁、漂亮的外观。另一种是放在精梳之前，则有利于精梳工艺的顺利进行，并可减少精梳落毛。对于卷曲较大的羊毛，复洗后精梳更为有利。

复洗工艺举例如下：

## 一、洗剂用量（表5-3-3）

表5-3-3　复洗洗剂用量

| 项目 | | 工业粉 | 工业粉 | 601 |
|---|---|---|---|---|
| 第1槽 | 总用量占羊毛（%） | 0.4 | 0.3 | 1.33 |
| | 初加量占总用量（%） | 20 | 40 | 20 |
| | 追加量占总用量（%） | 30 | 60 | 30 |
| 第2槽 | 初加量占总用量（%） | 20 | — | 20 |
| | 追加量占总用量（%） | 30 | — | 30 |

注　1.工业粉系粉状合成洗剂（烷基苯磺酸钠）。

2.601系液状合成洗剂（烷基磺酸钠）。

3.对于油污较重的羊毛，还可在第1槽加少量纯碱（0.1%～0.5%），但不要使槽液的pH值超过9。

## 二、温度

第1槽40～45℃，第2槽45～50℃（有的单位用40～45℃），第3槽50～55℃（有的单位用45～50℃），烘房70～80℃。

## 三、出机回潮

出机回潮为18%±20%，含油0.7%±0.2%。

# 第四章　精梳

## 第一节　精梳机的主要技术特征

### 一、B311型、B311A型、FB251-E3型精梳机的主要技术特征（表5-4-1）

表5-4-1　B311型、B311A型、FB251-E3型精梳机的主要技术特征

| 项　目 | 型　号 | | |
|---|---|---|---|
| | B311 | B311A | FB251-E3 |
| 适用原料 | 纤维长度200mm以下 | | |
| 喂入方式 | 毛球，最多28根 | $\phi400\times900$mm条筒，最多10筒20根 | $\phi600\times900$mm条筒，最多16筒32根 |
| 喂毛盒工作宽度（mm） | 360 | 360 | 390 |
| 锡林工作宽度（mm） | 418 | 418 | 425 |
| 钳板工作宽度（mm） | 360 | 360 | 484 |
| 锡林梳针 | 18排 | 19排 | 前片为金属针布，后片9排 |
| 皮板规格（宽×长×厚）（mm×mm×mm） | $510\times605\times4$ | | $530\times640\times3$ |
| 出条条筒（mm） | $\phi350\times800$ | $\phi350\times800$ | $\phi600\times900$ |
| 外形尺寸（长×宽×高）（mm×mm×mm） | $2700\times1912\times2120$ | $3688\times2093\times1336$ | $7705\times1461\times1301$ |
| 电动机 | AO型，1kW，960r/min | FO53-6型，0.8kW，960r/min | 主：Y100L2-4（左$B_3$），3kW，1420r/min　副：Y802-2（$B_5$），1.1kW，2825r/min |

### 二、B311C型、B311D型精梳机的主要技术特征（表5-4-2）

表5-4-2　B311C型、B311D型精梳机的主要技术特征

| 项　目 | 参　数 | 项　目 | 参　数 |
|---|---|---|---|
| 适用原料（mm） | 纤维长度50~200 | 锡林规格（mm） | $\phi152\times418$ |
| 喂入方式（mm） | 毛条架喂入，条筒$\phi400\times900$ | 道夫直径（mm） | 140 |
| 主轴转速（钳次/min） | 100，109，117 | 拔取罗拉直径（mm） | 25 |
| 喂入罗拉直径（mm） | 上罗拉41.14，下罗拉32 | 出条罗拉直径（mm） | 55 |

续表

| 项　目 | 参　数 | 项　目 | 参　数 |
|---|---|---|---|
| 皮板宽度（mm） | 510 | 出条条筒规格（mm） | $\phi350 \times 800$ |
| 毛刷直径（mm） | 165 | 电动机型号和功率 | Y90L-6（右B$_3$），1.1kW |

## 三、NSC系列毛纺精梳机的主要技术特征

### 1. NSC PB30型、PB31型精梳机的主要技术特征（表5-4-3）

表5-4-3　NSC PB30型、PB31型精梳机的主要技术特征

| 项　目 | 参　数 | 项　目 | 参　数 |
|---|---|---|---|
| 适用原料（mm） | 纤维长度50~200 | 拔取罗拉直径（mm） | 25/28 |
| 车速（钳次/min） | PB30型：175、190、210<br>PB31型：180、200、220 | 拔取隔距（mm） | 28~40 |
| 主电动机 | 3.15kW，1500r/min | 圆刷直径（mm） | 160 |
| 喂入方式 | 条筒或毛球配有自停装置的喂入架，并合数16~24根 | 道夫直径（mm） | 138 |
| 给进盒内宽（mm） | 400 | 拔取皮板（内长×宽×厚度）（mm） | $580 \times 540 \times 3.5$ |
| 给进梳针条长度（mm） | 410 | 顶梳 | 配置清洁器 |
| 顶梳针条长度（mm） | 470 | 圈条器的条筒输出 | 由变速装置驱动并可大范围调节 |
| 圆梳针条长度（mm） | 440 | | |

### 2. NSC PB32型、PB33型精梳机的主要技术特征（表5-4-4）

表5-4-4　NSC PB32型、PB33型精梳机的主要技术特征

| 项　目 | 参　数 | 项　目 | 参　数 |
|---|---|---|---|
| 适用原料（mm） | 纤维长度50~200 | 拔取罗拉直径（mm） | 25/28 |
| 车速（钳次/min） | PB32型：180、210、220、240<br>PB33型：200、220、240、260 | 拔取隔距（mm） | 28~40 |
| 主电动机 | 3.15kW，1500r/min | 圆刷直径（mm） | 160 |
| 喂入方式 | 条筒或毛球配有自停装置的喂入架，并合数16~24根 | 道夫直径（mm） | 138 |
| 给进盒内宽（mm） | 400 | 拔取皮板（内长×宽×厚度）（mm） | $580 \times 540 \times 3.5$ |
| 给进梳针条长度（mm） | 410 | 顶梳 | 配置清洁器 |
| 顶梳针条长度（mm） | 470 | 圈条器的条筒输出 | 由变速装置驱动并可大范围调节 |
| 圆梳针条长度（mm） | 440 | | |

3. NSC ERA型精梳机的主要技术特征（表5-4-5）

表5-4-5　NSC ERA型精梳机的主要技术特征

| 项　目 | 参　数 | 项　目 | 参　数 |
|---|---|---|---|
| 适用原料（mm） | 纤维长度50~200 | 拔取罗拉直径（mm） | 25/28 |
| 最高车速（钳次/min） | 260 | 拔取隔距（mm） | 25~42 |
| 主电动机 | 3.15kW，1500r/min | 圆刷直径（mm） | 160 |
| 喂入方式 | 条筒或毛球配有自停装置的喂入架，并合数16~24根 | 道夫直径（mm） | 120，刚性针布 |
| 给进盒内宽（mm） | 450 | 拔取皮板（内长×宽×厚度）（mm） | 580×540×3.5 |
| 给进梳针条长度（mm） | 480，9排针 | 顶梳 | 配置清洁器 |
| 顶梳针条长度（mm） | 510 | 圈条器的条筒输出 | 由变速装置驱动并可大范围调节 |
| 圆梳规格（mm） | 直径103，360° 包覆植针，植针宽度510 | | |

4. NSC ERA型精梳机比NSC PB33型精梳机具有的优越性

（1）梳理更充分，去除短毛更彻底（圆梳植针360°）、清洁效率更高。

（2）喂入量大，产量更高。

（3）喂入、梳理、搭接、出条采用独立的变频器控制，使调整更方便更精确。例如：张力调节、搭接调节（PB33型精梳机是分级调整，不同级齿轮相差5齿；而ERA型精梳机是无级调整，在范围内可选任意齿数）可在触摸屏上进行。制条用精梳机，其钳口距可通过触摸屏减1~4mm；复精梳用精梳机，其喂入凸轮可通过触摸屏进行变换，以调整梳理效果。

（4）可记录工艺配置，便于同类产品的设置。

## 四、SANT"ANDEA新千年精梳机的主要技术特征（表5-4-6）

表5-4-6　SANT"ANDEA新千年精梳机的主要技术特征

| 项　目 | 参　数 | 项　目 | 参　数 |
|---|---|---|---|
| 适用原料（mm） | 纤维长度50~200 | 顶梳针条长度（mm） | 510 |
| 最高车速（钳次/min） | 280 | 圆梳规格（mm） | 直径195，针区弧长290，植针宽度460 |
| 主电动机（kW） | 5.5 | 拔取罗拉直径（mm） | 25/28 |
| 喂入方式 | 条筒或毛球配有自停装置的喂入架，并合数24根 | 拔取隔距（mm） | 25~42 |
| 给进盒内宽（mm） | 400 | 圆刷直径（mm） | 200 |

### 五、FB256型精梳机的主要技术特征（表5-4-7）

表5-4-7 FB256型精梳机的主要技术特征

| 项　　目 | 参　　数 | 项　　目 | 参　　数 |
|---|---|---|---|
| 适用原料（mm） | 纤维长度50~200 | 圆梳直径（mm） | 152 |
| 喂入方式（mm） | 2×12根，条筒 $\phi700×1000$ | 道夫直径（mm） | 138 |
| 喂毛盒工作宽度（mm） | 415 | 拔取罗拉直径（mm） | 25/28 |
| 锡林工作宽度（mm） | 410 | 出条罗拉直径（mm） | 55 |
| 皮板规格（宽×长×厚）（mm×mm×mm） | 540×410×3.5 | 拔取皮板内周长（mm） | 580 |
| 出条条筒（mm） | $\phi700×1000$ | 拔取皮板宽度（mm） | 540 |
| 外形尺寸（长×宽×高）（mm×mm×mm） | 8357×1773×2150 | 拔取皮板厚度（mm） | 3.5 |
| 电动机（kW） | 主：3 吸尘：1.5 圈条：0.75 | 圆毛刷直径（mm） | 160 |
| 主轴转速（钳次/min） | 200，270 | | |

# 第二节　精梳机的传动及工艺计算

B311型精梳机的传动如图5-4-1所示。

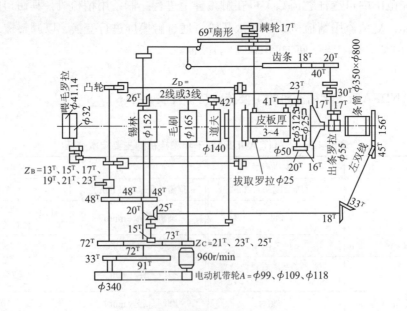

图5-4-1　B311型精梳机传动图

锡林转速（r/min）$= 960 \times \dfrac{A \times 33 \times 72 \times 48}{340 \times 91 \times 72 \times 48} = 1.02 \times A$

锡林转速见表5-4-8。

表5-4-8　B311型精梳机的锡林转速

| 电动机带轮直径$A$（mm） | $\phi 99$ | $\phi 109$ | $\phi 118$ |
|---|---|---|---|
| 锡林转速（r/min） | 101 | 111 | 120 |

喂入罗拉每次喂入长度（mm）$= \dfrac{a \times 32 \times \pi}{Z_{\mathrm{B}}}$

式中：$a$——罗拉的周长系数，随罗拉压力、罗拉表面状况和纤维软硬而不同，一般为
　　　　1.2 ~ 1.35。

喂入罗拉每次喂入长度见表5-4-9。

表5-4-9　喂入罗拉每次喂入长度

| 喂毛轮$Z_{\mathrm{B}}$齿数 | | $13^{\mathrm{T}}$ | $15^{\mathrm{T}}$ | $17^{\mathrm{T}}$ | $19^{\mathrm{T}}$ | $21^{\mathrm{T}}$ | $23^{\mathrm{T}}$ |
|---|---|---|---|---|---|---|---|
| 每次喂入长度（mm） | $a = 1.2$时 | 9.2 | 8 | 7 | 6.3 | 5.7 | 5.2 |
| | $a = 1.32$时 | 10 | 8.9 | 7.8 | 7.0 | 6.4 | 5.8 |
| | $a = 1.34$时 | 10.4 | 9 | 8 | 7.13 | 6.45 | 5.9 |

毛刷辊与锡林的速比 $= \dfrac{\text{毛刷辊线速度}}{\text{锡林线速度}} = \dfrac{72 \times 165}{Z_{\mathrm{C}} \times 152} = \dfrac{78}{Z_{\mathrm{C}}}$

毛刷辊与锡林的速比见表5-4-10。

表5-4-10　毛刷辊与锡林的速比

| $Z_{\mathrm{C}}$ | $21^{\mathrm{T}}$ | $23^{\mathrm{T}}$ | $25^{\mathrm{T}}$ |
|---|---|---|---|
| 速比 | 3.7 | 3.4 | 3.1 |

道夫转速（r/min）$= 960 \times \dfrac{A \times 33 \times Z_{\mathrm{D}}}{340 \times 91 \times 42} = 0.0244 A \times Z_{\mathrm{D}}$

道夫线速（m/min）$= 0.0244 \times A \times Z_{\mathrm{D}} \times 140\pi \times \dfrac{1}{1000} = 1.07 \times A \times Z_{\mathrm{C}}$　（$Z_{\mathrm{C}} = 2^{\mathrm{T}}$或$3^{\mathrm{T}}$）

斩刀速度（次/min）$= 960 \times \dfrac{A \times 33 \times 72}{340 \times 91 \times 15} = 4.91 \times A$

斩刀速度见表5-4-11。

表5-4-11　斩刀速度

| 电动机带轮直径A（mm） | $\phi 99$ | $\phi 100$ | $\phi 118$ |
|---|---|---|---|
| 斩刀速度（次/min） | 486 | 535 | 579 |

生产量（kg/h）=喂入重量（g/m）×每次喂入长度（mm）×精梳制成率×$10^{-6}$×
锡林转速（r/min）×效率

# 第三节　精梳工艺举例

精梳工艺举例及相关机型部分工艺参数见表5-4-12~表5-4-16。

表5-4-12　精梳工艺举例

| 项　　目 | 64支澳毛 | 一级、二级国毛 | 66支澳毛 | 三级、四级国毛 | 3.33dtex（3旦）黏胶纤维 | 3.33dtex（3旦）黏胶纤维75%　3.33dtex（3旦）锦纶25% |
|---|---|---|---|---|---|---|
| 拔取隔距（mm） | 26 | 28 | 26 | 30 | 28 | 26 |
| 喂毛轮$Z_B$齿数 | $19^T$ | $19^T$ | $21^T$ | $17^T$ | $17^T$ | $17^T$ |
| 并合根数 | 21 | 21 | 21 | 21 | 21 | 21 |
| 喂入总量（g/m） | 168 | 210 | 168 | 252 | 168 | 168 |
| 出条单位重量（g/m） | 18 | 18 | 17 | 19 | 18 | 17 |

注　1. 拔取隔距和喂毛锯齿轮要视原料的长度情况选择。

2. 出条重量不必规定的太严格，要在纤维搭接最好的情况下，尽量适合后道的重量要求。

3. 如果前道的生产能力允许，并合数以多些为好（即把喂入的单根重量减轻），尤其是对草屑毛粒较多的原料。

4. 对于毛黏、毛腈、黏锦、黏涤等混梳，也可参照本表。

车间温度：冬季不低于20℃，夏季不高于33℃。

车间相对湿度：70%~80%。

表5-4-13　DT型圆梳针条排列表

| 针座槽号 | | 50~48支 | 64~60支 | 70~66支 | 80支 |
| --- | --- | --- | --- | --- | --- |
| | | 针号 | 针号 | 针号 | 针号 |
| 前针座 | 1 | W110 | W090 | W075 | W065 |
| | 2 | W090 | W075 | W065 | W055 |
| | 3 | W075 | W065 | W055 | W045 |
| | 4 | W065 | W055 | W045 | W035 |
| | 5 | W055 | W045 | W035 | W025 |
| | 6 | W045 | W035 | W035 | W025 |
| 后针座 | 1 | W035 | Q050 | Q050 | Q045 |
| | 2 | Q050 | Q045 | Q045 | Q040 |
| | 3 | Q050 | Q045 | Q040 | Q035 |
| | 4 | Q045 | Q040 | Q035 | Q030 |
| | 5 | Q045 | Q040 | Q035 | Q030 |

注　80支以上视原毛品质而定。

表5-4-14　PB31型精梳机工艺举例

| 项　　　目 | 90支、100支澳毛 | 80支澳毛 | 70支澳毛 | 66支澳毛 | 64支澳毛 |
| --- | --- | --- | --- | --- | --- |
| 拔取隔距（mm） | 32 | 32 | 32 | 32 | 30 |
| 喂入齿轮齿数 | 19 | 17 | 16 | 15 | 15 |
| 并合根数 | 24 | 24 | 24 | 24 | 24 |
| 喂入总量（g/m） | 280 | 300 | 310 | 320 | 330 |
| 出条单位重量（g/m） | 23 | 25 | 26 | 27 | 27 |

表5-4-15　PB31型精梳机的喂入齿轮、喂入长度、张力齿轮对应表

| 喂入齿轮齿数 | 喂入长度（mm） | 张力齿轮齿数 |
| --- | --- | --- |
| 12 | 8.8 | 44、46 |
| 13 | 7.9 | 46、48、50 |
| 14 | 7.2 | 50、52、54 |
| 15 | 6.7 | 54、56、58 |
| 16 | 6.2 | 58、60、62 |
| 17 | 5.8 | 62、64、66 |
| 18 | 5.4 | 66、68、71 |
| 19 | 5.0 | 71、74、77 |
| 21 | 4.5 | 77、81 |

表5-4-16　PB31型精梳机各部位隔距调整

| 部　位 | 隔　距 |
|---|---|
| 圆刷与道夫（mm） | ≤0.2 |
| 斩刀与道夫（mm） | 0.2 |
| 顶梳与托毛板（mm） | 2 |

FB256型精梳工艺举例见表5-4-15~表5-4-19。

表5-4-17　FB256型精梳工艺原料指标

| 品质支数 | 细度 | | 毛长 | | 羊毛成分（%） |
|---|---|---|---|---|---|
| | μm | 离散（%） | mm | 离散（%） | |
| 100支毛 | 16 | 23 | 56.5 | 37 | 100 |
| 70支毛 | 20 | 21.5 | 87 | 17 | 100 |
| 66支毛 | 21 | 21.7 | 91 | 16 | 100 |

表5-4-18　FB256型精梳工艺参数

| 项　目 | 100支毛 | 70支毛 | 66支毛 |
|---|---|---|---|
| 拔取隔距（mm） | 32 | 10 | 10 |
| 喂给长度（mm） | 256 | 300 | 320 |
| 并合根数 | 6.5 | 6 | 6 |
| 喂入总量（g/m） | 30 | 30 | 30 |
| 速度（钳次/min） | 200 | 200 | 200 |
| 计算台时产量（kg/h） | 17.5 | 21.6 | 23.04 |

表5-4-19　FB256型精梳工艺下机条指标

| 制成率（%） | 成品毛条质量 | | | | | | 30mm以下短毛率（%） |
|---|---|---|---|---|---|---|---|
| | 毛粒（只/g） | 草刺（只/g） | 加权平均长度（mm） | 离散（%） | 细度（μm） | 散度（%） | |
| 82.9 | 9.0 | 0.90 | 60.04 | 35.4 | 15.5 | 19.8 | 7.1 |
| 81.2 | 2.2 | 0.23 | 89.01 | 32.0 | 18.2 | 19.0 | 2.6 |
| 80.8 | 2.1 | 0.23 | 96.00 | 31.0 | 20.5 | 21.0 | 2.3 |

# 第四节　B311型精梳机的调整

## 一、喂给

喂毛盒与喂毛罗拉之间的牵伸在1~1.07之间。

摇架移至最近时，喂毛立即开始。

调整喂毛盒动程时，注意不要与上钳板相碰，也不要使顶梳与拔取罗拉、钳板毛刷以及托毛板等相碰。

同批原料各机台的喂给长度（即喂毛盒动程）应该相等。但为保证半制品质量有时可个别调整。

## 二、上下钳板

上下钳板的咬合点，在下钳板最凸处。咬合时，该处应略有间隙（一张牛皮纸）；张开时的距离24mm左右。

锡林第10～14排针针尖与上钳板唇的距离为1mm左右，梳理化学纤维时可放宽至2mm。小毛刷要平齐伸出上钳板之下，使针尖掠过时刚能触及（距离为0），使纤维不浮于梳针表面（梳理时），小毛刷也不黏附纤维（上钳板刚抬起时）。

下钳板的高低位置，应使纤维在拔取时从喂毛盒到拔取罗拉能保持一直线，而不致被下钳板顶起。但梳理化学纤维时，下钳板的位置可适当抬高，以利于拔取。

在早期的B311型精梳机上，5号凸轮的大半径部分为95°，后来出产的B311型精梳机上，大半径部分已改为115°，使钳板咬合时间延长，以便锡林有充分的梳理时间。

## 三、锡林

19排梳针（早期的B311型是18排）的排列，应顺次地从粗到细，从稀到密，针隙则从宽到窄，针尖应保持圆形，高低不超过1mm。

针排在锡林上的位置，要使所有针排都能起到梳理作用。

## 四、顶梳

当顶梳最接近拔取罗拉时，针尖仍要全部刺透毛层。

钳板闭合时，用颜色粉撒在毛片与小毛刷接触处，钳板张开后，顶梳就在有粉与无粉的界线处插入。顶梳的最前位置离拔取罗拉表面约1mm，最后位置也不要与上钳板的小毛刷碰撞，如果最后位置做不到这一点，就要缩小喂毛盒动程，或放大拔取隔距。

## 五、托毛板

托毛板最前位置与顶梳梳针要有适当距离，当托毛板缩回时，不能与锡林相碰，否则就要调整托毛板的动程。

## 六、上下断刀

顶梳在最前时，上断刀不能与顶梳相碰，上下断刀的边缘平齐时，间隙约为7mm。梳理长纤维时，可放大到10mm或更宽些。上断刀压下纤维时，离皮板为5～10mm，上断刀的动程应使纤维尾端都下垂而贴于皮板表面。

下断刀应不与皮板相碰，其高低位置应不碰顶梳，并且不妨碍纤维前端向拔取罗拉移动。如果拔取前托毛板托起的毛片，它的前端被下断刀挡住（较软的化学纤维容易垂下），就应降低下断刀位置。

## 七、拔取

### （一）拔取开始时间

纤维前端还未接触拔取罗拉钳口，刚刚开始接触皮板时，拔取罗拉应该也在这时开始转动。

### （二）拔取长度

拐臂与扇形齿轮尾部联结螺栓处有表示它的摆动角的标尺，标尺的角度数值与扇形齿轮摆动齿数的计算公式如下：

$$拔取罗拉转动的齿数 = \frac{278}{360} \times 标尺角度$$

拔取罗拉转动齿数与标尺角度的关系见表5-4-20。

表5-4-20　拔取罗拉转动齿数

| 标　　尺 | 40° | 50° | 60° |
|---|---|---|---|
| 罗拉转动齿数 | 30.9 | 38.6 | 46.3 |

实际上，拔取罗拉的转动齿数要比计算出来的小一齿，这是因为轴承、齿轮和撑头都有间隙的缘故。

$$拔取长度 = \frac{拔取罗拉转动齿数}{17} \times 拔取罗拉周长$$

拔取罗拉包覆皮板后，运转中的拔取周长为80mm（旧的帆布皮板）。只要被拔取的纤维的尾端能全部离开上下钳板，拔取长度可不必太长，即尽量避免皮板上毛片的大进大出。

### （三）退回长度

一般情况下，拔取罗拉倒转的齿数为正转的55%～65%。

### （四）拔取隔距的调整

调整时要使摇架移至最内，上下钳板已完全张开，隔距板和下钳唇、上拔取罗拉以及上钳板三处同时接触。

隔距调整后要重新检查顶梳和上下断刀的位置，必要时应重新调整。

## 八、毛刷与锡林间距离

毛刷滚筒与锡林光面的距离约4mm。

## 九、毛刷与道夫间隔距

毛刷与道夫的隔距可尽量缩小，但不要触及。一般为0.127mm（5/1000英寸）。当毛刷与道夫校至回转灵活并都与其他机件脱离时，顺道夫针回转毛刷，道夫不动，倒转时，道夫稍有摆动。

## 十、斩刀与道夫间距离

斩刀与道夫的距离为0.3～0.5mm，斩刀斩下来的精梳短毛，应既有分节又连绵不断。

# 第五节　精梳疵点成因及防止方法

精梳疵点成因及防止方法见表5-4-21。

表5-4-21　精梳疵点成因及防止方法

| 疵点名称 | 造成原因 | 防止方法 |
| --- | --- | --- |
| 正面毛粒多 | （1）喂入量太大 | （1）喂入根数在20或21以上的，可适当减少喂入根数，或者减轻进条重量 |
| | （2）锡林最后几排梳针不起作用 | （2）调换4、5号凸轮，使上下钳板咬合时间延长到120°左右 |
| | （3）梳针残缺 | （3）调换弧形铁板，重新装针 |
| | （4）梳针太稀 | （4）适当改密针排 |
| | （5）喂毛盒动程太大，顶梳插入太迟 | （5）调节喂毛长度，或调整7号凸轮，使喂毛盒朝钳板的移动开始得迟一些 |
| | （6）钳板与锡林间隔距太大 | （6）尽量缩小此隔距 |
| | （7）上下钳板的小毛刷装置太高或不平 | （7）毛刷可尽量放低，但不能使梳针插入；如毛刷不平，可烫平或用剪刀修平 |
| | （8）拔取隔距太小（不是个别机台，而是全部机台都毛粒多） | （8）缩小喂毛盒动程，推迟喂毛时间，或放大隔距 |
| | （9）锡林梳针不清洁 | （9）保持毛刷滚筒、道夫斩刀状态良好，隔距不要太宽，及时清洁锡林 |

| 疵点名称 | 造成原因 | 防止方法 |
| --- | --- | --- |
| 反面毛粒多 | （1）顶梳太高（往往同时发生拉毛现象） | （1）刚放下时，一定要刺透毛层（用手轻摸，可摸到全部针尖已穿出毛层下面） |
| | （2）顶梳缺针（毛粒集中在缺针处） | （2）清洁顶梳时发现缺针就要调换 |
| | （3）顶梳梳针太稀（散布性小毛粒） | （3）选择适当的顶梳规格 |
| | （4）顶梳不清洁 | （4）经常清洁顶梳，抹掉嵌在针缝里的杂物和纤维，最好装置顶梳自动清洁器 |
| | （5）顶梳抬高太早（毛粒较大） | （5）将顶梳架两边的三角形支块以及滑轮稍移高些，延迟顶梳抬起的时间 |
| 锡林拉毛（拔取罗拉开始拔取时，可以看到毛片有严重的稀薄处，甚至出现空隙） | （1）上下钳板不平或有垃圾堆积 | （1）检查钳口，清除垃圾，钳板不平的要调换 |
| | （2）顶梳插入太深 | （2）在不使毛粒太多的条件下抬高顶梳 |
| | （3）锡林梳针刺入小毛刷 | （3）抬高小毛刷 |
| | （4）喂给长度太长，锡林负荷太重，或喂入毛片厚薄不匀 | （4）喂毛罗拉撑头动程要适当，每次撑一齿，喂毛盒动作要正常，也可适当减少喂给长度 |
| | （5）喂入的毛片有特别粗硬的地方 | （5）毛条接头不要过紧，毛条不要有捻度或重叠 |
| | （6）拔取罗拉绕毛 | （6）清除绕毛，揩清油污，还可撒些滑石粉 |
| | （7）锡林有缺针、歪针或针尖有毛刺 | （7）歪针扳直，如某一排针尖严重有毛刺的可锉平，或者调换针板 |
| | （8）皮板过松 | （8）调节正常 |
| | （9）上下钳板的钳口嵌有毛、草刺、柏油等 | （9）清除 |
| 拔取罗拉拉毛（也是锡林拉毛的原因） | （1）拔取罗拉加压不适当 | （1）拔取罗拉压力适当，两头一致，没有两边拔得好、中间拔不好（压力太大）或者中间拔得好、两边拔不好（压力太小）的现象 |
| | （2）喂入针板控制力不足（对化学纤维较易发生） | （2）8排针板不能有缺针，喂毛上下底板不能有破损，弹簧不太软，针板要完全插入毛片，增大喂毛罗拉压力；对于化学纤维可在喂毛针板后面加装一块压板或压辊（与喂毛针板一起动作） |
| | （3）顶梳插入太浅太迟 | （3）调整顶梳位置与动作时间 |

续表

| 疵点名称 | 造成原因 | 防止方法 |
|---|---|---|
| 毛网不良 | （1）喂毛不正常（粗细节） | （1）增加喂毛罗拉的压力，每次撑过一齿；喂毛针板抬高时，一定要完全脱离毛层 |
| | （2）毛条搭接不好 | （2）调节好扇形牙动程和铜牙位置，使纤维头端接触拔取罗拉之前罗拉已开始转动 |
| | （3）下断刀位置太高，托毛板伸出时须头被下断刀遮住（梳化学纤维时发生较多） | （3）可将钳板位置适当抬高 |
| | （4）皮板受压不均匀 | （4）调整均匀 |
| | （5）皮板厚薄不匀或有破损挂毛，或接头处太硬，或表面太光滑 | （5）调换皮板，如表面太滑，可用钢丝刷稍为拉毛 |
| | （6）光罗拉跳动 | （6）芯子与轴承磨损的要调换修理，光罗拉运转要灵活 |
| | （7）扇形牙与拔取罗拉齿轮磨损、缺齿以及撑头磨损 | （7）换下修理 |
| | （8）出条罗拉太快 | （8）在毛条基本光滑的条件下，调整出条罗拉每次转动的长度，但毛条张力以小些较好 |
| | （9）上断刀内侧油污沾毛 | （9）揩清油污 |

# 第六节　精梳机专用器材及配件

## 一、针及针板

### （一）喂毛针板（八排）钢针规格（表5-4-22）

表5-4-22　喂毛针板钢针规格

| 排次 | 线规 | 针号（mm） | 针长（mm） | 锥长（mm） | 针密（根/cm） | 每块用针数 | 备注 |
|---|---|---|---|---|---|---|---|
| 1 | PWG | 18 | 23.5 | 17 | 5 | 193 | 圆针 |
| 2 | PWG | 18 | 23.5 | 17 | 5 | 192 | 圆针 |
| 3 | PWG | 19 | 23.5 | 17 | 6.5 | 252 | 圆针 |
| 4 | PWG | 19 | 23.5 | 17 | 6.5 | 251 | 圆针 |
| 5 | PWG | 19 | 23.5 | 17 | 6.5 | 252 | 圆针 |
| 6 | PWG | 19 | 23.5 | 17 | 7 | 271 | 圆针 |

续表

| 排次 | 线规 | 针号（mm） | 针长（mm） | 锥长（mm） | 针密（根/cm） | 每块用针数 | 备注 |
|---|---|---|---|---|---|---|---|
| 7 | PWG | 19 | 23.5 | 17 | 7 | 270 | 圆针 |
| 8 | SWG | 15×20 | 23.5 | 17 | 8 | 311 | 扁针 |

## （二）锡林第1排~第9排钢针规格（表5-4-23）

表5-4-23　锡林第1排~第9排钢针规格

| 排次 | 较细的原料（64支以上） | | | | 较粗的毛 | |
|---|---|---|---|---|---|---|
| | 针号（PWG） | 针密（根/cm） | 针号（SWG） | 针密（根/cm） | 针号（PWG） | 针密（根/cm） |
| 1 | 16 | 4 | 17 | 5 | 16 | 4 |
| 2 | 17 | 5 | 18 | 6 | 16 | 4 |
| 3 | 18 | 6 | 19 | 8 | 17 | 5 |
| 4 | 19 | 7 | 20 | 9 | 17 | 5 |
| 5 | 19 | 7 | 21 | 10 | 18 | 6 |
| 6 | 20 | 8 | 22 | 12 | 19 | 8 |
| 7 | 20 | 8 | 22 | 12 | 10 | 21 |
| 8 | 23 | 12 | 23 | 14 | 10 | 21 |
| 9 | 23 | 12 | 23 | 14 | 12 | 22 |

　　注　1. 第1排~第9排的规格一般不随原料变化。

　　2. 针长13mm，锥长8mm；露出长度第1排~第5排7mm，第6排~第9排6mm。

　　3. 植针角度37°。

## （三）锡林第10排~第19排钢针规格（表5-4-24）

表5-4-24　锡林第10排~第19排钢针规格

| 排次 | 细毛或3.33~4.44dtex（3~4旦）化学纤维 | | | | | | 58~60支毛或化学纤维 | | 三级、四级毛或5.55~6.67dtex（5~6旦）化学纤维 | | |
|---|---|---|---|---|---|---|---|---|---|---|---|
| | 针号 | 针密（根/cm） | 针隙（mm） | 针号 | 针密（根/cm） | 针隙（mm） | 针号 | 针密（根/cm） | 针号 | 针密（根/cm） | 针隙（mm） |
| 10 | 24 | 16 | 0.18 | 24 | 14 | 0.26 | 23 | 14 | 23 | 14 | 0.20 |
| 11 | 24 | 16 | 0.18 | 24 | 14 | 0.26 | 24 | 16 | 24 | 16 | 0.18 |
| 12 | 25 | 18 | 0.14 | SWG25 | 18 | 0.16 | 24 | 16 | 24 | 16 | 0.18 |
| 13 | 25 | 18 | 0.14 | SWG25 | 18 | 0.16 | 25 | 18 | 25 | 18 | 0.14 |
| 14 | 26 | 20 | 0.12 | SWG26 | 20 | 0.14 | 26 | 20 | 25 | 18 | 0.14 |

续表

| 排次 | 细毛或3.33~4.44dtex（3~4旦）化学纤维 | | | | | | 58~60支毛或化学纤维 | | 三级、四级毛或5.55~6.67dtex（5~6旦）化学纤维 | | |
|---|---|---|---|---|---|---|---|---|---|---|---|
| | 针号 | 针密（根/cm） | 针隙（mm） | 针号 | 针密（根/cm） | 针隙（mm） | 针号 | 针密（根/cm） | 针号 | 针密（根/cm） | 针隙（mm） |
| 15 | 27 | 22 | 0.10 | SWG26 | 20 | 0.14 | 26 | 20 | 25 | 18 | 0.14 |
| 16 | 28 | 26 | 0.07 | SWG27 | 22 | 0.12 | 27 | 22 | 26 | 20 | 0.12 |
| 17 | 29 | 28 | 0.04 | SWG27 | 22 | 0.12 | 27 | 22 | 26 | 20 | 0.12 |
| 18 | 29 | 28 | 0.04 | SWG28 | 25 | 0.09 | 27 | 22 | 26 | 20 | 0.12 |
| 19 | | | | SWG28 | 25 | 0.09 | | | | | |

注　1. 表中未注明针号规格的，都是PWG制，植针角度都是39°。

　　2. 第10排~第14排露针长5mm，其余4mm；锥长7mn，针长11mm。

　　3. 这里举例的18排或19排，并不限于18排或19排的机器使用。如果机器的针排数与所要选择的针排数不符，可在适当的排次删除一排或重复一排。

　　4. 第2种针排规格（第17、18排为28号×26根），如系SWG线规，则针隙从0.2mm逐步减少到0.08mm。

　　5. 针隙系指离针尖3mm处的空隙。

## （四）锡林与顶梳梳针规格（表5-4-25）

表5-4-25　锡林与顶梳梳针规格

| 号数 | 直径（mm） | 锥长（mm） | | | | | | | | | | | | | | | |
|---|---|---|---|---|---|---|---|---|---|---|---|---|---|---|---|---|---|
| | | 4 | 5 | | 6 | | 7 | | 8 | | | 9 | | | 10 | | |
| | | 测量点离针尖（mm） | | | | | | | | | | | | | | | |
| | | 2 | 1.5 | 3 | 1.5 | 3 | 1.5 | 3 | 1.5 | 3 | 5 | 1.5 | 3 | 5 | 1.5 | 3 | 5 |
| 16 | 1.63 | 0.93 | | 1.11 | | 0.98 | | 0.90 | | 0.84 | | 0.54 | 0.80 | | 0.52 | 0.78 | |
| 17 | 1.42 | 0.82 | | 0.99 | | 0.88 | | 0.81 | 0.53 | 0.76 | | 0.51 | 0.73 | | 0.48 | 0.72 | |
| 18 | 1.22 | 0.73 | | 0.87 | | 0.78 | 0.51 | 0.72 | 0.49 | 0.72 | | 0.47 | 0.67 | | 0.45 | 0.64 | |
| 19 | 1.07 | 0.65 | | 0.76 | 0.51 | 0.71 | 0.48 | 0.67 | 0.44 | 0.63 | | 0.43 | 0.62 | | 0.42 | 0.61 | |
| 20 | 0.99 | 0.61 | 0.50 | 0.70 | 0.48 | 0.67 | 0.46 | 0.65 | 0.42 | 0.60 | 0.80 | 0.41 | 0.59 | 0.78 | 0.40 | 0.58 | 0.76 |
| 21 | 0.88 | 0.56 | 0.46 | 0.65 | 0.45 | 0.63 | 0.41 | 0.59 | 0.39 | 0.57 | 0.72 | 0.38 | 0.55 | 0.70 | 0.38 | 0.55 | 0.68 |
| 22 | 0.79 | 0.51 | 0.41 | 0.60 | 0.40 | 0.58 | 0.38 | 0.56 | 0.35 | 0.53 | 0.66 | 0.35 | 0.52 | 0.64 | 0.35 | 0.52 | 0.62 |
| 23 | 0.71 | 0.48 | 0.38 | 0.56 | 0.37 | 0.53 | 0.35 | 0.51 | 0.32 | 0.48 | 0.61 | 0.32 | 0.47 | 0.59 | 0.32 | 0.47 | 0.58 |
| 24 | 0.62 | 0.43 | 0.35 | 0.50 | 0.34 | 0.48 | 0.32 | 0.45 | 0.31 | 0.45 | 0.54 | 0.31 | 0.44 | 0.53 | 0.30 | 0.43 | 0.52 |
| 25 | 0.53 | 0.39 | 0.32 | 0.45 | 0.31 | 0.44 | 0.30 | 0.41 | 0.29 | 0.41 | 0.47 | 0.28 | 0.40 | 0.46 | 0.28 | 0.40 | 0.45 |
| 26 | 0.50 | 0.37 | 0.31 | 0.41 | 0.29 | 0.39 | 0.29 | 0.38 | | 0.38 | 0.43 | 0.27 | 0.36 | 0.43 | 0.27 | 0.36 | 0.41 |
| 27 | 0.45 | 0.35 | 0.29 | 0.38 | 0.28 | 0.36 | 0.27 | 0.35 | 0.26 | 0.35 | 0.40 | 0.25 | 0.32 | 0.38 | 0.24 | 0.32 | 0.37 |
| 28 | 0.38 | 0.30 | | | 0.25 | 0.32 | 0.24 | 0.31 | 0.23 | 0.31 | 0.35 | 0.23 | 0.30 | 0.34 | 0.22 | 0.29 | 0.33 |

续表

| 号数 | 直径(mm) | 锥长(mm) | | | | | | | | | | | | | | | |
|---|---|---|---|---|---|---|---|---|---|---|---|---|---|---|---|---|---|
| | | 4 | 5 | | 6 | | 7 | | 8 | | | 9 | | | 10 | | |
| | | 测量点离针尖(mm) | | | | | | | | | | | | | | | |
| | | 2 | 1.5 | 3 | 1.5 | 3 | 1.5 | 3 | 1.5 | 3 | 5 | 1.5 | 3 | 5 | 1.5 | 3 | 5 |
| 29 | 0.36 | 0.28 | | | 0.23 | 0.31 | 0.22 | 0.30 | 0.22 | 0.29 | 0.32 | | | | | | |
| 30 | 0.33 | 0.26 | | | 0.22 | 0.28 | 0.21 | 0.27 | 0.21 | 0.26 | 0.30 | | | | | | |

注　本表的号数相当于PWG。

## （五）顶梳用针规格（表5-4-26）

表5-4-26　顶梳用针规格

| 项目 | 细毛或3.33~5.55dtex（3~5旦）化学纤维 | | 三级、四级毛或5.55~6.66dtex（5~6旦）化学纤维 | | | | 针长(mm) | 锥长(mm) |
|---|---|---|---|---|---|---|---|---|
| | 针号 | 针密（根/cm） | 针号 | 针密（根/cm） | 针号 | 针密（根/cm） | | |
| 第1种（圆针） | PWG28 | 26 | 27 | 22 | 26 | 20 | 16 | 9 |
| 第2种（圆针） | PWG27 | 22 | 26 | 20 | | | 16 | 9 |
| 第3种（扁针） | SWG20×27 | 22 | 19×26 | 20 | | | 17.5 | 9 |
| 第4种（扁针） | PWG20×27 | 21 | | | | | 17.5 | 9 |

## （六）顶梳针密和针尖长度（表5-4-27）

表5-4-27　顶梳针密和针尖长度

| 密度（针/cm） | 针尖长度(mm) | | |
|---|---|---|---|
| 16 | 8.2 | 9.2 | — |
| 18 | 8.2 | 9.2 | 10.2 |
| 21 | 8.2 | — | 10.2 |
| 23 | 8.2 | — | 10.2 |
| 25 | 8.2 | 9.2 | — |
| 26 | 8.2 | 9.2 | — |
| 28 | 8.2 | 9.2 | — |
| 30 | 8.2 | 9.2 | — |
| 32 | 8.2 | — | — |

## （七）DT型圆梳针条规格（表5-4-28）

表5-4-28　DT型圆梳针条规格

| 针号 | 针厚mm | 针密针/cm | 备注 | BP系列 |
|------|--------|-----------|------|--------|
| W025 | 0.25 | 40.0 | 台阶 | 025 |
| W035 | 0.35 | 28.6 | 台阶 | 035 |
| W045 | 0.45 | 22.2 | 台阶 | 045 |
| W055 | 0.55 | 18.2 | 垫片 | 055 |
| W065 | 0.65 | 15.4 | 垫片 | 065 |
| W075 | 0.75 | 13.3 | 垫片 | 075 |
| W090 | 0.90 | 11.1 | 垫片 | 090 |
| W110 | 1.10 | 9.1 | 垫片 | 110 |
| Q025 | 0.25 | 40.0 | 台阶 | F025 |
| Q030 | 0.30 | 33.3 | 台阶 | F030 |
| Q035 | 0.35 | 28.6 | 台阶 | F035 |
| Q040 | 0.40 | 25.0 | 台阶 | F040 |
| Q045 | 0.45 | 22.2 | 台阶 | F045 |
| Q050 | 0.50 | 20.0 | 垫片 | F050 |
| Q055 | 0.55 | 18.2 | 垫片 | F055 |
| Q060 | 0.60 | 16.7 | 垫片 | F060 |

注　W为五头针、Q为七头针。

## 二、皮板

宽510mm×周长605mm×厚4mm。

## 三、条筒

$\phi$350×800mm。

## 四、道夫针布

24号普通梳毛针布，宽25.4mm，长约6.7m。

PB31型针梳机的梳针设置举例（加工的羊毛纤维细度18~25μm）见表5-4-29。

表5-4-29　PB31型梳针设置举例

| 项　　目 | 序号 | 针密（cm） | 植针宽度（mm） | 针长（mm） | 针板条零件号 | 针体零件号 |
|---|---|---|---|---|---|---|
| 圆梳粗齿段针条设置 | 1 | | 440 | 4 | 503A192J | — |
| | 2 | | 440 | 4 | 503A193L | — |
| | 3 | | 440 | 4 | 503A194N | — |
| | 4 | | 440 | 4 | 503A196T | — |
| | 5 | | 440 | 4 | 503A198Y | — |
| | 6 | | 440 | 4 | 503A198Y | — |
| 圆梳细齿段针条设置 | 1 | 18 | 440 | 4 | 500A194F | PB17364AL |
| | 2 | 20 | 440 | 4 | 500A196L | PB17364AL |
| | 3 | 22 | 440 | 4 | 500A197N | PB17364AL |
| | 4 | 24 | 440 | 4 | 500A198R | PB17364AL |
| 圆梳细齿段针条设置 | 5 | 25 | 440 | 4 | 500A199T | PB17364AL |
| | 6 | 25 | 440 | 4 | 500A199T | PB17364AL |
| | 7 | 28 | 440 | 4 | 500A200K | PB17364AL |
| | 8 | 28 | 440 | 4 | 500A200K | PB17364AL |
| | 9 | 30 | 440 | 4 | 500A201M | PB17364AL |
| | 10 | 30 | 440 | 4 | 500A201M | PB17364AL |
| 顶梳针条的设置 | | 25~28 | 470 | 8.2 | 500A092C | PB19100AJ |

# 第七节　精梳机主要辅助设备

## 一、B901型磨精梳道夫机的主要技术特征

B901型磨精梳道夫机用于磨砺B311型、B311A型、B311B型精梳机道夫针布针尖，其主要技术特征见表5-4-30。

表5-4-30　B901型磨精梳道夫机的主要技术特征

| 项　　目 | 参　　数 |
|---|---|
| 磨辊体直径（mm） | $\phi156$ |
| 磨辊体长度（mm） | 560 |
| 磨辊轴直径（mm） | $\phi25$ |
| 外形尺寸（长×宽×高）（mm×mm×mm） | $1050 \times 650 \times 928$ |
| 电动机型号和功率 | $JO_3 - 802 - 6$（右$D_2$），0.75kW |

## 二、B911型校精梳针板机的主要技术特征

B911型校精梳针板机用于校正B311型、B311A型、B311B型精梳机锡林针板针尖外径及

平直度，其主要技术特征见表5-4-31。

表5-4-31　B911型校精梳针板机的主要技术特征

| 项　目 | 参　数 | 项　目 | 参　数 |
|---|---|---|---|
| 适用锡林直径（mm） | $\phi$152 | 传动方式 | 手动 |
| 适用锡林针板长度（mm） | 425 | 外形尺寸（长×宽×高）（mm×mm×mm） | 692×215×244 |
| 校正基准 | 刀口型直尺 | 机器重量（kg） | 70 |

## 三、B921型抛精梳滚筒机的主要技术特征

B921型抛精梳滚筒机用于抛光精梳锡林，其主要技术特征见表5-4-32。

表5-4-32　B921型抛精梳滚筒机的主要技术特征

| 项　目 | 参　数 | 项　目 | 参　数 |
|---|---|---|---|
| 抛光毛刷直径（mm） | $\phi$165 | 机器重量（kg） | 200 |
| 抛光方式 | 摇摆式给进 | 电动机型号和功率 | $JO_3-8023$（右$D_3$），0.75kW |
| 外形尺寸（长×宽×高）（mm×mm×mm） | 936×580×1150 | | |

# 第八节　毛条成包

## 一、A752B型毛球打包机的主要技术特征（表5-4-33）

表5-4-33　A752B型毛球打包机的主要技术特征

| 项　目 | 参　数 | 项　目 | 参　数 |
|---|---|---|---|
| 形式 | 液压式 | 最大总压力（kN） | 750 |
| 适用毛球规格（mm） | $\phi$450×380 | 起落盘可使用面积（$mm^2$） | 1300×810 |
| 液压机上下压板间最大距离（mm） | 1200 | 外形尺寸（mm×mm×mm） | 3100×2000×4000（地下2185） |
| 油缸活塞最大行程（mm） | 950 | 电动机型号和功率 | $JO_2-62-4$，17kW |
| 成包时压缩高度（mm） | 350 | | |

## 二、B791型条筒打包机的主要技术特征（表5-4-34）

表5-4-34　B791型条筒打包机的主要技术特征

| 项　目 | 参　数 | 项　目 | 参　数 |
|---|---|---|---|
| 最大总压力（kN） | 130 | 毛球包装 | 每包用2只塑料袋 |
| 最大单位压力（Pa） | $5.88 \times 10^6$ | 外形尺寸<br>（mm×mm×mm） | 2000×800×5200（露出地面3210） |
| 配用条筒（mm） | $\phi 600 \times 910$ | 电动机型号和功率 | $JO_3-160S-6（T_2）$，11kW |

## 三、高速精梳机调整注意事项

### 1. 更换圆梳针时检查的项目

（1）检查挡块是否损坏。

（2）圆梳针固定侧板是否完好。

（3）夹钳是否磨损，位置是否正确。

（4）查看圆梳针块与针座接触面是否清理干净。

（5）上夹钳间无原料夹紧时，上夹钳与粗梳针前端距离调整为8~10mm。

（6）检查夹前的高度是否为0.6mm。

（7）检查压平刷的高度。

### 2. 更换皮板的注意事项

（1）皮板的方向以箭头指向出条安装。

（2）拔取皮板的压力调整至85（否则拔取力量不够）。

（3）检查皮板的张力（对拔取状况和毛网形成很重要）。

（4）检查前吸风口与皮板的距离是否为3~4mm。

（5）检查拔取皮板与其上方达到铝盖板距离是否为8~10mm（在0刻度时）。

（6）检查拔取皮板上铝板盖与出条罗拉距离是否为15mm（在0刻度时）。

（7）检查卷毛自停装置。

### 3. 夹钳的检查项目

（1）夹钳的高度一定要在0.6mm。

（2）夹钳的压力保持在0.8mm。

（3）压力刷的位置。

（4）上下夹钳刚要张开时，喂入梳针的高度应为0.5mm。

（5）上述项目要定期检查，一般不做调整，若有一项变动，其余各项均要认真复检，要做到100%的正确。

### 4. 拔取隔距的调整的项目

项目的调整均在0刻度位上进行。

（1）上梳针插入深度。

（2）压力杆的刻度。

（3）拔取罗拉压力的检查设定。

（4）吸风口与皮板的距离为3~4mm。

（5）PB31以下机型检查卷毛自停装置。

（6）PB31以下机型必须调整上梳针、清洁刷。

（7）检查PB31以上机型的拔取罗拉链条，平板的隔距为1mm。

5. **拔取点调整时工作要点**

（1）拔取起点位置要据羊毛长度、伸缩性、拔取长度、现场空气湿度等方面综合考虑。

（2）转动手轮，在拔取罗拉即将反转时，查夹钳钳口处被拔取罗拉和夹钳夹持住的纤维数量，检查数次取平均值。

（3）调整拔取点位置，使长纤数量控制在1~2根。

6. **叠合情况的检验**

取精梳机出条约1m，小心摆开，挂起，观毛网状况；必要时进行不同叠合齿轮的毛网对比分析，毛网叠合部分不要太长。

7. **上夹钳的校正**

（1）上夹钳与下夹钳之间应闭合无间隙。

（2）上夹钳变形时，可在台虎钳进行校正。

（3）使用较薄的纸查验上下夹钳的夹持力是否均衡。

8. **圆毛刷的清理与更换**

（1）圆毛刷每天清理一次，同时进行掉头安装。

（2）圆毛刷与圆梳针等部件的隔距，可采用空转圆毛刷的方法查验，正转较顺畅，反转略有阻力尚可。

9. **上梳针与罗拉间的隔距调整**

（1）此处隔距应为1mm，不应发生碰撞。

（2）调整时应用力向拔取罗拉方向拉动顶梳中部，此时校正的距离较接近生产的实际拔取状况。

10. **给进梳与上夹钳隔距的调整**

（1）给进梳最前端与上夹钳的上沿间隔距为3mm，也可适当减少但严禁碰撞。

（2）调整时放松螺丝将给进梳拉至最前端，再用调节螺丝向后调整。

# 第九节　TEAM公式

在羊毛的采购和毛条加工生产中，人们越来越重视对产品质量的预测，通过毛条质量预测可以预先知道加工特定毛条所需的合适原料，指导合理采购原料和科学配毛，也可以预先知道某种原料所能加工出的毛条质量情况，以指导生产过程的质量控制。

在毛条加工质量预测方面，澳大利亚的TEAM公式应用得比较广泛，它主要是针对澳大利亚羊毛的质量预测而开发的。1984年澳大利亚发布了TEAM-1公式，1988年发布了TEAM-2公式，经过对TEAM-2公式的改进，2004年正式发布了TEAM-3公式。目前TEAM-2公式与TEAM-3公式在国内毛条制造企业应用最为广泛。

## 一、TEAM-2公式

TEAM预测的指标有3项，即：毛条的豪特长度$H$，豪特长度的离散值$CV_H$和落毛率$N$（%），预测公式为：

豪特长度预测公式：$H（mm）= 0.52L + 0.47S + 0.95D - 0.19M* - 0.45V - 3.5 + C_1$

豪特长度离散预测公式：$CV_H = 0.12L - 0.41S - 0.35D + 0.2M* + 49.3 + C_2$

落毛率预测公式：$N（%）= 27.7 - 0.11L - 0.14S - 0.35D + 0.94V + C_3$

式中：$H$——豪特长度，mm；

　　$CV_H$——豪特长度的方差不匀率，%；

　　$N$——落毛率，%；

　　$L$——纤维主体长度，mm；

　　$S$——纤维主体强度，N / ktex；

　　$D$——纤维主体直径，μm；

　　$M*$——修正的纤维中间断裂率，$M*$小于或等于45时，按45计，其他按$M*$计；

　　$V$——植物性杂质（草杂）含量，%；

　　$C_i$——工厂自身调节值。

由于在选购原毛时，纤维主体长度、强度、直径等指标在原毛检验证书上都注明，因此，对于毛条制造厂家来说最关键的是找出工厂的自身调节值$C_i$。自身调节值$C_i$可由以下方法得出：

（1）选取一定批次原料，在不使用$C_i$的情况下预测出每一批次成品毛条的豪特长度、豪特长度离散及落毛率数值；

（2）这些批次原料生产加工后，得出成品毛条实际的豪特长度、豪特长度离散及落毛率数值；

（3）实际值与预测值之间的差值取平均数，得出$C_i$值。

$C_i$求解举例：

某厂选取了30批原料，进行分别预测，预测结果与实际生产得出的数据对比见表5-4-35。

表5-4-35 预测结果与实际生产的数据对比

| 序号 | H（mm） | | | $CV_H$ | | | N（%） | | |
|---|---|---|---|---|---|---|---|---|---|
| | 预测 | 实际 | 差异 | 预测 | 实际 | 差异 | 预测 | 实际 | 差异 |
| A1 | 58.5 | 67.7 | 8.9 | 52.4 | 46.7 | −5.7 | 8.8 | 10.0 | 1.2 |
| A2 | 62.2 | 69.7 | 7.5 | 50.8 | 47.5 | −3.3 | 8.0 | 10.0 | 2.0 |
| A3 | 63.2 | 70.3 | 7.1 | 51.9 | 47.7 | −4.2 | 8.6 | 9.8 | 1.2 |
| A4 | 74.7 | 75.4 | 0.7 | 49.9 | 51.7 | 1.8 | 5.0 | 5.3 | 0.3 |
| A5 | 70.7 | 76.6 | 5.9 | 52.2 | 49.2 | −3.0 | 5.8 | 7.6 | 1.8 |
| A6 | 78.4 | 79.6 | 1.2 | 52.3 | 52.1 | −0.2 | 3.2 | 6.0 | 2.8 |
| A7 | 65.0 | 74.4 | 9.4 | 44.2 | 40.9 | −3.3 | 7.7 | 8.9 | 1.2 |
| A8 | 59.5 | 68.3 | 8.8 | 51.7 | 47.4 | −4.3 | 8.5 | 10.3 | 1.8 |
| A9 | 59.7 | 63.9 | 4.2 | 52.4 | 49.4 | −3.0 | 9.1 | 12.9 | 3.8 |
| A10 | 59.0 | 64.0 | 5.0 | 50.1 | 46.3 | −3.8 | 8.9 | 11.7 | 2.8 |
| A11 | 59.5 | 65.6 | 6.1 | 49.3 | 46.6 | −2.7 | 9.1 | 11.1 | 2.0 |
| A12 | 62.8 | 69.1 | 6.3 | 50.5 | 47.6 | −2.9 | 8.4 | 9.0 | 0.6 |
| A13 | 67.2 | 71.8 | 4.6 | 50.6 | 47.7 | −2.9 | 7.0 | 7.6 | 0.6 |
| A14 | 69.8 | 76.5 | 6.7 | 50.8 | 49.2 | −1.6 | 6.6 | 6.8 | 0.2 |
| A15 | 66.2 | 72.2 | 6.0 | 53.1 | 49.4 | −3.7 | 7.7 | 8.1 | 0.4 |
| A16 | 64.7 | 70.8 | 6.1 | 53.1 | 48.8 | −4.3 | 7.7 | 8.8 | 1.1 |
| A17 | 57.2 | 66.4 | 9.2 | 51.9 | 47.6 | −4.3 | 9.1 | 12.6 | 3.5 |
| A18 | 61.1 | 68.8 | 7.7 | 49.1 | 45.4 | −3.7 | 8.6 | 11.3 | 2.7 |
| A19 | 62.2 | 66.7 | 4.5 | 51.1 | 47.5 | −3.6 | 8.8 | 10.4 | 1.6 |
| A20 | 68.8 | 76.3 | 7.5 | 49.7 | 45.5 | −4.2 | 6.0 | 6.9 | 0.9 |
| A21 | 60.3 | 67.6 | 7.3 | 50.1 | 47.3 | −2.8 | 9.9 | 10.2 | 0.3 |
| A22 | 64.3 | 70.0 | 5.7 | 50.5 | 48.9 | −1.6 | 7.5 | 10.1 | 2.6 |
| A23 | 72.3 | 77.3 | 5.0 | 51.2 | 50.1 | −1.1 | 4.7 | 7.2 | 2.5 |
| A24 | 71.0 | 76.1 | 5.1 | 50.7 | 48.4 | −2.3 | 6.3 | 8.1 | 1.8 |
| A25 | 72.5 | 78.3 | 5.8 | 49.1 | 47.6 | −1.5 | 5.6 | 7.3 | 1.7 |
| A26 | 59.5 | 67.3 | 7.8 | 50.7 | 45.6 | −5.1 | 9.0 | 10.8 | 1.8 |
| A27 | 66.3 | 70.9 | 4.6 | 54.3 | 51.2 | −3.1 | 7.9 | 7.4 | −0.5 |
| A28 | 56.9 | 67.0 | 10.1 | 51.7 | 46.9 | −4.8 | 8.9 | 7.7 | −1.2 |
| A29 | 59.1 | 65.4 | 6.3 | 50.7 | 46.8 | −3.9 | 8.8 | 10.6 | 1.8 |
| A30 | 64.3 | 73.0 | 8.7 | 49.5 | 44.0 | −5.5 | 8.0 | 10.6 | 2.6 |
| 平均 | 64.6 | 70.9 | 6.3 | 50.9 | 47.7 | −3.2 | 7.6 | 9.2 | 1.6 |

　　从表中可以得出豪特长度的自身调节值C为6.3，长度离散CV的自身调节值C为（−3.2），落毛率N（%）的自身调节值C为1.6，这样得到工厂修正之后的公式为：

豪特长度预测公式：$H$（mm）=0.52$L$+0.47$S$+0.95$D$−0.19$M^*$−0.45$V$−3.5+6.3

豪特长度离散预测公式：$CV_H=0.12L-0.41S-0.35D+0.2M^*+49.3-3.2$

落毛率预测公式：$N（\%）=27.7-0.11L-0.14S-0.35D+0.94V+1.6$

为了验证调整后的公式准确性，可以对这30批数据重新进行预测，通过对比实际数据来判断公式是否具有指导实际生产的价值。需要说明的是，随着生产设备的改进和工艺技术的提高，工厂自身调节值也要随着工厂生产数据的不断积累，定期或不定期的进行修定。

进一步利用TEAM-2公式可以进行质量监控，首先要算出预测结果与实际生产结果之差的标准方差，然后将工厂的质量波动值限定在2倍标准方差的范围内（因为2倍的标准方差代表了95%的数据）标准方差值越小越好，生产技术及管理水平也要求越高。通过质量监控图的辅助作用，不断记录加工结果与预测值的差异，发现异常时，及时调查原因解决问题，通过对所积累数据的不断分析，不断提高自身的生产能力。

## 二、TEAM-3公式

TEAM-2公式在一些实际应用过程中起到了较好的指导作用，但该公式没有将很重要的原料参数包括在预测公式中，如原毛的毛丛长度离散值$CVL$，纤维直径$D$的离散值$CVD$以及纤维的卷曲等。针对这种情况澳大利亚对TEAM-2公式作了改进，2004年正式发布了TEAM-3澳毛条质量预测公式，在TEAM-3公式中，所使用的原料参数除包括了TEAM-2公式所需的参数外，另外还增加了2项参数，即毛丛长度的离散值$CVL$和纤维直径$D$的离散值$CVD$。从理论上讲，TEAM-3公式考虑了影响毛条质量的更多因素，预测效果应该优于TEAM-2公式。

TEAM-3公式为：

$$H（豪特长度）=0.43L+0.35S+1.38D-0.15M-0.45V-0.59CVD-0.32CVL+21.8+M_A$$

$$CV_H（豪特离散）=0.30L-0.37S-0.88D+0.017M+0.38CVL+35.6+M_A$$

$$R（\%）（落毛率）=-0.13L-0.18S-0.63D+0.78V+38.6+M_A$$

式中：$CVD$——细度离散；

$CVL$——毛丛长度离散；

$M_A$——工厂调节系数。

其他参数见TEAM-2。

$M_A$的具体数值获得方法参见TEAM-2公式。

从以上修改过的公式中不难看出，原毛的细度离散以及毛丛的长度离散均对毛条的平均长度产生了一定的影响。目前大部分拥有激光细度检测仪的毛条生产企业开始在探索中使用TEAM-3公式，但仍然有相当部分的企业继续使用TEAM-2公式。实际上，这两个公式起到的作用是非常相似的，而且经过实际生产试验验证，在毛条质量预测方面TEAM-3公式并没有明显地提高，因此在企业实际应用中，可以使用TEAM-2公式，也可以使用TEAM-3公式指导实际生产。

值得注意的是，只有对澳大利亚羊毛才具有这样的预报加工结果的能力，TEAM公式不适合国产羊毛的预测预报。

# 第五章　化学纤维直接制条

化学纤维直接制条，是将成束的化学纤维长丝按一定的长度范围切断或拉断，同时保持纤维的整齐排列，再稍加整理，形成短纤维条子。

## 第一节　BR201型直接制条机

BR201型直接制条机属于切断法，附有丝束热延伸装置及针梳机。

### 一、主要技术特征

#### （一）喂入部分

前喂入架为纵向式两排三列双层张力调节，后喂入架为竖向式，有弧形杆定幅。

#### （二）热延伸部分

1. **延伸辊**

由两组品字形辊组成，每组的上延伸辊为$\phi140 \times 370$mm一根（橡胶包覆），下延伸辊为$\phi150 \times 370$mm一对。

2. **加热板**

600mm$\times$420mm上下两块，5.6kW电加热，自动控温，利用重锤旋转离心力控制启闭。

3. **吹风机**

多翼离心式风机，后向前弯式风扇，全压约1079Pa（110mm水柱），风量约1000m³/h。

#### （三）切割部分

1. **工作宽度**

360mm。

2. **刀辊**

$\phi130$mm。

3. **光辊**

$\phi148$mm。

4. **变长罗拉**

$\phi40 \times 290$mm两根（相对横向移动）。

（四）梳理部分

B306A型针梳机梳箱。

（五）牵伸部分

1. 胶圈

内周长1022mm，厚4mm（胶圈后轴$\phi$48mm）。

2. 前罗拉

上压辊$\phi$78mm（橡胶），下大罗拉$\phi$67mm，下小罗拉$\phi$24mm。

（六）成条部分

1. 卷曲辊

$\phi$100×30mm一对。

2. 弹簧加压

最大4500N（450kgf）。

3. 条筒

$\phi$600×900mm。

（七）电动机

1. 主电动机

JFO$_2$42-4（右）1台，4kW。

2. 吹风电动机

FW12-2Y，1台，0.75kW。

3. 吸尘电动机

FW11A-2Y，1台，0.73kW。

二、工艺数据

1. 最大喂入量

220万分特（200万旦）

2. 最大出条单位重量

22g/m。

3. 总牵伸

7~40倍。

4. 前罗拉线速度

55~92m/min。

5. 纤维计算切割长度（表5-5-1）

表5-5-1　纤维计算切割长度

| 刀辊头数 | 2 | 3 | 4 | 5 | 6 | 7 | 8 | 9 | 10 |
|---|---|---|---|---|---|---|---|---|---|
| 纤维长度（mm） | 204.2 | 136.1 | 102.1 | 81.7 | 68.1 | 53.8 | 51 | 45.4 | 40.8 |

## 三、传动（图5-5-1）及工艺计算

（1）主轴转速、前罗拉表面线速度、针梳梳理牵伸倍数与B302型针梳机同，见本篇第二章。

（2）前后延伸辊的速比（热延伸倍数）$S_1$见表5-5-2。

$$S_1 = \frac{24 \times Z_I \times 32}{32 \times Z_H \times 24} = \frac{Z_I}{Z_H}$$

表5-5-2　热延伸倍数

| $Z_H$ ＼ $Z_I$ | $28^T$ | $29^T$ | $30^T$ | $31^T$ | $32^T$ | $33^T$ | $34^T$ | $35^T$ | $36^T$ | $37^T$ | $38^T$ | $39^T$ | $40^T$ | $41^T$ |
|---|---|---|---|---|---|---|---|---|---|---|---|---|---|---|
| $24^T$ | 1.16 | 1.21 | 1.25 | 1.29 | 1.33 | 1.37 | 1.42 | 1.46 | 1.50 | 1.54 | 1.58 | 1.62 | 1.66 | 1.71 |
| $25^T$ | 1.12 | 1.16 | 1.20 | 1.24 | 1.28 | 1.32 | 1.36 | 1.40 | 1.44 | 1.48 | 1.52 | 1.56 | 1.60 | 1.64 |
| $26^T$ | 1.08 | 1.12 | 1.15 | 1.19 | 1.23 | 1.27 | 1.31 | 1.34 | 1.38 | 1.42 | 1.46 | 1.50 | 1.54 | 1.58 |
| $27^T$ | 1.04 | 1.07 | 1.11 | 1.15 | 1.18 | 1.22 | 1.26 | 1.30 | 1.33 | 1.37 | 1.44 | 1.44 | 1.48 | 1.52 |
| $28^T$ | 1.00 | 1.04 | 1.07 | 1.11 | 1.14 | 1.18 | 1.22 | 1.25 | 1.29 | 1.32 | 1.36 | 1.39 | 1.43 | 1.46 |

（3）刀辊与前延伸辊间的张力牵伸倍数$S_2$见表5-5-3。

$$S_2 = \frac{32 \times 44 \times Z_G \times 148}{24 \times 33 \times 38 \times 150} = 0.0461 \times Z_G$$

表5-5-3　刀辊与前延伸辊间的张力牵伸倍数

| $Z_G$ | $20^T$ | $21^T$ | $22^T$ |
|---|---|---|---|
| 张力牵伸倍数$S_2$ | 0.922 | 0.968 | 1.014 |

（4）握持罗拉与前延伸辊间的张力牵伸倍数$S_5$见表5-5-4。

$$S_5 = \frac{63.5 \times 28 \times Z_G \times 44 \times 32}{150 \times 12 \times 38 \times 33 \times 24} = 0.046 \times Z_G$$

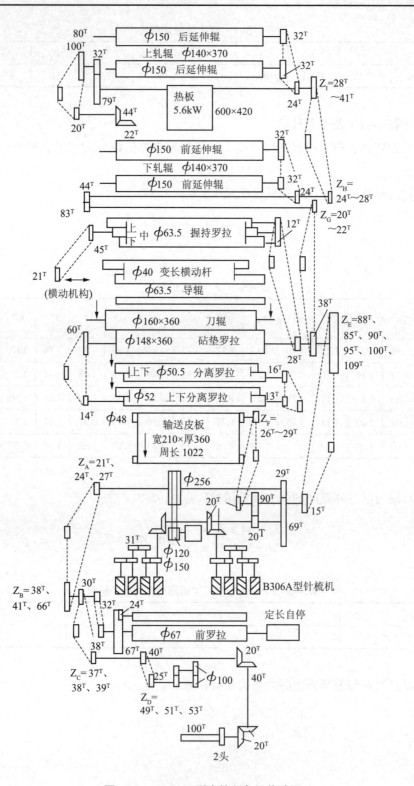

图5-5-1　BR201型直接制条机传动图

表5-5-4　握持罗拉与前延伸辊间的张力牵伸倍数

| $Z_G$ | $20^T$ | $21^T$ | $22^T$ |
|---|---|---|---|
| 张力牵伸倍数$S_5$ | 0.924 | 0.966 | 1.012 |

（5）输送皮板与分离罗拉间的张力牵伸倍数$S_6$见表5-5-5。

表5-5-5　输送皮板与分离罗拉间的张力牵伸倍数$S_6$

| $Z_F$ ╲ $Z_E$ | $80^T$ | $85^T$ | $90^T$ | $95^T$ | $100^T$ | $109^T$ |
|---|---|---|---|---|---|---|
| $26^T$ | 1.11 | 1.18 | 1.25 | 1.32 | 1.39 | 1.52 |
| $27^T$ | 1.07 | 1.14 | 1.21 | 1.27 | 1.34 | 1.46 |
| $28^T$ | 1.032 | 1.10 | 1.16 | 1.23 | 1.29 | 1.41 |
| $29^T$ | 1.00 | 1.06 | 1.13 | 1.19 | 1.25 | 1.32 |

$$S_6 = \frac{56 \times 20 \times Z_E \times 14}{48 \times Z_F \times 15 \times 60} = 0.37 \times \frac{Z_E}{Z_F}$$

（6）梳箱与刀辊间的张力牵伸倍数$S_3$见表5-5-6。

$$S_3 = \frac{Z_E \times 90 \times 27}{15 \times 20 \times 148\pi} = 0.0174 \times Z_E$$

表5-5-6　梳箱与刀辊间的张力牵伸倍数

| $Z_E$ | $80^T$ | $85^T$ | $90^T$ | $95^T$ | $100^T$ | $109^T$ |
|---|---|---|---|---|---|---|
| 张力牵伸倍数$S_3$ | 1.39 | 1.48 | 1.57 | 1.65 | 1.74 | 1.90 |

（7）卷曲罗拉与前罗拉间的张力牵伸倍数见表5-5-7。

$$S_4 = \frac{38 \times 30 \times 40 \times 100}{32 \times Z_D \times Z_D \times 67} = \frac{2127}{Z_G}$$

表5-5-7　卷曲罗拉与前罗拉间的张力牵伸倍数

| $Z_C$ | $37^T$ | | | $38^T$ | | | $39^T$ | | |
|---|---|---|---|---|---|---|---|---|---|
| $Z_D$ | $49^T$ | $51^T$ | $53^T$ | $49^T$ | $51^T$ | $53^T$ | $49^T$ | $51^T$ | $53^T$ |
| 张力牵伸倍数$S_4$ | 1.173 | 1.1271 | 1.0846 | 1.1423 | 1.0975 | 1.0561 | 1.1130 | 1.0693 | 1.0290 |

（8）总牵伸倍数$S$。

$$S = S_1 \times S_2 \times S_3 \times S_4 \times 针梳机梳理牵伸倍数 = 6.58 \sim 39.77$$

（9）理论产量$Q$。

理论产量$Q$[kg/（台·h）] = 出条重量（g/m）× 前罗拉线速度（m/min）× $\dfrac{60}{1000}$

（10）脚踏油泵压力表的表示压力$P_2$换算成总压力$P_1$。

$$P_1 = 2 \times \frac{\pi d^2}{4} \times P_2 = KP_2$$

对于前罗拉$d$=45mm，$K$=31.8；对于刀辊延伸辊$d$=60mm，$K$=56.52。

## 四、BR201型直接制条机的工艺举例及操作注意事项

### （一）切割腈纶条（图5-5-2）

喂入丝束3.33～6.67dtex（3～6旦）切割成正规纤维或高缩纤维。丝束幅度为230mm，总喂入量最大220万分特（200万旦）。

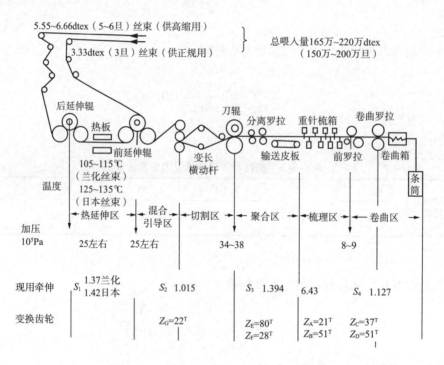

图5-5-2　BR201型直接制条机工艺示意图

热板温度，未染色的为105℃，染色纤维为115℃。日本进口纤维为125℃或135℃，上下热板隔距为1mm。丝束走出热板后，进入前延伸辊时，吹风冷却至80℃以下，缩率在18%左右。切割成正规纤维条的不经过热延伸。再经过2～3次针梳或无针板牵伸处理后，即制成条子。纤维平均长度100mm左右，长度离散系数11.9%左右。

## （二）切割涤纶条、黏胶纤维条

工艺大体和腈纶条相同。去除热板，延伸辊压力降为$18 \times 10^5$Pa（18kgf/cm²），刀辊压力$32 \times 10^5$Pa（32kgf/cm²），出条单位重量12g/m，出条速度58m/min，针板速度800次/min，针密10枚/2.54cm，前罗拉隔距45mm，喂入3.33dtex（3旦）纤维165万分特（150万旦），切割以后再经过两次针梳或无针板牵伸并条机成条。

## （三）操作注意事项

（1）经过前后喂入架喂入的丝束，要求平整、拉紧，保持幅宽在200～250mm，并且中心线对准机器的中心线。弧形辊调整好之后，做一个记号，以便丝束结头通过或其他原因使弧形杆位置走动时，便于恢复原状。

（2）如加工腈纶膨体条，热延伸部分的热板隔距不要太大，热板温度要稳定，吹风冷却要稳定，延伸辊压力要稳定。除了热板自动控温外，还应经常测量加热与冷却的丝束温度。

为了稳定后道膨体纱的缩率，每班要做一次缩率试验。

（3）三辊握持罗拉要注意不要绕毛，自动停车的微动开关不能失灵。有时，装上两块绒板也有效果。

（4）变长装置使用得好，可使产品的长度分布稍接近精梳羊毛条，离散系数达到31%，但条干变坏。所以，变长装置的使用与否，要看纺纱情况而定。如果在头道针梳机上附有自调匀整装置，能对条干加以补救，并且纺纱车间要求纤维长度能有较大的离散程度，那就要设法用好变长装置。如果纺纱无大困难，那就可以不使用变长装置。

（5）刀辊的安装，要尽量使每一条刀口对光辊压力一致。校验时，可将白纸通过切割区，通过时微加压力（$5 \times 10^5$Pa或5～8kgf/cm²表压力），使全部螺纹印在纸上。如印纹深浅不一，就说明两条轴线不在同一平面，可调整刀辊一端的偏心轴套的位置，即刀辊的一端法兰位置，直至印纹深浅一致。

（6）油压系统故障主要是顶针松紧不当，使得压力加不上，或松不掉，还有油塞漏油，可将密封环换新，或在活塞凹槽中填入一二层制图纸。另外，调整高压区压力时，低压区的分路阀一定要关闭，以免损坏低压区的压力表。

油泵一般可用13号汽缸油。

为避免压力过大，损伤机件，各区压力控制在表5-5-8所示的范围之内。

**表5-5-8　压力控制范围**

| 项　目 | 前罗拉 | 刀辊 | 延伸辊 |
|---|---|---|---|
| 表示压力（$10^5$Pa或kgf/cm²） | 8～12 | 35～40 | 18～20 |
| 总压力（10N或kgf） | 318～380 | 1978～2260 | 1017～1130 |
| 安全阀表示压力（$10^5$Pa或kgf/cm²） | 15 | 45 | 25 |
| 总压力（10N或kgf） | 477 | 2543 | 1413 |

遇到较长时间的停车，要松掉压力。

（7）及时清除飞毛，每班至少清扫一次。

# 第二节　BR211型多区拉断直接制条机

## 一、主要技术特征（表5-5-9）

表5-5-9　BR211型多区拉断直接制条机的主要技术特征

| 项　目 | 技　术　特　征 |
|---|---|
| 适用原料 | 经抗静电处理后的3.33~6.66dtex（3~6旦）的腈纶长丝束。最大喂入量为99万~132万分特（90万~120万旦） |
| 出条单位重量（g/m） | 12~20 |
| 出条速度（m/min） | 80~100 |
| 喂入形式 | 丝束从机台前方的丝束箱向上引出，经悬吊架空式丝束架向机后牵引，再经立式导丝架控幅，喂入机内 |
| 出条形式 | 腈纶条经卷曲处理后导入回转条筒。条筒尺寸φ600mm×900mm |
| 热板规格 | 长600mm，宽420mm，上下各一块。电热总功率9.6kW，附有自调控温装置 |
| 冷却设备 | 在热板与前延伸辊间的下方有吹风装置。主罗拉及前后再割罗拉的下罗拉（共6根）均可通水内冷 |
| 自停装置 | 有丝束打结自停、门罩开启自停、液压加压辊超压或失压自停、出条定长自停等 |
| 电动机 | 主电动机为JZT-72-4型，30kW，附有ZLK-1型转差离合控制器，配JO$_3$-180M-4T2电动机，400~1200r/min |
| 电动机型号和功率 | 风冷：FW12-2Y型，0.75kW，2860r/min |
| | 吸尘：JO$_3$-8O2-2（T$_2$）型，1.5kW，2860r/min |
| | 液压泵：JO$_3$-4（T2）型，1.5kW，1460r/min |
| 机台占地 | 长5902mm，宽1375mm |

## 二、各组罗拉规格（表5-5-10）

表5-5-10　BR211型多区拉断直接制条机罗拉规格　　　　　单位：mm

| 名　称 | 上 | 下 | 配置形式 |
|---|---|---|---|
| 喂给辊 | φ150×350，弹性包覆 | φ100×360，金属光面 | 上下 |
| 后延伸辊 | φ200×350，弹性包覆 | 2×φ100×360，金属光面 | 品字式 |
| 前延伸辊 | φ200×350，弹性包覆 | 2×φ100×360，金属光面 | 品字式 |
| 预拉辊 | φ200×350，弹性包覆 | 2×φ100×360，金属光面 | 品字式 |
| 主拉罗拉 | φ200×350，弹性包覆 | 2×φ100×360，金属沟槽 | 品字式 |

续表

| 名　称 | 上 | 下 | 配置形式 |
|---|---|---|---|
| 后再割罗拉 | $\phi 150 \times 270$，弹性包覆 | $2 \times \phi 70 \times 280$，金属沟槽 | 品字式 |
| 前再割罗拉 | $\phi 150 \times 270$，弹性包覆 | $2 \times \phi 70 \times 280$，金属沟槽 | 品字式 |
| 卷曲罗拉 | $\phi 100 \times 30$，金属光面 | $\phi 100 \times 30$，金属光面 | 上下 |

## 三、各组罗拉加压方式及最大加压值（表5-5-11）

表5-5-11　BR211型多区拉断直接制条机的罗拉加压方式和最大加压值

| 名　称 | 加压方式 | 最大压力<br>（10N或kgf） | 备注 |
|---|---|---|---|
| 喂给辊 | 液压泵 | $550 \times 2$ | 单位压力相同，合用一只压力表 |
| 后延伸辊 | 液压泵 | $1100 \times 2$ | |
| 前延伸辊 | 液压泵 | $1100 \times 2$ | |
| 预拉辊 | 液压泵 | $1400 \times 2$ | 单独压力表 |
| 主拉罗拉 | 液压泵 | $2200 \times 2$ | 单独压力表 |
| 后再割罗拉 | 液压泵 | $750 \times 2$ | 单位压力相同，合用一只压力表 |
| 前再割罗拉 | 液压泵 | $750 \times 2$ | |
| 卷曲罗拉 | 弹簧 | | 可调弹簧 |

## 四、各工作区隔距及牵伸范围（表5-5-12）

表5-5-12　BR211型多区拉断直接制条机隔距及牵伸范围

| 名　称 | 隔距（mm） | 牵伸倍数 |
|---|---|---|
| 喂给区（喂给辊~后延伸辊） | 400（中心距） | 1.02 |
| 热延伸区（后延伸辊~前延伸辊） | 1500（中心距） | $1.12 \sim 1.40$ |
| 预拉区（前延伸辊~预拉罗拉） | 1200（中心距） | $1.04 \sim 1.53$ |
| 主拉区（预拉罗拉~主拉罗拉） | 800（中心距） | $1.32 \sim 2.93$ |
| 后再割区（主拉罗拉~后再割罗拉） | 有效啮合距160（中心距约227） | $1.31 \sim 1.67$ |
| 前再割区（后再割罗拉~前再割罗拉） | 有效啮合距105~140（中心距160~195） | $1.31 \sim 1.67$ |
| 卷曲区（前再割罗拉~卷曲罗拉） | 420~385（水平中心距） | $1.02 \sim 1.46$ |

## 五、传动（图5-5-3）及工艺计算

$$喂给区延伸倍数 = \frac{51}{50} = 1.02$$

$$热延伸区延伸倍数 = \frac{Z_A}{25}$$

热延伸倍数见表5-5-13。

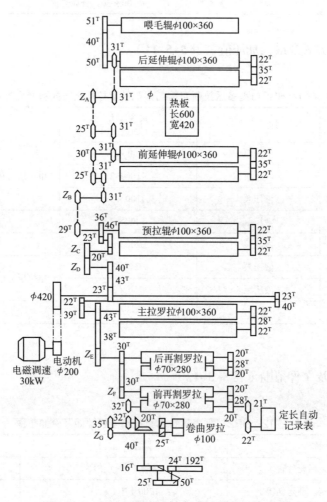

图5-5-3　BR211型多区拉断直接制条机传动图

表5-5-13　热延区延伸倍数

| $Z_A$ | 28$^T$ | 29$^T$ | 30$^T$ | 31$^T$ | 32$^T$ | 33$^T$ | 34$^T$ | 35$^T$ |
|---|---|---|---|---|---|---|---|---|
| 热延伸倍数 | 1.12 | 1.16 | 1.20 | 1.24 | 1.28 | 1.32 | 1.36 | 1.40 |

$$预拉区延伸倍数 = \frac{30 \times Z_B}{25 \times 29} = 0.0414 \times Z_B$$

预拉区延伸倍数见表5-5-14。

表5-5-14 预拉区延伸倍数

| $Z_B$ | $25^T$ | $26^T$ | $27^T$ | $29^T$ | $31^T$ | $33^T$ | $35^T$ | $37^T$ |
|---|---|---|---|---|---|---|---|---|
| 预拉倍数 | 1.035 | 1.076 | 1.118 | 1.200 | 1.283 | 1.366 | 1.449 | 1.531 |

$$主拉区延伸倍数 = \frac{36 \times 46 \times Z_C \times 40 \times 23 \times 22}{23 \times 20 \times Z_D \times 23 \times 40 \times 39} = 2.03 \times \frac{Z_C}{Z_D}$$

主拉区延伸倍数见表5-5-15。

表5-5-15 主拉区延伸倍数

| $Z_C/Z_D$ | $26^T/40^T$ | $27^T/39^T$ | $28^T/38^T$ | $29^T/37^T$ | $30^T/36^T$ | $31^T/35^T$ | $32^T/34^T$ |
|---|---|---|---|---|---|---|---|
| 主拉倍数 | 1.32 | 1.40 | 1.49 | 1.59 | 1.69 | 1.80 | 1.91 |
| $Z_C/Z_D$ | $33^T/33^T$ | $34^T/32^T$ | $35^T/31^T$ | $36^T/30^T$ | $37^T/29^T$ | $38^T/28^T$ | $39^T/27^T$ |
| 主拉倍数 | 2.03 | 2.16 | 2.29 | 2.44 | 2.59 | 2.76 | 2.93 |

$$后再割区牵伸倍数 = \frac{43 \times 70}{Z_E \times 100} = \frac{30.1}{Z_E}$$

$$前再割区牵伸倍数 = \frac{30}{Z_F}$$

前后再割区牵伸倍数见表5-5-16。

表5-5-16 前后再割区牵伸倍数

| $Z_E$或$Z_F$ | $18^T$ | $19^T$ | $20^T$ | $21^T$ | $22^T$ | $23^T$ |
|---|---|---|---|---|---|---|
| 前后再割牵伸倍数 | 1.67 | 1.58 | 1.50 | 1.43 | 1.37 | 1.31 |

$$卷曲区张力牵伸倍数 = \frac{100 \times 35}{70 \times Z_G} = \frac{50}{Z_G}$$

卷曲区张力牵伸倍数见表5-5-17。

表5-5-17 张力牵伸倍数

| $Z_G$ | $47^T$ | $48^T$ | $49^T$ |
|---|---|---|---|
| 卷曲张力牵伸 | 1.064 | 1.042 | 1.024 |

$$生产量[kg/（台·h）] = \frac{出条速度(m/min) \times 出条单位重量(g/m)}{1000} \times 效率$$

$$出条速度（m/min）= 卷曲罗拉转速（r/min）\times 0.314$$

卷曲罗拉转速要实测，因为电动机转速是可调节的（范围在400～1200r/mm）。

## 六、牵切腈纶丝束工艺（图5-5-4）

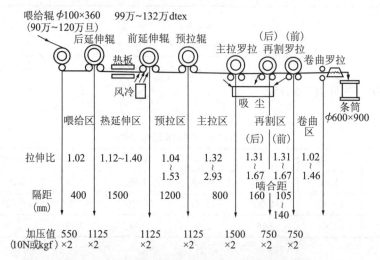

**图5-5-4　BR211型直接制条机工艺示意图**

## 七、纤维缩率

纤维经拉断后为高缩条。腈纶条的缩率为17%～21%。条子中的纤维束的缩率为23%～24%。如需膨体条，则部分条子需经汽蒸回缩。

拉断后的条子，可再经B423型针梳机、BR221型双胶圈牵伸并条机、B305型针梳机（共三道）梳理成条，供纺纱使用。

# 第三节　BR251型腈纶中长纤维再割机

本机通过双区拉断形式将毛型长度化学纤维条拉断成51～76mm长度的中长纤维。

1. **喂入形式**

6根×2条筒喂入（φ600×900mm条筒）；6只×2毛球喂入（φ450×380mm毛球）。

2. **最大喂入量**

120g/m×2。

3. **加压形式**

液压加压。

4. **出条单位重量**

3～5g/m。

5. **出条速度**

150m/min、180m/min、200m/min。

**6. 输出条筒规格**

$\phi 400 \times 900mm$双筒输出。

**7. 各组罗拉规格(mm)**

（1）后、中、前牵伸罗拉：上$\phi 120 \times 360$胶辊，下$\phi 70 \times 370$金属罗拉。

（2）后再割罗拉：上$\phi 120 \times 295$胶辊，下一、下二$\phi 50 \times 310$金属罗拉，品字形。

（3）中再割罗拉：上$\phi 120 \times 295$胶辊，下一$\phi 50 \times 310$、下二$\phi 36 \times 310$金属罗拉，品字形。

（4）前再割罗拉：上$\phi 120 \times 295$胶辊，下一$\phi 36 \times 310$、下二$\phi 50 \times 310$金属罗拉，品字形。

**8. 外形尺寸**

$4063mm \times 2330mm \times 1540mm$。

**9. 电动机**

$JDO_3$–160SB–8/4，5.5/10kW，1台；$JDO_3$–90S–8/4，0.55/1.1kW，1台；A1–7132（$D_2$），0.75kW，1台；A1–5634（$D_2$），0.18kW，1台。

# 第六篇　精梳毛纺

精梳毛纺又称作毛精纺。精梳毛纺加工体系包括毛条制造和纺纱两部分：原料经开松、除杂、梳理、合并，精梳、牵伸、加捻而成纱线。根据适纺范围的不同，分为英式和法式两种精纺系统。英式精纺系统适于加工毛丛长度大于65mm，卷曲少、直径较粗的羊毛；工序为：净毛经和毛、梳毛、复洗、针梳、成球，圆型精梳和针梳加工成油毛条，再经纺纱工程纺成细纱。法式精纺系统适于加工毛丛长度不短于55mm，卷曲较多、直径较细的羊毛；工序为：净毛经和毛、梳毛、理条针梳，直型经梳，整条针梳等加工成干毛条；毛条经条染复精梳前纺和后纺工程纺成本色或染色纱线。根据毛纺原料的情况，目前各国基本采用法式系统。

# 第一章　精梳毛纺前纺准备

精梳毛纺前纺准备又称条染复精梳工程。精梳毛纺前纺的预备工序在生产条染产品时使用。基本工艺流程为松球、装筒、毛条染色、脱水、复洗、前三道针梳、复精梳、后三道针梳，目的是使条染产品的色泽均匀、色彩丰富、织纹清晰、呢面光洁。生产高支光洁轻薄匹染产品时也可单独采用复精梳工艺，即复洗、前三道针梳、复精梳、后三道针梳。复精梳工艺主要用于生产要求高的本白复精梳条。

复精梳是精梳毛纺前纺准备的工序之一，将本色或染色的精梳条再次进行精梳的加工工序。条染复洗后的色条，纤维容易结并、紊乱、产生纠缠，形成毛粒、毛块疵点，必须经第二次精梳来去除。

## 第一节　混条方法

不同纤维或不同色泽的条子的混和，要在复精梳之前完成。这样，复精梳时就能使条子中的纤维混和均匀，再经过复精梳以后的两三次并合，就可使纤维混和充分，条干均匀。常用的混条方法有以下几种。

### 一、混条方法之一

（1）先将各种原料的混和比例折算成两位数字的百分数，再按个位数的百分数从各种原料中提出一小部分，凑成占总数10%的原料。例如，规定A种原料52%，B种原料34%，C种原料14%，则分别提取2%、4%、4%，凑成10%，剩下的则是占总数90%的原料。

（2）将10%的原料混成20g/m的条子。

（3）将90%的原料，分别自混一次，做成也是20g/m的条子。这次自混可加油，也可消除染色的色差。

（4）10根条子混和，其中9根是各种原料按规定百分数十位数作为进条根数，凑成9根，另1根就是那批已经混过一次的、占总量10%的条子。

（5）继续在针梳机上混和，并将第二步和第四步可能产生的小量尾数搭入。

如果使用LB331型复洗机，并且允许调牵伸，则第二、第三步也可在复洗机上进行。

如果批量较大（几吨），混和比例简单，也可不做成固定重量（20g/m），而是按比例做单重，如55%与45%涤毛条，可分别做成22g/m与18g/m的单量。各以相同根数（例如各为5根），进行混和。

## 二、混条方法之二

（1）将全部原料按规定的比例及条子单重安排喂入根数，进行第一次混和。到其中一种原料做完时，将已混的和未混的（即剩余部分）分别称重，并分别计算其长度。设已混的总长为$L_1$。

（2）将剩余部分重新计算并合数，主要考虑能使它们同时做完混条。再重新计算牵伸和出条单重，使做出小条的总长度$L_2$能在第二次混和时正好搭配用完，也就是使$L_1$成为$L_2$的整数倍（5～9倍）。

（3）总长为$L_1$的几种原料混和的条子与总长为$L_2$的$n-1$种原料的小条混和，即第二次混和，小条进条为1根。按原来的计算，应该同时做完。但实际上可能有三种情况：第一种情况是小条有多余，则以第二次混和的出条为进条，搭完小条（另外放置）；第二种情况是小条不足，则将未混小条的条子另外放置；第三种情况是大小条相差不远，则可互相弥补，也另外放置。

（4）进行第三次混和，并将上述另外放置的条子拉长后搭入。第二次混和做小条时如有剩余条子，也拉长后在这时搭入。第三次混和所搭入的条子，可不必精确计算，也不一定要准确地同时做完。因为数量比重已经很小，大致估算一下即可。

## 三、混条方法之三

（1）数量较小的批，按事先计算好的比例安排喂入根数。接近了批时，如果太长和太短的条子颜色相近，纤维相同，可以截长补短，否则要以出条作进条以补太短的条子（也就是"补短"）。用这种方法将第一次混和做完。每次经"补短"以后出来的毛球，用不同的记号纸分开。这是条子的初步混和，即拼毛。初步混和全部结束，开始进行第二道（或者称"自混"），将经过"补短"的毛团搭配并入。

（2）数量较大的批，就要将大批分成三四个小批，第一个小批按照最短的条子了批进入下一道自混，剩下的毛并入第二个小批；第二个小批的自混和比例略加调整。如此进行至最后一批。多余的尾巴混和拉长，在进入第二道时（自混），并入最后一批。这几个小批都在精梳及条筒针梳成球以后，再分别在针梳机上按多批总重的比例校正其单位重量，末道针梳时将这几批混和一次。混和后如仍有少量尾巴，可拉长后到纺纱车间搭配使用。

在采用以上几种方法混条时，需注意以下几点。

（1）混和比例特别小，进条不足1根时，要先与别的条子混和针梳一次，以提高其混和比例。

（2）实际生产中，混条任务和车间设备情况各厂都不尽相同，所以混条工艺的安排当视实际情况灵活运用。以上第一种方法较简单明了，不易弄错；第三种方法较仔细，适合于混和要求较高的产品。

# 第二节 条染复精梳工艺

## 一、传统条染复精梳的工艺流程

### （一）工艺流程的确定原则

（1）多色号品种的混合次数大于单色号品种的混合次数。

（2）混纺品种的混合次数应多于纯纺或化学纤维混合比例较小品种的混合次数。

（3）性质差异较大的混纺品种的混合次数应多于性质差异较小的混纺品种的混合次数。

### （二）传统条染复精梳的工艺流程及适应品种

传统的条染复精梳工艺流程，是国产58型和68型毛条制造针梳机及毛精梳机配置成线而形成的工艺流程。传统条染复精梳工艺流程由于设备性能的局限，其特点是车速低，针板打击次数少，牵伸倍数低，质量稳定性差。传统条染复精梳工艺流程见表6-1-1。

表6-1-1 条染复精梳工艺流程

| 序号 | 使用机器 | | 品种 | | | | | | |
| --- | --- | --- | --- | --- | --- | --- | --- | --- | --- |
| | 名称 | 型号 | 纯毛、纯黏胶纤维、毛/黏（黏胶纤维含量在30%以下） | | 毛/涤，毛/涤/黏，毛和黏胶纤维（黏胶纤维含量在30%以上） | 涤/黏 | 纯涤纶 | | 涤/腈 |
| | | | 混色 | 单色 | | | 混色 | 单色 | |
| 1 | 松毛团机 | | √ | √ | √ | √ | √ | √ | √ |
| 2 | 毛球染色机 | N461、N462或GR201、GR201A | √ | | √ | √ | √ | √ | √ |
| 3 | 脱水机 | Z751 | √ | √ | √ | √ | √ | √ | √ |
| 4 | 复洗机 | LB331或LB334 | √ | √ | √ | √ | √ | √ | √ |
| 5 | 混条机 | B412 | √ | √ | √ | √ | √ | √ | √ |
| 6 | 混条机 | B412 | √ | | √ | √ | √ | √ | √ |
| 7 | 针梳机 | B305A | | | | | √ | | √ |
| 8 | 针梳机 | B305 | | | | | √ | | √ |
| 9 | 针梳机 | B304 | | | | | √ | | √ |
| 10 | 精梳机 | B311C或B311D | √ | √ | √ | √ | √ | √ | √ |
| 11 | 针梳机 | B305 | √ | √ | √ | √ | √ | √ | √ |
| 12 | 针梳机 | B305 | √ | √ | √ | √ | √ | √ | √ |
| 13 | 针梳机 | B306 | √ | √ | √ | √ | √ | √ | √ |

## 二、现代条染复精梳工程技术

### （一）现代条染复精梳工程技术特征

现代条染复精梳工程的生成，是由20世纪后期生产的新设备，或进口设备单独配置成线，或由国产设备单独配置成线，或由进口、国产设备混搭配置成线。他们的共同点都是在新设备上采用了电子计算机技术、传感技术及变频调速技术等高科技技术与条染复精梳工程新的生产工艺相结合，使条染复精梳工程实现高速度、高自动化、高产量及高质量水平；使精梳毛纺的新产品不断出现，从而形成条染复精梳工程技术四高一新的新局面。

现代条染复精梳工程在产品生产中，使用低温染色工艺技术，注重节能减排，注重环境保护，从而实现生产安全、环保、清洁的产品。

### （二）现代条染复精梳的工艺流程及适用品种

现代条染复精梳工程的工艺流程与传统条染复精梳工程的工艺流程相同。基本上保持精梳机前三道针梳，精梳机后保持三道针梳。无论是天然纤维还是化学纤维，只要是单色纯纺产品，精梳机前可省一道针梳，保证两道针梳加工。

现代条染复精梳工程的工艺流程，不仅适应传统条染复精梳所能加工的品种，同时也适应天然纤维细而短的品种和超细化学纤维及超微细化学纤维品种。现代条染复精梳工程的加工能力、适应品种更广泛，这正是现代条染复精梳工程比传统条染复精梳工程技术进步之处。表6-1-2列出了现代条染复精梳的工艺道数及适用品种。

表6-1-2　现代条染复精梳的工艺道数及适用品种

| 使用设备 | | | 品种 | | | | | | | |
|---|---|---|---|---|---|---|---|---|---|---|
| 设备配置 | 型号 | 设备名称 | 80公支以上细而短的羊毛纯纺及混纺 | | 特种动物纤维中的山羊绒、兔毛、桑蚕丝纯纺及混纺 | | 细度小于0.5dtex的超细度化纤短纤维的纯纺及混纺 | | 细度低于0.1dtex的超微细化纤短纤维的纯纺及混纺 | |
| | | | 混色 | 单色 | 混色 | 单色 | 混色 | 单色 | 混色 | 单色 |
| 由进口设备配置成线 | D3GC30 | 去毡机 | √ | √ | √ | √ | √ | √ | √ | √ |
| | GC30 | 混条机 | √ | — | √ | — | √ | — | √ | — |
| | GC30 | 头道针梳 | √ | √ | √ | √ | √ | √ | √ | √ |
| | PB3ZLF | 毛精梳机 | √ | √ | √ | √ | √ | √ | √ | √ |
| | GC30 | 针梳机 | √ | √ | √ | √ | √ | √ | √ | √ |
| | GC30 | 针梳机 | √ | √ | √ | √ | √ | √ | √ | √ |
| | GC30 | 针梳机 | √ | √ | √ | √ | √ | √ | √ | √ |

续表

| 使用设备 | | | 品种 | | | | | | | |
|---|---|---|---|---|---|---|---|---|---|---|
| 设备配置 | 型号 | 设备名称 | 80公支以上细而短的羊毛纯纺及混纺 | | 特种动物纤维中的山羊绒、兔毛、桑蚕丝纯纺及混纺 | | 细度小于0.5dtex的超细度化纤短纤维的纯纺及混纺 | | 细度低于0.1dtex的超微细化纤短纤维的纯纺及混纺 | |
| | | | 混色 | 单色 | 混色 | 单色 | 混色 | 单色 | 混色 | 单色 |
| 由进口设备、国产设备混搭配置成线 | FD302 | 针梳机 | √ | √ | √ | √ | √ | √ | √ | √ |
| | FD304 | 针梳机 | √ | √ | √ | — | √ | √ | √ | √ |
| | FD304 | 针梳机 | √ | √ | √ | √ | √ | √ | √ | √ |
| | PB33 | 毛精梳机 | √ | √ | √ | √ | √ | √ | √ | √ |
| | FD302 | 针梳机 | √ | √ | √ | √ | √ | √ | √ | √ |
| | FD302 | 针梳机 | √ | √ | √ | √ | √ | √ | √ | √ |
| | FD304 | 针梳机 | √ | √ | √ | √ | √ | √ | √ | √ |
| 由国产设备配置成线 | FD302 | 针梳机 | √ | √ | √ | √ | √ | √ | √ | √ |
| | FD304 | 针梳机 | √ | √ | √ | √ | √ | √ | √ | √ |
| | FD304 | 针梳机 | √ | √ | √ | √ | √ | √ | √ | √ |
| | FD251 | 毛精梳机 | √ | √ | √ | √ | √ | √ | √ | √ |
| | FD302 | 针梳机 | √ | √ | √ | √ | √ | √ | √ | √ |
| | FD302 | 针梳机 | √ | √ | √ | √ | √ | √ | √ | √ |
| | FD304 | 针梳机 | √ | √ | √ | √ | √ | √ | √ | √ |

## 三、条染复精梳染色后的毛条含油率、回潮率及温湿度的控制（表6-1-3）

表6-1-3　染色后的毛条含油率、回潮率及温湿度控制

| 项　目 | 含油率（%） | 回潮率（%） | 温度（℃） | 相对湿度（%） | 季节 |
|---|---|---|---|---|---|
| 全毛 | 0.6~1.2 | 18±2 | 最高30~33 | 70~75 | 夏季 |
| 化学纤维 | 0.2~0.4 | 黏条 13±2<br>涤条 2<br>锦条 2~6 | 最低20~22 | 70~75 | 冬季 |

## 四、现代复精梳设备的规格、主要技术特征及工艺计算（表6-1-4、表6-1-5）

表6-1-4　进口针梳机规格及主要技术特征

| 项　目 | GC30型去毡机 | GC30型混条机 | GC30型头针 | GC30型二针 | GC30型末针 |
|---|---|---|---|---|---|
| 喂入形式 | 球式条筒 | 条筒 | 条筒 | 条筒 | 条筒 |
| 出条形式 | 筒出 | 筒出 | 双筒出 | 筒出 | 筒出 |
| 预牵伸皮辊直径（mm） | 160 | — | — | — | — |
| 梳针规格 | 4# | 5# | 5# | 5# | 6# |
| 牵伸罗拉规格（mm） | φ30/67.5 | φ30/67.5 | — | — | — |
| 加和毛油方式 | 气动 | 气动 | — | 气动 | — |

续表

| 项　目 | GC30型去毡机 | GC30型混条机 | GC30型头针 | GC30型二针 | GC30型末针 |
|---|---|---|---|---|---|
| 自调匀整方式 | — | — | — | — | 电子 |
| 出条自停方式 | 电子 | 电子 | 电子 | 电子 | 电子 |
| 定长自停方式 | 自动换筒 | 自动换筒 | 自动换筒 | 自动换筒 | 自动换筒 |
| 外形尺寸（mm）长×宽×高 | 9500×1080×1820 | 9500×1080×1820 | 9500×1080×1820 | 9500×1080×1820 | 9500×1080×1820 |

表6-1-5　进口精梳机规格及主要技术特征

| 机型　项　目 | ERA型 | PB32型 |
|---|---|---|
| 适用原料 | 纯毛、毛混纺 | 纯毛、毛混纺 |
| 喂入方式 | 台式条筒喂入架 | 台式条筒喂入架 |
| 给进盒内宽 | 450mm | 450mm |
| 顶梳长度 | 510mm | 470mm |
| 圆梳 | 整圆式 | 半圆式 |
| 新圆刷直径（mm） | 圆桶式160 | 两个半圆式合成160 |
| 道夫直径（mm） | 120 | 120 |
| 圆毛刷给进 | 自动 | 手动 |
| 顶梳针条长（mm） | 510 | 510 |
| 圆梳针条长（mm） | 510 | 510 |
| 拔取罗拉直径（mm） | $\phi25/28$或$\phi28/28$ | $\phi25/28$或$\phi28/28$ |
| 皮板规格（mm） | 580×560×3.5 | 580×540×3.5 |
| 外形尺寸（长×宽×高）（mm） | 2520×1550×1750 | 2520×1550×1750 |
| 电动机 | 主电动机：4kW，吸风电动机：2.2kW 喂入带减速器电动机：0.18kW 毛网搭接减速器电动机：1.5kW 出条带减速器电动机：0.25kW | 主电动机：5.5kW 吸风电动机：2.2kW |

## 五、条染复精梳毛条的质量控制

### （一）条染复精梳毛条的质量指标

由于条染复精梳产品种类众多，目前我国尚无统一的质量标准，各企业的质量标准及考核项目略有差异，但各厂家都制定了本工序内部质量指标，大多数厂家制定的考核项目和指标见表6-1-6。

表6-1-6　条染复精梳毛条质量指标

| 项　目 | | 一　等 | 二　等 | 等　外 |
|---|---|---|---|---|
| 毛粒（只/g） | 纯毛、毛混纺 | 3.0 | 4.0 | >4.0 |
| | 纯化学纤维、化学纤维混纺 | 4.0 | 4.5 | >4.5 |
| 毛片（只/g） | | 不允许 | 不允许 | 不允许 |
| 重量不匀率（%） | | <3.5 | 3.5~4.5 | >4.5 |

续表

| 项　目 | | 一　等 | 二　等 | 等　外 |
|---|---|---|---|---|
| 染色指标 | 浮色（级） | 4 | 4~5 | >5 |
| | 摩擦牢度（级） | 4 | 4~5 | >5 |
| | 本身色差（级） | 4 | 4~5 | >5 |
| | 混合色差（级） | 4 | 4~5 | >5 |

## （二）提高条染复精梳毛条质量的技术措施

### 1. 条染工序

由于各种纤维的染色性能不同，要根据原料情况、产品的染色牢度和色差质量要求选择合适的染料和助剂，制订科学合理的染色工艺。

### 2. 复洗工序

根据原料情况加入适量油剂或防静电剂，在复洗中把浮色去除。同时控制好复洗纤维条的含油率和回潮率，使复洗出来的纤维条手感松滑，便于后工序的生产加工。

### 3. 复精梳工序

复洗后的纤维条易发生结并、发涩现象。在精梳机上可采取轻定量、低车速工艺措施。一般喂入量可比正常时减轻20%~30%，在针梳机上，除减轻喂入量外，还要减小加压、放大隔距、减小针板的针密度，牵伸值也应随之减小。

# 第二章　前纺

## 第一节　前纺工程的加工系统及其工艺流程

精梳毛纺使用的天然纤维羊毛，其长度与细度存在着一定的关系，羊毛是负相关，即较长的纤维其细度较粗（棉纤维是正相关，较长的纤维其细度较细）。正是由于这一相关关系，决定了羊毛纤维粗而长的纤维和细而短的纤维，必然适用于不同的产品，也决定了在其加工过程中要选用不同的设备，从而使前纺工程系统按传统习惯，分为英式精纺系统和法式精纺系统两大类。近年来，国内外前纺设备多为混合式。

### 一、英式前纺工艺流程

英式工艺适用于加工细度较粗、长度较长的纤维。由于此种纤维卷曲度小，纤维间抱合力弱，粗纱要加一定的真捻，以增加对纤维的控制，从而增加其强力。英式工艺多用于生产绒线、长毛绒纱及工业用呢纱线。

英式前纺加工道数一般为5~8道。表6-2-1为英式前纺设备。

表6-2-1　英式前纺设备

| 顺　序 | 机　器　名　称 | 顺　序 | 机　器　名　称 |
|---|---|---|---|
| 1 | 条筒针梳机 | 3 | 2~3道练条机 |
| 2 | 双锭针梳机 | 4 | 1~3道翼锭粗纱机 |

### 二、法式前纺工艺流程

法式工艺适用于加工细度较细、长度较短的纤维。由于此种纤维卷曲度大，纤维间抱合力大，粗纱不加真捻而采用假捻和搓捻。法式工艺多用于生产高支精梳毛纱及针织用纱。

法式前纺的加工道数一般为6~7道。表6-2-2为国产58型前纺设备。

表6-2-2　国产58型前纺设备

| 顺序 | 机器名称 | 头数×球数 | 控制纤维方式 | 加捻方式 | 出条速度（m/min） | 顺序 | 机器名称 | 头数×球数 | 控制纤维方式 | 加捻方式 | 出条速度（m/min） |
|---|---|---|---|---|---|---|---|---|---|---|---|
| 1 | B411型混条机 | 3×1 | 交叉针板 | 假捻 | 27~31 | 5 | B451型粗纱机 | 3×6 | 开式针板 | 搓捻 | 21~40 |
| 2 | B421型针梳机 | 4×4 | 交叉针板 | 假捻 | 20~35 | 6 | B451A型粗纱机 | 5×10 | 开式针板 | 搓捻 | 21~30 |
| 3 | B431型针梳机 | 4×8 | 交叉针板 | 假捻 | 20~35 | 7 | B461型粗纱机 | 10×20 | 针筒 | 搓捻 | 20~27 |
| 4 | B421A型针梳机 | 4×4 | 交叉针板 | 假捻 | 20~35 | | | | | | |

### 三、混合式工艺流程

混合式的技术特征是，前纺针梳设备使用法式的交叉式或开式针梳机，但工艺道数上采用英式的精梳毛纺工艺系统。

我国在1968年定型的精纺设备即属于混合式，适用于细度为58~70公支，长度为50~200mm的羊毛和细度为3.3~5.5dtex（3~5旦），长度为70~130mm的化学纤维。末道粗纱加弱捻。在生产高支精纺毛纱时前纺为5道，生产绒线、针织纱时前纺用3~4道。表6-2-3所示为国产68型前纺设备。

表6-2-3　国产68型前纺设备

| 顺序 | 机器名称 | 头数×筒数×球数 | 控制纤维方式 | 出条速度（m/min） | 顺序 | 机器名称 | 头数×筒数×球数 | 控制纤维方式 | 出条速度（m/min） |
|---|---|---|---|---|---|---|---|---|---|
| 1 | B412型混条机 | 2×1×1或2×2×2 | 交叉针板 | 50~80 | 4 | B442型三道针梳机 | 1×2×4 | 交叉针板 | 60~100 |
| 2 | B423型头道针梳机（带自调匀整） | 1×1×1 | 交叉针板 | 60~100 | 5 | B452型四道针梳机 | 4、6或8头，每头四根入两筒 | 开式针板 | 30~80 |
| 3 | B432型二道针梳机 | 1×2×2 | 交叉针板 | 60~100 | 6 | B463型铁炮粗纱机 | 60或84锭 | 三罗拉双皮圈 | 锭速450~850（r/min） |

上述各系统采用的设备和工艺道数，随加工原料的性质和产品的质量要求而增减。

# 第二节　前纺设备的主要技术特征

## 一、国产68型针梳机和高速链条针梳机的技术特征（表6-2-4~表6-2-7）

表6-2-4　国产68型混条机的技术特征

| 项　目 | B412型 | B413型 |
|---|---|---|
| 喂入方式 | 双排双层卧式纵列退卷 | 双排双层卧式纵列退卷 |
| 并合根数 | 10×2 | 10×2 |
| 每头最大喂入重量（g/m） | 300 | 300 |
| 针板传动方式 | 三线螺杆，三头打手 | 后区：三线螺杆，三头打手<br>前区：特殊链条传动针棒 |
| 工作螺杆导程（mm） | 27 | 后区螺杆：27<br>前区链条节距：9.525 |
| 针板数 | 88（扁针） | 后区：88<br>前区：上下各62根针棒 |
| 针板最高被击次数（次/min） | 1000 | 后区：1000<br>前区：2000~4000 |
| 牵伸形式 | 单区交叉针板牵伸 | 后区：交叉针板牵伸<br>前区：交叉链条针棒牵伸 |

续表

| 项　目 | B412型 | B413型 |
|---|---|---|
| 牵伸倍数 | 5~11 | 后区：3.5~7.5<br>前区：3.0~6.0 |
| 前罗拉出条速度（m/min） | 50~80 | 80~120 |
| 出条形式 | 双头双球，双头单球 | 双头单球 |
| 最大出条重量（g/m） | 30（双头双球），50（双头单球） | 15~30 |
| 加油方式 | 喷雾式 | 喷雾式 |

表6-2-5　国产68型前纺针梳机的主要技术特征

| 项　目 | B423型 | B432型 | B442型 | B452型 | B452A型 |
|---|---|---|---|---|---|
| 喂入方式 | $\phi$450×380毛球 | $\phi$600×900条筒 | $\phi$400×900条筒 | $\phi$400×900条筒 | $\phi$400×900条筒 |
| 最大并合根数 | 8×1头＝8 | 4×2头＝8 | 3×4头＝12 | 2 | 2 |
| 每头最大喂入重量（g/m） | 240 | 240 | 156 | 15 | 12 |
| 牵伸形式 | 单区交叉针板 | 单区交叉针板 | 单区交叉针板 | 单区开式针板 | 单区开式针板 |
| 牵伸范围（倍数） | 5~11 | 6~11 | 6~11 | 4.16~12.5 | 12.5~25 |
| 前罗拉出条速度（m/min） | 60~100 | 60~100 | 60~100 | 30~80 | 20~25 |
| 针板打击次数（次/min） | 800，1000 | 800，1000，1200 | 800，1000，1200 | 400~1170 | 570，640，735 |
| 最大出条重量(g/m) | 30 | 13 | 6 | 0.5~2 | 0.5~2 |
| 出条根数×筒数 | 1×1 | 2×2 | 4×2 | 4×2 | 4×2 |

表6-2-6　高速链条针梳机的主要技术特征

| 项　目 | | B424型 | B433型 | B443型 |
|---|---|---|---|---|
| 喂入方式 | | $\phi$450×380毛球 | $\phi$600×900条筒 | $\phi$600×900条筒 |
| 最大并合根数（根） | | 12×1头 | 6×2头 | 3×4头 |
| 每头最大喂入重量（g/m） | | 200 | 200 | 150 |
| 牵伸形式 | 后区 | 罗拉牵伸 | 罗拉牵伸 | 罗拉牵伸 |
| | 前区 | 链条针棒牵伸 | 链条针棒牵伸 | 链条针棒牵伸 |
| 牵伸范围 | 后区 | 1~2倍 | 1~2倍 | 1~2倍 |
| | 前区 | 5~9.33倍 | 5~9.33倍 | 5~9.33倍 |
| 前罗拉出条速度（m/min） | | 120~200 | 120~200 | 120~200 |
| 出条重量（g/m） | | 15~30 | 8~12 | 4~6 |
| 针棒打击次数（次/min） | | 2300~3250 | 2300~3250 | 2300~3250 |
| 出条根数×筒数 | | 1×1 | 2×2 | 4×2 |

表6-2-7　B463型、B465型、B471型、FB441型粗纱机的主要技术特征

| 项目 | 翼锭式有捻粗纱机 | | 双皮圈（针筒）式搓捻粗纱机 | |
|---|---|---|---|---|
| | B463型 | B465型 | B471型 | FB441型 |
| 喂入形式 | 条筒经导条辊喂入 | 条筒经导条辊喂入 | 条筒：$\phi 400 \times 900$ | 毛球：$\phi 180 \times 190$ |
| 每头最大喂入量(g/m) | — | — | 8~12 | — |
| 每头最大并合根数(根) | 1 | 1 | 2 | 3 |
| 最大出条重量（g/m） | 1.2~0.25 | 1.25~0.25 | 0.5~1.2 | 0.12~0.67 |
| 牵伸范围（倍） | 5~15 | 5~15 | 6~30 | 3.5~5.58 |
| 前上罗拉直径（mm） | 62 | 62 | 50 | 70 |
| 前下罗拉直径（mm） | 45 | 38 | 40, 25 | 23 |
| 中上罗拉直径（mm） | 25.5 | 42 | 30 | 25, 30 |
| 中下罗拉直径（mm） | 25.5 | 32 | 30 | 18, 30 |
| 后上罗拉直径（mm） | 48 | 62 | 50 | 55 |
| 后下罗拉直径（mm） | 38 | 38 | 40 | 40 |
| 电动机 | JFO$_2$-52-6, 5.5kW, 970r/min | JFO$_2$-52-6, 5.5kW, 960r/min | JFO$_2$-51B-4, 6.5kW, 1440r/min | y-1325-6, 3kW, 960r/min |

## 二、国产FB系列和FD系列毛纺针梳机的技术特征（表6-2-8）

表6-2-8　国产FB系列和FD系列毛纺针梳机的技术特征

| 项目 | FB系列 | | | FD系列 |
|---|---|---|---|---|
| | FB423型 | FB432型 | FB442型 | FD423型 |
| 喂入形式及数量 | 球 | — | — | $\phi 400 \times 900$ 条筒 |
| 喂入架形式 | 球 | 筒 | 筒 | |
| 牵伸倍数 | 4.78~11.63 | | | 3.0~74 |
| 出条形式及卷装尺寸（mm） | $\phi 600 \times 900$ | $2-\phi 400 \times 900$ | $2-\phi 400 \times 900$ | |
| 出条最大速度（m/min） | 110 | 110 | 110 | 45~50 |
| 前罗拉隔距（mm） | — | — | — | 20~70 |
| 针板植针幅度（mm） | 193 | 193 | 193 | |
| 针板植针密度（针/cm） | 13 | 16 | 16 | |
| 梳箱针板数量 | 99 | 122 | 144 | 116 |
| 自调匀整形式 | 有 | 无 | 无 | 机械式 |
| 工作螺杆直径×头数×螺距 | — | — | — | $78 \times 3 \times 7.2$ |
| 针板打击次数（次/min） | 1000~1600 | 1000~1600 | 1000~1600 | |
| 前罗拉规格（mm） | $\phi 62.5/\phi 30$ | — | — | — |
| 前皮辊规格（mm） | $\phi 90$ | | | |
| 主电动机功率（kW） | 3 | 3 | 3 | |
| 吸风机功率（kW） | 1.5 | 1.5 | 1.5 | |

### 三、精梳毛纺前纺工程中毛纺针梳机选择配置成线的原则

精梳毛纺是一个具有近200年历史的传统产业，在生产实践历史中，自然形成了精梳毛纺英式纺纱系统和法式纺纱系统。由于毛纺天然纤维改性技术的普及和超细化学纤维的生产使用，特别是设备技术的进步，形成了现代精梳毛纺技术的氛围，从而使精梳毛纺英式纺纱系统被精梳毛纺混合式纺纱系统取代。在现代精梳毛纺技术生态环境中，要重视这一客观规律。在加工生产纤维细而短的原料时，要选择精梳毛纺法式纺纱系统的设备配置成线，以满足精纺高支纱和针织纱的质量要求和风格的体现。在生产加工纤维粗而长的原料时，要选择精梳毛纺混合式纺纱系统，以满足产品的质量要求和风格的体现。国产68型设备和链条高速针梳机分别是20世纪60~70年代的定型设备，其特点适用于加工传统的精梳毛纺织物。FB系列和FD系列是20世纪90年代末生产的新型设备，其特点更适用于生产加工80公支以上的羊毛、山羊绒、蚕丝短纤维及超细化学纤维产品，其另一个优点是两个系列能够混搭配置成线。在设备选择时建议以表6-2-9中流程配置为参考。

表6-2-9　各型毛纺针梳机配置英、法两式系统参考

| 项　　　目 | | 国产68型毛纺针梳机 | 链条式高速针梳机 | FB系列、FD系列针梳机 |
|---|---|---|---|---|
| 毛丛长度不小于55mm，卷曲较多 | 法式系统 | 精纺高支纱、针织纱<br><br>B412→B423→B432→<br>B442→B452→FB441<br>→FB441 | 粗中支毛纱、羊毛混纺<br><br>B413→B424→B433→<br>B446→B471→B471 | 1. 粗中支羊毛纱、毛混纺纱<br>B413 →FB423 →FBR432<br>→FB442→B452A →B471<br>2. 羊绒纱、丝绒纱80公支以上羊毛纯纺<br>B413 →FB423 →FB432<br>→FD442 →B452A →FB441<br>→FB441<br>3. 由无毛绒纺山羊绒高支纱<br>无毛绒和毛（加油）→梳毛<br>→FD302 →FD304 →FD304 →<br>精梳 →FD302 →FD432 →FD423<br>→B413 →FD423 →FD432<br>→FD442 →B452 →FB441 |
| 毛丛长度大于65mm，卷曲较少 | 英式系统 | 长毛绒纱、绒线<br><br>B412 →B423 →B432<br>→B442 →B452 →B463 | 长毛绒纱、绒线<br><br>B413 →B424 →B433<br>→B443 →B452 →B465A | 长毛绒纱、绒线<br><br>B413 →FB423 →FB432<br>→FB442 →B452A →B465A |

### 四、早期国产58型精梳毛纺前纺设备机型简介（表6-2-10、表6-2-11）

#### 1. B411型混条机和B421型、B421A型、B431型交叉针梳机

表6-2-10　B411型混条机和B421型、B421A型、B431型交叉针梳机的主要技术特征

| 项　　　目 | B411型 | B421型 | B421A型 | B431型 |
|---|---|---|---|---|
| 喂入毛球规格（mm） | φ400×350 | φ450×350 | φ380×350 | φ400×350 |
| 每头最大喂入量（g/m） | 160 | 160 | 116/2 | 144/2 |
| 每头最大并合数（根） | 8×2，8×3 | 10 | 8/2 | 8/2 |
| 最大出条重量（g/m） | 60 | 24 | 7.5 | 14.5 |
| 牵伸范围（倍） | 5.37~12.24 | 5.37~8.67 | 5.37~8.67 | 5.37~8.67 |
| 前罗拉出条速度（m/min） | 27.46~31.48 | 20.76~35.35 | 20.76~35.85 | 20.76~35.85 |

| 项　目 | B411型 | B421型 | B421A型 | B431型 |
|---|---|---|---|---|
| 前上罗拉直径（mm） | 72 | 72 | 72 | 72 |
| 前下罗拉直径（mm） | 25，50 | 25，50 | 25，50 | 25，50 |
| 中上罗拉直径（mm） | 45 | 45 | 45 | 45 |
| 中下罗拉直径（mm） | 35 | 35 | 35 | 35 |
| 后上罗拉直径（mm） | 75 | 75 | 75 | 75 |
| 后下罗拉直径（mm） | 50 | 50 | 50 | 50 |
| 卷绕滚筒直径×动程（mm） | $\phi90\times$（335～530） | $\phi90\times350$ | $\phi90\times350$ | $\phi90\times350$ |
| 筒管直径×长度（mm） | $\phi70\times620$ | $\phi70\times410$ | $\phi70\times410$ | $\phi70\times410$ |
| 外形尺寸（长×宽×高）（mm） | 2头1球<br>3400×3630×2000<br>3头1球<br>4190×3630×2000 | 2头2球<br>2585×3740×2000<br>4头4球<br>3750×3740×2000 | 2头2球<br>2755×3360×2000<br>4头4球<br>4320×3360×2000 | 2头4球<br>3060×3740×2000<br>4头8球<br>5280×3740×2000 |
| 电动机 | JFO52A-6，2.2kW<br>965r/min | JFO42/4，1.7kW<br>1430r/min（2头）<br>JFO51/4，2.8kW<br>1430r/min（4头） | JFO51A-4，<br>2.2kW<br>1430r/min（2头）<br>JFO51A-4，<br>2.8kW<br>1430r/min（4头） | JFO42/4，1.7kW<br>1430r/min（2头）<br>JFO51/4，2.8kW<br>1430r/min（4头） |
| 附属装置 | 滴入式加和毛油装置 | — | — | — |

## 2. B451型、B451A型开式针梳机和B461型针圈粗纱机、B462型翼锭粗纱机

表6-2-11　B451型、B451A型开式针梳机和B461型针圈粗纱机、B462型翼锭粗纱机的主要技术特征

| 项　目 | B451型 | B451A型 | B461型 | B462型 |
|---|---|---|---|---|
| 喂入毛球规格（mm） | $\phi300\times350$ | $\phi180\times195$ | $\phi180\times195$ | 条筒喂入 |
| 每头最大喂入量（g/m） | 44.4/4 | 24/4 | 15.6/4 | — |
| 每头最大并合数（根） | 12/4 | 12/4 | 12/4 | — |
| 最大出条重量（g/m） | 2 | 1.3 | 0.67 | 0.25~0.63 |
| 牵伸范围（倍） | 3.97～7.73 | 4.91～7.73 | 3.75～4.92 | 8~15 |
| 前罗拉出条速度（m/min） | 21.3～39.55 | 21.64～29.06 | 19.26～27.16 | — |
| 前上罗拉直径（mm） | 62 | 62 | 62 | 62 |
| 前下罗拉直径（mm） | 30 | 27 | 23 | 45 |
| 中上罗拉直径（mm） | 45 | 45 | 27，30 | 28.4 |
| 中下罗拉直径（mm） | 45 | 45 | 18，30 | 28.4 |
| 后上罗拉直径（mm） | 70 | 70 | 55 | 48 |
| 后下罗拉直径（mm） | 40 | 40 | 40 | 38 |
| 双头螺杆（直径×导程）（mm） | $\phi34\times13.5$ | $\phi34\times13.5$ | — | — |
| 长针（mm） | 29 | 29 | 6.35 | — |
| 上搓皮板（mm）长×宽×厚 | 495×130×4 | 495×130×4 | 495×105×4 | — |
| 下搓皮板（mm）长×宽×厚 | 540×130×4 | 540×130×4 | 540×105×4 | — |
| 筒管直径×长度（mm） | 50×245 | 50×245 | 45×210 | — |

续表

| 项　目 | B451型 | B451A型 | B461型 | B462型 |
|---|---|---|---|---|
| 外形尺寸（长×宽×高）（mm） | 3头6球<br>3335×2780×2000，<br>17头34球<br>10635×2780×2000 | 5头10球<br>4935×1520×2000，<br>17头34球<br>10635×1520×2000 | 10头20球<br>6750×1500×1720，<br>25头50球<br>13035×1500×1720 | |
| 电动机（950r/min） | JFO52A-6，2.8kW<br>（3×6）<br>JFO61-6，3.6kW<br>（17×34） | JFO52A-6，2.8kW<br>（5×10）<br>JFO61-6，3.6kW<br>（17×34） | JFO52-6，2.8kW<br>（10×20）<br>JFO61-6，3.6kW<br>（25×50） | JFO52-4，4.5kW/450r/min |

## 五、国外精梳毛纺前纺设备技术特征（表6-2-12～表6-2-14）

### 表6-2-12　国外毛纺针梳机技术特征（一）

| 项　目 | 法国 | 法国 | 法国 | 法国 | 法国 | 法国 |
|---|---|---|---|---|---|---|
| | GMS法条 | GN6头针 | GN6二针 | GN6三针 | GN6四针<br>SH24四针 | FM6A粗纱<br>SC400 |
| 喂入形式及数量 | 球喂，24只 | 筒喂、球喂，10只<br>（ϕ600×900） | 筒喂，8只 | 筒喂，12只 | ϕ700×1000<br>筒喂，8只 | — |
| 喂入架型式 | 双层，ϕ80纵列退卷滚筒台面喂入 | 纵向单展退卷台面喂入 | 纵向台面压辊 | | 葡萄架 | — |
| 最大喂入量（g/m） | 单头300 | — | 300 | — | 30 | — |
| 牵伸范围（倍） | 5.2～15 | — | 4.4～13 | | 4～9 | 9.2～29.7 |
| 出条数量 | 1 | 1 | 2 | 4 | 4 | |
| 出条形式及卷装尺寸（mm） | 回转式自动换筒 | ϕ600×900 | | ϕ400×900<br>双筒 | ϕ700×1000<br>双筒自动换筒 | ϕ700×1000<br>双筒自动换筒 |
| | | 单筒 | 双筒 | | | |
| 出条重量（g/m） | 40 | 34 | 16 | 6 | 3～10 | |
| 出条最大速度（m/min） | 160 | 160 | | | 110 | 160 |
| 前罗拉隔距（mm） | 23～63 | | | | 80 | 40 |
| 针板植针幅度（mm） | 220 | | 210 | | 气泡和针筒 | |
| 针板植针密度（针/cm） | 5 | 5 | 6 | 7 | — | |
| 针板工作区长度（mm） | 164 | 14 | | | — | |
| 梳箱针板数量 | | 上36 | 下36 | | | |
| 自调匀整型式 | | 机械式 | | | | |
| 工作螺杆（直径×头数×螺距） | ϕ35×2×9.2 | ϕ35×2×9.2 | | | | |
| 针板打击次数（次/min） | 2000～5000 | 2000 | | | | |

续表

| 项　目 | 法国 GMS法条 | 法国 GN6头针 | 法国 GN6二针 | 法国 GN6三针 | 法国 GN6四针 SH24四针 | 法国 FM6A粗纱 SC400 |
|---|---|---|---|---|---|---|
| 前罗拉规格 | $\phi 25 \times 260$ $\phi 50 \times 280$ | $\phi 25 \times 260$ $\phi 50 \times 280$ | | | $\phi 30$ $\phi 66$ $\times 260$ | $\phi 50$ |
| 前皮辊规格 | $\phi 80 \times 236$ | $\phi 80 \times 236$ | | | $\phi 75 \times 260$ | $\phi 70$ |
| 前罗拉加压（N） | 弹簧加压 1765~2942 | 气缸加压~3923 | | | 350 | 气动 |
| 主电动机功率（kW） | 5.53双速 | 4.4/1.5 | 3/1.3 | 3/1.3 | 11 | 15kW |
| 吸风机功率（kW） | 1.5 | 1.5 | 1.5 | 1.5 | 2.2 | 3kW |

表6-2-13　国外毛纺粗纱机技术特征

| 型号 \ 项目 | FRC300型 | RF5型 | RF2A型 |
|---|---|---|---|
| 总体尺寸（mm） | $10708 \times 131108$ | $14185 \times 2320$ | $10250 \times 2280$ |
| 最大转速（m/min） | 740 | 220 | 220 |
| 最大搓捻速度①（m/min） | 160 | 2200 | 2200 |
| 最大包缠速度（m/min） | 225 | 220 | 220 |
| 喂入罗拉直径（mm） | 35 | 35 | 35 |
| 喂入胶辊直径（mm） | 60 | 45 | 45 |
| 牵伸胶辊压力（Pa） | $70 \times 10^5$ | $2.4 \times 10^5$ | $2.4 \times 10^5$ |
| 牵伸胶辊直径（mm） | 56 | 55 | 55 |
| 喂入胶辊与牵伸胶辊距离 | 127~219 | 115~220 | 115~220 |
| 牵伸胶辊与生产端距离 | 31~39 | 25~50 | 25~50 |
| 最大粗纱直径（mm） | 300 | 310 | 310 |
| 主电动机（kW） | 15 | 22 | 22 |
| 吸风电动机（kW） | 8 | 7.5 | 7.5 |
| 总容量（kW） | 31 | 31.3 | 31.3 |
| 最大搓捻次数（次） | | 10.9 | 10.9 |
| 气泡罗拉直径（mm） | | 规格4592/03 | 29mm |

①为最大搓捻动程（N° /min）

表6-2-14　国外毛纺针梳机技术特征（二）

| 生产国 \ 机型 \ 工艺数据项目 | 德国 SMC400混条 | SC400型头针 | SC400型二针 | SC400型三针 | SC400型四针 | FRC30型 粗纱机 |
|---|---|---|---|---|---|---|
| 喂入形式及数量 | 球筒32根 | 条筒12根 | 条筒8根 | 条筒24根 | 条筒24根 | 条筒32根 |
| 喂入架型式 | 双排双层纵列式球式及筒 | 条筒纱架 | 条筒纱架 | 条筒纱架 | 条筒纱架 | 三排纱架 |
| 最大喂入量（g/m） | 640 | 260 | 120 | 68 | 52 | 16 |
| 牵伸范围（倍） | 3.04~12.16 | 3.04~12.16 | 3.04~12.16 | 3.04~12.16 | 3.04~12.16 | 8.2~21.5 |

续表

| 生产国<br>工艺数据项目　　　　机型 | 德国<br>SMC400混条 | SC400型头针 | SC400型二针 | SC400型三针 | SC400型四针 | FRC30型<br>粗纱机 |
|---|---|---|---|---|---|---|
| 出条数量 | 1 | 1 | 2 | 4 | 4 | 32 |
| 出条形式及卷装尺寸<br>（mm） | 筒出<br>$\phi 700 \times 1000$ | 筒出自<br>动换筒<br>$\phi 700 \times 1000$ | 筒出自<br>动换筒<br>$\phi 700 \times 1000$ | 双筒出自<br>动换筒<br>$\phi 700 \times 1000$ | 双筒出自<br>动换筒<br>$\phi 700 \times 1000$ | 管装<br>$\phi 300 \times 260$ |
| 出条重量（g/m） | 20~30 | 20 | 8.5~9 | 4.8~5.3 | 2.8~3.4 | 0.14~1.4 |
| 出条最大速度<br>（m/min） | 400 | 400 | 400 | 400 | 400 | 70 |
| 前罗拉隔距（mm） | 27~42 | 27~42 | 27~42 | 27~42 | 27~42 | 31~39 |
| 针板植针幅度<br>（mm） | 220~270 | 220~270 | 220~270 | 220~270 | 220~270 | 泡泡皮板 |
| 针板植针密度<br>（针/cm） | 5 | 5 | 6 | 7 | 7 | |
| 针板工作区长度<br>（mm） | 140 | 140 | 140 | 140 | 140 | |
| 梳箱针板数量 | 52~52 | 52~52 | 52~52 | 52~52 | 52~52 | |
| 自调匀整型式 | | 机械式 | | | | |
| 前罗拉规格（mm） | $\phi 62.5$ | $\phi 62.5$ | $\phi 62.5$ | $\phi 62.5$ | $\phi 62.5$ | $\phi 45$ |
| 前皮辊规格（mm） | $\phi 75$ | $\phi 75$ | $\phi 75$ | $\phi 75$ | $\phi 75$ | $\phi 60$ |
| 前罗拉加压（Pa） | 机械1471.5~3924 | 1471.5~3924 | 1471.5~3924 | 1471.5~3924 | 1471.5~3924 | 机械686.7 |
| 主电动机功率<br>（kW） | 双速15 | 双速15 | 双速15 | 双速15 | 双速15 | 15 |
| 吸风机功率（kW） | 3 | 3 | 3 | 3 | 3 | 3 |

# 第三节　前纺设备的机械传动和工艺计算

## 一、针梳设备工艺简述

　　精梳毛纺以洗净毛为原料投入到纺成细纱，分别经过毛条制造工程、前纺准备及前纺工程。用28~30道工序，其中针梳设备配置在17个工序中，约占全流程的63%，足见针梳机在精梳毛纺中的重要性。由于历史原因，我国的精梳毛纺较粗梳毛纺起步晚，到20世纪30年代才开始引进精纺设备办厂，新中国成立前毛纺机械制造是空白，没有国产设备。几经曲折，到1949年全国解放也仅有16万枚精纺锭子。新中国成立后，在较短的时间，先后自己设计生产了58型和68型两套毛精纺针梳机，奠定了我国毛精纺基础（见表6-2-15），特别是国产68型设备至今仍广泛使用。

表6-2-15　国产58型和68型针梳机比较

| 项　　目 | 国产58型针梳机 | 国产68型针梳机 |
|---|---|---|
| 牵伸形式 | 单区针板牵伸 | 单区针板牵伸 |
| 针板传动方式 | 双线螺杆，双叶凸轮 | 三线螺杆，三叶凸轮 |
| 工作螺杆尺寸（mm） | $\phi$45，导程15.875 | $\phi$50，导程27 |
| 针板被击次数（次/min） | 最高620 | 800，1000 |
| 每头针板数（块） | 32，39 | 88（四排，18—26—26—18） |
| 最小前隔距（mm） | 20 | 32 |
| 牵伸倍数（倍） | 5~8 | 5~12 |
| 前罗拉出条速度（m/min） | 最大32 | 40~80 |
| 最大喂入重量（g/m） | 160 | 240~300 |
| 卷装形式 | 成球 | 成球或条筒 |

传统称国产58型针梳机为低速针梳机，国产68型针梳机为高速针梳机。国产68型针梳机适应性强：不但适用于前纺，也适用于毛条制造；不但适用于毛纺，也适用于麻纺、绢纺。它们的标示区别在于：在英文字母B后的阿拉伯数字为3的是毛条针梳机；在英文字母B后的阿拉伯数字为4的是毛纺针梳机（表6-2-16、表6-2-17）。

表6-2-16　用于毛条制造的针梳设备

| 机器名称 | 头道 | 二道 | 三道 | 四道 | 五道 | 末道 |
|---|---|---|---|---|---|---|
| 国产58型针梳机 | B291 | B291A | B301 | B321 | B331 | B341 |
| 国产68型针梳机 | B302 | B303 | B304 | B305、B305A | B306 | B306A |

注　表中B305A型、B306A型为选配机台。

表6-2-17　用于精纺前纺的针梳设备

| 机器名称 | 混条 | 头道 | 二道 | 三道 | 四道 | 五道 |
|---|---|---|---|---|---|---|
| 国产58型针梳机 | B411 | B421 | B421A | B431 | B451 | B451A |
| 国产68型针梳机 | B412 | B423 | B432 | B442 | B452、B452A | — |

在毛条制造工程中，有用于精梳前的理条，用于精梳后的整条和用于前纺工程的练条。精梳前的针梳机传统称为：理条针梳，以使条子中的纤维顺直、定向和松解为主。精梳后的针梳机传统称为整条针梳，以使精梳后的条子中纤维混合均匀，改善条子结构，增加条子的强力。前纺工程中的针梳机，传统称为练条针梳，是粗纱前的准备，以并和、牵伸为主，逐步抽长拉细毛条以符合粗纱机喂入重量的需要，其中主要的是混条机，起调节各种颜色和原料成分配比，同时重新加入乳化油剂的作用。

## 二、B412型、B423型、B432型、B442型交叉式针梳机传动图（图6-2-1～图6-2-4）

其中B412型及国产68型交叉式针梳机工艺变换轮统计表见表6-2-18、表6-2-19。

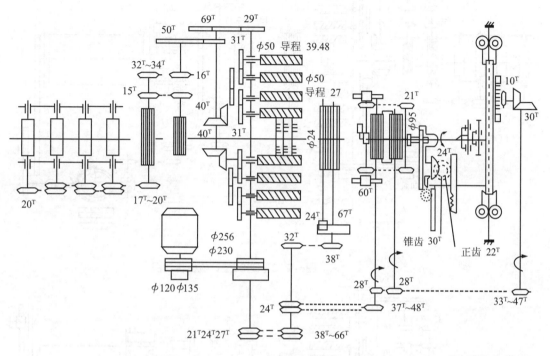

图6-2-1　B412型混条机传动图

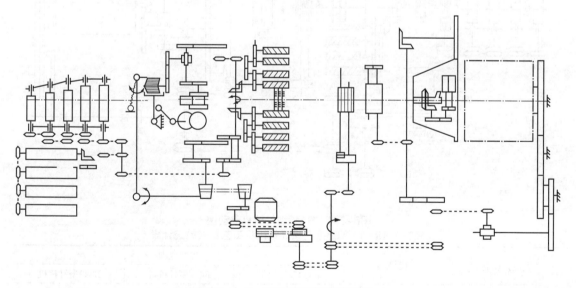

图6-2-2　B423型针梳机传动图

表6-2-18　B412型混条机工艺变换轮统计表

| 工艺变换轮名称 | 主变换轮 | 牵伸变换轮 | 后区张力牵伸变换轮 | 卷绕张力变换轮 | 毛球卷绕密度变换轮 |
|---|---|---|---|---|---|
| 代号 | A | B | C | J | T |
| 齿数范围 | 21、24、27 | 27~66 | 32~34 | 37~48 | 33~47 |

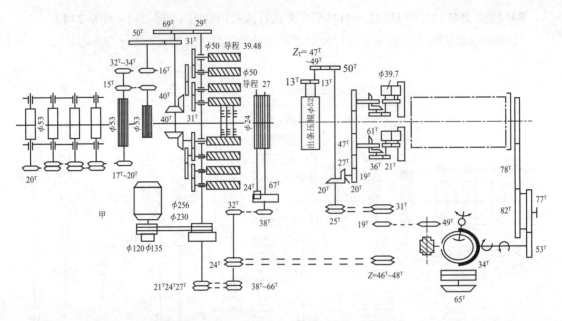

图6-2-3　B432型针梳机传动图

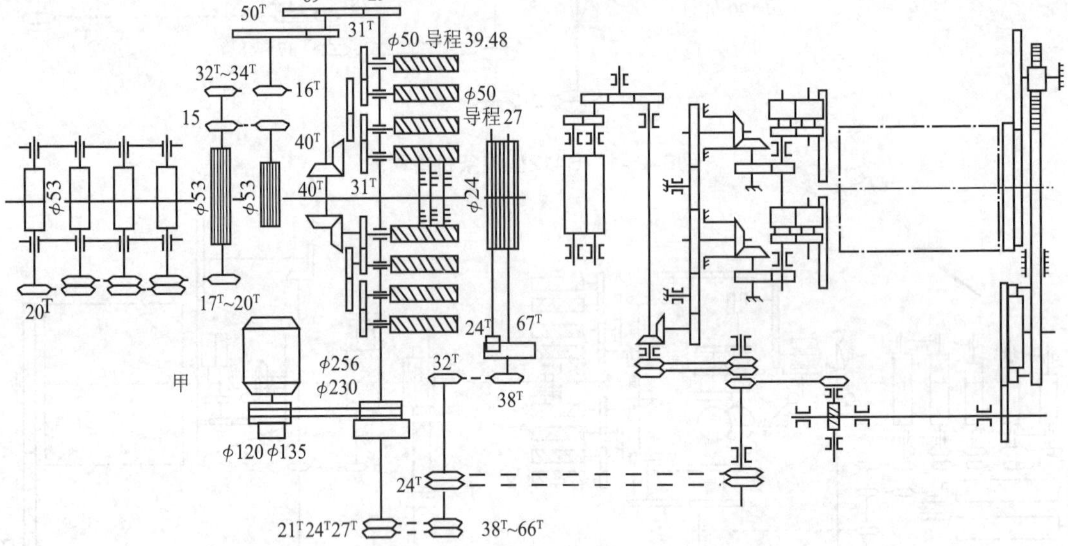

图6-2-4　B442型针梳机传动图

表6-2-19　国产68型交叉式针梳机工艺变换轮统计表

| 工艺变换轮名称 | 代号 | 齿数范围 | | |
|---|---|---|---|---|
| | | B423型针梳机 | B432型针梳机 | B442型针梳机 |
| 主变换轮 | A | 21、24、27 | 21、24、27 | 21、24、27 |
| 牵伸变换轮 | B | 27~66 | 38~66 | 27~66 |
| 后区张力牵伸变换轮 | C | 34~40 | 32~34 | 32~34 |
| 圈条传动变换轮 | J | 46~48 | 46~48 | 46~48 |
| 压辊传动变换轮 | T | 47~49 | 47~49 | 47~49 |
| 自调匀整延迟变换轮 | H | 49~58 | 49~58 | 49~58 |

### 三、B412型、B423型、B432型、B442型交叉式针梳机的工艺计算

从图6-2-1~图6-2-3可知，由于各机型喂入型式及出条卷装型式的不同，使国产68型针梳机各机型既有统一之处，也有不同之处。现将其工艺计算的相同部分与不同部分叙述如下。

（1）主轴转速$N$（r/min）。

$$N = \frac{\text{电动机转速(r/min)} \times \text{电动机皮带盘直径}}{\text{主轴皮带盘直径}} \times \text{滑溜率}$$

（2）针板被击次数（次/min）。

$$\text{针板被击次数} = N \times \frac{29}{69} \times 3 = 1.26 \times N$$

（3）针板线速度（m/min）。

$$\text{针板线速度} = \frac{N \times 29 \times 27}{69 \times 1000} = 0.0114 \times N$$

B412型、B423型、B432型、B442型针梳机的主轴转速、针板被击次数和针板线速度，随电动机皮带盘直径和主轴皮带盘直径而不同，计算结果见表6-2-20。

表6-2-20　国产68型交叉式针梳机主轴转速、针板被击次数、针板线速度

| 机型带轮配置 ＼ 工艺内容 | 电动机皮带盘直径（mm） | 主轴皮带盘直径（mm） | 主轴转速（r/min） | 针板被击次数（次/min） | 针板线速度（m/min） |
|---|---|---|---|---|---|
| B412型、B423型、B432型、B442型共同配置的电动机带盘规格 | 120 | 256 | 634.5 | 800 | 7.2 |
| | 135 | 230 | 793.1 | 1000 | 9.0 |
| B432型、B442型多配置的电动机带盘规格 | 162 | 256 | 856.6 | 1079 | 9.765 |
| | 162 | 230 | 953.4 | 1200 | 10.87 |

**注**　机械传动效率按94%计。

（4）前罗拉出条线速度（m/min）。

$$\text{前罗拉出条线速度} = \frac{N \times A \times 32 \times 67 \times 3.14}{B \times 38 \times 1000} = \frac{A}{B} \times N \times 0.177$$

（5）牵伸倍数。

$$\text{牵伸倍数} = \frac{\text{前罗拉线速度}}{\text{针板线速度}} = \frac{\frac{A}{B} \times N \times 0.177}{N \times 0.0114} = \frac{A}{B} \times 15.5$$

B412型、B423型、B432型、B442型交叉式针梳机牵伸倍数及前罗拉出条线速度计算见表6-2-21。由于B432型、B442型多配置有$\phi$163mm的电动机皮带盘，即由传统的针板被击次数（800次/min和1000次/min）提高到1079次/min和1200次/min。配置$\phi$163mm挡时牵伸倍数和前罗拉出条线速度计算见表6-2-22。

表6-2-21　B412型、B423型、B432型、B442型交叉式针梳机牵伸倍数、前罗拉出条线速度

| B轮齿数 | A轮=21齿 | | | A轮=24齿 | | | A轮=27齿 | | |
|---|---|---|---|---|---|---|---|---|---|
| | 牵伸倍数 | 前罗拉出条线速度（m/min） | | 牵伸倍数 | 前罗拉出条线速度（m/min） | | 牵伸倍数 | 前罗拉出条线速度（m/min） | |
| | | （一） | （二） | | （一） | （二） | | （一） | （二） |
| 27 | 12.05 | 86.47 | 108.08 | 13.64 | 98.82 | 123.52 | 15.50 | 112.3 | 140.37 |
| 28 | 11.62 | 84.22 | 105.27 | 13.17 | 95.46 | 119.31 | 14.94 | 108.25 | 135.31 |
| 29 | 11.16 | 80.85 | 101.07 | 12.71 | 92.10 | 115.10 | 14.43 | 104.55 | 130.68 |
| 30 | 10.85 | 78.61 | 98.25 | 12.40 | 89.84 | 112.29 | 13.95 | 101.07 | 126.33 |
| 31 | 10.38 | 75.24 | 94.05 | 11.93 | 86.47 | 108.08 | 13.50 | 97.70 | 122.12 |
| 32 | 10.07 | 72.99 | 91.24 | 11.62 | 84.23 | 105.27 | 13.07 | 94.66 | 118.33 |
| 33 | 9.76 | 70.74 | 88.43 | 11.27 | 81.97 | 102.47 | 12.68 | 91.86 | 114.82 |
| 34 | 9.45 | 68.50 | 85.63 | 10.94 | 78.61 | 98.25 | 12.30 | 89.16 | 111.45 |
| 35 | 9.30 | 67.38 | 84.22 | 10.62 | 77.08 | 95.45 | 11.95 | 86.63 | 108.08 |
| 36 | 8.99 | 65.13 | 81.41 | 10.33 | 74.86 | 93.58 | 11.62 | 84.22 | 105.27 |
| 37 | 8.68 | 62.88 | 78.60 | 10.05 | 72.84 | 89.83 | 11.31 | 81.86 | 102.43 |
| 38 | 8.63 | 62.15 | 77.69 | 9.86 | 71.03 | 88.79 | 11.10 | 79.91 | 99.88 |
| 39 | 8.41 | 60.55 | 75.69 | 9.61 | 69.21 | 86.51 | 10.81 | 77.85 | 97.32 |
| 40 | 8.20 | 59.04 | 73.80 | 9.37 | 67.47 | 84.34 | 10.54 | 75.91 | 94.89 |
| 41 | 8.00 | 57.60 | 72.00 | 9.14 | 65.83 | 82.29 | 10.29 | 74.06 | 92.57 |
| 42 | 7.81 | 56.22 | 70.28 | 8.93 | 64.26 | 80.33 | 10.04 | 72.30 | 90.37 |
| 43 | 7.63 | 54.92 | 68.65 | 8.72 | 62.77 | 78.46 | 9.81 | 70.61 | 88.26 |
| 44 | 7.45 | 53.67 | 67.09 | 8.52 | 61.34 | 76.68 | 9.58 | 69.00 | 86.26 |
| 45 | 7.29 | 52.48 | 65.60 | 8.33 | 59.98 | 74.97 | 9.37 | 67.47 | 84.34 |
| 46 | 7.13 | 51.34 | 64.17 | 8.15 | 58.67 | 73.34 | 9.17 | 66.01 | 82.51 |
| 47 | 6.98 | 50.25 | 62.81 | 7.98 | 57.43 | 71.78 | 8.97 | 64.61 | 80.76 |
| 48 | 6.83 | 49.20 | 61.50 | 7.81 | 56.22 | 70.28 | 8.79 | 63.26 | 79.07 |
| 49 | 6.69 | 48.20 | 60.25 | 7.65 | 55.08 | 68.85 | 8.61 | 61.96 | 77.45 |
| 50 | 6.56 | 47.23 | 59.04 | 7.50 | 53.98 | 67.47 | 8.43 | 60.72 | 75.91 |
| 51 | 6.43 | 46.30 | 57.88 | 7.35 | 52.92 | 66.15 | 8.27 | 59.54 | 74.42 |
| 52 | 6.31 | 45.42 | 56.77 | 7.21 | 51.90 | 64.88 | 8.11 | 58.39 | 72.99 |
| 53 | 6.19 | 44.55 | 55.69 | 7.07 | 50.93 | 63.66 | 7.96 | 57.29 | 71.61 |
| 54 | 6.07 | 43.73 | 54.67 | 6.94 | 49.98 | 62.48 | 7.81 | 56.22 | 70.28 |
| 55 | 5.96 | 42.93 | 53.67 | 6.82 | 49.07 | 61.34 | 7.61 | 55.21 | 69.01 |
| 56 | 5.86 | 42.17 | 52.71 | 6.69 | 48.20 | 60.25 | 7.53 | 54.22 | 67.78 |
| 57 | 5.75 | 41.43 | 51.79 | 6.58 | 47.35 | 59.18 | 7.40 | 53.27 | 66.58 |
| 58 | 5.66 | 40.72 | 50.90 | 6.46 | 46.53 | 58.17 | 7.27 | 52.35 | 65.44 |

续表

| B轮齿数 | A轮=21齿 | | | A轮=24齿 | | | A轮=27齿 | | |
|---|---|---|---|---|---|---|---|---|---|
| | 牵伸倍数 | 前罗拉出条线速度（m/min） | | 牵伸倍数 | 前罗拉出条线速度（m/min） | | 牵伸倍数 | 前罗拉出条线速度（m/min） | |
| | | （一） | （二） | | （一） | （二） | | （一） | （二） |
| 59 | 5.56 | 40.03 | 50.04 | 6.35 | 45.72 | 57.15 | 7.14 | 51.41 | 64.26 |
| 60 | 5.46 | 39.31 | 49.14 | 6.24 | 44.93 | 56.16 | 7.02 | 50.54 | 63.18 |
| 61 | 5.37 | 38.66 | 48.33 | 6.14 | 44.21 | 55.26 | 6.91 | 49.75 | 62.19 |
| 62 | 5.29 | 38.09 | 47.61 | 6.04 | 43.49 | 54.36 | 6.80 | 48.96 | 61.20 |
| 63 | 5.23 | 37.66 | 47.07 | 5.94 | 42.84 | 53.55 | 6.69 | 48.17 | 60.21 |
| 64 | 5.14 | 36.86 | 46.08 | 5.85 | 42.12 | 52.65 | 6.58 | 47.38 | 59.22 |
| 65 | 5.06 | 36.29 | 45.36 | 5.76 | 41.47 | 51.84 | 6.48 | 46.66 | 58.32 |
| 66 | 4.97 | 35.78 | 44.73 | 5.63 | 40.90 | 51.03 | 6.38 | 45.01 | 57.51 |

注 （一）为针板被击次数=800次/min，（二）为针板被击次数=1000次/min。

表6-2-22　B432型、B442型电动机带轮配置φ163挡时牵伸倍数、前罗拉出条线速度

| B轮齿数 | A轮=21齿 | | | A轮=24齿 | | | A轮=27齿 | | |
|---|---|---|---|---|---|---|---|---|---|
| | 牵伸倍数 | 前罗拉线速度 | | 牵伸倍数 | 前罗拉线速度 | | 牵伸倍数 | 前罗拉线速度 | |
| | | （一） | （二） | | （一） | （二） | | （一） | （二） |
| 27 | 12.07 | 117.91 | 131.25 | 13.79 | 134.75 | 150 | 15.52 | 151.6 | 168.75 |
| 28 | 11.64 | 113.70 | 126.56 | 13.30 | 129.94 | 144.64 | 14.96 | 146.8 | 162.72 |
| 29 | 11.24 | 109.77 | 122.19 | 12.84 | 125.46 | 139.65 | 14.45 | 141.14 | 157.11 |
| 30 | 10.86 | 106.12 | 118.13 | 12.41 | 127.28 | 135.00 | 13.97 | 136.44 | 151.87 |
| 31 | 10.51 | 102.69 | 114.31 | 12.01 | 117.36 | 130.64 | 13.52 | 132.03 | 146.97 |
| 32 | 10.18 | 99.48 | 110.74 | 11.64 | 113.70 | 126.56 | 13.09 | 127.91 | 142.38 |
| 33 | 9.86 | 96.47 | 107.16 | 11.29 | 110.25 | 122.72 | 12.70 | 124.03 | 138.06 |
| 34 | 9.58 | 93.63 | 104.22 | 10.95 | 107.01 | 119.11 | 12.32 | 120.38 | 134.00 |
| 35 | 9.31 | 90.95 | 101.25 | 10.64 | 103.95 | 115.71 | 11.97 | 116.94 | 130.17 |
| 36 | 9.05 | 88.43 | 98.43 | 10.34 | 101.06 | 112.50 | 11.64 | 113.70 | 126.56 |
| 37 | 8.81 | 86.04 | 95.77 | 10.06 | 98.33 | 109.45 | 11.32 | 110.62 | 123.14 |
| 38 | 8.57 | 83.77 | 93.25 | 9.80 | 95.74 | 106.57 | 11.03 | 107.71 | 119.90 |
| 39 | 8.35 | 81.63 | 90.86 | 9.55 | 93.29 | 103.84 | 10.74 | 104.95 | 116.82 |
| 40 | 8.15 | 79.59 | 88.59 | 9.31 | 90.96 | 101.25 | 10.47 | 102.33 | 113.90 |
| 41 | 7.95 | 77.64 | 86.43 | 9.06 | 88.74 | 98.78 | 10.22 | 99.83 | 111.12 |
| 42 | 7.76 | 75.80 | 84.37 | 8.87 | 86.62 | 96.42 | 9.97 | 97.45 | 108.48 |
| 43 | 7.58 | 74.03 | 82.41 | 8.66 | 84.61 | 94.18 | 9.74 | 95.19 | 105.95 |
| 44 | 7.40 | 72.35 | 80.53 | 8.46 | 82.69 | 92.04 | 9.52 | 93.02 | 103.55 |

| B轮齿数 | A轮=21齿 | | | A轮=24齿 | | | A轮=27齿 | | |
|---|---|---|---|---|---|---|---|---|---|
| | 牵伸倍数 | 前罗拉线速度 | | 牵伸倍数 | 前罗拉线速度 | | 牵伸倍数 | 前罗拉线速度 | |
| | | （一） | （二） | | （一） | （二） | | （一） | （二） |
| 45 | 7.24 | 70.24 | 78.75 | 8.22 | 80.85 | 90.00 | 9.31 | 90.96 | 101.25 |
| 46 | 7.08 | 69.20 | 77.03 | 8.09 | 79.09 | 88.04 | 9.11 | 88.98 | 99.04 |
| 47 | 6.93 | 67.73 | 75.39 | 7.92 | 77.41 | 86.17 | 8.91 | 87.08 | 96.94 |
| 48 | 6.79 | 66.32 | 73.82 | 7.76 | 75.80 | 84.37 | 8.73 | 85.27 | 94.92 |
| 49 | 6.65 | 64.97 | 72.32 | 7.60 | 74.25 | 82.65 | 8.55 | 83.53 | 92.98 |
| 50 | 6.52 | 63.67 | 70.87 | 7.45 | 72.76 | 81.00 | 8.38 | 81.86 | 91.12 |
| 51 | 6.39 | 62.42 | 69.48 | 7.30 | 71.34 | 79.41 | 8.21 | 80.25 | 89.33 |
| 52 | 6.26 | 61.22 | 68.14 | 7.16 | 69.96 | 77.88 | 8.06 | 78.71 | 87.62 |
| 53 | 6.15 | 60.06 | 66.86 | 7.02 | 68.64 | 76.41 | 7.90 | 77.23 | 85.96 |
| 54 | 6.03 | 58.95 | 65.62 | 6.89 | 67.37 | 75.00 | 7.26 | 75.80 | 84.37 |
| 55 | 5.92 | 57.88 | 64.43 | 6.77 | 66.15 | 73.63 | 7.62 | 74.42 | 82.84 |
| 56 | 5.82 | 56.85 | 63.28 | 6.65 | 64.97 | 72.32 | 7.48 | 73.09 | 81.36 |
| 57 | 5.71 | 55.85 | 62.17 | 6.53 | 63.83 | 71.05 | 7.35 | 71.81 | 79.93 |
| 58 | 5.62 | 54.88 | 61.09 | 6.42 | 62.73 | 69.82 | 7.22 | 70.57 | 78.55 |
| 59 | 5.52 | 53.95 | 60.06 | 6.31 | 61.66 | 68.64 | 7.10 | 69.37 | 77.22 |
| 60 | 5.43 | 53.06 | 59.06 | 6.20 | 60.64 | 67.50 | 6.98 | 68.22 | 75.93 |
| 61 | 5.34 | 52.19 | 58.09 | 6.10 | 59.65 | 66.30 | 6.87 | 67.10 | 74.69 |
| 62 | 5.17 | 50.53 | 56.25 | 6.00 | 58.68 | 65.32 | 6.76 | 66.01 | 73.48 |
| 63 | 5.17 | 50.53 | 56.25 | 5.91 | 57.75 | 64.28 | 6.65 | 64.97 | 72.32 |
| 64 | 5.09 | 49.74 | 55.37 | 5.82 | 56.85 | 63.28 | 6.54 | 63.95 | 71.19 |
| 65 | 5.01 | 48.97 | 54.51 | 5.73 | 55.97 | 62.30 | 6.44 | 62.97 | 70.09 |
| 66 | 4.93 | 48.23 | 53.69 | 5.64 | 55.12 | 61.36 | 6.35 | 62.01 | 96.03 |

注 （一）为针板被击次数=1079次/min，（二）针板被击次数=1200次/min。

（6）前张力牵伸。

① B412型混条机的前区张力牵伸。B412型混条机采用成球卷绕装置，其卷绕速度$V$应是卷绕罗拉速度$V_R$与假捻器横动速度$V_T$的合成速度，即

$$V = \sqrt{V_R^2 + V_T^2}$$

但在实际生产中为了简化计算，一般用卷绕罗拉线速度近似地代表卷绕速度，因此，

$$H = \frac{\text{卷绕罗拉线速度}}{\text{前罗拉出条线速度}} = \frac{N \times \dfrac{A}{B} \times \dfrac{24}{T} \times \dfrac{95 \times \pi}{1000}}{N \times \dfrac{A}{B} \times 0.177} = \frac{40.4}{T}$$

B412型混条机前区张力牵伸值见表6-2-23。

表6-2-23　B412型混条机前区张力牵伸值

| 齿轮$T$齿数 | 37 | 38 | 39 | 40 | 41 | 42 | 43 | 44 | 45 | 46 | 47 | 48 |
|---|---|---|---|---|---|---|---|---|---|---|---|---|
| 前区牵伸值$H$ | 1.09 | 1.06 | 1.03 | 1.01 | 0.985 | 0.961 | 0.939 | 0.918 | 0.897 | 0.878 | 0.859 | 0.841 |

② B423型针梳机前区张力牵伸。

$$E = \frac{\text{圈条轧辊线速度}}{\text{出条轧辊线速度}} = \frac{T \times 25 \times 52 \times 36 \times 37 \times 50}{30 \times 26 \times 89 \times 17 \times 17 \times 64} = 0.0674 \times T$$

B423型针梳机前区张力牵伸值见表6-2-24。

表6-2-24　B423型针梳机前区张力牵伸值

| 齿轮$T$齿数 | 14 | 15 | 16 |
|---|---|---|---|
| 前区牵伸值$E$ | 0.944 | 1.011 | 1.078 |

③ B432型、B442型针梳机前区张力牵伸。

$$E = \frac{\text{圈条轧辊线速度}}{\text{出条轧辊线速度}} = \frac{T \times 19 \times 61 \times 36 \times 39.7}{30 \times 30 \times 21 \times 50 \times 52} = 0.0215 \times T$$

B432型、B442型针梳机前区张力牵伸值见表6-2-25。

表6-2-25　B432型、B442型针梳机前区张力牵伸值

| 齿轮$T$齿数 | 47 | 48 | 49 |
|---|---|---|---|
| 前区牵伸值$E$ | 1.01 | 1.03 | 1.05 |

（7）中间张力牵伸。

$$H = \frac{\text{出条轧辊线速度}}{\text{前罗拉线速度}}$$

① B423型针梳机中间张力牵伸。

$$H = \frac{\text{出条轧辊线速度}}{\text{前罗拉线速度}} = \frac{60 \times 30 \times 51 \times 24 \times 38}{T \times 59 \times J \times 32 \times 67} = \frac{706}{T \times J}$$

B423型针梳机中间张力牵伸值见表6-2-26。

表6-2-26　B423型针梳机中间张力牵伸值

| 中间张力牵伸值　齿轮J齿数　齿轮T齿数 | 46 | 47 | 48 |
|---|---|---|---|
| 14 | 1.096 | 1.023 | 0.959 |
| 15 | 1.072 | 1.001 | 0.938 |
| 16 | 1.050 | 0.981 | 0.919 |

② B432型、B442型针梳机中间张力牵伸。

$$H = \frac{出条轧辊线速度}{前罗拉线速度} = \frac{52 \times 50 \times 31 \times 40 \times 38}{J \times 25 \times T \times 32 \times 67} = \frac{2286}{J \times T}$$

B432型、B442型针梳机中间张力牵伸值见表6-2-27所示。

表6-2-27　B432型、B442型针梳机中间张力牵伸值

| 中间张力牵伸值　齿轮J齿数　齿轮T齿数 | 46 | 47 | 48 |
|---|---|---|---|
| 47 | 1.06 | 1.03 | 1.01 |
| 48 | 1.03 | 1.01 | 0.98 |
| 49 | 1.01 | 0.98 | 0.97 |

（8）后区张力牵伸。

$$G = \frac{针板线速度}{后罗拉或测量罗拉线速度}$$

① B423型针梳机后区张力牵伸。

$$G = \frac{针板线速度}{测量罗拉线速度} = \frac{60 \times C \times 27}{20 \times 23 \times 40 \cdot \pi} = 0.028039 \times C$$

B423型针梳机后区张力牵伸值见表6-2-28。

表6-2-28　B423型针梳机后区张力牵伸值

| 齿轮C齿数 | 34 | 35 | 36 | 37 | 38 | 39 | 40 |
|---|---|---|---|---|---|---|---|
| 后区张力牵伸值G | 0.953 | 0.981 | 1.009 | 1.037 | 1.065 | 1.094 | 1.122 |

② B412型、B432型、B442型针梳机后区张力牵伸G。

$$G = \frac{针板线速度}{后罗拉线速度} = \frac{27 \times 50 \times C}{17 \times 16 \times 53 \cdot \pi} = 0.02982 \times C$$

B412型、B432型、B442型针梳机后区张力牵伸值见表6-2-29。

表6-2-29　B412型、B432型、B442型针梳机后区张力牵伸值

| 齿轮C齿数 | 30 | 31 | 32 | 33 | 34 |
|---|---|---|---|---|---|
| 后区张力牵伸值G | 0.894 | 0.924 | 0.954 | 0.984 | 1.014 |

（9）前罗拉压力（N）。

$$前罗拉压力 = \frac{Z \times 表压力值 \times (活塞直径)^2 \times \pi \times 9.8}{4} = \frac{表压力值 \times 4.5^2 \times \pi \times 9.8}{2}$$
$$= 311.57 \times 表压力$$

表压力与前罗拉压力值对照如表6-2-30所示。

表6-2-30　表压力与前罗拉压力值对照表

| 压力表压力（kgf/cm²） | | 7 | 8 | 9 | 10 | 11 | 12 |
|---|---|---|---|---|---|---|---|
| 前罗拉压力 | N | 2181 | 2493 | 2804 | 3116 | 3427 | 3739 |
| | （kgf） | 223 | 254 | 286 | 318 | 350 | 382 |

注　前区中间张力略去不计。

（10）产量（kg/h）。

产量=出条重量（g/m）×前罗拉出条速度（m/min）×出条根数×60×10⁻³×效率

## 四、B452型开式针梳机工艺计算

### 1. B452型开式针梳机传动（图6-2-5）及工艺变换轮（表6-2-31）

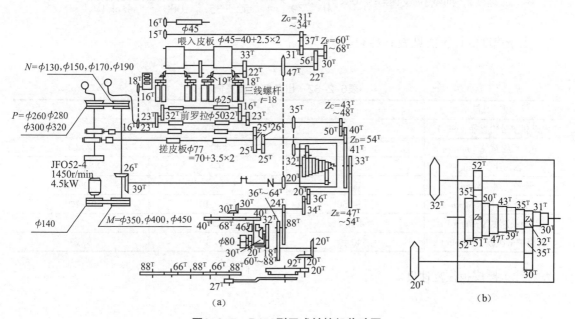

图6-2-5　B452型开式针梳机传动图

表6-2-31　B452型开式针梳机工艺变换轮

| 工艺变换轮名称 | 代号 | 直径或齿数范围 | 工艺变换轮名称 | 代号 | 直径或齿数范围 |
|---|---|---|---|---|---|
| 主变换带轮直径（mm） | M | $\phi 350$、$\phi 400$、$\phi 450$ | 搓皮板传动齿轮齿数 | D | $25^T$ |
| 搓皮板传动变换轮直径（mm） | N | $\phi 130$、$\phi 150$、$\phi 170$、$\phi 190$ | 圈条传动变换齿轮齿数 | E | $47^T$、$48^T$、$49^T$、$50^T$、$51^T$、$52^T$、$53^T$ |
| 偏心轴传动变换轮直径（mm） | P | $\phi 260$、$\phi 280$、$\phi 300$、$\phi 320$ | 给条板传动变换齿轮齿数 | F | $60^T$、$61^T$、$62^T$、$63^T$、$64^T$、$65^T$、$66^T$、$67^T$、$68^T$ |
| 滑移牵伸变换齿轮齿数 | A、B | $30^T$、$31^T$、$32^T$、$35^T$、$39^T$、$43^T$、$47^T$、$50^T$、$51^T$、$52^T$ | 导条辊传动变换齿轮齿数 | G | $31^T$、$32^T$、$33^T$、$34^T$ |
| 搓皮板传动变换齿轮齿数 | C | $43^T$、$44^T$、$45^T$、$46^T$、$47^T$、$48^T$ | | | |

## 2. B452型开式针梳机工艺计算

（1）出条速度。

$$\text{横轴转速} = 1440 \times \frac{140}{M} = \frac{201600}{M}$$

$$\text{长轴转速} = 1440 \times \frac{140}{M} \times \frac{26}{39} = \frac{134400}{M}$$

$$\text{针板线速度} = 1440 \times \frac{140}{M} \times \frac{26}{39} \times \frac{20}{47} \times \frac{33}{22} \times \frac{18}{1000} = \frac{62270208000}{40326000M} = \frac{1544.17}{M}$$

$$\text{针板被击次数} = 1440 \times \frac{140}{M} \times \frac{26}{39} \times \frac{20}{47} \times \frac{33}{22} \times 3 = \frac{257361.7}{M}$$

$$\text{前罗拉线速} = 1440 \times \frac{140}{M} \times \frac{26}{39} \times \frac{30}{A} \times \frac{B}{52} \times \frac{32}{35} \times \frac{50 \times \pi}{1000} = \frac{11130 \times B}{M \times A}$$

出条速度的计算值见表6-2-32。

表6-2-32　出条速度计算值

| 项　　目 | 数　　值 | | |
|---|---|---|---|
| 电动机皮带轮直径（mm） | $\phi 140$ | | |
| M变换轮直径（mm） | $\phi 350$ | $\phi 400$ | $\phi 450$ |
| 横轴转速（r/min） | 576 | 504 | 448 |
| 长轴转速（r/min） | 384 | 336 | 298 |
| 前罗拉线速度（m/min） | 116~350 | 105~310 | 91~270 |
| 针板线速度（m/min） | 4.41 | 3.86 | 3.43 |
| 针板被击次数（次/min） | 740.4 | 647.8 | 575.8 |

（2）搓皮板往复速度。

$$\text{搓皮板往复速度} = 1440 \times \frac{140 \times N}{M \times P} = \frac{201600 \times N}{M \times P}$$

搓皮板往复速度计算值见表6-2-33。

表6-2-33 B452型开式针梳机搓皮板往复速度计算值      单位：次/min

| M轮（mm） P轮（mm） N轮（mm） | | $\phi$130 | $\phi$150 | $\phi$170 | $\phi$190 |
|---|---|---|---|---|---|
| $\phi$350 | $\phi$260 | 288 | 332 | 376.61 | 420.92 |
| | $\phi$280 | 267 | 308.5 | 349.71 | 390.85 |
| | $\phi$300 | 249.6 | 288 | 326.4 | 364.8 |
| | $\phi$320 | 234 | 270 | 306 | 342 |
| $\phi$400 | $\phi$260 | 252 | 290.76 | 329.53 | 368.3 |
| | $\phi$280 | 234 | 270 | 306 | 342 |
| | $\phi$300 | 218.4 | 252 | 285.6 | 319.2 |
| | $\phi$320 | 204.15 | 236.25 | 267.75 | 299.25 |
| $\phi$450 | $\phi$260 | 224 | 258.46 | 292.92 | 327.38 |
| | $\phi$280 | 208 | 240 | 272 | 304 |
| | $\phi$300 | 194.1 | 224 | 253.86 | 283 |
| | $\phi$320 | 182 | 210 | 238 | 266 |

B452型开式针梳机总牵伸倍数：$N = N_1 \times N_2 \times N_3 \times N_4 \times N_5$。

（3）B452型开式针梳机前罗拉与针板间的牵伸倍数$N_1$。

$$N_1 = \frac{50\pi \times Z_B \times 30 \times 47 \times 22}{35 \times 52 \times Z_A \times 20 \times 33 \times 18} = 0.22524 \times \frac{Z_B}{Z_A}$$

B452型前罗拉与针板间牵伸值如表6-2-34所示。

表6-2-34 B452型开式针梳机前罗拉与针板间牵伸值$N_1$

| 手柄位置 | | $N_1$ | 手柄位置 | | $N_1$ | 手柄位置 | | $N_1$ |
|---|---|---|---|---|---|---|---|---|
| $Z_B$ | $Z_A$ | | $Z_B$ | $Z_A$ | | $Z_B$ | $Z_A$ | |
| $52^T$ | $30^T$ | 12.5 | $35^T$ | $31^T$ | 8.14 | $43^T$ | $51^T$ | 6.08 |
| $51^T$ | $30^T$ | 12.3 | $39^T$ | $35^T$ | 8.04 | $39^T$ | $47^T$ | 5.98 |
| $52^T$ | $31^T$ | 12.1 | $52^T$ | $47^T$ | 7.98 | $43^T$ | $52^T$ | 5.96 |
| $50^T$ | $30^T$ | 12.0 | $43^T$ | $39^T$ | 7.95 | $32^T$ | $39^T$ | 5.92 |
| $51^T$ | $31^T$ | 11.9 | $35^T$ | $32^T$ | 7.89 | $35^T$ | $43^T$ | 5.87 |
| $52^T$ | $32^T$ | 11.7 | $47^T$ | $43^T$ | 7.88 | $31^T$ | $39^T$ | 5.73 |
| $50^T$ | $31^T$ | 11.6 | $51^T$ | $47^T$ | 7.83 | $39^T$ | $50^T$ | 5.63 |
| $51^T$ | $32^T$ | 11.5 | $32^T$ | $30^T$ | 7.69 | $30^T$ | $39^T$ | 5.55 |
| $47^T$ | $30^T$ | 11.3 | $50^T$ | $47^T$ | 7.67 | $39^T$ | $51^T$ | 5.52 |
| $50^T$ | $32^T$ | 11.3 | $52^T$ | $50^T$ | 7.50 | $39^T$ | $52^T$ | 5.41 |
| $47^T$ | $31^T$ | 10.9 | $31^T$ | $30^T$ | 7.45 | $35^T$ | $47^T$ | 5.37 |
| $52^T$ | $35^T$ | 10.7 | $32^T$ | $31^T$ | 7.44 | $32^T$ | $43^T$ | 5.37 |
| $47^T$ | $32^T$ | 10.6 | $51^T$ | $50^T$ | 7.36 | $31^T$ | $43^T$ | 5.20 |

| 手柄位置 | | $N_1$ | 手柄位置 | | $N_1$ | 手柄位置 | | $N_1$ |
|---|---|---|---|---|---|---|---|---|
| $Z_B$ | $Z_A$ | | $Z_B$ | $Z_A$ | | $Z_B$ | $Z_A$ | |
| $51^T$ | $35^T$ | 10.5 | $52^T$ | $51^T$ | 7.35 | $35^T$ | $50^T$ | 5.05 |
| $43^T$ | $30^T$ | 10.3 | $52^T$ | $52^T$ | 7.21 | $30^T$ | $43^T$ | 5.03 |
| $50^T$ | $35^T$ | 10.3 | $51^T$ | $52^T$ | 7.07 | $35^T$ | $51^T$ | 4.95 |
| $43^T$ | $31^T$ | 10.0 | $50^T$ | $51^T$ | 7.07 | $32^T$ | $47^T$ | 4.91 |
| $43^T$ | $32^T$ | 9.69 | $31^T$ | $32^T$ | 6.99 | $35^T$ | $52^T$ | 4.85 |
| $47^T$ | $35^T$ | 9.68 | $30^T$ | $31^T$ | 6.98 | $31^T$ | $47^T$ | 4.76 |
| $52^T$ | $39^T$ | 9.62 | $50^T$ | $52^T$ | 6.93 | $32^T$ | $50^T$ | 4.62 |
| $51^T$ | $39^T$ | 9.43 | $47^T$ | $50^T$ | 6.78 | $30^T$ | $47^T$ | 4.60 |
| $39^T$ | $30^T$ | 9.38 | $30^T$ | $32^T$ | 6.76 | $32^T$ | $51^T$ | 4.53 |
| $50^T$ | $39^T$ | 9.25 | $47^T$ | $51^T$ | 6.65 | $31^T$ | $50^T$ | 4.47 |
| $39^T$ | $31^T$ | 9.07 | $43^T$ | $47^T$ | 6.60 | $32^T$ | $52^T$ | 4.44 |
| $43^T$ | $35^T$ | 8.86 | $32^T$ | $35^T$ | 6.59 | $31^T$ | $51^T$ | 4.38 |
| $39^T$ | $32^T$ | 8.79 | $39^T$ | $43^T$ | 6.54 | $30^T$ | $50^T$ | 4.33 |
| $52^T$ | $43^T$ | 8.72 | $47^T$ | $57^T$ | 6.52 | $31^T$ | $52^T$ | 4.30 |
| $47^T$ | $39^T$ | 8.69 | $35^T$ | $39^T$ | 6.47 | $30^T$ | $51^T$ | 4.24 |
| $51^T$ | $43^T$ | 8.55 | $31^T$ | $35^T$ | 6.39 | $30^T$ | $52^T$ | 4.16 |
| $35^T$ | $30^T$ | 8.41 | $43^T$ | $50^T$ | 6.20 | | | |
| $50^T$ | $43^T$ | 8.39 | $30^T$ | $35^T$ | 6.18 | | | |

（4）B452型开式针梳机搓皮板与前罗拉间牵伸值$N_2$。

$$N_2 = \frac{77\pi \times 40 \times Z_C}{50\pi \times 54 \times 50} = 0.0225 \times Z_C \quad （皮板厚3.5mm）$$

$N_2$的具体变化见表6-2-35。

（5）圈条辊与搓皮板间的牵伸值$N_3$：

$$N_3 = \frac{40\pi \times 32 \times 46 \times 68 \times 30 \times 30 \times 20 \times 33 \times 54}{18 \times 30 \times 40 \times 30 \times 34 \times 36 \times Z_E \times 41 \times 77\pi} = 51.2892\frac{1}{Z_E}$$

式中：$Z_E$为变换齿轮，$N_3$的具体变换数值见表6-2-35。

（6）针板与给条板间的牵伸值$N_4$：

$$N_4 = \frac{18 \times 33 \times 56 \times Z_F}{22 \times 22 \times 30 \times 45\pi} = 0.0162Z_F$$

式中：$Z_F$为变换齿轮齿数，$N_4$的具体变化数值见表6-2-35。

（7）给条板与导条辊间的牵伸值$N_5$：

$$N_5 = \frac{45\pi \times Z_G}{45\pi \times 31} = 0.0323Z_G$$

式中：$Z_G$为变换齿轮齿数，$N_5$的具体变换数值见表6-2-35。

（8）根据出条重量适当地变换链轮$Z_E$，改变圈条底盘的往复次数。出条重量轻使用大链轮，出条重量重使用小链轮。

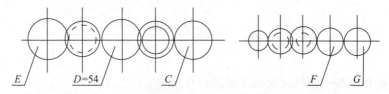

图6-2-6　导条辊与给条板传动图

表6-2-35　B452型开式针梳机$N_2$、$N_3$、$N_4$、$N_5$牵伸值变化

| 搓皮板与前罗拉间牵伸 | | 圈条辊与搓皮板间牵伸 | | 针板与给条板间牵伸 | | 给条板与导条辊间牵伸 | |
|---|---|---|---|---|---|---|---|
| $Z_C$齿数 | $N_2(D=54)$ | $Z_E$齿数 | $N_3(D=54)$ | $Z_F$齿数 | $N_4$ | $Z_G$齿数 | $N_5$ |
| 43 | 0.9810 | 47 | 1.0912 | 60 | 0.9722 | 31 | 1 |
| 44 | 1.0038 | 48 | 1.0685 | 61 | 0.9884 | 32 | 1.0322 |
| 45 | 1.0267 | 49 | 1.0467 | 62 | 1.0047 | 33 | 1.0645 |
| 46 | 1.0495 | 50 | 1.0257 | 63 | 1.0209 | 34 | 1.0968 |
| 47 | 1.0723 | 51 | 1.0056 | 64 | 1.0371 | — | — |
| 48 | 1.0951 | 52 | 0.9863 | 65 | 1.0533 | — | — |
| — | — | 53 | 0.9863 | 66 | 1.0695 | — | — |
| — | — | 54 | 0.9497 | 67 | 1.0857 | — | — |
| — | — | — | — | 68 | 1.1019 | — | — |

## 五、B465型翼锭粗纱机工艺计算

### 1. B465型翼锭粗纱机传动图（图6-2-7）及工艺变换齿轮统计（表6-2-36）

表6-2-36　B465型翼锭粗纱机工艺变换齿轮

| 变换齿代号 | 变换齿轮名称 | 齿　数 | 变换齿代号 | 变换齿轮名称 | 齿　数 |
|---|---|---|---|---|---|
| $Z_A$ | 捻度变换齿轮 | 绒线:67,精毛纺:60 | $Z_I$ | 卷绕变换齿轮 | 21~40 |
| $Z_B$ | 捻度变换齿轮 | 绒线:42,精毛纺:49 | $Z_J$ | 径向卷绕变换齿轮 | 21~40 |
| $Z_C$ | 捻度变换齿轮 | 42、43、44、45、46、47、48、49、50、51、52、53、54、56、58、60、62、64、66、68、70、72 | $Z_L$ | 升降变换齿轮 | 20~30 |
| $Z_D$ | 捻度变换齿轮 | 39、68 | $Z_M$ | 轴向卷绕变换齿轮 | 50、63 |
| $Z_E$ | 牵伸变换齿轮 | 绒线:25,精毛纺:19 | $Z_N$ | 轴向卷绕变换齿轮 | 63、50 |
| $Z_F$ | 牵伸变换齿轮 | 绒线:84,精毛纺:90 | $Z_O$ | 成形角度变换齿轮 | 26~32 |
| $Z_G$ | 牵伸变换齿轮 | 26~52 | $Z_P$ | 卷绕张力变换齿轮 | 31~33 |
| $Z_H$ | 后牵伸变换齿轮 | 49~53 | | | |

### 2. B465型翼锭粗纱机主轴转速和锭子转速

$$主轴转速（r/min）=960\times\frac{105}{D_2}=\frac{100800}{D_2}$$

$$锭子转速（r/min）= 960 \times \frac{105}{D_2} \times \frac{32}{30} \times \frac{33}{27} = \frac{131413}{D_2}$$

B465型翼锭粗纱机主轴转速和锭子转速计算值见表6-2-37。

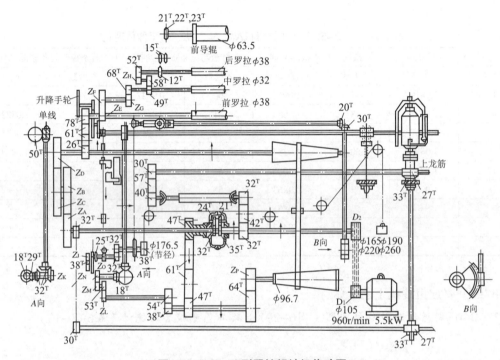

图6-2-7　B465型翼锭粗纱机传动图

表6-2-37　B465型翼锭粗纱机主轴转速和锭子转速计算值

| 主轴带轮$D_2$直径（mm） | 260 | 220 | 190 | 165 |
|---|---|---|---|---|
| 主轴转速（r/min） | 387 | 458 | 530 | 611 |
| 锭子转速（r/min） | 505 | 597 | 692 | 796 |

**3. B465型翼锭粗纱机前罗拉转速**

$$前罗拉转速（r/min）= 960 \times \frac{105}{D_2} \times \frac{Z_A \times Z_C \times 26}{Z_B \times Z_D \times 78} = 960 \times \frac{105}{D_2} \times \frac{60 \times Z_C \times 26}{49 \times Z_D \times 78} = \frac{41142.8 \times Z_C}{D_2 \times Z_D}$$

**4. B465型翼锭粗纱机牵伸值计算**

$$B465型后区牵伸值 = \frac{52 \times 58 \times (32 + 1.5 \times 2) \times \pi}{Z_H \times 49 \times 38 \times \pi} = \frac{56.69}{Z_H}$$

$$B465型前区牵伸值 = \frac{68 \times Z_F \times 38 \times \pi}{Z_G \times Z_E \times (32 + 1.5 \times 2) \times \pi} = 73.83 \times \frac{Z_F}{Z_G \times Z_E}$$

$$B465型总牵伸值 = \frac{56.69 \times 73.83 \times Z_F}{Z_H \times Z_G \times Z_E}$$

生产精毛纺纱时，$Z_F=90$，$Z_E=19$，此时B465型总牵伸值为：$\dfrac{56.69 \times 73.83 \times 90}{Z_H \times Z_G \times 19}$ $\dfrac{19825.9}{Z_H \times Z_G}$

B465型翼锭粗纱机的总牵伸值见表6-2-38。

表6-2-38　B465型翼锭粗纱机的总牵伸值

| $Z_G$齿数 | $Z_H$齿数 | | | | |
|---|---|---|---|---|---|
| | $49^T$ | $50^T$ | $51^T$ | $52^T$ | $53^T$ |
| | 后区牵伸倍数 | | | | |
| | 1.16 | 1.13 | 1.11 | 1.09 | 1.07 |
| $26^T$ | 15.6 | 15.3 | 15.0 | 14.7 | 14.4 |
| $27^T$ | 15.0 | 14.7 | 14.4 | 14.1 | 13.9 |
| $28^T$ | 14.5 | 14.2 | 13.9 | 13.6 | 13.4 |
| $29^T$ | 14.0 | 13.7 | 13.4 | 13.1 | 12.9 |
| $30^T$ | 13.5 | 13.2 | 13.0 | 12.7 | 12.5 |
| $31^T$ | 13.1 | 12.8 | 12.5 | 12.3 | 12.1 |
| $32^T$ | 12.6 | 12.4 | 12.2 | 11.9 | 11.7 |
| $33^T$ | 12.3 | 12.0 | 11.8 | 11.6 | 11.3 |
| $34^T$ | 11.9 | 11.7 | 11.4 | 11.2 | 11.0 |
| $35^T$ | 11.6 | 11.3 | 11.1 | 10.9 | 10.7 |
| $36^T$ | 11.2 | 11.0 | 10.8 | 10.6 | 10.4 |
| $37^T$ | 10.9 | 10.7 | 10.5 | 10.3 | 10.1 |
| $38^T$ | 10.6 | 10.4 | 10.2 | 10.0 | 9.8 |
| $39^T$ | 10.4 | 10.2 | 10.0 | 9.8 | 9.6 |
| $40^T$ | 10.1 | 9.9 | 9.7 | 9.5 | 9.4 |
| $41^T$ | 9.9 | 9.7 | 9.5 | 9.3 | 9.1 |
| $42^T$ | 9.6 | 9.4 | 9.3 | 9.1 | 8.9 |
| $43^T$ | 9.4 | 9.2 | 9.0 | 8.9 | 8.7 |
| $44^T$ | 9.2 | 9.0 | 8.8 | 8.7 | 8.5 |
| $45^T$ | 9.0 | 8.8 | 8.6 | 8.5 | 8.3 |
| $46^T$ | 8.8 | 8.6 | 8.5 | 8.3 | 8.1 |
| $47^T$ | 8.6 | 8.4 | 8.3 | 8.1 | 8.0 |
| $48^T$ | 8.4 | 8.3 | 8.1 | 7.9 | 7.8 |
| $49^T$ | 8.3 | 8.1 | 7.9 | 7.8 | 7.6 |
| $50^T$ | 8.1 | 7.9 | 7.8 | 7.6 | 7.5 |
| $51^T$ | 7.9 | 7.8 | 7.6 | 7.5 | 7.3 |
| $52^T$ | 7.8 | 7.6 | 7.5 | 7.3 | 7.2 |

**5. B465型翼锭粗纱机粗纱捻度**

$$粗纱捻度（捻/m）=\frac{32\times33\times49\times Z_D\times78\times1000}{68\times27\times60\times Z_C\times26\times\pi\times38}=26.77\times\frac{Z_D}{Z_C}$$

B465型翼锭粗纱机粗纱捻度见表6-2-39。

表6-2-39　B465型翼锭粗纱机粗纱捻度　　　　　　单位：捻/m

| $Z_C$齿数 | $Z_D$齿数 | | $Z_C$齿数 | $Z_D$齿数 | |
| --- | --- | --- | --- | --- | --- |
| | 39 | 68 | | 39 | 68 |
| | 捻度常数 | | | 捻度常数 | |
| | 1044 | 1820 | | 1044 | 1820 |
| 42 | 24.8 | 43.3 | 53 | 19.7 | 34.3 |
| 43 | 24.3 | 42.3 | 54 | 19.3 | 33.7 |
| 44 | 23.7 | 41.4 | 56 | 18.6 | 32.5 |
| 45 | 23.2 | 40.4 | 58 | 18.0 | 31.4 |
| 46 | 22.7 | 39.6 | 60 | 17.4 | 30.3 |
| 47 | 22.2 | 38.7 | 62 | 16.9 | 29.3 |
| 48 | 21.7 | 37.9 | 64 | 16.3 | 28.4 |
| 49 | 21.3 | 37.1 | 66 | 15.8 | 27.6 |
| 50 | 20.9 | 36.4 | 68 | 15.4 | 26.8 |
| 51 | 20.5 | 35.7 | 70 | 14.9 | 26.0 |
| 52 | 20.1 | 35.0 | 72 | 14.5 | 25.3 |

**6. B465型翼锭粗纱机轴向卷绕密度**

$$轴向卷绕密度（圈/cm）=\frac{33\times40\times32\times1\times47\times53\times54\times63（或50）\times29\times32\times50\times1\times1\times2\times428\times10}{27\times30\times32\times5\times47\times32\times Z_L\times50（或63）\times18\times32\times1\times\pi\times80\times1\times688\times1}$$
$$=\frac{146.5\ 或\ 92.3}{Z_L}$$

B465型翼锭粗纱机轴向卷绕密度（圈/cm）计算值见6-2-40。

表6-2-40　B465型翼锭粗纱机轴向卷绕密度计算值　　　　　　单位：圈/cm

| $Z_L$齿数 | $Z_M$齿数 | | $Z_L$齿数 | $Z_M$齿数 | |
| --- | --- | --- | --- | --- | --- |
| | 50 | 63 | | 50 | 63 |
| | $Z_N$齿数 | | | $Z_N$齿数 | |
| | 63 | 50 | | 63 | 50 |
| | 卷绕常数 | | | 卷绕常数 | |
| | 146.5 | 92.3 | | 146.5 | 92.3 |
| 20 | 7.3 | 4.6 | 23 | 6.4 | 4.0 |
| 21 | 7.0 | 4.4 | 24 | 6.1 | 3.8 |
| 22 | 6.7 | 4.2 | 25 | 5.9 | 3.7 |

| $Z_L$齿数 | $Z_M$齿数 | | $Z_L$齿数 | $Z_M$齿数 | |
|---|---|---|---|---|---|
| | 50 | 63 | | 50 | 63 |
| | $Z_N$齿数 | | | $Z_N$齿数 | |
| | 63 | 50 | | 63 | 50 |
| | 卷绕常数 | | | 卷绕常数 | |
| | 146.5 | 92.3 | | 146.5 | 92.3 |
| 26 | 5.6 | 3.6 | 29 | 5.1 | 3.2 |
| 27 | 5.4 | 3.4 | 30 | 4.9 | 3.1 |
| 28 | 5.2 | 3.3 | | | |

### 7. B465型翼锭粗纱机径向卷绕密度

$$径向卷绕密度（层/cm）= 18.1 \times \frac{Z_J}{Z_K}$$

B465型翼锭粗纱机径向卷绕密度（层/cm）计算值见表6-2-41。

表6-2-41　B465型翼锭粗纱机径向卷绕密度计算值　　　　　　　　单位：层/cm

| $Z_K$齿数 | $Z_J$齿数 | | | | | | | | | | | | | | | | | | | |
|---|---|---|---|---|---|---|---|---|---|---|---|---|---|---|---|---|---|---|---|---|
| | $40^T$ | $39^T$ | $38^T$ | $37^T$ | $36^T$ | $35^T$ | $34^T$ | $33^T$ | $32^T$ | $31^T$ | $30^T$ | $29^T$ | $28^T$ | $27^T$ | $26^T$ | $25^T$ | $24^T$ | $23^T$ | $22^T$ | $21^T$ |
| $21^T$ | 34.5 | 33.6 | 32.8 | 31.9 | 31.0 | 30.2 | 29.3 | 28.4 | 27.6 | 26.7 | 25.9 | 25.0 | 24.1 | 23.3 | 22.4 | 21.5 | 20.7 | 19.8 | 19.0 | 18.1 |
| $22^T$ | 32.9 | 32.1 | 31.3 | 30.4 | 29.6 | 28.8 | 28.0 | 27.1 | 26.3 | 25.5 | 24.7 | 23.9 | 23.0 | 22.2 | 21.4 | 20.6 | 19.7 | 18.9 | 18.1 | 17.3 |
| $23^T$ | 31.5 | 30.7 | 39.9 | 29.1 | 28.3 | 27.5 | 26.8 | 28.0 | 25.2 | 24.4 | 23.6 | 22.8 | 22.0 | 21.2 | 20.5 | 19.7 | 18.9 | 18.1 | 17.3 | 16.5 |
| $24^T$ | 30.2 | 29.4 | 28.7 | 27.9 | 27.1 | 26.4 | 25.6 | 24.9 | 24.1 | 23.4 | 22.6 | 21.9 | 21.1 | 20.4 | 19.6 | 18.8 | 18.1 | 17.3 | 16.6 | 15.8 |
| $25^T$ | 29.0 | 28.2 | 27.5 | 26.8 | 26.1 | 25.3 | 24.6 | 23.9 | 23.2 | 22.4 | 21.7 | 21.0 | 20.3 | 19.5 | 18.8 | 18.1 | 17.4 | 16.6 | 15.9 | 15.2 |
| $26^T$ | 27.8 | 27.1 | 26.4 | 25.8 | 25.1 | 24.4 | 23.7 | 23.0 | 22.3 | 21.6 | 20.9 | 20.2 | 19.5 | 18.8 | 18.1 | 17.4 | 16.7 | 16.0 | 15.3 | 14.6 |
| $27^T$ | 26.8 | 26.1 | 25.5 | 24.8 | 21.1 | 23.5 | 22.8 | 22.1 | 21.4 | 20.8 | 20.1 | 19.4 | 18.7 | 18.1 | 17.4 | 16.8 | 16.1 | 15.4 | 14.7 | 14.1 |
| $28^T$ | 25.9 | 25.2 | 24.6 | 23.9 | 23.3 | 22.6 | 22.0 | 21.3 | 20.7 | 20.0 | 19.4 | 18.7 | 18.1 | 17.4 | 16.8 | 16.2 | 15.5 | 14.9 | 14.2 | 13.6 |
| $29^T$ | 25.0 | 24.3 | 23.7 | 23.1 | 22.5 | 21.8 | 21.2 | 20.6 | 20.0 | 19.3 | 18.7 | 18.1 | 17.5 | 16.8 | 16.2 | 15.6 | 15.0 | 14.4 | 13.7 | 13.1 |
| $30^T$ | 24.1 | 23.5 | 22.9 | 22.3 | 21.7 | 21.1 | 20.5 | 19.9 | 19.3 | 18.7 | 18.1 | 17.5 | 16.9 | 16.3 | 15.7 | 15.1 | 14.5 | 13.9 | 13.3 | 12.7 |
| $31^T$ | 23.4 | 22.8 | 22.2 | 21.6 | 21.0 | 20.4 | 19.9 | 19.3 | 18.7 | 18.1 | 17.5 | 16.9 | 16.3 | 15.8 | 15.2 | 14.6 | 14.0 | 13.4 | 12.8 | 12.3 |
| $32^T$ | 22.6 | 22.1 | 21.5 | 20.9 | 20.4 | 19.8 | 19.2 | 18.7 | 18.1 | 17.5 | 17.0 | 16.4 | 15.8 | 15.3 | 14.7 | 14.1 | 13.6 | 13.0 | 12.4 | 11.9 |
| $33^T$ | 21.9 | 21.4 | 20.8 | 20.3 | 19.7 | 19.2 | 18.6 | 18.1 | 17.6 | 17.0 | 16.5 | 15.9 | 15.4 | 14.8 | 14.3 | 13.7 | 13.2 | 12.6 | 12.1 | 11.5 |
| $34^T$ | 21.3 | 20.8 | 20.2 | 19.7 | 19.2 | 18.6 | 18.1 | 17.6 | 17.0 | 16.5 | 16.0 | 15.4 | 14.9 | 14.4 | 13.8 | 13.3 | 12.8 | 12.2 | 11.6 | 11.2 |
| $35^T$ | 20.7 | 20.2 | 19.6 | 19.1 | 18.6 | 18.1 | 17.6 | 17.1 | 16.6 | 16.0 | 15.5 | 15.0 | 14.5 | 14.0 | 13.4 | 12.9 | 12.4 | 11.9 | 11.4 | 10.9 |
| $36^T$ | 20.1 | 19.6 | 19.1 | 18.6 | 18.1 | 17.6 | 17.1 | 16.6 | 16.1 | 15.6 | 15.1 | 14.6 | 14.1 | 13.6 | 13.1 | 12.6 | 12.1 | 11.6 | 11.1 | 10.6 |
| $37^T$ | 19.6 | 19.1 | 18.6 | 18.1 | 17.6 | 17.1 | 16.6 | 16.1 | 15.7 | 15.2 | 14.7 | 14.2 | 13.7 | 13.2 | 12.7 | 12.2 | 11.7 | 10.3 | 10.8 | 10.3 |
| $38^T$ | 19.1 | 18.6 | 18.1 | 17.6 | 17.1 | 16.7 | 16.2 | 15.7 | 15.2 | 14.8 | 14.3 | 13.8 | 13.3 | 12.9 | 12.4 | 11.9 | 11.4 | 11.0 | 10.5 | 10.0 |
| $39^T$ | 18.6 | 18.1 | 17.6 | 17.2 | 16.7 | 16.2 | 15.8 | 15.3 | 14.9 | 14.4 | 13.9 | 13.5 | 13.0 | 12.6 | 12.1 | 11.6 | 11.1 | 10.7 | 10.2 | 9.7 |
| $40^T$ | 18.1 | 17.6 | 17.2 | 16.7 | 16.3 | 15.8 | 25.4 | 14.9 | 14.5 | 14.0 | 13.6 | 13.1 | 12.7 | 12.2 | 11.8 | 11.3 | 10.9 | 10.4 | 10.0 | 9.5 |

8. B465型翼锭粗纱机粗纱成形圆锥角度的调整（表6-2-42）

表6-2-42　B465型翼锭粗纱机粗纱成形圆锥角度的调整

| $Z_0$齿数 | 大纱直径（mm） | 齿杆起始半径（mm） | 齿杆总差距（mm） | 成形圆锥角度 |
|---|---|---|---|---|
| 26$^T$ | 135 | 376 | 226 | 57° |
| | | 420 | | 60° 30′ |
| 32$^T$ | 135 | 430 | 276 | 53° |
| | — | 400 | — | 50° |
| | 125 | 420 | 248 | 52° |

9. B465型翼锭粗纱机理论产量

$$理论产量[kg/（台·h）] = \frac{出条重量（g/m）×前罗拉线速度（m/min）}{1000} ×60×锭数×效率$$

## 六、FB441型针筒式粗纱机工艺计算

1. FB441型针筒式粗纱机传动图（图6-2-8）及工艺变换齿轮（表6-2-43）

针圈式牵伸装置如图6-2-9所示。

表6-2-43　FB441型针筒式粗纱机工艺变换齿轮统计

| 代号 | 变换齿轮名称 | 齿数范围 | 代号 | 变换齿轮名称 | 齿数范围 |
|---|---|---|---|---|---|
| A | 主轴变换齿轮 | 35、39、43、47、51、55 | P | 针圈变换齿轮 | 51、52、53、54、55、56、57、58、59、60 |
| B | 后罗拉变换齿轮 | 113、114、115、116、117、118、119、120 | $R_1$ | 搓条罗拉变换齿轮 | 34、35 |
| C | 牵伸辅助齿轮 | 24、25、26 | $R_2$ | 搓条罗拉变换齿轮 | 90、91、92、93、94、95、96、97、98、99、100 |
| D | 牵伸变换齿轮 | 30、31、32、33、34、35、36、37、38、39、40、41、42、43、44、45 | $W_1$ | 游车往复变换齿轮 | 44、46、48、50 |
| G | 导纱辊变换齿轮 | 19、20 | $W_2$ | 游车往复辅助齿轮 | 28、30、32、34 |
| M | 中罗拉变换齿轮 | 31、32、33 | $W_3$ | 卷绕变换齿轮 | 31、32、33、34、35、36、37 |

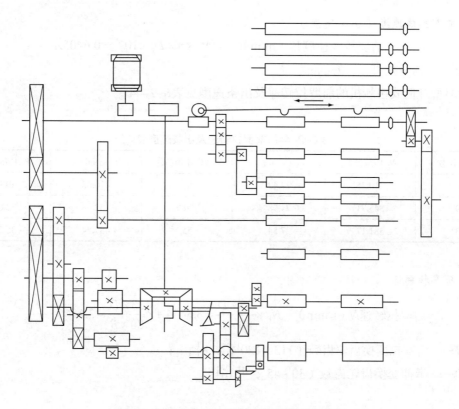

**图6-2-8　FB441型针筒式粗纱机传动示意图**

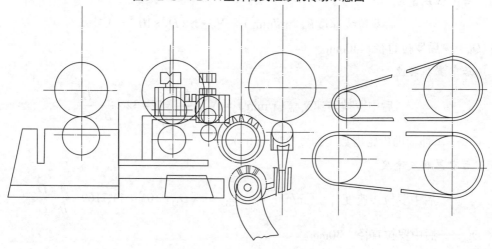

**图6-2-9　针圈式牵伸装置**

1—后罗拉座　2—后罗拉　3—针圈罗拉座　4—中罗拉座　5—$\phi$30轻质辊　6—后中罗拉　7—$\phi$25轻质辊

8—抬高棒　9—前中罗拉　10—针圈　11—毛刷　12—前罗拉　13—皮辊　14—后上轧辊　15—搓皮板

## 2. 前罗拉转速

$$前罗拉转速 N_F(r/min) = 960 \times \frac{154 \times 59 \times A}{400 \times 60 \times 41} = 8.8644A$$

式中：$A$——主轴变换齿轮齿数（$35^T$，$39^T$，$43^T$，$47^T$，$51^T$，$55^T$）。

### 3. 前罗拉线速度（出条速度）

$$前罗拉线速度V_F（m/min）= N_F \times \pi \times D_F \times 10^{-3} = 0.6405A$$

式中：$D_F$——前罗拉直径，23mm。

FB441型针筒式粗纱机的前罗拉转速及出条速度见表6-2-44。

表6-2-44 前罗拉转速及出条速度表

| A齿轮齿数 | $N_F$（r/min） | $V_F$（r/min） | A齿轮齿数 | $N_F$（r/min） | $V_F$（r/min） |
|---|---|---|---|---|---|
| 35 | 310.25 | 22.42 | 47 | 416.63 | 30.10 |
| 39 | 345.71 | 24.98 | 51 | 452.08 | 32.67 |
| 43 | 381.17 | 27.54 | 55 | 487.54 | 35.23 |

### 4. 后罗拉转速

$$后罗拉转速N（r/min）= N_F \times \frac{33 \times D}{80 \times B} = 8.8644A \times \frac{33 \times D}{80 \times B} = 3.6566 \times \frac{A \times D}{B}$$

式中：$B$——后罗拉变换齿轮齿数（$113^T$~$120^T$，共8档）；

　　　$D$——牵伸变换齿轮齿数（$30^T$~$45^T$，共16档）。

### 5. 后罗拉线速度

$$后罗拉线速度V_B（m/min）= N_B \times \pi \times D_B \times 10^{-3} = 0.4595$$

式中：$D_B$——后罗拉直径，40mm。

### 6. 后中罗拉转速

$$后中罗拉转速N_{C30}（r/min）= N_B \times \frac{34}{C} = 124.32 \times \frac{A \times D}{B \times C}$$

式中：$C$——牵伸辅助齿轮齿数（$24^T$，$25^T$，$26^T$）。

### 7. 后中罗拉线速度

$$后中罗拉线速度V_{C30}（m/min）= N_{C30} \times \pi \times D_{30} \times 10^{-3} = 11.7169 \times \frac{A \times D}{B \times C}$$

式中：$D_{30}$——后中罗拉直径，30mm。

### 8. 前中罗拉转速

$$前中罗拉转速N_{C18}（r/min）= N_B \times \frac{34 \times M}{C \times 20} = 6.2162 \times \frac{A \times D \times M}{B \times C}$$

式中：$M$——前中罗拉变换齿轮齿数（$31^T$，$32^T$，$33^T$）。

### 9. 前中罗拉线速度

$$前中罗拉线速度V_{C18}（m/min）= N_{C18} \times \pi \times D_{18} \times 10^{-3} = 0.3515 \times \frac{A \times D \times M}{B \times C}$$

式中：$D_{18}$——前中罗拉直径，18mm。

10. **针圈转速**

$$针圈转速 N_P（r/min）= N_B \times \frac{P \times 70}{50 \times 112} = 0.0457 \times \frac{A \times D \times P}{B}$$

式中：$P$——针圈变换齿轮齿数（$51^T$~$60^T$，共10档）。

11. **针圈线速度**

$$针圈线速度 V_P（m/min）= N_P \times \pi \times D_P \times 10^{-3} = 0.0072 \times \frac{A \times D \times P}{B}$$

式中：$D_P$——针圈直径，50mm。

12. **搓条罗拉转速**

$$搓条罗拉转速 N_R（r/min）= N_F \times \frac{R_1 \times 37}{R_2 \times 45} = 8.8644 A \times \frac{R_1 \times 37}{R_2 \times 45} = 7.2885 \times \frac{A \times R_1}{R_2}$$

式中：$R_1$——搓条罗拉变换齿轮齿数（$34^T$，$35^T$）；

$\quad\quad R_2$——搓条罗拉变换齿轮齿数（$90^T$~$100^T$，共11档）。

13. **搓条罗拉线速度**

$$搓条罗拉线速度 V_R（m/min）= N_R \times \pi \times D_R \times 10^{-3} = 1.6028 \times \frac{A \times R}{R_2}$$

式中：$D_R$——搓条罗拉直径，70mm。

14. **搓条罗拉往复次数**

$$搓条罗拉往复次数 N_1（次/min）= 960 \times \frac{154}{400} = 369.6$$

15. **卷绕辊往复次数**

$$卷绕辊往复次数 N_{W1}（次/min）= 960 \times \frac{154 \times 59 \times W_2 \times 20 \times 37 \times 21}{400 \times 60 \times W_1 \times 77 \times 37 \times 42} = 47.20 \times \frac{W_2}{W_1}$$

式中：$W_1$——往复变换齿轮齿数（$44^T$，$46^T$，$48^T$，$50^T$）；

$\quad\quad W_2$——往复辅助齿轮齿数（$28^T$，$30^T$，$32^T$，$34^T$）。

16. **卷绕辊往复平均线速度**

$$卷绕辊往复平均线速度 V_{W1}（m/min）= N_{W1} \times l \times 2 \times 10^{-3} = 16.992 \times \frac{W_2}{W_1}$$

式中：$l$——往复动程，180mm。

17. **卷绕辊转速**

$$卷绕辊转速 N_{W2}（r/min）= N_F \times \frac{R_1 \times 30 \times 30}{R_2 \times W_3 \times 40} = 199.449 \times \frac{A \times R_1}{R_2 \times W_3}$$

式中：$W_3$——卷绕变换齿轮齿数（$31^T$~$37^T$，共7档）。

18. **卷绕辊线速度**

$$卷绕辊线速度 V_{W2}（m/min）= N_{W2} \times \pi \times D_W \times 10^{-3} = 56.3928 \times \frac{A \times R_1}{R_2 \times W_3}$$

式中：$D_W$——卷绕辊直径，90mm。

19. **卷绕辊的卷绕角 $\alpha$**

卷绕辊的卷绕角 $\alpha$ 的示意图如图6-2-10所示。

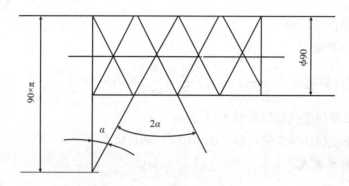

图6-2-10　卷绕辊的卷绕角 $\alpha$

$$\tan\alpha = \frac{V_{W1}}{V_{W2}} = \frac{16.992 \times \dfrac{W_2}{W_1}}{56.3928 \times \dfrac{A \times R_1}{R_2 \times W_3}} = 0.3013 \times \frac{R_2 \times W_2 \times W_3}{A \times R_1 \times W_1}$$

$$\alpha_{max} = 35°54', \quad \alpha_m = 20°50', \quad \alpha_{min} = 13°45'。$$

20. **导纱辊转速**

$$导纱辊转速 N_G（r/min）= N_B \times \frac{G}{35} = 3.6566 \times \frac{A \times D}{B} \times \frac{G}{35} = 0.1045 \times \frac{A \times D \times G}{B}$$

式中：$G$——导纱辊变换齿轮齿数（$19^T$，$20^T$）。

21. **导纱辊线速度**

$$导纱辊线速度 V_G（m/min）= N_G \times \pi \times D_G \times 10^{-3} = 0.0230 \times \frac{A \times D \times G}{B}$$

式中：$D_G$——导纱辊（第一档）直径，70mm。

22. **总牵伸（前罗拉至后罗拉）**

$$总牵伸 E_{F-B} = \frac{V_F}{V_B} = \frac{0.6405 \times A}{0.4595 \times \dfrac{A \times D}{B}} = 1.3939 \times \frac{B}{D}$$

FB441型粗纱机总牵伸值见表6-2-45。

表6-2-45 FB441型粗纱机总牵伸表

| D齿轮齿数 | B齿轮齿数 | | | | | | | |
|---|---|---|---|---|---|---|---|---|
| | 113 | 114 | 115 | 116 | 117 | 118 | 119 | 120 |
| 30 | 5.25 | 5.30 | 5.34 | 5.39 | 5.44 | 5.48 | 5.53 | 5.58 |
| 31 | 5.08 | 5.16 | 5.17 | 5.22 | 5.26 | 5.31 | 5.35 | 5.40 |
| 32 | 4.92 | 4.97 | 5.01 | 5.05 | 5.10 | 5.14 | 5.18 | 5.23 |
| 33 | 4.77 | 4.82 | 4.86 | 4.90 | 4.94 | 4.98 | 5.03 | 5.07 |
| 34 | 4.63 | 4.67 | 4.71 | 4.76 | 4.80 | 4.84 | 4.88 | 4.92 |
| 35 | 4.50 | 4.54 | 4.58 | 4.62 | 4.66 | 4.70 | 4.74 | 4.78 |
| 36 | 4.38 | 4.41 | 4.45 | 4.49 | 4.53 | 4.57 | 4.61 | 4.65 |
| 37 | 4.26 | 4.29 | 4.33 | 4.37 | 4.41 | 4.45 | 4.48 | 4.52 |
| 38 | 4.15 | 4.18 | 4.22 | 4.26 | 4.29 | 4.33 | 4.37 | 4.40 |
| 39 | 4.04 | 4.07 | 4.41 | 4.15 | 4.18 | 4.22 | 4.25 | 4.29 |
| 40 | 3.94 | 3.97 | 4.01 | 4.04 | 4.08 | 4.11 | 4.15 | 4.18 |
| 41 | 3.84 | 3.88 | 3.91 | 3.94 | 3.98 | 4.01 | 4.05 | 4.08 |
| 42 | 3.75 | 3.78 | 3.82 | 3.85 | 3.88 | 3.92 | 3.95 | 3.98 |
| 43 | 3.66 | 3.70 | 3.73 | 3.76 | 3.79 | 3.83 | 3.86 | 3.89 |
| 44 | 3.58 | 3.61 | 3.64 | 3.67 | 3.71 | 3.74 | 3.77 | 3.80 |
| 45 | 3.50 | 3.53 | 3.56 | 3.59 | 3.62 | 3.66 | 3.69 | 3.72 |

### 23. 前中罗拉至后中罗拉牵伸

$$E_{\text{C18-C30}} = \frac{V_{\text{C18}}}{V_{\text{C30}}} = \frac{0.3515 \times \dfrac{A \times D \times M}{B \times C}}{11.7169 \times \dfrac{A \times D}{B \times C}} = 0.0300 \times M$$

前中罗拉至后中罗拉牵伸计算值见表6-2-46。

表6-2-46 前中罗拉至后中罗拉牵伸计算值

| M齿轮齿数 | 31 | 32 | 33 |
|---|---|---|---|
| $E_{\text{C18-C30}}$ | 0.93 | 0.96 | 0.99 |

### 24. 后中罗拉至后罗拉牵伸

$$E_{\text{C30-B}} = \frac{V_{\text{C30}}}{V_{\text{B}}} = \frac{11.7169 \times \dfrac{A \times D}{B \times C}}{0.4595 \times \dfrac{A \times D}{B}} = 25.4992 \times \frac{1}{C}$$

后中罗拉至后罗拉牵伸计算值见表6-2-47。

表6-2-47　后中罗拉至后罗拉牵伸计算值

| $C$齿轮齿数 | 24 | 25 | 26 |
|---|---|---|---|
| $E_{C30-B}$ | 1.062 | 1.020 | 0.981 |

### 25. 搓条罗拉至前罗拉牵伸

$$E_{R-F} = \frac{V_R}{V_F} = \frac{1.6028 \times \dfrac{A \times R_1}{R_2}}{0.6405 \times A} = 2.5024 \times \frac{R_1}{R_2}$$

搓条罗拉至前罗拉牵伸计算值见表6-2-48。

表6-2-48　搓条罗拉至前罗拉牵伸计算值

| $R_2$齿轮齿数 | $R_1$齿轮齿数 | | $R_2$齿轮齿数 | $R_1$齿轮齿数 | |
|---|---|---|---|---|---|
| | 34 | 35 | | 34 | 35 |
| 90 | 0.945 | 0.973 | 94 | 0.905 | 0.932 |
| 91 | 0.935 | 0.962 | 95 | 0.896 | 0.922 |
| 92 | 0.925 | 0.952 | 96 | 0.886 | 0.912 |
| 93 | 0.915 | 0.942 | 97 | 0.877 | 0.903 |
| 98 | 0.868 | 0.894 | 100 | 0.851 | 0.876 |
| 99 | 0.859 | 0.885 | | | |

### 26. 后罗拉至导纱辊牵伸

$$E_{B\sim G} = \frac{V_B}{V_G} = \frac{0.4595 \times \dfrac{A \times D}{B}}{0.0230 \times \dfrac{A \times D \times G}{B}} = 19.9783 \times \frac{1}{G}$$

后罗拉至导纱辊牵伸计算值见表6-2-49。

表6-2-49　后罗拉至导纱辊牵伸计算值

| $G$齿轮齿数 | 19 | 20 |
|---|---|---|
| $E_{B-G}$ | 1.051 | 0.999 |

### 27. 针圈与后罗拉的速比

$$B_{P\sim B} = \frac{V_P}{V_B} = \frac{0.0072 \times \dfrac{A \times D \times P}{B}}{0.4595 \times \dfrac{A \times D}{B}} = 0.0157 \times P$$

针圈与后罗拉的速比计算值见表6-2-50。

表6-2-50　针圈与后罗拉的速比计算值

| P齿轮齿数 | 51 | 52 | 53 | 54 | 55 | 56 | 57 | 58 | 59 | 60 |
|---|---|---|---|---|---|---|---|---|---|---|
| $B_{P-B}$ | 0.801 | 0.816 | 0.832 | 0.848 | 0.864 | 0.879 | 0.895 | 0.911 | 0.926 | 0.942 |

### 28. 针圈与后中罗拉（$\phi 30mm$）的速比

$$B_{P\sim C30} = \frac{V_P}{V_{C30}} = \frac{0.0072 \times \dfrac{A \times D \times P}{B}}{11.7169 \times \dfrac{A \times D}{B \times C}} = 0.000614 \times P \times C$$

针圈与后中罗拉的速比计算值见表6-2-51。

表6-2-51　针圈与后中罗拉的速比计算值

| P齿轮齿数 | C齿轮齿数 | | | P齿轮齿数 | C齿轮齿数 | | |
|---|---|---|---|---|---|---|---|
| | 24 | 25 | 26 | | 24 | 25 | 26 |
| 51 | 0.752 | 0.783 | 0.814 | 56 | 0.825 | 0.860 | 0.894 |
| 52 | 0.766 | 0.798 | 0.830 | 57 | 0.840 | 0.875 | 0.910 |
| 53 | 0.781 | 0.814 | 0.846 | 58 | 0.855 | 0.890 | 0.926 |
| 54 | 0.796 | 0.829 | 0.862 | 59 | 0.869 | 0.906 | 0.942 |
| 55 | 0.810 | 0.844 | 0.878 | 60 | 0.884 | 0.921 | 0.958 |

### 29. 针圈与前中罗拉（$\phi 18mm$）的速比

$$B_{P\sim C18} = \frac{V_P}{V_{C18}} = \frac{0.0072 \times \dfrac{A \times D \times P}{B}}{0.3515 \times \dfrac{A \times D \times M}{B \times C}} = 0.02048 \times \frac{P \times C}{M}$$

针圈与前中罗拉的速比计算值见表6-2-52。

表6-2-52　针圈与前中罗拉的速比计算值

| P齿轮齿数 | C齿轮齿数 | | | | | | | | |
|---|---|---|---|---|---|---|---|---|---|
| | 24 | | | 25 | | | 26 | | |
| | M齿轮齿数 | | | | | | | | |
| | 31 | 32 | 33 | 31 | 32 | 33 | 31 | 32 | 33 |
| 51 | 0.809 | 0.783 | 0.760 | 0.842 | 0.816 | 0.791 | 0.876 | 0.849 | 0.823 |
| 52 | 0.824 | 0.799 | 0.775 | 0.859 | 0.832 | 0.807 | 0.893 | 0.865 | 0.839 |
| 53 | 0.840 | 0.814 | 0.789 | 0.875 | 0.848 | 0.822 | 0.910 | 0.882 | 0.855 |
| 54 | 0.856 | 0.829 | 0.804 | 0.892 | 0.864 | 0.838 | 0.928 | 0.899 | 0.871 |

| P齿轮齿数 | C齿轮齿数 | | | | | | | | |
|---|---|---|---|---|---|---|---|---|---|
| | 24 | | | 25 | | | 26 | | |
| | M齿轮齿数 | | | | | | | | |
| | 31 | 32 | 33 | 31 | 32 | 33 | 31 | 32 | 33 |
| 55 | 0.872 | 0.845 | 0.819 | 0.908 | 0.880 | 0.853 | 0.945 | 0.915 | 0.887 |
| 56 | 0.888 | 0.860 | 0.834 | 0.925 | 0.896 | 0.869 | 0.962 | 0.932 | 0.904 |
| 57 | 0.904 | 0.876 | 0.849 | 0.941 | 0.912 | 0.884 | 0.979 | 0.948 | 0.920 |
| 58 | 0.920 | 0.891 | 0.864 | 0.958 | 0.928 | 0.900 | 0.996 | 0.965 | 0.936 |
| 59 | 0.935 | 0.906 | 0.879 | 0.974 | 0.944 | 0.915 | 1.013 | 0.982 | 0.952 |
| 60 | 0.951 | 0.922 | 0.894 | 0.991 | 0.960 | 0.931 | 1.031 | 0.998 | 0.968 |

### 30. 前罗拉与针圈的速比

$$B_{F\sim P} = \frac{V_F}{V_P} = \frac{0.6405 \times A}{0.0072 \times \dfrac{A \times D \times P}{B}} = 88.9583 \times \frac{B}{D \times P}$$

FB441型针筒式粗纱机前罗拉与针圈的速比见表6-2-53。

### 31. 产量

（1）每头每小时产量$G_1$。

$$\begin{aligned}
G_1(\text{kg/h}) &= V_F \times W \times 2 \times 60 \times \eta \times 2 \times 10^{-3} \\
&= 0.6405 \times A \times W \times 2 \times 60 \times \eta \times 2 \times 10^{-3} \\
&= 0.15372 \times W \times A \times \eta
\end{aligned}$$

（2）每台每小时产量$G_2$。

$$G_2 [\text{kg/(台·h)}] = G_1 \times n = 0.15372 \times W \times A \times \eta \times n$$

（3）每台每班产量$G_3$。

$$G_3 [\text{kg/(台·班)}] = G_2 \times 7.5 = 1.1529 \times W \times A \times \eta \times n$$

式中：$W$——单纱条单位长度重量，g/m；

$\quad\ \eta$——机器效率；

$\quad\ n$——每台头数。

FB441型针筒式粗纱机理论产量见表6-2-54。

表6-2-53　FB441型针筒式粗纱机前罗拉与针圈的速比

（P齿轮齿数 = 114、113；列头数字为 B齿轮齿数）

| D齿轮齿数 | P齿轮齿数 | 51 | 52 | 53 | 54 | 55 | 56 | 57 | 58 | 59 | 60 |
|---|---|---|---|---|---|---|---|---|---|---|---|
| 30 | 114 | 6.63 | 6.50 | 6.38 | 6.26 | 6.15 | 6.04 | 5.93 | 5.83 | 5.73 | 5.63 |
| 31 | 114 | 6.41 | 6.29 | 6.17 | 6.06 | 5.95 | 5.84 | 5.74 | 5.64 | 5.54 | 5.45 |
| 32 | 114 | 6.21 | 6.09 | 5.98 | 5.87 | 5.76 | 5.66 | 5.56 | 5.46 | 5.37 | 5.28 |
| 33 | 114 | 6.03 | 5.91 | 5.80 | 5.69 | 5.59 | 5.49 | 5.39 | 5.30 | 5.21 | 5.12 |
| 34 | 114 | 5.85 | 5.74 | 5.63 | 5.52 | 5.42 | 5.32 | 5.23 | 5.14 | 5.06 | 4.97 |
| 35 | 114 | 5.68 | 5.57 | 5.47 | 5.37 | 5.27 | 5.17 | 5.08 | 5.00 | 4.91 | 4.83 |
| 36 | 114 | 5.52 | 5.42 | 5.32 | 5.22 | 5.12 | 5.03 | 4.94 | 4.86 | 4.77 | 4.70 |
| 37 | 114 | 5.37 | 5.27 | 5.17 | 5.08 | 4.98 | 4.89 | 4.81 | 4.73 | 4.65 | 4.57 |
| 38 | 114 | 5.23 | 5.13 | 5.04 | 4.94 | 4.85 | 4.77 | 4.68 | 4.60 | 4.52 | 4.45 |
| 39 | 114 | 5.10 | 5.00 | 4.91 | 4.82 | 4.73 | 4.64 | 4.56 | 4.48 | 4.41 | 4.33 |
| 40 | 114 | 4.97 | 4.88 | 4.78 | 4.70 | 4.61 | 4.53 | 4.45 | 4.37 | 4.30 | 4.23 |
| 41 | 114 | 4.85 | 4.76 | 4.67 | 4.58 | 4.50 | 4.42 | 4.34 | 4.26 | 4.19 | 4.12 |
| 42 | 114 | 4.73 | 4.64 | 4.56 | 4.47 | 4.39 | 4.31 | 4.24 | 4.16 | 4.09 | 4.02 |
| 43 | 114 | 4.62 | 4.54 | 4.45 | 4.37 | 4.29 | 4.21 | 4.14 | 4.07 | 4.00 | 3.93 |
| 44 | 114 | 4.52 | 4.43 | 4.35 | 4.27 | 4.19 | 4.12 | 4.04 | 3.97 | 3.91 | 3.84 |
| 45 | 114 | 4.42 | 4.33 | 4.25 | 4.17 | 4.10 | 4.02 | 3.95 | 3.89 | 3.82 | 3.76 |
| 30 | 113 | 6.57 | 6.44 | 6.32 | 6.21 | 6.09 | 5.98 | 5.88 | 5.78 | 5.68 | 5.58 |
| 31 | 113 | 6.36 | 6.24 | 6.12 | 6.00 | 5.90 | 5.79 | 5.69 | 5.59 | 5.50 | 5.40 |
| 32 | 113 | 6.16 | 6.04 | 5.93 | 5.82 | 5.71 | 5.61 | 5.51 | 5.42 | 5.32 | 5.24 |
| 33 | 113 | 5.98 | 5.86 | 5.75 | 5.64 | 5.54 | 5.44 | 5.34 | 5.25 | 5.16 | 5.08 |
| 34 | 113 | 5.80 | 5.69 | 5.58 | 5.48 | 5.38 | 5.28 | 5.19 | 5.10 | 5.01 | 4.93 |
| 35 | 113 | 5.63 | 5.52 | 5.42 | 5.32 | 5.22 | 5.13 | 5.04 | 4.95 | 4.87 | 4.79 |
| 36 | 113 | 5.48 | 5.37 | 5.27 | 5.17 | 5.08 | 4.99 | 4.90 | 4.81 | 4.73 | 4.65 |
| 37 | 113 | 5.33 | 5.22 | 5.13 | 5.03 | 4.94 | 4.85 | 4.77 | 4.68 | 4.60 | 4.53 |
| 38 | 113 | 5.19 | 5.09 | 4.99 | 4.90 | 4.81 | 4.72 | 4.64 | 4.56 | 4.48 | 4.41 |
| 39 | 113 | 5.05 | 4.96 | 4.86 | 4.77 | 4.69 | 4.60 | 4.52 | 4.44 | 4.37 | 4.30 |
| 40 | 113 | 4.93 | 4.83 | 4.74 | 4.65 | 4.57 | 4.49 | 4.41 | 4.33 | 4.26 | 4.19 |
| 41 | 113 | 4.81 | 4.71 | 4.63 | 4.54 | 4.46 | 4.38 | 4.30 | 4.23 | 4.16 | 4.09 |
| 42 | 113 | 4.69 | 4.60 | 4.52 | 4.43 | 4.35 | 4.27 | 4.20 | 4.13 | 4.06 | 4.00 |
| 43 | 113 | 4.58 | 4.50 | 4.41 | 4.33 | 4.25 | 4.17 | 4.10 | 4.03 | 3.96 | 3.90 |
| 44 | 113 | 4.48 | 4.39 | 4.31 | 4.23 | 4.15 | 4.08 | 4.01 | 3.94 | 3.87 | 3.81 |
| 45 | 113 | 4.38 | 4.30 | 4.21 | 4.14 | 4.06 | 3.99 | 3.92 | 3.85 | 3.79 | 3.72 |

（P齿轮齿数 = 116、115；列头数字为 B齿轮齿数）

| D齿轮齿数 | P齿轮齿数 | 51 | 52 | 53 | 54 | 55 | 56 | 57 | 58 | 59 | 60 |
|---|---|---|---|---|---|---|---|---|---|---|---|
| 30 | 116 | 6.74 | 6.61 | 6.49 | 6.37 | 6.25 | 6.14 | 6.03 | 5.93 | 5.83 | 5.73 |
| 31 | 116 | 6.53 | 6.40 | 6.28 | 6.16 | 6.05 | 5.94 | 5.84 | 5.74 | 5.64 | 5.55 |
| 32 | 116 | 6.32 | 6.20 | 6.08 | 5.97 | 5.86 | 5.76 | 5.66 | 5.56 | 5.47 | 5.37 |
| 33 | 116 | 6.13 | 6.01 | 5.90 | 5.79 | 5.69 | 5.58 | 5.49 | 5.39 | 5.30 | 5.21 |
| 34 | 116 | 5.95 | 5.84 | 5.73 | 5.62 | 5.52 | 5.42 | 5.32 | 5.23 | 5.14 | 5.06 |
| 30 | 115 | 6.69 | 6.56 | 6.43 | 6.31 | 6.20 | 6.09 | 5.98 | 5.88 | 5.78 | 5.68 |
| 31 | 115 | 6.47 | 6.35 | 6.23 | 6.11 | 6.00 | 5.89 | 5.79 | 5.69 | 5.59 | 5.50 |
| 32 | 115 | 6.27 | 6.15 | 6.03 | 5.92 | 5.81 | 5.71 | 5.61 | 5.51 | 5.42 | 5.33 |
| 33 | 115 | 6.08 | 5.96 | 5.85 | 5.74 | 5.64 | 5.54 | 5.44 | 5.34 | 5.25 | 5.17 |
| 34 | 115 | 5.90 | 5.79 | 5.68 | 5.57 | 5.47 | 5.37 | 5.28 | 5.19 | 5.10 | 5.01 |

续表

**B齿轮齿数=116**

| D齿轮齿数 | P齿轮齿数 51 | 52 | 53 | 54 | 55 | 56 | 57 | 58 | 59 | 60 |
|---|---|---|---|---|---|---|---|---|---|---|
| 35 | 5.78 | 5.67 | 5.56 | 5.46 | 5.36 | 5.26 | 5.17 | 5.08 | 5.00 | 4.91 |
| 36 | 5.62 | 5.51 | 5.41 | 5.31 | 5.21 | 5.12 | 5.03 | 4.94 | 4.86 | 4.78 |
| 37 | 5.41 | 5.36 | 5.26 | 5.16 | 5.07 | 4.98 | 4.89 | 4.81 | 4.73 | 4.65 |
| 38 | 5.32 | 5.22 | 5.12 | 5.03 | 4.94 | 4.85 | 4.76 | 4.68 | 4.60 | 4.53 |
| 39 | 5.19 | 5.09 | 4.99 | 4.90 | 4.81 | 4.72 | 4.64 | 4.56 | 4.48 | 4.41 |
| 40 | 5.06 | 4.96 | 4.87 | 4.78 | 4.69 | 4.61 | 4.53 | 4.45 | 4.37 | 4.30 |
| 41 | 4.94 | 4.84 | 4.75 | 4.66 | 4.58 | 4.49 | 4.42 | 4.34 | 4.27 | 4.19 |
| 42 | 4.82 | 4.72 | 4.64 | 4.55 | 4.47 | 4.39 | 4.31 | 4.24 | 4.16 | 4.09 |
| 43 | 4.71 | 4.62 | 4.53 | 4.44 | 4.36 | 4.29 | 4.21 | 4.14 | 4.07 | 4.00 |
| 44 | 4.60 | 4.51 | 4.43 | 4.34 | 4.26 | 4.19 | 4.11 | 4.04 | 3.98 | 3.91 |
| 45 | 4.50 | 4.41 | 4.33 | 4.25 | 4.17 | 4.09 | 4.02 | 3.95 | 3.89 | 3.82 |

**B齿轮齿数=115**

| D齿轮齿数 | P齿轮齿数 51 | 52 | 53 | 54 | 55 | 56 | 57 | 58 | 59 | 60 |
|---|---|---|---|---|---|---|---|---|---|---|
| 35 | 5.73 | 5.62 | 5.51 | 5.41 | 5.31 | 5.22 | 5.13 | 5.04 | 4.95 | 4.87 |
| 36 | 5.57 | 5.46 | 5.36 | 5.26 | 5.17 | 5.01 | 4.99 | 4.90 | 4.82 | 4.74 |
| 37 | 5.42 | 5.32 | 5.22 | 5.12 | 5.03 | 4.94 | 4.85 | 4.77 | 4.69 | 4.61 |
| 38 | 5.28 | 5.18 | 5.08 | 4.99 | 4.89 | 4.81 | 4.72 | 4.64 | 4.56 | 4.49 |
| 39 | 5.14 | 5.04 | 4.95 | 4.86 | 4.77 | 4.68 | 4.60 | 4.52 | 4.45 | 4.37 |
| 40 | 5.01 | 4.92 | 4.83 | 4.74 | 4.65 | 4.57 | 4.49 | 4.41 | 4.33 | 4.26 |
| 41 | 4.89 | 4.80 | 4.71 | 4.62 | 4.54 | 4.46 | 4.38 | 4.30 | 4.23 | 4.16 |
| 42 | 4.78 | 4.68 | 4.60 | 4.51 | 4.43 | 4.35 | 4.27 | 4.20 | 4.13 | 4.06 |
| 43 | 4.66 | 4.58 | 4.49 | 4.41 | 4.33 | 4.25 | 4.17 | 4.10 | 4.03 | 3.97 |
| 44 | 4.56 | 4.47 | 4.39 | 4.31 | 4.23 | 4.15 | 4.08 | 4.01 | 3.94 | 3.88 |
| 45 | 4.46 | 4.37 | 4.29 | 4.21 | 4.13 | 4.06 | 3.99 | 3.92 | 3.85 | 3.79 |

**B齿轮齿数=118**

| D齿轮齿数 | P齿轮齿数 51 | 52 | 53 | 54 | 55 | 56 | 57 | 58 | 59 | 60 |
|---|---|---|---|---|---|---|---|---|---|---|
| 30 | 6.86 | 6.73 | 6.60 | 6.48 | 6.36 | 6.25 | 6.14 | 6.03 | 5.93 | 5.83 |
| 31 | 6.64 | 6.51 | 6.39 | 6.27 | 6.18 | 6.05 | 5.94 | 5.84 | 5.74 | 5.64 |
| 32 | 6.43 | 6.31 | 6.19 | 6.07 | 5.96 | 5.86 | 5.75 | 5.66 | 5.56 | 5.47 |
| 33 | 6.24 | 6.12 | 6.00 | 5.89 | 5.78 | 5.68 | 5.58 | 5.48 | 5.39 | 5.30 |
| 34 | 6.05 | 5.94 | 5.83 | 5.72 | 5.61 | 5.51 | 5.42 | 5.32 | 5.23 | 5.15 |
| 35 | 5.88 | 5.77 | 5.66 | 5.55 | 5.45 | 5.36 | 5.26 | 5.17 | 5.08 | 5.00 |
| 36 | 5.72 | 5.61 | 5.50 | 5.40 | 5.30 | 5.21 | 5.12 | 5.03 | 4.94 | 4.86 |
| 37 | 5.56 | 5.46 | 5.35 | 5.25 | 5.16 | 5.07 | 4.98 | 4.89 | 4.81 | 4.73 |
| 38 | 5.42 | 5.31 | 5.21 | 5.12 | 5.02 | 4.93 | 4.85 | 4.76 | 4.68 | 4.60 |
| 39 | 5.28 | 5.18 | 5.08 | 4.98 | 4.89 | 4.81 | 4.72 | 4.64 | 4.56 | 4.49 |
| 40 | 5.15 | 5.05 | 4.95 | 4.86 | 4.77 | 4.69 | 4.60 | 4.52 | 4.45 | 4.37 |
| 41 | 5.02 | 4.92 | 4.83 | 4.74 | 4.66 | 4.57 | 4.49 | 4.41 | 4.34 | 4.27 |

**B齿轮齿数=117**

| D齿轮齿数 | P齿轮齿数 51 | 52 | 53 | 54 | 55 | 56 | 57 | 58 | 59 | 60 |
|---|---|---|---|---|---|---|---|---|---|---|
| 30 | 6.80 | 6.67 | 6.55 | 6.42 | 6.31 | 6.20 | 6.09 | 5.98 | 5.88 | 5.78 |
| 31 | 6.58 | 6.46 | 6.33 | 6.22 | 6.10 | 6.00 | 5.89 | 5.79 | 5.69 | 5.60 |
| 32 | 6.38 | 6.25 | 6.14 | 6.02 | 5.91 | 5.81 | 5.71 | 5.61 | 5.51 | 5.42 |
| 33 | 6.18 | 6.07 | 5.95 | 5.84 | 5.73 | 5.63 | 5.53 | 5.44 | 5.35 | 5.26 |
| 34 | 6.00 | 5.89 | 5.78 | 5.67 | 5.57 | 5.47 | 5.37 | 5.28 | 5.19 | 5.10 |
| 35 | 5.83 | 5.72 | 5.61 | 5.51 | 5.41 | 5.31 | 5.22 | 5.13 | 5.04 | 4.96 |
| 36 | 5.67 | 5.56 | 5.45 | 5.35 | 5.26 | 5.16 | 5.07 | 4.98 | 4.90 | 4.82 |
| 37 | 5.52 | 5.41 | 5.31 | 5.21 | 5.11 | 5.02 | 4.94 | 4.85 | 4.77 | 4.69 |
| 38 | 5.37 | 5.27 | 5.17 | 5.07 | 4.98 | 4.89 | 4.81 | 4.72 | 4.64 | 4.56 |
| 39 | 5.23 | 5.13 | 5.04 | 4.94 | 4.85 | 4.77 | 4.68 | 4.60 | 4.52 | 4.45 |
| 40 | 5.10 | 5.00 | 4.91 | 4.82 | 4.73 | 4.65 | 4.56 | 4.49 | 4.41 | 4.34 |
| 41 | 4.98 | 4.88 | 4.79 | 4.70 | 4.62 | 4.53 | 4.45 | 4.38 | 4.30 | 4.23 |

续表

**B齿轮齿数 = 118**（P齿轮齿数为列，D齿轮齿数为行）

| D齿轮齿数 | 51 | 52 | 53 | 54 | 55 | 56 | 57 | 58 | 59 | 60 |
| --- | --- | --- | --- | --- | --- | --- | --- | --- | --- | --- |
| 42 | 4.90 | 4.81 | 4.72 | 4.63 | 4.54 | 4.46 | 4.38 | 4.31 | 4.24 | 4.17 |
| 43 | 4.79 | 4.69 | 4.61 | 5.52 | 4.44 | 4.36 | 4.28 | 4.21 | 4.14 | 4.07 |
| 44 | 4.68 | 4.59 | 4.50 | 4.42 | 4.34 | 4.26 | 4.19 | 4.11 | 4.04 | 3.98 |
| 45 | 4.57 | 4.49 | 4.40 | 4.32 | 4.24 | 4.17 | 4.09 | 4.02 | 3.95 | 3.89 |

**B齿轮齿数 = 117**（P齿轮齿数为列，D齿轮齿数为行）

| D齿轮齿数 | 51 | 52 | 53 | 54 | 55 | 56 | 57 | 58 | 59 | 60 |
| --- | --- | --- | --- | --- | --- | --- | --- | --- | --- | --- |
| 42 | 4.86 | 4.77 | 4.68 | 4.59 | 4.51 | 4.43 | 4.35 | 4.27 | 5.20 | 4.13 |
| 43 | 4.75 | 4.65 | 4.57 | 4.48 | 4.40 | 4.32 | 4.25 | 4.17 | 4.10 | 4.03 |
| 44 | 4.64 | 4.55 | 4.46 | 4.38 | 4.30 | 4.22 | 4.15 | 4.08 | 4.01 | 3.94 |
| 45 | 4.54 | 4.45 | 4.36 | 4.28 | 4.21 | 4.13 | 4.06 | 3.99 | 3.92 | 3.85 |

**B齿轮齿数 = 120**（P齿轮齿数为列，D齿轮齿数为行）

| D齿轮齿数 | 51 | 52 | 53 | 54 | 55 | 56 | 57 | 58 | 59 | 60 |
| --- | --- | --- | --- | --- | --- | --- | --- | --- | --- | --- |
| 30 | 6.98 | 6.84 | 6.71 | 6.59 | 6.47 | 6.35 | 6.24 | 6.14 | 6.03 | 5.93 |
| 31 | 6.75 | 6.62 | 6.50 | 6.38 | 6.26 | 6.15 | 6.04 | 5.94 | 5.84 | 5.74 |
| 32 | 6.54 | 6.42 | 6.29 | 6.18 | 6.07 | 5.96 | 5.85 | 5.75 | 5.65 | 5.56 |
| 33 | 6.34 | 6.22 | 6.10 | 5.99 | 5.88 | 5.78 | 5.68 | 5.58 | 5.48 | 5.39 |
| 34 | 6.16 | 6.04 | 5.92 | 5.81 | 5.71 | 5.61 | 5.51 | 5.41 | 5.32 | 5.23 |
| 35 | 5.98 | 5.87 | 5.75 | 5.65 | 5.55 | 5.45 | 5.35 | 5.26 | 5.17 | 5.08 |
| 36 | 5.81 | 5.70 | 5.59 | 5.49 | 5.39 | 5.30 | 5.20 | 5.11 | 5.03 | 4.94 |
| 37 | 5.66 | 5.55 | 5.44 | 5.34 | 5.25 | 5.15 | 5.06 | 4.97 | 4.89 | 4.81 |
| 38 | 5.51 | 5.40 | 5.30 | 5.20 | 5.11 | 5.02 | 4.93 | 4.84 | 4.76 | 4.68 |
| 39 | 5.37 | 5.26 | 5.16 | 5.07 | 4.98 | 4.89 | 4.80 | 4.72 | 4.64 | 4.56 |
| 40 | 5.23 | 5.13 | 5.04 | 4.94 | 4.85 | 4.77 | 4.68 | 4.60 | 4.52 | 4.45 |
| 41 | 5.11 | 5.01 | 4.91 | 4.82 | 4.73 | 4.65 | 4.57 | 4.49 | 4.41 | 4.34 |
| 42 | 4.98 | 4.89 | 4.80 | 4.71 | 4.62 | 4.54 | 4.46 | 4.38 | 4.31 | 4.24 |
| 43 | 4.87 | 4.77 | 4.68 | 4.60 | 4.51 | 4.43 | 4.36 | 4.28 | 4.21 | 4.14 |
| 44 | 4.76 | 4.67 | 4.58 | 4.49 | 4.41 | 4.33 | 4.26 | 4.18 | 4.11 | 4.04 |
| 45 | 4.65 | 4.56 | 4.48 | 4.39 | 4.31 | 4.24 | 4.16 | 4.09 | 4.02 | 3.95 |

**B齿轮齿数 = 119**（P齿轮齿数为列，D齿轮齿数为行）

| D齿轮齿数 | 51 | 52 | 53 | 54 | 55 | 56 | 57 | 58 | 59 | 60 |
| --- | --- | --- | --- | --- | --- | --- | --- | --- | --- | --- |
| 30 | 6.92 | 6.79 | 6.66 | 6.53 | 6.42 | 6.30 | 6.19 | 6.08 | 5.98 | 5.88 |
| 31 | 6.70 | 6.57 | 6.44 | 6.32 | 6.21 | 6.10 | 5.99 | 5.89 | 5.79 | 5.69 |
| 32 | 6.49 | 6.36 | 6.24 | 6.13 | 6.01 | 5.91 | 5.80 | 5.70 | 5.61 | 5.51 |
| 33 | 6.29 | 6.17 | 6.05 | 5.94 | 5.83 | 5.73 | 5.63 | 5.53 | 5.44 | 5.35 |
| 34 | 6.10 | 5.99 | 5.87 | 5.77 | 5.66 | 5.56 | 5.46 | 5.37 | 5.28 | 5.19 |
| 35 | 5.93 | 5.82 | 5.71 | 5.60 | 5.50 | 5.40 | 5.31 | 5.21 | 5.13 | 5.04 |
| 36 | 5.77 | 5.65 | 5.55 | 5.45 | 5.35 | 5.25 | 5.16 | 5.07 | 4.98 | 4.90 |
| 37 | 5.61 | 5.50 | 5.40 | 5.30 | 5.20 | 5.11 | 5.02 | 4.93 | 4.85 | 4.77 |
| 38 | 5.46 | 5.36 | 5.26 | 5.16 | 5.07 | 4.97 | 4.89 | 4.80 | 4.72 | 4.64 |
| 39 | 5.32 | 5.22 | 5.12 | 5.03 | 4.94 | 4.85 | 4.76 | 4.68 | 4.60 | 4.52 |
| 40 | 5.19 | 5.09 | 4.99 | 4.90 | 4.81 | 4.73 | 4.64 | 4.56 | 4.49 | 4.41 |
| 41 | 5.06 | 4.97 | 4.87 | 4.78 | 4.69 | 4.61 | 4.53 | 4.45 | 4.38 | 4.30 |
| 42 | 4.94 | 4.84 | 4.76 | 4.67 | 4.58 | 4.50 | 4.42 | 4.35 | 4.27 | 4.20 |
| 43 | 4.83 | 4.73 | 4.65 | 4.56 | 4.48 | 4.40 | 4.32 | 4.24 | 4.17 | 4.10 |
| 44 | 4.72 | 4.63 | 4.54 | 4.46 | 4.37 | 4.30 | 4.22 | 4.15 | 4.08 | 4.01 |
| 45 | 4.61 | 4.52 | 4.44 | 4.36 | 4.28 | 4.20 | 4.13 | 4.06 | 3.99 | 3.92 |

表6-2-54 FB441型针筒式粗纱机理论产量

| 单纱条单位长度重量 W (g/m) | G₁[kg/(头·h)] | | | | | | G₂[kg/(台·h)] | | | | | | G₃ (kg/台·班) | | | | | |
|---|---|---|---|---|---|---|---|---|---|---|---|---|---|---|---|---|---|---|
| | 35 | 39 | 43 | 47 | 51 | 55 | 35 | 39 | 43 | 47 | 51 | 55 | 35 | 39 | 43 | 47 | 51 | 55 |
| 0.12 | 0.549 | 0.611 | 0.674 | 0.737 | 0.800 | 0.862 | 13.17 | 14.68 | 16.18 | 17.69 | 19.19 | 20.70 | 98.78 | 110.07 | 121.36 | 132.65 | 143.94 | 155.23 |
| 0.15 | 0.686 | 0.764 | 0.843 | 0.921 | 1.000 | 1.078 | 16.46 | 18.34 | 20.23 | 22.11 | 23.99 | 25.87 | 123.48 | 137.59 | 151.70 | 165.81 | 179.92 | 194.03 |
| 0.18 | 0.823 | 0.917 | 1.011 | 1.105 | 1.199 | 1.294 | 19.76 | 22.01 | 24.27 | 26.53 | 28.79 | 31.05 | 148.17 | 165.10 | 182.04 | 198.97 | 215.91 | 232.84 |
| 0.20 | 0.915 | 1.019 | 1.124 | 1.228 | 1.333 | 1.437 | 21.95 | 24.46 | 26.97 | 29.48 | 31.99 | 34.49 | 164.63 | 183.45 | 202.26 | 221.08 | 239.90 | 258.11 |
| 0.23 | 1.052 | 1.172 | 1.292 | 1.412 | 1.533 | 1.653 | 25.24 | 28.13 | 31.01 | 33.90 | 36.78 | 39.67 | 189.33 | 210.97 | 232.60 | 254.24 | 275.88 | 297.52 |
| 0.26 | 1.189 | 1.325 | 1.461 | 1.597 | 1.733 | 1.868 | 28.54 | 31.80 | 35.06 | 38.32 | 41.58 | 44.84 | 214.02 | 238.48 | 262.94 | 287.40 | 311.86 | 336.32 |
| 0.30 | 1.372 | 1.529 | 1.686 | 1.842 | 2.000 | 2.156 | 32.93 | 36.69 | 40.45 | 44.22 | 47.98 | 51.74 | 246.95 | 275.17 | 303.40 | 331.62 | 359.84 | 388.07 |
| 0.33 | 1.509 | 1.682 | 1.854 | 2.027 | 2.199 | 2.372 | 36.22 | 40.36 | 44.50 | 48.64 | 52.78 | 56.92 | 271.65 | 302.69 | 333.74 | 364.78 | 395.83 | 426.87 |
| 0.36 | 1.646 | 1.834 | 2.023 | 2.211 | 2.399 | 2.587 | 39.51 | 44.03 | 48.54 | 53.06 | 57.57 | 62.09 | 296.34 | 330.21 | 364.08 | 397.94 | 431.81 | 465.68 |
| 0.40 | 1.829 | 2.038 | 2.247 | 2.456 | 2.666 | 2.875 | 43.90 | 48.92 | 53.94 | 58.95 | 63.97 | 68.99 | 329.27 | 366.90 | 404.53 | 442.16 | 479.79 | 517.42 |
| 0.43 | 1.966 | 2.191 | 2.416 | 2.641 | 2.865 | 3.090 | 47.20 | 52.59 | 57.98 | 63.38 | 68.77 | 74.16 | 353.96 | 394.42 | 434.87 | 475.32 | 515.78 | 556.23 |
| 0.46 | 2.104 | 2.344 | 2.584 | 2.825 | 3.065 | 3.306 | 50.49 | 56.26 | 62.03 | 67.80 | 73.57 | 79.34 | 378.66 | 421.93 | 465.21 | 508.48 | 551.76 | 595.03 |
| 0.50 | 2.287 | 2.548 | 2.809 | 3.071 | 3.332 | 3.593 | 54.88 | 61.15 | 67.42 | 73.69 | 79.97 | 86.24 | 411.59 | 458.62 | 505.66 | 552.70 | 599.74 | 646.78 |
| 0.55 | 2.515 | 2.803 | 3.090 | 3.378 | 3.665 | 3.953 | 60.37 | 67.26 | 74.16 | 81.06 | 87.96 | 94.86 | 452.74 | 504.49 | 556.23 | 607.97 | 659.71 | 711.45 |
| 0.60 | 2.744 | 3.057 | 3.371 | 3.685 | 3.998 | 4.312 | 65.85 | 73.38 | 80.91 | 88.43 | 95.96 | 103.48 | 493.90 | 550.35 | 606.79 | 663.24 | 719.69 | 776.13 |
| 0.67 | 3.064 | 3.414 | 3.764 | 4.115 | 4.465 | 4.815 | 73.54 | 81.94 | 90.34 | 98.75 | 107.15 | 115.56 | 551.52 | 614.56 | 677.59 | 740.62 | 803.65 | 866.68 |

注 η取85%，n取24头。

# 第四节　前纺工艺

伴随着科学技术的进步，世界经济社会已进入知识经济时代。目前，质量管理已从质量检验阶段进展到全球质量规范阶段。其主要特征有如下几点。

（1）重视用户，以用户为中心的质量管理的出发点和归宿。

（2）以系统工程纺纱理论指导工艺、技术、质量的实践行为。即质量的优劣，除本道工序外，还取决于纺纱纵向关系的全过程，按概率发生可能性、优化工艺、寻求半制品与成纱的最佳关系，把纱疵和各项质量参数的变异系数控制到最小范围。

（3）数理统计技术和软件技术大量应用于纺纱全过程中，使工艺设计、质量检测领域得到改善，并丰富了传统精梳毛纺工艺的内容，体现出精梳毛纺由传统产业进入到知识经济时代。

前纺工艺是精梳毛纺的核心技术，在精梳毛织物加工流程中，纺纱是一道关键工序。因纺纱和织造工序的耗资量均分别是毛条制造工序的3~4倍。而且，毛织物的质量在很大程度上取决于纱线质量，而纱线质量取决于前纺工艺的设计科学性及合理性，这就是质量因果关系的严密逻辑。

前纺工艺内容，应分为整体流程的工艺选择，如原料选择、工艺道数的选择、实际有效牵伸值的选择及牵伸分配的选择、温湿度的选择。它决定了全程生活是否好做，决定了细纱质量的优劣与产品的成败。这就是纺织行业的经典名言——"工艺是主导"的意义所在。其次，则是各工序机型设备工艺参数的制订。现将前纺工艺分别叙述如下。

## 一、原料选择

选择原料，主要是根据成品和纺纱的要求，由产品设计部门决定。对于纺纱车间，则应考虑纺纱的难易和纱的品质。

### （一）羊毛的最细可纺特数

羊毛细度是决定可纺纱线特数的主要因素；其次为长度和强力；其余如卷曲以及毛粒、杂质等也有一定的影响。羊毛的平均细度和纺纱线密度（tex）或纺纱支数的关系可用单纱横截面内的纤维根数来表示。其关系式是：

$$\text{纺纱线密度(tex)} = 1000 \times \frac{\text{重量(g)}}{\text{长度(m)}} = \frac{1000 \times \dfrac{\left[\text{细度}(\mu m)\right]^2}{4 \times 10^4 \times 10^4} \times 100(\text{cm}) \times \text{密度}(\text{g/cm}^3) \times \text{根数}}{1(\text{m})}$$

$$纺纱支数 = \frac{长度(m)}{重量(g)} = \frac{1(m)}{\dfrac{\left[细度(\mu m)\right]^2 \times \pi}{4 \times 10^4 \times 10^4} \times 100(cm) \times 密度(g/cm^3) \times 根数}$$

细羊毛的密度为$1.32g/cm^3$，当纤维根数为35根时：

纺纱线密度（tex）$= 0.0363 \times \left[细度(\mu m)\right]^2$，纺纱支数 $= \dfrac{276000}{\left[细度(\mu m)\right]^2}$

当纤维根数为40根时：

纺纱线密度（tex）$= 0.0415 \times \left[细度(\mu m)\right]^2$，纺纱支数 $= \dfrac{24100}{\left[细度(\mu m)\right]^2}$

当纤维根数为45根时：

纺纱线密度（tex）$= 0.0467 \times \left[细度(\mu m)\right]^2$，纺纱支数 $= \dfrac{21400}{\left[细度(\mu m)\right]^2}$

单纱横截面内的纤维为40根时，纺纱大体上可正常进行。如长度指标（平均长度、短毛率、长度离散系数）较好，细度离散系数以及其他指标，如强力、抱合力等也较好，也可以选择接近35根。对于纱线品质要求较高、捻度较弱的针织纱等，则可选择接近45根。35根以下的纯毛纺纱，一般已比较困难。如在30根以下，纺纱就相当困难了。

当纤维根数分别为35根、40根和45根时，羊毛平均细度与毛纱可纺细度（可纺最细特数或最高公制支数）的关系见表6-2-55。

表6-2-55　羊毛平均细度与毛纱可纺细度的关系

| 羊毛平均细度（μm） | 毛纱可纺细度 | | | | | |
| --- | --- | --- | --- | --- | --- | --- |
| | 35根 | | 40根 | | 45根 | |
| | 最细特数 | 最高公支 | 最细特数 | 最高公支 | 最细特数 | 最高公支 |
| 18 | 11.8 | 85 | 13.4 | 74.5 | 15.1 | 66.2 |
| 18.5 | 12.4 | 80.5 | 14.2 | 70.6 | 16 | 62.7 |
| 19 | 13.1 | 76.5 | 14.9 | 67 | 16.8 | 59.4 |
| 19.5 | 13.8 | 72.5 | 15.7 | 63.5 | 17.7 | 56.4 |
| 20 | 14.5 | 69 | 16.6 | 60.3 | 18.7 | 53.6 |
| 20.5 | 15.2 | 65.7 | 17.4 | 57.5 | 19.6 | 51.0 |
| 21 | 15.9 | 62.7 | 18.2 | 54.8 | 20.6 | 48.6 |
| 21.5 | 16.8 | 59.7 | 19.1 | 52.3 | 21.6 | 46.4 |
| 22 | 17.5 | 57.1 | 20.0 | 49.9 | 22.6 | 44.3 |
| 22.5 | 18.3 | 54.6 | 20.9 | 47.8 | 23.6 | 42.4 |
| 23 | 19.2 | 52.2 | 21.9 | 45.6 | 24.7 | 40.5 |
| 23.5 | 20.0 | 50 | 22.9 | 43.7 | 25.8 | 38.8 |
| 24 | 20.8 | 48 | 23.8 | 42 | 26.9 | 37.2 |
| 24.5 | 21.8 | 45.9 | 24.8 | 40.4 | 28 | 35.7 |
| 25 | 22.7 | 44.1 | 25.9 | 38.6 | 29.2 | 34.3 |
| 25.5 | 23.5 | 42.5 | 27.6 | 37.1 | 30.6 | 33 |
| 26 | 24.6 | 40.7 | 28.0 | 35.7 | 31.6 | 31.7 |

在设计纯毛织物时，如所选的原料在纺纱时有困难，尚可混入少量（5%以下）的锦纶或涤纶，以改善其纺纱性能而不致影响其"纯毛"的外观。外销产品要根据销往国（地区）的有关规定进行，不可随意加入。

## （二）巴布长度和豪特长度（纤维平均长度）的换算

中国毛纺厂广泛使用巴布长度，而西方普遍采纳豪特长度。豪特方法几乎在全世界已取得非官方工业标准的地位，它是毛条买卖交易和精纺厂质量以及生产控制中普遍使用的描述纤维长度分布的方法。严格来讲，豪特长度是毛条截面积的加权平均长度；巴布长度是毛条重量的加权平均长度。表6-2-56是某毛精纺厂用梳片式长度分析仪测得的有关数据和相应的换算。

表6-2-56　巴布长度和豪特长度的计算表

| 长度分组（cm） | 中组长度 $L$（cm） | 称重 $P_0$（mg） | 重量百分率 $R$（$P_0/\Sigma P_0$） | $RL$ | $R/L$ | $RL^2$ | 截面积 $P_i$（$P_0/L$） | 截面积百分率 $X_i$（$P_i/\Sigma P_i$） |
|---|---|---|---|---|---|---|---|---|
| 0~1 | 0.5 | 3 | 0.196 | 0.098 | 0.391 | 0.049 | 6.000 | 2.711 |
| 1~2 | 1.5 | 9 | 0.587 | 0.880 | 0.391 | 1.320 | 6.000 | 2.711 |
| 2~3 | 2.5 | 25 | 1.630 | 4.074 | 0.652 | 10.186 | 10.000 | 4.518 |
| 3~4 | 3.5 | 57 | 3.716 | 13.005 | 1.062 | 45.518 | 16.286 | 7.358 |
| 4~5 | 4.5 | 88 | 5.737 | 25.815 | 1.275 | 116.167 | 19.556 | 8.836 |
| 5~6 | 5.5 | 119 | 7.757 | 42.666 | 1.410 | 234.664 | 21.636 | 9.776 |
| 6~7 | 6.5 | 202 | 13.168 | 85.593 | 2.026 | 556.356 | 31.077 | 14.041 |
| 7~8 | 7.5 | 224 | 14.602 | 109.518 | 1.947 | 821.382 | 29.867 | 13.495 |
| 8~9 | 8.5 | 231 | 15.059 | 127.999 | 1.772 | 1087.989 | 27.176 | 12.279 |
| 9~10 | 9.5 | 203 | 13.233 | 125.717 | 1.393 | 1194.312 | 21.368 | 9.655 |
| 10~11 | 10.5 | 145 | 9.452 | 99.250 | 0.900 | 1042.128 | 13.810 | 6.240 |
| 11~12 | 11.5 | 108 | 7.040 | 80.965 | 0.612 | 931.095 | 9.391 | 4.243 |
| 12~13 | 12.5 | 66 | 4.302 | 53.781 | 0.344 | 672.262 | 5.280 | 2.386 |
| 13~14 | 13.5 | 35 | 2.282 | 30.802 | 0.169 | 415.825 | 2.593 | 1.171 |
| 14~15 | 14.5 | 14 | 0.913 | 13.233 | 0.063 | 191.884 | 0.966 | 0.436 |
| 15~16 | 15.5 | 4 | 0.261 | 4.042 | 0.017 | 62.647 | 0.258 | 0.117 |
| 16~17 | 16.5 | 1 | 0.065 | 1.076 | 0.004 | 17.748 | 0.061 | 0.027 |
| 17~18 | 17.5 | | | | | | | |
| $\Sigma$ | | 1534 | 100 | 818.514 | 14.428 | 7401.532 | 221.324 | 100 |
| | | $\Sigma P_0$ | $\Sigma R$ | $A$ | $B$ | $C$ | $\Sigma P_i$ | |

## （三）国外羊毛细度与纺纱可纺细度计算式的简介

毫不含糊地讲，在中国毛纺织厂，影响纱线和面料质量的最大因素是所用羊毛的质量，也就是第二章讲的工序输入的质量。不管加工设备调试得如何好，羊毛直径哪怕相差一个微米对加工性能和产品质量都会带来很大的影响。如果所用的羊毛使得纱线截面平均纤维根数低于40根，质量就会下降，以后会举例说明这点。计算纤维根数的公式（西方使用）如下：

$$N = \frac{917000}{N_{\mathrm{m}} \times D^2}$$

式中：　$N$——纱线截面纤维平均根数；

　　　　$N_m$——纱线公制支数，公支；

　　　　$D$——羊毛平均直径，mm。

　　我国常用的公式是：

$$N = \frac{965000}{N_m \times D^2}$$

　　这两个公式很相似，但用965000来代替917000，纤维平均根数被多算了将近两根。比如用直径为20μm的毛来纺60公支的纱线，用第一个公式算出来的纤维平均根数是38.2，而用第二个公式算出来的纤维平均根数是40.2。尽管两根纤维看起来差别不大，但这点差别对加工性能和纱线的质量影响很大。

　　世界上绝大多数精纺厂纺中高支纱时，纱线截面纤维平均根数不会少于40根。大多数有声誉的厂家会用纱线截面纤维平均根数40根以上的纤维。我国许多厂家在纺高于40公支的纱线时，可以将纤维平均根数保持在37根左右，但由于这是用中国常用的公式算出来的，实际纤维平均根数和35根更接近。纱线截面纤维平均根数对纱线质量和纺纱断头的影响如下：质量和效率都随纱线截面纤维平均根数的增加而提高，在40~41根附近变化尤其明显。另外，纤维长度也有一定的影响，长的纤维可以适当弥补纤维根数的不足。我国有的精纺厂，不仅纤维平均根数少，而且纤维平均长度也短，只有60~65mm。这么短的纤维往往是毛条染色造成的纤维损伤所引起的。

　　值得一提的是，对染色毛条而言，西方厂家可以接受的纺纱断头是70次/千锭时，对本色纱，纺纱断头率则控制在10次/千锭时以下。还有一点要注意的是，各道针梳后条子的质量好坏最好用频谱图来鉴别。好的条干频谱图比较光滑，没有明显的峰值。周期性的条干不匀在欧洲的针梳条中是很少见的，而在中国则比较普遍。

## （四）化学纤维的细度和长度

　　在羊毛中混入化学纤维，可使混合后的平均细度、平均长度、细度离散系数和长度离散系数都得到显著的改善。

　　对于较轻的化学纤维，如腈纶、锦纶，一般都使用细度为3.33dtex（3旦）的原料。锦纶与黏胶纤维混纺，也可使用较粗的锦纶，如混入部分5.55dtex（5旦）的锦纶。对于较重的纤维如黏胶纤维、涤纶，也可使用4.44dtex（4旦）的，如纱的细度较细（18.5tex以下或54公支以上），则使用3.33dtex（3旦）的，以改善其纺纱性能。如果纺13.3tex以下（75公支以上）的涤/毛纱，细度还应使用2.22~2.78dtex（2~2.5旦）的。

　　如化学纤维细度规格不多，将几种细度混合，效果也好。如3.33dtex（3旦）与5.55dtex（5旦）的黏胶纤维各半（或5.55dtex略少）以代替4.44dtex（4旦）黏胶纤维等。

　　当羊毛平均长度为65~75mm时，使用76mm、89mm、102mm三档不等长切割的混和化学纤维，或相当的牵切长度化学纤维较为适宜。

## 二、温湿度的把控

前纺温湿度条件控制如表6-2-57所示。

表6-2-57　前纺温湿度条件控制

| 项　目<br>季　节 | 温度（℃） | 相对湿度（%） |
|---|---|---|
| 冬季最低 | 20~23 | 65~75 |
| 夏季最高 | 30~33 | |

## 三、半制品的储存

由于羊毛纤维内在结构是由大分子的铰链（即胱氨酸链）居多构成，这就使羊毛的急性弹性变形和缓性弹性变形特点尤为明显。在天然纤维中，羊毛又独具天然卷曲优势，因而羊毛才具有蓬松、活络、富于弹性的高档感。这些内在结构元素与外观效果的实现，决定了精梳毛纺加工毛纺产品的工艺特点，即：在加工工序上要求连续性，而加工时间上却要求间歇性，这就是半制品储存的缘由。其储存条件见表6-2-58。

表6-2-58　前纺半制品生产加工中的储存条件

| 半制品名称 | 温度（℃） | 相对湿度（%） | 储存时间（h） |
|---|---|---|---|
| 混条加油水毛团 | 30~33 | 65~75 | 24 |
| 末道粗纱 | 30~33 | 80~95 | 纯毛：24~36，<br>化学纤维：48~72 |

## 四、机台工艺参数

### （一）隔距

#### 1. 国产58型针梳机的总隔距

针板式牵伸机构类属二罗拉单区滑溜牵伸装置。国产58型针梳机的针板只配置了39块，针板区深度满足不了毛纤维交叉长度的要求，因此，该机工艺参数设有总隔距（即前罗拉中心到后罗拉中心长度）以控制较长纤维在牵伸中的有规律运动。国产58型针梳机总隔距见表6-2-59。

表6-2-59　国产58型针梳机总隔距

| 形式 | 前后罗拉中心距（mm） | | 前隔距（mm） | |
|---|---|---|---|---|
| | 根据手排长度 | 一般使用隔距 | 羊毛 | 化学纤维 |
| 交叉针梳机 | 交叉长度×（2.4~2.7） | 300~350 | 40左右 | 45~55 |
| 开式针梳机 | 交叉长度×（1.8~2） | 280~300 | 23~27 | 25~30 |
| 针圈式粗纱机 | 交叉长度×（1.35~1.65） | 210~240 | 2~4 | 3~5 |
| 双胶圈式粗纱机 | 交叉长度×（1~1.35） | 145~185 | — | — |

（1）国产68型针梳机，其配置针板为88块，是国产58型的2倍多，其针板深高230mm，加上前隔距的距离，对国产68型针梳机总隔距已失去意义。因此，国产68型针梳机工艺参数

只有前隔距，没有总隔距。

（2）前隔距的量法。

交叉针梳机：前小罗拉与胶辊的切点到最近的针。

B451型、B452型：前罗拉中心到针。

B461型：前罗拉表面到针圈表面。

（3）交叉式针梳机前隔距设计的两个经验公式。

$$前隔距 = \frac{纤维平均长度}{2} + (1 \sim 5\text{mm})$$

$$\frac{纤维平均长度}{3} < 前隔距 < \frac{纤维平均长度}{2}$$

（4）对于较短的原料，如混有羊绒、驼绒等的原料，前隔距可进一步缩小，交叉式可为35mm，针圈式为1~2mm等。

（5）在加工化学纤维比例超过60%的高比例混纺产品时，针梳机前隔距可以进一步放大，交叉式为40~60mm，针圈式不适用。

**2. 隔距调整**

对于头数较多，调整隔距十分不便的机器，可将前隔距调整到适当位置后不进行频繁调整。较为适当的隔距选择：B451型、B452型为25mm；B451A型为23.5mm；B461型为3~4mm；B451型、B451A型前罗拉光面处表面到螺杆端平面的距离为4mm时，其隔距分别为25mm与23.5mm；B461型前罗拉到 $\phi$ 30中罗拉的中心距可为110~130mm。

加工毛混纺产品时，有的厂以B461型的胶辊代替 $\phi$ 30中间罗拉的上轧辊，以增加其握持力，并将 $\phi$ 18中间罗拉的上轧辊卸掉，另加一根用 $\phi$ 10铜棒（不转动），使粗纱须条在铜棒上通过，以抬高其位置，减弱针圈对纤维的控制。这样对减少化学纤维的集束纤维有利。

**3. FB441型粗纱机牵伸工艺中隔距内容的设计计算**

（1）FB441型粗纱机是国产主要机型，是精梳毛纺法式系统的标志性重要设备。其隔距工艺参数的合理与否，决定着细纱质量的好坏，为此将其隔距工艺参数推荐如下。

总隔距（前罗拉→后罗拉）交叉长度 × 1.35~1.65倍，总隔距可调范围是180~215mm，一般掌握在200mm左右。

前隔距（前罗拉表面至针圈表面的距离）见表6-2-60。

表6-2-60　前隔距

| 原　　料 | 纯　　毛 | 化学纤维 | 混　　纺 | 山羊绒 |
|---|---|---|---|---|
| 前隔距（mm） | 1.5~3 | 3.5~4 | 3 | 1~2 |

前罗拉至后中罗拉（ $\phi$ 30mm）的中心距可调节范围为107~132mm，一般掌握在110~120mm。

（2）搓皮板前端（出条处）的隔距计算。

$$搓皮板前端的隔距（\text{mm}） = A \times \sqrt{粗纱重量(\text{g/m})}$$

式中，$A$ 随粗纱重量而异；在粗纱重量为2g/m以上时，$A=1 \sim 1.3$；在粗纱重量为0.4 ~ 2g/

m时，$A=1.1 \sim 1.4$；在粗纱重量为0.4g/m以下时，$A=1.2 \sim 1.5$。

搓皮板后端（进条处）的隔距约为前端隔距的1.25倍。

上、下搓皮板间的隔距适当与否，与粗纱质量的关系极为密切，搓皮板隔距目前通过经验公式确定。搓皮板前端（出口处）的隔距$g_1$（mm）的计算式如下。

$$g_1 = A \times \sqrt{粗纱重量（g/m）}$$

式中：$A$——为常数，当粗纱重量在2g/m以上时，$A=1 \sim 1.3$；当粗纱重量在0.4~2g/m时，$A=1.1 \sim 1.4$；当粗纱重量在0.4g/m以下时，$A=1.2 \sim 1.5$。

搓皮板后端（入口处）的隔距为：$g_2=1.25g_1$

搓皮板出口间隙$g_1$及入口间隙$g_2$的经验计算值见表6-2-61。

表6-2-61 搓皮板前端（$g_1$）及后端（$g_2$）隔距值一览表（参考）

| 出条重量$W$（g/m） | $A$ | $g_1$ | $g_2$ | 出条重量$W$（g/m） | $A$ | $g_1$ | $g_2$ |
|---|---|---|---|---|---|---|---|
| 0.12 | 1.451 | 0.50 | 0.63 | 0.42 | 1.396 | 0.90 | 1.13 |
| 0.14 | 1.447 | 0.54 | 0.68 | 0.44 | 1.393 | 0.92 | 1.16 |
| 0.16 | 1.443 | 0.58 | 0.72 | 0.46 | 1.389 | 0.94 | 1.18 |
| 0.18 | 1.439 | 0.61 | 0.76 | 0.48 | 1.385 | 0.96 | 1.20 |
| 0.20 | 1.436 | 0.64 | 0.80 | 0.50 | 1.381 | 0.98 | 1.22 |
| 0.22 | 1.432 | 0.67 | 0.84 | 0.52 | 1.378 | 0.99 | 1.24 |
| 0.24 | 1.428 | 0.70 | 0.87 | 0.54 | 1.374 | 1.01 | 1.26 |
| 0.26 | 1.424 | 0.73 | 0.91 | 0.56 | 1.370 | 1.03 | 1.28 |
| 0.28 | 1.421 | 0.75 | 0.94 | 0.58 | 1.366 | 1.04 | 1.30 |
| 0.30 | 1.417 | 0.78 | 0.97 | 0.60 | 1.363 | 1.06 | 1.32 |
| 0.32 | 1.413 | 0.80 | 1.00 | 0.62 | 1.359 | 1.07 | 1.34 |
| 0.34 | 1.409 | 0.82 | 1.03 | 0.64 | 1.355 | 1.08 | 1.36 |
| 0.36 | 1.406 | 0.84 | 1.05 | 0.66 | 1.351 | 1.10 | 1.37 |
| 0.38 | 1.402 | 0.86 | 1.08 | 0.68 | 1.348 | 1.11 | 1.39 |
| 0.40 | 1.400 | 0.89 | 1.11 | 0.70 | 1.344 | 1.13 | 1.41 |

一般实际使用值略比计算值大1~2mm。

（3）FB441型粗纱机牵伸区罗拉加压及轻质辊选用见表6-2-62。

表6-2-62 牵伸区加压一览表

| 项 目 | 全 毛 | 毛混纺 | 化学纤维 | 备 注 |
|---|---|---|---|---|
| 前罗拉（kg） | 25±5 | 30±5 | 35±5 | 随出条速度与总重调节 |
| 后罗拉（kg） | 6 | 6 | 6 | |
| 前中罗拉（$\phi18$） | 400g，500g | $\phi10$mm抬高棒 | $\phi10$mm抬高棒 | 纱条抬高，罗拉不转 |
| 后中罗拉（$\phi30$） | 600g | $\phi70$mm皮辊（3000g） | $\phi70$mm皮辊（3000g） | 与前罗拉皮辊间 |

（4）前罗拉加压机构重锤四档位置加压值$P$的计算（图6-2-11）。

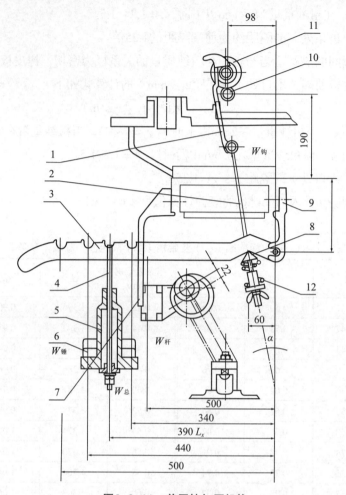

图6-2-11　前罗拉加压机构

$$P = \frac{W_x \times L_x}{59.69 + 13.82}$$

式中：$W_x$——加压重锤组合件，随加压重锤量（0~2）而变化（图中4、5、6）；

　　　$W_{总}$——加压重锤组合件总重8.25kg；

　　　$W_{锤}$——加压重锤每件重1.5kg（图中6）；

　　　$W_{杆}$——加压杠杆重25kg（图中3）；

　　　$W_{钩}$——加压挂钩组合件总重量1.25kg（图中1、2、8、12）；

　　$L_{x长率}$——加压重锤组件中心至支点距离；

　　　$\alpha$——前罗拉加压力方向与垂直线的夹角5°47′。

前罗拉加压值$p$一览表见表6-2-63。

表6-2-63　前罗拉加压值$p$一览表　　　　　　　　　　　　　　单位：kg

| $W_x$ ＼ $L_x$（mm） | 300 | 340 | 390 | 440 | 500 |
|---|---|---|---|---|---|
| $O$（$W_{杆}$$W_{钩}$作用） | 13.82 | | | | |

续表

| $L_x$（mm） $W_x$ | 300 | 340 | 390 | 440 | 500 |
|---|---|---|---|---|---|
| 5.25 | | 43.72 | 48.12 | 52.52 | 57.80 |
| 6.75 | | 52.27 | 57.92 | 63.58 | 70.36 |
| 8.25 | | 60.81 | 67.72 | 74.63 | 82.93 |

## （二）集合器开口

粗纱重量与集合器开口宽度的关系见表6-2-64。

表6-2-64　粗纱重量与集合器开口宽度的关系

| 粗纱重量（g/m） | 0.17~0.3 | 0.31~0.39 | 0.4~0.47 | 0.48以上 |
|---|---|---|---|---|
| 集合器开口宽度（mm） | 5.5 | 8 | 10.5 | 12 |

## （三）针板

针板的使用，加工羊毛时比加工化学纤维密，加工细纤维时比加工粗纤维密，加工短纤维时比加工长纤维密，针区负荷轻的比重的密。不推荐一块针板隔一块针板放置。因为这种配置将会人为地导致其无控制区长度和针密做周期性变化，不利于纤维运动的稳定控制。

现列常用的针板梳针针号和针板密度于表6-2-65和表6-2-66中，供参考选用。

表6-2-65　前纺各机常用梳针针号（CPWG）

| 机器型号 | 羊毛 | 化学纤维 | 机 器 型 号 | 羊 毛 | 化学纤维 |
|---|---|---|---|---|---|
| B411型 | 16 | 16 | B461型 | 27 | 25 |
| B421型 | 16 | 16 | SMC/400型 | 5# | 5 |
| B431型 | 17 | 17 | CSN型 | 6# | 6# |
| B421A型 | 18 | 18 | SH24型 | 针圈 | |
| B451型 | 22 | 20 | SHS型 | 气泡 | |
| B451A型 | 23 | 22 | | | |

表6-2-66　前纺针梳机的针板密度　　　　　　　单位：根/2.54cm

| 机器型号 | 精毛纺 | | | 细绒线、针织绒线 | | 粗绒线 | |
|---|---|---|---|---|---|---|---|
| | 羊毛 | 毛混纺 | 化学纤维 | 羊毛 | 膨体腈纶 | 羊毛 | 膨体腈纶 |
| B412型 | 10 | 10 | 10 | 10 | 10 | 10 | 10 |
| B423型 | 13~16 | 10~13 | 10 | 13 | 10 | 10 | 10 |
| B432型 | 16~19 | 13~16 | 13 | 16 | 13 | 13 | 10 |
| B442型 | 19~21 | 16~19 | 13 | 19 | 16 | 16 | 13 |
| B452型 | 12 | 10 | 8 | | | | |

注　B452型针梳机的针板密度单位为根/cm。

B461型针圈牵伸机构不适应纺化学纤维，易绕坏针圈，而调换针圈又十分不便，由于化学纤维整齐度好，有的厂就省掉这一道工序。

FB441型粗纱机针圈规格及其作用见表6-2-67和表6-2-68。

**表6-2-67　FB441型粗纱机针圈的规格**

| 针圈号 | M（齿部厚度） | N（针圈体厚度） | 结合件片数 |
|---|---|---|---|
| 25#针圈 | 0.45 ± 0.02 | 0.72 ± 0.02 | 103 |
| 26#针圈 | 0.40 ± 0.02 | 0.67 ± 0.02 | 110 |
| 27#针圈 | 0.35 ± 0.02 | 0.60 ± 0.02 | 123 |
| 28#针圈 | 0.30 ± 0.02 | 0.55 ± 0.02 | 135 |

**表6-2-68　针圈号数与原料品种**

| 原料品种 | 纯　毛 | | 毛　混　纺 | | 化学纤维 | |
|---|---|---|---|---|---|---|
| 设备位置 | 前道粗纱 | 末道粗纱 | 前道粗纱 | 末道粗纱 | 前道粗纱 | 末道粗纱 |
| 针　号 | 26# | 27# | 26# | 27# | 25# | 26# |

### （四）末道有捻粗纱捻系数

捻系数计算式如下：

$$特克斯制捻系数=捻度(捻/cm)\times\sqrt{线密度}$$

$$公制支数制捻系数=\frac{捻度(捻/cm)}{\sqrt{公制支数}}$$

特克斯制捻系数和公制支数制捻系数不能混用。

捻系数的选择，视原料品种和粗纱重量而定。一般来说，纤维长的，捻系数可较小；染深色的，捻系数也可较小；有光化学纤维的捻系数比无光化学纤维的小。对不同的原料，羊毛的捻系数较大，其次是腈纶或黏胶纤维，再次为涤纶，锦纶最小。

现将粗纱捻系数举例列于表6-2-69。

**表6-2-69　末道有捻粗纱捻系数**

| 纱线品种 | 原料种类 | 特克斯制捻系数 | 公制支数制捻系数 |
|---|---|---|---|
| 精纺纱 | 羊毛 | 443 ~ 569 | 14 ~ 18 |
| | 涤/毛 | 443 ~ 506 | 14 ~ 16 |
| | 涤/黏 | 364 ~ 459 | 1.5 ~ 14.5 |
| | 涤/毛/黏 | 395 ~ 490 | 12.5 ~ 15.5 |
| | 腈/黏/锦、黏/锦 | 379 ~ 506 | 12 ~ 16 |
| 细绒线及针织绒线 | 羊毛 | 348 ~ 474 | 11 ~ 15 |
| | 膨体腈纶 | 316 ~ 443 | 10 ~ 14 |

以上举例适用于B462型等弱捻粗纱机，不适用于老式的英式机器。

**（五）末道有捻粗纱的卷绕密度**

B462型等铁炮粗纱机的卷绕密度与粗纱的捻系数有关。大体上，捻系数大的，轴向和径向卷绕密度也较大。

1. **轴向卷绕密度**（表6-2-70）

表6-2-70　粗纱轴向卷绕密度　　　　　　　　单位：圈/cm

| 粗纱重（g/m） | 羊毛或毛混纺 | 化学纤维、涤黏锦 | 粗纱重（g/m） | 羊毛或毛混纺 | 化学纤维、涤黏锦 |
|---|---|---|---|---|---|
| 0.24 | 7.32 | 7.04 | 0.46 | 5.27 | 5.09 |
| 0.26 | 7.04 | 6.78 | 0.50 | 5.09 | 4.9 |
| 0.30 | 6.54 | 6.31 | 0.60 | 4.62 | 4.45 |
| 0.34 | 6.10 | 5.90 | 0.70 | 4.28 | 4.14 |
| 0.38 | 5.72 | 5.55 | 0.80 | 4.02 | 3.86 |
| 0.42 | 5.55 | 5.27 | 0.90 | 3.8 | 3.65 |
| 1.00 | 3.59 | 3.45 | | | |

纺细绒线及针织绒的腈纶粗纱，卷绕密度还可以低一些。

必须指出，特克斯制捻系数和公制支数制捻系数不能混用。

2. **径向卷绕密度**

径向卷绕密度也随粗纱重量而变化，为轴向密度的4～6倍，大概倍数见表6-2-71。

表6-2-71　粗纱径向卷绕密度与轴向卷绕密度之比

| 粗纱重量（g/m） | 0.24～0.30 | 0.3～0.5 | 0.5～0.7 | 0.7～1 |
|---|---|---|---|---|
| 径向密度/轴向密度 | 3.75～4.25 | 4.25～4.75 | 4.75～5.25 | 5.25～5.75 |

粗纱的径向卷绕密度，化学纤维比羊毛的大，有光化学纤维比无光化学纤维的大。具体的径向卷绕密度可通过上机时试验内外层的重量，控制其重量差异不超过1.5%。

**（六）混条加油水量的计算**

1. **和毛油用量**（表6-2-72）

表6-2-72　各种原料使用和毛油数量

| 原料　　油水加入量 | 进厂原料（干毛条） | 澳毛 | 毛/黏 | 毛/涤 | 化学纤维 | 国毛 |
|---|---|---|---|---|---|---|
| 加和毛油率（%） | 含油0.6~1 | 1~1.3 | 0.7~1 | 0.4~0.6 | 0.2~0.5 | 1.3 |
| 抗静电剂（%） | — | 0.5~1 | 只对毛加0.5 | 0.7~0.9 | — | 0.6 |
| 油水比 | — | 1:5~1:6 | 1:4~1:5 | 1:5 | 1:4 | 1:8~1:10 |

2. **混条加油量的计算**

加入和毛油总量＝投入毛条量×加油率×油水比之和

混条机每分钟加入油水量＝[要求总含油率−（羊毛条原有含油率×羊毛混合比例＋化学纤维原有含油率×化学纤维混合比例）]×混条机前罗拉线速度×混条机下机毛条单位重量×油水比之和

说明：纺纯毛白纱时为防止错批事故，传统习惯在和毛油中加入不同颜色染料区别。目前生产厂家已废除这种做法，因不符合生产环保、绿色产品要求。区分白纱批号可以用毛球芯管颜色不同或纱批号标签纸替代，环保且节省费用。

# 第三章 精纺细纱

## 第一节 精纺环锭细纱机的主要技术特征

### 一、B581型、B582型、B583型、BB581型、B591型、B593A型环锭细纱机（表6-3-1）

表6-3-1 B581型、B582型、B583型、BB581型、B591型、B593A型环锭细纱机的主要技术特征

| 机器型号 | | B581型 | B582型 | B583型 | BB581型 | B591型 | B593A型 |
|---|---|---|---|---|---|---|---|
| 纺纱细度 | tex | 33.3 ~ 16.7 | 27.8 ~ 12.5 | 50 ~ 12.5 | 33.3 ~ 11.1 | 200 ~ 40 | 83.3 ~ 166.7 |
| | 公支 | 30 ~ 60 | 36 ~ 80 | 20 ~ 80 | 30 ~ 90 | 5 ~ 25 | 6 ~ 12 |
| 纺纱种类 | | 精梳纱、针织绒线 | 精梳纱、针织绒线 | 精梳纱、针织绒线 | 精梳纱、针织绒线 | 绒线 | |
| 适用原料 | | 58公支以上羊毛，3.33~5.55dtex、7~150mm化学纤维 | 58公支以上羊毛，3.33~5.55dtex、7~150mm化学纤维 | 58公支以上羊毛，3.33~5.55dtex、7~150mm化学纤维 | 58公支以上羊毛，3.33~5.55dtex、7~150mm化学纤维 | 46 ~ 64公支羊毛，3.33~11.1dtex、70~150mm化学纤维 | 46 ~ 64公支羊毛，3.33~11.1dtex、70~150mm化学纤维 |
| 喂入粗纱（g/m） | | 0.17 ~ 0.73 搓捻 | 0.18 ~ 0.6 弱捻 | 0.18 ~ 0.7 搓捻或弱捻 | 0.18 ~ 0.6 搓捻或弱捻 | 0.7 ~ 4 搓捻或弱捻 | 4 ~ 6 |
| 粗纱卷装（mm） | | $\phi 140 \times 180$ | $\phi 140 \times 280$ | $\phi 140 \times 180$ 或 $\phi 140 \times 280$ | $\phi 140 \times 280$ 或 $\phi 140 \times 180$ | 管装：$\phi 150 \times 280$ 筒装：$\phi 400 \times 900$ | $\phi 360 \times 270$ |
| 喂入形式 | | 双层单排或单层双排，直立托锭 | 双排直立，前排吊锭，后排托锭 | 直立式吊锭 | 双排直立吊锭 | 管装时同左，筒装无捻条喂入为双排导条辊，导条辊离地高175~185cm | 条筒 |
| 牵伸形式 | | 四罗拉双胶圈单区牵伸 | 四罗拉双胶圈双区或单区牵伸 | 三罗拉双胶圈大摇架单区滑溜牵伸（TF18-230） | 四罗拉双胶圈双区牵伸，三罗拉双胶圈单区牵伸 | 同B582型 | 三罗拉双工作面双胶圈，后区沟槽圆盘，单区曲线滑溜牵伸 |
| 牵伸倍数（倍） | | 10 ~ 20 | 11 ~ 33 | 12 ~ 40 | 15 ~ 50 | 12 ~ 36 | 22 ~ 55 |
| 罗拉座角度 | | 45° | 60° | 45° | 55° | 60° | — |
| 前罗拉直径（mm） | | 30 | 35 | 35 | 35 | 40 | 40 |
| 二罗拉直径（mm） | | 22 | 18 | 35 | 35 | 18 | 25 |
| 三罗拉直径（mm） | | 25 | 35 | — | 35 | 35 | — |
| 后罗拉直径（mm） | | 30 | 35 | 35 | 35 | 35 | 30，沟槽盘直径65 |
| 前胶辊直径（mm） | | 50 | 52 | 52 | 52 | 52 | 50 |

续表

| 机器型号 | | B581型 | B582型 | B583型 | BB581型 | B591型 | B593A型 |
|---|---|---|---|---|---|---|---|
| 中轧辊直径（mm） | | 25.4 | 35 | 50 | 35 | 35 | — |
| 后轧辊直径（mm） | | 55（铁） | 52 | 52 | 52 | 52 | 50 |
| 下胶圈(mm) | 长 | 287 | 420 | 355 | $102\pi$ | 420 | $98\pi$ |
| | 宽 | 35 | 30 | 32 | 31~32 | 45 | 35 |
| | 厚 | 1.5 | 1~1.5 | 1 | 1~1.5 | 1~1.5 | 1.5 |
| 上胶圈(mm) | 长 | 287 | 320 | 275 | $80\pi$ | 320 | $37\pi$ |
| | 宽 | 35 | 30 | 32 | 31~32 | 45 | 35 |
| | 厚 | 1.5 | 1~1.5 | 1 | 1~1.5 | 1~1.5 | 1.0 |
| 加压(N/双锭) | 前罗拉 | 196~235（重锤） | 343~490（弹簧） | 225.5，259.9（摇架） | 294（弹簧） | 343~490（弹簧） | 490 |
| | 二罗拉 | 23.5（弹簧） | — | 294（摇架） | 137~147（弹簧） | — | 88 |
| | 中罗拉 | 23.5（弹簧） | 117.7（弹簧） | 78.4（摇架） | 294（弹簧），用双区牵伸时，最后一根为294 | 117.7（弹簧） | 196~294 |
| | 后罗拉 | 24.5（自重） | 196~294（弹簧） | 117.7（摇架） | | 196~294（弹簧） | — |
| 捻度（捻/m） | | 400~750 | 200~1050 | 250~1200 | 360~1100 | 80~350 | 90~240 |
| 锭子型号 | | HM3-17 | B1301-230 | D1301A-230 | HM3-17 | D2401 | D2601 |
| 锭速（r/min） | | 7800~10300 | 6800~9500 | 5000~12000 | 6500~12000 | 1500~5000 | 3000~5000 |
| 锭距（mm） | | 75 | 75 | 75 | 75 | 100 | 150 |
| 每台锭数 | | 408 | 396 | 396 | 408 | 280 | 200 |
| 钢领形式及内径(mm) | | G型51、45 | 锥面51 | 锥面51 | G型51、45 | 锥面75 | 粉末冶金竖边112，边高16.8 |
| 锭带宽×厚(mm) | | 16×1 | 16×1 | 16×1 | 16×1 | 16×1 | 25×1 |
| 卷绕总高（mm） | | 200 | 230 | 230 | 200 | 280 | 400 |
| 管底成形 | | 凸钉式 | 凸钉式 | 凸钉式 | 凸钉式 | 凸钉式 | 凸钉式 |
| 纸管尺寸（mm） | | 230×$\phi$(19, 4) | 260×$\phi$(21, 28) | 260×($\phi$21/28.5) | 同B581型 | 310×$\phi$(28.8, 36.6) | 430×$\phi$44 |
| 外形尺寸（mm）长×宽×高 | | 16812×1030×1900 | 17093×940×21400 | 17076×860×1995 | 同B581型 | 15935×2460×2000（条筒喂入）；19935×930×2140（粗纱管喂入） | 17025×1740×2008 |
| 主电动机 | | JFO₂62-4,10kW,1450r/min | JFO₂62-6（右）10kW, 960r/min | JFO₂62-6（D₂），10kW, 960r/min | JFO₂52-4,10kW, 1440r/min | JFO₂62-6（左），D₂型, 10kW，970r/min | JFO₃-1801,M6（Dz），18.5kW，975r/min |

注　1. B593A型是条筒喂入，B591型是条饼喂入。

2. BB581型是上海地区老机改造的机型；B581型、BB581型的锭子现逐步改成DFG3分离式锭子。

3. 有些厂的B583型细纱机牵伸机构移植采用SKF-PK1601摇架。

　　B581型、BB581型、B583型、B582型细纱机的牵伸装置示意图如图6-3-1所示，B591型的牵伸装置除前罗拉直径为40mm外，其余均与B582型同。

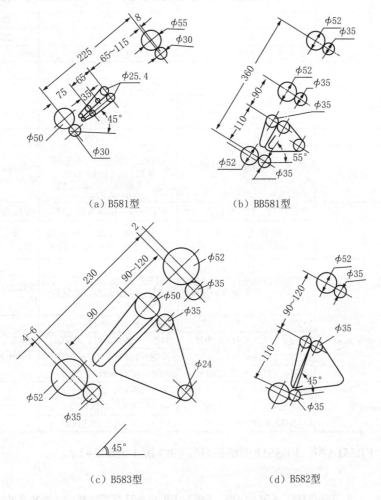

（a）B581型　　　　　　　　　（b）BB581型

（c）B583型　　　　　　　　　（d）B582型

图 6-3-1　B581型、BB581型、B583型、B582型细纱机牵伸装置示意图

## 二、B583A型、B583B型、B583C型、FB501型环锭细纱机（表6-3-2）

表6-3-2　B583A型、B583B型、B583C型、FB501型环锭细纱机的主要技术特征

| 机器型号 | | B583A型 | B583B型、B583C型 | FB501型 |
|---|---|---|---|---|
| 锭距（mm） | | 75 | 75 | 75 |
| 锭数 | | 396，384，372，108 | 396，384，372，108 | 384，396，408 |
| 钢领规格（mm） | | $\phi 51 \times 11.2$ | $\phi 51 \times 11.2$ | $\phi 51$ |
| 升降全程（mm） | | 230 | 230 | 230 |
| 纺纱细度 | tex | 50～12.5 | 50～12.5 | 50～12.5 |
| | 公支 | 20～80 | 20～80 | 20～80 |
| 牵伸倍数 | | 12～40 | 12～40 | 12～40 |
| 牵伸形式 | | 三罗拉双皮圈，摇架加压 | 三罗拉双皮圈，摇架加压 | 三罗拉双皮圈，摇架加压 |
| 罗拉直径（mm） | 前 | 35 | 35 | 35 |
| | 中 | 35 | 35 | 35 |
| | 后 | 35 | 35 | 35 |
| 罗拉座倾角 | | 45° | 45° | 55° |

续表

| 机器型号 | | B583A型 | B583B型、B583C型 | FB501型 |
|---|---|---|---|---|
| 罗拉加压（N/双锭） | 前 | 230，265，300 | 230，265，300 | 200，270，350 |
| | 中 | 80 | 80 | 90，120，150 |
| | 后 | 120 | 120 | 200，250，300 |
| 罗拉隔距（mm） | 前~中 | 110 | 110，105，105 | — |
| | 中~后 | 90~115 | — | — |
| | 前~后 | — | 250，230，223 | — |
| 锭速（r/min） | | 5000~13000 | 5000~13000 | 7000~12000 |
| 捻向 | | Z或S | Z或S | Z或S |
| 捻度（捻/m） | | 250~1200 | 250~1200 | 250~1200 |
| 粗纱卷装尺寸（mm） | | 弱捻，单根卷绕，单根喂入，φ140×280 | 搓捻，双根卷绕，单根喂入，φ220×（190~230）；弱捻，单根喂入φ140×280 | 搓捻，双根卷绕，单根喂入，φ220×210 |
| 粗纱架 | | 单层四列，粗纱吊锭支撑 | 单层四列，粗纱吊锭支撑 | 单层四列，粗纱吊锭支撑 |
| 断头吸入装置 | | 支管吸入式，单独风机，风量2000m³/h，下排风 | 支管吸入式，单独风机，风量2000m³/h，下排风 | 支管吸入式，单独风机，风量2000m³/h，下排风 |
| 自动机构 | | 钢领板自动适位停车，满管自动下降，开车前自动复位 | 钢领板自动适位停车，满管自动下降，开车前自动复位 | 钢领板自动适位停车，满管自动下降，开车前自动复位 |
| 外形尺寸（长×宽×高）（mm） | | 396锭：17076×917×2075 | 396锭：17076×917×2075 | 408锭：17190×860×2133 |
| | | 384锭：16626×917×2075 | 384锭：16626×917×2075 | |
| | | 372锭：16176×917×2075 | 372锭：16176×917×2075 | |
| | | 108锭：6276×917×2075 | 108锭：6276×917×2075 | |
| 电动机型号和功率 | | JO₃-160M-6左（D₂），15kW | JFO₃-61B-6（左）B₃，15kW | 15kW |
| | | JO₂-90S-2（T₂），2.2kW | Y9L-2（B5），2.2kW | 2.2kW |
| | | A1-5634，0.18kW | AO₂-7124（左），0.37kW | 0.18kW |

## 三、FB551型、FB551A型、FB551B型绒线环锭细纱机（表6-3-3）

表6-3-3　FB551型、FB551A型、FB551B型绒线环锭细纱机的主要技术特征

| 项　　目 | | 主要技术特征 | 项　　目 | | 主要技术特征 |
|---|---|---|---|---|---|
| 锭距（mm） | | 110 | 锭速（r/min） | | 3000~6000 |
| 锭数（mm） | | 280 | 捻向 | | Z |
| 钢领直径（mm） | | φ75 | 锭子型号 | | D1408A |
| 升降全程（mm） | | 280 | 锭带张力轮 | | 单张力轮 |
| 纺纱细度 | tex | 200~40 | 喂入形式 | FB551 | 条筒喂入，φ400mm×900mm |
| | 公支 | 5~25 | | FB551A | 弱捻粗纱喂入，φ180mm×320mm |
| 牵伸倍数（mm） | | 10~40 | | FB551B | 无捻粗纱喂入，φ250mm×200mm |
| 牵伸形式 | | 三罗拉双胶圈滑溜牵伸，摇架加压 | 纱架形式 | FB551 | 毛条架，单层六列导条盘 |
| 罗拉直径（mm） | 前 | φ40 | | FB551A | 粗纱架，单层四列吊锭 |
| | 中 | φ32 | | FB551B | 粗纱架，单层六列吊锭 |
| | 后 | φ40 | 断头吸入装置 | | 单管吸口式，下排风 |

| 项　目 | | 主要技术特征 | 项　目 | | 主要技术特征 |
|---|---|---|---|---|---|
| 罗拉加压（双锭）（N） | 前 | 420～620 | 自动机构 | | 满管钢领板自动下降和适位停车；开车前钢领板自动复位；任何时间关车钢领板适位停车；开车头门全机自停 |
| | 中 | 230 | 功率（kW） | | 13.57 |
| | 后 | $\phi 400$ | 外形尺寸（mm）长×宽×高 | FB551 | 17560×2940×2010 |
| 罗拉隔距（mm） | 前～中 | 112 | | FB551A | 17560×1000×2190 |
| | 中～后 | 83～203 | | FB551B | 17560×1400×2190 |

# 第二节　细纱机的传动及工艺计算

## 一、B581型细纱机（图6-3-2）

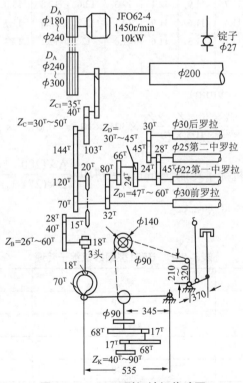

图6-3-2　B581型细纱机传动图

$$B581型细纱机牵伸倍数 = \frac{80 \times 66 \times Z_{D1} \times 28 \times 30}{32 \times 24 \times Z_D \times 24 \times 24} = 10 \times \frac{Z_{D1}}{Z_D}$$

B581型细纱机牵伸倍数见表6-3-4。

表6-3-4　B581型细纱机牵伸倍数

| $Z_D$ | $Z_{D1}$ | | | | | | | | | | | | | |
|---|---|---|---|---|---|---|---|---|---|---|---|---|---|---|
| | $47^T$ | $48^T$ | $49^T$ | $50^T$ | $51^T$ | $52^T$ | $53^T$ | $54^T$ | $55^T$ | $56^T$ | $57^T$ | $58^T$ | $59^T$ | $60^T$ |
| | 牵伸倍数 | | | | | | | | | | | | | |
| $30^T$ | 15.7 | 16 | 16.4 | 16.7 | 17 | 17.3 | 17.7 | 18.0 | 18.3 | 18.7 | 19.0 | 19.3 | 19.7 | 20.0 |
| $31^T$ | 15.2 | 15.5 | 15.8 | 16.1 | 16.5 | 16.8 | 17.1 | 17.4 | 17.7 | 18.1 | 18.4 | 18.7 | 19.1 | 19.4 |
| $32^T$ | 14.7 | 15 | 15.3 | 15.6 | 16 | 16.3 | 16.6 | 16.9 | 17.2 | 17.5 | 17.8 | 18.1 | 18.4 | 18.8 |
| $33^T$ | 14.3 | 14.6 | 14.9 | 15.2 | 15.5 | 15.8 | 16.1 | 16.4 | 16.7 | 17.0 | 17.3 | 17.6 | 17.9 | 18.2 |
| $34^T$ | 13.9 | 14.2 | 14.5 | 14.7 | 15 | 15.3 | 15.6 | 15.9 | 16.2 | 16.5 | 16.8 | 17.1 | 17.4 | 17.7 |
| $35^T$ | 13.4 | 13.7 | 14 | 14.3 | 14.6 | 14.9 | 15.2 | 15.5 | 15.8 | 16 | 16.3 | 16.6 | 16.9 | 17.1 |
| $36^T$ | 13.1 | 13.3 | 13.6 | 14 | 14.2 | 14.5 | 14.7 | 15 | 15.3 | 15.6 | 15.8 | 16.1 | 16.4 | 16.7 |
| $37^T$ | 12.7 | 13 | 13.2 | 13.5 | 13.8 | 14.1 | 14.3 | 14.6 | 14.9 | 15.1 | 15.4 | 15.7 | 16 | 16.2 |
| $38^T$ | 12.4 | 12.6 | 12.9 | 13.2 | 13.4 | 13.7 | 13.9 | 14.2 | 14.5 | 14.7 | 15 | 15.3 | 15.5 | 15.8 |
| $39^T$ | 12.1 | 12.3 | 12.6 | 12.8 | 13.1 | 13.3 | 13.6 | 13.8 | 14.1 | 14.4 | 14.6 | 14.9 | 15.1 | 15.4 |
| $40^T$ | 11.8 | 12 | 12.3 | 12.5 | 12.8 | 13 | 13.3 | 13.5 | 13.8 | 14 | 14.3 | 14.5 | 14.8 | 15 |
| $41^T$ | 11.5 | 11.7 | 12 | 12.2 | 12.5 | 12.7 | 13 | 13.2 | 13.4 | 13.7 | 13.9 | 14.2 | 14.4 | 14.6 |
| $42^T$ | 11.2 | 11.5 | 11.7 | 11.9 | 12.1 | 12.4 | 12.6 | 12.9 | 13.1 | 13.3 | 13.6 | 13.8 | 14.0 | 14.3 |
| $43^T$ | 11 | 11.2 | 11.4 | 11.7 | 11.9 | 12.1 | 12.3 | 12.6 | 12.8 | 13.0 | 13.3 | 13.5 | 13.7 | 14 |
| $44^T$ | 10.7 | 10.9 | 11.1 | 11.4 | 11.6 | 11.9 | 12.1 | 12.2 | 12.5 | 12.7 | 13 | 13.2 | 13.4 | 13.6 |
| $45^T$ | 10.4 | 10.7 | 10.9 | 11.1 | 11.3 | 11.6 | 11.8 | 12 | 12.2 | 12.4 | 12.7 | 12.9 | 13.1 | 13.3 |

B581型前罗拉线速度（m/min）

$$= \frac{1450 \times D_A \times 36 \times Z_{C1} \times Z_C}{D_B \times 50 \times 103 \times 70} \times 30\pi \times 10^{-3} = 0.0136 \times \frac{D_A}{D_B} \times Z_{C1} \times Z_C$$

B581型细纱机锭子转速（r/min）$= 1450 \times \dfrac{A \times (200+1) \times 98}{B \times (27+1) \times 100} = 10201 \times \dfrac{A}{B}$

B581型细纱机锭子转速见表6-3-5。

表6-3-5　B581型细纱机锭子转速

| $D_B$ | $D_A$ | 锭子转速（r/min） |
|---|---|---|
| $\phi 210$ | $\phi 180$ | 7650 |
| $\phi 240$ | $\phi 200$ | 8500 |
| $\phi 240$ | $\phi 220$ | 9350 |
| $\phi 240$ | $\phi 240$ | 10200 |

B581型细纱机细纱捻度（捻/m）$= \dfrac{50 \times 103 \times 70 \times (200+1) \times 1000}{36 \times Z_{C1} \times Z_C \times (27+1) \times 30\pi} = \dfrac{763115}{Z_{C1} \times Z_C}$

B581型细纱机细纱捻度见表6-3-6。

表6-3-6　B581型细纱机细纱捻度

| $Z_{C1}$ | $Z_C$ | | | | | | | | | |
|---|---|---|---|---|---|---|---|---|---|---|
| | $30^T$ | $31^T$ | $32^T$ | $33^T$ | $34^T$ | $35^T$ | $36^T$ | $37^T$ | $38^T$ | $39^T$ |
| | 捻度（捻/m） | | | | | | | | | |
| $35^T$ | 726 | 703 | 681 | 660 | 641 | 623 | 605 | 589 | 573 | 559 |
| $40^T$ | 636 | 615 | 596 | 578 | 561 | 545 | 530 | 515 | 502 | 489 |

| $Z_{C1}$ | $Z_C$ | | | | | | | | | | |
|---|---|---|---|---|---|---|---|---|---|---|---|
| | $40^T$ | $41^T$ | $42^T$ | $43^T$ | $44^T$ | $45^T$ | $46^T$ | $47^T$ | $48^T$ | $49^T$ | $50^T$ |
| | 捻度（捻/m） | | | | | | | | | | |
| $35^T$ | 545 | 531 | 519 | 507 | 495 | 484 | 473 | 464 | 454 | 445 | 436 |
| $40^T$ | 477 | 465 | 454 | 443 | 433 | 404 | 415 | 406 | 397 | 389 | 381 |

各种型号细纱机生产量[kg/（台·h）]

$$=\frac{前罗拉线速度(\text{m/min})\times60\times细纱线密度}{1000\times1000}\times锭子数\times效率$$

或　各种型号细纱机生产量[kg/（台·h）]$=\dfrac{前罗拉线速度(\text{m/min})\times60}{细纱公制支数\times1000}\times锭子数\times效率$

或　各种型号细纱机生产量[kg/（台·h）]$=\dfrac{锭子转速(\text{r/min})\times60\times细纱线密度}{捻度(\text{捻/m})\times1000\times1000}\times锭子数\times效率$

或　各种型号细纱机生产量[kg/（台·h）]$=\dfrac{锭子转速(\text{r/min})\times60\times锭子数\times效率}{捻度(\text{捻/m})\times细纱公制支数\times1000}$

## 二、B582型细纱机（图6-3-3）

B582型细纱机后牵伸倍数$=\dfrac{(35+2)\times50\times Z_H}{35\times50\times60}=0.0176Z_H$

B582型细纱机后牵伸倍数见表6-3-7。

表6-3-7　B582型细纱机后牵伸倍数

| $Z_H$ | $61^T$ | $70^T$ | $87^T$ |
|---|---|---|---|
| 后牵伸倍数 | 1.07 | 1.23 | 1.53 |

B582型细纱机总牵伸倍数$=\dfrac{140\times Z_G\times Z_H\times50\times35\pi}{20\times Z_F\times35\times50\times35\pi}=\dfrac{Z_G\times Z_H}{5\times Z_F}$

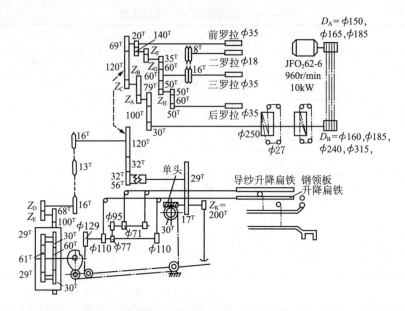

图6-3-3　B582型细纱机传动图

B582型细纱机总牵伸倍数见表6-3-8。

表6-3-8　B582型细纱机总牵伸倍数

| $Z_F$ | $Z_G$ | | | | | | | | | | |
|---|---|---|---|---|---|---|---|---|---|---|---|
| | 76$^T$ | 65$^T$ | 61$^T$ | 58$^T$ | 56$^T$ | 54$^T$ | 52$^T$ | 50$^T$ | 48$^T$ | 46$^T$ | 44$^T$ |
| | 总 牵 伸 倍 数 | | | | | | | | | | |
| 58$^T$ | 15.98 | 13.67 | 12.82 | 12.2 | 11.76 | 11.35 | 10.91 | 10.51 | 10.09 | 9.67 | 9.26 |
| 57$^T$ | 16.26 | 13.9 | 13.05 | 12.41 | 11.97 | 11.54 | 11.11 | 10.70 | 10.26 | 9.84 | 9.43 |
| 56$^T$ | 16.55 | 14.16 | 13.30 | 12.63 | 12.18 | 11.75 | 11.30 | 10.90 | 10.43 | 10.00 | 9.60 |
| 55$^T$ | 16.85 | 14.41 | 13.52 | 12.88 | 12.41 | 11.98 | 11.51 | 11.10 | 10.63 | 10.20 | 9.77 |
| 54$^T$ | 17.18 | 14.69 | 13.69 | 13.10 | 12.64 | 12.19 | 11.72 | 11.30 | 10.82 | 10.38 | 9.95 |
| 53$^T$ | 17.50 | 14.95 | 14.10 | 13.35 | 12.87 | 12.41 | 11.93 | 11.50 | 11.02 | 10.58 | 10.11 |
| 52$^T$ | 17.82 | 15.25 | 14.30 | 13.61 | 13.12 | 12.65 | 12.18 | 11.72 | 11.22 | 10.78 | 10.32 |
| 51$^T$ | 18.19 | 15.55 | 14.60 | 13.89 | 13.39 | 12.91 | 12.42 | 11.96 | 11.47 | 10.99 | 10.52 |
| 50$^T$ | 18.54 | 15.86 | 14.89 | 14.15 | 13.64 | 13.19 | 12.67 | 12.20 | 11.70 | 11.22 | 10.74 |
| 49$^T$ | 18.91 | 16.19 | 15.18 | 14.45 | 13.92 | 13.43 | 12.92 | 12.46 | 11.93 | 11.44 | 10.97 |
| 48$^T$ | 19.31 | 16.58 | 15.50 | 14.75 | 14.22 | 13.71 | 13.20 | 12.70 | 12.20 | 11.68 | 11.20 |
| 47$^T$ | 19.72 | 16.88 | 15.82 | 15.08 | 14.52 | 14.00 | 13.48 | 13.00 | 12.45 | 11.93 | 11.43 |
| 46$^T$ | 20.15 | 17.24 | 16.18 | 15.39 | 14.84 | 14.31 | 13.78 | 13.27 | 12.72 | 12.19 | 11.68 |
| 45$^T$ | 20.60 | 17.52 | 16.52 | 15.75 | 15.18 | 14.65 | 14.10 | 13.57 | 13.00 | 12.45 | 11.92 |

表头: $Z_H$=61$^T$，后牵伸=1.07

续表

$Z_H=61^T$，后牵伸=1.07

| $Z_F$ | $Z_G$ | | | | | | | | | | |
|---|---|---|---|---|---|---|---|---|---|---|---|
| | $76^T$ | $65^T$ | $61^T$ | $58^T$ | $56^T$ | $54^T$ | $52^T$ | $50^T$ | $48^T$ | $46^T$ | $44^T$ |
| | 总 牵 伸 倍 数 | | | | | | | | | | |
| $44^T$ | 21.06 | 18.00 | 16.90 | 16.10 | 15.52 | 14.98 | 14.40 | 13.88 | 13.29 | 12.75 | 12.20 |
| $43^T$ | 21.55 | 18.43 | 17.30 | 16.48 | 15.87 | 15.30 | 14.73 | 14.20 | 13.61 | 13.02 | 12.50 |
| $42^T$ | 22.07 | 18.89 | 17.71 | 16.85 | 16.24 | 15.67 | 15.10 | 14.52 | 13.92 | 13.32 | 12.79 |
| $41^T$ | 22.61 | 19.32 | 18.15 | 17.27 | 16.64 | 16.06 | 15.47 | 14.89 | 14.27 | 13.66 | 13.12 |
| $40^T$ | 23.17 | 19.82 | 18.60 | 17.70 | 17.02 | 16.48 | 15.87 | 15.25 | 14.62 | 14.00 | 13.47 |
| $39^T$ | 23.80 | 20.26 | 19.05 | 18.15 | 17.52 | 16.88 | 16.25 | 15.65 | 15.00 | 14.36 | 13.80 |
| $38^T$ | 24.40 | 20.82 | 19.58 | 18.65 | 18.00 | 17.31 | 16.69 | 16.06 | 15.40 | 14.74 | 14.12 |
| $37^T$ | 25 | 21.42 | 20.10 | 19.15 | 18.46 | 17.78 | 17.15 | 16.50 | 15.82 | 15.15 | 14.50 |
| $36^T$ | 25.80 | 22.01 | 20.65 | 19.67 | 18.97 | 18.29 | 17.62 | 16.95 | 16.25 | 15.55 | 14.90 |
| $35^T$ | 26.50 | 22.62 | 21.25 | 20.20 | 19.50 | 18.80 | 18.10 | 17.44 | 16.70 | 16.00 | 15.35 |
| $34^T$ | 24.25 | 23.3 | 21.9 | 20.80 | 20.07 | 19.36 | 18.64 | 17.95 | 17.22 | 16.48 | 15.80 |
| $33^T$ | 28.1 | 24.05 | 22.58 | 21.45 | 20.7 | 19.95 | 19.20 | 18.50 | 17.72 | 16.96 | 16.27 |

$Z_H=70^T$，后牵伸=1.23

| $Z_F$ | $Z_G$ | | | | | | | | | | |
|---|---|---|---|---|---|---|---|---|---|---|---|
| | $76^T$ | $65^T$ | $61^T$ | $58^T$ | $56^T$ | $54^T$ | $52^T$ | $50^T$ | $48^T$ | $46^T$ | $44^T$ |
| | 总 牵 伸 倍 数 | | | | | | | | | | |
| $58^T$ | 18.3 | 15.7 | 14.7 | 14 | 13.5 | 13 | 12.6 | 12.1 | 11.6 | 11.1 | 10.6 |
| $57^T$ | 18.7 | 16 | 15 | 14.3 | 13.8 | 13.2 | 12.8 | 12.3 | 11.8 | 11.3 | 10.8 |
| $56^T$ | 19 | 16.3 | 15.3 | 14.5 | 14 | 13.5 | 13 | 12.5 | 12 | 11.5 | 11 |
| $55^T$ | 19.4 | 16.6 | 15.5 | 14.8 | 14.3 | 13.8 | 13.2 | 12.7 | 12.2 | 11.7 | 11.2 |
| $54^T$ | 19.7 | 16.9 | 15.8 | 15 | 14.5 | 14 | 13.5 | 13 | 12.4 | 11.9 | 11.4 |
| $53^T$ | 20.1 | 17.2 | 16.1 | 15.3 | 14.8 | 14.3 | 13.7 | 13.2 | 12.7 | 12.2 | 11.6 |
| $52^T$ | 20.5 | 17.5 | 16.4 | 15.6 | 15.1 | 14.5 | 14 | 13.5 | 13 | 12.4 | 11.9 |
| $51^T$ | 20.9 | 17.8 | 16.8 | 15.9 | 15.4 | 14.8 | 14.3 | 13.7 | 13.2 | 12.6 | 12.1 |
| $50^T$ | 21.3 | 18.2 | 17.1 | 16.2 | 15.7 | 15.3 | 14.6 | 14 | 13.4 | 12.9 | 12.3 |
| $49^T$ | 21.7 | 18.6 | 17.4 | 16.6 | 16 | 15.4 | 14.9 | 14.3 | 13.7 | 13.1 | 12.6 |
| $48^T$ | 22.2 | 19 | 17.8 | 16.9 | 16.3 | 15.8 | 15.2 | 14.6 | 14 | 13.4 | 12.8 |
| $47^T$ | 22.6 | 19.4 | 18.2 | 17.3 | 16.7 | 16.1 | 15.5 | 14.9 | 14.3 | 13.7 | 13.1 |
| $46^T$ | 23.1 | 19.8 | 18.6 | 17.7 | 17 | 16.4 | 15.8 | 15.2 | 14.6 | 14 | 13.4 |
| $45^T$ | 23.6 | 20.2 | 19 | 18.1 | 17.4 | 16.8 | 16.2 | 15.6 | 14.9 | 14.3 | 13.7 |
| $44^T$ | 24.2 | 20.7 | 19.4 | 18.5 | 17.8 | 17.2 | 16.6 | 15.9 | 15.3 | 14.6 | 14 |

续表

$Z_H=70^T$，后牵伸=1.23

| $Z_F$ | $Z_G$ | | | | | | | | | | |
|---|---|---|---|---|---|---|---|---|---|---|---|
| | $76^T$ | $65^T$ | $61^T$ | $58^T$ | $56^T$ | $54^T$ | $52^T$ | $50^T$ | $48^T$ | $46^T$ | $44^T$ |
| | 总牵伸倍数 | | | | | | | | | | |
| $43^T$ | 24.7 | 21.2 | 19.9 | 18.9 | 18.2 | 17.6 | 16.9 | 16.3 | 15.6 | 15 | 14.3 |
| $42^T$ | 25.3 | 21.7 | 20.3 | 19.3 | 18.7 | 18 | 17.3 | 16.7 | 16 | 15.3 | 14.7 |
| $41^T$ | 26 | 22.2 | 20.8 | 19.8 | 19.1 | 18.4 | 17.8 | 17.1 | 16.4 | 15.7 | 15 |
| $40^T$ | 26.6 | 22.8 | 21.2 | 20.3 | 19.6 | 18.9 | 18.2 | 17.5 | 16.8 | 16.1 | 15.4 |
| $39^T$ | 27.3 | 23.3 | 21.9 | 20.8 | 20.1 | 19.4 | 18.7 | 18.0 | 17.3 | 16.5 | 15.8 |
| $38^T$ | 28.0 | 23.9 | 22.5 | 21.4 | 20.6 | 19.9 | 19.2 | 18.4 | 17.7 | 16.0 | 16.2 |
| $37^T$ | 28.8 | 24.6 | 23.1 | 22 | 21.2 | 20.5 | 19.7 | 18.9 | 18.2 | 17.4 | 16.7 |
| $36^T$ | 29.6 | 25.3 | 23.8 | 22.6 | 21.8 | 21.0 | 20.2 | 19.5 | 18.7 | 17.9 | 17.1 |
| $35^T$ | 30.4 | 26.0 | 24.4 | 23.2 | 22.4 | 21.6 | 20.8 | 20.0 | 19.2 | 18.4 | 17.6 |
| $34^T$ | 31.3 | 26.8 | 25.1 | 23.9 | 23.1 | 22.2 | 21.4 | 20.6 | 19.8 | 18.9 | 18.1 |
| $33^T$ | 32.3 | 27.6 | 25.9 | 24.6 | 23.8 | 23.0 | 22.1 | 21.2 | 20.4 | 19.5 | 18.7 |

$Z_H=87^T$，后牵伸=1.53

| $Z_F$ | $Z_G$ | | | | | | | | | | |
|---|---|---|---|---|---|---|---|---|---|---|---|
| | $76^T$ | $65^T$ | $61^T$ | $58^T$ | $56^T$ | $54^T$ | $52^T$ | $50^T$ | $48^T$ | $46^T$ | $44^T$ |
| | 总牵伸倍数 | | | | | | | | | | |
| $58^T$ | 22.8 | 19.48 | 18.27 | 17.41 | 16.81 | 16.20 | 15.58 | 15.00 | 14.41 | 13.79 | 13.18 |
| $57^T$ | 23.21 | 19.82 | 18.59 | 17.77 | 17.1 | 16.49 | 15.85 | 15.26 | 14.66 | 14.03 | 13.42 |
| $56^T$ | 23.62 | 20.18 | 18.92 | 18.03 | 17.41 | 16.78 | 16.14 | 15.53 | 14.92 | 14.28 | 13.66 |
| $55^T$ | 24.03 | 20.57 | 19.27 | 18.36 | 17.72 | 17.09 | 16.43 | 15.81 | 15.20 | 14.54 | 13.90 |
| $54^T$ | 24.50 | 20.95 | 19.62 | 18.70 | 18.05 | 17.40 | 16.74 | 16.11 | 15.48 | 14.81 | 14.16 |
| $53^T$ | 24.98 | 21.32 | 20.00 | 19.05 | 18.39 | 17.73 | 17.05 | 16.41 | 15.77 | 15.09 | 14.43 |
| $52^T$ | 25.42 | 21.75 | 20.38 | 19.42 | 18.75 | 18.07 | 17.38 | 16.23 | 16.07 | 15.38 | 14.71 |
| $51^T$ | 25.98 | 22.19 | 20.78 | 19.80 | 19.11 | 18.43 | 17.72 | 17.05 | 16.39 | 15.68 | 15.00 |
| $50^T$ | 26.45 | 22.60 | 21.20 | 20.20 | 19.50 | 18.80 | 18.08 | 17.40 | 16.72 | 16.00 | 15.30 |
| $49^T$ | 27.00 | 23.05 | 21.63 | 20.61 | 19.89 | 19.18 | 18.44 | 17.75 | 17.06 | 16.32 | 15.61 |
| $48^T$ | 27.58 | 23.58 | 22.08 | 21.04 | 20.31 | 19.58 | 18.83 | 18.12 | 17.41 | 16.66 | 15.83 |
| $47^T$ | 28.18 | 24.03 | 22.55 | 21.48 | 20.74 | 20.00 | 19.23 | 18.51 | 17.78 | 17.02 | 16.27 |
| $46^T$ | 28.78 | 24.59 | 23.04 | 21.95 | 21.19 | 20.43 | 19.65 | 18.91 | 18.17 | 17.39 | 16.63 |
| $45^T$ | 29.42 | 25.13 | 23.57 | 22.44 | 21.66 | 20.88 | 20.08 | 19.33 | 18.57 | 17.77 | 17.00 |
| $44^T$ | 30.01 | 25.70 | 24.11 | 22.95 | 22.15 | 21.36 | 20.54 | 19.77 | 19.00 | 18.18 | 17.38 |

$Z_H=87^T$，后牵伸=1.53

| $Z_F$ | $Z_G$ | | | | | | | | | | |
|---|---|---|---|---|---|---|---|---|---|---|---|
| | $76^T$ | $65^T$ | $61^T$ | $58^T$ | $56^T$ | $54^T$ | $52^T$ | $50^T$ | $48^T$ | $46^T$ | $44^T$ |
| | 总牵伸倍数 | | | | | | | | | | |
| $43^T$ | 30.78 | 26.30 | 24.65 | 23.48 | 22.67 | 21.88 | 21.02 | 20.23 | 19.44 | 18.60 | 17.79 |
| $42^T$ | 31.50 | 26.92 | 25.23 | 24.04 | 23.21 | 22.56 | 21.52 | 20.71 | 19.90 | 19.04 | 18.21 |
| $41^T$ | 32.25 | 27.58 | 25.85 | 24.63 | 23.78 | 22.96 | 22.04 | 21.27 | 20.39 | 19.51 | 18.65 |
| $40^T$ | 33.10 | 28.27 | 26.50 | 25.25 | 24.37 | 23.50 | 22.60 | 21.75 | 20.90 | 20.00 | 19.12 |
| $39^T$ | 33.98 | 29.00 | 27.23 | 25.90 | 25.00 | 24.10 | 23.20 | 22.30 | 21.40 | 20.5 | 19.6 |
| $38^T$ | 34.82 | 29.80 | 27.98 | 26.59 | 25.60 | 24.75 | 23.80 | 22.90 | 22.00 | 21.05 | 20.12 |
| $37^T$ | 35.80 | 30.60 | 28.65 | 27.25 | 26.30 | 25.41 | 24.20 | 23.50 | 22.58 | 21.61 | 20.65 |
| $36^T$ | 36.80 | 31.42 | 29.45 | 28.00 | 27.00 | 26.10 | 25.10 | 24.19 | 23.20 | 22.22 | 21.25 |
| $35^T$ | 37.84 | 32.30 | 30.30 | 28.85 | 27.80 | 26.85 | 25.80 | 24.84 | 23.85 | 22.85 | 21.82 |
| $34^T$ | 38.98 | 33.25 | 31.20 | 29.70 | 28.62 | 27.65 | 26.60 | 25.60 | 24.58 | 23.52 | 22.50 |
| $33^T$ | 40.10 | 34.23 | 32.18 | 30.60 | 29.45 | 28.50 | 27.40 | 26.40 | 25.3 | 24.25 | 23.20 |

注　1. 表列牵伸值，对于搓捻粗纱，再乘以1.015，才较接近实际。

　　2. $Z_F$轮从$33^T \sim 39^T$，系毛纺厂自制。

B582型细纱机前罗拉线速度（m/min）$= 960 \times \dfrac{D_A \times 30 \times Z_A \times Z_C}{D_B \times 79 \times Z_B \times 69} \times 35 \times 10^{-3}$

$$= 0.185 \times \frac{D_A \times Z_A}{D_B \times Z_B} \times Z_C$$

B582型细纱机锭子转速（r/min）$= 960 \times \dfrac{D_A \times (250+1) \times 98}{D_B \times (27+1) \times 100} = 8434 \times \dfrac{D_A}{D_B}$

B582型细纱机锭子转速见表6-3-9。

表6-3-9　B582型细纱机锭子转速　　　　　　　　　　　　单位：r/min

| $D_A$ | $D_B$ | | | |
|---|---|---|---|---|
| | $\phi 160$ | $\phi 185$ | $\phi 240$ | $\phi 315$ |
| $\phi 150$ | 7900 | 6840 | 5280 | 4000 |
| $\phi 165$ | 8700 | 7500 | 5800 | 4420 |
| $\phi 185$ | 9500 | 8200 | 6300 | 4800 |

B582型细纱机细纱捻度（捻/m）$= \dfrac{锭子转速（r/min）}{前罗拉速度（m/min）}$

$$= \frac{(250+1) \times 69 \times Z_B \times 79 \times 1000}{(27+1) \times 35\pi \times Z \times Z_C \times 30} = 14821 \times \frac{Z_B}{Z_A \times Z_C}$$

B582型细纱机细纱捻度见表6-3-10。

表6-3-10　B582型细纱机细纱捻度　　　　　　　单位：捻/m

| $Z_C$ | $Z_A$ | | | |
|---|---|---|---|---|
| | $33^T$ | $44^T$ | $57^T$ | $68^T$ |
| | $Z_B$ | | | |
| | $85^T$ | $74^T$ | $61^T$ | $50^T$ |
| $36^T$ | 1060 | 692 | 441 | 303 |
| $37^T$ | 1031 | 672 | 429 | 295 |
| $38^T$ | 1005 | 656 | 417 | 287 |
| $39^T$ | 970 | 639 | 407 | 279 |
| $40^T$ | 954 | 623 | 397 | 272 |
| $41^T$ | 931 | 608 | 387 | 266 |
| $42^T$ | 909 | 593 | 378 | 259 |
| $43^T$ | 887 | 580 | 369 | 253 |
| $44^T$ | 868 | 566 | 360 | 248 |
| $45^T$ | 848 | 554 | 352 | 242 |
| $46^T$ | 830 | 542 | 345 | 237 |
| $47^T$ | 812 | 530 | 337 | 232 |
| $48^T$ | 795 | 519 | 330 | 227 |
| $49^T$ | 779 | 509 | 324 | 222 |
| $50^T$ | 763 | 498 | 317 | 218 |
| $51^T$ | 748 | 489 | 311 | 214 |
| $52^T$ | 734 | 479 | 305 | 210 |
| $53^T$ | 720 | 470 | 299 | 206 |
| $54^T$ | 707 | 462 | 294 | 202 |
| $55^T$ | 694 | 453 | 288 | 198 |

## 三、B583型细纱机（图6-3-4）

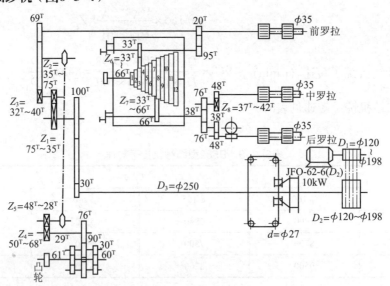

图6-3-4　B583型细纱机传动图

B583型细纱机牵伸变速箱齿轮齿数：

1#—$33^T$　2#—$36^T$　3#—$40^T$　4#—$44^T$　5#—$49^T$　6#—$55^T$　7#—$61^T$

8#—$62^T$　9#—$63^T$　10#—$64^T$　11#—$65^T$　12#—$66^T$

B583型细纱机锭子转速 （r/min） $= 970 \times \dfrac{D_1 \times (250+1)}{D_2 \times (27+1)} \times (1-0.02) = 8521 \times \dfrac{D_1}{D_2}$

B583型细纱机锭子转速见表6-3-11。

表6-3-11 B583型细纱机锭子转速　　　　　　　　　单位：r/min

| $D_1$ | $D_2$ | | | | |
|---|---|---|---|---|---|
| | $\phi 120$ | $\phi 156$ | $\phi 168$ | $\phi 192$ | $\phi 198$ |
| $\phi 120$ | 8521 | 6555 | 6087 | 5326 | 5165 |
| $\phi 156$ | 11076 | 8521 | 7913 | 6924 | 6714 |
| $\phi 168$ | 11930 | 9177 | 8521 | 7456 | 7230 |
| $\phi 192$ | 13634 | 10488 | 9739 | 8521 | 8263 |
| $\phi 198$ | 14060 | 10816 | 10043 | 8788 | 8521 |

B583型细纱机前罗拉线速度 （m/min） $= 970 \times \dfrac{D_1 \times 30 \times Z_1 \times Z_3 \times \pi \times 35 \times 10^{-3}}{D_2 \times 100 \times Z_2 \times 69}$

$$= 0.46 \times \dfrac{D_1 \times Z_1 \times Z_3}{D_2 \times Z_2}$$

$$\text{B583型细纱机总牵伸倍数} = \dfrac{48 \times 76 \times 66 \times Z_6 \times 95}{38 \times 38 \times Z_7 \times 33 \times 20} = 24 \times \dfrac{Z_6}{Z_7}$$

B583型细纱机总牵伸倍数见表6-3-12。

表6-3-12 B583型细纱机总牵伸倍数

| 总牵伸倍数 | 齿轮代号 | | 总牵伸倍数 | 齿轮代号 | |
|---|---|---|---|---|---|
| | $Z_6$ | $Z_7$ | | $Z_6$ | $Z_7$ |
| 12.00 | 1# | 12# | 15.00 | 3# | 10# |
| 12.18 | 1# | 11# | 15.23 | 3# | 9# |
| 12.37 | 1# | 10# | 15.48 | 3# | 8# |
| 12.57 | 1# | 9# | 15.73 | 3# | 7# |
| 12.78 | 1# | 8# | 16.00 | 4# | 12# |
| 12.98 | 1# | 7# | 16.25 | 4# | 11# |
| 13.09 | 2# | 12# | 16.50 | 4# | 10# |
| 13.29 | 2# | 11# | 16.76 | 4# | 9# |
| 13.50 | 2# | 10# | 17.03 | 4# | 8# |
| 13.71 | 2# | 9# | 17.31 | 4# | 7# |
| 13.93 | 2# | 8# | 17.46 | 3# | 6# |
| 14.16 | 2# | 7# | 17.63 | 2# | 5# |
| 14.40 | 1# | 6# | 17.82 | 5# | 12# |
| 14.55 | 3# | 12# | 18.00 | 1# | 4# |
| 14.77 | 3# | 11# | 18.09 | 5# | 11# |

续表

| 总牵伸倍数 | 齿轮代号 | | 总牵伸倍数 | 齿轮代号 | |
|---|---|---|---|---|---|
| | $Z_6$ | $Z_7$ | | $Z_6$ | $Z_7$ |
| 18.37 | 5# | 10# | 27.49 | 9# | 6# |
| 18.67 | 5# | 9# | 27.93 | 10# | 6# |
| 18.97 | 5# | 8# | 28.36 | 11# | 6# |
| 19.28 | 5# | 7# | 28.80 | 12# | 6# |
| 19.64 | 2# | 4# | 29.09 | 3# | 1# |
| 19.80 | 1# | 3# | 29.40 | 5# | 3# |
| 20.00 | 6# | 12# | 29.88 | 7# | 5# |
| 20.31 | 6# | 11# | 30.00 | 6# | 4# |
| 20.63 | 6# | 10# | 30.37 | 8# | 5# |
| 20.95 | 6# | 9# | 30.86 | 9# | 5# |
| 21.29 | 6# | 8# | 31.35 | 10# | 5# |
| 21.58 | 4# | 5# | 31.84 | 11# | 5# |
| 21.82 | 3# | 4# | 32.00 | 4# | 1# |
| 22.00 | 1# | 2# | 32.33 | 12# | 5# |
| 22.18 | 7# | 12# | 32.67 | 5# | 2# |
| 22.52 | 7# | 11# | 33.00 | 6# | 3# |
| 22.88 | 7# | 10# | 33.27 | 7# | 4# |
| 23.24 | 7# | 9# | 33.82 | 8# | 4# |
| 23.61 | 7# | 8# | 34.36 | 9# | 4# |
| 24.00 | 1# | 1# | 34.90 | 10# | 4# |
| 24.39 | 9# | 8# | 35.46 | 11# | 4# |
| 24.78 | 10# | 8# | 36.00 | 12# | 4# |
| 25.18 | 10# | 7# | 36.67 | 6# | 2# |
| 25.57 | 11# | 7# | 37.20 | 8# | 3# |
| 25.97 | 12# | 7# | 37.80 | 9# | 3# |
| 26.18 | 2# | 1# | 38.40 | 10# | 3# |
| 26.40 | 4# | 3# | 39.00 | 11# | 3# |
| 26.67 | 3# | 2# | 39.60 | 12# | 3# |
| 27.06 | 8# | 6# | 40.00 | 6# | 1# |

$$B583型细纱机后区牵伸倍数 = \frac{48 \times 76 \times 38 \times Z_3}{38 \times 38 \times 76 \times 48} = \frac{Z_8}{38}$$

B583型细纱机后区牵伸倍数见表6-3-13。

表6-3-13　B583型细纱机后区牵伸倍数

| $Z_8$ | $37^T$ | $38^T$ | $39^T$ | $40^T$ | $41^T$ | $42^T$ |
|---|---|---|---|---|---|---|
| 后区牵伸倍数 | 0.97 | 1.00 | 1.03 | 1.05 | 1.08 | 1.11 |

$$B583型细纱机细纱捻度（捻/m） = \frac{100 \times Z_2 \times 69 \times (250+1) \times 0.98 \times 1000}{30 \times Z_1 \times Z_3 \times (27+1) \times \pi \times 35}$$

$$= 18385 \times \frac{Z_2}{Z_1 \times Z_3} = \frac{\text{捻度常数}}{Z_3}$$

B583型细纱机细纱捻度见表6-3-14。

表6-3-14　B583型细纱机细纱捻度　　　　　　　　　　单位：捻/m

| $Z_3$ | $Z_2$ | | | | | | | | |
|---|---|---|---|---|---|---|---|---|---|
| | $35^T$ | $40^T$ | $45^T$ | $50^T$ | $55^T$ | $60^T$ | $65^T$ | $70^T$ | $75^T$ |
| | $Z_1$ | | | | | | | | |
| | $75^T$ | $70^T$ | $65^T$ | $60^T$ | $55^T$ | $50^T$ | $45^T$ | $40^T$ | $35^T$ |
| | 捻度常数 | | | | | | | | |
| | 8579 | 10505 | 12728 | 15621 | 18385 | 22062 | 26556 | 32174 | 39397 |
| $32^T$ | 268 | 328 | 398 | 479 | 575 | 689 | 830 | 1005 | 1231 |
| $33^T$ | 260 | 318 | 386 | 464 | 557 | 668 | 805 | 975 | 1194 |
| $34^T$ | 252 | 309 | 374 | 451 | 541 | 649 | 781 | 946 | 1159 |
| $35^T$ | 245 | 300 | 364 | 438 | 525 | 630 | 759 | 919 | 1126 |
| $36^T$ | 238 | 292 | 354 | 426 | 511 | 612 | 738 | 893 | 1094 |
| $37^T$ | 232 | 284 | 344 | 414 | 497 | 596 | 718 | 869 | 1065 |
| $38^T$ | 226 | 276 | 335 | 403 | 484 | 581 | 699 | 847 | 1037 |
| $39^T$ | 220 | 269 | 326 | 393 | 471 | 566 | 681 | 825 | 1010 |
| $40^T$ | 215 | 263 | 318 | 383 | 460 | 552 | 664 | 804 | 985 |

B583型细纱机卷绕成形传动如图6-3-5所示。

卷绕计算如下：

由图6-3-5可知，凸轮每转一周，前罗拉输出纱条长度$L$（m）为：

$$L = \frac{90 \times Z_4 \times 25 \times 100}{76 \times Z_5 \times 16 \times 69} \times \frac{1}{1 - \dfrac{60 \times 29}{30 \times 61}} \times \pi \times 35 \times 10^{-3} = 5.99 \times \frac{Z_4}{Z_5}$$

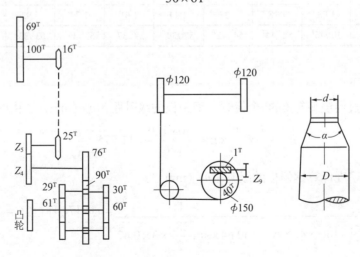

图6-3-5　B583型细纱机卷绕成形传动图

取凸轮的升降比为1:3，则相同时间内管纱上的细纱卷绕长度$L'$(m)为：

$$L' = \frac{\pi \times (D^2 - d^2)}{3 \times h \times \sin\frac{\alpha}{2} \times 1000} = \frac{3.14 \times 1691.44}{3 \times 0.1606\sqrt{Tt} \times \sin\frac{28^\circ}{2} \times 1000}$$

$$= 45.57 / \sqrt{Tt}(或 L' = 1.44\sqrt{N_m})$$

式中：$D$——管纱最大直径，48mm；

　　　$d$——管纱最小直径，21/28.5mm；

　　　$\alpha$——管纱斜面夹角，28°；

　　　Tt——纺纱线密度，tex；

　　$N_m$——纺纱公制支数，公支；

　　　$h$——绕纱螺距，mm，本机选定为纱线直径的4倍，即$0.1606\sqrt{Tt}$（或$5.08/\sqrt{N_m}$）。

若不考虑捻缩，$L = L'$，则：

$$\frac{Z_4}{Z_5} = 7.61 / \sqrt{Tt}(或 0.24\sqrt{N_m})$$

B583型细纱机纺纱细度与卷绕变换齿轮的选择见表6-3-15。

表6-3-15　B583型细纱机纺纱细度与卷绕变换齿轮的选择

| 钢领直径（mm） | | 51 | | | | | | | |
|---|---|---|---|---|---|---|---|---|---|
| 管纱直径（mm） | | 48 | | | | | | | |
| 纸管直径（mm） | | 21/28.5 | | | | | | | |
| 卷绕角（°） | | 28 | | | | | | | |
| 钢领板短动程（mm） | | 54 | | | | | | | |
| 纺纱细度 | tex | 50 | 41.7 | 35.7 | 27.8 | 22.2 | 18.5 | 15.6 | 14.3 | 12.5 |
| | 公支 | 20 | 24 | 28 | 36 | 45 | 54 | 64 | 70 | 80 |
| 卷绕螺距（mm） | | 1.14 | 1.04 | 0.96 | 0.85 | 0.76 | 0.69 | 0.64 | 0.61 | 0.57 |
| 传动比 | | 1.08 | 1.18 | 1.27 | 1.44 | 1.61 | 1.77 | 1.92 | 2.01 | 2.15 |
| $Z_4/Z_5$ | | $50^T/46^T$ | $52^T/44^T$ | $54^T/42^T$ | $57^T/39^T$ | $59^T/37^T$ | $61^T/35^T$ | $63^T/33^T$ | $64^T/32^T$ | $66^T/30^T$ |

成形计算如下：

设掣子每撑过卷绕棘轮$Z_9$的$n$个齿时，钢领板的级升距为$h_1$（mm），由图6-3-5可知，

$$h_1 = \frac{n}{Z_9} \times \frac{1}{40} \times \pi \times \frac{150 \times 120}{120} = 11.775 \times \frac{n}{Z_9}$$

按管纱卷绕密度计算钢领板的级升距$h_2$（mm）：

$$h_2 = \frac{4\sqrt{Tt}}{160.64 \times \sin\frac{\alpha}{2} \times 3 \times \Delta} = \frac{4\sqrt{Tt}}{160.64 \times \sin\frac{28^\circ}{2} \times 3 \times 0.42} = 0.0817\sqrt{Tt}（或 h_2 = 2.583 / \sqrt{N_m}）$$

式中：$\Delta$——管纱卷绕密度，0.42g/cm³。

因为$h_1 = h_2$：

所以

$$\frac{n}{Z_9} = 0.0069\sqrt{\mathrm{Tt}}\left(或\frac{n}{Z_9} = 0.218/\sqrt{N_m}\right)$$

B583型细纱机纺纱细度与棘轮及掣子每次撑过齿数$n$的选择见表6-3-16。

表6-3-16　B583型细纱机纺纱细度与棘轮及掣子每次撑过齿数$n$的选择

| 纺纱细度 | tex | 50 | 41.7 | 35.7 | 27.8 | 22.2 | 18.5 | 15.6 | 14.3 | 12.5 |
|---|---|---|---|---|---|---|---|---|---|---|
| | 公支 | 20 | 24 | 28 | 36 | 45 | 54 | 64 | 70 | 80 |
| 级升（mm） | | 0.58 | 0.53 | 0.49 | 0.43 | 0.38 | 0.35 | 0.32 | 0.31 | 0.29 |
| $n/Z_9$ | | $3^T/60^T$ | $2^T/45^T$ | $2^T/50^T$ | $2^T/55^T$ | $2^T/60^T$ | $2^T/70^T$ | $2^T/75^T$ | $2^T/75^T$ | $2^T/80^T$ |

$$B591型细纱机后牵伸倍数 = \frac{Z_F \times 50 \times (35+2)}{60 \times 50 \times 35} = \frac{37}{35 \times 60} \times Z_F = 0.0176 \times Z_F$$

$$B591型细纱机总牵伸倍数 = \frac{140 \times Z_E \times Z_F \times 40}{20 \times Z_D \times 35 \times 35} = \frac{8 \times Z_E \times Z_F}{35 \times Z_D} = 0.228 \times \frac{Z_F \times Z_F}{Z_D}$$

B591型细纱机总牵伸倍数见表6-3-17。

## 四、B591型细纱机（图6-3-6）

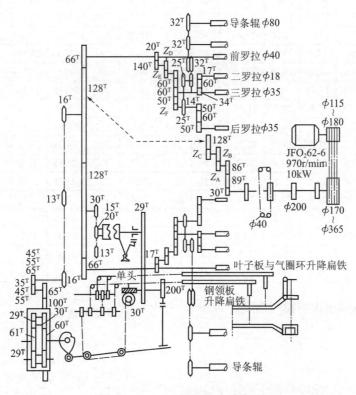

图6-3-6　B591型细纱机传动图

表6-3-17　B591型细纱机总牵伸倍数

| 后牵伸倍数 | 1.09（$Z_F=62^T$） | | | | | | | 1.16（$Z_F=66^T$） | | | | | | |
| --- | --- | --- | --- | --- | --- | --- | --- | --- | --- | --- | --- | --- | --- | --- |
| $Z_D$ | $Z_E$ | | | | | | | $Z_E$ | | | | | | |
| | $52^T$ | $58^T$ | $60^T$ | $64^T$ | $68^T$ | $72^T$ | $76^T$ | $52^T$ | $56^T$ | $60^T$ | $64^T$ | $68^T$ | $72^T$ | $76^T$ |
| $58^T$ | 12.66 | 13.65 | 14.68 | 15.62 | 16.65 | 17.65 | 18.58 | 13.5 | 14.55 | 15.58 | 16.65 | 17.7 | 18.7 | 19.75 |
| $57^T$ | 12.92 | 13.88 | 14.92 | 15.88 | 16.90 | 17.95 | 18.90 | 13.75 | 14.80 | 15.85 | 16.9 | 18 | 19.05 | 20.10 |
| $56^T$ | 13.15 | 14.16 | 15.20 | 16.20 | 17.22 | 18.25 | 19.25 | 14 | 15.1 | 16.15 | 17.22 | 18.32 | 19.4 | 20.45 |
| $55^T$ | 13.4 | 14.40 | 15.45 | 16.48 | 17.52 | 18.60 | 19.60 | 14.25 | 15.35 | 16.4 | 17.52 | 18.65 | 19.75 | 20.8 |
| $54^T$ | 13.65 | 14.65 | 15.78 | 16.78 | 17.85 | 18.95 | 19.95 | 14.5 | 15.65 | 16.7 | 17.85 | 19 | 20.1 | 21.2 |
| $53^T$ | 13.90 | 14.95 | 16.08 | 17.10 | 18.20 | 19.30 | 20.30 | 14.8 | 15.9 | 17.02 | 18.20 | 19.35 | 20.5 | 21.6 |
| $52^T$ | 14.17 | 15.22 | 16.38 | 17.40 | 18.55 | 19.65 | 20.70 | 15.1 | 16.25 | 17.35 | 18.55 | 19.7 | 20.9 | 22.02 |
| $51^T$ | 14.45 | 15.55 | 16.70 | 17.78 | 18.90 | 20.05 | 21.2 | 15.4 | 16.55 | 17.70 | 18.9 | 20.1 | 21.3 | 22.45 |
| $50^T$ | 14.72 | 15.85 | 17.02 | 18.15 | 19.70 | 20.45 | 21.55 | 15.7 | 16.85 | 18.05 | 19.3 | 20.5 | 21.7 | 22.9 |
| $49^T$ | 15.05 | 16.20 | 17.40 | 18.40 | 19.70 | 20.90 | 22 | 16 | 17.22 | 18.42 | 19.7 | 20.95 | 22.15 | 23.4 |
| $48^T$ | 15.35 | 16.50 | 17.75 | 18.90 | 20.20 | 21.30 | 22.45 | 16.35 | 17.6 | 18.82 | 20.2 | 21.4 | 22.6 | 23.9 |
| $47^T$ | 15.65 | 16.85 | 18.10 | 19.25 | 20.53 | 21.70 | 22.95 | 16.7 | 17.95 | 19.22 | 20.55 | 21.8 | 23.1 | 24.4 |
| $46^T$ | 16.00 | 17.22 | 18.50 | 19.70 | 21.00 | 22.20 | 23.45 | 17.05 | 18.35 | 19.62 | 21 | 22.3 | 23.6 | 24.9 |
| $45^T$ | 16.38 | 17.60 | 18.90 | 20.20 | 21.45 | 22.70 | 23.95 | 17.38 | 18.75 | 20.10 | 21.45 | 22.8 | 24.1 | 25.45 |
| $44^T$ | 16.75 | 18.00 | 19.30 | 20.60 | 21.90 | 23.20 | 24.5 | 17.85 | 19.2 | 20.55 | 21.9 | 23.3 | 24.65 | 26 |
| $43^T$ | 17.15 | 18.35 | 19.80 | 21.05 | 22.45 | 23.80 | 25.1 | 18.25 | 19.6 | 21.00 | 22.45 | 23.85 | 25.20 | 26.6 |
| $42^T$ | 17.55 | 18.85 | 20.28 | 21.55 | 23.00 | 24.40 | 25.7 | 18.7 | 20.1 | 21.50 | 23 | 24.45 | 25.9 | 27.3 |
| $58^T$ | 14.35 | 15.45 | 16.55 | 17.7 | 18.75 | 19.9 | 21 | 17.8 | 19.15 | 20.55 | 21.9 | 23.3 | 24.7 | 26.1 |
| $57^T$ | 14.60 | 15.70 | 16.85 | 18 | 19.1 | 20.2 | 21.35 | 18.1 | 19.5 | 20.9 | 22.3 | 23.7 | 25.1 | 26.5 |
| $56^T$ | 14.85 | 16 | 17.15 | 18.32 | 19.45 | 20.55 | 21.7 | 18.4 | 19.85 | 21.3 | 22.7 | 24.1 | 25.55 | 26.95 |
| $55^T$ | 15.15 | 16.30 | 17.45 | 18.65 | 19.8 | 20.95 | 22.1 | 18.75 | 20.2 | 21.7 | 23.1 | 24.55 | 26.05 | 27.45 |
| $54^T$ | 15.40 | 16.6 | 17.7 | 19 | 20.15 | 21.35 | 22.5 | 19.1 | 20.6 | 22.1 | 23.55 | 25 | 26.55 | 27.95 |
| $53^T$ | 15.7 | 16.9 | 18.1 | 19.35 | 20.55 | 21.75 | 22.95 | 19.45 | 21 | 22.5 | 24 | 25.5 | 27.05 | 28.5 |
| $52^T$ | 16 | 17.2 | 18.45 | 19.7 | 20.95 | 22.15 | 23.4 | 19.85 | 21.4 | 22.95 | 24.45 | 26 | 27.55 | 29.05 |
| $51^T$ | 16.3 | 17.55 | 18.8 | 20.1 | 21.35 | 22.6 | 23.85 | 20.25 | 21.8 | 23.4 | 24.95 | 26.55 | 28.1 | 29.65 |
| $50^T$ | 16.62 | 17.9 | 19.2 | 20.5 | 21.80 | 23.05 | 24.3 | 20.7 | 22.25 | 23.85 | 25.45 | 27.1 | 28.65 | 30.25 |
| $49^T$ | 16.95 | 18.3 | 19.6 | 20.95 | 22.25 | 23.55 | 24.8 | 21.1 | 22.7 | 24.35 | 25.95 | 27.65 | 29.25 | 30.85 |
| $48^T$ | 17.32 | 18.7 | 20 | 21.4 | 22.7 | 24.05 | 25.35 | 21.5 | 23.2 | 24.85 | 26.5 | 28.2 | 29.85 | 31.5 |
| $47^T$ | 17.75 | 19.05 | 20.4 | 21.8 | 23.2 | 24.55 | 25.9 | 21.95 | 23.7 | 25.35 | 27.05 | 28.8 | 30.5 | 32.2 |
| $46^T$ | 18.1 | 19.45 | 20.8 | 22.3 | 23.7 | 25.1 | 26.45 | 22.45 | 24.2 | 25.9 | 27.65 | 29.4 | 31.15 | 32.9 |
| $45^T$ | 18.15 | 19.9 | 21.3 | 22.8 | 24.2 | 25.65 | 27.05 | 22.95 | 24.75 | 26.45 | 28.25 | 30.05 | 31.85 | 33.6 |
| $44^T$ | 18.85 | 20.35 | 21.8 | 23.3 | 24.75 | 26.2 | 27.65 | 23.45 | 25.25 | 27.05 | 28.9 | 30.7 | 32.55 | 34.35 |
| $43^T$ | 19.3 | 20.8 | 22.3 | 23.85 | 25.35 | 26.8 | 28.25 | 24 | 25.8 | 27.65 | 29.55 | 31.4 | 33.3 | 35.20 |
| $42^T$ | 19.75 | 21.3 | 22.8 | 24.45 | 35.95 | 27.45 | 28.95 | 24.55 | 26.5 | 28.3 | 30.3 | 22.2 | 34.1 | 36 |

$$\text{B591型细纱机前罗拉线速度（m/min）} = 970 \times \frac{\text{电动机皮带盘节径} \times 30 \times Z_A \times Z_C \times 40\pi}{\text{滚筒皮带盘节径} \times 86 \times Z_B \times 66 \times 1000}$$

$$= 0.644 \times \frac{Z_A \times Z_C \times \text{电动机皮带盘节径}}{Z_B \times \text{滚筒皮带盘节径}}$$

$$\text{B591型细纱机锭子转速（r/min）} = 970 \times \frac{(200+1) \times \text{电动机皮带盘节径}}{(40+1) \times \text{主轴皮带盘节径}}$$

$$= 4755.4 \times \frac{\text{电动机皮带盘节径}}{\text{滚筒皮带盘节径}}$$

B591型细纱机锭子转速见表6-3-18。

表6-3-18　B591型细纱机的锭子转速

| 三角皮带型号 | 电动机皮带盘节径<br>（mm） | 主轴皮带盘节径<br>（mm） | 滚盘转速<br>（r/min） | 锭子转速<br>（r/min） |
|---|---|---|---|---|
| B1422 | 115 | 365 | 302 | 1495 |
| B1270 | | 270 | 409 | 2025 |
| B1118 | 140 | 270 | 498 | 2465 |
| B1270 | | 220 | 601 | 2975 |
| B1118 | 160 | 220 | 698 | 3455 |
| | | 190 | 801 | 3965 |
| | 180 | 190 | 901 | 4460 |
| | | 170 | 1016 | 5030 |

$$\text{B591型细纱机纺纱捻度（捻/m）} = \frac{\text{锭子转速（r/min）}}{\text{前罗拉线速度（m/min）}}$$

$$= \frac{201 \times 1000 \times 66 \times 86 \times Z_B}{41 \times 40 \times \pi \times 30 \times Z_A \times Z_C} = 7385 \times \frac{Z_B}{Z_A \times Z_C}$$

B591型细纱机的细纱捻度见表6-3-19。

表6-3-19　B591型细纱机的细纱捻度　　　　　　　　　　单位：捻/m

| $Z_C$ | $Z_A$ | | | | |
|---|---|---|---|---|---|
| | $46^T$ | $56^T$ | $67^T$ | $78^T$ | $88^T$ |
| | $Z_B$ | | | | |
| | $88^T$ | $78^T$ | $67^T$ | $56^T$ | $46^T$ |
| $40^T$ | 353 | 257 | 185 | 133 | 97 |
| $41^T$ | 344 | 251 | 180 | 129 | 94 |
| $42^T$ | 336 | 245 | 176 | 126 | 92 |
| $43^T$ | 328 | 239 | 172 | 123 | 90 |
| $44^T$ | 321 | 234 | 168 | 120 | 88 |
| $45^T$ | 314 | 229 | 164 | 118 | 86 |
| $46^T$ | 307 | 224 | 160 | 115 | 84 |
| $47^T$ | 300 | 219 | 157 | 113 | 82 |
| $48^T$ | 294 | 214 | 154 | 110 | 80 |
| $49^T$ | 288 | 210 | 151 | 108 | 79 |
| $50^T$ | 282 | 206 | 148 | 106 | 77 |
| $51^T$ | 277 | 202 | 145 | 104 | 76 |
| $52^T$ | 272 | 198 | 142 | 102 | 74 |
| $53^T$ | 266 | 194 | 139 | 100 | 73 |

续表

| $Z_C$ | $Z_A$ | | | | |
|---|---|---|---|---|---|
| | $46^T$ | $56^T$ | $67^T$ | $78^T$ | $88^T$ |
| | $Z_B$ | | | | |
| | $88^T$ | $78^T$ | $67^T$ | $56^T$ | $46^T$ |
| $54^T$ | 263 | 190 | 137 | 98 | 72 |
| $55^T$ | 257 | 187 | 134 | 96 | 70 |
| $56^T$ | 252 | 184 | 132 | 95 | 69 |

## 五、B593A型细纱机（图6-3-7）

$$B593A型细纱机总牵伸倍数 = \frac{48 \times 84 \times Z_2 \times 70 \times 52 \times 40\pi}{21 \times 23 \times Z_1 \times 32 \times 35 \times 30\pi} = 36.17 \times \frac{Z_2}{Z_1}$$

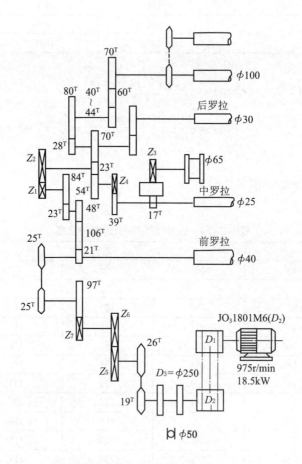

图6-3-7 B593A型细纱机传动图

B593A型细纱机总牵伸倍数见表6-3-20。

表6-3-20　B593A型细纱机总牵伸倍数

| $Z_1$ | $Z_2$ | 总牵伸倍数 | $Z_1$ | $Z_2$ | 总牵伸倍数 |
|---|---|---|---|---|---|
| $68^T$ | $41^T$ | 21.81 | $70^T$ | $51^T$ | 26.36 |
| $67^T$ | $41^T$ | 22.11 | $69^T$ | $51^T$ | 26.74 |
| $66^T$ | $41^T$ | 22.17 | $68^T$ | $51^T$ | 27.13 |
| $65^T$ | $41^T$ | 22.82 | $67^T$ | $51^T$ | 27.64 |
| $64^T$ | $41^T$ | 23.17 | $66^T$ | $51^T$ | 27.96 |
| $57^T$ | $37^T$ | 23.48 | $65^T$ | $51^T$ | 28.38 |
| $70^T$ | $46^T$ | 23.77 | $64^T$ | $51^T$ | 28.83 |
| $69^T$ | $46^T$ | 24.12 | $51^T$ | $41^T$ | 29.08 |
| $68^T$ | $46^T$ | 24.47 | $57^T$ | $46^T$ | 29.19 |
| $67^T$ | $46^T$ | 24.84 | $70^T$ | $57^T$ | 29.46 |
| $66^T$ | $46^T$ | 25.21 | $69^T$ | $57^T$ | 29.89 |
| $65^T$ | $46^T$ | 25.60 | $68^T$ | $57^T$ | 30.32 |
| $64^T$ | $46^T$ | 26.00 | $67^T$ | $57^T$ | 30.77 |
| $57^T$ | $41^T$ | 26.02 | $66^T$ | $57^T$ | 31.24 |
| $51^T$ | $37^T$ | 26.24 | $65^T$ | $57^T$ | 31.72 |
| $64^T$ | $57^T$ | 32.22 | $66^T$ | $69^T$ | 37.82 |
| $57^T$ | $51^T$ | 32.37 | $65^T$ | $68^T$ | 37.84 |
| $51^T$ | $46^T$ | 32.63 | $64^T$ | $67^T$ | 37.87 |
| $70^T$ | $64^T$ | 33.07 | $66^T$ | $70^T$ | 38.37 |
| $69^T$ | $64^T$ | 33.55 | $65^T$ | $69^T$ | 38.40 |
| $70^T$ | $65^T$ | 33.59 | $64^T$ | $68^T$ | 38.43 |
| $68^T$ | $64^T$ | 34.05 | $65^T$ | $70^T$ | 38.96 |
| $69^T$ | $65^T$ | 34.08 | $64^T$ | $69^T$ | 39.00 |
| $70^T$ | $66^T$ | 34.11 | $64^T$ | $70^T$ | 39.56 |
| $67^T$ | $64^T$ | 34.55 | $46^T$ | $51^T$ | 40.11 |
| $68^T$ | $65^T$ | 34.58 | $51^T$ | $57^T$ | 40.43 |
| $69^T$ | $66^T$ | 34.60 | $57^T$ | $64^T$ | 40.62 |
| $70^T$ | $67^T$ | 34.62 | $57^T$ | $65^T$ | 41.25 |
| $66^T$ | $64^T$ | 35.08 | $57^T$ | $66^T$ | 41.89 |
| $67^T$ | $65^T$ | 35.09 | $57^T$ | $67^T$ | 42.52 |
| $68^T$ | $66^T$ | 35.11 | $57^T$ | $68^T$ | 43.15 |
| $69^T$ | $67^T$ | 35.12 | $57^T$ | $69^T$ | 43.79 |
| $70^T$ | $68^T$ | 35.14 | $57^T$ | $70^T$ | 44.43 |
| $65^T$ | $64^T$ | 35.62 | $46^T$ | $57^T$ | 44.82 |

| $Z_1$ | $Z_2$ | 总牵伸倍数 | $Z_1$ | $Z_2$ | 总牵伸倍数 |
|---|---|---|---|---|---|
| $66^T$ | $65^T$ | 35.63 | $41^T$ | $51^T$ | 45.00 |
| $67^T$ | $66^T$ | 35.63 | $51^T$ | $64^T$ | 45.20 |
| $68^T$ | $67^T$ | 35.64 | $51^T$ | $65^T$ | 46.10 |
| $69^T$ | $68^T$ | 35.65 | $51^T$ | $66^T$ | 46.80 |
| $70^T$ | $69^T$ | 35.66 | $51^T$ | $67^T$ | 47.50 |
| $65^T$ | $65^T$ | 36.17 | $51^T$ | $68^T$ | 48.20 |
| $69^T$ | $70^T$ | 36.70 | $51^T$ | $69^T$ | 48.90 |
| $68^T$ | $69^T$ | 36.71 | $51^T$ | $70^T$ | 49.60 |
| $67^T$ | $68^T$ | 36.71 | $37^T$ | $51^T$ | 49.80 |
| $66^T$ | $67^T$ | 36.72 | $41^T$ | $57^T$ | 50.20 |
| $65^T$ | $66^T$ | 36.73 | $46^T$ | $64^T$ | 50.33 |
| $64^T$ | $65^T$ | 36.74 | $46^T$ | $65^T$ | 51.11 |
| $68^T$ | $70^T$ | 37.24 | $46^T$ | $66^T$ | 51.90 |
| $67^T$ | $69^T$ | 37.25 | $46^T$ | $67^T$ | 52.69 |
| $66^T$ | $68^T$ | 37.27 | $46^T$ | $68^T$ | 53.47 |
| $65^T$ | $67^T$ | 37.29 | $46^T$ | $69^T$ | 54.26 |
| $64^T$ | $66^T$ | 37.30 | $46^T$ | $70^T$ | 55.05 |
| $67^T$ | $20^T$ | 37.79 | $37^T$ | $57^T$ | 55.73 |

$$B593A型细纱机三罗拉后牵伸倍数 = \frac{Z_3 \times 25\pi}{17 \times 65\pi} = 0.0226 \times Z_3$$

B593A型细纱机三罗拉的后区牵伸倍数见表6-3-21。

表6-3-21　B593A型细纱机三罗拉后区牵伸倍数

| $Z_3$ | $45^T$ | $47^T$ | $49^T$ | $51^T$ | $53^T$ |
|---|---|---|---|---|---|
| 后区牵伸倍数 | 1.02 | 1.06 | 1.11 | 1.15 | 1.20 |

$$B593A型细纱机四罗拉后区牵伸倍数 = \frac{Z_4 \times 70 \times 52 \times 25\pi}{39 \times 54 \times 35 \times 30\pi} = 0.0412 \times Z_4$$

B593A型细纱机四罗拉的后区牵伸倍数见表6-3-22。

表6-3-22　B593A型细纱机四罗拉后区牵伸倍数

| $Z_4$ | $28^T$ | $29^T$ | $30^T$ | $31^T$ | $32^T$ | $33^T$ |
|---|---|---|---|---|---|---|
| 后区牵伸倍数 | 1.15 | 1.19 | 1.24 | 1.28 | 1.32 | 1.36 |

B593A型细纱机前罗拉线速度（m/min）$= 975 \times \dfrac{D_1 \times 19 \times Z_5 \times Z_7 \times 25}{D_2 \times 26 \times Z_6 \times 97 \times 25} \times \dfrac{40\pi}{1000} = 0.923 \times \dfrac{D_1}{D_2}$

B593A型细纱机锭子转速（r/min）$= 975 \times \dfrac{D_1 \times (250+1)}{D_2 \times (50+1)} = 4798.5 \times \dfrac{D_1}{D_2}$

B593A型细纱机锭子转速见表6-3-23。

表6-3-23　B593A型细纱机锭子转速

| $D_1$（mm） | $D_2$（mm） | | |
|---|---|---|---|
| | $\phi$178 | $\phi$192 | $\phi$250 |
| $\phi$160 | 4310 | 4000 | 3070 |
| $\phi$185 | 4990 | 4620 | 3550 |

B593A型细纱机纺纱捻度（捻/m）$= \dfrac{26 \times Z_6 \times 97 \times (250+1) \times 1000}{19 \times Z_5 \times Z_7 \times (50+1) \times 40\pi} = 5198.6 \times \dfrac{Z_6}{Z_5 \times Z_7}$

B593A型细纱机细纱捻度见表6-3-24。

表6-3-24　B593A型细纱机细纱捻度

| $Z_7$ | $Z_6/Z_5$ | | | | |
|---|---|---|---|---|---|
| | $56^T/77^T$ | $63^T/70^T$ | $70^T/63^T$ | $77^T/56^T$ | $83^T/50^T$ |
| $34^T$ | 111 | 138 | 170 | 210 | 254 |
| $35^T$ | 108 | 134 | 165 | 204 | 247 |
| $36^T$ | 105 | 130 | 160 | 199 | 240 |
| $37^T$ | 102 | 126 | 156 | 193 | 233 |
| $38^T$ | 100 | 123 | 152 | 188 | 227 |
| $39^T$ | 97 | 120 | 148 | 183 | 222 |
| $40^T$ | 95 | 117 | 144 | 179 | 216 |
| $41^T$ | 92 | 114 | 141 | 174 | 211 |
| $42^T$ | 90 | 111 | 137 | 170 | 206 |

## 六、BB581型细纱机（图6-3-8）

BB581型细纱机总牵伸倍数=后区牵伸倍数×前区牵伸倍数

BB581型细纱机后区牵伸倍数 $= \dfrac{40 \times Z_G}{20 \times 40} = 0.05 \times Z_G$

BB581型细纱机后区牵伸倍数见表6-3-25。

表6-3-25 BB581型细纱机后区牵伸倍数

| $Z_G$ | $26^T$ | $30^T$ | $35^T$ | $40^T$ |
|---|---|---|---|---|
| 后区牵伸倍数 | 1.3 | 1.50 | 1.75 | 2 |

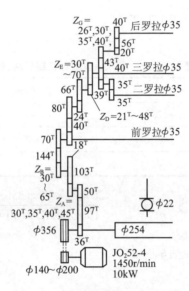

图6-3-8 BB581型细纱机传动图

$$BB581型细纱机前区牵伸倍数=\frac{Z_E\times66\times80\times35\pi}{Z_D\times24\times18\times35\pi}=12.2\times\frac{Z_E}{Z_D}=\frac{牵伸常数}{Z_D}$$

BB581型细纱机前区牵伸倍数见表6-3-26。

表6-3-26 BB581型细纱机前区牵伸倍数

| $Z_D$ | $Z_E$ | | | | | | | | | | | | |
|---|---|---|---|---|---|---|---|---|---|---|---|---|---|
| | $30^T$ | $35^T$ | $40^T$ | $45^T$ | $50^T$ | $55^T$ | $56^T$ | $57^T$ | $58^T$ | $59^T$ | $60^T$ | $65^T$ | $70^T$ |
| $23^T$ | 16.0 | 18.6 | 21.3 | 23.9 | 26.6 | 29.2 | 29.7 | 30.3 | 30.8 | 31.4 | 31.9 | 34.5 | 37.2 |
| $24^T$ | 15.3 | 17.8 | 20.4 | 22.9 | 25.5 | 28.0 | 28.5 | 29.0 | 29.5 | 30.1 | 30.5 | 33.1 | 35.7 |
| $25^T$ | 14.7 | 17.1 | 19.6 | 22.0 | 24.4 | 26.9 | 27.4 | 27.9 | 28.4 | 28.9 | 29.3 | 31.6 | 34.2 |
| $26^T$ | 14.1 | 16.5 | 18.8 | 21.2 | 23.5 | 25.8 | 26.3 | 26.8 | 27.3 | 27.7 | 28.2 | 30.5 | 32.9 |
| $27^T$ | 13.6 | 15.9 | 18.1 | 20.4 | 22.6 | 24.9 | 25.3 | 25.8 | 26.3 | 26.7 | 27.2 | 29.4 | 31.7 |
| $28^T$ | 13.1 | 15.3 | 17.5 | 19.6 | 21.8 | 24.0 | 24.4 | 24.9 | 25.3 | 25.8 | 26.2 | 28.4 | 30.6 |
| $29^T$ | 12.7 | 14.8 | 16.8 | 18.9 | 21.1 | 23.2 | 23.6 | 24.0 | 24.4 | 24.9 | 25.3 | 27.3 | 29.5 |
| $30^T$ | 12.2 | 14.3 | 16.3 | 18.3 | 20.4 | 22.4 | 22.8 | 23.2 | 23.6 | 24.0 | 24.4 | 26.4 | 28.5 |
| $31^T$ | 11.8 | 13.8 | 15.8 | 17.7 | 19.7 | 21.7 | 22.1 | 22.5 | 22.9 | 23.3 | 23.7 | 25.6 | 27.6 |

| $Z_D$ | $Z_E$ | | | | | | | | | | | | |
|---|---|---|---|---|---|---|---|---|---|---|---|---|---|
| | $30^T$ | $35^T$ | $40^T$ | $45^T$ | $50^T$ | $55^T$ | $56^T$ | $57^T$ | $58^T$ | $59^T$ | $60^T$ | $65^T$ | $70^T$ |
| $32^T$ | 11.5 | 13.4 | 15.3 | 17.2 | 19.1 | 21.0 | 21.4 | 21.8 | 22.2 | 22.5 | 22.9 | 24.5 | 25.8 |
| $33^T$ | 11.1 | 13.0 | 14.8 | 16.7 | 18.5 | 20.4 | 20.7 | 21.1 | 21.5 | 21.9 | 22.2 | 24.1 | 25.9 |
| $34^T$ | 10.8 | 12.6 | 14.4 | 16.2 | 18.0 | 19.8 | 20.1 | 20.5 | 20.9 | 21.2 | 21.6 | 23.4 | 25.2 |
| $35^T$ | 10.5 | 12.2 | 14.0 | 15.7 | 17.5 | 19.2 | 19.5 | 19.9 | 20.3 | 20.6 | 20.9 | 22.7 | 24.5 |
| $36^T$ | 10.2 | 11.9 | 13.6 | 15.3 | 16.9 | 18.7 | 19.0 | 19.4 | 19.7 | 20.0 | 20.4 | 22.1 | 23.8 |
| $37^T$ | 9.92 | 19.6 | 13.2 | 14.9 | 16.5 | 18.2 | 18.5 | 18.8 | 19.2 | 19.5 | 19.8 | 21.5 | 23.1 |
| $38^T$ | 9.66 | 11.3 | 12.9 | 14.5 | 16.1 | 17.7 | 18.0 | 18.3 | 18.7 | 19.0 | 19.3 | 20.9 | 22.5 |
| $39^T$ | 9.41 | 11.0 | 12.6 | 14.1 | 15.7 | 17.2 | 17.5 | 17.9 | 18.2 | 18.5 | 18.8 | 20.4 | 22.0 |
| $40^T$ | 9.18 | 10.7 | 12.2 | 13.9 | 15.3 | 16.8 | 17.1 | 17.4 | 17.7 | 18.0 | 18.3 | 19.9 | 21.4 |
| $41^T$ | 8.95 | 10.4 | 11.9 | 13.4 | 14.9 | 10.6 | 16.7 | 17.0 | 17.3 | 17.6 | 17.9 | 19.4 | 20.9 |
| $42^T$ | 8.74 | 10.1 | 11.6 | 13.1 | 14.5 | 16.4 | 16.3 | 16.6 | 16.9 | 17.2 | 17.5 | 13.9 | 20.4 |
| $43^T$ | 8.54 | 9.96 | 11.4 | 12.8 | 14.2 | 15.6 | 15.9 | 16.2 | 16.5 | 16.8 | 17.1 | 18.5 | 19.9 |
| $44^T$ | 8.34 | 9.73 | 11.1 | 12.5 | 13.9 | 15.3 | 15.6 | 15.8 | 16.1 | 16.4 | 16.7 | 18.0 | 19.5 |
| $45^T$ | 8.16 | 9.51 | 10.9 | 12.2 | 13.6 | 14.9 | 15.2 | 15.5 | 15.8 | 16.0 | 16.3 | 17.6 | 19.0 |
| $46^T$ | 7.98 | 9.30 | 10.6 | 12.0 | 13.3 | 14.6 | 14.9 | 15.2 | 15.4 | 15.7 | 15.9 | 17.2 | 18.6 |
| $47^T$ | 7.81 | 9.11 | 10.4 | 11.7 | 13.0 | 14.3 | 14.6 | 14.8 | 15.0 | 15.3 | 15.6 | 16.9 | 18.2 |
| $48^T$ | 7.65 | 8.92 | 10.2 | 11.5 | 12.7 | 14.0 | 14.3 | 14.5 | 14.8 | 15.0 | 15.3 | 16.6 | 17.8 |
| 牵伸常数 | 367 | 428 | 4890 | 5500 | 6110 | 6720 | 6840 | 6967 | 7089 | 7211 | 7330 | 7940 | 8560 |

BB581型细纱机前罗拉线速度（m/min）

$$= 1450 \times \frac{电动机皮带盘直径 \times 36 \times Z_A \times Z_B \times 35\pi}{滚筒皮带盘直径 \times 50 \times 103 \times 70 \times 1000} = 0.0159 \times Z_A \times Z_B \times \frac{电动机皮带盘直径}{滚筒皮带盘直径}$$

BB581型细纱机锭子转速（r/min）

$$= 1450 \times \frac{电动机皮带盘直径 \times (254+1)}{滚筒皮带盘直径 \times (22+1)} = 16076 \times \frac{电动机皮带盘直径}{滚筒皮带盘直径}$$

BB581型细纱机纺纱捻度（捻/m）

$$= \frac{锭子转速(r/min)}{前罗拉线速度(m/min)} = \frac{16076}{0.0159 \times Z_A \times Z_B} = \frac{1011069}{Z_A \times Z_B} = \frac{捻度常数}{Z_B}$$

BB581型细纱机细纱捻度见表6-3-27。

表6-3-27　BB581型细纱机细纱捻度　　　　　　单位：捻/m

| $Z_B$ | $Z_A$ | | | | $Z_B$ | $Z_A$ | | | |
| --- | --- | --- | --- | --- | --- | --- | --- | --- | --- |
| | $30^T$ | $35^T$ | $40^T$ | $45^T$ | | $30^T$ | $35^T$ | $40^T$ | $45^T$ |
| $30^T$ | 1123 | 962 | 841 | 747 | $45^T$ | 747 | 641 | 560 | 499 |
| $31^T$ | 1088 | 932 | 824 | 724 | $46^T$ | 732 | 627 | 549 | 488 |
| $32^T$ | 1054 | 902 | 789 | 701 | $47^T$ | 717 | 614 | 537 | 477 |
| $33^T$ | 1021 | 879 | 765 | 679 | $48^T$ | 702 | 601 | 526 | 467 |
| $34^T$ | 991 | 849 | 742 | 660 | $49^T$ | 688 | 588 | 515 | 458 |
| $35^T$ | 963 | 824 | 721 | 641 | $50^T$ | 673 | 576 | 505 | 449 |
| $36^T$ | 936 | 802 | 701 | 623 | $51^T$ | 661 | 566 | 495 | 440 |
| $37^T$ | 911 | 780 | 682 | 606 | $52^T$ | 648 | 555 | 485 | 431 |
| $38^T$ | 888 | 760 | 664 | 590 | $53^T$ | 636 | 545 | 476 | 423 |
| $39^T$ | 866 | 740 | 648 | 575 | $54^T$ | 624 | 535 | 467 | 415 |
| $40^T$ | 843 | 722 | 631 | 561 | $55^T$ | 613 | 525 | 459 | 408 |
| $41^T$ | 821 | 704 | 615 | 547 | $60^T$ | 562 | 481 | 421 | 374 |
| $42^T$ | 802 | 687 | 600 | 534 | $65^T$ | 518 | 444 | 384 | 345 |
| $43^T$ | 783 | 671 | 586 | 522 | 捻度常数 | 33702 | 28887 | 25277 | 22468 |
| $44^T$ | 765 | 656 | 572 | 510 | | | | | |

注　捻缩和锭带滑溜未计入。

## 七、319L型和HF7-1027型环锭细纱机的主要技术特征（表6-3-28）

表6-3-28　319L型和HF7-1027型环锭细纱机的主要技术特征

| 项　目 | 主要技术特征 | | 项　目 | 主要技术特征 | |
| --- | --- | --- | --- | --- | --- |
| | 319L型 | HF7-1027型 | | 319L型 | HF7-1027型 |
| 牵伸形式 | 3罗拉 | 4罗拉 | 锭速（r/min） | 最高12000 | 最高12000 |
| 纱锭（只） | 400 | 400 | 牵伸倍数 | 9.91~37.33 | 10.71~33.78 |
| 牵伸臂 | SKF PK1601 | SKF PK1601 | 捻度范围 | 355~1494 | 288~1214 |
| 锭环直径（mm） | 50 | 48 | 吸风量（m³/h） | 5000 | 5000 |
| 气圈控制环（mm） | 50 | 48 | 主空压压力（kPa） | 600~800 | 600~800 |
| 纱管高度（mm） | 250 | 220 | 空压气损耗（N） | 9 | 9 |
| 锭轴 | 319L | HF7-1027 | | | |

八、319L型和HF7-1027型环锭细纱机牵伸表（表6-3-29、表6-3-30）

表6-3-29　319L型环锭细纱机牵伸表

| 3191 | 60 | 61 | 62 | 63 | 64 | 65 | 66 | 67 | 68 | 69 | 70 | 71 | 72 | 73 | 74 | 75 | 76 | 77 | 78 | 79 | 80 | 81 | 82 | 83 | 84 | 85 |
|---|---|---|---|---|---|---|---|---|---|---|---|---|---|---|---|---|---|---|---|---|---|---|---|---|---|---|
| 27 | 22.40 | 22.77 | 23.15 | 23.52 | 23.89 | 24.27 | 24.64 | 25.01 | 25.39 | 25.76 | 26.13 | 26.51 | 26.88 | 27.25 | 27.63 | 28.00 | 28.37 | 28.75 | 29.12 | 29.49 | 29.87 | 30.24 | 30.61 | 30.99 | 31.36 | 31.73 |
| 28 | 21.60 | 21.96 | 22.32 | 22.68 | 23.04 | 23.40 | 23.76 | 24.12 | 24.48 | 24.84 | 25.20 | 25.56 | 25.92 | 26.28 | 26.64 | 27.00 | 27.36 | 27.72 | 28.08 | 28.44 | 28.80 | 29.16 | 29.52 | 29.88 | 30.24 | 30.60 |
| 29 | 20.86 | 21.20 | 21.55 | 21.90 | 22.25 | 22.59 | 22.94 | 23.29 | 23.64 | 23.98 | 24.33 | 24.68 | 25.03 | 25.37 | 25.72 | 26.07 | 26.42 | 26.76 | 27.11 | 27.46 | 27.81 | 28.15 | 28.50 | 28.85 | 29.20 | 29.54 |
| 30 | 20.16 | 20.50 | 20.83 | 21.17 | 21.50 | 21.84 | 22.18 | 22.51 | 22.85 | 23.18 | 23.52 | 23.86 | 24.19 | 24.53 | 24.86 | 25.20 | 25.54 | 25.87 | 26.21 | 26.54 | 26.88 | 27.22 | 27.55 | 27.89 | 28.22 | 28.56 |
| 31 | 19.51 | 19.83 | 20.16 | 20.49 | 20.81 | 21.14 | 21.46 | 21.79 | 22.11 | 22.44 | 22.76 | 23.09 | 23.41 | 23.74 | 24.06 | 24.39 | 24.71 | 25.04 | 25.36 | 25.69 | 26.01 | 26.34 | 26.66 | 26.99 | 27.31 | 27.64 |
| 32 | 18.90 | 19.22 | 19.53 | 19.85 | 20.16 | 20.48 | 20.79 | 21.11 | 21.42 | 21.74 | 22.05 | 22.37 | 22.68 | 23.00 | 23.31 | 23.63 | 23.94 | 24.26 | 24.57 | 24.89 | 25.20 | 25.52 | 25.83 | 26.15 | 26.46 | 26.78 |
| 33 | 18.33 | 18.63 | 18.94 | 19.24 | 19.55 | 19.85 | 20.16 | 20.47 | 20.77 | 21.08 | 21.38 | 21.69 | 21.99 | 22.30 | 22.60 | 22.91 | 23.21 | 23.52 | 23.83 | 24.13 | 24.44 | 24.74 | 25.05 | 25.35 | 25.66 | 25.96 |
| 34 | 17.79 | 18.08 | 18.38 | 18.68 | 18.97 | 19.27 | 19.57 | 19.86 | 20.16 | 20.46 | 20.75 | 21.05 | 21.35 | 21.64 | 21.94 | 22.24 | 22.53 | 22.83 | 23.12 | 23.42 | 23.72 | 24.01 | 24.31 | 24.61 | 24.90 | 25.20 |
| 35 | 17.28 | 17.57 | 17.86 | 18.14 | 18.43 | 18.72 | 19.01 | 19.30 | 19.58 | 19.87 | 20.16 | 20.45 | 20.74 | 21.02 | 21.31 | 21.60 | 21.89 | 22.18 | 22.46 | 22.75 | 23.04 | 23.33 | 23.62 | 23.90 | 24.19 | 24.48 |
| 36 | 16.80 | 17.08 | 17.36 | 17.64 | 17.92 | 18.20 | 18.48 | 18.76 | 19.04 | 19.32 | 19.60 | 19.88 | 20.16 | 20.44 | 20.72 | 21.00 | 21.28 | 21.56 | 21.84 | 22.12 | 22.40 | 22.68 | 22.96 | 23.24 | 23.52 | 23.80 |
| 37 | 16.35 | 16.62 | 16.89 | 17.16 | 17.44 | 17.71 | 17.98 | 18.25 | 18.53 | 18.80 | 19.07 | 19.34 | 19.62 | 19.89 | 20.16 | 20.43 | 20.70 | 20.98 | 21.25 | 21.52 | 21.79 | 22.07 | 22.34 | 22.61 | 22.88 | 23.16 |
| 38 | 15.92 | 16.18 | 16.45 | 16.71 | 16.98 | 17.24 | 17.51 | 17.77 | 18.04 | 18.30 | 18.57 | 18.83 | 19.10 | 19.36 | 19.63 | 19.89 | 20.16 | 20.43 | 20.69 | 20.96 | 21.22 | 21.49 | 21.75 | 22.02 | 22.28 | 22.55 |
| 39 | 15.51 | 15.77 | 16.02 | 16.28 | 16.54 | 16.80 | 17.06 | 17.32 | 17.58 | 17.83 | 18.09 | 18.35 | 18.61 | 18.87 | 19.13 | 19.38 | 19.64 | 19.90 | 20.16 | 20.42 | 20.68 | 20.94 | 21.19 | 21.45 | 21.71 | 21.97 |
| 40 | 15.12 | 15.37 | 15.62 | 15.88 | 16.13 | 16.38 | 16.63 | 16.88 | 17.14 | 17.39 | 17.64 | 17.89 | 18.14 | 18.40 | 18.65 | 18.90 | 19.15 | 19.40 | 19.66 | 19.91 | 20.16 | 20.41 | 20.66 | 20.92 | 21.17 | 21.42 |
| 41 | 14.75 | 15.00 | 15.24 | 15.49 | 15.73 | 15.98 | 16.23 | 16.47 | 16.72 | 16.96 | 17.21 | 17.46 | 17.70 | 17.95 | 18.19 | 18.44 | 18.68 | 18.93 | 19.18 | 19.42 | 19.67 | 19.91 | 20.16 | 20.41 | 20.65 | 20.90 |
| 42 | 14.40 | 14.64 | 14.88 | 15.12 | 15.36 | 15.60 | 15.84 | 16.08 | 16.32 | 16.56 | 16.80 | 17.04 | 17.28 | 17.52 | 17.76 | 18.00 | 18.24 | 18.48 | 18.72 | 18.96 | 19.20 | 19.44 | 19.68 | 19.92 | 20.16 | 20.40 |
| 43 | 14.07 | 14.30 | 14.53 | 14.77 | 15.00 | 15.24 | 15.47 | 15.71 | 15.94 | 16.17 | 16.41 | 16.64 | 16.88 | 17.11 | 17.35 | 17.58 | 17.82 | 18.05 | 18.28 | 18.52 | 18.75 | 18.99 | 19.22 | 19.46 | 19.69 | 19.93 |
| 44 | 13.75 | 13.97 | 14.20 | 14.43 | 14.66 | 14.89 | 15.12 | 15.35 | 15.58 | 15.81 | 16.04 | 16.27 | 16.49 | 16.72 | 16.95 | 17.18 | 17.41 | 17.64 | 17.87 | 18.10 | 18.33 | 18.56 | 18.79 | 19.01 | 19.24 | 19.47 |
| 45 | 13.44 | 13.66 | 13.89 | 14.11 | 14.34 | 14.56 | 14.78 | 15.01 | 15.23 | 15.46 | 15.68 | 15.90 | 16.13 | 16.35 | 16.58 | 16.80 | 17.03 | 17.25 | 17.47 | 17.70 | 17.92 | 18.14 | 18.37 | 18.59 | 18.82 | 19.04 |
| 46 | 13.15 | 13.37 | 13.59 | 13.81 | 14.02 | 14.24 | 14.46 | 14.68 | 14.90 | 15.12 | 15.34 | 15.56 | 15.78 | 16.00 | 16.22 | 16.43 | 16.65 | 16.87 | 17.09 | 17.31 | 17.53 | 17.75 | 17.97 | 18.19 | 18.41 | 18.63 |
| 47 | 12.87 | 13.08 | 13.30 | 13.51 | 13.73 | 13.94 | 14.15 | 14.37 | 14.58 | 14.80 | 15.01 | 15.23 | 15.44 | 15.66 | 15.87 | 16.09 | 16.30 | 16.51 | 16.73 | 16.94 | 17.16 | 17.37 | 17.59 | 17.80 | 18.02 | 18.23 |
| 48 | 12.60 | 12.81 | 13.02 | 13.23 | 13.44 | 13.65 | 13.86 | 14.07 | 14.28 | 14.49 | 14.70 | 14.91 | 15.12 | 15.33 | 15.54 | 15.75 | 15.96 | 16.17 | 16.38 | 16.59 | 16.80 | 17.01 | 17.22 | 17.43 | 17.64 | 17.85 |
| 49 | 12.34 | 12.55 | 12.75 | 12.96 | 13.17 | 13.37 | 13.58 | 13.78 | 13.99 | 14.19 | 14.40 | 14.61 | 14.81 | 15.02 | 15.22 | 15.43 | 15.63 | 15.84 | 16.05 | 16.25 | 16.46 | 16.66 | 16.87 | 17.07 | 17.28 | 17.49 |
| 50 | 12.10 | 12.30 | 12.50 | 12.70 | 12.90 | 13.10 | 13.31 | 13.51 | 13.71 | 13.91 | 14.11 | 14.31 | 14.52 | 14.72 | 14.92 | 15.12 | 15.32 | 15.52 | 15.72 | 15.93 | 16.13 | 16.33 | 16.53 | 16.73 | 16.93 | 17.14 |
| 51 | 11.86 | 12.06 | 12.25 | 12.45 | 12.65 | 12.85 | 13.04 | 13.24 | 13.44 | 13.64 | 13.84 | 14.03 | 14.23 | 14.43 | 14.63 | 14.82 | 15.02 | 15.22 | 15.42 | 15.61 | 15.81 | 16.01 | 16.21 | 16.40 | 16.60 | 16.80 |
| 52 | 11.63 | 11.82 | 12.02 | 12.21 | 12.41 | 12.60 | 12.79 | 12.99 | 13.18 | 13.38 | 13.57 | 13.76 | 13.96 | 14.15 | 14.34 | 14.54 | 14.73 | 14.93 | 15.12 | 15.31 | 15.51 | 15.70 | 15.90 | 16.09 | 16.28 | 16.48 |
| 53 | 11.41 | 11.60 | 11.79 | 11.98 | 12.17 | 12.36 | 12.55 | 12.74 | 12.93 | 13.12 | 13.31 | 13.50 | 13.69 | 13.88 | 14.07 | 14.26 | 14.45 | 14.64 | 14.83 | 15.02 | 15.22 | 15.41 | 15.60 | 15.79 | 15.98 | 16.17 |
| 54 | 11.20 | 11.39 | 11.57 | 11.76 | 11.95 | 12.13 | 12.32 | 12.51 | 12.69 | 12.88 | 13.07 | 13.25 | 13.44 | 13.63 | 13.81 | 14.00 | 14.19 | 14.37 | 14.56 | 14.75 | 14.93 | 15.12 | 15.31 | 15.49 | 15.68 | 15.87 |
| 55 | 11.00 | 11.18 | 11.36 | 11.55 | 11.73 | 11.91 | 12.10 | 12.28 | 12.46 | 12.65 | 12.83 | 13.01 | 13.20 | 13.38 | 13.56 | 13.75 | 13.93 | 14.11 | 14.30 | 14.48 | 14.66 | 14.85 | 15.03 | 15.21 | 15.39 | 15.58 |
| 56 | 10.80 | 10.98 | 11.16 | 11.34 | 11.52 | 11.70 | 11.88 | 12.06 | 12.24 | 12.42 | 12.60 | 12.78 | 12.96 | 13.14 | 13.32 | 13.50 | 13.68 | 13.86 | 14.04 | 14.22 | 14.40 | 14.58 | 14.76 | 14.94 | 15.12 | 15.30 |
| 57 | 10.61 | 10.79 | 10.96 | 11.14 | 11.32 | 11.49 | 11.67 | 11.85 | 12.03 | 12.20 | 12.38 | 12.56 | 12.73 | 12.91 | 13.09 | 13.26 | 13.44 | 13.62 | 13.79 | 13.97 | 14.15 | 14.32 | 14.50 | 14.68 | 14.85 | 15.03 |
| 58 | 10.43 | 10.60 | 10.78 | 10.95 | 11.12 | 11.30 | 11.47 | 11.64 | 11.82 | 11.99 | 12.17 | 12.34 | 12.51 | 12.69 | 12.86 | 13.03 | 13.21 | 13.38 | 13.56 | 13.73 | 13.90 | 14.08 | 14.25 | 14.42 | 14.60 | 14.77 |
| 59 | 10.25 | 10.42 | 10.59 | 10.76 | 10.93 | 11.11 | 11.28 | 11.45 | 11.62 | 11.79 | 11.96 | 12.13 | 12.30 | 12.47 | 12.64 | 12.81 | 12.98 | 13.16 | 13.33 | 13.50 | 13.67 | 13.84 | 14.01 | 14.18 | 14.35 | 14.52 |
| 60 | 10.08 | 10.25 | 10.42 | 10.58 | 10.75 | 10.92 | 11.09 | 11.26 | 11.42 | 11.59 | 11.76 | 11.93 | 12.10 | 12.26 | 12.43 | 12.60 | 12.77 | 12.94 | 13.10 | 13.27 | 13.44 | 13.61 | 13.78 | 13.94 | 14.11 | 14.28 |
| 61 | 9.91 | 10.08 | 10.25 | 10.41 | 10.58 | 10.74 | 10.91 | 11.07 | 11.24 | 11.40 | 11.57 | 11.73 | 11.90 | 12.06 | 12.23 | 12.39 | 12.56 | 12.72 | 12.89 | 13.05 | 13.22 | 13.38 | 13.55 | 13.72 | 13.88 | 14.05 |

续表

| 3191 | 27 | 28 | 29 | 30 | 31 | 32 | 33 | 34 | 35 | 36 | 37 | 38 | 39 | 40 | 41 | 42 | 43 | 44 | 45 | 46 | 47 | 48 | 49 | 50 | 51 | 52 | 53 | 54 | 55 | 56 | 57 | 58 | 59 | 60 | 61 |
|---|---|---|---|---|---|---|---|---|---|---|---|---|---|---|---|---|---|---|---|---|---|---|---|---|---|---|---|---|---|---|---|---|---|---|---|
| 86 | 32.11 | 30.96 | 29.89 | 28.90 | 27.96 | 27.09 | 26.27 | 25.50 | 24.77 | 24.08 | 23.43 | 22.81 | 22.23 | 21.67 | 21.14 | 20.64 | 20.16 | 19.70 | 19.26 | 18.85 | 18.44 | 18.06 | 17.69 | 17.34 | 17.00 | 16.67 | 16.36 | 16.05 | 15.76 | 15.48 | 15.21 | 14.95 | 14.69 | 14.45 | 14.21 |
| 87 | 32.48 | 31.32 | 30.24 | 29.23 | 28.29 | 27.41 | 26.57 | 25.79 | 25.06 | 24.36 | 23.70 | 23.08 | 22.49 | 21.92 | 21.39 | 20.88 | 20.39 | 19.93 | 19.49 | 19.06 | 18.66 | 18.27 | 17.90 | 17.54 | 17.20 | 16.86 | 16.55 | 16.24 | 15.94 | 15.66 | 15.39 | 15.12 | 14.86 | 14.62 | 14.38 |
| 88 | 32.85 | 31.68 | 30.59 | 29.57 | 28.61 | 27.72 | 26.88 | 26.09 | 25.34 | 24.64 | 23.97 | 23.34 | 22.74 | 22.18 | 21.64 | 21.12 | 20.63 | 20.16 | 19.71 | 19.28 | 18.87 | 18.48 | 18.10 | 17.74 | 17.39 | 17.06 | 16.74 | 16.43 | 16.13 | 15.84 | 15.56 | 15.29 | 15.03 | 14.78 | 14.54 |
| 89 | 33.23 | 32.04 | 30.94 | 29.90 | 28.94 | 28.04 | 27.19 | 26.39 | 25.63 | 24.92 | 24.25 | 23.61 | 23.00 | 22.43 | 21.88 | 21.36 | 20.86 | 20.39 | 19.94 | 19.50 | 19.09 | 18.69 | 18.31 | 17.94 | 17.59 | 17.25 | 16.93 | 16.61 | 16.31 | 16.02 | 15.74 | 15.47 | 15.21 | 14.95 | 14.71 |
| 90 | 33.60 | 32.40 | 31.28 | 30.24 | 29.26 | 28.35 | 27.49 | 26.68 | 25.92 | 25.20 | 24.52 | 23.87 | 23.26 | 22.68 | 22.13 | 21.60 | 21.10 | 20.62 | 20.16 | 19.72 | 19.30 | 18.90 | 18.51 | 18.14 | 17.79 | 17.45 | 17.12 | 16.80 | 16.49 | 16.20 | 15.92 | 15.64 | 15.38 | 15.12 | 14.87 |
| 91 | 33.97 | 32.76 | 31.63 | 30.58 | 29.59 | 28.67 | 27.80 | 26.98 | 26.21 | 25.48 | 24.79 | 24.14 | 23.52 | 22.93 | 22.37 | 21.84 | 21.33 | 20.85 | 20.38 | 19.94 | 19.52 | 19.11 | 18.72 | 18.35 | 17.99 | 17.64 | 17.31 | 16.99 | 16.68 | 16.38 | 16.09 | 15.82 | 15.55 | 15.29 | 15.04 |
| 92 | 34.35 | 33.12 | 31.98 | 30.91 | 29.91 | 28.98 | 28.10 | 27.28 | 26.50 | 25.76 | 25.06 | 24.40 | 23.78 | 23.18 | 22.62 | 22.08 | 21.57 | 21.08 | 20.61 | 20.16 | 19.73 | 19.32 | 18.93 | 18.55 | 18.18 | 17.83 | 17.50 | 17.17 | 16.86 | 16.56 | 16.27 | 15.99 | 15.72 | 15.46 | 15.20 |
| 93 | 34.72 | 33.48 | 32.33 | 31.25 | 30.24 | 29.30 | 28.41 | 27.57 | 26.78 | 26.04 | 25.34 | 24.67 | 24.04 | 23.44 | 22.86 | 22.32 | 21.80 | 21.31 | 20.83 | 20.38 | 19.95 | 19.53 | 19.13 | 18.75 | 18.38 | 18.03 | 17.69 | 17.36 | 17.04 | 16.74 | 16.45 | 16.16 | 15.89 | 15.62 | 15.37 |
| 94 | 35.09 | 33.84 | 32.67 | 31.58 | 30.57 | 29.61 | 28.71 | 27.87 | 27.07 | 26.32 | 25.61 | 24.93 | 24.30 | 23.69 | 23.11 | 22.56 | 22.04 | 21.53 | 21.06 | 20.60 | 20.16 | 19.74 | 19.34 | 18.95 | 18.58 | 18.22 | 17.88 | 17.55 | 17.23 | 16.92 | 16.62 | 16.34 | 16.06 | 15.79 | 15.53 |
| 95 | 35.47 | 34.20 | 33.02 | 31.92 | 30.89 | 29.93 | 29.02 | 28.16 | 27.36 | 26.60 | 25.88 | 25.20 | 24.55 | 23.94 | 23.36 | 22.80 | 22.27 | 21.76 | 21.28 | 20.82 | 20.37 | 19.95 | 19.54 | 19.15 | 18.78 | 18.42 | 18.07 | 17.73 | 17.41 | 17.10 | 16.80 | 16.51 | 16.23 | 15.96 | 15.70 |
| 96 | 35.84 | 34.56 | 33.37 | 32.26 | 31.22 | 30.24 | 29.32 | 28.46 | 27.65 | 26.88 | 26.15 | 25.47 | 24.81 | 24.19 | 23.60 | 23.04 | 22.50 | 21.99 | 21.50 | 21.04 | 20.59 | 20.16 | 19.75 | 19.35 | 18.97 | 18.61 | 18.26 | 17.92 | 17.59 | 17.28 | 16.98 | 16.68 | 16.40 | 16.13 | 15.86 |
| 97 | 36.21 | 34.92 | 33.72 | 32.59 | 31.54 | 30.56 | 29.63 | 28.76 | 27.94 | 27.16 | 26.43 | 25.73 | 25.07 | 24.44 | 23.85 | 23.28 | 22.74 | 22.22 | 21.73 | 21.26 | 20.80 | 20.37 | 19.95 | 19.56 | 19.17 | 18.80 | 18.45 | 18.11 | 17.78 | 17.46 | 17.15 | 16.86 | 16.57 | 16.30 | 16.03 |
| 98 | 36.59 | 35.28 | 34.06 | 32.93 | 31.87 | 30.87 | 29.93 | 29.05 | 28.22 | 27.44 | 26.70 | 26.00 | 25.33 | 24.70 | 24.09 | 23.52 | 22.97 | 22.45 | 21.95 | 21.47 | 21.02 | 20.58 | 20.16 | 19.76 | 19.37 | 19.00 | 18.64 | 18.29 | 17.96 | 17.64 | 17.33 | 17.03 | 16.74 | 16.46 | 16.19 |
| 99 | 36.96 | 35.64 | 34.41 | 33.26 | 32.19 | 31.19 | 30.24 | 29.35 | 28.51 | 27.72 | 26.97 | 26.26 | 25.59 | 24.95 | 24.34 | 23.76 | 23.21 | 22.68 | 22.18 | 21.69 | 21.23 | 20.79 | 20.37 | 19.96 | 19.57 | 19.19 | 18.83 | 18.48 | 18.14 | 17.82 | 17.51 | 17.21 | 16.91 | 16.63 | 16.36 |
| 100 | 37.33 | 36.00 | 34.76 | 33.60 | 32.52 | 31.50 | 30.55 | 29.65 | 28.80 | 28.00 | 27.24 | 26.53 | 25.85 | 25.20 | 24.59 | 24.00 | 23.44 | 22.91 | 22.40 | 21.91 | 21.45 | 21.00 | 20.57 | 20.16 | 19.76 | 19.38 | 19.02 | 18.67 | 18.33 | 18.00 | 17.68 | 17.38 | 17.08 | 16.80 | 16.52 |

表6-3-30　HF7-1027型环锭细纱机牵伸表

| HF7-1027 | 37 | 38 | 39 | 40 | 41 | 42 | 43 | 44 | 45 | 46 | 47 | 48 | 49 | 50 | 51 | 52 | 53 | 54 | 55 | 56 | 57 | 58 | 59 | 60 | 61 | 62 | 63 | 64 | 65 | 66 | 67 | 68 | 69 | 70 |
|---|---|---|---|---|---|---|---|---|---|---|---|---|---|---|---|---|---|---|---|---|---|---|---|---|---|---|---|---|---|---|---|---|---|---|
| 60 | 20.27 | 19.74 | 19.23 | 18.75 | 18.29 | 17.86 | 17.44 | 17.05 | 16.67 | 16.30 | 15.96 | 15.63 | 15.31 | 15.00 | 14.71 | 14.42 | 14.15 | 13.89 | 13.64 | 13.39 | 13.16 | 12.93 | 12.71 | 12.50 | 12.30 | 12.10 | 11.90 | 11.72 | 11.54 | 11.36 | 11.19 | 11.03 | 10.87 | 10.71 |
| 61 | 20.61 | 20.07 | 19.55 | 19.06 | 18.60 | 18.15 | 17.73 | 17.33 | 16.94 | 16.58 | 16.22 | 15.89 | 15.56 | 15.25 | 14.95 | 14.66 | 14.39 | 14.12 | 13.86 | 13.62 | 13.38 | 13.15 | 12.92 | 12.71 | 12.50 | 12.30 | 12.10 | 11.91 | 11.73 | 11.55 | 11.38 | 11.21 | 11.05 | 10.89 |
| 62 | 20.95 | 20.39 | 19.87 | 19.38 | 18.90 | 18.45 | 18.02 | 17.61 | 17.22 | 16.85 | 16.49 | 16.15 | 15.82 | 15.50 | 15.20 | 14.90 | 14.62 | 14.35 | 14.09 | 13.84 | 13.60 | 13.36 | 13.14 | 12.92 | 12.70 | 12.50 | 12.30 | 12.11 | 11.92 | 11.74 | 11.57 | 11.40 | 11.23 | 11.07 |
| 63 | 21.28 | 20.72 | 20.19 | 19.69 | 19.21 | 18.75 | 18.31 | 17.90 | 17.50 | 17.12 | 16.76 | 16.41 | 16.07 | 15.75 | 15.44 | 15.14 | 14.86 | 14.58 | 14.32 | 14.06 | 13.82 | 13.58 | 13.35 | 13.13 | 12.91 | 12.70 | 12.50 | 12.30 | 12.12 | 11.93 | 11.75 | 11.58 | 11.41 | 11.25 |
| 64 | 21.62 | 21.05 | 20.51 | 20.00 | 19.51 | 19.05 | 18.60 | 18.18 | 17.78 | 17.39 | 17.02 | 16.67 | 16.33 | 16.00 | 15.69 | 15.38 | 15.09 | 14.81 | 14.55 | 14.29 | 14.04 | 13.79 | 13.56 | 13.33 | 13.11 | 12.90 | 12.70 | 12.50 | 12.31 | 12.12 | 11.94 | 11.76 | 11.59 | 11.43 |
| 65 | 21.96 | 21.38 | 20.83 | 20.31 | 19.82 | 19.35 | 18.90 | 18.47 | 18.06 | 17.66 | 17.29 | 16.93 | 16.58 | 16.25 | 15.93 | 15.63 | 15.33 | 15.05 | 14.77 | 14.51 | 14.25 | 14.01 | 13.77 | 13.54 | 13.32 | 13.10 | 12.90 | 12.70 | 12.50 | 12.31 | 12.13 | 11.95 | 11.78 | 11.61 |
| 66 | 22.30 | 21.71 | 21.15 | 20.63 | 20.12 | 19.64 | 19.19 | 18.75 | 18.33 | 17.93 | 17.55 | 17.19 | 16.84 | 16.50 | 16.18 | 15.87 | 15.57 | 15.28 | 15.00 | 14.73 | 14.47 | 14.22 | 13.98 | 13.75 | 13.52 | 13.31 | 13.10 | 12.89 | 12.69 | 12.50 | 12.31 | 12.13 | 11.96 | 11.79 |
| 67 | 22.64 | 22.04 | 21.47 | 20.94 | 20.43 | 19.94 | 19.48 | 19.03 | 18.61 | 18.21 | 17.82 | 17.45 | 17.09 | 16.75 | 16.42 | 16.11 | 15.80 | 15.51 | 15.23 | 14.96 | 14.69 | 14.44 | 14.19 | 13.96 | 13.73 | 13.51 | 13.29 | 13.09 | 12.88 | 12.69 | 12.50 | 12.32 | 12.14 | 11.96 |
| 68 | 22.97 | 22.37 | 21.79 | 21.25 | 20.73 | 20.24 | 19.77 | 19.32 | 18.89 | 18.48 | 18.09 | 17.71 | 17.35 | 17.00 | 16.67 | 16.35 | 16.04 | 15.74 | 15.45 | 15.18 | 14.91 | 14.66 | 14.41 | 14.17 | 13.93 | 13.71 | 13.49 | 13.28 | 13.08 | 12.88 | 12.69 | 12.50 | 12.32 | 12.14 |
| 69 | 23.31 | 22.70 | 22.12 | 21.56 | 21.04 | 20.54 | 20.06 | 19.60 | 19.17 | 18.75 | 18.35 | 17.97 | 17.60 | 17.25 | 16.91 | 16.59 | 16.27 | 15.97 | 15.68 | 15.40 | 15.13 | 14.87 | 14.62 | 14.38 | 14.14 | 13.91 | 13.69 | 13.48 | 13.27 | 13.07 | 12.87 | 12.68 | 12.50 | 12.32 |

续表

| HF7-1027 | 70 | 69 | 68 | 67 | 66 | 65 | 64 | 63 | 62 | 61 | 60 | 59 | 58 | 57 | 56 | 55 | 54 | 53 | 52 | 51 | 50 | 49 | 48 | 47 | 46 | 45 | 44 | 43 | 42 | 41 | 40 | 39 | 38 | 37 |
|---|---|---|---|---|---|---|---|---|---|---|---|---|---|---|---|---|---|---|---|---|---|---|---|---|---|---|---|---|---|---|---|---|---|---|
| 70 | 12.50 | 12.68 | 12.87 | 13.06 | 13.26 | 13.46 | 13.67 | 13.89 | 14.11 | 14.34 | 14.58 | 14.83 | 15.09 | 15.35 | 15.63 | 15.91 | 16.20 | 16.51 | 16.83 | 17.16 | 17.50 | 17.86 | 18.23 | 18.62 | 19.02 | 19.44 | 19.89 | 20.35 | 20.83 | 21.34 | 21.88 | 22.44 | 23.03 | 23.65 |
| 71 | 12.68 | 12.86 | 13.05 | 13.25 | 13.45 | 13.65 | 13.87 | 14.09 | 14.31 | 14.55 | 14.79 | 15.04 | 15.30 | 15.57 | 15.85 | 16.14 | 16.44 | 16.75 | 17.07 | 17.40 | 17.75 | 18.11 | 18.49 | 18.88 | 19.29 | 19.72 | 20.17 | 20.64 | 21.13 | 21.65 | 22.19 | 22.76 | 23.36 | 23.99 |
| 72 | 12.86 | 13.04 | 13.24 | 13.43 | 13.64 | 13.85 | 14.06 | 14.29 | 14.52 | 14.75 | 15.00 | 15.25 | 15.52 | 15.79 | 16.07 | 16.36 | 16.67 | 16.98 | 17.31 | 17.65 | 18.00 | 18.37 | 18.75 | 19.15 | 19.57 | 20.00 | 20.45 | 20.93 | 21.43 | 21.95 | 22.50 | 23.08 | 23.68 | 24.32 |
| 73 | 13.04 | 13.22 | 13.42 | 13.62 | 13.83 | 14.04 | 14.26 | 14.48 | 14.72 | 14.96 | 15.21 | 15.47 | 15.73 | 16.01 | 16.29 | 16.59 | 16.90 | 17.22 | 17.55 | 17.89 | 18.25 | 18.62 | 19.01 | 19.41 | 19.84 | 20.28 | 20.74 | 21.22 | 21.73 | 22.26 | 22.81 | 23.40 | 24.01 | 24.66 |
| 74 | 13.21 | 13.41 | 13.60 | 13.81 | 14.02 | 14.23 | 14.45 | 14.68 | 14.92 | 15.16 | 15.42 | 15.68 | 15.95 | 16.23 | 16.52 | 16.82 | 17.13 | 17.45 | 17.79 | 18.14 | 18.50 | 18.88 | 19.27 | 19.68 | 20.11 | 20.56 | 21.02 | 21.51 | 22.02 | 22.56 | 23.13 | 23.72 | 24.34 | 25.00 |
| 75 | 13.39 | 13.59 | 13.79 | 13.99 | 14.20 | 14.42 | 14.65 | 14.88 | 15.12 | 15.37 | 15.63 | 15.89 | 16.16 | 16.45 | 16.74 | 17.05 | 17.36 | 17.69 | 18.03 | 18.38 | 18.75 | 19.13 | 19.53 | 19.95 | 20.38 | 20.83 | 21.31 | 21.80 | 22.32 | 22.87 | 23.44 | 24.04 | 24.67 | 25.34 |
| 76 | 13.57 | 13.77 | 13.97 | 14.18 | 14.39 | 14.62 | 14.84 | 15.08 | 15.32 | 15.57 | 15.83 | 16.10 | 16.38 | 16.67 | 16.96 | 17.27 | 17.59 | 17.92 | 18.27 | 18.63 | 19.00 | 19.39 | 19.79 | 20.21 | 20.65 | 21.11 | 21.59 | 22.09 | 22.62 | 23.17 | 23.75 | 24.36 | 25.00 | 25.68 |
| 77 | 13.75 | 13.95 | 14.15 | 14.37 | 14.58 | 14.81 | 15.04 | 15.28 | 15.52 | 15.78 | 16.04 | 16.31 | 16.59 | 16.89 | 17.19 | 17.50 | 17.82 | 18.16 | 18.51 | 18.87 | 19.25 | 19.64 | 20.05 | 20.48 | 20.92 | 21.39 | 21.88 | 22.38 | 22.92 | 23.48 | 24.06 | 24.68 | 25.33 | 26.01 |
| 78 | 13.93 | 14.13 | 14.34 | 14.55 | 14.77 | 15.00 | 15.23 | 15.48 | 15.73 | 15.98 | 16.25 | 16.53 | 16.81 | 17.11 | 17.41 | 17.73 | 18.06 | 18.40 | 18.75 | 19.12 | 19.50 | 19.90 | 20.31 | 20.74 | 21.20 | 21.67 | 22.16 | 22.67 | 23.21 | 23.78 | 24.38 | 25.00 | 25.66 | 26.35 |
| 79 | 14.11 | 14.31 | 14.52 | 14.74 | 14.96 | 15.19 | 15.43 | 15.67 | 15.93 | 16.19 | 16.46 | 16.74 | 17.03 | 17.32 | 17.63 | 17.95 | 18.29 | 18.63 | 18.99 | 19.36 | 19.75 | 20.15 | 20.57 | 21.01 | 21.47 | 21.94 | 22.44 | 22.97 | 23.51 | 24.09 | 24.69 | 25.32 | 25.99 | 26.69 |
| 80 | 14.29 | 14.49 | 14.71 | 14.93 | 15.15 | 15.38 | 15.63 | 15.87 | 16.13 | 16.39 | 16.67 | 16.95 | 17.24 | 17.54 | 17.86 | 18.18 | 18.52 | 18.87 | 19.23 | 19.61 | 20.00 | 20.41 | 20.83 | 21.28 | 21.74 | 22.22 | 22.73 | 23.26 | 23.81 | 24.39 | 25.00 | 25.64 | 26.32 | 27.03 |
| 81 | 14.46 | 14.67 | 14.89 | 15.11 | 15.34 | 15.58 | 15.82 | 16.07 | 16.33 | 16.60 | 16.88 | 17.16 | 17.46 | 17.76 | 18.08 | 18.41 | 18.75 | 19.10 | 19.47 | 19.85 | 20.25 | 20.66 | 21.09 | 21.54 | 22.01 | 22.50 | 23.01 | 23.55 | 24.11 | 24.70 | 25.31 | 25.96 | 26.64 | 27.36 |
| 82 | 14.64 | 14.86 | 15.07 | 15.30 | 15.53 | 15.77 | 16.02 | 16.27 | 16.53 | 16.80 | 17.08 | 17.37 | 17.67 | 17.98 | 18.30 | 18.64 | 18.98 | 19.34 | 19.71 | 20.10 | 20.50 | 20.92 | 21.35 | 21.81 | 22.28 | 22.78 | 23.30 | 23.84 | 24.40 | 25.00 | 25.63 | 26.28 | 26.97 | 27.70 |
| 83 | 14.82 | 15.04 | 15.26 | 15.49 | 15.72 | 15.96 | 16.21 | 16.47 | 16.73 | 17.01 | 17.29 | 17.58 | 17.89 | 18.20 | 18.53 | 18.86 | 19.21 | 19.58 | 19.95 | 20.34 | 20.75 | 21.17 | 21.61 | 22.07 | 22.55 | 23.06 | 23.58 | 24.13 | 24.70 | 25.30 | 25.94 | 26.60 | 27.30 | 28.04 |
| 84 | 15.00 | 15.22 | 15.44 | 15.67 | 15.91 | 16.15 | 16.41 | 16.67 | 16.94 | 17.21 | 17.50 | 17.80 | 18.10 | 18.42 | 18.75 | 19.09 | 19.44 | 19.81 | 20.19 | 20.59 | 21.00 | 21.43 | 21.88 | 22.34 | 22.83 | 23.33 | 23.86 | 24.42 | 25.00 | 25.61 | 26.25 | 26.92 | 27.63 | 28.38 |
| 85 | 15.18 | 15.40 | 15.63 | 15.86 | 16.10 | 16.35 | 16.60 | 16.87 | 17.14 | 17.42 | 17.71 | 18.01 | 18.32 | 18.64 | 18.97 | 19.32 | 19.68 | 20.05 | 20.43 | 20.83 | 21.25 | 21.68 | 22.14 | 22.61 | 23.10 | 23.61 | 24.15 | 24.71 | 25.30 | 25.91 | 26.56 | 27.24 | 27.96 | 28.72 |
| 86 | 15.36 | 15.58 | 15.81 | 16.04 | 16.29 | 16.54 | 16.80 | 17.06 | 17.34 | 17.62 | 17.92 | 18.22 | 18.53 | 18.86 | 19.20 | 19.55 | 19.91 | 20.28 | 20.67 | 21.08 | 21.50 | 21.94 | 22.40 | 22.87 | 23.37 | 23.89 | 24.43 | 25.00 | 25.60 | 26.22 | 26.88 | 27.56 | 28.29 | 29.05 |
| 87 | 15.54 | 15.76 | 15.99 | 16.23 | 16.48 | 16.73 | 16.99 | 17.26 | 17.54 | 17.83 | 18.13 | 18.43 | 18.75 | 19.08 | 19.42 | 19.77 | 20.14 | 20.52 | 20.91 | 21.32 | 21.75 | 22.19 | 22.66 | 23.14 | 23.64 | 24.17 | 24.72 | 25.29 | 25.89 | 26.52 | 27.19 | 27.88 | 28.62 | 29.39 |
| 88 | 15.71 | 15.94 | 16.18 | 16.42 | 16.67 | 16.92 | 17.19 | 17.46 | 17.74 | 18.03 | 18.33 | 18.64 | 18.97 | 19.30 | 19.64 | 20.00 | 20.37 | 20.75 | 21.15 | 21.57 | 22.00 | 22.45 | 22.92 | 23.40 | 23.91 | 24.44 | 25.00 | 25.58 | 26.19 | 26.83 | 27.50 | 28.21 | 28.95 | 29.73 |
| 89 | 15.89 | 16.12 | 16.36 | 16.60 | 16.86 | 17.12 | 17.38 | 17.66 | 17.94 | 18.24 | 18.54 | 18.86 | 19.18 | 19.52 | 19.87 | 20.23 | 20.60 | 20.99 | 21.39 | 21.81 | 22.25 | 22.70 | 23.18 | 23.67 | 24.18 | 24.72 | 25.28 | 25.87 | 26.49 | 27.13 | 27.81 | 28.53 | 29.28 | 30.07 |
| 90 | 16.07 | 16.30 | 16.54 | 16.79 | 17.05 | 17.31 | 17.58 | 17.86 | 18.15 | 18.44 | 18.75 | 19.07 | 19.40 | 19.74 | 20.09 | 20.45 | 20.83 | 21.23 | 21.63 | 22.06 | 22.50 | 22.96 | 23.44 | 23.94 | 24.46 | 25.00 | 25.57 | 26.16 | 26.79 | 27.44 | 28.13 | 28.85 | 29.61 | 30.41 |
| 91 | 16.25 | 16.49 | 16.73 | 16.98 | 17.23 | 17.50 | 17.77 | 18.06 | 18.35 | 18.65 | 18.96 | 19.28 | 19.61 | 19.96 | 20.31 | 20.68 | 21.06 | 21.46 | 21.88 | 22.30 | 22.75 | 23.21 | 23.70 | 24.20 | 24.73 | 25.28 | 25.85 | 26.45 | 27.08 | 27.74 | 28.44 | 29.17 | 29.93 | 30.74 |
| 92 | 16.43 | 16.67 | 16.91 | 17.16 | 17.42 | 17.69 | 17.97 | 18.25 | 18.55 | 18.85 | 19.17 | 19.49 | 19.83 | 20.18 | 20.54 | 20.91 | 21.30 | 21.70 | 22.12 | 22.55 | 23.00 | 23.47 | 23.96 | 24.47 | 25.00 | 25.56 | 26.14 | 26.74 | 27.38 | 28.05 | 28.75 | 29.49 | 30.26 | 31.08 |
| 93 | 16.61 | 16.85 | 17.10 | 17.35 | 17.61 | 17.88 | 18.16 | 18.45 | 18.75 | 19.06 | 19.38 | 19.70 | 20.04 | 20.39 | 20.76 | 21.14 | 21.53 | 21.93 | 22.36 | 22.79 | 23.25 | 23.72 | 24.22 | 24.73 | 25.27 | 25.83 | 26.42 | 27.03 | 27.68 | 28.35 | 29.06 | 29.81 | 30.59 | 31.42 |
| 94 | 16.79 | 17.03 | 17.28 | 17.54 | 17.80 | 18.08 | 18.36 | 18.65 | 18.95 | 19.26 | 19.58 | 19.92 | 20.26 | 20.61 | 20.98 | 21.36 | 21.76 | 22.17 | 22.60 | 23.04 | 23.50 | 23.98 | 24.48 | 25.00 | 25.54 | 26.11 | 26.70 | 27.33 | 27.98 | 28.66 | 29.38 | 30.13 | 30.92 | 31.76 |
| 95 | 16.96 | 17.21 | 17.46 | 17.72 | 17.99 | 18.27 | 18.55 | 18.85 | 19.15 | 19.47 | 19.79 | 20.13 | 20.47 | 20.83 | 21.21 | 21.59 | 21.99 | 22.41 | 22.84 | 23.28 | 23.75 | 24.23 | 24.74 | 25.27 | 25.82 | 26.39 | 26.99 | 27.62 | 28.27 | 28.96 | 29.69 | 30.45 | 31.25 | 32.09 |
| 96 | 17.14 | 17.39 | 17.65 | 17.91 | 18.18 | 18.46 | 18.75 | 19.05 | 19.35 | 19.67 | 20.00 | 20.34 | 20.69 | 21.05 | 21.43 | 21.82 | 22.22 | 22.64 | 23.08 | 23.53 | 24.00 | 24.49 | 25.00 | 25.53 | 26.09 | 26.67 | 27.27 | 27.91 | 28.57 | 29.27 | 30.00 | 30.77 | 31.58 | 32.43 |
| 97 | 17.32 | 17.57 | 17.83 | 18.10 | 18.37 | 18.65 | 18.95 | 19.25 | 19.56 | 19.88 | 20.21 | 20.55 | 20.91 | 21.27 | 21.65 | 22.05 | 22.45 | 22.88 | 23.32 | 23.77 | 24.25 | 24.74 | 25.26 | 25.80 | 26.36 | 26.94 | 27.56 | 28.20 | 28.87 | 29.57 | 30.31 | 31.09 | 31.91 | 32.77 |
| 98 | 17.50 | 17.75 | 18.01 | 18.28 | 18.56 | 18.85 | 19.14 | 19.44 | 19.76 | 20.08 | 20.42 | 20.76 | 21.12 | 21.49 | 21.88 | 22.27 | 22.69 | 23.11 | 23.56 | 24.02 | 24.50 | 25.00 | 25.52 | 26.06 | 26.63 | 27.22 | 27.84 | 28.49 | 29.17 | 29.88 | 30.63 | 31.41 | 32.24 | 33.11 |
| 99 | 17.68 | 17.93 | 18.20 | 18.47 | 18.75 | 19.04 | 19.34 | 19.64 | 19.96 | 20.29 | 20.63 | 20.97 | 21.34 | 21.71 | 22.10 | 22.50 | 22.92 | 23.35 | 23.80 | 24.26 | 24.75 | 25.26 | 25.78 | 26.33 | 26.90 | 27.50 | 28.13 | 28.78 | 29.46 | 30.18 | 30.94 | 31.73 | 32.57 | 33.45 |
| 100 | 17.86 | 18.12 | 18.38 | 18.66 | 18.94 | 19.23 | 19.53 | 19.84 | 20.16 | 20.49 | 20.83 | 21.19 | 21.55 | 21.93 | 22.32 | 22.73 | 23.15 | 23.58 | 24.04 | 24.51 | 25.00 | 25.51 | 26.04 | 26.60 | 27.17 | 27.78 | 28.41 | 29.07 | 29.76 | 30.49 | 31.25 | 32.05 | 32.89 | 33.78 |

## 九、319L型和HF7-1027型环锭细纱机细纱捻度表（表6-3-31、表6-3-32）

表6-3-31　319L型环锭细纱机细纱捻度　　　　单位：捻/m

| 捻度齿轮 | 捻度 | 捻度齿轮 | 捻度 | 捻度齿轮 | 捻度 |
|---|---|---|---|---|---|
| 80 | 355 | 59 | 481 | 38 | 747 |
| 79 | 359 | 58 | 490 | 37 | 768 |
| 78 | 364 | 57 | 498 | 36 | 789 |
| 77 | 369 | 56 | 507 | 35 | 811 |
| 76 | 374 | 55 | 516 | 34 | 835 |
| 75 | 379 | 54 | 526 | 33 | 861 |
| 74 | 384 | 53 | 536 | 32 | 888 |
| 73 | 389 | 52 | 546 | 31 | 916 |
| 72 | 394 | 51 | 557 | 30 | 947 |
| 71 | 400 | 50 | 568 | 29 | 979 |
| 70 | 406 | 49 | 580 | 28 | 1014 |
| 69 | 412 | 48 | 592 | 27 | 1052 |
| 68 | 418 | 47 | 604 | 26 | 1092 |
| 67 | 424 | 46 | 617 | 25 | 1136 |
| 66 | 430 | 45 | 631 | 24 | 1183 |
| 65 | 437 | 44 | 645 | 23 | 1235 |
| 64 | 444 | 43 | 660 | 22 | 1291 |
| 63 | 451 | 42 | 676 | 21 | 1352 |
| 62 | 458 | 41 | 693 | 20 | 1420 |
| 61 | 466 | 40 | 710 | 19 | 1494 |
| 60 | 473 | 39 | 728 | | |

表6-3-32　HF7-1027型环锭细纱机细纱捻度　　　　单位：捻/m

| 捻度齿轮 | 捻度 | 捻度齿轮 | 捻度 | 捻度齿轮 | 捻度 |
|---|---|---|---|---|---|
| 19 | 1214 | 32 | 721 | 45 | 513 |
| 20 | 1153 | 33 | 699 | 46 | 502 |
| 21 | 1098 | 34 | 679 | 47 | 491 |
| 22 | 1048 | 35 | 659 | 48 | 481 |
| 23 | 1003 | 36 | 641 | 49 | 471 |
| 24 | 961 | 37 | 624 | 50 | 461 |
| 25 | 923 | 38 | 607 | 51 | 452 |
| 26 | 887 | 39 | 592 | 52 | 444 |
| 27 | 854 | 40 | 577 | 53 | 435 |
| 28 | 824 | 41 | 563 | 54 | 427 |
| 29 | 796 | 42 | 549 | 55 | 419 |
| 30 | 769 | 43 | 537 | 56 | 412 |
| 31 | 744 | 44 | 524 | 57 | 405 |

| 捻度齿轮 | 捻度 | 捻度齿轮 | 捻度 | 捻度齿轮 | 捻度 |
|---|---|---|---|---|---|
| 58 | 398 | 66 | 350 | 74 | 312 |
| 59 | 391 | 67 | 344 | 75 | 308 |
| 60 | 384 | 68 | 339 | 76 | 304 |
| 61 | 378 | 69 | 334 | 77 | 300 |
| 62 | 372 | 70 | 330 | 78 | 296 |
| 63 | 366 | 71 | 325 | 79 | 292 |
| 64 | 360 | 72 | 320 | 80 | 288 |
| 65 | 355 | 73 | 316 | | |

# 第四节　精纺细纱工艺

## 一、精梳毛纺环锭细纱机卷捻部位断面工艺参数的选择要求

纺织机械类属工艺机械，它不仅要完成简单的本工序性能所需求的动作，还要服从本工序的工艺要求。作为细纱机纵向及横向断面结构工艺参数，是细纱机设计制造的核心技术。它将决定该机出厂后，细纱断头率的高低和最后纺纱品质的成败。这是由机械结构工艺参数合理与否所决定的。既是该机先天性的技术元素，也是后天使用厂工艺调整所不能改变和替代的。细纱机的加捻卷绕工艺是围绕提高成纱强力，降低细纱断头，适应高速顺利生产为目标的。而细纱机纵向及横向断面机械结构工艺参数就是实现细纱纺制过程中，使捻度顺利传递到纺纱段，使卷绕张力合理分布以保证减少细纱断头并使成纱卷绕成形。

1. **加捻卷绕过程中纱条上动态捻度的分布**（图6-3-9）

动态捻度分布的一般规律是：$t_B > t_W > t_S > t_{FR}$。

式中：$t_B$——气圈段（导纱钩—钢丝圈）纱条动态捻度；

$\quad\quad t_W$——卷绕段（钢丝圈—管纱）纱条动态捻度；

$\quad\quad t_S$——纺纱段（前罗拉—导纱钩）纱条动态捻度；

$\quad\quad t_{FR}$——前罗拉包围弧上纱条动态捻度。

纺纱段纱条捻度变化规律见表6-3-33。

表6-3-33　纺纱段纱条捻度变化规律

| 钢领板短动程位置 | 空管始纺 | | 管底成形 | | 满纱位置 | |
|---|---|---|---|---|---|---|
| | 顶部 | 底部 | 顶部 | 底部 | 顶部 | 底部 |
| 捻度比$t_S/t_W$（%） | 84.5 | 83 | 90.9 | 79 | 103.2 | 91.9 |

纺纱段纱条捻度与卷绕工艺条件的关系见表6-3-34。

表6-3-34 纺纱段纱条捻度与卷绕工艺条件的关系

| 卷绕工艺条件 | 线密度变细 | 钢丝圈重量增加 | 导纱角增大 | 纺纱段增长 | 气圈凸形增大 |
| --- | --- | --- | --- | --- | --- |
| 纺纱段捻度 | 增加 | 增加 | 增加 | 减少 | 减少 |

2. **加捻卷绕过程中纱条上的张力分布**（图6-3-10）

张力分布的一般规律是：$T_W > T_O > T_R > T_S$。

式中：$T_W$——卷绕张力；

$T_O$——气圈顶端（导纱钩处）张力；

$T_R$——气圈底端（钢丝圈处）张力；

$T_S$——纺纱段张力。

一落纱过程中纺纱张力变化如图6-3-11所示。

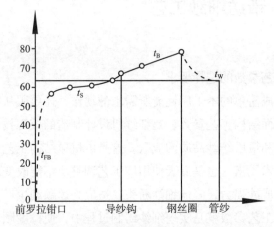

图6-3-9 加捻卷绕过程中纱条上动态捻度分布图

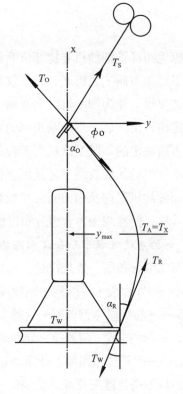

图6-3-10 卷绕过程中纱条张力分布

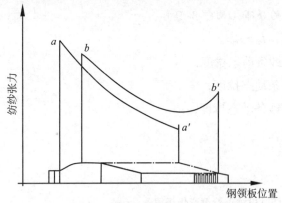

图6-3-11 一落纱过程中纺纱张力变化

$aa'$—钢领板在升降动程中的底部位置

$bb'$—钢领板在升降动程中的顶部位置

纺纱张力与卷绕工艺的关系见表6-3-35。

表6-3-35　纺纱张力与卷绕工艺的关系

| 纺纱张力 | 纺纱线密度 | 锭子速度 | 钢丝圈重量 | 钢领半径 | 筒管半径 | 气圈高度 | 钢领与钢丝圈"楔摩擦系数" | 钢领钢丝圈 | 气圈形态 |
|---|---|---|---|---|---|---|---|---|---|
| 增大 | 粗 | 增高 | 增重 | 增大 | 减小 | 长 | 大 | 走熟期内 | 凸形小 |
| 减小 | 细 | 减低 | 减轻 | 减小 | 增大 | 短 | 小 | 走熟期外 | 凸形大 |

**3. 气圈形态与纺纱张力、纺纱段动态捻度的关系**（表6-3-36）

表6-3-36　气圈形态与纺纱张力、纺纱段动态捻度的关系

| 气圈形态 | 波长$\lambda$ | 波幅$y_{MAX}$ | 纺纱段张力$T_S$ | 纺纱段纱条动态捻度$t_S$ |
|---|---|---|---|---|
| 凸形大 | 短 | 大 | 小 | 少 |
| 凸形小 | 长 | 小 | 大 | 多 |

气圈形态与卷绕工艺的关系见表6-3-37。

表6-3-37　气圈形态与卷绕工艺的关系

| 卷绕工艺及其变化 | 锭速变化 | 钢丝圈重量增加 | 钢领半径增大 | 气圈高度增大 | 管纱卷绕半径增大 | 钢领钢丝圈"楔摩擦系数"增大 | 钢领钢丝圈走熟期内 |
|---|---|---|---|---|---|---|---|
| 气圈形态 | 基本不变 | 缩小 | 缩小 | 增大 | 变大 | 变小 | 变小 |

**4. 从优选择卷绕部位断面工艺参数**

细纱机卷绕部位断面工艺参数包括导纱角$\beta$，纺纱纱段长度$L$，前罗拉包围弧$\gamma$，导纱钩升降全程$h$及其运动轨迹五个参数。前三个参数决定纱条动态捻度的传递效果，从而影响纺纱强力；后两个参数关系到一落纱气圈的大小，从而影响气圈张力。

（1）影响捻度传递的因素（图6-3-12）。

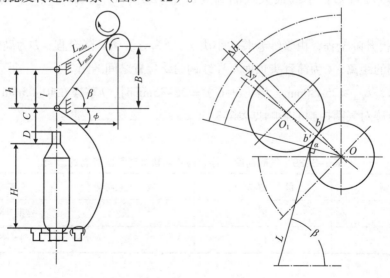

图6-3-12　细纱机断面

①纺纱纱段长度$L$（影响弱捻区平均捻度）。

②罗拉包围弧$\overset{\frown}{ab'}$。

③皮辊前移植$\Delta b$。

④皮辊前移角$\Delta \gamma$。

⑤前罗拉包围角$\gamma$。

⑥罗拉倾斜角$\alpha$。

⑦导纱角$\beta$。

⑧卷绕动程$H$。

⑨气圈外顶角$\phi$。

上述因素对捻度传递的影响见表6-3-38。

表6-3-38　各因素对捻度传递的影响

| 捻度传递 | 导纱角$\beta$ | 纺纱纱段长度$L$ | 罗拉倾斜角$\alpha$ | 罗拉包围弧$\overset{\frown}{ab'}$ | 气圈外顶角$\phi$ |
|---|---|---|---|---|---|
| 有利 | 大 | 短 | 大 | 短 | 大 |
| 不利 | 小 | 长 | 小 | 长 | 小 |

增大导纱角与减少罗拉包围弧有矛盾，在一定范围内，导纱角对断头的影响较大。一般掌握在58°~70°。

（2）导纱钩的升降全程及其运动轨迹。选择适当的导纱钩升降全程，以满足大纱阶段必要的气圈高度，使气圈不致过于平直；压缩小纱阶段的气圈高度，使气圈不至于过大，减小纱条张力及其变化，达到减少大小纱断头的目的。

从图6-3-12可知：小纱最大气圈高度$L_{max}=B+D+C$；大纱最小气圈高度$L_{min}=h+D+C$。

$B$为钢领板升降全程，由管纱卷装大小决定；$h$为导纱钩升降全程；$D$为满管时卷绕面顶点至筒管头间的距离；$C$为筒管头顶面至导纱钩始纺位置之间的距离。

一般要求，$L_{min} \geq 75 \sim 80 \text{mm}$，当（$D+C$）$=25 \sim 35 \text{mm}$时，$h$掌握在40~55mm。气圈高度、导纱钩升降轨迹对气圈控制的影响见表6-3-39。

表6-3-39　气圈高度、导纱钩升降轨迹对气圈控制的影响

| 气圈控制 | 最大气圈高度 | 最小气圈高度 | 导纱钩升降轨迹 |
|---|---|---|---|
| 有利 | 短 | 长 | 定期升降，变程升降 |
| 不利 | 长 | 短 | 全程升降 |

（3）细纱机纵向工艺参数传统经验计算式（图6-3-13）。

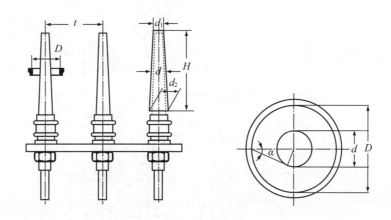

图6-3-13　细纱机纵向工艺参数

①纱管长度（$H$）：钢领内径（$D$）。纱线张力的增加与纱管长度的增加有着一定的关系。鉴于纱线的极限张力，纱管的总长度不能超过钢领直径的5倍。只有使用气圈控制

②纱管直径（$d$）：钢领内径（$D$）。纱管的直径$d$是纱管的平均外径：$d = \dfrac{d_1 + d_2}{2}$

建议纺纱使用下列数值（$d$）：（$D$）$=0.48 \sim 0.50$（$\alpha = 29° \sim 30°$），而加捻或捻线使用$0.44 \sim 0.50$（$\alpha = 27° \sim 30°$）。对于轻型和重型纱管来说，轻型纱管的数值对计算（$d$）：（$D$）的比率很关键。如果（$d$）：（$D$）的比率降低，那么纱线的张力就会增加。

③钢领内径（$D$）：锭距（$t$）。建议使用如下的数值：如果钢领内径（$D$）不超过85mm，那么这个内径应当比锭距（$t$）小25mm。如果钢领的内径（$D$）是90mm或90mm以上，那么钢领内径至少应当比锭距（$t$）小30mm。这样才能保证钢丝圈和气圈的自由运行。

（4）精梳毛纺细纱机与棉纺细纱机断面工艺参数的比对参考（图6-3-11~图6-3-14）。

①毛纺细纱机和棉纺细纱机的断面各部尺寸（表6-3-40及图6-3-11~图6-3-14）

表6-3-40　毛纺细纱机和棉纺细纱机的断面各部位尺寸　　　单位：mm

| 部位 | $a$ | $b$ | $H$ | $d$ | $L$ | | $G_1$ | $G_2$ | $h$ | $C+D$ |
| --- | --- | --- | --- | --- | --- | --- | --- | --- | --- | --- |
| | | | | | 始纺 | 满纱 | | | | |
| 毛纺细纱机 | 22.5 | 90 | 415 | 115 | 378.8 | 424 | 85 | 230 | 59 | 50 |
| 棉纺细纱机 | 32.5 | 90 | 360 | 95 | 315 | 360 | 75 | 205 | 45 | 35 |

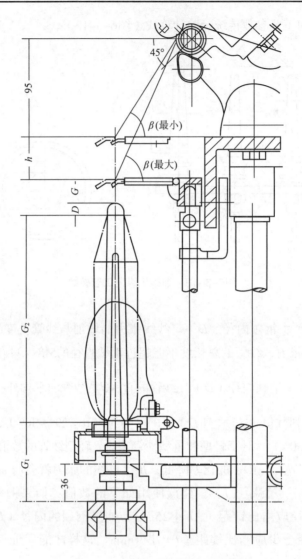

**图6-3-14　环锭细纱机的断面示意图**

$G_1$—始纺位置与龙筋的距离　$G_2$—钢领始纺位置至满纱的动程

$h$—导纱钩始纺至满纱的动程　$C+D$—导纱钩始纺位置至满纱位置的距离

②毛纺细纱机和棉纺细纱机断面参数对捻度传递要素的影响数据比对（表6-3-41及图6-3-11~图6-3-14）

表6-3-41　毛纺细纱机和棉纺细纱机断面参数对捻度传递要素的影响数据比对　　　　单位：mm

| 传递要素 | 导纱角$\beta$ | 纺纱段长度$L_s$ | 罗拉倾斜角$\alpha$ | 罗拉包围弧 | 小纱最大气圈高$L_{\max}$ | 大纱最小气圈高$L_{\min}$ |
|---|---|---|---|---|---|---|
| 毛纺细纱机 | 61°~69° | 188~139 | 45° | 3.26~6.56 | 293.8 | 122.8 |
| 棉纺细纱机 | 58°~66.5° | 172~130 | 45° | 1.07~3.81 | 240 | 80 |

B583型、A513型细纱机导纱钩升降全程及其运动轨迹比对参考（表6-3-42）。

表6-3-42　B583型、A513型细纱机导纱钩升降运动轨迹比较　　　　单位：mm

| 项　目 | 小动程 | | 全动程 | | 小纱最大气圈高度$L_{max}$ | | 大纱最小气圈高度$L_{min}$ | |
|---|---|---|---|---|---|---|---|---|
| | B583型 | A513型 | B583型 | A513型 | B583型 | A513型 | B583型 | A513型 |
| 气圈环 | 36 | — | 154 | — | 265 | 285 | 94 | 80 |
| 导纱钩 | 13.8 | 13.5 | 59 | 45 | | | | |
| 钢领板 | 54 | 46 | 230 | 205<br>180<br>160 | | | | |

B583型、A513型细纱机纵向工艺参数比对参考（见表6-3-43）。

表6-3-43　B583型、A513型细纱机纵向工艺参数比较　　　　单位：mm

| 参　数 | 锭　距 | 钢领内径 | 纱管平均直径 | 卷绕直径 | 纱管长度 |
|---|---|---|---|---|---|
| B583型 | 75 | $\phi 51$ | 24.75 | 48 | 260 |
| A513型 | 70 | $\phi 35, \phi 38, \phi 42, \phi 45$ | 22 | 32~42 | 205 |

## 二、隔距

### （一）罗拉隔距

B581型、B582型、B583型、BB581型细纱机的前隔距都固定不变。变化的是后隔距，即后罗拉到胶圈罗拉的中心距（BB581型细纱机的原后罗拉不用，以第三罗拉为后罗拉）。

B581型后隔距为60~120mm，前后罗拉中心距约为交叉长度的1.3~1.5倍。

B582型后隔距为110~160mm，相当于交叉长度的1~1.1倍。

B583型后隔距为90~120mm，相当于交叉长度的1~1.1倍。

B593A型、B591型后隔距为100~170mm，相当于交叉长度的1~1.1倍。

BB581型后隔距为120~160mm，相当于交叉长度的1~1.1倍。

如果使用滑溜牵伸，中罗拉采用有凹槽的胶辊（套有胶圈的胶辊），则以上后隔距还可缩小，B582型和BB581型在90mm左右，B591型为110~135mm。

胶辊凹槽的尺寸：精纺织物纱，粗纱重量在0.5g/m以下，搓捻粗纱的凹槽深度为1.0mm，有捻粗纱的凹槽深度为1.5mm。粗纱较重或化学纤维的超长倍长纤维较多的，凹槽深度为1.5mm以上。凹槽宽度一般采用18~20mm。

### （二）上下胶圈隔距

根据原料及粗纱重量，上下胶圈隔距用隔距块调节。B582型纺毛混纺纱及化学纤维混纺纱常用隔距见表6-3-44。

表6-3-44　B582型细纱机上下胶圈隔距

| 粗纱重量（g/m） | 0.3以下 | 0.3~0.4 | 0.4~0.5 |
|---|---|---|---|
| 隔距块高度（mm） | 3.2 | 3.2~3.8 | 3.9~4.2 |

B582型纺纯毛纱时，可选择最低的隔距块。

B583型纺中粗特纱时用红色隔距块（钳口间距为2mm），纺细特纱时用橘黄色隔距块（钳口间距为1mm）。

B591型、B593A型纺毛或化学纤维时，粗绒线为5.5mm，细绒线为3.5mm。

BB581型胶圈较短，如果上胶圈运转稳定，可以不用隔距块。B582型纺纯毛中细特纱也可不用隔距块。如果是弱捻粗纱喂入，则B582型、BB581型可参照表6-3-44选用隔距块。

### 三、常用牵伸范围

（1）总牵伸（单区牵伸）倍数。

①B581型加工羊毛时为13～18，加工毛混纺时为15～22，加工化学纤维时为20～25，粗纱形态为搓捻。

②B582型加工羊毛时为13～18，加工毛混纺时为15～25，加工化学纤维时为20～30，粗纱形态为弱捻或搓捻。

③B583型加工羊毛时为15～20，加工毛混纺时为20～25，加工化学纤维时为25～35，粗纱形态为弱捻或搓捻。

④BB581型加工羊毛时为15～20，加工毛混纺时为15～25，加工化学纤维时为20～30，粗纱形态为弱捻或搓捻。

⑤B593A型、B591型加工羊毛时为18～25，加工毛混纺时为23～28，加工化学纤维时为25～30，粗纱形态为搓捻。

（2）B582型和B591型的后区牵伸常数为1.23，如粗纱较轻和加工牵伸力较小的纤维，后区牵伸也可更低些。双区牵伸时，后区牵伸常数如超过1.5，会使细纱条干变劣。

（3）进入双胶圈时的粗纱重量，搓捻粗纱不要轻于0.2g/m，而在0.35g/m以上时，胶圈对纤维控制较好。当纺纱特数变化时，可适当变动细纱牵伸，而不要使粗纱太轻。

对于弱捻粗纱，粗纱重量可有较大变动范围。

（4）在B582型、BB581型细纱机上，当纤维交叉长度超过前罗拉与胶圈罗拉的中心距时，以使用滑溜牵伸为宜。对于B591型细纱机，如有5%的纤维超过150mm时，也宜使用滑溜牵伸。

### 四、纺纱线密度

精纺织物用细纱的纺纱线密度，应稍小于捻线标定的细纱线密度。例如，全毛纱的线密度为16.7～25tex（60～40公支），单纱特克斯制捻系数为2530～2846，单纱与合股捻向相反，细纱不蒸纱，则细纱的纺纱线密度可参照表6-3-45所示的缩率设计。

**表6-3-45　捻线的缩率**

| 股线捻度比细纱多（捻/m） | 细纱线密度比股纱数小（%）（股线蒸纱） | 细纱线密度比股纱小%（股线不蒸纱） |
|---|---|---|
| -100～-50 | 1 | 近于0 |
| 0 | 1.5 | 0.5 |
| 50 | 2 | 1 |
| 100 | 2.5 | 1.5 |
| 150 | 3 | 2 |

　　毛混纺纱比上表数字小些，纯化学纤维纱更小，纯涤纶纱最小（近于0）。细纱与捻线的捻向如相同，则细纱的纺纱线密度应比规定的捻线线密度小得多，可达5%～8%。

　　绒线、针织绒线的细纱纺纱线密度参阅本篇第七章。

## 五、车间温湿度（表6-3-46）

**表6-3-46　车间温湿度**

| 品　　种 | 夏季最高温度（℃） | 冬季最低温度（℃） | 相对湿度（%） |
|---|---|---|---|
| 全毛 | 30～33 | 20～23 | 60～75 |
| 毛/黏 | 30～33 | 20～23 | 55～65 |
| 毛/涤 | 30～33 | 20～23 | 55～65 |
| 黏/锦 | 30～33 | 20～23 | 50～60 |
| 涤/黏 | 30～33 | 20～23 | 50～60 |

　　（1）在加工化学纤维时，冬季温度最好能达到23℃以上。

　　（2）细纱车间的相对湿度与粗纱的回潮率有关。纺纱时，要使粗纱处于放湿状态，即细纱的回潮率要比粗纱的低些。

　　回潮率与相对湿度的关系，可参阅第一篇第一章。

　　（3）喂入搓捻粗纱时，车间相对湿度比喂入弱捻或有捻粗纱时稍高些。

　　（4）能源有条件的工厂，夏季最高温度可控制在30℃以内，冬季最低温可控制在20℃以上，以利于生产过程的顺利进行。

## 六、牵伸机构本身产生的附加不匀率计算公式

$$B_D = \sqrt{C^2 - C_L{}^2 - A^2 + A_L{}^2}$$

式中：$B_D$——去除牵伸过程中拉细纱条引起的不可避免极限不匀率增值后因牵伸机构本身产生的附加不匀率，%；

　　　　$C$——输出纱条的实际不匀率，%；

　　　　$C_L$——输出纱条的极限不匀率，%；

　　　　$A$——喂入纱条的实际不匀率，%；

$A_L$——喂入纱条的极限不匀率，%。

极限不匀率的理论计算式为：

$$极限不匀率=\frac{100}{\sqrt{纱条横截面内的平均纤维根数}}$$

式中，常数100随纺纱的原料不同而异，羊毛取112，化学纤维取102。

实例：某厂某批混纺纱条，毛纤维细度为21.88μm，占43.69%，涤纶细度为3.33dtex（3旦），占56.31%。

计算其相应的混纺纱条纤维细度为3.9dtex，实测喂入粗纱细度为277tex；喂入粗纱不匀率为9.46%，计算得喂入粗纱极限不匀率为3.99%；实测输出细纱细度为25.46tex，输出细纱不匀率为20.24%；计算得细纱极限不匀率为13.27%。

最后代入公式可求得：

$$B_D=\sqrt{20.24^2-13.27^2-9.46^2+3.99^2}=12.65\%$$

## 七、精纺细纱工艺举例（表6-3-47）

表6-3-47 精纺细纱工艺举例

| 序号 | 机型 | 粗纱(g/m) | 细纱细度 | | 总牵伸倍数 | 后牵伸倍数 | 捻度(捻/m) | 锭速(r/min) | 钢领(mm) | 钢丝圈(钩)号数 | 后隔距(mm) | 原料 |
|---|---|---|---|---|---|---|---|---|---|---|---|---|
| | | | tex | 公支 | | | | | | | | |
| 1 | B581型 | 0.347 | 26.6 | 37.5 | 13.02 | | 540 | 8650 | 45 | 2~3 | 115 | 64支国毛 |
| 2 | B581型 | 0.226 | 18.2 | 54.8 | 12.8 | | 620 | 8650 | 45 | 4/0~6/0 | 105 | 64支国毛 |
| 3 | B581型 | 0.189 | 14.5 | 69 | 13 | | 760 | 8100 | 45 | 7/0 | 105 | 66支澳毛 |
| 4 | B581型 | 0.261 | 13.1 | 76.5 | 20 | | 740 | 8650 | 45 | 2 | 115 | 毛45%，涤55% |
| 5 | B581型 | 0.145 | 11.5 | 87 | 12.6 | | 980 | 7000 | 45 | 9/0 | 115 | 毛95%，涤5% |
| 6 | B581型 | 0.264 | 16.5 | 60.6 | 16 | | 680 | 8650 | 45 | 2/0 | 115 | 毛50%，黏50% |
| 7 | B581型 | 0.409 | 19 | 52.6 | 21.5 | | 620 | 9650 | 45 | 2 | 115 | 毛30%，黏30%，涤40% |
| 8 | B581型 | 0.408 | 18.2 | 55 | 22.4 | | 660 | 9100 | 45 | 1 | 115 | 涤55%，黏45% |
| 9 | B581型 | 0.319 | 12.3 | 81 | 25.85 | | 700 | 8650 | 45 | 2 | 115 | 涤纶 |
| 10 | B581型 | 0.71 | 26.3 | 38 | 27 | | 530 | 8700 | 45 | 3 | 80 | 黏胶纤维 |
| 11 | B581型 | 0.56 | 21.7 | 46.5 | 26 | | 560 | 10000 | 45 | 1/0 | 80 | 黏75%，锦25% |
| 12 | B582型 | 0.37 | 19.2 | 52 | 19.2 | 1.17 | 596 | 7500 | 51 | 26 | 130 | 66支国毛 |
| 13 | B582型 | 0.221 | 12.3 | 81 | 18 | 1.17 | 635 | 7500 | 51 | 30 | 120 | 毛50%，涤50% |
| 14 | B582型 | 0.446 | 19.6 | 51 | 20 | 1.17 | 607 | 7500 | 51 | 24 | 130 | 黏85%，锦15% |
| 15 | C20型 | 0.3 | 17.9 | 56 | 16.8 | 1.22 | 640 | 6500 | 51 | 26 | 160 | 66支澳毛 |

续表

| 序号 | 机型 | 粗纱(g/m) | 细纱细度 | | 总牵伸倍数 | 后牵伸倍数 | 捻度(捻/m) | 锭速(r/min) | 钢领(mm) | 钢丝圈(钩)号数 | 后隔距(mm) | 原料 |
|---|---|---|---|---|---|---|---|---|---|---|---|---|
| | | | tex | 公支 | | | | | | | | |
| 16 | B581型 | 0.2 | 17.5 | 57 | 11.4 | | 660 | 7000 | 45 | 3/0 | 80 | 羊绒25%，毛75% |
| 17 | B581型 | 0.18 | 12.7 | 79 | 14.2 | | 780 | 5500 | 45 | 2 | 80 | 羊绒15%，毛30%，涤55% |
| 18 | C20型 | 0.283 | 14.3 | 70 | 19.8 | 1.22 | 715 | 6500 | 51 | 26 | 160 | 羊绒20%，毛30%，涤50% |
| 19 | C20型 | 0.24 | 13.2 | 76 | 18.2 | 1.22 | 820 | 7100 | 51 | 26 | 165 | 涤55%，毛45% |
| 20 | C20型 | 0.32 | 13.9 | 72 | 23.02 | 1.31 | 720 | 8500 | 51 | 25 | 165 | 涤65%，黏35% |
| 21 | B582型 | 0.55 | 27.8 | 36 | 20 | 1.23 | 415 | 7500 | 51 | 27.28 | 120 | 国毛 |
| 22 | B582型 | 0.70 | 50 | 20 | 14.58 | 1.25 | 265 | 5280 | 59 | 18 | 115 | 国毛 |
| 23 | B582型 | 0.616 | 32.6 | 31 | 19.08 | 1.23 | 352 | 8000 | 51 | 24 | 140 | 膨体腈纶 |
| 24 | B593型 | 1.7 | 60.6 | 16.5 | 28.1 | 1.53 | 225 | 4000 | 75 | 16 | 140 | 膨体腈纶 |
| 25 | B582型 | 0.42 | 20.5 | 48.8 | 20.5 | 1.23 | 538 | 8042 | 51 | 27 | 120 | 64支羊毛 |
| 26 | B582型 | 1.04 | 12.1 | 19.2 | 20 | 1.23 | 267 | 5500 | 51 | 18 | 170 | 60支国毛 |
| 27 | B593型 | 3.62 | 131.6 | 7.6 | 27.5 | 1.21 | 154 | 3070 | 112 | | | 50支羊毛 |
| 28 | B593型 | 3.52 | 153.8 | 6.5 | 22.9 | 1.21 | 140 | 3000 | 75 | 13 | 135 | 三级毛 |
| 29 | B593型 | 3 | 140.8 | 7.1 | 21.3` | 1.53 | 144 | 3000 | 75 | 14 | 135 | 毛50%，腈50% |
| 30 | B593型 | 2.82 | 101 | 9.9 | 27.9 | 1.15 | 150 | 3500 | 75 | 15～16 | 125 | 膨体腈纶 |
| 31 | B583型 | 0.22 | 15.7 | 63.52 | 14.20 | 1.03 | 640 | 7600 | 51 | 30 | 90 | 70支外毛95%，涤纶5% |
| 32 | B583型 | 0.26 | 20.3 | 49.27 | 12.93 | 1.03 | 535 | 7300 | 51 | 28 | 90 | 64支国毛95%，涤纶5% |
| 33 | B583型 | 0.49 | 37.7 | 26.56 | 13.12 | 1.03 | 395 | 7800 | 51 | 26 | 90 | 64支外毛 |
| 34 | B583型 | 0.21 | 12.4 | 80.47 | 16.95 | 1.03 | 690 | 9300 | 51 | 26 | 90 | 66支外毛45%，涤纶55% |
| 35 | B583型 | 0.26 | 18.4 | 54.33 | 13.9 | 1.03 | 585 | 9000 | 51 | 26 | 90 | 64支外毛45%，涤纶55% |
| 36 | B583型 | 0.30 | 24.8 | 40.37 | 12.08 | 1.03 | 460 | 9000 | 51 | 26 | 90 | 64支外毛45%，涤纶55% |
| 37 | B583型 | 0.25 | 19.2 | 52.16 | 13.12 | 1.03 | 565 | 7300 | 51 | 28 | 90 | 64支外毛70%，黏胶30% |
| 38 | B583型 | 0.45 | 19.1 | 52.43 | 23.75 | 1.03 | 550 | 6800 | 51 | 26 | 90 | 腈纶50%，黏胶50% |
| 39 | B583型 | 0.52 | 32.7 | 30.6 | 16.03 | 1.03 | 395 | 6800 | 51 | 25 | 90 | 腈纶90%，羊毛10% |

续表

| 序号 | 机型 | 粗纱(g/m) | 细纱细度 | | 总牵伸倍数 | 后牵伸倍数 | 捻度(捻/m) | 锭速(r/min) | 钢领(mm) | 钢丝圈(钩)号数 | 后隔距(mm) | 原料 |
| --- | --- | --- | --- | --- | --- | --- | --- | --- | --- | --- | --- | --- |
| | | | tex | 公支 | | | | | | | | |
| 40 | B583型 | 0.23 | 16.6 | 60.39 | 13.6 | 1.03 | 660 | 7000 | 51 | 26 | 90 | 64支外毛20%，涤纶50%，麻30% |
| 41 | B583型 | 0.26 | 18.4 | 54.41 | 14.2 | 1.03 | 620 | 7300 | 51 | 27 | 90 | 60支外毛30%，涤纶40%，黏胶30% |
| 42 | 319L型 | 0.25 | 13.89 | 72 | 18 | 1.03 | 730 | 8000 | 51 | 31 | 95 | 80支外毛 |

注　1.表中各项数据是从各厂当时的生产技术条件下收集的，仅供参考。

2.表中B583型细纱机牵伸机构采用SKF-PX1601摇架。

3.B582型细纱机为弱捻粗纱喂入，B583型（B583A型）为搓捻（弱捻）粗纱喂入，B581型、BB581型都是搓捻粗纱喂入。B591型、B593A型是条子喂入。

4.B582型、B583型、B591型是锥面含油钢领，其余是G形和耳形钢领。

5.捻度是计算捻度。

6.1~41例所用粗纱的前纺工艺，见本篇第二章。

# 第五节　精纺细纱疵点成因及防止方法

精纺细纱疵点成因及防止方法见表6-3-48。

表6-3-48　精纺细纱疵点成因及防止方法

| 疵点名称 | 造成原因 | 防止方法 |
| --- | --- | --- |
| 粗细节纱 | （1）粗纱退卷回转不匀，喂入粗纱有意外牵伸，或粗纱捻度太大 | （1）吊锭应运转灵活、均匀，托锭应垂直不歪，上下支撑及木锭上下端无破损，粗纱捻度适当 |
| | （2）罗拉隔距不当 | （2）调整隔距 |
| | （3）总牵伸不当，或后牵伸太大 | （3）羊毛牵伸小些易控制，化学纤维牵伸大些，以发挥胶圈的控制作用 |
| | （4）胶圈隔距块与粗纱厚度配合不当 | （4）根据粗纱厚度调换隔距块 |
| | （5）胶辊胶圈起槽，或运转打顿，或胶辊包覆物太薄 | （5）调换，或清除胶圈销、胶圈内侧、张力辊等处的飞毛 |
| | （6）胶辊偏心，或集合器跳动和卡死 | （6）检查调换，安装适当 |
| 大肚纱（比正常纱粗四倍以上的枣核状粗节） | （1）化学纤维集束纤维未拉开 | （1）加大后牵伸，加大压力，可稍改善 |
| | （2）前罗拉和中罗拉压力不足 | （2）增加压力 |
| | （3）胶辊丁腈橡胶太薄，或有龟裂 | （3）调换 |
| | （4）接头不良 | （4）提高接头质量 |

续表

| 疵点名称 | 造 成 原 因 | 防 止 方 法 |
|---|---|---|
| 皱皮纱（又称泡泡纱、橡皮筋纱) | (1) 超长纤维太多，且未能在牵伸时拉断 | (1) 减弱中间控制 |
| | (2) 罗拉隔距太小 | (2) 罗拉隔距适当放大，或胶辊前移 |
| | (3) 前罗拉压力不足，或前胶辊太薄，或温度过低 | (3) 加大罗拉压力，调换胶辊，掌握好温湿度（尤其是开冷车时)，适当增加钢丝圈重量 |
| | (4) 弱捻粗纱捻度过大 | (4) 除前纺上机应加强检查外，适当放大细纱隔距，增加压力 |
| | (5) 胶圈凸起变形 | (5) 调换 |
| 小辫子纱 | (1) 停车时纱未卷入筒管，自行扭转并加上捻度 | (1) 停车时使钢领板向下 |
| | (2) 车间相对湿度太低，或钢丝圈太轻 | (2) 钢丝圈稍加重，掌握好温湿度 |
| 双纱 | 断头后须条飘入邻近须条而成双纱 | 加强吸毛装置的作用，车弄的风不要太大，加强巡回，加强拣纱工作，把双纱及时拉掉 |
| 羽毛纱（飞毛带入) | (1) 飞毛带入 | (1) 提高粗纱含油含水，提高相对湿度，加强清洁工作 |
| | (2) 接头不好 | (2) 提高接头质量 |
| | (3) 车顶板飞毛未揩清，纱上黏附飞毛 | (3) 经常做好清整洁工作 |
| | (4) 做清洁工作时不慎带入飞毛 | (4) 清洁工作时特别注意 |
| 毛粒 | (1) 绒板毛刷等失效，或堆积飞毛太多 | (1) 绒板毛刷状态要良好，并经常清洁 |
| | (2) 相对湿度不当，造成绕毛或飞毛太多 | (2) 提高粗纱回潮率，飞毛过多时应提高相对湿度 |
| 松紧捻纱 | (1) 纱管没有插紧，锭带松弛，或锭盘带与刹车块或其他零件摩擦，锭盘托脚定位轧刹，锭盘肩胛磨灭，锭子缺油或锭胆磨损，锭子锭胆配合太紧，锭盘内侧有飞毛，锭带偏长，张力重锤碰地等，造成松捻 | (1) 松紧捻纱的纱管成形，往往也较松或较紧，落纱时注意特别松紧的纱管，检修其锭子部分，落纱后插紧纱管 |
| | (2) 锭带跳在锭盘上面造成紧捻，接头时刹车放得太早，也会造成局部紧捻 | (2) 注意改进操作，落纱后加强锭带检查 |
| 油污纱 | (1) 储存搬运中沾污 | (1) 注意储存、搬运工作及容器等的清洁工作 |
| | (2) 牵伸、加捻部分的油污沾在纤维上或油污飞毛带入 | (2) 纱的通道附近要清洁，避免加油太多，或飞毛堆积 |
| | (3) 锭子歪斜，钢丝圈偏轻 | (3) 校正锭子位置，成形大小适当，钢丝圈轻重适当 |
| | (4) 平揩车时加牛油不慎沾着罗拉 | (4) 注意加油量及清洁工作 |
| | (5) 锭带破裂或附有油回丝 | (5) 及时发现调换 |
| | (6) 油手接头，修车时油手碰到纱上 | (6) 避免油手操作，修车时多加注意 |
| | (7) 含油钢领加油过多，渗透太快，内跑道凝结油污 | (7) 加油适量，缩短揩钢领清洁周期 |
| 成形不良 | (1) 纱管插得不齐，钢领板打脚过高过低，落纱太迟（冒头、冒脚) | (1) 锭脚回丝太多的要剪掉，大纱时不要压钢领板，正确执行落纱操作 |
| | (2) 成形牙或撑牙不当，个别钢领油多或油少（纱管太粗太瘦) | (2) 成形牙撑牙适当，纱管不要做得太大或太小，钢领滑润状况要一致 |
| | (3) 凸轮尖端磨损（纱管顶部太粗易脱落) | (3) 修理凸轮，保持大小半径的差额 |
| | (4) 钢领板动作不均匀，有停顿现象（纱管呈葫芦形）或羊脚卡死 | (4) 修理钢领板升降机构 |
| | (5) 钢领板升降平衡重锤接触地面 | (5) 加强巡回检修 |

## 第六节　精纺细纱操作注意事项

（1）上机、接班、巡回时，注意检查粗纱质量，并注意不使粗纱跑偏，防止粗纱跑到后胶辊、胶圈、集合器的外面。

（2）发现飘头要拉掉，并拉完双纱。

（3）为了防止油纱，不要用油污的手操作接头、落纱、换粗纱等。接头时要检查断头的纱管是否已造成油纱，如已油污，应拉掉。了批时，不要等全部纺完再落纱，对已纺完的管纱应提前拔掉。揩车时，应先落纱。

（4）如有绕胶辊或绕罗拉现象，应先剥清，将须条引入吸风管，然后开始接头。纱头拉出后，不要过早放刹锭器，以免造成紧捻纱。

（5）落纱时，应在钢领板处于最高点开始降下时关车，并将钢领板稍向下摇2～3cm。

（6）开车前应先开动吸毛装置。

（7）经常注意是否有断头较集中的锭子，如有，应及时通知检修。还应经常注意不正常的零件，如集合器位置不正、胶圈起拱等。落纱时注意成形疵点。

## 第七节　紧密环锭纺技术

### 一、由传统环锭纺技术盲点产生的质量问题引发紧密环锭纺的创新

环锭纺细纱机诞生已有200余年，因其具有机构简单、产量高、质量好，对所纺纱线线密度、原料适应性广泛，维修保养方便的特点，一直保持着纱线生产的统治地位，迄今为止，是最主要和最重要的纺纱方法。

尽管传统环锭纺有很大的优势，但其仍存在着不可克服的技术盲点，如对牵伸后的纱条缺少径向集聚控制，导致输出的纱条成扁平带状，在被锭子加捻时形成加捻三角区，从而使成纱毛羽多、强力降低，并产生大量飞花。

出现这种结果，是因为传统的环锭纺在牵伸过程中没有控制须条径向集聚的机械机构，只依靠喂入粗纱的真捻和搓捻产生的捻合力来控制被牵伸纱条的径向集聚力。而这种捻合力太小，保持不了牵伸的全过程，在牵伸中被破解而消失。其次，由于前罗拉高速回转，使其表面形成气流附面层，而产生向罗拉轴向两边流动的横向力，远大于这种抱合力和纤维间的抱合力（图6-3-15）。根据工程流体力学动量守恒定律，前罗拉钳口线内外气流有压力差，输入侧气压高，输出侧气压低（图6-3-16）。导致输出侧的须条呈更薄的扁平带状，其宽度略小于输入侧。此宽度与牵伸倍数成正比，与纺纱支数成反比。综上所述前钳口的须条呈扁平带状是罗拉牵伸的固有现象。该现象给传统环锭纺带来的弊端已成为传统环锭纺的痼疾。为了克服这一痼疾，实现传统环锭纺纱的清洁完美，世界各国纺纱业内人士勤奋实践、艰苦

探索。出现了众多所谓"改革环锭纺纱的技术"（表6-3-49）。

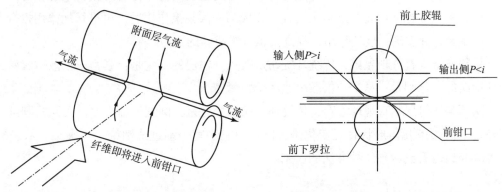

图6-3-15　前罗拉表面及钳口线气流流动规律　　　　图6-3-16　钳口线两侧气流压力差

**表6-3-49　改革环锭纺纱的技术**

| 纺 纱 名 称 | 加 捻 原 理 | 成纱捻度及成纱结构 |
|---|---|---|
| 赛络纺（Siro spinning） | 对两根分开的须条加捻后，再捻合在一起 | 两根获得捻度纱条，合股加捻成纱，类似股线 |
| 赛络菲尔纺（Sirofil spinning） | 一根须条获得捻度后与另一根长丝合在一起 | 有捻短纤纱条与有捻长丝复合加捻成纱，似长、短复合纱 |
| 索罗纺（Solo spun） | 几束须条分别在加捻过程获得捻度，再捻合在一起 | 有捻度的纱体中各股须条也分别有捻度，类似缆绳状，又称缆型纱 |
| 新型帽锭纺（Cerifil spinning） | 用帽锭对须条加捻 | 与环锭纱相似 |
| 包缠纺（平行纺）（Coven/parafil spinning） | 用空心锭回转使长丝包缠在短纤维纱条上 | 短纤纱芯近乎无捻，长丝包缠在外表面 |
| 集聚纺（Compact spinning） | 对圆柱形须条进行加捻成纱 | 环锭纺的"光洁纱" |
| 集聚赛络纺（Elimist spinning） | 两根分开的紧密纺纱条加捻再捻合 | 光洁股线 |
| 集聚包芯纺（Elicore spinning） | 集聚须条包芯纱 | 花式纱 |
| 集聚包芯赛络纺（Elicore twist spinning） | 集聚包芯和赛络复合纱 | 花式纱 |

从上表中可以看到，唯独集聚纺被称为光洁纱。

## 二、紧密纺技术的概念

在众多的"改革环锭纺纱的技术"中，有一种技术是在传统环锭纺细纱机上加装一种集聚机构，在纺纱中使用了集聚工艺的，结果使环锭纺的纱线较未装这种机构的纱线光洁，且成纱结构上更紧密、更坚实。因此，集聚纺是以这种机构命名，紧密纺是以加装这种机构后纺出的纱线紧密、坚实的结果而命名。比较准确和广泛的称谓还是紧密纺。紧密纺技术是在消除了传统环锭纺技术盲点（牵伸过程中及牵伸过程后缺少对须条径向集聚控制）并克服了加捻三角区后所研究开发的新型环锭纺纱技术。

紧密纺技术是指纤维须条在经过环锭纺纱机主牵伸区后，在进入加捻区之时，增设了一个集聚装置，利用气流式机械作用，使输出比较松散的须条纤维向纱的主干中心集聚，减小甚至消除了加捻三角区，从而使纤维进一步平行，毛羽得以减少，纱条结构更紧密、更坚实的新环锭纺纱技术。

　　从工艺上讲，喂入的粗纱条经过牵伸后，不是直接加捻用捻合力集聚松散状态的纤维成纱，而是进入加捻区后先经过集聚装置，完成第一次集聚作用后，再进行加捻用捻合力进行第二次集聚，并实现捻度的作用，提高集聚纤维成纱的强力。

　　从须条结构直观现象讲，传统环锭纺从喂入到输出的变化是：紧密→松散→紧密，而紧密环锭纺的变化则是：紧密→松散→紧密→再紧密。

　　从须条几何形状直观现象看，传统环锭纺的变化是：圆细→扁平宽→飞跃式圆细；而紧密环锭纺的须条几何形状直观变化是：圆细→扁平宽→渐进式圆细→再圆细。从表6-3-50和表6-3-51可看到两种纺纱方法的区别。

表6-3-50　传统环锭纺纱条在加工各部位的几何形态及工艺参数

| 纱长形态变化 | 纱条经过的部位 | | | |
| --- | --- | --- | --- | --- |
| | 喂入区 | 牵伸区 | | 加捻区 |
| | 后罗拉外侧 | 后牵伸区 | 前牵伸区 | 前罗拉钳口外侧至加捻终止点 |
| 纱条几何形态 | 圆柱形粗纱 | 底边靠近中罗拉的等腰三角形 | 底边靠近前罗拉的等腰梯形 | 底边靠近前罗拉外侧的等腰三角形 |
| 直径或宽度（mm） | 1~2 | 底边<10 | 底边=10 | 底边<10 |
| 扁平带状宽与圆柱形纱体直径比值 | 4.5~7 | | | 50~100（及以上） |
| 纱条被加工距离 | （后罗拉半径）R×（圆心角） | 纤维平均长度 | 纤维平均长度 | 无捻须条包围弧度长（毛纺：3.7~3.25 棉纺：2.88~1.025） |

表6-3-51　紧密环锭纺纱条在加工各部位的几何形态及工艺参数

| 纱长形态变化 | 纱条经过的部位 | | | | |
| --- | --- | --- | --- | --- | --- |
| | 喂入区 | 牵伸区 | | 加捻区 | |
| | 后罗拉外侧 | 后牵伸区 | 前牵伸区 | 第一集聚区（前罗拉外侧至输出罗拉） | 第二集聚区（输出罗拉钳口至加捻终止点） |
| 纱条几何形态 | 圆柱形粗纱 | 底边靠近中罗拉的等腰三角形 | 底边靠近前罗拉的等腰梯形 | 底边靠近前罗拉的锥形体 | 没有无捻纱条包围弧，无加捻三角区 |
| 直径或宽度（mm） | 1~2 | 底边<10 | 底边=10 | 锥体小直径≈成纱直径 | 加捻终止点与输出罗拉钳口重合 |
| 扁平带状与圆柱形纱体直径比值 | 4.5~7 | | | ≈1 | -0.06~-0.03 |
| 纱条喂入牵伸集聚导程 | （后罗拉半径）R×（圆心角） | 纤维平均长度 | 纤维平均长度 | 纤维平均长度 | 0 |

### 三、紧密环锭纺的集聚装置

　　紧密纺纱技术的关键在于合理利用气流式机械作用力来实现对牵伸后的纤维须条先进行紧密集聚，再进入加捻卷绕系统完成纺纱。其技术特征是，牵伸与集聚互不干扰的"牵伸不集聚，集聚不牵伸"原则。集聚装置是紧密环锭纺纱的核心技术，集聚元件是集聚装置的关键性元件。集聚装置的结构和集聚元件的特征和性能决定了紧密环锭纺纱技术的质量和类型。根据紧密纺产生集聚作用的方式不同，目前的紧密纺集聚装置可分为两种类型：一种是气流集聚型，它主要以负压气流力来使集聚区内的纤维产生横向收缩而集聚紧密；另一种是机械集聚型，它主要以机械作用力使集聚区内的纤维产生横向收缩而集聚紧密（表6-3-52）。

**表6-3-52　集聚装置分类**

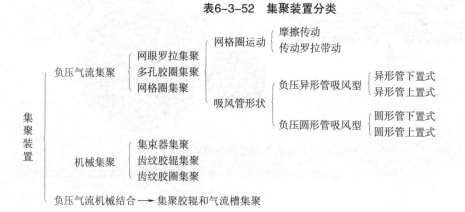

### 1. 网眼罗拉集聚装置（图6-3-17）

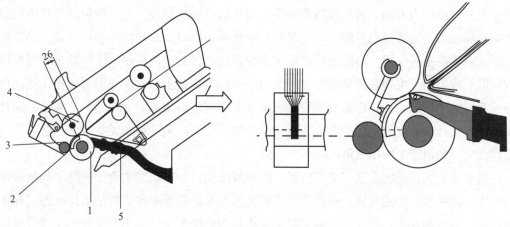

(a)网眼罗拉集聚纺纱装置侧视图

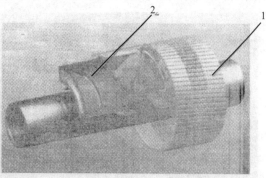

(b)网眼罗拉及吸风槽插件结构

图6-3-17

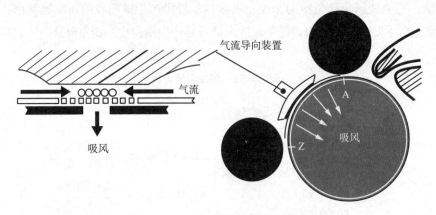

气流导向装置

气流

吸风

A

Z

吸风

**图6-3-17　网眼罗拉集聚纺纱装置**

1—网眼罗拉　2—吸风槽　3—输出胶辊　4—牵伸机构前胶辊　5—吸风管

　　网眼罗拉集聚装置改变了传统牵伸前罗拉的结构，把实心前罗拉改为管状的网眼罗拉，其直径远大于原来的前罗拉。网眼罗拉的内胆为吸风槽插件，具有逐渐收缩的斜形吸风槽，紧贴在网眼罗拉的内表面。斜形吸风槽插件与负压吸风系统连接。两个胶辊骑跨在网眼罗拉上：第一胶辊为新增的输出胶辊，与网眼罗拉组成输出钳口，即加捻的握持钳口；第二胶辊即是原来前罗拉上的胶辊，与网眼罗拉组成牵伸区的前钳口。两个钳口之间即是斜形吸风槽上方网眼罗拉表面纤维须条的集聚区。纤维须条从前钳口输出，即受斜形吸风槽作用而逐渐收缩，直至输出钳口，须条已由扁平带状收缩集聚成圆柱形须条，从输出罗拉输出的圆柱形须条其位置已处于捻度传递区的上方，减少了网眼罗拉上的包围弧和无捻区，捻度可直达输出钳口，减少和消除了加捻三角区。

　　在集聚区上方，还增设了气流导向罩，保证纤维束以平行状态集聚，提高了集聚效果。这一装置结构精密，性能可靠，但整个集聚装置改变了原传统牵伸机构的结构状态，加工精度要求高，制造难度大，成本高。由于采用大直径的网眼罗拉，使主牵伸区内浮游纤维区长度变化，对有效控制浮游纤维有一定影响；此外输出胶辊与前牵伸胶辊同时由网眼罗拉摩擦传动，两钳口间即集聚区内，须条在集聚过程中无张力牵伸。

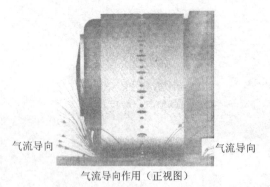

气流导向

气流导向

气流导向作用（正视图）

**图6-3-18　多孔胶圈集聚纺纱装置**

**2. 多孔胶圈集聚纺纱装置**（图6-3-18）

　　这一装置是在原细纱牵伸机构前加装一套气流集聚装置。多孔胶圈内表面设有固定的吸风嘴，当负压吸风系统使吸嘴产生负压气流通过多孔胶圈时，多孔胶圈会自动形成一个内陷的凹槽，与负压气流一起收集从牵伸前罗拉输出的须条。多孔胶圈带着须条一边向前运动，一边收缩纤维，使须条形成紧密结构，到达输出罗拉，即加捻握持钳口。

　　吸风嘴设置在多孔胶圈上部，属上置式吸

风集聚型。多孔胶圈下部设置一个三角形的托板销，它托持多孔胶圈和纤维束，并与多孔胶圈共同夹持纤维束，在导向气流作用下更有效地集聚纤维。

多孔胶圈的运动是由输出罗拉传动，并对须条有一定的张力牵伸。在多孔胶圈输出纤维束后，自动清洁装置对多孔胶圈进行清洁，使其孔眼不易堵塞。

此装置的特点是未改变原牵伸机构的状态。由于多孔胶圈的通气孔不是连续的，多孔胶圈与输出钳口间有一微小距离，集聚作用还未完全延续到输出罗拉钳口，已集聚的须条产生了一定的回弹性扩散，这样保留了不影响短纤纱基本性质的小于2mm长度的基本毛羽。

这种结构的集聚装置还比较适合包芯纱和赛络包芯纱的纺制。

3. **负压吸风管网格圈集聚纺纱装置**

该装置根据吸风管形状、吸风管位置、网格圈传动方式等可分为多种形式。

（1）负压异形管吸风（下置式）网格圈摩擦传动集聚纺纱装置如图6-3-19所示。

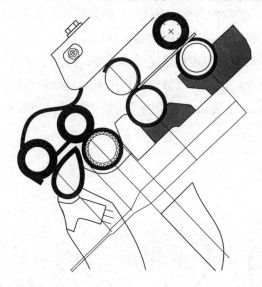

图6-3-19　负压异形管吸风（下置式）网格圈摩擦传动集聚纺纱装置

形似梨形或香蕉形截面的负压吸风管，安装在牵伸机构的前输出罗拉钳口处。异形管上面开有一定倾斜角度曲线形吸风槽，槽口对准输出的须条，槽口宽度从一定宽度逐渐缩小，形成从宽到窄的吸风槽，以此达到对纤维须条集中收缩的作用。异形管外套柔性回转的网格圈，在集聚过程运动中，托持并带动纤维。网格圈由骑跨在异形管上的输出胶辊摩擦传动。输出胶辊与牵伸机构前胶辊之间配装一过桥传动齿轮，相互啮合传动回转。输出胶辊直径可略大于牵伸机构前胶辊，使须条在集聚过程中产生一定的张力牵伸。

倾斜曲线形吸风槽使气流流动方向有利于纤维绕自身轴线旋转，并向纱干靠拢集聚。网格圈是由一定规格要求的微孔组成的织物，网眼密度也可根据所纺纤维和成纱特数做适当选择，一般约为3000孔/cm²，类似滤网结构。

为了保证网格圈在异形管上回转顺利，网格圈的内表面摩擦系数要经过特殊处理，使输出胶辊带动网格圈的传动摩擦系数比网格圈与异形管表面的摩擦系数要高出10倍以上。

此装置是把纤维须条吸附在微孔织物网格圈对应有吸风槽的部位，使纤维紧密地处于有效的压缩集聚状态，并在网格圈向前运动时产生对须条的牵伸运动，直至输出钳口。由于吸风槽倾斜与网格圈运动有一定倾斜角，在吸风气流作用下，须条还同时沿着垂直于吸风槽口方向紧贴网格圈表面滚动，产生对纤维须条的相对运动，向纱芯集中。在牵伸运动和相对运动的共同作用下，运动到输出钳口，消除了加捻三角区，集聚效果好。

此装置的主要技术难点，一是网格圈的制造要求高，长期运转要求不变形且稳定；二是输出胶辊直径在多锭生产的环锭细纱机上做到一致也是不可能的，会造成各锭网格圈运动速度不稳定、不匀，使锭子间产生差异。

（2）负压异形管吸风（下置式）网格圈罗拉传动集聚纺纱装置，如图6-3-20所示。该装置的结构特点是，异形管似倒三角形，底面开有倾斜曲线吸风槽。网格圈不仅套在异形吸风管上，还套在新增设的输出罗拉上，并由钢质撑杆张紧。新增设的输出罗拉由牵伸机构的前罗拉通过过桥齿轮传动，是一个主动传动的网格圈系统。它的负压气流集聚作用和原理与前一种相同。

这种设计的最大特点是可以使网格圈在输出罗拉与输出胶辊夹持下与其同步回转，无相对打滑，使网格圈运行平稳，更稳定地输送纤维须条；但由于输出罗拉的传动，异形管吸风槽与输出钳口也产生了微小隔距，使气流集聚作用未能延续到输出钳口。

（3）负压异形管吸风（上置式）网格圈集聚纺纱装置，如图6-3-21所示。

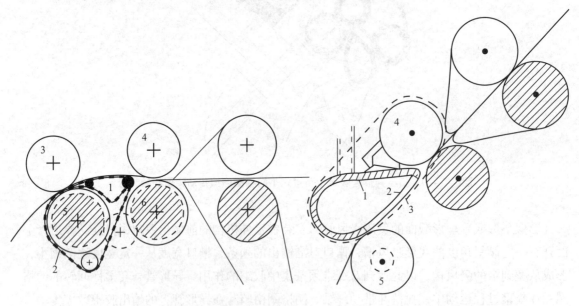

图6-3-20　负压异形管吸风（下置式）网格　　　图6-3-21　负压异形管吸风（上置式）网格圈
　　　　　圈罗拉传动集聚纺纱装置　　　　　　　　　　　　集聚纺纱装置
1—负压异形管及吸风槽　2—网格圈　　　　　　1—负压异形管　2—吸风槽　3—网格圈
3—输出胶辊　4—牵伸机构前胶辊　　　　　　　4—牵伸机构前胶辊　5—输出胶辊
5—输出罗拉　6—牵伸机构前罗拉

（4）负压圆形管吸风（上置式）网格圈集聚纺纱装置，如图6-3-22所示。

（5）负压圆形管吸风（下置式）网格圈集聚纺纱装置，如图6-3-23所示。

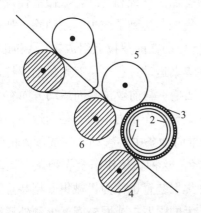
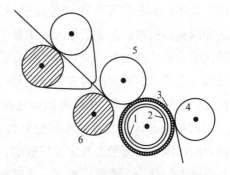

图6-3-22　负压圆形管吸风（上置式）网格圈
　　　　　集聚纺纱装置

1—负压圆形吸风管　2—吸风槽　3—网格圈
4—输出胶辊　5—牵伸机构前胶辊　6—牵伸机构前罗拉

图6-3-23　负压圆形管吸风（下置式）网格圈
　　　　　集聚纺纱装置

1—负压圆形吸风管　2—吸风漕　3—网格圈
4—输出胶辊　5—牵伸机构前胶辊　6—牵伸机构前罗拉

#### 4. 集束器集聚纺纱装置

集束器集聚纺纱装置如图6-3-24所示。此装置在原牵伸机构的基础上，加大了前罗拉直径，其上面骑跨两个胶辊即输出胶辊和牵伸机构前胶辊。两个胶辊之间装有专门设计的磁

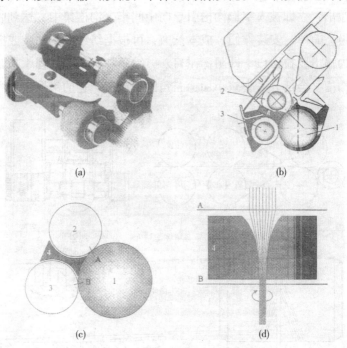

图6-3-24　集束器集聚纺纱装置

1—牵伸机构前罗拉　2—牵伸机构前胶辊　3—输出胶辊　4—集束器

铁陶瓷集束器（集聚器），集束器与前罗拉表面吻合组成全封闭的"几何—机械"集聚区。集聚器下部中间沿纱条运行方向有一贯通的凹槽，凹槽宽度由宽逐渐变窄，形成截面逐渐收

缩的纤维通道，凹槽渐缩形状和出口尺寸的大小可根据加工纤维和纺纱特数做最佳设计。须条与前罗拉同步传动，须条在集束器凹槽中得到紧缩集聚，达到了减少（或消除）加捻三角区的目的。如图6-3-25所示，前牵伸胶辊与输出胶辊分别在前罗拉上组成钳口A和钳口B。两钳口之间即是集束器的须条集聚区。须条中纤维在集聚运动过程中，有贴伏前罗拉表面与其同步的向前运动，速度为$v_T$；但由于集束器通道（凹槽）与前罗拉表面运动方向有一定的倾角，纤维沿着垂直凹槽侧边的方向也受到径向收缩集聚的作用力，即有径向运动，速度为$v_r$。须条运动速度$v_F=v_T+v_r$。在前进运动过程中，纤维向纱条中心移动，完成须条的集聚，须条宽度和加捻三角区的宽度减小到近似纱条的直径。这种集聚作用全靠须条在运动过程中，机械力的作用和几何形态变化来完成的，故这种集聚装置也称为机械集聚型装置。这种装置的特点被人们称为：无负压吸气、无吸风系统、无网眼罗拉或网格圈、无额外耗能、无需额外维修保养、无需另增加额外设备部件，是一个既简单又经济实惠的装置。但它的集聚效果和以此成纱的结构以及纱线性能等综合产品的质量指标，还有待于与其他集聚装置进行综合性的理论分析和生产实践的对比和验证。

### 5. 齿纹胶辊集聚纺纱装置

齿纹胶辊集聚纺纱装置，如图6-3-25所示。在原牵伸机构上增设一套由齿纹胶辊等组成的集聚组件，这一组件利用一个M形弹簧托架，把齿纹胶辊固靠在前罗拉表面出口处。齿纹胶辊上刻有人字形沟槽（两边）和集聚沟槽（中间），它由前罗拉带动同步回转。当被牵伸须条从前钳口输出，立即被人字形沟槽引导向中间集聚沟槽集中，达到收缩须条作用。

此装置结构极为简单，安装方便，成本低廉，可根据纺纱需要加装或拆下。由于此装置的聚集辊同时作为输出罗拉钳口（即阻捻钳口），纱条加捻传递过程中在张力的作用下，可能越过齿纹胶辊沟槽，会部分失去减小加捻三角区的意义。它的集聚效果和成纱结构还待进一步分析研究。

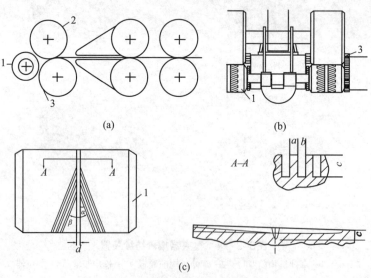

**图6-3-25　齿纹胶辊集聚纺纱装置**

1—齿纹胶辊　2—牵伸机构前胶辊　3—牵伸机构前罗拉

### 6. 齿纹胶圈集聚纺纱装置

齿纹胶圈集聚纺纱装置如图6-3-26所示。在原牵伸机构前罗拉输出处，加装一套设计成人字形齿纹的双胶圈，称齿纹胶圈。上下齿纹胶圈表面制成周向连续均布有凸出的人字齿纹，人字形齿纹相交处断开形成一周向狭隘的导条槽。在上下齿纹胶圈引导下，边缘纤维须条不断地向中间汇集，构成一个纤维须条集聚区域。

### 7. 齿纹气流槽胶辊集聚纺纱装置

齿纹气流槽胶辊集聚纺纱装置，如图6-3-27所示。在齿纹胶辊集聚纺纱装置的基础上，利用中间集聚沟槽底部打孔，内芯中空接吸风系统，引入集聚气流，在齿纹引导沟槽和中间集聚沟槽处提供一个气流流动场，借助负压气流力和齿纹引导沟槽的机械力共同作用对纤维须条进行集聚。纤维须条最终都集中在中间沟槽中，在紧密集聚状态下加捻。此装置设想新颖，结构也不复杂，集聚效果明显优于齿纹胶辊、齿纹胶圈型，但制造和加工精度要求都很高。

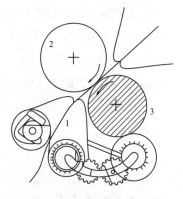

**图6-3-26　齿纹胶圈
集聚纱线装置**

1—齿纹胶圈　2—牵伸机构前
胶辊　3—牵伸机构前罗拉

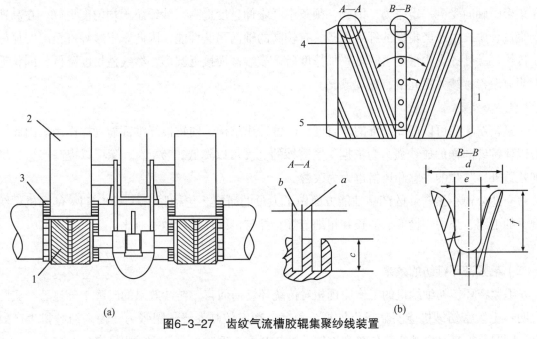

(a)　　　　　　　　　　　　　(b)

**图6-3-27　齿纹气流槽胶辊集聚纱线装置**

1—齿纹气流槽胶辊　2—牵伸机构前胶辊　3—牵伸机构前罗拉　4—齿纹　5—气流槽

## 四、紧密环锭纺产品的质量优势及工艺要点

### （一）产品质量优势

紧密纺是创新的环锭纺。紧密纺工艺生产的紧密纱也是一种环锭纱，但是与传统环锭纱相比，紧密纱是独具特色的环锭纱。紧密纺工艺的产品特点反映在紧密纱上。

### 1. 毛羽少

紧密纺工艺最大的特点是减少了纱线毛羽，尤其是对3mm以上的长毛羽的减少极为明显。

　　由于紧密纺消除了加捻三角区，使被加捻的纤维须条中纤维尾端的受控性能极大提高，因而在很大程度上消除了对后道工序有危害的长毛羽，大幅度地降低了毛羽数。Zweigle纱线毛羽测试的结果与普通短纤纱相比：毛羽纤维长度为1mm的毛羽指数降低了0～15%；毛羽纤维长度为2mm的毛羽指数降低了0～25%；毛羽纤维长度在3mm及以上的毛羽指数降低了15%～85%。

　　按Zellweger Uster纱线毛羽测试的结果是，纱线毛羽3mm及以上的毛羽指数降低了10%～30%。

　　**2. 强力高**

　　紧密纺工艺由于纤维的伸直度好，减少了纤维在加捻过程中的转移幅度，使紧密纱中纤维的紊乱程度降低，提高了纤维承受力的同步性，从而较为显著地提高了单纱的强力和耐磨性能。研究表明，棉纱的最大拉伸强力可以提高5%～15%，化学纤维纱的最大拉伸强力可提高10%；同时单纱伸长率和弹性得到较大改善，普梳纱伸长提高约10%，精梳纱提高约15%，羊毛纱或化学纤维混纺纱可提高约20%。

　　**3. 条干好**

　　紧密纺工艺中，纤维须条从前罗拉输出后即受到集聚气流或相应机构的控制，并且须条在集聚时轴向受到一定张力，因此，须条中纤维伸直度提高，纱线条干均匀度更好。在高速卷绕过程中，由于经集聚的纤维须条具有较高的轴向耐磨性能，因此紧密纱纱疵情况明显好于传统环锭纱，含尘量显著降低；加捻度后，成纱截面接近圆形，纱线蓬松度降低，圈状毛羽明显改善，纱体更光滑，外观漂亮。

　　**4. 捻度小**

　　紧密纺工艺可以提高纤维的伸直度，改善纱线结构，使每根纤维都能发挥作用。因此，若以环锭纱同样的成纱强力为依据，紧密纱的捻度可以降低20%左右，除可以提高产量、增加效益外，纱线的手感和风格也大为改善。

　　立达公司在紧密纱的产品性能方面做了大量的研究，包括紧密纱（COM4® Wool机型纺制）的毛羽、强力、捻度、伸长和粗细节等，并与传统环锭纱做了对比。

### （二）毛紧密环锭纺的效果

　　毛紧密环锭纺细纱机的工作原理相对传统环锭纺而言，纺纱效果的改善十分显著。实验表明：毛紧密纺纱机能明显减小加捻三角区，稳定控制卷绕气圈张力，提高纺纱机生产效率，同时获得高品质纱线。传统环锭纺毛纱与紧密纺毛纱主要品质对比见表6-3-52。

表6-3-52　传统环锭纺与紧密纺毛纱主要品质的对比表

| 纱线线密度（tex） | 机型 | 条干CV值 | 细节（-50%） | 粗节（+35%） | 毛粒（+140%） | 强度 | 伸长率 | 毛羽指数 |
| --- | --- | --- | --- | --- | --- | --- | --- | --- |
| | | % | 个/km | 个/km | 个/km | cN/tex | % | $H$ |
| 27.8 | A | 14.97 | 105 | 123 | 6 | 7.56 | 20.93 | 5.16 |
| | B | 14.38 | 84 | 118 | 7 | 7.99 | 21.93 | 4.18 |
| | C | 14.49 | 75 | 118 | 7 | 8.23 | 22.29 | 4.29 |

续表

| 纱线线密度（tex） | 机型 | 条干CV值 | 细节（-50%） | 粗节（+35%） | 毛粒（+140%） | 强度 | 伸长率 | 毛羽指数 |
|---|---|---|---|---|---|---|---|---|
| | | % | 个/km | 个/km | 个/km | cN/tex | % | H |
| 20.8 | A | 17.41 | 147 | 338 | 64 | 6.40 | 12.42 | 5.45 |
| | B | 17.49 | 130 | 315 | 46 | 7.14 | 13.49 | 4.62 |
| | C | 17.25 | 112 | 290 | 36 | 7.24 | 14.84 | 4.67 |
| 15.6 | A | 19.70 | 387 | 624 | 61 | 5.85 | 11.05 | 4.24 |
| | B | 18.66 | 266 | 447 | 49 | 5.90 | 12.31 | 3.31 |
| | C | 18.36 | 218 | 426 | 41 | 5.97 | 12.34 | 3.55 |

注　A—常规普通锭子环锭纺；B—常规普通锭子环锭紧密纺；C—指型锭子环锭紧密纺。

从表6-3-52可以看出，与传统纱线相比，毛紧密纺（COM4® Wool机型）系统的毛紧密纱的质量得到了极大的提高。实践表明，用紧密纺系统（COM4® Wool机型）生产的纱线非常紧密、条干干净顺滑，纤维在整个纱线长度上分布均匀，强力大，牵伸后没有纤维损耗，断纤极少。与传统环锭纺纱线相比，毛紧密纱的特殊结构和均一性颇具优势，紧密纱的乌斯特均匀度提高，阻抗力增加，伸长延长，适纺范围广，毛羽大幅减少，面料舒适性提高，起球大幅减少，穿着十分舒适。此外，毛紧密纱对下游工序的加工十分有利，可简化工艺流程，提高织造性能，还可用单纱替代股线织造，有利于染色均匀和整理质量提高。毛紧密纱适用于超强经编、带对比花纹的提花面料、华达呢、哔叽、精细及超精细高档面料等衣料的织造。

与广泛投入使用的棉紧密纺纱线一样，毛紧密纺纱对纱线的质量同样也有大幅度的提升。与棉纤维相比，羊毛纤维强力较低，但伸长性能好，而紧密纺正可提高纱线强力。从表6-3-53可以看出，纺纱线密度相近时，与棉型紧密纺相比，毛紧密纺对纱线粗细节、强力和伸长的改善更为显著。同时，毛紧密纱上毛羽的减少量虽比棉型紧密纱略有不及，但却也因此不至于影响钢领/钢丝圈之间的润滑作用。研究表明，当某些棉紧密纺还需要使用较低的纺纱速度时，毛紧密纺不仅不需要降低锭速，反而可提高锭速10%~46%，故比较而言，毛紧密纺有更高的经济效益，发展前景广阔。

表6-3-53　棉、毛紧密纱与传统环锭纱质量差异率（%）对比表

| 设计线密度（tex） | 实际线密度（tex） | 原料 | 锭速 | 条干CV值 | 细节 | 粗节 | 棉结/毛粒 | 强度 | 伸长率 | 毛羽 |
|---|---|---|---|---|---|---|---|---|---|---|
| 18 | 18 | 棉 | — | -2.94 | 25.0 | 28.6 | 22.2 | 8.4 | 14.7 | -55.3 |
| | 20.8 | 毛A | 15.0 | 0.46 | -11.6 | -6.8 | -28.1 | 11.6 | 8.6 | -15.2 |
| | | 毛B | 21.0 | -0.92 | -23.8 | -14.2 | -43.8 | 13.1 | 19.5 | -14.3 |
| 15 | 14.5 | 棉 | — | -2.85 | 0 | 20.0 | 8.3 | 7.6 | 2.3 | -83.0 |
| | 15.6 | 毛A | 22.8 | -5.28 | -31.3 | -28.4 | -19.7 | 0.9 | 11.4 | -21.9 |
| | | 毛B | 34.8 | -6.80 | -43.7 | -31.7 | -32.8 | 2.1 | 11.7 | -16.3 |

续表

| 设计线密度（tex） | 实际线密度（tex） | 原料 | 锭速 | 条干CV值 | 细节 | 粗节 | 棉结／毛粒 | 强度 | 伸长率 | 毛羽 |
|---|---|---|---|---|---|---|---|---|---|---|
| 12 | 12 | 棉 | — | −3.78 | 20.0 | −4.8 | −20.0 | 4.0 | 3.7 | −76.0 |
| | 11.1 | 毛A | 12.5 | −2.81 | −18.8 | −7.8 | −53.9 | 13.4 | −0.3 | −26.8 |
| | | 毛B | 17.5 | −3.26 | −24.5 | −7.9 | −56.5 | 12.9 | 17.1 | −25.5 |

注　1. 差异率＝（紧密纱−传统纱）÷传统纱×100%。

　　2. A—普通锭子紧密纺；B—指型锭子紧密纺。

　　毛紧密纺还能实现毛纺业多年来所追求的毛纱低特化和织造的单经单纬化，为轻薄型毛织物和毛纺新产品的开发提供技术支撑及实现可能性。

　　根据国外实验资料，利用紧密纺技术将较粗的廉价羊毛加工成高支纱，纱线截面内纤维根数同比可降低约10%。用紧密纺技术加工生产同品质的纯毛精梳毛纱可提高产量30%~35%。因为毛纤维原料价格高，不同细度的毛价格差异大，纺制同细度同品质的毛纱，采用紧密纺技术可以降低原料羊毛的细度要求，因此，毛紧密纺的原料成本节约更为显著。表6-3-54是精梳毛纺EliTe®纱与传统环锭纱的质量对比。

表6-3-54　精梳毛纺EliTe®纱与传统环锭纱的质量对比表

| 原　料 | 机型 | 纺纱线密度 tex（公支） | 纺纱速度 m／min | 拉伸强力 cN／tex | 伸长率 % | Uster条干CV值 % | 细节 −50% 个／km | 粗节 +50% 个／km | 毛粒 +200% 个／km | 毛羽 Uster值 H |
|---|---|---|---|---|---|---|---|---|---|---|
| 纯毛 19μm，条染 | E2 | 22.7（44） | 17.9 | 6.9 | 17.0 | 15.8 | 51 | 7 | 3 | 4.5 |
| | S | 22.7（44） | 17.9 | 6.2 | 15.2 | 16.5 | 85 | 14 | 4 | 5.5 |
| 纯毛 21.3μm，本色 | E2 | 31.2（32） | 19.7 | 6.3 | 24.6 | 15.6 | 43 | 10 | 8 | 3.4 |
| | S | 31.2（32） | 19.7 | 5.9 | 22.2 | 15.9 | 71 | 14 | 10 | 5.1 |
| 纯毛 26.5μm，本色 | E2 | 36.4（27.5） | 23.4 | 5.1 | 5.6 | 18.6 | 209 | 45 | 16 | 4.0 |
| | S | 36.4（27.5） | 23.4 | 4.5 | 4.4 | 19.0 | 237 | 64 | 26 | 5.3 |
| 55涤／45毛，条染 | E2 | 14.3（70） | 13.9 | 13.7 | 21.5 | 22.2 | 698 | 186 | 19 | 3.8 |
| | S | 14.3（70） | 13.9 | 12.6 | 21.1 | 23.2 | 845 | 278 | 75 | 4.4 |
| 100%高收缩腈纶 | E2 | 35.7（28） | 24.03 | 14.3 | 12.0 | 10.6 | 1 | 2 | 2 | 5.8 |
| | S | 35.7（28） | 24.03 | 13.5 | 12.1 | 11.0 | 0 | 4 | 7 | 7.8 |

注　细纱机机型：E2—EliTe® Fiomax E2，S—传统环锭纺Fiomax 2000。

## （三）毛紧密纺机型

目前，技术上比较成熟的毛紧密纺机型有两种。

（1）德国绪森公司生产的EliTe®。

（2）意大利康泰克公司生产的COM4®Wool。

## （四）紧密环锭纺的工艺要点（表6-3-55）

表6-3-55　传统环锭纺、紧密环锭纺工艺比对参考

| 工艺项目 | 传统环锭纺 | 紧密环锭纺 | 工艺项目 | 传统环锭纺 | 紧密环锭纺 |
|---|---|---|---|---|---|
| 集聚导程（mm） | | 纤维平均长度 | 胶辊与轴承同心度 | 0.03~0.05 | 0.02 |
| 集聚宽度（mm） | | 10 | 胶辊宽度（mm） | 21.7~27.8 | 19 |
| 集聚吸风负压（kPa） | | 1.8~3.2，根据纺纱支数在此范围选择 | 导纱钩孔径（mm） | 1.5，2.0，2.5，3.5 | 4 |
| 喂入横动导程（mm） | 5~8 | 1~2 | 钢丝圈更换周期（天） | 5~7 | 4~6 |
| 胶辊硬度 | 65° | 70° | 钢丝圈轻重选配 | 正常 | 偏轻，偏小 |
| 胶辊磨砺周期（周） | 20~26 | 8~12 | 温湿度控制 | 温度25℃，相对湿度55%~60% | 温度25℃，相对湿度38%~42% |

# 第八节　精梳毛纺细纱机牵伸元件及卷捻元件

## 一、牵伸摇架

牵伸摇架的技术特征见表6-3-56，各种型号的牵伸摇架见图6-3-28~图6-3-35。

表6-3-56　牵伸摇架的技术特征

| 项　　目 | | 国　产　摇　架 | | | | 德　国　摇　架 | | | |
|---|---|---|---|---|---|---|---|---|---|
| | | TF18-230 | YJ6-223 | YJ6-263 | YJ6-263×4 | PK1601 | PK1660 | HP-A510 | HP-GX5010 |
| 加压动力源 | | | 圆　柱　螺　旋　弹　簧 | | | | | 成　形　板　簧 | |
| 锁紧机构型式 | | 分离式四连杆机构 | | 凸轮机构 | | 四连杆后锁 | | 四连杆 | |
| 下罗拉直径（mm） | 前 | 35 | 35 | 35 | 35 | 35，40 | 35，40 | 32 | 32 |
| | 中 | 35 | 30 | 30 | 30，35 | 27，30.5 | 27，30.5 | 30.5 | 30.5 |
| | 后 | 35 | 35 | 35 | 35 | 35，40 | 35，40 | 32 | 32 |
| 上胶辊直径（mm） | 前 | 52 | 51 | 51 | 57 | 50 | 50 | 50 | 50 |
| | 中 | 50 | 48 | 48 | 48，51 | 48 | 48 | 48 | 48 |
| | 后 | 52 | 51 | 51 | 51 | 50 | 50 | 50 | 50 |

续表

| 项　目 | | 国　产　摇　架 | | | | 德　国　摇　架 | | | |
|---|---|---|---|---|---|---|---|---|---|
| | | TF18-230 | YJ6-223 | YJ6-263 | YJ6-263×4 | PK1601 | PK1660 | HP-A510 | HP-GX5010 |
| 加压动力源 | | 圆　柱　螺　旋　弹　簧 | | | | | | 成　形　板　簧 | |
| 锁紧机构型式 | | 分离式四连杆机构 | 凸轮机构 | | | 四连杆后锁 | | 四连杆 | |
| 上胶辊加压值（N） | 前 | 230 | 200 | 200 | 200 | 20 | 20 | 260N | 185 |
| | | 26.5 | 270 | 270 | 270 | 27 | 27 | 305N | 230 |
| | | 300 | 350 | 350 | 350 | 35 | 35 | 350N | 280 |
| | 中 | 80 | 90, 120, 150 | | | | | 105, 135, 165 | 140, 170, 200 |
| | 后 | 120 | 200, 250, 300 | | | 200, 250, 300 | | 245, 290, 335 | 175, 220, 270 |
| 下罗拉中心距（mm） | 前中 | 110 | 105 | 105 | 105, 57 | 105 | 105 | 105 | 105 |
| | 中后最小 | 90 | 57 | 57 | 57 | 57 | 57 | 40 | 53 |
| | 前后最大 | 230 | 223 | 223 | 263 | 223 | 223 | 222 | 222 |
| 支杆至前罗拉中心 | | 315 | 283 | 283 | 323 | 283 | 283 | 290 | 290 |
| 配套上销 | 型号 | sx6-75106 | sx6-7587 | sx6-7587 | sx6-7587 | OH2402 | OH554 | | M-W07540 |
| | | | sx6-7587A | sx6-7587A | sx6-7587B | | | HP-C7530L22 | L-W07532 |
| | | | sx6-7587B | sx6-7587B | sx6-75106 | | | | L-W07540 |
| | | | sx6-75106 | sx6-75106 | | | | | |
| 释压后掀起角度（°） | | 50 | 33 | 33 | 33 | 33 | | 75 | |

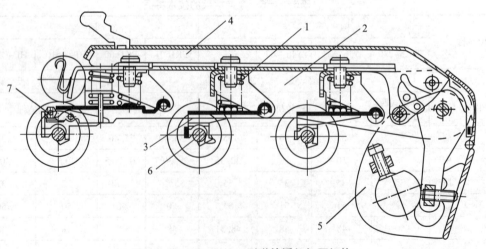

图6-3-28　TF18-230型弹簧摇架加压机构

1—螺旋压缩弹簧　2—摇臂　3—加压杆　4—手柄　5—锁紧机构　6—胶辊芯子　7—偏心六角块

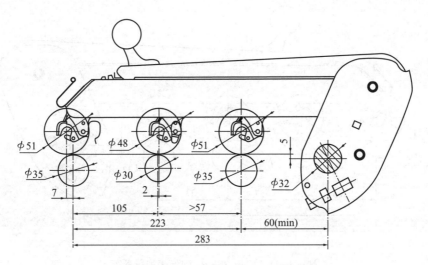

图6-3-29 YJ6-223型弹簧加压摇架

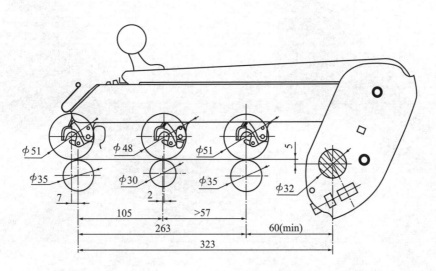

图6-3-30 YJ6-263型弹簧加压摇架

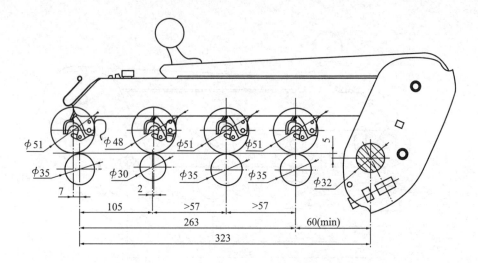

图6-3-31　YJ6-263×4型弹簧加压摇架

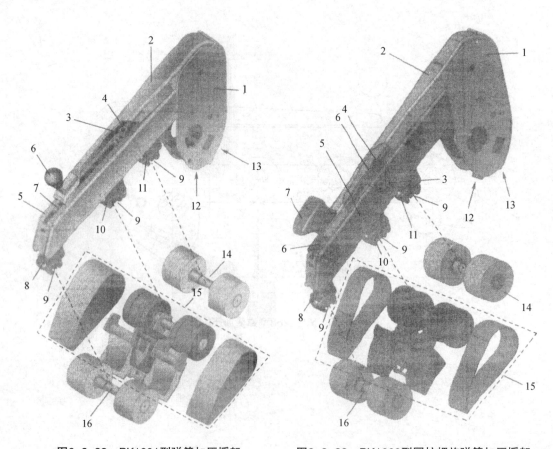

图6-3-32　PK1601型弹簧加压摇架　　　图6-3-33　PK1660型圆柱螺旋弹簧加压摇架

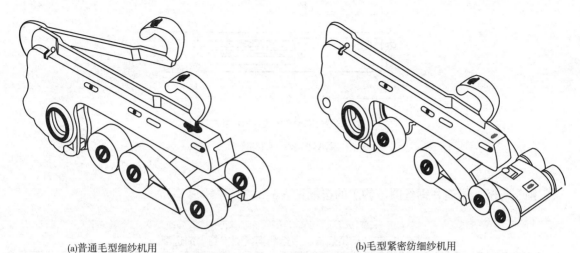

(a)普通毛型细纱机用　　　　　　　　(b)毛型紧密纺细纱机用

图6-3-34　HP-GX5010型板簧加压摇架

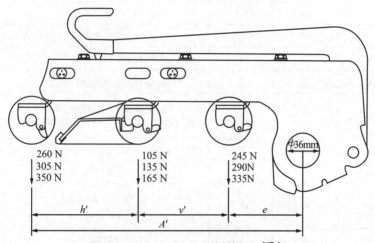

图6-3-35　HP-A510型板簧加压摇架

## 二、钢领

### （一）钢领形式（图6-3-36）

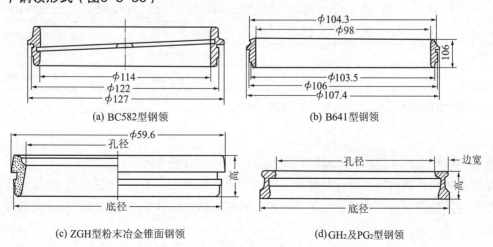

(a) BC582型钢领　　　　　　　　(b) B641型钢领

(c) ZGH型粉末冶金锥面钢领　　　　　　(d)GH₂及PG₂型钢领

图6-3-36

(e) SGH型粉末冶金竖边耳形钢领

图6-3-36　钢领

钢领规格、用途和钢丝圈（钩）的选配见表6-3-57。

表6-3-57　钢领规格、用途和钢丝圈（钩）的选配

| 钢领型号 | 孔径（mm） | 底径（mm） | 高度（mm） | 用　途 | 配用钢丝圈（钩）型号 |
|---|---|---|---|---|---|
| $GH_2$-4554 | 45 | 54 | 7.5 | B581型细纱机及老机 | 6901，G |
| $GH_2$-5160 | 51 | 60 | 7.5 | B581型细纱机及老机 | 6901，G |
| $ZGH_3$-45 | 45 | 52 | 8 | B581型细纱机及老机 | 8型钢丝钩 |
| $ZGH_3$-51 | 45 | 58 | 8 | B581型、B582型、B583型细纱机 | 8型钢丝钩 |
| $ZGH_5$-51A | 51 | 58 | 11.2 | B581型、B582型、B583型细纱机，B631型、B601型、FB722型捻线机 | 11.2型钢丝钩 |
| $ZGH_5$-55A | 55 | 62 | 11.2 | B631型、B601型、FB721型捻线机 | 11.2型钢丝钩 |
| $ZGH_5$-60A | 60 | 67 | 11.2 | FB721型捻线机 | 11.2型钢丝钩 |
| $SGH_5$-75 | 75 | 82 | 11.2 | B591型、BC584型、BC586型、FB551型细纱机 | 11.2型钢丝钩 |
| $SGH_6$-74 | 74 | 82 | 16.7 | B592型细纱机 | 16.7型钢丝钩 |
| $SGH_6$-90 | 90 | 97 | 16.7 | FN601型并捻联合机 | 16.7型尼龙钩 |
| $SGH_6$-112 | 112 | 122 | 16.7 | B593型细纱机 | 16.7型钢丝钩、尼龙钩 |
| $SGH_7$-112 | 112 | 122 | 22.2 | BC582型、BC583型、BC585型细纱机 | 22.2型钢丝钩 |
| $SGH_8$-112 | 112 | 122 | 25.4 | B643型合股机 | 25.4型尼龙钩 |
| $DG_2$-6070 | 60 | 70 | 10 | BC584型细纱机 | 6901，G |
| B641-4327 | 98 | 106 | 16.7 | B641型合股机 | 16.7型钢丝钩 |

　　注　型号中有H者是粉末冶金含油钢领，有Z者为锥面钢领。

　　在纺纱特数不低或纺强力较好的化学纤维纱时，放大钢领有利。

　　锥面钢领与平面钢领比较，在耐磨、使用期限、锭速、断头、气圈稳定、钢丝圈使用期以及细纱的光洁等方面，都是锥面钢领较好，只是细纱卷装容量略小，装卸钢丝钩稍难，且油纱较多。

## （二）钢领技术要求（表6-3-58）

**表6-3-58　钢领技术要求**

| 项　　目 | 粉末冶金 | 20号钢 |
|---|---|---|
| 渗碳深度 | 渗透 | 0.60mm |
| 表面硬度 | HRA60 | HRA81.5 |
| 光洁度 | $\sqrt{0.8}$ | $\sqrt{0.4}$ ~ $\sqrt{0.27}$ |
| 圆度 | 内径的千分之五 | 0.15（内径60）<br>0.20（内径98） |
| 平面度 | 0.15（内径45）<br>0.20（内径50~70）<br>0.25（内径70~90）<br>0.30（内径90~120） | 0.12（内径60）<br>0.25（内径98） |
| 含油率 | ≥10%（体积比） | |

### （三）使用钢领注意事项

（1）新钢领上机前应浸入白油桶内，加热至100~120℃，待自然冷却后穿油线。

（2）粉末冶金含油钢领可用（27.8×6）~（27.8×12）tex脱脂棉线或毛/涤线作油线，润滑油可用高速机械油，加油至油毡吸透。

（3）新钢领在走熟期内，钢丝圈（钩）要稍轻1~2号。

（4）要定期加油，周期要短，量要少，防止滴漏油。润滑油一般选用白油，加油量以油毡吸透为宜。油毡发白，表示缺油，要及时加油。

（5）含油钢领使用一定时间后，结合小平车，将拆下的钢领清洗，剔除磨损严重的钢领。清洗方法有三种：第一种是在钢领清洗机上进行脱油、清洗、加油。第二种是在真空干燥箱内（$7.998 \times 10^4$Pa）烘20min，然后通入70~100℃的油。第三种是将钢领浸于100~120℃的油中2h，随油冷却至常温。

（6）含油钢领不能用煤油、汽油清洗或揩拭，也不能用水清洗。

## 三、钢丝圈

GH$_2$型和PG$_2$（JG$_2$）型钢领适用G型、O型以及6901型钢丝圈。

6901型钢丝圈中间弓背处的截面为圆形，两脚处为矩形，有利于提高锭速及成纱光洁。

从发展趋势来看，毛纺机器已大量采用耳形钢丝钩和尼龙钩，后者在降低噪声、增加锭速、加大卷装、减少油污纱、方便操作、延长钢领使用寿命等方面，已越来越显示其优越性。尼龙钩的号数代表单只重量的毫克数。例如，200号尼龙钩，表示每只重200mg。各种型号的钢领与钢丝圈（钩）的选配见表6-3-57。

钢丝圈、钢丝钩的形状及规格见图6-3-37和表6-3-59、表6-3-60，尼龙钩型号见表6-3-61。

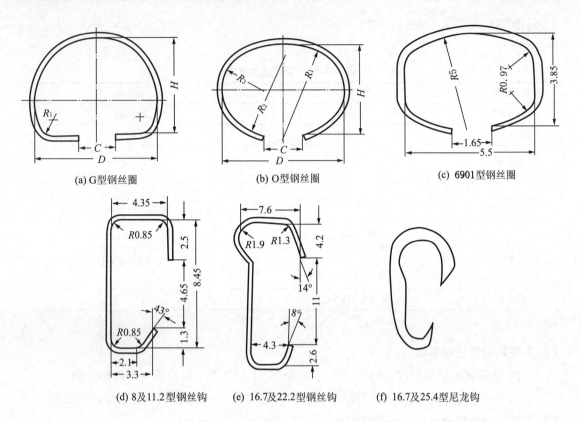

(a) G型钢丝圈　　　　(b) O型钢丝圈　　　　(c) 6901型钢丝圈

(d) 8及11.2型钢丝钩　　(e) 16.7及22.2型钢丝钩　　(f) 16.7及25.4型尼龙钩

**图6-3-37　钢丝圈、钢丝钩、尼龙钩**

**表6-3-59　G型、O型钢丝圈的尺寸**

| 型　号 | 号　数 | $D$ | $H$ | $C$ | $R_1$ | $R_2$ | $R_3$ |
|---|---|---|---|---|---|---|---|
| G型 | 11/0~15/0 | 5.16 | 3.95 | 1.6 | 0.7 | | |
| | 6/0~10/0 | 5.24 | 4.00 | 1.6 | 0.7 | | |
| | 1/0~5/0 | 5.30 | 4.05 | 1.6 | 0.7 | | |
| | 1~5 | 5.60 | 4.25 | 1.7 | 0.7 | | |
| | 6~10 | 5.75 | 4.35 | 1.7 | 0.7 | | |
| | 11~15 | 5.90 | 4.50 | 1.8 | 0.8 | | |
| | 16~20 | 6.10 | 4.65 | 1.8 | 0.8 | | |
| | 21~25 | 6.30 | 4.50 | 1.9 | 0.9 | | |
| | 26~30 | 6.50 | 5.00 | 1.9 | 0.9 | | |
| O型 | 11/0~15/0 | 4.66 | 3.41 | 1.7 | 3.8 | 3.07 | 1.45 |
| | 6/0~10/0 | 5.08 | 3.53 | 1.7 | 3.9 | 3.25 | 1.53 |
| | 1/0~5/0 | 5.20 | 3.65 | 1.7 | 4.0 | 3.30 | 1.60 |
| | 1~5 | 5.60 | 4.15 | 1.7 | 4.07 | 3.35 | 1.85 |
| | 6~10 | 5.79 | 4.30 | 1.8 | 4.20 | 3.50 | 1.95 |
| | 11~15 | 5.98 | 4.45 | 1.9 | 4.30 | 3.55 | 2.00 |
| | 16~20 | 6.16 | 4.60 | 1.95 | 4.40 | 3.60 | 2.05 |
| | 21~25 | 6.34 | 4.74 | 2.00 | 4.45 | 3.70 | 2.10 |
| | 26~30 | 6.52 | 4.88 | 2.10 | 4.65 | 3.80 | 2.15 |

表6-3-60　钢丝圈（钩）的重量

单位：g/百只

| 号数 | 型　号 | | | | | | |
|---|---|---|---|---|---|---|---|
| | G | O | 6901 | 8 | 11.2 | 16.7 | 22.2 |
| 8/0 | 2.43 | 2.59 | 3.40 | | | | |
| 7/0 | 2.75 | 2.75 | 3.56 | | | | |
| 6/0 | 3.07 | 2.92 | 3.89 | | | | |
| 5/0 | 3.30 | 3.24 | 4.21 | | | | |
| 4/0 | 3.56 | 3.56 | 4.54 | | | | |
| 3/0 | 4.05 | 3.89 | 4.86 | | | | |
| 2/0 | 4.53 | 4.54 | 5.18 | | | | |
| 1/0 | 5.18 | 5.18 | 5.83 | | | | |
| 1 | 5.83 | 5.83 | | | 590 | 590 | 590 |
| 2 | 6.82 | 7.13 | | | 520 | 520 | 520 |
| 3 | 7.78 | 7.78 | | | 450 | 450 | 450 |
| 4 | 8.42 | 8.42 | | | 390 | 390 | 390 |
| 5 | 9.42 | 9.07 | | | 340 | 340 | 340 |
| 6 | 10.37 | 10.37 | | | 300 | 300 | 300 |
| 7 | 11.34 | 11.66 | | | 270 | 270 | 270 |
| 8 | 12.96 | 12.96 | | | 240 | 240 | 240 |
| 9 | 14.90 | 14.90 | | | 210 | 210 | 210 |
| 10 | 16.85 | 16.85 | | | 180 | 180 | 180 |
| 11 | 19.43 | 19.44 | | | 155 | 155 | 155 |
| 12 | 20.75 | 21.38 | | | 130 | 130 | 130 |
| 13 | 22.05 | 23.33 | | | 105 | 105 | 105 |
| 14 | 23.98 | 25.27 | | | 85 | 85 | 85 |
| 15 | 25.92 | 27.22 | | | 70 | 70 | 70 |
| 16 | 27.25 | 28.51 | | | 56 | 56 | 56 |
| 17 | 28.51 | 29.81 | | | 44 | 44 | 44 |
| 18 | 29.80 | 31.10 | | | 34 | 34 | 34 |
| 19 | 31.10 | 32.40 | | | 25.5 | 25.5 | 25.5 |
| 20 | 32.40 | 33.70 | | 14.90 | 18.5 | 18.5 | 18.5 |
| 21 | 34.00 | 34.99 | | 12.64 | 15 | 15 | 15 |
| 22 | 35.60 | 31.29 | | 11.02 | 13 | 13 | 13 |
| 23 | 37.42 | 37.58 | | 9.72 | 11 | 11 | 11 |
| 24 | 38.84 | 38.88 | | 8.40 | 9.2 | 9.2 | 9.2 |
| 25 | 40.50 | 40.18 | | 7.13 | 7.5 | 7.5 | 7.5 |
| 26 | 42.10 | 41.47 | | 5.96 | 6.0 | 6.0 | 6.0 |
| 27 | 43.76 | 42.77 | | 4.99 | 4.8 | 4.8 | 4.8 |
| 28 | 45.36 | 44.06 | | 3.95 | 3.9 | 3.9 | 3.9 |
| 29 | 47.00 | 45.26 | | 3.24 | 3.3 | 3.3 | 3.3 |
| 30 | 48.56 | 46.66 | | 2.66 | 2.9 | 2.9 | 2.9 |
| 31 | | | | 2.40 | 2.4 | 2.4 | 2.4 |
| 32 | | | | 2.27 | 2.1 | 2.1 | 2.1 |
| 33 | | | | 2.14 | 1.95 | 1.95 | 1.95 |
| 34 | | | | 2.01 | 1.8 | 1.8 | 1.8 |

注　16.7型有钢质与铜质两种，重量规格相同。

表6-3-61　尼龙钩型号

| 16.7（C）号数 | 25.4（A）号数 | 16.7（C）号数 | 25.4（A）号数 |
|---|---|---|---|
| 340 | 450 | 500 | 1000 |
| 360 | 500 | 630 | 1100 |
| 400 | 750 | 750 | 1300 |
| 450 | 800 | | 1500 |

## 四、细纱锭子

毛纺细纱锭子如图6-3-38所示，其尺寸见表6-3-63。

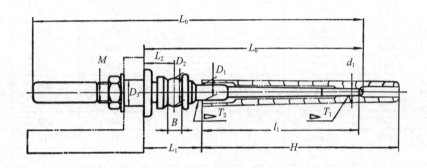

图6-3-38　毛纺细纱锭子

## 五、胶辊、胶圈

### （一）丁腈橡胶技术规格（表6-3-62）

表6-3-62　丁腈橡胶技术规格

| 项　目 | 参　数 | 项　目 | 参　数 |
|---|---|---|---|
| 扯断强力（N/cm²） | >500 | 邵氏硬度 | 78~86 |
| 扯断伸长率（%） | >120 | 老化系数（70℃×72h） | >0.7 |
| 永久变形（%） | <12 | 磨耗（cm³/1.61km） | <0.5 |

### （二）丁腈胶辊的酸处理

酸处理一般是在磨胶辊后进行，目的是为了使胶辊的表面光滑耐磨，但缺点是经过多次酸处理的胶辊表面易龟裂。

酸处理方法如下：将工业用纯硫酸倒在胶辊浸酸盘内，将胶辊放在浸酸盘的架上，使丁腈橡胶包覆层浸入酸液内0.5~1mm，时间约1.5min，至丁腈表面泛黄绿色时完成。取出后用清水冲洗。在实际操作中由于酸液连续使用而使浓度不断降低，所以洗酸时间需要逐步延长，以丁腈橡胶在酸液中的泛色程度为准。

表6-3-63　毛纺细纱锭子尺寸

单位：mm

| 型号 | D1301C | D1301D | D1302A | D1401 | D1407 | D1503 | D1504 | D2601 | B641 |
|---|---|---|---|---|---|---|---|---|---|
| 成套锭子总长$L_0$ | 442 | 432 | 393 | 496 | 610 | 602.5 | 525 | 850 | 478 |
| 筒管长度$H$ | 260 | 260 | 230 | 310 | 310 | 310 | 315 | 430 | 230 |
| 锭脚安装面至锭端$L$ | 310 | 310 | 261 | 354 | 468 | 414 | 363 | 660 | 345.5 |
| 筒管底部距龙筋面高度$L_1$ | 70 | 70 | 64 | 60 | 60 | 141.5 | 79 | 110 | 120 |
| 锭盘中心距龙筋面高度$L_2$ | 35 | 35 | 35 | 42 | 42 | 50 | 50 | 55 | 38 |
| 杆盘上部长度$l_1$ | 240 | 240 | 196 | 293 | 278 | | 286 | 393 | |
| 锭盘上锥直径$D_1$ | $\phi24$ | $\phi24$ | $\phi20$ | $\phi32$ | $\phi32$ | $\phi36$ | $\phi36$ | $\phi44.06$铝杆下端 | |
| 锭盘带轮直径$D_2$ | $\phi27$ | $\phi27$ | $\phi27$ | $\phi40$ | $\phi40$ | $\phi50$ | $\phi45$ | $\phi50$ | $\phi45$ |
| 锭脚安装直径$D_3$ | $\phi27$ | $\phi27$ | $\phi27$ | $\phi27$ | $\phi27$ | $\phi33$ | $\phi33$ | $\phi36$ | $\phi27$ |
| 锭带盘槽宽$B$ | 20 | 20 | 20 | 21 | 21 | 25 | 28 | 28 | 25 |
| 铝杆（锭帽）上锥度$T_1$ | 0.022 | 0.022 | 0.02174 | 0.025 | 0.025 | | 0.0275 | 0.02 | |
| 锭盘上锥度$T_2$ | 0.03 | 0.03 | 0.025 | 0.025 | 0.025 | | 0.0275 | 0.02 | |
| 锭杆、铝杆上端直径$d_1$ | $\phi11.93$ | $\phi17.93$ | $\phi15.765$ | $\phi25.125$ | $\phi25.05$ | $\phi19$（铜管外径） | $\phi28$ | $\phi37.2$ | $\phi12$（铜管外径） |
| 锭脚螺纹规格 | M2×1.5 | | M27×1.5 | M27×1.5 | M27×1.5 | M33×1.5 | M33×1.5 | M36×1.5 | M27×1.5 |
| 轴承型号规格 | DZ3 $\phi83\times\phi20$ | DZ3 $8.8\times20$ | DZ3 $\phi8.8\times8.8\times20$ | DZ4 $\phi10\times\phi22$ | DZ4 $\phi10\times\phi22$ | DZ5 $\phi12\times\phi26\times13$ | DZ5 $\phi12\times\phi26\times13$ | DZ5 $\phi14\times\phi30\times14$ | |
| 轴承中心至锭尖长度 | 135 | 135 | 135 | 150 | 150 | 170 | 170 | 210 | |
| 升降全程 | 230 | 230 | 205 | 280 | 280 | 285 | 280 | 380 | 205 |
| 始纺高度（距龙筋面） | 85 | 85 | 76 | 75 | 75 | 155.5 | 96.5 | 135 | 133 |
| 锭子工作速度（r/min） | 10000 | 13000 | 13000 | 8000 | 8000 | 3000 | 5000 | 5000 | 4000 |
| 空锭振程值 | <0.08 | <0.08 | <0.10 | <0.08 | <0.08 | <0.10 | <0.10 | <0.10 | >0.10 |
| 筒管型号 | D1301-FT₁ | D1301-FT₁ | D1302-FT₁ | TD444-FT₁、D1407-FT₁ | D1407-FT₁ | D1503-FT₁ | TD542-辅₁ | D2601-FT₁ | B641-FT-4 |
| 配主机型号 | B582、B583A、B601 | B583、B583(yc) | B581、BC584 | B591、B592 | BC586 | B643 | BC582、BC588 | B593、BC585 | B641 |
| 特　点 | 锭杆外装铝杆，顶部有支持器，有落纱留头装置，推式刹锭装置、膝推式刹锭装置 | 锭杆外装铝杆，顶部有支持器，有落纱留头装置，膝推式刹锭装置、推式刹锭装置锭子集体润滑 | 锭杆有奎木管，有锭盘装锭帽，膝推式刹锭装置 | 锭杆上端装锭帽，有膝推式刹锭装置 | 锭杆外装铝杆，上端装指形假捻器，脚踏式刹锭装置 | 锭杆外装铝杆，上端装指形假捻成的锭盘，手板式刹锭装置 | 锭杆上端装有锭帽，锭杆上端装有锭帽，手推式刹锭装置 | 锭杆外装铝杆，上端有青铜管制成的锭座，脚踏式，扳式刹锭装置 | 锭杆外有青铜管制成的锭座，手装刹锭装置 |

## （三）胶辊修磨交接条件（表6-3-64）

表6-3-64　胶辊修磨交接条件

| 检 查 项 目 | 标 准 | 检 查 方 法 |
|---|---|---|
| 胶辊偏心（mm） | 0.05 | 千分尺 |
| 胶辊外圆差异（mm） | 0.05 | 量具测量 |
| 同档胶辊直径差异（mm） | 0.05 | 量具测量 |
| 丁腈橡胶厚度（mm） | <4 | 量具测量 |
| 胶辊表面起槽不平整 | 不允许 | 目视、手感 |
| 有油污、有砂眼及气孔 | 不允许 | 目视、手感 |
| 胶辊芯子弯曲（mm） | 0.05 | 千分尺 |
| 胶辊倒角不符合规定 | 不允许 | 目视 |
| 胶辊壳芯磨灭间隙（mm） | 0.05 | 量具测量 |
| 运转中不灵活、跳动、摇摆 | 不允许 | 目视、耳听 |
| 漆头颜色不符合规定 | 不允许 | 与样品对比 |
| 胶辊表面不光洁、发毛 | 不允许 | 与样品对比 |

注　磨胶辊周期为2~2.5月，胶辊清洁周期为13~15天。

# 第九节　细纱机辅助设备

## 一、A891型套塑胶胶辊器

### （一）用途说明

本机用于套塑胶管于胶辊壳上。本机经另外配备冲头及冲模后也可以套B581型、BC582型、BC584等型纺机的胶辊。

### （二）主要规格（表6-3-65）

表6-3-65　A891型套塑胶胶辊器主要规格

| 项　目 | 参　数 | 项　目 | 参　数 |
|---|---|---|---|
| 齿条最大升降尺寸（mm） | 700 | 操作方式 | 手动 |
| 轴条与冲模底盘中心距（mm） | 65 | 外形尺寸（长×宽×高）（mm） | 225×370×870 |

### （三）随机供应主要件

压套塑胶管于胶辊壳的冲头、套圈、冲模及底盘等。

## 二、A802型磨胶辊机

参阅本篇第二章。

## 三、AU521型锭子清洗机

### （一）用途说明

本机供清洗细纱机高速滚柱轴承锭子及加油之用。

### （二）主要规格

（1）适用TD型阻尼式锭子。

（2）加油枪加油量每次最大为8mL，最小为2mL，可调节。

（3）外形尺寸。长1014mm，宽312mm，高1150mm。

（4）重量。约100kg。

### （三）随机供应主要件

0.4kW电动机1台。

AU521A型锭子清洗机能适用HM3～17，即B581型细纱机、B631型捻线机的锭子，D1301～230即B582型细纱机、B583型细纱机、B601型捻线机、FB722型捻线机的锭子等。

# 第四章 络筒

络筒工序的任务是将细纱机或捻线机纺成的管纱（线）用打结或捻接的方法将其逐一连接起来卷绕成规定的长度，同时通过清纱装置清除附着在纱线表面的杂质、粗节等纱疵；根据需要对纱线上蜡；使纱线在一定的张力下，卷绕成适合于下工序要求的、一定形状的筒子。

为了完成以上任务，对络筒工序有下列要求。

（1）络纱时应保持纱线的性能，尽量不减少纱线强力和弹性的损失。

（2）筒子的卷绕密度应适当，在满足下工序的要求下，筒子的容量应尽可能大，以提高下工序的效率。

（3）筒子成形要正确，便于下道工序退绕。

（4）络纱过程中应尽量避免纱线摩擦起毛，减少毛羽。

（5）最大限度清除对后工序和最终成品质量有影响的毛粒、粗节、细节、竹节、双纱、股线缺股，甚至色纤等各类有害纱疵。

（6）纱线接头，应做到小而坚牢，确保后工序中能顺利通过。空气捻接的捻接强力要保证下工序不因接头不良引起脱节、断头。

总的来说，现代络筒机生产的筒子纱质量要达到四个方面的要求：筒子卷绕密度均匀、无结头、纱疵少、毛羽少。

## 第一节 自动络筒机的主要技术特征

自动络筒机自1992年开始研制。近几年，我国从德国赐来福公司引进的Autoconer338型、日本村田公司的No.21C process coner和意大利萨维奥公司的ORION型自动络筒机都属第四代产品，代表国际先进水平。它们和第三代自动络筒机相比，在高速度、高质量、高劳动生产率、节能、节纱和智能化、一体化等方面都有了新的发展和提高。

### 一、自动络筒机的技术特征

国外三种自动络筒机的技术参数和特征汇总见表6-4-1。

**表6-4-1　国外三种自动络筒机的技术参数和特征**

| 型　　号 | | 村田 No.21C | 德国赐来福 338 型 | 萨维奥 ESPERO 型 |
|---|---|---|---|---|
| 适用原料 | | 棉、化纤、毛、混纺纱 | 棉、化纤、毛、混纺纱 | 棉、化纤、毛、混纺纱 |
| 络纱细度 | tex | 7 ~ 333 | 7 ~ 333 | 10 ~ 62.5 |
| | 公支 | 3 ~ 142 | 3 ~ 142 | 16 ~ 100 |

| 型 号 | 村田 No.21C | 德国赐来福 338 型 | 萨维奥 ESPERO 型 |
|---|---|---|---|
| 管纱尺寸（mm） | $\phi(32 \sim 72) \times L(180 \sim 350)$ | $\phi(32 \sim 52) \times L(180 \sim 360)$ | $\phi(32 \sim 72) \times L(180 \sim 350)$ |
| 管纱规格（mm） | $\phi 320$ | $\phi 320$ | $\phi 300$ |
| 锥度 | 0、3° 30″、4° 20″、5° 57″ | 0 ~ 5° 57″ | 0 ~ 5° 57″ |
| 卷绕动程（mm） | 108、152 | 105 ~ 152 | 105 ~ 152 |
| 卷绕速度（m/min） | 300 ~ 2000 | 300 ~ 2200 | 300 ~ 1500 |
| 电动机 | 直流变频 | 直流变频 | 直流变频 |
| 捻接方式 | 卡式捻接 | 空气捻接 | 空气捻接或机械捻接 |
| 电子清纱器 | uster quantion2 清纱器 | uster quantion 清纱器 | uster 清纱器 |

## （一）质量保证体系

络纱工序除了将管纱卷绕成有一定长度要求的筒纱外，另一个重要任务就是清除对后工序和最终成品质量有影响的各类有害纱疵，如大棉结、粗节、细节、竹节、双纱、股线缺股等以改善纱线外观质量。现代自动络筒机的质量保证体系主要有清纱、捻接、张力控制和减少毛羽增长等方面，现简述如下。

### 1. 清纱和捻接

电子清纱器基本上都采用乌斯特（Uster）和洛菲（Loepfe）生产的最新的清纱器，不仅清纱工艺性能好、功能强，而且可与机上计算机连接，使清纱器的处理系统融合在计算机内，做到电清工艺统一设置和控制，所以操作简单，故障率低，误切、漏切少。

新型清纱器如乌斯特"Uster Quantum"型及络菲"Yarn Master 800"型等还可检切异色纤维，但设置参数应恰当，否则检切率过高，会影响效率。

捻接技术都采用捻接器（空气、机械）取代打结器，为生产无结纱创造了条件。

意大利ORION型自动络筒机，在接头前，若电子清纱器检测从筒子上退绕下来的纱线有纱疵，则上捕纱器会继续引纱，直到剔除后再接头，而下捕纱器能通过传感器控制引纱长度，即上捕纱器引纱没有结束，下捕纱器在引纱达到要求长度时不会继续引纱而处于等待状态。同时，由于上下捕纱器、捻接器都由步进电动机单独传动，各自独立受控制；如果两个捕纱器中有一个没有捕捉到纱头，则继续找头，而另一个完成捕捉纱头后处于等待接头状态，而打结器等待至两个捕纱器都达正确位置后才开始启动打结。这样就减少了压缩空气的消耗及回丝，降低了噪声和机件磨损。

意大利萨维奥公司采用的另一种加捻方法——机械搓捻，是目前唯一可以保证集聚纱线及弹性包芯纱的捻接质量的捻接方式。因为机械搓捻器的工作原理是根据捻系数来控制退捻，纱线头拉伸再聚合加捻，是纱线的机械方式的再生。

德国赐来福公司338型自动络筒机的捻接器有标准型、热捻接器、喷湿捻接器以适合各类纱线的需要。

日本村田公司的捻接器为卡式空气捻接器和三段喷嘴捻接器，前者适用于除毛纱以外的各种纱线，后者适用于毛纱的捻接加工。

新一代自动络筒机在清纱和捻接技术方面，基本上与原型号相类似，改进不显著，由于高性能电子清纱器和捻接器相配套，也就能生产"无疵无结"纱，这对提高高速无梭织机效率和织物质量都具有现实的重要意义。

关于验结，德国338型自动络筒机、意大利ORION型自动络筒机一直采用空气捻接器后电子清纱器的配置，所以验结都在纱线通路中解决。而村田公司的自动络筒机长期采用先清纱后捻接的配置顺序，因此还需要一套机构来解决此问题。

### 2. 张力控制系统

络纱张力是络纱工序中的一个重要工艺参数。络纱张力的大小和均匀，不仅影响筒纱能否获得一定的卷绕密度和良好的成形，而且还将关系到能否有效清除纱线中的薄弱环节、提高纱线的条干均匀度，并直接影响下游工序的生产和织物质量。

（1）退绕张力的构成和变化。简单地说，退绕张力是由气圈张力和摩擦张力组成。气圈张力也就是纱线在高速退绕时作用于气圈纱段上的纱线重力、空气阻力、惯性力以及纱线两端张力等的合成；摩擦张力应称分离点张力，即纱线静态平衡力、纱线表面之间的黏附力、纱线从静态向动态过渡的惯性力及摩擦力组成。实践证明，上述诸力中，有的数值很小，可以不计，而摩擦纱段和纱层及纱管间摩擦所生产的摩擦力是退绕张力的主要因素。

纱线退绕过程中产生的退绕张力是变化的。

一是纱线从管纱上退绕一个层次（即细纱的卷绕层和包覆层）时，张力就波动一次。由于纱层上部退绕半径小，退绕角和纱管的摩擦包围角大，所以上端张力最大，下端张力最小。因此，当纱线自卷绕层顶端向底部退绕时，张力是渐减的。由于卷绕层圈数多，退绕时间长，波动影响的时间也长；相反，当纱线自包覆层的底部向顶端退绕时，则退绕张力是渐增的，并且波动时间也短。总之纱线每退绕一个层次，退绕张力就产生一次波动。

二是从大纱到小纱的波动。由于管纱退绕的层次逐渐下降，气圈高度、气圈节数、纱线对管纱表面和纱管的摩擦纱段都相应逐渐增加，摩擦包围角也相应加大，因此退绕张力明显变大。尤其当接近管底时（满纱1/3左右），由于纱线的管底结构不同，纱层倾斜角迅速减少，使摩擦纱段的包围角增加，退绕张力加剧增长，为满纱时的3倍左右。

其他如络纱速度与纱线特数等都与退绕张力成正比，但整个过程中不会引起张力过多的波动。

总之，在整个退绕过程中，管纱自满纱退绕到空管是引起退绕张力不匀的最主要因素。

（2）张力均匀控制装置。络纱张力是由退绕张力和附加张力组成。第三代自动络筒机（德国238型、意大利Espero型、村田No7-Ⅱ型）的络纱张力控制是随机的，即附加张力是事先设定的一个不变的张力补偿值，它不因纱线退绕张力的变化而变化，因此会造成卷绕不匀和在下游工序退绕时纱线张力的波动。

新型自动络筒机则采取了新的张力控制措施，即附加张力是变化的，它随退绕张力变化而反向变化，加以调节、补偿，使络纱张力保持恒定。这一系统由气圈破裂器、张力器、张力传感器及自控元件组成。

德国Autoconer338型的自动纱线控制装置（Autotense）及意大利ORION型都采用闭环控

制系统。纱线张力控制系统示意图如图6-4-1所示。张力传感器安装在卷绕络纱的清纱器上端槽筒附近，瞬时检测纱线退绕过程中动态张力的变化值并及时通过电子计算机进行相应调节。当纱线张力变化时，传感器中的弹性元件发生变位，改变输出的电流或电压数据。此信号传输到单锭计算机中，经计算机处理后，将需要调整的信号再传输给张力器，张力器中的电磁加压则根据输入数据大小使压力增减，用以调节补偿，使络纱张力趋向恒定。

日本村田No.21C型的张力程控管理系统，则采用开环控制系统。它的检测点在络纱下边管纱位置，由跟踪式气圈控制器（Bol-Con）监测管纱的残纱量，通过计算机，对应管纱残纱位置，控制栅栏式张力器的加压张力，使络纱张力波动保持在最小范围内。采用张力程控管理系统后，纱线张力变化如图6-4-2所示。图6-4-2中（1）为旧型（固定式）气圈破裂器的张力变化曲线；（2）为村田No.21C型使用跟踪式气圈控制器的张力变化曲线；（3）为村田No.21C型使用张力管理系统即跟踪式气圈控制器和栅栏式张力器后的实际运行纱线络纱张力；（4）为村田No.21C型使用张力管理系统中栅栏式张力器的附加张力曲线变化。

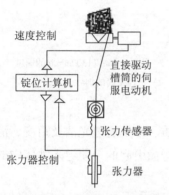

图6-4-1　纱线张力控制系统示意图

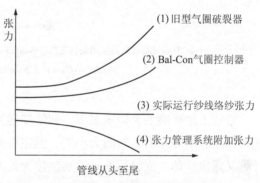

图6-4-2　管纱纱线张力变化

村田张力管理系统中加压张力的设定，只需输入纱线品种、细度和生产速度，计算机就会算出合适的设定张力。

这两种方式，从理论上说，闭环控制系统有滞后性，但从实际情况而言，对恒定络纱张力的作用没有很大的差异。在检测方法上，欧洲是采用直接测量的方法，而日本则用间接测量方法，即用数学模式根据残纱位置测算张力变化而调节加压——附加张力。两者都能达到络纱张力比较稳定的效果。

通过上述张力均匀控制装置后，在保证筒纱质量的情况下，一般都能适当提高络纱速度10%左右，并对单纱强力和单强不匀$CV$值都有改善。

**3. 毛羽减增装置**

络纱工序是纱线毛羽增加最多的工序。由于无梭织机梭口小、速度高，纱线间摩擦、碰撞机会多，其作用强度也高，所以纱线毛羽对无梭织机的织造影响较大，比有梭织机更为突出，因此，在无梭织机日益发展的今天，控制纱线毛羽的增加，是高速织造的关键。

管纱经络纱后，纱线毛羽呈显著增加，如图6-4-3所示。

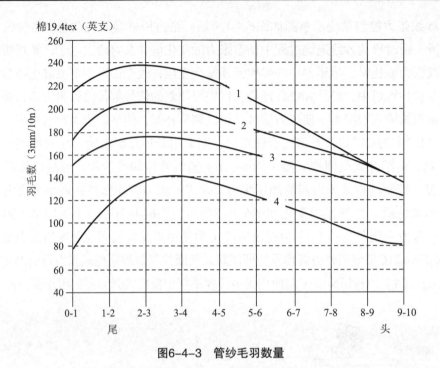

棉19.4tex（英支）

**图6-4-3　管纱毛羽数量**

1—在旧型气圈破裂器使用条件下以1000m/min的速度卷绕时　2—用Bal-Con以1300m/min的速度卷绕时

3—用Bal-Con以1500m/min的速度卷绕时　4—未经络筒的细纱

络纱工序影响毛羽因素很多，如络纱速度、槽筒材质、纱线通道光洁及角度、清纱板形式及隔距、络纱张力、气圈大小等，但主要是由摩擦和碰撞引起的，使卷入纱体中的一部分纤维又露出纱体，或将原有短毛羽刮擦为长毛羽。

近几年来各机械制造厂，对降低毛羽增长，围绕减少纱线摩擦，采取了不少措施：诸如采用钢质、有肩槽筒，断头抬起刹车装置，无接触式电子清纱器，尽量采取直线型纱线通路，减少折弯角度，改善纱线通道光洁度，采用耐磨的陶瓷部件，降低络纱张力等，都取得一定成效。

日本村田No.21C型最早推出跟踪式气圈控制器（Bal-Con），它改变传统的固定式气圈破裂器为随着纱的退绕而自动地逐渐下降的升降式气圈控制器，使管纱在退绕中始终保持单气圈的张力稳定的气圈控制装置，使刚退绕出来的纱线和管纱锥形纱层及纱管间的摩擦降到最低，从而使退绕过程中毛羽的产生可以显著地减少，如使用新型跟踪式气圈控制器后，即使络纱速度在1300m/min和1500m/min高速条件下，毛羽量都较旧型气圈破裂器在1000m/min时为低。

日本村田No.21C型增装了毛羽减少装置（Perla-A/D），该装置位于栅栏式张力器下方，Perla-A形状如 图6-4-4所示。其机理是在圆形内腔有一压缩空气嘴，喷出气流使运行中的纱线在圆形腔内旋转并贴附在腔壁上，将蓬松的毛羽黏附在纱体上，结果使毛羽减少，外观改善，如图6-4-5、图6-4-6所示。并且筒子在高速退绕时，张力低而较稳定。因而可以减少弱环纱和脱圈造成的断头。

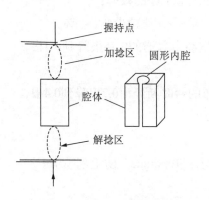

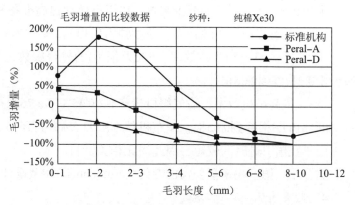

图6-4-4　毛羽减少装置示意图　　　　　图6-4-5　Perla-A/D系统的毛羽减少效果

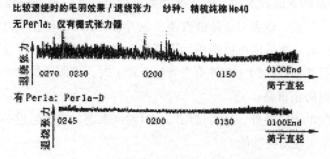

图6-4-6　Perla-D系统的毛羽外观改善情况

Perla-A型毛羽减少装置，实质是一种假捻器，在示意图6-4-4中可知上端为加捻区，下端为解捻区，它和细纱机的卡摩纺（com 4）把毛羽在纺纱过程中吹捻到纱体中完全不同，虽是假捻，但对改善外观仍有一定作用。

Peral-D型是机械式毛羽减少系统，毛羽外观改善具有比Peral-A型更显著的效果，如图6-4-6所示。Peral-D也是一种假捻装置，它有两组位置交叉的摩擦盘，做反向高速旋转，把毛羽捻压于纱体表层。其原理与加工长丝的摩擦盘式假捻机相似。

Perla-A与Perla-D的特性和规格见表6-4-2。

表6-4-2　Perla-A与Perla-D的特性和规格

| 型式 | Perla-A | Perla-D |
| --- | --- | --- |
| 方法 | 气流喷嘴 | 摩擦盘 |
| 控制 | 调节压缩空气 | 依靠伺服电动机控制转速 |
| 能耗 | 每锭每分15~20L | 每锭40W |
| 最适宜速度 | 纱速1800m/min | 纱速1200m/min |
| 纱线细度[tex（英支）] | 5.83~58.3（10~100）（其他支数需测试） | 5.83~58.3（10~100）（其他支数需测试） |
| 纤维种类 | 短纤维，如纯棉、涤/棉、涤/黏 | 短纤维，如纯棉、涤/棉、涤/黏 |

采用Perl-A／D型毛羽减少装置，可以有效地提高准备和织造工序的效率：

（1）改善提高了单纱强力。单纱强力值提高3%～17%，单强*CV*值减少4%～6%。

（2）提高整经和浆纱效率。500万根/码的停台次数，整经由普通的0.75根降到0.4根，浆纱由0.2根降到0.08根。

（3）提高织机效率，喷气织机生产T／C45 110×76细布的台时断经由0.7根降到0.4根，台时断纬由1.3根降到0.65根，织布机效率由92.5%提高到96.5%。

由于我国引进时间较短，因此尚无相关资料。

据介绍，德国赐来福公司已专门为Autoconer 338型设计了"Topgrade"防毛羽喷嘴。

#### 4. 防叠系统

德国赐来福338型及意大利萨维奥M/L型自动络筒机在槽筒直接驱动的基础上均采用电子防叠的功能。根据设备运转及设定的防叠参数进行电子式"启动—停止"的自我调控方式，实现瞬时加速及减速，改善电子防叠性能，改善卷装成形，防止紊乱纱层的产生。

意大利M/L型自动络筒机也可以选用计算智能卷绕（c·A·P）防叠系统，主要当筒纱卷绕直径与槽筒直径成倍数比例（临界重叠卷绕直径）时，伺服系统发出指令修正筒纱与槽筒之间的传动比，以防止重叠。

日本村田公司除电子防叠外，还可选用Pac-21卷绕系统，它是通过一种新型的槽筒（过去称Super Drum）来实现防叠功能。

普通槽筒一般为2槽或2.5槽，是左右相同的一种沟槽。而Super Drum则同时具备2槽及3槽两种沟槽，向右方向为2槽，向左方向为3槽及2槽的2个沟槽。

在正常情况下，向右2槽、向左3槽（平均2.5槽）卷绕，当筒纱直径达到临界重叠卷绕直径，易发生重叠时，Pac-21卷绕系统使向左卷绕时由3槽改为2槽交替卷绕（平均2.5槽），这样就破坏了重叠交叉点，使卷绕更平整。

Pac-21除槽筒沟纹采用2槽及3槽加2槽外，另有一个机械跳线结构（Yarn Path Switching Device），在易发生重叠时，自动伸出、缩进改变纱线沿2槽及3槽进行交替卷绕。在完成防叠任务后，系统恢复原来的卷绕顺序。

Pac-21排除卷绕重叠后，还可以提高后工序的退绕速度，一般可提高30%；采用毛羽减增装置Perla-A／D可以进一步提高退绕速度；降低退绕中由于脱卷造成的断头明显下降，Pac-21基本为零；不需要因为改变纱种或纱线细度、改变筒子形状而更换槽筒。

### （二）高速卷绕系统

新一代的自动络筒机络纱速度有较大提高，新旧型络筒机络纱速度的对比见表6-4-3。

表6-4-3　新旧型络筒机络纱速度的对比　　　　　　　　　　　单位：m/min

| 型　号 | 1332型普通络筒机 | 旧型自动络筒机 | | | 新型自动络筒机 | | |
|---|---|---|---|---|---|---|---|
| | | Espero型 | 238型 | No.7-Ⅱ型 | M/L型 | 338型 | No.21C型 |
| 理论速度 | 510~800 | 400~1500 | 500~1500 | 1100 | 最高2200 | 最高2000 | 最高2000 |
| 实际速度 | 500~700 | 800~1200 | | 800~1000 | 1300~1500 | | |

络纱速度与管纱退绕张力有密切关系。在整个退绕过程中，大、中纱相对张力小，脱圈少，络纱速度可稍高，但当退绕到小纱部位时，退绕张力倍增，并产生脱圈，制约着络纱速度的提高，这是影响络纱速度提高的关键所在。因此，各机械厂商为挖掘络纱速度，提高产量的潜在能力，采取了不少有效措施。

德国赐来福公司在Autoconer 238型自动络筒机上采取了单锭电动机直接驱动、变频调速的措施，即在大、中纱时提高速度，小纱时适当降速，使络纱速度由平均1000m/min（138型）提高到平均1100m/min左右（设定1200m/min），使实际络纱速度提高了10%左右。

日本村田公司在No.21C型自动络筒机上采用升降型气圈控制器，它使管纱在退绕过程中，从大纱到小纱始终保持单气圈稳定的退绕张力，防止和降低了脱圈的产生。

村田No.21C型普通固定式气圈破裂器可自我调整，保持与纱管小头间距恒定，与方形的气圈控制器共同作用，可以改善气圈的形状，大大减少退绕张力。而村田则用积极的方法从源头上降低张力，减少脱圈，使大、中、小纱的络纱速度保持恒定。因此，目前村田No.21C型的络纱设定速度与实际速度基本上是一致的。No.21C型几种张力情况对比如图6-4-7所示。

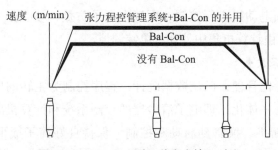

**图6-4-7　No.21C型几种张力情况对比**

现在由于自动络筒机都采用了张力控制系统，使络纱张力更为恒定，既提高了质量又提高了效率。在同样速度下，比旧型自动络筒机的效率提高8%～10%。AC238型和AC338型自动络筒机效率比较情况见表6-4-4。

**表6-4-4　AC238型和AC338型自动络筒机效率比较**

| 机型 | AC238（旧） | AC338（新） | 比较 |
| --- | --- | --- | --- |
| 运行时间（min） | 450 | 450 | |
| 速度（m/min） | 1400 | 1400 | |
| 效率（%） | 78.2 | 86.7 | 高8.5 |
| 产量（kg） | 383 | 438 | 增加45（14.36%） |
| 残留管纱（%） | >20% | <5% | |
| 回丝量（%） | >6.5 | <4.5 | |

**注**　络纱品种是JC14.6tex。

这里需要说明的是，由于有的工厂所用的细纱管没有根据纱线粗细采用不同深浅的沟槽，因此在高速加工较细的纱线时，因纱管沟槽较深产生脱圈及小纱把较多，影响设备效率和速度的提高。

### （三）智能化及电控监测系统

新一代自动络筒机改进提高最显著的为智能化电控监测系统，主要有以下特点。

#### 1. 机电一体化的新突破

意大利ORION型络筒机的机电一体化较有代表性，它在每只单锭上配有6只电动机，代替以往机械传动中必需的机械零部件，如防叠装置由机械式改为电子式，张力加压由气动式改为电磁式，打结循环系统由机械传动改为电动机驱动、变频直流电动机直接驱动槽筒等。这几方面的机械零部件多，结构复杂，制造水平和加工精度要求高，易损件多，调节点多，维修量大，实现电气化后，电气类零部件增多，而机械类零部件大幅度减少，如AC338型比AC238型就减少了30%左右，因而加工制造，维修保养简化，调整方便容易，润滑工作量也大幅减少。

#### 2. 监控内容不断扩大

过去自动络筒机的监控主要集中在整机运行上，如清洁装置、自动落纱、自动喂管等；在锭节上只对槽筒变频电动机进行控制。而现在电子防叠、纱线张力、打结循环、电子清纱、接头回丝控制等都由计算机集中处理，单锭调控。

#### 3. 监测质量向纵深发展

自动络筒机的智能化管理，已从数据统计、程序控制为主转向以质量控制为主，如电子清纱已从分体式改为一体化，即电子清纱器的控制系统和计算机融为一体；由正常卷绕控制到全程控制，从断头、换管到启动和控制，保持良好筒子成形；纱线附加张力根据退绕张力的变化而由计算机进行自动调节，保持均匀的纱线张力等，使筒纱质量进一步提高。

### （四）细纱、络纱联结系统（Link Coner）

细络联在西方一些国家发展很快，它在细纱机和络筒机之间增加一个联结系统，其主要功能是把经细纱自动络纱机（Auto Doffer）落下的管纱自动运输到自动络筒机络纱，并将空管运回。

#### 1. 使用细络联后的优点

（1）由于细纱落下的管纱自动运输到络筒机进行络纱，一是省略了管纱运输工作，节省了人力和加工成本；二是保证了纱线质量并降低了油脏污等纱疵。

（2）能满足多品种、小批量要求，缩短生产周期，如村田一台设备可生产3个品种。

（3）生产效率比原来自动络筒机有提高。

（4）整体设计（多机台联结）能节约30%左右的占地面积。

（5）减少了半成品储存，加快了周转，减少了备用纱管，降低了成本。

2. **联结方法和形式**（图6-4-8）

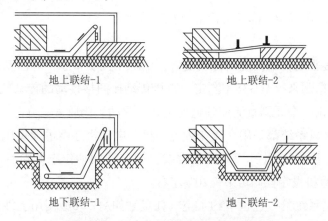

地上联结-1　　　　　　　　　地上联结-2

地下联结-1　　　　　　　　　地下联结-2

**图6-4-8　细纱、络纱联结方法和形式**

联结方法有地上联结和地下联结；联结形式有单机台联结和多机台联结；管纱运输有皮带运输，如萨维奥和赐来福；管座运输如村田。

3. **联结装置的组成**

主要有以下三部分。

（1）联结部分。是将细纱机落下来的管纱送到管纱生头装置，将络筒机排出的空管送回细纱机。

（2）管纱喂入部分。皮带运输方式由纱库、生头装置（找头、生头）、排管等机构组成。纱库管纱来自细纱机，管纱经找头、生头、排管机构后送到管纱运输带上。

管座运输方式的管纱喂入装置也包括纱库、生头装置及排管装置三部分。日本村田的管纱喂入装置（Cop-Robo）有两种联结形式，一是全自动的生头装置（CBF），用于细络联。细纱机落下的管纱都插在管座上，以托盘方式直接自动运往络筒机，经生头装置找头、生头后就沿络筒机长度方向循环不断地运送到络筒机各个单键；另一种FF型托盘式络筒机的半自动生头装置，是在机台尾端装有一个FF大纱库进行人工喂纱，并由托盘系统将细纱管输送到生头装置，进行找头、生头后自动喂入各个单键。

这种FF型托盘式络筒机和全自动的CBF型相比，投资成本更加经济，和纱库式相比，操作简单、劳动强度低，一般只需一人（根据品种、速度而异）在机台尾端喂纱，不需巡回走动。由于去除了每锭上的纱库，单锭的机械结构简单，容易维修保养，将来可以组合升级改造为全自动的细络联型。

村田No.21C型生头装置的生头能力为50支／min，并附有空管自动回收的排管装置。

（3）管纱输送部分。由输送带和管纱漏斗或托座组成。输送带沿络筒和长度方向运动，当络筒机单锭执行换管循环时，皮带运输通过漏斗及时向单锭补给管纱；管座式，每个卷绕单锭的供应纱座上随时都备有两支待用的管纱，当有一支管纱用完后，输送带自动补给一个满管纱，并且空管仍由原托盘经输送带运回，经排管装置进行回收。

**（五）节能、节纱系统**

新型自动络筒机在节能、降耗方面都有很大改进。

**1. 节约能耗**

（1）槽筒直接驱动，不再使用传动皮带，消除了因皮带摩擦和滑动造成的功率损失，因而能降低能耗。据赐来福AC338型测定，直接传动比间接传动的传动效率可提高20%。尤其意大利ORION型由一个无刷直流变频电动机直接驱动，比通常交流电动机节电30%左右。

（2）三家的吸风系统都采用交流变频电动机，电动机速度可随负压大小而改变，在保证吸风压力的情况下减少能耗。338型根据找头感应器的动作来调整空压机速度，可节能30%；村田则由计算机设定控制可节能20%左右。

（3）循环打结系统的改进也节约了空气耗量。如AC338型使用上纱头传感器，减少了搜寻找纱头时间，因而吸风系统电动机能尽早地减速而节能；再如ORION打结循环的三个动作由三个电动机单独传动，如果两个吸嘴中有一个没有捕捉到纱线，只需把没有捕捉到的重复一次，而不像原来那样两个吸嘴都要重复一次，而另一个吸嘴则等它完成后再动作。因此可减少接头时间，节约能耗、降低噪声。

**2. 节约回丝**

各厂都有不同做法，但都起到了节纱的作用。

（1）赐来福AC338型在上、下吸臂中都有传感器，当纱头被吸到传感器位置，就停止搜寻纱头，锭位立即进行一个动作。通过传感器的检测和控制，使上、下纱头的回丝保持在0.3m和0.6~0.7m。

（2）村田No.21C型的回丝减少装置则用机械式，上回丝长度用控制槽筒倒转圈数来控制，下回丝由电磁式回丝减少装置控制，即在捻接时，钢丝针压住细纱管上端的表面，同时塞住捕纱器的吸气口，既防止纱线扭结，又防止吸嘴被吸入过多的纱线，因此起到尽量减少回丝的作用，通过上、下两个节纱装置，使每次接头回丝比原来节约6.2m，见表6-4-5。

表6-4-5 节约回丝情况 单位：m

| 部位 | 无回丝减少装置 | 有回丝减少装置 | 节约 |
|---|---|---|---|
| 下纱头 | 6 | 0.3 | 5.7 |
| 上纱头 | 2 | 1.5 | 0.5 |
| 共计 | 8 | 1.8 | 6.2 |

## 二、自动络筒机的发展

自动络筒机围绕高速、高质、智能化等有了较大发展。四种自动络筒机基本上都具有上述功能，达到了世界先进水平，但各有其特点。

（1）ORION型自动型络筒机。ORION型在智能化、机电一体化方面有较突出的发展，大量采用电动机单独传动，每单元有六个电动机（常规型），电器零件增加，机械零件减少。如智能化循环打结系统就有三个电动机分别控制上吸嘴、下吸嘴和捻接器；筒子防叠由计算机控制，当筒纱直径与槽筒直径成一定比例时，电子防叠起作用，效果好并减少毛羽等。

（2）村田No.21C型的单锭结构虽与No.7-7型近似，但它在提高质量方面有较突出的发展，如张力管理系统采用跟踪式气圈控制器和栅栏式张力器相结合的开环式张力控制系统，使卷绕从开始到结束，始终保持合适的恒定的张力值，并使卷绕速度在小纱时仍可保持高速卷绕。村田No.21C型在不同张力情况的退绕张力曲线如图6-4-9所示。又如毛羽减增装置，以假捻方式使毛羽捻附在纱线上，改善外观，有利后道工序，村田No.21C型络筒机在保证质量上措施较全，但其机构较复杂。

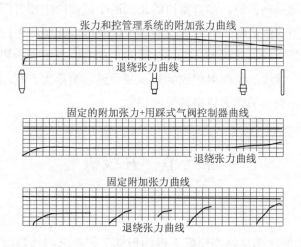

**图6-4-9　村田No.21C型不同张力情况的退绕张力曲线**

（3）赐来福AC338型较AC238型在智能化、机电一体化程度上都有较大提高，如打结循环系统将打结和换管的传动分开，以减少二者由于故障而相互影响；广泛应用传感器，除上、下吸嘴传感器外，还有张力传感器、缠绕传感器等；还有断电保护装置，当意外断电时，马上剪断纱线，筒子抬起并刹车，可以防止断电时因防叠和清纱不能正常工作而造成重叠纱和纱疵进入筒子等。

（4）国产Espero型自动络筒机（青岛），虽然在智能化、机电一体化等方面不如新一代自动络筒机，但其主要工艺性能如捻接质量、纱疵去除率、毛羽增加率、机械效率、用电消耗和回丝等都和新一代自动络筒机相当，都能满足后工序三高（高速整经、高速无梭织机、高速圆纬机）的要求。

# 第五章　捻线

在纺织工程领域，纺纱与织布是两个完全不同的工艺过程。纺纱是织布的前期工艺。加捻属于纺纱的后期工艺。对于短纤纱，加捻使纤维之间抱合得更加紧密，使纱线具有一定的力学性质；对于长丝，加捻工艺的目的是改善织布工艺的加工性，提高纺织品抗起毛起球、抗勾丝性，强捻使织物风格独特。加捻是使纱条的两个截面产生相对回转，这时纱条中原来平行于纱轴的纤维倾斜成螺旋线。纱线加捻的多少以及纱线在织物中的捻向与捻度的配合，对产品的外观和性能都有较大的影响。加捻性质的指标有：表示加捻程度的捻度、捻系数及表示加捻方向的捻向。纱线的捻向对织物的外观和手感影响很大，利用经纬纱的捻向与织物组织相配合，可织出外观、手感等风格各异的织物。

## 第一节　并线机

### 一、并线机的作用

DP1 - D型并线机的功能是将络筒机下机纱根据工艺要求将纱进行并合，使并合的纱线成形张力均匀一致地卷绕成平行筒子，供捻线机使用。

### 二、并线机主要部件的作用、质量要求及对产品质量的影响（表6 - 5 - 18）

表6-5-18　并线机主要部件的作用、质量要求及对产品质量的影响

| 主要部件 | 主要部件的作用 | 对质量的影响 |
|---|---|---|
| 喂入及导纱装置 | 使纱线均匀喂入到纱线张力控制区，通过纱线隔距张力片、断头自停、导纱装置输送到卷绕装置 | 喂入张力的松紧不一致易造成弓纱、小辫纱，自停失灵造成单纱 |
| 卷绕成形装置 | 把纱线按一定的定长，均匀地卷绕在纱管上以备下道工序使用 | 卷绕装置的调节不当易造成纱线成形一边松一边紧，纱线卷绕不匀时下道工序退绕困难 |
| 电气及自动控制装置 | 保证机器的正常运行，对纱线的长度控制、断头自停控制、锭子卷绕速度控制线路自动保护 | 如控制失灵（即断头锭子刹车不灵），会造成纱线浪费及单纱的产生；车速失控会造成纱线断头增加，设备错误，或成形不良，无法正常并纱 |
| 清洁装置 | 通过吹吸风装置清理纱线、机台、纱架上的飞尘，保证机台的清洁 | 如飞尘清理不干净带入纱线会造成异色毛或纱疵 |

### 三、并线机主要疵点的产生原因及预防方法（表6-5-19）

表6-5-19　并线机主要疵点的产生原因及预防方法

| 外观疵点 | 形成原因 | 预防方法 |
|---|---|---|
| 毛粒 | 1.细纱毛粒多 | 1.提高细纱质量，加强操作巡回，防疵、捉疵 |
| | 2.并线清洁不当，清洁不及时，工具使用不当，清洁方法不对造成清洁毛积聚，形成毛粒 | 2.加强巡回捉疵把关，严格使用清洁工具，提高清洁质量 |
| | 3.纱线通道工艺件毛刺 | 3.检查、维护、使用好工艺件 |
| 单纱 | 并线喂入机构断头、光电探测器失灵，造成意外喂入 | 加强巡回，加强机械维修，及时清洁探测器的挂毛 |
| 多股纱 | 1.出现单纱后挡车工倒单纱，其纱线随入造成三股或多股纱 | 1.不允许倒单纱（如出现单纱、多股纱由质检员倒出） |
| | 2.正常并线时，带入其他纱线 | 2.加强巡回检查 |
| | 3.风机行走时将纱线吹到相邻纱上 | 3.定时开关风机 |
| 弓纱小辫纱 | 1.喂入张力松紧不一致 | 及时调整张力压力，正确掌握操作法，使纱线张力均匀 |
| | 2.接头时纱线停放不好 | |
| | 3.纱线未正常通过工艺通道 | |
| 乱头纱 | 1.挡车工接头时手上回丝带入 | 加强责任心，严把质量关，严禁回丝，筒子乱头代入 |
| | 2.络筒乱头纱 | |

## 第二节　捻线机和绒线合股机的主要技术特征

### 一、B601型、B601A型、B631型捻线机和B641型、B643型绒线合股机（表6-5-1）

表6-5-1　B601型、B601A型、B631型捻线机和B641型、B643型绒线合股机的主要技术特征

| 项目 | | B601型、B601A型 | B631型 | B641型 | B643型 |
|---|---|---|---|---|---|
| 锭距(mm) | | 75 | 75 | 128 | 150 |
| 锭数 | | 384 | 408 | 140 | 120 |
| 钢领直径(mm) | | 51 | 45, 48, 51 | 98 | 112 |
| 升降全程(mm) | | 230 | 200 | 200 | 280 |
| 适纺细度 | tex | $(50 \times 2) \sim (10 \times 2)$ | $(33.3 \times 2) \sim (16.7 \times 2)$ | | $(50 \times 4) \sim (166.7 \times 4)$ |
| | 公支 | $(20/2) \sim (100/2)$ | $(30/2) \sim (60/2)$ | | $(6 \times 4) \sim (20 \times 4)$ |
| 捻度范围(捻/m) | | $200 \sim 1200$ | $246 \sim 1062$ | $70 \sim 200$ | $80 \sim 200$ |
| 锭速(r/min) | | $4100 \sim 10000$ | $(848 \sim 9339) \sim (10274 \sim 11210)$ | $1800 \sim 3000$ | $2000 \sim 3000$ |
| 锭子形式 | | D1301-230(B601) D1301C 230 (B601A) | HM3-17 | B641 | D2601 |
| 卷绕纱管尺寸(mm) | | $260 \times \phi 21/\phi 28.5$ | $230 \times \phi 19/\phi 24$ | $230 \times \phi 30/\phi 70$, $230 \times \phi 35/\phi 90$ | $430 \times \phi 44 \times \phi 52.5$ |
| 上罗拉直径(mm) | | $\phi 60$ | $\phi 60$ | 上$\phi 60$，中$\phi 50$ | 上$\phi 60$，加压$\phi 50$ |
| 下罗拉直径(mm) | | $\phi 45$ | $\phi 45$ | $\phi 75$ | $\phi 75$ |
| 断头自停装置 | | 塞片式 | 上罗拉后退 | | |

| 项 目 | | B601型、B601A型 | B631型 | B641型 | B643型 |
|---|---|---|---|---|---|
| 并线筒子规格 | | $\phi 160 \sim 180$（B601型）$\phi 200$（B601A型） | $\phi 140 \times 150$ | B582型细纱管48×230 B591型细纱管70×280 | |
| 纱架形式 | | 三层交叉立式（B601型），三层交叉卧式（B601A型） | 双排立式 | 卧式径向 | 轴向退绕式 |
| 气圈环构造 | | 前开口式 | 无 | 无 | 无 |
| 气圈环内径(mm) | | $\phi 50$ | 无 | 无 | 无 |
| 自动机构 | | 满管自动下降钢领板，电动机自停 | 集中加油，满纱信号，长度记录 | 无 | 无 |
| 锭带尺寸(mm) | | 阔16，厚1，长2770 | 阔16 | 阔22 | 阔22 |
| 外形尺寸(mm) | | $16165 \times 930 \times 1970$ | $16375 \times 960 \times 1700$ | $10375 \times 1570 \times 2040$ | $11025 \times 2080 \times 1932$ |
| 电动机 | 型号 | JFO262-6 | JFO62-4 | JFO252B-6 | $JO_3$-1605-6 |
| | 功率(kW) | 10 | 7 | 6.5 | 11 |
| | 转速(r/min) | 960 | 1460 | 970 | 970 |

## 二、FB721型、FB722型、FB725型捻线机（表6-5-2）

表6-5-2 FB721型、FB722型、FB725型捻线机的主要技术特征

| 机型 | | FB721型 | FB722型 | FB725型 |
|---|---|---|---|---|
| 锭距(mm) | | 82.5 | 75 | 75 |
| 锭数 | | 416，384，352，96 | 396 | 416，384，352，320，288，96 |
| 钢领直径(mm) | | $\phi 55$，$\phi 60$ | $\phi 51$ | $\phi 51$，$\phi 55$ |
| 升降全程(mm) | | 255 | 230 | 230 |
| 纺纱细度 | tex | $(55.6 \times 2) \sim (10 \times 2)$ | $(50 \times 2) \sim (10 \times 2)$ | $(50 \times 2) \sim (10 \times 2)$ |
| | 公支 | $(18/2) \sim (100/2)$ | $(20/2) \sim (100/2)$ | $(20/2) \sim (100/2)$ |
| 捻度范围(捻/m) | | $170 \sim 1200$ | $200 \sim 1000$ | $180 \sim 1200$ |
| 锭速(r/min) | | $4000 \sim 10000$ | $4000 \sim 10000$ | $5500 \sim 12000$ |
| 锭子形式 | | TG374 | D1203C-230 | D3313或D1301C |
| 并线筒子规格(mm) | | $\phi 160 \times 150$ | $\phi 140 \times 150$ | $\phi 180 \times 180$ |
| 上罗拉直径(mm) | | $\phi 45$ | $\phi 68$ | $\phi 74$ |
| 下罗拉直径(mm) | | $\phi 60$ | $\phi 45$ | $\phi 45$ |
| 断头自停 | | 塞片式 | 插片式或框架杠杆式 | 单锭断头自停输线 |
| 纱架形式 | | 双排交叉卧式 | 三层交叉卧式 | 双面三排 |
| 自动机构 | | 满管自动下降钢领板，自动适位停车 | 满管自动下降钢领板，电动机自停 | 满管自停，钢领适位自停，冒纱自停，开启车头门自停等 |
| 外形尺寸（长×宽×高）(mm) | 416锭 | $19087 \times 1000 \times 1900$ | | 416锭 $16835 \times 800 \times 2000$ |
| | 384锭 | $17767 \times 1000 \times 1900$ | $16770 \times 1000 \times 2090$ | 384锭 $15635 \times 800 \times 2000$ |
| | | | | 352锭 $14435 \times 800 \times 2000$ |
| | 352锭 | $16447 \times 1000 \times 1900$ | | 320锭 $13235 \times 800 \times 2000$ |
| | | | | 280锭 $12035 \times 800 \times 2000$ |
| | 96锭 | $5887 \times 1000 \times 1900$ | | 96锭 $4835 \times 800 \times 2000$ |
| 电动机型号和功率 | | $JO_2$-62-6($D_1$)，13kW | 13 kW | $JFO_3$-52-6/4，5/10kW AO-7138$D_2$，0.18kW |

注 FB722型（原B602型），双面捻，有捻度换向机构，用于精梳毛纺；FB721型，双面捻，有捻度换向机构，用于绒线、针织绒。

## 第三节　捻线机的传动及工艺计算

### 一、B601型捻线机（图6-5-1）

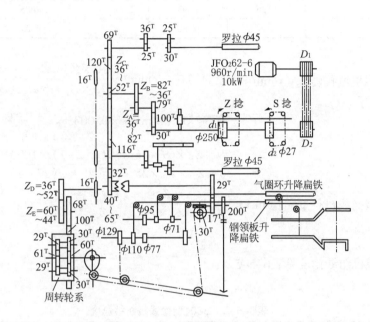

图6-5-1　B601型捻线机传动图

$$B601型捻线机滚筒转速（r/min）=960\times\frac{D_1}{D_2}$$

B601型捻线机滚筒转速见表6-5-3。

表6-5-3　B601型捻线机滚筒转速　　　　　　　单位:r/min

| $D_1$(mm) | 滚筒皮带盘节径 $D_2$(mm) | | | | | |
|---|---|---|---|---|---|---|
| | $\phi 325$ | $\phi 295$ | $\phi 270$ | $\phi 240$ | $\phi 210$ | $\phi 190$ |
| $\phi 160$ | 472 | 521 | 569 | | | |
| $\phi 190$ | | 618 | 676 | 760 | | |
| $\phi 210$ | | 685 | 747 | 840 | 960 | |
| $\phi 230$ | | | 818 | 920 | 1051 | 1162 |

$$B601型捻线机锭子转速（r/min）=960\times\frac{(250+1)\times D_1}{(27+1)\times D_2}=8605\times\frac{D_1}{D_2}$$

B601型捻线机锭子转速见表6-5-4。

表6-5-4 B601型捻线机锭子转速 单位：r/min

| $D_1$ (mm) | 滚筒皮带盘节径$D_2$ (mm) | | | | | |
|---|---|---|---|---|---|---|
| | $\phi$325 | $\phi$295 | $\phi$270 | $\phi$240 | $\phi$210 | $\phi$190 |
| $\phi$160 | 4236 | 4667 | 5100 | | | |
| $\phi$190 | | 5542 | 6056 | 6812 | | |
| $\phi$210 | | 6126 | 6693 | 7530 | 8605 | |
| $\phi$230 | | | 7330 | 8246 | 9425 | 10416 |

$$B601型捻线机罗拉转速（r/min）= 滚筒转速（r/min）\times \frac{30 \times Z_A \times Z_C \times 25 \times 25}{73 \times Z_B \times 69 \times 36 \times 30}$$

$$= 滚筒速度（r/min）\times 0.0033 \times \frac{Z_A \times Z_C}{Z_B}$$

$$= \frac{79 \times Z_B \times 69 \times 36 \times 30（250 + 1）\times 1000}{30 \times Z_A \times Z_C \times 25 \times 25 \times 45 \times \pi（27 + 1）}$$

$$B601型捻线机捻度（捻/m）= 19919 \times \frac{Z_B}{Z_A \times Z_C} = \frac{捻度常数}{Z_C}$$

B601型捻线机纺纱捻度见表6-5-5。

表6-5-5 B601型捻线机纺纱捻度 单位：捻/m

| 捻度常数 | 45371 | 33500 | 23607 | 16806 | 11843 | 8745 |
|---|---|---|---|---|---|---|
| $Z_C$ | $Z_B/Z_A$ | | | | | |
| | $82^T/36^T$ | $74^T/44^T$ | $64^T/54^T$ | $54^T/64^T$ | $44^T/74^T$ | $36^T/82^T$ |
| $36^T$ | 1260 | 930 | 655 | 466 | 328 | 242 |
| $37^T$ | 1226 | 905 | 638 | 454 | 320 | 236 |
| $38^T$ | 1193 | 881 | 621 | 442 | 311 | 230 |
| $39^T$ | 1163 | 858 | 605 | 439 | 303 | 224 |
| $40^T$ | 1134 | 837 | 590 | 420 | 296 | 218 |
| $41^T$ | 1106 | 817 | 575 | 409 | 288 | 213 |
| $42^T$ | 1080 | 797 | 562 | 400 | 281 | 208 |
| $43^T$ | 1055 | 779 | 549 | 390 | 275 | 203 |
| $44^T$ | 1031 | 761 | 536 | 381 | 269 | 198 |
| $45^T$ | 1008 | 744 | 524 | 373 | 263 | 194 |
| $46^T$ | 986 | 728 | 513 | 365 | 256 | 190 |
| $47^T$ | 965 | 712 | 502 | 357 | 251 | 186 |
| $48^T$ | 945 | 697 | 491 | 350 | 246 | 182 |
| $49^T$ | 925 | 683 | 481 | 342 | 241 | 178 |
| $50^T$ | 907 | 670 | 472 | 336 | 236 | 174 |
| $51^T$ | 889 | 656 | 462 | 329 | 232 | 171 |
| $52^T$ | 872 | 644 | 453 | 323 | 227 | 168 |

601型捻线机纺纱细度与卷绕变换齿轮的选择参见表6-5-6。

表6-5-6　　B601型捻线机纺纱细度与卷绕变换齿轮的选择

| 钢领直径(mm) | | $\phi 51$ | | | | | | | |
|---|---|---|---|---|---|---|---|---|---|
| 管纱直径(mm) | | $\phi 48$ | | | | | | | |
| 纸管直径(mm) | | $\phi 21/28.5$ | | | | | | | |
| 卷绕角(°) | | 25 | | | | | | | |
| 钢领板短动程(mm) | | 53 | | | | | | | |
| 纺纱细度 | tex | 50 | 31.3 | 27.8 | 23.8 | 21.8 | 20 | 16.7 | 14.3 | 12.5 |
| | 公支 | 20 | 32 | 36 | 42 | 46 | 50 | 60 | 70 | 80 |
| 卷绕螺距(mm) | | 2.41 | 1.91 | 1.80 | 1.66 | 1.59 | 1.52 | 1.39 | 1.29 | 1.20 |
| 传动比 | | 0.79 | 1.00 | 1.06 | 1.15 | 1.20 | 1.25 | 1.37 | 1.48 | 1.58 |
| $Z_E/Z_D$ | | $42^T/54^T$ | $48^T/48^T$ | $50^T/46^T$ | $51^T/45^T$ | $53^T/43^T$ | $54^T/42^T$ | $56^T/40^T$ | $58^T/38^T$ | $59^T/37^T$ |

B601型捻线机成形计算如下。

设掣子撑过棘轮$n$个齿时，钢领板的级升距为$h_1$，由图6-5-1可知：

$$h_1\,(\text{mm}) = \frac{1}{200} \times \frac{1}{30} \times \pi \times 120 \times \frac{110}{129} \times n = 0.0536n$$

按管纱卷绕密度Δ计算钢领板的级升距为$h_2$：

$$h_2\,(\text{mm}) = 0.0055\sqrt{\text{Tt}}/\Delta \times \sin\frac{\alpha}{2} = 0.0055\sqrt{\text{Tt}}/0.75 \times \sin\frac{25^{\circ}}{2} = 0.03\sqrt{\text{Tt}}\,(\text{或}1.08/\sqrt{N_m})$$

故

$$n = \frac{0.034\sqrt{\text{Tt}}}{0.0536} = 0.63\sqrt{\text{Tt}}\,(\text{或}\,n = 20.15/\sqrt{N_m})$$

B601型捻线机纺纱细度与棘轮及掣子每次撑过齿数$n$的选择见表6-5-7。

表6-5-7　　B601型捻线机纺纱细度与棘轮及掣子每次撑过齿数$n$的选择

| 纺纱细度 | tex | 50 | 31.2 | 27.8 | 23.8 | 21.8 | 20 | 16.7 | 14.3 | 12.5 |
|---|---|---|---|---|---|---|---|---|---|---|
| | 公支 | 20 | 32 | 36 | 42 | 46 | 50 | 60 | 70 | 80 |
| 级升距(mm) | | 0.34 | 0.27 | 0.25 | 0.24 | 0.23 | 0.22 | 0.20 | 0.18 | 0.17 |
| $n$ | | 6 | 5 | 5 | 4 | 4 | 4 | 4 | 3 | 3 |

各种型号捻线机的生产量[kg/(台·h)]

$$= \frac{\text{罗拉线速度(m/min)} \times 60 \times \text{股线线密度}}{1000 \times 1000} \times \text{锭子数} \times \text{效率}$$

或

$$= \frac{\text{罗拉线速度(m/min)} \times 60}{\text{股线公制支数} \times 1000} \times \text{锭子数} \times \text{效率}$$

## 二、FB722型捻线机（图6-5-2）

$$\text{FB722型捻线机滚筒转速（r/min）} = 960 \times \frac{D_1}{D_2}$$

$$FB722型捻线机锭子转速（r/min）= 960 \times \frac{D_1 \times (250+1) \times (1-2\%)}{D_2 \times (27+1)} = 8434 \times \frac{D_1}{D_2}$$

FB722型捻线机锭子转速见表6-5-8。

表6-5-8　FB722型捻线机锭子转速　　　　　　　　单位：r/min

| $D_1$ (mm) | $D_2$ (mm) | | | | |
| --- | --- | --- | --- | --- | --- |
| | $\phi\,156$ | $\phi\,168$ | $\phi\,192$ | $\phi\,198$ | $\phi\,228$ |
| $\phi\,120$ | 6487 | 6024 | 5271 | 5111 | 4439 |
| $\phi\,156$ | 8434 | 7831 | 6852 | 6645 | 5770 |
| $\phi\,168$ | 9082 | 8434 | 7379 | 7156 | 6214 |
| $\phi\,192$ | 10380 | 9638 | 8434 | 8178 | 7102 |

$$FB722型捻线机罗拉转速（r/min）= 960 \times \frac{D_1 \times 30 \times 30 \times Z_1 \times Z_3}{D_2 \times 66 \times 1000 \times Z_2 \times 48}$$

$$= 0.27 \times \frac{D_1 \times Z_1 \times Z_3}{D_2 \times Z_2}$$

$$FB722型捻线机捻度（捻/m）= \frac{66 \times 100 \times Z_2 \times 48 \times (250+1) \times 0.98 \times 1000}{30 \times 30 \times Z_1 \times Z_3 \times (27+1) \times 45\pi}$$

$$= 21885 \times \frac{Z_2}{Z_1 \times Z_3} = \frac{捻度常数}{Z_3}$$

FB722型捻线机纺纱捻度见表6-5-9。

表6-5-9　FB722型捻线机纺纱捻度　　　　　　　　单位：捻/m

| $Z_3$ | $Z_1$ | | | | | | | | |
| --- | --- | --- | --- | --- | --- | --- | --- | --- | --- |
| | $80^T$ | $76^T$ | $70^T$ | $64^T$ | $58^T$ | $52^T$ | $46^T$ | $40^T$ | $34^T$ |
| | $Z_2$ | | | | | | | | |
| | $30^T$ | $34^T$ | $40^T$ | $46^T$ | $52^T$ | $58^T$ | $64^T$ | $70^T$ | $76^T$ |
| | 捻度常数 | | | | | | | | |
| | 8206 | 9790 | 12505 | 15729 | 19620 | 24410 | 30448 | 38298 | 48919 |
| $40^T$ | 205 | 245 | 313 | 393 | 491 | 610 | 761 | 957 | 1223 |
| $41^T$ | 200 | 239 | 305 | 384 | 478 | 595 | 742 | 934 | 1193 |
| $42^T$ | 195 | 233 | 298 | 375 | 467 | 581 | 724 | 912 | 1165 |
| $43^T$ | 191 | 228 | 291 | 366 | 456 | 568 | 708 | 891 | 1137 |
| $44^T$ | 187 | 223 | 284 | 357 | 446 | 554 | 692 | 870 | 1112 |
| $45^T$ | 182 | 218 | 278 | 349 | 436 | 542 | 676 | 851 | 1087 |
| $46^T$ | 178 | 213 | 272 | 342 | 426 | 531 | 662 | 832 | 1063 |
| $47^T$ | 175 | 208 | 266 | 335 | 417 | 519 | 648 | 815 | 1041 |
| $48^T$ | 171 | 204 | 261 | 327 | 409 | 509 | 634 | 798 | 1019 |
| $49^T$ | 167 | 200 | 255 | 321 | 400 | 498 | 621 | 782 | 998 |
| $50^T$ | 164 | 196 | 250 | 315 | 392 | 488 | 609 | 766 | 978 |

### 三、B631型捻线机（图6-5-3）

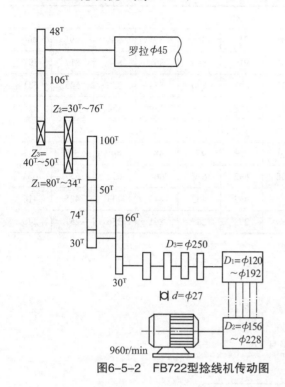

图6-5-2　FB722型捻线机传动图

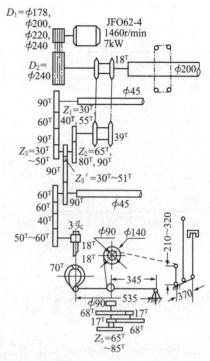

图6-5-3　B631型捻线机传动图

$$B631型捻线机滚筒转速（r/min）= 1460 \times \frac{D_1}{D_2}$$

$$B631型捻线机锭子转速（r/min）= 1460 \times \frac{D_1}{D_2} \times \frac{200+1}{25+1} = 11287 \times \frac{D_1}{D_2}$$

B631型捻线机锭子转速见表6-5-10。

表6-5-10　B631型捻线机锭子转速

| $D_1$ (mm) | $D_2$ (mm) | 滚筒转速(r/min) | 锭子转速(r/min) |
| --- | --- | --- | --- |
| $\phi$ 180 | $\phi$ 240 | 1095 | 8465 |
| $\phi$ 200 | $\phi$ 240 | 1217 | 9406 |
| $\phi$ 220 | $\phi$ 240 | 1338 | 10346 |
| $\phi$ 240 | $\phi$ 240 | 1460 | 11287 |

$$B631型捻线机罗拉转速（r/min）= 滚筒转速 \times \frac{18 \times Z_1 \times Z_3}{39 \times Z_2 \times 90} = 滚筒转速 \times \frac{Z_1 \times Z_3}{195 \times Z_2}$$

$$B631型捻线机捻度（捻/m）= \frac{(200+1) \times 39 \times Z_2 \times 90 \times 1000}{(25+1) \times 18 \times Z_1 \times Z_3 \times 45 \times \pi} = 10669 \times \frac{Z_2}{Z_1 \times Z_3}$$

B631型捻线机纺纱捻度见表6-5-11。

表6-5-11　B631型捻线机纺纱捻度　　　　　　　　　单位：捻/m

| $Z_1$ | $Z_2$ | $Z_3(Z_3')$ | | | | | | | | | | |
|---|---|---|---|---|---|---|---|---|---|---|---|---|
| | | $30^T$ | $31^T$ | $32^T$ | $33^T$ | $34^T$ | $35^T$ | $36^T$ | $37^T$ | $38^T$ | $39^T$ | $40^T$ |
| $30^T$ | $90^T$ | 1062 | 1028 | 995 | 965 | 937 | 910 | 885 | 861 | 838 | 817 | 797 |
| $40^T$ | $80^T$ | 708 | 685 | 664 | 643 | 625 | 607 | 590 | 574 | 559 | 545 | 531 |
| $55^T$ | $65^T$ | 418 | 405 | 392 | 380 | 369 | 358 | 348 | 339 | 330 | 322 | 314 |
| $Z_1$ | $Z_2$ | $Z_3(Z_3')$ | | | | | | | | | | |
| | | $41^T$ | $42^T$ | $43^T$ | $44^T$ | $45^T$ | $46^T$ | $47^T$ | $48^T$ | $49^T$ | $50^T$ | $51^T$ |
| $30^T$ | $90^T$ | 777 | 759 | 741 | 724 | 708 | 692 | 678 | 664 | 650 | 637 | 624 |
| $40^T$ | $80^T$ | 517 | 506 | 494 | 483 | 472 | 462 | 452 | 443 | 433 | 425 | 416 |
| $55^T$ | $65^T$ | 306 | 299 | 292 | 285 | 279 | 273 | 267 | 261 | 256 | 251 | 246 |

注　当 $Z_3'=Z_3$ 时，为同面捻度；$Z_3'\neq Z_3$ 时，为异面捻度。

## 四、B641型绒线合股机（图6-5-4）

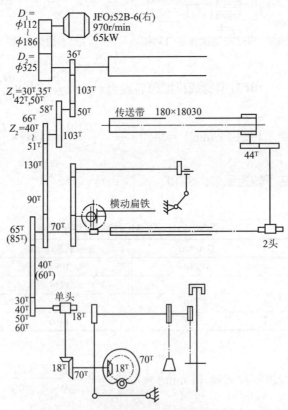

图6-5-4　B641型绒线合股机传动图

$$B641\ 型绒线合股机滚筒转速（r/min）=\frac{970\times D_1}{D_2}$$

$$\text{B641 型绒线合股机锭子转速（r/min）} = 970 \times \frac{D_1 \times (254+1.6)}{D_2 \times (45+1.6)} = 5320 \times \frac{D_1}{D_2}$$

B641型绒线合股机锭子转速见表6-5-12。

表6-5-12　B641型绒线合股机锭子转速

| $D_1$ (mm) | $D_2$ (mm) | 滚筒转速 (r/min) | 锭子转速 (r/min) |
|---|---|---|---|
| $\phi$112 | $\phi$325 | 334 | 1833 |
| $\phi$130 | $\phi$325 | 388 | 2128 |
| $\phi$155 | $\phi$325 | 462 | 2537 |
| $\phi$186 | $\phi$325 | 555 | 3044 |

$$\text{B641型绒线合股机罗拉转速(r/min)} = 970 \times \frac{D_1 \times 36 \times Z_1 \times Z_2}{D_2 \times 70 \times 103 \times 50} = 0.097 \times \frac{D_1 \times Z_1 \times Z_2}{D_2}$$

$$\text{B641型绒线合股机捻度(捻/m)} = \frac{50 \times 103 \times 70 \times (254+1.6) \times 1000}{36 \times Z_1 \times Z_2 \times (45+1.6) \times 75 \times \pi} = \frac{233231}{Z_1 \times Z_2} = \frac{捻度常数}{Z_2}$$

B641型绒线合股机纺纱捻度见表6-5-13。

表6-5-13　B641型绒线合股机纺纱捻度　　　　　　　单位：捻/m

| $Z_1$ | 捻度常数 | $Z_2$ | | | | | | | | | | |
|---|---|---|---|---|---|---|---|---|---|---|---|---|
| | | $40^T$ | $41^T$ | $42^T$ | $43^T$ | $44^T$ | $45^T$ | $46^T$ | $47^T$ | $48^T$ | $49^T$ | $50^T$ | $51^T$ |
| $30^T$ | 7774 | 194 | 189 | 185 | 181 | 177 | 172 | 169 | 165 | 162 | 158 | 155 | 152 |
| $35^T$ | 6664 | 167 | 162 | 159 | 155 | 151 | 148 | 145 | 142 | 139 | 136 | 133 | 131 |
| $42^T$ | 5553 | 139 | 135 | 132 | 129 | 126 | 123 | 121 | 118 | 116 | 113 | 111 | 109 |
| $50^T$ | 4665 | 117 | 114 | 111 | 108 | 106 | 104 | 101 | 99 | 97 | 95 | 93 | 91 |
| $58^T$ | 4021 | 101 | 98 | 96 | 94 | 91 | 89 | 87 | 86 | 84 | 82 | 80 | 79 |
| $66^T$ | 3534 | 88 | 86 | 84 | 82 | 80 | 78 | 70 | 75 | 74 | 72 | 70 | 69 |

## 五、B643型绒线合股机（图6-5-5）

$$\text{B643型绒线合股机滚筒转速(r/min)} = 970 \times \frac{D_1}{D_2}$$

$$\text{B643型绒线合股机锭子转速(r/min)} = 970 \times \frac{D_1 \times (250+1)}{D_2 \times (50+1)} = 4773.9 \times \frac{D_1}{D_2}$$

B643型绒线合股机锭子转速见表6-5-14。

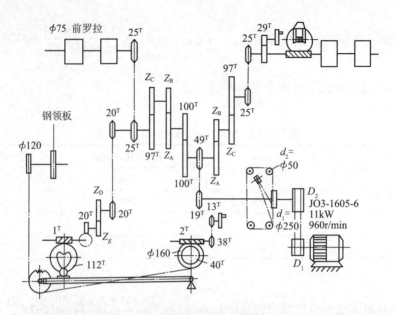

图6-5-5　B643型绒线合股机传动图

表6-5-14　B643型绒线合股机锭子转速

| $D_1$ (mm) | $D_2$ (mm) | | | |
|---|---|---|---|---|
| | $\phi$203 | | $\phi$302 | |
| | 滚筒转速(r/min) | 锭子转速(r/min) | 滚筒转速(r/min) | 锭子转速(r/min) |
| $\phi$130 | 548 | 2700 | 418 | 2050 |
| $\phi$150 | 633 | 3110 | 482 | 2370 |

B643型绒线合股机罗拉转速（r/min）

$$= 滚筒速度 \times \frac{19 \times Z_B \times Z_C \times 25}{49 \times Z_B \times 97 \times 25} = 滚筒速度 \times 0.004 \times \frac{Z_A \times Z_C}{Z_B}$$

B643型绒线合股机捻度（捻/m）

$$= \frac{49 \times Z_B \times 97 \times (250+1) \times 1000}{19 \times Z_A \times Z_C \times (50+1) \times \pi \times 75} = 5227.9 \times \frac{Z_B}{Z_A \times Z_C}$$

B643型绒线合股机纺纱捻度见表6-5-15。

表6-5-15　B643型绒线合股机纺纱捻度　　　　　　　　单位：捻/m

| $Z_C$ | $Z_B/Z_A$ | | | | |
|---|---|---|---|---|---|
| | $50^T/83^T$ | $56^T/77^T$ | $63^T/70^T$ | $70^T/63^T$ | $77^T/56^T$ |
| $34^T$ | 92.6 | 112 | 138.5 | 171 | 211.3 |
| $35^T$ | 90 | 108.7 | 134.5 | 165.9 | 205.5 |
| $36^T$ | 87.5 | 105.6 | 131 | 161 | 200 |
| $37^T$ | 85.1 | 103 | 127 | 157 | 194 |

续表

| $Z_C$ | $Z_B/Z_A$ | | | | |
|---|---|---|---|---|---|
| | $50^T/83^T$ | $56^T/77^T$ | $63^T/70^T$ | $70^T/63^T$ | $77^T/56^T$ |
| $38^T$ | 82.3 | 100 | 123.8 | 153 | 189 |
| $39^T$ | 80.7 | 97.5 | 121 | 149 | 184 |
| $40^T$ | 78.7 | 95 | 118 | 145 | 180 |
| $41^T$ | 76.8 | 92.8 | 115 | 141.5 | 175.5 |
| $42^T$ | 75 | 90.5 | 112 | 138 | 171 |

B643型绒线合股机卷绕齿轮的选择见表6-5-16。

表6-5-16　B643型绒线合股机卷绕齿轮

| 绒线品种 | | 纯毛、毛/涤、纯腈粗绒线 | | | | 毛/黏粗绒线 |
|---|---|---|---|---|---|---|
| 绒线密度$\delta$(mg/mm³) | | 0.28 | | | | 0.45 |
| 纱线细度 | tex | $166.7 \times 4$ | $133.3 \times 4$ | $111.1 \times 4$ | $83.3 \times 4$ | $166.7 \times 4$ |
| | 公支 | 6/4 | 7.5/4 | 9/4 | 12/4 | 6/4 |
| $h=\dfrac{1.13}{\sqrt{N_m \cdot \delta}}$ | | 1.75 | 1.56 | 1.43 | 1.24 | 1.38 |
| $\dfrac{Z_E}{Z_D}$ | 比值 | 1.53 | 1.71 | 1.87 | 2.15 | 1.93 |
| | 齿数 | $\dfrac{74^T}{46^T}$ | $\dfrac{77^T}{43^T}$ | $\dfrac{79^T}{41^T}$ | $\dfrac{38^T}{37^T}$ | $\dfrac{79^T}{41^T}$ |
| 绒线品种 | | 毛/黏粗绒线 | | | | 细绒线 |
| 绒线密度$\delta$(mg/mm³) | | 0.45 | | | | 0.45 |
| 纱线细度 | tex | $133.3 \times 4$ | $111.1 \times 4$ | $83.3 \times 4$ | $62.5 \times 4$ | $50 \times 4$ |
| | 公支 | 7.5/4 | 9/4 | 12/4 | 16/4 | 20/4 |
| $h=\dfrac{1.13}{\sqrt{N_m \cdot \delta}}$ | | 1.23 | 1.13 | 0.97 | 0.84 | 0.76 |
| $\dfrac{Z_E}{Z_D}$ | 比值 | 2.16 | 2.36 | 2.75 | 3.18 | 3.51 |
| | 齿数 | $\dfrac{83^T}{37^T}$ | $\dfrac{85^T}{35^T}$ | $\dfrac{88^T}{32^T}$ | $\dfrac{91^T}{29^T}$ | $\dfrac{94^T}{26^T}$ |

# 第三节　捻线疵点成因及防止方法

捻线疵点成因及防止方法见表6-5-17。

表6-5-17　捻线疵点成因及防止方法

| 疵点名称 | 造成原因 | 防止方法 |
|---|---|---|
| | （1）断头自停装置失灵 | （1）加强巡回检修 |
| | （2）插并线筒子的锭芯黏附杂物，回转不灵活 | （2）加强清洁工作 |
| | （3）锭带张力盘托脚碰支圈 | （3）调节支圈位置或缩短锭带 |
| 多股线 | （1）钢丝圈太松，碰气圈 | （1）调换钢丝圈 |
| | （2）断头后飘到邻近锭子 | （2）检修自停装置，发现时要完全拉断 |
| | （3）并线筒子有多股纱 | （3）加强并线操作 |
| 螺旋线 | （1）并筒接头时两根单纱没拉齐 | （1）加强并筒操作 |
| | （2）并筒时单纱跳出张力片 | （2）加强并筒操作 |
| | （3）纱批搞错 | （3）加强纱批管理 |
| 小辫子线 | 木锭回转太快，张力松，单纱强捻的自行打扭 | 把木锭锉平，增加回转阻力 |

**注**　有些疵点与细纱同，可参阅本篇第三章。

# 第四节　捻线工艺和操作注意事项

捻线工艺和操作注意事项如下。

（1）捻线机的上机可采用分段装纱方法。

（2）要经常检查股线质量，防止钢丝圈、刹车针在满纱时被刮毛，引起断头。

（3）合股捻度多的强捻线或同向捻的股线，如果一次加捻，断头后容易逃捻，可以分两次加捻，第一次加捻后先蒸纱定形，第二次补加捻后再蒸纱。

（4）改捻向的股线，退捻和加捻工作不宜在一次操作中进行，否则成纱毛糙。可先把原来的捻度退到零，经蒸纱后再按要求的捻向加捻，则条干光洁。

（5）钢领应加油，在实际生产中即使含油钢领也宜加油。夏天：白牛油2/3+锭子油1/3；冬天：白牛油1/2+锭子油1/2。

（6）B641型捻线机在机器启动前，断头自停装置运动件的位置应非工作位置，否则摆动的打手全部瞬间与停车针或导纱钩座后部撞击，将产生太大应力，损坏零件。每个锭子的加捻卷绕工作应在电动机启动后逐个开始。B641型绒线合股机因每锭能单独停车，故落纱不必全台停，而可逐个进行。

# 第六章　蒸纱

　　纱线得到大量的捻回后，纤维的抗扭性力图使捻回松开。对羊毛与化学纤维等纱线进行汽蒸，可使不平衡的紧张状态下的纤维应力趋向平衡，稳定捻度，减少缩率，防止捻度不匀和在并筒、络筒、织造过程中因纱线退捻而产生小辫子扭结。蒸纱的质量对防止后工序的吊经吊纬也有很大影响。

## 第一节　毛纱蒸纱机的主要技术特征

### 一、HO32型毛纱蒸纱机（表6-6-1）

表6-6-1　HO32型毛纱蒸纱机的主要技术特征

| 项　目 | 主　要　技　术　特　征 |
|---|---|
| 形式 | 圆形真空蒸纱罐，间歇操作式 |
| 蒸纱罐 | 直径1800mm×长3172mm，容积7.7m³ |
| 真空泵 | 1401型单台抽气，速率3200L/min |
| 纱筐规格（mm） | 长549×宽273×高352（适用于230mm的纱管） |
| | 长600×宽300×高352（适用于260mm的纱管） |
| | 长665×宽330×高352（适用于300mm的纱管） |
| 外形尺寸（mm） | 长6745×宽3747×高3066（长度包括小车上蒸纱罐外最大位置，宽度包括蒸纱罐门开启时的位置） |
| 机器重量（t） | 约4 |
| 传动方式 | 两台1041型真空泵分别由电动机单独传动 |
| 电动机 | 功率5.5kW，转速960r/min |

### 二、GA571型蒸纱锅

　　本设备适用于将卷绕在筒子上或纬管上的合纤纱、再生纤维素纱、毛纱以及毛条等在真空状态下，经加热给湿达到定形作用。

#### （一）主要技术特征（表6-6-2）

表6-6-2　GA571型蒸纱锅的主要技术特征

| 项　目 | 技　术　特　征 | 项　目 | 技　术　特　征 |
|---|---|---|---|
| 真空度(MPa) | −0.08～0 | 工作周期 | 根据不同的产品工艺确定 |

续表

| 项　目 | 技术特征 | 项　目 | 技术特征 |
|---|---|---|---|
| 蒸汽压力(MPa) | 0.3 | 空压机 | 2V–0.6/7型移动式，电动机Y1325–2，5.5kW |
| 工作压力(MPa) | 0～0.1 | 水环真空泵 | SZ–2型，抽气量3.4m³/min，极限真空度–0.013MPa |
| 工作温度(℃) | 小于110 | | |
| 产量(每锅)(kg) | 纬筒纱200，筒子纱300，毛条200 | 电动机 | Y160M–4JB，5.5kW；3074–82，11kW |
| 装纱车速度(m/min) | 约10，可调 | 机器外形尺寸(mm) | 6635×2310×2390（不包括电气控气箱、空压机） |
| 锅体尺寸(mm) | φ1400(内径)×2900 | 机器重量(kg) | 约3500 |

## （二）机器操作运转

本设备是通过电气控制来完成操作程序的。电气控制包括自动和手动操作程序：装料→进料→锁紧→气封→抽真空→直接和间接蒸汽升温→关闭直接蒸汽→保温（根据降温情况补充直接蒸汽次数）→排汽及排冷凝水→第二次抽真空→残真空→去气封→开锁→出料→卸料。第二次抽真空的目的是为了保证开锁顺利。

机器操作前先开空气压缩机，然后按下列顺序进行。

（1）用电动葫芦把装在箱内需要定形的纱线吊入装纱车车座上。

（2）由电气控制二位五通换向阀，使往复汽缸动作，控制导轨车（锅盖及装料车）往锅体方向运动，使定形物进入锅体，锅盖与贴身法兰吻合。

（3）由电气控制二位五通双气控换向阀，使锁紧气缸动作，推动活套圈使其与锅盖齿形法兰啮合，完成锁紧锅门动作。

（4）由电气分别控制各二位三通先导电磁阀完成汽封。抽真空加直接和间接蒸汽，当锅内温度达到要求时，由温度指示调节仪作用自动关闭进直接蒸汽的二用截止阀。当锅内温度下降时，自动打开此阀补充蒸汽。

（5）定形完成后，由电气分别控制各电磁阀，完成关闭间接蒸汽、排汽、排冷凝水、去气封程序。

（6）通过电气锁紧气缸，完成开锁程序。

（7）由电气控制二位五通换向阀，使往复汽缸动作完成出料程序。

（8）卸料。

## 三、进口蒸纱机

进口蒸纱机与HO32型毛纱蒸纱机的主要区别在于无热水加热设备，而是蒸汽直接引入蒸罐。不抽真空的蒸纱机多为土法自制，不密封。

进口蒸纱机的工作过程如下：假设待蒸纱已推入蒸筒内，按开始按钮，导轨自动落下，到位后门自动关上并锁紧，同时真空泵转动，开始抽真空，到设定值约$3.8×10^3$Pa，时间18min左右；工作进入第二步：加热状态，此时蒸汽进管及加热管同时打开风机，转动到设定温度值略小时，伺服阀处于调节状态，慢慢达到设定值，时间约为8min；到达设定值±1℃时，工作程序自动进入第三步：保温状态，在此期间，此伺服器处于调节状态，蒸汽进管自动到达$1.76 \times 10^5$Pa，到达设定的保温时间后，加热管关闭，程序进入第四步：此时真空泵电动机再次启动抽真空，风机停止，进汽管及进水管同时停开，到水位后进水管断开，汽压到达设定值$1.76 \times 10^5$Pa后，进汽管断开，当筒内压力减少到约$1 \times 10^4$Pa时，冷却水泵的阀门打开，真空泵通过冷却水冷却，等到$3.8 \times 10^3$Pa真空度时，工作结束，真空泵停止，同时筒内进汽导轨撑起，门打开，顶上绿灯亮，可以出纱。

# 第二节　蒸纱要点、质量要求及适用范围

## 一、蒸纱要点

（1）蒸纱温度从60℃逐渐提高到100℃，自动退捻数逐渐减少，趋于稳定。100℃以上蒸纱温度无实用意义。

（2）蒸纱时间的长短对稳定捻度的影响不大，但与内外层是否蒸透有关。

（3）高温时间短，内外层不匀。中等温度时间长，纱管内外层的退捻数差异小。

（4）蒸纱的温度应联系考虑纱线抽出液的pH。纱线抽出液的pH一般为4.5~8。pH为7的纱线，蒸纱温度可达95℃；高于7的，温度不能超过95℃；低于7的，温度不能超过105℃，否则纱线会泛黄。

（5）考虑纱线的色光与手感，一般所用温度不宜超过95℃。

（6）正常捻度的纱和线在抽真空的条件下，蒸纱时间为20~30min。强捻和同向捻的股线，应酌量把温度提高，时间加长。涤纶产品的蒸纱温度应较高，时间也应较长。

（7）原料中含有可溶性纤维的纱线，蒸纱工艺应根据可溶性纤维的种类来定，现在用得较多的有WN8型、WN7型、WN4型蒸纱机。一般前两种的蒸纱温度不得超过80℃，后一种不能超过65℃，且蒸纱时要用干净的蒸呢布把纱线筒子包严，这样才能保证蒸纱时不会导致可溶性纤维的溶解。

氨纶包芯纱品种的蒸纱温度一般不超过90℃，否则纱线强力及氨纶弹性会有明显下降，一般只有通过调整织机张力来弥补此类纱线定形的不足。

## 二、蒸纱质量要求

（1）捻度的稳定程度一般是以1m长已蒸过的毛纱或股线对折自然下垂，以自动回捻的圈数为标志。自动回捻在5转以下，一般认为已完全定形，自动回捻在15转以下，一般认为可供织造用。自动回捻数与纱的粗细及捻度的多少无关。

（2）蒸纱不能影响毛纱原来的色光，白色纱蒸后不应泛黄。

（3）蒸纱不能影响毛纱强力。

（4）蒸纱机内不同部位的纱管及纱管内外层的纱都要均匀蒸透。

（5）出机的纱管表面不能有露滴。

### 三、蒸纱适用范围

（1）精纺毛纱的股线、强捻单纱、单纬织物的纬纱，同向捻的股线、多股线和花式合股线。

（2）生产中要求缩率低的品种用纱。

（3）纱线中混有涤纶、马海毛及其他粗长纤维。

（4）为有利于并筒工序的生产，减少纱织疵，有些单纱亦可蒸纱，以稳定毛纱的捻度。

（5）粗纺纱线较细、捻度大的纱。

（6）兔毛纱不蒸，蒸后容易发霉发红。

# 第三节　蒸纱工艺举例

### 一、HO32型蒸纱机工艺举例（表6-6-3）

表6-6-3　HO32型蒸纱机工艺举例

| 毛纱种类 | 温度（℃） | 保温时间（min） | 毛纱种类 | 温度（℃） | 保温时间（min） |
|---|---|---|---|---|---|
| 全毛纱 | 80 | 20 | 毛/涤混纺纱 | 95 | 40 |
| 毛/黏混纺纱 | 80 | 20 | 黏/毛/涤混纺纱 | 95 | 40 |
| 黏/腈/锦混纺纱 | 85 | 20 | 纯涤纶纱 | 100 | 60 |
| 黏/锦混纺纱 | 85 | 30 | | | |

同向捻股线的蒸纱温度应较一般的工艺提高5℃，时间增加10min。

### 二、其他类型蒸纱机的工艺

这些蒸纱机无热水加热设备，而是将蒸汽直接引入蒸罐。其工艺与HO32型蒸纱机的工艺大致相仿。

### 三、不抽真空蒸纱箱的工艺

（一）精纺纱蒸纱工艺（表6-6-4）

表6-6-4　不抽真空蒸纱箱加工精纺纱工艺条件

| 条件 | 全毛、毛/黏、黏/锦异向捻及单纱 | 毛/涤、异向捻全毛、毛混纺同向捻 | 涤纶及其混纺纱同向捻 |
|---|---|---|---|
| 温度（℃） | 80 | 90 | 95 |
| 时间（min） | 30 | 30 | 40~60 |

## （二）粗纺纱蒸纱工艺（表6-6-5）

表6-6-5　不抽真空蒸纱箱加工粗纺纱工艺条件

| 纱线细度 | | 原料种类 | 卷装形式 | 蒸纱时间<br>（min） | 保温闷纱时间<br>（min） |
|---|---|---|---|---|---|
| tex | 公支 | | | | |
| 166.7 | 6 | 国毛 | 管纱 | 6 | 4 |
| 166.7 | 6 | 国毛 | 筒子 | 10 | 5 |
| 166.7 | 6 | 棉/毛混纺 | 筒子 | 7 | 5 |
| 125～71.4 | 8～14 | 澳毛 | 管纱 | 5 | 3 |
| 166.7～125 | 6～8 | 黏胶混纺 | 筒子 | 10 | 5 |
| 166.7～125 | 6～8 | 黏胶混纺 | 管纱 | 6 | 3 |

蒸纱时间的长短是根据原料成分比例、捻向、捻度强弱及纱穗的大小而定。

# 第四节　蒸纱操作注意事项

蒸纱操作注意事项如下。

（1）同一纱批分批蒸纱，自始至终必须采用同一的工艺及操作方法。

（2）蒸纱用的纱管必须耐汽蒸，不变形，不褪色。

（3）蒸纱的盛器最好采用铝、不锈钢或藤作材料，不宜使用竹或其他毛糙不耐热、易脱色、易变形的材料。

（4）盛器内部必须光滑平整，防止孔眼边缘粗糙、焊接处不平、盛器的四角损裂等拉坏纱线。

（5）盛器使用日久后造成的油污积垢要及时清洁，以免沾污毛纱。

（6）装纱不宜太多，以免进出机时纱管跌落，浸湿沾污。

（7）蒸纱时，每个盛器的上面应覆盖毛毯或绒布，使纱不露面，既防止水滴又避免沾污，覆盖物要经常洗涤洁净。

（8）蒸透的毛纱对纱管的束缚较松，容易整个纱穗脱出，特别是粗特纱线，转换盛器时要注意脱落，避免造成浪费。

（9）凡加着色和毛油的毛纱最好不蒸纱。

（10）要严格分清纱批，不同批号的纱线在机内同时蒸时，要区别标志。色泽比较接近的尽可能分先后蒸，蒸过的、待蒸的和不同蒸纱条件的都应有记号，以利于识别。

（11）已蒸的纱线出机后，应有适当时间储放冷却。

（12）在有条件的情况下尽可能使落纱、蒸纱、供纱等工序使用同一盛器，尽量减少盛器转换，以保证质量。如用麻袋、布袋装盛，则要注意袋皮的清洁。装箱、装袋的，放入和倒出时，防止纱管落地、沾污和搞错纱批。袋皮使用后要检查袋内有无剩留，以免造成零次杂纱。

（13）每次蒸过的纱线，都应按批号分批，待冷却后抽样做下垂同捻数检验。

（14）操作开始，放冷水入热水罐时，水位应在容积的60%，关上放汽和给水的阀门，引入压力为0.392MPa的蒸汽，然后加热。

（15）热水罐温度达到100℃时，需再开放气阀，直至蒸汽从管子内喷出时才关闭，继续加热使温度达到151℃，压力达到0.392MPa。这时蒸汽压力不能低于0.196MPa，否则毛纱会凝露潮湿。

（16）HO32型蒸纱机抽真空时，待表针指示到负0.986MPa时，将泵停止，同时立即关闭总管阀。真空泵工作前须先打开冷却水阀门，抽真空一般约20min即可达到要求，如果持续太久，容易损坏泵。

（17）在开热水阀门时，蒸纱罐内温度的上升极为迅速，要注意不使温度超出过多。而在蒸纱过程中蒸纱罐内温度又很容易下降，要经常注意掌握热水喷开阀的大小，保持规定温度的稳定。要经常检视温度计，如有损坏失灵，须立即调换检修，防止因温度超过而损坏毛纱品质。

（18）蒸纱完成后放入空气，必须待真空表指示值为零时，方可开门。

# 第七章　摇绞

## 第一节　绒线摇绞机的主要技术特征

### 一、B701A型、B702A型绒线摇绞机（表6-7-1）

表6-7-1　B701A型、B702A型绒线摇绞机的主要技术特征

| 机器型号 | B701A型 | B702A型 |
|---|---|---|
| 形式 | 双面，上喂入下框式 | 单面，上喂入下框式 |
| 锭数 | 2×40 | 40 |
| 锭距（mm） | 110 | 110 |
| 纱框周长（mm） | 1600~2300 | 1600~2300 |
| 纱框转速（r/min） | 128 | 140，180，220 |
| 单绞圈数范围 | 30~480 | 30~480 |
| 每锭跳绞次数 | 最多4次 | 最多4次 |
| 制动 | 离心式松刹装置，停车的瞬时以摩擦力制动，纱框停稳，制动作用即消失，可手动回转纱框 | |
| 满绞指示 | 车头每面有一个满绞指示表，通过电气控制跳绞（每次使横动木向车头方向移动20mm），跳至数次时，横动木上的滑轨棒即作用于限位开关而停车；如不需跳绞，可拨动电气箱侧的按钮开关，由表直接控制停车 | |
| 空管输出 | 空管输送带由车头传动 | |
| 电动机 | JFO$_2$-21-6, 0.6kW , 940r/min | JFO$_2$-12-6, 0.37kW , 910r/min |
| 外形尺寸<br>（长×宽×高）<br>（mm） | 5410×1910×1760 | 5310×1131×1882 |

## 二、FB801型、FB801A型绒线摇绞机（表6-7-2）

表6-7-2　FB801型、FB801A型绒线摇绞机的主要技术特征

| 机器型号 | FB801型 | FB801A型 |
| --- | --- | --- |
| 形式 | 双面纱框上喂入下框式 | 双面纱框上喂入下框式 |
| 锭数 | 60 | 80 |
| 锭距（mm） | 130（可调） | 98 |
| 纱框周长（mm） | 1600~2300 | 1600~2300 |
| 纱框转速（r/min） | 220~560 | 105~250 |
| 单绞圈数范围 | | 0~9990 |
| 纱框中心高（mm） | 700~730 | 700~730 |
| 横动导程（mm） | 40~150（可调） | 25~50 |
| 刹车惯性圈数 | 3~4 | 4 |
| 制动装置 | 电动制动器 | 干式多片电磁离合器 |
| 断头自停 | 摆针式电气控制 | 摆针式电气控制 |
| 外形尺寸（长×宽×高）（mm） | 5466×1850×2042 | 5466×1850×2042 |
| 电动机型号及功率 | $JFO_2$-42-6，3kW<br>$JPZ_2$-1.1-4，1.1kW | $JFO_2$-42-6，3kW<br>$JPZ_2$-1.1-4，1.1kW |
| 其他 | | 筒管插座适用于1332M宝塔形筒管 |

# 第二节　B701A型、B702A型摇绞机的纱框周长

B701A型、B702A型摇绞机的纱框和满绞指示表传动如图6-7-1和图6-7-2所示。

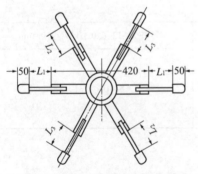

图6-7-1　B701A型、B702A型
摇绞机的纱框

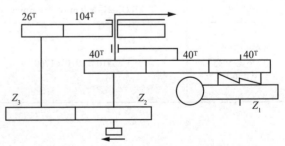

图6-7-2　B701A型、B702A型摇绞机的
满绞指示表传动图

B701A型、B702A型摇绞机的纱框周长见表6-7-3。

**表6-7-3　B701A型、B702A型摇绞机的纱框周长**

| $L_1$, $L_2$, $L_3$(mm) | 周长(mm) | $L_1$, $L_3$(mm) | $L_2$(mm) | 周长(mm) |
|---|---|---|---|---|
| 0 | 1560 | 0 | 10 | 1580 |
| 10 | 1620 | 10 | 20 | 1640 |
| 20 | 1680 | 20 | 30 | 1700 |
| 30 | 1740 | 30 | 40 | 1760 |
| 40 | 1800 | 40 | 50 | 1820 |
| 50 | 1860 | 50 | 60 | 1880 |
| 60 | 1920 | 60 | 70 | 1940 |
| 70 | 1980 | 70 | 80 | 2000 |
| 80 | 2040 | 80 | 90 | 2060 |
| 90 | 2100 | 90 | 100 | 2120 |
| 100 | 2160 | 100 | 110 | 2180 |
| 110 | 2220 | 110 | 120 | 2240 |
| 120 | 2280 | 120 | 125 | 2290 |
| 125 | 2310 | | | |

## 第三节　B701A型、B702A型摇绞机的单绞圈数及总圈数计算

B701A型、B702A型摇绞机的单绞圈数由一个满绞指示表控制,表的短针走一圈,跳绞一次。这个表从摇纱框的轴通过轴A得到传动(图6-7-2)。

$$单绞圈数 = Z_1 \times \frac{Z_3 \times 104}{Z_2 \times 26} = 4 \times \frac{Z_1 \times Z_3}{Z_2}$$

每车所摇的总圈数=单绞圈数×跳绞次数

变换齿轮$Z_1$、$Z_2$、$Z_3$的选择见表6-7-4。

表6-7-4　B701A型、B702A型摇绞机单绞圈数

| $\dfrac{Z_2}{Z_3}$ | | $\dfrac{104^{\mathrm{T}}}{26^{\mathrm{T}}}$ | $\dfrac{86^{\mathrm{T}}}{43^{\mathrm{T}}}$ | $\dfrac{36^{\mathrm{T}}}{27^{\mathrm{T}}}$ | $\dfrac{65^{\mathrm{T}}}{65^{\mathrm{T}}}$ | $\dfrac{28^{\mathrm{T}}}{35^{\mathrm{T}}}$ | $\dfrac{52^{\mathrm{T}}}{78^{\mathrm{T}}}$ | $\dfrac{24^{\mathrm{T}}}{42^{\mathrm{T}}}$ | $\dfrac{43^{\mathrm{T}}}{86^{\mathrm{T}}}$ | $\dfrac{26^{\mathrm{T}}}{104^{\mathrm{T}}}$ |
|---|---|---|---|---|---|---|---|---|---|---|
| | $30^{\mathrm{T}}$ | 30 | 60 | 90 | 120 | 150 | 180 | 210 | 240 | 480 |
| | $31^{\mathrm{T}}$ | 31 | 62 | 93 | 124 | 155 | 186 | 217 | 248 | 496 |
| | $32^{\mathrm{T}}$ | 32 | 64 | 96 | 128 | 160 | 192 | 224 | 256 | 512 |
| | $33^{\mathrm{T}}$ | 33 | 66 | 99 | 132 | 165 | 198 | 231 | 264 | 528 |
| | $34^{\mathrm{T}}$ | 34 | 68 | 102 | 136 | 170 | 204 | 238 | 272 | 544 |
| | $35^{\mathrm{T}}$ | 35 | 70 | 105 | 140 | 175 | 210 | 245 | 280 | 560 |
| | $36^{\mathrm{T}}$ | 36 | 72 | 108 | 144 | 180 | 216 | 252 | 288 | 576 |
| | $37^{\mathrm{T}}$ | 37 | 74 | 111 | 148 | 185 | 222 | 259 | 296 | 592 |
| | $38^{\mathrm{T}}$ | 38 | 76 | 141 | 152 | 190 | 228 | 266 | 304 | 608 |
| | $39^{\mathrm{T}}$ | 39 | 78 | 117 | 156 | 195 | 234 | 273 | 312 | 624 |
| | $40^{\mathrm{T}}$ | 40 | 80 | 120 | 160 | 200 | 240 | 280 | 320 | 640 |
| | $41^{\mathrm{T}}$ | 41 | 82 | 123 | 164 | 205 | 246 | 287 | 328 | 656 |
| | $42^{\mathrm{T}}$ | 42 | 84 | 126 | 168 | 210 | 252 | 294 | 336 | 672 |
| | $43^{\mathrm{T}}$ | 43 | 86 | 129 | 172 | 215 | 258 | 301 | 344 | 688 |
| $Z_1$ | $44^{\mathrm{T}}$ | 44 | 88 | 132 | 176 | 220 | 264 | 308 | 352 | 704 |
| | $45^{\mathrm{T}}$ | 45 | 90 | 135 | 180 | 225 | 270 | 315 | 360 | 720 |
| | $46^{\mathrm{T}}$ | 46 | 92 | 138 | 184 | 230 | 276 | 322 | 368 | 736 |
| | $47^{\mathrm{T}}$ | 47 | 94 | 141 | 188 | 235 | 282 | 329 | 376 | 752 |
| | $48^{\mathrm{T}}$ | 48 | 96 | 144 | 192 | 240 | 288 | 336 | 384 | 768 |
| | $49^{\mathrm{T}}$ | 49 | 98 | 147 | 196 | 245 | 294 | 343 | 392 | 784 |
| | $50^{\mathrm{T}}$ | 50 | 100 | 150 | 200 | 250 | 300 | 350 | 400 | 800 |
| | $51^{\mathrm{T}}$ | 51 | 102 | 153 | 204 | 255 | 306 | 357 | 408 | 816 |
| | $52^{\mathrm{T}}$ | 52 | 104 | 156 | 208 | 260 | 312 | 364 | 416 | 832 |
| | $53^{\mathrm{T}}$ | 53 | 106 | 159 | 212 | 265 | 318 | 371 | 424 | 848 |
| | $54^{\mathrm{T}}$ | 54 | 108 | 162 | 216 | 270 | 324 | 378 | 432 | 864 |
| | $55^{\mathrm{T}}$ | 55 | 110 | 165 | 220 | 275 | 330 | 385 | 440 | 880 |
| | $56^{\mathrm{T}}$ | 56 | 112 | 168 | 224 | 280 | 336 | 392 | 448 | 896 |
| | $57^{\mathrm{T}}$ | 57 | 114 | 171 | 228 | 285 | 342 | 399 | 456 | 912 |
| | $58^{\mathrm{T}}$ | 58 | 116 | 174 | 232 | 290 | 348 | 406 | 464 | 928 |
| $Z_1$ | $59^{\mathrm{T}}$ | 59 | 118 | 177 | 236 | 295 | 354 | 413 | 472 | 944 |
| | $60^{\mathrm{T}}$ | 60 | 120 | 180 | 240 | 300 | 360 | 420 | 480 | 960 |

# 第四节　B751型绒线成球机

## 一、B751型绒线成球机的主要技术特征（表6-7-5）

表6-7-5　B751型绒线成球机的主要技术特征

| 型号 | B751型 | 型号 | B751型 |
|---|---|---|---|
| 形式 | 冀锭式 | 张开直径（mm） | 大伞75，小伞44 |
| 喂入形式 | 锥形绒线筒子 | 缩合直径（mm） | 大伞42，小伞24 |
| 成球锭 形式 | 伞形（开合式） | 主轴转速（r/min） | 绕空心球150，绕实心球80 |
| 成球锭 锭数 | 12 | 电动机 | XWD1.5-3-1/11,1.5kW,134r/min |
| 成球锭 锭距 | 178mm | 机器外形尺寸（长×宽×高）（mm） | 2980×1495×1120 |

## 二、B751型绒线成球机的传动（图6-7-3）及工艺计算

$$B751型绒线成球机主轴转速 = 134 \times \frac{142}{236} = 81(r/min)$$

或

$$= 134 \times \frac{200}{178} = 151(r/min)$$

$$B751型绒线成球机锭翼转速 = 80 \times \frac{60}{12} = 400(r/min)$$

或

$$= 150 \times \frac{60}{12} = 750(r/min)$$

$$B751型绒线成球机成球锭转速（r/min）= 150 \times \frac{40 \times Z_J \times Z_F}{30 \times Z_G \times Z_E} = 200 \frac{Z_J \times Z_F}{Z_G \times Z_E}$$

$$B751型绒线成球机关车一次锭翼的转数 = 1 \times \frac{60 \times 20 \times Z_B \times Z_D \times 90 \times 60}{1 \times 20 \times Z_A \times Z_C \times 30 \times 12} = 900 \times \frac{Z_B}{Z_A} \times \frac{Z_D}{Z_C}$$

锭翼每转一次平均绕线长度小伞时为0.32m，大伞时为0.48m。$Z_A$、$Z_B$、$Z_C$、$Z_D$四齿轮控制关车一次的锭翼转数，亦即控制成球的绕纱长度，等于控制成球重量。

$$达到成球重量的锭翼转数 = \frac{球重(g) \times 1000}{线密度(tex) \times 0.32(或0.48)} = \frac{球重(g) \times 综合公制支数}{0.32(或0.48)}$$

$$\frac{Z_B \times Z_D}{Z_A \times Z_C} = \frac{球重(g) \times 1000}{线密度(tex) \times 900 \times 0.32(或0.48)} = \frac{球重(g) \times 综合公制支数}{0.32(或0.48) \times 900}$$

$$Z_A = \frac{0.288(\text{或}0.432) \times Z_B \times Z_D \times \text{线密度}(\text{tex})}{Z_C \times \text{球重}(\text{g})}$$

或

$$Z_A = \frac{200(\text{或}432) \times Z_B \times Z_D}{Z_C \times \text{球重}(\text{g}) \times \text{综合公制支数}}$$

综合公制支数为几股相同或不同支数的细纱并合后的股线支数。

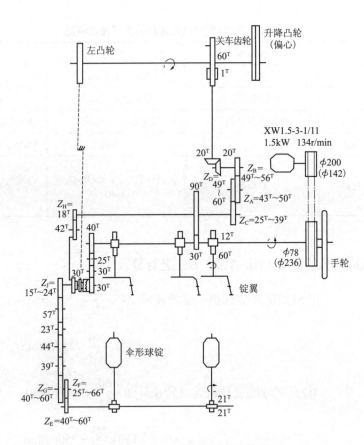

**图6-7-3　B751型绒线成球机传动图**

$Z_E$、$Z_F$、$Z_G$三齿轮变更成球锭子的转速，因此可获得不同的成球花纹。

## 三、成球工艺举例（表6-7-6）

表6-7-6　成球工艺举例

| 纱线细度 | | 球重（g） | 球纹 | 伞形 | 卷绕角（°） | 重量变换齿轮 | | | | 成形变换齿轮 | | |
| --- | --- | --- | --- | --- | --- | --- | --- | --- | --- | --- | --- | --- |
| tex | 公支 | | | | | $Z_A$ | $Z_B$ | $Z_C$ | $Z_D$ | $Z_E$ | $Z_F$ | $Z_G$ |
| 47.6×3 | 21/3 | 28.35 | 平纹 | 小 | 63~76 | 52$^T$ | 36$^T$ | 50$^T$ | 47$^T$ | 56$^T$ | 25$^T$ | 56$^T$ |
| 117.6×4 | 8.5/4 | 28.35 | 平纹 | 小 | 72~76 | 65$^T$ | 22$^T$ | 50$^T$ | 30$^T$ | 40$^T$ | 40$^T$ | 49$^T$ |
| 147×3 | 6.8/3 | 50 | 平纹 | 大 | 72~76 | 50$^T$ | 17$^T$ | 53$^T$ | 42$^T$ | 52$^T$ | 14$^T$ | 60$^T$ |

续表

| 纱线细度 | | 球重（g） | 球纹 | 伞形 | 卷绕角（°） | 重量变换齿轮 | | | | 成形变换齿轮 | | |
|---|---|---|---|---|---|---|---|---|---|---|---|---|
| tex | 公支 | | | | | $Z_A$ | $Z_B$ | $Z_C$ | $Z_D$ | $Z_E$ | $Z_F$ | $Z_G$ |
| $38.5 \times 2$ | 26/2 | 28.35 | 菱形 | 小 | $60 \sim 68$ | $36^T$ | $50^T$ | $35^T$ | $30^T$ | $56^T$ | $56^T$ | $32^T$ |
| $147 \times 4$ | 6.8/4 | 56.7 | 平纹 | 大 | $72 \sim 76$ | $57^T$ | $17^T$ | $55^T$ | $42^T$ | $52^T$ | $14^T$ | $60^T$ |

注　重量差异还可用导纱张力杆进行调节。

# 第八章　绒线和针织绒线的设计

## 第一节　编号

绒线和针织绒线的品号一般由四位数字组成。

### 一、分类代号

品号的第一位数字，表示产品的纺纱系统和类别（表6-8-1）。

表6-8-1　绒线和针织绒线的分类代号

| 类　别 | 使用代号 | 类　别 | 使用代号 |
|---|---|---|---|
| 精纺绒线 | 0 | 精纺针织绒线 | 2 |
| 粗纺绒线 | 1 | 粗纺针织绒线 | 3 |

注　精纺绒线和针织绒线的代号通常多省略。

### 二、原料代号

品号的第二位数字代表所用原料的种类（表6-8-2）。

表6-8-2　绒线和针织绒线的原料代号

| 原　料 | 代号 | 原　料 | 代号 |
|---|---|---|---|
| 山羊绒、山羊绒与其他纤维混纺 | 0 | 同质毛与合成纤维混纺 | 6 |
| 异质毛（包括大部分国产羊毛） | 1 | 异质毛与合成纤维混纺 | 7 |
| 同质毛（包括进口毛及部分国产羊毛） | 2 | 纯化学纤维、化学纤维与化学纤维混纺 | 8 |
| 同质毛与黏胶纤维混纺 | 3 | 其他 | 9 |
| 异质毛与黏胶纤维混纺 | 5 | | |

### 三、细度代号

品号的第三、第四位数字代表细度。目前，编号中的细度代号仍用公制支数表示。细绒线和针织绒线的单纱支数代号是两位整数的，支数代号就表示其支数。如16/4公支细绒线单纱支数代号就是16。单纱支数是一位整数和一位小数的粗绒线，支数代号略去其小数点。如7.0/4支、6.8/4支的粗绒线单纱支数代号为70、68。

## 四、品号的前缀和后缀

试制新产品，品号前另加"4"。牌号不同，则以后缀区分，如Exlan加后缀01等。

由于品号的使用已商业化，本章仍沿用旧制，暂统修改。

# 第二节　原料的选用

原料的平均细度应力求稳定，细度离散系数可较大。异质毛的粗腔毛率应尽量减小并力求稳定。膨体绒线使用多种细度纤维混合效果较好。此外，还应注意染色时对原料的要求。一般原料选择见表6-8-3。

表6-8-3　绒线和针织绒线的原料选择

| 纤维种类 | 粗绒线 | 细绒线 | 针织绒线 |
|---|---|---|---|
| 同质毛 | 48~58支 | 60~64支 | 58~64支 |
| 异质毛 | 1~4级 | 1~2级 | 1级 |
| 腈纶 | 5.55~11.1dtex | 3.33~6.67dtex | 3.33~6.67dtex |
| 黏胶纤维 | 5.55dtex | 5.55dtex | 3.33~5.55dtex |

# 第三节　纺纱细度

## 一、大绞组成（表6-8-4、表6-8-5）

表6-8-4　绒线和针织绒线的重量和长度

| 绒线种类 | 大绞重量①（g） | 小绞数 | 周长（m） | 小绞圈数 |
|---|---|---|---|---|
| 粗绒线 | 250 | 5 | 180 | 名义支数②×6.94 |
| 细绒线 | 250 | 5 | 173 | 名义支数×7.23 |
| 针织绒线③ | 250 | 4 | 171 | |

①大绞重量都是公定回潮重量。

②绒线的名义支数，是指成品的单纱支数。

$$名义支数 = \frac{成品细纱计算长度（m）}{大绞标准量（g）} = \frac{股数×小绞数×小绞圈数×圈长（m）}{250}$$

③缩率很大和支数较高的腈纶膨体针织绒线，可以采用大绞每125g和圈长160cm或165cm的特殊标准。

表6-8-5　绒线和针织绒线的公定回潮率　　　　　　　　单位：%

| 绒线种类 | | 羊毛 | 黏胶纤维 | 腈纶 | 锦纶 | 涤纶 |
|---|---|---|---|---|---|---|
| 绒线 | 国内销售 | 10 | 8 | 2 | 4.5 | 0.4 |
| | 供出口 | 15 | 13 | | | |
| 针织绒线 | 供零售 | 10 | 8 | 2 | 4.5 | 0.4 |
| | 供复制 | 15 | 13 | | | |

## 二、纺纱细度的计算

$$细纱干重（g/100m）=\frac{100×坏线大绞干重（g）}{股数×小绞数×圈数×框长（m）×成绞系数}$$

$$实纺支数=\frac{股数×小绞数×小绞圈数×框长（m）×成绞系数×（1-染整损耗率）}{成品大绞公定回重量（g）}×$$

$$\frac{100+成品公定回潮率（\%）}{100+纺纱公定回潮率（\%）}$$

在上面的公式中：

$$框长（m）=\frac{成品圈长（m）}{1-染整缩率}$$

$$染整缩率=\frac{摇绞框长（m）-成品圈长（m）}{摇绞框长（m）}$$

$$染整损耗率=\frac{坏线大绞干重（g）-成品大绞干重（g）}{坏线大绞干重（g）}$$

成绞系数为细纱支数与坏线单纱支数之比；这里的坏线支数是按框长和圈数、股数等计算的。所以，成绞系数为合股捻缩、摇绞重叠、张力变化以及测试条件差异等因素的综合。

$$成绞系数=\frac{细纱支数}{坏线单纱支数}=\frac{细纱公定回潮支数×大绞坏线公定回潮重量（g）}{股数×小绞圈数×圈长（m）×小绞数}$$

$$=\frac{细纱（干重）支数×大绞坏线干重（g）}{股数×小绞圈数×圈长（m）×小绞数}$$

## 三、计算纺纱细度的一些参考数据

### （一）染整缩率（表6-8-6）

表6-8-6　染整缩率

| 原　料 | 染整缩率（%） | 原　料 | | 染整缩率（%） |
|---|---|---|---|---|
| 国产羊毛64支 | 8左右 | 腈纶膨体（兰化） | | 15~16 |
| 改良毛1~2级 | 6~8 | | 60~64支 | 5~7 |
| 改良毛3~4级 | 4~6 | 进口羊毛 | 54~58支 | 4~6 |
| 土种毛4级 | 2~4 | | 50支以下 | 2~4 |

注　羊毛中混有50%以下的黏胶纤维或腈纶，其染整缩率仍在原范围内，但略偏低。

### （二）成绞系数

粗绒线成绞系数为1.01~1.02，细绒线成绞系数为1.00~1.01，针织绒线成绞系数为1.00左右。

### （三）染整损耗

染整损耗主要是洗掉的油脂杂质和染上的染料正负两部分。坏线含油脂率在1.5%以下，以染中等色泽计，坯线定重可比成品标准重加0～1%。

## 四、坯线的轻重分档

以坯线大绞定重为准，将坯线按大绞分成五类，比坯线定重重3～5g的为A类，重1～3g的为B类，重1g或轻1g的为C类，轻1～3g的为D类，轻3～5g的为E类。各类所染色号，可参见表6-8-7。

**表6-8-7 各档坯线染色色号**

| 色　泽 | 类　别 | 异质毛细绒线 | 毛黏粗绒线 | 毛腈绒线 | 腈纶膨体线 |
|---|---|---|---|---|---|
| 漂　白 | A | | 5001 | | 8001 |
| 淡鹅黄 | | | | 7101 | |
| 鹅　黄 | B | 1109 | 5102 | 7102 | 8101 |
| 淡　黄 | B | 1124 | | | 8107 |
| 淡金黄 | | | | | 8111 |
| 金　黄 | B | 1115 | 5115 | 7115 | 8115 |
| 橘　黄 | | | | | 8117 |
| 橘　红 | C | 1119 | 5119 | 7119 | 8119 |
| 香　黄 | C | 1128 | | | 8126 |
| 深香黄 | | | | | 8127 |
| 姜　黄 | D | 1129 | 5129 | 7129 | 8129 |
| 粉　红 | B | 1210 | | 7210 | 8210 |
| 浅粉红 | | | | | 8211 |
| 浅　红 | | 5212 | 7212 | | |
| 血　牙 | B | 1217 | | | |
| 朱　红 | | | | | 8222 |
| 大　红 | E | 1223 | 5223 | 7223 | 8223 |
| 枣　红 | E | 1225 | 5225 | 7225 | 8225 |
| 紫　红 | D | 1230 | 5230 | 7230 | 8230 |
| 浅玫红 | C | 1241 | | | |
| 玫　红 | D | 1242 | 5242 | 7242 | 8242 |
| 玫枣红 | | | | 7244 | 8243 |
| 深玫红 | D | 1245 | | 7245 | 8245 |
| 紫　酱 | D | 1248 | | | |
| 淡　蓝 | | | | | 8302 |
| 淡天蓝 | B | 1303 | | | 8304 |
| 深天蓝 | B | 1309 | | | 8309 |

续表

| 色　泽 | 类　别 | 异质毛细绒线 | 毛黏粗绒线 | 毛腈绒线 | 腈纶膨体线 |
|---|---|---|---|---|---|
| 艳　蓝 | | | | 7312 | |
| 品　蓝 | A | 1313 | 5313 | 7313 | 8313 |
| 蟹　青 | C | 1319 | 5319 | 7319 | |
| 浅上青 | D | 1328 | 5328 | 7328 | 8328 |
| 深上青 | D | 1330 | 5330 | | 8330 |
| 湖　蓝 | | | 5406 | | 8406 |
| 深湖蓝 | | | | | 8407 |
| 艳　绿 | C | 1413 | | | |
| 果　绿 | D | 1415 | 5416 | 7416 | 8415 |
| 浅果绿 | | | | | 8416 |
| 翠　绿 | E | 1420 | 5420 | 7420 | 8421 |
| 蓝　绿 | | | 5426 | 7422 | 8422 |
| 墨　绿 | E | 1427 | 5427 | 7427 | 8426 |
| 深墨绿 | E | 1426 | | | |
| 浅草绿 | | | 5438 | | 8446 |
| 草　黄 | | | | 7439 | |
| 军　绿 | D | 1445 | 5445 | 7445 | 8445 |
| 玉　色 | B | 1504 | 5502 | | |
| 浅　米 | B | 1506 | | | |
| 米　色 | B | 1507 | 5507 | 7507 | 8508 |
| 深　米 | | | 5509 | 7509 | 8509 |
| 赭　石 | | | | | 8511 |
| 豆　沙 | C | 1512 | 5512 | 7512 | 8512 |
| 浅　驼 | B | 1515 | | 7518 | |
| 棕　色 | | | | | 8519 |
| 驼　色 | B | 1520 | 5520 | 7520 | 8520 |
| 深米黄 | | | | | 8521 |
| 铁　锈 | | | | | 8524 |
| 浅　棕 | D | 1528 | 5528 | 7528 | 8528 |
| 深　棕 | E | 1531 | 5531 | 7531 | 8531 |
| 浅　灰 | B | 1601 | 5601 | | 8601 |
| 深　灰 | B | 1602 | 5612 | 7612 | 8612 |
| 铁　灰 | C | 1611 | | | |
| 青　灰 | | | | 7615 | |

| 色　泽 | 类　别 | 异质毛细绒线 | 毛黏粗绒线 | 毛腈绒线 | 腈纶膨体线 |
|---|---|---|---|---|---|
| 灰　色 | C | 1617 | 5618 | 7618 | 8619 |
| 墨　灰 | C | 1620 | 5620 | 7620 | 8620 |
| 黑　色 | E | 1622 | 5622 | 7622 | 8622 |

注　表中使用轻重克是按全毛品种分类，其他品种按色号分类供参考。由于品种不同，上色也不同，应按实际情况按色使用轻重克。

# 第四节　捻度

捻度与绒线和针织绒线的服用性能关系很密切，与纺纱难易也有关系。捻度的设计主要应考虑成品的服用性能。绒线和针织绒线的服用性能、地区习惯和市场要求也不尽相同，可参考表6-8-8。

表6-8-8　绒线和针织绒线的参考捻度

| 原　料 | 成品名义支数 | 单纱公支捻系数 | 合股捻度为单纱的百分数（%） |
|---|---|---|---|
| 一、二级毛 | 7.5/4 ~ 8.5/4 | 65 ~ 70 | 60 ~ 65 |
| 三、四级毛 | 6.0/4 ~ 7.5/4 | 60 ~ 65 | 60 ~ 65 |
| 56支、58支毛 | 8.0/4 ~ 8.5/4 | 55 ~ 60 | 60 ~ 65 |
| 50支、48支毛 | 7.0/4 ~ 7.5/4 | 55 ~ 60 | 60 ~ 65 |
| 膨体腈纶 | 7.5/4 ~ 8.5/4 | 60 ~ 70 | 60 ~ 65 |
| 64支、60支、一级毛 | 14/4 ~ 20/4 | 60 ~ 70 | 50 ~ 55 |
| 膨体腈纶 | 14/4 ~ 18/4 | 60 ~ 70 | 50 ~ 55 |
| 64支、一级毛 | 20/2 ~ 36/2 | 60 ~ 70 | 50 ~ 65 |
| 膨体腈纶 | 20/2 ~ 36/2 | 60 ~ 70 | 55 ~ 65 |

注　1. 毛腈混纺也可参考本表，或者选择较低的捻系数。

2. 在表列范围内或范围附近，成品名义支数较低的，应选择较高的捻系数。

3. 细纱纺纱捻度=单纱公支捻系数 $\times \sqrt{名义支数} \times$（1-染整缩轨）。

# 第九章　精纺新设备与新技术

## 第一节　B413型混条机

### 一、主要技术特征（表6-9-1）

表6-9-1　B413型混条机的主要技术特征

| 项　目 | 主要技术特征 | 项　目 | | 主要技术特征 |
|---|---|---|---|---|
| 机型 | 双头角尺双区牵伸；主要由B412型混条机（成球组件除外）和B424型高速链条针梳机（圈条和喂入架组件除外）加上混条组件、减速装置、同步传动机构及自动落球装置组成 | 电动机型号及功率 | 双速电动机 | $JDO_3-T-112L-6/4/2$，2/2.0/3.2kW，950/1450/2900r/min |
| 喂入形式 | 20只毛球，两组纵列式喂入架 | | 自动成球电动机 | $JO_3-801-4$，0.75kW，1410r/min，两台 |
| 出条形式 | 单独成球(最大尺寸$\phi 500 \times 330$mm) | | 齿轮泵电动机 | AI-5624($T_2$)，120kW，1340r/min |
| 出条速度 | 80~120m/min，前区最高落针数为4000次/min | | 喷雾器电动机 | JW4512($T_2$)，25kW，2700r/min |
| 占地面积（$m^2$） | 22 | | 吸风电动机 | AI-7132($T_2$)，0.75kW，2700r/min |

### 二、工艺参数（表6-9-2）

表6-9-2　B413型混条机的工艺参数

| 项　目 | 工艺参数 | 项　目 | 工艺参数 |
|---|---|---|---|
| 适纺原料 | 平均长度为60~120mm，最长不超过220mm | 最大喂入根数 | 20只球 |
| 双区牵伸 | 后区（交叉螺杆针板梳箱）牵伸倍数为3.5~7.5倍（八档），前区（交叉链条针棒梳箱）牵伸倍数为3.0~6.0倍（三十档） | 加和毛油方法 | 采用离心式喷雾器，最大喷液量为80g/min |
| 针板规格 | 10针/2.54cm×193mm×77支，梳针规格PWG#16/22扁针（后区） | 出条重量 | 15~30g/m |
| 针棒规格 | $\phi 2.5$mm×250mm×101支，梳针规格PWG#16圆针，全长20mm（前区） | | |

# 第二节 高速链条针梳机和双皮圈大牵伸粗纱机

## 一、B424型、B424A型、B433型、B443型链条针梳机

### （一）主要技术特征（表6-9-3、图6-9-1）

表6-9-3 B424型、B424A型、B433型、B443型链条针梳机的主要技术特征

| 型 号 | B424型 | B424A型 | B433型 | B443型 |
|---|---|---|---|---|
| 喂入方式 | 条筒喂入（$\phi 600 \times 900$） | 毛球喂入（$\phi 450 \times 380$） | 条筒喂入 | 条筒喂入 |
| 最大喂入重量(g/m) | 200 | 200 | 200 | 150 |
| 并合根数 | 12 | 10 | 12 | 12 |
| 梳理方式 | 链条式 | 链条式 | 链条式 | 链条式 |
| 链条或螺杆规格 | 单排叠片链 | 单排叠片链 | 单排叠片链 | 单排叠片链 |
| 针棒或针板 | 针棒 | 针棒 | 针棒 | 针棒 |
| 针棒或针板数量 | 上下各62根 | 上下各62根 | 上下各62根 | 上下各62根 |
| 针号×针长(mm) | $16^{\#} \times 20$ | $16^{\#} \times 20$ | $18^{\#} \times 20$ | $18^{\#} \times 20$ |
| 针棒、针板打击次数(次/min) | 2300～3250 | 2300～3250 | 2300～3250 | 2300～3250 |
| 牵伸倍数 | 5.2～10.7 | 5.2～10.7 | 5.2～10.7 | 5.2～10.7 |
| 前罗拉规格(mm) | 大$\phi 67 \times 260$ 小$\phi 24 \times 260$ | 大$\phi 67 \times 260$ 小$\phi 24 \times 260$ | 大$\phi 67 \times 260$ 小$\phi 24 \times 260$ | 大$\phi 67 \times 260$ 小$\phi 24 \times 260$ |
| 后罗拉规格(mm) | $\phi 53 \times 260$ | $\phi 53 \times 260$ | $\phi 53 \times 260$ | $\phi 53 \times 260$ |
| 出条速度(m/min) | 120～200 | 120～200 | 出条重量为8～12g/m | 出条重量为4～6g/m |
| 圈条：头×筒×根 | $1 \times 1 \times 1$ | $1 \times 1 \times 1$ | $1 \times 2 \times 2$ | $1 \times 2 \times 4$ |
| 自调匀整装置 | 无 | 机械式±20% | 无 | 无 |
| 外形尺寸（长×宽×高）(mm) | $5483 \times 1168 \times 1941$ | $4929 \times 1235 \times 1941$ | $5563 \times 1490 \times 1941$ | $5378 \times 1263 \times 1946$ |
| 电动机型号和功率 | JO$_3$100S-4（左），2.2kW，1台；A1-7132，0.75kW，1台 | | | |

注 B433型、B443型的主要技术特征与B424型基本相同。

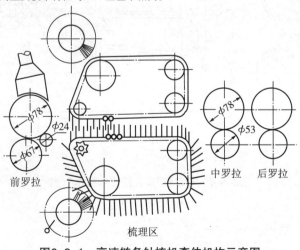

图6-9-1 高速链条针梳机牵伸机构示意图

## （二）工艺数据（表6-9-4）

**表6-9-4 链条针梳机的工艺数据**

| 项　　目 | 工艺数据 | 项　　目 | 工艺数据 |
|---|---|---|---|
| 出条速度（m/min） | 120～200 | 后区牵伸（倍） | 1～2 |
| 针排进入毛条次数（次/min） | 2300～3250 | 前区梳理牵伸（倍） | 5～9.33 |

链条针梳机进出条参考数据见表6-9-5。

**表6-9-5 链条针梳机进出条参考数据**

| 型号 | 每头最大喂入量 | | 出条重量（g/m） | 头数 | 筒数 | 条数 | 条筒直径（mm） |
|---|---|---|---|---|---|---|---|
| | g/m | 根 | | | | | |
| B424型（头道） | 200 | 12 | 15～30 | 1 | 1 | 1 | 600 |
| B433型（二道） | 200 | 12 | 8～12 | 1 | 2 | 2 | 600 |
| B443型（三道） | 150 | 12 | 4～6 | 1 | 2 | 4 | 400 |

## 二、B471型双胶圈粗纱机（图6-9-2）

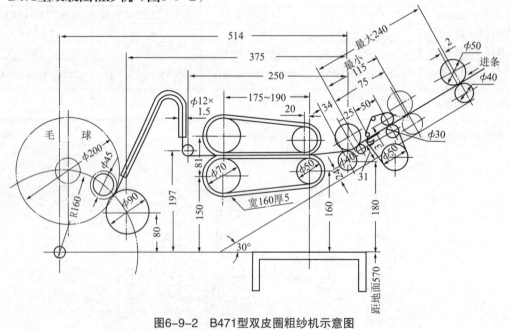

图6-9-2 B471型双皮圈粗纱机示意图

## （一）主要技术特征（表6-9-6）

表6-9-6　B471型双胶圈粗纱机的主要技术特征

| 项　目 | 主要技术特征 | | 项　目 | 主要技术特征 |
|---|---|---|---|---|
| 头数 | 10头，20球，40根，头距520mm | | 形式 | 卷绕滚筒只转动不游动，塑料导纱管用椭圆齿轮往复游动 |
| 喂入 | 单层双排喂入架条筒喂入，条筒$\phi 40 \times 900$mm | 卷绕 | 卷绕滚筒规格（mm） | $\phi 90 \times 225$ |
| 牵伸 | 单区双胶圈滑溜牵伸　罗拉座倾角30° | | 导纱管动程（mm） | 190 |
| | 罗拉直径（mm）　前罗拉40和25，后罗拉40 | | 纱管规格（mm） | 外径45，内孔25，长230 |
| | 前后胶辊直径（mm）　50（丁腈橡胶包覆） | | 清洁装置 | 在前罗拉、胶辊、下胶圈处有吸尘装置 |
| | 胶圈罗拉直径（mm）　30 | | 自停装置 | 有喂条断头、出条断头等自停和安全自停等装置 |
| | 胶圈规格（mm）　内周长$88\pi$（下），$55\pi$（上）；宽50，厚1~1.5 | | 外形尺寸（长×宽×高）（mm） | 6767×2745×2055 |
| 加捻 | 搓皮板往复搓捻动程（mm）　15~33 | 电动机 | 主电动机 | JFO$_2$51B-4，6.5kW，1440r/min（左手） |
| | 皮板规格（mm）　上内周长508，宽160，厚5 | | 吸尘用电动机 | JO$_3$801-2-F$_2$，1.1kW，2840r/min |
| | 下内周长548，宽160，厚5 | | | |

## （二）工艺数据（表6-9-7）

表6-9-7　B471型双胶圈粗纱机的工艺数据

| 项　目 | 工艺数据 | 项　目 | 工艺数据 |
|---|---|---|---|
| 并合数 | 2 | 成球尺寸（mm） | $\phi 200 \times 190$mm |
| 喂入重量（g/m） | 8~12 | 前罗拉速度（m/min） | 有40~80，50~100，60~120三档 |
| 出条重量（g/m） | 0.5~1.2 | 皮板往复速度（次/m） | 一般为7~9，最高13 |
| 牵伸倍数（倍） | 6~30 | | |

## 三、前纺工艺

### （一）B424型、B433型、B443型链条针梳机

速度一般为180~200m/min。

#### 1. 牵伸（表6-9-8）

进入针板时的牵伸接近于1，前罗拉至圈条辊的张力牵伸为1~1.05。

表6-9-8 链条针梳机的牵伸倍数

| 原料 | 前区（前罗拉与中罗拉） | 后区（中罗拉与后罗拉） |
|---|---|---|
| 羊毛 | 6～8 | 1.5以下 |
| 化学纤维 | 6～8 | 1.8～2 |

B433型与B443型一般只用单区牵伸。

2. 隔距

前隔距为前小罗拉与胶辊的切点到针的距离，加工化学纤维时为50～55mm，加工羊毛时为35～50mm；后隔距，加工化学纤维时为130～140mm，加工羊毛时为交叉长度再加5～10mm。

3. 罗拉加压（表6-9-9）

表6-9-9 链条针梳机的罗拉加压

| 罗拉加压 | B424型 | B433型、B443型 |
|---|---|---|
| 前（N） | 3432 | 2942 |
| 中（N） | 2942 | 2942 |
| 后（N） | 2746 | 2452 |

## （二）B471型粗纱机

（1）速度一般为80m/min。

（2）牵伸倍数。加工羊毛在12倍以下，毛混纺在15倍左右，加工化学纤维以18～24倍较好。胶圈与后罗拉速比在1左右。

（3）隔距。指前小罗拉与胶辊的切点到胶圈小罗拉的中心。加工羊毛时为25～30mm，加工化学纤维时为30～35mm。前后罗拉中心距，加工羊毛时在交叉长度与最大长度之间，加工化学纤维时，为交叉长度加10～20mm，约为140mm。中胶辊中凹2.5mm。

（4）罗拉加压。前罗拉为588～686N，后罗拉为588N，中罗拉为13.7～23.5N。

（5）搓捻次数为7.5次/m。

## （三）工艺举例

链条针梳机与B471型粗纱机配套的前纺工艺举例见表6-9-10。

表6-9-10 链条针梳机与大牵伸粗纱机配套前纺工艺

| 编号 | 机型 | 并合数 | 牵伸倍数（倍） | 出条重量（g/m） | 原料 |
|---|---|---|---|---|---|
| 1 | B424型 | 5 | 7.5 | 16 | 白改良细毛一级45%、原液染色黑涤纶55%，混梳条，纺20tex（50公支）纱 |
| | B433型 | 3 | 6 | 8 | |
| | B443型 | 3 | 6.4 | 3.75 | |
| | B471型 | 2 | 15 | 0.5 | |

续表

| 编号 | 机型 | 并合数 | 牵伸倍数（倍） | 出条重量（g/m） | 原料 |
|---|---|---|---|---|---|
| 2 | B424型 | 5 | 8.1 | 13.7 | 条染复精梳3.33 dtex涤纶65%、3.33dtex黏胶纤维35%，纺20tex（50公支）纱 |
| | B424型 | 6 | 8.1 | 10.2 | |
| | B433型 | 5 | 7.1 | 7.1 | |
| | B443型 | 4 | 6.12 | 6.64 | |
| | B471型 | 2 | 18 | 0.5 | |
| 3 | B424型 | 4 | 7.1 | 13 | 66支国毛纺19.4tex（51.5公支）纱 |
| | B424型 | 4 | 7.1 | 7.32 | |
| | B433型 | 3 | 6.16 | 3.57 | |
| | B443型 | 4 | 6.16 | 2.32 | |
| | B471型 | 2 | 12 | 0.387 | |

# 第三节　自捻法纺纱

自捻法纺纱是近年来出现的新型纺纱工艺。自捻法纺纱过程如图6-9-3所示。

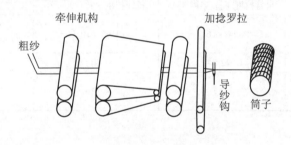

图6-9-3　自捻法纺纱示意图

两根粗纱条经双胶圈牵伸机构牵伸，再由一根摆动和旋转的加捻罗拉交替加以S捻和Z捻。两根加捻后的纱条在导纱钩处汇合，并自行捻合形成一根相当稳定的自捻纱。这种双股的自捻纱再经过传统的捻线机或倍捻机加上适当的捻度就是一根稳定的双股线。这种双股线与传统的纱线具有不同的结构，可加工成各种线经线纬的织物或针织物，其外观和各项物理指标，与用传统的纱线织制的织物大致相近。

## 一、B501型自捻纺纱机的主要技术特征（表6-9-11）

表6-9-11　B501型自捻纺纱机的主要技术特征

| 项　　目 | 主要技术特征 |
|---|---|
| 形式 | 双面10头 |
| 头距 | 180mm |

| 项　目 | 主要技术特征 |
|---|---|
| 适纺细度 | 50～16.7tex（20～60公支） |
| 喂入形式 | 粗纱架双层吊锭式，粗纱间距190mm（单根10只弱捻粗纱$\phi$120mm×200mm，或双根10只搓捻粗纱$\phi$200mm×190mm） |
| 牵伸形式 | 三罗拉双区牵伸 |
| 搓辊形式 | 双悬臂梁软轴传动 |
| 卷绕形式 | 双面侧下，弹簧加压，槽筒卷绕 |
| 出条速度 | 100～200m/min |
| 牵伸倍数（倍） | 前区7～35，采用齿轮变换箱，140档，级差1.5%；后区6档，调换齿轮；搓辊与前罗拉间张力牵伸分7档 |
| 外形尺寸（mm） | 3350×820×1800 |
| 电动机型号和功率 | JO$_2$-3.2-4，1.1kW；FW-11A-2Y，0.37kW |

## 二、工艺举例（表6-9-12）

表6-9-12　自捻纺纱工艺举例

| 原　料 | 自捻捻度（捻/半周期） | 捻线捻度（捻/10cm） | 纺纱细度 |
|---|---|---|---|
| 三、四级西宁毛 | 14～16 | 19.5～10.5 | 50tex×2（20公支/2）长毛绒用纱 |
| 涤纶55%，国毛45% | 22.8 | 50 | 20tex×2（50公支/2） |
| 10dtex（9旦）涤纶50%，3.33dtex（3旦）氯纶50% | 17.7 | 22 | 38.5tex×2（26公支/2）长毛绒用纱 |

# 第四节　花式线

　　花式线是指与条干粗细均匀一致的普通纱线相比较有不同的外观形态、风格特殊、结构异形或色彩别致的纱线。花式线可用多种不同纤维纺制成单纱、股线、条子或长丝在花色捻线机上加工制成；也可在经改装后的一般纺纱和加捻设备上纺制而成，但用此类设备纺制的花式线其质量要差些，效率也低。花式线用途广泛，可作为手编、机织以及家用饰物、服饰及窗帘等方面的用纱。

## 一、花式线分类

### （一）超喂型花式线（包括纤维型和纱线型）

　　在纺制过程中，加捻区的饰线输送速度比花线输送速度快，从而形成各类花式效应，诸如多色花线、波纹线、圈圈线、小辫子线和毛虫线等。

## （二）控制型花式线（包括纤维型和纱线型）

在纺制过程中控制饰线和芯线的输送速度，使其有规律或无规律地增快、减速甚至打顿，从而产生周期性的或不规则性的花式效应，诸如印花线、竹节线、结子线、毛虫线、圈圈线和组合式花式线等。

## （三）特种花式线

有别于上述两类或用特种花式线设备所生产的花式线，诸如包芯线、羽毛线（拉毛线）和立绒线等。

各种花式线的图形如图6-9-4所示。

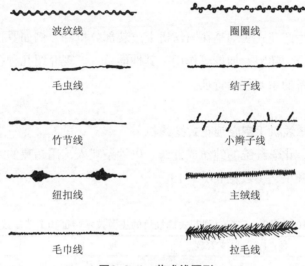

| | |
|---|---|
| 波纹线 | 圈圈线 |
| 毛虫线 | 结子线 |
| 竹节线 | 小辫子线 |
| 纽扣线 | 主绒线 |
| 毛巾线 | 拉毛线 |

图6-9-4 花式线图形

## 二、花式线构成

花式线一般由芯线、饰线和加固线三部分构成（图6-9-5），也有仅用芯线及饰线组成的。

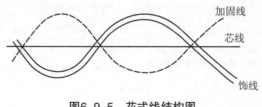

图6-9-5 花式线结构图

## （一）芯线

芯线为基础线，处于式线的中心，为承受张力的主体。可用不同原料纺成的各种纱支的纱线，一般其特数应小于饰线的特数。必须调节好喂入张力，才能突出饰线的花式效应。

## （二）饰线

饰线是花式线中起花式效应的主要部分。原料可多样化，并可按要求配以不同的多种颜色。既可用纱线，也可用粗纱或条子喂入纺制，包绕在芯线外面。由于不同的超喂量、捻度及间隔，可形成不同的花式结构。

## （三）加固线

包覆在芯线和饰线外的周围，起固定花式效应的作用，原料以锦纶长丝较为适合，也可用其他纱线。

## 三、花式捻线机

20世纪60年代前生产花式线均是在旧纺机上改装部分机件，例如罗拉开槽、加装偏心凸轮等，实现纺纱、并合、超喂、加捻等作用，其性能单一。现介绍几种引进的国外花式线生产设备和国产定型设备的主要技术特征。

## （一）FB761型花式捻线机（空心锭花式捻线机）

该机用于棉、毛、化学纤维的纯纺或混纺，以纱条喂入，用超喂的方式纺制圈形花式纱线，其主要技术特征和工艺参数见表6-9-13。

表6-9-13　FB761型花式捻线机的主要技术特征和工艺参数

| 项　　目 | | 技术特征和工艺参数 | 项　　目 | | 技术特征和工艺参数 |
|---|---|---|---|---|---|
| 锭距（mm） | | 350 | 输出罗拉直径（mm） | | 40 |
| 锭数 | | 16 | 锭子 | | 空心锭杆锭子 |
| 适纺化学纤维长度（mm） | | 30～150 | 捻向 | | Z或S |
| 纺纱细度[tex（公支）] | | 20～2000（50～0.5） | 锭速（r/min） | | 最高20000 |
| 牵伸形式 | | 三罗拉双胶圈螺旋弹簧摇架加压 | 纱线输出速度（m/min） | | 最高120 |
| 牵伸倍数 | | 6～50 | 喂入形式 | | 条子放在条筒内，粗纱采用吊锭支撑，基纱筒子用筒子架支撑 |
| 上罗拉直径（包覆后）（mm） | | 前50，中48，后50，基纱罗拉50 | 卷绕筒子尺寸（mm） | | $\phi 26 \times \phi 62 \times 168$ |
| 下罗拉直径（mm） | | 前40，中30，后32，基纱罗拉40 | 断头吸入及穿纱装置 | | 每锭有支管式断头吸入装置，每台车附有穿纱气枪 |
| 罗拉加压（N/两锭） | 前 | 196，265，343 | 电动机 | 输出罗拉、基纱罗拉和槽筒传动 | 1.5kW直流电动机 |
| | 中 | 88，118，147 | | 牵伸传动 | 3.3kW直流电动机 |
| | 后 | 196，245，294 | | 锭子传动 | 8.7kW直流电动机 |
| | 基纱罗拉 | 88，118，147 | | 吸风传动 | 2.2kW直流电动机 |

续表

| 项　　目 | 技术特征和工艺参数 | 项　　目 | 技术特征和工艺参数 |
|---|---|---|---|
| 罗拉隔距（mm） | 前～中105，中～后57，后～基61 | 机器主要尺寸（mm） | 前罗拉中心高995 |
| | | | 槽筒中心高1575 |
| | | | 机高 2270 |
| | | | 机宽（包括纱架）3215 |
| | | | 机长7055 |

## （二）FB762型花式捻线机

该机适用于天然纤维、化学纤维的各种纯纺纱线和混纺纱线纺制超喂型、控制型和复合型的各种花式线，特别适用于毛纺业纺制各种花式线，其主要技术特征见表6-9-14。

表6-9-14　FB762型花式捻线机的主要技术特征

| 项　　目 | 主要技术特征 | 项　　目 | | 主要技术特征 |
|---|---|---|---|---|
| 锭距（mm） | 150 | 锭子型号 | | D2601型 |
| 锭数 | 104 | 喂入纱线细度 | tex | 50～166.7 |
| | | | 公支 | 6～20 |
| 钢领直径（mm） | 粉末冶金竖边钢领，边高16.8，内径112 | 喂入形式 | | 各种混纺毛型粗纱，纯毛粗纱，各种毛纱和混纺纱 |
| 升降动程（mm） | 380 | 电磁离合器 | | DDL1～5单片干式摩擦离合器 |
| 罗拉直径（mm） | 前罗拉40，中罗拉30，后罗拉40前中罗拉中心距调节范围50～120 | 电磁制动器 | | DDZ1～5单片电磁制动器 |
| 锭子转速（r/min） | 460～4500，在此范围内无级调速 | 电动机 | | 主电动机11kW，钢领板升降电动机，0.551kW |
| 捻度（捻/m） | 110～1200 | 外形尺寸（长×宽×高）(mm) | | 10205×1740×2261 |
| 捻向 | Z或S | 全机重量（t） | | 6 |
| 罗拉速比 | 3.17～0.315 | | | |

## （三）FB751型绳绒机

该机用于将绒头纱切割成短绒，然后夹入两股芯线中，通过锭子纺成绳绒线，其主要技术特征见表6-9-15。

表6-9-15　FB751型绳绒机主要技术特征

| 项　　目 | 主要技术特征 | 项　　目 | 主要技术特征 |
|---|---|---|---|
| 形式 | 切割，下行，单面，环锭卷绕 | 罗拉线速度(m/min) | 4.04～13.57 |
| 锭数 | 12 | 适纺绳绒线直径(mm) | φ2～5 |
| 锭距（mm） | 200 | 捻向 | 芯绒 S 向，绒头 Z 向 |
| 锭速（r/min） | 2655～4360 | 传动方式 | 每2锭单独电动机传动，升降部分由一只电动机传动 |

续表

| 项　目 | 主要技术特征 | 项　目 | 主要技术特征 |
|---|---|---|---|
| 钢领（mm） | 粉末冶金竖边钢领，$\phi$112，边高29.4 | 外形尺寸<br>（长×宽×高）（mm） | 3030×2550×1825<br>（包括筒子架） |
| 升降动程<br>（mm） | 380 | 电动机型号和功率 | JW7114，0.37kW，6台；FW12-6（D），0.37kW，1台 |
| 罗拉直径<br>（mm） | $\phi$34 | | |

## 四、花式线生产

### （一）空心锭花线机生产花式线

空心锭花线机是将纺纱、调色、加捻、络筒等几个不同工序组合在同一机台上完成。其生产过程如图6-9-6所示。

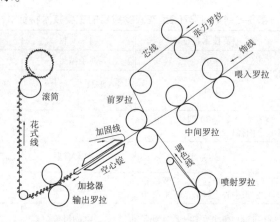

**图6-9-6　空心锭花线机生产花式线的过程**

芯线经张力罗拉通过前胶辊的沟槽和空心锭进入输出罗拉，其输出速度受输出罗拉的控制。饰线（纤维或纱线）以高于输出罗拉的速度由前罗拉输出，形成"超喂"。不同的超喂量及捻度可形成不同的花式效应。花式的间距、前胶辊沟槽的宽度及芯线的张力等因素都对最终花式的形成有很大的影响。

当用条子或粗纱纺制花式线时，必须通过牵伸机构或增用喷射罗拉注入调色线纺成饰线。当用纱线纺制花式线时，可不经后、中罗拉而只通过前罗拉，作为饰线与芯线连同加固线同时从空心锭中穿过，经加捻器加捻后通过输出罗拉卷绕成筒。生产各种花式线时各罗拉速度的控制情况见表6-9-16。

**表6-9-16　生产各种花式线时各罗拉速度的控制**

| 传动部分 | 圈圈线、波纹线 | 纽扣线 | 印花线 | 竹节线 | 组合花式线 |
|---|---|---|---|---|---|
| 输出罗拉 | 恒速 | 变速 | 恒速 | 恒速 | 变速 |
| 锭子 | 恒速 | 恒速 | 恒速 | 恒速 | 变速 |
| 前罗拉 | 恒速 | 恒速 | 变速 | 恒速 | 变速 |

续表

| 传动部分 | 圈圈线、波纹线 | 纽扣线 | 印花线 | 竹节线 | 组合花式线 |
|---|---|---|---|---|---|
| 后罗拉 | 恒速 | 变速 | 变速 | 变速 | 变速 |
| 喷射罗拉 | 恒速 | 变速 | 变速 | 变速 | 变速 |

### （二）环锭花线机生产花式线

环锭花线机生产花式线分成两道工序。

（1）饰线和芯线初次合股加捻，饰线的输出速度大于芯线，连续或间歇的超喂量使饰线包绕在芯线周围，初步形成不同的花式效应。

（2）用一根初次合股加捻后的饰线与芯线再次合股加工反捻，如此形成结构稳定的花式线，然后再摇绞或倒筒。

## 五、工艺举例（表6-9-17）

表6-9-17　花式线生产工艺举例

| 花型 | 喷射罗拉速度(m/min) | 后罗拉速度(m/min) | 前罗拉速度(m/min) | 锭速(r/min) | 输出罗拉速度(m/min) | 花式长度(mm) | 花式间距(mm) | 喂入原料 | | |
|---|---|---|---|---|---|---|---|---|---|---|
| | | | | | | | | 芯线 | 饰线 | 加固线 |
| 圈圈线 | 0 | 5.25 | 74 | 10000 | 35 | — | — | 38.5tex×2(26公支/2)腈纶膨体纱 | 55.5、8.89tex仿马海毛腈纶粗纱 | 77.8dtex/18F锦纶长丝 |
| 纽扣线 | 0 | 3.25~6 | 30 | 4000 | 30~0 | 180~250 | 333~500 | 38.5tex×2(26公支/2)腈纶膨体纱1根 | 55.5、8.89tex仿马海毛腈纶粗纱2根 | 77.8dtex/18F锦纶长丝 |
| 竹节线 | 0 | 8~16 | 60 | 8000 | 60 | 165~200 | 500~800 | 38.5tex×2(26公支/2)腈纶膨体纱1根 | 33.3dtex腈纶有色纱2根 | 77.8dtex/18F锦纶长丝 |
| 波纹线 | 0 | 10 | 90 | 14000 | 60 | — | — | 77.8tex/18F锦纶长丝2根 | 1根64支毛粗纱，1根33.3dtex腈纶粗纱 | 77.8dtex/18F锦纶长丝 |
| 纽扣线 | 0 | 0 | 30 | 6000 | 30~0 | 150 | 285~495 | 38.5tex×2(26公支/2)腈纶膨体纱1根 | 38.5tex×2(26公支/2)腈纶膨体纱2根 | 77.8dtex/18F锦纶长丝 |
| 印花线 | 0 | 0 | 50~100 | 11000 | 50 | 185~240 | 400~800 | 38.5tex×2(26公支/2)腈纶膨体纱1根 | 38.5tex×2(26公支/2)腈纶膨体纱3根 | 77.8dtex/18F锦纶长丝 |
| 竹节线 | 0~8 | 5 | 60 | 9000 | 60 | 160 | 800 | 38.5tex×2(26公支/2)腈纶膨体纱1根 | 1根64支毛粗纱，1根33.3dtex腈纶粗纱 | 77.8dtex/18F锦纶长丝 |
| 组合型 | 0~30 | 4~10 | 30~70 | 4500 | 0~8 | 纽扣80~100竹节150~200印花180~260 | 250~550 | 38.5tex×2(26公支/2)腈纶膨体纱1根 | 腈纶粗纱2根 | 77.8dtex/18F锦纶长丝 |

# 第五节　电子清纱器

## 一、种类与特点

### 1. 光电式

利用光源检测纱疵的投影，较接近于视觉，与纤维种类、温湿度无关，但色泽差异对其有一定的影响。造价较高，怕积灰尘，对扁平状纱疵易漏切。

### 2. 电容式

利用纱疵通过电极板时对电容量的改变进行检测。结构简单，造价较低，不怕振动，对扁平状纱疵不易漏切，但与纤维种类及温湿度有关。

## 二、工艺性能考核项目及计算公式

$$正切率 = \frac{正切根数}{正切根数 + 误切根数（包括空切）} \times 100\%$$

$$清除效率 = \frac{正切根数}{正切根数 + 漏切根数（包括空切）} \times 100\%$$

$$空切率 = \frac{空切根数}{正切根数 + 误切根数（包括空切）} \times 100\%$$

$$品质因素 = 正切率 \times 清除效率$$

$$正切率不一致系数 = \frac{各锭正切率均方差}{正切率算术平均数} \times 100\%$$

$$清除效率不一致系数 = \frac{各锭清除效率均方差}{清除效率算术平均数} \times 100\%$$

$$损坏率 = \frac{每月损坏锭数}{使用总锭数} \times 100\%$$

$$故障率 = \frac{每月故障锭数}{使用总锭数} \times 100\%$$

## 三、电容式多功能电子清纱器的技术参数

（1）清纱范围。按检测头型号适用于200~8tex（5~125公支）的棉、毛、丝、麻、化学纤维的纯纺或混纺纱。

（2）清除纱疵的范围（各分十档）（表6-9-18）。

表6-9-18　电容式电子清纱器清除纱疵范围

| 项目 | 灵敏度（粗度） | 参考长度（cm） |
| --- | --- | --- |
| 短粗节 | +80%~+300% | 1~16 |
| 长粗节 | +20%~+100% | 8~200 |
| 细节 | -20%~+80% | 8~200 |

（3）清除纱疵的准确率（表6-9-19）。

表6-9-19　电容式电子清纱器清除纱疵准确率

| 项　目　　　指　标 | 短　粗　节 | 长　粗　节 | 细　节 |
|---|---|---|---|
| 正切率（%） | >70 | >90 | >90 |
| 清除效率（%） | >70 | >90 | >90 |
| 品质因素 | ≥55 | | |
| 正切率不一致系数 | <20 | | |
| 清除效率不一致系数 | <20 | | |
| 空切率（%） | <4.5 | | |
| 年平均月损坏率（%） | <3 | | |
| 年平均月故障 | 启用三个月内小于5，三个月后小于3 | | |

（4）切刀寿命50万次。

（5）纱速为300～1500m/min（单机纱速覆盖范围为一倍）。

（6）锭组结构。主控箱有两种形式。统一设锭，带锭能力为60锭；或分两个单元分别设锭，各带30锭。

（7）稳定性。在环境温度为10～40℃，相对湿度小于85%的条件下，清纱器指标的偏离率小于15%。

## 四、电子清纱器使用注意事项

（1）根据坯布质量要求。清除3cm以上的有害纱疵，正确选用鉴别特性曲线。

（2）根据细纱纱疵情况和不同织物结构对毛纱的不同质量要求，合理选择设定范围。

（3）短粗节设定范围长度为3cm，截面增量为+200%，实际清除有害纱疵较多。长粗节根据各厂具体情况来设定。一般修补厘米数比原来可减少60%～70%，长粗节、长细节、飘头纱、多股纱的清疵效率可达90%以上。

（4）要注意加强定期和不定期的设备保养检修，并制度化，预防失效，这是发挥电子清纱器作用的关键。

（5）必须与纱线接头自动捻接器配套使用，才能更好地发挥其作用，减轻劳动强度，提高劳动生产力。

## 五、电子清纱器在后纺工序上的应用和配置

为了提高毛纱质量，减少坯布修补工时，改善呢绒产品质量，采用电子清纱器后，后纺传统工艺为并线—捻线—络筒，在厂房和设备的可能条件下，建议改造为筒并捻筒新工艺，即"单纱清疵络筒→高速并线→捻线（倍捻）"或者"单纱清疵络筒→并捻联合→络筒"。清疵方式有单纱清疵和股纱清疵，前者坯布呢面股线接头数一般要比后者少三分之一左右。考虑到各厂的现实条件，根据细纱纱疵情况、织物结构和成品质量要求，也可采用单纱清疵和股纱清疵两者相结合的方法。对于新建厂，以考虑单纱清疵较为合理。

# 第七篇　产品设计

# 第一章  精纺产品设计

## 第一节  概述

毛织物设计是毛纺生产的关键工作之一，它一方面要以服装为立足点，把握市场的需求；另一方面要从工厂的实际生产条件和原料供应出发，为市场提供适销的产品，通过设计工作把企业和市场联系起来。

在市场需求方面，设计要考虑织物重量、原料线密度、纱线线密度、织物组织、密度、色彩、呢面风格等方面。在工厂生产条件方面，设计要考虑原料准备、纺纱特数范围、织坯质量、染整适应性等因素。

要设计一件好的产品，设计人员一定要结合国际流行趋势和流行色，根据市场的销售需求，设计出更价廉物美、适销市场的产品。

### 一、产品的风格特征

精纺产品可分四大类。

常规产品类：素色织物，以匹染为主，如哔叽、啥味呢、华达呢、凡立丁、派立司、贡呢等。

花呢类：花色织物，以条染为主，如薄型花呢、中厚花呢、厚花呢、马裤呢、巧克丁等。

女衣呢类。

其他类：不属于以上三类的织物，如旗纱、服装衬里（黑炭衬）、家具布、窗纱等。

现将精纺呢绒主要品种的风格特征介绍如下。

#### 1. 哔叽

纹织物，常用 $\frac{2}{2}$ 右斜纹组织，自织物左下角斜向右上角，角度约45°，经密稍大于纬密。织物重量为：薄哔叽150～195g/m²，中厚哔叽240～290g/m²，厚哔叽310～390g/m²。哔叽呢面光洁平整，光泽柔和，纹路清晰，紧密适中，悬垂性好，常用白坯匹染，以藏青色为主。适用于学生服、军服和男女套装。

#### 2. 啥味呢

混色斜纹织物，常用 $\frac{2}{2}$ 斜纹组织，织物紧密适中，与哔叽相似。织物重量为190～320g/m²，一般经缩绒整理，呢面有短而均匀的绒毛，织纹隐约可见。啥味呢是条染产品，若混用一定比例的印花毛条，则混色效果更为和谐匀净。适用于裤料和春秋季便装。

### 3. 华达呢

该织物为有一定防水性的紧密斜纹织物，也称"轧别丁"。织物表面呈现陡急的斜纹条，角度约63°，属右斜纹，常用 $\frac{2}{2}$ 斜纹组织，重170～320g/m²。质地轻薄的用 $\frac{2}{1}$ 斜纹组织，称"单面华达呢"，重150～290g/m²。质地厚重的用缎背组织，称"缎背华达呢"，重190～380g/m²。华达呢呢面平整光洁，织纹纹路清晰，细致饱满，手感挺括结实，色泽多为素色，也有闪色和夹花等。华达呢的经密约为纬密的2倍，经向强力较高，坚牢耐用，但穿着后长期受摩擦的部位因纹路被压平，容易形成极光。适用于风雨衣、制服、便装等。

### 4. 凡立丁

轻薄型平纹织物，用纱较细，纱线捻度较大，织物重170～200g/m²。织纹清晰，呢面平整光洁，手感滑爽，透气性好，多为素色。适于做夏令服装。

### 5. 派立司

轻薄型混色平纹织物，经纱一般用股线，纬纱用单纱，织物重量轻于凡立丁，为140～160g/m²。派立司以混色中灰、浅灰、深米等为主色，为条染产品，深浅色毛的色阶差距大，混和后，由于深色毛纤维分布不均匀，在浅色呢面上呈现不规则的深色雨丝纹，形成派立司独特的混色风格，呢面光洁平整，手感滑爽。适合于做夏令服装。

### 6. 贡呢

中厚型缎纹织物。呢面斜纹陡急，角度在75°左右的称"直贡呢"；呢面斜纹平坦，角度在15°左右的称"横贡呢"。直贡呢为主要品种。直贡呢是经面织物，采用五枚加强缎纹组织，也可把它看作是 $\frac{3}{2}$ 飞数为2的急斜纹，经密是纬密的1倍左右，经纬纱线常用股线，也有纬纱用单纱的，重190～350g/m²。呢面光洁平整，斜纹清晰细密，手感挺括滑糯，富有光泽，常匹染成黑色，黑色的直贡呢又称"礼服呢"。除黑色外，还有其他各种深杂色、漂白色以及闪色和夹花等。适用于做礼服、男女套装和鞋面。

### 7. 驼丝锦

该织物为细洁紧密的中厚型织物。采用缎纹类组织，如四枚纬面缎纹（又称 $\frac{1}{3}$ 破斜纹）、五枚经面缎纹以及其他缎纹变化组织。重200～360g/m²。

驼丝锦所用原料较优，纱线较细，条染为主，采用光洁整理，成品呢面平整，织纹细致，不呈现较明显的斜条，光泽滋润，手感柔软，紧密而富有弹性，是一种高级毛织品，颜色以黑色为主，也有白色、灰色、藏蓝色等。常用作礼服、套装。

### 8. 色子贡

中厚型平素织物，又称"骰子贡"，采用加强缎纹组织（图7-1-1），图7-1-1（a）又称"斜方平"，也是"军服呢"所用的组织，重200～320g/m²，采用光洁整理，表面有清晰的网纹，构成细小的方形颗粒，织物紧密厚实，花纹细巧，光洁平整，弹性良好。适用于军服、套装等。$\frac{5}{1}\frac{1}{2}\frac{1}{2}$（飞数为2）组织，经密是纬密的1倍以上，经纱的浮线较长，经过光洁整理，织物表面呈现粗壮突出的斜条纹，凸纹斜度在63°～76°。有时，还在织物背面轻起毛，使手感丰满柔软，重约190～410g/m²。

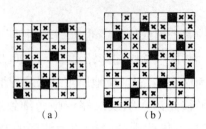

（a）　　　　（b）

图7-1-1　加强缎纹组织

### 9. 马裤呢

厚型急斜纹织物，采用变化急斜纹组织。马裤呢呢面光洁，手感厚实，坚牢耐磨，色泽以黑灰色、藏青色、深咖色、暗绿色等素色或混色为多，也有闪色、夹丝等。适用于大衣、制服、猎装裤料等。

### 10. 巧克丁

中厚型急斜纹织物，采用变化急斜纹组织，例如 $\frac{3\ 3\ 1\ 1}{1\ 1\ 2\ 1}$（飞数为2）等组织，每两根斜纹成一组，呢面与针织罗纹相似，用纱较细，经纱常用股线，纬纱常用单纱，重270~320g/m²。

巧克丁细洁紧密，呢面光洁平整，条纹清晰，以匹染素色为主。适用于男女便装、制服、风衣、西裤等。

### 11. 花呢

花呢是呢绒中花色变化繁多的品种，大多为条染产品。起花方法有纱线起花、组织起花、染整起花等。纱线起花常利用各种不同色彩和不同捻向的纱线以及各种不同的装饰嵌线，构成星点、条格等花型，采用花式纱线作装饰时花样更为别致。组织起花常利用平纹变化组织、斜纹变化组织、缎纹变化组织、各种联合组织及双层组织等织纹变化技巧，把色纱排列和织物组织结合起来，还可构成各种精美的几何图形。染整起花常利用印、染、整理等加工工艺制作花样。

花呢按原料分类，有纯毛、毛混纺、纯化学纤维三类。纯毛类除了采用绵羊毛外，还包括含有其他动物毛的花呢，如马海毛、驼绒、羊绒、兔毛、阿尔帕卡（Alpaca）、维柯纳（Vicuna）以及蚕丝等。毛混纺类中有毛黏花呢、涤毛花呢、毛涤黏三合一花呢等。纯化学纤维类中有涤黏花呢、涤腈花呢、纯涤纶花呢等。

花呢的呢面和手感风格分两类：一类呢面光洁，采用光洁整理，织纹清晰，光泽滋润，手感偏于紧密挺括；另一类呢面有绒毛，采用缩绒整理，织纹随缩绒程度的轻重而渐趋隐蔽，光泽柔和，手感偏于丰满柔糯。

花呢的主要品种有粗支平纹花呢、海力蒙、板司呢、单面花呢、凉爽呢、条花呢、格子花呢等。花呢适用于西装、便装、西裤等。

### 12. 单面花呢

单面花呢为双层平纹组织的中厚花呢，俗称"牙签条"花呢。经纱有两个系统，一作表经，一作里经，纬纱则上下换层，通过不同捻向纱线的合理配伍，正反面构成隐约的、不同粗细的条子、格子等花型。用纱较细，重200~310g/m²。有立体感，外观细洁而手感厚实，别具特色。适用于套装、上衣等。

### 13. 板司呢

板司呢为方平组织的花式织物，常用 $\frac{2}{2}$ 方平组织，重170～320g/m²。通常是条染色织的，并利用色纱与组织的配合构作花样，常见的有深浅对比满天星的"针点格"，梯形曲折的"阶梯花"，4个小花型联成的大方格（"格林格"）等。板司呢呢面平整，手感柔软、丰厚，滑糯而有弹性，花样精致细巧。适用于西装套、西裤等。

### 14. 海力蒙

海力蒙为破斜纹组织的花式织物，常用 $\frac{2}{2}$ 斜纹作基础组织，相邻两条斜纹的宽狭相同，斜向相反，在斜纹换向处相"切破"，恰如鲱鱼骨，呢面呈现宽度为0.5～2cm的纵向人字形纹路。重250～290g/m²，以色织为主，多用浅色经深色纬，使织纹更显清晰，海力蒙是传统的花呢，花样细洁，稳重大方。适用于西装套、西裤等。

### 15. 凉爽呢

凉爽呢为羊毛与涤纶混纺的薄花呢，又名"毛的确良"。以平纹组织为主，常用混和比例为涤纶55%，羊毛45%。重120～190g/m²。

凉爽呢轻薄、透凉、滑爽、挺括、弹性良好，褶裥持久，易洗快干，尺寸稳定，且有一定的免烫性，穿着舒适，坚牢耐用。适用于春夏季男女套装、裤料、衬衫等。

## 二、产品的传统花型

### （一）条子类

#### 1. 人字条

用倒顺斜纹构成人字形条子。

#### 2. 隐条

用捻向不同的经纱，排列成条，捻向不同，反光不同，隐现条子。

#### 3. 粉笔条

在黑色、藏青色、棕色、灰色等底色上，配以像粉笔画上去那样的等距的细条子，条子有白色或浅灰色的。

#### 4. 针点条

像针点那样细小的点子，连续成条。

#### 5. 密细条

利用色纱与组织相配合，每一种色经只与它同色的纬纱相交错，得到密而细的条子。如平纹组织，经纬都是1黑1白排列，黑经上提时，提在黑纬之上；黑经下沉时，沉在黑纬之下。由此得到极细密的黑白条子。类似的做法可推广到 $\frac{2}{1}$、$\frac{3}{1}$ 斜纹与 $\frac{2}{2}$ 方平等组织。

#### 6. 铅笔条

像铅笔画上去那样纤细的等距的条子，通常，条距比粉笔条稍窄，条子整齐明朗。

#### 7. 凸条

利用组织或粗嵌线构成的突起于织物表面的条子。

8. 小提花条

在地组织上用多臂机提出的小花纹构成的条子。

9. 缎条

在地组织上配以缎纹组织的条子，通常，条与地同色，利用缎纹组织的光泽对比，显出条子。

10. 稀密筘条

经纱穿筘稀密不同，排列成花式，织物因不同经密而呈现条子。

## （二）格子类

1. 棋盘格

像国际象棋的棋盘状方块小格，用两种色纱构成。

2. 窗框格

像窗框状长方形线条较纤细的格子。

3. 套格

在一只格子的底纹上，再加套另一只大小和颜色不相同的格子。

4. 格林格

一种由四小块组合起来的大格，通常用 $\frac{2}{2}$ 斜纹或方平组织，经纬向都用深浅不同的两种色纱，其排列为2深2浅重复12次接4深4浅重复6次，一个花型由96根经纱组成，纬纱排列与经纱相同，相互交织，构成四个独立对比、又相互联系的小块，组成一个大格。有的还可以配上各种色嵌线，构成有层次的套格。

5. 威尔士格

这是格林格的延伸，格林格色纱排列不对称，威尔士格是对称的，但通常多把威尔士格当做格林格的别称，两者不易细分。

6. 牧人格

用黑白两种色纱或用其他两种对比色色纱所组成的小方格子，经纬排列相同，如4深4浅、6深6浅或8深8浅，常用 $\frac{2}{2}$ 斜纹，花样大小在6.35mm（0.25英寸）左右。

7. 犬牙格

这是牧人格的一种，经纬都用4深4浅排列，组织用 $\frac{2}{2}$ 斜纹。犬牙格又称"鸡脚花"。

8. 隐格

用捻向不同的纱线，排列成格，利用捻向不同，反光不同，隐现的格子。

9. 苏格兰彩格

苏格兰氏族格纹。每一个氏族有其特定的格子，都是由多种色彩组合成的繁复的大套格，以红、绿、黑等为主调。

10. 塔特萨尔格

一种用两个颜色组成的简单的套格，通常用白地或对比色地，格子约3.23cm$^2$（0.5平方英寸）。

**11. 小米格**

细小的格子。

**12. 席纹格**

利用色纱与组织的配合，构成芦席编织状的格子。

## （三）其他

**1. 阶梯花**

利用色纱与组织的配合构成阶梯形花样，如 $\frac{2}{2}$ 斜纹组织，经纬都用1黑1白排列得阶梯花。这种花型的织物称之为"雪克斯金"。

**2. 斜条花**

采用变化的一顺斜纹组织，经纬用色彩对比明朗的色纱相配，可得到斜条花样。

**3. 鸟眼花**

利用色纱与组织的配合，如图7-1-2所示，经纬色纱排列采用2浅2深，可在深色底上显出浅色的小点子，犹如鸟眼。

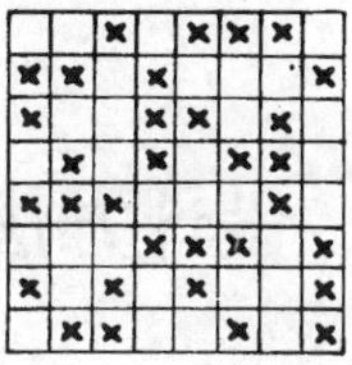

图7-1-2　鸟眼花组织

**4. 菱形花**

利用菱形斜纹组织或色纱与组织的配合得菱形花样。

## 三、产品编号方法（表7-1-1）

精纺呢绒产品编号由五位或六位数字组成。其编号方法是：第一位数字表示原料品质，如2—纯毛，3—毛混纺，7—纯化学纤维；第二位数字表示大类产品名称，如1—哔叽类/啥味呢类，2—华达呢类，3，4—中厚花呢类，5—凡立丁类，6—女式呢类，7—贡呢类，8—薄花呢类，9—其他类；第三、第四、第五、第六位数字表示产品顺序号，如26001表示纯毛女式呢第1号，371012表示毛涤混纺贡呢，第1012号。

表7-1-1　精纺呢绒产品统一编号表

| 品　　种 | 品　　类 | | | |
|---|---|---|---|---|
| | 纯毛 | 混纺 | 纯化学纤维 | 备注 |
| 1. 哔叽类<br>啥味呢类 | 21001～21500<br>21501～21999 | 31001～31500<br>31501～31999 | 41001～41500<br>41501～41999 | 1. 凡立丁类包括派立司<br>2. 贡呢类包括直贡呢、横贡呢、马裤呢、巧克丁、驼丝锦等 |
| 2. 华达呢类 | 22001～22999 | 32001～32999 | 42001～42999 | |

续表

| 品 种 | 品 类 | | | 备注 |
|---|---|---|---|---|
| | 纯毛 | 混纺 | 纯化学纤维 | |
| 3. 中厚花呢类 | 23001~24999 | 33001~34999 | 43001~44999 | |
| 4. 凡立丁类 | 25001~25999 | 35001~35999 | 45001~45999 | |
| 5. 女式呢类 | 26001~26999 | 36001~36999 | 46001~46999 | |
| 6. 贡呢类 | 27001~27999 | 37001~37999 | 47001~47999 | |
| 7. 薄型花呢类 | 28001~28999 | 38001~38999 | 48001~48999 | |
| 8. 其他类 | 29001~29999 | 39001~39999 | 49001~49999 | |

注 1. 混纺产品是指羊毛与化学纤维混纺或交织，如毛涤纶等。纯化学纤维产品指一种化学纤维或多种不同类型化学纤维的纯纺、混纺或交织的，如黏锦、黏涤等产品。

2. 若规格多，五位编号不够使用，可根据企业的实际情况合理制定后续的品号编制方法。

3. 一个品种如果有几个不同花型，可在品号后加一横线及花型的拖号，如21001-2、21001-3、21001（2）-2、21001（2）-3等，以此类推。

4. 全毛旗纱88001~88999，混纺旗纱89001~89999。

# 第二节　设计方法与步骤

## 一、原料选择

精纺毛织物是高档的衣着用料。当按照消费者的喜好确定了产品的品种和花色之后，在选用原料时，应从产品的风格要求、市场的零售价格、产品的服用性能、工艺的经济合理、设备的允许条件等方面综合考虑。

### （一）纯毛产品

一般选用原料时常偏重于可纺性能（表7-1-2）。原料的可纺性能（可纺线密度）一般用纱线的截面根数来衡量，对于目前常规的环锭纺纱线，合股纱线中单纱截面根数一般应在35根左右。

表7-1-2　按纺纱性能选用原料参考表

| 品 名 | 纱线 | | 选用原料细度（μm） |
|---|---|---|---|
| | 线密度（tex） | 公支 | |
| 哔叽 | 12×2 | 84/2~86/2 | 17.5 |
| 啥味呢 | 13×2~14×2 | 72/2~76/2 | 18.5 |
| 啥味呢 | 17×2~21×2 | 48/2~60/2 | 21或21，50%；19.5，50% |
| 华达呢 | 14×2~16×2 | 64/2~72/2 | 19.5 |

续表

| 品　　名 | 纱线 | | 选用原料细度（μm） |
|---|---|---|---|
| | 线密度（tex） | 公支 | |
| 华达呢 | 20×2 | 50/2 | 22.5，50%；21，50% |
| 单面花呢 | 14×2 | 70/2 | 19.5 |
| 单面花呢 | 17×2 | 60/2 | 21，50%；19.5，50% |
| 薄花呢 | 13×2～14×2 | 72/2～76/2 | 18.5 |
| 薄花呢 | 17×2 | 60/2 | 21，19.5，50% |
| 中厚花呢 | 26×2～25×2 | 38/2～40/2 | 24或22.5 |
| 中厚花呢 | 20×2 | 50/2 | 21或22.5，50%；21，50% |
| 凡立丁 | 19×2 | 53/2 | 21 |

素色织物的色泽对原料也有一定要求，如浅色的要注意毛条中黑花毛含量，深色的要注意死枪毛和麻丝、草屑等含量。华达呢之类呢面光洁要求高的织物，要注意毛粒含量等。选用原料还要适应产品的实物质量要求，不宜局限于可纺线密度，如有的厚花呢为使产品柔糯，尽管纱线仅为29tex×2（34公支/2），仍可选用19.5μm的羊毛，有的花呢用纱在20tex×2（50公支/2）左右，为了体现高档，也可混用18μm的超细羊毛。

另外，羊绒、驼绒、马海毛、兔毛以及其他的稀有动物毛，各具优异的服用性能，适用于各类华贵的织物，但价格贵，可以纯纺，更多的是同羊毛混纺。混纺时，稀有动物毛的用量应少，但又能发挥其特色。例如，有的花呢可混入10%～15%的羊绒，工艺上突出羊绒的手感，可以命名为"羊绒花呢"。

## （二）混纺产品

羊毛和化学纤维混纺可以利用化学纤维的长处弥补羊毛的不足，应做到以下几点：

（1）改善织物的服用性能，如穿着耐久性、防缩、防皱、易洗、免烫等。

（2）提高可纺性，改善纱线条干，使织物外观细洁。

（3）达到特殊效果，如匹染可得到条染的混色效应；选用异形截面的化学纤维，可得到特殊的光泽等。

（4）降低产品的成本，做到价廉物美。

（5）扩大原料资源，弥补羊毛供应的不足。

化学纤维与羊毛混纺时，对既定的成品纤维含量，要考虑加工过程中不同原料的落毛变化和原料的回潮变化，适当调整投料数量。如成品要求羊毛70%、黏胶纤维30%，投料时采用羊毛71.5%、黏胶纤维28.5%；又如成品要求涤纶55%、羊毛45%，投料时采用涤纶50%～53%，羊毛47%～50%。混纺品种的常见混合比例见表7-1-3。表7-1-4为化学纤维混纺对成品质量的影响。

表7-1-3　常见的混合比例　　　　　　　　　　　　　　　单位：%

| 混纺种类 | 羊毛 | 黏胶纤维 | 涤纶 | 锦纶 | 腈纶 |
|---|---|---|---|---|---|
| 毛/黏 | 70 | 30 | — | — | — |
| 毛/涤 | 70 | — | 30 | — | — |
| | 45 | — | 55 | — | — |
| 毛/腈 | 50 | — | — | — | 50 |
| 毛/黏/腈 | 20 | 40 | — | — | 40 |
| 毛/黏/锦 | 20 | 60 | — | 20 | — |
| 毛/涤/黏 | 30 | 30 | 40 | — | — |

表7-1-4　化学纤维混纺对成品质量的影响

| 影响项目 | 涤纶 | 腈纶 | 锦纶 | 黏胶纤维 |
|---|---|---|---|---|
| 强力 | ★ | ○ | ★ | ○ |
| 耐磨 | ★ | ○ | ★ | ○ |
| 折皱回复 | ★ | ★ | △ | ○ |
| 洗后尺寸稳定 | ★ | ★ | ★ | — |
| 折缝保持 | ★ | ★ | ★ | ○ |
| 蓬松丰厚 | ○ | ★ | ○ | ○ |
| 抗热熔起小洞 | ○ | ☆ | △ | ★ |
| 抗起球 | — | ☆ | — | ☆ |
| 耐热 | ○ | ○ | ○ | ○ |
| 抗静电 | — | — | — | ★ |

**注**　★影响突出,☆有一定影响,△影响较小,○无作用,但100%纯纺时还可以;—表示无作用,100%纯纺时有缺点。

## 二、纱线

### （一）纱线的捻度

#### 1. 捻度

单位长度内的平均加捻程度，特克制斯以10cm内的捻回数表示，公制用每米内的捻回数来表示。

#### 2. 捻系数

为了比较不同线密度纱线的加捻程度，常用捻系数表示。

采用特克斯制时：

$$捻度（捻/m）= \frac{捻系数}{\sqrt{Tt}}$$

式中：Tt——纱线的线密度，tex。

采用公制支数时：

$$捻度（捻/m）= 捻系数 \times \sqrt{N_m}$$

式中：$N_m$——纱线的公制支数。

在公定回潮率相同的条件下，采用特克斯制捻系数与公制支数捻系数之间的关系为：特克斯制捻系数=3.162×公制支数捻系数

### 3. 捻向

用Z捻、S捻来表示。一般单纱用Z捻，股线用S捻。

并线加捻表示法建议用"·"表示并线，"/"表示加捻，"Z"、"S"表示捻向，"（）"表示一个单元，其他纱线用名称标出。如"棉"表示棉纱，"黏丝"表示黏胶丝等。必要时可在捻向后加注捻度。示例见表7-1-5。

表7-1-5 并线加捻表示法

| 表 示 法 | 意 义 |
|---|---|
| Z·Z/S 或 Z/S | 两根Z捻单纱合并加S捻 |
| （Z·Z/S）·（Z·Z/S）/S | 两根Z捻单纱合并加S捻组成一个单元，并把两个单元合并，再加S捻 |
| （Z·黏丝/S325）·Z/S905 | Z捻单纱与黏丝合并加S捻，每米325捻组成一个单元，再与一根Z捻单纱合并再加S捻，每米905捻 |

在斜纹织物中纱线的捻向与织物的纹路清晰有关（表7-1-6）。

表7-1-6 纱线捻向和织物斜纹方向的配合

| 斜纹方向 | 经纱捻向 | 纬纱捻向 | 织物效应 |
|---|---|---|---|
| 左到右 | S | S | 经纱斜纹明显 |
| 右到左 | Z | Z | 经纱斜纹明显 |
| 左到右 | Z | Z | 纬纱斜纹明显 |
| 右到左 | S | S | 纬纱斜纹明显 |
| 左到右 | S | Z | 斜纹清晰 |
| 左到右 | Z | S | 斜纹模糊 |
| 右到左 | S | Z | 斜纹模糊 |
| 右到左 | S | S | 斜纹清晰 |

股线的捻度与织物的织造和织物的厚度有关（表7-1-7）。

表7-1-7　全毛织物股线捻度与织造和织物的关系

| 股线捻度等于单纱捻度的百分数（％） | 织制特点 | 织物厚度指数① | 手　感 |
|---|---|---|---|
| 50 | 经纱断头多，难以织制 | 1.14 | 没有身骨 |
| 60 | 不能织制紧密织物 | 1.06 | 没有身骨 |
| 65 | 还可以织制紧密织物 | 1.04 | 略有身骨 |
| 70 | 一般能织制 | 1.03 | 略有身骨 |
| 75～80 | 容易织制 | 1.03 | 有身骨，手感厚 |
| 90 | 最容易织制 | 1.04 | 有身骨，手感厚 |
| 100 | 最容易织制 | 1.00 | 手感薄 |
| 115～150 | 最容易织制 | 1.01 | 手感薄 |
| 180 | 容易织制 | 1.00 | 手感硬而薄 |
| 200 | 断头增多 | 1.01 | 手感硬而薄 |

①　以股线捻度为单纱捻度100%时的织物厚度作为比较的基础。

### 4.纱线捻系数的选择

薄爽的织物捻系数大，薄型绉织物要求起绉效果明显，采用股线与单纱同向捻的强捻纱。

单面花呢类有较长的组织浮点，呢面易起球，捻系数要大。

华达呢类要求坚挺，捻系数大。

含涤纶、腈纶等纤维的中厚型织物，捻系数比同类型全毛织物要小，否则易硬板。

花线合股的股线捻度比同色合股大，如高出30%左右，呢面显得细洁，但股线捻系数小的松捻线也另有风格。

纱线越细，捻系数越大。

经纱捻系数大，纬纱捻系数小，单纬织物的单纬捻系数大。树脂整理的化学纤维织物，捻系数可小些。

纯色的股线织物，如股线捻度比单纱捻度小一点，呢面光泽也好一点。

表7-1-8为公制纱常用捻系数表。

表7-1-8　公制纱常用捻系数表

| 品　种 | 单纱捻系数 | 股线捻系数 | 风格特征 |
|---|---|---|---|
| 全毛哔叽 | 80～85 | 110～130 | 柔软，光洁整理 |
| 全毛啥味呢 | 75～80 | 100～110 | 柔软，缩绒整理 |
| 全毛华达呢 | 85～90 | 140～160 | 结实，挺括 |
| 全毛贡呢 | 85～90 | 120～140 | 光洁 |
| 全毛薄花呢 | 80～90 | 120～140 | 柔软风格取低捻，挺爽风格取高捻 |

续表

| 品　　种 | 单纱捻系数 | 股线捻系数 | 风格特征 |
|---|---|---|---|
| 全毛中厚花呢 | 75 ~ 85 | 120 ~ 160 | 同薄花呢 |
| 全毛单面花呢 | 85 ~ 95 | 160 ~ 190 | 双层平纹，要求光洁，减少起毛、起球 |
| 全毛绉纹女衣呢 | 85 ~ 95 | 125 ~ 130 | 同向强捻，Z/Z、S/S |
| 毛涤薄花呢 | 80 ~ 90 | 115 ~ 125 | 软糯 |
| 毛涤薄花呢 | 85 ~ 95 | 140 ~ 160 | 挺爽 |
| 毛涤中厚花呢 | 75 ~ 85 | 110 ~ 125 | 丰厚，毛型感好 |
| 涤黏薄花呢 | 80 ~ 90 | 115 ~ 150 | 同全毛薄花呢 |
| 涤黏中厚花呢 | 80 ~ 90 | 120 ~ 140 | 要求毛型感好 |
| 腈黏薄花呢 | 85 ~ 90 | 125 ~ 135 | 要求毛型感好 |
| 腈黏中厚花呢 | 75 ~ 85 | 115 ~ 130 | 要求毛型感好 |
| 各种单股纬纱 | 100 ~ 130 | | |

注　1. 股线捻系数以合股纱折成单纱后计算。

　　2. 如采用Z/Z捻时，毛涤纶等薄型织物取股线捻度为单纱捻度的70% ~ 80%，一般织物取单纱捻度的60% ~ 70%，但腈黏混纺纱不宜采用Z/Z捻，否则小缺纬要增多。

### （二）合捻线线密度

（1）采用特克斯制时：设有多根单纱合捻，其线密度各为$Tt_1$，$Tt_2$，$Tt_3$，…，$Tt_n$合捻后的捻缩相应为$k_1$、$k_2$、$k_3\cdots k_n$，则合捻纱线的线密度为：

$$Tt=Tt_1（1+k_1）+Tt_2（1+k_2）+Tt_3（1+k_3）+\cdots+Tt_n（1+k_n）$$

设各根单纱的捻缩相同，即$k_1=k_2=k_3\cdots=k_n=k$

则合捻纱线的线密度为：

$$Tt=（1+k）（Tt_1+Tt_2+Tt_3L+\cdots+Tt_n）$$

（2）采用公制支数时：设有多根单纱合捻，其线密度各为$N_{m1}$，$N_{m2}$，$N_{m3}$，…，$N_{mn}$，合捻后的长度为$l_0$，合捻后的捻缩相应为$k_1$，$k_2$，$k_3$，…，$k_n$，则合捻前的长度相应为$l_1=l_0$（$1+k_1$），$l_2=l_0$（$1+k_2$），$l_3=l_0$（$1+k_3$），…，$l_n=l_0$（$1+k_n$），设各根单纱的捻缩不同，则合捻纱线的公制支数为：

$$N_m=\frac{l_0}{\dfrac{l_1}{N_{m1}}+\dfrac{l_2}{N_{m2}}+\dfrac{l_3}{N_{m3}}+\cdots+\dfrac{l_n}{N_{mn}}}=\frac{1}{\dfrac{1+k_1}{N_{m1}}+\dfrac{1+k_2}{N_{m2}}+\dfrac{1+k_3}{N_{m3}}+\cdots+\dfrac{1+k_n}{N_{mn}}}$$

设各根单纱的捻缩相同，即$k_1=k_2=k_3=\cdots=k_n=k_0$

则合捻纱线的公制支数为：

$$N_m=\frac{1}{\dfrac{1}{N_{m1}}+\dfrac{1}{N_{m2}}+\dfrac{1}{N_{m2}}+\cdots+\dfrac{1}{N_{mn}}}\times\frac{1}{1+k}$$

如两根单纱同捻缩合捻，即$k_1 = k_2 = k$，则：

$$N_m = \frac{1}{\dfrac{1}{N_{m1}} + \dfrac{1}{N_{m2}}} \times \frac{1}{1+k} = \frac{N_{m1} \times N_{m2}}{N_{m1} + N_{m2}} \times \frac{1}{1+k}$$

例：16.67tex（60/1公支）与25tex（40/1公支）合股加捻，捻缩为2%，则合捻纱线的线密度为：

$$Tt = （1+2\%）（16.67+25）= 42.5（tex）$$

$$N_m = \frac{60 \times 40}{60 + 40} \times \frac{1}{1+2\%} = 23.53（公支）$$

或用平均纱支表示为：47.06公支/2。

## （三）各种色纱

精纺织物多采用色织方式，所用色纱种类较多。

### 1. 单色纱

纱线中所有的纤维颜色相同。

### 2. 混色纱

纤维染得不同颜色后混和纺纱。例如，浅灰色85%、白色10%、黑灰色5%，混和后得派立司风格的浅灰色。也可以用不同性质的纤维混纺后，用匹染方式染得混色效果。

### 3. 毛条印花纱

用毛条印花法，在单根纤维上印以几节不同的颜色，混色效果比混色纱匀净。

### 4. 彩色纱

把红色、黄色、蓝色、绿色等几种鲜丽的彩色纤维，同时混入某一底色中得彩色效果，彩色的比例可控制在15%。

### 5. 合股花线

两根不同色的单纱，合股加捻；通常单纱是同线密度、同品质的。

### 6. "双粗" 细纱

两根不同色的粗纱在细纱机上合并纺成的花纱。两个单色分得比较清晰，有合股花线的风格。

### 7. "花粗" 纱（末粗"双粗"纱）

在末道粗纱机上用两根不同色的粗纱喂入，纺成一根 "花粗"纱。用这根"花粗"纱纺得的细纱，两个单色不如 "双粗" 细纱分得清。

### 8. "花粗" 线

有两种方式，一种用两根 "花粗" 纱合捻，外观呈现细巧的斑点效果；另一种常用的是一根"花粗"纱和一根素色纱合捻，素色纱的颜色与"花粗"纱中的深色相同。例如，黑色、中灰的"花粗"纱，与黑纱合捻，则灰色点子比黑与中灰合股花线的点子细巧而活泼。合捻的单纱也可以是不同粗细的，如花粗纱用34tex（30公支），素色纱用19tex（52公支），合捻后相当于53tex×2（38/2公支）。

### 9. 花式纱线

如圈圈线、波形线、结子线、竹节线、彩点线等。

### （四）夹丝纱线

在精纺织物中采用夹丝纱线，可使呢面闪出细洁匀净的丝点光泽，起到较好的装饰效果。合捻的长丝一般采用黏胶丝或三角形截面的锦纶丝，也有用涤纶丝、绢丝或厂丝的。

黏胶丝合捻用作经纱时，捻度要高，丝点短小，否则容易被边撑刺辊刺断，造成断丝织疵，特别是6.6tex（60旦）黏胶丝合捻用作织造幅缩大的单面花呢时，应采用针细、短、密的边撑刺辊。

三角锦纶丝虽不易刺断，但捻度过少时，易被综丝擦伤使长丝剥离，同时由于异形的断面使纤维具有潜在的收缩特性，难以定形，如果在薄型花呢中用量过多时，成品落水变形大，呢面会出现大量的"泡泡"。

并线加捻举例见表7-1-9、表7-1-10。

### 表7-1-9　毛纱与黏胶丝合捻

| 精纺纱<br>[tex（公支）] | 捻向及<br>捻度 | 长丝<br>[tex（旦）] | 并线加捻方法 | 表示法 | 用途说明 |
|---|---|---|---|---|---|
| 17.5<br>（57） | Z640 | 6.6（60） | 二并二捻，第一次单根毛纱与黏胶丝并线，加S捻325，第二次把已合捻的夹丝线再与单根毛纱并线，再加S捻905，本例采用S/S捻，捻缩较大，约11%左右 | （Z·黏丝/S）·<br>Z/S | 单面花呢的经纱；织物呢面的丝点分布较"活泼"，但工艺繁杂 |
| 38<br>（26） | Z530 | 6.6（60） | 1根毛纱与1根黏胶丝并线，加S捻720 | Z·黏丝/S | 夹丝马裤呢的经纱 |
| 16<br>（63） | Z690 | 8.3（75） | 2根毛纱与1根黏胶丝一次并线，加S捻650或Z捻470 | Z·Z·黏丝/S或<br>Z | 单面花呢纬纱 |
| 56<br>（18） | Z430 | 13.2<br>（120） | 1根毛纱与1根黏胶丝一次并线，加S捻510 | Z·黏丝/S | 中厚花呢的纬纱，丝点稍大 |

### 表7-1-10　毛纱与三角形锦纶丝合捻

| 精纺纱<br>[tex（公支）] | 捻向及<br>捻度 | 长丝<br>[tex（旦）] | 并线加捻方法 | 表示法 | 用途说明 |
|---|---|---|---|---|---|
| 24<br>（40） | Z560 | 4.4（40） | 1根毛纱与锦纶长丝一次并线，加Z捻760 | S·△锦/Z | 中厚花呢经纱 |
| 17<br>（60） | Z640 | 3.3（30） | 二并二捻，毛纱自并，加S捻550，再与2根锦纶长丝并线，加S捻250 | （Z·Z/S）·△锦·<br>△锦/S | 中厚花呢纬纱 |

## （五）嵌条线

精纺花呢常采用各种嵌条线，生产中要注意嵌条线的染色牢度、色泽均匀度和条干均匀度，防止染整时沾色、泛色及成品呢面出现嵌线不协调。要事先试验嵌条线的强力，以利于织造。使用多根集中排列的起提花效应的棉纱嵌线（如6根以上）时，要注意织造张力不要过大，染整中反复加强定形，防止成品落水变形起"泡泡"。用涤丝作嵌线时，如处理不当，会使涤丝吊紧或出现经跳纱，呢面皱缩。因此，整经前应对涤丝作高温预缩处理，严格控制干热收缩，并注意准备和织造时的张力，不使其产生意外伸长。必要时，可采用双轴织制，以适应嵌线和地组织的不同织缩。表7-1-11为各种嵌条线的规格。

表7-1-11　嵌条线规格

| 种　　类 | 常用纱线线密度（tex） | 说　　　　明 |
| --- | --- | --- |
| 丝光棉纱 | 7.4×2（80英支/2）<br>9.8×2（60英支/2） | 光泽柔和，织造方便，如成品发现嵌线太明，则纠正色光也较容易，但色光难掌握，7.4tex×2的丝光棉纱织造断头率稍高 |
| 绢丝 | 7.1×2（140公支/2）<br>5×2（200公支/2） | 丝质光泽，织造方便，如成品发现嵌线太明，纠正色光也较容易，但易变色、褪色、沾色，价高，使用时，尤其应注意绢丝本身的条干均匀度 |
| 涤纶丝 | 5.5×2（50旦×2） | 丝质光泽、强力好，条干匀，色牢度好，织造前处理较复杂，易出吊紧及经跳纱等织疵 |
| 锦纶丝 | 6.6×2（60旦×2）<br>9.9×2（90旦×2） | 丝质光泽、强力好，条干匀，织前准备稍复杂，易沾色 |
| 涤毛混纺纱 | 12.5×2（80公支/2） | 工厂可自纺，无须外协作，强力好，纱线不易纺 |
| 涤棉混纺纱 | 7.4×2（80英支/2）<br>8.4×2（70英支/2）<br>9.8/2（60英支/2） | 强力好，染色工艺稍复杂 |
| 涤纶短纤纱 | 7.4×2（80英支/2）<br>9.8×2（60英支/2） | 强力好，色牢度好，织前处理稍复杂 |
| 黏胶丝 | 6.6（60旦）<br>13（120旦） | 丝质光泽好，常与毛纱或棉纱合捻后使用，很少单独用，强力差，易伸长 |
| 细特异色合股花线 | 7.4×2×2（2根80英支/2合捻）<br>7.1×2×1（2根140公支/2绢丝合捻）<br>13+7.4×2（120旦黏胶丝与80英支/2合捻） | 常用黑色与白色合捻，也用黑色或白色与红色、蓝色、黄色、绿色等鲜艳的彩色合捻，这类合股花线，点子细洁，装饰效果好，不论深色地或浅色地都易于配合，适应性广，通常第二次合捻的捻度为1000~1200捻/m，捻向与合捻前的纱线相反 |

## （六）三股线和四股线

### 1.三股线

三股线常用于地色纱，可以做到3根单纱不同颜色，合捻后色点细洁，同时，织物偏于挺爽，富有弹性，加捻方法举例如下。

（1）要求织物结实挺爽的例子：22tex（45公支），单纱550捻/m，捻向Z，两次并捻。

$$
\left.\begin{array}{c}
\underset{550}{Z} \\
\underset{550}{Z}
\end{array}\right\rangle \underset{300}{S} \\
\left.\phantom{xxx}\right\rangle \underset{520}{S} \\
\underset{550}{Z}
$$

先把2根22tex×1（45/1公支）的Z捻单纱合捻，捻向S，捻度300捻/m，然后再与另一根Z捻单纱合捻。捻向S，捻度520捻/m。

（2）要求织物丰厚软糯的例子：22tex（45公支），单纱510捻/m，捻向Z，一次并捻。

$$
\left.\begin{array}{c}
Z \\
Z \\
\underset{510}{Z}
\end{array}\right\rangle \underset{335}{S}
$$

3根Z捻单纱一次并捻，捻向S，捻度335捻/m。

### 2.四股线

四股线常用于粗嵌线，加捻方法举例如下：

17tex（60公支），单纱675捻/m，捻向Z，两次并捻。

$$
\left.\begin{array}{c}
\underset{675}{Z} \\
\underset{675}{Z}
\end{array}\right\rangle \underset{820}{S} \\
\left.\phantom{xxx}\right\rangle \underset{500}{S} \\
\left.\begin{array}{c}
\underset{675}{Z} \\
\underset{675}{Z}
\end{array}\right\rangle \underset{820}{S}
$$

两根Z捻单纱合捻，捻向S，捻度820捻/m，再把两根S捻的股线再合股加捻，捻向仍为S，捻度500捻/m。一般认为，第二次加捻可加同向捻，捻度取双股线捻度的60%～70%。

## （七）纱线直径

假设纱线是易于屈曲、不易伸长、粗细均匀，并具有正圆形的截面，则可按几何图形求取纱线的截面直径$d$。

### 1.采用特克斯制

$$d(\text{mm}) = \sqrt{\frac{4}{\pi}} \times \sqrt{\frac{\text{Tt}}{1000\gamma}} = 0.0357\sqrt{\frac{\text{Tt}}{\gamma}} \qquad (7\text{--}1\text{--}1)$$

式中：Tt——纱线线密度，tex；

　　　$\gamma$——纱线的密度，g/cm³。

### 2.采用公制

$$d(\text{mm}) = \sqrt{\frac{4}{\pi}} \times \sqrt{\frac{1}{N_{\text{m}}\gamma}} = \frac{1.13}{\sqrt{N_{\text{m}}\gamma}} \qquad (7\text{--}1\text{--}2)$$

式中：$N_{\text{m}}$——纱线的公制支数，m/g；

　　　$\gamma$——纱线的密度，g/cm³。

　　式（7–1–1）、式（7–1–2）表明，计算纱线直径，关键在于纱线的密度，而纱线的密度又取决于纱线中纤维的密集程度。即纱线的密度=纤维密度×纤维在纱线中的密集程度。

　　纱线越蓬松，捻度越少，加工过程中张力越小，纤维在纱线中的密集程度就越小，于是纱线就越粗。纤维在纱线中的密集程度，如果对各种纱线一律取0.59❶时，则不同纤维纱线的密度见表7–1–12。

表7–1–12　不同纤维纱线的密度

| 纤　维 | 纤维密度（g/cm³） | 纱线密度 $\gamma$（g/cm³） |
|---|---|---|
| 棉 | 1.54 | 0.91 |
| 羊毛 | 1.32 | 0.78 |
| 丝（脱胶） | 1.25 | 0.74 |
| 木棉 | 0.29 | 0.17 |
| 汉麻 | 1.52 | 0.90 |
| 苎麻 | 1.51 | 0.89 |
| 黏胶纤维 | 1.52 | 0.90 |
| 醋酯纤维 | 1.32 | 0.78 |
| 锦纶 | 1.14 | 0.67 |

　　由表7–1–12知精纺毛纱的密度$\gamma$=0.78g/cm³

于是
$$d(\text{mm}) = 0.0357\sqrt{\frac{\text{Tt}}{0.78}} = 0.04\sqrt{\text{Tt}}$$

或
$$d(\text{mm}) = \frac{1.13}{\sqrt{0.78N_{\text{m}}}} = \frac{1.28}{\sqrt{N_{\text{m}}}}$$

　　利用公式计算得到的直径，是一般捻度下纱线在织造前的圆形截面直径。在织物中由于纱线的挤压变形，按纤维原料承受的张力不同，其直径将是计算值的0.8～0.95。

　　例：求22.2tex×2（45公支/2）55%涤纶、45%羊毛混纺纱线的直径。

　　解：混合纤维密度 = 涤纶密度×涤纶百分率+羊毛密度×羊毛百分率=
$$1.38×55\%+1.32×45\%=1.35 \ （\text{g/cm}^3）$$

　　纤维在纱线中的密集程度按0.59计算，纱线密度为：
$$1.35×0.59=0.797 \ （\text{g/cm}^3）$$

$$d = 0.0357\sqrt{\frac{22.2×2}{0.797}} = 0.04\sqrt{22.2×2} = 0.27 \ （\text{mm}）$$

　　精纺全毛纱的计算直径见表7–1–13。

❶　纤维在纱绒中的密集程度，有的资料建议对精纺毛纱的单纱取0.84，股线取0.74。

表7-1-13　精纺全毛纱计算直径

| 纱线细度 | | 计算直径$d$（mm） | 纱线密度 | | 计算直径$d$（mm） |
|---|---|---|---|---|---|
| tex | 公支 | | tex | 公支 | |
| 90.9 | 11 | 0.386 | 24.4 | 41 | 0.200 |
| 83.3 | 12 | 0.370 | 23.8 | 42 | 0.198 |
| 76.9 | 13 | 0.355 | 23.3 | 43 | 0.195 |
| 71.4 | 14 | 0.342 | 22.7 | 44 | 0.193 |
| 66.7 | 15 | 0.331 | 22.2 | 45 | 0.191 |
| 62.5 | 16 | 0.320 | 21.7 | 46 | 0.189 |
| 58.8 | 17 | 0.311 | 21.3 | 47 | 0.187 |
| 55.6 | 18 | 0.302 | 20.8 | 48 | 0.185 |
| 52.6 | 19 | 0.294 | 20.4 | 49 | 0.183 |
| 50 | 20 | 0.286 | 20 | 50 | 0.181 |
| 47.6 | 21 | 0.279 | 19.6 | 51 | 0.179 |
| 45.5 | 22 | 0.273 | 19.2 | 52 | 0.178 |
| 43.5 | 23 | 0.267 | 18.9 | 53 | 0.176 |
| 41.7 | 24 | 0.261 | 18.5 | 54 | 0.174 |
| 40 | 25 | 0.256 | 18.2 | 55 | 0.173 |
| 38.5 | 26 | 0.251 | 17.9 | 56 | 0.171 |
| 37.0 | 27 | 0.246 | 17.5 | 57 | 0.170 |
| 35.7 | 28 | 0.242 | 17.2 | 58 | 0.168 |
| 34.5 | 29 | 0.237 | 16.9 | 59 | 0.167 |
| 33.3 | 30 | 0.234 | 16.7 | 60 | 0.165 |
| 32.3 | 31 | 0.230 | 16.4 | 61 | 0.164 |
| 31.3 | 32 | 0.226 | 16.1 | 62 | 0.163 |
| 30.3 | 33 | 0.223 | 15.9 | 63 | 0.161 |
| 29.4 | 34 | 0.220 | 15.6 | 64 | 0.160 |
| 28.6 | 35 | 0.216 | 15.4 | 65 | 0.159 |
| 27.8 | 36 | 0.213 | 15.2 | 66 | 0.158 |
| 27.0 | 37 | 0.211 | 14.9 | 67 | 0.156 |
| 26.3 | 38 | 0.208 | 14.7 | 68 | 0.155 |
| 25.6 | 39 | 0.205 | 14.5 | 69 | 0.154 |
| 25 | 40 | 0.203 | 14.3 | 70 | 0.153 |

注　股线可折合到单纱计算。

## 三、织物

### （一）织物设计计算

#### 1.织物计算

织物的上机资料包括产品的品名、品号、风格要求、染整工艺等；原料构成和它的品质特征；纱线结构、纱线线密度、捻度、捻向、合股方式；经纱密度和纬纱密度；在机筘幅、筘号和每筘穿入根数；总经根数、地经数、边经数；织物组织和上机图，如经纬色纱排列循环、投纬和提综的配合、纹板图、穿综图、穿筘图、布边组织；织物匹长和织物单位重量。

有关织物的上机计算和成品规格计算等综述如下。

（1）坯布匹长（m）。

$$坯布匹长（m）= \frac{成品匹长（m）}{染整长缩（\%）}❶$$

$$整经匹长（m）= \frac{坯布匹长（m）}{织造长缩}$$

$$总长缩 = 织造长缩 \times 染整长缩$$

（2）坯布经密（根/10cm）。

$$坯布经密（根/10cm）= 成品经密（根/10cm）\times 染整幅缩$$

$$= 成品经密（根/10cm）\times \frac{成品幅宽（cm）}{坯布幅宽（cm）}$$

$$在机经密（根/10cm）= 坯布经密（根/10cm）\times 织造幅缩$$

$$= 筘号（筘齿数/10cm）\times 每筘穿入根数$$

$$总幅缩（\%）= 织造幅缩 \times 染整幅缩$$

（3）坯布纬密（根/10cm）。

$$坯布纬密（根/10cm）= 成品纬密（根/10cm）\times 染整长缩$$

$$在机纬密（根/10cm）= 坯布纬密（根/10cm）\times 下机坯布缩率$$

下机坯布缩率一般取97%～98%。

（4）坯布幅宽（cm）。

$$坯布幅宽（cm）= \frac{成品幅宽（cm）}{染整缩幅}$$

$$在机幅宽（cm）= \frac{坯布幅宽（cm）}{织造缩幅} = \frac{地经穿筘数+边经穿筘数}{筘号} \times 10$$

（5）总经根数（根）。

$$总经根数（根）= 地经根数+边经根数$$

条格织物全幅左右两边的花纹，应力求对称，所以织物的总经根数要按对称要求来安排。

（6）每页综片上的综丝数（根）。

$$每页综片上的综丝数（根）= \frac{每穿综循环内该综片上应穿综丝数}{每穿综循环的综丝数} \times$$

$$地经总数+该综片上所穿边经综丝数$$

每页综片上的综丝数一般取1000~1200根为限，综丝过多，不利于提综。

---

❶ 为计算方便，本章长幅缩一律采用大数，不用（1-缩率）的表达式。

（7）统幅每米长的成品重量（g）。

　统幅每米长的成品重量（g）=每米成品的经纱重量（g）+每米成品的纬纱重量（g）

$$每米成品的经纱重量（g）=\left[\frac{地经根数×1m}{1000×总长缩}×Tt+\frac{边经根数×1m}{1000×总长缩}×Tt\right]×（1-重耗率）$$

或　每米成品的经纱重量（g）$=\left[\frac{地经根数×1(m)}{N_m×总长缩}+\frac{边经根数×1(m)}{N_m×总长缩}\right]×（1-重耗率）$

或　　　　每米成品的经纱重量（g）$=\frac{每米坯布内经纱重量(g)}{染整长缩}×（1-重耗率）$

$$每米成品的纬纱重量（g）=\frac{成品纬密(根/10cm)×在机幅宽(cm)}{1000×10}×Tt$$

或　每米成品的纬纱重量（g）$=\frac{成品纬密(根/10cm)×在机幅宽(cm)}{N_m×10}×（1-重耗率）$

或　　　　每米成品的纬纱重量（g）$=\frac{每米坯布内纬纱重量(g)}{染整长缩(\%)}×（1-重耗率）$

式中：Tt ——纱线线密度，tex；

　　　$N_m$ ——纱线公制支数。

$$每平方米成品重量（g）=\frac{统幅每米长的成品重量(g)}{成品幅宽(cm)}×100$$

上式中纱线线密度不相同时，要逐个分别计算。

（8）每米坯布重量（g）。

　　每米坯布重量（g）=每米坯布内经纱重量（g）+每米坯布内纬纱重量（g）

$$每米坯布内经纱重量（g）=\frac{地经根数×1(m)}{织造长缩×1000}×Tt+\frac{边经根数×1(m)}{织造长缩×1000}×Tt$$

或　　　　每米坯布内经纱重量（g）$=\frac{地经经数×1(m)}{织造长缩×N_m}+\frac{边经根数×1(m)}{织造长缩×N_m}$

$$每米坯布内纬纱重量（g）=\frac{坯布纬密(根/10cm)×在机幅宽(cm)}{1000×10}×Tt$$

或　　　　每米坯布内纬纱重量（g）$=\frac{坯布纬密(根/10cm)×在机幅宽(cm)}{N_m×10}×Tt$

$$每平方米坯布重量（g）=\frac{每米坯布重量(g)}{坯布幅宽(cm)}×100$$

上式中不计织造损耗，纱线线密度不相同时，要逐个分别计算。

（9）每匹织物经、纬纱用量。

每匹织物的经纱用量（kg）

$$=\left[\frac{地经根数×整经匹长(m)}{1000}×Tt+\frac{边经根数×整经匹长(m)}{1000}×Tt\right]×\frac{1}{1000}$$

或

$$每匹织物的经纱用量（kg）=\left[\frac{地经根数×整经匹长(m)}{N_m}+\frac{边经根数×整经匹长(m)}{N_m}\right]×\frac{1}{1000}$$

每匹织物的纬纱用量(kg)

$$=\frac{坯布纬密(根/10cm)×在机幅宽(cm)}{1000×10×1000}×Tt×整经匹长（m）×织造长缩（%）$$

或

$$每匹织物的纬纱用量(kg)=\frac{坯布纬密(根/10cm)×在机幅宽(cm)}{N_m×10×1000}×整经匹长（m）×织造长缩(\%)$$

上式中不计损耗。

例：设计一个全毛哔叽，其重量要求为357g/m，成品经密294根10c/m，成品纬密245根/10cm，成品匹长要求60~70cm，幅宽要求149cm，试计算上机资料。

解：从类似产品知，条染哔叽织造长缩为94%，染整长缩为98%，总长缩为（94%×98%）= 92.12%，织造幅缩为94%，染整幅缩为93%，总幅缩为（94%× 93%）=87.42%，重耗为4%。

①坯布匹长 $=\dfrac{65}{98\%}=66.32(m)$

整经匹长 $=\dfrac{66.32}{94\%}=70.55(m)$，取70m

②坯布经密 = 294×93% = 273.4（根/10cm），取273根/10cm

在机经密=273.4×94%=257（根/10cm），取256根/10cm

设每筘穿入根数为4根经纱，则筘号为：256÷4 =64

③坯布纬密 = 245×98% = 240.1（根/10cm），取240根/10cm

在机纬密 = 240.1×97.5% = 234.1（根10cm）

按照织机的纬密齿轮，取纬密为236根/10cm，预计成品纬密将为247根/10cm。

④坯布幅宽 $=\dfrac{149}{93\%}=160.2cm$

在机幅宽 $=\dfrac{160.2}{94\%}=170.4cm$

⑤总经根数 = 149×294/10 = 4380（根）

总筘齿数将为4380÷4=1095，即在机幅宽将为1095÷64/10 = 171.1（cm）。比较④、⑤，计算得到在机幅宽，为确保成品的规格，可取在机幅宽为171.1（cm）。

预计成品幅宽将为171.1×87.42% = 149.6（cm）

⑥设采用4片综织制，边组织采用 $\frac{2}{2}$ 方平组织，边经与地经每筘穿入根数相同。又设边宽为1.2cm，则边经数为每边 $1.2×294×\dfrac{1}{10}=35.28$，取36根。则地经总数将为4380－（36×2）=

4308。如边经分别穿在第1、3两片综上，则：

$$第1、第3两综片上的综丝数 = \frac{1}{4} \times 4308 + 36 = 1163$$

$$第2、第4两综片上的综丝数 = \frac{1}{4} \times 4308 = 1077$$

⑦按既定的每米成品重量求纱线线密度。即：

$$357 = \frac{4380 \times 1}{1000 \times 92.12\%} \times Tt \times (1 - 4\%) + \frac{247 \times 171.1}{1000 \times 10} \times Tt \times (1 - 4\%) = 8.62 \times Tt$$

所以 Tt= 41.4tex（24.15公支），或20.7tex×2（48.3公支/2）

$$每平方米成品重量 = \frac{357}{149} \times 100 = 239.6(g)$$

$$⑧每米坯布重量 = \frac{4380 \times 1}{1000 \times 94\%} \times 41.4 + \frac{240 \times 171.1}{1000 \times 10} \times 41.4 = 363(g)$$

$$⑨每匹织物的经纱用量 = \frac{4380 \times 70}{1000} \times 41.4 \times \frac{1}{1000} = 12.69(kg)$$

$$每匹织物的纬纱用量 = \frac{240 \times 171.1}{1000 \times 10 \times 1000} \times 41.4 \times 70 \times 94\% = 11.19(kg)$$

**2. 织物更改规格计算**

（1）原料相同时相似织物计算法：新织物的原料成分和织物组织与原织物相同，要求更改织物的重量，并使新织物的手感身骨与原织物相仿。

按照既定的条件，可以认为新织物的经纬覆盖度与原织物相同，新织物在织染加工中的长缩、幅缩、重耗也与原织物相同，则可按下面的等式计算。

①采用特克斯制时：

$$\frac{新织物重量}{原织物重量} = \frac{\sqrt{新织物线密度}}{\sqrt{原织物线密度}} = \frac{原织物密度}{新织物密度}$$

所以：

$$新织物线密度 = \frac{原织物线密度 \times (新织物重量)^2}{(原织物重量)^2}$$

所以：

$$新织物密度 = \frac{原织物密度 \times 原织物重量}{新织物重量}$$

②采用公制时：

$$\frac{新织物重量}{原织物重量} = \frac{\sqrt{原织物公制支数}}{\sqrt{新织物公制支数}} = \frac{原织物密度}{新织物密度}$$

所以：

$$新织物公制支数 = \frac{原织物公制支数 \times (原织物重量)^2}{(新织物重量)^2}$$

所以：

$$新织物密度 = \frac{原织物密度 \times 原织物重量}{新织物重量}$$

例：原织物为毛涤纶，平纹组织，经纬线密度都是16.67tex×2（60/2公支），经密254根/10cm，纬密216根/10cm，重量248g/m，要求改版279g/m的平纹毛涤纶，其手感身骨与原织物相仿。

解：新织物线密度 $= \dfrac{2 \times 16.67 \times 279^2}{248^2} = 42.2(\text{tex}) = 21.1 \times 2(\text{tex})$（47.4公支/2）

新织物的经密 $= \dfrac{254 \times 248}{279} = 226$（根/10cm）

新织物的纬密 $= \dfrac{216 \times 248}{279} = 192$（根/10cm）

（2）原料相同，纱线线密度相同，改变织物组织，使新织物的手感、身骨与原织物相似（相似结构织物）。此时，对某些组织可采用织物的几何结构交错点法，快速估算出新织物的近似密度，作为正式设计时的参考。

新织物的密度 $=$ 原织物密度 $\times \dfrac{\text{新组织的完全循环根数}}{\text{原组织的完全循环根数}} \times \dfrac{(\text{原组织的完全循环根数}+\text{交错点数})}{(\text{新组织的完全循环根数}+\text{交错点数})}$

例：毛涤平纹织物，经纬都是16.67tex×2（60/2公支），经密254根/10cm，纬密216根/10cm，现在改做成16.67tex×2（60/2公支）的 $\frac{2}{2}$ 斜纹毛涤织物，求其经纬密度。

解：$\frac{2}{2}$ 斜纹的经密 $= 254 \times \dfrac{4 \times (2+2)}{2 \times (4+2)} = 254 \times \dfrac{16}{12} = 339$（根/10cm）

$\frac{2}{2}$ 斜纹的纬密 $= 216 \times \dfrac{4 \times (2+2)}{2 \times (4+2)} = 216 \times \dfrac{16}{12} = 288$（根/10cm）

表7-1-14为原织物密度改做新织物密度的换算表。

表7-1-14 原织物密度改做新织物密度的换算

| 原织物组织 | 新织物组织 | 密度换算公式 |
|---|---|---|
| 平纹 | $\frac{2}{1}$斜纹 | 平纹密度×120% = $\frac{2}{1}$斜纹的密度 |
| 平纹 | $\frac{2}{2}$斜纹 | 平纹密度×133% = $\frac{2}{2}$斜纹的密度 |
| 平纹 | $\frac{3}{3}$斜纹 | 平纹密度×150% = $\frac{3}{3}$斜纹的密度 |
| $\frac{2}{1}$斜纹 | $\frac{2}{2}$斜纹 | $\frac{2}{1}$斜纹密度×111% = $\frac{2}{2}$斜纹的密度 |
| $\frac{2}{1}$斜纹 | $\frac{3}{3}$斜纹 | $\frac{2}{1}$斜纹密度×125% = $\frac{3}{3}$斜纹的密度 |
| $\frac{2}{1}$斜纹 | 平纹 | $\frac{2}{1}$斜纹密度×85% = 平纹的密度 |
| $\frac{2}{2}$斜纹 | $\frac{3}{3}$斜纹 | $\frac{2}{2}$斜纹密度×113% = $\frac{3}{3}$斜纹的密度 |
| $\frac{2}{2}$斜纹 | $\frac{3}{1}$斜纹 | $\frac{2}{2}$斜纹密度×90% = $\frac{1}{2}$斜纹的密度 |
| $\frac{2}{2}$斜纹 | 平纹 | $\frac{2}{2}$斜纹密度×75% = 平纹的密度 |

（3）按照选定的参数计算织物规格：用于织物设计的主要参数是长缩、幅缩、重耗、

纱线线密度、经覆盖度、纬覆盖度。

当经纬纱线密度相同时（或取经纬平均线密度），以下关系式可以成立。

$$Tt = \left[\frac{100 \times 长缩 \times 幅缩 \times 平方米重}{(长缩 \times 纬覆盖度 + 幅缩 \times 经覆盖度) \times (1 - 重耗)}\right]^2$$

当采用公制支数时，则：

$$N_m = \left[\frac{10 \times (长缩 \times 纬覆盖度 + 幅缩 \times 经覆盖度) \times (1 - 重耗)}{长缩 \times 幅缩 \times 平方米重}\right]^2$$

例：试计算270g/m²粗支平纹全毛中厚花呢的织物规格。

解：从类似产品中选定以下数据：长缩90%，幅缩86%，经覆盖度1676，纬覆盖度1296，重耗5%。

$$Tt = \left[\frac{100 \times 90\% \times 86\% \times 270}{(90\% \times 1296 + 86\% \times 1676) \times (1 - 5\%)}\right]^2 = 70.6 \ (tex) \ = 35.3tex \times 2 \ (28.3公支/2)$$

$$成品经密 = \frac{1676}{\sqrt{Tt}} = \frac{1676}{\sqrt{70.6}} = 200 \ (根/10cm)$$

$$成品纬密 = \frac{1296}{\sqrt{Tt}} = \frac{1296}{\sqrt{71.2}} = 154 (根/10cm)$$

**3. 织物相对密度**

织物密度用单位长度内纱线根数来表示，不计纱线的粗细。而织物的相对密度就考虑到纱线的粗细，它对评定与设计织物有重要意义。

织物的相对密度 $\varepsilon$ 是按织物几何图解来计算的。设纱线的直径为 $d$（mm），在织物中相邻两根纱线的平均间距为 $P$（mm），用直径与间距之比来表达相对密度，即：

$$\varepsilon = \frac{d}{P} \times 100\%, \quad \varepsilon_j = \frac{d_j}{P_j} \times 100\%, \quad \varepsilon_w = \frac{d_w}{P_w} \times 100\%$$

比值 $\frac{d}{P}$ 的物理意义是：织物面积内一个系统纱线的投影面积所覆盖的百分率，定名为"覆盖率"，它的数值在一般情况下不超过1。$\varepsilon_j$、$\varepsilon_w$ 分别表示织物面积内为经纱、纬纱投影所覆盖的百分率，称之为"经向覆盖率"及"纬向覆盖率"。$\varepsilon$ 表示织物面积内为纱线投影所覆盖的部分，称为"织物覆盖率"。

$$\varepsilon(\%) = \varepsilon_j + \varepsilon_w - \varepsilon_j \times \varepsilon_w \times \frac{1}{100}$$

上式表明，当 $\varepsilon_j = 1$ 时，不论 $\varepsilon_w$ 取何数值，$\varepsilon$ 恒等于1。实际上，当 $\varepsilon_j = 1$ 时，$\varepsilon_w$ 取不同的数值，织物的性能不相同，但 $\varepsilon$ 无法反映，这是"织物覆盖率"表达式的缺陷。

（1）当采用特克斯制时：

设全毛纱线直径 $d(mm) = 0.04\sqrt{Tt}$，相邻纱线的平均间距 $P(mm) = \frac{100}{n}$，则

$$\varepsilon = \frac{d}{P} \times 100\% = \frac{0.04\sqrt{Tt}}{\dfrac{100}{n}} \times 100\% = 0.0004n \times \sqrt{Tt} \times 100\%$$

式中：$n$——10cm内纱线的根数；

　　Tt——纱线线密度。

取 $n\sqrt{Tt} = K$，并把$K$定义为"覆盖度"。覆盖度是一个无量纲的数值，在某种意义上也可以把$K$解释为相当于用1tex纱线来织制该织物时的经密和纬密。

$$K_j = n_j\sqrt{Tt_j}\ ,\ K_w = n_w\sqrt{Tt_w}$$

式中：$K_j$，$K_w$——分别为经、纬纱覆盖度；

　　　$n_j$，$n_w$——分别为经、纬纱密度；

　　　$Tt_j$，$Tt_w$——分别为经、纬纱线密度。

（2）当采用公制支数时：

$$K_j = \frac{n_j}{\sqrt{N_{mj}}}\ ,\ K_w = \frac{n_w}{\sqrt{N_{mw}}}$$

式中：$N_{mj}$、$N_{mw}$——分别为经纱、纬纱公制支数。

$$K = K_j + K_w - K(K_j \times K_w)$$。

由于织物覆盖度的物理意义不明确，在实际设计计算或评价织物时，织物覆盖度一般不单独使用。

例：全毛哔叽，经密294根/10cm，纬密245根/10cm，纱线线密度均为20.7tex × 2（48.2公支/2），$\dfrac{2}{2}$ 斜纹组织，求$\varepsilon_j$、$\varepsilon_w$、$\varepsilon$、$K_j$、$K_w$。

解：纱线直径 $d = 0.04\sqrt{Tt} = 0.04\sqrt{20.7 \times 2} \approx 0.26(mm)$

相邻纱线的平均间距

$$p_j = \frac{100}{294} = 0.34(mm)\ ,\ p_w = \frac{100}{245} = 0.41(mm)$$

所以　$\varepsilon_j = \dfrac{0.26}{0.34} \times 100\% = 76\%$，$\varepsilon_w = \dfrac{0.26}{0.41} \times 100\% = 63\%$

$$\varepsilon = (76\% + 63\% - 76\% \times 63\%) \times 100\% = 91\%$$

上述计算表明，该织物面积中为经纱的投影面积所覆盖的百分率是76%，为纬纱的投影面积所覆盖的百分率是63%，为全部纱线投影面积所覆盖的百分率是91%。

$$K_j = n_j\sqrt{Tt_j} = 294\sqrt{41.4} = 1892\ ,\ K_w = n_w\sqrt{Tt_w} = 245\sqrt{41.4} = 1576$$

当用公制支数时：

$$K_j = \frac{n_i}{\sqrt{N_{mj}}} = \frac{294}{\sqrt{24.1}} = 60\ ,\ K_w = \frac{n_w}{\sqrt{N_{mw}}} = \frac{245}{\sqrt{24.1}} = 50$$

按照几何图解的理论，分析织物截面的纱线交错结构，对不同的织物组织，可以推导出$K_j$与$K_w$的对应关系。就是说，当$K_j$取定某一个数值时，$K_w$可能达到的最大数值，试列于表7-1-15。表中假设全毛纱的体积重量为0.78g/cm³，不考虑纱线直径在织物中的压缩变形，全毛产品的成品经纬覆盖度如果在表列数值左右时，织物比较紧密。

表7-1-15　几何图解全毛密织物经纬同线密度时的 $K_j$、$K_w$ 对应关系

| $K_j$ | | $K_w$ | | | | | |
|---|---|---|---|---|---|---|---|
| | | 平　　纹 | | $\frac{1}{2}$斜纹，$\frac{2}{1}$斜纹 | | $\frac{2}{2}$斜纹，$\frac{1}{3}$斜纹，$\frac{2}{2}$方平，$\frac{3}{1}$斜纹 | |
| 特克斯制 | 公制 | 特克斯制 | 公制 | 特克斯制 | 公制 | 特克斯制 | 公制 |
| 1423 | 45 | 1423 | 45 | — | — | — | — |
| 1518 | 48 | 1360 | 43 | — | — | — | — |
| 1613 | 51 | 1328 | 42 | — | — | — | — |
| 1708 | 54 | 1297 | 41 | 1771 | 56 | — | — |
| 1803 | 57 | 1265 | 40 | 1676 | 53 | — | — |
| 1897 | 60 | 1265 | 40 | 1644 | 52 | 2024 | 64 |
| 1992 | 63 | 1265 | 40 | 1613 | 51 | 1929 | 61 |
| 2087 | 66 | 1265 | 40 | 1581 | 50 | 1866 | 59 |
| 2182 | 69 | 1265 | 40 | 1581 | 50 | 1834 | 58 |
| 2277 | 72 | 1265 | 40 | 1581 | 50 | 1834 | 58 |
| 2372 | 75 | 1233 | 39 | 1581 | 50 | 1803 | 57 |
| 2467 | 78 | 1233 | 39 | 1550 | 49 | 1803 | 57 |
| 2561 | 81 | 1233 | 39 | 1550 | 49 | 1803 | 57 |
| 2656 | 84 | 1233 | 39 | 1550 | 49 | 1803 | 57 |
| 2751 | 87 | 1233 | 39 | 1550 | 49 | 1771 | 56 |
| 2846 | 90 | 1233 | 39 | 1550 | 49 | 1771 | 56 |
| 2941 | 93 | — | — | 1550 | 49 | 1771 | 56 |
| 3036 | 96 | — | — | 1550 | 49 | 1771 | 56 |
| 3131 | 99 | — | — | — | — | 1771 | 56 |
| 3226 | 102 | — | — | — | — | 1771 | 56 |
| 3320 | 105 | — | — | — | — | 1771 | 56 |

例如，平纹织物 $K_j$ 取1518（公制时为48公支），$K_w$ 取1360左右（公制时为43公支），则织物的手感紧密。

织物的相对密度对手感风格的关系十分密切，在日常设计中，参照优秀产品的经纬覆盖度，作为新织物的设计基础，可以得到较好的效果。

### 4.织物密度计算

织物在机最大经纬密度取决于：纤维材料；纱线密度；织物组织；纤维在纱线中的压缩程度和纱线在织物中的变形情况；织机的机械特性和在机织制条件。

过去虽有不少理论计算公式，但不能把以上五个因素全部包括在内，设计时可酌情选用。这里选勃利莱（Brieley）密度计算式作一简介。

勃利莱提出：设纱线处于理想的最密实的状态时，按织物几何图解计算，所得到的经纬密度是织物理想的最大密度。实际情况下，精纺毛织物在机最大密度将是理想最大密度的73.5%。密度计算式是：

方形织物（经纬密度相同的织物）在机最大密度：

$$M_{\max}=\frac{C}{\sqrt{\mathrm{Tt}}}f^{m}\text{ 或 }M_{\max}=C\sqrt{N_{\mathrm{m}}}\times f^{m}\qquad(7\text{-}1\text{-}3)$$

式中：$M_{\max}$——方形织物的最大计算密度；

$C$——常数，取决于织物中纱线的纤维种类和线密度；

Tt——纱线的平均线密度；

$N_{\mathrm{m}}$——纱线的平均公制支数；

$f$——平均浮长或"交织系数"；

$m$——组织系数，取决于织物组织。

$$\text{平均浮长 }f=\frac{\text{一完全组织内纱线根数}}{\text{一完全组织内纱线交织次数}}$$

例：织平纹组织时，一完全组织内纱线的根数为2根，交织次数为2次，则平纹组织的平均浮长为：

$$f=\frac{2}{2}=1$$

例：$\frac{3}{2}\frac{1}{3}\frac{2}{1}$ 斜纹，一完全组织内纱线的根数为12根，纱线交织次数为6次，则 $\frac{3}{2}\frac{1}{3}\frac{2}{1}$ 斜纹平均浮长为：

$$f=\frac{12}{6}=2$$

表7-1-16列出了织造系数$f^{m}$的值，供参考。由表可看出：平纹织物的$f^{m}$为1，$\frac{2}{2}$ 斜纹的$f^{m}$值为1.31。即当平纹在机织造密度为某一个较合适的数值时，要织 $\frac{2}{2}$ 斜纹，只要把平纹的密度乘以1.31，一般也可得到较满意的结果。勃利莱的计算式比以前的研究进了一步，突出的贡献是指明了不同的织物组织它们可能容纳的纱线密度不相同，但分类还不够细，如 $\frac{3}{1}$ 斜纹的密度可容性实际上大于 $\frac{2}{2}$ 斜纹，但按勃利莱计算式就分不出高低来，所以，在设计应用中还可以按实际的织造情况，对不同的织造系数$f^{m}$值加以修正和补充。

表7-1-16　织造系数$f^{m}$值

| 组　　织 | | $f^{m}$ 数　值 | | | | | | | | | | |
| --- | --- | --- | --- | --- | --- | --- | --- | --- | --- | --- | --- | --- |
| | $m$ | 1.0 | 1.5 | 2.0 | 2.5 | 3.0 | 3.5 | 4.0 | 4.5 | 5.0 | 5.5 | 6.0 |
| 平纹 | 0 | 1.0 | — | — | — | — | — | — | — | — | — | — |
| 斜纹 | 0.39 | — | 1.17 | 1.31 | 1.43 | 1.54 | 1.63 | 1.72 | 1.8 | 1.87 | 1.92 | 2 |

续表

| 组　　织 | | $f^m$ 数　值 | | | | | | | | | | |
|---|---|---|---|---|---|---|---|---|---|---|---|
| | $m$ | 1.0 | 1.5 | 2.0 | 2.5 | 3.0 | 3.5 | 4.0 | 4.5 | 5.0 | 5.5 | 6.0 |
| 缎纹 | 0.42 | — | — | 1.34 | 1.47 | 1.59 | 1.68 | 1.78 | 1.88 | 1.96 | 2.04 | 2.12 |
| 方平、重平 | 0.45 | — | — | 1.37 | — | 1.64 | — | 1.87 | — | 2.06 | — | 2.25 |

式（7-1-3）中有常数$C$，这项$C$取决于织物中纱线的纤维种类和线密度。当用精纺毛纱织制并采用特克斯制时，常数$C$为1350，方形织物的最大密度为：

$$M_{max} = \frac{1350}{\sqrt{Tt}} \times f^m$$

当用精纺毛纱织制并采用公制支数时，常数$C$为42.7。方开织物的最大密度为：

$$M_{max} = 42.7 \times \sqrt{N_m} \times f^m$$

经纬密度不相同，经纬线密度不相同的织物为：

$$M_2 = K_f \times M_1^{-\frac{2}{3}} \sqrt{\frac{Tt_1}{Tt_2}}$$

采用公制支数时：

$$M_2 = K_f \times M_1^{-\frac{2}{3}} \sqrt{\frac{N_{m2}}{N_{m1}}}$$

相对于最大计算密度时织物的上机紧密程度为：

$$r = \frac{M_f}{M_{max}} \times 100\%$$

式中：$M$——密度，每10cm内纱线根数；

$M_{max}$——方形织物的最大计算密度；

$M_f$——方形织物的计算密度；

$M_1$——经纱密度；

$M_2$——纬纱密度；

$Tt$——纱线线密度；

$Tt_1$——经纱线密度；

$Tt_2$——纬纱线密度；

$N_m$——纱线公制支数；

$N_{m1}$——经纱公制支数；

$N_{m2}$——纬纱公制支数；

$K_f$——方形织物的计算常数；

$r$——紧密程度百分率。

下面举例说明计算式的应用。

**例1**：37tex×2毛纱（27公支/2）织平纹织物，求在机方形织物的最大计算密度。

解：从给定条件知：$Tt = 37 \times 2 = 74$；$f^m = 1$。

所以　在机方形织物的最大计算密度为：

$$M_{max} = \frac{1350}{\sqrt{Tt}} \times f^m = \frac{1350}{\sqrt{74}} \times 1 = 157(根 / 10cm)$$

**例2**：$37\text{tex} \times 2$毛纱（27公支/2）织平纹织物，如果经密：纬密=2：1，求在机最大经纬密度。

解：因为经纬密度不相同，所以先要求出相当于经纬密度相同的方形织物的计算常数$K_f$。

设　$M_1 = M_2 = M_f$ 并代入 $M_2 = K_f \times M_1^{-\frac{2}{3}\sqrt{\frac{Tt_1}{Tt_2}}}$ 式中，

得：$M_f = K_f \times M_f^{-\frac{2}{3}\sqrt{\frac{Tt_1}{Tt_2}}}$

即：$K_f = M_f^{(1+\frac{2}{3}\sqrt{\frac{Tt_1}{Tt_2}})}$

从给定条件知：$Tt_1 = Tt_2 = 37 \times 2 = 74$，$f^m = 1$。

所以：$M_{max} = \frac{1350}{\sqrt{74}} \times 1 = 157$

即：$M_{max} = M_f = 157$

所以：$K_f = M_f^{(1+\frac{2}{3}\sqrt{\frac{Tt_1}{Tt_2}})} = 157^{1.667} = 4577$

从给定条件知：$M_1 : M_2 = 2 : 1$，即$\frac{1}{2}M_1 = M_2$，代入得：

$$M_2 = K_f \times M_1^{-\frac{2}{3}\sqrt{\frac{Tt_1}{Tt_2}}}$$

得：$\frac{1}{2}M_1 = 4577 \times M_1^{-\frac{2}{3}}$

即：$M_1^{1.667} = 2 \times 4577 = 9154$

解得：$M_1 = \sqrt[1.667]{9154} = 238 (根 / 10cm)$

$$M_2 = \frac{1}{2}M_1 = \frac{1}{2} \times 238 = 119(根 / 10cm)$$

所以，在机最大经密为238根/10cm，纬密为119根/10cm。

**例3**：用$18.5\text{tex} \times 2$毛纱（54公支/2）作经，$37\text{tex} \times 2$毛纱作纬，织 $\frac{2}{2}$ 斜纹织物，求（1）在机方形织物的最大计算密度；（2）在机经密设定为378根/10cm时的最大计算纬密。

解：（1）平均纱线线密度为（$18.5 \times 2 + 37 \times 2$）$\div 2 = 55.5$（tex）

$\frac{2}{2}$斜纹的$f^m = 1.31$

所以：$M_{max} = \dfrac{1350}{\sqrt{Tt}} \times f^m = \dfrac{1350}{\sqrt{55.5}} \times 1.31 = 237\,(根/10cm)$

即在机方形织物的最大计算密度为237根/10cm。

解：（2）　从解（1）知：$M_{max} = M_f = 237$

从给定条件知：$M_1 = 378$，$Tt_1 = 37$，$Tt_2 = 74$

所以：$K_f = M_f^{(1+\frac{2}{3}\sqrt[3]{\frac{Tt_1}{Tt_2}})} = 237^{1+\frac{2}{3}\sqrt[3]{\frac{37}{74}}} = 237^{1.47} = 3096$

代入：$M_2 = K_f \times M_1^{-\frac{2}{3}\sqrt[3]{\frac{Tt_1}{Tt_2}}}$ 式中

得：$M_2 = 3096 \times 378^{-\frac{2}{3}\sqrt[3]{\frac{37}{74}}} = \dfrac{3096}{378^{0.47}} = 190$

即在机经密设定为378根/10cm时，最大计算纬密为190根/10cm。

**例4：**用26.3tex×2毛纱（38公支/2）织制 $\frac{2}{2}$ 变化斜纹织物，设计在机经密为260根/10cm，在机纬密为220根/10cm。问此时织制有何困难?上机的紧密程度是多少?织物是否会太松?

解：先求出方形织物的最大计算经纬密度。

从给定条件知：$Tt = 26.3 \times 2 = 52.6$，$f^m = 1.31$

所以：$M_{max} = \dfrac{1350}{\sqrt{Tt}} \times f^m = \dfrac{1350}{\sqrt{52.6}} \times 1.31 = 244(根/10cm)$

$$M_{max} = M_f$$

所以：$K_f = M_f^{(1+\frac{2}{3}\sqrt[3]{\frac{Tt_1}{Tt_2}})} = 244^{1.667} = 9545$

从给定条件知经密设计为260根/10cm，此时在机可制织的最大计算纬密为：

$$M_2 = K_f \times M_1^{-\frac{2}{3}\sqrt[3]{\frac{Tt_1}{Tt_2}}} = 9545 \times 260^{-0.667} = \dfrac{9545}{260^{0.667}} = 234(根/10cm)$$

在机纬密设计为220根/10cm，小于最大计算纬密 可以认为织制无困难。

又，当在机经纬密度分别为260根/10cm与220根/10cm时，其相应的方形织物的经纬密度将是：

$$K_f' = M_2 \times M_1^{\frac{2}{3}\sqrt[3]{\frac{Tt_1}{Tt_2}}} = 220 \times 260^{0.667} = 8979$$

**注：**这里解得的 $K_f'$ 是经密260根/10cm，纬密220根/10cm的这一块织物相应的方形织物的计算常数，不要与前面在机最大计算密度时的 $K_f$ 相混淆。

从　$K_f = M_f^{\left(1+\frac{2}{3}\sqrt[3]{\frac{Tt_1}{Tt_2}}\right)} = M_f^{1.667}$

得：$M_f = \sqrt[1.667]{K_f} = \sqrt[1.667]{8979} = 235(根/10cm)$

即与经密260根/10cm，纬密220根/10cm所相应的方形织物的密度为235根/10cm。

所以此时的上机紧密程度百分率为：

$$r = \frac{M_f}{M_{max}} \times 100\% = \frac{235}{244} \times 100\% = 96\%$$

又，$r = 96\%$，上机紧密程度较高，所以织物不会太松。

## （二）织物设计参数

### 1. 长缩和幅缩

产品匹长，按订货者要求来定，一般大匹为60～70m，小匹为30～40m。产品的幅宽一般规定为150cm。

在按照既定的匹长和幅宽设计产品时，必须事先确定织物的长缩和幅缩，并兼顾到一等品容许结辫放码的长度。织物的幅宽其趋势是逐渐加宽的，从不低于147.32cm（58英寸）放宽到不低于149.86cm（59英寸）、152.4cm（60英寸）等，以适应服装工业化生产的需要。

确定织物的长幅缩，应该从产品的手感风格要求和纺织染整加工中的多种因素加以考虑。影响织物收缩的因素是：原料构成；染整加工工艺；织物组织；织物的经纬密度；纺纱和织造工艺；其他因素。

在选定初步设计数据时，由于织物的幅宽限制较严格，而其变化又较大，所以对幅缩的考虑应特别加以注意，如果没有相当确切的把握，不宜盲目成批投产。

### 2. 织物的染整重耗

织物在整理时重量变化的因素，包括织物的含油减少，烧毛时烧去部分茸毛以及成品与原料之间的回潮率标准变化等项。染整重耗的具体数值：一般全毛条染织物取4%～5%，全毛匹染织物视染色的深浅而变化，浅色重耗多，深色重耗少，有时可略去不计；化学纤维织物取1%～2%；毛混纺织物按含毛量高低而不同。表7-1-17为全毛织物在染整中的重耗。

表7-1-17　全毛织物在染整中的重耗

| 原　　因 | 重量增减（%） | 备　　注 |
|---|---|---|
| 洗呢后油脂减少 | -0.4～1.5 | |
| 烧毛 | -1.0～3.0 | |
| 剪毛 | -0.2～0.3 | 坯布含油含皂量1.6%～2.7%，整理后含油含皂量1.2% |
| 水分减少 | -1.0～5.0 | |
| 合计匹染织物 | -3.0～-4.0 | |
| 合计条染织物 | -3.0～-6.0 | |

## （三）织物组织

在机织物中，经纱和纬纱相互交错或彼此沉浮的规律称为织物组织。织物组织是织物的一项技术条件，也是织物规格的一项重要内容。

织物组织一般分为四类。

（1）一组经纱和一组纬纱构成的组织。可分为：

① 基本组织（原组织）：平纹组织、斜纹组织、缎纹组织。这三种组织是各种织物组织的基础。

② 从基本组织中变化得来的组织：平纹变化组织、斜纹变化组织、缎纹变化组织。

③ 其他：绉纹组织、联合组织、凸条组织、缎背组织、透孔组织、附加提花条组织等。

（2）一组经纱和两组纬纱或两组经纱和一组纬纱构成的组织，如经二重组织、纬二重组织、纱罗组织。

（3）两组或两组以上的经纱和两组或两组以上的纬纱构成的组织，如双层组织、多层组织。

（4）用提花机构织成的大花纹组织。

上述各类中各常见组织介绍如下：

**1. 平纹类**

（1）平纹（图7-1-3）：是最简单的应用最广的组织。经纬纱之间交织点最多，利用原料、纱线线密度、捻度、捻向、色泽、经纬纱密度等变化，使平纹织物获得各种不同的外观效应。如不同捻向的组合可得隐条、隐格，强捻纱线的组合可得绉纹，不同粗细的纱线组合可得楞纹，不同色泽的纱线组合可得点子、条子、格子等花样，经纬异色交织，色相对比，可得闪色效果等。

平纹组织用于花呢、凡立丁、派立司、鲍别林、旗纱等。

（2）平纹变化组织：经重平组织（图7-1-4、图7-1-5）和纬重平组织（图7-1-6、图7-1-7），是平纹组织点在经向或纬向的扩展，织物外观呈凸纹，经重平呈横凸纹，纬重平呈纵凸纹，以纬重平应用在花呢中较多。为使凸纹明显，可以在组织点交界处配上不同粗细的纱线，则凸纹在粗纱线处更为突出。方平（图7-1-8）是平纹组织点在经向和纬向同时扩展。$\frac{2}{2}$方平多用于男装花呢，如板司呢等，$\frac{3}{3}$方平则多用于女装料。变化重平是在重平组织基础上加以变形，可突出凸纹（图7-1-9）或得仿麻效果（图7-1-10），变化方平是在方平组织基础上加以变形，可得颗粒花样（图7-1-11～图7-1-14）或透孔织物（图7-1-15），变化重平与方平的联合得仿麻效果（图7-1-16）。

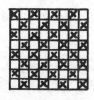
图7-1-3　平纹组织

图7-1-4　$\frac{2}{2}$经重平组织

图7-1-5　$\frac{3}{3}$经重平组织

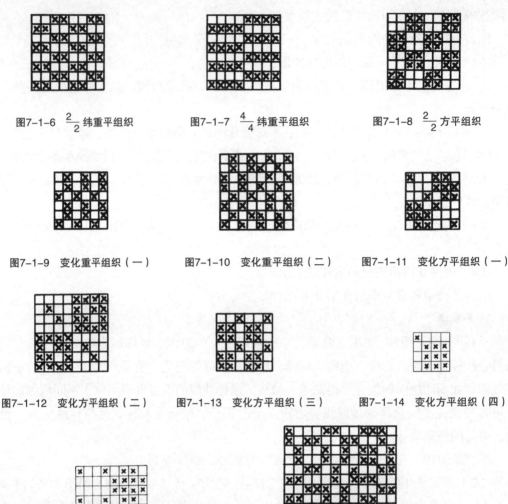

图7-1-6　$\frac{2}{2}$ 纬重平组织　　　　图7-1-7　$\frac{4}{4}$ 纬重平组织　　　　图7-1-8　$\frac{2}{2}$ 方平组织

图7-1-9　变化重平组织（一）　　图7-1-10　变化重平组织（二）　　图7-1-11　变化方平组织（一）

图7-1-12　变化方平组织（二）　　图7-1-13　变化方平组织（三）　　图7-1-14　变化方平组织（四）

图7-1-15　变化方平组织（五）　　　　图7-1-16　变化重平和变化方平的联合组织

### 2. 斜纹类

（1）斜纹（图7-1-17～图7-1-19）：斜纹是精纺毛织品中用得最多的组织。在组织图上有经组织点或纬组织点构成的斜线，斜纹组织的织物表面上有经（或纬）浮长线构成的斜向织纹，呢面起斜条纹，斜纹的方向通常都是从左下角斜向右上角。

改变斜纹的飞数和织物的经纬密，可以改变斜纹的角度，设斜纹的倾斜角为α，则

$$\tan\alpha = \frac{经密}{纬密} \times 飞数$$

（2）经面斜纹（图7-1-17）：系织物表面经浮点多于纬浮点，用于华达呢和各类花呢。纬面斜纹（图7-1-18）系织物表面纬浮点多于经浮点，用于各类花呢。

（3）双面斜纹（图7-1-19）：织物表面经纬浮点相等，图示的 $\frac{2}{2}$ 斜纹，用于哔叽、华达呢、啥味呢和各类花呢。

图7-1-17　经面斜纹组织　　　图7-1-18　纬面斜纹组织　　　图7-1-19　双面斜纹组织

（4）人字斜纹（图7-1-20、图7-1-21）：利用左右斜纹方向的变化，使呢面起人字纹，用于各类花呢。

（5）破斜纹（图7-1-22～图7-1-26）：利用简单斜纹组织变换排列次序，在斜纹交接处的组织点相反（切破），用于各类花呢。如图7-1-22的$\frac{1}{3}$破斜纹也可称作"四枚缎纹"或"土耳其斜纹"，常用于各类花呢和驼丝锦等。如图7-1-25所示的人字破斜纹多用于精纺的海力蒙。

图7-1-20　人字斜纹组织（一）　　图7-1-21　人字斜纹组织（二）　　图7-1-22　$\frac{1}{3}$破斜纹组织

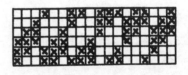

图7-1-23　破斜纹组织（一）　　　　　　图7-1-24　破斜纹组织（二）

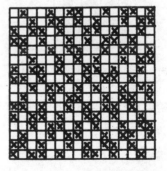

图7-1-25　破斜纹组织（三）　　　　　　图7-1-26　破斜纹组织（四）

（6）菱形斜纹（图7-1-27、图7-1-28）：菱形斜纹多从人字破斜纹变来，在花呢中是应用较普通的一种组织。

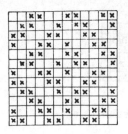

图7-1-27　菱形斜纹组织（一）　　　　　图7-1-28　菱形斜纹组织（二）

（7）芦席斜纹（图7-1-29、图7-1-30）：是从菱形斜纹变来，有编织风格，用于各类花呢。

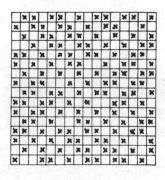

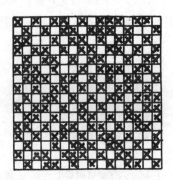

图7-1-29　芦席斜纹组织（一）　　　　　图7-1-30　芦席斜纹组织（二）

（8）复合斜纹（图7-1-31、图7-1-32）：是由两条或两条以上粗细不同的、由经纱或纬纱构成的斜纹线所组成，多用于花呢。图7-1-32也可用于巧克丁。

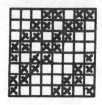

图7-1-31　复合斜纹组织（一）　　　　　图7-1-32　复合斜纹组织（二）

（9）花式斜纹（图7-1-33、图7-1-34）：是在基本斜纹条间填充以其他小花纹，多用于花呢。

（10）角度斜纹：一般斜纹角度是45°，超过45°的斜纹称急斜纹（图7-1-35～图7-1-41），不足45°的称缓斜纹（图7-1-42）。急斜纹用得较多，如马裤呢、贡呢、巧克丁等多是急斜纹，图7-1-39的急斜纹也可用缎纹变化来，是贡呢常见的组织，经向有长浮点的急斜纹组织，织物棱条饱满清晰，也常用于密度较稀疏的女衣呢。

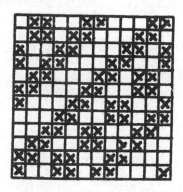

图7-1-33　花式斜纹组织（一）

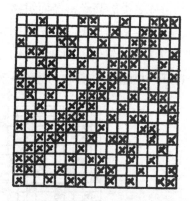

图7-1-34　花式斜纹组织（二）

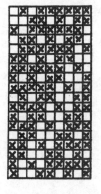

图7-1-35　急斜纹组织（一）

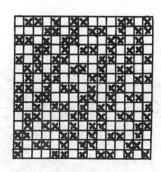

图7-1-36　急斜纹组织（二）

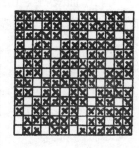

图7-1-37　急斜纹组织（三）

图7-1-38　急斜纹组织（四）

图7-1-39　急斜纹组织（五）

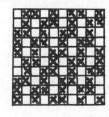

图7-1-40　急斜纹组织（六）

图7-1-41　急斜纹组织（七）

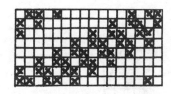

图7-1-42　缓斜纹组织

马裤呢之类的高经密经面织物，在织机上多采用反织法，以减轻多臂机的负荷，降低坏车率，图7-1-37的反织纹板图如图7-1-43所示。

（11）螺旋斜纹（图7-1-44）：由同一斜纹改变经纱排列次序得来，常用于两种以上色经1根隔1根配列的花呢，呢面呈现不同色泽的条纹。

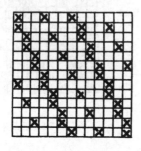

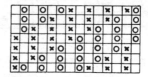

图7-1-43　反织纹板图　　　　　图7-1-44　螺旋斜纹组织

（12）曲线斜纹（图7-1-45）：斜纹呈各种曲线变化，图示是 $\frac{4}{3}\frac{1}{1}\frac{1}{3}$ 斜纹变换其排列顺序得来，多用于女衣呢。

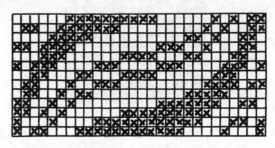

图7-1-45　曲线斜纹组织

### 3. 缎纹类

（1）缎纹（图7-1-46）：缎纹组织是原组织中最复杂的一种组织，缎纹组织的各个单独浮点间距较远，这些单独浮点被两旁的经纱或纬纱的长浮线所遮掩，织物表面平滑匀整、富有光泽，质地柔软。单纯的缎纹在呢绒中用得较少，图7-1-46所示的组织见于涤丝薄花呢中。

（2）缎纹变化组织：利用基本缎纹的单个浮点，在浮点邻近加填组织点，图7-1-47是在 $\frac{5}{3}$ 缎纹的基础上加填了组织点的加强缎纹（也可把它看作 $\frac{3}{2}$ 急斜纹）；图7-1-48是在 $\frac{5}{3}$ 缎纹的基础上加点子，是斜方块形，用于军服呢之类。图7-1-49是 $\frac{10}{3}$ 缎纹加点子，这个组织用于色子贡。

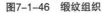

图7-1-46　缎纹组织　　　　　　图7-1-47　加强缎纹组织

图7-1-48　缎纹变化组织（一）

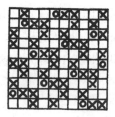

图7-1-49　缎纹变化组织（二）

### 4. 其他类

一组经纱和一组纬纱构成的组织，除了前面的三种基本组织和它们的变化组织外，还有一些常见于精纺织物中的组织。

（1）绉组织（图7-1-50～图7-1-52）：利用经纬浮点错综浮起，使织物外观起不规则的颗粒花样，用于各类花呢和女衣呢。图7-1-52的绉组织称"苔茸绉"。

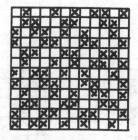

图7-1-50　绉组织（一）

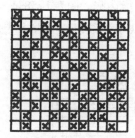

图7-1-51　绉组织（二）

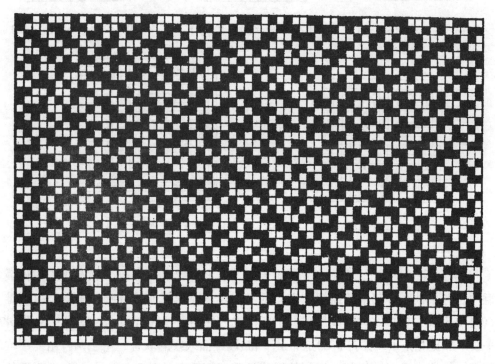

图7-1-52　绉组织（三）

（2）凸条组织（图7-1-53）：由较长的经浮线（或纬浮线）与另一简单组织相配合构成，外观有明显的凸纹，用于花呢。

（3）透孔组织（图7-1-54）：这类组织的经纬纱呈集束状，使织物表面构成小孔，用于花呢。

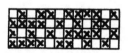

图7-1-53  凸条组织

图7-1-54  透孔组织

（4）缎背组织：这类组织是选定一个基本组织加以变化得来，织物正面的外观与基本组织相同，背面呈缎纹，多用于厚重的织物。图7-1-55是平纹组织以1∶1方式变来。图7-1-56是 $\frac{2}{1}$ 斜纹组织以1∶1方式变来。图7-1-57是 $\frac{2}{2}$ 斜纹组织以2∶1方式变来，该组织常用于缎背华达呢。图7-1-58是 $\frac{3}{2}$ 贡呢组织以2∶1方式变来，常用于礼服呢料。图7-1-59是 $\frac{3\ 3}{1\ 2}$（2飞）斜纹以1∶1方式变来，常用于驼丝锦。

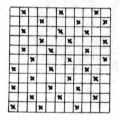

图7-1-55  缎背组织（一）

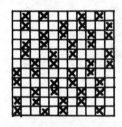

图7-1-56  缎纹组织（二）

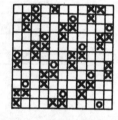

图7-1-57  缎背组织（三）

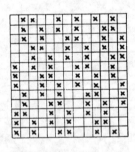

图7-1-58  缎背组织（四）

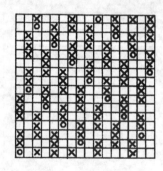

图7-1-59  缎背组织（五）

（5）联合组织：把几个单独的组织联合起来，构作出新的纹样，在花呢中用得最多，要注意的是各个被联合起来的组织，它们的平均浮长要尽可能接近些，避免制织困难。图7-1-60是由平纹、重平纹与平纹加减点子所构成的屈曲条纹联合而成。图7-1-61和图7-1-62是平纹中加提花条子。图7-1-63是纬重平和5枚经面缎纹的联合，由于两种组织平均浮长差异较大，如用一个织轴织制，织物的缎纹处凸起而重平纹处下凹，会使呢面不平整。图

7-1-64是$\frac{2}{1}$斜纹与$\frac{1}{2}$斜纹的联合，多用于经纬异色花呢。图7-1-65～图7-1-83是各种联合组织的例子。

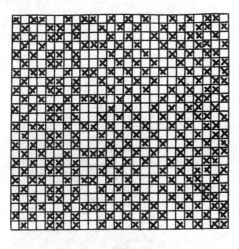

图7-1-60 联合组织（一）

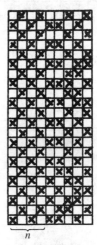

图7-1-61 联合组织（二）

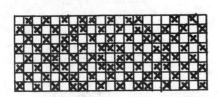

图7-1-62 联合组织（三）

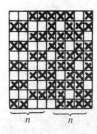

图7-1-63 联合组织（四）

图7-1-64 联合组织（五）

图7-1-65 联合组织（六）

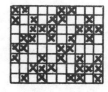

图7-1-66 联合组织（七）

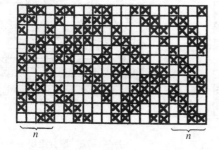

图7-1-67 联合组织（八）

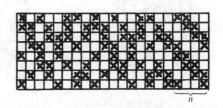

图7-1-68 联合组织（九）

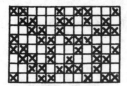

图7-1-69　联合组织（十）

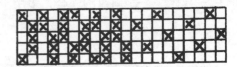

图7-1-70　联合组织（十一）

图7-1-71　联合组织（十二）

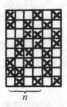

图7-1-72　联合组织（十三）

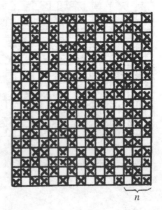

图7-1-73　联合组织（十四）

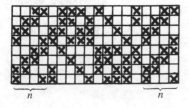

图7-1-74　联合组织（十五）

图7-1-75　联合组织（十六）

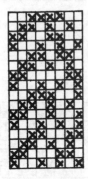

图7-1-76　联合组织（十七）

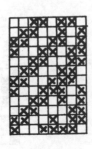

图7-1-77　联合组织（十八）

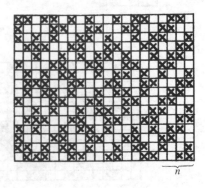

图7-1-78　联合组织（十九）

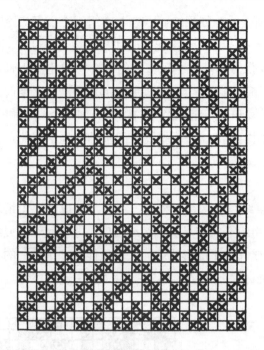

图7-1-79 联合组织（二十）

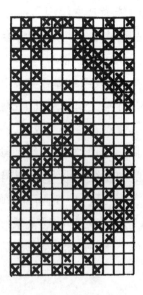

图7-1-80 联合组织（二十一）

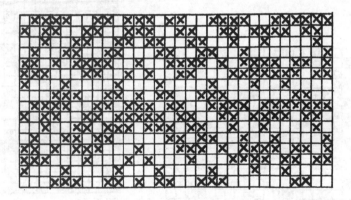

图7-1-81 联合组织（二十二）

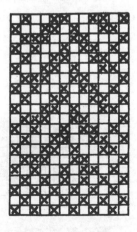

图7-1-82 联合组织（二十三）

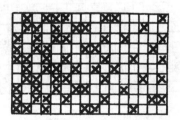

图7-1-83 联合组织（二十四）

（6）附加提花条组织：利用不同的细嵌线，如棉纱等，在基本组织上以经二重变化的方式，起出提花纹样。附加嵌线的组织点安排：只在提出花纹时才在织物表面显露，而不提出花纹时能为基本组织所掩盖。注意嵌线张力和基本组织张力的配合，防止由于张力差异大，成品落水后提花条处与地组织处的收缩有明显差异，致使呢面起泡泡状。必要时，附加提花条组织可用双轴织造，以调整附加嵌线和基本组织经纱的张力。如图7-1-84和图7-1-85是在$\frac{2}{2}$斜纹组织基础上提出环形花，图7-1-86是$\frac{2}{2}$斜纹组织基础上提出屈曲条纹，图7-1-87是在平纹组织基础上提出屈曲条纹。

**5.二重组织、纱罗组织、双层组织**

（1）一组经纱和两组纬纱构成纬二重组织，两组经纱和一组纬纱构成经二重组织，在精纺花呢中以经二重组织用得较多。二重组织必须有足够的经纬密度，才能使经纱或纬纱形成底面，相互重合。当密度稀疏时，经纱或纬纱不能形成底面，就只能是"单重"的了。图7-1-88（a）在足够的经密条件下，底与面才呈现出图7-1-88（b）的$\frac{2}{1}$斜纹。纬二重组织应用较少，图7-1-89是蒸呢包布的组织。

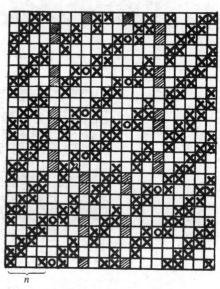

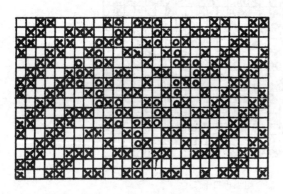

图7-1-84　附加提花条组织（一）　　　　　图7-1-85　附加提花条组织（二）

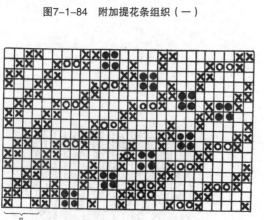

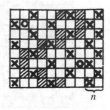

图7-1-86　附加提花条组织（三）　　　　　图7-1-87　附加提花条组织（四）

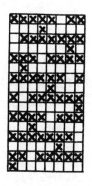

图7-1-89　纬二重组织

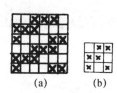

(a)　　　(b)

图7-1-88　经二重组织

（2）纱罗组织也是由两组经纱和一组纬纱构成的，经纱分绞经和地经两个系统，由地经和绞经相互扭绞，构成孔眼清晰的组织，如图7-1-90所示。纱罗组织结构稳定，虽密度稀疏，却难以拆散，而且组织变化也较多，常用于女衣呢以及无梭织机的边组织。

（3）双层组织在精纺花呢中以纬纱底面换层的双层平纹组织用得较多，这就是单面花呢的基本组织，如图7-1-91所示。单面花呢配以组织起条子的例子如图7-1-92所示。另外，常见的鸟眼花呢，其组织图如图7-1-93所示，这也是一种变化的双层平纹组织。再如各种采用接结经或接结纬的双层组织，在女衣呢中也常常可以见到。

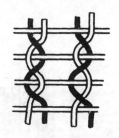

图7-1-90　纱罗组织

图7-1-91　经二重组织（一）

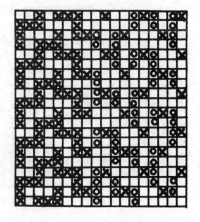

图7-1-92　经二重组织（二）

图7-1-93　变化的双层平纹组织

## 6. 大提花组织

这种组织在精纺女衣呢中也有所应用。

### （四）色纱及正反捻纱排列与织物组织的配合

利用不同色泽的色纱与织物组织相配合，可得千变万化的精巧的纹样。在意匠纸上的作图法是：

（1）用浅色铅笔点出织物组织。

（2）在组织图的左方和下方标出色纱的排列顺序。

（3）在组织图的经浮点上用相应的经纱色泽标出。

（4）在组织图的纬浮点上用相应的纬纱色泽标出。

同一个组织，采用不同的色纱排列，可得各种不同的纹样。而外观相同的纹样，也可用不同的组织或色纱排列得到。

举例如图7-1-94～图7-1-114所示。

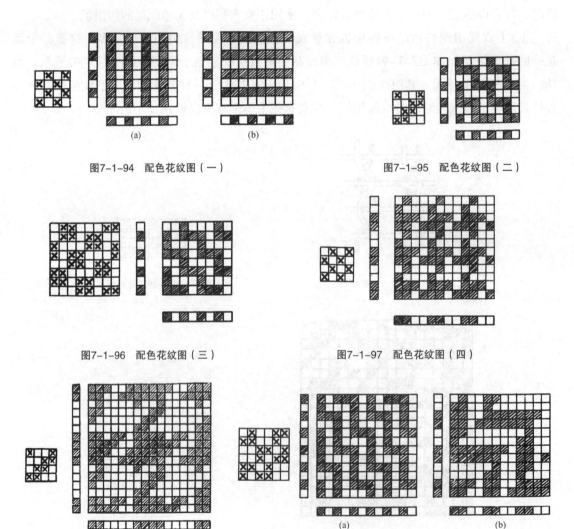

(a)  (b)

图7-1-94 配色花纹图（一）　　　　　　图7-1-95 配色花纹图（二）

图7-1-96 配色花纹图（三）　　　　　　图7-1-97 配色花纹图（四）

(a)  (b)

图7-1-98 配色花纹图（五）　　　　　　图7-1-99 配色花纹图（六）

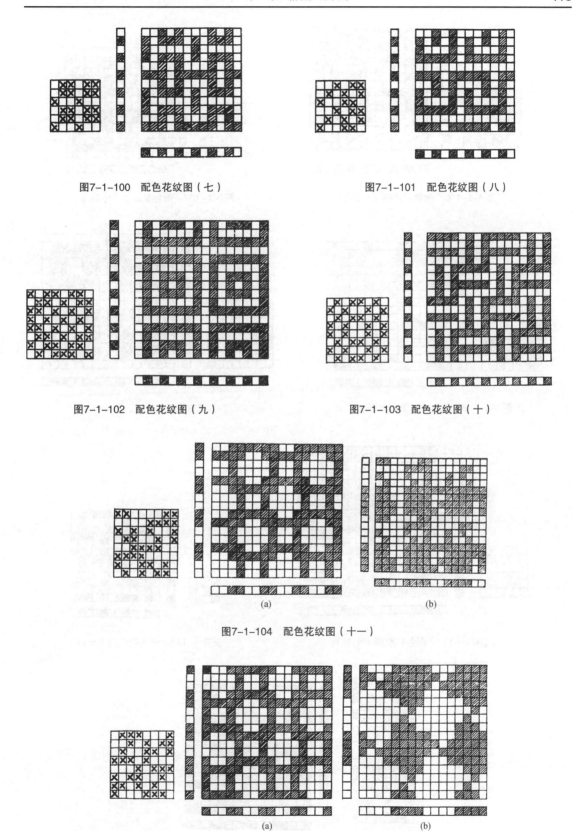

图7-1-100　配色花纹图（七）

图7-1-101　配色花纹图（八）

图7-1-102　配色花纹图（九）

图7-1-103　配色花纹图（十）

(a)　　　　　　　　　　(b)

图7-1-104　配色花纹图（十一）

(a)　　　　　　　　　　(b)

图7-1-105　配色花纹图（十二）

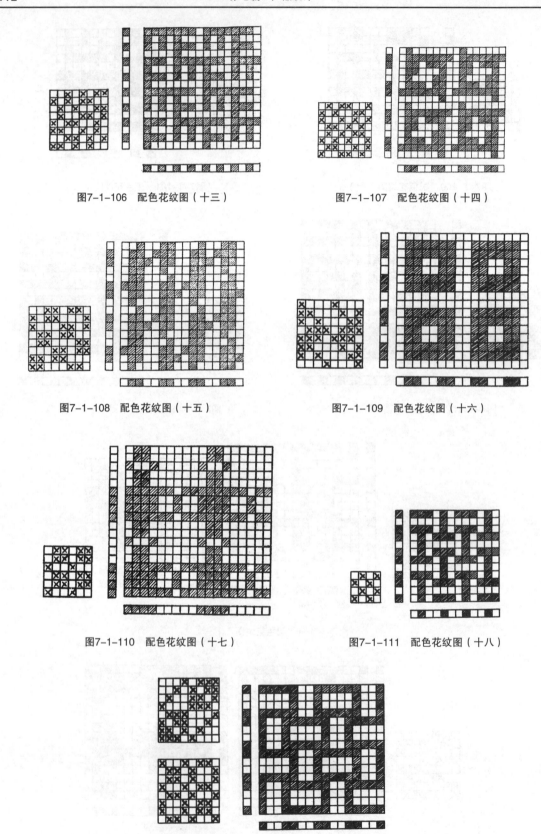

图7-1-106　配色花纹图（十三）

图7-1-107　配色花纹图（十四）

图7-1-108　配色花纹图（十五）

图7-1-109　配色花纹图（十六）

图7-1-110　配色花纹图（十七）

图7-1-111　配色花纹图（十八）

图7-1-112　配色花纹图（十九）

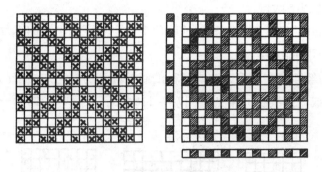

图7-1-113　配色花纹图（二十）

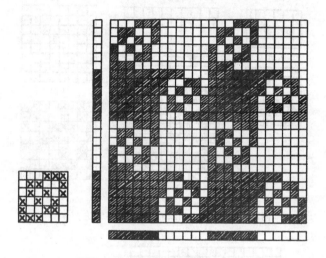

图7-1-114　配色花纹图（二十一）

　　利用正反捻纱，也可以仿照色纱排列与组织配合的方法，构作隐条或隐格花纹。图7-1-115捻向排列与图7-1-94的色纱排列相同，但条子的横直相反。

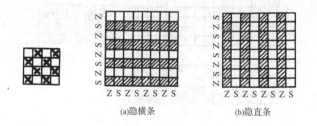

(a)隐横条　　　　　　　(b)隐直条

图7-1-115　配色花纹图（二十二）

## （五）穿综与穿筘设计

### 1. 穿综

　　一般用穿综图表示组织图中各根经纱穿入各页综片的顺序的图解，常用的穿综方法有顺穿法、飞穿法、照图穿法、间断穿法和分区穿法等。

穿综设计要考虑以下两点：

（1）交织点相同的经纱可穿在相同的综片上，也可穿入不同的综片上，而交织点不同的经纱必须分穿在不同的综片上。

（2）浮点长的经纱穿在后综，交织紧密的经纱穿在前综。为力求简化穿综方式，可以适当增加一些综片或变换纹板的排列。图7-1-116及图7-1-117中的第一种方法比第二种方法要好。

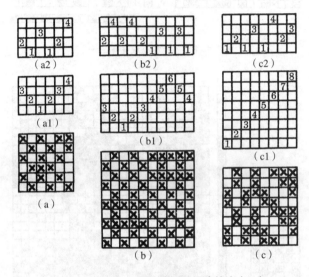

图7-1-116   同一组织的两种不同穿综法（一）

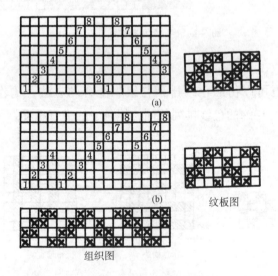

图7-1-117   同一组织的两种不同穿综法（二）

当相邻的2根或3根经纱交织点完全相同时，要分开穿在不同的综片上，以防止相互缠绕。

同色正反捻或色纱颜色很近，可采用"认综片穿法"，在每片综上只穿相同的经纱，便于在机上检查，防止错经事故发生。

同一片综上综丝密度要控制在适宜范围内，综丝过多，织制时将发生困难，可增加综片数将其匀开。

### 2. 穿筘

在选择筘号与每筘穿入经纱根数时，可按经密和线密度及织物组织对坯布的要求决定，原则上应在不增加织造断头和结头吊经的情况下，尽可能采用密筘，以减少跳花和成品的筘痕。筘号选择时筘齿间宽度应掌握大于纱线直径的2～2.5倍，用低特（高支）棉纱、绢丝、涤丝等作装饰嵌线时，应按组织特征采取两根或多根嵌线抵作一根地经计算穿筘，以保持呢面丰满无稀隙。

如A、B两根相邻的经纱颜色不同，但它们的组织点基本相同的如图7-1-118（a）的2，3，6，7；或组织点完全相同的如图7-1-118（b）的2，3，6，7。在穿筘时必须把它们分别穿在不同的筘齿里。如果插在同一个筘齿里，这两根经纱将无规律地相互易位，时而A在左B在右，时而B在左A在右，破坏花型。

如图7-1-118所示的方平组织线密度较粗（如25tex×2以上），采用每筘穿入两根经纱的密筘时，经纱断头急剧增加，这时可以改用双层筘来织制，如图7-1-119所示。

穿筘也要与织物组织相配合，如透孔组织一定要按透孔部位安排插筘，如图7-1-120所示。

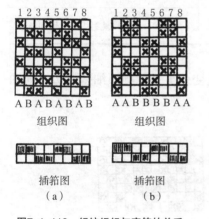

图7-1-118　织纹组织与穿筘的关系

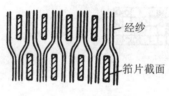

图7-1-119　双层筘

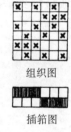

图7-1-120　透孔组织与穿筘的关系

平纹织物为防止小跳花等织疵，穿综可用跳穿法1，3，5，2，4，6穿，插筘3根一筘，6，1，3插在一筘，5，2，4插在一筘。

### （六）布边和织字边

#### 1. 布边组织

布边的作用是预防织物沿宽度方向过分收缩，保持织物平整，并起到一定的装饰美化作用。

布边要有平整的外边缘，其组织要使组织点平衡，尽可能采用重平边，防止染整时卷边，常用组织如图7-1-121所示。

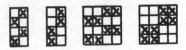

图7-1-121　常用的布边组织

地组织不平衡的织物如 $\frac{2}{1}$ 斜纹、$\frac{3}{1}$ 斜纹、4枚缎纹、贡呢、巧克丁等经面织物，一般采取另加边综的办法，采用变化重平或方平边。此时要考虑左右两边组织点的配合，防止"织不进"。图7-1-122为单侧双梭箱织 $\frac{2}{2}$ 重平时的布边配合。边组织与地组织的配合见表7-1-18。

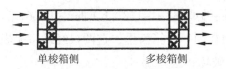

单梭箱侧　　　　　多梭箱侧

图7-1-122　布边组织点的配合

表7-1-18　边组织与地组织的配合

| 地组织 | 平纹 | $\frac{2}{1}$ 斜纹 | $\frac{2}{2}$ 斜纹 | $\frac{4}{4}\frac{4}{2}$ 巧克丁 | $\frac{4}{1}$ 驼丝锦 | 单面花呢 | 缎背组织 |
|---|---|---|---|---|---|---|---|
| 边组织 | 平纹 | $\frac{2}{2}\frac{1}{1}$ 变化重平 | 方平 | 方平 | $\frac{3}{2}$ 变化重平 | 同地组织 | 利用地组织构成倒顺斜纹 |

地组织复杂的织物，可选用地组织中某几片综以构成变化重平或倒顺细斜纹边，如图7-1-123所示。

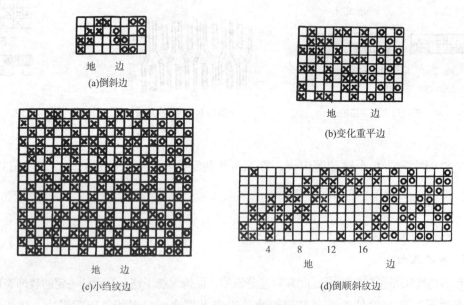

地　　边
(a)倒斜边

地　　边
(b)变化重平边

地　　边
(c)小绉纹边

地　　边
(d)倒顺斜纹边

图7-1-123　复杂组织采用的边组织举例

上述某些布边在采用单侧双梭箱投纬时可能会织不进，例如 $\frac{2}{3}$ 与 $\frac{3}{2}$ 构成重平边等，此时可把最外边的一根经纱穿在另加的有 $\frac{2}{2}$ 组织点的边综上，使经纱能带牢纬纱，防止选取的地综中有经向长浮点，不能织好布边（图7-1-124）。

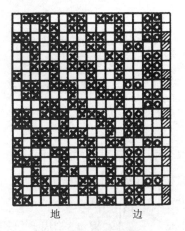

地　　　　　　　　边

**图7-1-124　变化重平边**

布边的宽度通常取1~1.5cm，如果地组织为 $\frac{2}{2}$ 斜纹的，指定要织 $\frac{2}{2}$ 斜纹边时，边要设计得宽一些，如1.7cm，斜纹方向要与地组织相反，以防卷边。

布边穿筘密度根据织机机型的不同，可与布身穿筘密度有所区分。

**2. 织字边**

字边主要用作装饰美化，并标出织物的某些特征。

字边分有衬底、无衬底两种，无衬底的适用于平纹织物。

衬底组织可用 $\frac{4}{1}$ 缎纹或 $\frac{3}{1}$ 缎纹。无衬底的在字组之间可用 $\frac{1}{7}$ 缎纹。

字高取决于起字经纱根数和穿筘数，起字经纱常用10~13根；厚重的织物可用15~20根，取其粗壮稳重；薄型织物可用7~8根，取其细巧精致，着眼点在美化。一个厂的字边，原则上应在匀称大方的前提下统一起字经纱的根数，确定两种或三种，力求纸板的通用、拼接。

有衬底的织字边，衬底应在字的两端各留出0.1~0.2cm，便于利用最外面两根纱加织色线。

字宽取决于起字纬纱根数和成品纬密，以字母O为例，可分别选用7根、10根、13根等，配合成品纬密和字母高度。字的高宽比无一定要求，以匀称大方为宜。

在意匠纸上作图时，字母间一般空2~3格（即空2~3根纬纱），字与字之间约空2个字母O的格数，但间距不宜一律，可在写好后看排列匀称与否，加以必要的调整。

起字纱可选用13tex×2（120旦双股）黏胶丝两根作一根使用，笔画较丰满，或用1根13tex×4（120旦四股）黏胶丝，强力较好。也可选用涤纶丝，此时如果织物的色光有偏差，需要对羊毛、黏胶纤维、锦纶等纤维纠正色泽时，不会使涤纶丝上色，保持字边的美观。有衬底时，衬底纱选用13.5tex×2以下（75公支/2以上）的精纺纱，或选用14tex×2（42英支/2）棉线。

黏胶丝要加一定的捻度，捻度过多或过少均不利于织造。如13tex×2（120旦双股）单丝加Z捻650，合股线加S捻450较好。

配色时常用黑底配白、金黄或其他色，漂白织物为防止黑底在漂白时泛色，可配白底。边字的染色牢度尤应注意，煮呢时色牢度要求在4级以上。

字母的高度因织字边部分的经密特别高，所以它的幅缩与布身不同，加之起字经纱浮点长，会向两边铺展开来，所以严格的计算较为困难。从实践知，坯布上字样的大小到成品测量时基本不变，可按下式计算：

$$字高（cm）= \frac{起字经纱实际占用筘齿数}{筘号} \times 10 \qquad (7\text{-}1\text{-}4)$$

$$字宽（cm）= \frac{起字纬纱根数}{成品纬密} \qquad (7\text{-}1\text{-}5)$$

实例：

（1）有衬底字边：上机筘号58，成品纬密238根/10cm。

边纱排列与穿筘：衬底纱11根，分穿2筘齿；

$$\left.\begin{array}{l}\text{衬底纱1根} \\ \text{起字纱1根} \\ \text{衬底纱1根}\end{array}\right\} \times 13 \left.\begin{array}{l} \\ \text{27根穿3筘齿，每筘齿9根；} \\ \end{array}\right.$$

衬底纱11根，分穿2筘齿。

扣去两边未能被起字的经纱所覆盖的那两根衬底纱所占的位置，则实际起字经纱占用筘齿数为 $2\frac{7}{9}$（2.78筘齿），起字部分字母O的纬纱为13根。

按式（7-1-4）、式（7-1-5）计算得：

$$字高 = \frac{2.78}{58} \times 10 = 0.48 (cm)$$

$$字宽 = \frac{13}{23.8} = 0.55 (cm)$$

实际成品测量得字高为0.5～0.53cm，字宽为0.53～0.55cm，与计算基本符合。

（2）无衬底字边：上机筘号57，成品纬密180根/10cm。

边纱排列与穿筘：

$$\left.\begin{array}{l}\text{起字纱1根} \\ \text{地经纱1根}\end{array}\right\} \times 10，分穿3筘齿，为7，6，7根；$$

扣去第三筘齿中地经纱所占的位置，则实际起字经纱占用筘齿数为 $2\frac{6}{7}$（2.86筘齿），起字部分字母O的纬纱为10根。

按式（7-1-4）、式（7-1-5）计算得：

$$字高 = \frac{2.86}{57} \times 10 = 0.50 (cm)$$

$$字宽 = \frac{10}{18} = 0.56 (cm)$$

实际成品测量得字高为0.48～0.50cm，字宽为0.55～0.58cm，与计算基本符合。

有衬底字边例图如图7-1-125所示。

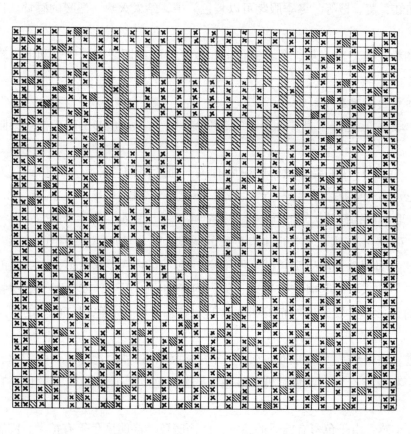

图7-1-125　有衬底字边

## （七）色彩的基础知识

产品设计是一项技术、艺术以及经济相结合的工作，需要技术与艺术的结合，了解一定的色彩基础知识，对于花型的配色有着重要的作用。自然界中的颜色可以分为无彩色和彩色两大类。无彩色指黑色、白色和各种深浅不一的灰色，而其他所有颜色均属于彩色。

### 1. 色彩的三原色

红、黄、青是色彩的三原色，其他变幻无穷的色彩都是由这三种原色以不同数量配合而得，属减法混合，即混入色别越多，混合后所得颜色越灰黑，明度越弱。

### 2. 色彩的三要素

①色相也叫色泽，是颜色的基本特征，反映颜色的基本面貌，一般用色相环来表现各种色相。

②纯度叫饱和度，指颜色的纯洁程度。纯度越高其颜色越鲜艳，如在色相中加白或加黑就能降低其纯度。

③明度也叫亮度，体现颜色的深浅，是色相本身所表现的明暗程度。

### 3. 色彩的色调

①冷色调，如白、蓝、紫、青、绿等。在夏季服装可以冷色为主，给人以清爽、凉快的感觉。代表深沉、庄重、文静。

②暖色调，如红、黄、橙等。冬季服装可以暖色为主，给人火热、温暖的感觉。代表热情、活泼、轻快。

③中性色，如粉、黑、白、灰、金、银色等。介于冷暖色调之间。代表和谐、统一的美感。

### 4. 有关色彩的视觉心理基础知识

①色彩的冷、暖感：色彩本身并无冷暖的温度差别，是视觉色彩引起人们对冷暖感觉的心理联想。

②色彩的轻、重感：这主要与色彩的明度有关。明度高的色彩使人联想到蓝天、白云、彩霞及许多花卉还有棉花、羊毛等，产生轻柔、飘浮、上升、敏捷、灵活等感觉。明度低的色彩，易使人联想到钢铁、大理石等物品，会产生沉重、稳定、降落等感觉。

③色彩的软、硬感：其感觉主要也来自色彩的明度，但与纯度亦有一定的关系。一般明度越高感觉越软，明度越低则感觉越硬。明度高、纯度低的色彩有软感，中纯度的色也呈柔感，因为它们易使人联想起骆驼、狐狸、猫、狗等动物的皮毛，或毛呢、绒织物等。高纯度和低纯度的色彩都呈硬感，如它们明度越低则硬感更明显。色相与色彩的软、硬感几乎无关。

④色彩的前进、后退感：一般暖色、纯色、高明度色、强烈对比色、大面积色、集中色等有前进感觉，相反，冷色、浊色、低明度色、弱对比色、小面积色、分散色等有后退感觉。

⑤色彩的大、小感：由于色彩有前后的感觉，因而暖色、高明度色等有扩大、膨胀感，冷色、低明度色等有显小、收缩感。

⑥色彩的华丽、质朴感：色彩的三要素对华丽及质朴感都有影响，其中纯度关系最大。明度高、纯度高的色彩，丰富、强对比色彩感觉华丽、辉煌。明度低、纯度低的色彩，单纯、弱对比的色彩感觉质朴、古雅。但无论何种色彩，如果带上光泽，都能获得华丽的效果。

⑦色彩的活泼、庄重感：暖色、高纯度色、丰富多彩色、强对比色感觉跳跃、活泼有朝气，冷色、低纯度色、低明度色感觉庄重、严肃。

⑧色彩的兴奋与沉静感：影响最明显的是色相，红、橙、黄等鲜艳而明亮的色彩给人以兴奋感，蓝、蓝绿、蓝紫等色使人感到沉着、平静。绿和紫为中性色，没有这种感觉。纯度的影响也很大，高纯度色有兴奋感，低纯度色有沉静感。

**5. 运用流行色进行产品设计**

随着时代进展，国际流行色发布日益引导人们对色彩爱好总的趋向，因此较好地掌握相应市场的流行色，运用于产品设计中，会使产品更具有市场生命力。

## （八）配色

呢绒是一种以羊毛为主要原料的高级时式织物，相当讲究色泽的流行时尚，所以，色彩设计是呢绒产品设计成败的关键之一。通常，用作套装的花呢的配色，要能体现出高雅朴实的格调，而用作单件上装或夹克衫的花呢，其配色则强调花俏、活泼。以下简述男装用花呢配色的一般方法，其中，有些原则也适用于女装。

**1. 色毛混合的色彩配合**

色纤维混合效应是呢绒有别于其他纺织品的一大特色。

（1）为使混得的混色较鲜亮，要求组成的单色其纯度和明度高一些。素净的混色可以选用色相类似、明度差较小的几种色毛相混合。夹花的混色可选用明度差较大的几种色毛来混得。例如，浅灰色的派立司，可以在白中加10%的中灰和5%的黑混得。但如果做混色灰的啥味呢，则要求呢面匀净细洁，可在白与黑之间，增加各档深浅程度不同的过渡灰色。如果混入一部分毛条印花的中间灰色，可减少过渡单色的只数，呢面则更为匀净。为避免啥味呢因混毛只数过多使色光偏于萎暗，可以混入少量的浅青莲、浅蓝等鲜嫩的色彩，加以调节。

（2）多种彩色相混的中深色有两种做法。如要保留底色，可以把红、黄、蓝、绿等各种鲜艳的彩色的总比例控制在10%左右，底色为90%左右，可以在底色上显出虹彩效果。如不保留底色，则彩色毛的比例可以按需混用，得到斑斓混杂的多彩效果。

（3）不同粗细的纤维相混合时，纤维粗的色毛易于暴露在纱的外层，易于在混合色中独立地呈现出来，所以，做"白枪"风格，就可以选用较粗的纤维。

（4）为了方便生产厂接受订货者的来色仿制，方便色毛管理，可以恰当地选择50～60个各种色调的单色，组成一套基本色谱，从中选用，可混得各种新的色泽，以满足生产的需要，减少新颜色的投染只数。如果要得到不含其他色的只有明暗之分的灰色，可从白到黑之间，合理地选取5只不同深浅的灰色，就可以混得介于白与黑之间的所有灰色。

**2. 合捻花线的色彩配合**

合捻花线在呢绒中应用极广，色彩配合要点说明如下。

（1）两根不同颜色的纱线合股加捻时，每根纱线仍保留其原有的独立的颜色，但由于加捻作用，相互分隔成小的色点，这样，明度高的颜色将有所减弱，而纯度却不受影响。

（2）花线色彩的配合要随着所构成的单纱的粗细而变化。纱线细，单纱之间的色彩对比宜偏强烈，否则，由于色彩对视觉的空间混合作用，将看不到花线的效果，只是近乎混色的效果。纱线粗，单纱之间的色彩对比宜偏柔和，否则，呢面将有粗犷感。粗细不同的单纱合捻，例如，用明度低的34tex×1（30公支/1）与明度高的19tex×1（52公支/1）合捻，可以得到有主次的色彩对比效果。如果34tex纱是一根异色构成的花粗纱，则可以构成三色对比，色点细洁，效果较好。

（3）无彩色合捻。用黑、白、灰等无彩色单纱合捻制成的花线，可以单独作织物的底色，也可与有彩色相配伍，是一种常用的花线。通常，将两根色纱的明度差掌握在蒙赛尔色谱规定的4级左右，效果较好。特殊的情况，如明度差为10级的黑白两色相合捻，所用单纱较细，合成花线的点子也小，它可以与任何底色相协调，常用作装饰嵌线。

（4）无彩色与有彩色合捻。用黑、白、灰等无彩色与各种有彩色单纱合捻，无彩色可以起调节色彩明暗的作用，带各种色调的灰色，更有衬托有彩色的效果。有彩色的纯度可按用途和纱线线密度来选用。作底色或纱线较粗时，有彩色的纯度宜偏低，它与无彩色的明度差宜偏小。作嵌线或纱线较细时，有彩色的纯度宜偏高，它与无彩色的明度也可大一些。

（5）有彩色合捻。同色调不同明度的单纱，或近似色调，即色相轮上90°以内的色调的单纱，合捻得到的花线色彩对比柔和而含蓄。色相轮上相距90°以上的有彩色单纱相合捻，对比较强烈，所以，色调纯度要下降，匹配选择要得当。例如，相距150°左右的灰蓝和红棕相合捻，可得到色彩层次丰富的豆青色。图7-1-126为色相轮。

图7-1-126　色相轮

### 3. 织物的色彩配合

织物的色彩配合是色毛配色和花线配色的综合反映。花呢的传统主体色彩是：灰、蓝、棕、米，其他还有朱黄、墨绿、蟹青、酒红等，秋冬令偏于深色调、暖色调，春夏令偏于浅色调、冷色调。所用底色多为低纯度及低明度的复合色，所用装饰色，则强调鲜艳、浓丽、明亮。色彩配合原则上是经向明纬向暗，这种衣料，穿起来与人体外形相协调，给人以挺拔、稳定的感觉。同时，按最终用途，配合上也有区别。一般分套装和夹克衫两种类型，套装要求高雅而严肃，夹克衫要求明快而活泼。有关织物配色应注意以下几方面。

（1）色彩配合调和：色彩配合必须顺应呢绒固有的传统风格，并在传统的基础上推陈出新，才能取得调和的效果。在实际配合色彩时，要使它们相互丰富，不是相互削弱，要使配上去的每一个色彩有助于总体色的美化。通常，在深色地上配明亮的颜色，则与地色的对比显得漂亮和丰满。如果配暗沉的颜色，则与地色的对比显得和谐而含蓄，所以，深色地配色选择的范围广。而浅色地则不然，它易于使明亮色削弱，使暗沉色生硬，因此，对浅色地的配色要多加推敲。另外，金、银、白、黑、灰与其他色相配，常易获得调和的效果。

（2）呢面对配色的关系：织物的色彩要通过织物对光线的吸收和反射，刺激人的视觉，才能使人有色彩感，所以，不同的呢面，色彩感不同。光洁整理的织物，光线顺一个方向反射，织物的颜色浅而淡。绒面整理的织物，光线向各个方向漫射，织物的颜色深而浓。前者往往有新鲜感，但显得浅露，而后者往往有暗沉感，但显得丰满。例如，同样的黑色，麦尔登比哔叽就显得乌，看上去厚实。

色彩在有绒面的织物里容易取得调和。例如，色彩鲜艳的嵌线用在绒面较大的织物里，由于绒毛的掩蔽，它与地色的对比显得柔和协调，而同样的底色、同样的嵌线，用在光洁整理或绒面较小的织物里，有时会火爆、生硬，不够协调。

所以，在设计配色时，特别是在接受来样仿制时，必须考虑呢面与色彩的关系，适当调整色彩的明度和纯度，才能使最后的成品符合设计的要求。

（3）织物组织不同对配色的关系：

①不同的组织反射光线不同，色彩也就不同。如绉纹组织见到的色彩常偏于浅而柔和；缎纹组织见到的色彩光泽好、鲜亮。

②经纬交织点的配置对织物的外观色彩也有很大影响。如平纹组织用红色经纱蓝色纬纱，由于红色与蓝色的空间混合，得到总体色光为紫色的闪色织物。而同样的红色经纱蓝色纬纱改用 $\frac{4}{4}$ 斜纹组织，则得到红与蓝两色构成的斜条花，红与蓝都独立的存在。

③经面组织和纬面组织适于配条子花样，如果用于格子花样，将会有不连续及不完整的感觉。简单组织，则对条子和格子都能适用，著名的格林格就是用平纹、$\frac{2}{2}$ 斜纹或方平等构成的。

④为了突出或隐蔽嵌线与地色的色彩对比，可以有目的的增加或减少嵌线的组织点，并作合理的布置。如平纹组织配缎条，条子色彩更显明朗，$\frac{2}{2}$ 斜纹组织配 $\frac{1}{3}$ 斜条，条子色彩比较隐暗。

（4）织物中不同纱线线密度对配色的影响：纱线细的织物，经纬纱的色彩容易起空间混合效应，所以，色纱配合时色彩在明度和纯度上的对比可以强烈一些，使条格明快。而纱线粗的织物，各个色点容易相互分开，色彩对比宜柔和，使条格不致太生硬。尤其是在仿样生产中，不能把纱线细的样品的色彩照搬到纱线粗的产品中去，必须加以适当调整，否则，尽管色纱的颜色相像而织物的总体效果却不大一样。

（5）利用嵌线配条格花样：

①嵌线的运用是花呢变换花样的重要装饰技巧，嵌线的色彩与地色的对比，要求在和谐中见出花俏来。通常多用红、橙、黄、绿、青、紫等色彩与地色相配。深色地的嵌线运用纯

度高、明度低的色纱，浅色地的嵌线可用纯度低、明度高的色纱。此外，色彩调和与嵌线的粗细和材质也有密切的关系。如果单色嵌线与地色对比过分强烈时，可以用纤细的绢丝、棉纱等作嵌线，或把单色纱与地色纱合捻，做成花线后嵌入，这样，即使单色纯度高，对比仍然较调和。

②只用一种嵌线与地色相配时，可以配彩色，也可以配用同色系明度不同的近似色作嵌线，前者显得花俏；后者显得稳重。如著名的铅笔条花样，就是在黑底上配浅灰或本白的条子，相当典雅。常见的彩色嵌线配合有：中灰底配蓝、中蓝、橘黄、铁锈红；深灰底配中蓝、深蓝、枣红、铁锈红；中棕底配橘黄、橘红、蓝绿；深棕底配橘红、酒红、蟹青；深藏青底配中蓝、深蓝、枣红；黑底配中蓝、深蓝、紫红等。

③用两种颜色嵌线与地色相配时，嵌线与嵌线之间在明度和纯度上要有对比，使条格有层次、有立体感，不宜平均用力。如一根用鲜一些的暖色；另一根用暗一些的寒色。以深灰底为例，一根配紫红；另一根配深蓝；或一根用明度高一些的中性色；另一根用明度低一些的有彩色。以中灰底为例，一根配浅灰；另一根配中蓝，或一根用明一些的同色系色纱；另一根用暗一些的同色系色纱。仍以中灰底为例，一根可配水灰；另一根可配铁灰。

④用多种颜色作嵌线时，原则上与两种颜色嵌线的配法相同，但更着重层次感与嵌线之间的对比，做法上可采用不同材质的嵌线，单色和混色、素色和花线、粗嵌线与细嵌线等。

⑤在利用嵌线配格子花样时，为了使花样保持经明纬暗，在同面组织中常把纬向彩色嵌线的明度和纯度选得比经向低一些，如在2根黑，2根米色所构成的小米格底花上，加配同色相的黄嵌线起格子时，按蒙赛尔色谱的划分，纬向的黄色纱其明度可比经向降低1级，其纯度可比经向降低2级。

⑥多根色纱并列对比配条格花样。多根色纱并列对比时，要考虑色彩的强弱，求得配合的调和。色彩的强弱决定于明度和面积，歌德把纯色明度比定为：黄3、橙4、红6、绿6、青8、紫9。在配色时，可以按明度比来布置其占据的面积或安排色纱的根数。如黄3根与红6根相并列，就显得平衡。对比强烈的色纱相互配合时，各个色相占的面积要小，如对比柔和的色纱相配合时，各个色相占的面积可大一些。假设色纱对比的强弱用白、黑、灰来表示，白与黑构成强烈对比，白或黑与灰构成柔和对比，则可作如下的配置：

2根黑∶2根浅灰或2根白∶2根深灰

4根黑∶4根浅灰或4根白∶4根深灰

8根黑∶8根中灰或8根白∶8根中灰

16根黑∶16根深灰或16根白∶16根浅灰

多根色纱并列对比的条格，有时，相邻接的两个颜色会互相干扰，使对比模糊，此时，可以按对比色的明度和纯度，利用无彩色黑、白、灰加以划分，这样，格型就会清晰、明朗。这种方法也可用于嵌线的镶边，在彩色嵌线的旁边，加无彩色作伴衬，使嵌线与地色的对比醒目，增强装饰效果。

（6）格林格和泰坦格的配色：

①格林格是呢绒大格花样中最有代表性的格子，它的特点是在方正稳重中见出变化，素

静大方中透现花俏。它的基本花样是利用深浅对比较强烈的两种色纱构成的。设以A代表深色纱，B代表浅色纱，则其色纱排列为：2A2B重复若干次，接4A4B重复若干次，2A2B的总根数与4A4B的总根数大致相等，它的基本组织采用 $\frac{2}{2}$ 斜纹或 $\frac{2}{2}$ 方平，由于色纱与组织的配合，经纬交织后可得到4个花样不同、面积大致相等的小格，相互对比又相互伴衬，耐人寻味。常见的色纱配合是：黑与白，黑与灰，黑与蓝，黑与棕，黑与墨绿，白与蓝，白与米，白与棕以及深棕与浅米、深藏青与浅蓝灰等。由于色彩对比面积小，如深浅色纱色差过小或采用花线，则格子稍模糊，且有沉闷感。此外，也很少用不同色相的彩色纱作地纱。

格林格可以利用彩色嵌线构作各种类型的复套格，例如，在小方格中穿心打十字，在小方格四周加边框，或在A、B两色间导入第三个底色等。由于底色构成的色点对比强烈，所以，格林格即使配上十分鲜艳的嵌线，也不至于使配色火爆。常见的嵌线色如：天蓝、紫红、大红、黄棕、豆沙、金黄、草黄、青莲、豆绿等。要注意的是嵌线的布置和嵌线明度的配合不能破坏格林格的基本花型，要利用嵌线来取代原来的深色纱或浅色纱的位置。例如，把2A、2B做成2A、1B、1C或2A、2C等，才能保持格林格的特征，保持花型的对称。

②泰坦格又称苏格兰彩格，是一种色彩斑驳的大彩格，它以灰、藏青、驼、黄棕为主色，其次有墨绿、橄榄绿等。主色明度较低，占的面积最大，然后配上明度较低的彩色作伴衬，伴衬可以是异色调的，也可以用同色调利用明度差构成对比，以突出主色，显出层次。再用明度较高的彩色勾亮，或用较鲜艳的颜色添彩，作为点缀。点缀色的面积要小，必要时还可以在色纱对比交界处加入黑、灰等中性色来划分，以避免两个色相并列和对比时的相互干扰。配色举例如表7-1-19所示。

表7-1-19　泰坦格配色举例

| 主色 | 伴衬色 | 明点缀色 | 暗点缀色 | 划分色 |
|---|---|---|---|---|
| 驼 | 黑灰 | — | 墨绿 | — |
| 灰 | 花灰、橄榄绿 | 湖蓝 | 酒红 | — |
| 绿灰 | 红棕 | — | 紫红 | 黑 |
| 蓝灰 | 浅蓝灰、炭灰 | 金黄 | 棕 | 黑 |
| 藏青 | 黄棕 | 天蓝 | 橘红 | — |
| 橄榄绿 | 蓝灰 | 米色 | 紫丁香 | 黑 |

（7）包袱样配色：包袱样是展示同一个花型不同配色效果的实物样，在包袱大小的一块实样里，经纬各有若干组色纱，其色纱排列相同，而色相不同。这样，经纬交织后，可得到一套深浅不同的色样。假定经纬各有5组配色，交织后可得25个颜色，顾客从中选择和比较也就方便了。

包袱样的配色，要求一个色块与另一个色块在色相、明度、纯度上有一定的差距，有比较明显的区分。并又要在配色风格上保持全套一致。如果配色不当，就会变成两套花样，破坏了包袱样的整体性。

例如,一格子花样,其经纬色纱排列为:16A、4B、16A、2C共38根,其配色如表7-1-20所示。

表7-1-20　格子花样配色举例

| 配色 | A色（主色） | B色（伴衬色） | C色（点缀色） |
|---|---|---|---|
| 1 | 黑 | 深绿 | 红 |
| 2 | 黑 | 深蓝 | 橙 |
| 3 | 黑 | 棕 | 浅绿 |
| 4 | 黑 | 橙 | 深蓝 |
| 5 | 棕 | 黑 | 浅绿 |

从配色1中可以看到它的特点是：主色A最深，占的面积最大；伴衬色B明度高于A色，占的面积较小；点缀色C占的面积最小。在配色2与3中都保持了这种风格。但在配色4中，把最明亮的橙色作伴衬，最突出，与前面三组配色不同。在配色5中把最深的黑色作伴衬，而明度高于黑的棕色却占了最大的面积，这样，就有了三种不同的配色风格，要选一套风格协调的色就困难了。类似的情况，在配两种色嵌以上的条子花样时也时常会发生，例如，在明度高的地方配上了明度低的色纱，使条子的宽窄起了明显的变化，破坏了花样的成套性。

所以，在色彩调配时，最好利用蒙赛尔色谱等所提供的色彩序列，正确选择每组配色的明度和纯度差，从而使每组配色保持相同的风格，取得比较好的配色效果。

通常，女装袱样要A、B两块配对制作，以适应时装配套的潮流。例如：A是素色宽人字织纹花样，有3个主色（红、黄、蓝），B是斜纹地窗框格花样，同样用A中的3个主色，做成：红+黑+白、黄+黑+白、蓝+黑+白和用黑与白做格子，于是，就可以把红与红+黑+白配起来，黄与蓝也一样，成对地向客户展示。如用红做连衣裙，用红+黑+白做小马夹，或用红做外套，红+黑+白做裙裤，使女套装在色彩的配合上，又和谐又呼应，又有层次变化，很受客户欢迎。

### 4. 蒙赛尔表色法

蒙赛尔（Munsell）借助三维空间的立体概念，来表示色彩的三个要素，即色相、明度、纯度（或译作彩度），如图7-1-127所示。

图7-1-127　色相环中100个相关色相标号的分布

颜色的色相标号H，主要色相10个，即红（R）、黄红（YR）、黄（Y）、黄绿（GY）、绿（G）、蓝绿（BG）、蓝（B）、蓝紫（PB）、紫（P）、红紫（RP）。每一色相分成10个刻度，构成100个色相刻度。其中，以5为标号的是基本色相，如红、黄、蓝的基本色相标号分别为：5R、5Y、5B。

颜色的明度标号V，是指与中性灰色标号相应的一个颜色的明暗程度，由纯黑到纯白划分为11个标号。0表示纯黑，10表示纯白，5表示中间灰色，数值越大，表示明度越高。

颜色的纯度标号C，是一个从同一明度的中间灰色到一个指定色相之间的横距度数，从中间灰色的0，随着颜色纯度的提高，它的刻度一直延伸到10、12、14，甚至更远。例如，大红、橙红标定为14级，而蓝、绿则标定为8级，同一色相数值越大，表示纯度越高。

完整的表示某一个颜色的蒙赛尔标号，应写作：HV/C。如纯色相的红、黄、蓝分别表示为：5R4/14、5Y8/12、5B4/8。同一色相按其标号为准，变换其"分母"、"分子"值，即为纯度与明度的变化。如5R8/12表示大红加白形成浅红，它与5R4/14相比，纯度降低了2级，而明度提高了4级。又如5R3/10，表示大红加黑形成暗红，而5R4/6则是含灰的灰红。图7-1-128为色空间中色相、明度、纯度的分布。

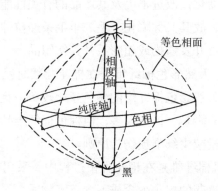

**图7-1-128　色空间中色相、明度、纯度的分布**

## 四、创新织物设计

随着科学技术的发展及人们文化生活水平的提高，消费者的个性需求越来越明显，现代的产品设计工作不再仅仅是传统意义的花型的变化，它涉及纺织原料、纺纱、织造、染整等诸多技术领域，因此具有相当科技含量的全方位的设计正逐渐成为现代纺织品设计的重要特征。目前，新材料纤维的开发应用、新型纺纱织造技术的发展、新型整理技术和计算机技术的应用形成了现代纺织品设计创新的主要领域。

### （一）应用纺织新原料进行产品创新设计

全球纺织新产品的开发打破了棉、毛、丝、麻的界限，纺织原料的应用互相渗透，毛纺产品含有真丝、棉花和麻类纤维等屡见不鲜。原料以天然纤维为主流，拓展再生资源的利用，呈现多元组合化发展态势。新型纤维在毛纺产品中的广泛应用，使毛纺产品档次和附加值得到提高，也使企业增强了市场竞争力。在使用新型纤维材料开发毛精纺产品时，首先要了解新原料的性能，确定合理的原料配比，发挥原料的优势特征。

### 1. 天然纤维原料

（1）天然细支羊毛纤维。目前，世界细支/超细羊毛纤维的生产趋势呈继续发展态势。在主要的产毛地区如澳大利亚、南非、乌拉圭等，羊毛线密度在20μm以下的产量已占到了20%～35%。羊毛纤维的精细化发展，为高支轻薄产品的开发奠定了基础，使纺纱技术、织造水平都达到了极致。

（2）拉细羊毛纤维。普通羊毛纤维经拉伸细化技术处理后，线密度可降低3μm左右，长度伸长40%～50%；鳞片结构亦发生变化，使得纤维表面更光滑和具有丝纤维般的光泽、羊绒纤维般的滑腻手感。拉细羊毛强力比同线密度普通羊毛纤维略高，但断裂伸长率不如普通羊毛纤维；纤维卷曲个数少且卷曲度低；线密度及长度离散大。所以不适宜纯纺，可与细支羊毛、羊绒、丝光羊毛、蚕丝等混纺。拉细羊毛在染色过程中易产生染料上染速率过快、色花现象。

（3）超卷曲羊毛。对于纺纱和产品风格而言，纤维卷曲是一项重要的性质。缺乏卷曲的羊毛纺纱性能相对较差，这种不足很大程度上限制了这些羊毛产品质量档次的提高。通过对羊毛纤维外观卷曲形态的变化，改进羊毛及其产品的有关性能，使羊毛可纺性提高，可纺线密度降低，成纱品质更好，故其又称膨化羊毛。羊毛条经拉伸、加热（非永久定型）、松弛后收缩，与常规羊毛混纺可开发蓬松或超膨毛及其纺织品。

（4）天然彩色棉纤维。天然彩色棉纤维是在棉花吐絮时就具有了天然色彩，如棕色、绿色、黄色和红色。目前，天然彩色棉纤维的颜色还比较单一且不稳定，与普通棉纤维相比长度偏短，强力稍低，短绒率高，棉结较多，但棕色棉纤维品质要比绿色棉好些。因此，在纺纱时，工艺条件要以尽量减少纤维损伤为原则。

（5）有机棉纤维。有机棉纤维是在棉花种植过程中，采用有机耕作，尽量少用或不用非生态农药和化肥，可以使收获的棉花少含或不含有害物质。

（6）天然彩色蚕丝。天然彩色蚕丝目前已培育出红、黄、绿、粉红和橘黄等颜色的蚕品种。由于天然彩色蚕丝会吸收紫外线，从而导致颜色的改变，所以，该类蚕丝主要用来制作贴身穿着织物。

（7）精细化麻纤维。麻纤维具有吸湿、透气、抗菌等特性，麻纤维属于韧皮纤维，刚性较大弹性差，在穿着中易产生折皱、刺痒等问题。因此为了提高麻纺织产品的服用性能，采用精细化处理技术，可提高麻纤维的线密度、柔软度及纱线线密度，这样就可以极大地拓展麻纺面料的应用领域，提升产品的档次。

（8）竹原纤维。竹原纤维是从竹材中直接分离出来的纤维。其生产工艺与麻纤维相类似，属于天然的纤维素纤维，是继棉、麻、毛、丝四大类天然纤维之后的第五大天然纺织纤维。竹原纤维具有特殊的形态结构，可以在瞬间吸收和蒸发水分，因此被誉为"会呼吸的纤维"，常用于毛混纺或交织，设计春夏季面料。

### 2. 新型纤维素纤维

毛纺行业使用的纤维素纤维大多为无（少）原纤化的Lyocell-LF纤维，可依产品风格选用不同类别的新型纤维素纤维。具有手感柔软、悬垂性好、丝光般光泽、吸湿透气、抗静电、湿强度高、触感优异的特点，适宜制造贴身内衣、女装或休闲服装等产品。

（1）Tencel（天丝）。Tencel（天丝）是一种以木浆为原料的溶剂型再生纤维素纤维，由于聚合度高、结晶度高、纤维截面为圆形，因此，与其他纤维素纤维及天然纤维相比，具有高强度、高湿摸量、干强湿强接近等特点，产品具有良好的尺寸稳定性，可以与毛纤维混纺。

（2）Modal（莫代尔）纤维。Modal（莫代尔）是奥地利兰精公司生产的新一代纤维素纤维，有亮光型和暗光型两种。具有较高的聚合度、强力和湿模量的再生纤维素纤维，弹力较高，条干均匀，可与羊毛、羊绒、棉、麻、丝等混纺，改善和提高纱线的品质。

**3. 差别化纤维**

（1）形态差别化纤维。如弹性纤维，弹性织物能给人随意、舒适的感觉，适应现代人们追求快节奏的生活方式。目前，纺织厂常用的弹性纤维主要有两类，一是高弹性纤维：Lycra纤维、XLA纤维；另一是微弹性纤维：PTT纤维、PBT纤维。

（2）功能差别化纤维。

①竹炭纤维。运用纳米技术，先将竹炭微粉化，再将纳米级竹炭微粉经过高科技工艺加工，然后采用传统的化纤制备工艺流程，即可纺丝成型。竹炭纤维织物具有抗菌、消臭等复合功能，主要应用于贴身衣用产品，如衬衫面料、运动休闲装等，以充分发挥竹炭纤维天然、环保、多功能的优异特性。

②吸湿排汗纤维。主要材料是聚酯、锦纶、聚丙烯等化学纤维，可通过物理改性和化学改性两种方法获得，可纯纺，也可与棉、毛、丝、麻及其他化纤混纺或交织；既可机织，也可针织，其纺织品主要用于运动服、休闲服、内衣、外套等。

③导电纤维。导电纤维是指具有金属或半导体的导电水平，在标准状态下（温度20℃、相对湿度65%）电阻率在 $10^7\Omega\cdot cm$ 以下的纤维。当混用比例为0.1% ~ 0.5%时，织物就有明显的抗静电效果，而且这类纤维的导电性不受气候条件影响，有长时间的导电性。如在纺织品中加入导电纤维，产品不仅可有效地防止穿着过程中灰尘吸附、起毛、起球、缠身等现象，而且增加了健康、防辐射等新的功能。

④水溶性纤维。水溶性纤维即水溶性聚乙烯醇（PVA），不仅具有理想的水溶温度（70 ~ 90℃）、强力和伸长，良好的耐酸碱性、耐干热性能，而且溶于水后无味、无毒，是合成高分子中唯一有生物降解性的材料。利用PVA纤维所具有的能溶于水的独特性能，将其作为中间纤维与其他纤维混纺，经纺织加工后溶出水溶性维纶，可得到高支轻薄的纺织品。水溶性PVA纤维已在毛纺、麻纺、绣花等行业广泛应用。

## （二）应用新型花式纱线进行产品创新设计

毛精纺产品一般用作西服或夹克、大衣及裤子等高档面料，所用色彩比较庄重协调并有高雅感，所以过去与花式纱线无缘。随着时代的前进及休闲装的兴起，要求款式简单，穿着自如，花型和颜色都趋于时尚，故适当利用一点花式线就会使传统的面料再现新貌。如在常规的花呢中用波形线或小结子线做嵌条，可起到画龙点睛的作用。

### 1. 花式纱线的概念和分类

花式纱线是指在纺纱过程中采用特种纤维原料、特种设备和特种工艺，对纤维或纱线进行特种加工而得到的、具有特殊结构和外观效果的，绚丽多彩的纱线，是纱线产品中一种与普通纱不同的、具有装饰作用的纱线。

花式纱线以其加工方式的不同大致可以分为以下几类：一是普通纺纱系统加工的花式线如链条线、金银线、夹丝线等；二是用染色方法加工的花色纱线如混色线、印花线、彩虹线等；三是用花式捻线机加工的花式线，其中按芯线与饰线喂入速度的不同与变化，又可分为超喂型如螺旋线、小辫线、圈圈线和控制型如大肚线、结子线等；四是特殊花式线如雪尼尔线、包芯线、拉毛线、植绒线等。

### 2. 花式纱线的结构特征

花式纱线一般是由芯纱、饰纱、固结纱组合而成。芯纱是构成花式纱线的骨架，也是饰纱的依附体；饰纱是形成花式线效应的主体；也是花式线命名的依据；固结纱是把饰纱紧固在芯纱上，使花型固定。对同一种花式纱线而言，原料、色彩、造型等可以是单一的，也可以是多元、多色彩、多种造型组合；其变化可以是规律性的，也可以是随机性的。

### 3. 花式纱线产品的设计技巧

花式纱线在机织物产品开发应用方面已取得了较大进步，在精纺毛织物设计中合理使用用花式线，不仅可以保持精纺织物的高档感，而且使织物表面在稳重中隐含时尚。

（1）织物组织的选配。由于花式纱线外表丰富多彩，所以织物组织可选配简单一些，有时为了织物的身骨，往往选用简单的三原组织或者小花纹、采用高支纱做底部，而装饰用的花式纱线用在浮线长些的部位，使其外观独特多变而质感适中。

（2）花式纱线在织物组织中的合理配置。由于花式纱线外表有圈或结，所以一般较粗，在织物设计中只能用作点缀，不能用太多，为此一定要确切选好位置，在亮点处发挥作用，起到画龙点睛的作用。有时也可采用既有规则又有细微变异的段染毛纱，使色纱的位置不同而加大循环重复的倍数。段染花式纱线是个很起作用的花式线，但应注意段染的色彩一定要与主体纱的色彩相互搭配，做到协调统一。在考虑织物组织时，为表现出花式纱线的特征，一定要将花式线相应用在浮线长的部位，以便充分发挥花式线的作用。

（3）织物紧度的选择。产品的身骨、手感和弹性决定于产品采用的原料、纱支捻度的大小、不同经纬密度以及不同的组织所构成的织物紧度。一般产品的紧度应根据不同品种、不同支数和不同单位重量而有所不同，而花式纱线产品的紧度应是不同支数和不同紧度的加权平均值。由于花式线的外观扩张而立体感强，表面覆盖系数大，因而在紧度上确切地讲不能单纯讲紧度，而应为密度与支数开方之比值，如果一定要用此数据作参考，则花式线产品比一般非花式线产品的紧度要小10%~15%，最大不超过20%，具体应按照花式线使用的多少而定。

（4）花式线外形的选择。花式线形状各异，因此在应用到各类产品上时也需有所不同。如圈圈线类大部分用作大衣呢和各类女士呢。在女士呢中大都采用小圈，既有素色，也有双色，但都以较艳丽的色彩为主，用于春秋季女套装的面料。结子线、大肚纱、波形线和各类复合花式线等也都可用在服装面料上，但一般以作嵌条为主，用量较少，主要起点缀装饰作用。

#### 4. 花式纱线色彩的选配

花式纱线产品色彩的设计和一般产品的色彩设计一样，无色系使用黑、白、金、银、灰作主色，色相不同、艳度和明度不同的彩色系花式纱线起装点、提神的作用，使得产品外观变的庄重而活跃。在花式纱线本身色彩相对比强烈时，底色一定要采用深色，如黑、藏青、深咖等比较沉重的色调，但有时也可采用白、驼、浅灰等稳定的浅色。也就是说，花式纱线的色彩要与产品底色相协调。

在同一个产品中配置对比色、邻近色、同类色或互补色时，每个主色色相不同，明度（亮度）、饱和度（含灰程度）要相同。从色彩的角度上讲，对比色和互补色的配置比较鲜明、强烈，富有动感；而同类色和邻近色的配置比较柔和、谐调，有宁静感。

花式纱线织物设计首先是从特定的内容和设计意图出发，对织物主体的色彩和各种色纱的颜色进行有选择的搭配，以求达到色彩美。配色是织物设计的一个重要环节，只有与组织纹和用料相配合，构成和谐统一的整体，才能表现出整体效果和设计水平。

### （三）应用纺织新技术进行产品创新设计

通过纺织产品技术创新，可以改进或提高产品的实物质量、外观品质及服用功能等特性。

#### 1. 新型纺纱技术

新型纺纱技术的发展与环锭纺纱技术的进步，是当今纺纱技术提高的两个重要标志。为纺织产品质量和档次提高奠定了坚实的基础，同时也保障了织机速度的大幅提升。 新型纺纱技术如紧密纺、气流纺、半精纺、高效短流程嵌入式复合纺纱技术，与环锭纺比较具有工序短、效率高、用工省、加工成本低等优势。新型纺纱技术与传统纺纱新技术优势互补共同发展，纱线结构变化丰富、色彩多样。

#### 2. 应用提花技术设计毛精纺产品

高档毛精纺提花面料虽然没有普通精纺面料的需求量大适用面广，但是，随着男、女装之间的界限越来越模糊，男装也逐渐融入了更多的女装元素，在细节上更为讲究，在经典之上多了几分高贵感。转换设计理念，应用设计技巧，即设计紧度、平均浮长等，注重提花图形构思设计毛精纺产品。配色以黑、藏蓝、毛精纺灰为主，以组织结构体现面料的光与影的立体花型，将传统与时尚融为一体。采用精毛纺常用纯毛、毛涤、毛丝等类别，将提花图形与高品质毛精纺面料有机结合，做到既有高档毛精纺经典品质，又有时尚立体元素。

#### 3. 新型整理技术的应用

整理技术要求向高效、节能环保、功能复合的方向发展。 高功能、高性能纺织品是纺织行业经济效益新的增长点。目前织物的深加工整理技术主要有磨毛、涂层、印花、褶皱、静电植绒等；功能性整理技术主要有阻燃、防紫外线、抗菌保健、抗皱免烫易护理、超柔软等整理技术，整理技术复合化是纺织品发展的必然趋势。

## （四）产品创新设计方法

企业要想积极主动占领市场，完全靠仿样设计是远远不够的，需要投入相当的精力去做好每年的创新开发工作，靠自主研发的新产品引领市场，提高产品竞争力。产品开发创新的过程是一个系统工程，需要有敏锐的市场观察，系统的信息分析，依托客户资源和生产力水平的产品构想，并通过先进适用技术实现品质稳定的生产。

### 1. 规范的设计流程

（1）信息收集：对市场的洞察力是产品创新设计的灵魂，是产品开发的先导。参加国内外展示会收集流行资讯方面的信息，与服装下游客户进行广泛交流，参观专卖店及橱窗了解市场需求。

（2）规划制定：信息收集完毕，结合目标客户及企业定位进行开发规划的制定，确定基础的颜色、花型和质地。

（3）颜色和质地准备：对于纱线支数及捻度都比较规范的常规走量颜色，做好纱线储备，并根据流行趋势，适当调整部分原有颜色或增加时尚的新色；确定质量稳定的常规质地，优选增加部分新质地。

（4）工艺设计：利用设计技巧，根据产品规划及客户需求，对纱线和优选的质地，进行系列花型设计。

（5）过程控制：对开发的产品，进行详细的工艺跟踪，特别是风格特殊的产品，详细了解产品过程变化情况，做到随时进行工艺调整完善。

（6）产品评价与完善：在过程及成品进行手感和服用指标的评价，及时做好产品的完善。

（7）样品选色与样品集制作：包袱样制作完毕后，按照颜色、品质系列进行选色，考虑呢面质量及批量生产可行性；选样完毕后进行样品集制作，使颜色、风格系列化，便于产品展示。

### 2. 纺织品CAD的应用

在传统的生产过程中，产品的设计生产及客户确认往往通过打小样实现，毛精纺织物打小样是一项复杂的工作，要准备各种颜色各类纱支的纱样。品种设计后，还要手工打样，从设计室到车间经过反复多次循环进行优化。织物CAD系统利用计算机图像技术，并结合纺织工业的织造工艺，使计算机能根据输入的织物组织、纱线排列、纱线种类、经纬密等有关数据，自动生成织物的模拟仿真图像，以替代产品反复试织、打样的过程。设计师可对屏上的图样随意修改、调色和配套色，并可由彩色打印机打印出。这样缩短生产准备周期，使企业在品种设计和国内外销售上形成快速反应系统。CAD系统还可以激发产品设计师的创作潜能，从枯燥、单调、重复的手工劳动中解放出来，去从事创造性设计。

现有的纺织品CAD系统，主要是按设计过程对环节进行模块化功能实现，这些功能模块有：纱线的计算机仿真，包括普通纱线、混色纱线和花式纱线的仿真，并可按要求模拟一定程度的毛羽和光照效果，还可将模拟的纱线随机嵌入到某一织物的结构图像上，模拟该种纱形成的织物外观。纺织品CAD技术的发展正朝着由计算机辅助到网络辅助的转变，21世纪是网络时代，基于网络的纺织品辅助设计系统可以充分利用网络的强大功能，保证数据的集中、共享和统一，可以实现异地协同设计、动态建模等功能，弥补现有纺织品计算机辅助设计系统的不足。网络辅助设计系统的开发是纺织品CAD发展的新趋势，它将改变纺织行业现有的设计方式而进入一个全新的网络辅助设计织造的新时期。

**3.包袱样设计手法的运用**

包袱样是经纬向均有多种颜色条带，相互交织成多个颜色花型的面料。新产品的开发与批量生产不同，生产数量少，要求品种多，同一品种颜色丰富，针对这种特点，做包袱样是最经济的做法。虽然现在很多织物CAD有着良好的仿真效果，可以方便地修改颜色和各种参数，大大减少设计的不确定性，但是由于色彩、织物的呢面效果、手感等方向的原因，使得它还不能完全替代包袱样，新产品的开发还离不开包袱样的制作。

（1）包袱样的优势。通过色经色纬的排列或者纹板的变换，可以获得丰富的颜色、花型，或意外的组织结构和配色模纹；机后可以随时修改纹板和纬纱颜色及纬纱排列，甚至包括少部分经纱；可以灵活进行选样，可以正反两面也可以经纬对调使用包袱样。

（2）包袱样的制作方法。

①根据设计目的和要求，研究要做包袱样的品种特征，确定经纱纬纱各种纱线的配色关系，以及经纬纱之间的配色关系。

②根据颜色流行趋势及品种配色特征，选择相应的纱线及颜色，每组纱线的排列最好有规律、有顺序。能反映设计者的思路。

③制作随机包袱样时，纹板的综片数要相等，组织最好类似或平均浮长相近；当包袱样的分组过多或纹板变换过多，需要提前考虑周全，对整个包袱样有一个整体认识，避免顾此失彼。

④制定相应的上机工艺，上机参数尽量满足所选的各种组织纹板。

⑤做好织造上机检查，对于与整体风格不一致的嵌线、纹板或纱线排列，及时进行修正。

⑥对于成品，进行花型和颜色的评价和筛选，制作样品集。

# 第三节　轻薄型精纺毛织物

轻薄型织物的流行是近年来的新趋势。由于人们对衣着用品功能要求的改变，对纺织品多样化也不断提出新的要求，新的技术又推动新的需求。市场要求我们提供适应现代生活的轻松柔软、清凉飘逸、充满情趣的新颖纺织品，而精纺毛织品正好以它特有的悬垂性和流动感、弹性和舒适性吻合于这些要求。所以轻薄型精纺毛织物有非常良好的前景。

轻薄型毛织物没有严格的重量和纱支界限，但也并非只是简单地提高纱支线密度或减少一些经纬密度就可成功的。它仍然需要遵循产品设计工作的各项基本规则，同时更需要充分地了解和有效地掌握纤维原料的各种功能特性，纺纱、织造、染整的各项装备和工艺技术上有无可能以及最终产品能具备何种特色，这样才能较完善地设计出不同于传统精纺毛织物的新颖产品。

## 一、轻薄型精纺毛织物的构成方法

（1）利用超细羊毛（平均线密度在19.5μm以下或品质支数70支以上）的优良可纺性，纺制14tex×2（70公支/2）或更细的纱线织制高档织物，使之具有既轻柔、华贵，又非常舒适、自然大方的外观。这类织物对原料及纺纱工艺与设备有较高的要求。

例如，在第十四届中国国际纺织面料及辅料（秋冬）博览会上，山东如意集团展示的300支超轻薄面料，克重在150g/m左右，就是采用数量有限极细羊毛，织造的最具科技含量的高支轻薄化产品，代表着当今毛精纺的最高水平。

（2）利用各种高级的特种动物纤维织制，如用羊绒、马海毛、兔毛、丝等纤维，纯纺或与优良的细支羊毛混纺，制成高级面料，这类织物，着重点在于表现高级特种动物纤维特有的高贵品质。

（3）利用单纱作经、单纱作纬或双股纱线作经、单纱作纬，织制轻克重的毛织物，可以充分发挥羊毛原料的特色，达到低成本、高效益的目的。但产品需采取经纱上浆或上蜡等措施，使生产能获得满意的结果。

（4）松结构织物根据产品不同用途和合适的产品松软风格，采用按几何图解全毛密织物经、纬覆盖度的65%～75%，作为织物设计基础，以获得较好的松结构织物效果。但在织物整理上必须采取与松结构织物相适应的措施，一方面能突出松软风格；另一方面又能保持织物的弹性和悬垂性。这类织物特别适宜制衬衣或女裙料。

（5）国际羊毛局在意大利时装展推荐的凉爽羊毛（Cool wool）对当前纺织品市场有一定影响。凉爽羊毛用优质羊毛原料，强捻纺纱及疏松结构制成的轻薄平纹织物、华达呢、绉呢和表面有凹凸感的绉纹呢以及绉条纹呢等，是近年来轻薄型毛织物的一种独特形式。要求手感和外观简洁、清爽，不同于一般较粗的和手感板硬的织物。因为有优质原料、强捻度以及松结构的基础，织物成衣后，无论贴身程度如何，仍能保持穿着者有挺爽、舒适而轻软和自然的感受。

（6）利用赛络纺（Sirospun）的双粗纱纺纱系统，纺制出精细的双股梭织纱线，从而降低纺制成本，降低纱线线密度，制成轻薄型毛织物。

（7）利用稀密筘制织轻薄型毛织物，稀密筘织法本身不是一种新的方法，但这种方法与细特纱线结合，使织物具有柔软、通风、透气、轻薄等特点，可以具有各种条纹变化的特色，也可以组成轻薄型织物的另一种格调。

## 二、轻薄型精纺毛织物设计举例

### （一）单经单纬绉纹女衣呢

原料：16.7tex（60公支）羊毛100%，平均线密度24μm。

线密度：经33tex×1（30公支/1），纬33tex×1（30公支/1）。

织物组织：平纹。

成品密度：经227根/10cm，纬210根/10cm。

成品重量：272.2g/m。

（1）产品要求挺爽，实际捻度为750~820捻/m，捻向为S。

（2）如产品要求稍偏糯一些，捻系数可改用120，实际捻度为600捻/m，捻向为S。

（3）缩率：采用匹染工艺，长缩为8%，幅缩为30%。

（4）单纱需要蒸纱，但捻系数选用120时，则只需在倒轴时采用上蜡工艺即可织制。

## （二）双经单纬、绉纹女衣呢

原料：经15.6tex（64公支）羊毛100%，平均细度22μm；纬16.7/15.6tex（60/64公支）羊毛100%，平均细度23μm。

线密度：经20tex×2（50公支/2），纬33tex×1（30公支/1）。

织物组织：苔茸绉组织。

成品密度：经326根/10cm，纬268根/10cm。

成品重量：327.2g/m。

（1）产品要求呢面清晰，整理时采用烧毛工艺。

（2）捻系数。经：单纱88~92，捻向为"Z"。

合股128~132，捻向为"S"。

纬：单纱110，捻向为"S"。

（3）缩率：采用匹染工艺，长缩为7%~8%，幅缩为28%~30%。

## （三）双经单纬华达呢

原料：15.6/15.2tex（64/66公支）羊毛100%，平均细度不低于22μm。

线密度：经18tex×2（56/2公支），纬27tex×1（37公支/1）。

织物组织：$\frac{2}{1}$斜纹。

成品密度：经365根/cm，纬220根/cm。

成品重量：326g/m。

（1）产品风格要求丰满滑糯。

（2）捻系数。经：单纱85~90，捻向为"Z"。

合股128~132，捻向为"S"。

（3）缩率：采用匹染工艺，长缩为7%~8%，幅缩为11%~12%。

（4）华达呢呢面容易暴露纬向条干问题，对单纱纬纱更为重要，所以在选用原料时，对线密度、线密度离散、长度、长度离散、短毛率等主要指标，均要特别注意。严格控制纺纱工艺，要求纱线截面的纤维根数控制在55根以上。

# 第四节　精纺产品设计表

## 一、哔叽和啥味呢

### （一）哔叽（表7-1-21）

表7-1-21　哔叽产品设计表

| 顺序号 | 原料组成(%) | 经纱 | | | 纬纱 | | | 上机 | | | | | | 下机 | | |
|---|---|---|---|---|---|---|---|---|---|---|---|---|---|---|---|---|
| | | 线密度(tex) | 公支 | 捻向,捻度(捻/m) | 线密度(tex) | 公支 | 捻向,捻度(捻/m) | 筘幅(cm) | 筘号(筘齿数/10cm) | 每筘穿入数 | 经密(根/10cm) | 纬密(根/10cm) | 综片数 | 幅宽(cm) | 经密(根/10cm) | 纬密(根/10cm) |
| 1 | 全毛 | 11×2 | 92/2 | Z820/S880 | 19×1 | 52/1 | Z730 | 177 | 94 | 4 | 376 | 376 | 8 | 166 | 400 | 378 |
| 2 | 全毛 | 12×2 | 82/2 | Z780/S820 | 20×1 | 50/1 | Z700 | 176 | 90 | 4 | 360 | 356 | 8 | 165 | 384 | 360 |
| 3 | 全毛 | 14×2 | 74/2 | Z740/S790 | 21×1 | 48/1 | Z690 | 177 | 80 | 4 | 320 | 356 | 8 | 166 | 320 | 361 |
| 4 | 全毛 | 17×2 | 60/2 | Z700/S680 | 20×1 | 50/1 | Z670 | 163 | 75 | 4 | 300 | 296 | 8 | 155 | 315 | 300 |
| 5 | 全毛 | 20×2 | 50/2 | Z620/S600 | 同经纱 | | | 176 | 65 | 4 | 248 | 232 | 8 | 165 | 264 | 236 |
| 6 | 全毛 | 24×2 | 42/2 | Z550/S590 | 同经纱 | | | 164 | 260 | 4 | 260 | 228 | 4 | 154 | 227 | 232 |
| 7 | 全毛 | 22×2 | 45/2 | Z560/S600 | 同经纱 | | | 170 | 252 | 4 | 252 | 236 | 8 | 161 | 266 | 238 |
| 8 | 全毛 | 20×2 | 50/2 | Z620/S600 | 22×2 | 46/2 | Z565/S550 | 175 | 68 | 4 | 272 | 240 | 8 | 165 | 288 | 244 |
| 9 | 全毛 | 25×2 | 40/2 | Z520/S600 | 28×2 | 36/2 | Z450/S540 | 171 | 56 | 4 | 224 | 214 | 4 | 162 | 236 | 216 |
| 10 | 全毛 | 30×2 | 33/2 | Z480/S540 | 同经纱 | | | 173 | 56 | 4 | 224 | 200 | 4 | 165 | 234 | 240 |
| 11 | 全毛 | 26×2 | 38/2 | Z500/S560 | 同经纱 | | | 175 | 62 | 4 | 252 | 236 | 8 | 165 | 260 | 240 |
| 12 | 全毛 | 28×2 | 35/2 | Z510/S450 | 同经纱 | | | 176 | 63 | 4 | 252 | 224 | 4 | 166 | 267 | 228 |
| 13 | 全毛 | 31×2 | 32/2 | Z480/S540 | 同经纱 | | | 178 | 64 | 4 | 256 | 232 | 8 | 169 | 269 | 236 |

| 顺序号 | 成品 | | | | 织物组织 | 织长缩(%) | 染整长缩(%) | 总长缩(%) | 总幅缩(%) | 染整重耗(%) | 成品 | | 备注 |
|---|---|---|---|---|---|---|---|---|---|---|---|---|---|
| | 幅宽(cm) | 经密(根/10cm) | 纬密(根/10cm) | 重量(g/m) | | | | | | | 经覆盖度 | 纬覆盖度 | |
| 1 | 153 | 440 | 378 | 263 | $\frac{2}{2}$斜纹 | 95 | 96 | 92 | 86 | 2 | 64 | 51 | 条染 |
| 2 | 151 | 420 | 364 | 262 | $\frac{2}{2}$斜纹 | 94 | 97 | 91 | 87 | 3 | 63 | 50 | 条染 |
| 3 | 152 | 370 | 364 | 280 | $\frac{2}{2}$斜纹 | 94 | 97 | 92 | 86 | 2 | 61 | 52 | 条染 |
| 4 | 144 | 338 | 310 | 275 | $\frac{2}{2}$斜纹 | 94 | 97 | 91 | 89 | 2 | 62 | 44 | 匹染 |
| 5 | 149 | 294 | 245 | 357 | $\frac{2}{2}$斜纹 | 94 | 96 | 90 | 85 | 2 | 59 | 49 | 匹染 |
| 6 | 144 | 298 | 230 | 372 | $\frac{2}{2}$斜纹 | 93 | 98 | 91 | 88 | 2 | 65 | 50 | 条染 |
| 7 | 144 | 297 | 257 | 389 | $\frac{2}{2}$斜纹 | 95 | 93 | 87 | 85 | 4 | 63 | 54 | 匹染 |
| 8 | 149 | 320 | 255 | 403 | $\frac{2}{2}$斜纹 | 94 | 96 | 90 | 85 | 2 | 64 | 51 | 匹染 |
| 9 | 144 | 266 | 233 | 422 | $\frac{2}{2}$斜纹 | 94 | 92 | 86 | 84 | 4 | 60 | 55 | 匹染 |

续表

| 顺序号 | 成品 幅宽(cm) | 成品 经密(根/10cm) | 成品 纬密(根/10cm) | 成品 重量(g/m) | 织物组织 | 织长缩(%) | 染整长缩(%) | 总长缩(%) | 总幅缩(%) | 染整重耗(%) | 成品 经覆盖度 | 成品 纬覆盖度 | 备注 |
|---|---|---|---|---|---|---|---|---|---|---|---|---|---|
| 10 | 149 | 260 | 204 | 434 | $\frac{2}{2}$斜纹 | 93 | 96 | 89 | 86 | 3 | 64 | 50 | 匹染 |
| 11 | 149 | 288 | 241 | 464 | $\frac{2}{2}$斜纹 | 93 | 96 | 88 | 85 | 3 | 66 | 55 | 匹染 |
| 12 | 149 | 296 | 245 | 527 | $\frac{2}{2}$斜纹 | 94 | 95 | 89 | 85 | 2 | 71 | 59 | 匹染 |
| 13 | 149 | 305 | 250 | 574 | $\frac{2}{2}$斜纹 | 93 | 94 | 87 | 84 | 5 | 76 | 63 | 条染 |

## （二）啥味呢（表7-1-22）

### 表7-1-22　啥味呢产品设计表

| 顺序号 | 原料组成(%) | 经纱 线密度(tex) | 经纱 公支 | 经纱 捻向,捻度(捻/m) | 纬纱 线密度(tex) | 纬纱 公支 | 纬纱 捻向,捻度(捻/m) | 上机 筘幅(cm) | 上机 筘号(筘齿数/10cm) | 上机 每筘穿入数 | 上机 经密(根/10cm) | 上机 纬密(根/10cm) | 上机 综片数 | 下机 幅宽(cm) | 下机 经密(根/10cm) | 下机 纬密(根/10cm) |
|---|---|---|---|---|---|---|---|---|---|---|---|---|---|---|---|---|
| 1 | 全毛 | 14×2 | 72/2 | Z740/S720 | 24×1 | 42/1 | Z620 | 178 | 80 | 4 | 320 | 316 | 4 | 166 | 340 | 322 |
| 2 | 全毛 | 18×2 | 55/2 | Z650/S690 | 同经纱 | | | 175 | 65 | 4 | 260 | 260 | 4 | 166 | 273 | 268 |
| 3 | 全毛 | 28×2 | 36/2 | Z480/S400 | 31×1 | 32/1 | Z480 | 177 | 54 | 4 | 216 | 226 | 4 | 160 | 238 | 230 |
| 4 | 全毛 | 18×2 | 56/2 | Z650/S700 | 20×2 | 50/2 | Z620/S640 | 177 | 69 | 4 | 276 | 272 | 8 | 169 | 289 | 277 |
| 5 | 全毛 | 25×2 | 40/2 | Z540/S520 | 同经纱 | | | 172 | 61 | 4 | 244 | 230 | 4 | 164 | 256 | 234 |
| 6 | 全毛 | 24×2 | 42/2 | Z580/S577 | 同经纱 | | | 177 | 56 | 4 | 224 | 238 | 4 | 163 | 242 | 242 |
| 7 | 全毛 | 28×2 | 35/2 | Z458/S460 | 50×1 | 20/1 | Z372 | 169 | 66 | 4 | 264 | 248 | 4 | 157 | 280 | 252 |
| 8 | 全毛 | 28×2 | 36/2 | Z510/S530 | 同经纱 | | | 174 | 60 | 4 | 240 | 228 | 4 | 165 | 252 | 232 |

| 顺序号 | 成品 幅宽(cm) | 成品 经密(根/10cm) | 成品 纬密(根/10cm) | 成品 重量(g/m) | 织物组织 | 织长缩(%) | 染整长缩(%) | 总长缩(%) | 总幅缩(%) | 染整重耗(%) | 成品 经覆盖度 | 成品 纬覆盖度 | 备注 |
|---|---|---|---|---|---|---|---|---|---|---|---|---|---|
| 1 | 151 | 370 | 324 | 270 | $\frac{2}{2}$斜纹 | 94 | 96 | 90 | 85 | 5 | 60 | 50 | 条染混色 |
| 2 | 149 | 305 | 285 | 341 | $\frac{2}{2}$斜纹 | 93 | 97 | 90 | 85 | 6 | 58 | 54 | 条染混色 |
| 3 | 149 | 254 | 238 | 358 | $\frac{2}{2}$斜纹 | 92 | 97 | 87 | 84 | | 60 | 42 | 条染混色 |
| 4 | 149 | 328 | 288 | 387 | $\frac{2}{2}$斜纹 | 92 | 96 | 88 | 84 | 4 | 62 | 58 | 匹染混色 |
| 5 | 149 | 278 | 234 | 389 | $\frac{2}{2}$斜纹 | 93 | 95 | 90 | 87 | 6 | 62 | 52 | 匹染混色 |
| 6 | 149 | 268 | 250 | 407 | $\frac{2}{2}$斜纹 | 95 | 95 | 90 | 84 | 5 | 57 | 55 | 条染混色 |
| 7 | 149 | 285 | 257 | 468 | $\frac{2}{2}$斜纹 | 92 | 98 | 90 | 88 | 5 | 68 | 61 | 匹染混色 |
| 8 | 149 | 280 | 244 | 478 | $\frac{2}{2}$斜纹 | 93 | 95 | 90 | 85 | 5 | 66 | 58 | 匹染混色 |

## 二、凡立丁和派立司（表7-1-23）

**表7-1-23 凡立丁和派立司产品设计表**

| 顺序号 | 原料组成(%) | 经纱 | | | 纬纱 | | | 上机 | | | | | | 下机 | | |
|---|---|---|---|---|---|---|---|---|---|---|---|---|---|---|---|---|
| | | 线密度(tex) | 公支 | 捻向,捻度(捻/m) | 线密度(tex) | 公支 | 捻向,捻度(捻/m) | 筘幅(cm) | 筘号(筘齿数1/10cm) | 每筘穿入数 | 经密(根/10cm) | 纬密(根/10cm) | 综片数 | 幅宽(cm) | 经密(根/10cm) | 纬密(根/10cm) |
| 1 | 全毛 | 17×2 | 60/2 | Z650/S760 | 同经纱 | | | 169 | 75 | 3 | 225 | 186 | 4 | 160 | 238 | 189 |
| 2 | 全毛 | 19×2 | 53/2 | Z610/S670 | 同经纱 | | | 163 | 120 | 2 | 240 | 184 | 4 | 156 | 251 | 188 |
| 3 | 全毛 | 17×2 | 60/2 | Z610/S630 Z610/S800 | 同经纱 | | | 171 | 71 | 3 | 213 | 220 | 4 | 163 | 225 | 224 |
| 4 | 黏75锦25 | 20×2 | 50/2 | Z626/S660 | 同经纱 | | | 160 | 108 | 2 | 216 | 201 | 4 | 151 | 229 | 204 |
| 5 | 全毛 | 21×2 | 48/2 | Z636/S660 | 同经纱 | | | 168 | 68 | 3 | 204 | 190 | 4 | 158 | 214 | 194 |

（以上是凡立丁）

| 顺序号 | 原料组成(%) | 线密度(tex) | 公支 | 捻向,捻度(捻/m) | 线密度(tex) | 公支 | 捻向,捻度(捻/m) | 筘幅(cm) | 筘号 | 每筘穿入数 | 经密(根/10cm) | 纬密(根/10cm) | 综片数 | 幅宽(cm) | 经密(根/10cm) | 纬密(根/10cm) |
|---|---|---|---|---|---|---|---|---|---|---|---|---|---|---|---|---|
| 1 | 全毛 | 14×2 | 70/2 | Z750/S860 | 22×1 | 46/1 | Z660 | 162 | 82 | 3 | 246 | 246 | 4 | 154 | 259 | 250 |
| 2 | 全毛 | 17×2 | 59/2 | Z653/S768 | 26×1 | 39/1 | Z635 | 166 | 84 | 3 | 252 | 220 | 4 | 166 | 265 | 225 |

（以上是派立司）

| 顺序号 | 成品 | | | | 织物组织 | 织长缩(%) | 染整长缩(%) | 总长缩(%) | 总幅缩(%) | 染整重耗(%) | 成品 | | 备注 |
|---|---|---|---|---|---|---|---|---|---|---|---|---|---|
| | 幅宽(cm) | 经密(根/10cm) | 纬密(根/10cm) | 重量(g/m) | | | | | | | 经覆盖度 | 纬覆盖度 | |
| 1 | 144 | 265 | 200 | 245 | 平纹 | 95 | 93 | 89 | 85 | 3 | 48 | 37 | 匹染 |
| 2 | 144 | 270 | 188 | 261 | 平纹 | 94 | 93 | 90 | 88 | 3 | 52 | 37 | 匹染 |
| 3 | 149 | 246 | 234 | 267 | 平纹 | 94 | 90 | 85 | 87 | 4 | 45 | 43 | 匹染 |
| 4 | 147 | 235 | 212 | 282 | 平纹 | 94 | 95 | 90 | 92 | 2 | 47 | 42 | 匹染 |
| 5 | 144 | 234 | 198 | 287 | 平纹 | 94 | 89 | 87 | 87 | 2 | 48 | 40 | 匹染 |

（以上是凡立丁）

| 顺序号 | 幅宽(cm) | 经密(根/10cm) | 纬密(根/10cm) | 重量(g/m) | 织物组织 | 织长缩(%) | 染整长缩(%) | 总长缩(%) | 总幅缩(%) | 染整重耗(%) | 经覆盖度 | 纬覆盖度 | 备注 |
|---|---|---|---|---|---|---|---|---|---|---|---|---|---|
| 1 | 144 | 276 | 254 | 199 | 平纹 | 93 | 99 | 91 | 89 | 5 | 47 | 38 | 条染 |
| 2 | 149 | 282 | 225 | 240 | 平纹 | 92 | 99 | 91 | 90 | 4 | 52 | 36 | 条染 |

（以上是派立司）

## 三、华达呢（表7-1-24）

**表7-1-24 华达呢产品设计表**

| 顺序号 | 原料组成(%) | 经纱 | | | 纬纱 | | | 上机 | | | | | | 下机 | | |
|---|---|---|---|---|---|---|---|---|---|---|---|---|---|---|---|---|
| | | 线密度(tex) | 公支 | 捻向,捻度(捻/m) | 线密度(tex) | 公支 | 捻向,捻度(捻/m) | 筘幅(cm) | 筘号(筘齿数/10cm) | 每筘穿入数 | 经密(根/10cm) | 纬密(根/10cm) | 综片数 | 幅宽(cm) | 经密(根/10cm) | 纬密(根/10cm) |
| 1 | 全毛 | 18×2 | 57/2 | Z640/S730 | 同经 | | | 158 | 66 | 6 | 396 | 214 | 6 | 153 | 409 | 220 |
| 2 | 全毛 | 15×2 | 67/2 | Z720/S830 | 同经 | | | 161 | 81 | 6 | 486 | 272 | 8 | 158 | 494 | 278 |
| 3 | 全毛 | 17×2 | 60/2 | Z650/S760 | 同经 | | | 161 | 74 | 6 | 444 | 245 | 8 | 156 | 458 | 250 |
| 4 | 全毛 | 22×2 | 46/2 | Z580/S630 | 34×1 | 30/1 | Z600 | 169 | 69 | 5 | 345 | 186 | 6 | 162 | 360 | 190 |
| 5 | 全毛 | 20×2 | 51/2 | Z620/S670 | 同经纱 | | | 159 | 70 | 6 | 420 | 219 | 8 | 155 | 432 | 226 |
| 6 | 全毛 | 21×2 | 48/2 | Z636/S660 | 同经纱 | | | 156 | 67 | 6 | 402 | 200 | 8 | 153 | 410 | 209 |
| 7 | 全毛 | 14×2 | 61/2 | Z770/S1047 | 17×2 | 61/2 | Z650/Z760 | 157 | 66 | 10 | 660 | 262 | 11 | 153 | 678 | 268 |
| 8 | 全毛 | 16×2 | 50/2 | Z600/S765 | 同经纱 | | | 162 | 78 | 8 | 624 | 270 | 11 | 158 | 641 | 276 |
| 9 | 全毛 | 20×2 | 50/2 | Z620/S670 | 同经纱 | | | 157 | 69 | 8 | 552 | 232 | 11 | 153 | 567 | 238 |
| 10 | 羊毛45涤纶55 | 17×2 | 60/2 | Z720/S790 | 同经纱 | | | 159 | 79 | 6 | 474 | 240 | 8 | 154 | 489 | 246 |
| 11 | 锦40黏60 | 17×2 | 60/2 | Z630/S720 | 同经纱 | | | 160 | 69 | 6 | 414 | 227 | 8 | 157 | 421 | 232 |
| 12 | 锦25黏75 | 20×2 | 51/2 | Z620/S660 | 同经纱 | | | 159 | 69 | 6 | 414 | 219 | 8 | 155 | 436 | 224 |

| 顺序号 | 成品 | | | | 织物组织 | 织长缩(%) | 染整长缩(%) | 总长缩(%) | 总幅缩(%) | 染整重耗(%) | 成品经覆盖度 | 成品纬覆盖度 | 备注 |
|---|---|---|---|---|---|---|---|---|---|---|---|---|---|
| | 幅宽(cm) | 经密(根/10cm) | 纬密(根/10cm) | 重量(g/m) | | | | | | | | | |
| 1 | 149 | 420 | 234 | 392 | $\frac{2}{2}$斜纹 | 89 | 94 | 84 | 94 | 3 | 79 | 44 | 匹染 |
| 2 | 149 | 523 | 296 | 398 | $\frac{2}{2}$斜纹 | 90 | 93 | 84 | 93 | 5 | 90 | 51 | |
| 3 | 149 | 476 | 258 | 400 | $\frac{2}{2}$斜纹 | 91 | 94 | 86 | 93 | 4 | 87 | 47 | |
| 4 | 149 | 395 | 220 | 425 | $\frac{2}{1}$斜纹 | 93 | 87 | 81 | 88 | 4 | 82 | 40 | 匹染 |
| 5 | 149 | 451 | 244 | 453 | $\frac{2}{2}$斜纹 | 91 | 90 | 82 | 94 | 3 | 89 | 48 | 匹染 |
| 6 | 144 | 435 | 235 | 464 | $\frac{2}{2}$斜纹 | 88 | 89 | 78 | 92 | 4 | 89 | 48 | 匹染 |
| 7 | 149 | 695 | 287 | 486 | 缎背组织 | 90 | 91 | 82 | 95 | 4 | 116 | 52 | 匹染,图7-1-57 |
| 8 | 154 | 656 | 280 | 527 | 缎背组织 | 91 | 94 | 86 | 92 | 5 | 119 | 51 | 匹染,图7-1-57 |
| 9 | 144 | 602 | 262 | 564 | 缎背组织 | 90 | 90 | 81 | 92 | 5 | 120 | 52 | 匹染,图7-1-57 |
| 10 | 149 | 505 | 250 | 397 | $\frac{2}{2}$斜纹 | 92 | 98 | 90 | 94 | 4 | 92 | 46 | 冬染 |
| 11 | 144 | 460 | 262 | 408 | $\frac{2}{2}$斜纹 | 90 | 89 | 80 | 90 | 2 | 84 | 48 | 匹染 |
| 12 | 144 | 456 | 256 | 478 | $\frac{2}{2}$斜纹 | 93 | 85 | 79 | 94 | — | 90 | 51 | 匹染 |

## 四、纯涤纶花呢（表7-1-25）

表7-1-25　纯涤纶花呢产品设计表

| 顺序号 | 原料组成(%) | 经　纱 | | | 纬　纱 | | | 上　机 | | | | | | 下　机 | | |
|---|---|---|---|---|---|---|---|---|---|---|---|---|---|---|---|---|
| | | 线密度(tex) | 公支 | 捻向,捻度(捻/m) | 线密度(tex) | 公支 | 捻向,捻度(捻/m) | 筘幅(cm) | 筘号(筘齿数/10cm) | 每筘穿入数 | 经密(根/10cm) | 纬密(根/10cm) | 综片数 | 幅宽(cm) | 经密(根/10cm) | 纬密(根/10cm) |
| 1 | 涤 | 11×2 | 90/2 | Z640/S730 S900/Z700 | | | 同经纱 | 163 | 130 | 2 | 260 | 240 | 6 | 157 | 270 | 244 |
| 2 | 涤 | 17×2 | 60/2 | Z660/S685 | | | | 159 | 112 | 2 | 224 | 209 | 4 | 153 | 233 | 212 |
| 3 | 涤 | 13×2 | 76/2 | Z700/S800 | | | | 156 | 61 | 6 | 366 | 156 | 8 | 149 | 382 | 289 |
| 4 | 涤 | 14×2 | 74/2 | Z700/S780 | | | | 160 | 69 | 5 | 345 | 186 | 10 | 155 | 356 | 329 |
| 5 | 涤 | 17×2 | 60/2 | Z660/S685 | | | | 162 | 79 | 4 | 316 | 219 | 10 | 156 | 328 | 278 |

| 顺序号 | 成　品 | | | | 织物组织 | 织长缩(%) | 染整长缩(%) | 总长缩(%) | 总幅缩(%) | 染整重耗(%) | 成　品 | | 备注 |
|---|---|---|---|---|---|---|---|---|---|---|---|---|---|
| | 幅宽(m) | 经密(根/10cm) | 纬密(根/10cm) | 重量(g/m) | | | | | | | 经覆盖度 | 纬覆盖度 | |
| 1 | 149 | 284 | 244 | 180 | 平纹 | 92 | — | 92 | 91 | 2 | 42 | 36 | |
| 2 | 149 | 235 | 212 | 233 | 平纹 | 94 | — | 94 | 94 | 2 | 43 | 39 | |
| 3 | 149 | 382 | 289 | 276 | 菱形斜纹 | 96 | — | 96 | 96 | 2 | 62 | 47 | |
| 4 | 149 | 365 | 334 | 301 | 联合斜纹 | 92 | 98 | 90 | 93 | 2 | 60 | 55 | 图7-1-66 |
| 5 | 149 | 343 | 283 | 320 | 附加提花条组织 | 97 | 98 | 95 | 92 | 2 | 63 | 52 | 图7-1-84 |

## 五、全毛花呢（表7-1-26）

表7-1-26　全毛花呢产品设计表

| 顺序号 | 原料组成(%) | 经　纱 | | | 纬　纱 | | | 上　机 | | | | | | 下　机 | | |
|---|---|---|---|---|---|---|---|---|---|---|---|---|---|---|---|---|
| | | 线密度(tex) | 公支 | 捻向,捻度(捻/m) | 线密度(tex) | 公支 | 捻向,捻度(捻/m) | 筘幅(cm) | 筘号(筘齿数/10cm) | 每筘穿入数 | 经密(根/10cm) | 纬密(根/10cm) | 综片数 | 幅宽(cm) | 经密(根/10cm) | 纬密(根/10cm) |
| 1 | 全毛 | 18×2 | 56/2 | Z720/S660 Z480 | | | 同经纱 | 178 | 52 | 4 | 208 | 200 | 4 | 174 | 213 | 202 |
| 2 | 全毛 | 21×2 | 48/2 | Z602/S685 Z506 | | | | 175 | 68 | 3 | 204 | 188 | 4 | 165 | 216 | 194 |
| 3 | 全毛 | 17×2 | 60/2 | Z737/S875 | | | | 167 | 76 | 4 | 304 | 248 | 6 | 162 | 313 | 253 |
| 4 | 全毛 | 19×2 | 52/2 | Z620/S640 | | | | 169 | 67 | 4 | 268 | 234 | 4 | 161 | 282 | 244 |
| 5 | 全毛 | 26×2 | 38/2 | Z500 /S600Z380 | | | | 176 | 60 | 3 | 180 | 173 | 4 | 166 | 195 | 178 |
| 6 | 全毛 | 17×2 | 60/2 | Z680/S850 | | | | 170 | 16 | 4 | 304 | 228 | 6 | 160 | 323 | 270 |
| 7 | 全毛 | 26×2 | 38/2 | Z500/S600 Z380 | | | | 176 | 63 | 3 | 189 | 171 | 10 | 166 | 200 | 177 |
| 8 | 全毛 | 17×2 | 60/2 | Z680/S870 | | | | 175 | 79 | 4 | 316 | 270 | 12 | 165 | 335 | 281 |
| 9 | 全毛 | 17×2 | 60/2 | Z650/S780 | | | | 170 | 80 | 4 | 320 | 290 | 4 | 160 | 338 | 297 |

续表

| 顺序号 | 原料组成(%) | 经纱 | | | 纬纱 | | | 上机 | | | | | | 下机 | | |
|---|---|---|---|---|---|---|---|---|---|---|---|---|---|---|---|---|
| | | 线密度(tex) | 公支 | 捻向，捻度(捻/m) | 线密度(tex) | 公支 | 捻向，捻度(捻/m) | 筘幅(cm) | 筘号(筘齿数/10cm) | 每筘穿入数 | 经密(根/10cm) | 纬密(根/10cm) | 综片数 | 幅宽(cm) | 经密(根/10cm) | 纬密(根/10cm) |
| 10 | 全毛 | 17×2 | 59/2 | Z660/S685 | | | | 176 | 74 | 4 | 296 | 300 | 8 | 157 | 332 | 306 |
| 11 | 全毛 | 17×2 | 60/2 | Z050/S780 | | | | 172 | 67 | 4 | 268 | 355 | 4 | 161 | 286 | 362 |
| 12 | 全毛 | 18×2 | 56/2 | Z660/S750 | | | | 170 | 60 | 5 | 300 | 250 | 12 | 160 | 322 | 257 |
| 13 | 全毛 | 14×2 | 72/2 | Z730/S780 | | | | 178 | 80 | 4 | 320 | 342 | 8 | 166 | 340 | 350 |
| 14 | 全毛 | 17×2 | 60/2 | Z690/S850 | | | | 170 | 82 | 4 | 328 | 285 | 6 | 160 | 348 | 292 |
| 15 | 全毛 | 19×2 | 52/2 | Z620/S685 | | | | 172 | 138 | 2 | 276 | 276 | 8 | 166 | 288 | 281 |
| 16 | 全毛 | 19×2 | 54/2 | Z640/S700 | | | | 177 | 73 | 4 | 292 | 260 | 12 | 167 | 307 | 268 |
| 17 | 全毛 | 19×2 | 52/2 | Z580/S685 Z425 | 同经纱 | | | 167 | 87 | 4 | 348 | 224 | 6 | 159 | 365 | 227 |
| 18 | 全毛 | 34×2 | 30/2 | Z543/S560 Z360 | | | | 174 | 58 | 3 | 174 | 150 | 8 | 164 | 186 | 156 |
| 19 | 全毛 | 20×2 | 51/2 | Z622/S695 | | | | 167 | 72 | 5 | 360 | 218 | 14 | 159 | 377 | 222 |
| 20 | 全毛 | 19×2 | 53/2 | Z620/S685 | | | | 171 | 79 | 4 | 316 | 276 | 7 | 161 | 338 | 280 |
| 21 | 全毛 | 13×2 | 78/2 | Z960/S1120 | | | | 188 | 73 | 6 | 438 | 356 | 8 | 173 | 476 | 363 |
| 22 | 全毛 | 17×2 | 59/2 | Z730/S870 | | | | 181 | 64 | 6 | 384 | 248 | 12 | 165 | 420 | 251 |
| 23 | 全毛 | 34×2 | 30/2 | Z543/S560 Z360 | | | | 174 | 59 | 3 | 177 | 154 | 6 | 164 | 188 | 160 |
| 24 | 全毛 | 21×2 | 48/2 | Z602/S685 | | | | 171 | 76 | 4 | 304 | 248 | 12 | 163 | 310 | 260 |
| 25 | 全毛 | 19+31 | 52/32 | 52/1Z750 32/1Z420 52/32S600 | | | | 173 | 60 | 4 | 240 | 201 | 8 | 163 | 260 | 207 |
| 26 | 全毛 | 14×2 | 70/2 | Z850/S1070 | 同经纱 | | | 187 | 66 | 6 | 396 | 356 | 14 | 172 | 430 | 363 |
| 27 | 全毛 | 27×2 | 37/2 | Z480/S620 | 同经纱 | | | 176 | 55 | 4 | 220 | 230 | 8 | 166 | 233 | 235 |
| 28 | 全毛 | 27×2 | 37/Z | Z480/S620 | 同经纱 | | | 176 | 55 | 4 | 220 | 230 | 8 | 166 | 233 | 235 |
| 29 | 全毛 | 19+31 | 52/32 | 52/1Z750 32-1Z420 52-32/S600 | 同经纱 | | | 175 | 65 | 4 | 260 | 206 | 4 | 166 | 274 | 212 |
| 30 | 全毛 | 21×2 | 48/2 | Z602/S685 | 同经纱 | | | 163 | 74 | 6 | 320 | 270 | 8 | 155 | 344 | 276 |
| 31 | 全毛 | 19×2 | 52/2 | Z620/S685 | 同经纱 | | | 176 | 65 | 4 | 444 | 232 | 4 | 165 | 465 | 236 |
| 32 | 全毛 | 17×2 | 60/2 | Z730/S870 | 同经纱 | | | 183 | 68 | 6 | 408 | 228 | 4 | 168 | 444 | 337 |
| 33 | 全毛 | 20×2 | 51/2 | Z660/S740 Z470 | 38×1 | 26/1 | Z590/S590 | 180 | 69 | 5 | 345 | 326 | 8 | 167 | 369 | 333 |
| 34 | 全毛 | 20×2 | 51/2 | Z620/S660 Z500 | 同经纱 | | | 160 | 67 | 6 | 402 | 283 | 10 | 154 | 417 | 286 |
| 35 | 全毛 | 20×2 | 50/2 | Z619/S685 Z483 | 30×1 | 33/2 | Z590/S590 | 180 | 62 | 6 | 372 | 188 | 12 | 170 | 394 | 196 |

续表

| 顺序号 | 成品 | | | | 织物组织 | 织长缩 (%) | 染整长缩 (%) | 总长缩 (%) | 总幅缩 (%) | 染整重耗 (%) | 成品 | | 备注 |
|---|---|---|---|---|---|---|---|---|---|---|---|---|---|
| | 幅宽 (cm) | 经密 (根/10cm) | 纬密 (根/10cm) | 重量 (g/m) | | | | | | | 经覆盖度 | 纬覆盖度 | |
| 1 | 149 | 245 | 200 | 263 | 平纹 | 91 | −1 | 92 | 84 | 4 | 46 | 38 | 染整伸长 |
| 2 | 149 | 240 | 296 | 295 | 平纹 | 89 | — | 89 | 85 | 5 | 49 | 40 | |
| 3 | 149 | 340 | 258 | 318 | $\frac{2}{1}$倒顺斜纹 | 90 | 98 | 88 | 89 | 5 | 62 | 47 | 图7-1-21 |
| 4 | 149 | 305 | 250 | 341 | $\frac{2}{2}$斜纹联合组织 | 92 | 97 | 89 | 88 | 5 | 60 | 49 | 图7-1-65 |
| 5 | 149 | 217 | 184 | 341 | 平纹 | 89 | 98 | 87 | 85 | 4 | 50 | 42 | |
| 6 | 149 | 346 | 272 | 350 | $\frac{2}{2}$斜纹联合组织 | 91 | 96 | 87 | 88 | 5 | 63 | 50 | 图7-1-64 |
| 7 | 149 | 223 | 182 | 350 | 平纹联合组织 | 92 | 97 | 89 | 85 | 5 | 51 | 42 | 图7-1-62 |
| 8 | 149 | 371 | 290 | 357 | 凸条组织 | 88 | 96 | 85 | 85 | 6 | 68 | 53 | 图7-1-53 |
| 9 | 149 | 365 | 305 | 360 | $\frac{2}{2}$斜纹 | 92 | 97 | 89 | 88 | 4 | 67 | 56 | |
| 10 | 149 | 350 | 315 | 363 | 变化重平 | 94 | 97 | 91 | 85 | 4 | 64 | 58 | 图7-1-12 |
| 11 | 149 | 310 | 366 | 365 | $\frac{3}{1}$破斜纹 | 92 | 98 | 90 | 87 | 4 | 57 | 70 | 图7-1-22 |
| 12 | 149 | 344 | 268 | 369 | $\frac{2}{2}$菱形 | 92 | 95 | 87 | 88 | 4 | 65 | 51 | 图7-1-28 |
| 13 | 150 | 384 | 360 | 320 | 鸟眼 | 94 | 95 | 89 | 84 | 5 | 64 | 60 | 条染深浅排列 |
| 14 | 149 | 374 | 300 | 370 | 联合组织 | 91 | 96 | 87 | 88 | 4 | 68 | 55 | 图7-1-71 |
| 15 | 149 | 320 | 288 | 373 | $\frac{2}{2}$方平 | 94 | 97 | 91 | 88 | 4 | 63 | 56 | |
| 16 | 149 | 352 | 276 | 378 | $\frac{2}{2}$斜纹联合组织 | 94 | 96 | 911 | 89 | 4 | 68 | 53 | |
| 17 | 149 | 388 | 230 | 378 | 平纹联合组织 | 93 | 98 | 91 | 89 | 4 | 76 | 45 | |
| 18 | 149 | 203 | 156 | 388 | $\frac{2}{1}$斜纹 | 90 | — | 90 | 86 | 5 | 52 | 40 | |
| 19 | 149 | 402 | 227 | 388 | $\frac{2}{1}$斜纹联合组织 | 93 | 97 | 90 | 89 | 5 | 80 | 45 | 图7-1-73 |
| 20 | 149 | 362 | 290 | 397 | $\frac{2}{2}$斜纹联合组织 | 92 | 98 | 90 | 87 | 4 | 70 | 56 | 图7-1-77 |
| 21 | 149 | 542 | 390 | 397 | $\frac{2}{1}$斜纹联合组织 | 94 | 94 | 88 | 79 | 5 | 87 | 62 | |
| 22 | 149 | 462 | 262 | 400 | $\frac{2}{1}$双面斜纹 | 94 | 95 | 89 | 82 | 5 | 85 | 48 | 图7-1-88（a） |
| 23 | 149 | 203 | 160 | 403 | 平纹 | 90 | — | 90 | 86 | 5 | 53 | 41 | |
| 24 | 149 | 349 | 261 | 403 | $\frac{2}{2}$斜纹联合组织 | 91 | 99 | 90 | 88 | 5 | 71 | 53 | 图7-1-74 |
| 25 | 149 | 284 | 216 | 414 | $\frac{2}{1}$斜纹联合组织 | 90 | 96 | 86 | 86 | 5 | 65 | 50 | 图7-1-75 |
| 26 | 149 | 500 | 375 | 419 | 经二重组织 | 94 | 95 | 89 | 80 | 5 | 85 | 63 | 图7-1-92 |
| 27 | 149 | 260 | 240 | 419 | $\frac{2}{2}$斜纹联合组织 | 92 | 98 | 90 | 85 | 4 | 60 | 56 | 图7-1-76 |

续表

| 顺序号 | 成品 | | | | 织物组织 | 织长缩(%) | 染整长缩(%) | 总长缩(%) | 总幅缩(%) | 染整重耗(%) | 成品 | | 备注 |
|---|---|---|---|---|---|---|---|---|---|---|---|---|---|
| | 幅宽(cm) | 经密(根/10cm) | 纬密(根/10cm) | 重量(g/m) | | | | | | | 经覆盖度 | 纬覆盖度 | |
| 28 | 149 | 260 | 240 | 419 | $\frac{2}{2}$斜纹联合组织 | 92 | 98 | 90 | 85 | 4 | 60 | 56 | 图7-1-79 |
| 29 | 149 | 306 | 223 | 440 | 绉纹组织 | 92 | 97 | 89 | 87 | 4 | 66 | 52 | 图7-1-50 |
| 30 | 149 | 371 | 284 | 440 | 缎纹变化组织 | 93 | 97 | 90 | 86 | 5 | 76 | 58 | 图7-1-48 |
| 31 | 149 | 484 | 255 | 453 | $\frac{2}{1}$缎背组织 | 87 | 93 | 81 | 91 | 5 | 95 | 50 | |
| 32 | 149 | 500 | 350 | 465 | 单面花呢 | 95 | 95 | 90 | 81 | 5 | 91 | 64 | |
| 33 | 149 | 414 | 340 | 465 | 单面花呢 | 95 | 97 | 92 | 83 | 5 | 82 | 67 | |
| 34 | 149 | 432 | 308 | 478 | 联合缎纹组织 | 89 | 95 | 85 | 93 | 5 | 86 | 61 | 图7-1-70 |
| 35 | 149 | 449 | 202 | 502 | $\frac{2}{1}$经二重组织 | 92 | 97 | 89 | 83 | 5 | 90 | 50 | 图7-1-88 |

## 六、毛混纺花呢（表7-1-27）

表7-1-27　毛混纺花呢产品设计表

| 顺序号 | 原料组成(%) | 经纱 | | | 纬纱 | | | 上机 | | | | | | 下机 | | |
|---|---|---|---|---|---|---|---|---|---|---|---|---|---|---|---|---|
| | | 线密度(tex) | 公支 | 捻向,捻度(捻/m) | 线密度(tex) | 公支 | 捻向,捻度(捻/m) | 筘幅(cm) | 筘号(筘齿数/10cm) | 每筘穿入数 | 经密(根/10cm) | 纬密(根/10cm) | 综片数 | 幅宽(cm) | 经密(根/10cm) | 纬密(根/10cm) |
| 1 | 涤52腈25毛23 | 14×2 | 74/2 | Z825/S1005 | 同经纱 | | | 165 | 120 | 2 | 240 | 219 | 6 | 156 | 254 | 223 |
| 2 | 涤55黏23毛22 | 13×2 | 76/2 | 涤黏Z850/S1000 | 28×1 | 36/1 | 毛涤Z600 | 163 | 120 | 2 | 240 | 236 | 6 | 153 | 254 | 242 |
| 3 | 毛70黏30 | 26×2 | 38/2 | Z495/S685 | 同经纱 | | | 173 | 63 | 3 | 189 | 169 | 6 | 162 | 202 | 174 |
| 4 | 涤50腈30毛20 | 17×2 | 9/2 | Z650/S700/Z500 | 同经纱 | | | 170 | 80 | 4 | 320 | 266 | 8 | 163 | 344 | 272 |
| 5 | 毛50黏50 | 21×2 | 48/2 | Z640/S720 | 同经纱 | | | 175 | 65 | 4 | 260 | 258 | 8 | 163 | 279 | 266 |
| 6 | 黏40毛30 | 26×2 | 38/2 | Z550/S570 | 同经纱 | | | 176 | 59 | 4 | 236 | 189 | 8 | 164 | 253 | 192 |
| 7 | 涤30腈40黏40 | 26×2 | 38/2 | Z530/S600 | 同经纱 | | | 167 | 62 | 4 | 248 | 240 | 8 | 156 | 266 | 246 |
| 8 | 毛20黏60毛20 | 31×2 | 32/2 | Z495/S570 | 同经纱 | | | 168 | 65 | 4 | 260 | 177 | 8 | 158 | 276 | 181 |
| 9 | 锦20黏80毛20 | 23×2 | 44/2 | Z600/Z600 | 同经纱 | | | 174 | 70 | 5 | 350 | 225 | 14 | 164 | 378 | 231 |

续表

| 顺序号 | 成品 | | | | 织物组织 | 织长缩(%) | 染整长缩(%) | 总长缩(%) | 总幅缩(%) | 染整重耗(%) | 成品 | | 备注 |
|---|---|---|---|---|---|---|---|---|---|---|---|---|---|
| | 幅宽(cm) | 经密(根/10cm) | 纬密(根/10cm) | 重量(g/m) | | | | | | | 经覆盖度 | 纬覆盖度 | |
| 1 | 149 | 266 | 224 | 208 | 平纹 | 94 | 98 | 92 | 90 | 2 | 44 | 37 | |
| 2 | 149 | 250 | 216 | 341 | 平纹 | 95 | 97 | 92 | 91 | 2 | 42 | 42 | |
| 3 | 149 | 219 | 179 | 341 | 平纹 | 93 | 97 | 90 | 86 | 4 | 50 | 41 | |
| 4 | 149 | 356 | 276 | 366 | $\frac{2}{2}$斜纹 | 93 | 96 | 89 | 88 | 3 | 66 | 51 | |
| 5 | 149 | 305 | 271 | 388 | $\frac{2}{2}$斜纹 | 92 | 98 | 90 | 85 | 5 | 62 | 55 | |
| 6 | 149 | 278 | 196 | 406 | 纬重平 | 97 | 96 | 93 | 85 | 3 | 64 | 45 | |
| 7 | 149 | 278 | 250 | 450 | $\frac{2}{2}$斜纹 | 91 | 97 | 88 | 89 | 3 | 64 | 57 | |
| 8 | 149 | 293 | 250 | 450 | 复合斜纹 | 93 | 95 | 88 | 89 | 3 | 73 | 48 | 图7-1-32 |
| 9 | 149 | 416 | 246 | 509 | 联合组织 | 92 | 95 | 87 | 86 | 3 | 89 | 52 | 图7-1-83 |

## 七、毛涤花呢（表7-1-28）

表7-1-28　毛涤花呢产品设计表

| 顺序号 | 原料组成(%) | 经纱 | | | 纬纱 | | | 上机 | | | | | | 下机 | | |
|---|---|---|---|---|---|---|---|---|---|---|---|---|---|---|---|---|
| | | 线密度(tex) | 公支 | 捻向,捻度(捻/m) | 线密度(tex) | 公支 | 捻向,捻度(捻/m) | 筘幅(cm) | 筘号(筘齿数/10cm) | 每筘穿入数 | 经密(根/10cm) | 纬密(根/10cm) | 综片数 | 幅宽(cm) | 经密(根/10cm) | 纬密(根/10cm) |
| 1 | 毛45 涤55 | 13×2 | 76/2 | Z750/S850 Z600 | 20×1 | 50/1 | S750Z1000 | 165 | 118 | 2 | 236 | 255 | 6 | 156 | 250 | 260 |
| 2 | 毛45 涤55 | 10×2 | 100/2 | Z1000/S1100 Z900 | | | | 167 | 140 | 2 | 280 | 272 | 6 | 158 | 296 | 276 |
| 3 | 毛45 涤55 | 13×2 | 76/2 | Z750/S850 Z600 | | | | 165 | 119 | 2 | 238 | 225 | 6 | 156 | 251 | 229 |
| 4 | 毛45 涤55 | 14×2 | 72/2 | Z780/S890 Z640 | | | | 165 | 115 | 2 | 230 | 242 | 6 | 156 | 243 | 244 |
| 5 | 毛45 涤55 | 14×2 | 70/2 | Z770/S950 | 同经纱 | | | 166 | 125 | 2 | 250 | 220 | 6 | 158 | 262 | 223 |
| 6 | 毛45 涤55 | 13×2 | 76/2 | Z750/S850 | | | | 164 | 87 | 3 | 261 | 270 | 6 | 156 | 274 | 276 |
| 7 | 毛45 涤55 | 17×2 | 60/2 | Z750/S800 | | | | 163 | 78 | 3 | 234 | 216 | 6 | 152 | 246 | 221 |
| 8 | 毛45 涤55 | 19×2 | 52/2 | Z1000/S500 S750/Z750 | | | | 164 | 103 | 2 | 206 | 205 | 12 | 156 | 217 | 207 |

| 顺序号 | 原料组成(%) | 经纱 | | | 纬纱 | | | 上机 | | | | | | 下机 | | |
|---|---|---|---|---|---|---|---|---|---|---|---|---|---|---|---|---|
| | | 线密度(tex) | 公支 | 捻向,捻度(捻/m) | 线密度(tex) | 公支 | 捻向,捻度(捻/m) | 筘幅(cm) | 筘号(筘齿数/10cm) | 每筘穿入数 | 经密(根/10cm) | 纬密(根/10cm) | 综片数 | 幅宽(cm) | 经密(根/10cm) | 纬密(根/10cm) |
| 9 | 毛45涤55 | 19×2 | 53/2 | Z660/S710 | 同经纱 | | | 165 | 72 | 3 | 216 | 201 | 6 | 156 | 227 | 204 |
| 10 | 毛45涤55 | 16×2 | 61/2 | Z750/S800 | | | | 163 | 81 | 3 | 243 | 240 | 6 | 155 | 256 | 245 |
| 11 | 毛45涤55 | 23×2 | 44/2 | Z602/S640 | | | | 165 | 63 | 3 | 189 | 180 | 6 | 155 | 201 | 185 |
| 12 | 毛45涤55 | 21×2 | 48/2 | Z670/S680 | | | | 162 | 72 | 3 | 216 | 210 | 6 | 154 | 226 | 215 |
| 13 | 毛45涤55 | 21×2 | 48/2 | Z700/S750 | | | | 168 | 73 | 3 | 219 | 224 | 6 | 160 | 230 | 228 |
| 14 | 毛45涤55 | 17×2 | 60/2 | Z710/S790 | | | | 161 | 148 | 2 | 296 | 290 | 8 | 156 | 305 | 293 |
| 15 | 毛45涤55 | 25×2 | 40/2 | Z530/S640 Z420 | 28×2 | 36/2 | Z510/S570 | 164 | 72 | 3 | 216 | 180 | 6 | 156 | 226 | 185 |
| 16 | 毛45涤55 | 26×2 | 39×2 | Z570/S670 | 同经纱 | | | 175 | 61 | 4 | 244 | 173 | 4 | 59 | 269 | 176 |
| 17 | 毛45涤55 | 28×2 | 36×2 | Z450/S540 Z400 | | | | 169 | 55 | 4 | 220 | 225 | 8 | 57 | 237 | 230 |

| 顺序号 | 成品 | | | | 织物组织 | 织长缩(%) | 染整长缩(%) | 总长缩(%) | 总幅缩(%) | 染整重耗(%) | 成品 | | 备注 |
|---|---|---|---|---|---|---|---|---|---|---|---|---|---|
| | 幅宽(cm) | 经密(根/10cm) | 纬密(根/10cm) | 重量(g/m) | | | | | | | 经覆盖度 | 纬覆盖度 | |
| 1 | 149 | 260 | 260 | 187 | 平纹 | 93 | — | 93 | 90 | 3 | 42 | 37 | |
| 2 | 149 | 314 | 276 | 194 | 平纹 | 92 | — | 92 | 89 | 3 | 44 | 39 | |
| 3 | 149 | 259 | 229 | 202 | 平纹 | 92 | — | 92 | 90 | 3 | 42 | 37 | |
| 4 | 149 | 253 | 244 | 219 | 平纹 | 93 | — | 93 | 90 | 4 | 42 | 41 | |
| 5 | 149 | 278 | 223 | 226 | 平纹 | 92 | — | 92 | 90 | 4 | 47 | 38 | |
| 6 | 149 | 290 | 282 | 238 | 假纱罗 | 94 | 98 | 92 | 91 | 3 | 47 | 46 | 图7-1-54 |
| 7 | 149 | 250 | 215 | 264 | 平纹 | 92 | -1 | 93 | 91 | 3 | 47 | 39 | 染整伸长 |
| 8 | 149 | 226 | 207 | 264 | 联合条子 | 92 | — | 92 | 91 | 3 | 44 | 41 | 低捻花线 图7-1-60 |
| 9 | 149 | 239 | 201 | 264 | 平纹 | 92 | -1 | 93 | 90 | 3 | 46 | 39 | 染整伸长 |
| 10 | 149 | 266 | 245 | 264 | 2/1斜纹 | 93 | — | 93 | 94 | 4 | 48 | 44 | |
| 11 | 149 | 205 | 181 | 279 | 平纹 | 91 | -1 | 92 | 99 | 4 | 44 | 39 | 染整伸长 |
| 12 | 149 | 235 | 215 | 295 | 平纹 | 90 | — | 90 | 92 | 3 | 48 | 44 | |
| 13 | 149 | 247 | 228 | 313 | 变化方平 | 92 | — | 92 | 89 | 4 | 50 | 47 | 图7-1-11 |

续表

| 顺序号 | 成品 | | | | 织物组织 | 织长缩(%) | 染整长缩(%) | 总长缩(%) | 总幅缩(%) | 染整重耗(%) | 成品 | | 备注 |
|---|---|---|---|---|---|---|---|---|---|---|---|---|---|
| | 幅宽(cm) | 经密(根/10cm) | 纬密(根/10cm) | 重量(g/m) | | | | | | | 经覆盖度 | 纬覆盖度 | |
| 14 | 149 | 318 | 294 | 320 | $\frac{2}{2}$方平 | 94 | 99 | 93 | 93 | 3 | 58 | 54 | |
| 15 | 149 | 237 | 185 | 341 | 平纹 | 90 | — | 90 | 91 | 3 | 53 | 41 | |
| 16 | 149 | 287 | 176 | 394 | 纬重平 | 96 | — | 96 | 85 | 3 | 65 | 40 | 图7-1-6 |
| 17 | 149 | 250 | 234 | 419 | $\frac{2}{2}$斜纹 | 94 | 98 | 92 | 88 | 4 | 59 | 55 | |

## 八、涤黏和涤腈花呢（表7-1-29）

表7-1-29　涤黏和涤腈花呢产品设计表

| 顺序号 | 原料组成(%) | 经纱 | | | 纬纱 | | | 上机 | | | | | | 下机 | | |
|---|---|---|---|---|---|---|---|---|---|---|---|---|---|---|---|---|
| | | 线密度(tex) | 公支 | 捻向,捻度(捻/m) | 线密度(tex) | 公支 | 捻向,捻度(捻/m) | 筘幅(cm) | 筘号(筘齿数/10cm) | 每筘穿入数 | 经密(根/10cm) | 纬密(根/10cm) | 综片数 | 幅宽(cm) | 经密(根/10cm) | 纬密(根/10cm) |
| 1 | 涤55 黏50 | 12.5×2 | 79/2 | Z800/S600 Z600 | 同经纱 | | | 167 | 74 | 3 | 222 | 236 | 6 | 156 | 238 | 239 |
| 2 | 涤65 黏35 | 14×2 | 72/2 | Z720/S930 | 22×1 | 45/1 | Z840 | 167 | 118 | 2 | 236 | 240 | 6 | 156 | 253 | 245 |
| 3 | 涤65 黏35 | 14×2 | 72/2 | Z720/S930 | | | | 167 | 120 | 2 | 240 | 220 | 6 | 156 | 257 | 226 |
| 4 | 涤65 黏35 | 18×2 | 56/2 | Z700/S750 | | | | 161 | 80 | 3 | 240 | 207 | 8 | 156 | 248 | 211 |
| 5 | 涤55 黏45 | 19×2 | 53/2 | Z700/S750 | | | | 163 | 74 | 3 | 222 | 216 | 6 | 156 | 232 | 222 |
| 6 | 涤65 黏35 | 12.5×2 | 80/2 | Z840/S750 | 同经纱 | | | 164 | 91 | 4 | 364 | 295 | 12 | 156 | 383 | 302 |
| 7 | 涤55 黏45 | 18×2 | 56/2 | Z700/S750 | | | | 164 | 90 | 3 | 270 | 232 | 6 | 156 | 283 | 240 |
| 8 | 涤60 黏40 | 15×2 | 66/2 | Z750/S860 | | | | 161 | 73 | 6 | 438 | 289 | 16 | 156 | 451 | 296 |
| 9 | 涤55 黏45 | 22×2 | 46/2 | Z610/S630 | | | | 166 | 73 | 4 | 292 | 260 | 10 | 160 | 303 | 262 |
| 10 | 涤50 腈50 | 14×2 | 72/2 | Z70/S800 | 20×1 | 50/1 | S750 | 161 | 114 | 2 | 228 | 240 | 2 | 151 | 242 | 246 |
| 11 | 涤50 腈50 | 12.5×2 | 80/2 | Z790/S840 | 同经纱 | | | 160 | 125 | 2 | 250 | 242 | 6 | 151 | 265 | 246 |

续表

| 顺序号 | 成　品 | | | | 织物组织 | 织长缩(%) | 染整长缩(%) | 总长缩(%) | 总幅缩(%) | 染整重耗(%) | 成　品 | | 备注 |
|---|---|---|---|---|---|---|---|---|---|---|---|---|---|
| | 幅宽(cm) | 经密(根/10cm) | 纬密(根/10cm) | 重量(g/m) | | | | | | | 经覆盖度 | 纬覆盖度 | |
| 1 | 149 | 249 | 239 | 204 | 平纹 | 92 | — | 92 | 89 | 2 | 40 | 38 | |
| 2 | 149 | 264 | 249 | 211 | 平纹 | 93 | 98 | 91 | 89 | 2 | 44 | 37 | |
| 3 | 149 | 269 | 230 | 226 | 平纹 | 93 | 98 | 91 | 89 | 2 | 45 | 38 | |
| 4 | 149 | 259 | 215 | 267 | 复合斜纹 | 92 | 98 | 90 | 93 | 3 | 49 | 41 | 图7-1-31 |
| 5 | 149 | 240 | 225 | 279 | 平纹 | 92 | — | 92 | 91 | 2 | 47 | 43 | |
| 6 | 149 | 400 | 306 | 280 | 联合组织 | 92 | 98 | 90 | 91 | 3 | 63 | 48 | 图7-1-69 |
| 7 | 149 | 295 | 240 | 310 | 绉组织 | 92 | 99 | 91 | 91 | 2 | 56 | 45 | |
| 8 | 149 | 473 | 316 | 400 | 花式斜纹 | 92 | 94 | 86 | 93 | 2 | 82 | 85 | 图7-1-34 |
| 9 | 149 | 325 | 264 | 414 | 联合组织 | 92 | 99 | 91 | 90 | 2 | 68 | 55 | 图7-1-78 |
| 10 | 149 | 246 | 244 | 183 | 平纹 | 93 | — | 93 | 93 | 2 | 41 | 35 | |
| 11 | 149 | 268 | 246 | 202 | 平纹 | 92 | — | 92 | 93 | 2 | 42 | 39 | |

## 九、贡呢、马裤呢、巧克丁、色子贡、驼丝锦（表7-1-30）

表7-1-30　贡呢、马裤呢、巧克丁、色子贡、驼丝锦产品设计表

| 顺序号 | 原料组成(%) | 经　纱 | | | 纬　纱 | | | 上　机 | | | | | | 下　机 | | |
|---|---|---|---|---|---|---|---|---|---|---|---|---|---|---|---|---|
| | | 线密度(tex) | 公支 | 捻向，捻度(捻/m) | 线密度(tex) | 公支 | 捻向，捻度(捻/m) | 筘幅(cm) | 筘号(筘齿数/10cm) | 每筘穿入数 | 经密(根/10cm) | 纬密(根/10cm) | 综片数 | 幅宽(cm) | 经密(根/10cm) | 纬密(根/10cm) |
| 1 | 全毛 | 17×2 | 60/2 | Z657/S842 | 25×1 | 40/1 | Z608 | 162 | 77 | 5 | 385 | 330 | 10 | 156 | 400 | 340 |
| 2 | 羊毛45涤纶55 | 14×2 | 70/2 | Z770/S950 S770/Z950 | 14×2 | 70/2 | Z770/S950 | 155 | 84 | 6 | 504 | 301 | 10 | 152 | 514 | 306 |
| 3 | 全毛 | 18×2 | 56/2 | Z640/S730 | 25×1 | 40/1 | Z600 | 157 | 75 | 6 | 446 | 318 | 10 | 152 | 461 | 324 |
| 4 | 全毛 | 20×2 | 51/2 | Z640/S690 Z740 | 同经纱 | | | 161 | 78 | 5 | 390 | 254 | 10 | 154 | 406 | 258 |
| 5 | 全毛 | 17×2 | 60/2 | Z653/S842 | 26×1 | 38/1 | Z609 | 158 | 80 | 13 | 480 | 355 | 13 | 153 | 490 | 365 |
| 6 | 全毛 | 20×2 | 51/2 | Z640/S660 | 同经纱 | | | 159 | 71 | 6 | 426 | 236 | 10 | 154 | 440 | 242 |
| 7 | 全毛 | 17×2 | 60/2 | Z660/S700 | 25×1 | 40/1 | Z600 | 159 | 70 | 7 | 490 | 374 | 13 | 154 | 505 | 380 |
| 8 | 全毛 | 17×2 | 60/2 | Z650/S740 | 同经纱 | | | 160 | 68 | 7 | 476 | 298 | 13 | 155 | 490 | 304 |
| 9 | 全毛 | 19×2 | 52/2 | Z680/S780 | 同经纱 | | | 160 | 77 | 6 | 462 | 301 | 13 | 154 | 480 | 314 |
| 10 | 全毛 | 18×2 | 56/2 | Z640/S730 | 同经纱 | | | 160 | 79 | 6 | 474 | 337 | 13 | 154 | 492 | 343 |

（以上是贡呢）

续表

| 顺序号 | 原料组成(%) | 经纱 线密度(tex) | 公支 | 捻向,捻度(捻/m) | 纬纱 线密度(tex) | 公支 | 捻向,捻度(捻/m) | 上机 筘幅(cm) | 筘号(筘齿数/10cm) | 每筘穿入数 | 经密(根/10cm) | 纬密(根/10cm) | 综片数 | 下机 幅宽(cm) | 经密(根/10cm) | 纬密(根/10cm) |
|---|---|---|---|---|---|---|---|---|---|---|---|---|---|---|---|---|
| 1 | 全毛 | 17×2 | 60/2 | Z660/S760 | 同经纱 | | | 166.5 | 78 | 7 | 546 | 269 | 11 | 158 | 575 | 275 |
| 2 | 全毛 | 23×2 | 44/2 | Z570/S600 | 同经纱 | | | 171 | 72 | 6 | 432 | 228 | 7 | 158 | 467 | 232 |
| 3 | 毛40涤60 | 20×2 | 50/2 | Z630/S690 | 同经纱 | | | 170 | 72 | 6 | 432 | 260 | 7 | 161 | 455 | 270 |

（以上是马裤呢）

| 顺序号 | 原料组成(%) | 经纱 线密度(tex) | 公支 | 捻向,捻度(捻/m) | 纬纱 线密度(tex) | 公支 | 捻向,捻度(捻/m) | 上机 筘幅(cm) | 筘号(筘齿数/10cm) | 每筘穿入数 | 经密(根/10cm) | 纬密(根/10cm) | 综片数 | 下机 幅宽(cm) | 经密(根/10cm) | 纬密(根/10cm) |
|---|---|---|---|---|---|---|---|---|---|---|---|---|---|---|---|---|
| 1 | 全毛 | 17×2 | 60/2 | Z680/S820 | 同经纱 | | | 159 | 74 | 6 | 444 | 246 | 8 | 155 | 455 | 254 |
| 2 | 全毛 | 20×2 | 51/2 | Z600/S710 | 同经纱 | | | 168 | 62 | 6 | 372 | 248 | 15 | 160 | 382 | 252 |
| 3 | 全毛 | 20×2 | 51/2 | Z495/S765 | 同经纱 | | | 168 | 68 | 6 | 408 | 248 | 9 | 160 | 428 | 255 |
| 4 | 全毛 | 19×2 | 52/2 | Z620/S685 | 34×1 | 30/1 | Z510 | 171.1 | 65 | 6 | 390 | 316 | 13 | 163 | 409 | 322 |

（以上是巧克丁）

| 顺序号 | 原料组成(%) | 经纱 线密度(tex) | 公支 | 捻向,捻度(捻/m) | 纬纱 线密度(tex) | 公支 | 捻向,捻度(捻/m) | 上机 筘幅(cm) | 筘号(筘齿数/10cm) | 每筘穿入数 | 经密(根/10cm) | 纬密(根/10cm) | 综片数 | 下机 幅宽(cm) | 经密(根/10cm) | 纬密(根/10cm) |
|---|---|---|---|---|---|---|---|---|---|---|---|---|---|---|---|---|
| 1 | 全毛 | 17×2 | 60/2 | Z655/S803 | 同经纱 | | | 171 | 80 | 4 | 320 | 290 | 10 | 161 | 340 | 298 |

（以上是色子贡）

| 顺序号 | 原料组成(%) | 经纱 线密度(tex) | 公支 | 捻向,捻度(捻/m) | 纬纱 线密度(tex) | 公支 | 捻向,捻度(捻/m) | 上机 筘幅(cm) | 筘号(筘齿数/10cm) | 每筘穿入数 | 经密(根/10cm) | 纬密(根/10cm) | 综片数 | 下机 幅宽(cm) | 经密(根/10cm) | 纬密(根/10cm) |
|---|---|---|---|---|---|---|---|---|---|---|---|---|---|---|---|---|
| 1 | 全毛 | 19×2 | 52/2 | Z620/S710 | 34×1 | 30/1 | Z510 | 166.8 | 71 | 6 | 426 | 258 | 11 | 158 | 449 | 264 |
| 2 | 全毛 | 20×2 | 51/2 | Z587/S610 | 30×1 | 33/1 | Z450 | 162 | 58 | 8 | 464 | 300 | 16 | 158 | 475 | 320 |

（以上是驼丝锦）

| 顺序号 | 成品 幅宽(cm) | 经密(根/10cm) | 纬密(根/10cm) | 重量(g/m) | 织物组织 | 织长缩(%) | 染整长缩(%) | 总长缩(%) | 总幅缩(%) | 染整重耗(%) | 成品 经覆盖度 | 纬覆盖度 | 备注 |
|---|---|---|---|---|---|---|---|---|---|---|---|---|---|
| 1 | 149 | 418 | 348 | 386 | $\frac{3}{2}$急斜纹 | 90 | 95 | 88 | 92 | — | 76 | 55 | 匹染,图7-1-39 |
| 2 | 149 | 524 | 310 | 388 | $\frac{3}{2}$急斜纹 | 88 | 99 | 87 | 96 | 1 | 89 | 52 | 条染,图7-1-39 |
| 3 | 149 | 470 | 345 | 403 | $\frac{3}{2}$急斜纹 | 90 | 96 | 87 | 95 | 4 | 89 | 55 | 条染,图7-1-39 |
| 4 | 149 | 420 | 276 | 428 | $\frac{3}{2}$急斜纹 | 91 | 95 | 86 | 93 | 5 | 83 | 55 | 条染,图7-1-39 |
| 5 | 149 | 500 | 380 | 440 | $\frac{5}{1}\frac{5}{2}$急斜纹 | 90 | 95 | 86 | 94 | 5 | 91 | 62 | 图7-1-39 |
| 6 | 149 | 455 | 256 | 450 | $\frac{3}{2}$急斜纹 | 92 | 95 | 87 | 94 | 5 | 90 | 51 | 图7-1-39 |
| 7 | 144 | 542 | 422 | 465 | $\frac{5}{1}\frac{5}{2}$急斜纹 | 90 | 90 | 81 | 91 | 3 | 99 | 67 | 匹染,图7-1-39 |
| 8 | 144 | 527 | 336 | 485 | $\frac{5}{1}\frac{5}{2}$急斜纹 | 89 | 90 | 80 | 90 | 3 | 96 | 61 | 匹染,图7-1-39 |
| 9 | 149 | 495 | 334 | 520 | $\frac{5}{1}\frac{5}{2}$急斜纹 | 90 | 95 | 85 | 93 | 3 | 97 | 65 | 条染,图7-1-39 |

续表

| 顺序号 | 成品 | | | | 织物组织 | 织长缩(%) | 染整长缩(%) | 总长缩(%) | 总幅缩(%) | 染整重耗(%) | 成品 | | 备注 |
|---|---|---|---|---|---|---|---|---|---|---|---|---|---|
| | 幅宽(cm) | 经密(根/10cm) | 纬密(根/10cm) | 重量(g/m) | | | | | | | 经覆盖度 | 纬覆盖度 | |
| 10 | 144 | 521 | 381 | 549 | $\frac{5}{1}\frac{5}{2}$急斜纹 | 90 | 90 | 81 | 90 | 2 | 99 | 72 | 匹染，图7-1-39 |

（以上是贡呢）

| 顺序号 | 幅宽(cm) | 经密(根/10cm) | 纬密(根/10cm) | 重量(g/m) | 织物组织 | 织长缩(%) | 染整长缩(%) | 总长缩(%) | 总幅缩(%) | 染整重耗(%) | 经覆盖度 | 纬覆盖度 | 备注 |
|---|---|---|---|---|---|---|---|---|---|---|---|---|---|
| 1 | 144 | 631 | 286 | 490 | $\frac{5}{1}\frac{1}{1}\frac{1}{2}$急斜纹 | 92 | 95 | 87 | 87 | 4 | 115 | 52 | 条染 |
| 2 | 149 | 495 | 280 | 564 | 急斜纹 | 93 | 91 | 85 | 87 | 4 | 106 | 52 | 图7-1-38 |
| 3 | 149 | 492 | 228 | 512 | 急斜纹 | 92 | 95 | 87 | 88 | 4 | 98 | 56 | 图7-1-38 |

（以上是马裤呢）

| 顺序号 | 幅宽(cm) | 经密(根/10cm) | 纬密(根/10cm) | 重量(g/m) | 织物组织 | 织长缩(%) | 染整长缩(%) | 总长缩(%) | 总幅缩(%) | 染整重耗(%) | 经覆盖度 | 纬覆盖度 | 备注 |
|---|---|---|---|---|---|---|---|---|---|---|---|---|---|
| 1 | 149 | 474 | 267 | 403 | $\frac{2}{1}\frac{2}{3}$斜纹 | 90 | 94 | 85 | 94 | 4 | 87 | 49 | 图7-1-32 |
| 2 | 149 | 415 | 260 | 420 | 急斜纹 | 92 | 96 | 88 | 89 | 5 | 82 | 51 | 图7-1-36 |
| 3 | 149 | 460 | 262 | 450 | 急斜纹 | 91 | 96 | 84 | 89 | 5 | 91 | 52 | 图7-1-35 |
| 4 | 144 | 460 | 343 | 475 | $\frac{3}{1}\frac{3}{1}\frac{1}{2}\frac{1}{1}$斜纹 | 90 | 94 | 85 | 84 | 5 | 90 | 63 | 条染 |

（以上是巧克丁）

| 顺序号 | 幅宽(cm) | 经密(根/10cm) | 纬密(根/10cm) | 重量(g/m) | 织物组织 | 织长缩(%) | 染整长缩(%) | 总长缩(%) | 总幅缩(%) | 染整重耗(%) | 经覆盖度 | 纬覆盖度 | 备注 |
|---|---|---|---|---|---|---|---|---|---|---|---|---|---|
| 1 | 149 | 367 | 304 | 357 | 缎纹变化组织 | 92 | 98 | 90 | 84 | 5 | 67 | 56 | 条染，图7-1-49 |

（以上是色子贡）

| 顺序号 | 幅宽(cm) | 经密(根/10cm) | 纬密(根/10cm) | 重量(g/m) | 织物组织 | 织长缩(%) | 染整长缩(%) | 总长缩(%) | 总幅缩(%) | 染整重耗(%) | 经覆盖度 | 纬覆盖度 | 备注 |
|---|---|---|---|---|---|---|---|---|---|---|---|---|---|
| 1 | 144 | 490 | 290 | 463 | $\frac{11}{5}$变化缎纹 | 92 | 98 | 90 | 84 | 5 | 67 | 56 | 条染 |
| 2 | 144 | 522 | 347 | 530 | 缎纹变化组织 | 92 | 90 | 83 | 92 | 5 | 103 | 60 | 图7-1-59 |

（以上是驼丝锦）

## 十、黏锦和黏腈花呢（表7-1-31）

表7-1-31　黏锦和黏腈花呢产品设计表

| 顺序号 | 原料组成(%) | 经纱 | | | 纬纱 | | | 上机 | | | | | | 下机 | | |
|---|---|---|---|---|---|---|---|---|---|---|---|---|---|---|---|---|
| | | 线密度(tex) | 公支 | 捻向,捻度(捻/m) | 线密度(tex) | 公支 | 捻向,捻度(捻/m) | 筘幅(%) | 筘号(筘齿数/10cm) | 每筘穿入数 | 经密(根/10cm) | 纬密(根/10cm) | 综片数 | 幅宽(%) | 经密(根/10cm) | 纬密(根/10cm) |
| 1 | 黏60锦40 | 19×2 | 54/2 | Z640/S660 | 同经纱 | | | 167 | 78 | 3 | 234 | 197 | 6 | 159 | 246 | 202 |
| 2 | 腈50黏50 | 20×2 | 51/2 | Z600/S650 | 同经纱 | | | 163 | 76 | 4 | 304 | 232 | 8 | 156 | 317 | 236 |
| 3 | 黏60腈40 | 18×2 | 56/2 | Z640/S660 | 26×2 | 39/2 | Z475/S475 | 166 | 68 | 6 | 408 | 177 | 9 | 158 | 428 | 182 |

续表

| 顺序号 | 原料组成(%) | 经纱 | | | 纬纱 | | | 上机 | | | | | | 下机 | | |
|---|---|---|---|---|---|---|---|---|---|---|---|---|---|---|---|---|
| | | 线密度(tex) | 公支 | 捻向,捻度(捻/m) | 线密度(tex) | 公支 | 捻向,捻度(捻/m) | 筘幅(%) | 筘号(筘齿数/10cm) | 每筘穿入数 | 经密(根/10cm) | 纬密(根/10cm) | 综片数 | 幅宽(%) | 经密(根/10cm) | 纬密(根/10cm) |
| 4 | 黏70腈30 | 44×2 | 23/2 | Z420/S430 | 同经纱 | | | 171 | 47 | 3 | 141 | 130 | 6 | 159 | 152 | 133 |

| 顺序号 | 成品 | | | | 织物组织 | 织长缩(%) | 染整长缩(%) | 总长缩(%) | 总幅缩(%) | 染整重耗(%) | 成品 | | 备注 |
|---|---|---|---|---|---|---|---|---|---|---|---|---|---|
| | 幅宽(cm) | 经密(根/10cm) | 纬密(根/10cm) | 重量(g/m) | | | | | | | 经覆盖度 | 纬覆盖度 | |
| 1 | 149 | 262 | 208 | 285 | 平纹 | 92 | 96 | 88 | 89 | 2 | 50 | 50 | 树脂整理 |
| 2 | 149 | 329 | 244 | 370 | 菱形斜纹 | 91 | 97 | 88 | 91 | 2 | 65 | 48 | 树脂整理 |
| 3 | 149 | 452 | 190 | 428 | 联合组织 | 93 | 95 | 88 | 90 | 2 | 85 | 43 | 树脂整理 |
| 4 | 149 | 162 | 137 | 437 | 平纹 | 93 | 97 | 90 | 87 | 2 | 43 | 40 | 树脂整理 |

## 十一、长丝花呢（表7-1-32）

表7-1-32　长丝花呢产品设计表

| 顺序号 | 原料组成(%) | 经纱 | | 纬纱 | | | 上机 | | | | | | 下机 | | |
|---|---|---|---|---|---|---|---|---|---|---|---|---|---|---|---|
| | | 旦 | 公支 | 线密度(tex) | 公支 | 捻向,捻度(捻/m) | 筘幅(%) | 筘号(筘齿数/10cm) | 每筘穿入数 | 经密(根/10cm) | 纬密(根/10cm) | 综片数 | 幅宽(%) | 经密(根/10cm) | 纬密(根/10cm) |
| 1 | 涤丝毛涤纶 | 5.5旦×2 | 50旦×2 涤丝 | 13×2 | 76/2 | 毛涤纶Z750/S850 | 164 | 124 | 2 | 248 | 300 | 4 | 154 | 264 | 304 |
| 2 | 涤丝毛涤纶 | 5.5旦×2 | 50旦×2 涤丝 | 13×2 | 76/2 | 毛涤纶Z750/S850 | 161 | 108 | 4 | 432 | 280 | 12 | 155 | 449 | 284 |
| 3 | 涤丝毛涤纶 | 5.5旦×2 | 50旦×2 涤丝 | 14×2 | 72/2 | 毛涤纶Z780/S830 | 159 | 83 | 5 | 415 | 331 | 8 | 153 | 431 | 334 |
| 4 | 涤丝腈涤纶 | 5.5旦×2 | 50旦×2 涤丝 | 14×2 | 70/2 | 腈涤纶Z750/S800 | 166 | 83 | 5 | 415 | 336 | 8 | 154 | 447 | 339 |
| 附 | 绢丝毛涤纶 | 7×2 | 140/2绢丝 | 12.5×2 | 80/2 | 毛涤纶Z850/S980 | 163 | 140 | 2 | 280 | 242 | 4 | 154 | 295 | 244 |

| 顺序号 | 成品 | | | | 织物组织 | 织长缩(%) | 染整长缩(%) | 总长缩(%) | 总幅缩(%) | 染整重耗(%) | 成品 | | 备注 |
|---|---|---|---|---|---|---|---|---|---|---|---|---|---|
| | 幅宽(cm) | 经密(根/10cm) | 纬密(根/10cm) | 重量(g/m) | | | | | | | 经覆盖度 | 纬覆盖度 | |
| 1 | 149 | 270 | 300 | 180 | 平纹 | 93 | -1 | 94 | 91 | 2 | 32 | 49 | |

续表

| 顺序号 | 成品 幅宽(cm) | 成品 经密(根/10cm) | 成品 纬密(根/10cm) | 成品 重量(g/m) | 织物组织 | 织长长缩(%) | 染整长缩(%) | 总长缩(%) | 总幅缩(%) | 染整重耗(%) | 成品 经覆盖度 | 成品 纬覆盖度 | 备注 |
|---|---|---|---|---|---|---|---|---|---|---|---|---|---|
| 2 | 149 | 465 | 280 | 202 | 联合组织 | 93 | −1 | 94 | 93 | 2 | 55 | 45 | 图7-1-80 |
| 3 | 149 | 440 | 332 | 227 | 联合组织 | 93 | −1 | 94 | 94 | 2 | 52 | 55 | 图7-1-71 |
| 4 | 149 | 458 | 330 | 247 | 绉纹组织 | 94 | −1 | 97 | 90 | 2 | 54 | 56 | |
| 附 | 149 | 302 | 244 | 195 | 平纹 | 94 | — | 94 | 91 | 3 | 36 | 39 | |

## 十二、女衣呢（表7-1-33）

### 表7-1-33 女衣呢产品设计表

| 顺序号 | 原料组成(%) | 经纱 线密度(tex) | 经纱 公支 | 经纱 捻向,捻度(捻/m) | 纬纱 线密度(tex) | 纬纱 公支 | 纬纱 捻向,捻度(捻/m) | 上机 筘幅(cm) | 上机 筘号(筘齿数/10cm) | 上机 每筘穿入数 | 上机 经密(根/10cm) | 上机 纬密(根/10cm) | 上机 综片数 | 下机 幅宽(cm) | 下机 经密(根/10cm) | 下机 纬密(根/10cm) |
|---|---|---|---|---|---|---|---|---|---|---|---|---|---|---|---|---|
| 1 | 全毛 | 17×2 | 58/2 | Z655/S540 | 同经纱 | | | 181 | 77 | 3 | 231 | 206 | 6 | 170 | 246 | 212 |
| 2 | 全毛 | 18×2 | 56/2 | Z580/S680 | 同经纱 | | | 187 | 64 | 4 | 256 | 230 | 16 | | | |
| 3 | 全毛 | 19×2 | 52/2 | Z585/S640 | 同经纱 | | | 173 | 63 | 4 | 252 | 240 | 10 | 163 | 267 | 244 |
| 4 | 全毛 | 17×2 | 59/2 | Z692/Z694 S692/S660 | 33×1 | 30/1 | Z620/S620 | 176 | 77 | 4 | 308 | 220 | 6 | 162 | 335 | 225 |
| 5 | 纯腈纶 | 31×2 | 32/2 | Z380/S230 | 同经纱 | | | 157 | 62 | 3 | 186 | 159 | 10 | 151 | 193 | 163 |

| 顺序号 | 成品 幅宽(cm) | 成品 经密(根/10cm) | 成品 纬密(根/10cm) | 成品 重量(g/m) | 织物组织 | 织长长缩(%) | 染整长缩(%) | 总长缩(%) | 总幅缩(%) | 染整重耗(%) | 成品 经覆盖度 | 成品 纬覆盖度 | 备注 |
|---|---|---|---|---|---|---|---|---|---|---|---|---|---|
| 1 | 149 | 281 | 219 | 285 | $\frac{3}{3}$斜纹 | 91 | 97 | 88 | 82 | 5 | 52 | 41 | |
| 2 | 149 | 320 | 244 | 344 | 变化组织 | 94 | 97 | 91 | 80 | 2 | 60 | 46 | 匹染 |
| 3 | 144 | 300 | 256 | 346 | 联合组织 | 93 | 94 | 87 | 83 | 1 | 59 | 50 | 匹染,图7-1-82 |
| 4 | 144 | 376 | 245 | 356 | 绉纹组织 | 92 | 90 | 83 | 82 | 2 | 69 | 45 | 匹染 |
| 5 | 149 | 196 | 166 | 342 | 联合组织 | 94 | 98 | 92 | 95 | 4 | 49 | 42 | 腈纶膨体纱 |

## 十三、旗纱和蒸呢布（表7-1-34）

### 表7-1-34 旗纱和蒸呢布产品设计表

| 原料组成(%) | 经纱 | | | 纬纱 | | | 上机 | | | | | | 下机 | | |
|---|---|---|---|---|---|---|---|---|---|---|---|---|---|---|---|
| | 线密度(tex) | 公支 | 捻向,捻度(捻/m) | 线密度(tex) | 公支 | 捻向,捻度(捻/m) | 筘幅(cm) | 筘号(筘齿数/10cm) | 每筘穿入数 | 经密(根/10cm) | 纬密(根/10cm) | 综片数 | 幅宽(cm) | 经密(根/10cm) | 纬密(根/10cm) |
| 全毛 | 28×2 | 36/2 | Z580/S600 | 同经纱 | | | 174 | 51 | 2 | 102 | 112 | 4 | 160 | 112 | 115 |

以上是旗纱

| 全棉 | 29×2 | 20英支/2 | | 10×2 | 60英支/2 | | 198 | 65 | 4 | 260 | 950 | 8 | 188 | 274 | 970 |

以上是蒸呢布

| 原料组成(%) | 成品 | | | | 织物组织 | 织长缩(%) | 染整长缩(%) | 总长缩(%) | 总幅缩(%) | 染整重耗(%) | 成品 | | 备注 |
|---|---|---|---|---|---|---|---|---|---|---|---|---|---|
| | 幅宽(cm) | 经密(根/10cm) | 纬密(根/10cm) | 重量(g/m) | | | | | | | 经覆盖度 | 纬覆盖度 | |
| 全毛 | 149 | 120 | 118 | 212 | 平纹 | 97 | 97 | 94 | 86 | 2~3 | 28 | 25 | 匹染 |

以上是旗纱，结构松，该规格的成品经纬强力为196N（20kgf），经纬缩水率为3.5%

| 全棉 | | | | | 纬二重图7-1-89 | | | | | | | | |

以上是蒸呢布，地经纬用本白棉纱，边线每边80根，用16tex×2（36/2英支）65%涤、35%黏的精纺纱，边线每筘8根，边地组织相同，整经匹长278m，坯布250m左右

# 第二章　粗纺毛织品设计

粗纺毛织品的范围较广，本章介绍粗纺呢绒及毛毯的产品设计。

## 第一节　粗纺毛织品特点

粗纺毛织品与精纺毛织品相比，在品种、原料及工艺等方面具有下述特点，是粗纺产品设计必须考虑的先决条件。

### 一、原料特点

羊毛纤维方面：

（1）高级的有70支、66支、64支、60支及60支以上散毛，一级改良毛及土种毛。100支、90支、80支。

（2）中级的有58～48支散毛，二、三级改良毛及土种毛，细支精梳短毛，精纺软回丝等。

（3）低级的有四级改良及土种毛、粗支精短毛、混短毛、粗梳回毛、回丝弹毛、再生毛及下脚毛等。

其他动物纤维有：山羊绒、骆驼绒、兔毛、马海毛、羊驼毛及牦牛绒等。

化学纤维有：黏胶纤维、锦纶、涤纶、腈纶、竹纤维、天丝等。

### 二、工艺特点

粗纺产品多数用单股经纬织制，部分用单股经、双股纬及双股经、双股纬、精经粗纬的毛纱织造。上机幅宽变化大。织物组织除大衣呢用经二重、纬二重或经纬双层织造外，其余大部分产品都是单层织物，织纹简单。花式产品则综片多，颜色多，梭箱多，组织规格变化也大。提花毛毯必须在提花机上织制，其组织花纹图案等更为复杂。

染整工艺特别是缩绒和起毛工艺是粗纺产品区别于精纺产品的主要工艺特征，能使产品具有呢面丰满，质地紧密，手感厚实的风格。但缩绒和起毛，使呢坯的长缩多，幅缩多，重耗大，成品单位重量较难控制。

成品表面风格多样，染整工艺必须随之改变，如纹面织物，可不经过缩绒和拉毛工序，重点放在洗呢及蒸呢工序上，成品织纹清晰，并对毛纱条干，呢坯质量要求较高；呢面织物必须经过缩绒或重缩绒，然后汽蒸定形，使呢面匀净平整，质地紧密，手感厚实；绒面织物要经过缩绒与起毛，并要反复拉、剪、烫多次，使成品具有立绒绒面（织物表面绒毛细密直立）或顺毛绒面（织物表面绒毛密而顺服）的风格。所以产品设计必须要为纺、织、染整工艺创造条件。

## 三、品种特点

由于粗纺产品使用的原料范围极为广泛，所有棉、毛、丝、麻、化学纤维等纺织纤维，几乎都能供粗纺使用，加上所纺纱支线密度较粗，粗细差异幅度大，并运用设计上的技巧和染整加工的工艺变化，通过技术和艺术而生产出各种风格的品种，质地上有紧有松，有厚有薄，有轻有重，风格上有纹面、呢面、绒面之分，在花型色泽上，不仅可用各色纱线、各种织纹组织织成各种素色或花色品，还可采用彩点、毛粒、粗细节等各种色花线组成各种呢绒，花色性很强，丰富多彩，不像精纺产品那样比较文雅素净。

粗纺产品的品种很多，一般分为呢绒、毛毯、毡制品、地毯、驼绒、针织羊毛衫等。

呢绒方面根据使用原料成分的不同，分为纯毛品、混纺品及交织产品等。根据产品用途不同，分为衣着用呢及工业用呢两大类。

毛毯方面一般分素毯、道毯、格子毯、印花毯、提花毯及化学纤维毛毯等。

# 第二节　粗纺衣着用呢的风格特征及其分类

## 一、粗纺衣着用呢的分类

粗纺衣着用呢的品种花色很多，但就品种特征、品质要求及商业部门沿用的名称来分，大体可分成九大类，有的大类产品又可分成几小类（表7-2-1）。

表7-2-1　粗纺衣着用呢的分类

| 序号 | 大　类 | 小　　类 | 序号 | 大　类 | 小　　类 |
|---|---|---|---|---|---|
| 1 | 麦尔登类 | 麦尔登、平厚呢 | 6 | 法兰绒类 | （1）素色法兰绒（混色）<br>（2）花色法兰绒（条、格） |
| 2 | 大衣呢类 | （1）平厚大衣呢<br>（2）立绒大衣呢<br>（3）顺毛大衣呢<br>（4）拷花大衣呢<br>（5）花式大衣呢 | 7 | 粗花呢类 | （1）纹面花呢（条、格、点、圈、提花）<br>（2）呢面花呢（各类花纹、缩绒）<br>（3）绒面花呢（立绒、顺毛） |
| 3 | 制服呢类 | （1）海军呢<br>（2）制服呢 | 8 | 大众呢类 | （1）大众呢<br>（2）学生呢 |
| 4 | 海力斯类 | （1）混色（素色）海力斯<br>（2）花色海力斯（人字、条、格） | 9 | 其他类 | （1）纱毛呢、粗服呢、劳动呢、提花呢绒、印花呢绒<br>（2）制帽呢等 |
| 5 | 女式呢类 | （1）平素女式呢<br>（2）立绒女式呢<br>（3）顺毛女式呢<br>（4）花式女式呢 | | | |

## 二、呢绒产品编号

粗纺呢绒产品编号由五位或六位数字组成。

其编号方法是：第一位数字表示原料品质，如0—纯毛，1—毛混纺，7—纯化学纤维；第二位数字表示大类产品名称，如1—麦尔登类，2—大衣呢类，3—制服呢类，4—海力斯类，5—女式呢类，6—法兰绒类，7—粗纺花呢类，8—大众呢类，9—其他类（包括纱毛呢、劳动呢等）；第三、第四、第五、第六位数字表示产品顺序号，如05001表示纯毛女式呢第1号，131023表示混纺制服呢第1023号。

## 三、粗纺衣着用呢的风格特征

衣着用呢的品名是多种多样的，表7-2-1所列的品名是国内一般通用的。但工商部门为了标新立异、吸引顾客，往往采用高档羊毛的名称，或用有良好声誉的人名、厂名、地名或用特殊织物的组织等，显示其品质特点，从而定出更多的不同品名。种类繁多，不便一一列举，现择几个比较常见的品名，分别说明其风格特征。

### （一）国内通用呢绒品名的风格特征（表7-2-2）

### （二）呢绒市场上常用品名的风格特征

粗纺衣着用呢除了上述各种通用的品名以外，商业市场上还有很多不同的品名，沿用已久，兹择要简述如下。

**1. 亚马逊毛呢**

该呢用优质细羊毛所纺的粗纺毛纱织制，或用精纺毛纱为经、粗纺毛纱为纬织造，组织用五枚缎纹或 $\frac{2}{1}$ 斜纹，可染各种颜色，并施以海狸呢整理，做成质地极薄而富有光泽的织物，供妇女衣料及帽子之用。

**2. 安哥拉毛织物**

这种织物为用安哥拉毛纱织造的一类毛织物的统称。其含义有多种：

（1）以安哥拉地方所产的马海毛为原料所制成的织物。

（2）将安哥拉兔毛混纺成纱，所制成的织物。

（3）以棉纱为经、马海毛为纬的薄地平纹织物，富有光泽。

（4）模仿安哥拉山羊毛皮的织物。

**3. 仿羔皮呢**

这是一种具有海绵般柔软的带有卷曲的较厚的粗纺毛绒织物。根据组织不同，可分经起毛与纬起毛两种，其地组织为平纹或 $\frac{2}{2}$ 斜纹组织，毛纬组织常用五枚纬面缎纹或 $\frac{1}{3}$ 斜纹组织。

地组织用精纺毛纱或棉、黏、锦、涤等化学纤维纱，毛经毛纬多用长而光泽好的马海毛。

表7-2-2　粗纺呢绒大类产品的风格特征

| 名称 | 产品特征 | 分类 | 品质要求 | 常用线密度[tex（公支）] | 重量范围（g/m²） | 常用组织 | 原料成分（%） 纯毛 | 原料成分（%） 混纺 | 备注 |
|---|---|---|---|---|---|---|---|---|---|
| 麦尔登 | 是用细梳特羊毛织成的，重经缩绒，不经起毛，质地紧密的高级织物 | | 呢面丰满，细洁平整，不起球，不露底纹，耐磨性好，身骨挺实，质感适当有弹性 | 100～62.5（10～16） | 360～1000 | 2/2斜纹，2/2破斜纹，2/1斜纹 | 60～64支或一级毛80以上，精梳短毛20以下 | 60～64支或一级毛50～70，精梳短毛20以下，黏胶纤维及合成纤维20～50 | （1）也有精经粗纬，经纱用31tex×2～16.6tex×2（32/2～60/2公支）精纺纱，纬纱用125～83tex（8～20公支）粗纺纱，也可称作纯毛产品（2）加入7%以下的锦纶 |
| 大衣呢 | 质地厚重，保暖性强，织物，缩绒或缩绒起毛复杂，有单层、经二重、纬二重及经纬双层组织，各种根据需要可配用一部分其他动物纤维（羊海毛、马海毛、驼毛）或合成纤维，花式大衣呢还可用花结线、花圈线作表面装饰 | 平厚大衣呢 | 呢面平整，匀净，不露底，手感丰厚，不板硬 | 250～83（4～12） | 436～600 | 2/4斜纹，1/1纬二重 | 56～64支或一级毛50以上，精梳短毛50以下 | 56～64支或三级毛20～80，精梳短毛30以下，黏胶纤维10～40 | 经纱中加入锦纶10%以下，有利于编制第二重 |
| | | 立绒大衣呢 | 绒面丰满，绒毛密立平齐，手感柔软，不松烂，质光足 | 167～71.5（6～14）纬纱合股更好 | 420～680 | 5/2纬面缎纹，2/2斜纹，1/3破斜纹 | 48～64支或四级毛80以上，精梳短毛20以下 | 48～64支或四级毛50以上，精梳短毛20以下，黏胶纤维及腈纶30以下 | （1）如黑白格大衣呢，可加黑马海毛5%～10%（2）可用腈纶100%做立绒 |
| | | 顺毛大衣呢 | 绒面均匀，顺，整齐，不脱毛，手感清柔软，质光足 | 250～71.5（4～14）纬纱合股更好 | 380～680 | 5/2纬面缎纹，2/2斜纹，1/3破斜纹，六枚变则锻纹 | 48～64支或四级毛80以上，精梳短毛20以下 | 48～64支或四级毛40以上，黏胶纤维及腈纶60以下 | （1）长顺毛大衣呢也可用棉纱或腈纶毛纱做绒纱 |
| | | 拷花大衣呢 | 绒面丰满，有拷花纹路，手感丰厚，弹性，耐磨 | 125～62.5（8～16） | 580～740 | 异面经纬双层，异面经纬双层 | 58～64支或一级毛100，或用紫羊绒混纺毛纱 | 48～64支或三级毛50以上，精梳短毛20以下，黏胶纤维30以下 | （1）短顺毛比绒纱略粗些，有利于纬向丰满 |
| | | 花式大衣呢 | （1）花式纹面大衣呢，包括人字、圈、点，花纹组织配色，花纹面或呢面均匀，色泽调和，花纹清晰，手感不燥硬，有弹性 | 500～62.5（2～16） | 360～550 | 2/2斜纹，2/3斜纹，变化组织，平纹 | 48～64支或三级毛70以上，精梳短毛30以下 | 48～64支或四级毛30以上，精梳短毛30以下，黏胶纤维30以下 | 也可用纯化学纤维做花式，童大衣呢 |

续表

| 名称 | 产品特征 | 分类 | 品质要求 | 常用线密度[tex（公支）] | 重量范围（g/m²） | 常用组织 | 原料成分（%）纯毛 | 混纺 | 备注 |
|---|---|---|---|---|---|---|---|---|---|
| 大衣呢 | 质地丰厚，保暖性强，缩绒或缩绒毛织物，组织变化复杂，有单层、二重及经纬双层组织，各种风格的大衣呢，根据需要可配用一部分其他动物纤维（羊绒、兔毛、驼毛、马海毛）或混成纤维，还可用花式线、花圈线作表面装饰 | 花式大衣呢 | （2）花式绒面大衣呢，包括各类配色花纹的缩绒起毛大衣呢，绒面丰满平整，绒毛整齐，手感柔软，不松烂 | 500～62.5（2～16） | 360～550 | $\frac{2}{2}$斜纹 $\frac{3}{3}$斜纹 变化组织平纹 $\frac{1}{1}$纬二重 $\frac{2}{2}$双层 | 48～64支或一、二、三级毛70以上，精梳短毛30以下 | 48～64支或一、四级毛20以上，精梳短毛20以上，粘胶纤维30以上 | 也可用纯腈纶或毛腈混纺做花式起毛大衣呢 |
| 羊绒大衣呢 | 质地轻薄，柔和，缩绒起毛产品，保暖性强，具有高档感 | 顺毛大衣呢 | 绒面细腻，绒毛顺直，手感柔糯，自然顺光，不起球，有弹性，保持永久光泽。 | 83.3～35.7（12～28） | 200～433 | $\frac{1}{1}$斜纹 $\frac{1}{3}$破斜纹 $\frac{2}{2}$双面 $\frac{2}{2}$人字 $\frac{5}{2}$缎纹 | 26～28mm，15.5～16.5um 羊绒100 | 26～28mm，15.5～16.5um，30 70支腈毛散毛，50 66支开松毛条，20 | （1）纯羊绒产品有单经、双纬交织的（2）混纺羊绒产品有经纱为羊绒100%，纬纱为精纺纱的，也有经纱为精纺纱，纬纱为粗纺纱交织的 |
| 兔毛大衣呢 | 质地丰满，缩绒起毛产品，保暖性强，具有高档感及自然光泽 | 顺毛大衣呢 | 绒面丰满，绒毛平直顺直，手感柔糯，掉毛少，有弹性 | 经纱 20.8×2～16.6×2（48×2～60×2）纬纱 62.5×2（16/2） | 280～333 | $\frac{1}{3}$破斜纹 $\frac{5}{2}$缎纹 变化组织 | 30～35mm，13.5～14.5um 兔毛100 | 30～35mm，兔毛50，70支腈毛散毛，50 | 兔毛产品一般采用经纱为20.83tex×2（48公支/2），纬纱为62.5tex×2（16公支/2），兔毛100%粗纺纱交织 |

续表

| 名称 | 产品特征 | 分类 | 品质要求 | 常用线密度 [tex(公支)] | 重量范围 (g/m²) | 常用组织 | 原料成分（%） 纯毛 | 混纺 | 备注 |
|---|---|---|---|---|---|---|---|---|---|
| 羊驼毛大衣呢 | 质地丰满，轻缩起毛产品，保暖性强，服用性能好 | 顺毛大衣呢 | 绒毛丰满、蓬松，顺直，手感滑、膘光足，弹性足，不起球 | 经纱 208×2（48/2）纬纱 66.7×2～50×2，45.5×3（15/2～20/2）（22/3） | 333～400 | 5/3缎纹，7/3缎纹，变化组织 | BABY羊驼毛条，100 21.5um，SURI羊驼毛条，100 25.5～27.5um，FS羊驼毛条255～27.5um，100 | 羊驼毛条 10～50 驼绒60支毛条 90～50 | 羊驼毛产品一般采用精纺纱生产，经纱为20.83tex×2（48/2公支）羊毛100%精纺纱；纬纱为66.6tex×2～50tex/2（15公支/2～20公支）羊驼毛100%精纺纱 羊驼毛100%精纺纱有一定的纺纱难度 |
| 驼绒大衣呢 | 质地紧密，缩绒起毛产品，保暖性强，以驼色泽较单一，深色为主 | 顺毛大衣呢 | 绒面洁实，绒毛顺直，手感柔软 | 83.5～50（12～20） | 300～366 | 2/2斜纹，1/3破斜纹 | 3.2～3.4mm，18.5～19.5um 绒 100 | 3.2～3.4mm，驼绒，50～90，70支驼散毛，50～10 | 由于驼绒的颜色在色泽上有局限性，以生产驼色、咖啡、藏青、黑色为主 |
| 牦牛绒大衣呢 | 质地紧密，细洁，缩绒起毛产品，色泽性强，以深色为主 | 顺毛大衣呢 | 绒毛细洁，绒面细洁、品质，顺直，手感柔滑，膘光足且持久，富有弹性 | 71.4～55（14～18） | 280～333 | 2/2斜纹，1/3破斜纹，5/2缎纹 | 24～26mm，18.8～19.5um 牦牛绒 100 | 24～26mm，牦牛绒50，70支服散毛30，66支开松毛条20 | 由于牦牛绒的颜色以褐色为主（也有少量花灰色、白色），在色泽上有局限性，以生产深色产品为主 |
| 海军呢 | 重缩绒（或轻起毛），呢面蒸煮，呢面紧密的织物 | 根据原料成分及质量不同分类 | 呢面平整，均匀，耐磨，质地紧密，有身骨，基本不起球，不露底 | 125～77（8～13） | 390～500 | 2/2斜纹 | 58支或二级以上 70以上，精梳短毛30以内 | 58支或二级以上 50以上，精梳短毛20以内，黏胶短纤维30以内 | （1）原料以二级毛为主体（2）为了增加强力及耐磨，纯毛可加锦纶纱5%以内，混纺加10%～15% |
| 制服呢 | 与海军呢基本相似，但质量略精次 | | 呢面平整，质地紧密，不露纹或半露纹，不易起球，手感不糙硬 | 167～111（6～9） | 400～520 | 2/2斜纹 | 三～四级毛70以上，精梳短毛30以内 | 三～四级毛40以上，精梳短毛或落毛40以内，黏胶纤维30以内 | 加锦纶，成分同海军呢 |
| 海力斯 | 是用粗梳毛纱或用各种单色毛纱织成的，不起毛，烫蒸呢面 | 平素海力斯 | 多数为匹染混色生产，呢面混色均匀，露纹或半露纹，挺实，有弹性 | 250～125（4～8） | 360～470 | 2/2斜纹 | 三～四级毛70以上，中支及粗支短毛30以下 | 三～四级毛40以上，中支及粗支短毛30～50，黏胶纤维30～50 | 加锦纶，成分同军呢 |

| 名称 | 产品特征 | 分类 | 品质要求 | 常用线密度 [tex（公支）] | 重量范围 （g/m²） | 常用组织 | 原料成分（%） 纯毛 | 原料成分（%） 混纺 | 备注 |
|---|---|---|---|---|---|---|---|---|---|
| 海力斯 | 织物，分素色及花式两类，分素色以花格子及花式经骨挺有弹性，身骨轻软，配色以适合做男上装为主 | 花式海力斯 | 多数为人字及花格子（在斜纹格子）配单暗花简单和，织纹明显，呢面织匀，手较挺实，有弹性 | 250~125 （4~8） | 360~470 | 2/2斜纹 2/2破斜纹 | 三～四级毛70以上 中支及粗支短毛30以下 | 三～四级毛40以上 中支及粗支短毛30以下 黏胶纤维30~50 | （1）也可配用羊绒、驼绒等动物纤维、兔毛，注意可纺性能 （2）经纱也可用31tex×2（32公支/2）精纺毛纱，或配用少量合成纤维 |
| 女式呢 | 是以匹染素色、手感柔软的织物；分为平素、立绒、顺毛及松结构四种风格 平素及顺毛为缩绒织物；立绒及顺毛为缩绒后起毛织物；松结构为轻缩绒或不缩绒织物 | 平素女式呢（维罗呢） | 呢面细洁平整（或手感微露纹），手感柔软，不松烂 | 125~59 （8~17） | 300~420 | 2/2斜纹 平纹 | 58~64支以上 二级毛50以上 精梳短毛50以内 | 58~64支或 一级毛20~70 精梳短毛10~50 黏胶纤维40以下 | |
| | | 立绒女式呢（维罗呢） | 绒面密立平齐（短立绒），身骨有丰厚感和弹性 | 125~59 （8~17） | 210~420 | 2/2斜纹 3/1破斜纹 | 58~64支以上 二级毛60以上 精梳短毛40以内 | 58~64支或 一级毛20~70 精梳短毛10~50 黏胶纤维40以下 | |
| | | 顺毛女式呢 | 绒毛平整均匀，绒毛向一方倒伏，手感柔软润滑，膘光足 | 125~59 （8~17） | 200~380 | 2/2斜纹 3/1破斜纹 1/3破斜纹 | 58~64支以上 二级毛70以上 精梳短毛30以内 | 58~64支或 一级毛20~70 精梳短毛10~50 黏胶纤维40以下 | |
| | | 松结构女式呢 | 花纹清晰，色泽鲜艳，质地轻盈，疏松 | 167~59 （6~17） | 180~350 | 平纹 2/2斜纹 小花点 变化组织 | 52~64支以上 二级毛70以上 精梳短毛30以内 | 52~64支或 一级毛20~70 精梳短毛30以内 黏胶纤维20~50 | 根据花色需要可配用一部分花式纤维、三角丝或精纺毛纱，也可配用部分合成纤维 |
| 法兰绒 | 多是细特羊毛织成的毛染混色品，产品以素色为主，也有条子及格子花型 | 法兰绒 | 呢面丰满细洁，混色均匀，不起球，手感柔软，有弹性 | 125~62.5 （8~16） | 250~400 | 平纹 2/2斜纹 1/2斜纹 | 60~64支二级以上 以上60以上 精梳短毛20以内 | 60~64支或二级 以上50以内 精梳短毛20以上 黏胶纤维20~40 | （1）还可用棉经毛纬交织 （2）为了增加弹性和强力，可加一部分涤纶或锦纶 |

续表

| 名称 | 产品特征 | 分类 | 品质要求 | 常用线密度 [tex(公支)] | 重量范围 (g/m²) | 常用组织 | 原料成分 (%) 纯毛 | 原料成分 (%) 混纺 | 备注 |
|---|---|---|---|---|---|---|---|---|---|
| 粗纺花呢 | 是利用单色纱，混色纱，合股线色纱等与各种花纹组织配合织成的花式织物，包括人字、条格、小花纹、圆点等，分为轻质提花织物（不缩绒或轻缩绒），呢面花呢起缩绒或钢丝起毛，绒面呢缩绒后钢丝起毛）三种风格 | 纹面花呢 | 表面花纹清晰，纹面匀净，光泽鲜明，身骨挺而有弹性，女式花呢要手感柔软不松烂 | 200~71 (5~14) | 童装：250~320 女装：280~360 男装：340~420 | 平纹 $\frac{2}{2}$斜纹 $\frac{2}{2}$破斜 $\frac{3}{3}$斜纹 | 高档：60~64支或一级毛60以上 中档：56~60支或二级毛60以上 低档：三～四级短毛70以下 | 高档：60~64支一级毛40以下 精梳短毛40以下 黏胶纤维20以上 中档：56~60支二级毛30以下 精梳短毛40以下 黏胶纤维30以上 低档：三～四级毛50以上 精梳短20以下 黏胶纤维30以上 | (1) 根据需要可采用精纺毛纱、棉纱、黏胶丝或合股黏胶毛纱合股做成纤长毛或黏胶纺纱产品花呢 (2) 可做毛涤、毛腈黏等毛涤黏、毛腈黏等混纺产品 (3) 纯纺产品有毛型感也可做纯黏花呢，但粗纺花呢要使产品有毛型感 |
| | | 呢面花呢 | 表面呈毡状，呢面平整绒覆盖，质地紧密，均匀厚实，不板硬，配色花纹中的毛纱要求缩绒后不沾色 | | | | | | |
| | | 绒面花呢 | 表面有绒毛覆盖，绒面丰满，绒毛整齐，手感丰厚，软而稍有弹性柔 | | | | | | |
| 大众呢 | 大众呢（包括学生呢）是利用细支精梳短毛和再生毛为主的重缩绒织物 | 劳动呢 | 呢面细洁，平整均匀，基本不露底，手感紧密，有弹性，呢面外观风格近似麦尔登 | 125~83 (8~12) | 400~500 | $\frac{2}{2}$斜纹 $\frac{2}{2}$破斜纹 | | 60支或二级以上毛10~40 精短（再生毛）30以上 黏胶纤维（包括锦纶）20~30 | 混用精短或再生毛40%以上，采用酸缩绒，可减少起球 |
| 其他类 | 劳动呢与粗服呢是利用粗毛、下脚毛、再生毛及粗黏纤维为主，并选用一部分四级毛原料的低档产品，价格便宜 | 劳动呢 | 经、纬用混纺毛纱、露质底或半露纹呢，面织物，手感厚实 | 250~125 (4~8) | 400~600 | $\frac{2}{2}$斜纹 | | 四级毛30以下 粗短毛、下脚毛40~60 黏胶纤维30以上 | |
| | | 粗服呢（纱毛呢） | 是棉经毛纬缩绒织物，露纱露纹呢面，半露纹地紧密 | 经纱：(28×2)~ (18×2) (21英支2~32英支/2) 纬纱：250~167 (4~6) | | | | 四级毛30以下 粗短毛、下脚毛40~60 黏胶纤维30以上 | 棉纱要先染色，品质较好 |

经纱常用15.4tex×2～13.2tex×2（65公支/2～76公支/2），纬纱多用500～250tex（2～4公支）合股线，经密约192根/10cm，纬密约312根/10cm，质量要求外表美观，毛绒卷曲均匀，质地紧密，并具有良好的光泽、弹性、抗皱、耐磨等性能。

### 4. 海狸呢（Beaver）

这是纬起毛织物，经纱多用62.5tex×2～50tex×2（16公支/2～20公支/2）毛纱或棉纱，纬纱用71.4～55.5tex（14～18公支）单纱，地组织用$\frac{2}{1}$斜纹，表纬用五枚或七枚纬面缎纹，纬密大致是经密的5～8倍，毛纬应选用光泽好而富于弹性的马海毛，混纺品可用三角涤纶或腈纶，整理时反复用刺果起毛，使毛绒密立，呢面光滑，手感丰厚，光泽好。由于该呢外观及手感很像海狸毛皮，故名海狸呢或称水獭呢，常用作外套大衣、帽子等。

### 5. 鹿皮呢

织物外观富有鹿皮的风格而故名。多用强力甚大的合股毛纱或棉纱作经，用松捻单纱作纬，采用缎纹组织，重缩绒（幅缩大）重起毛。如供夏服用时，则用较细的粗纺纱或绢纺丝、精纺纱织制。

### 6. 羊绒织物

羊绒织物用羊绒和美利奴羊毛混纺或用纯羊绒纺制。质量要求绒毛平顺整齐，光泽好，手感柔糯。一般纺纱线密度为125～83.3tex（8～12公支）。例如，经纬纱线密度为111tex（9公支），成品经密208根/10cm，纬密202根/10cm，重435g/m²，$\frac{3}{1}$破斜纹，散毛染色，用作大衣料。

与此类似的有驼绒织物。如50%驼绒，50%羊毛混纺，散毛染色，经纱100tex（10公支），纬纱100tex×2（10公支/2），成品经密276根/10cm，纬密220根/10cm，重520g/m²。

### 7. 切维奥粗呢（Cheviot）

原先规定用切维奥特羊毛（苏格兰产）所生产的织物，称作切维奥粗呢。但现今不问羊种如何，凡用具有切维奥毛相似品质的羊毛所制成的织物，也可用这一名称。毛质粗硬，组织用平纹或斜纹，也有用条纹及格子的。

### 8. 珠皮呢

这种呢的表面有毛绒形成的小珠球，呈凹凸起伏的波浪纹，该呢原有直立的绒毛，用蒸汽加热，并经过珠皮整理机的摩擦板揉搓后，绒毛变成卷曲状。手感柔软，质地丰厚，有身骨弹性，用作大衣、帽子等。

通常采用双层组织或纬二重，表里都用八枚纬面缎纹，纬纱浮线较长，经洗呢、缩呢、充分起毛、打绒、珠皮整理等工程，将呢面茸毛搓成卷曲状或小珠形，其外观与南美洲所产的灰鼠皮相似。

### 9. 多内加尔粗花呢（Donegal Tweed）

这是英国爱尔兰多内加尔地方生产的呢料，平纹，手工纺织。用爱尔兰羊毛，纬纱纱支较粗，经纱纱支稍细，外观富有手工的乡土风格。因手工纺织，结头较多，一般是经纬异色，故接头处呈彩点状，呢面出现星星点点，是此呢的特征，现在纺制时常用白纱作经纱，纬纱带有各色彩点，或用花式捻线，经纬纱多用83.3tex×2（12公支/2）或111.1tex（9公支），组织用平纹或 $\frac{2}{2}$ 人字纹。用作运动装、帽子、女装等。

### 10. 塘斯呢（Downs）

此呢原用英国塘种羊毛织造而故名。塘种毛纤维较粗，长度约5.1~12.7cm，弹性光泽较好，一般用毛和棉交织。例如，经纱用32.8tex×2（18英支/2）棉纱，纬纱用200~111tex（5~9公支）粗纺纱，采用变化斜纹组织，每米重600~900g，质量要求呢面有短绒毛覆盖，平整均匀，质地紧密，手感厚实。

### 11. 仿拷花呢

这是用中低档原料（如三、四级毛），纺200~125tex（5~8公支）毛纱，采用急斜纹组织，利用经纬色泽深浅程度不同，配合立绒或短顺毛的后整理工艺，使织物外观类似拷花呢那种若隐若现的纹路效果。

### 12. 钢花呢

钢花呢呢面呈现由粗节纱毛粒构成似钢花状的斑点。钢花呢原是手纺手织的粗花呢，纱支粗，织得稍稀，不缩绒也不起毛，呢面粗硬，不平整。经纱用浅色纱，纬纱用深色纱，也有在纬向用粗节大肚、毛粒、疙瘩等纱线，叫作花色火姆司本。例如，纱线密度为500~100tex（2~10公支），成品重300~394g/m²，用条染或散毛染色，平纹组织。经洗呢、煮呢、洗呢、煮呢、脱水、烘干、修呢、刷毛、剪毛、起毛、剪毛、蒸汽刷毛、蒸呢等工序。可用作运动装、女装、童装等。

### 13. 马海毛织物

纯马海毛或马海毛混纺所织造的织物，也有经为真丝、棉纱或捻有马海毛纱的棉纱，纬为马海毛纱，织成平纹或六枚变则缎纹，质地较薄，富有光泽，表面平滑而又硬挺。马海毛的光泽好，刚性强，如在黑毛中掺少量马海毛，往往显出闪亮的银光，故称银抢呢。由于马海毛价格高，产量少，近来多用有光化学纤维或异形丝来代替马海毛作银抢呢。

### 14. 鼹鼠皮呢

这是一种质地较厚重，光滑坚挺的纬起毛织物，一般经纱用29.6tex×3（20英支/3）棉纱，纬纱用83.3tex（12公支），地组织用 $\frac{2}{1}$ 斜纹，毛纬用五枚或七枚纬面缎纹，地纬与毛纬的排列为1:2，纬密较大，约为经密的7~12倍，经纱与地纬用棉纱，毛纬多用粗纺毛纱。该呢为里面起毛，手感柔软，表面紧密，光滑似鼹鼠皮状。

### 15. 席纹粗呢

这是弱捻粗纱用方平组织织造的类似火姆司本风格的粗纺毛织物，经纬密度较小，手感柔软，有一定的身骨弹性，经纬纱线密度一般为333~200tex（3~5公支）或（143~100）tex×2（7公支/2~10公支/2），每米重410~450g，大多用 $\frac{2}{2}$ 或 $\frac{4}{4}$ 方平组织。

此呢早先为英国精纺织物，含有僧侣穿着之意，现多用作装饰用呢，因此要求花纹清晰，色泽鲜艳。

### 16. 巴托呢（Patto）

这是用印度北方喀布尔山羊毛织造的粗纺呢绒，采用平纹或斜纹组织，手工纺织，呢幅较小，印度北方民族常用数幅往复缠身，用以保暖防寒。

### 17. 方格呢

这是粗纺格型花呢织物，一般纺200～71.4tex（5～14公支）的纱，每米重400～500g，与苏格兰呢相比，方格呢色泽较多，图案较大，多用平纹或斜纹织造，呢面有短绒毛覆盖，平整均匀。

### 18. 海员厚毛呢

这种粗纺毛织物，质量差别较大，一般染藏青色，重量较重。用4片综织制，第1、第2根经纱为 $\frac{3}{1}$ 斜纹，第3、第4根经纱为平纹。重缩绒，表面有绒毛，多供航海领航员作大衣之用。

### 19. 再生毛起绒呢

这是经用棉纱、纬用粗纺纱的二重组织（缎纹地）织物。经驼丝锦整理，多以再生毛纱作里纬，作外套呢用。

### 20. 氆氇呢

这是我国藏族等少数民族喜爱的呢料，属制服呢类，组织多用 $\frac{2}{2}$、$\frac{3}{1}$ 斜纹或纬二重等，经纬纱为166.7～77tex（6～13公支）单纱或股线，原料分高、中、低档，每米重600～800g，呢面露纹或半露纹，反面起绒毛，要求质地紧密，手感厚实，防雨水性能和保暖性能良好。

### 21. 粗服呢

粗服呢也称纱毛呢，以棉线作经，166.7tex以上（6公支以下）毛纱内或掺有下脚毛作纬，采用斜纹组织的粗梳毛织物。多为匹染。呢面一般半露底纹，要求质地紧密，呢面平整，但因较粗糙，价格较低。

### 22. 萨克森细呢（Saxony）

原先是德国萨克森地方生产的粗花呢，它用当地优良的美利奴羊毛作原料，现在，凡是优质的粗纺织物统称为萨克森细呢，采用平纹或二重组织，是一种较高级的粗纺织物，表面光滑，手感柔软。其规格如：散毛染色，经纬纱线密度55.5tex（18公支）Z730，平纹或斜纹，成品经密196根/10cm，纬密184根/10cm。厚薄处于麦尔登与法兰绒之间。用作西装外套、裤料、大衣等。

### 23. 苏格兰呢（Scotch Tweed）

这是英国苏格兰地区流行的粗纺格呢，一般纺200～71.4tex（5～14公支），每米重510～630g，原先是用粗长而光泽良好的苏格兰羊毛纺制，质量要求呢面平整均匀，质地紧密较粗犷，硬挺不板，套格配色鲜明协调。

### 24. 雪特兰粗花呢（Shetland Tweed）

这是用英国雪特兰羊毛（全部或部分掺用）生产的品种，其中杂有不少粗刚毛，有驼毛的感觉，利用这种毛生产时，一般散毛染色，纱线密度200tex（5公支）Z380，$\frac{2}{2}$ 斜纹，成品经密104根/10cm，纬密94根/10cm，重约400g/m$^2$，色泽以混色为主，有苏格兰粗呢的风格。用作西装及便装外套。

### 25. 司波铁克斯（Sportex）

原是英国弗来亚公司的商标名称，一般以切维奥特羊毛70%与美利奴毛30%混合，纺

100tex×2（10公支/2）Z捻400/S捻360，散毛染色，织平纹，成品经密92根/10cm，纬密88根/10cm，坯幅至成品幅的缩率在6%～10%，成品手感厚实，身骨弹性好，多供运动服、猎装、女装等用。

### 26.塔特密尔格呢（TatterSall）

这是一种较厚重的花式粗纺格子花呢，纺纱线密度一般为200～71.4tex（5～14公支），多用 $\frac{2}{2}$ 斜纹或破斜纹，呢面有短绒覆盖，平整均匀身骨厚实，不板硬，多用男装色泽的格子花型，配色较鲜艳，每米重约510～630g。

### 27. 维罗呢（Velour）

维罗呢可全用粗纺纱，或以精纺纱为经，粗纺纱为纬，如经纬纱用182～62.5tex×2（5.5～16公支/2），经纱捻度为Z370～510/S590，纬纱捻度为Z330～510/S590，成品经密136～198根/10cm，成品纬密132～192根/10cm。采用 $\frac{2}{2}$ 斜纹或 $\frac{1}{3}$ 破斜纹织造。维罗呢的后整理工序较繁，要经过反复的起毛、剪毛等工序，称作"维罗整理"（强调缩呢、起毛和剪毛，使织物正反两面都有直立的绒毛，有丝绒感），成品重210～535g/m²，有密集的绒毛面，光泽好，柔软，用于男女外套。

### 28. 乔赛呢（woollen jersey）

这是利用捻向相反的经纬纱相间排列织成的。例如，用粗纺纱71.4～62.5tex（14～16公支），71.4tex的S捻及Z捻都是650捻，62.5tex的S捻及Z捻都是690捻，经纬纱都用1 S 1 Z排列，平纹。成品表面光洁，有针织乔赛的风格，柔软，伸长性能好，成品重210～330g/m²。用作运动装、女装、童装等。

### 29.齐贝林（Zibeline）

这是用杂种羊毛织造的粗纺女式呢类长顺毛品种，织物表面有长顺绒毛覆盖，纺纱线密度一般为125～59tex（8～17公支），采用 $\frac{2}{2}$ 或 $\frac{1}{3}$ 破斜纹织造，每米重800～750g，是染毛产品，有条格花型，色泽鲜艳，要求绒毛平整均匀，向一方倒伏，手感柔软润滑，供外套时装、帽子等用。

# 第三节　毛毯的风格特征及制造要求

## 一、毛毯的制造要求

毛毯总的质量要求是：毯面绒毛丰满，手感柔软，有身骨，不脱毛，保暖性强，色泽鲜艳，配色调和而醒目，有一定的强力与断裂伸长；毯边整齐，包边材料选择适当，美观大方。具体品种在制造要求方面应区别对待，要反映出各大类产品的风格与品质要求。

### （一）毛毯风格

毛毯风格大体可分以下七种。

**1.呢面毯**

缩绒不起毛（或轻起毛），外观呈毡缩状，例如部分毛经毛纬的彩格毛毯，组织为 $\frac{2}{2}$ 斜纹，经缩绒后，组织花纹仍清晰可见，所以毛纱条干要求均匀。

**2.短绒毯**

这是毛毯的大路风格，素毯、道毯、格毯、印花毯及人造毛毯等均有短绒风格。纯毛或毛混纺采用缩绒后多次起毛，使表面绒毛丰满，短而密；纯化学纤维毯则不经缩绒，主要靠起毛的效果。其织物组织大都是 $\frac{1}{3}$ 破斜纬二重组织。

**3.立绒与顺毛毯**

一般用于高级毛毯及纯腈纶毛毯。缩绒后（腈纶的不缩绒）经过反复起（剪）、刷工艺，使绒面丰满，绒毛密立，称为立绒毯。若在染整加工中，将密立的绒毛，朝一个方向倒伏，则称为短顺毛毯。由于在反复起（剪）、刷过程中，成品幅宽变窄，长度伸长，所以纬密宜偏紧，呢坯幅宽比一般的要宽一些。

**4.长顺毛与水纹毯**

这是提花长毛毯的主要风格。缩绒后，反复起（剪）、刷，并经过刺果湿起毛，使绒面丰厚，绒毛长顺而呈水纹波浪形，膘光足，手感滑。此产品选用的原料纤维要长，光泽好，白色的要白度好。织物组织一般为八枚缎纹纬二重，因纬浮点比 $\frac{1}{3}$ 破斜纹的长，不但纬密可以织得密，防止露底，且有利于起长顺毛，使水纹明显。

**5.印花与压花毯**

印花毯是采用素毯呢坯，经缩绒后，进行丝网印花，再经汽蒸、洗呢、烘干、起毛、裁剪而成。转移印花毯，是用花纹纸（预先将各种花纹印在纸上）盖在毯面上，然后在热压机上蒸汽加热加压，将花纹纸上的花纹转移在毛毯上而得。压花毯是在毛毯经起毛工序后，对绒毛进行热压加工而成，压花的花纹预先刻在凹凸模子上。

**6.簇绒毯**

这是特具风格的新产品，以棉细平布作底布，在特制的针刺簇绒机上，将毛纱针刺在底布上，针迹约2.6mm，织幅随需要而定，呢坯经起出长毛后，在滚球机上反复滚打，使毯面绒毛相互缠结抱合成簇绒外观。

簇绒机成圈过程，如图7-2-1所示：

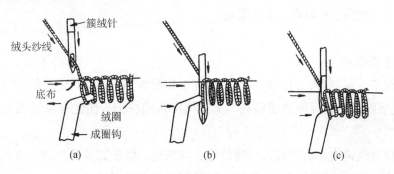

图7-2-1　簇绒机成圈过程

（1）当簇绒针退出底布时，成圈钩在底布下方握住绒纱，形成一个绒圈［图7-2-1（a）］。

（2）当簇绒针再次下降时，成圈钩后退让路，这个后退运动将与底布的前进运动同时进行，使第一个簇绒绒圈退出成圈钩［图7-2-1（b）］。

（3）当簇绒针降到最低位置时，成圈钩再次向前运动，即形成一个新的绒圈［图7-2-1（c）］。

簇绒毛毯一般以腈纶为原料，常用两种或两种以上的线密度、长度的纤维混合使用。较细的腈纶具有摩擦效应大、抱合性能好的特点，成品上能反映出毛丛丰满、手感柔软。但如细纤维采用过多，会使毛毯身骨软而烂，近似棉毯风格，故原料必须合理搭配。

通常用于簇绒腈纶毯的原料成分大致有两种：一种是3.3dtex（3旦）×51mm50%+6.6dtex（6旦）×64mm50%不等长正规纤维。另一种是3.3dtex（3旦）×100mm50%+6.6dtex（6旦）×100mm50%膨体纤维，其中含40%高收缩纤维及60%正规纤维。在成品上，膨体纤维能显示其手感柔软、弹性好、毛型感强等特点，是正规纤维所不可比拟的。如果有条件能掺用30%的复合纤维，则产品手感、弹性等会获得更好的效果。

### 7. 仿兽皮毯

这是针织产品，以棉纱作底，毛纱为面，根据所仿兽皮，利用各种原料（羊毛、锦纶、腈纶、氯纶等）的特性不同，选择不同的线密度与长度，确定合适的混毛比例，并按照兽皮不同的毛层颜色，对各原料分别染色，混合纺纱、交织，经特殊整理加工所制成。也可在毯面上印染仿兽皮花纹。

### （二）毛毯重量

一般每条重量1.5~3kg。较轻的适于温暖地区应用，条重1~1.5kg。严寒地带特殊要求重的可增加到3~4kg。

### （三）毛毯幅宽与条长

一般床用毛毯幅宽为1.5m左右，适合于双人床。也有加宽为1.6~1.8m。单人用的毛毯幅宽在1.3~1.35m。大部分毛毯的条长为2m左右。毛毯主要规格（幅宽×条长）有以下几档：145cm×200cm；150cm×200cm；133cm×200cm（单人用）；178cm×230cm（70英寸×90英寸）；152cm×230cm（60英寸×90英寸）；152cm×203cm（60英寸×80英寸）；76cm×102cm（30英寸×40英寸）（童毯）。

### （四）毛毯包边要求

毛毯在织机上织制时，边道两端均宜加一根粗棉绳28tex×3（21英支/3）棉纱×6根，用$\frac{2}{2}$经重平或平纹组织，即使边道整齐，又能增加边道拉力，防止在反复起毛过程中，边道被拉坏。

包边材料有线锁边，麻丝锁边、丝带边、丝绒边、缎子边及锦纶边（有轧织、经编、磨绒）等。缝边方法有单针、双针、三针、跳针及月牙形等多种。

包边形式有两面锁边、四面锁边、两面包边、四面包边及两面穗边等。包边宽度分

3.81cm（1.5英寸）、5.08cm（2英寸）、7.62cm（3英寸）等几种。高级毛毯采用四面缎子包边。大规格（178cm×230cm）用7.62cm缎边，小规格（152cm×203cm）用5.08cm缎边，童毯用3.81cm缎边。游客毯用两面穗边。化学纤维毛毯采用两面或四面缎边或锦纶边。一般毛毯采用两面线锁边或两面缎子包边。喷气织机制的毛毯用四面线锁边或麻丝锁边。

### （五）毛毯设计注意事项

#### 1. 露底问题

毛毯的经纬纱除彩色格子毛毯及高级素毯外，大部分为棉经毛纬，容易发生白棉纱露底问题。为了防止露底，可以用染色棉纱或用较细棉纱如18tex×2（32/2英支），经密要大些。

#### 2. 色毛沾色及渗毛问题

鸳鸯毯与提花毯，纬纱采用两种不同色泽，例如白与红，为了防止深色纱渗毛，影响白色或浅色，经常采取将白色纱及浅色纱比深色纱纺粗一些。如白色纱纺370tex（2.7公支），深色纱纺333tex（3公支）。色纱染色牢度要高，防止洗缩过程沾色。

#### 3. 拉毛与强力问题

毛毯在加工中要经过多次拉毛，设计时既要注意易于缩绒拉毛，又要保证成品强力，往往采用以下措施：

（1）波浪形提花毯经密稀，经纱可用28tex×3（21英支/3），以保证成品经向强力。

（2）纬纱捻系数用小一些，如纯毛纱 $\alpha_t=348\sim380$（$\alpha_m=11\sim12$），混纺纱 $\alpha_t=316\sim348$（$\alpha_m=10\sim11$），纯化学纤维纱 $\alpha_t=221\sim285$（$\alpha_m=7\sim9$）。

毛经毛纬的捻系数比棉经毛纬的宜稍高些，为 $\alpha_t=380\sim411$（$\alpha_m=12\sim13$），羊绒（或短毛）比例较高的，则在 $\alpha_t=411\sim443$（$\alpha_m13\sim14$）。

（3）格子毛毯经纬毛纱，有采用333tex（3公支）毛纱与18×2tex（32英支/2）棉纱先行合股，增加强力，又易于缩绒起毛。

（4）素毯为了改善手感，又易于拉毛，采用放松捻度的合股毛纱。例如，用200~125tex×2（5/2~8/2公支）合股毛纱作纬纱。

（5）全部采用下脚原料的废纺毛毯，可混用30%～40%黏胶纤维。

（6）羊绒毛毯或驼绒毛毯等高档产品，条重较轻，因纤维较短，常混用10%～30%的64～70支细羊毛，以改善纺纱性能，增加强力，有时掺用少量58～60支羊毛，对弹性有好处，并可降低成本。

#### 4. 原料选用方面

（1）波浪形长毛毯，纤维要选长些，稍粗些，光泽也很重要。高档毛毯可掺用20%～30%马海毛或有光羊毛，甚至更多些。

（2）纯腈纶毛毯，为了使成品毛型感足，往往选用线密度不同的两种或三种纤维加以混合；例如用6.6dtex（6旦）50%和9.9dtex（9旦）50%，或用9.9dtex（9旦）40%+6.6dtex（6旦）30%+3.3dtex（3旦）30%相混合。

二、毛毯的风格特征与混料成分（表7-2-3）

表7-2-3 毛毯制造要求与混料成分参考表

| 名称 | 产品特征 | 分类 | 品质要求 | 经纬线密度[tex（公支）] | 原料成分（%） | 成品主要规格 | 常用组织 |
|---|---|---|---|---|---|---|---|
| 素毯 | 为棉经毛纬或毛经毛纬起毛的素色毛绒面产品，高级毛毯多用纯羊绒、驼绒、牦牛绒、水纹、立绒、驼绒及仿驼绒等风格。中低档毛毯为混纺粗次毛混纺及下脚毛，一般为短绒 | 1.高级毛毯 | 毯面绒毛丰满整齐，手感柔软润滑，弹性好，保暖性强，富有光泽、颜色大方，毯边整齐、包边美观 | 毛经毛纬：200~111（5~9）棉经毛纬：28×2或18×2（21/2或32/2英支）纬：400~200（2.5~5） | 纯毛：1.羊绒、驼绒或牦牛绒100 2.羊绒、驼绒或牦牛绒60以上 64~70支羊毛40以下 3.60支以上或一级毛50以下 细支精梳毛50以下 4.三~四级毛100 5.三~四级毛50以上 中支精梳毛50以下 混纺：6.三~四级毛50以上黏胶纤维50以下 7.四级毛30以下 下脚毛30以下 黏胶混纺50以下 8.精梳毛50以上 黏胶纤维50以下 9.四~五级次毛精梳50以上 中支粗次精梳毛15~20 黏胶纤维50以下 | 1.幅宽×条长（cm）：178×230，152×203 条重（kg）：1.13~2.95 常用条长（cm）：1.59，1.81，2.27 2.幅宽×条长（cm）：145×200，150×200 条重（kg）：1.5~3 常用条长（kg）：2，2.5 3.幅宽×条长（cm）：133×200 常用条重（kg）：1.5~2 | 毛经毛纬：2/2斜纹 1/2破斜纹 边用：2/2方平 两边各加一根粗棉绳 棉经毛纬：1/3破斜纹 纬二重 边用：2/2经重平 两边各加一根粗棉绳 |
| | | 2.中低档毛毯 | 毯面绒毛较丰满，紧密，不露底纹，有身骨，质地坚牢耐用，杂色毛毯要混色均匀 | 中低档棉经毛纬：经：28×2（21/2英支）为主 纬：500~250（2~4） | | | |
| 道毯 | 一般为棉经毛纬起毛产品，也有毛经毛纬或棉经毛绒起毛，风格有单色道、鸳鸯道，彩虹道与竖道等 | | 毯面绒毛较丰满，不露底纹，紧密有骨，质地厚实，道子配色要鲜明协调，毯边整齐 | 棉经：28×2或28×3（21/2英支）21/3英支）毛纬：400~250（2.5~4） | 1.三~四级毛100 2.四~五级毛30以下 精梳或下脚毛30以上 黏胶纤维50以下 3.精梳或混纺短50以上 黏胶纤维短50以下 | 1.幅宽×条长（cm）：145×200，150×200 条重（kg）：1.5~3 常用条长（cm）：2左右 2.幅宽×条长（cm）：133×200 常用条重（kg）：1.5~2 | 同棉经毛纬素毯 |

续表

| 名称 | 产品特征 | 分类 | 品质要求 | 经纬线密度 [tex（公支）] | 原料成分（%） | 成品主要规格 | 常用组织 |
|---|---|---|---|---|---|---|---|
| 提花毛毯 | 为棉经毛纬缩绒（或不缩绒）起毛产品，毯面分长毛水纹绒与短绒两种风格。品种花型有：满地花（散花）、两端提花（独花）及全幅提花，两边对称提花等 | 1.长毛水纹提花毯 | 毯面水纹明显顺服，手感丰厚，身骨，色泽鲜艳，净白度好，不粘色，毯边整齐，包边美观 | 棉经：28×3（21/3英支）毛纬：400~250（2.5~4公支） | 纯毛：1.50~56支马海毛50以上　48~56支或四级毛50以下　3.四级毛100（宜选用白度与光泽较好的四级毛，如西宁毛、和田毛、宁夏毛或西藏毛等40%以上）混纺：4.四~五级毛20以上　精短或混短50以下　黏胶纤维40以下　5.粗毛15~25　黏胶纤维50以下 | 1.幅宽×条长（cm）：178×230、152×203　条重（kg）：2.27~3.63　常用条重（kg）：2.72、2.95、3.18　2.幅宽×条长（cm）：145×200、150×200　条重（kg）：2.5~3.5　常用条重（kg）：2.8 | 1.八枚纹纬二重，内边用 $\frac{4}{6}$ 或纬二重平，边端用粗棉绳各一根，$\frac{2}{2}$ 经重平　2.$\frac{2}{3}$ 破斜纬一重，边端各加一根粗棉绳 |
| | | 2.短绒提花毯 | 毯面绒毛丰满，手感柔软，有身骨，色泽鲜艳，毯边包边美观，边整齐美观，棉经毛纬方格毯制造要求参照提花短绒提花毯 | | | | |
| 格子毛毯 | 为毛经毛纬缩绒后起绒产品，但也有棉经纬的方格毯。毯面有缩绒绒面与短绒绒面 | | 毯面绒毛平整，缩绒绒面的可稍露底纹，质地紧密，手感厚实，不板硬，花式新颖，配色协调，毯边整齐，包边美观。棉经毛纬方格毯制造要求参照制毯花毯 | 毛经毛纬：333~200（3~5公支） | 纯毛：1.48~56支散毛60以上　2.三~四级毛40以下　混纺：3.四级毛50以上　4.四~五级毛或粗次毛50以上　精短纤维15~25　黏胶纤维50以下　5.中支或粗支精毛次毛短毛50以上　黏胶纤维50以下 | 幅宽×条长（cm）：150×200　条重（kg）：1.5~3　常用条重（kg）：2左右 | $\frac{2}{2}$ 斜纹，内边用 $\frac{2}{2}$ 方平或不用内边，边用粗棉绳加一根粗棉绳，$\frac{2}{2}$ 经重平 |
| 化学纤维毛毯 | 化学纤维毛毯包括人造毛毯（黏胶纤维）与合成毛毯（腈纶、丙纶等），为不缩绒以起绒为主的产品。品种花型有素色、提花、缎子等，毯面还要求花式新颖，色泽鲜艳，特殊加工工艺与仿兽皮毯、道毯及簇绒、珠皮绒、缎绒等 | | 总的要求是：毯面绒毛丰满，不露底，柔软，不松烂，身骨有一定厚度与弹性，格子及印提花，还要求花式新颖，色泽鲜艳，特殊加工工艺仿兽皮毯，要态逼真，形态别致，具有特定的产品风格 | 经纱：常用18×2（32²英支）棉纱：纬纱：一般为333~250（3~4公支）167（4~6公支）双色提花，浅白纱比深色纱重量较轻的用250~重量轻的用250精粗7%~10% | 1.黏胶纤维100　2.腈纶（正规）100　3.腈纶（正规）50以上　高收缩腈纶50以下　4.丙纶100 | 成品规格：幅宽×条长（cm）：178×230、152×230　152×203、76×102　条重（kg）：1.13~2.95　常用条重（kg）：1.13、1.59、1.81、2.04、2.27　童毯规格为76×102（cm）　条重（kg）：0.27~0.36 | $\frac{1}{3}$ 破斜纬二重，边二道两端各一根粗棉绳加一根粗棉绳，用平纹或 $\frac{2}{2}$ 经重平平组织 |

# 第四节 原料选用与混料设计

粗纺产品品种多，风格不一，且可以使用的原料面广而复杂，因此原料的选择与合理搭配是产品设计极为重要的环节。

选择原料时应考虑产品的风格要求、经济合理、生产方便、服用性能等因素，着重考虑以下几点。

（1）按羊毛纤维的性能（包括羊毛的线密度、长度、强度、含杂等），做到分档分级使用。

（2）确定下脚原料混用的比例。

（3）正确使用化学纤维，生产混纺产品。

（4）根据产品的质量要求，选用细毛、半细毛、粗毛及其他名贵的动物纤维，混料设计时还应注意各种成分的原料在纺织加工与染整过程中的变化。

## 一、原料选用

### （一）按羊毛纤维的性能和分级选用原料

一般60～100支美丽诺毛与一级改良毛用于高档产品，如高级大衣呢、麦尔登、高级女式呢、薄型法兰绒等；48～56支改良毛用于起毛大衣呢、圈形大衣呢及部分花式产品；二级、三级毛用于中档产品，如海军呢、制服呢、粗花呢等；四级毛主要用于毛毯，其次是起毛大衣呢、海力斯、粗服呢等产品。

对品种优良的土种毛要充分发挥纤维特性，用于特定的产品中。如西宁毛和宁夏毛，纤维长，毛色白，强力大，光泽好，弹性足，是提花毛毯的良好原料。河南寒羊毛，线密度均匀，纤维卷曲多，缩绒性能好，是生产重缩绒产品的上等原料。山东春毛，纤维较细长，色较白，光泽较好，不但适于大路产品，还能染成中浅色做花式产品。新疆和田毛，长度长，强力大，弹性好，色泽光亮，死毛少，宜做起毛大衣呢。西藏毛长而匀，光泽好，强力大，是生产氆氇呢的良好原料等。我国还有哈达毛等八大类粗次毛也可适当处理搭配，织制提花毛毯、穗毯、起毛大衣呢、粗花呢等。

### （二）按羊毛纤维的线密度、长度、强度、含杂量选用原料

根据这些指标，首先决定可纺毛纱线密度，同时也可定产品的风格特点。

粗纺产品一般采用的羊毛纤维平均长度在20～65mm；20mm以下的短纤维只能适当掺用，不宜单独纺纱；大于65mm的长纤维，只在产品有特定要求时采用。羊毛与化学纤维混纺，其化学纤维长度一般选用38～75mm。长毛毛毯也有用100mm以上的。一般来说，长纤维、粗纤维用于拉毛产品，短纤维、细纤维用于缩绒产品。强力差的纤维，不宜纺细支纱或对毛纱强力要求高的产品。细腰毛、弱节毛、黄残毛等只能在一般产品中搭配使用。就羊毛

含杂来说，凡草籽（草刺、草果）含量超过0.15%必须拣净后方可使用，以防损坏针布，产生毛粒、草疵，影响条干，增加修补工时。对炭化毛的草屑含量一般控制在0.1%以下，但对用于细支、薄型、深色匹染织物的炭化毛，则要求除净草杂，如到成品熟修时挑草，会产生钳损疵点。此外羊毛中柏油点、羊皮屑、羊皮、麻丝等也会带来纺纱断头和质量问题。毡并毛一般控制在3%以下。毡条结块严重的要经过弹松后才可使用。特别对于纺制细支纱、点子纱及三合一混纺纱的羊毛，力求松散。

### （三）正确使用化学纤维

常用的化学纤维有黏胶纤维、锦纶、涤纶、腈纶等几种。

（1）黏胶纤维已在粗纺呢绒及毛毯中广泛应用。细度3.3～5.5 dtex（3～5旦），长度50～70mm用得最多。黏胶纤维与羊毛混纺可提高纺纱性能，增加强力，降低成本。如与粗毛混纺可改善织物外观的细洁程度。黏胶纤维缩绒性差，易折皱，但掺用30%以内基本上不影响羊毛织物的特性。因此，生产重缩绒产品一般用25%～30%，如不缩绒或轻缩绒产品，则黏胶纤维可掺用30%以上。也有以纯黏胶纤维织制粗花呢或童大衣呢产品，能染鲜艳的颜色。吸湿性高，穿着舒服，但湿强力只有干强力的50%左右，故在润湿状态下不宜加大张力。

（2）合成纤维在粗纺产品中的应用日益扩大，合成纤维具有很多优点，羊毛中混用锦纶、涤纶，能显著提高成纱和织物的强度，增加织物的尺寸稳定性。锦纶的强力特别高，耐磨性能好，在麦尔登、海军呢、军服呢等产品中常加入7%～15%的锦纶，使织物更为耐穿耐用。

涤纶具有强力好、弹性好等优点，在粗纺毛涤纶、花呢及法兰绒产品中，羊毛与涤纶的混料比例是70∶30、65∶35、50∶50等几种。粗纺三合一花呢常用的混料比例是：羊毛20%～30%、涤纶20%～40%、黏胶纤维30%～40%。涤纶含量的增加容易造成产品表面起球。

腈纶的强力、弹性和耐磨性等方面比锦纶和涤纶稍差些，但比羊毛、黏胶纤维和棉花仍然好得多。腈纶密度最小，延伸性接近羊毛，手感柔软，保暖性好，是最近似羊毛的化学纤维，能染出色光鲜艳的色泽，但腈纶不宜高温处理，有手感发硬的缺点，适宜做起毛产品，如大衣呢、素毯或提花毛毯等。

### （四）按照产品的风格和质量要求选用原料

粗纺产品品种虽多，但就其风格和工艺特点来划分，基本上分为不缩绒（或轻缩绒）产品、缩绒产品和拉毛产品三类。不缩绒的产品多数是花色产品，选用原料可以不强调缩绒性能，也可以选择线密度较粗的羊毛或部分化学纤维。缩绒产品必须强调选用缩绒性好的纤维，在保证纺纱强力条件下可适当掺用精梳短毛和下脚原料，以获得较好的呢面质量。拉毛产品强调纤维的强力和长度。

生产粗纺的高档产品时，也选用部分高级名贵的原料，如山羊绒、马海毛、兔毛、骆驼绒、牦牛绒、羊驼毛等。

山羊绒大衣呢、羊绒女式呢、羊绒毛毯等品种，一般以羊绒40%～80%与细羊毛混纺的较多，有用羊绒100%纯纺的，也有为了降低产品价格，混用羊绒30%以下的。羊绒分白绒、青绒和紫绒三种，分色使用时以紫绒染深色、青绒染中色、白绒染浅色为好，浅色产品中山羊绒也可用脱色处理后的青绒。紫绒也可利用本色生产。

马海毛长度长，强力大，弹性足，光泽亮，常用于立绒大衣呢、顺毛大衣呢及圈形大衣呢等作为点缀花式之用。黑白抢大衣呢，马海毛用量在10%以下，顺毛大衣呢可用30%～50%。高贵的提花毯也有用纯马海毛生产的。

兔毛有普通兔毛与安哥拉兔毛两种，纯兔毛较难纺，与羊毛混纺时，兔毛比例一般在50%左右。兔毛大衣呢、兔毛女式呢常用20%～40%。兔毛用于针织毛衫产品较多。

驼绒是从驼毛中分梳出来的绒毛，线密度细，富有光泽，缩绒性小，平均长度32～40mm，与羊毛混纺织制短立绒和顺毛高级大衣呢、毛毯或针织品，此外，也有用纯驼绒制成的。由于驼绒的颜色为驼色，生产浅色产品有局限性。

牦牛绒是从牦牛毛中分梳出来的褐色细绒，比羊绒稍粗，也是我国特产，品质高贵，一般用牦牛绒80%～90%与70支羊毛混纺织成双层大衣呢，是名贵的产品。由于牦牛绒以褐色为主，以生产深色产品为主。

羊驼毛产于南美，线密度为21.5～27.5μm，颜色分白、花白、米色、驼色、棕色、褐色、黑色等。平均长度78mm，光泽亮丽，富有弹性。以经纱为100%羊毛精纺纱，纬纱100%羊驼毛精纺纱交织，生产高档顺毛大衣呢。

## 二、混料设计

粗纺产品混用的原料比较复杂。混合原料（包括混色原料）的各种成分在生产加工过程中，由于原料损耗不一，染色牢度对酸碱的反应不一及缩绒性能不一等因素，使纤维排列和组成发生变化，使成品的原料成分和色泽也随之变化。因此，在混料设计时，必须先掌握它们的变化规律，才能得到预定的效果。

（1）混合原料在梳毛加工过程中消耗最大，各种原料损耗不一，一般是短毛大于长毛，粗毛大于细毛，羊毛大于化学纤维等，后道过程的落毛情况大体也如此，使混料成分和色泽发生变化。

（2）混合原料，成分不同，粗细不同，其缩绒性也不同。洗缩整理以后，较细的纤维沿纱的轴向收缩形成纱芯，部分较粗的却横向扩展而浮于表面，成品外观色泽也随之变化。有几种颜色纱交织在一起的格绒产品，应力求每种色纱的羊毛缩绒性能一致，否则缩绒后容易产生边幅不一的问题。

（3）羊毛与化学纤维混纺，因其缩绒性能有明显差别，洗缩后羊毛毡化抱合暴露于织物表面，化学纤维被羊毛覆盖在织物内层，致使成品色泽起变化。

（4）混合原料中，各种纤维因其染色牢度不一，对酸碱及高温反应不一，产生"落色"与"沾色"，影响成品色泽。

（5）起毛产品中的长纤维容易被拉向织物表面覆盖底色，而短纤维经多次起毛容易脱落，立绒织物受横切面折光影响等，其成品色泽与混料小样也迥然不同。

# 第五节　粗纺纱线密度与捻度的选择

选择毛纱线密度和捻度时，应综合考虑产品特征、品质要求、原料性能、混用比例及工艺要求等因素。在产品设计中要注意可纺线密度及捻系数的问题。

## 一、可纺线密度

可纺线密度是指一定的纤维（或混料）在正常设备条件下，采用正常的纺纱工艺，断头率在允许范围内，纺得符合毛纱品质要求的最细纱线。

### （一）单一原料的可纺线密度

单一原料的可纺线密度有下列各种计算法。

#### 1. 经验法

根据各厂生产实践，拟订出"粗纺各种原料的经验可纺线密度"，供参考（表7-2-4）。

#### 2. 按纤维线密度计算法

根据原苏联羊毛科学研究院积累的大量试验数据，得到如下的算式：

$$Tt = \frac{1000}{41.1 - d}$$
$$N_m = 41.1 - d$$

式中：$Tt$——可纺线密度，tex；

$N_m$——可纺线密度，公支；

$d$——羊毛平均细度，μm。

#### 3. 按毛纱断面内的纤维根数计算法

一般粗纺毛纱断面内含有120根纤维的为经济可纺线密度，毛纱断面内控制在134根纤维的为实用可纺线密度。即

（1）按特克斯制计算时：

经济可纺线密度 $Tt = 0.0010367 \times 120 \times d^2 = 0.1244d^2$

实用可纺线密度 $Tt = 0.0010367 \times 134 \times d^2 = 0.1389d^2$

（2）按公制支数计算时：

经济可纺线密度 $N_m = \dfrac{8000}{d^2}$

实用可纺线密度 $N_m = \dfrac{7200}{d^2}$

表7-2-4　粗纺各原料经验可纺线密度

| 品类 | 名　　称 | 细度（μm） | 平均长度（mm） | 可纺线密度 | |
|---|---|---|---|---|---|
| | | | | tex | 公支 |
| 支数毛 | 64支散毛甲 | 20.6~23 | 50以上 | 55.6 | 18 |
| | 64支散毛乙 | 20.6~23 | 50以上 | 58.8 | 17 |
| | 60/64支散毛 | 20.6~25 | 50以上 | 62.5 | 16 |
| | 60支散毛 | 23.1~25 | 50以上 | 66.7 | 15 |
| | 58/60支散毛 | 23.1~27 | 50以上 | 71.4 | 14 |
| | 58支散毛 | 25.1~27 | 50以上 | 76.9 | 13 |
| | 56支散毛 | 27.1~29 | 50以上 | 83.3 | 12 |
| | 50支散毛 | 29.1~31 | 50以上 | 100 | 10 |
| | 48/50支散毛 | 29.1~34 | 50以上 | 111 | 9 |
| | 48支散毛 | 31.1~34 | 50以上 | 125 | 8 |
| 改良毛 | 一级改良毛 | 21.5~24.5 | 45以上 | 71.4 | 14 |
| | 二级改良毛 | 22~25 | 45以上 | 83.3 | 12 |
| | 三级改良毛 | 23~26 | 45以上 | 100 | 10 |
| | 四级改良毛 | 24~28 | 45以上 | 143 | 7 |
| | 五级改良毛 | 28以下 | 45以上 | 250 | 4 |
| 土种毛 | 一级土种毛 | 相当60支 | 45以上 | 76.9 | 13 |
| | 二级土种毛 | 相当52~58支 | 45以上 | 91.0 | 11 |
| | 三级土种毛 | 相当46~50支 | 45以上 | 125 | 8 |
| | 四级土种毛 | 相当36~44支 | 45以上 | 167 | 6 |
| | 五级土种毛 | 相当36支以下 | 45以上 | 333 | 3 |
| 化纤 | 黏胶纤维 | 3.3~5.5dtex（3~5旦） | 70 | 50 | 20 |
| | 涤纶 | 3.3~5.5dtex（3~5旦） | 65~70 | 50 | 20 |
| | 锦纶 | 3.3~5.5dtex（3~5旦） | 65~70 | 50 | 20 |
| | 腈纶 | 3.3~9.9dtex（3~9旦） | 65~70 | 55.6 | 18 |
| 精短毛 | 细特 | 60支以上 | 16~22 | 143~111 | 7~9 |
| | 中特 | 50~58支 | 18~25 | 200~143 | 5~7 |
| | 粗特 | 50支以下 | 18~25 | 333~200 | 3~5 |
| 下脚毛 | 精纺软回丝 | 60支以上 | 18~24 | 111~91 | 9~11 |
| | 精纺硬回丝 | 60支以上 | 15~18 | 143~125 | 7~8 |
| | 精纺中特回丝弹毛 | 50~58支 | 17~23 | 200~167 | 5~6 |
| | 精纺粗特回丝弹毛 | 50支以下 | 17~23 | 333~200 | 3~5 |
| | 粗纺回丝弹毛 | 二级以上 | 16~25 | 250~167 | 4~6 |
| | 粗纺回丝弹毛 | 三~五级 | 20~30 | 500~250 | 2~4 |
| 其他动物纤维 | 山羊绒 | 13~16 | 30~40 | 58.8 | 17 |
| | 骆驼绒 | 14~28 | 40~60 | 77 | 13 |
| | 优兔毛 | 11~20 | 25~45 | 100 | 10 |
| | 次兔毛 | 13~30 | 10~20 | 167~125 | 6~8 |
| | 马海毛 | 25~40 | 120~150 | 125~111 | 8~9 |

| 品类 | 名　　称 | 细度（μm） | 平均长度（mm） | 可纺线密度 | |
|---|---|---|---|---|---|
| | | | | tex | 公支 |
| 再生毛 | 开司米回丝弹毛 | | 18～22 | 143～125 | 7～8 |
| | 开司米刀口弹毛 | | 13～16 | 200～167 | 5～6 |
| | 新衣片弹毛 | | 11～14 | 250～200 | 4～5 |
| | 旧衣片弹毛 | | 9～11 | 333～250 | 3～4 |

注　1. 为确保成品质量，精梳短毛、下脚毛及再生毛不宜单独使用。

　　2. 秋毛因长度较短，比同级春毛，可纺线密度要粗10%左右。

　　3. 生产回毛比原来可纺线密度要粗10%～20%。

上列各式中的$d$均代表羊毛纤维的平均细度（μm），因羊毛纤维愈细，毛纱断面中组成的纤维根数愈多，纱的强力愈好，从而减少纺纱过程中的断头，因此导出按毛纱断面中的纤维根数来计算可纺线密度。

因为：
$$纤维线密度(\text{tex}) = \frac{G}{L} \times 1000$$

$$纱线线密度(\text{tex}) = \frac{G}{L} \times 1000 \times A = 纤维线密度 \times A$$

如将纤维或纱线当作圆柱体计算，并以羊毛的密度（$r$）为1.32时，则

$$羊毛纤维线密度（\text{tex}）= \frac{1000 \times \pi d^2 r}{4 \times 10^6} = \frac{1000 \times 3.1416 \times 1.32 \times d^2}{4 \times 10^6} = 0.0010367 d^2$$

式中：$L$——纤维或纱线的长度，mm；

　　　$A$——毛纱断面内的纤维根数；

　　　$G$——每根$L$（mm）长的纤维重量，mg；

　　　$d$——羊毛纤维的直径，μm。

所以，毛纱经济可纺线密度（tex）= 纤维线密度 $\times A = 0.0010367 d^2 \times 120 = 0.1244 d^2$

实用可纺线密度的算式，可按上式类推，不再赘述。

## （二）混合原料经验可纺线密度

粗纺产品实际生产中很少用单一原料制成，而是混合几种不同的原料，互相搭配，取长补短。

混合原料的可纺线密度是建立在各单一原料的经验可纺线密度基础上的，其计算公式如下。

### 1. 同质混料（如纯羊毛）的可纺线密度

$$\text{Tt}_x = \text{Tt}_1 a_1 + \text{Tt}_2 a_2 + \cdots + \text{Tt}_n a_n$$

式中：　　　　　　$\text{Tt}_x$——混合原料经验可纺线密度；

$\text{Tt}_1$，$\text{Tt}_2$，$\cdots$，$\text{Tt}_n$——各单一原料的经验可纺线密度；

$a_1$，$a_2$，$\cdots$，$a_n$——各单一原料的混用比例。

例：纯毛麦尔登原料选用一级改良毛60%及60支散毛40%，求其可纺线密度。

将从表7-2-6中查得的各单一原料的可纺线密度代入上式，得：

$$Tt_x = 71.4 \times 60\% + 66.7 \times 40\% = 69.5（tex）$$

或

$$N_{mx} = 14 \times 60\% + 15 \times 40\% = 14.4（公支）$$

产品设计时对毛纱线密度的确定，不宜超过以上计算所得的混合原料经验可纺线密度，以免条干不匀，强力下降，断头增加，必须适当留有余地，一般设计时线密度为计算值的70%～90%。

**2.异质混料的可纺线密度**

如羊毛与化学纤维混纺时，混纺原料经验可纺线密度为：

$$Tt_x = H（Tt_1 a_1 + Tt_2 a_2 + \cdots + Tt_n a_n）K_1 K_2 K_3$$

式中：　$H$——因纺纱技术水平而使纺纱性能提高的修正系数，在粗纺中一般定为1.2；

$K_1, K_2, K_3$——提高或降低可纺线密度的系数；

　　　$K_1$——考虑到化学纤维长度影响的系数；

　　　$K_2$——考虑到化学纤维线密度影响的系数；

　　　$K_3$——考虑到化学纤维强度影响的系数。

如化学纤维长度相当于羊毛的长度，则$K_1=1$；当化学纤维长度大于羊毛长度时，$K_1>1$；当化学纤维长度小于羊毛长度使混料长度降低时，则$K_1<1$；同样，由于化学纤维的线密度和强度的变化，而使$K_2$及$K_3$的值提高或降低，这些系数值必须通过试验，认真研究确定，兹将莫斯科纺织学院提供的系数值列于表7-2-5中，以供参考。

表7-2-5　$K_1$、$K_2$、$K_3$系数的值

| 羊毛品质支数 | 化学纤维 | | 化学纤维长度与羊毛长度的比较 | 化学纤维强力 | | 系数值 | | | 可纺纤维 | |
| --- | --- | --- | --- | --- | --- | --- | --- | --- | --- | --- |
| | 线密度(tex) | 公支 | | cN | gf | $K_1$ | $K_2$ | $K_3$ | 线密度(tex) | 公支 |
| 64/60 | 0.5 | 2000 | 小于平均数 | 7.25 | 7.4 | 0.8 | 0.75 | 1.0 | 72 | 13.89 |
| | | | 平均数 | 7.25 | 7.4 | 1.0 | 0.75 | 1.0 | 61.3 | 16.30 |
| | | | 平均数+6 | 7.25 | 7.4 | 1.2 | 0.75 | 1.0 | 48 | 20.84 |
| 64/60 | 0.4 | 2500 | 小于平均数 | 4.9 | 5.0 | 0.8 | 1.0 | 0.95 | 56.8 | 17.60 |
| | | | 平均数 | 4.9 | 5.0 | 1.0 | 1.0 | 0.95 | 45.5 | 22.0 |
| | | | 平均数+6 | 4.9 | 5.0 | 1.2 | 1.0 | 0.95 | 37.9 | 26.4 |
| 64/60 | 0.29 | 3500 | 小于平均数 | 3.72 | 3.8 | 0.8 | 1.4 | 0.90 | 43.1 | 23.2 |
| | | | 平均数 | 3.72 | 3.8 | 1.0 | 1.4 | 0.90 | 34.4 | 29.1 |
| | | | 平均数+6 | 3.72 | 3.8 | 1.2 | 1.4 | 0.90 | 28.7 | 34.9 |
| 64/60 | 0.22 | 4500 | 小于平均数 | 3.23 | 3.3 | 0.8 | 1.7 | 0.80 | 39.7 | 25.2 |
| | | | 平均数 | 3.23 | 3.3 | 1.0 | 1.7 | 0.80 | 31.7 | 31.5 |
| | | | 平均数+6 | 3.23 | 3.3 | 1.2 | 1.7 | 0.80 | 26.5 | 37.8 |

## 二、捻度、捻系数与捻向

捻度与捻系数的关系式：

$$T = \frac{K_t}{\sqrt{Tt}}$$

或

$$T = K_m \sqrt{N_m}$$

$$K_t = 31.62 \times K_m$$

$$K_m = \frac{K_t}{31.62}$$

式中：$T$——捻度，捻/10cm；

　　　$K_t$——特克斯制捻系数；

　　　Tt——毛纱线密度，tex；

　　　$K_m$——公支捻系数；

　　　$N_m$——毛纱公制支数，公支。

捻系数的大小对毛纱强力与直径有直接关系，对成品呢绒的强力、手感、厚度及呢面外观又有密切影响。所以在产品设计时应根据产品特征、原料种类、纤维长短、经纱或纬纱等适当地选择捻系数。一般情况是纹面织物大于缩绒织物，仿麻织物大于一般纹面织物，纯毛纱大于混纺纱，混纺纱大于纯化学纤维纱，短毛含量高的大于短毛含量低的，纤维短的大于纤维长的，点子纱大于一般混色纱，纱支细的大于纱支粗的，用于经纱的大于纬纱等。捻系数的选择范围可参照表7-2-6。捻系数选定后，可在表7-2-7中查得各毛纱线密度的捻度。

表7-2-6　粗纺毛纱捻系数

| 毛纱类别 | | 捻系数 $K_t$ | | 捻系数 $K_m$ | |
|---|---|---|---|---|---|
| | | 呢绒 | 毛毯 | 呢绒 | 毛毯 |
| 单股毛纱 | 纯毛纱（短毛比例30%以下） | 379~474 | 316~395 | 12~15 | 10~12.5 |
| | 纯毛纱（短毛比例30%以上） | 395~490 | 347~411 | 12.5~15.5 | 11~13 |
| | 混纺纱（化学纤维比例35%以下） | 364~458 | 300~379 | 11.5~14.5 | 9.5~12 |
| | 混纺纱（化学纤维比例35%以上） | 348~442 | 284~363 | 11~14 | 9~11.5 |
| | 纯化学纤维纱 | 316~411 | 221~284 | 10~13 | 7~9 |
| | 纯毛纱作纬纱（起毛产品） | 363~426 | 316~395 | 11.5~13.5 | 10~12.5 |
| | 混纺纱作纬纱（起毛产品） | 347~411 | 284~363 | 11~13 | 9~11.5 |
| | 羊毛与羊绒（50%以上）混纺纱 | 442~537 | 347~442 | 14~17 | 11~14 |
| | 再生毛比例40%以上混纺纱 | 442~506 | — | 14~16 | — |
| | 下脚毛比例40%以上混纺纱 | 427~490 | 347~411 | 13.5~15.5 | 11~13 |
| 合股毛纱 | 仿麻混纺纱 | 458~537 | — | 14.5~17 | — |
| | 弱捻纱（用于起毛大衣呢及女式呢） | 253~348 | — | 8~11 | — |
| | 中捻纱（用于粗纺花呢等） | 379~474 | — | 12~15 | — |
| | 强捻纱（用于平纹） | 506~632 | — | 16~20 | — |

注　1. 单纱捻向随产品而定，但大部分产品用Z捻。

　　2. 股线捻向通常用Z/S捻向。

　　3. 点子纱(含粒子毛5%~15%)比正常毛纱增加捻系数0.5~1.5（$K_m$）或16~47（$K_t$）。

表7-2-7　粗纺毛纱捻度

| 毛纱细度 Tt | √Tt | $N_m$ | $\sqrt{N_m}$ | 9 | 10 | 11 | 12 | 13 | 14 | 15 | 16 | 17 | 0.1 | 0.2 | 0.3 | 0.4 | 0.5 | 0.6 | 0.7 | 0.8 | 0.9 |
|---|---|---|---|---|---|---|---|---|---|---|---|---|---|---|---|---|---|---|---|---|---|
| $K_m$ | | | | 285 | 316 | 348 | 379 | 411 | 443 | 474 | 506 | 537 | 3.2 | 6.3 | 9.5 | 12.6 | 15.8 | 19 | 22 | 25.3 | 28.5 |
| $K_t$ | | | | | | | | | | | | | | | | | | | | | |
| 500 | 22.36 | 2 | 1.414 | 12.7 | 14.1 | 15.6 | 17.0 | 18.4 | 19.8 | 21.2 | 22.6 | 24 | 0.1 | 0.3 | 0.4 | 0.6 | 0.7 | 0.8 | 1 | 1.1 | 1.3 |
| 400 | 20.00 | 2.5 | 1.581 | 14.2 | 15.8 | 17.4 | 19.0 | 20.6 | 22.1 | 23.7 | 25.3 | 26.9 | 0.2 | 0.3 | 0.5 | 0.6 | 0.8 | 0.9 | 1.1 | 1.3 | 1.4 |
| 333 | 18.25 | 3 | 1.732 | 15.6 | 17.3 | 19.1 | 20.8 | 22.5 | 24.2 | 26.0 | 27.7 | 29.4 | 0.2 | 0.3 | 0.5 | 0.7 | 0.9 | 1 | 1.2 | 1.4 | 1.6 |
| 285 | 16.90 | 3.5 | 1.871 | 16.8 | 18.7 | 20.6 | 22.5 | 24.3 | 26.2 | 28.1 | 30.0 | 31.8 | 0.2 | 0.4 | 0.6 | 0.7 | 0.9 | 1.1 | 1.3 | 1.5 | 1.7 |
| 250 | 15.80 | 4 | 2.000 | 18 | 20 | 22 | 24 | 26 | 28 | 30 | 32 | 34 | 0.2 | 0.4 | 0.6 | 0.8 | 1 | 1.2 | 1.4 | 1.6 | 1.8 |
| 222 | 14.90 | 4.5 | 2.121 | 19.1 | 21.2 | 23.3 | 25.5 | 27.6 | 29.7 | 31.8 | 33.9 | 36.1 | 0.2 | 0.4 | 0.6 | 0.8 | 1.1 | 1.3 | 1.5 | 1.7 | 1.9 |
| 200 | 14.10 | 5 | 2.236 | 20.1 | 22.4 | 24.6 | 26.8 | 29.1 | 31.3 | 33.5 | 35.8 | 38.0 | 0.2 | 0.4 | 0.7 | 0.9 | 1.1 | 1.3 | 1.6 | 1.8 | 2 |
| 182 | 13.50 | 5.5 | 2.345 | 21.1 | 23.5 | 25.8 | 28.1 | 30.5 | 32.8 | 35.2 | 37.5 | 39.9 | 0.2 | 0.5 | 0.7 | 0.9 | 1.2 | 1.4 | 1.6 | 1.9 | 2.1 |
| 167 | 12.90 | 6 | 2.449 | 22.0 | 24.5 | 26.9 | 29.4 | 31.8 | 34.3 | 36.7 | 39.2 | 41.6 | 0.2 | 0.5 | 0.7 | 1.0 | 1.2 | 1.5 | 1.7 | 2 | 2.2 |
| 154 | 12.40 | 6.5 | 2.550 | 23.3 | 25.5 | 28.1 | 30.6 | 33.2 | 35.7 | 38.3 | 40.8 | 43.4 | 0.3 | 0.5 | 0.8 | 1 | 1.3 | 1.5 | 1.8 | 2 | 2.3 |
| 143 | 11.96 | 7 | 2.646 | 23.8 | 26.5 | 29.1 | 31.8 | 34.4 | 37.0 | 39.7 | 42.8 | 45.0 | 0.3 | 0.5 | 0.8 | 1.1 | 1.3 | 1.6 | 1.9 | 2.1 | 2.4 |
| 133 | 11.50 | 7.5 | 2.739 | 24.7 | 27.4 | 30.1 | 32.9 | 35.6 | 38.3 | 41.1 | 43.8 | 46.6 | 0.3 | 0.5 | 0.8 | 1.1 | 1.4 | 1.6 | 1.9 | 2.2 | 2.5 |
| 125 | 11.20 | 8 | 2.828 | 28.5 | 28.3 | 31.1 | 33.9 | 36.8 | 39.6 | 42.4 | 45.2 | 48.1 | 0.3 | 0.6 | 0.8 | 1.1 | 1.4 | 1.7 | 2 | 2.3 | 2.5 |
| 117 | 10.80 | 8.5 | 2.915 | 26.2 | 29.2 | 32.1 | 35.0 | 37.9 | 40.8 | 43.7 | 46.6 | 49.6 | 0.3 | 0.6 | 0.9 | 1.2 | 1.5 | 1.7 | 2 | 2.3 | 2.6 |
| 111 | 10.50 | 9 | 3.000 | 27 | 30 | 33 | 36 | 39 | 42 | 45 | 48 | 51 | 0.3 | 0.6 | 0.9 | 1.2 | 1.5 | 1.8 | 2.1 | 2.4 | 2.7 |
| 105 | 10.20 | 9.5 | 3.082 | 27.7 | 30.8 | 33.9 | 37.0 | 40.1 | 43.1 | 46.2 | 49.3 | 52.4 | 0.3 | 0.6 | 0.9 | 1.2 | 1.5 | 1.8 | 2.2 | 2.5 | 2.8 |
| 100 | 10.00 | 10 | 3.162 | 28.5 | 31.6 | 34.8 | 37.9 | 41.1 | 44.3 | 47.4 | 50.6 | 53.8 | 0.3 | 0.6 | 1 | 1.3 | 1.6 | 1.9 | 2.2 | 2.5 | 2.8 |
| 95 | 9.76 | 10.5 | 3.240 | 29.2 | 32.4 | 35.6 | 38.9 | 42.1 | 45.4 | 48.6 | 51.8 | 55.1 | 0.3 | 0.6 | 1 | 1.3 | 1.6 | 1.9 | 2.3 | 2.6 | 2.9 |
| 91 | 9.53 | 11 | 3.317 | 29.9 | 33.2 | 36.5 | 39.8 | 43.1 | 46.4 | 49.8 | 53.1 | 56.4 | 0.3 | 0.7 | 1 | 1.3 | 1.7 | 2 | 2.3 | 2.7 | 3 |
| 87 | 9.32 | 11.5 | 3.391 | 30.5 | 33.9 | 37.3 | 40.7 | 44.1 | 47.5 | 50.9 | 54.3 | 57.6 | 0.3 | 0.7 | 1 | 1.4 | 1.7 | 2 | 2.4 | 2.7 | 3.1 |
| 83 | 9.13 | 12 | 3.464 | 31.2 | 34.6 | 38.1 | 41.6 | 45 | 48.5 | 52 | 55.4 | 58.9 | 0.4 | 0.7 | 1 | 1.4 | 1.7 | 2.1 | 2.4 | 2.8 | 3.1 |
| 80 | 8.94 | 12.5 | 3.536 | 31.8 | 35.4 | 38.9 | 42.4 | 46 | 49.5 | 53 | 56.6 | 60.1 | 0.4 | 0.7 | 1.1 | 1.4 | 1.8 | 2.1 | 2.5 | 2.8 | 3.2 |
| 77 | 8.77 | 13 | 3.606 | 32.5 | 36.1 | 39.7 | 43.3 | 46.9 | 50.5 | 54.1 | 57.7 | 61.3 | 0.4 | 0.7 | 1.1 | 1.4 | 1.8 | 2.2 | 2.5 | 2.9 | 3.2 |
| 74 | 8.60 | 13.5 | 3.742 | 33.7 | 37.4 | 41.2 | 44.9 | 48.6 | 52.4 | 56.1 | 59.9 | 63.6 | 0.4 | 0.7 | 1.1 | 1.5 | 1.9 | 2.2 | 2.6 | 3 | 3.4 |
| 67 | 8.16 | 15 | 3.873 | 34.9 | 38.7 | 42.6 | 46.5 | 50.3 | 54.2 | 58.1 | 62 | 65.8 | 0.4 | 0.8 | 1.2 | 1.5 | 1.9 | 2.3 | 2.7 | 3.1 | 3.5 |
| 62.5 | 7.9 | 16 | 4.000 | 36 | 40 | 44 | 48 | 52 | 56 | 60 | 64 | 68 | 0.4 | 0.8 | 1.2 | 1.6 | 2 | 2.4 | 2.8 | 3.2 | 3.6 |
| 59 | 7.67 | 17 | 4.123 | 37.1 | 41.2 | 45.4 | 49.5 | 53.6 | 57.7 | 61.8 | 66 | 70.1 | 0.4 | 0.8 | 1.2 | 1.6 | 2.1 | 2.5 | 2.9 | 3.3 | 3.7 |
| 55.5 | 7.45 | 18 | 4.243 | 38.2 | 42.4 | 46.7 | 50.9 | 55.2 | 59.4 | 63.6 | 67.9 | 72.1 | 0.4 | 0.8 | 1.3 | 1.7 | 2.1 | 2.5 | 3 | 3.4 | 3.8 |
| 52.6 | 7.25 | 19 | 4.359 | 39.2 | 43.6 | 47.9 | 52.3 | 56.7 | 61 | 65.4 | 69.7 | 74.1 | 0.4 | 0.9 | 1.3 | 1.7 | 2.2 | 2.6 | 3.1 | 3.5 | 3.9 |
| 50 | 7.07 | 20 | 4.472 | 40.2 | 44.7 | 49.2 | 53.7 | 58.1 | 62.6 | 67.1 | 71.6 | 76 | 0.4 | 0.9 | 1.3 | 1.8 | 2.2 | 2.7 | 3.1 | 3.6 | 4 |

（表头：毛纱10cm捻数；捻度系数；小数；$K_m$、$K_t$）

### 三、各种制度的细度与换算

纱线线密度有多种表示方法，我国原来用公制支数，棉纱用英制支数，化学纤维及丝用旦制（旦），现统一使用特克斯制（tex）。

例如：16英支棉纱折合公支为：16×1.693=27（公支）

10公支毛纱折合特克斯制为：$\dfrac{1000}{10}=100(\text{tex})$

说明：纯棉纱在特克斯制及公制支数中，公定回潮率为8.5%，而在英制支数制中为9.89%。

如公定回潮率不变，其折算常数为590.5。

如公定回潮率改变，则：

$$折算常数 = 590.5 \times \frac{100 + 特克斯制公定回潮率}{100 + 英制公定回潮率} = 590.5 \times \frac{100 + 8.5}{100 + 9.89} = 583$$

## 第六节　粗纺织物的规格计算

粗纺织物规格计算与精纺织物基本相同，可参阅精纺产品设计。这里就有关粗纺产品特点与参变数的不同，介绍如下。

### 一、粗纺织物密度计算

粗纺产品大都经过缩绒及拉毛工艺，成品密度随着缩绒及拉毛程度而变化很大，又因产品多数用单股毛纱作经纬纱，断头率较高，因此对呢坯上机密度的合理选择，必须注意以下几点。

#### （一）呢坯上机最大密度

最大密度计算公式 $f^m$ 值及计算方法，与精纺产品相同，但产品系数不同。粗纺经纬同线密度同密度的呢坯上机最大密度计算公式如下：

$$M = \frac{1296}{\sqrt{\text{Tt}}} \times f^m = 41\sqrt{N_{\text{m}}} \times f^m$$

式中：$M$ —— 呢坯10cm内的上机最大密度；

　　　Tt —— 毛纱特克斯数，tex；

　　　$N_{\text{m}}$ —— 毛纱公制支数，公支；

　　　$f$ —— 一个循环中纱线数 $n$ 与经纬交织点数 $k$ 之比，即 $f = \dfrac{n}{k}$；

　　　$m$ —— 按织物组织而定的数值，其值见表7-1-16。

表7-2-8为粗纺产品呢坯上机最大密度值。

表7-2-8　粗纺产品呢坯上机最大密度　　　　　　　　　　　　　单位：根/10cm

| 毛纱细度 | | | | 平纹 | $\frac{2}{2}$方平 | $\frac{2}{1}$斜纹 | $\frac{2}{2}$斜纹 | $\frac{3}{3}$斜纹 | $\frac{5}{2}$缎纹 |
|---|---|---|---|---|---|---|---|---|---|
| Tt | $\sqrt{Tt}$ | $N_m$ | $\sqrt{N_m}$ | | | | | | |
| 1000 | 31.62 | 1 | 1.000 | 41 | 56 | 48 | 53 | 63 | 60 |
| 500 | 22.36 | 2 | 1.414 | 58 | 79 | 68 | 75 | 89 | 85 |
| 333 | 18.26 | 3 | 1.732 | 71 | 97 | 83 | 92 | 109 | 104 |
| 286 | 16.90 | 3.5 | 1.871 | 77 | 105 | 90 | 100 | 118 | 113 |
| 250 | 15.81 | 4 | 2.000 | 82 | 112 | 96 | 107 | 126 | 121 |
| 222 | 14.91 | 4.5 | 2.121 | 87 | 119 | 102 | 113 | 134 | 128 |
| 200 | 14.14 | 5 | 2.236 | 92 | 126 | 107 | 119 | 141 | 135 |
| 182 | 13.48 | 5.5 | 2.345 | 96 | 132 | 112 | 125 | 148 | 141 |
| 167 | 12.91 | 6 | 2.449 | 100 | 138 | 117 | 131 | 155 | 148 |
| 154 | 12.40 | 6.5 | 2.550 | 105 | 143 | 122 | 136 | 161 | 154 |
| 143 | 11.95 | 7 | 2.646 | 108 | 149 | 127 | 141 | 167 | 159 |
| 133 | 11.53 | 7.5 | 2.739 | 112 | 154 | 131 | 146 | 173 | 165 |
| 125 | 11.18 | 8 | 2.828 | 116 | 159 | 136 | 151 | 179 | 170 |
| 118 | 10.85 | 8.5 | 2.915 | 120 | 164 | 140 | 155 | 184 | 176 |
| 111 | 10.54 | 9 | 3.000 | 123 | 169 | 144 | 160 | 189 | 181 |
| 105 | 10.26 | 9.5 | 3.082 | 126 | 173 | 148 | 164 | 195 | 186 |
| 100 | 10 | 10 | 3.162 | 130 | 178 | 152 | 169 | 200 | 191 |
| 95 | 9.76 | 10.5 | 3.240 | 133 | 182 | 156 | 173 | 205 | 195 |
| 91 | 9.53 | 11 | 3.317 | 136 | 186 | 159 | 177 | 209 | 200 |
| 87 | 9.33 | 11.5 | 3.391 | 139 | 190 | 163 | 181 | 214 | 204 |
| 83 | 9.13 | 12 | 3.464 | 142 | 195 | 166 | 185 | 219 | 209 |
| 80 | 8.94 | 12.5 | 3.536 | 145 | 199 | 170 | 188 | 223 | 213 |
| 77 | 8.77 | 13 | 3.606 | 148 | 203 | 173 | 192 | 228 | 217 |
| 71 | 8.45 | 14 | 3.742 | 153 | 210 | 180 | 199 | 236 | 226 |
| 67 | 8.18 | 15 | 3.873 | 159 | 218 | 186 | 206 | 245 | 233 |
| 63 | 7.94 | 16 | 4.000 | 164 | 225 | 192 | 213 | 253 | 241 |
| 59 | 7.67 | 17 | 4.123 | 169 | 232 | 198 | 220 | 260 | 248 |
| 56 | 7.48 | 18 | 4.243 | 174 | 238 | 204 | 226 | 268 | 256 |
| 53 | 7.25 | 19 | 4.359 | 179 | 245 | 209 | 232 | 275 | 263 |
| 50 | 7.07 | 20 | 4.472 | 183 | 251 | 215 | 238 | 282 | 270 |

例：求125tex（8公支）毛纱作经纬纱的呢坯上机最大密度，组织$\frac{2}{2}$斜纹。

解：
$$m = \frac{1296}{\sqrt{125}} \times \left(\frac{4}{2}\right)^{0.39} = 115.9 \times 1.3 = 150.7 (根/10cm)$$

或
$$M = 41\sqrt{N_m} \times f^m = 41\sqrt{8} \times \left(\frac{4}{2}\right)^{0.39} = 41 \times 2.828 \times 1.3 = 150.7（根/10cm）$$

## （二）呢坯上机密度充实率

　　粗纺产品呢坯上机密度，一般都不超过各类组织和各档细度相配合时的最大密度，因此可用充实率来表示呢坯的紧密程度，也就是以各类组织和各档线密度相配合时的最大密度为

100%，其选用的百分比为充实率。

例：$\frac{2}{2}$斜纹100tex（10公支）毛纱的最大密度为169根/10cm，如做女式呢，充实率为80%，则呢坯上机密度=169×0.8=135（根/10cm）

### （三）呢坯充实率的选择

根据粗纺产品织物密度相差很大的特点以及缩绒与不缩绒的差别，呢坯上机密度可分为特密、紧密、适中（偏紧、偏松）、较松及特松六种，现结合产品要求，在表7-2-9中分别列出充实率选用范围，供参考。

表7-2-9 呢坯上机密度充实率

| 织物紧密程度 | | 充实率（%） | 品　　　种 |
|---|---|---|---|
| 特密 | | 95以上 | 平纹合股花呢，精经粗纬与棉经毛纬产品 |
| 紧密 | | 85.1～95 | 麦尔登、紧密的海军呢、大众呢与大衣呢、细支平素女式呢，平纹法兰绒与细支花呢 |
| 适中 | 偏紧 | 80.1～85 | 制服呢、学生呢、海军呢、大众呢、大衣呢、法兰绒、海力斯、粗花呢，女式呢 |
| | 偏松 | 75.1～80 | |
| 较松 | | 65.1～75 | 花式女式呢、花式大衣呢，较松粗花呢，粗支花呢 |
| 特松 | | 65以下 | 松结构女式呢、空松织物 |

选择充实率时应注意以下几点。

（1）大部分粗纺缩绒产品的呢坯上机密度，都在"适中"的范围内，但对具体品种讲，海军呢、大众呢、学生呢、大衣呢可取"适中、偏紧"，法兰绒、粗花呢及深色的宜"偏紧"，海力斯、女式呢及中浅色可"偏松"掌握。

（2）一般缩呢产品，经充实率大于纬充实率1%～15%，而以5%～10%较普遍。但轻缩绒急斜纹露纹织物，经充实率大于纬充实率20%左右，若单层起毛产品，则纬充实率大于经充实率5%以上为宜。选择经纬向充实率时，可先定出经纬平均充实率，再分别定出经纬向充实率。如海军呢，先定经纬平均充实率82%，然后定出经充实率85%，纬充实率79%，经纬相差6%。

（3）经纬向的充实率选定后，即可根据织物组织与毛纱线密度在表7-2-10～表7-2-15中查得上机密度。

例：麦尔登，采用83tex（12公支）毛纱 $\frac{2}{2}$ 斜纹织造，选定经充实率为90%，纬充实率84%，查表7-2-14得经密为167根/10cm，纬密为155根/10cm。

## 二、利用查表法确定呢坯上机密度
### （一）说明

（1）已知充实率查密度，可查各该组织的表，在所求的毛纱线密度栏内读出上机密度。如 $\frac{2}{2}$ 斜纹，125tex（8公支）毛纱，充实率85%查表7-2-12，得上机密度为121+8=129根/10cm。即十位数与个位数查得的密度相加。

（2）已知上机密度，求充实率，则有些密度的充实率带小数。例如纹面女式呢，$\frac{2}{2}$斜纹，83tex（12公支）毛纱，密度153根/10cm，查表7-2-12，得充实率为82.5%（因153介于152与154之间）。

## （二）查表举例

### 1. 选择呢坯上机密度

先确定织物组织与纱线密度，然后根据织物所需紧密程度，在表7-2-9中选出经纬向充实率，即可在各该组织的表中，查出经纬密度。

例：女式呢，$\frac{2}{1}$斜纹，经纬同用83tex（12公支）毛纱，织物紧密程度在表7-2-9中选"适中偏松"充实率，选定经向82%，纬向74%，再查表7-2-11，得经密为136根/10cm，纬密为123根/10cm。

表7-2-10　粗纺产品（平纹）上机密度　　　　　　单位：根/10cm

| 毛纱 | | 平纹上机密度充实率（%） | | | | | | | | | | | | | |
|---|---|---|---|---|---|---|---|---|---|---|---|---|---|---|---|
| | | 100 | 90 | 80 | 70 | 60 | 50 | 1 | 2 | 3 | 4 | 5 | 6 | 7 | 8 | 9 |
| 线密度(tex) | 公支 | 密　度 | | | | | | | | | | | | | |
| 1000 | 1 | 41 | 37 | 33 | 29 | 25 | 21 | 0 | 1 | 1 | 2 | 2 | 2 | 3 | 3 | 4 |
| 500 | 2 | 58 | 52 | 46 | 41 | 35 | 29 | 1 | 1 | 2 | 2 | 3 | 3 | 4 | 5 | 5 |
| 333 | 3 | 71 | 64 | 57 | 50 | 43 | 36 | 1 | 2 | 2 | 3 | 4 | 4 | 5 | 6 | 6 |
| 286 | 3.5 | 77 | 69 | 62 | 54 | 46 | 39 | 1 | 2 | 2 | 3 | 4 | 5 | 6 | 7 | 7 |
| 250 | 4 | 82 | 74 | 66 | 57 | 49 | 41 | 1 | 2 | 2 | 3 | 4 | 5 | 6 | 7 | 7 |
| 222 | 4.5 | 87 | 78 | 70 | 61 | 52 | 44 | 1 | 2 | 3 | 3 | 4 | 5 | 6 | 7 | 8 |
| 200 | 5 | 91 | 82 | 73 | 64 | 55 | 46 | 1 | 2 | 3 | 4 | 5 | 5 | 6 | 7 | 8 |
| 182 | 5.5 | 96 | 86 | 77 | 67 | 58 | 48 | 1 | 2 | 3 | 4 | 5 | 6 | 7 | 8 | 9 |
| 167 | 6 | 100 | 90 | 80 | 70 | 60 | 50 | 1 | 2 | 3 | 4 | 5 | 6 | 7 | 8 | 9 |
| 154 | 6.5 | 105 | 95 | 84 | 74 | 63 | 53 | 1 | 2 | 3 | 4 | 5 | 6 | 7 | 8 | 9 |
| 143 | 7 | 108 | 97 | 86 | 76 | 65 | 54 | 1 | 2 | 3 | 4 | 5 | 6 | 8 | 9 | 10 |
| 133 | 7.5 | 112 | 101 | 90 | 78 | 67 | 56 | 1 | 2 | 3 | 4 | 6 | 7 | 8 | 9 | 10 |
| 125 | 8 | 116 | 104 | 93 | 81 | 70 | 58 | 1 | 2 | 3 | 5 | 6 | 7 | 8 | 9 | 10 |
| 118 | 8.5 | 120 | 108 | 96 | 84 | 72 | 60 | 1 | 2 | 4 | 5 | 6 | 7 | 8 | 10 | 11 |
| 111 | 9 | 123 | 111 | 98 | 86 | 74 | 62 | 1 | 2 | 4 | 5 | 6 | 7 | 9 | 10 | 11 |
| 105 | 9.5 | 126 | 113 | 101 | 88 | 76 | 63 | 1 | 3 | 4 | 5 | 6 | 8 | 9 | 10 | 11 |
| 100 | 10 | 130 | 117 | 104 | 91 | 78 | 65 | 1 | 3 | 4 | 5 | 7 | 8 | 9 | 10 | 12 |
| 95 | 10.5 | 133 | 120 | 106 | 93 | 80 | 67 | 1 | 3 | 4 | 5 | 7 | 8 | 9 | 11 | 12 |
| 91 | 11 | 136 | 122 | 109 | 95 | 82 | 68 | 1 | 3 | 4 | 5 | 7 | 8 | 10 | 11 | 12 |
| 87 | 11.5 | 139 | 125 | 111 | 97 | 83 | 70 | 1 | 3 | 4 | 6 | 7 | 8 | 10 | 11 | 13 |
| 83 | 12 | 143 | 128 | 114 | 99 | 85 | 71 | 1 | 3 | 4 | 6 | 7 | 9 | 10 | 11 | 13 |
| 80 | 12.5 | 145 | 131 | 116 | 102 | 87 | 73 | 1 | 3 | 4 | 6 | 7 | 9 | 10 | 12 | 13 |
| 77 | 13 | 148 | 133 | 118 | 104 | 89 | 74 | 1 | 3 | 4 | 6 | 7 | 9 | 10 | 12 | 13 |
| 71 | 14 | 153 | 138 | 122 | 107 | 92 | 77 | 2 | 3 | 5 | 6 | 8 | 9 | 11 | 12 | 14 |
| 67 | 15 | 159 | 143 | 127 | 111 | 95 | 80 | 2 | 3 | 5 | 6 | 8 | 9 | 11 | 13 | 14 |
| 63 | 16 | 164 | 148 | 131 | 115 | 98 | 82 | 2 | 3 | 5 | 7 | 8 | 10 | 11 | 13 | 15 |

续表

| 毛纱 | | 平纹上机密度充实率（%） | | | | | | | | | | | | | | |
|---|---|---|---|---|---|---|---|---|---|---|---|---|---|---|---|---|
| | | 100 | 90 | 80 | 70 | 60 | 50 | 1 | 2 | 3 | 4 | 5 | 6 | 7 | 8 | 9 |
| 线密度(tex) | 公支 | 密　度 | | | | | | | | | | | | | | |
| 59 | 17 | 169 | 152 | 135 | 118 | 101 | 85 | 2 | 3 | 5 | 7 | 8 | 10 | 12 | 14 | 15 |
| 56 | 18 | 174 | 157 | 139 | 122 | 104 | 87 | 2 | 3 | 5 | 7 | 9 | 10 | 12 | 14 | 16 |
| 53 | 19 | 179 | 161 | 143 | 125 | 107 | 90 | 2 | 4 | 5 | 7 | 9 | 11 | 12 | 14 | 16 |
| 50 | 20 | 183 | 165 | 146 | 128 | 110 | 92 | 2 | 4 | 5 | 7 | 9 | 11 | 13 | 15 | 16 |

表7-2-11　粗纺产品（$\frac{2}{1}$斜纹）上机密度　　　　单位：根/10cm

| 毛纱 | | $\frac{2}{1}$斜纹上机密度充实率（%） | | | | | | | | | | | | | | |
|---|---|---|---|---|---|---|---|---|---|---|---|---|---|---|---|---|
| | | 100 | 90 | 80 | 70 | 60 | 50 | 1 | 2 | 3 | 4 | 5 | 6 | 7 | 8 | 9 |
| 线密度(tex) | 公支 | 密　度 | | | | | | | | | | | | | | |
| 1000 | 1 | 48 | 43 | 38 | 34 | 29 | 24 | 0 | 1 | 1 | 2 | 2 | 3 | 3 | 4 | 4 |
| 500 | 2 | 68 | 61 | 54 | 48 | 41 | 34 | 1 | 1 | 2 | 3 | 3 | 4 | 5 | 5 | 6 |
| 333 | 3 | 83 | 75 | 66 | 58 | 50 | 42 | 1 | 2 | 2 | 3 | 4 | 5 | 6 | 7 | 7 |
| 286 | 3.5 | 90 | 81 | 72 | 63 | 54 | 45 | 1 | 2 | 3 | 4 | 5 | 5 | 6 | 7 | 8 |
| 250 | 4 | 96 | 86 | 77 | 67 | 58 | 48 | 1 | 2 | 3 | 4 | 5 | 6 | 7 | 8 | 9 |
| 222 | 4.5 | 102 | 92 | 82 | 71 | 61 | 51 | 1 | 2 | 3 | 4 | 5 | 6 | 7 | 8 | 9 |
| 200 | 5 | 107 | 96 | 86 | 75 | 64 | 54 | 1 | 2 | 3 | 4 | 5 | 6 | 7 | 9 | 10 |
| 182 | 5.5 | 112 | 101 | 90 | 78 | 67 | 56 | 1 | 2 | 3 | 4 | 6 | 7 | 8 | 9 | 10 |
| 167 | 6 | 117 | 105 | 94 | 82 | 70 | 59 | 1 | 3 | 4 | 5 | 6 | 7 | 8 | 9 | 11 |
| 154 | 6.5 | 122 | 110 | 98 | 85 | 73 | 61 | 1 | 2 | 4 | 5 | 6 | 7 | 9 | 10 | 11 |
| 143 | 7 | 127 | 114 | 102 | 89 | 76 | 64 | 1 | 3 | 4 | 5 | 6 | 8 | 9 | 10 | 11 |
| 133 | 7.5 | 131 | 118 | 105 | 92 | 79 | 66 | 1 | 3 | 4 | 5 | 7 | 8 | 9 | 10 | 12 |
| 125 | 8 | 136 | 122 | 109 | 95 | 82 | 68 | 1 | 3 | 4 | 5 | 7 | 8 | 9 | 11 | 12 |
| 118 | 8.5 | 140 | 126 | 112 | 98 | 84 | 70 | 1 | 3 | 4 | 6 | 7 | 8 | 10 | 11 | 13 |
| 111 | 9 | 144 | 130 | 115 | 101 | 86 | 72 | 1 | 3 | 4 | 6 | 7 | 9 | 10 | 12 | 13 |
| 105 | 9.5 | 148 | 133 | 118 | 104 | 89 | 74 | 1 | 3 | 4 | 6 | 7 | 9 | 10 | 12 | 13 |
| 100 | 10 | 152 | 137 | 122 | 106 | 91 | 76 | 2 | 3 | 5 | 6 | 8 | 9 | 11 | 12 | 14 |
| 95 | 10.5 | 156 | 140 | 125 | 109 | 94 | 78 | 2 | 3 | 5 | 6 | 8 | 9 | 11 | 12 | 14 |
| 91 | 11 | 159 | 143 | 127 | 111 | 95 | 80 | 2 | 3 | 5 | 6 | 8 | 10 | 11 | 13 | 14 |
| 87 | 11.5 | 163 | 147 | 130 | 114 | 98 | 82 | 2 | 3 | 5 | 6 | 8 | 10 | 11 | 13 | 15 |
| 83 | 12 | 166 | 149 | 133 | 116 | 100 | 83 | 2 | 3 | 5 | 7 | 8 | 10 | 12 | 13 | 15 |
| 80 | 12.5 | 170 | 153 | 136 | 119 | 102 | 85 | 2 | 3 | 5 | 7 | 8 | 10 | 12 | 14 | 15 |
| 77 | 13 | 173 | 156 | 138 | 121 | 104 | 87 | 2 | 3 | 5 | 7 | 9 | 10 | 12 | 14 | 16 |
| 71 | 14 | 180 | 162 | 144 | 126 | 108 | 90 | 2 | 4 | 5 | 7 | 9 | 11 | 13 | 14 | 16 |
| 67 | 15 | 186 | 167 | 149 | 130 | 112 | 93 | 2 | 4 | 6 | 7 | 9 | 11 | 13 | 15 | 17 |
| 63 | 16 | 192 | 173 | 154 | 134 | 115 | 96 | 2 | 4 | 6 | 8 | 10 | 11 | 13 | 15 | 17 |
| 59 | 17 | 198 | 178 | 158 | 139 | 119 | 99 | 2 | 4 | 6 | 8 | 10 | 12 | 14 | 16 | 18 |
| 56 | 18 | 204 | 184 | 163 | 143 | 122 | 102 | 2 | 4 | 6 | 8 | 10 | 12 | 14 | 16 | 18 |
| 53 | 19 | 209 | 188 | 167 | 146 | 125 | 105 | 2 | 4 | 6 | 8 | 10 | 13 | 15 | 17 | 19 |
| 50 | 20 | 215 | 194 | 172 | 151 | 129 | 108 | 2 | 4 | 6 | 9 | 11 | 13 | 15 | 17 | 19 |

表7-2-12　粗纺产品（$\frac{2}{2}$斜纹）上机密度　　　　　　　单位：根/10cm

| 毛纱 | | $\frac{2}{2}$斜纹上机密度充实率（%） | | | | | | | | | | | | | |
|---|---|---|---|---|---|---|---|---|---|---|---|---|---|---|---|
| | | 100 | 90 | 80 | 70 | 60 | 50 | 1 | 2 | 3 | 4 | 5 | 6 | 7 | 8 | 9 |
| 线密度（tex） | 公支 | 密度 | | | | | | | | | | | | | | |
| 1000 | 1 | 53 | 48 | 42 | 37 | 32 | 27 | 1 | 1 | 2 | 2 | 3 | 3 | 4 | 4 | 5 |
| 500 | 2 | 75 | 68 | 60 | 53 | 45 | 38 | 1 | 2 | 2 | 3 | 4 | 5 | 5 | 6 | 7 |
| 333 | 3 | 92 | 83 | 74 | 64 | 55 | 46 | 1 | 3 | 4 | 5 | 5 | 6 | 6 | 7 | 8 |
| 286 | 3.5 | 100 | 90 | 80 | 70 | 60 | 50 | 1 | 2 | 3 | 4 | 5 | 6 | 7 | 8 | 9 |
| 250 | 4 | 107 | 96 | 86 | 75 | 64 | 54 | 1 | 2 | 3 | 4 | 5 | 6 | 7 | 8 | 10 |
| 222 | 4.5 | 113 | 102 | 90 | 79 | 68 | 57 | 1 | 2 | 3 | 5 | 6 | 7 | 8 | 9 | 10 |
| 200 | 5 | 119 | 107 | 95 | 83 | 71 | 60 | 1 | 2 | 4 | 5 | 6 | 7 | 8 | 10 | 11 |
| 182 | 5.5 | 125 | 113 | 100 | 88 | 75 | 63 | 1 | 3 | 4 | 5 | 6 | 8 | 9 | 10 | 11 |
| 167 | 6 | 131 | 118 | 105 | 92 | 79 | 66 | 1 | 3 | 4 | 5 | 7 | 8 | 9 | 10 | 12 |
| 154 | 6.5 | 136 | 122 | 109 | 95 | 82 | 68 | 1 | 3 | 4 | 5 | 7 | 8 | 10 | 11 | 12 |
| 143 | 7 | 141 | 127 | 113 | 99 | 85 | 71 | 1 | 3 | 4 | 6 | 7 | 8 | 10 | 11 | 13 |
| 133 | 7.5 | 146 | 131 | 117 | 102 | 88 | 73 | 1 | 3 | 4 | 6 | 7 | 9 | 10 | 12 | 13 |
| 125 | 8 | 151 | 136 | 121 | 106 | 91 | 76 | 2 | 3 | 5 | 6 | 8 | 9 | 11 | 12 | 14 |
| 118 | 8.5 | 155 | 140 | 124 | 109 | 93 | 78 | 2 | 3 | 5 | 6 | 8 | 9 | 11 | 12 | 14 |
| 111 | 9 | 160 | 144 | 128 | 112 | 96 | 80 | 2 | 3 | 5 | 6 | 8 | 10 | 11 | 13 | 14 |
| 105 | 9.5 | 164 | 148 | 131 | 115 | 98 | 82 | 2 | 3 | 5 | 7 | 8 | 10 | 11 | 13 | 15 |
| 100 | 10 | 169 | 152 | 135 | 118 | 101 | 85 | 2 | 3 | 5 | 7 | 8 | 10 | 12 | 14 | 15 |
| 95 | 10.5 | 173 | 156 | 138 | 121 | 104 | 87 | 2 | 3 | 5 | 7 | 9 | 10 | 12 | 14 | 16 |
| 91 | 11 | 177 | 159 | 142 | 124 | 106 | 89 | 2 | 4 | 5 | 7 | 9 | 11 | 12 | 14 | 16 |
| 87 | 11.5 | 181 | 163 | 145 | 127 | 109 | 91 | 2 | 4 | 5 | 7 | 9 | 11 | 13 | 14 | 16 |
| 83 | 12 | 185 | 167 | 148 | 130 | 111 | 93 | 2 | 4 | 6 | 7 | 9 | 11 | 13 | 15 | 17 |
| 80 | 12.5 | 188 | 169 | 150 | 132 | 113 | 94 | 2 | 4 | 6 | 8 | 9 | 11 | 13 | 15 | 17 |
| 77 | 13 | 192 | 173 | 154 | 134 | 115 | 96 | 2 | 4 | 6 | 8 | 10 | 12 | 13 | 15 | 17 |
| 71 | 14 | 199 | 179 | 159 | 139 | 119 | 100 | 2 | 4 | 6 | 8 | 10 | 12 | 14 | 16 | 18 |
| 67 | 15 | 206 | 185 | 165 | 144 | 124 | 103 | 2 | 4 | 6 | 8 | 10 | 12 | 14 | 16 | 19 |
| 63 | 16 | 213 | 192 | 170 | 149 | 128 | 107 | 2 | 4 | 6 | 9 | 11 | 13 | 15 | 17 | 19 |
| 59 | 17 | 220 | 198 | 176 | 154 | 132 | 110 | 2 | 4 | 7 | 9 | 11 | 13 | 15 | 18 | 20 |
| 56 | 18 | 226 | 203 | 181 | 158 | 136 | 113 | 2 | 5 | 7 | 9 | 11 | 14 | 16 | 18 | 20 |
| 53 | 19 | 232 | 209 | 186 | 162 | 139 | 116 | 2 | 5 | 7 | 9 | 12 | 14 | 16 | 19 | 21 |
| 50 | 20 | 238 | 214 | 190 | 167 | 143 | 119 | 2 | 5 | 7 | 10 | 12 | 14 | 17 | 19 | 21 |

表7-2-13　粗纺产品（$\frac{2}{2}$方平）上机密度　　　　　　　单位：根/10cm

| 毛纱 | | $\frac{2}{2}$方平上机密度充实率（%） | | | | | | | | | | | | | |
|---|---|---|---|---|---|---|---|---|---|---|---|---|---|---|---|
| | | 100 | 90 | 80 | 70 | 60 | 50 | 1 | 2 | 3 | 4 | 5 | 6 | 7 | 8 | 9 |
| 线密度（tex） | 公支 | 密度 | | | | | | | | | | | | | | |
| 1000 | 1 | 56 | 50 | 45 | 39 | 34 | 28 | 1 | 1 | 2 | 2 | 3 | 3 | 4 | 4 | 5 |
| 500 | 2 | 79 | 71 | 63 | 55 | 47 | 40 | 1 | 2 | 2 | 3 | 4 | 5 | 6 | 6 | 7 |
| 333 | 3 | 97 | 87 | 78 | 68 | 58 | 49 | 1 | 2 | 3 | 4 | 5 | 6 | 7 | 8 | 9 |
| 286 | 3.5 | 105 | 95 | 84 | 74 | 63 | 53 | 1 | 2 | 3 | 4 | 5 | 6 | 7 | 8 | 9 |

| 毛纱 | | $\frac{2}{2}$方平上机密度充实率（%） | | | | | | | | | | | | | |
|---|---|---|---|---|---|---|---|---|---|---|---|---|---|---|---|
| | | 100 | 90 | 80 | 70 | 60 | 50 | 1 | 2 | 3 | 4 | 5 | 6 | 7 | 8 | 9 |
| 线密度（tex） | 公支 | 密　度 | | | | | | | | | | | | | | |
| 250 | 4 | 112 | 101 | 90 | 78 | 67 | 56 | 1 | 2 | 3 | 4 | 6 | 7 | 8 | 9 | 10 |
| 222 | 4.5 | 119 | 107 | 95 | 83 | 71 | 60 | 1 | 2 | 4 | 5 | 6 | 7 | 8 | 10 | 11 |
| 200 | 5 | 126 | 113 | 101 | 88 | 76 | 63 | 1 | 3 | 4 | 5 | 6 | 8 | 9 | 10 | 11 |
| 182 | 5.5 | 132 | 119 | 106 | 92 | 79 | 66 | 1 | 3 | 4 | 5 | 7 | 8 | 9 | 10 | 12 |
| 167 | 6 | 138 | 124 | 110 | 97 | 83 | 69 | 1 | 3 | 4 | 6 | 7 | 8 | 10 | 11 | 12 |
| 154 | 6.5 | 143 | 129 | 114 | 100 | 86 | 72 | 1 | 3 | 4 | 6 | 7 | 9 | 10 | 11 | 13 |
| 143 | 7 | 149 | 134 | 119 | 104 | 89 | 75 | 1 | 3 | 4 | 6 | 7 | 9 | 10 | 12 | 13 |
| 133 | 7.5 | 154 | 139 | 123 | 108 | 92 | 77 | 2 | 3 | 5 | 6 | 8 | 9 | 11 | 12 | 14 |
| 125 | 8 | 159 | 143 | 127 | 111 | 95 | 80 | 2 | 3 | 5 | 6 | 8 | 9 | 11 | 13 | 14 |
| 118 | 8.5 | 164 | 148 | 131 | 115 | 98 | 82 | 2 | 3 | 5 | 7 | 8 | 10 | 11 | 13 | 15 |
| 111 | 9 | 169 | 152 | 135 | 118 | 101 | 85 | 2 | 3 | 5 | 7 | 8 | 10 | 12 | 13 | 15 |
| 105 | 9.5 | 173 | 156 | 138 | 121 | 104 | 87 | 2 | 3 | 5 | 7 | 9 | 10 | 12 | 14 | 16 |
| 100 | 10 | 178 | 160 | 142 | 125 | 107 | 89 | 2 | 4 | 5 | 7 | 9 | 11 | 12 | 14 | 16 |
| 95 | 10.5 | 182 | 164 | 146 | 127 | 109 | 91 | 2 | 4 | 5 | 7 | 9 | 11 | 13 | 15 | 16 |
| 91 | 11 | 186 | 167 | 149 | 130 | 112 | 93 | 2 | 4 | 6 | 7 | 9 | 11 | 13 | 15 | 17 |
| 87 | 11.5 | 190 | 171 | 152 | 133 | 114 | 95 | 2 | 4 | 6 | 8 | 10 | 11 | 13 | 15 | 17 |
| 83 | 12 | 195 | 176 | 156 | 137 | 117 | 98 | 2 | 4 | 6 | 8 | 10 | 12 | 14 | 16 | 17 |
| 80 | 12.5 | 199 | 179 | 159 | 139 | 119 | 100 | 2 | 4 | 6 | 8 | 10 | 12 | 14 | 16 | 18 |
| 77 | 13 | 203 | 183 | 162 | 142 | 122 | 102 | 2 | 4 | 6 | 8 | 10 | 12 | 14 | 16 | 18 |
| 71 | 14 | 210 | 189 | 168 | 147 | 126 | 105 | 2 | 4 | 6 | 8 | 11 | 13 | 15 | 17 | 19 |
| 67 | 15 | 218 | 196 | 174 | 153 | 131 | 109 | 2 | 4 | 7 | 9 | 11 | 13 | 15 | 17 | 20 |
| 63 | 16 | 225 | 203 | 180 | 158 | 135 | 113 | 2 | 5 | 7 | 9 | 11 | 13 | 16 | 18 | 20 |
| 59 | 17 | 232 | 209 | 186 | 162 | 139 | 116 | 2 | 5 | 7 | 9 | 12 | 14 | 16 | 18 | 21 |
| 56 | 18 | 238 | 214 | 190 | 167 | 143 | 119 | 2 | 5 | 7 | 10 | 12 | 14 | 17 | 19 | 21 |
| 53 | 19 | 245 | 221 | 196 | 172 | 147 | 123 | 2 | 5 | 7 | 10 | 12 | 15 | 17 | 20 | 22 |
| 50 | 20 | 251 | 226 | 201 | 176 | 151 | 126 | 3 | 5 | 8 | 10 | 13 | 15 | 18 | 20 | 23 |

表7-2-14　粗纺产品（$\frac{5}{2}$缎纹）上机密度　　单位：根/10cm

| 毛纱 | | $\frac{5}{2}$缎纹上机密度充实率（%） | | | | | | | | | | | | | |
|---|---|---|---|---|---|---|---|---|---|---|---|---|---|---|---|
| | | 100 | 90 | 80 | 70 | 60 | 50 | 1 | 2 | 3 | 4 | 5 | 6 | 7 | 8 | 9 |
| 线密度（tex） | 公支 | 密　度 | | | | | | | | | | | | | | |
| 1000 | 1 | 60 | 54 | 48 | 42 | 36 | 30 | 1 | 1 | 2 | 2 | 3 | 4 | 4 | 5 | 5 |
| 500 | 2 | 85 | 77 | 68 | 60 | 51 | 43 | 1 | 2 | 3 | 3 | 4 | 5 | 6 | 7 | 8 |
| 333 | 3 | 104 | 94 | 83 | 73 | 62 | 52 | 1 | 2 | 3 | 4 | 5 | 6 | 7 | 8 | 9 |
| 286 | 3.5 | 113 | 102 | 90 | 79 | 68 | 57 | 1 | 2 | 3 | 5 | 6 | 7 | 8 | 9 | 10 |
| 250 | 4 | 121 | 109 | 97 | 85 | 73 | 61 | 1 | 2 | 4 | 5 | 6 | 7 | 8 | 10 | 11 |
| 222 | 4.5 | 128 | 115 | 102 | 90 | 77 | 64 | 1 | 3 | 4 | 5 | 6 | 8 | 9 | 10 | 11 |
| 200 | 5 | 135 | 122 | 108 | 95 | 81 | 68 | 1 | 3 | 4 | 5 | 7 | 8 | 9 | 11 | 12 |
| 182 | 5.5 | 141 | 127 | 113 | 99 | 85 | 71 | 1 | 3 | 4 | 6 | 7 | 8 | 10 | 11 | 13 |
| 167 | 6 | 148 | 133 | 118 | 104 | 89 | 74 | 1 | 3 | 4 | 6 | 7 | 9 | 10 | 12 | 13 |

续表

| 毛纱 | | $\frac{5}{2}$缎纹上机密度充实率（%） | | | | | | | | | | | | | | |
|---|---|---|---|---|---|---|---|---|---|---|---|---|---|---|---|---|
| | | 100 | 90 | 80 | 70 | 60 | 50 | 1 | 2 | 3 | 4 | 5 | 6 | 7 | 8 | 9 |
| 线密度(tex) | 公支 | 密　度 | | | | | | | | | | | | | | |
| 154 | 6.5 | 154 | 139 | 123 | 108 | 92 | 77 | 2 | 3 | 5 | 6 | 8 | 9 | 11 | 12 | 14 |
| 143 | 7 | 159 | 143 | 127 | 111 | 95 | 80 | 2 | 3 | 5 | 6 | 8 | 10 | 11 | 13 | 14 |
| 133 | 7.5 | 165 | 149 | 132 | 116 | 99 | 83 | 2 | 3 | 5 | 7 | 8 | 10 | 12 | 13 | 15 |
| 125 | 8 | 170 | 153 | 136 | 119 | 102 | 85 | 2 | 3 | 5 | 7 | 9 | 10 | 12 | 14 | 15 |
| 118 | 8.5 | 176 | 158 | 141 | 123 | 106 | 88 | 2 | 4 | 5 | 7 | 9 | 11 | 12 | 14 | 16 |
| 111 | 9 | 181 | 163 | 145 | 127 | 109 | 91 | 2 | 4 | 5 | 7 | 9 | 11 | 13 | 14 | 16 |
| 105 | 9.5 | 186 | 167 | 149 | 130 | 112 | 93 | 2 | 4 | 6 | 7 | 9 | 11 | 13 | 15 | 17 |
| 100 | 10 | 191 | 172 | 153 | 134 | 115 | 96 | 2 | 4 | 6 | 8 | 10 | 11 | 13 | 15 | 17 |
| 95 | 10.5 | 195 | 176 | 156 | 137 | 117 | 98 | 2 | 4 | 6 | 8 | 10 | 12 | 14 | 16 | 18 |
| 91 | 11 | 200 | 180 | 160 | 140 | 120 | 100 | 2 | 4 | 6 | 8 | 10 | 12 | 14 | 16 | 18 |
| 87 | 11.5 | 204 | 184 | 163 | 143 | 122 | 102 | 2 | 4 | 6 | 8 | 10 | 12 | 14 | 16 | 18 |
| 83 | 12 | 209 | 188 | 167 | 146 | 125 | 105 | 2 | 4 | 6 | 8 | 10 | 12 | 15 | 17 | 19 |
| 80 | 12.5 | 213 | 192 | 170 | 149 | 128 | 107 | 2 | 4 | 6 | 9 | 11 | 13 | 15 | 17 | 19 |
| 77 | 13 | 217 | 195 | 174 | 152 | 130 | 109 | 2 | 4 | 7 | 9 | 11 | 13 | 15 | 17 | 20 |
| 71 | 14 | 226 | 203 | 181 | 158 | 136 | 113 | 2 | 5 | 7 | 9 | 11 | 14 | 16 | 18 | 20 |
| 67 | 15 | 233 | 210 | 186 | 163 | 140 | 117 | 2 | 5 | 7 | 9 | 12 | 14 | 16 | 19 | 21 |
| 63 | 16 | 241 | 217 | 193 | 169 | 145 | 121 | 2 | 5 | 7 | 10 | 12 | 14 | 17 | 19 | 22 |
| 59 | 17 | 248 | 223 | 198 | 174 | 149 | 124 | 2 | 5 | 7 | 10 | 13 | 15 | 17 | 20 | 22 |
| 56 | 18 | 256 | 230 | 205 | 179 | 154 | 128 | 3 | 5 | 8 | 10 | 13 | 15 | 18 | 20 | 23 |
| 53 | 19 | 263 | 237 | 210 | 184 | 158 | 132 | 3 | 5 | 8 | 11 | 13 | 16 | 18 | 21 | 24 |
| 50 | 20 | 270 | 243 | 216 | 189 | 162 | 135 | 3 | 5 | 8 | 11 | 14 | 16 | 19 | 22 | 24 |

表7-2-15　粗纺产品（$\frac{3}{3}$斜纹）上机密度　　　　单位：根/10cm

| 毛纱 | | $\frac{3}{3}$斜纹上机密度充实率（%） | | | | | | | | | | | | | | |
|---|---|---|---|---|---|---|---|---|---|---|---|---|---|---|---|---|
| | | 100 | 90 | 80 | 70 | 60 | 50 | 1 | 2 | 3 | 4 | 5 | 6 | 7 | 8 | 9 |
| 线密度(tex) | 公支 | 密　度 | | | | | | | | | | | | | | |
| 1000 | 1 | 63 | 57 | 50 | 44 | 38 | 32 | 1 | 1 | 2 | 3 | 3 | 4 | 4 | 5 | 6 |
| 500 | 2 | 89 | 80 | 71 | 62 | 53 | 45 | 1 | 2 | 3 | 3 | 4 | 5 | 6 | 7 | 8 |
| 333 | 3 | 109 | 98 | 87 | 76 | 65 | 55 | 1 | 2 | 3 | 4 | 5 | 7 | 8 | 9 | 10 |
| 286 | 3.5 | 118 | 106 | 94 | 83 | 71 | 59 | 1 | 2 | 4 | 5 | 6 | 7 | 8 | 9 | 11 |
| 250 | 4 | 126 | 113 | 101 | 88 | 76 | 63 | 1 | 3 | 4 | 5 | 6 | 8 | 9 | 10 | 11 |
| 222 | 4.5 | 134 | 121 | 107 | 94 | 80 | 67 | 1 | 3 | 4 | 5 | 7 | 8 | 9 | 11 | 12 |
| 200 | 5 | 141 | 127 | 113 | 99 | 85 | 71 | 1 | 3 | 4 | 6 | 7 | 8 | 10 | 11 | 13 |
| 182 | 5.5 | 148 | 133 | 118 | 104 | 89 | 74 | 1 | 3 | 4 | 6 | 7 | 9 | 10 | 11 | 13 |
| 167 | 6 | 155 | 140 | 124 | 109 | 93 | 78 | 2 | 3 | 5 | 6 | 8 | 9 | 11 | 12 | 14 |
| 154 | 6.5 | 161 | 145 | 129 | 113 | 97 | 81 | 2 | 3 | 5 | 6 | 8 | 10 | 11 | 13 | 14 |
| 143 | 7 | 167 | 150 | 134 | 117 | 100 | 84 | 2 | 3 | 5 | 7 | 8 | 10 | 12 | 13 | 15 |
| 133 | 7.5 | 173 | 156 | 138 | 121 | 104 | 87 | 2 | 3 | 5 | 7 | 9 | 10 | 12 | 14 | 16 |

续表

| 毛纱 | | $\frac{3}{3}$斜纹上机密度充实率（%） | | | | | | | | | | | | | |
|---|---|---|---|---|---|---|---|---|---|---|---|---|---|---|---|
| | | 100 | 90 | 80 | 70 | 60 | 50 | 1 | 2 | 3 | 4 | 5 | 6 | 7 | 8 | 9 |
| 线密度<br>(tex) | 公支 | 密　度 | | | | | | | | | | | | | |
| 125 | 8 | 179 | 161 | 143 | 125 | 107 | 90 | 2 | 4 | 5 | 7 | 9 | 11 | 12 | 14 | 16 |
| 118 | 8.5 | 184 | 166 | 147 | 129 | 110 | 92 | 2 | 4 | 6 | 7 | 9 | 11 | 13 | 15 | 17 |
| 111 | 9 | 189 | 170 | 151 | 133 | 113 | 95 | 2 | 4 | 6 | 8 | 9 | 11 | 13 | 15 | 17 |
| 105 | 9.5 | 195 | 176 | 156 | 137 | 117 | 98 | 2 | 4 | 6 | 8 | 10 | 12 | 14 | 16 | 17 |
| 100 | 10 | 200 | 180 | 160 | 140 | 120 | 100 | 2 | 4 | 6 | 8 | 10 | 12 | 14 | 16 | 18 |
| 95 | 10.5 | 205 | 185 | 164 | 144 | 123 | 103 | 2 | 4 | 6 | 8 | 10 | 12 | 14 | 16 | 18 |
| 91 | 11 | 209 | 188 | 167 | 146 | 125 | 105 | 2 | 4 | 6 | 8 | 10 | 13 | 15 | 17 | 19 |
| 87 | 11.5 | 214 | 193 | 171 | 150 | 128 | 107 | 2 | 4 | 6 | 9 | 11 | 13 | 15 | 17 | 19 |
| 83 | 12 | 219 | 197 | 175 | 153 | 131 | 110 | 2 | 4 | 7 | 9 | 11 | 13 | 15 | 17 | 20 |
| 80 | 12.5 | 223 | 201 | 178 | 156 | 134 | 112 | 2 | 4 | 7 | 9 | 11 | 13 | 16 | 18 | 20 |
| 77 | 13 | 228 | 205 | 182 | 160 | 137 | 114 | 2 | 5 | 7 | 9 | 11 | 14 | 16 | 18 | 20 |
| 71 | 14 | 236 | 212 | 189 | 165 | 142 | 118 | 2 | 5 | 7 | 9 | 12 | 14 | 17 | 19 | 21 |
| 67 | 15 | 245 | 221 | 196 | 172 | 147 | 123 | 2 | 5 | 7 | 10 | 12 | 15 | 17 | 20 | 22 |
| 63 | 16 | 253 | 228 | 202 | 177 | 152 | 127 | 3 | 5 | 8 | 10 | 13 | 15 | 18 | 20 | 23 |
| 59 | 17 | 260 | 234 | 208 | 182 | 156 | 130 | 3 | 5 | 8 | 10 | 13 | 16 | 18 | 21 | 23 |
| 56 | 18 | 268 | 241 | 214 | 188 | 161 | 134 | 3 | 5 | 8 | 11 | 13 | 16 | 19 | 21 | 24 |
| 53 | 19 | 275 | 248 | 220 | 193 | 165 | 138 | 3 | 6 | 8 | 11 | 14 | 17 | 19 | 22 | 25 |
| 50 | 20 | 282 | 254 | 226 | 197 | 169 | 141 | 3 | 6 | 8 | 11 | 14 | 17 | 20 | 23 | 25 |

**2. 呢坯组织不变，紧密程度不变，但线密度变更，求呢坯上机密度**

例：粗花呢$\frac{2}{1}$斜纹，原来经纬用125tex（8公支）毛纱，经密107根/10cm，纬密102根/10cm，现织纹与织物紧密程度不变，改用100tex（10公支）毛纱，求经纬上机密度。

解：

（1）织物紧密程度不变，说明上机充实率相同。

（2）根据原织物条件，在表7-2-13中反求经纬向充实率。查得125tex（8公支）毛纱经密107根/10cm的充实率为79%，纬密102根/10cm的充实率为75%。

（3）再从同一张表上，查得100tex（10公支）毛纱经向充实率79%的经密为120根/10cm，纬向充实率75%的纬密为114根/10cm。

**3. 织物紧密程度不变，纱线细度不变，但织物组织改变，求经纬密度**

例：女大衣呢原来$\frac{3}{3}$斜纹，经纬均用111tex（9公支）毛纱，经密150根/10cm，纬密145根/10cm，现改为$\frac{5}{2}$缎纹，纱线密度相同，要求织物紧密程度不变，求经纬上机密度。

解：

（1）因要求织物紧密程度不变，可先查出原织物的经纬充实率。查表7-2-17（$\frac{3}{3}$斜纹）得经向充实率为79.5%，纬向充实率为77%。

（2）再查表7-2-16（$\frac{5}{2}$缎纹），111tex（9公支）毛纱经向充实率79.5%的经密为144

根/10cm，纬向充实率77%的纬密为140根/10cm。

**4. 织物紧密程度不变，而织物组织与细度都改变，求经纬上机密度**

只要知道其中某一织物的经纬密度或经纬充实率，即可求出另一织物的经纬密度。

例：已知粗花呢为 $\frac{2}{2}$ 斜纹，125tex（8公支）毛纱，经向充实率为78%，纬向充实率为75%。现改为167tex（6公支）毛纱，平纹组织，要求织物紧密程度不变，求经纬上机密度。

解：因已知粗花呢经纬向充实率，故可在表7-2-12中查得167tex（6公支）纱，经向充实率78%的经密为78根/10cm，纬向充实率75%的纬密为75根/10cm。

**5. 经纬异支，求呢坯上机经纬密度**

要先求出平均特数或平均支数，选定充实率，然后再查该组织的表。

例：生产军服呢 $\frac{2}{2}$ 斜纹，经纱38.5tex×2（26公支/2），纬纱143tex（7公支），织物要求特密，求呢坯上机经纬密度。

解：

（1）该军服呢的经纬平均线密度：

$$平均线密度 = \frac{38.5 \times 2 + 143}{2} = 110(tex)$$

或

$$平均支数 = \frac{\frac{26}{2} \times 7}{\frac{26}{2} + 7} \times 2 = \frac{182}{20} = 9.1（公支）$$

（2）织物要求特密，参照表7-2-11，选定经纬平均充实率96%，定经向为98%，纬向为94%。

（3）查表7-2-14（$\frac{2}{2}$ 斜纹）与110tex极近的111tex毛纱栏，得经密为157根/10cm，纬密为150根/10cm。

**6. 经二重、纬二重与经纬双层织物，也可利用充实率表计算呢坯上机密度**

方法是根据产品特征和制造要求，选定织物组织、毛纱线密度，查出单层时的密度，乘以经纬密度比例即成。

重织物在粗纺产品中多数用于大衣呢及毛毯，产品要经过缩绒与起毛，所以采用二重组织较多，丰厚的大衣呢也采用经纬双层组织。

重织物的经纬比例一般情况是：经二重组织经纬比例在（1.2~1.5）∶1之间；纬二重组织经纬比例1∶（1.3~2），但采用1∶1.5左右较普遍；经纬双层组织经纬比例比较接近，以[1∶（0.9~1）]×2为宜。

例1：平厚大衣呢，采用 $\frac{1}{3}$ 破斜纹纬二重组织，经纬同用105tex（9.5公支）毛纱，织物紧密程度要适中，求经纬密度。

解：根据平厚大衣呢缩呢与起毛的要求，选定经纬比例1∶1.45，织物紧密程度适中，选定充实率80%，又因用 $\frac{1}{3}$ 破斜纹纬二重组织，在单层时的 $f'''$ 值等于 $\frac{2}{2}$ 斜纹，所以查表7-2-14的105tex（9.5公支）一栏，得经密131根/10cm，纬密131×1.45=190根/10cm。

例2：拷花大衣呢的织物组织见图7-2-57，12片综，经纱100tex（10公支），表纬111tex

（9公支），里纬100tex（10公支），织物以起毛为主，要求绒毛丰满密立，求呢坯经纬密度。

解：因织物以起毛为主，要求绒毛丰满密立，所以经纬比例为1∶2，经向充实率适中，选80%，织物组织12片综的单层交织点 $f$ 值相当于6/2=3，平均细度为102.6tex（9.75公支），因此可以在 $\frac{2}{2}$ 斜纹100～105.3tex（10～9.5公支）之间查密度。得经密158根/10cm，纬密158×2=316根/10cm。

例3：经纬双层大衣呢，正反面都用 $\frac{2}{2}$ 斜纹为基本组织，经纬同用83.3tex（12公支）毛纱，织物以缩绒为主，要求松厚柔软，求呢坯经纬密度。

解：因织物以缩绒为主，要求松厚柔软，所以经向充实率采用65%，经纬比例用（1∶0.95）×2。查 $\frac{2}{2}$ 斜纹83.3tex（12公支）栏内，得经密为120×2=240（根/10cm），纬密为120×0.95×2=228（根/10cm）。

## 三、匹长与幅宽的计算

### 1. 匹长

呢绒成品的每匹长度，主要是根据订货部门要求以及织物厚度、每匹重量、织物的卷装容量等因素来确定。目前，较普遍的成品每匹长度是：40～60m，或大匹60～70m，小匹30～40m。生产时要根据成品每匹长度换算成呢坯长度和整经长度。

$$呢坯每匹长度 = \frac{成品每匹长度}{染整净长率} = \frac{成品每匹长度}{1-染整长缩}$$

$$整经每匹长度 = \frac{成品每匹长度}{总净长率} = \frac{呢坯每匹长度}{织造净长率}$$

实际生产时对大匹和厚重的产品，成品的每匹长度在交货允许的范围内，要考虑包装与搬运方便及设备条件问题。一般每匹重量掌握在40kg以下（如脱水机直径为914mm时，要控制在35kg以下）；同时也要相应考虑织机卷装长度或对大匹适当减少长度。对厚重产品不能采用双匹织制，只能单匹开剪。此外要虑考产品的生产难易，结合成品一等品率及可能产生的结辫放尺数量，防止成品长度出现不足。

### 2. 幅宽

成品幅宽主要根据订货部门要求以及设备条件（织机筘幅，拉、剪、烫、蒸的机幅）等来确定。粗纺产品成品幅宽一般为143cm、145cm及150cm三种。

在产品设计时，要根据成品幅宽换算成呢坯幅宽及上机筘幅。

$$呢坯幅宽 = \frac{成品幅宽}{1-染整幅缩率} = \frac{成品幅宽}{染整净宽率}$$

$$上机筘幅 = \frac{成品幅宽}{总净宽率} = \frac{呢坯幅宽}{织造净宽率} = \frac{呢坯幅宽}{1-织幅净宽率}$$

呢坯的上机筘幅，随着总净宽率的增减而变化。而总净宽率又随着产品特征、品质要求、原料性能、密度、织物组织及染整时缩绒与起毛的程度而异。或成品幅宽若以145cm为基础，则一般的上机筘幅是：

不缩绒产品：160～170cm

轻缩绒产品：170～185cm

重缩绒产品：185～220cm

缩绒后轻起毛产品：175～190cm

缩绒后重起毛产品：190～220cm

不缩绒（或轻缩绒）后起毛产品：175～210cm

松结构产品：180～200cm

## 四、幅缩、长缩与重耗

粗纺呢绒的幅缩、长缩与重耗较大，这是区别于其他织物（精纺品、棉织品及化学纤维产品）的主要工艺参数。具体数值随产品特征、品质要求、原料性能、缩绒与起剪工艺的程度以及毛纱线密度、捻度、经纬密度、织物组织等因素而变，而且幅度变化很大。如重缩绒产品麦尔登，幅缩大，长缩多，染整长缩高达25%～30%。而棉经毛纬粗服呢的长度不但不缩，反而伸长为0～5%。又如缩绒后重起毛产品拷花大衣呢，染整重耗最大，达17%～23%，而不缩绒的粗花呢重耗只在1%～5%。现将各大类产品（按其染整工艺不同）的缩幅、长缩与重耗，列于表7-2-16中，以供参考。

表7-2-16　粗纺产品幅缩、长缩与重耗

| 名　称 | 染整工艺特征 | 织机筘幅（cm） | 呢幅织整总净宽率（%） | 织整总净长率（%） | 染整净长率（%） | 染整净重率（%） | 成品幅宽（cm） |
|---|---|---|---|---|---|---|---|
| 麦尔登 | 重缩绒，不起毛 | 190～215 | 66～76 | 64～72 | 70～75 | 90～95 | 150 |
| 大众呢 | 重缩绒，不起毛 | 186～190 | 75～77 | 69～76 | 75～80 | 90～95 | 150 |
| 海军呢 | 重缩绒，轻起毛 | 188～190 | 75～77 | 67～75 | 73～79 | 91～96 | 150 |
| 制服呢 | 重缩绒，轻起毛 | 188～190 | 75～77 | 67～75 | 73～79 | 91～96 | 150 |
| 粗服呢 | 缩绒 | 180～190 | 75～80 | 85～95 | 100～105 | 90～95 | 150 |
| 平素女式呢 | 缩绒，轻起毛 | 185～200 | 72～79 | 69～91 | 75～95 | 90～95 | 150 |
| 花式女式呢 | 不缩，轻缩，轻起毛 | 170～185 | 78～86 | 82～91 | 90～95 | 90～98 | 150 |
| 松结构女式呢 | 不缩 | 180～200 | 72～81 | 84～94 | 92～99 | 90～98 | 150 |
| 粗花呢 | 缩绒，起毛 | 175～190 | 75～83 | 73～89 | 80～93 | 90～95 | 150 |
| 粗花呢 | 轻缩绒 | 170～185 | 78～86 | 78～91 | 85～95 | 92～97 | 150 |
| 粗花呢 | 不缩绒 | 165～175 | 82～88 | 82～94 | 90～98 | 95～99 | 150 |
| 法兰绒 | 缩绒 | 185～210 | 68～79 | 73～86 | 80～90 | 90～95 | 150 |
| 海力斯 | 缩绒 | 175～190 | 75～83 | 76～86 | 83～90 | 90～95 | 150 |
| 平厚大衣呢 | 缩绒，轻起毛 | 190～220 | 66～77 | 69～81 | 70～85 | 90～95 | 150 |
| 拷花大衣呢 | 缩绒，起毛 | 200～220 | 68～75 | 81～92 | 88～96 | 77～83 | 150 |
| 立绒大衣呢 | 缩绒，起毛 | 190～210 | 71～79 | 73～86 | 80～90 | 85～91 | 150 |
| 顺毛大衣呢 | 缩绒，起毛 | 190～210 | 71～79 | 78～91 | 85～95 | 85～91 | 150 |

| 名　　称 | 染整工艺特征 | 织机筘幅（cm） | 呢幅织整总净宽率（%） | 织整总净长率（%） | 染整净长率（%） | 染整净重率（%） | 成品幅宽（cm） |
|---|---|---|---|---|---|---|---|
| 花式大衣呢 | 不缩，轻缩，不起毛，起毛 | 175～190 | 79～86 | 82～92 | 90～96 | 88～97 | 150 |
| 格子毛毯 | 缩绒，轻起毛或不起毛 | 190～210 | 71～79 | 78～91 | 85～95 | 83～91 | 150 |
| 素毯 | 缩绒，起毛 | 180～190 | 79～84 | 81～91 | 101～107 | 85～93 | 150 |
| 道毯 | 缩绒，起毛 | 180～190 | 79～84 | 81～91 | 101～107 | 85～93 | 150 |
| 提花毯 | 轻缩绒，起毛 | 180～210 | 71～84 | 81～91 | 101～107 | 82～90 | 150 |

注　1. 表中采用净宽率=（1-幅缩），净长率=（1-长缩），净重率=（1-重耗），以利运算。

2. 原料成分为纯毛或含毛65%以上的产品时，可向前限（缩率大、重耗多）选择，如含毛30%以下产品，则向后限（缩率小、重耗少）考虑。

## 五、最密筘号的计算

选择筘号和每筘齿穿入经纱根数时，应考虑在不增加织造断头的情况下，尽可能采用密筘，穿入根数要少，以有利于减少跳花与筘痕，且可提高修补工效。特别是平纹组织，两根穿一筘齿，缺经缺纬容易补，3根或4根穿一筘齿就比较难补。但筘齿过密，则断头必然增加。根据毛纱直径计算最密筘号的经验数据如下。

（1）筘片厚度约占齿距的1/3。

（2）结头处直径约为毛纱直径的2.5～3倍（正常纱约2.5倍，圈圈、结子、彩点等花式纱可掌握3倍左右）。

（3）最密筘号的计算：设毛纱直径（mm）$= 0.043\sqrt{Tt}$

$$正常毛纱最密筘号（筘齿数/10cm） = \frac{100}{3.7 \times 0.043\sqrt{Tt}} \approx \frac{630}{\sqrt{Tt}}$$

或

$$= \sqrt{N_m} \times \frac{100}{3.7 \times C} \approx 20\sqrt{N_m}$$

$$花式毛纱最密筘号（筘齿数/10cm） = \frac{100}{4.3 \times 0.043\sqrt{Tt}} = \frac{540}{\sqrt{Tt}}$$

或

$$= \sqrt{N_m} \times \frac{100}{4.3 \times C} \approx 17\sqrt{N_m}$$

式中：$N_m$——毛纱公制支数；

$C$——直径系数，$C = 1.36$；

Tt——毛纱特数。

1000～50tex（1～20公支）毛纱的最密筘号见表7-2-17。

表7-2-17　1000~50tex（1~20公支）的最密筘号

| 毛纱 | | 最密筘号（筘齿数10cm） | | 毛纱 | | 最密筘号（筘齿数/10cm） | | 毛纱 | | 最密筘号（筘齿数/10cm） | |
|---|---|---|---|---|---|---|---|---|---|---|---|
| 线密度(tex) | 公支 | 正常毛纱 | 花式纱 | 线密度(tex) | 公支 | 正常毛纱 | 花式纱 | 线密度(tex) | 公支 | 正常毛纱 | 花式纱 |
| 1000 | 1 | 20 | 17 | 125 | 8 | 57 | 48 | 67 | 15 | 77 | 65 |
| 500 | 2 | 28 | 24 | 111 | 9 | 60 | 51 | 63 | 16 | 80 | 68 |
| 333 | 3 | 35 | 29 | 100 | 10 | 63 | 54 | 59 | 17 | 82 | 70 |
| 250 | 4 | 40 | 34 | 91 | 11 | 66 | 56 | 56 | 18 | 85 | 72 |
| 200 | 5 | 45 | 38 | 83 | 12 | 69 | 59 | 53 | 19 | 87 | 74 |
| 167 | 6 | 49 | 42 | 77 | 13 | 72 | 61 | 50 | 20 | 89 | 76 |
| 143 | 7 | 53 | 45 | 71 | 14 | 75 | 64 | | | | |

## 六、织物组织与应用

粗纺毛织品的织物组织种类较多。织物组织图见精纺产品设计一章。这里补充一部分组织图。

### （一）基本组织

#### 1. 平纹组织

平纹组织在粗纺中用于薄型女式呢、薄型法兰绒、合股花呢、粗花呢、仿麻呢及粗细支松结构产品等。

#### 2. 斜纹组织

一个完全组织内经纬纱在3根以上，如 $\frac{2}{1}$ 斜纹、$\frac{2}{2}$ 斜纹、$\frac{3}{3}$ 斜纹等。这种组织由于交织点比平纹组织少，可织制的密度就比平纹组织大，使织物比较细密柔软，有利于缩绒。因此斜纹组织是粗纺产品中应用最广的组织，特别是 $\frac{2}{2}$ 斜纹，用于麦尔登、大众呢、海军呢、制服呢、女式呢、海力斯、粗花呢及粗服呢等。其次是 $\frac{2}{1}$ 斜纹与 $\frac{3}{3}$ 斜纹，在麦尔登、法兰绒与粗花呢、女式呢中也常用，$\frac{4}{4}$ 斜纹用于一般的大衣呢产品。

#### 3. 缎纹组织

它的各个单独浮点的间距较长，在织物表面，单独浮点被两旁经纱或纬纱的浮长线所遮蔽，故织物表面较平滑、美观、富有光泽，手感也较柔软，如 $\frac{5}{2}$ 缎纹（图7-2-2）、$\frac{7}{5}$ 缎纹（图7-2-3）、$\frac{8}{3}$ 缎纹（图7-2-4）等。缎纹与平纹、斜纹组织相比，交织点最少，可具有更高的经纬密度，一般用于起毛大衣呢及粗花呢等产品。

图7-2-2 $\frac{5}{2}$ 缎纹组织

图7-2-3 $\frac{7}{5}$ 缎纹组织

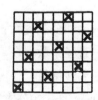
图7-2-4 $\frac{8}{3}$ 缎纹组织

## （二）变化组织

变化组织是以基本组织稍加变化而成。例如用平纹、斜纹及缎纹变化而成的有：重平纹、方平纹、破斜纹、急斜纹、芦席纹、山形斜纹、曲线斜纹、复杂斜纹及加强缎纹、变则缎纹、阴影缎纹等，它们大体上保持原来基本组织的特点。此类组织（图7-2-5～图7-2-30）用于女式呢、粗花呢、大衣呢，并与不同排列的经纱与纬纱组合成配色花纹以及组成条、格与小花纹等花式产品。

### 1. 变化方平

$\frac{2\ 1\ 1}{1\ 2\ 1}$ 变化方平（图7-2-5），$\frac{2}{2}$ 方平与平纹组合变化方平（图7-2-6），$\frac{2}{2}$ 与 $\frac{3}{3}$ 方平组合变化方平（图7-2-7）。

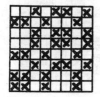  

图7-2-5　变化方平组织　　　图7-2-6　变化方平组织　　　图7-2-7　变化方平组织

### 2. 破斜纹

$\frac{3\ 2}{2\ 2}$ 变化破斜纹（图7-2-8），$\frac{2\ 1}{1\ 3}$ 变化破斜纹（图7-2-9），$\frac{2\ 2\ 3\ 1}{1\ 3\ 2\ 2}$ 变化破斜纹（图7-2-10）。

  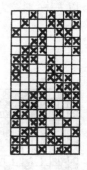

图7-2-8　破斜纹组织　　　图7-2-9　破斜纹组织　　　图7-2-10　破斜纹组织

### 3. 急斜纹

$\frac{3}{3}$ 二飞急斜纹（图7-2-11），$\frac{3\ 3\ 1}{1\ 2\ 2}$ 二飞急斜纹（图7-2-12）；$\frac{3\ 2\ 2\ 1}{2\ 3\ 1\ 2}$ 二飞急斜纹（图7-2-13）。

 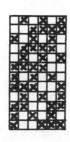 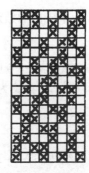

图7-2-11　急斜纹组织　　　图7-2-12　急斜纹组织　　　图7-2-13　急斜纹组织

**4. 芦席纹**

以 $\frac{2}{2}$ 斜纹为基础的芦席纹（图7-2-14、图7-2-15）。

**5. 山形（人字形）斜纹**

$\frac{4\ 1\ 1}{2\ 2\ 2}$ 二飞经山形斜纹（图7-2-16），$\frac{7\ 1}{2\ 2}$ 二飞经山形斜纹（图7-2-17）。

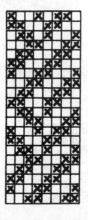
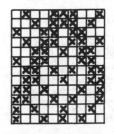

图7-2-14　芦席纹组织　　　　　图7-2-15　芦席纹组织　　　　　图7-2-16　山形斜纹组织

**6. 菱形斜纹**

以 $\frac{2\ 1}{1\ 2}$ 斜纹为基础的菱形斜纹（图7-2-18），以 $\frac{2\ 2}{2\ 2}$ 斜纹为基础的菱形斜纹（图7-2-19）。

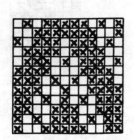
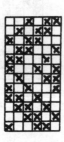
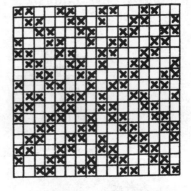

图7-2-17　山形斜纹组织　　　　图7-2-18　菱形斜纹组织　　　　图7-2-19　菱形斜纹组织

**7. 曲线斜纹组织**

以 $\frac{3\ 1}{3\ 1}$ 斜纹为基础的曲线斜纹（图7-2-20）。此系横向作图，除去长浮线后的图形。

**8. 变化斜纹**

$\frac{3\ 1}{3\ 1}$ 与 $\frac{2\ 1\ 1}{2\ 1\ 1}$ 斜纹综合的变化斜纹（图7-2-21），以 $\frac{2\ 2}{2\ 2}$ 斜纹为基础的变化斜纹（图7-2-22），以 $\frac{2\ 2}{1\ 3}$ 斜纹为基础的变化斜纹（图7-2-23），以 $\frac{3\ 1\ 1\ 3}{1\ 2\ 1\ 4}$ 斜纹为基础的变化斜纹（图7-2-24）。

**9. 加强缎纹**

$\frac{5}{2}$ 纬向加强缎纹（图7-2-25），$\frac{7}{3}$ 纬向加强缎纹（图7-2-26），$\frac{8}{5}$ 经向加强缎纹（图7-2-27）。

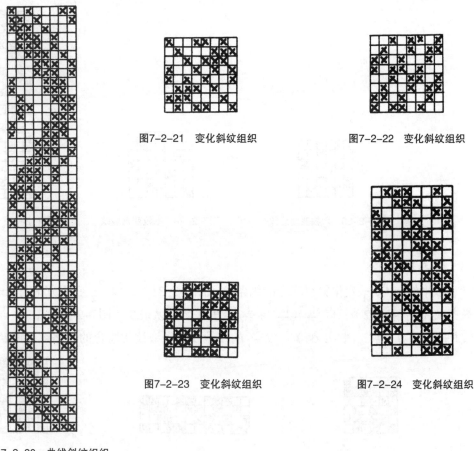

图7-2-21　变化斜纹组织

图7-2-22　变化斜纹组织

图7-2-23　变化斜纹组织

图7-2-24　变化斜纹组织

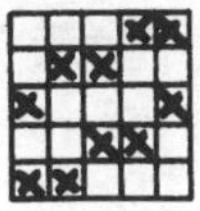

图7-2-20　曲线斜纹组织

图7-2-25　$\frac{5}{2}$纬向加强缎纹组织 　　　图7-2-26　$\frac{7}{3}$纬向加强缎纹组织 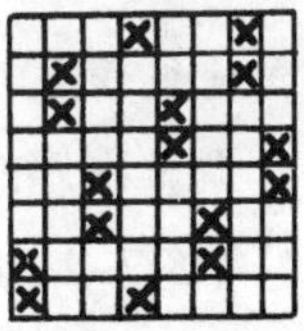　　　图7-2-27　$\frac{8}{5}$经向加强缎纹组织

**10. 变则缎纹**

六枚变则缎纹（图7-2-28），七枚变则缎纹（图7-2-29）。

**11. 阴影缎纹**

以$\frac{5}{3}$纬面缎纹为基础，并在经向逐步加强成经面缎纹的阴影缎纹（图7-2-30）。

**（三）联合组织**

采用联合组织是为了用简单图案点缀组织的表面，使它具有各种形式的外观，如条格组织、绉纹组织、凸条纹组织、蜂巢组织、网形组织等（图7-2-31～图7-2-36）。一般用于纹面女式呢、粗花呢与松结构产品。

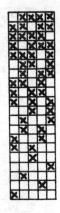

图7-2-28　六枚变则缎纹　　　　　图7-2-29　七枚变则缎纹　　　　　图7-2-30　阴影缎纹

### 1. 条格组织

以平纹与 $\frac{3}{1}\frac{1}{1}$ 变化斜纹联合的纵条纹（图7-2-31），以 $\frac{2}{2}$ 变化方平与 $\frac{2}{2}$ 斜纹联合的纵条纹（图7-2-32），以 $\frac{1}{1}\frac{2}{1}\frac{1}{2}$ 与 $\frac{4}{4}\frac{2}{1}$ 相联合的纵条纹（图7-2-33），以 $\frac{3}{1}$ 与 $\frac{1}{3}$ 破斜纹相联合的方格纹（图7-2-34），以 $\frac{5}{2}$ 的纬缎纹与经缎纹相联合的方格纹（图7-2-35）。

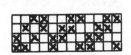

图7-2-31　条纹组织（一）　　　　图7-2-32　条纹组织（二）　　　　图7-2-33　条纹组织（三）

### 2. 绉纹组织

$\frac{3}{2}\frac{1}{2}$ 调整次序的绉纹组织（图7-2-36、图7-2-37）。以 $\frac{2}{2}$ 经重平与平纹联合的旋转形绉纹组织（图7-2-38）及小花纹旋转形绉纹组织（图7-2-39、图7-2-40）。

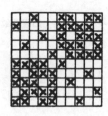

图7-2-34　方格纹组织（一）　　　图7-2-35　方格纹组织（二）　　　图7-2-36　绉纹组织（一）

图7-2-37　绉纹组织（二）　　　　图7-2-38　绉纹组织（三）　　　　图7-2-39　绉纹组织

### 3. 凸条纹组织

以 $\frac{3\ 1\ 1}{1\ 1\ 1}$ 重平与平纹联合的凸条纹组织（图17-2-41），以 $\frac{3\ 3\ 1\ 1}{1\ 1\ 1\ 1}$ 与 $\frac{1\ 1\ 1\ 1}{3\ 2\ 1\ 2}$ 间隔联合的斜凸条纹组织（图7-2-42），以 $\frac{5}{5}$ 斜纹为基础，并以平纹作底的经纬向凸纹组织（图7-2-43）。

  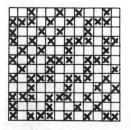 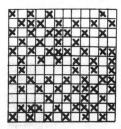

图7-2-40　绉纹组织(五)　图7-2-41　凸条纹组织(一)　图7-2-42　凸条纹组织(二)　图7-2-43　凸条纹组织(三)

### 4. 网形组织

以 $\frac{5}{1}$ 斜纹为基础，并以平纹作底的网形组织（图7-2-44），以 $\frac{4}{4}$ 重平为基础，并以平纹作底的网形组织（图7-2-45）。

### 5. 蜂巢组织

由菱形斜纹改变的蜂巢组织（图7-2-46）。

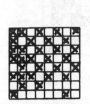 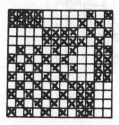 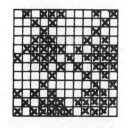

图7-2-44　网形组织（一）　　图7-2-45　网形组织（二）　　图7-2-46　蜂巢组织

### （四）复杂组织

复杂组织包括经二重、纬二重、双层组织、多层组织等。它是用两组以上的纱线组成的组织，以达到美化织物外观、增加织物丰厚度及坚牢度或赋予其他特殊的物理机械性能的目的。此种组织（图7-2-47～图7-2-48）常用于各种大衣呢与毛毯，如平厚、立绒、顺毛及拷花大衣呢，素毯、道毯及游客毯等产品。

### 1. 经二重

$\frac{3}{1}$ 斜纹经二重（图7-2-47），五枚变则缎纹经二重（图7-2-48）。

 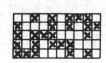 

图7-2-47　经二重组织（一）　　图7-2-48　经二重组织（二）　　图7-2-49　纬二重组织（一）

**2. 纬二重**

$\frac{1}{3}$ 斜纹纬二重（图7-2-49），$\frac{1}{3}$ 破斜纹纬二重（图7-2-50），$\frac{5}{2}$ 纬二重（图7-2-51），$\frac{8}{3}$ 纬二重（图7-2-52）。

 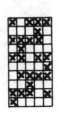 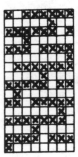

图7-2-50　纬二重组织（二）　　图7-2-51　纬二重组织（三）　　　　图7-2-52　纬二重组织（四）

**3. 经纬双层**

平纹经纬双层"表里换层"（图7-2-53），$\frac{2}{2}$ 斜纹经纬双层"上接下"（图7-2-54），$\frac{2}{1}$ 斜纹经纬双层"下接上"（图7-2-55）。

图7-2-53　双层组织（一）　　图7-2-54　双层组织（二）　　　图7-2-55　双层组织（三）

**4. 异面双层**

见图7-2-56～图7-2-58，可用于拷花大衣呢。

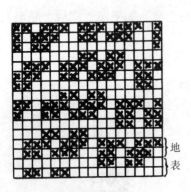 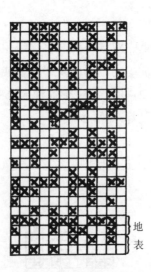 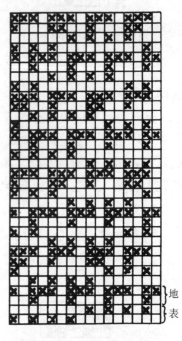

图7-2-56　异面双层组织（一）　　　图7-2-57　异面双层组织（二）　　　图7-2-58　异面双层组织（三）

### （五）提花组织

提花组织分为简单提花组织及复杂提花组织两类。复杂提花组织又分提花二重组织、提花双层组织、提花多层组织及特殊提花组织等。提花组织又称大花纹组织，它运用了织物设计与图案设计的技巧，构成各种几何图形和风景、花卉、动物等图案。提花织物必须在提花机上织制，粗纺提花产品一般以平纹、$\frac{2}{2}$ 斜纹及 $\frac{2}{2}$ 方平纹为基础，作表里换层双层组织，做提花女式呢，尤以平纹表里换层双层组织（图7-2-53）应用较普遍。而用提花纬二重组织（如图7-2-51、图7-2-52）作地纹，进行提花，可织提花毛毯产品。

## 七、呢坯与成品规格计算公式

### （一）呢坯规格的计算公式

（1）总经数。

总经数（根）=每厘米筘齿数×每筘齿穿入数×上机筘幅（cm）=地经数+边经数

$$= \frac{呢坯经纱重量(g/m) \times 织造净长率 \times 1000}{1(m) \times Tt}$$

$$= \frac{呢坯经纱重量(g/m) \times 织造净长率 \times N_m}{1(m)}$$

（2）上机经密。

上机经密（根/10cm）= $\frac{根据织物组织与纱线细度决定的最大密度（根/10cm）}{} \times$ 经充实率 = 筘号×每筘齿穿入数

（3）上机纬密。

上机纬密（根/10cm）= $\frac{根据织物组织与纱线细度决定的最大密度（根/10cm）}{} \times$ 纬充实率

（4）呢坯经密。

呢坯经密（根/10cm）= $\frac{总经根数}{呢坯幅宽(cm)} \times 10 = \frac{上机经密(根/10cm)}{织造净宽率}$

$$= \frac{成品经密(根/10cm) \times 成品幅宽(cm)}{呢坯幅宽(cm)}$$

= 成品经密（根/10cm）×染整净宽率

（5）呢坯纬密。

呢坯纬密（根/10cm）= 成品经密（根/10cm）×染整净长率

$$= \frac{呢坯纬纱重量(g/m) \times 1000}{上机筘幅(cm) \times Tt} \times 10 = \frac{呢坯每米纬纱重量(g) \times N_m \times 10}{上机筘幅(cm)}$$

$$= \frac{上机纬密（根/10cm）}{机上呢坯长度至下机呢坯长度间的净长度}$$

注：①因呢坯在织机上呈紧张状态，下机后呈松弛状态，两者之间有长缩，净长率= $\frac{下机呢坯长度}{机上呢坯长度}$。

②呢坯纬密也可以从呢坯上直接测得，作为同类产品在设计时的依据。

（6）呢坯每米经纱重量。

$$呢坯每米经纱重量（g）=\frac{总经根数\times1(m)\times Tt}{织造净长率\times1000}=\frac{总经根数\times1(m)}{织造净长率\times N_m}$$

$$=\frac{呢坯每匹经纱重量(kg)}{呢坯每匹长度(m)}\times1000$$

（7）呢坯每米纬纱重量。

$$呢坯每米纬纱重量（g）=\frac{呢坯纬密(根/10cm)\times上机筘幅(cm)}{1000}\times\frac{1}{10}\times Tt$$

$$=\frac{呢坯纬密(根/10cm)\times上机筘幅(cm)}{N_m}\times\frac{1}{10}$$

$$=\frac{呢坯每匹纬纱重量(kg)}{呢坯每匹长度(m)}\times1000$$

（8）呢坯每米重量。

$$呢坯每米重量（g）=呢坯每米经纱重量+呢坯每米纬纱重量$$

$$=\frac{呢坯每匹重量(kg)}{呢坯每匹长度(m)}\times1000$$

$$=\frac{成品每米重量(g)\times染整净长率}{染整净重率}$$

（9）呢坯每匹经纱重量。

$$呢坯每匹经纱重量（kg）=\frac{总经数\times整经匹长(m)\times Tt}{1000\times1000}=\frac{总经数\times整经匹长(m)}{1000\times N_m}$$

（10）呢坯每匹纬纱重量。

$$呢坯每匹纬纱重量（kg）=\frac{呢坯纬密(根/10cm)\times上机筘幅(cm)\times呢坯匹长(m)\times Tt}{1000\times1000\times10}$$

$$=\frac{呢坯纬密\times上机筘幅\times呢坯每匹长度}{1000\times1000\times N_m}$$

（11）呢坯每匹重量。

$$呢坯每匹重量（kg）=\frac{呢坯每米重量(g)\times整经匹长(m)\times织造净长率}{1000}$$

（12）织造净长率。

$$织造净长率（\%）=\frac{呢匹平均每匹长度(m)}{整经每匹长度(m)}=1-织造长缩率$$

（13）织造净宽率。

$$织造净宽率（\%）=\frac{呢坯幅宽(cm)}{上机筘幅(cm)}=1-织造幅缩率$$

## （二）成品规格的计算公式

（1）成品每米重量。

$$成品每米重量（g）=\frac{呢坯每米重量(g)\times 染整净重率}{染整净长率}$$

$$=\frac{成品每匹重量(kg)}{成品每匹长度(m)}\times 1000$$

（2）成品每匹重量。

$$成品每匹重量（kg）=\frac{成品每米重(g)\times 成品每匹长度(m)}{1000}$$

（3）成品每匹长度。

$$成品每匹长度（m）=呢坯每匹长度（m）\times 染整净长率$$

（4）成品幅宽。

$$成品幅宽（cm）=呢坯幅宽（cm）\times 染整净宽率$$

$$=上机幅宽（cm）\times 织整总净宽率$$

（5）成品经密。

$$成品经密（根/10cm）=\frac{呢坯经密(根/10cm)}{染整净宽率}=\frac{总经根数}{成品幅宽(cm)}\times 10$$

（6）成品纬密。

$$成品纬密（根/10cm）=\frac{呢坯纬密(根/10cm)}{染整净长率}$$

（7）染整净长率。

$$染整净长率（\%）=\frac{成品每匹(批)长度(m)}{呢坯每匹(批)长度(m)}=\frac{呢坯每米重量(g)\times 染整净重率}{成品每米重量(g)}$$

（8）染整净重率。

$$染整净重率（\%）=\frac{成品每匹(批)重量(kg)}{呢坯每匹(批)重量(kg)}=\frac{成品每米重量(g)\times 染整净长率}{呢坯每米重量(g)}$$

（9）染整净宽率。

$$染整净宽率（\%）=\frac{成品幅宽}{呢坯幅宽}=1-染整幅缩率$$

（10）织整总净宽率。

$$织整总净宽率（\%）=\frac{成品幅宽}{上机幅宽}=1-织整总幅缩率$$

（11）总净长率。

$$总净长率（\%）=织造净长率\times 染整净长率$$

**八、呢绒产品规格设计举例**

某混纺海军呢，成品每米重量700g，要求成品质地较紧密，幅宽143cm，试设计上机规格。

**（一）原料、纱线细度、密度、筘幅及参变数的选择**

（1）根据海军呢的产品特征、品质要求及原料细度范围，确定原料选用二级改良毛60%、60支精短毛15%、5.6dtex（5旦）黏胶纤维25%，纺100 tex（10公支）毛纱，Z捻向，捻系数特制443，公制14，捻度44/10cm。织物组织用 $\frac{4}{4}$ 斜纹，有利于重缩绒后呢面平整。

（2）要求成品质地较紧密，故呢坯要"适中偏紧"，使缩绒后达到质地紧密。选定上机密度充实率，经向85.5%，纬向80%，查表7–2–12得上机经密144根/10cm（用36号筘，每筘齿穿入4根），上机纬密135根/10cm。

（3）选定织造净长率为94%，机上呢坯至下机呢坯间的净长率为97%。

（4）海军呢为重缩绒产品，查表7–2–16，选定上机筘幅190cm，净重率94%，拟定染整长缩在73%～75%之间（因成品每米重量700g已定，故染整净重率作调节因素，但必须在欲拟订的范围内，否则规格要再作适当调整）。

**（二）产品规格计算**

（1）总经根数。

$$总经根数 = \frac{36}{10} \times 4 \times 190 = 2736（根）$$

边纱穿 $\frac{2}{2}$ 重平，每边16根×2=32根，包括在总经根数内。

（2）呢坯每米经纱重量。

$$呢坯每米经纱重量 = \frac{2736 \times 1 \times 100}{94\% \times 1000} = 291（g）$$

（3）呢坯纬密。

$$呢坯纬密 = \frac{135}{97\%} = 139（根/10cm）$$

（4）呢坯每米纬纱重量。

$$呢坯每米纬纱重量 = \frac{139 \times 190}{1000} \times \frac{100}{10} = 264（g）$$

（5）呢坯每米重量。

$$呢坯每米重量 = 291 + 264 = 555（g）$$

（6）染整净长率。

$$染整净长率 = \frac{555 \times 94\%}{700} = 74.5\%$$

因成品每米重量700g已定，故反求染整净长率，现求得的74.5%是在拟订的73%～75%范围内，故以上试算，可不再调整。

（7）成品经密。

$$成品经密 = \frac{2736}{143} \times 10 = 191(根 / 10cm)$$

（8）成品纬密。

$$成品纬密 = \frac{139}{74.5\%} = 187(根 / 10cm)$$

（9）织整幅度总净宽。

$$织整幅度总净宽率 = \frac{143}{190} \times 100\% = 75.2\%$$

（10）总净长率。

$$总净长率 = 0.94 \times 0.745 = 70\%$$

粗纺呢绒规格设计举例见表7-2-18。

## 九、毛毯及簇绒毛毯规格设计举例

一般毛毯的规格设计方法，基本上与呢绒相似，其举例见表7-2-19。

簇绒毛毯因织造方法不同，计算上略有差别，特作如下说明：

设簇绒产品织造净长率为98%，染整净长率为99%，织造净宽率为98.8%，染整净宽率为96%，染整重耗为10%，底布长度50m，重10.5kg，上机针迹数49针/10cm，针距2mm，圈高4mm，试设计一簇绒毛毯的规格，达到条长200cm、幅宽152cm、条重1.6kg的要求。

**1. 幅宽**

$$坯布幅宽 = \frac{成品幅宽(cm)}{染整净宽率(\%)} = \frac{152}{0.96} = 158.3(cm)$$

$$上机幅宽 = \frac{坯布幅宽(cm)}{织造净宽率(\%)} = \frac{158.3}{0.988} = 160.2(cm)$$

**2. 总针数**

$$总针数 = \frac{上机幅宽(mm)}{针距(mm)} = \frac{1602}{2} = 801(针)$$

**3. 每匹长度**

$$每匹坯布长度 = 每匹底布长度（m）\times 织造净长率（\%） = 50 \times 0.98 = 49 （m）$$

$$每匹成品长度 = 每匹坯布长度（m）\times 染整净长率（\%） = 49 \times 0.99 = 48.51 （m）$$

**4. 针迹数**

$$坯布针迹数 = \frac{上机针迹数(针 / 10cm)}{织造净长率(\%)} = \frac{49}{0.98} = 50(针 / 10cm)$$

$$成品针迹数 = \frac{坯布针迹数}{染整净长率(\%)} = \frac{50}{0.99} = 50.5(针 / 10cm)$$

表7-2-18 粗纺呢绒

| 编号 | 产品名称 | 原料组成(%) | 经纱 线密度(tex) | 公支 | 捻向捻度(捻/10cm) | 纬纱 线密度(tex) | 公支 | 捻向捻度(捻/10cm) | 上 筘幅(cm) | 筘号(筘齿数/10cm) |
|---|---|---|---|---|---|---|---|---|---|---|
| 1 | 纯毛麦尔登 | 经64支毛100 纬64支毛75，64支短毛20，64支落毛5 | 62.5 | 16 | S 59.8 | 62.5 | 16 | Z 55 | 213 | 55 |
| 2 | 纯毛麦尔登 | 改良一级毛92，3.3dtex（3旦）锦纶8 | 83.3 | 12 | Z 50 | 83.3 | 12 | Z 50 | 189 | 42 |
| 3 | 混纺麦尔登 | 改良一级毛70，锦纶15，黏胶纤维15 | 83.3 | 12 | Z 48 | 83.3 | 12 | Z 48 | 192 | 55 |
| 4 | 混纺麦尔登 | 改良一级毛70，5.5dtex（5旦）黏胶纤维30 | 83.3 | 12 | Z 48 | 83.3 | 12 | Z 48 | 189 | 42 |
| 5 | 混纺麦尔登 | 60支改良毛45，一级改良毛15，66支平梳短毛10，5.5dtex（5旦）锦纶15，黏胶纤维15 | 83.3 | 12 | Z 48 | 83.3 | 12 | Z 48 | 190 | 42 |
| 6 | 混纺学生呢 | 60支圆梳短毛70，黏胶纤维30 | 111.1 | 9 | Z 40 | 111.1 | 9 | Z 40 | 191 | 31.5 |
| 7 | 混纺大众呢 | 一级改良毛20，软回丝弹毛35，一级开司米弹毛20，黏胶纤维25 | 100 | 10 | Z 44 | 100 | 10 | Z 44 | 190 | 35 |
| 8 | 混纺学生呢 | 改良二级毛20，黏胶纤维30，60~64支精短50 | 111.1 | 9 | Z 41 | 111.1 | 9 | Z 41 | 196.4 | 31 |
| 9 | 纯羊绒顺毛大衣呢 | 26~28mm，羊绒100 | 71.4 | 14 | Z 52 | 71.4 | 14 | Z 52 | 196 | 39 |
| | 兔毛顺毛大衣呢 | 一级兔毛100 | 20.8/2 | 48/2 | Z 65/40 | 62.5/2 | 16/2 | Z 50/24 | 187 | 42 |
| | 羊驼毛顺毛大衣呢 | 经羊毛100 纬羊驼毛100 | 20.8/2 | 48/2 | Z 65/40 | 55.5/2 | 18/2 | Z 45/25 | 185 | 44 |
| | 牦牛绒双面顺毛大衣呢 | 26~28mm牦牛绒100 | 62.5 | 16 | Z 52 | 62.5 | 16 | Z 52 | 200 | 32 |
| | 驼绒顺毛大衣呢 | 34mm驼绒100 | 80 | 12.5 | Z 44 | 80 | 12.5 | Z 44 | 181 | 41 |
| 10 | 花式大衣呢 | 改良四级毛10，西宁四级毛25，黏胶纤维45，48支短毛20 | 222 | 4.5 | Z 27 | 222 | 4.5 | Z 27 | 174 | 42 |

**规格设计举例**

| 每筘齿穿入数 | 机 | | | 下机 | | | | 成品 | | | | 织物组织 | 织造净长率(%) | 染整净长率(%) | 总净长率(%) | 总净宽率(%) | 染整净重率(%) |
| | 经密(根/10cm) | 纬密(根/10cm) | 综片数 | 幅宽(cm) | 经密(根/10cm) | 纬密(根/10cm) | 坯重(g/m) | 幅宽(cm) | 经密(根/10cm) | 纬密(根/10cm) | 重量(g/m) | | | | | | |
|---|---|---|---|---|---|---|---|---|---|---|---|---|---|---|---|---|---|
| 3 | 165 | 181 | 4 | 200 | 177 | 188.5 | 486 | 150 | 232 | 262 | 610 | 2/1斜纹 | 93 | 71.8 | 66.5 | 70 | 90 |
| 4 | 166 | 150 | 4 | 180 | 177 | 154 | 524 | 143 | 223 | 217 | 680 | 2/2斜纹 | 94 | 71 | 66.7 | 75.7 | 93 |
| 3 | 165 | 154 | 4 | 178 | 178.5 | 158 | 535 | 143 | 221 | 219 | 690 | 2/2斜纹 | 94 | 72 | 67.7 | 74.5 | 93 |
| 4 | 168 | 154 | 4 | 180 | 177 | 158 | 530 | 143 | 223 | 216 | 690 | 2/2斜纹 | 94 | 73 | 68.6 | 75.7 | 93 |
| 4 | 166 | 158 | 4 | 178 | 181 | 163 | 544 | 143 | 223 | 218 | 690 | 2/2斜纹 | 93 | 74.9 | 69.7 | 75.3 | 95 |
| 4 | 126 | 120 | 4 | 176 | 132.5 | 124 | 540 | 146 | 160 | 155 | 620 | 2/2破斜 | 91.5 | 80 | 73 | 79 | 92 |
| 4 | 140 | 134 | 4 | 176 | 151 | 138 | 548 | 143 | 186 | 185 | 700 | 2/2斜纹 | 93 | 74.4 | 69.2 | 75.3 | 95 |
| 4 | 124 | 114 | 4 | 184 | 132 | 116 | 546 | 147 | 165 | 145 | 650 | 2/2破斜 | 92.6 | 80 | 74.1 | 75 | 94.5 |
| 4 | 156 | 167 | 6 | 186.2 | 164 | 174 | 472 | 150 | 204 | 196 | 450 | 1/3破斜 | 96 | 89 | 85.4 | 76.5 | 85 |
| 4 | 168 | 138 | 6 | 180 | 175 | 144 | 472 | 150 | 210 | 156 | 450 | 1/3破斜纹 | 96 | 92 | 88.3 | 80.2 | 87.6 |
| 4 | 176 | 212 | 9 | 176 | 185 | 221 | 595 | 150 | 218 | 235 | 550 | 7/3缎纹 | 96 | 94 | 90.2 | 81 | 87 |
| 9 | 256 | 266 | 9 | 184 | 278 | 277 | 692 | 150 | 341 | 289 | 620 | 2/2斜纹 | 96 | 96 | 92.2 | 75 | 86 |
| 4 | 164 | 173 | 6 | 172 | 173 | 183 | 516 | 150 | 198 | 195 | 480 | 1/3破斜纹 | 94.5 | 94 | 88.8 | 82.9 | 87.5 |
| 2 | 84 | 86 | 4 | 165 | 88 | 89 | 687 | 145 | 101 | 92 | 637 | 2/2斜纹 | 95 | 96 | 91.2 | 83.3 | 89 |

| 编号 | 产品名称 | 原料组成(%) | 经纱 | | | 纬纱 | | | 上 | |
|---|---|---|---|---|---|---|---|---|---|---|
| | | | 线密度 (tex) | 公支 | 捻向捻度 (捻/10cm) | 线密度 (tex) | 公支 | 捻向捻度 (捻/10cm) | 筘幅 (cm) | 筘号 (筘齿数 /10cm) |
| 11 | 花式大衣呢 | 60支散毛19，64支精短8.5，黏胶纤维15，48支精纺纱45，棉纱12.5 | 100 | 10 | Z 44 | 435 100 | 2.3 10 | 花圈线 Z 44 | 175 | 32.5 |
| 12 | 顺毛大衣呢 | 经：66支100 纬：一级兔毛50，64支干条回毛50 | 29.4×2 | 34/2 | Z/S 60/60 | 83.3×2 | 12/2 | Z/S 49.4/35.4 | 200 | 39.4 |
| 13 | 立绒大衣呢 | 64支散毛85，64支精短15 | 100 | 10 | Z 44.7 | 100 | 10 | Z 44.7 | 196.5 | 35.4 |
| 14 | 立绒大衣呢 | 四级改良毛33，紫羊绒粗毛30，马海毛7，黏胶纤维25，锦纶5 | 143 | 7 | Z 36 | 143×2 | 7/2 | Z/S 36/15 | 186 | 37 |
| 15 | 平厚大衣呢 | 64支羊毛80，64支短毛20 | 105 | 9.5 | Z 39.3 | 105 | 9.5 | Z 39.3 | 220 | 43.3 |
| 16 | 平厚大衣呢 | 一级改良毛70，一级精短毛30 | 125 | 8 | Z 40 | 125 | 8 | Z 40 | 183 | 32 |
| 17 | 立绒大衣呢 | 经：一级改良毛83，黏胶纤维17 纬：黏胶纤维17，马海毛10，一级改良毛73 | 100 | 10 | Z 44.7 | 111×2 | 9/2 | Z/S 41/27.5 | 208 | 35.4 |
| 18 | 平厚大衣呢 | 改良一级毛57，改良二级毛25，精纺车肚毛8，一级精短毛10 | 125 | 8 | Z 39.3 | 125 | 8 | Z 39.3 | 190.5 | 39.5 |
| 19 | 平厚大衣呢 | 寒羊三级毛85，一级平梳短毛15 | 182 | 5.5 | Z 33.4 | 182 | 5.5 | Z33.4 | 204 | 33.5 |
| 20 | 拷花大衣呢 | 64支散毛100 | 100 | 10 | Z 48.1 | 100 111 | 里10 表9 | Z48.1 Z41.9 | 204 | 39.4 |
| 21 | 拷花大衣呢 | 经与里纬，64支羊毛100 表纬：64支羊毛50，羊绒50 | 100 | 10 | Z 47.2 | 100 125 | 里10 表8 | Z47.2 Z37.7 | 215 | 47.2 |
| 22 | 花式大衣呢 | 一级毛50，黏胶纤维50 | 125 | 8 | Z 39 | 125 | 8 | 5 39 | 184 | 27 |
| 23 | 纯毛海军呢 | 二级改良毛100 | 100 | 10 | Z 46 | 100 | 10 | Z 46 | 188 | 36 |
| 24 | 混纺海军呢 | 二级改良毛70，5.5dtex（5旦）黏胶纤维30 | 100 | 10 | Z 44 | 100 | 10 | Z 44 | 188 | 36 |

| 每筘齿穿入数 | 经密(根/10cm) | 纬密(根/10cm) | 综片数 | 幅宽(cm) | 经密(根/10cm) | 纬密(根/10cm) | 坯重(g/m) | 幅宽(cm) | 经密(根/10cm) | 纬密(根/10cm) | 重量(g/m) | 织物组织 | 织造净长率(%) | 染整净长率(%) | 总净长率(%) | 总净宽率(%) | 染整净重率(%) |
|---|---|---|---|---|---|---|---|---|---|---|---|---|---|---|---|---|---|
| | 机 | | | 下机 | | | | 成品 | | | | | | | | | |
| 3 | 97.5 | 93 | 4 | 174 | 98 | 97 | 640 | 145 | 118 | 103 | 650 | 小花纹 | 92 | 94.5 | 86.9 | 82.9 | 96 |
| 4 | 157.5 | 142 | 8 | 187.5 | 168 | 146 | 705 | 150 | 210 | 160 | 670 | 六枚缎纹 | 92 | 91 | 83.8 | 75 | 86.4 |
| 4 | 142 | 170 | 7 | 182 | 153 | 173 | 634 | 143 | 195 | 209 | 680 | 五枚缎纹 | 94 | 83 | 78 | 73 | 89 |
| 3 | 111 | 100 | 3 | 179 | 115 | 104 | 872 | 143 | 145 | 112 | 800 | 五枚缎纹 | 92 | 93 | 85.6 | 76.9 | 85 |
| 3 | 130 | 189 | 4 | 204 | 140 | 194 | 782 | 143 | 200 | 228 | 829 | $\frac{1}{3}$破斜纬二重 | 90 | 85 | 76.5 | 65.1 | 90 |
| 4 | 128 | 136 | 8 | 174 | 134 | 140 | 631 | 145 | 161 | 206 | 830 | $\frac{4}{4}$斜纹 | 94 | 68 | 63.9 | 79.2 | 90 |
| 3 | 106 | 130 | 8 | 198.5 | 111.5 | 134 | 857 | 143 | 154.5 | 147.5 | 850 | 六枚缎纹 | 93 | 90.7 | 84.5 | 68.7 | 90 |
| 4 | 155 | 126 | 4 | 179 | 167.5 | 130 | 718 | 146 | 205 | 169 | 850 | $\frac{2}{2}$斜纹 | 92 | 77 | 71 | 76.5 | 91 |
| 3 | 100 | 102.5 | 4 | 193 | 106 | 105.5 | 782 | 144 | 141.5 | 137.5 | 946 | $\frac{2}{2}$斜纹 | 95 | 76.8 | 73 | 70.5 | 92.8 |
| 4 | 157.5 | 315 | 13 | 188 | 171 | 323 | 1073 | 150 | 215 | 353 | 900 | 双层 | 94 | 91.5 | 86 | 735 | 79.5 |
| 4 | 189 | 287 | 17 | 202 | 201 | 296 | 1170 | 150 | 271 | 321 | 1005 | 双层 | 90 | 93.9 | 84.5 | 69.5 | 80 |
| 4 | 108 | 106 | 4 | 174.8 | 114 | 110 | 522 | 143 | 138 | 125 | 550 | $\frac{2}{2}$斜纹 | 93.2 | 88 | 82 | 77.7 | 92.8 |
| 4 | 144 | 136 | 4 | 179 | 152 | 140 | 550 | 143 | 190 | 192 | 700 | $\frac{2}{2}$斜纹 | 94 | 73 | 68.6 | 76.1` | 92 |
| 4 | 144 | 130 | 4 | 179 | 152 | 134 | 540 | 143 | 189 | 184 | 700 | $\frac{2}{2}$斜纹 | 94 | 73 | 68.6 | 72.1 | 94 |

| 编号 | 产品名称 | 原料组成(%) | 经纱 线密度(tex) | 公支 | 捻向捻度(捻/10cm) | 纬纱 线密度(tex) | 公支 | 捻向捻度(捻/10cm) | 上 筘幅(cm) | 筘号(筘齿数/10cm) |
|---|---|---|---|---|---|---|---|---|---|---|
| 25 | 混纺海军呢 | 二级改良毛30，二级寒羊毛35，锦纶10，黏胶纤维15，一级精短10 | 100 | 10 | Z 44 | 100 | 10 | Z 44 | 190 | 35 |
| 26 | 纯毛军服呢 | 经：48支毛条100 纬：二级改良20，三级改良80 | 38.5×2 | 26/2 | Z/S 40/30 | 143 | 7 | Z 32.6 | 201 | 39.37 |
| 27 | 纯毛制服呢 | 三级改良毛56，三级寒羊毛36，锦纶8 | 125 | 8 | Z 38 | 125 | 8 | Z 38 | 188 | 31 |
| 28 | 纯毛制服呢 | 三级寒羊毛79，锦纶6，一级精短15 | 111 | 9 | Z 40 | 111 | 9 | Z 40 | 190 | 35.4 |
| 29 | 混纺制服呢 | 三级改良毛55，一级精短15，黏胶纤维30 | 125 | 8 | Z 38 | 125 | 8 | Z 38 | 188 | 32 |
| 30 | 混纺制服呢 | 四级改良毛60，一级精短10，黏胶纤维30 | 133 | 7.5 | Z 38 | 133 | 7.5 | Z 38 | 186 | 30 |
| 31 | 混纺制服呢 | 三级改良毛30，三级改良秋毛40，锦纶10，黏胶纤维20 | 125 | 8 | Z 40 | 125 | 8 | Z 40 | 190 | 30 |
| 32 | 混纺海力斯 | 48/50支精短30，三级改良毛30，黏胶纤维40 | 167 | 6 | Z 31 | 167 | 6 | Z 31 | 182 | 30 |
| 33 | 混纺海力斯 | 二级改良毛50，黏胶纤维50 | 167 | 6 | Z 34 | 167 | 6 | Z 34 | 177 | 25 |
| 34 | 纯毛法兰绒 | 64支羊毛70，64支精短30 | 62.5 | 16 | Z 60 | 62.5 | 16 | Z 60 | 191 | 31.5 |
| 35 | 混纺法兰绒 | 64支羊毛及精短65，黏胶纤维35 | 83 | 12 | Z 50.7 | 83 | 12 | Z 50.7 | 185 | 33.5 |
| 36 | 混纺法兰绒 | 64支精短65，黏胶纤维35 | 100 | 10 | Z 49.4 | 100 | 10 | Z 49.4 | 197 | 51.2 |
| 37 | 纯毛女式呢 | 64支羊毛100 | 62.5 | 16 | Z 58.3 | 62.5 | 16 | Z 58.3 | 182 | 59.06 |
| 38 | 黏纤女式呢 | 5.5dtex（5旦）半光黏胶纤维100 | 77 | 13 | Z 45.8 | 77 | 13 | Z 45.8 | 154 | 59.06 |
| 39 | 混纺女式呢 | 60支羊毛65，黏胶纤维35 | 100 | 10 | Z 44 | 100 | 10 | Z 44 | 179 | 25 |
| 40 | 纯毛女式呢 | 64支羊毛100 | 62.5 | 16 | Z 58.3 | 62.5 | 16 | Z 58.3 | 198 | 51.18 |
| 41 | 羊绒女式呢 | 头道羊绒70，70支羊毛30 | 66.7 | 15 | Z 53.5 | 66.7 | 15 | Z 53.5 | 195 | 39.37 |

续表

| | 机 | | | | 下 机 | | | | 成 品 | | | 织物组织 | 织造净长率(%) | 染整净长率(%) | 总净长率(%) | 总净宽率(%) | 染整净重率(%) |
| 每箅齿穿入数 | 经密(根/10cm) | 纬密(根/10cm) | 综片数 | 幅宽(cm) | 经密(根/10cm) | 纬密(根/10cm) | 坯重(g/m) | 幅宽(cm) | 经密(根/10cm) | 纬密(根/10cm) | 重量(g/m) | | | | | | |
|---|---|---|---|---|---|---|---|---|---|---|---|---|---|---|---|---|---|
| 4 | 140 | 134 | 4 | 179 | 151 | 138 | 548 | 143 | 186 | 185 | 700 | 2/2斜纹 | 93 | 74.4 | 69.2 | 75.3 | 95 |
| 4 | 157.5 | 149.5 | 4 | 179 | 616 | 155 | 686 | 150 | 211 | 172 | 705 | 2/2斜纹 | 89.1 | 90.1 | 83.3 | 74.6 | 94 |
| 4 | 124 | 108 | 4 | 179 | 131 | 112 | 573 | 143 | 163 | 151 | 720 | 2/2斜纹 | 94 | 74 | 69.6 | 76.1 | 93 |
| 4 | 141.5 | 126 | 4 | 179 | 149 | 130 | 600 | 143 | 187 | 166 | 700 | 2/2斜纹 | 93.5 | 78.5 | 73.5 | 75.5 | 92 |
| 4 | 128 | 110 | 4 | 179 | 135 | 114 | 588 | 143 | 168 | 150 | 720 | 2/2斜纹 | 94 | 76 | 71.4 | 76.1 | 93 |
| 4 | 120 | 106 | 4 | 175 | 128 | 110 | 589 | 143 | 156 | 147 | 720 | 2/2斜纹 | 94 | 75 | 70.5 | 76.9 | 92 |
| 4 | 120 | 117 | 4 | 176 | 130 | 122 | 596 | 143 | 159 | 155 | 720 | 2/2斜纹 | 93 | 78.6 | 73.1 | 75.3 | 95 |
| 3 | 90 | 88 | 4 | 167 | 98 | 91 | 564 | 150 | 109 | 107 | 610 | 2/2斜纹 | 95 | 85.1 | 80.9 | 82.4 | 92 |
| 4 | 100 | 93 | 4 | 165 | 107 | 95 | 591 | 145` | 122 | 113 | 654 | 2/2斜纹 | 95 | 84 | 79.8 | 81.9 | 93 |
| 4 | 126 | 134 | 6 | 180 | 134 | 138 | 327 | 146 | 165.5 | 167 | 360 | 平纹 | 93 | 82.5 | 77.0 | 76.3 | 91 |
| 4 | 134 | 118 | 4+2 | 174 | 143 | 122 | 412 | 146 | 170 | 136 | 420 | 平纹 | 93 | 90 | 83.6 | 79 | 92 |
| 2 | 102.4 | 106 | 4+2 | 183 | 110 | 110 | 441 | 150 | 134 | 126 | 450 | 平纹 | 91 | 87.1 | 79.3 | 76.2 | 89 |
| 2 | 118 | 110 | 4+2 | 171 | 126 | 114 | 273 | 155 | 138 | 123 | 276 | 平纹 | 94 | 93 | 87.5 | 85.2 | 94 |
| 2 | 118 | 110 | 4 | 146.5 | 124 | 114 | 281 | 135 | 135 | 119 | 285 | 平纹 | 96 | 96 | 92.1 | 87.5 | 97 |
| 4 | 100 | 93 | 8 | 166 | 108 | 95 | 358 | 145 | 123 | 101 | 347 | 小花纹 | 95 | 94 | 89.3 | 81 | 91 |
| 3 | 154 | 158 | 4 | 187 | 163 | 62 | 402 | 150 | 203 | 197 | 458 | 2/2斜纹 | 94.2 | 82 | 77.3 | 75.5 | 93 |
| 4 | 158 | 173 | 6 | 180 | 171 | 77 | 448 | 146 | 210 | 205 | 470 | 1/3破斜 | 94 | 86.5 | 81.3 | 74 | 91 |

| 编号 | 产品名称 | 原料组成(%) | 经纱 | | | 纬纱 | | | 上 | |
|---|---|---|---|---|---|---|---|---|---|---|
| | | | 线密度(tex) | 公支 | 捻向捻度(捻/10cm) | 线密度(tex) | 公支 | 捻向捻度(捻/10cm) | 筘幅(cm) | 筘号(筘齿数/10cm) |
| 42 | 松结构女式呢 | 60支羊毛67.5，60/2精纺毛纱10.5，60支精短毛15.8，11dtex（10旦）×102扁黏胶6.2 | 100×16.7×2 83.3 | 10/1×60/2 12 | Z 48 | 100×16.7×2 83.3 | 10/1×60/2 12 | Z 48 | 191 | 30 |
| 43 | 粗服呢（纱毛呢） | 经：2/21英支色棉纱 纬：车肚毛25，回丝弹毛15，四级毛30，黏胶纤维20，锦纶10 | 28.1×2 | 21/2英制棉纱 | Z/S 66/63 | 222 | 4.5 | Z 27 | 184 | 36 |
| 44 | 粗服呢（纱毛呢） | 经：21/2英支色棉纱 纬：精纺回弹毛30，下脚毛20，三级混短20，黏胶纤维30 | 28.1×2 | 21/2英制棉纱 | Z/S 66/63 | 200 | 5 | Z 29 | 184 | 36 |
| 45 | 粗纺花呢 | 5.5dtex黏胶纤维40，60支羊毛30，3.3dtex涤纶30 | 167 | 6 | Z 31 | 167 | 6 | Z 31 | 166.9 | 36 |
| 46 | 粗纺花呢 | 60支羊毛15，60支精短50，5.5dtex黏胶纤维35 | 100 | 10 | Z 44 | 100 | 10 | Z 44 | 175 | 38 |
| 47 | 粗纺花呢 | 5.5dtex黏胶纤维40，60支羊毛30，3.3dtex涤纶30 | 71.4 | 14 | Z 48 | 71.4 | 14 | Z 48 | 170.8 | 40 |
| 48 | 粗纺花呢 | 二级改良毛50，5.5dtex黏胶纤维50 | 83.3×2 | 12/2 | Z/S 48/52 | 83.3×2 | 12/2 | Z/S 48/52 | 162.7 | 45 |
| 49 | 粗纺花呢 | 二级改良毛100 | 91×2 | 11/2 | Z/S 46/52 | 91×2 | 11/2 | Z/S 46/52 | 162 | 45 |
| 50 | 粗纺花呢 | 三级改良毛37，60支精短16，64支精短（粒子）12，黏胶纤维35 | 200 | 5 | Z 32 | 200 | 5 | Z 32 | 170 | 39 |
| 51 | 粗纺花呢 | 三级改良秋毛55，一级精短10，黏胶纤维35 | 111 | 9 | Z 40 | 111 | 9 | Z 40 | 188 | 39 |
| 52 | 粗纺花呢 | 三级改良秋毛65，黏胶纤维35 | 125 | 8 | Z 38 | 125 | 8 | Z 38 | 180 | 30 |

| 机 | | | | 下　机 | | | | 成　品 | | | | 织物组织 | 织造净长率(%) | 染整净长率(%) | 总净长率(%) | 总净宽率(%) | 染整净重率(%) |
|---|---|---|---|---|---|---|---|---|---|---|---|---|---|---|---|---|---|
| 每筘齿穿入数 | 经密(根/10cm) | 纬密(根/10cm) | 综片数 | 幅宽(cm) | 经密(根/10cm) | 纬密(根/10cm) | 坯重(g/m) | 幅宽(cm) | 经密(根/10cm) | 纬密(根/10cm) | 重量(g/m) | | | | | | |
| 3 | 90 | 105 | 8 | 177 | 97 | 107 | 382 | 145 | 119 | 113 | 385 | 小花纹 | 95 | 94.3 | 89.6 | 75.9 | 95 |
| 4 | 144 | 150 | 4 | 177 | 150 | 152 | 716 | 143 | 185 | 145 | 680 | 2/2斜纹 | 85 | 105 | 89.3 | 77.7 | 90 |
| 4 | 144 | 152 | 4 | 179 | 148 | 155 | 716 | 143 | 185 | 155 | 695 | 2/2斜纹 | 88 | 100 | 88 | 77.7 | 94 |
| 2 | 72 | 70 | 4 | 154 | 78 | 73 | 422 | 150 | 80 | 78 | 435 | 平纹 | 93 | 93 | 86.5 | 90 | 97 |
| 3 | 114 | 118 | 4 | 165 | 121 | 120 | 418 | 148 | 134 | 132 | 440 | 2/2人字 | 93 | 90.86 | 84.5 | 84.6 | 95 |
| 4 | 160 | 58 | 4 | 160 | 171 | 164 | 406 | 145 | 188 | 192 | 460 | 2/2斜纹 | 95 | 85.6 | 81.3 | 84.9 | 97 |
| 2 | 90 | 89 | 4 | 155 | 95 | 93 | 526 | 143 | 103 | 96 | 540 | 平纹 | 92 | 95 | 87.4 | 87.9 | 97 |
| 2 | 90 | 83 | 4 | 154 | 96 | 85 | 551 | 148 | 100 | 90 | 568 | 平纹 | 93 | 94 | 87.4 | 91.4 | 97 |
| 2 | 78 | 74 | 4 | 162 | 82 | 77 | 547 | 145 | 91 | 84 | 570 | 平纹 | 93 | 91.2 | 84.8 | 85.3 | 95 |
| 3 | 117 | 110 | 4 | 179 | 123 | 114 | 498 | 143 | 154 | 142 | 582 | 2/2斜纹 | 94 | 80 | 75.2 | 76.1 | 93 |
| 4 | 120 | 110 | 4 | 171 | 126 | 544 | 143 | 143 | 151 | 131 | 590 | 2/2斜纹 | 94 | 87 | 81.8 | 79.4 | 94 |

表7-2-19　毛毯产品

| 顺序号 | 产品名称 | 原料成分(%) | 经纱 | | | 纬纱 | | | 上 | | |
|---|---|---|---|---|---|---|---|---|---|---|---|
| | | | 线密度(tex) | 公支 | 捻度(捻/10cm) | 线密度(tex) | 公支 | 捻度(捻/10cm) | 筘号(筘齿数/10cm) | 每筘齿穿入数 | 筘幅(cm) |
| 1 | 纯毛素毯 | 60支改良毛75，64支精短25 | 167 | 6 | Z 34 | 167 | 6 | Z 34 | 48 | 2 | 233 |
| 2 | 纯毛素毯 | 三级毛19，四级毛64，三级短毛7，落毛10 | 28×2 | 21英支/2棉纱 | Z/S 66/63 | 303 | 3.3 | 24 | 42 | 3 | 182 |
| 3 | 羊绒素毯 | 羊绒70，70支羊毛30 | 167 | 6 | Z 39 | 167 | 6 | Z 33 | 48 | 2 | 225 |
| 4 | 羊绒素毯 | 羊绒80，70支羊毛20 | 125 | 8 | Z 38 | 125 | 8 | Z 38 | 30 | 4 | 230 |
| 5 | 混纺素毯 | 四级短毛70，黏胶纤维30 | 28×2 | 21英支/2棉纱 | Z/S 66/63 | 333 | 3 | Z 23 | 39.4 | 3 | 180 |
| 6 | 纯毛道毯 | 四级毛100 | 28×2 | 21英支/2棉纱 | 66/63 | 357 | 2.8 | Z 21 | 51.2 | 2 | 185 |
| 7 | 混纺道毯 | 四~五级毛35，黏胶纤维20，精短25，黏锦精短20 | 28×2 | 21英支/2棉纱 | 66/63 | 263 | 3.8 | Z 23 | 58 | 2 | 167 |
| 8 | 纯毛提花毯 | 三~四级毛100 | 28×3 | 21英支/3棉纱 | 66/63 | 370 345 | 白2.7 色2.9 | Z17 Z18 | 42 | 2 | 214 |
| 9 | 纯毛提花毯 | 四级毛100 | 28×3 | 21英支/3棉纱 | 66/63 | 377 333 | 白2.65 色3 | Z 17.2 18.5 | 42 | 2 | 210 |
| 10 | 纯毛格子毯 | 四级毛100 | 333 | 3 | 20.2 | 333 | 3 | 20.2 | 31.5 | 2 | 209 |
| 11 | 混纺格子毯 | 48支精梳混短40，四级短毛30，黏胶纤维30 | 333 | 3 | 20 | 333 | 3 | 20 | 37 | 2 | 190 |
| 12 | 混纺鸳鸯毯 | 四级毛55，黏胶纤维30，三级短毛15 | 18.5×2 | 32英支/2棉纱 | Z/S 81/77 | 357 | 2.8 | 18 | 50 | 2 | 230 |
| 13 | 毛腈混纺毯 | 48~56支羊毛30，6.6dtex（6旦）腈纶70 | 18.5×2 | 32英支/2棉纱 | 81/77 | 303 | 3.3 | 16 | 55 | 2 | 209 |
| 14 | 人造毛提花毯 | 5.5dtex（5旦）黏胶纤维100 | 18.5×2 | 32英支/2棉纱 | 81/77 | 278 278 | 浅3.6 深3.6 | 14 16 | 55 | 2 | 181 |
| 15 | 人造毛提花毯 | 5.5dtex（5旦）黏胶纤维100 | 18.5×2 | 32英支/2棉纱 | 81/77 | 278 278 | 浅3.6 深3.6 | 14 16 | 55 | 2 | 215 |

**规格设计举例**

| 机 | | 呢 坯 | | | | 成 品 规 格 | | | | | 织长缩(%) | 织长缩(%) | 染整重耗(%) | 总幅缩(%) | 总长缩(%) | 织物组织 |
|---|---|---|---|---|---|---|---|---|---|---|---|---|---|---|---|---|
| 经密(根/10cm) | 纬密(根/10cm) | 幅宽(cm) | 经密(根/10cm) | 纬密(根/10cm) | 条重(kg) | 幅宽(cm) | 条长(cm) | 条重(kg) | 经密(根/10cm) | 纬密(根/10cm) | | | | | | |
| 96 | 180 | 223 | 100 | 190 | 2.51 | 178 | 230 | 2.17 | 126 | 182 | 15.1 | 伸4.5 | 13.4 | 23.4 | 11.3 | $\frac{2}{2}$ 破斜纹 |
| 126 | 175 | 179 | 129 | 184 | 2.34 | 150 | 200 | 2 | 153 | 184 | 17.9 | 0 | 14.5 | 17.5 | 17.9 | $\frac{1}{3}$ 破斜纬二重 |
| 96 | 97 | 210 | 103 | 102 | 1.92 | 178 | 230 | 1.59 | 121 | 108 | 10 | 6 | 17 | 20.9 | 15.4 | $\frac{2}{2}$ 破斜纹 |
| 122 | 125 | 213 | 129.5 | 131 | 1.81 | 178 | 290 | 1.60 | 155 | 141 | 4.3 | 7 | 11.6 | 22.6 | 11 | $\frac{2}{2}$ 破斜纹 |
| 118 | 189 | 175 | 121.5 | 200 | 2.28 | 150 | 200 | 2 | 142 | 196 | 14.8 | 伸2 | 10.3 | 16.3 | 14.5 | $\frac{1}{3}$ 破斜纬二重 |
| 102.4 | 185 | 180 | 105 | 194 | 2.96 | 150 | 200 | 2.5 | 126 | 183 | 19 | 伸6 | 10.5 | 20 | 14.2 | $\frac{1}{3}$ 破斜纬二重 |
| 116 | 182 | 162 | 119 | 192 | 1.89 | 133 | 200 | 1.7 | 145 | 190 | 7.1 | 伸1.02 | 10 | 20.4 | 5.2 | $\frac{1}{3}$ 破斜纬二重 |
| 84 | 194 | 200 | 88 | 203 | 3.34 | 145 | 200 | 2.8 | 121 | 200 | 11.2 | 伸1.5 | 16.3 | 32.2 | 9.9 | 八枚缎纬二重 |
| 84 | 197 | 200 | 89 | 202 | 3.4 | 145 | 200 | 2.8 | 121 | 200 | 17.5 | 伸3 | 15.5 | 31 | 15 | 八枚缎纬二重 |
| 63 | 83 | 194 | 68 | 85 | 2.13 | 150 | 200 | 2 | 88 | 94.5 | 6 | 10 | 15.4 | 28.2 | 15.4 | $\frac{2}{2}$ 斜纹 |
| 74 | 80 | 177 | 80 | 84 | 2.25 | 150 | 200 | 2 | 94 | 90 | 8 | 7 | 11 | 21.1 | 14.4 | $\frac{2}{2}$ 斜纹 |
| 100 | 135 | 226 | 102 | 142 | 2.86 | 178 | 230 | 2.49 | 129 | 139 | 17.2 | 伸2.2 | 12.8 | 22.6 | 15.4 | $\frac{1}{3}$ 破斜纬二重 |
| 110 | 150 | 205 | 112 | 158 | 2.48 | 178 | 230 | 2.27 | 129 | 155 | 15 | 伸2.2 | 8.5 | 14.7 | 13.1 | $\frac{1}{3}$ 破斜纬二重 |
| 110 | 157 | 171 | 114 | 165 | 1.80 | 152 | 203 | 1.6 | 131 | 160 | 9.1 | 伸3.1 | 11.1 | 16 | 6.3 | $\frac{1}{3}$ 破斜纬二重 |
| 110 | 162 | 209 | 112 | 171 | 2.44 | 178 | 230 | 2.27 | 132 | 163 | 7.6 | 伸5.2 | 7 | 17.2 | 2.8 | $\frac{1}{3}$ 破斜纬二重 |

5. 用纱量（设每一针圈纱长10mm，用161tex毛纱）

$$每米坯布用纱量=\frac{总针数×坯布每米针迹数×每针纱长(mm)×Tt}{1000×1000}$$

$$=\frac{801×500×10×161}{1000×1000}=644.8(g)$$

$$每匹坯布用纱量=\frac{每米坯布用纱量(g/m)}{1000}×坯布匹长（m）=\frac{644.8}{1000}×49=31.6(kg)$$

$$每匹坯布重=每匹坯布用纱量(kg)+每匹底布重(kg)=31.6+10.5=42.1(kg)$$

### 6.毛毯重量

$$每米成品重=\frac{每匹坯布重(kg)×净重率(\%)}{每匹成品长度(m)}=\frac{42.1×0.9}{48.51}=0.781(kg)$$

$$每条毛毯重量=每米成品重(kg)×毛毯开剪长度(m)=0.781×2.05=1.6(kg)$$

## 十、粗纺代表性品种染整工艺流程

染整工艺与产品特征、风格和品质有密切关系，在产品设计时必须同时考虑染整工艺，并要在规格设计中考虑相应的呢坯幅宽、幅缩、长缩与重耗，要为染整工艺创造条件，最后达到预期的产品实物质量。列于表7-2-20供参考。

表7-2-20　粗纺代表性品种染整工艺流程

| 品　　种 | 染　整　工　艺　流　程 |
| --- | --- |
| 麦尔登 | 生修→刷毛→缝边→（洗呢）→脱水→缩呢→洗呢→染色→脱水→（缩呢→洗呢→脱水）→烘干→中检→熟修→剪毛→刷毛→（剪毛→刷毛→）蒸呢 |
| 海军呢 | 生修→刷毛→缝边→缩呢→洗呢→染色→脱水→烘干→中检→剪毛→（钢拉→剪毛→熟修→）刷毛→蒸呢 |
| 制服呢 | 生修→刷毛→缝边→缩呢→洗呢→染色→脱水→烘干→中检→剪毛→（钢起→剪毛→熟修→）刷毛→蒸呢 |
| 平素女式呢 | 生修→刷毛→缝边→（洗呢）→缩呢→洗呢→染色→脱水→烘干→中检→熟修→（起毛→）剪毛→刷毛→蒸呢 |
| 平厚大衣呢 | 生修→刷毛→缝边→洗呢→脱水→缩呢→洗呢→染色→脱水→烘干→中检→（钢起→剪毛→钢起→）剪毛→熟修→刷毛→蒸呢 |
| 立绒大衣呢 | 生修→刷毛→缝边→洗呢→脱水→缩呢→洗呢→染色→脱水→烘干→中检→（轻蒸→）钢拉→剪毛→（钢拉→剪毛）→熟修→钢拉→剪毛 |
| 顺毛大衣呢 | 生修→刷毛→缝边→洗呢→脱水→缩呢→洗呢→脱水→烘干→钢拉→剪毛→轧水→刺拉→（煮呢→）湿定型→吸水→烘干→中检→烫光→剪毛→熟修→刷毛→（蒸呢） |
| 拷花大衣呢 | 生修→刷毛→缝边→洗呢→烫光→缩呢→洗呢→脱水→联合拉剪多次→（剪毛→）刺拉→烘干→中检→刷毛→剪毛→（搓呢→剪毛）→熟修→刷毛 |
| 花式大衣呢 | 生修→刷毛→缝边→洗呢→脱水→缩呢→洗呢→脱水→烘干→中检→熟修→（钢拉→）剪毛→刷毛→（蒸呢） |

| 品　　种 | 染　整　工　艺　流　程 |
|---|---|
| 法兰绒 | 生修→刷毛→缝边→（洗呢→脱水）→缩呢→洗呢→脱水→烘干→中检→（熟修→）剪毛→熟修→刷毛→蒸呢 |
| 学生呢大众呢 | 生修→刷毛→缝边→缩呢→洗呢→染色→脱水→烘干→中检→（起毛→）剪毛→熟修→刷毛→蒸呢 |
| 粗花呢 | 生修→刷毛→缝边→（洗呢→脱水→）缩呢→洗呢→脱水→烘干→中检→熟修→（钢拉→）剪毛→刷毛→蒸呢 |
| 素毯，道毯及格子毯 | 生修→刷毛→（洗呢→脱水→）→缩呢→洗呢→脱水→（染色→脱水→）烘干→起毛→刷毛→裁剪→复验→缝边 |
| 提花毯 | 生修→刷毛→洗呢→脱水→缩绒→烘干→钢拉→刺拉（水拉）→脱水→烘干→刷毛→裁剪→复验→缝边 |
| 人造毛毯 | 生修→钢拉→绷幅→钢拉→裁剪→复验→缝边 |

**注**　括号内的工艺，有时可以省略。

# 第三章 长毛绒产品设计

## 第一节 长毛绒产品特点

长毛绒产品与精粗纺毛织品相比，在品种、原料及工艺等方面具有下述特点，是长毛绒产品设计时必须考虑的先决条件。

### 一、品种特点

长毛绒是经起毛的立绒产品，大部分是冬季服用，以素色为主，质地厚重，颜色较深，绒面丰满，立绒弹性好，保暖性强，部分花式产品质地松软，轻而薄，多数做女装、童装及衣里用料。还有仿兽皮的人造毛皮产品，花型逼真，光泽好，颇具真裘皮质感，适宜做男女服装。

除服用外，近年来还发展了沙发绒、地毯绒、皮辊绒以及汽车工业、航空工业用绒等。

### 二、原料特点

长毛绒使用的纤维要求粗长有光泽，在羊毛纤维方面有：三、四级西宁毛，三、四级西藏毛，44 ~ 58支羊毛及48 ~ 56支马海毛，在化学纤维方面有：3.3 ~ 13.2 dtex（3 ~ 12旦）腈纶、11 ~ 44dtex（10 ~ 40旦）锦纶、3.3dtex（3旦）涤纶、5.5dtex（5旦）黏胶纤维、3.3 ~ 6.6dtex（3 ~ 6旦）腈氯纶等，其中腈氯纶纤维因有高缩性能，为制造人造毛皮的必需原料。

### 三、工艺特点

长毛绒产品的工艺过程，毛条制造与纺纱均同精纺，但织造与精纺不同，因长毛绒是双层经起毛织物，必须增加剖绒工艺，使上下层剖开为立绒起毛织物。整理工艺较简单，一般产品只经干整理，部分色泽鲜艳浅淡产品增加洗呢、匹染及湿整理工艺，人造毛皮则应增加印花、烫压、磨光等工艺。

## 第二节 长毛绒设计

### 一、织物组织的确定

根据设计品种的使用性能和设计要求，或根据来样分析，具体确定织物组织。如要求质地厚实、绒面丰满、立毛挺、弹性好的服用产品，则多数采用四梭组织；质地松软轻薄或衣里服用产品，多数采用六梭、八梭组织；倒伏型长毛仿兽皮产品，多数采用八梭、十梭组织；工业或家具用产品，一般要求绒毛短而密，弹性强、耐压耐磨，因此多数采用二梭、三梭组织。

## 二、技术条件的确定

### 1. 幅宽

根据生产设备有效工作宽度，结合服装裁剪要求的幅宽来确定。一般服装用产品幅宽以118~122cm为适宜。个别有特殊要求的产品，在设备条件可能生产情况下，根据特殊要求设计幅宽，如沙发绒幅宽为100cm，床毯绒幅宽为153cm等。

### 2. 毛高及经纬密度的确定

根据设计产品要求或来样分析，确定绒毛高度和经纬密度，一般立毛服用产品毛高7.5~10mm；经密124~150根/10cm，纬密165~190根/10cm。一般轻薄松软产品毛高8~10mm，经密120~180根/10cm，纬密157~190根/10cm。仿兽皮倒伏型长毛产品毛高12~20mm，经密160~200根/10cm，纬密190~230根/10cm。

### 3. 纱线密度的确定

长毛绒所用纱支根据产品特点，纤维粗细和设计要求来确定，如一般立毛型产品，起毛经纱用三~四级西宁羊毛或48~50支羊毛，5.5~9.9dtex（5~9旦）腈纶以及以上原料的混纺，宜纺（50~35.7）tex×2（20公支/2~28公支/2）毛纱，地经用（36.44~27.76）tex×2（16英支/2~21英支/2）棉纱，地纬用（27.76~18.22）tex×2（21英支/2~32英支/2）棉纱；一般轻薄型产品，起毛经用58~60支羊毛或323~525dtex（3~5旦）腈纶，宜纺（41.67~27.78）tex×2（24公支/2~36公支/2）毛纱，地经用（27.76~18.22）tex×2（21英支/2~32英支/2）棉纱，地纬用（18.22~13.88）tex×2（32英支/2~42英支/2）棉纱；仿兽皮倒伏型产品，起毛经用3.3~16.5dtex（3~15旦）腈纶或腈氯纶以及腈纶或腈氯纶与涤纶、锦纶等其他化学纤维混纺，宜纺（38.46~25）tex×2（26公支/2~40公支/2）毛纱，地经用（27.76~18.22）tex×2（21英支/2~32英支/2）棉纱，地纬用（18.22~13.88）tex×2（32英支/2~42英支/2）棉纱。

### 4. 筘号的确定

根据产品设计中确定的成品经密、幅宽、组织和在机到成品幅缩来计算筘号。

$$筘号（齿/10cm）= \frac{成品毛经经密}{（1-幅缩率）}$$

## 三、设计计算

### 1. 经密

（1）上机经密：

$$上机毛经经密（根/10cm）=筘号$$

$$上机棉经经密（根/10cm）= 上机毛经经密 × 棉毛经比$$

（2）坯布经密：

$$坯布毛经经密（根/10cm）= \frac{上机毛经经密}{1-织造幅缩}$$

$$坯布棉经经密（根/10cm）= \frac{上机棉经经密}{1-织造幅缩}$$

（3）成品经密：

$$成品毛经经密（根/10cm）= \frac{坯布毛经经密}{1-整理幅缩}$$

$$成品棉经经密（根/10cm）= \frac{坯布棉经经密}{1-整理幅缩}$$

### 2. 总经根数

$$毛经总经根数（根）= 上机毛经经密 × 上机幅宽（不连边）× \frac{1}{10}$$

$$棉经总经根数（根）= 上机棉经经密 × 上机幅宽（不连边）× \frac{1}{10} + 边经根数$$

### 3. 纬密

（1）上机纬密（根/10cm）：根据产品设计要求确定。

（2）坯布纬密（根/10cm）$= \dfrac{上机纬密}{1-织坯长缩}$

（3）成品纬密（根/10cm）$= \dfrac{坯布纬密}{1-整理长缩}$

### 4. 幅宽

$$上机幅宽（cm）= \frac{毛经总经根数}{上机筘号} × 10$$

$$坯布幅宽（cm）= 上机幅宽 × （1-织造幅缩率）$$

$$成品幅宽（cm）= 坯布幅宽 × （1-整理幅缩率）$$

### 5. 经纱长度

成品长度（m）设计时确定。

$$坯布长度（m）= \frac{成品长度}{1-整理长缩率}$$

$$棉经纱长度（m）= \frac{坯布长度}{1-织造长缩率} × 匹数$$

$$毛经纱长度(m) = \frac{成品长度(m) × 成品纬密（根/10cm）× 10 × \dfrac{一个完整组织起毛长度(mm)}{一个完整组织纬纱根数 × 1000}}{} × 匹数$$

### 6. 成品用料及重量

（1）毛经纱单位用量（kg/m）。

$$毛经纱单位用量=\frac{毛经总经根数×成品纬密×10×一个完整组织起毛长度×毛纱线密度(tex)}{一个完整组织纬纱根数×(1-回丝率)×1000×1000×1000}$$

注意：①一个完整组织起毛长度（mm）＝在机双层毛高＋毛脚长度。

②回丝率：纯毛素色和夹花品种为1%，纯毛条子、格子花式品种，化学纤维混纺或纯纺品种为1.5%。

③毛脚长度：纬纱用（27.76～18.22）tex×2（21英支/2～32英支/2）棉纱；三、四、六、八梭组织为4.5mm；十梭组织为6mm。纬纱用13.88tex×2（42英支/2）棉纱，三、四、六、八梭组织为4mm。

（2）棉经纱单位用量。

$$棉经纱单位用量（kg/m）=\frac{棉经总经根数（包括边纱）×1×棉纱线密度（Tt）}{(1-经向缩率)×(1-染纱缩率)×(1-回丝率)×1000×1000}$$

注意：　　　　　　经向缩率＝织造长缩率＋整理长缩率

一般经向缩率为5%，回丝率为1%，染纱缩率为2%。

（3）棉纬纱单位用量。

棉纬纱单位用量（kg/m）

$$=\frac{[上机筘幅(连边)(cm)×10+边外纱长度(mm)]×成品纬密(根/10cm)×10×棉纱线密度(Tt)}{(1-回丝率)×(1-染纱缩率)×1000×1000×1000}$$

注意：二梭组织起毛边外纱长度（mm）＝$\dfrac{双层毛高}{2}$

　　　三、六梭组织起毛边外纱长度（mm）＝$\dfrac{双层毛高}{3}$

　　　四、八梭组织起毛边外纱长度（mm）＝$\dfrac{双层毛高}{4}$

　　　十梭组织起毛边外纱长度（mm）＝$\dfrac{双层毛高}{5}$

（4）成品重量：

成品每米重量（kg）＝毛经纱单位用量（kg）×（1-回丝率）×（1-织整损耗率）＋

　　　　　　　　［棉经纱单位用量（kg）＋棉纬纱单位用量（kg）×（1-回丝率）］

说明：织整损耗率指在织造整理生产过程中的织造车肚落毛、剖绒落毛、梳绒落毛、剪毛废毛以及风耗等，一般产品在15%～20%。

$$成品平方米重量（g）=\frac{成品每米重量(kg)×1000×100}{成品幅宽(cm)}$$

## 第三节　长毛绒产品分类编号、生产工艺流程及织物组织

### 一、长毛绒产品分类编号办法

长毛绒产品的编号由6位阿拉伯数字组成：5×××××。

（1）第一位数字5：表示长毛绒产品。

（2）第二位数字：表示产品用途，见表7-3-1。

表7-3-1　长毛绒产品用途代号

| 代　号 | 表示内容 | 代　号 | 表示内容 |
| --- | --- | --- | --- |
| 1 | 服装用长毛绒 | 4 | 装饰绒 |
| 2 | 衣里用长毛绒 | 5 | 玩具绒 |
| 3 | 工业用绒 | 6 | 其他长毛绒 |

（3）第三位数字：表示原料，见表7-3-2。

表7-3-2　表示长毛绒产品原料的代号

| 代　号 | 表示内容 | 代　号 | 表示内容 |
| --- | --- | --- | --- |
| 0 | 纯毛 | 7 | 纯化纤 |
| 4 | 毛混纺 | 9 | 其他 |

（4）第四、五、六位数字：表示产品顺序号。

### 二、长毛绒生产工艺流程

毛纱：整经→蒸轴→剪轴┐
棉纱：染色→络筒┬→整经／络维→织造→剖绒→查绒→修补→复查复修→连续化初整理（梳绒→蒸烘绒→剪绒→梳绒→剪绒→蒸烘绒→剪绒→剪绒）→中间检验→中间修补→连续化复整理（梳绒→蒸烘绒→剪绒→剪绒）→成品检验→包装入库

### 三、织物组织

长毛绒织物由经纬三组纱线交织而成，其中经纬两组纱线交织，形成上下两层底布，第三组经纱交织于上下两组纱线之间形成起毛，如图7-3-1所示。织物正面有密集毛丛覆盖，故其底布一般均采用平纹组织。对毛经的固结有二纬、三纬、四纬、六纬、八纬、十纬等。这里介绍一部分组织的穿综、穿筘、纹板图（图7-3-2～图7-3-7），供参考。

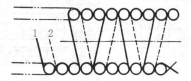

图7-3-1　四梭组织截面

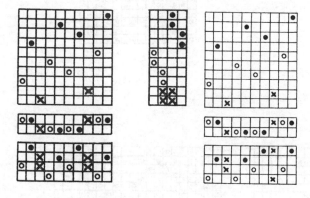

图7-3-2　二梭组织

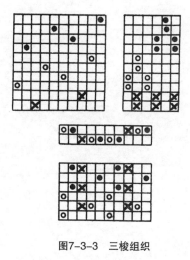

图7-3-3　三梭组织

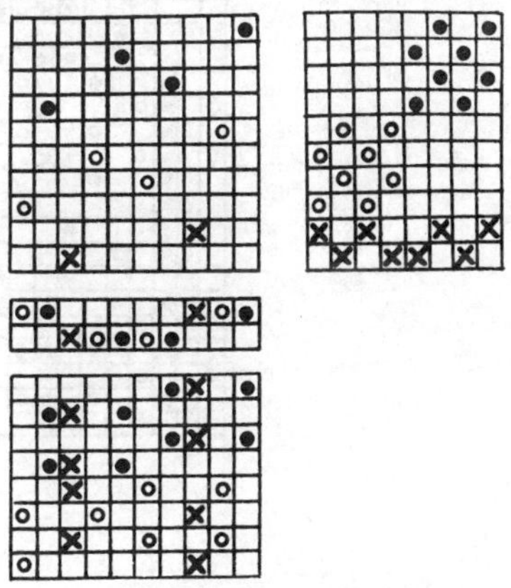

图7-3-4　四梭组织

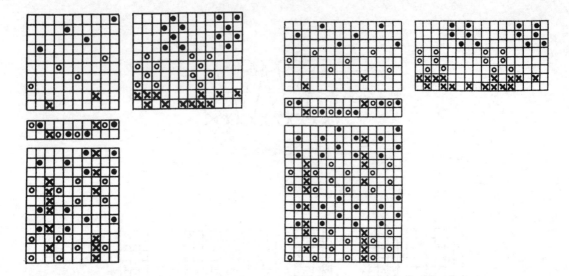

图7-3-5　六梭组织　　　　　　　　　　　　　　　　图7-3-6　八梭组织

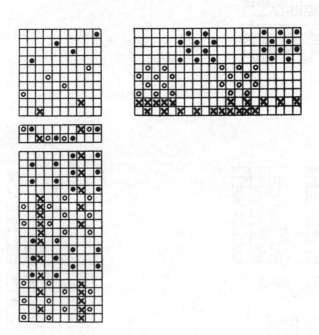

图7-3-7　十梭组织

# 第八篇　织造

# 第一章  整经

## 第一节  分条整经机的主要技术特征

分条整经机的主要技术特征见表8-1-1和表8-1-2。

表8-1-1  分条整经机的主要技术特征（一）

| 项  目 | | 机  型 | | |
|---|---|---|---|---|
| | | H112型 | HWK型 | GA-163型 |
| 整经滚筒直径（mm） | | 1452 | 733 | 1000 |
| 整经滚筒周长 | 最小周长（mm） | 4600 | 2304 | 3140 |
| | 平均工作周长（mm） | 4700 | 2565 | 3811 |
| 整经滚筒幅度（mm） | | 2700 | 2337 | 3200 |
| 最大经轴尺寸 | 边盘间距（mm） | 2300 | 2200 | 2200 |
| | 边盘直径（mm） | 610 | 576 | 800 |
| 筒子架形式 | | 矩形 | V形 | 矩形 |
| 筒子架锭距 | 水平间距（mm） | 220 | 200 | 250 |
| | 垂直间距（mm） | 230 | 165 | 250 |
| 筒子只数 | | 400 | 360 | 400 |
| 筒子架高度（mm） | | 2500 | 2200 | 2200 |
| 整经滚筒转速（r/min） | | 19.2, 26.9, 37.6 | 86 | 318 |
| 平均整经线速度（m/min） | | 90.3, 126.3, 176.9 | 220 | 230, 318 |
| 经轴转速（r/min） | | 19.8, 27.8, 38.9 | 32.9, 37.6 | 63.9, 79.6 |
| 整经滚筒圆锥角 | | 分散调节式 | 固定式16°30′ | 固定式9° |
| 机器外形尺寸（整经机与分绞架）（mm） | | 长3500×宽4200×高1700 | 长2500×宽4400×高1250 | 长4804×宽3816×高1600 |
| 占地面积（整经机与筒子架）（mm） | | 长11400×宽5000 | 长9000×宽5000 | 长15000×宽5000 |
| 重量（kg） | | 4350 | 约2000 | 5000 |
| 电动机型号及功率 | | 整经与倒轴：JFO₂42-6（右）型，筒子架：3kW，960r/min FW12-4（T₂）型，0.55kW，1420r/min | 整经：JO₂型，0.6kW，1440r/min 倒轴：JO₂型，3kW，960r/min | 整经、倒轴电动机功率：15kW、18kW 整经速度0~1000m/min 倒轴速度：0~200m/min |
| 附属装置 | | （1）测长装置 （2）满绞自停装置 （3）电气断头自停装置 （4）倒轴张力指示器 | （1）测长装置 （2）满绞自停装置 （3）电气断头自停装置 | （1）测长装置 （2）满绞自停装置 （3）光电断头自停装置 |
| 其他特点 | | （1）分绞箱、定幅箱与筒子架三者同时移动，保持经纱张力均匀 （2）倒轴时经轴自动移行 | （1）整经与倒轴分别由两只电动机传动，可节约用电 （2）倒轴时整经滚筒自动移行 | 整机主机可在地轨上移动，而分绞箱和筒子架固定，条带相对分绞箱、定幅的包围角不变，边纱张力均 |

注  HWK型整经机以1972年上海五毛制造的机台为依据。

### 表8-1-2　分条整经机的主要技术特征（二）

| 项　目 | 主　要　技　术　特　征 | | |
|---|---|---|---|
| | H112A型 | H112C型 | GA-163型 |
| 整经滚筒 | 固定式 | 固定式 | 固定式 |
| 分条定幅筘 | 移动式 | 移动式 | 移动式 |
| 整经滚筒直径（mm） | 1452 | 1452 | 1000 |
| 整经滚筒周长（mm） | 4600 | 4600 | 3811 |
| 整经滚筒圆锥角 | 分散调节式 | 分散调节式 | 固定式 |
| 可容经轴尺寸（cm） | 最大织幅2300 | 最大织幅2000 | 2200 |
| | 最大边盘直径610 | 最大边盘直径800 | 最大边盘直径800 |
| 整经线速（m/min） | 分二级：134.2, 204.88 | 分二级：134.2, 204.88 | 0～1000（可编程序控制变频调速、恒线速卷绕） |
| 倒轴时经轴转速（r/min） | 分二级：27.7, 45.2 | 分四级：31, 50, 39, 24 | 0～200 |
| 测长轴周长（cm） | 333.3 | 333.3 | 448.2 |
| 机器外形尺寸（整经机包括筒子架）（长×宽×高）（mm） | 3500×4200×1700 11400×5000×2500 | 3500×4200×1700 11400×5000×2500 | 4804×3816×1600 长15000×宽5000 |
| 筒子架形式 | 矩形移动式 | 矩形移动式 | 矩形移动式 |
| 筒子架筒数（只） | 400 | 400 | 400 |
| 机器传动 / 整经滚动曳动 | YD100L1-6/4多速电动机，功率1.3/1.7kW，转速940～1435r/min，380V | YD100L1-6/4多速电动机，功率1.3/1.7kW，转速940～1435r/min，380V | 15kW交流电动机通过变频器控制转速，0～1000m/min |
| 机器传动 / 倒轴曳动 | Y132M1-6, 4kW, 转速900r/min, 50Hz | Y132M1-6, 4kW, 转速900r/min, 50Hz | 18kW交流电动机通过变频器控制转速，0～200/min |
| 机器传动 / 筒子架曳动 | AL-7134（I₂）三相异步电动机，0.55kW，1420r/min，380V，50Hz | AL-7134（I₂）三相异步电动机，0.55kW，1420r/min，380V，50Hz | 手动链条移动 |
| 满绞自停 | 顶齿自停装置 | 顶齿自停装置 | 满绞自停功能 |
| 断头自停 | 电气控制断头自停装置 | 电气控制断头自停装置 | 光电断头自停装置 |
| 倒轴张力 | 纱线经两只滚筒倒入织轴，有指示针指示张力 | 纱线经两只滚筒倒入织轴，有指示针指示张力 | 倒轴张力任意设定自动控制 |
| 整经传动 | 整经滚筒由1.3/1.7kW多速电动机单独驱动，通过摩擦盘、齿轮带动 | 整经滚筒由1.3/1.7kW多速电动机单独驱动，通过摩擦盘、齿轮带动 | 整经滚筒由15kW电动机通过变频器单独驱动，通过皮带传动 |
| 分绞筘与定幅筘移动 | 随整经滚筒移动 | 随整经滚筒移动 | 分绞筘与定幅筘固定 |
| 倒轴传动 | 由4kW电动机通过摩擦盘、链轮、长轴传入倒轴变速箱带动织轴，倒轴时由整经滚筒传动经轴移动 | 由4kW电动机通过摩擦盘、链轮、长轴传入倒轴变速箱带动织轴，倒轴时由整经滚筒传动经轴移动 | 18kW交流电动机通过变频器控制传动，制动阻尼采用专利技术，伺服液压系统，以实现倒轴张力的自动控制 |
| 筒子架移动 | 随定幅筘通过电气控制一并移动 | 随定幅筘通过电气控制一并移动 | 筒子架固定，整经主机在地轴上移动 |
| 筒子架断头停车 | 筒子架上装电气按钮，在筒子架发现断头或换筒时，即可按动按钮 | 筒子架上装电气按钮，在筒子架发现断头或换筒时，即可按动按钮 | 光电断头自停装置 |

新型分条整经机的主要技术特征见表8-1-3。

表8-1-3 新型分条整经机的主要技术特征

| 项 目 | | 贝 宁 格 分 条 整 经 机 型 | |
|---|---|---|---|
| | | SF97-WA1型 | ERGOTEC型 |
| 整经滚筒 | | 钢质固定仰角式 | 钢质固定仰角式 |
| 分条定幅筘 | | V形可调节筘<br>直定幅筘 | V形可调节筘<br>直定幅筘 |
| 整经滚筒直径（mm） | | 1000 | 1000 |
| 整经滚筒周长 | 最小周长（mm） | 3140 | 3140 |
| | 最大工作周长（mm） | 4144.8 | 4144.8 |
| 整经滚筒有效幅度（mm） | | 2200 | 2200 |
| 最大经轴边盘直径（mm） | | 1250 | 1250 |
| 筒子架形式 | | 矩形，模块式筒子架 | 矩形，模块式筒子架 |
| 筒子架锭距 | 水平间距（mm） | 240 | 240 |
| | 垂直间距（mm） | 240 | 240 |
| 筒子架筒数（只） | | 400 | 400 |
| 筒子架高度（mm） | | 2900 | 2900 |
| 整经滚筒转速（m/min） | | 800 | 800 |
| 倒轴时经轴转速（m/min） | | 20 ~ 200 | 20 ~ 300 |
| 整经滚筒圆锥角（°） | | 7.5  8.5  11  12 | 7.5  8.5  11  12 |
| 机器外形尺寸（整经机与分绞架）（长×宽×高）（mm） | | 6400 × 5100 × 2300 | 6100 × 5400 × 1700 |
| 占地面积（整经机与筒子架）（长×宽）（mm） | | 14500 × 9800 | 14500 × 9800 |
| 重量（kg） | | 约5000 | 约5000 |
| 电动机连接驱动功率（kW） | 整经驱动装置 | 17.3 | 15 |
| | 倒轴驱动装置 | 17.3 | 11 |
| | 连接功率 | | 42 |
| 倒轴张力 | | 250 ~ 4550N | 300 ~ 3000N |
| 整经传动 | | 变频匀速运动 | 变频匀速运动 |
| 分绞筘与定幅筘移动 | | 相对固定 | 相对固定 |
| 倒轴张力方式 | | 被动式 | 主动式 |
| 筒子架移动形式 | | 固定小车式 | 固定小车式 |
| 附属装置 | | 经纱上蜡装置 | 经纱上蜡装置<br>带有凹槽的导纱辊<br>压辊装置 |
| 其他特点 | | 整经张力自动调节<br>经纱密度探测<br>倒轴平衡加压功能 | 整经张力自动调节<br>经纱密度探测<br>倒轴平衡加压功能 |

新型整经机的优点：

目前国际先进分条整经机如：德国卡尔·迈耶智能型高速分条整经机、瑞士贝宁格高速电子分条整经机。新型整经机具有如下优点：

（1）工艺流程和优化组合的传动配置。配备变频调速电动机、条带自动对条装置（激光对位）、激光控制的经纱卷绕直径检测装置可以获取最佳的分条质量。

（2）整经工艺参数实行智能化监控。工艺人员只需要输入纱支、每绞头数、整经总长度就可以进行整经，避免了繁琐的计算。

（3）优良的操作控制系统。操作简易，灵活，电气部件安全可靠。

# 第二节　分条整经机的传动及工艺计算

## 一、H112型分条整经机的传动及工艺计算（表8-1-4、图8-1-1）

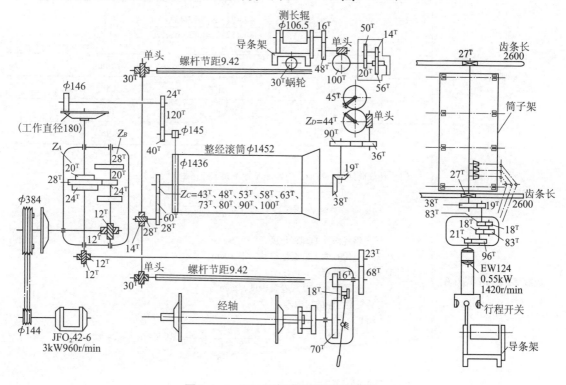

图8-1-1　H112型分条整经机传动图

表8-1-4　H112型分条整经机传动计算

| 项　目 | 计　算　公　式 | |
|---|---|---|
| 整经滚筒转速 $n_1$ | $n_1 \text{（r/min）} = 960 \times \dfrac{144 \times 12 \times Z_A \times 180 \times 24 \times 145}{384 \times 12 \times Z_B \times 146 \times 40 \times 1436} = 26.88 \times \dfrac{Z_A}{Z_B}$ | |
| | $Z_A/Z_B$（齿数） | $n_1$（r/min） |
| | 20/28 | 19.21 |

续表

| 项 目 | 计 算 公 式 | |
|---|---|---|
| 整经滚筒转速$n_1$ | $Z_A/Z_B$（齿数） | $n_1$（r/min） |
| | 24/24 | 26.88 |
| | 28/20 | 37.63 |
| 整经线速度$v$ | 整经滚筒周长$=\pi \times 1452 = 4559$，取4600mm。<br>整经时加上纱层厚度，直径增加，周长可达4800mm，取整经滚筒平均周长为4700mm。<br>$$v（m/min）= 26.88 \times \frac{Z_A}{Z_B} \times 4.7 = 126.3 \times \frac{Z_A}{Z_B}$$ | |
| | $Z_A/Z_B$（齿数） | $v$（m/min） |
| | 20/28 | 90.3 |
| | 24/24 | 126.3 |
| | 28/20 | 176.9 |
| 经轴转速$n_2$ | $$n_2（r/min）= 960 \times \frac{144 \times 12 \times Z_A \times 12 \times 23 \times 16}{384 \times 12 \times Z_B \times 12 \times 68 \times 70} = 27.83 \times \frac{Z_A}{Z_B}$$ | |
| | $Z_A/Z_B$（齿数） | $n_2$（r/min） |
| | 20/28 | 19.88 |
| | 24/24 | 27.83 |
| | 28/20 | 38.96 |
| 成形变换齿轮$Z_C$的计算 | （1）经滚筒回转一次时，定幅箱（导条架）的移距$b$（mm）：<br>$$b = \frac{P \times Tt}{S \times \tan\alpha \times 10^5}$$<br>式中：$\alpha$——整经滚筒的圆锥角度；<br>     $P$——单位宽度上的经纱根数，根/10cm；<br>     Tt——纱线线密度，tex；<br>     $S$——整经滚筒上纱线卷绕密度，g/cm³。<br>（2）成形变换齿轮的齿数$Z_C$：<br>$$Z_C = \frac{b}{\frac{1}{25} \times \frac{28}{14} \times \frac{1}{30} \times 9.42} = 39.8 \times b$$<br>（成形计算见第三节） | |
| 测长齿轮$Z_D$的计算 | 测长齿轮$Z_D = 44^T$，转一周时的整经长度$L$（m）：<br>$$L = 1 \times \frac{44}{1} \times \frac{36}{90} \times \frac{19}{38} \times 4.7 = 41.36$$ | |

## 二、HWK型分条整经机的传动及工艺计算（表8-1-5、图8-1-2）

### 表8-1-5 HWK型分条整经机传动及工艺计算

| 项　目 | 计　算　公　式 |
|---|---|
| 整经滚筒转速$n_1$ | $$n_1(\mathrm{r/min}) = 1440 \times \frac{16(Z_A)}{48(Z_B)} \times \frac{114}{203} \times \frac{159}{498.5} = 85.98$$ （改变$Z_A$与$Z_B$可获得不同的整经速度） |
| 整经线速度$v$ | 整经滚筒周长=$\pi \times 733$=2304mm<br>整经时加上纱层厚度，直径增加，周长可达2828mm，取整经滚筒平均周长为2565mm<br>$v$（m/min）=$85.98 \times 2.565 = 220.5$ |
| 经轴转速$n_2$ | $$n_2(\mathrm{r/min}) = 960 \times \frac{C}{420} \times \frac{26}{65} \times \frac{18}{70} = 0.2351 \times C$$ |

| $C$（mm） | $n_2$（r/min） |
|---|---|
| 140 | 32.9 |
| 160 | 37.6 |

| 项　目 | 计　算　公　式 |
|---|---|
| 成形变换齿轮$Z_E$的计算 | （1）整经滚筒回转一次时，定幅筘的移距$b$：<br>$$b(\mathrm{mm}) = \frac{P \times \mathrm{Tt}}{S \times \tan\alpha \times 10^5}$$<br>式中：$\alpha$——整经滚筒圆锥角度；<br>　　　　$P$——单位宽度上的经纱根数，根/10cm；<br>　　　　Tt——纱线特克斯数；<br>　　　　$S$——整经滚筒上纱线卷绕密度，g/cm³<br>（2）成形变换齿轮$Z_E$的齿数：<br>$$Z_E = \frac{b}{\dfrac{20}{44} \times \dfrac{1}{82} \times 4.23} = 42.7 \times b$$<br>（成形计算举例详见第三节） |
| 测长齿轮计算 | 测长齿轮$Z_F$（41T）转一周时的整经长度$L$：<br>$$L(\mathrm{m}) = 1 \times \frac{12}{96} \times \frac{100}{1} \times 2.565 = 32.06$$ |

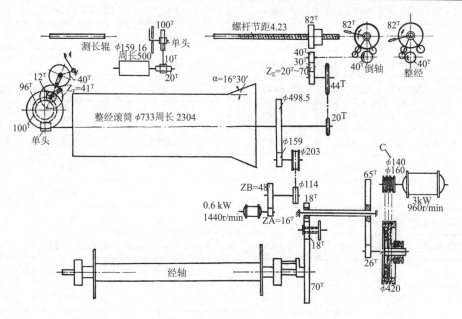

**图8-1-2 HWK型分条整经机传动图**

## 三、GA163型分条整经机传动及工艺计算（表8－1－6、图8－1－3）

表8-1-6 GA163型分条整经机传动及工艺计算

| 项 目 | 计 算 公 式 |
|---|---|
| 滚筒转速（m/min） | 0～1000（整经终端控制） |
| 倒轴转速（m/min） | 0～200（m/min）（倒轴终端控制） |
| 整经参数 | 整经滚筒最小周长＝π×1000＝3140mm |
| | 整经滚筒最大周长＝π×1427.6＝4482mm |
| | 滚筒锥角α＝9°固定不变 |
| 计算公式 | $L=P/S/N_m$ |
| 公式说明 | $L$为整经位移量（mm） |
| | $P$为上机密度（根/10cm） |
| | $N_m$为公制支数（公支） |
| | $S$为纱支对应常数 |

纱线线密度与纱支常数对照表如表8-1-7所示。

表8-1-7 纱线线密度与纱支常数对照表

| 线密度（tex） | 纱支（公支） | 纱支常数 $S$ | 线密度（tex） | 纱支（公支） | 纱支常数 $S$ |
|---|---|---|---|---|---|
| （100×2）～（33×2） | 10/2～30/2 | 0.4 | 12.82×2 | 78/2 | 0.47 |
| （31.25×2）～（29.41×2） | 32/2～34/2 | 0.425 | 12.5×2 | 80/2 | 0.474 |
| （27.8×2）～（25×2） | 36/2～40/2 | 0.428 | （12.20×2）～（11.90×2） | 82/2～84/2 | 0.475 |
| （23.8×2）～（21.74×2） | 42/2～46/2 | 0.435 | 11.63×2 | 86/2 | 0.478 |
| （20.83×2）～（20×2） | 48/2～50/2 | 0.438 | 11.36×2 | 88/2 | 0.48 |
| （19.23×2）～（18.52×2） | 52/2～54/2 | 0.445 | 11.11×2 | 90/2 | 0.484 |
| 17.86×2 | 56/2 | 0.448 | 10.87×2 | 92/2 | 0.485 |
| 17.24×2 | 58/2 | 0.45 | 10.64×2 | 94/2 | 0.485 |
| 16.67×2 | 60/2 | 0.454 | 10.42×2 | 96/2 | 0.488 |
| （16.13×2）～（15.63×2） | 62/2～64/2 | 0.455 | 10.20×2 | 98/2 | 0.49 |
| 15.15×2 | 66/2 | 0.458 | 10×2 | 100/2 | 0.494 |
| 14.71×2 | 68/2 | 0.46 | （9.80×2）～（9.62×2） | 102/2～104/2 | 0.495 |
| 14.3×2 | 70/2 | 0.464 | 9.43×2 | 106/2 | 0.497 |
| （13.89×2）～（13.51×2） | 72/2～74/2 | 0.465 | 9.26×2 | 108/2 | 0.498 |
| 13.15×2 | 76/2 | 0.468 | （9.09×2）～（8.33×2） | 110/2～120/2 | 0.5 |

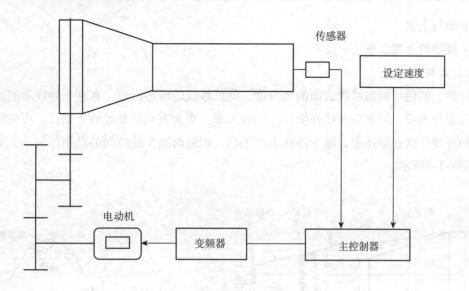

**图8-1-3　GA163型整经机传动图**

# 第三节　整经工艺

## 一、整经速度与张力

### 1. 整经速度

在H112型、HWK型、GA163型分条整经机上，对于一般毛纱、混纺纱及化学纤维纱，其整经线速度可采用170～220m/min。对于长丝及纯涤纶纱以采用较低的整经速度为宜，以利于减少突然张力及减少倒断头。

### 2. 整经张力

在筒子架上一般采用垫圈式张力装置，整经张力的大小可依据垫圈重量调节。对于一般精纺纱，整经张力可控制在15～30g的范围内；对于长丝应采用较小的整经张力。

### 3. 经条内经纱张力的均匀性

影响经条内经纱张力均匀性的因素如下。

（1）经条边部经纱的曲折角：如图8-1-4所示，先求出经纱对水平线的倾斜角$\beta_1$与$\beta_2$后，便可计算出边部经纱的曲折角$\alpha_1$与$\alpha_2$。

当$\beta_2>\beta_1$时，总曲折角$\alpha_1+\alpha_2=2\beta_2-\beta_1$；

当$\beta_2<\beta_1$时，总曲折角$\alpha_1+\alpha_2=\beta_1$。

经条边经纱的曲折角应尽可能减少，一般$\alpha_1+\alpha_2$以小于15°为适宜。

（2）经条的扩散现象：经条经过定幅筘后发生扩散。高经密的品种在整经时，经条的扩散现象较严重，造成整经滚筒上纱层呈瓦楞状，产生经绞印。为了减少扩散现象，可将定幅筘尽量靠近整经滚筒表面，适当选择定幅筘的筘号及每筘齿穿入根数。

（3）筒子架上筒子大小的搭配：筒子大小应均匀搭配，这样可使经条内经纱张力比较均匀。

## 二、上蜡与上浆

### （一）经纱的上蜡工艺

#### 1. 上蜡的作用

经纱上蜡后可提高纱线表面的光滑度，降低纱线的摩擦因数，有利于纱线顺利通过经停片、综眼与钢筘，以减少纱线在织机上的断头率。更为重要的是经纱上蜡后，可使纱线表面伸出的纤维压伏在纱体上，减少纱线上的毛羽，织造时减少纱线间的粘搭纠缠。上蜡（浆）图如图8-1-5所示。

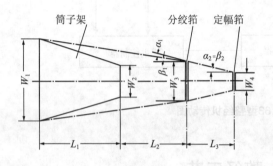

图8-1-4 经条边部经纱的曲折角　　　　图8-1-5 上蜡（浆）图

上蜡一般在分条整经的倒轴时，使经纱通过蜡槽内的带液辊表面而获得。

#### 2. 蜡剂

通常用的蜡剂是液体蜡或熔化蜡（固态蜡熔化后为熔化蜡）。

熔化蜡使用时需在蜡槽中加热到熔点90℃左右，洗涤时要采取高温洗涤，比较麻烦。

液体蜡既易于施加，也易于洗去，在纱线上可部分形成液态薄膜，对减少纱线毛羽，减少纱线间粘搭纠缠，有较好的效果。

对液体蜡的技术要求是：非离子型，无色或浅色的透明液体，易于用清水洗去，储存不氧化，对纱线有较大的黏附力。同时液体蜡本身应有较强的分子内聚力，能在纱线表面形成液态薄膜。

液体蜡用量举例见表8-1-8。

表8-1-8 液体蜡用量举例

| 纱线种类 | 上液体蜡百分率（%）（对经纱重） | 纱线种类 | 上液体蜡百分率（%）（对经纱重） |
|---|---|---|---|
| 精梳毛纱 | 1~2 | 腈纶短纤纱 | 2~3 |
| 粗梳毛纱 | 3~4 | 亚麻涤纶纱 | 3~4 |
| 毛涤纱 | 2~3 | 黏胶长丝 | 1~2 |
| 涤纶短纤纱 | 1~2 | 棉纱 | 1~2 |
| 涤纶长丝 | 0.5~1 | 黄麻纱 | 3~4 |

常见的液体蜡制造厂与型号见表8-1-9。

表8-1-9　常见液体蜡的制造厂和型号

| 制造厂 | 型号 | 外观 | 结构 | 黏度（Pa·s） | 备注 |
|---|---|---|---|---|---|
| 德国ROTTA化学公司 | Kettwachs 900 | 淡黄色透明液体 | 非离子型 | 0.09 | |
| | Rapidschlichte 933 | 淡黄色透明液体 | 非离子型 | 0.195 | 浓缩液体蜡 |
| 瑞士FIBROFIX公司 | G100-A | 淡黄色黏性液体 | 非离子型 | 0.042 | — |
| | G46 | 淡黄色黏性液体 | 非离子型 | 0.028 | — |
| 法国MELIOR公司 | L504 | 淡黄色透明液体 | 非离子型 | — | 纱线上蜡用 |
| | L550 | 淡黄色透明液体 | 非离子型 | — | 长丝上蜡用 |
| | L501 | 淡黄色透明液体 | 非离子型 | — | 浓缩液体蜡 |
| 中国纺织科学技术开发总公司 | CT-H-1 | 无色或微黄色中等黏度透明液体 | 阴离子 | — | 液体冷浆pH5.5~6.5 |
| | CT98-A | 无色或微黄色中等黏度透明液体 | 非离子及阴离子 | — | 液体冷浆pH5.5~6.5 |

新型毛纺冷浆剂是一种水溶性织造助剂，用于毛纺织品织造前经纱的冷上浆，替代经纱上液蜡，含有润湿剂、渗透剂、抗静电剂、防腐剂，浆料质量稳定，使用无需加热、冲稀、再复配，易退浆，对染色和后整理无不良影响。具有增强纱线强力、提高耐磨性、防静电等功效，提高织机效率、提高生坯质量的作用。不含APEO成分，是环保型产品。

液体蜡与熔化蜡的特性比较见表8-1-10。

表8-1-10　液体蜡与熔化蜡的特性比较

| 特性 | 液体蜡 | 熔化蜡 |
|---|---|---|
| 分解性 | 有可能分解 | 有可能分解 |
| 洗涤性 | 低温可洗涤 | 洗涤温度高 |
| 对纱线的包覆性 | 一定程度上有 | 有 |
| 蜡槽温度 | 常温 | 需加热 |

## （二）经纱的上浆工艺

### 1. 上浆的作用

经纱上浆是在经纱表面形成浆膜以增加经纱的强力与表面光滑度，使经纱更能经受摩擦，减少织机断经。织造33tex以下（30公支以上）的单股经纱的薄型毛织物时，必须采用经纱上浆，否则织造时会有很大困难。

对于薄型单经毛织物，在浆纱时通常采用单经轴喂入、单经轴输出的浆纱机。喂入浆纱机的单经轴是由分条整经机供给的。

为了避免碱性溶液对羊毛纤维造成损伤，不宜采用碱性退浆法。对于上浆的毛织物，宜采用酶退浆剂进行退浆。

## 2. 浆料

目前通常采用的浆料有变性土豆淀粉醚及聚丙烯酸酯溶液的混合浆料（浆料1）、变性玉米淀粉醚及聚丙烯酸酯溶液的混合浆料（浆料2）、聚乙烯醇与变性淀粉的混合浆料（浆料3）等。几种常用浆料的上浆效果见表8-1-11。

表8-1-11　几种常用浆料的上浆效果

| 织造品种 | | 全毛精纺法兰绒 | | | | 全毛精纺法兰绒 | | | | 全毛精纺法兰绒 | | | |
|---|---|---|---|---|---|---|---|---|---|---|---|---|---|
| 坯布经纬密度（根/10cm） | | 220×232 | | | | 283×283 | | | | 362×291 | | | |
| 经纬纱 | 线密度（tex） | 44 | | | | 37 | | | | 27 | | | |
| | 公支 | 22.7 | | | | 27 | | | | 37 | | | |
| | 捻度（捻/m） | 560 | | | | 630 | | | | 730 | | | |
| | 捻向 | Z | | | | Z | | | | Z | | | |
| 浆料成分 | | 浆料1 | 浆料2 | 浆料3 | 不上浆 | 浆料1 | 浆料2 | 浆料3 | 不上浆 | 浆料1 | 浆料2 | 浆料3 | 不上浆 |
| 上浆率（%） | | 4.4 | 3.8 | 6.9 | — | 5.0 | 4.4 | 5.8 | — | 4.5 | 4.2 | 4.5 | — |
| 单纱断裂强度（cN） | | 296 | 320 | 324 | 260 | 224 | 272 | 264 | 204 | 164 | 160 | 168 | 146 |
| 单纱断裂伸长率（%） | | 18.5 | 17.5 | 23.0 | 17.5 | 19 | 23.8 | 18.4 | 22 | 12.7 | 7.5 | 10.9 | 8.4 |
| 耐磨牢度断裂循环次数 | | 57 | 56 | 48 | 39 | 50 | 52 | 38 | 39 | 36 | 33 | 34 | 28 |
| 10万次打纬万根经纱的断头数 | | 0 | 28 | 7 | ∞ | 36 | 11 | 73 | ∞ | 251 | 258 | 130 | ∞ |
| 织机效率（%） | | 99.1 | 98.1 | 99.6 | 不可织造 | 92.3 | 99.1 | 93.9 | 不可织造 | 69.3 | 73.7 | 89.9 | 不可织造 |

## 三、成形计算

整经滚筒回转一次时，定幅筘移距$b$（mm）：

$$b = \frac{P \times Tt}{S \times \tan\alpha \times 10^5}$$

上式中整经滚筒上纱线卷绕密度$S$（g/cm³）的数值视纤维原料、纱线细度、纱线捻系数、整经张力等因素而定。根据几个厂的实际测定资料，$S$值的平均值见表8-1-12。

表8-1-12　整经滚筒上纱线卷绕密度$S$的平均值

| 纱线规格 | | 卷绕密度$S$的平均值（g/cm³） | |
|---|---|---|---|
| 线密度（tex） | 公支 | 全毛纱，毛混纺纱、黏锦与黏腈纱 | 纯涤纶、涤黏、纯黏纱 |
| （27.8×2）～（25×2） | 36/2～40/2 | 0.41 | — |
| （23.8×2）～（18.5×2） | 42/2～54/2 | 0.44 | 0.47 |
| （17.9×2）～（15.6×2） | 56/2～64/2 | 0.46 | 0.50 |
| 14.3×2以上 | 70/2以上 | 0.49 | 0.52 |

**例1** 在H112型分条整经机上，当采用整经滚筒圆锥角α=10° 时，设用20tex×2（50/2公支）全毛纱整经，整经密度p = 300根/10cm。求b值及变换齿轮$Z_C$的齿数。

解：查表8–1–12知20tex×2毛纱的S值为0.44g/cm³，先求出b值：

$$b = \frac{300 \times 20 \times 2}{0.44 \times \tan 10^\circ \times 10^5} = 1.54 (\text{mm})$$

变换齿轮$Z_C$的齿数：

$$Z_C = 39.8 \times b = 39.8 \times 1.54 \approx 61^T$$

**例2** HWK型分条整经机上整经滚筒圆锥角α=16° 30′，设用16.7tex×2（60/2公支）毛涤混纺纱整经，整经密度p=250根/10cm，求b值及变换齿轮$Z_E$的齿数。

解：查表8–1–12得出S值为0.46g/cm³,则：

$$b = \frac{250 \times 16.7 \times 2}{0.46 \times \tan 16^\circ 30' \times 10^5} = 0.6 (\text{mm})$$

变换齿轮$Z_E$的齿数：

$$Z_E = 420.7 \times b = 42.7 \times 0.6 \approx 25^T$$

**例3** 根据表8–1–12的S值，编制适用于全毛、毛混纺、黏锦、黏腈类纱线的HWK型分条整经机的成形计算图。

解：在HWK型分条整经机上，α=16° 30′，tanα=0.2962，将S及tanα的数值代入b值的计算公式，可得出一组b与P×Tt的关系式如下：

$$\text{Tt}=27.8\text{tex} \times 2\sim25\text{tex} \times 2, \quad b = \frac{P \times \text{Tt}}{12.2 \times 10^3}$$

$$\text{Tt}=23.8\text{tex} \times 2\sim18.5\text{tex} \times 2, \quad b = \frac{P \times \text{Tt}}{13 \times 10^3}$$

$$\text{Tt}=17.9\text{tex} \times 2\sim15.6\text{tex} \times 2, \quad b = \frac{P \times \text{Tt}}{13.7 \times 10^3}$$

$$\text{Tt}=14.3\text{tex} \times 2\text{以下}, \quad b = \frac{P \times \text{Tt}}{14.6 \times 10^3}$$

由上述关系式,可作出成形计算图（图8-1-6）,该图上部分斜线对应的纱线细度见表8-1-13。

表8-1-13 HWK型分条整经机成形计算图上部分斜线与纱线线密度对应表

| | 序号 | 1 | 2 | 3 | 4 | 5 | 6 | 7 |
|---|---|---|---|---|---|---|---|---|
| 纱线规格 | 线密度（tex） | 27.8×2 | 26.3×2 | 25×2 | 23.8×2 | 22.7×2 | 21.7×2 | 20.8×2 |
| | 公支 | 36/2 | 38/2 | 40/2 | 42/2 | 44/2 | 46/2 | 48/2 |
| | 序号 | 8 | 9 | 10 | 11 | 12 | 13 | 14 | 15 |
| 纱线规格 | 线密度（tex） | 20×2 | 19.2×2 | 18.5×2 | 17.9×2 | 17.2×2 | 16.7×2 | 15.6×2 | 14.3×2 |
| | 公支 | 50/2 | 52/2 | 54/2 | 56/2 | 58/2 | 60/2 | 64/2 | 70/2 |

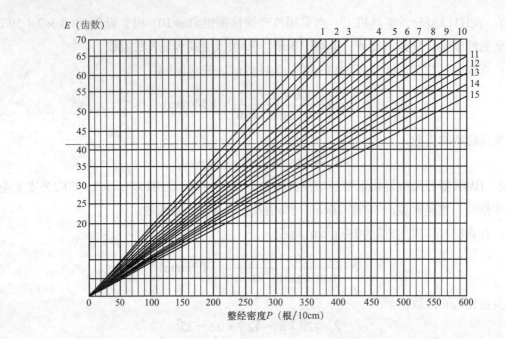

**图8-1-6　HWK型分条整经机成形计算图**

根据图8-1-6，按纱线细度Tt、整经密度P，就可查出定幅扣移距 b值以及变换齿轮$Z_E$的齿数。

**例4**　GA163型整经机滚筒锥角a=9°，高：12.5×2，纱支：$N_m$=80/2（公支）；上机密度P=382根／10cm；查表8-1-7得纱支对应常数S=7.508；求整经位移量L。

解：在GA163型分条整经机上，在滚筒锥角a=9° 时，整经位移量L可用以下公式计算求得：

$$L=P/S/N_m$$

将以上数据代入公式即得到：

$$L=382/7.508/40=1.271（mm）$$

## 四、工艺计算

（1）每绞根数。

$$每绞根数 = 花纹循环数 \times 重复次数$$

$$花纹循环数 = 色纱循环数与穿综循环数的最小公倍数$$

说明：每绞根数应小于筒子架容量减去单侧边经纱；每绞根数尽可能为偶数，以利于整经工放置分绞绳。

（2）绞数。

$$绞数 = \frac{总经数-两侧边经数}{每绞根数}$$

说明：绞数取整数，头绞与未绞根数应加进边经并根据总经数调整。

（3）绞宽。

$$绞宽(cm) = \frac{每绞根数}{每厘米上机经密}$$

（4）定幅筘每筘齿密入根数。

$$定幅筘每筘齿穿入根数 = \frac{每绞根数}{\left(绞宽 \times \dfrac{筘号}{10}\right) - 经条扩散筘齿数}$$

说明：①经条扩散筘齿数一般为1~2个筘齿。

②每筘齿计算穿入根数如为小数时，可调节穿筘法，使与绞宽相符。

③为避免整经滚筒上纱线排列错乱，一般薄型品种不宜超过3~4根/筘齿，中厚型品种不宜超过8根/筘齿。

④对于长丝品种，为防止纱线排列紊乱，造成吊经、经弓等织疵，其定幅筘的每筘齿穿入根数可与织筘相同（如织机为每筘齿两根，则定幅筘的穿筘法也为每筘齿两根）。同时定幅筘的筘号可比织筘筘号大2%~3%，如织筘用120号，则定幅筘用122~124号。

（5）整经长度。

$$整经长度（m）= 整经匹长（m）\times 匹数 + 机头机尾长度（m）$$

## 五、织轴容量

织轴卷绕经纱的长度取决于织轴的卷绕密度。卷绕密度变动范围应尽可能小，并确定一些常数，例如纯毛纱的卷绕密度为0.62~0.65g/cm³，毛涤纶混纺纱的卷绕密度为0.65~0.67g/cm³等。

设：　　$d$——织轴轴管直径，cm；

　　　　$D$——满轴直径，cm；

　　　　$\omega$——织轴幅宽，cm；

　　　　$P$——织轴上的经纱密度，根/cm；

　　　　$L$——织轴卷绕长度，m；

　　　　Tt——纱线线密度，tex；

　　　　$N_m$——纱线公制支数；

　　　　$W$——织轴上的纱线重量，g；

　　　　$S$——卷绕密度，g/cm³。

则纱线在织轴上的体积 $v(cm^3) = \dfrac{\pi}{4}(D^2 - d^2)\omega$

所以：　　　　织轴上纱线重量 $W(g) = \dfrac{\pi}{4}(D^2 - d^2)\omega S$

同时，　　　　　$W(g) = \dfrac{LP\omega Tt}{10^3} = \dfrac{LP\omega}{N_m}$

所以：　　　　$S(g/cm^3) = \dfrac{LPTt}{\dfrac{\pi}{4} \times 10^3(D^2 - d^2)} = \dfrac{LP}{\dfrac{\pi}{4}N_m(D^2 - d^2)}$

$$= \frac{LPTt}{785(D+d)(D-d)} = \frac{LP}{0.785N_m(D+d)(D-d)}$$

所以：

$$L(m) = \frac{785S(D+d)(D-d)}{TtP} = \frac{0.785SN_m(D+d)(D-d)}{P}$$

**例** 织轴轴管直径$d$=18cm,织轴经纱总根数=4380根，全毛纱公制支数$N_m$=48/2（公支），织轴幅宽$\omega$=173cm，满轴直径$D$=60cm，卷绕密度$S$=0.62g/cm³。求织轴的卷绕长度$L$。

**解：** 织轴上的经纱密度 $P = \frac{4380}{173} = 25.3$(根/cm)

所以

$$L = \frac{0.785 \times 0.62 \times 24 \times (60+18)(60-18)}{25.3} = 1512 \text{（m）}$$

# 第四节 整经疵点及成因

整经疵点及成因见表8-1-14。

表8-1-14 整经疵点及成因

| 名 称 | 造 成 原 因 |
| --- | --- |
| 经纱张力不匀，造成经档或经绞印 | 1.经条边部的经纱曲折角太大，可合理调节筒子架、分绞筘、定幅筘相互间的距离，并适当选用分绞筘筘号与每绞经纱的根数，以减少经纱的曲折角<br>2.筒子架、分绞筘、定幅筘三点不成一直线<br>3.张力装置发生故障，如垫圈重量不一致，垫圈相互不紧密接触，纱线跳出垫圈等<br>4.匹染品种大小筒子分布不均匀<br>5.寻倒断头操作不当 |
| 成形不良造成经档或经绞印 | 1.定幅筘传动装置发生故障<br>2.搭绞不良，过紧或过稀<br>3.定幅筘离整经滚筒太远 |
| 倒断头 | 停经装置不灵敏，整经滚筒上的断头未寻出 |
| 纱线排列错误 | 筒子架上筒子排列错误或纱批搞错 |
| 各绞经条长度不一致，造成回丝 | 1.满绞自停装置失灵<br>2.看错转数表<br>3.测长机构故障 |
| 经轴嵌边与凸边 | 1.经轴边盘未校正，与轴管不成垂直状态<br>2.倒轴时边经与边盘未对准，或边盘间距与整经滚筒上的纱层幅宽不一致<br>3.经轴边盘未紧固于轴管上，受经纱挤压后外移，造成嵌边 |
| 长片段吊经 | 1.张力片飞毛堵塞<br>2.筒纱退绕不顺畅 |

# 第五节 整经操作注意事项

（1）整经机上机前，应按工艺卡规定检查筒子批号纸、筒管色泽、纱支批号是否符合规定。

（2）在将经纱穿入定幅筘后，开车前应复查绞宽、色纱排列及纱支捻向是否符合工艺卡要求。

（3）整经时，筒子架、分绞筘、定幅筘应经常保持直线位置，且工艺通道光洁无磨损、堵塞。

（4）在整经滚筒上，相邻两绞之间应有适当的间距，以1~2mm为宜。长丝品种可取2~3mm。

（5）倒轴前应检查经轴边盘是否与轴管垂直，边盘是否紧固于轴管上，边盘间距应与整经滚筒上纱层幅宽一致或略狭一些。

（6）在将经纱头与经轴布粘一起前，应用木梳将经纱梳直，然后用浆料粘在经轴布的夹层内。

（7）倒轴时应使两边边纱与边盘对准，防止嵌边与凸边，倒轴张力应掌握里层较紧，向外逐渐减松。

（8）长丝品种倒轴注意事项。

①倒轴时经轴应反转，以便在纱层间垫放经轴纸。垫入经轴纸的目的是使纱层相互隔开，防止嵌叠，以利于织造时经纱能从经轴上顺利退绕。还应注意：由于倒轴时经轴是反转的，整经时纱线排列也应相应地反排。

②在经轴倒好后，所有的经纱头应夹在两根木棒间，以防纱头紊乱。

③整个经轴应用纸或布包好，以防外层纱线紊乱。

# 第六节　新型整经机

## 一、新型整经机的主要技术特征

新型分条整经机瑞士贝宁格（Benninger）与德国哈科巴（Hacoba）的技术特征见表8-1-15。

表8-1-15　贝宁格、哈可巴整经机的主要技术特征

| 制造厂 | 瑞士贝宁格 | | 德国哈科巴 |
|---|---|---|---|
| 型号 | SC型 | SF型 | USK型 |
| 整经机工作幅宽（mm） | 1800、2200、2600、3000、3400、3500、3900 | 2200、2600、3000、3400、3800、4200 | 2000、2200、2500、3500、4000 |
| 张力装置形式 | GZB型无瓷柱垫圈式，UR型压辊式 | GZB型无瓷柱垫圈式，UR型压辊式 | HH型压辊式 |
| 整经滚筒直径（mm） | 796 | 1000 | 1000 |
| 圆锥部分规格：高度×长度（mm） | 可调圆锥角，最高高度200 | 固定圆锥角（1）162.5×1300（1:8）（2）260×1300（1:5）（3）340×1700（1:5） | 固定圆锥角（1）250×1000（14°）（2）350×1400（14°）（3）250×1500（9°30'） |

| 制造厂 | 瑞士贝宁格 | | 德国哈科巴 |
| --- | --- | --- | --- |
| 型号 | SC型 | SF型 | USK型 |
| 最大经轴直径（mm） | 800 | 800、1000、1250 | 1000、1250 |
| 最大整经速度（m/min） | 800 | 800 | 800 |
| 最大倒轴速度（m/min） | 200 | 300~370 | 300 |
| 最大倒轴张力（N） | — | 1000×9.8 | 800×9.8 |
| 电子计算机程序控制 | 简化的 | 全功能的 | 全功能的 |
| 上液体蜡装置 | 有 | 有 | 有 |
| 经轴加压装置最大压力（N） | 300×9.8 | 300×9.8 | 200×9.8 |
| 倒轴时整经滚筒横动装置 | — | 有（动程0~30mm） | 有（动程0~30mm） |
| 落轴与上轴装置 | 有 | 有 | 有 |

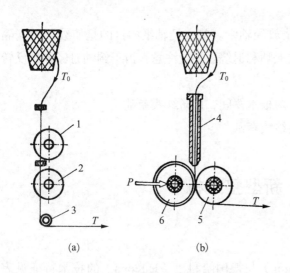

**图8-1-7 无瓷柱张力装置示意图**

1，2—张力垫圈 3—瓷辊 4—导管 5—金属罗拉 6—橡胶罗拉

## 二、贝宁格整经机上的新型装置

### （一）张力装置

**1. GZB型无瓷柱垫圈式张力装置**

设计原理是尽可能减少退绕张力对输出张力的影响，使输出张力主要由垫圈的压力来决定（图8-1-7）。

在图8-1-7（a）中，1为第一对无瓷柱的张力垫圈，上垫圈的压力是自重压力。2为第二对无瓷柱的张力垫圈，上垫圈用可调的压缩弹簧加压。两对垫圈的下垫圈均为积极回转，故可自动排除纱线上脱落的尘埃与污垢，避免在上下垫圈之间积聚污垢，从而防止不正常的张力。3为可转动的瓷辊，瓷辊装在微型滚针轴承上。在这种张力装置上，输出张力为：

$$T = (1+n)[T_0 + \mu(W_1 + W_2)]$$

式中：$T$——输出张力；

$T_0$——退绕张力；

$\mu$——垫圈对纱线的摩擦因数；

$W_1$——第一对垫圈中上垫圈的压力；

$W_2$——第二对垫圈中上垫圈的压力；

$n$——瓷辊轴承的滚动摩擦所造成的张力的增加系数。

在无瓷柱的垫圈式张力装置中，输出张力主要是由张力垫圈所决定。在总的输出张力中，由两对垫圈的压力所给予纱线的张力占60%～70%，而由退绕张力所形成的纱线输出张力占30%～40%，因此退绕张力对输出张力的影响明显减少。在这种形式的张力装置中，输出张力主要由第二对垫圈上的可调的压簧控制，且这些压簧是集中可调的，因此可以使筒子架上的各只张力装置集中调节。

贝宁格公司GZB型张力装置的特点如下。

（1）实现张力的集中统调。统调的方式有两种，供用户选择。第一种方式是用手轮统调每只张力器的压簧，并有数字显示；第二种方式是用伺服电动机进行统调，伺服电动机接受来自自动成形控制的信号进行工作，对每只张力器实行统调，使张力经常保持在预定水平。

（2）适用范围广。可适应400～7tex（2.5～143公支）的短纤维纱。

（3）由于张力器的下垫圈是积极传动的，故有自动清洁作用。

（4）张力部件耐磨，使用寿命长，保养简单，操作方便。

**2．UR型压辊式张力装置**

由于纱线与金属或瓷件的摩擦因数随纱线的染色色泽而不同，故在同样的垫圈压力下，不同色泽的纱线其输出张力也不同。压辊式张力装置是为克服因纱线的摩擦因数不同而引起输出张力的变化。当同时使用不同色泽的色纱进行整经时，采用这种压辊式张力装置更为适宜。压辊式张力装置如图8-1-7（b）所示。

在这种压辊式张力装置上，纱线的输出张力可大致按下式计算：

$$T = T_0 + \mu_{\mathrm{m}} \left( \frac{r_1}{R_1} + \frac{r_2}{R_2} \right) P$$

式中：$T$——输出张力；

$T_0$——退绕张力；

$\mu_{\mathrm{m}}$——滚子轴承的摩擦因数；

$R_1$，$R_2$——橡胶罗拉与金属罗拉的外径；

$r_1$，$r_2$——橡胶罗拉与金属罗拉的轴衬内径；

$P$——橡胶罗拉对金属罗拉的压力。

在这种张力装置上，输出张力主要取决于压力$P$与滚子轴承的摩擦因数$\mu_{\mathrm{m}}$。

### （二）电子程序控制

#### 1．精确校正成形数据

利用整经过程来控制计算机，以校正成形参数$b$的值，其做法是：先根据公式求出估算的$b$值（$b'$），将$b'$输入计算机。然后进行第一绞经条的整经。在整经过程中，整经滚筒的横动受计算机指令控制，每回转一次，横动的距离为$b'$。在整经机的导条架上有一个测厚罗拉5[图8-1-8（b）]。当整经滚筒上第一绞经条的纱层厚度达3mm左右时，使测厚罗拉（图8-1-8）测定精确的纱层厚度（设为$t_1$）；然后继续整经，当纱层厚度达12mm左右时，使测厚罗拉再次测定精确的纱层厚度（设为$t_2$）。由于计算机知道整经滚筒的卷绕圈数：当厚度为$t_1$时是第$n_1$圈，当厚度为$t_2$时是第$n_2$圈。于是计算机可自动求出整经滚筒每绕纱一圈的平均厚度为：

$$\Delta t = \frac{t_2 - t_1}{n_2 - n_1}$$

于是可得：

$$b = \frac{\Delta t}{\tan a}$$

上述$b$值就是修正后的$b$值（$a$为整经滚筒圆锥角）。在得出精确的$b$值后，计算机便指令整经机开始按精确的成形参数进行工作，从而可以免除由于$b$值不正确而出现的成形不良现象。

2. **实现张力调节的反馈，确保等长卷绕**

为了克服筒子架上纱线张力变化时对整经滚筒上纱层成形的影响，整经机上装有张力调节的反馈系统，如图8-1-8所示。导条架3上的测厚罗拉5对经纱的成形持续地进行监控，将纱层的实际厚度数据送入计算机中。计算机将实际厚度与贮存的成形数据对比，如有差异，就自动校正筒子架上的纱线张力，使之回复到原有水平，这样就可使实际成形厚度与设定的厚度重新一致。由于筒子架的张力装置已实现了中央集中统调，因此计算机只需要将脉冲信号发给控制筒子架张力统调的伺服电动机，由它来统调各只张力垫圈的加压，就可使张力回复到原有水平。

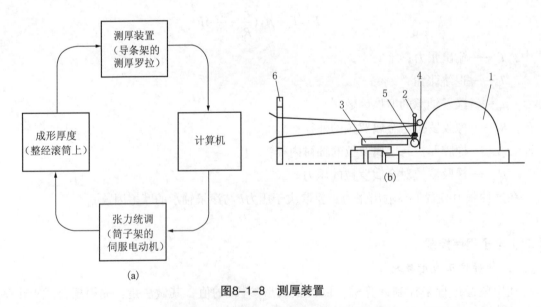

图8-1-8 测厚装置

1—整经滚筒 2—导条筘 3—导条架 4—导条罗拉 5—测厚罗拉 6—分绞筘

3. **自动计算匹长与整经总长**

匹长与整经总长由计算机控制，其原理是：计算机可以根据整经长度$L$及成形参数

（$\Delta t = b\tan a$），求出相应的整经滚筒的卷绕圈数$n$。其计算式为：

$$L = n\pi\,(d + n\Delta t)$$

式中： $L$——整经长度；

　　　 $n$——卷绕圈数；

　　　 $d$——整经滚筒直径；

　　　 $\Delta t$——每一层纱圈的平均厚度。

整经机在工作时，计算机随时对整经滚筒的转数进行监控，当达到设定的匹长或整经总长（即达到相应的卷绕圈数）时，就发出信号使整经机自动停机，故可得到正确的匹长或整经长度。

### 4. 自动调节搭绞

自动调节相邻两个经条的拼接，其精度为 ±0.1mm，可避免搭绞不良（即搭绞过紧或过稀）。

由于计算机可监控每一绞经纱在整经滚筒上的卷绕圈数$n$，因而可以确定经条相对于整经滚筒的总的横移量$nb$。在完成每一绞经纱的卷绕后，计算机就发信号给整经滚筒的横移机构使之回移（$nb$+经条宽度），其精度可达 ±0.1mm。

### 5. 自动调节整经滚筒转速

要使整经线速度$v$为恒定，就必须使整经滚筒转速$R$随整经滚筒上纱层的卷绕直径增大而减小，使：

$$R = \frac{\upsilon}{\pi\left[d + (2n-1)\Delta t\right]}$$

式中： $n$——整经滚筒的卷绕圈数；

　　　 $\Delta t$——整经滚筒上每一圈纱层的平均厚度。

在成形参数确定后，计算机可按$n$与$\Delta t$求出任一卷绕层时整经滚筒的应有转速$R$。将整经滚筒的实际转速与应有转速相比，如有差异，就发出信号，调节直流电动机的转速，从而使整经线速度$v$保持恒定。

计算机也能控制倒轴线速度，使之保持恒定，其原理相同。

### 6. 自动调节倒轴张力

改变液压控制的制动器对整经滚筒两侧的圆盘形制动盘的制动力，使制动力矩正比于整经滚筒上纱层的外径，纱层外径小，制动力矩也小，就可保持倒轴张力恒定。计算机可计算直径的变化，并向控制液压制动器的伺服电动机发出信号，使在倒轴过程中逐步减小制动力矩，以能保持倒轴张力不变。

### 7. 自动调节导条筘与整经滚筒的距离

在整经机的工作过程中，计算机能知道每一时刻整经滚筒上经纱的卷绕厚度，故可发出信号使导条架3[图8-1-8（b）]随着整经滚筒上卷绕纱层的增厚而逐渐回退，从而保持导条筘与整经滚筒上纱层表面之间有尽可能小的距离，有效地防止经条扩散，保持成形良好。

### 8. 断经记忆装置

采用高灵敏度经纱断头自停装置和高效能整经滚筒液压制动器，当纱线断头时，可在纱线运行3~4m的距离内，使整经滚筒被制动停止。故在一般情况下，在接头时，不需从整经滚筒上退下经条，寻找断头。但如断头发生处比较靠近前方，也有可能在停机后，断头已经卷绕在整经滚筒上。此时，为了避免从整经滚筒上退下经条，可以按一下专用的记忆按钮。因为计算机知道这时整经滚筒上的纱层是处在第$n$圈，故在倒轴时计算机就可发出信号，自动使倒轴机与整经滚筒停止在断头发生处，以便进行接头操作。

### （三）辅助装置

#### 1. 上液体蜡装置

新型分条整经机上均配备有倒轴时对经纱上液体蜡装置。

#### 2. 经轴加压装置

为了增加经轴的卷绕密度，在新型分条整经的倒轴机上装有液压控制的加压装置。它是由一对压辊组成，在倒轴时压辊从下方对经轴加压，以增加经轴的卷绕密度。采用这种方式增加经轴卷绕密度的优点是不需增加倒轴张力，以保持纱线的弹性。

#### 3. 倒轴时整经滚筒的往复横动装置

在对长丝或其他光滑的纱线倒轴时，为防止经轴边部的嵌边，造成退卷困难，可使整经滚筒在倒轴时有少许往复横动，其范围在0~30mm之间。横动幅度是通过计算机进行设定。

#### 4. 液压式落轴装置

利用可操纵的液压机构使满轴落下，或将空轴装上倒轴机，免除了旧式整经机上落轴时所需要的半机械手工操作。

## 三、哈科巴USK型分条整经机

（1）采用HH型压辊式张力装置，其原理类同于贝宁格的UR型张力装置。

（2）采用电子程序控制，其原理类同于贝宁格的SF型整经机。

（3）具有完备的辅助装置，其功能与贝宁格的整经机相当。

## 四、GN161型分条整经机

### （一）主要技术特征（表8-1-16）

表8-1-16　GN161型分条整经机的主要技术特征

| 项　目 | 主要技术特征 | 项　目 | 主要技术特征 |
|---|---|---|---|
| 整经滚筒周长（mm） | 3600 | 整经厚度（mm） | 200（最大） |
| 整经滚筒直径（mm） | 1150 | 分绞箱 | 固定式 |
| 整经速度（m/min） | 600（最大） | 整经滚筒刹车形式 | 带式刹车装置 |

续表

| 项 目 | 主要技术特征 | 项 目 | 主要技术特征 |
|---|---|---|---|
| 整经幅度（mm） | 2200（最大） | 经轴卷绕直径（mm） | 800（最大） |
| 定幅宽度（mm） | 240（最大） | 倒轴转数（r/min） | 20～120 |
| 整经滚筒圆锥角（°） | 4～19 | 定长装置 | 由计数器控制 |
| 传统系统装置 整经部分 | 5.5kW直流电动机 | 定幅筘移动距离（mm） | 整经滚筒转一转移动 0.2～5.6 |
| 传统系统装置 倒轴部分 | 7.5kW交流电动机和PIV 无级变速器 | 机器外形尺寸（长×宽×高）（mm） | 12260×7250×2250 |
| 传统系统装置 落轴部分 | 0.55kW交流电动机 | 筒子架 | 固定式，锭数384 |

## （二）特点说明

### 1. 筒子架部分

（1）筒子架采用固定式矩形筒子架，筒子架中间有可推进或拉出的小车，筒子插在小车上，每车96只。换筒时可将空筒小车拉出，推进预先装好的满筒小车，减少换筒时间。

（2）纱线张力采用重力加压控制。

（3）筒子架上装有接触式断头自停装置，每头一只，纱线断头时，接触棒落下，接通电路，刹车机构起作用而导致停车。该装置接触部分密封，灵敏度高。

### 2. 整经部分（图8-1-9）

（1）整经部分由机架、整经台、刹车、整经滚筒、横动装置、上蜡装置等部件组成，整个部分由5.5kW直流电动机驱动。

（2）整经滚筒的圆锥角可在4°～19°范围内集体调节。

（3）刹车采用带式刹车装置，由拉簧控制刹车张力，同时在倒轴时也可用来调节倒轴的张力。

（4）整经机上装有定长表和定转数表，可预先设定经纱长度及整经滚筒的转数。当整经机运转到预定值时，迅速停车。

（5）整经有两挡速度，一是正常工作速度，另一是特慢速度。两挡速度的选择，可通过电钮操纵。正常工作速度可由电位器随时进行调速。

（6）分绞筘固定不动。定幅筘装于整经台上，与整经滚筒一起安装在机架上，故工作时定幅筘随机架与滚筒一起在地轨上运动，又相对于滚筒做移动。整经滚筒每一转时的移动量，可在0.2～5.6mm范围内调节。

（7）使用横动装置，可以在倒轴时交叉铺纱，防止纱线重叠或嵌入。

（8）使用上蜡装置，上蜡辊可以在12.5～37.5r/min范围内无级调节，改变上蜡量的大小。

### 3. 倒轴部分

（1）倒轴部分由倒轴和落轴两个装置组成，倒轴装置由7.5kW交流电动机通过PIV无级变速器传动经轴，由人工操纵来调节速度，使经纱张力均匀。

（2）装轴和落轴，由0.55kW交流电动机通过齿轮和蜗轮蜗杆的传动使经轴落下或上升。

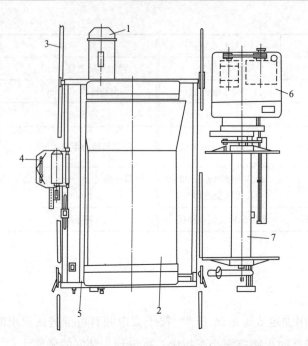

图8-1-9　GN161型分条整经机示意图

1—5.5kW直流电动机　2—整经滚筒　3—轨道　4—整经台　5—机架　6—无级变速箱　7—经轴

## 五、GA163型整经机

## （一）主要技术特征（表8-1-17）

表8-1-17　GA163型整经机的主要技术特征

| 项　　　目 | 主要技术特征 | 项　　　目 | 主要技术特征 |
|---|---|---|---|
| 有效幅宽（mm） | 2200～3600 | 整经电脑操作站 | 10.4寸彩色触摸屏 |
| 织轴盘片直径（mm） | 800、1000、1250 | 倒轴电脑操作站 | 9.4寸黑白触摸屏 |
| 整经速度（m/min） | 0～1000 | 筒子架锭距 | 300mm×250mm（毛、棉纱、混纺纱） |
| 倒轴速度（m/min） | 0～100、0～200 | | 250×250, 290×290（化纤长丝） |
| 倒轴实现张力精度 | ≤±2% | 筒子架锭数 | 392（毛、棉纱、混纺纱） |
| 制动距离（m/min） | ≤3（条件：2200S型，500m/min） | | 480（化纤长丝） |
| 大滚筒柱体直径（m） | 1000 | 输入电压（V） | 3×380±10% |
| 锥体锥度 | 9° | 装机容量（kW） | 40, 50 |
| 导条走丝速度（r/min） | 0.001～9.999（无级） | 整经电动机功率（kW） | 15 |
| 条定位精度（mm） | ≤0.1 | 倒轴电动机动率（kW） | 22, 30 |
| 导条随动精度 | 0.02% | 主机重量（kg） | 5500 |
| 条宽范围（mm） | 0.1～330.0 | 筒子架重量（kg） | 2500 |

**（二）特点说明**

（1）设置了整经压辊，通过压辊的变压力加压，使锥体部分卷绕成形更加平整。

（2）织轴所绕纱线的内外圈张力可任意设定，并在倒轴过程中实现闭环控制。

（3）采用在线参数测量技术，整经台的位移精度更高，起点定位、条定位可一次按键自动完成。

（4）整机机、电、液、气全方位故障诊断显示。

（5）采用先进的现场总线技术，使系统中各部分的任何参数、状态等信号都能通过一根总线传递，使设备的调试、诊断、工艺参数的管理都具有智能化的特点。

（6）整机配置多套PLC、4套全数字交流伺服和变频驱动器、2套触摸屏电脑工作站、1套远程监控电脑工作站等高档装置。

（7）一套倒轴机可供多台整经机头倒轴，倒轴机与整经机头间由专用接插件连接，简便而可靠。

（8）整经过程中，整经台始终保持与卷绕纱线表面等距离，避免条带扩散。

（9）制动阻尼采用专利技术，伺服液压系统油压调整精度高，制动力矩大，并实现倒轴张力的自动控制。

（10）整经主机可在地轨上移动，而分绞筘和筒子架固定，使得条带相对分绞筘、定幅筘的包围角不变，边纱张力均匀。

（11）钢质大滚筒为固定锥体，并经高精度动平衡校验。

（12）配有多种形式的筒子架，锭距、锭数可根据要求配备。

（13）备有多种形式的张力器，断经自停装置可选配。

（14）整经台上配有静电消除装置。

（15）可配备上蜡、上油装置。

**（三）主要参数关系（表8-1-18）**

表8-1-18　主要参数关系

| 倒轴速度（m/min） | 织轴卷绕直径（mm） | 倒轴张力（N） | |
| --- | --- | --- | --- |
| | | 倒轴电动机功率22 kW | 倒轴电动机功率30kW |
| 200 | ≤800 | 4000 | 5500 |
| | ≤1000 | 3500 | 4500 |
| | ≤1250 | 2500 | 3500 |
| 100 | ≤800 | 6500 | 9000 |
| | ≤1000 | 5000 | 7000 |
| | ≤1250 | 4000 | 5500 |
| 65 | ≤800 | 10000 | — |
| | ≤1000 | 8500 | — |
| | ≤1250 | 6500 | — |

## （四）GA163智能型整经机的规格和主要参数（表8-1-19）

表8-1-19 GA163智能型整经机的规格和主要参数

| 幅宽（mm） | | | 2200 | 2400 | 2600 | 2800 | 3000 | 3200 | 3400 | 3600 |
|---|---|---|---|---|---|---|---|---|---|---|
| 柱体长（mm） | | | 2250 | 2450 | 2650 | 2850 | 3050 | 3250 | 3450 | 3650 |
| 卷绕直径（mm） | 800 | 筒体长 | 3200 | 3400 | 3600 | 3800 | 4000 | 4200 | 4400 | 4600 |
| | | 锥体长 | 950 | | | | | | | |
| | | 锥直径 | 1300.9 | | | | | | | |
| | 1000 | 筒体长 | 3600 | 3800 | 4000 | 4200 | 4400 | 4600 | — | — |
| | | 锥体长 | 1350 | | | | | | — | |
| | | 锥直径 | 1427.6 | | | | | | — | |
| | 1250 | 筒体长 | 4200 | 4400 | 4600 | | — | | | |
| | | 锥体长 | 1950 | | | | — | | | |
| | | 锥直径 | 1617.7 | | | | — | | | |

## 六、全自动试样整经机

## （一）全自动试样整经机的技术特征（表8-1-20）

表8-1-20 全自动试样整经机的技术特征（一）

| 制 造 厂 | 德国卡尔·迈耶 | | | |
|---|---|---|---|---|
| 型 号 | ROM型 | GOM-8型 | GOM-16型 | GM-24型 |
| 工作幅宽（mm） | 10~2200 | 10~2200 | 10~2200 | 10~2200 |
| 单圈整经长度（m） | 7 | 7 | 7 | 7 |
| 复圈整经长度（m） | 14~140 | 14~420 | 14~700 | 14~1050 |
| 整经机长（mm） | 10265 | 8670 | 8670 | 8670 |
| 整经机深度（mm） | 6770 | 5695 | 5695 | 5695 |
| 整经机高度（mm） | 2730 | 3000 | 3000 | 3000 |
| 倒轴区域宽度（mm） | 5570 | 5452 | 5452 | 5452 |
| 旋转纱架（个） | 标准纱架 | 8 | 16 | 24 |
| 换纱速度（m/min） | 450 | 20~1000 | 20~1200 | 20~1200 |
| 整经最高速度（m/min） | 999 | 1200 | 1200 | 1200 |
| 分绞装置 | 5层分绞 | 7层分绞 | 7层分绞 | 7层分绞 |
| 分绞速度（m/min） | 700 | 20~1000 | 20~1200 | 20~1200 |
| 倒轴速度（m/min） | 0~30 | 1~200 | 1~200 | 1~200 |
| 上蜡装置 | 有 | 有 | 有 | 有 |

**（二）全自动试样整经机简要说明**

全自动试样整经机解决了快速打样和包袱样整经问题。它由整经卷绕、倒轴卷绕、计算机控制三部分组成，具有快捷、准确、高效的打样功能，能灵活多变地生产各种花型的整经小样及包袱试样。整经前只需将设计的工艺参数（总经根数、幅宽、纱支、整经长度）输入计算机，计算机就会自动运算出整经位移、经密、纱层厚度、整经锥角、卷绕圈数。它的分绞速度和换纱速度均可根据每个通道纱线质量独立设定。花型长度输入后，自动运算出整轴完成时间，整经过程的分绞和纱线更换全部由计算机自动控制。具体特点如下：

（1）可根据花纹序列设定同时整经1~16根纱。

（2）筒子外形有圆柱形和锥形，直径达230mm，绕上纱线达250mm，配备压电断头检测器，纱线断头时可以自动定位，并且在操作系统里进行记录。

（3）驱动单元：采用15kW异步电动机双液压盘刹车，可以高度精确定位锥角的形成。

（4）整经速度：整经速度通过无级可调恒定控制在20 m/min~1200 m/min之间。

（5）整经大滚筒由12根纱线传动皮带组成，传送周长7m。

（6）输入平台和对话中心由计算机和图文操作区及彩色图文触摸屏显示器组成。

（7）网络联接使用（RJ45）以太网，TCP/IP指令输入和日志均可通过网络传输。

（8）显示屏可以显示并查看如下工艺参数：整经/倒轴状态；整经速度；整经长度；卷绕圈数；整经根数；条带数；选色数。

# 第二章　穿经

## 第一节　穿经方法、设备及生产效率

穿经方法分手工穿经法与半机械穿经法、全自动穿经法三种。手工穿经法使用H172A型穿经架或自制穿经架。半机械穿经法使用自动分头机，用手工穿经、插筘。全自动穿经法是自动穿经机的模组自动电脑控制系统将单轴经纱穿入综丝、经停片及织机的钢筘中。各种穿经法的生产率见表8-2-1所示。

表8-2-1　各种穿经方法的生产率

| 项　目 | 手工穿经 | | 半机械穿经（用自动分头机） | 全自动穿经（全自动穿经机） |
| --- | --- | --- | --- | --- |
| | 单人穿经 | 双人穿经 | | |
| 每小时穿经（或结经）根数 | 1200～1500 | 2200～2400 | 2000～2200 | 4200～8400 |
| 看台能力（人/台） | 1 | 2 | 1 | 1 |
| 每小时插筘根数 | 5000～6000 | 7000～8000 | 5000～6000 | 4200～8400 |
| 每人每班的生产率（轴）（黏锦华达呢） | 1.2 | 1 | 1.8～2 | 4～8 |

## 第二节　H172A型穿经架和自动分头机

### 一、H172A型穿经架的主要技术特征（表8-2-2）

表8-2-2　H172A型穿经机的主要技术特征

| 项　目 | 主要技术特征 | 项　目 | 主要技术特征 |
| --- | --- | --- | --- |
| 操作形式 | 单人手工操作 | 经轴架中心高度（mm） | 370 |
| 工作幅宽（mm） | 最大2200 | 经轴架宽度 | 由使用厂按实际情况进行调整 |
| 可挂综框片数（片） | 20 | 外形尺寸（长×宽×高）（mm） | 1500×2530×1835 |

## 二、自动分头机的主要技术特征（表8-2-3）

表8-2-3　自动分头机的主要技术特征

| 项　　目 | 主要技术特征 | 项　　目 | 主要技术特征 |
|---|---|---|---|
| 类　　型 | 锯齿片式 | 分头机外形尺寸（长×宽×高）（mm） | 1700×270×180 |
| 每分钟分头速度（根/min） | 60～70 | 电动机规格 | 36V，2880r/min，35～45W，交流，单相电容启动 |

## 三、自动分头机的调节和使用

（1）调节自动分头机轨道的高度，使毛刷作用于通过绞棒的两片纱的交叉点。同时应调节绞棒的前后位置，使上下挡杆的头端越过纱层2～4mm，以起挡纱作用，如图8-2-1（a）所示。

（2）绞要分得小些，如华达呢可分二十余绞。纱线要梳得平直，从穿经架顶部张力辊到下部夹纱板之间的纱线应保持相互平行。夹纱张力不能太紧，太紧将造成分头机的毛刷刷不出纱线；夹纱张力也不宜太松，太松将多刷经纱。

（3）毛刷长度一般以超过纱层3～5mm为宜，毛刷硬度应与夹纱张力相配合，过硬会多刷经纱，过软将刷不出纱线，［图8-2-1（b）］为自动分头机开始分纱时各机件的工作位置。

（4）应调节分头机使挡纱杆先接触纱线，然后毛刷再开始刷纱［图8-2-1（b）］这样可防止多刷纱。

（5）活动分纱片完成分纱动作后应脱开纱线，此时距离$a$=2～3mm［图8-2-1（a）］。

（6）夹纱横梁的平面应刨平后再贴毡，夹纱木板与夹纱横梁应吻合良好，保持夹力均匀。

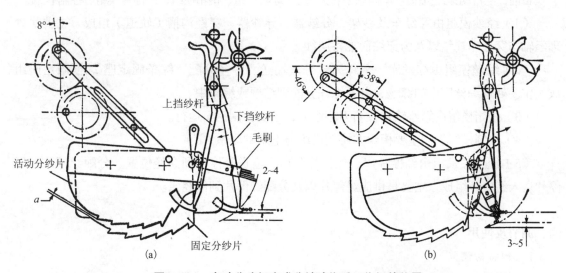

图8-2-1　自动分头机完成分纱动作后工作机件位置

# 第三节　全自动穿经机

## 一、概念

（1）全自动穿经机是由模组自动电脑控制，将单轴经纱穿入综丝、经停片及织机的钢筘中，适用于阔幅织布机，只由一名操作者操作即可。

（2）每分钟穿经速度为100～140根/min。

## 二、设备结构图

如图8-2-2所示，本书以瑞士史陶比尔自动穿经机为例。

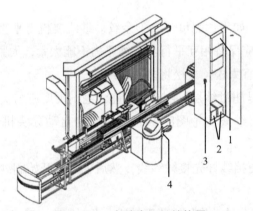

**图8-2-2　自动穿经机结构图**

1—电源供应　2—变压器　3—主开关　4—紧急制动钮

## 三、运行模组

目前，全自动穿经机模组基本包括经纱模组、综丝模组、钢筘模组、经停片模组、控制模组。

（1）经纱模组由穿经车及纱架、分纱器、导纱器、穿经沟槽（轨道）组成，主要是处理经轴与穿经车连结以及为穿综而准备层纱。

（2）综丝模组由综丝库、分综刀、综丝输送、综丝分配、综条固定座/综框固定座组成，主要处理综丝库中的综丝，分开综丝分配到综框或综条中。

（3）钢筘模组由筘座输送及筘刀座组成，主要控制钢筘运行。

（4）控制模组控制主要模组并协调模组与电脑的联系。

（5）经停片模组由经停片库、经停片分离、输送经停片到穿经位置、分配经停片、经停片送入经停杆组成，主要是供应经停片以及分配经停片到停经条。

## 四、调节及使用

### 1. 钢筘的调节

关闭压缩空气总开关，调节钢筘水平放置且钢筘的上沿与导轮平齐，钢筘前边与筘座前挡条留10cm的空隙，钢筘后边与钢筘后挡条紧贴后，拧紧固定螺丝。将钢筘推入工作的位置后，调节分筘刀使其顺利的插入所要穿入的第一个筘齿中。

### 2. 综丝的调节

将要使用的一根综丝挂在标准位置上，调节综丝拉紧手轮使综丝的松紧度适中，再调节综丝中心点对齐手轮使综丝的中心孔与标准凸点相吻合，确保剑带顺利穿过综丝中心孔。

### 3. 经停片的调节

在标准位置上放置一根将要使用的经停片，调节手轮使经停片中心孔的位置与标准横线一致，保证剑带可以顺利通过中心孔去穿纱，并且使经停片的压弯尺度合适利于筘刀准确的抓到经停片。

### 4. 选择合适的纱针并装在分纱机头上

根据纱线支数与纱针对应表（表8-2-4）选择合适的纱针并装在分纱机头上，然后手动使剑带正确地依次穿入钢筘、综丝、经停片并顺利的夹住纱线，最后成功地完成第一个整套的穿纱工作循环，确定没有任何问题后再打开压缩空气总开关进行正式的自动穿纱。

表8-2-4　纱线支数与纱针对应表

| 纱线支数（公支） | 纱　针 | 纱线支数（公支） | 纱　针 |
|---|---|---|---|
| 121～140 | 10K | 52～59 | 18K |
| 98～120 | 12K | 45～51 | 20K |
| 72～97 | 14K | 40～44 | 22K |
| 60～71 | 16K | | |

## 五、综框的技术要求

（1）综框上下导条两侧要求有45°的平滑斜坡。

（2）综框距上导条上边沿18mm处需要有宽3mm、长20mm的特殊凹槽，且凹槽口需要有45°的平滑斜坡。

（3）综框距下导条下边沿18mm处需要有宽3mm、长20mm的特殊凹槽，且凹槽口需要有45°的平滑斜坡。

（4）综框两侧的横挡条要求拆卸安装方便快捷，上下导条要求平齐光滑，利于综丝来回移动。

（5）标准以格罗带槽综框为准。

## 六、经停片的技术要求

（1）经停片要求长度、宽度、厚度和中心孔高度一致，具体以165mm×11mm×3mm为标准，且表面必须光滑。

（2）经停片刚度及韧性要良好。

## 七、综丝的技术要求

综丝两端的小孔必须一致，中心孔大小及高度必须一致。综丝两端必须平直，相互不能有交叉。

## 八、史陶比尔穿经机的主要技术参数（表8-2-5）

表8-2-5　自动穿经机的主要技术参数

| 机　　　型 | DELTA 100型 | DELTA 110型 | SAFIR S80型 |
| --- | --- | --- | --- |
| 穿经速度（根/min） | 100/140 | 100/140 | 140 |
| 8h穿经轴数（大约） | 可达5（6） | 可达5（6） | 可达6 |
| 经轴幅宽（m） | 2.3 | 2.3 / 4.0 / 6.0 | 2.3 |
| 经轴数 | 1 | 1 | 2 |
| 经纱层数 | 1（2） | 1（2） | 可达16 |
| 钢箱密度（齿/10cm） | 350（500*） | 350（500*） | 350（500） |
| 最大综框数（J/C型综丝） | 20 | 20 | 28 |
| 最大综框数（O型综丝） | 16 | 16 | — |
| 最大停经片排数 | — | 6（8） | 8 |
| 停经片型号/样式 | — | 1 | 2 |
| 穿经元件 | 钩 | 钩 | 钩 |
| 经纱线密度（tex） | 3~250 | 3~250 | 3~330 |

# 第四节　接经机

## 一、概念

接经机功能是直接将备好的经轴经纱与从综框处引出的了机经纱连接，减少相同穿经方式产品重复穿经，缩短织机上了机操作时间，使织机的停台时间缩短到了最小程度。

## 二、设备结构图

如图8-2-3所示，本书以瑞士史陶比尔接经机为例。

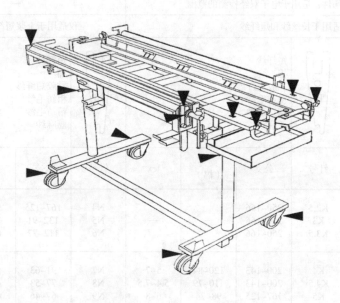

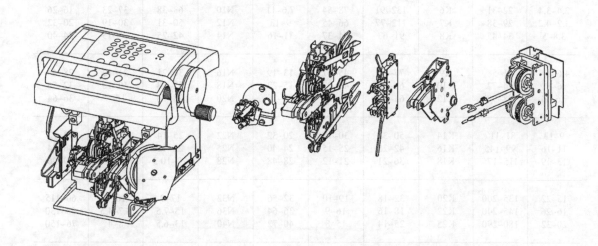

图8-2-3　自动接经机结构图

## 三、操作步骤

**1. 将备好的经轴经纱和从综框处引出的了机经纱按要求固定在接经机架上**

**2. 按照纱线、纱支选择针号**

所使用的两根挑纱针必须从挑纱针表上选择，以便适应拟接经的经纱材料。

"K"型挑纱针可用于各种类型的纱线；"N"型挑纱针形状特殊，仅适用于上浆短纤纱（棉）。变形和无捻复合长丝纱在接经时压平。须使用分绞装置工作。为保证挑纱针抓住所有纱线，请使用针号表中针号高于表上列出的挑纱针。K/N型挑纱针选针表见表8-2-6。

### 表8-2-6　自动接经机纱支对应K/N型挑纱针的针号表

| "K" 型挑纱针的针号表 | | | | | | "N" 型挑纱针的针号表 | | | |
|---|---|---|---|---|---|---|---|---|---|
| 注明记号的部件：适用于电子双经检测的范围 | | | | | | — | | | |
| 适用于长丝纱和短纤纱 | | | | | | 仅适用于上浆短纤纱（棉） | | | |
| tex | 旦 | 针号 | 公支 | 英支（棉） | tex | 针号 | 公支 | 英支（棉） | tex |
| 0.8~1.7 | 7~15 | K2.5 | 250~166 | | | N4 | 167~125 | 98~74 | 6~8 |
| 0.8~1.7 | 7~15 | K3 | 250~166 | — | — | N5 | 132~91 | 78~54 | 7.5~11 |
| 0.8~1.7 | 7~15 | K3.5 | 250~166 | | | N6 | 112~77 | 66~45 | 9~13 |
| 1.4~2.2 | 13~20 | K4 | 200~143 | 120~84 | 5~7 | N7 | 91~63 | 54~37 | 11~16 |
| 1.7~2.3 | 15~21 | K4.5 | 200~143 | 110~79 | 5.4~7.5 | N8 | 77~53 | 45~31 | 13~19 |
| 2~2.6 | 18~23 | K5 | 167~125 | 98~74 | 6~8 | N9 | 67~46 | 40~27 | 15~22 |
| 2.4~3.4 | 22~31 | K6 | 132~91 | 78~54 | 7.6~11 | N10 | 63~38 | 37~23 | 16~26 |
| 3.2~4.2 | 29~38 | K7 | 112~77 | 66~45 | 9~13 | N12 | 50~31 | 30~19 | 20~32 |
| 3.8~5 | 34~45 | K8 | 91~63 | 54~37 | 11~16 | N14 | 42~25 | 25~15 | 24~40 |
| 4.6~6.4 | 41~58 | K9 | 77~53 | 45~31 | 13~19 | N16 | 36~21 | 21~12 | 28~48 |
| 6~8 | 54~72 | K10 | 67~46 | 40~27 | 15~22 | N18 | 32~18 | 19~10 | 32~56 |
| 7.6~11 | 68~99 | K12 | 63~38 | 37~23 | 16~25 | N20 | 28~16 | 16~9 | 36~64 |
| 9~13 | 81~117 | K14 | 50~31 | 30~19 | 20~32 | N22 | 25~14 | 15~8 | 40~72 |
| 11~16 | 99~145 | K16 | 42~25 | 25~15 | 24~40 | N25 | 22~12 | 13~7 | 46~84 |
| 13~19 | 115~175 | K18 | 36~21 | 21~12 | 28~48 | N28 | 20~10.5 | 12~6 | 50~96 |
| 15~22 | 135~200 | K20 | 32~18 | 19~10 | 32~56 | N32 | 17~9 | 10~5 | 60~115 |
| 16~26 | 145~240 | K22 | 18~16 | 16~9 | 36~64 | N36 | 15~7.5 | 8.7~4.5 | 68~130 |
| 20~32 | 180~290 | K25 | 25~14 | 15~8 | 40~72 | N40 | 13~6.5 | 8~4 | 76~150 |
| 24~40 | 220~360 | K28 | 22~12 | 13~7 | 46~84 | N50 | 10~5 | 6~3 | 96~200 |
| 28~48 | 250~432 | K32 | 20~10.5 | 12~6 | 50~96 | N63 | 8.4~3.6 | 5~2 | 120~280 |
| 32~56 | 290~500 | K36 | 17~9 | 10~5 | 60~115 | N80 | 6~3 | 4~2 | 160~360 |
| 32~64 | 324~580 | K40 | 15~7.5 | 8.7~4.5 | 68~130 | N100 | 5~2 | 3~1 | 200~480 |
| 40~72 | 360~648 | K50 | 13~6.5 | 8~4 | 76~150 | N125 | 4~2 | 2~1 | 260~640 |
| 46~84 | 415~750 | K63 | 10~5 | 6~3 | 96~200 | N160 | 2.8~1.25 | 1.6~0.7 | 360~800 |
| 50~96 | 450~864 | K80 | 8.4~3.6 | 5~2 | 120~260 | | | | |
| 60~115 | 550~1000 | K100 | 6~3 | 4~2 | 160~360 | N200 | 2.1~1 | 1.2~0.6 | 480~1000 |
| 68~130 | 600~1150 | K125 | 5~2 | 3~1 | 200~480 | | | | |
| 76~150 | 690~1350 | K160 | 4~2 | 2~1 | 260~640 | — | — | — | |
| 96~200 | 864~1800 | K200 | 2.8~1.25 | 1.6~0.7 | 360~800 | | | | |

### 3．面板参数输入（车速、接经总经根数）

自动接经机操作面板示意图如图8-2-4所示，自动接经机机头示意图如图8-2-5所示。

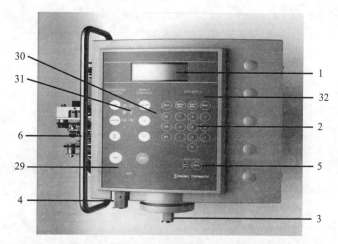

**图8-2-4　自动接经机操作面板示意图**

1—液晶显示器　2—数字键盘　3—摇把　4—调速盘　5—空车功能控制区

6—接经机提把　29—接经机功能控制区　30—循环计数功能控制区

31—电子双经、松经功能控制区　32—生产过程数据获得控制区

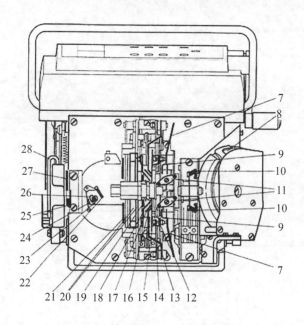

**图8-2-5　自动接经机机头示意图**

7—分纱爪控制杆　8—废纱盘　9—分纱爪（上层和下层）　10—前进触杆（探测杆）

11—分绞管（上层和下层）　12—挑纱杆　13—挑纱针限位杆　14—纱线传感器　15—挑纱针

16—进纱器　17—压纱杆　18—纱线定位器　19—张力杆　20—剪刀　21—纱线夹头

22—打结器　23—推纱针　24—打结针　25—纱线捕捉器　26—打结针套　27—定位杆　28—取结钩

## 4. 接经后纱线

拉过钢筘后投纬开车（结头速度最高600个/min，按6000根/轴计算，一个班平均接经上轴4~5个轴）。

# 第三章　卷纬

## 第一节　卷纬机的主要技术特征

卷纬机的主要技术特征见表8-3-1。

表8-3-1　卷纬机的主要技术特征

| 项　　目 | | 机　　型 | |
|---|---|---|---|
| | | H191型、H191A型 | H194型 |
| 每台锭数 | | 20 | 20 |
| 每台节数 | | 5 | — |
| 每节锭数 | | 4 | — |
| 锭距（mm） | | 90 | 254 |
| 锭速（r/min） | | 3000，3600，4200 | 2000，2200 |
| 锭子转向 | | 正反均可 | 正反均可 |
| 最大卷绕直径（mm） | | 35 | 50 |
| 最大成形长度（mm） | | 250 | 250 |
| 纬管长度（mm） | | 160～250 | 56或62 |
| 备纱圈数 | | 10，20，30，…，220 | — |
| 导纱器往复动程（mm） | | 45 | 40～75 |
| 防叠差微装置动程（mm） | | 5 | — |
| 导纱器往复一次的卷绕圈数 | | 16.8 | 3.1 |
| 导纱器螺杆的螺距（mm） | | 4 | — |
| 机器外形尺寸 | 每节（mm） | 长1100×宽1050×高1545 | — |
| | 每台（mm） | 长5150×宽1050×高1545 | 长2690×宽1560×高1700 |
| 机器重量 | 每节（kg） | 220 | — |
| | 每台（kg） | 1100 | 1340 |
| 电动机型号及功率 | | $JO_2$-32-6，2.2kW | $JFO_2$41A-4型2.8kW，1450r/min |

H191A型自动卷纬机的主要技术特征与H191型基本一致，只是根据H191型多年使用中存在的问题作了针对性改进，其不同点是：

（1）取消备纱移动机构。

（2）用飞溅润滑代替油泵润滑。

（3）取消防叠装置。

（4）锭箱增加14个轴承，用滚动轴承代替滑动轴承，使锭子转速从4200r/min提高到

6000r/min。

（5）锭箱增加了防漏油措施。

（6）对一些易损件作了改进。

# 第二节　卷纬机的传动及工艺计算

## 一、H191型自动卷纬机的传动及工艺计算（表8-3-2、图8-3-1）

表8-3-2　H191型自动卷纬机传动计算

| 项　　目 | 计　算　公　式 | | |
|---|---|---|---|
| 锭速$n_1$ | $n_1(\text{r}/\min)=940\times\dfrac{A}{B}\times\dfrac{300}{75}\times\dfrac{31}{16}=7285\times\dfrac{A}{B}$ | | |
| | $A/B$（mm） | | $n_1$（r/min） |
| | 124/300 | | 3000 |
| | 143/286 | | 3600 |
| | 169/275 | | 4200 |
| 导纱器的往复速度$T$（m/min） | $T(\text{次}/\min)=940\times\dfrac{A}{B}\times\dfrac{300}{75}\times\dfrac{3}{26}=433.8\times\dfrac{A}{B}$ | | |
| | $A/B$（mm） | | $T$（次/min） |
| | 124/300 | | 180 |
| | 143/286 | | 216 |
| | 159/275 | | 250 |
| 导纱器往复一次的卷绕圈数$n_2$ | $n_2$（圈/往复）$=\dfrac{n_1}{T}=16.8$ | | |
| 卷绕线速度$V$（m/min） | $V=\sqrt{V_1^2+V_2^2}$  纬管的圆周线速度 $V_1=\dfrac{\pi d\times n_1}{1000}$  导纱器的移动速度 $V_2=\dfrac{2bT}{1000}$  式中：$d$——平均卷绕直径，mm，$d=\dfrac{d_1+d_2}{d_2}$；　$d_1$——空纬管的平均直径，mm；　$d_2$——满纬管卷绕直径，mm；　$b$——导纱器动程，mm。 | | |

| 卷绕线速度$V$（m/min） | 卷绕线速度 $V$（m/min）可从下表查得 | | | | | |
|---|---|---|---|---|---|---|
| | $d_1$ | $d_2$ | $d$ | 锭速/导纱器往复速度（$n_1/T$） | | |
| | | | | 3000/180 | 3600/216 | 4200/250 |
| | 10 | 28 | 19 | 180 | 216 | 251 |
| | 10 | 30 | 20 | 189 | 227 | 265 |
| | 10 | 32 | 21 | 199 | 238 | 278 |
| | 10 | 34 | 22 | 208 | 250 | 291 |
| | 10 | 36 | 23 | 218 | 261 | 304 |

续表

| 项 目 | 计 算 公 式 |
|---|---|
| 纡子上纱圈螺旋角的平均值$\alpha$ | $$\alpha = \arctan\frac{V_2}{V_1} = \arctan\frac{2b}{\pi d n_2}$$ 当$b=45$，$d=20$，$n_2=16.8$时， $\alpha = \arctan\dfrac{2\times 45}{\pi\times 20\times 16.8} = \arctan 0.0852 \approx 5^\circ$ |
| 备纱长度计算 | $30^T$备纱卷绕齿轮每撑过1齿时，锭子的转数$=\dfrac{12}{19}\times\dfrac{26}{3}\times\dfrac{31}{16}\cong 10$转，即每撑1齿的备纱卷绕长度为$\dfrac{10\pi d}{1000}$(m) |

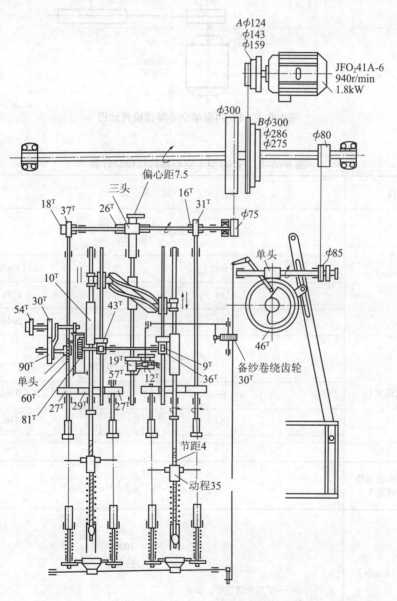

图8-3-1　H191型自动卷纬机传动

## 二、H194型半空心卷纬机的传动及工艺计算（表8-3-3、图8-3-2）

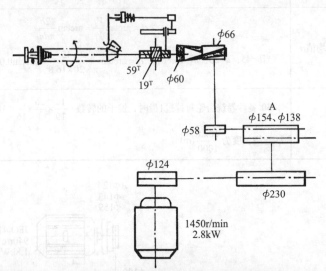

图8-3-2　H194型半空心卷纬机传动图

表8-3-3　H194型半空心卷纬机传动计算

| 项　目 | 计　算　公　式 | |
|---|---|---|
| 锭速$n_1$（r/min） | $n_1 = 1450 \times \dfrac{124}{230} \times \dfrac{A}{58} \times \dfrac{66}{60} = 14.83A$ | |
| | $A$（mm） | $n_1$（r/min） |
| | 154 | 2284 |
| | 138 | 2046 |
| 导纱杆往复速度$T$<br>（次/min） | $T = 1450 \times \dfrac{124 \times A \times 66 \times 19}{230 \times 58 \times 60 \times 59} = 4.78A$ | |
| | $A$（mm） | $T$（次/min） |
| | 154 | 736 |
| | 138 | 660 |
| 导纱杆往复一次的卷绕<br>圈数$n_2$（圈/往复） | $n_2 = \dfrac{n_1}{T} = 3.1$ | |
| 卷绕线速度$V$（m/min） | $V = \dfrac{\pi d n_1}{1000}$<br><br>$d = \dfrac{d_1 + d_2}{2}$<br><br>式中：$d$——平均卷绕直径，mm；<br>　　　$d_1$——纡子小头直径，mm；<br>　　　$d_2$——纡子外径，mm。 | |

续表

| 项 目 | 计 算 公 式 | | | | |
|---|---|---|---|---|---|
| | $d_1$ | $d_2$ | $d$ | $n_1=2284$ | $n_2=2046$ |
| 卷绕线速度$V$ | 15 | 30 | 22.5 | 161 | 147 |
| | 15 | 35 | 25 | 180 | 161 |
| | 15 | 40 | 27.5 | 197 | 177 |
| | 15 | 45 | 30 | 215 | 193 |
| | 15 | 50 | 32.5 | 233 | 209 |

# 第三节 卷纬工艺

## 一、纤子的技术要求

卷纬工序是有梭织造的准备阶段，目前的无梭织造已经省略了该工序及工艺。

（1）纤子装在梭子中应经受得住剧烈的冲击作用，不发生纱层散乱或脱纬崩纬等现象。

（2）纤子的成形应保证在织造过程中能顺利地退绕纱线。

（3）纤子的直径应能充分利用梭腔。

（4）卷纬时纱线不应承受过度的张力，以免在织物纬向产生条印或散布性吊纬现象。

为了满足以上要求，必须根据纱线种类与细度合理选择卷纬工艺参数：卷绕速度、卷绕张力、卷绕形式和卷纬前纱线的回潮率等。

## 二、卷绕速度

在H191型自动卷纬机上一般可采用250～300m/min的卷绕速度。对于长丝、纯涤纶纱线或细特涤纶混纺纱线，可适当降低卷绕速度，以减少筒子退绕时的突然张力，及开车启动时由于张力装置的惯性所造成的突然张力。

## 三、卷绕张力

根据生产经验，H191型卷纬机合理的卷绕张力见表8-3-4。

## 四、卷绕形式

（1）纤子上纱圈的螺旋角$\alpha$（图8-3-3），如传动计算表中所示，在H191型自动卷纬机上$\alpha=5°$，属于交叉式卷绕，不易产生脱纬。

表8-3-4 H191型卷纬机合理的卷绕张力

| 纱 线 细 度 | | 卷 绕 张 力 | |
|---|---|---|---|
| tex | 公支 | cN | gf |
| $33.3 \times 1 \sim 20 \times 1$ | $30/1 \sim 50/1$ | $24.5 \sim 34.3$ | $25 \sim 35$ |
| $10 \times 2 \sim 16.7 \times 2$ | $100/2 \sim 60/2$ | $34.3 \sim 44.1$ | $35 \sim 45$ |
| $16.7 \times 2 \sim 22.5 \times 2$ | $60/2 \sim 45/2$ | $44.1 \sim 53.9$ | $45 \sim 55$ |
| $22.5 \times 2$ | $45/2$ | $53.9 \sim 6.6$ | $55 \sim 70$ |

（2）纤子的圆锥角 $\beta$。

$$\beta = \arctan \frac{d_2 - d_1}{2b}$$

**例** 在H191型自动卷纬机上，当 $d_2=30$，$d_1=10$，$b=45$时，

$$\beta = \arctan \frac{20}{90} = \arctan 0.2222 \cong 12°30'$$

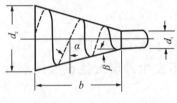

圆锥角 $\beta$ 应根据原料特性与线密度而定。光洁的抱合力小的纱线（如长丝），$\beta$ 角应小些；纱线愈细，$\beta$ 角也应适当减小。根据生产经验，圆锥角 $\beta$ 的最大值如下：长丝为 8°，化学纤维为 13°，毛纱为 15°。

改变满管卷绕直径 $d_2$ 或改变导纱器动程 $b$，便可改变圆锥角 $\beta$。

图8-3-3 纤子成形参数

## 五、卷纬前纱线的回潮率

卷纬前精梳纯毛纱线的回潮率应保持在10%~12%的范围为适宜。南方地区在霉季时，对易产生吊纬的纯毛纱线，在卷纬前可采取一定措施。

## 六、H194型半空心卷纬机的工艺调节

**1. 纤子直径的调节** ［图8-3-4（a）］

按刻度表移动锥形导辊座子，改变锥形导辊与方锭子之间的夹角，夹角大时卷纬直径大，反之则小。

**2. 正捻（S捻）纱线正向卷绕时**

将锥形导辊的中心调整至方锭子中心以下0.5~3mm范围内［图8-3-4（b）］。反捻（Z捻）纱线反向卷绕时，将锥形导辊的中心调整至方锭子中心以上0.5~3mm范围内。

**3. 纤子卷绕密度**

根据纱线强力，可以从以下两个方面调整。

（1）锥形导辊的轴心有6mm偏心距［图8-3-4（a）］，转动轴心能调节锥形导辊的头端与方锭子之间的距离。在同样出纱张力下，距离越小，则卷绕的纤子越紧密，反之松软。

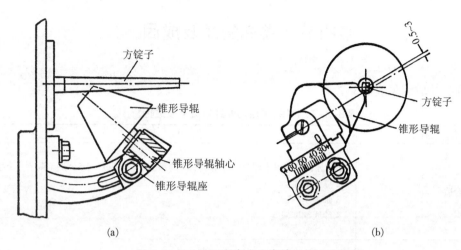

图8-3-4　H194型半空心卷纬机的工艺调节

（2）调节三圆盘弹簧张力器出纱张力。张力大，卷绕紧密；反之则小。调节时可参考表8-3-5。

表8-3-5　H194型半空心卷纬机的工艺调节

| 纱线规格 | | 锥形导辊与方锭距离（mm） | 最大张力盘包角（°） | 张力盘出纱张力 | | 加压重锤数（个） |
| --- | --- | --- | --- | --- | --- | --- |
| tex | 公支 | | | cN | gf | |
| 500 ~ 200 | 2 ~ 5 | 2 ~ 2.5 | 120 | 78.4 ~ 117.6 | 80 ~ 120 | 4 |
| 167 ~ 111 | 6 ~ 9 | 1 ~ 2 | 100 | 34.3 ~ 58.8 | 35 ~ 60 | 3 |
| 100 ~ 71 | 10 ~ 14 | 0.5 ~ 1.5 | 90 | 19.6 ~ 29.4 | 20 ~ 30 | 2 |
| 67 ~ 59 | 15 ~ 17 | 0.5 ~ 1 | 90 | 9.8 ~ 19.6 | 10 ~ 20 | 2 |

**4. 导纱动程变化**

导纱动程有6档变化（表8-3-6），可按纡子直径选用，一般用第五档。

表8-3-6　H194型半空心卷纬机导纱动程

| 档　数 | 1 | 2 | 3 | 4 | 5 | 6 |
| --- | --- | --- | --- | --- | --- | --- |
| 导纱杆动程（mm） | 40 | 46 | 53 | 60 | 66 | 75 |
| 实际导纱长度（mm） | 26 | 32 | 36 | 40 | 44 | 50 |

# 第四节 卷纬疵品及成因

卷纬疵品及成因见表8-3-7。

表8-3-7 H191型自动卷纬机疵品及成因

| 名 称 | 造 成 原 因 |
|---|---|
| 纡子直径不合适 | 1.撑牙调节装置未调节好［精梳毛纱约每相差666.7tex（1.5公支）调节一个字］<br>2.撑牙磨损<br>3.张力不一致<br>4.纱线细度偏差 |
| 纡子成形长度不合适 | 1.发动自动换管的撞头位置未调节好<br>2.导纱钩位置不正确 |
| 纡子卷绕过紧或过松 | 卷绕张力不适当 |
| 纡子卷绕成形不良 | 1.导纱螺杆螺纹内嵌入纱头或污垢，致使导纱器工作不正常<br>2.导纱螺杆螺纹磨损<br>3.导纱器卡板磨损<br>4.导纱螺杆上弹簧断裂<br>5.撑牙装置部件损坏<br>6.油箱内空心销断裂<br>7.纬管夹持过松 |
| 纱线卷绕在纬管底端（冒脚纱） | 1.导纱器限位器的安装位置不正确或松弛<br>2.导纱器滑杆位置过高 |
| 纬管底部双根纱 | 剪刀刃口变钝或刃片松开 |
| 油污纱 | 1.清洁工作不良<br>2.油箱漏油<br>（1）锭子、导纱螺杆等处的防油封片磨损<br>（2）油箱内加油过多（油面高度以使油泵进油管刚好浸入油面为宜）<br>（3）锭箱前部回油沟中的回油孔阻塞 |
| 无备纱，备纱长度不足或过多 | 1.换管后发生断头，没有补上备纱<br>2.备纱撑牙装置未调节好 |

# 第五节 机械常见故障及消除方法

H191型自动卷纬机常见故障及消除方法见表8-3-8。

表8-3-8　H191型自动卷纬机常见故障及消除方法

| 项　目 | 产　生　原　因 | 清　除　方　法 |
|---|---|---|
| 轧管及不能正常送管 | 1.退管拉杆连铁调节不当，退管太慢<br>2.纬管库托板上的送管隔板调节不当，过高则轧管，过低则纬管不能落下，造成不能送管<br>3.纬管库活动夹板调节过宽或过窄<br>4.前后纬管库过低，造成纬管托板不能顺利返回<br>5.纬管库底板过低和送管车中的纬管相碰，造成轧管<br>6.纬管架挡块和纬管托架的距离太近或太远<br>7.前后纬管库不在同一中心线上，纬管落下时一前一后轧住<br>8.纬管前挡板与纬管头部相距太近或太远<br><br>9.纬管库各部螺丝松动造成位置变动<br>10.退管连臂、退管轴和退管拨秤的连接松动<br>11.剪刀装置不良，纱头未剪断，纬管被带住，落不下来<br>12.纬管托架的最左方位置与前后锭座未对准，造成纬管不能正常送入前后锭座 | 1.调节拉杆连铁位置<br>2.调节送管隔板，使刚好能落下第一个纬管，并把第二个纬管托起<br>3.调节纬管库活动隔板间距<br>4.调节纬管库底板座，使底板不与纬管接触，保持有空隙<br>5.调节纬管库底板座，使底板不与纬管接触，保持有空隙<br>6.适当调节挡块距离<br>7.调节前后纬管库支杆与纬管库的位置<br><br>8.根据纬管长短适当调节纬管挡板与纬管头部的位置<br>9.定期检查各部螺丝是否松动<br>10.发现松动时更换空心销<br>11.修复剪刀装置<br><br>12.校正纬管托架的位置 |
| 连续送管 | 1.凸轮定位钩销子断裂或松动，使凸轮落下时不能进入定位槽，蜗轮和凸轮不能脱开<br>2.凸轮杠杆的芯轴螺丝松动，使凸轮杠杆与凸轮座脱开，无法使凸轮座下落<br>3.送管车前后滑轨太紧，使送管车在滑轨上不能顺利的来回滑动，凸轮座不能顺利落下<br>4.满管自停连杆的锁紧螺钉松动，造成凸轮座无法下落 | 1.调换定位钩销子，使凸轮座的定位槽能刚好落入定位钩<br>2.拧紧凸轮杠杆的芯轴螺丝<br><br>3.送管车滑柱与滑轨间应有一定间隙，但不大于0.5mm<br>4.拧紧锁紧螺钉 |
| 生头和剪刀失灵 | 1.刹车太快<br>2.导纱钩位置不当，满管自停时纱线不能正确地拢入剪刀口<br>3.送管车弹簧的拉力不够，紧线板夹不住纱线<br>4.剪刀刃口变钝 | 1.调节皮带叉上的螺钉到需要的制动程度<br>2.调节导纱钩位置<br>3.调换弹簧使紧线板能夹住纱线<br>4.一般每半年剪刀用油石研磨一次 |

# 第四章 织造

## 第一节 毛织机的主要技术特征

（一）毛织机的主要技术特征（表8-4-1、图8-4-1、图8-4-2）

表8-4-1 毛织机的主要技术特征

| 项目 | 机型 | | | |
|---|---|---|---|---|
| | H212型 | H212A型 | H212B型 | HZ72型 |
| 梭箱数 | 1×4，4×4 | 4×4 | 4×4 | 2×2，4×4，1×4 |
| 筘幅（mm） | 2000 | 2200 | 2200 | 1981 |
| 曲轴转数（r/min） | 100~130 | 90~120 | 90~114 | 100~130 |
| 曲轴直径（mm） | 50 | 50 | 50 | 50 |
| 曲拐半径（mm） | 82 | 82 | 82 | 76.2 |
| 牵手长度（mm） | 448 | 448 | 248 | 203 |
| 打纬 | 中牵手、轴向式 | 中牵手、轴向式 | 中牵手 | 短牵手、非轴向式 |
| 投梭 | 双侧活轮中投梭 | 双侧活轮中投梭 | 双侧活轮中投梭 | 双侧凸轮中投梭 |
| 开口 | 全开梭口 | 全开梭口 | 中开口单动式 | 半开梭口 |
| 最多综片数 | 20 | 20 | TH214型提花机构 | 16 |
| 梭箱升降 | 杠杆式 | 杠杆式 | 由提花机构控制 | 偏心盘式 |
| 纬纱补给 | 四列式自动换管 | 人工换管补纬 | 人工换管补纬 | 四列式，光电探纬，自动换梭 |
| 送经 | 消极式摩擦制动，自动调节经纱张力 | 消极式摩擦制动，自动调节经纱张力 | 消极式摩擦制动，自动调节经纱张力 | 消极式摩擦制动 |
| 卷取 | 连续式 | 连续式 | 连续式 | 间歇式 |
| 卷取辊直径（mm） | 130.8 | 130.8 | 130.8 | 130 |
| 断经自停 | 机械式 | — | 机械式 | 电气式 |
| 断纬自停 | 凸轮传动中央纬纱叉 | 凸轮传动中央纬纱叉 | 凸轮传动中央纬纱叉 | 闸刀传动中央纬纱叉 |
| 经纱保护 | 定筘式 | 定筘式 | 定筘式 | 定筘式 |
| 启动 | 平面摩擦离合器 | 平面摩擦离合器 | 平面摩擦离合器 | 锥面摩擦离合器 |
| 制动 | 制动带外压式 | 制动带外压式 | 制动带外压式 | 制动弧板外压式 |
| 胸梁高度（mm） | 875 | 875 | 875 | 840 |
| 织轴轴管直径（mm） | 180 | 180 | 180 | 114 |
| 织轴边盘直径（mm） | 610 | 610 | 610 | 494 |
| 外形尺寸（长×宽×高）（mm） | 1966×3910×1850 | 1966×4110×1850 | 2045×4565×4135 | 1430×3240 |

| 项　目 | 机　　　型 | | | |
|---|---|---|---|---|
| | H212型 | H212A型 | H212B型 | HZ72型 |
| 质量（kg） | 2700 | 2800 | 2830 | 1500 |
| 电动机型号及功率 | JFO$_2$32–6（右）1.5kW，950r/min | JFO$_2$32–6（右）1.5kW，950r/min | JFO$_2$32–6（右）1.5kW，950r/min | 1.0kW，940r/min |

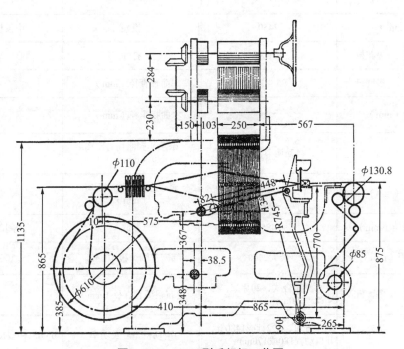

图8-4-1　H212型毛织机工艺图

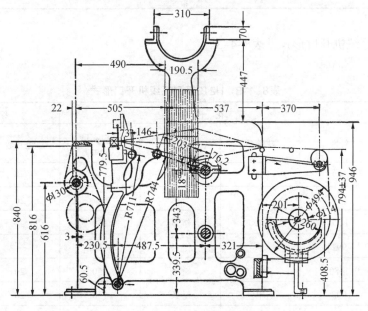

图8-4-2　HZ72型毛织机工艺图

## （二）H213型毛织机的主要技术特征（表8-4-2）

表8-4-2 H213型毛织机的主要技术特征

| 项　目 | | 主要技术特征 | 项　目 | 主要技术特征 |
|---|---|---|---|---|
| 手向 | | 右手 | 升降动程（mm） | 52.5，105，157.5 |
| 筘幅（mm） | | 2450 | 投梭 | 中投梭任意投梭 |
| 曲轴回转数（r/min） | 提花机 | 90～98 | 打纬 | 两侧传动，曲拐打纬 |
| | 多臂机 | 95～102 | 曲轴直径（mm） | 50 |
| 胸梁高度（mm） | | 886 | 曲拐半径（mm） | 90 |
| 送经 | | 自动调节消极式 | 牵手心到曲拐心距离（mm） | 422 |
| 经轴直径（mm） | | 154 | 牵手心到摇轴心距离（mm） | 758 |
| 经轴盘板直径（mm） | | 485 | 卷取 | 间歇卷取 |
| 两盘板间距（mm） | | 最大2340 | 纬密范围（根/10cm） | 100～300 |
| 开口 | 多臂机 | 中央闭合式，20片综，提综动程190mm | 卷布辊满卷直径（mm） | 380 |
| | 提花机 | 中开口，992针或1480针，开口动程180或170mm | 电动机型号及功率 | JFO$_2$31-6型1.1kW，960r/min |
| 梭箱升降 | | 4×4任意升降，由缺牙齿轮与拉杆传动 | 机器外形尺寸（长×宽×高）（mm） | 1900×4485×3924 |

H213系列毛织机开口形式见表8-4-3。

表8-4-3 H213系列毛织机开口形式

| 型　号 | 提　花　机 | | | | 多　臂　机 | |
|---|---|---|---|---|---|---|
| | 针数 | 花筒数 | 传动方式 | 开口高度（mm） | 综片数 | 开口高度（mm） |
| H213A型 | 992 | 双 | 双摇杆 | 170 | — | — |
| H213B型 | — | — | — | — | 20 | 200 |
| H213C型 | 1480 | 单 | 链条 | 150 | — | — |
| H213D型 | 992 | 单 | 链条 | 150 | — | — |
| H213E型 | 1480 | 单 | 链条 | 150 | 20 | 200 |
| H213F型 | 992 | 单 | 链条 | 150 | 20 | 200 |
| H213G型 | 992 | 双 | 链条 | 170 | — | — |

# 第二节 毛织机的主要机械运动及工艺计算

## 一、毛织机主要运动的时间配合

### （一）H212型毛织机主要运动时间（表8-4-4、图8-4-3）

表8-4-4 H212型毛织机主要运动时间

| 名 称 | 曲轴度数（°） | 胸梁到筘面距离（mm） | 名 称 | 曲轴度数（°） | 胸梁到筘面距离（mm） |
|---|---|---|---|---|---|
| 前死心 | 13 | 147 | 投梭棒前击开始 | 90 | 221 |
| 前心 | 0 | 149 | 投梭终止 | 137 | 285 |
| 后死心 | 193 | 316 | 停经小转子对准偏心盘中心线 | 298 | 213 |
| 综平度 | 310 | 200 | | | |
| 综框开始升降 | 235 | 299 | 纬停触杆与撞铁接触 | 265 | 266 |
| 综框运动结束 | 25 | 149 | | | |
| 梭箱开始升降 | 265 | 266 | 护经撞头与撞铁接触 | 294 | 224 |
| 梭箱运动结束 | 70 | 187 | | | |

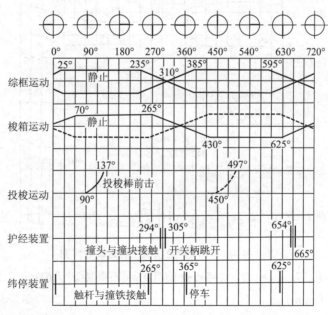

图8-4-3 H212型毛织机运动时间图

### （二）HZ72型毛织机主要运动时间（表8-4-5、图8-4-4）

前死心位置在筘座离开打纬点之后不易确定，可采取以下方法测量：将筘座转至最前位置，在胸梁上取距筘面200mm处，做一钢印记号，以后以此点为准，按规定的前死心到筘面距离加200mm测量。

表8-4-5　HZ72型毛织机主要运动时间

| 名　称 | 曲轴度数（°） | 前死心到筘面距离（mm） |
|---|---|---|
| 前死心 | 342 | 0 |
| 前心 | 0 | 7 |
| 后死心 | 168 | 162 |
| 综平度 | 277 | 61 |
| 梭箱升降开始 | 252 | 98 |
| 梭箱运动结束 | 48 | 59 |
| 投梭运动开始 | 57 | 72 |
| 投梭终止 | 97 | 124 |
| 纬停钢针在最高位置 | 162 | 162 |
| 护经停机撞头与开关柄接触 | 242 | 112 |
| 开关柄跳开 | 272 | 68 |
| 纬停撞头与开关柄接触 | 302 | 27 |
| 开关柄跳开 | 332 | 2 |

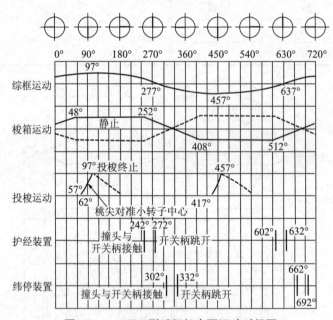

图8-4-4　HZ72型毛织机主要运动时间图

　　**例**　规定综平度277°，由表8-4-5查得前死心到筘面距离为61mm，那么前死心到筘面距离为200+61=261（mm）。

## 二、毛织机的使用和调节

### （一）开口机构

**1. H212型毛织机全开口式多臂机构**

（1）综框升降速度与偏心齿轮啮合关系（表8-4-6、图8-4-5）：偏心齿轮可以有四种啮合情况。当开口处于综平位置时，改变偏心齿轮的啮合位置，就可以改变升降速度与综框停顿时间。

表8-4-6 综框运动与适用品种

| 偏心齿轮啮合情况 | 综框运动速度特征 | 综框静止时间<br>[曲轴度数（°）] | 适 用 情 况 |
|---|---|---|---|
| A | 高—中—低 | 180 | 多综片、高经密、幅宽大、纱线强力较差 |
| B | 中—高—中 | 210 | 一般常用，开口清晰 |
| C | 低—中—高 | 180 | — |
| D | 中—低—中 | 150 | 梭箱变换从4到1时可选用 |

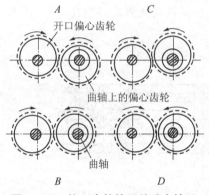

图8-4-5 偏心齿轮的四种啮合情况

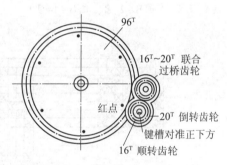

图8-4-6 纹链倒顺转齿轮的安装

（2）纹链倒顺转齿轮的安装：如图8-4-6所示，令下齿筒轴的键槽向下方，96$^T$纹链齿轮上6个红色标点中任意一点对准图中所示位置，将16$^T$顺转齿轮上的键槽与下齿筒轴上的键槽对正，并使它与96$^T$齿轮啮合。装上20$^T$倒转齿轮，使它的键槽与下齿筒轴上的键也对正，同时使20$^T$齿轮上的红色标点对正96$^T$齿轮上的红点。

装16$^T$～20$^T$联合过桥齿轮时，不能变更16$^T$顺转齿轮和20$^T$倒转齿轮相对于96$^T$齿轮和下齿筒轴键槽的相对位置。

（3）调节要点。

①上齿筒17$^T$的当中第9齿处在正上方向，下齿筒17$^T$的当中第9齿处在正下方向，上下对准。

②调节纹链使上下交错的摆动片相互平齐。

③定位刀小转子对准定位凸轮大半径中心。

④在同时调节好上面的三点后，应复查上下齿筒第一齿与缺口齿轮的第一齿接触时间是否一致，并检查当第一齿接触时定位刀是否刚好锁住摆动杆的端部。

**2. HZ72型毛织机半开口式多臂机构**

（1）调节综平位置时，可将48$^T$齿轮的曲柄转到水平位置，多臂机丁字杆在水平位置，上下推刀在同一垂直线上。两次综平度有差异时，可调节长连杆的长度。

（2）开口时间的早迟，可通过48T齿轮与24T齿轮的相对位置来调节。

（3）开口大小，可改变长连杆在48T齿轮曲柄上的位置或伸缩推刀连接螺丝。

（4）拉钩与推刀的距离（图8-4-7）：上拉钩的距离a为5~7mm，下拉钩的距离a为9~11mm。距离b，上下拉钩均用6~7mm。在车速较高，使用综框较多以及经密较大时，距离b可适当加大些。

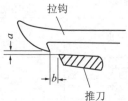

**图8-4-7　拉钩与推刀的距离**

（5）纹钉顶起纹钉片到最高位置时，纹筒定位星轮与压脚恰好吻合。

**3. 纹链图例**（图8-4-8、图8-4-9）

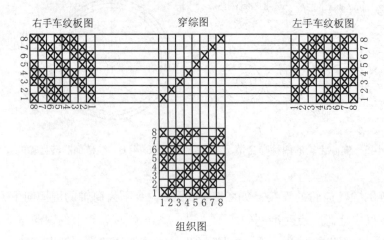

组织图

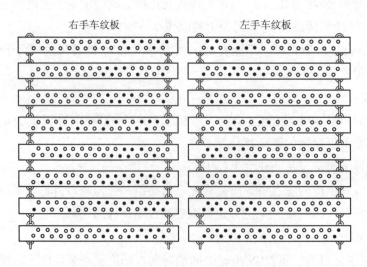

**图8-4-8　HZ72型毛织机综框纹板图例**

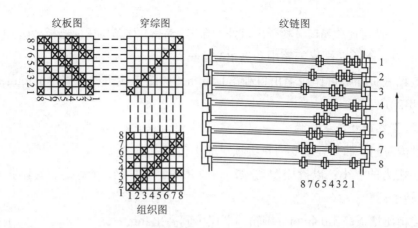

图8-4-9　H212型毛织机综框纹链图例

## （二）投梭机构

### 1. H212型毛织机投梭机构

（1）投梭时间：可调节投梭小转子在投梭曲臂槽中的位置。顺回转方向移动则提早，逆回转方向移动则推迟。在4×4梭箱任意投梭时，上下两个小转子一定要与轴心在一直线上〔图8-4-10（a）〕。

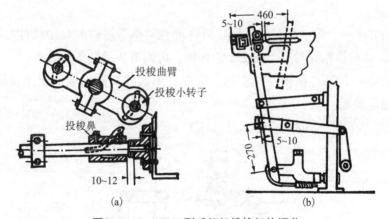

图8-4-10　H212型毛织机投梭机构调节

（2）投梭力的大小：可通过提高或降低投梭皮带上马蹬与投梭棒支点的距离来调节，一般为270mm。马蹬内侧与投梭棒侧面的间隙应以5~10mm为宜，投梭鼻与投梭侧轴后轴承的距离应为10~12mm。投梭力的大小，可以投梭棒的动程来衡量，在一般情况下，筘座脚外侧到投梭棒外侧（在皮结锭子上测量）为460mm〔图8-4-10（b）〕。

（3）制梭板压力的大小：应使梭子进入梭箱时回跳5~10mm，即梭尖应脱出皮结孔

［图8-4-10（b）］为宜。

（4）梭箱外侧可比梭箱口（梭子出口处）高出1.5mm，梭箱口比前槽板高出0.2～0.3mm，槽板与钢筘平齐，钢筘两端比钢筘中心高出3.2mm。

（5）梭箱底板外侧可比梭箱出口高出1.5mm，梭箱口比走梭板高出0.5mm，走梭板两侧比中央高出2mm。

### 2. HZ72型毛织机投梭机构

（1）投梭时间：曲拐在下心时桃尖顶对准小转子中心线。

（2）投梭力的大小：以投梭棒动程265～290mm为宜（在皮结锭子上测量）。投梭桃盘应紧贴小转子运转。

（3）梭箱比槽板高出0.4mm，钢筘两端比中间高出4mm。

（4）梭箱底面可高出走梭板0.5mm，梭箱外端比内端（梭子出口处）高出1.5mm。走梭板弧度：两端比中间高出2.5mm。

（5）制梭板压力：应使梭子进入梭箱后，梭子尖端与小滑轮内槽圆保持3～5mm的距离为宜。

### （三）梭箱升降机构

#### 1. H212型毛织机4×4梭箱升降机构

（1）梭箱升降控制部分（多臂机部分）即纹链缺口齿轮等的调节与开口机构完全相同，但齿轮啮合时间应比开口机构迟一些。如：

中、高、中，应迟5齿；高、中、低，应迟3齿；低、中、高，应迟3齿；中、低、中，应迟1齿。

（2）先调节第一、第二梭箱的位置。升降动程可调节图8-4-11中杠杆A上连接螺丝的上下位置。如果两只梭箱同时高出或低于走梭板，可调节传动链条的长度。

（3）如果第一、第二梭箱位置正确，第三、第四梭箱高出或低于走梭板，可调节图8-4-11中杠杆B的长度。

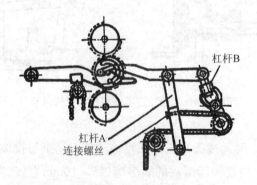

图8-4-11　H212型毛织机4×4梭箱升降控制部分

（4）在第一、第二梭箱平齐，调节第三、第四梭箱位置时，原来平齐的梭箱要受到影响，因此，需要重新调节传动链条的长度，并反复校正。

2. **HZ72型毛织机4×4梭箱升降机构**

（1）保险齿轮与缺口齿轮的中心应在同一水平线上。曲拐在上心偏后18°时，保险齿轮的第一齿刚好与横销接触［图8-4-12（a）］。

（2）撑爪凸轮的最大半径应与曲拐中心约成80°角［图8-4-12（a）］。

（3）撑爪进出位置，应在撑爪凸轮大半径与小转子接触时，用手推撑爪架，使撑爪上下及前后略有松动（一般各为1.5mm）。

（4）撑爪升降时间：当丁字杆呈水平时，耳形凸轮小转子应位于凸轮沟槽的中部［图8-4-12（b）］。

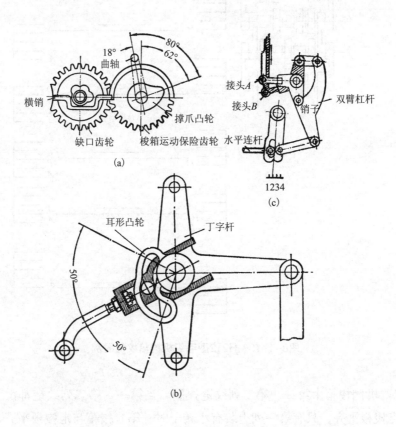

图8-4-12 HZ72型毛织机梭箱升降调节

（5）调节梭箱上下动程时［图8-4-12（c）］，当第一梭箱与走梭板平齐而第二梭箱高于或低于走梭板，调节梭箱升降水平连杆的上下位置，或调节接头B；当第一、第二梭箱与走梭板平齐而第三梭箱高于或低于走梭板时，调节接头A。如调节接头A后，第三梭箱仍有高低时，可调节双臂杠杆在销子上的位置，并反复校正第一、第二梭箱的高低。

3. **梭箱纹链图例**

H212型毛织机梭箱纹链的说明（图8-4-13）。

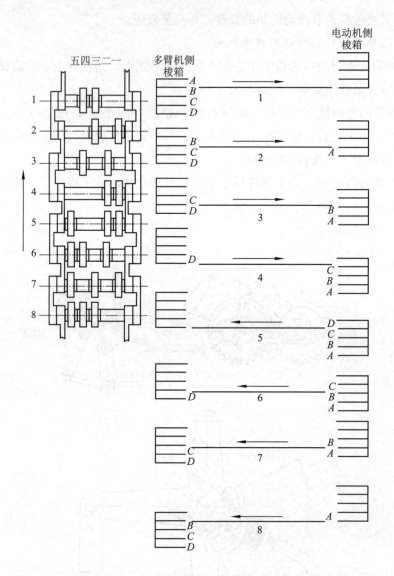

图8-4-13　H212型毛织机梭箱纹链图例

（1）多臂机侧梭箱由第一、第二列纹链控制。当第一、第二列纹链都没有小转子时，第一梭箱与走梭板平齐；只有第一列上装有小转子时，第二梭箱与走梭板平齐；只有第二列上装有小转子时，第三梭箱与走梭板平齐；第一、第二列上都装有小转子时，第四梭箱与走梭板平齐。

（2）电动机侧梭箱由第三、四列纹链控制。当第三、第四列纹链都没有小转子时，第一梭箱与走梭板平齐；只有第四列上装有小转子时，第二梭箱与走梭板平齐；只有第三列上装有小转子时，第三梭箱与走梭板平齐；第三、第四列上都装有小转子时，第四梭箱与走梭板平齐。

（3）任意投梭由第五列纹链控制。没有小转子时，投梭由多臂机侧投向电动机侧；装有小转子时，投梭由电动机侧投向多臂机侧。

### 4．HZ72型毛织机纹板的说明（图8-4-14）

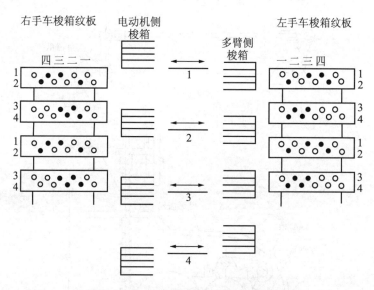

图8-4-14 HZ72型毛织机梭箱纹板图例

●表示有纹钉 ○表示无纹钉

（1）综框纹板与梭箱纹板不是同步的，在织造起点有规定的织物时，必须使梭箱纹板比综框纹板提早一纬。

（2）左手织机梭箱每块纹板最右侧上下列各一孔不用。右手织机梭箱每块纹板每侧各一孔不用。

### （四）送经与卷取机构

#### 1．H212型毛织机送经装置的调节

（1）后梁与中心轴平行，压辊与后梁平行。压辊与后梁的中心距离：上下为50mm，前后为80mm。

（2）三角撑爪本身保持水平，当后梁托架在垂直位置时，三角撑爪与后梁撞铁正好接触无间隙〔图8-4-15（a）〕。

（3）长连杆应保持水平状态，其长度标准，两侧长连杆接头销轴中心距为2304mm（H212A型为2644mm）。当多臂侧三角撑爪中心线（与长连杆联结的一端）与中心轴呈垂直状态时，电动机侧三角撑爪中心线应向机框外侧倾斜7°。

（4）平衡杆各连接点均需十分灵活。后梁托架呈垂直位置时，平衡杆保持水平，其中心线与长连杆中心保持在一直线上。连接铁板应在接头槽中间位置。

（5）制动弹簧控制杆插入制动弹簧的调节压脚孔中，要求不与眼孔四周相碰。当后梁托架垂直，平衡杆呈水平时，制动弹簧控制杆下部的紧圈与制动杠杆刚好接触。制动弹簧的长度一般为330mm〔图8-4-15（b）〕。

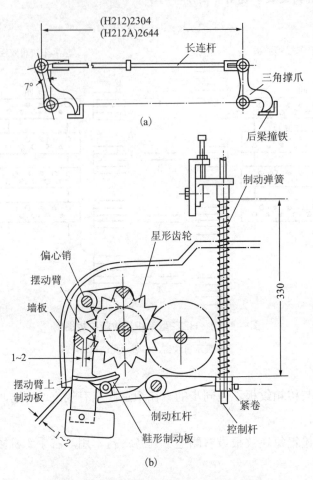

图8-4-15　H212型毛织机送经机构调节

（6）偏心销的调节：应使摆动臂上一个掣子的尖端落入星形齿轮中；另一个掣子的尖端与星形齿轮的齿尖对准，并相距1～2mm。摆动臂摆向最后位置时与齿轮轴墙板至少留有1～2mm的间隙。

（7）制动杠杆上的鞋形制动板与摆动臂上的摩擦板应尽量接触，不可有油污。

（8）经轴另一侧的制动装置，要求制动盘保持光滑清洁，制动带应包布或毡，加压杠杆与制动盘应保持10mm的距离，不允许与后梁托架相碰，制动侧的加压重锤应按经轴大小来调节。平衡杆侧重锤上机时一次校正后，可固定不动。

（9）在运转过程中要经常检查平衡杆托架与平衡杆接头处滚珠轴承的磨损情况，及时加以调换。

**2. H212型毛织机卷取装置的导布方式**（图8-4-16）

（1）一般用图8-4-16中的B方式。

（2）用C、D方式时，应注意防止杂物落入绒布压辊。

（3）织制高密织物时，为防止绒布压辊弯曲，宜改用直径62mm、壁厚8mm的钢管。

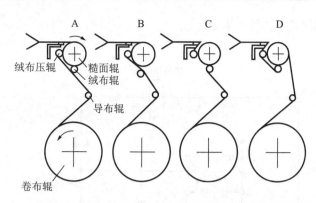

图8-4-16 H212型毛织机卷取装置的四种导布方式

## （五）经停与纬停机构

**1. H212型毛织机机械式断经自停机构**

（1）曲拐在298°时小转子应对准沟槽偏心盘的中心线，这时活动齿芯恰好到中间位置（图8-4-17）。

（2）每根活动齿芯相对于固定齿壳左右移动的动程，应该调节一致。

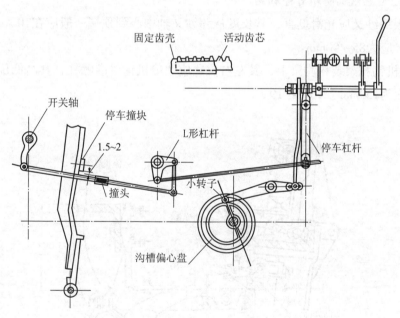

图8-4-17 H212型毛织机机械式断经自停机构

（3）为保证停车机构灵敏，在正常运转时应使停车杠杆保持垂直位置，L形杠杆的两臂应分别处于水平与垂直位置。撞头的边缘经过筘座脚上的停车撞块时，其间隙应为1.5~2mm。撞头与撞块的作用边应呈锐角。

**2. 电气式断经自停机构**

（1）经纱断头后继电器通路，应使A、B两个触头同时吸合（A触头连接电磁铁线圈线路，B触头连接自锁线路）（图8-4-18）。

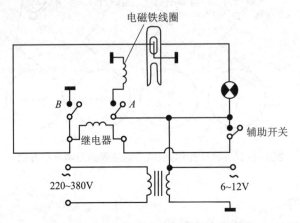

图8-4-18 电气式断经自停机构线路图

（2）电磁铁线圈通过机械动作使织机停转时，应同时打开辅助开关。

（3）各点接地线应保持完好。

**3. H212型毛织机断纬自停机构**

（1）4根纬纱叉应光滑挺直，其长度从纬纱叉轴中心到顶端一般应在70～75mm，使用自动换管时，应为85～90mm。

（2）停机钩托架装在胸梁上，其左右位置应使停机钩对准触杆，其高低位置从胸梁平面至托架平面为152mm（图8-4-19）。

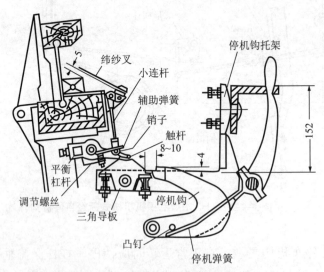

图8-4-19 H212型毛织机断纬自停机构

（3）将筘座转到最后位置，把小连杆的长度调整为100mm，平衡杠杆上触杆的长度为10mm左右，触杆前部要求左右水平。

（4）辅助弹簧对销子的加压程度依靠头部有凹槽的调节螺丝进行调整。

（5）三角导板的前后位置，一般是当筘座在最后位置时，触杆处于三角导板的最高点前部，三角导板底部与停机钩缺口的隔距以8～10mm为宜。其高低位置，一般为筘座在最后位置时，纬纱叉距离梭子前壁应有5mm的间隙。

（6）停机钩缺口的高度，一般以4mm为宜。

（7）煞车手柄在开车位置时，停机弹簧应紧抵停机钩上的凸钉。

### 4.HZ72型毛织机断纬自停机构

（1）曲轴在后死心时，纬纱叉棱角被拉刀抬高到最高位置，纬纱叉的高度，应高出梭子前壁5mm。

（2）曲轴在235°～240°处，纬纱叉棱角处于滑板拉钩的上方，与滑板有0.5～1mm的隔距，此时蝶形杆与撞头对准（图8-4-20）。

（3）进行关车试验，取出梭子，用手转动曲轴手轮，看关车是否正确，如有问题，应继续调整。

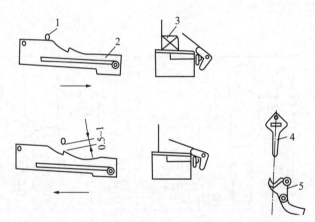

**图8-4-20　HZ72型毛织机断纬自停机构的安装要求**

1—纬纱叉　2—滑板　3—梭子　4—蝶形杆　5—撞头

## 三、光电探纬装置

织机在运转中，纬管上的纬纱将要织完时，使织机自动停车，以避免纬管上纬纱织空找纬头。

### （一）采用硅光片的探纬装置

（1）光源采用12V、10W白炽灯泡，灯架由两块聚光片组成，固定在电动机一侧的胸梁上，硅光电池用5mm×10mm硅光电池片，装在电动机侧的内槽板内。梭芯与纬管和两侧梭壁均开有长孔。当纬管上纬纱将织完时，光源发出的光束，穿过长孔射到硅光电池片上，开关电路发出信号，继电器电磁铁起作用，使织机停车。

（2）光电探纬器线路图举例。

**例1**　如图8-4-21所示。

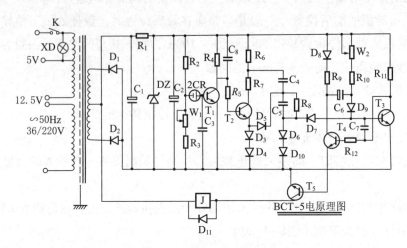

图8-4-21 光电探纬器线路图（一）

**例2** 如图8-4-22所示。

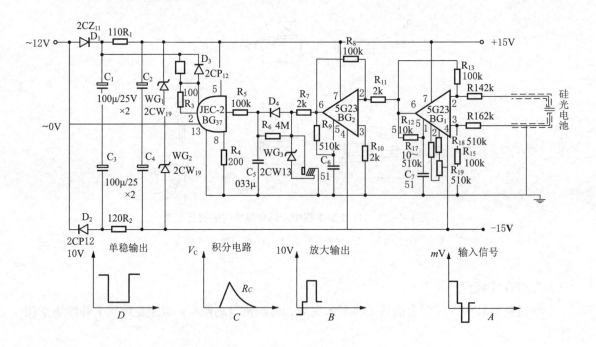

图8-4-22 光电探纬器线路图（二）

**（二）采用光敏管的探纬装置**

（1）感应元件由硅光电池片改为光敏三极管，灵敏度比硅光电池高，故光源亮度可适当降低，并能提高抗干扰能力。

（2）光敏探纬器线路图举例。

**例1** 如图8-4-23所示。

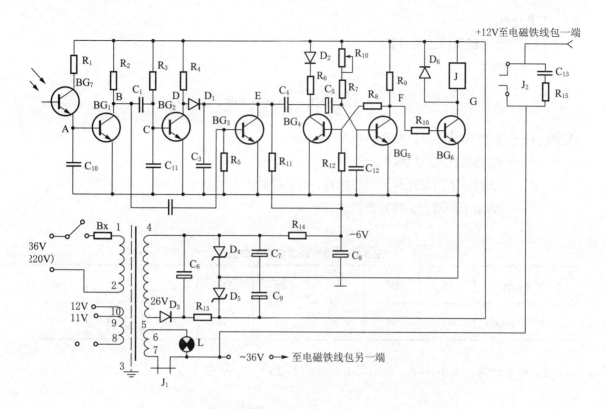

图8-4-23　光敏探纬器线路图（一）

例2　如图8-4-24所示。

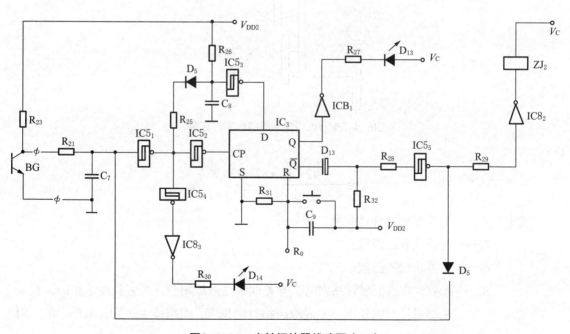

图8-4-24　光敏探纬器线路图（二）

## 四、工艺计算

### （一）H212型毛织机的工艺计算

#### 1. 速度计算

$$n = \frac{n_1 \times Z}{Z_1} = \frac{950 \times Z}{174} = 5.46Z$$

式中：$n$——织机曲轴转速，见表8-4-7，r/min；

$\quad n_1$——电动机转速，950r/min；

$\quad Z$——电动机上的层压板小齿轮齿数，$17^T \sim 24^T$；

$\quad Z_1$——曲轴上的活套大齿轮齿数，$174^T$。

表8-4-7 H212型毛织机车速

| 小齿轮齿数$Z$ | $17^T$ | $18^T$ | $19^T$ | $20^T$ | $21^T$ | $22^T$ | $23^T$ | $24^T$ |
|---|---|---|---|---|---|---|---|---|
| 曲轴转速$n$（r/min） | 93 | 98 | 103 | 108 | 114 | 119 | 125 | 130 |

#### 2. 纬密计算（表8-4-8、表8-4-9、图8-4-25）

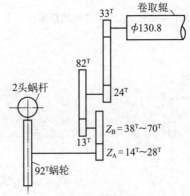

图8-4-25 H212型毛织机纬密计算图

$$P = \frac{92 \times Z_B \times 82 \times 33 \times K}{2 \times Z_A \times 13 \times 24 \times 3.14 \times 13.08}$$

式中：$P$——每厘米间的纬纱根数，根/cm；

$\quad Z_A$——标准齿轮$Z_A$齿数；

$\quad Z_B$——变换齿轮$Z_B$齿数；

$\quad K$——系数，在机面量计纬密时，与卷取辊卷进织物时，两者长度不相同，在机面量计时的长度小于卷取织物时的长度，对精梳毛织物，取$K=1.03$，对粗梳毛织物，取$K=1.05$。当$K=1.03$时，$P = 9.99 \times \dfrac{Z_B}{Z_A} \approx 10 \times \dfrac{Z_B}{Z_A}$。

表8-4-8　H212型毛织机纬密　　　　　　单位：根/10cm

| 变换齿轮$Z_B$ | 标准齿轮$Z_A$ | | | | | | | | | | | | | | |
|---|---|---|---|---|---|---|---|---|---|---|---|---|---|---|---|
| | $14^T$ | $15^T$ | $16^T$ | $17^T$ | $18^T$ | $19^T$ | $20^T$ | $21^T$ | $22^T$ | $23^T$ | $24^T$ | $25^T$ | $26^T$ | $27^T$ | $28^T$ |
| $38^T$ | — | — | — | — | 211 | 200 | 190 | 181 | 173 | 165 | 158 | 152 | 146 | 141 | 136 |
| $39^T$ | — | — | — | 230 | 217 | 205 | 195 | 186 | 177 | 170 | 163 | 156 | 150 | 144 | 139 |
| $40^T$ | — | — | 250 | 225 | 222 | 210 | 200 | 191 | 182 | 174 | 167 | 160 | 154 | 148 | 143 |
| $41^T$ | — | 273 | 256 | 241 | 228 | 216 | 205 | 195 | 186 | 178 | 171 | 164 | 158 | 152 | 147 |
| $42^T$ | 300 | 280 | 263 | 247 | 232 | 221 | 210 | 200 | 191 | 183 | 175 | 168 | 162 | 156 | 150 |
| $43^T$ | 307 | 287 | 269 | 253 | 239 | 226 | 215 | 205 | 196 | 187 | 179 | 172 | 164 | 159 | 154 |
| $44^T$ | 314 | 294 | 275 | 259 | 244 | 232 | 220 | 210 | 200 | 191 | 184 | 176 | 169 | 163 | 157 |
| $45^T$ | 322 | 300 | 281 | 265 | 250 | 237 | 225 | 214 | 205 | 196 | 188 | 180 | 173 | 167 | 161 |
| $46^T$ | 328 | 307 | 288 | 271 | 256 | 242 | 230 | 219 | 209 | 200 | 192 | 184 | 177 | 171 | 164 |
| $47^T$ | 336 | 314 | 294 | 276 | 261 | 248 | 235 | 227 | 217 | 204 | 196 | 188 | 181 | 174 | 163 |
| $48^T$ | 343 | 320 | 300 | 282 | 267 | 253 | 240 | 229 | 218 | 209 | 200 | 192 | 185 | 177 | 172 |
| $49^T$ | 350 | 327 | 306 | 288 | 272 | 258 | 245 | 234 | 223 | 213 | 204 | 196 | 189 | 181 | 175 |
| $50^T$ | 357 | 334 | 313 | 294 | 278 | 263 | 250 | 238 | 227 | 218 | 208 | 200 | 192 | 185 | 179 |
| $51^T$ | 364 | 340 | 319 | 300 | 284 | 268 | 255 | 243 | 232 | 222 | 213 | 204 | 196 | 189 | 182 |
| $52^T$ | 372 | 347 | 325 | 306 | 289 | 274 | 260 | 248 | 236 | 226 | 217 | 208 | 200 | 193 | 186 |
| $53^T$ | 379 | 354 | 332 | 312 | 294 | 270 | 265 | 252 | 241 | 230 | 221 | 212 | 204 | 196 | 189 |
| $54^T$ | 386 | 360 | 338 | 318 | 300 | 284 | 270 | 257 | 245 | 235 | 225 | 216 | 208 | 200 | 193 |
| $55^T$ | 393 | 367 | 344 | 324 | 306 | 290 | 275 | 262 | 250 | 239 | 229 | 220 | 212 | 204 | 197 |
| $56^T$ | 400 | 374 | 350 | 329 | 312 | 295 | 280 | 267 | 255 | 244 | 234 | 224 | 216 | 208 | 200 |
| $57^T$ | 407 | 380 | 356 | 335 | 317 | 300 | 285 | 272 | 259 | 218 | 238 | 228 | 220 | 211 | 204 |
| $58^T$ | 414 | 387 | 363 | 341 | 322 | 305 | 290 | 276 | 264 | 252 | 242 | 232 | 223 | 215 | 207 |
| $59^T$ | 422 | 394 | 369 | 347 | 328 | 311 | 295 | 281 | 268 | 256 | 246 | 236 | 227 | 219 | 211 |
| $60^T$ | 428 | 400 | 375 | 353 | 334 | 316 | 300 | 286 | 273 | 261 | 250 | 240 | 231 | 222 | 214 |
| $61^T$ | 436 | 407 | 381 | 359 | 339 | 321 | 305 | 290 | 277 | 265 | 254 | 244 | 235 | 226 | 218 |
| $62^T$ | 443 | 414 | 388 | 365 | 345 | 326 | 310 | 295 | 282 | 270 | 258 | 248 | 238 | 230 | 222 |

续表

| 变换齿轮$Z_B$ | 标准齿轮$Z_A$ | | | | | | | | | | | | | | |
|---|---|---|---|---|---|---|---|---|---|---|---|---|---|---|
| | $14^T$ | $15^T$ | $16^T$ | $17^T$ | $18^T$ | $19^T$ | $20^T$ | $21^T$ | $22^T$ | $23^T$ | $24^T$ | $25^T$ | $26^T$ | $27^T$ | $28^T$ |
| $63^T$ | 450 | 420 | 394 | 371 | 350 | 332 | 315 | 300 | 286 | 274 | 262 | 252 | 242 | 234 | 225 |
| $64^T$ | 456 | 427 | 400 | 376 | 356 | 337 | 320 | 305 | 291 | 278 | 267 | 256 | 246 | 237 | 229 |
| $65^T$ | 435 | 434 | 406 | 382 | 331 | 342 | 325 | 310 | 296 | 283 | 271 | 260 | 250 | 241 | 232 |
| $66^T$ | 471 | 440 | 413 | 388 | 367 | 348 | 330 | 314 | 300 | 287 | 275 | 264 | 254 | 244 | 236 |
| $67^T$ | 478 | 446 | 418 | 394 | 372 | 352 | 335 | 319 | 305 | 292 | 280 | 268 | 258 | 248 | 240 |
| $68^T$ | 486 | 454 | 425 | 400 | 378 | 358 | 340 | 324 | 309 | 296 | 284 | 272 | 262 | 252 | 243 |
| $69^T$ | 493 | 460 | 431 | 406 | 384 | 363 | 345 | 329 | 314 | 300 | 288 | 276 | 266 | 256 | 246 |
| $70^T$ | 500 | 466 | 437 | 412 | 389 | 368 | 350 | 334 | 318 | 304 | 292 | 280 | 269 | 260 | 250 |

### 表8-4-9　H212A型毛织机纬密　　　　　　　　　　　　单位：根/10cm

| 变换齿轮$Z_B$ | 标准齿轮$Z_A$ | | | | | | | | | | | | |
|---|---|---|---|---|---|---|---|---|---|---|---|---|---|
| | $20^T$ | $21^T$ | $22^T$ | $23^T$ | $24^T$ | $25^T$ | $26^T$ | $27^T$ | $28^T$ | $29^T$ | $30^T$ | $31^T$ | $32^T$ |
| $24^T$ | — | — | — | — | — | — | — | — | — | — | 83 | 80 | 73 |
| $25^T$ | — | — | — | — | — | — | — | — | — | 89 | 86 | 83 | 80 |
| $26^T$ | — | — | — | — | — | — | — | — | 96 | 93 | 89 | 87 | 84 |
| $27^T$ | — | — | — | — | — | — | — | 103 | 99 | 96 | 93 | 89 | 87 |
| $28^T$ | — | — | — | — | — | — | 111 | 107 | 103 | 99 | 96 | 93 | 90 |
| $29^T$ | — | — | — | — | — | 120 | 116 | 111 | 107 | 104 | 100 | 97 | 94 |
| $30^T$ | — | — | — | — | 129 | 124 | 119 | 115 | 111 | 107 | 103 | 100 | 97 |
| $31^T$ | — | — | — | 139 | 133 | 128 | 123 | 118 | 114 | 110 | 107 | 103 | 99 |
| $32^T$ | — | — | 151 | 144 | 138 | 133 | 128 | 123 | 118 | 114 | 111 | 107 | 104 |
| $33^T$ | — | 162 | 155 | 148 | 142 | 137 | 131 | 126 | 122 | 117 | 114 | 110 | 107 |
| $34^T$ | 175 | 167 | 159 | 152 | 146 | 140 | 135 | 130 | 125 | 120 | 117 | 113 | 110 |
| $35^T$ | 181 | 173 | 165 | 158 | 151 | 145 | 140 | 134 | 129 | 125 | 121 | 117 | 113 |
| $36^T$ | 186 | 177 | 169 | 162 | 155 | 149 | 143 | 138 | 133 | 128 | 124 | 120 | 116 |
| $37^T$ | 191 | 182 | 174 | 166 | 159 | 153 | 147 | 141 | 136 | 131 | 127 | 123 | 119 |
| $38^T$ | 197 | 187 | 179 | 171 | 164 | 158 | 151 | 146 | 140 | 136 | 131 | 127 | 123 |

续表

| 变换齿轮$Z_B$ | 标准齿轮$Z_A$ | | | | | | | | | | | | |
|---|---|---|---|---|---|---|---|---|---|---|---|---|---|
| | $20^T$ | $21^T$ | $22^T$ | $23^T$ | $24^T$ | $25^T$ | $26^T$ | $27^T$ | $28^T$ | $29^T$ | $30^T$ | $31^T$ | $32^T$ |
| $39^T$ | 202 | 192 | 184 | 175 | 168 | 162 | 155 | 149 | 144 | 139 | 134 | 130 | 126 |
| $40^T$ | 206 | 196 | 188 | 179 | 172 | 165 | 159 | 153 | 147 | 139 | 134 | 130 | 126 |
| $41^T$ | 212 | 202 | 193 | 185 | 177 | 170 | 163 | 157 | 151 | 146 | 142 | 137 | 133 |
| $42^T$ | 217 | 206 | 197 | 189 | 181 | 174 | 167 | 161 | 155 | 149 | 145 | 140 | 136 |
| $43^T$ | 222 | 211 | 202 | 193 | 185 | 178 | 171 | 164 | 158 | 152 | 148 | 143 | 139 |
| $44^T$ | 228 | 217 | 207 | 198 | 190 | 183 | 175 | 169 | 163 | 157 | 152 | 147 | 142 |
| $45^T$ | 232 | 222 | 212 | 202 | 194 | 186 | 179 | 172 | 166 | 160 | 155 | 150 | 145 |
| $46^T$ | 237 | 226 | 216 | 206 | 198 | 190 | 182 | 176 | 169 | 163 | 158 | 153 | 148 |
| $47^T$ | 244 | 232 | 222 | 211 | 203 | 195 | 187 | 180 | 174 | 167 | 163 | 157 | 152 |
| $48^T$ | 248 | 236 | 226 | 216 | 207 | 199 | 191 | 184 | 177 | 171 | 166 | 160 | 155 |
| $49^T$ | 252 | 240 | 230 | 220 | 210 | 202 | 194 | 187 | 180 | 174 | 169 | 163 | 158 |
| $50^T$ | 258 | 246 | 236 | 225 | 216 | 207 | 199 | 192 | 185 | 178 | 173 | 167 | 162 |
| $51^T$ | 264 | 251 | 240 | 229 | 220 | 211 | 203 | 195 | 188 | 181 | 176 | 170 | 165 |
| $52^T$ | 268 | 255 | 244 | 233 | 224 | 214 | 206 | 199 | 191 | 185 | 179 | 173 | 168 |
| $53^T$ | 274 | 262 | 250 | 238 | 229 | 220 | 210 | 204 | 196 | 189 | 183 | 177 | 173 |
| $54^T$ | 179 | 266 | 254 | 242 | 232 | 224 | 214 | 207 | 199 | 192 | 186 | 180 | 175 |
| $55^T$ | 284 | 270 | 258 | 246 | 236 | 227 | 218 | 210 | 202 | 195 | 189 | 183 | 177 |
| $56^T$ | 290 | 276 | 264 | 252 | 242 | 232 | 223 | 214 | 207 | 199 | 193 | 187 | 181 |
| $57^T$ | 294 | 280 | 268 | 256 | 246 | 236 | 227 | 218 | 210 | 203 | 197 | 190 | 184 |
| $58^T$ | 300 | 284 | 272 | 260 | 249 | 239 | 230 | 222 | 214 | 206 | 200 | 193 | 187 |
| $59^T$ | 306 | 290 | 278 | 266 | 254 | 244 | 235 | 226 | 218 | 210 | 204 | 197 | 191 |
| $60^T$ | 310 | 295 | 282 | 270 | 258 | 248 | 238 | 230 | 222 | 213 | 206 | 200 | 194 |
| $61^T$ | 316 | 300 | 288 | 275 | 263 | 253 | 244 | 234 | 226 | 218 | 210 | 204 | 198 |
| $62^T$ | 321 | 306 | 292 | 279 | 268 | 257 | 247 | 238 | 229 | 221 | 214 | 207 | 200 |

设$A=20^T$，则每厘米间的纬纱根数$P=10 \times \dfrac{B}{2}=\dfrac{1}{2}B$，所以变换齿轮齿数$B$为每厘米间纬纱数的两倍。

## （二）HZ72型毛织机的工艺计算

### 1. 速度计算

$$n = n_1 \times \frac{D_1}{D_2} \times \frac{Z_1}{Z_2} = \frac{940 \times D_1 \times Z_1}{355.5 \times 52} = 0.05084 \times D_1 \times Z_2$$

式中：　$n$——织机曲轴转速，见表8-4-10，r/min;

　　　　$n_1$——电动机转速，940r/min;

　　　　$D_1$——发动机皮带盘直径，95.3～127mm;

　　　　$D_2$——摩擦离合器套轴直径，355.5mm;

　　　　$Z_1$——短轴上的伞形齿轮齿数，$18^T$～$22^T$;

　　　　$Z_2$——曲轴上的大伞形齿轮齿数，$52^T$。

表8-4-10　HZ72型毛织机曲轴转速　　　　　　　　　　单位：r/min

| 皮带盘直径D（mm） | 伞 形 齿 轮 $Z_1$ | | | | |
| --- | --- | --- | --- | --- | --- |
| | $18^T$ | $19^T$ | $20^T$ | $21^T$ | $22^T$ |
| 95.3 | 87 | 92 | 97 | 102 | 107 |
| 101.6 | 93 | 98 | 103 | 109 | 114 |
| 108 | 99 | 104 | 110 | 115 | 121 |
| 114.3 | 105 | 110 | 116 | 122 | 128 |
| 120.7 | 111 | 117 | 123 | 129 | 135 |
| 127 | 116 | 123 | 129 | 136 | 142 |

### 2. 纬密计算（图8-4-26、表8-4-11）

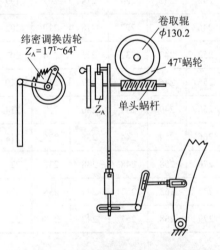

图8-4-26　HZ72型毛织机纬密计算图

$$P = \frac{Z_A \times 47 \times K}{T \times 1 \times \pi \times 13.02} = 1.183 \times \frac{Z_A}{T}$$

式中： $P$——每厘米间的纬纱根数，根/cm；

$Z_A$——纬密调换齿轮$Z_A$齿数；

$T$——卷取撑牙每次撑过的齿数，$T=1 \sim 3$齿；

$K$——系数，在机面量计纬密时与卷取辊卷进织物时，两者长度不相同，在机面量计纬密时的织物长度小于卷取织物时的长度，取系数$K=1.03$。

当$T=1$齿时，$P$（根/cm）$=1.183Z_A$

当$T=2$齿时，$P$（根/cm）$=0.59Z_A$

当$T=3$齿时，$P$（根/cm）$=0.394Z_A$

### 表8-4-11 HZ72型毛织机纬密

| 纬密调换齿轮$Z_A$ | 纬密$P$（根/10cm） | | | 纬密调换齿轮$Z_A$ | 纬密$P$（根/10cm） | | |
|---|---|---|---|---|---|---|---|
| | 每次撑一牙 | 每次撑二牙 | 每次撑三牙 | | 每次撑一牙 | 每次撑二牙 | 每次撑三牙 |
| 17$^T$ | 201 | — | — | 35$^T$ | — | 207 | 138 |
| 18$^T$ | 213 | — | — | 36$^T$ | — | 213 | 142 |
| 19$^T$ | 224 | 112 | — | 37$^T$ | — | 219 | 146 |
| 20$^T$ | 236 | 118 | — | 38$^T$ | — | 224 | 150 |
| 21$^T$ | 248 | 124 | — | 39$^T$ | — | 230 | 154 |
| 22$^T$ | 260 | 130 | — | 40$^T$ | — | 236 | 157 |
| 23$^T$ | 272 | 136 | — | 41$^T$ | — | 242 | 161 |
| 24$^T$ | 283 | 142 | — | 42$^T$ | — | 248 | 165 |
| 25$^T$ | 295 | 148 | — | 43$^T$ | — | 254 | 169 |
| 26$^T$ | 307 | 154 | — | 44$^T$ | — | 260 | 173 |
| 27$^T$ | 319 | 159 | — | 45$^T$ | — | 266 | 177 |
| 28$^T$ | 331 | 165 | 110 | 46$^T$ | — | 272 | 181 |
| 29$^T$ | 343 | 171 | 114 | 47$^T$ | — | 278 | 185 |
| 30$^T$ | 354 | 177 | 118 | 48$^T$ | — | 283 | 189 |
| 31$^T$ | 366 | 183 | 122 | 49$^T$ | — | — | 193 |
| 32$^T$ | — | 189 | 126 | 50$^T$ | — | — | 197 |
| 33$^T$ | — | 195 | 130 | 51$^T$ | — | — | 201 |
| 34$^T$ | — | 201 | 134 | 52$^T$ | — | — | 205 |

| 纬密调换<br>齿轮$Z_A$ | 纬密$P$（根/10cm） | | | 纬密调换<br>齿轮$Z_A$ | 纬密$P$（根/10cm） | | |
|---|---|---|---|---|---|---|---|
| | 每次撑一牙 | 每次撑二牙 | 每次撑三牙 | | 每次撑一牙 | 每次撑二牙 | 每次撑三牙 |
| $53^T$ | — | — | 209 | $59^T$ | — | — | 232 |
| $54^T$ | — | — | 213 | $60^T$ | — | — | 236 |
| $55^T$ | — | — | 217 | $61^T$ | — | — | 240 |
| $56^T$ | — | — | 220 | $62^T$ | — | — | 244 |
| $57^T$ | — | — | 224 | $63^T$ | — | — | 248 |
| $58^T$ | — | — | 228 | $64^T$ | — | — | 252 |

## （三）产量计算

$$理论产量[（m/（台·h）]=\frac{曲拐每分钟转数×60}{下机纬密（根/10cm）×10}$$

$$实际产量[（m/（台·h）]=理论产量×\frac{工作时间(h)-停车时间(h)}{工作时间(h)}=理论产量×效率$$

# 第三节  上机工艺

## 一、织机参变数

为使织造工程顺利进行，提高坯布质量，必须按照品种特点、织机类型以及织机速度合理制订上机工艺。织机上的主要参数有以下几项。

### 1. 经位置线

调节经位置线可使梭口成为等张力或不等张力梭口。综平时织口综眼及后梁位于一直线上为等张力梭口，上下层经纱张力一致，经纱所受张力也为最小。如后梁高于等张力经位置线，则下层经纱张力增大，反之，上层经纱张力增大。在毛织物生产中一般依下述原则调节：

（1）一般织物采用等张力梭口的经位置线。

（2）紧密程度较高的织物，如直贡呢类，为了有利于纬纱压入织口，采用不等张力梭口的经位置线。

（3）对组织点不对称的斜纹和缎纹类织物（如2/1单面华达呢），为减轻提综器负荷以及小跳花织疵而采用反织时，应采用后梁低于等张力梭口的经位置线。

### 2. 梭口高度

梭口高度应根据经纱种类、织物幅宽、织机速度以及投梭时间来确定。因为经纱张力与梭口高度的平方成正比，所以为减少经纱断头，梭口不宜过大。但是梭口过小，经纱容易粘连，造成断经、纬弓、跳花、布边不良等织疵。一般在织制匹染华达呢以及涤纶混纺类纱线毛羽大织物时，以梭口稍大些较为有利。

梭口高度可以筘座在后死心时，梭子前壁离上层经纱距离来表示，也可以两剑头交接时上下层经纱的距离来表示。

**3. 打纬角**

打纬角是指筘平面与织物平面在打纬时所构成的角度，可以通过改变后梁与胸梁的相对位置加以调节。

在一般情形下，打纬角用直角。织制特别紧密的织物时，选用大于或小于直角的打纬角，使打纬时其中一层织口受到较大的作用力，这样比较容易获得规定的纬密。

**4. 上机经纱张力**

打纬时的经纱张力是形成织物的必要条件，由经轴的制动力控制。过大的张力要增加经纱断头，损坏吊综零件。在使用弹簧回综的织机上，甚至可使下层梭口开不清，影响梭子飞行。张力过松，打纬区增大，布面跳动，纬纱打不紧，也可能在一段时间内经纱只发生引长而不产生送经，织口来回往复，形成边撑疵布。

通常织精纺毛织品时，每根经纱张力为19～35gf。

**5. 综平度**

综平度是指综平时，筘到织口的距离。综平度大表示开口早，综平度小表示开口迟。综平度对打纬区有影响，适当增大综平度，可使打进的纬纱回退少，有利于稳定布面，减少断经，布边也比较平整。综平度的大小还与经纬纱的缩率有关，如纬纱缩率随综平度的增大而增大，经纱缩率则相反。调节综平度要根据品种特点，并与投梭时间和送经机构运动相配合。通常对纱线粗、经纬交叉点多、组织结构紧密及容易产生跳花、纬弓的织物，综平度可适当增大。对H212型毛织机，应注意综平度增大超过一定限度时，反而会引起打纬区增加，后梁摆幅大，布面跳动。

**6. 引纬时间**

引纬时间通常用引纬结束时织机角度来表示。角度越大表示引纬越晚。引纬时间的改变，会影响织机运转的均匀性，一般不轻易变动，只作为其他参变数调节好之后再采用的一项补充措施。

例如，对易产生跳花、纬弓的织物和上机幅宽特别大的织物可稍稍延迟引纬时间。

## 二、上机工艺实例（表8-4-12～表8-4-14）

表8-4-12 精纺产品上机工艺实例（H212型毛织机）

| 品　　名 | | 单面花呢 | 夹丝单面花呢 | 毛涤花呢 | 黏锦华达呢 |
|---|---|---|---|---|---|
| 经纱规格 | tex | $16 \times 2$ | $18.9 \times 2$ | $13.2 \times 2$ | $22.5 \times 2$ |
| | 公支 | 61/2 | 53/2 | 76/2 | 45/2 |

续表

| 品　名 | | 单面花呢 | 夹丝单面花呢 | 毛涤花呢 | 黏锦华达呢 |
|---|---|---|---|---|---|
| 纬纱规格 | tex | 16×2 | 18.9×2 | 27.8 | 22.5×2 |
| | 公支 | 61/2 | 53/2 | 36/1 | 45/2 |
| 织物规格项目 | 经纬密度（经×纬）（根/10cm） | 396×344 | 345×272 | 240×236 | 396×216 |
| | 筘幅（cm） | 187 | 189 | 161.3 | 154 |
| | 每筘穿入根数 | 6 | 5 | 2 | 6 |
| | 综片数 | 8 | 10 | 8 | 8 |
| | 织物组织 | 双层平纹 | 双层平纹 | 平纹加提花条子 | 2/2斜纹 |
| | 织物特点 | 细度细，组织紧密，幅缩大，正反捻 | 密度高，幅缩大，经向有6.6tex（60旦）化纤长丝合股毛纱 | — | 纯化学纤维，匹染 |
| | 容易产生的疵点 | 钢筘打断的小缺纬、厚薄段、错纱、错纹 | 边撑刺毛扎断化纤长丝、纬印 | 吊经、吊纬、边撑坏布 | 厚薄段 |
| 上机工艺项目 | 综平度（筘离织口距离）（mm） | 50 | 50 | 50 | 40～45 |
| | 梭口高度（梭子前壁离上层经纱距离）（mm） | 2～3 | 5～7 | 3～5 | 5～7 |
| | 经位置线 | 直线 | 直线 | 直线 | 直线 |
| | 打纬角（°） | 90° | 90° | 90° | 90° |
| | 投梭时间（筘离织口距离）（mm） | 140～142 | 140～142 | 135～140 | 140 |
| | 品种翻改注意事项 | 1.送经机构平衡杆侧重锤要增加，掌握在32～36kg 2.挡车工熟悉花纹组织 3.双边撑的边撑距要接近 | 1.检查开口机构机械状态 2.检查双边撑 3.卷布刺毛辊用刺毛铁皮包覆 4.下层经纱尽量不紧贴走梭板 | 1.提花部分经纱放在前4片综，其经停片可单独集中插在靠近后梁的齿条上 2.单纱条干达不到要求时，可用三把梭子混纬 | 1.检查送经卷取的机械状态 2.防止大肚纱及织入回丝 3.卷布刺毛辊用刺毛铁皮包覆 |

| 品　名 | | 毛黏腈花呢 | 毛涤薄花呢 | 华达呢 | 花呢 |
|---|---|---|---|---|---|
| 经纱规格 | tex | 25.6×2 | 20.8×2 | 20×2 | 25.6×2 |
| | 公支 | 39/2 | 48/2 | 39/2 | 50/2 |
| 纬纱规格 | tex | 25.6×2 | 20.8×2 | 20×2 | 25.6×2 |
| | 公支 | 39/2 | 48/2 | 39/2 | 50/2 |

续表

| 品　名 | | 毛黏腈花呢 | 毛涤薄花呢 | 华达呢 | 花呢 |
|---|---|---|---|---|---|
| 织物规格项目 | 经纬密度（经×纬）（根/10cm） | 248×216 | 216×210 | 420×218 | 180×174 |
| | 筘幅（mm） | 169.3 | 162 | 154.6 | 168.4 |
| | 每筘穿入根数 | 4 | 3 | 6 | 3 |
| | 综片数 | 8 | 6 | 8 | 6 |
| | 织物组织 | 2/2菱形斜纹 | 平纹 | 2/2斜纹 | 平纹 |
| | 织物特点 | — | 织物比较紧密 | 全毛、匹染 | — |
| | 容易产生的疵点 | 边撑坏布、小缺纬 | 吊经、吊纬、小缺纬、小弓纱 | 厚薄段 | 小缺纬 |
| 上机工艺项目 | 综平度（筘离织口距离）（mm） | 40～45 | 50 | 40～45 | 50 |
| | 梭口高度（梭子前壁离上层经纱距离）（mm） | 5～7 | 5～7 | 5～7 | 2～3 |
| | 经位置线 | 直线 | 直线 | 直线 | 直线 |
| | 打纬角（°） | 90 | 90 | 90 | 90 |
| | 投梭时间（筘离织口距离）（mm） | 140 | 140 | 135～140 | 135～140 |
| | 品种翻改注意事项 | 卷取辊包粒面橡皮 | 1.防止突然张力造成吊纬 2.卷取辊包粒面橡皮 3.投梭力不宜过大，接梭要好，防止纱圈抛出 4.穿综顺序：6、1、3、5、2、4 | 经纱容易脱结、开口用"高—中—低"方式 | 卷取辊包粒面橡皮 |

### 表8-4-13　精纺产品上机工艺实例（HZ72型毛织机）

| 品　名 | | 派立司 | 凡立丁 | 哔叽 |
|---|---|---|---|---|
| 经纱规格 | tex | 17.2×2 | 17.2×2 | 22.5×2 |
| | 公支 | 58/2 | 58/2 | 45/2 |
| 纬纱规格 | tex | 25 | 17.2×2 | 22.5×2 |
| | 公支 | 40/1 | 58/2 | 45/2 |
| 织物规格项目 | 经纬密度（经×纬）（根/10cm） | 252×215 | 234×216 | 260×244 |
| | 筘幅（cm） | 167 | 174.4 | 170 |
| | 每筘穿入根数 | 3 | 3 | 4 |
| | 综片数 | 6 | 6 | 4 |
| | 织物组织 | 平纹 | 平纹 | 2/2斜纹 |
| | 织物特点 | 细度细、单纬、经纬密度较高 | 细度细、组织紧密 | 匹染 |
| | 容易产生的疵点 | 小缺纬、小跳花 | 小跳花、小弓纱 | 厚薄段 |

续表

| 品　名 | 派 立 司 | 凡 立 丁 | 哔 叽 |
|---|---|---|---|
| 综平度（筘离织口距离）（mm） | 55～65 | 55～65 | 55～65 |
| 梭口高度（梭子前壁离上层经纱距离）（mm） | 3～5 | 3～5 | 3～5 |
| 经位置线 | 直线 | 直线 | 直线 |
| 打纬角（°） | 85～88 | 85～88 | 85～88 |
| 投梭时间（筘离织口距离）（mm） | 120 | 120 | 120 |
| 回综拉力（N） | 59～78 | 59～78 | 78～98 |
| 品种翻改注意事项 | 1.钢筘表面要求光洁平整 2.采用粒面橡皮包覆卷取辊 | 1.穿综筘法：<br>第一筘：6、1、3<br>第二筘：5、2、4<br>2.用粒面橡皮包覆刺毛辊 | — |

（上机工艺项目）

| 品　名 | 单面花呢 | 直贡呢 | 毛涤薄花呢 |
|---|---|---|---|
| 经纱规格 tex | 16.4×2 | 16.7×2 | 18.5×2 |
| 经纱规格 公支 | 61/2 | 60/2 | 54/2 |
| 纬纱规格 tex | 16.4×2 | 25 | 18.5×2 |
| 纬纱规格 公支 | 61/2 | 40/1 | 54/2 |
| 经纬密度（经×纬）（根/10cm） | 396×344 | 504×370 | 234×228 |
| 筘幅（cm） | 187 | 156 | 164 |
| 每筘穿入根数 | 6 | 6 | 3 |
| 综片数 | 8 | 13+2 | 6 |
| 织物组织 | 双层平纹 | $\frac{5\ \ 5}{2\ \ 1}$ | 平纹 |
| 织物特点 | 细度细、组织紧密、幅缩大、正反捻 | 细度细、单纬、组织紧密 | 组织紧密 |
| 容易产生的疵点 | 厚薄段、错纱、错纹、钢筘打断的小缺纬 | 小缺纬、小弓纱、小跳花 | 吊经、吊纬 |

续表

| 品 名 | | 派 立 司 | 凡 立 丁 | 哔 叽 |
|---|---|---|---|---|
| 上机工艺项目 | 综平度（筘离织口距离）（mm） | 60～70 | 30～40 | 55～65 |
| | 梭口高度（梭子前壁离上层经纱距离）（mm） | 2～3 | 5～7 | 5～7 |
| | 经位置线 | 后梁低于直线时相应位置5～10mm | 后梁低于直线时相应位置10～15mm | 直线 |
| | 打纬角（°） | 83～85 | 82～83 | 85～88 |
| | 投梭时间（筘离织口距离）（mm） | 125 | 120 | 120 |
| | 回综拉力（N） | 69～78 | 78～98 | 69～78 |
| | 品种翻改注意事项 | 1.检查送经卷取机械状态<br>2.采用双边撑<br>3.挡车工预先熟悉花纹组织 | 1.经纱张力适当加大，保持开口清晰<br>2.边道用双平组织<br>3.用反织法 | 1.经纱断头接头时，两根纱各剪去5cm<br>2.控制车间相对湿度<br>3.停经杆位置适当放低，减少经纱摩擦 |

| 品 名 | | 薄 花 呢 | 夹丝单面花呢 | 黏锦腈花呢 | 华 达 呢 |
|---|---|---|---|---|---|
| 经纱规格 | tex | 18.9×2 | 19.6×2 | 18.9×2 | 19.6×2 |
| | 公支 | 53/2 | 51/2 | 53/2 | 51/2 |
| 纬纱规格 | tex | 18.9×2 | 19.6×2 | 18.9×2 | 19.6×2 |
| | 公支 | 53/2 | 51/2 | 53/2 | 51/2 |
| 织物规格项目 | 经纬密度（经×纬）（根/10cm） | 216×189 | 345×272 | 272×266 | 408×204 |
| | 筘幅（cm） | 165.6 | 189 | 168.8 | 159 |
| | 每筘穿入根数 | 3 | 5 | 4 | 6 |
| | 综片数 | 6 | 10 | 12 | 8 |
| | 织物组织 | 平纹 | 双层平纹 | 2/2变化斜纹 | 2/2斜纹 |
| | 织物特点 | 正反捻、多色泽 | 密度高、幅缩大，经纱有6.6tex（60旦）化纤长丝合股毛纱 | 三梭箱 | 匹染 |
| | 容易产生的疵点 | 错纱 | 边撑扎断化纤长丝、刺毛辊打滑造成的纬印 | 错经、错纬、边双纱 | 经纬档、厚薄段 |
| 上机工艺项目 | 综平度（筘离织口距离）（mm） | 60～70 | 60～70 | 55～65 | 50～60 |
| | 梭口高度（梭子前壁离上层经纱距离）（mm） | 4～5 | 5～7 | 3～5 | 5～6 |
| | 经位置线 | 直线 | 直线 | 直线 | 直线 |
| | 打纬角（°） | 85～88 | 85～88 | 85～88 | 85～88 |
| | 投梭时间（筘离织口距离）（mm） | 120 | 125 | 120 | 120 |
| | 回综拉力（N） | 69～78 | 59～78 | 59～78 | 78～98 |
| | 品种翻改注意事项 | 1.正反捻纱分别综框穿综<br>2.纤管分色 | 1.采用双边撑<br>2.卷取刺毛辊用刺毛铁皮包覆 | 检查开口机构机械状态 | 1.检查送经机构状态<br>2.牵手轴承不许松动 |

### 表8-4-14　粗纺产品上机工艺实例（H212A型毛织机）

| 品　名 | | 格子毛毯 | 女式呢 | 花呢 | 粗制服呢 | 大衣呢 |
|---|---|---|---|---|---|---|
| 经纱规格 | tex | 333 | 82.3 | 100 | 27.8×2 | 105 |
| | 公支 | 3 | 12支夹丝 | 10 | 21/2 | 9.5 |
| 纬纱规格 | tex | 333 | 82.3 | 100 | 222 | 105 |
| | 公支 | 3 | 12支夹丝 | 10 | 4.5 | 9.5 |
| 织物规格项目 | 经纬密度（经×纬）（根/10cm） | 68×83 | 94.5×114 | 118×122 | 126×145 | 142×197 |
| | 筘幅（cm） | 209.8 | 186.7 | 179.3 | 185.4 | 201.9 |
| | 每筘穿入根数 | 2 | 2 | 3 | 4 | 4 |
| | 综片数 | 4 | 12 | 4 | 4 | 4 |
| | 织物组织 | 2/2斜纹 | 绉组织 | 2/2斜纹 | 2/2斜纹 | 1/3破斜纹二重 |
| | 织物特点 | 拉毛产品，有颜色格子，要求布边整齐 | 轻薄、织纹清晰 | 经纬有三种颜色，色泽匀净，纹路清晰 | 下脚原料，产品紧密 | 质地厚实、呢面丰满 |
| | 容易产生的疵点 | 错格、错批、边纱不平齐 | 错纹、龙头跳花、找纬头时易出稀密档 | 错经纬、错纹、松紧档、色档 | 稀密档、纬停弓纱、小弓纱、纬密不足 | — |
| 上机工艺项目 | 综平度（筘离织口距离）（mm） | 12 | 12 | 14 | 15 | 14 |
| | 梭口高度（梭子前壁离上层经纱距离）（mm） | 2~3 | 2~3 | 2~3 | 2~3 | 2~3 |
| | 经位置线（后梁高出或低于直线时相应位置）（mm） | 高10~15 | 高10~15 | 高10~15 | 高10~15 | 高10~15 |
| | 打纬角（°） | 88.5 | 88.5 | 88.5 | 88.5 | 88.5 |
| | 投梭时间（筘离织口距离）（mm） | 140~145 | 140~145 | 140~145 | 140~145 | 140~145 |
| | 品种翻改注意事项 | 严格控制纬密，防止格子有大小 | 上机严格检查花纹组织，防止穿错 | — | 严格控制纬密 | — |

# 第四节　织造疵点成因及防止方法

## 一、经档

### （一）造成原因

#### 1. 经纱张力不匀

（1）分条整经机成形不良，叠绞不平，压绞或离绞，滚筒轴面有显著高低；经密高的织物，整经时经条扩散，经条在滚筒上呈瓦楞形。

（2）整经筒子架上，筒子大小排列不当；张力片失去作用，严重的会出现雨丝状经档。

（3）绞宽过大，经纱拉出后穿过分绞筘、定幅筘的曲折角大，经条两边与中间张力差异大。

（4）整经时遇到断头，在寻找断头时，倒拉绞条，张力未控制好。

（5）蒸纱不匀、不透，回潮率不一致。

**2．经纱受到不正常摩擦**

（1）综框上综丝不活络，综丝因接头等原因豁开后不能自动恢复，经纱屈曲，受到钢筘摩擦起毛，染色后起毛处色深。

（2）新旧综丝混用，新旧综丝长短不同，造成有的活络，有的不活络。

（3）上机扎绞、分绞太宽，每绞的两边经纱屈曲，与钢筘摩擦起毛，织物染色后，经轴第一匹可能有扎绞印。

（4）综眼处不光洁，毛纱被擦毛，染色后显露深色的经向线条。

（5）钢筘齿面不光洁，毛纱被擦毛，经后整理，形成经向黑印。

**3．经纱排列不匀**

（1）钢筘筘齿排列不匀，影响经纱排列不匀，排列密的染色后色浅，排列稀的色深。

（2）钢筘受外力撞击挤压，如轧梭后钢筘筘齿受剑头挤压而变形；钢筘与边撑脚撞击，使筘齿偏斜或扭曲；筘夹螺丝旋得过紧，使某些突出的筘齿偏斜而引起筘齿稀密。

**4．经纱回潮不匀**

毛纱回潮不匀，回潮率高，经纱受张力伸长急弹性差，不能及时恢复原状。落水后缩率大，染色后色光不同，因此回潮率不同的毛纱集中在一起有可能形成经档。

**5．纱批搞错**

不同纱批的同细度本色纱，其原料成分或纺纱工艺是不同的，整经时如没有分清而混用，染色后会产生色泽不同而成经档。

**（二）防止方法**

（1）注意整经工序中的经纱张力，力求张力均匀。经常检查张力装置是否正常，通道是否有异物堵塞；严格控制绞宽，防止绞宽过宽增大经纱的曲折角；要求经条导辊尽量接近整经滚筒，减少经条扩散。

（2）加强钢筘的管理，进货钢筘要检查筘齿是否光洁，了机后钢筘应进行检修，轧梭后应对钢筘进行检查，修理后再开车。

（3）要求综丝活络，分开后能自动恢复原状。

（4）新综丝使用前，要逐根检查，防止综眼有磨损。

（5）加强纱批管理，容器、筒子上均应有纱批的标记，严格分清纱批。

（6）严防筒子受潮，纱管蒸纱后应经过烘纱或放置一定时间后再进行络筒，力求回潮均匀。

## 二、纬档、厚薄段

### （一）造成原因

（1）织机在运转时，由于送经卷取机构故障，使经轴运转不匀或工艺件磨损缺油，导致送经卷取不正常。

（2）厚重织物胸梁卷取打滑，或运转状态下放开布辊检查布面。

（3）处理断纬时，打空车容易造成稀密挡。

（4）卷取刺辊包覆物老化、卷取打滑。

除上述原因外，还与厂休、节假日停车后织口发生位移，开车时布面张力未调节好；拆坏布、找纬头后布面张力未调节好；纱批搞错或纬纱条干不匀，有长片段粗、细节纱；倒轴时张力掌握不好，里松外紧，经轴呈菊花芯，退绕时经纱张力时大、时小等原因有关。

### （二）防止方法

（1）定期检查送经、卷取、打纬各部件的运动情况，检查卷取刺辊包覆物的握持力，发现不正常，及时纠正。

（2）织机停车一段时间后开车，必须先校正织口位置，拆布、碰头后也必须校正织口，再开车肚灯仔细观察有无稀密。

（3）加强纱批管理，换筒纱时要检查纱线外观，如有长片段粗细节纱，应处理后再用。

（4）倒轴要掌握前后张力一致，切忌里松外紧。

## 三、小缺纬

### （一）造成原因

（1）卷布刺辊刺毛铁皮太锋利，薄型织物纬纱易被扎断。

（2）打纬区大，布面起弓，织物在卷布刺辊上来回移动，扎断纬纱。同样，布面起弓，织物在边撑刺轴上来回移动，吃针、脱针次数增多，扎断纬纱。

（3）边撑刺轴有断针、钩针等不良情况，或针圈回转不灵活、边撑盖安装不良，造成织物吃针、脱针困难，均易扎断纬纱。

（4）纬纱强力低，伸长力小的低特单纱（高支单纱），在交织过程中因屈曲而被拉伸，在薄弱环节处就会被拉断。如纬密高，则打纬时所受阻力大，纬纱有可能受损伤或断裂。

（5）纬停器失灵，断纬后不及时停车。

（6）高经密产品筘号选择太稀，筘齿将纬纱打断。

（7）钢筘碰托布板，碰断纬纱。

### （二）防止方法

（1）卷布刺轴上的包覆物，应根据不同产品来选择：一般重厚织物可用刺毛铁皮；腈纶混纺或其他纬密较高的织物，可用1号金钢砂布；轻薄型织物可用粒面橡胶。

（2）控制打纬区，不使织物起弓。

（3）上机开出时应检查边撑针圈，不符合要求的应修理或调换。

（4）边撑盖的安装，以不碰钢针并有1mm的空隙为宜。

（5）强力低的低特单纱，尽可能避免过高的纬密，同时调节上机参变数，为打纬创造有利条件，如适当加大综平度以增加经纱对纬纱的包围角，增加经纱张力缩小打纬区等。

（6）及时检查纬停器，防止断纬不停车。

（7）根据经密合理选择筘号。

（8）上轴调车，钢筘打到前死心，钢筘和托布板之间需要留至少1mm空隙。

## 四、小跳花

### （一）造成原因

（1）相邻经纱互相粘搭。毛纱不光滑，毛羽过长，在经纱升降运动中，摩擦起球；或毛纱有大肚、毛粒或结头的纱尾过长，使经纱与经纱之间发生粘搭。

（2）经纱张力不一致，梭口不清。

①吊综不良，没有仔细调整，各片综开口大小不一致。

②经纱张力过小，开口不清。

### （二）防止方法

（1）合理使用密筘，平纹织物穿2根1筘齿；如用3根1筘齿，宜用6片综框跳穿（穿综顺序为1、3、5、2、4、6），插筘时6、1、3插一筘齿，5、2、4插一筘齿。

（2）高经密织物可采用双层筘（即用两只同号钢筘重叠，后筘的筘齿对准前筘两筘齿的中间），以增加对纱线的梳理作用。

（3）适当使用润滑料，如在整经倒轴中上蜡，或在织机后梁上放置一块全幅的蜡板条，经纱在蜡板条上通过，可使纱线光洁，减少粘搭；勤巡回，及时清理纱线上毛粒。

（4）调节开口、投梭工艺参数及经纱张力；吊综平齐。

（5）控制车间温湿度，一般以夏季30~32℃，冬季20~22℃，相对湿度65%~70%为宜。

## 五、小弓纱

### （一）造成原因

（1）织机上某几根经纱张力松弛，如整经时经纱跳出张力片，或经轴缺头，寄生头张力太松等原因形成小段纱松弛，综平后，成为圈状粒状的弓纱浮于布面。

（2）某些花色织物，经纱组织点不平衡，经组织点少的经纱，张力松弛。

（3）经纱接头强力低，织造过程时脱开。

（4）引纬张力不一致，纬纱松，遇到经纱上的毛粒、结头或松弛的经纱，纬纱与经纱粘搭，造成弓纱。

（5）经纱密度过高或每筘齿中穿入经纱过多，经纱因摩擦起毛，与纬纱粘搭。

## （二）防止方法

（1）整经张力力求一致，张力装置应经常检查；织机上的寄生头，其张力要调节好。

（2）织物组织的组织点不平衡时，浮点长的一般穿在后综片，浮点短的穿在前综片。

（3）加强过程巡回检查，及时发现经纱接头脱开。

（4）控制纬纱张力一致，假边纱夹持力满足要求。

（5）经密高的织物，合理选用密筘，减少每筘齿的穿入数，也可采用双层筘，增加梳理作用，减少经纱间的粘搭。

## 六、吊经吊纬
### （一）造成原因

吊经吊纬大多发生在纯纺或混纺产品，受潮的毛纱也会产生吊经、吊纬。这类纱线在成纱后的各道工序中，如受到意外牵引力，发生伸长而不易恢复，在染整后出现吊经、吊纬。

（1）纱线条干不匀，在各道卷绕过程中，卷绕张力过大时，细节或薄弱环节发生延伸；织机上相邻纱线因羽毛、毛粒缠结，在经停片、综、筘等处受阻而延伸。

（2）纱线在各道退绕过程中，如筒子成形不良；储纬器张力过大、接纬剑释放过晚或剑头坏。

（3）断经处理经纱拉得过紧、经纱机后打绞，织机上的寄生头缠绕不良。

（4）纱线回潮不匀。回潮大的纱线，受力后容易延伸。

（5）接头、修补操作中产生拉伸。

### （二）防止方法

（1）各机的纱线通道，要求光洁无阻，储纬器张力防止过大。

（2）要求筒子成形良好，接纬剑释放正确。

（3）要求纱线回潮均匀，涤纶混纺品种的筒子纱应先烘纱，然后使用。

（4）接头或修补、挑补时，不过分拉紧，各道工序断头接头（涤纶混纺产品）时，两端应先剪去50cm，再行接头，即剪去断头时受到张力而延伸的线段。

## 七、双纱
### （一）造成原因

（1）经纱因毛粒、羽毛多等疵点，断头后与相邻的经纱粘搭纠缠，经停片不下落，断头纱依附于邻纱上通过综眼、钢筘而织入布内，成为经双纱。

（2）织机吸风异常，废边纱夹持不住，带入布面，形成纬向小双纱。

（3）断纬处理操作不当。

（二）防止方法

（1）要求纱线光洁纱疵少，并定捻良好。经常清除经停片处的飞毛，保持经停片灵敏。

（2）挡车工正确处理断纬。

（3）织机两边吸风正常，废边夹持效果好。

## 八、断经

### （一）造成原因

（1）经纱上有疵点，如细节纱、弱捻纱、剥皮纱等，承受不起在开口、打纬时的张力，在薄弱环节处断头。

（2）结头不牢，在织造时经纱在一张一弛的过程中，造成脱结。

（3）综平度过大或过小，过大则打纬时阻力大，过小则织物起弓，增加经纱与综箱的摩擦，均会引起断头。

（4）开口不清，剑头打断经纱。

（5）综丝、钢箱、经停片生锈毛糙，织机轨道不光洁。

### （二）防止方法

（1）经纱上有疵点，挡车工在巡回检查时要随手摘除，纱线打结应采用自紧结（双套结）。

（2）合理调节上机参变数，综平度、开口要调节恰当，平纹、斜纹织物，一般用等张力梭口，高纬密织物为便于打紧，后梁比等张力梭口稍为放低。梭口高度不宜过大，下层经纱距走梭板距离不宜过大，以1~2mm为宜。

（3）综丝、钢箱、经停片了机后要清洁、整理，织机轨道要定期检修，保持光洁无损。

## 九、断纬

### （一）造成原因

（1）纬纱强力差，有毛粒、大结头等纱疵，在引纬过程中遇到阻力而被拉断。

（2）张力片张力过大或过小，或纱线退绕通道曲折，导致增加断纬概率。

（3）筒纱成型太松，脱下的纬纱拥塞在磁眼处而被拉断。

（4）剑带运行不稳或剑头交接不稳定，形成断纬。

### （二）防止方法

（1）纬纱在使用以前需进行检查，成型不好的需要进行回倒处理。

（2）剑头、剑带需定期校检，保证设备运行顺畅。

（3）纬纱张力适中，筒纱退绕通道顺畅。

## 十、擦白印
### （一）造成原因

擦白印也称磨白纱，化学纤维纯纺或混纺纱线局部受到意外撞击或摩擦，产生擦白印。混有腈纶纤维的纱线最易产生，涤纶、锦纶、黏胶纤维等纯纺或混纺都有可能产生，深色纱线更易暴露。

（1）剑头顶盖在运行过程中与上层经纱产生摩擦，形成经向擦白印。

（2）托布板、丝杠、卷取胸梁不光洁，在织口反面形成磨损擦白印。

（3）边撑刺毛磨损形成磨损擦白印。

（4）纱线在前道工序中受到意外摩擦或撞击，造成无规律的擦白散点。

### （二）防止方法

（1）调整剑头运行情况，防止各种可能的经纱摩擦。

（2）保证托布板、丝杠、卷取胸梁光洁、刺毛针光洁无毛刺。

（3）腈纶纯纺或混纺织物，由于白坯不易发现问题，尽可能采取条染或纱染，以便及时发现问题及时处理，或在织制前先做好预防工作，如在压布辊和卷取辊上贴丝绒、橡胶等。

## 十一、龙头跳花
### （一）造成原因

（1）多臂故障。

（2）纬向大花型，纹板输入差错，出现规律性通幅缺纬。

### （二）防止方法

（1）定期检修多臂机，调换不符合要求的零件。

（2）纹板输入正确。

## 十二、边道不良
### （一）造成原因

（1）经轴成形不良，由于经轴幅度过窄或盘板不正，成轴后有凸边、嵌边现象，使退绕时经纱张力过松或时松时紧，造成布边松或凹凸不齐。

（2）边经纱受到过大摩擦，如边撑伸幅不足，或布边从刺轴上脱出，使边纱从钢箔到织口形成曲折，受钢箔来回刮削，边纱受损，或钢箔与边撑撞击，箔齿起毛，边纱受损，在后道工序中容易断裂，使边道起毛或缺口。

（3）废边纱或纬纱松弛，纬纱易被经纱粘搭而使布边上产生小圈圈；剪刀不锋利，剪不断纬纱，形成毛巾边。

（4）组织点不平衡的织物，如 $\frac{2}{1}$ 或 $\frac{3}{1}$ 斜纹、急斜纹、缎纹等织物，如边道组织不适应，常在后道整理时出现卷边。

## （二）防止方法

（1）倒轴时盘板必须平直，不允许有歪斜现象。倒轴幅度应与筘幅一致。

（2）注意边撑的安装，边撑盖与钢针的距离，不宜过大，使吃针牢，不易滑出。坯布通过边撑、边道与钢筘垂直，避免钢筘齿与边经的摩擦。

（3）纬纱的张力一致，剪刀、吸风运行正常。

（4）组织点不平衡的织物，边组织应采用重平、方平或 $\frac{2}{2}$ 斜纹组织，边道可略放宽。

如用 $\frac{2}{2}$ 斜纹作边组织，斜纹方向应与布身相反。布边经密应稍大于布身经密，以防止卷边。

### 十三、错经错纹

#### （一）造成原因

（1）整经筒子排列错误。

（2）穿经过程中处理并绞（经纱在分绞棒上不是一上一下排列，而是两根经纱并列）时穿错。

（3）织造中同时并排断两根头时，接头或处理轧梭、落综时接错。

（4）对于格子织物，拆坏布后开车时，格子未校正好。

#### （二）防止方法

（1）整经筒子插好后，要逐只筒子进行三核对，即对色泽、对细度、对捻向。交接班时进行三核对，换筒子时进行三核对。

（2）织轴穿综、插筘完毕，由穿综工自查，生产组长复查。

（3）上机开出，打隔码纱时，深色经纱织入浅色纬纱，浅色经纱织入深色纬纱，使花纹明显，上机开出工应自左至右认真检查，然后再进行提综检查（即一片综一片综地把综框提起检查，如有穿错即可查出），如经纱用正反捻纱，正反捻纱应不穿在同一片综上，提综检查时用手检查纱线捻向，发现错误，即予纠正。

（4）放置各色纱线的筒子时，根据工艺卡要求对号入座，并在储纬器上做明确标识。

（5）格子织物断纬碰头或拆布后开出，必须注意投纬与提综的配合，避免格子错乱。

# 第五节　专用器材及配件

### 一、综丝

#### （一）综丝规格

根据工艺条件，钢丝综的综眼分捻成和焊眼两类，综耳分长方形和圆形两类（表8-4-15、图8-4-27）。

表8-4-15 综眼规格 单位：mm

| 类 型 | 代 号 | 综眼长a | 综眼宽b |
|---|---|---|---|
| 捻成A型 | 7 | 7 | 2.2 |
| | 8 | 7.5 | 2.8 |
| | 9 | 8 | 2 |
| | 10 | 8 | 2.5 |
| | 11 | 8.5 | 3 |
| | 12 | 9 | 3.2 |
| 捻成B型 | 6 | 5.5 | 2.1 |
| | 7 | 5.7 | 2.6 |
| | 8 | 6 | 2.2 |
| | 9 | 6.9 | 2 |
| | 10 | 8.5 | 3 |
| 焊眼C型 | 2 | 3.4 | 1.7 |
| | 3 | 5 | 2 |
| | 4 | 5.6 | 3.4 |

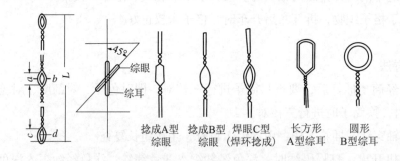

图8-4-27 综丝

## （二）技术要求

（1）钢丝综应采用含碳0.6%的优质钢丝制成，并经热处理，其允许公差见表8-4-16。

表8-4-16 钢丝综的允许公差 单位：mm

| | 项 目 | 公差 | | 项 目 | 公差 |
|---|---|---|---|---|---|
| 1 | 长度L | ±0.3 | 5 | 综眼离中心的偏差距 | 0.4 |
| 2 | 综眼长a | ±0.2 | 6 | 综耳长c | ±0.3 |
| 3 | 综眼宽b | ±0.1 | 7 | 综耳宽d | ±0.2 |
| 4 | 综眼与两端综耳所成的 45°角 | ±10° | 8 | 钢丝直径为0.55mm或0.45mm 时 | ±0.01 |

注 钢丝综长度L（mm）有355、380、405、432，457等多种。

（2）钢丝综整个表面及综眼四周应光滑，无锡渣、无锈眼及黑斑，无退焊现象。

（3）综耳规格如表8-4-17。综耳两端的钢丝头不允许翘起。

（5）钢丝综的弹性检验：如直径为0.55mm的钢丝综，量取200mm，用手弯成直径为128mm的半圆，放手后综丝即能恢复原状为合格。如钢丝直径为0.45mm时，量取120mm，弯成直径77mm的半圆，进行检验。

表8-4-17 综耳规格　　　　　　　　　　　　　　　　　　单位：mm

| 类　　型 | 编　　号 | 综耳长c | 综耳宽d | 综丝直径 |
|---|---|---|---|---|
| A | 6 | 12.7 | 5 | 0.27～0.55 |
| B | 7 | 3 | 3 | 0.30～0.45 |

## 二、钢片综

钢片综适用于无梭织机（图8-4-28）。根据综耳来分，有开口式（代号"O"）与闭口式（代号"C"）。根据综片形状来分，有单列综与双列综。采用双列综可用综片上的综丝，少用综片。钢片综主要规格见表8-4-18。

表8-4-18 钢片综主要规格　　　　　　　　　　　　　　　　　单位：mm

| 型　　号 | | 横截面 | 长　度 | 综　眼 | | | 综　耳 |
|---|---|---|---|---|---|---|---|
| 种类 | 形状 | 宽×厚（W×T） | 两综耳内侧间距离L | 综眼位置 | 代号 | 长×宽（a×b） | 综耳侧面形状代号 |
| C闭口式 | （S）单列综（D）双列综（P）双边单列综 | 1.8×0.25 2.0×0.25① | 280, 300, 302, 330 | U综眼在综片中心之上 | 1 | 5×1 | -1, -2, -3, -4 |
| | | 2.0×0.3 2.2×0.3① | 280, 300, 330, 380 | | 2 | 5.5×1.2 | |
| | | 2.3×0.35 2.4×0.35① | 280, 300, 330, 380, 420 | | 3 | 6×1.5 | |
| | | 2.6×0.40 2.8×0.40① | 280, 300, 330, 380 | | 4 | 6.5×1.8 | |
| | | 5.5×0.30① | 280, 330 | | 2 | 5.5×1.2 | |
| O开口式 | （J）单列综（JP）双列综（C）单列综（CP）双列综 | 5.5×0.23② 5.5×0.25② 5.5×0.30② 5.5×0.38② | 280, 306, 331, 356, 382, 407 | C综眼在综片中心 | 2 4 5 6 | 5.5×1.2 6.5×1.8 8×2.5 8×3.8 | -5, -6, -7 |

①为日本标准。

②为瑞士标准，其他为国际标准。

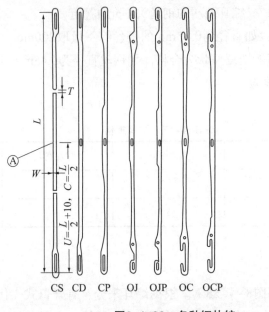

Ⓐ 放大图

图8-4-28　各种钢片综

## 三、综框

### （一）木质综框规格（表8-4-19、图8-4-29）

表8-4-19　木质综框规格　　　　　　　　　　　　　　单位：mm

| 尺　寸 | 机　型 | | 尺　寸 | 机　型 | |
| --- | --- | --- | --- | --- | --- |
| | H212型 | HZ72型 | | H212型 | HZ72型 |
| A | 2040 | 1920 | F | 9 | 9 |
| B | 2000 | 1880 | G | 2.5 | 3 |
| C | 604 | 560 | H | 454 | 402 |
| D | 64 | 64 | I | 457.2 | 406.4 |
| E | 10 | 10 | — | — | — |

### （二）木质综框的技术要求

（1）综框槽板采用无节疤、无腐烂、无裂缝的松材或相当物理力学性能的其他材料制成。木材含水率8%～13%。外表应刨光、砂光，转角处砂成小圆角，并经涂料。

（2）综框边条质料为低碳钢，肖氏硬度20～25。

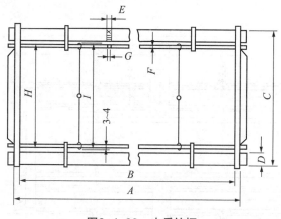

图8-4-29　木质综框

## （三）铝合金综框规格（表8-4-20、图8-4-30、图8-4-31）

表8-4-20　铝合金综框规格　　　　单位：mm

| 尺　寸 | 机　型 | | 尺　寸 | 机　型 | |
| --- | --- | --- | --- | --- | --- |
| | H212型 | HZ72型 | | H212型 | HZ72型 |
| A | 2060 | 1920 | F | 9 | 9 |
| B | 2010 | 1884 | G | 2.4 | 2.4 |
| C | 617.5（18英寸综丝） | 560（16英寸综丝） | H | 453 | 402 |
| D | 62 | 62 | I | 导向板：长180，厚12.5，宽50 | — |
| E | 9 | 9 | — | — | — |

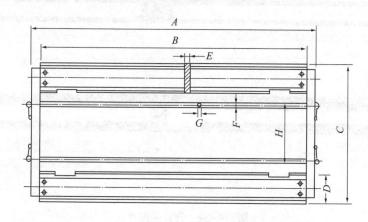

图8-4-30　HZ72型织机用铝合金综框

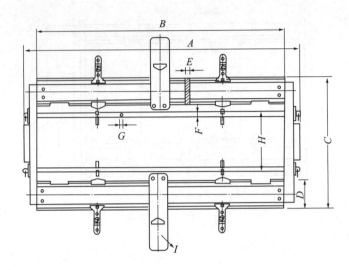

图8-4-31　H212型织机用铝合金综框

## （四）铝合金综框的技术要求

（1）材料采用$LD_{31}$（6063）。

（2）铝型材料经过淬火和人工时效强化处理。

（3）表面阳极氧化处理，色泽一般呈银白色。

## 四、经停片

### （一）经停片规格

**1. 开口停经片**（图8-4-32、表8-4-21）

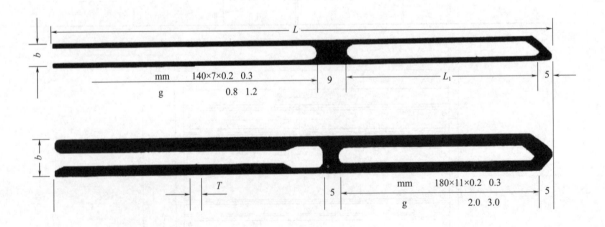

图8-4-32　开口经停片

表8-4-21　开口停经片规格

| 代号 | 长度L（mm） | 宽度b（mm） | 厚度（mm） | 有效尺寸L₁（mm） | 重量（g） |
|---|---|---|---|---|---|
| EOU | 127 | 11 | 0.2<br>0.3 | 53 | 1.6<br>2.4 |
| EOU | 140 | 7 | 0.2<br>0.3 | 50 | 0.8<br>1.2 |
| EOU | 145 | 11 | 0.2<br>0.3<br>0.4<br>0.5<br>0.6 | 53 | 1.7<br>2.5<br>3.3<br>4.2<br>5.1 |
| EOU | 165 | 8 | 0.2<br>0.3 | 65 | 1.2<br>1.9 |
| EOU | 165 | 11 | 0.2<br>0.3<br>0.4<br>0.5<br>0.6 | 65 | 1.9<br>2.9<br>3.9<br>4.8<br>5.7 |
| EOU | 180 | 8 | 0.2<br>0.3 | 80 | 1.3<br>2.0 |
| EOU | 180 | 11 | 0.2<br>0.3<br>0.4<br>0.5<br>0.6 | 65 | 2.0<br>3.0<br>4.0<br>5.0<br>6.0 |

## 2. 闭口停经片（图8-4-33、表8-4-22）

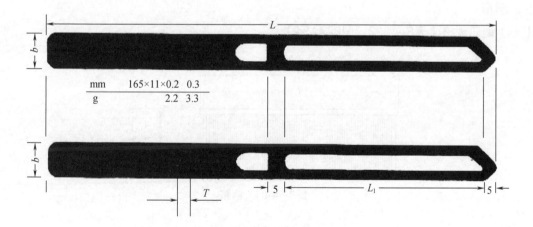

图8-4-33　闭口停经片

表8-4-22　闭口停经片规格

| 代　号 | 长度L（mm） | 宽度b（mm） | 厚度（mm） | 有效尺寸L₁（mm） | 重量（g） |
|---|---|---|---|---|---|
| EGU | 125 | 11 | 0.2<br>0.3 | 53 | 1.7<br>2.5 |

续表

| 代　号 | 长度L（mm） | 宽度b（mm） | 厚度（mm） | 有效尺寸L₁（mm） | 重量（g） |
|---|---|---|---|---|---|
| EGU | 145 | 11 | 0.2<br>0.3<br>0.4<br>0.5<br>0.6 | 65 | 1.9<br>2.9<br>3.8<br>4.8<br>5.8 |
| EGU | 165 | 11 | 0.2<br>0.3<br>0.4<br>0.5<br>0.6 | 65 | 2.2<br>3.3<br>4.4<br>5.5<br>6.6 |
| EGU | 180 | 11 | 0.2<br>0.3<br>0.4<br>0.5<br>0.6 | 65 | 2.3<br>3.4<br>4.6<br>5.7<br>6.8 |

（二）技术要求

（1）硬度HV410–510。

（2）表面镀镍，镀层厚度>0.003mm。

（3）平直光滑，穿纱眼四周应圆滑，无毛刺。

材料采用60号碳素钢，或以相当质量的钢材代用。经停片硬度应达到HRC46～50，表面镀锌均匀，弹性良好，边缘须光滑平直，穿纱眼四周更须光滑。

## 五、钢筘

（一）钢筘规格（表8-4-23、图8-4-34）

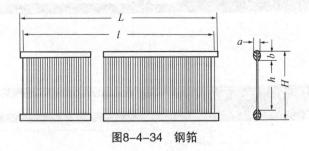

图8-4-34　钢筘

表8-4-23　钢筘规格　　　　单位：mm

| 名称 | 全宽L | 内宽l | 筘高H | 钢丝边筘 | | | 柏油筘 | |
|---|---|---|---|---|---|---|---|---|
| | | | | 内高h | a | b | a | b |
| 尺寸 | l+18 | 根据订户要求 | 127，140，146，152，165 | H–2b | 15 | 16 | 15～16 | 17～18 |
| 允许公差 | ±2 | ±1.5 | ±1 | ±1 | — | — | — | — |

筘号密度见表8-4-24、表8-4-25。

表8-4-24　筘号密度（15<sup>#</sup>~80<sup>#</sup>）

单位：mm

| 筘号（筘齿数/10cm） | 筘片厚 | 筘片宽 | 筘片间距 | 筘号（筘齿数/10cm） | 筘片厚 | 筘片宽 | 筘片间距 |
|---|---|---|---|---|---|---|---|
| 15 | 1.34 | 3.3 | 5.33 | 47 | 0.78 | 3.3 | 1.35 |
| 16 | 1.34 | 3.3 | 4.91 | 48 | 0.78 | 3.3 | 1.30 |
| 17 | 1.34 | 3.3 | 4.54 | 49 | 0.78 | 3.3 | 1.26 |
| 18 | 1.34 | 3.3 | 4.22 | 50 | 0.73 | 3.3 | 1.27 |
| 19 | 1.34 | 3.3 | 3.92 | 51 | 0.73 | 3.3 | 1.23 |
| 20 | 1.22 | 3.3 | 3.78 | 52 | 0.73 | 3.3 | 1.19 |
| 21 | 1.22 | 3.3 | 3.54 | 53 | 0.73 | 3.3 | 1.16 |
| 22 | 1.22 | 3.3 | 3.33 | 54 | 0.73 | 3.3 | 1.12 |
| 23 | 1.22 | 3.3 | 3.13 | 55 | 0.68 | 3.3 | 1.14 |
| 24 | 1.22 | 3.3 | 2.95 | 56 | 0.68 | 3.3 | 1.11 |
| 25 | 1.12 | 3.3 | 2.88 | 57 | 0.68 | 3.3 | 1.07 |
| 26 | 1.12 | 3.3 | 2.73 | 58 | 0.68 | 3.3 | 1.04 |
| 27 | 1.12 | 3.3 | 2.58 | 59 | 0.68 | 3.3 | 1.02 |
| 28 | 1.12 | 3.3 | 2.45 | 60 | 0.64 | 3.3 | 1.03 |
| 29 | 1.12 | 3.3 | 2.33 | 61 | 0.64 | 3.3 | 1.00 |
| 30 | 1.04 | 3.3 | 2.29 | 62 | 0.64 | 3.3 | 0.97 |
| 31 | 1.04 | 3.3 | 2.19 | 63 | 0.64 | 3.3 | 0.95 |
| 32 | 1.04 | 3.3 | 2.09 | 64 | 0.64 | 3.3 | 0.92 |
| 33 | 1.04 | 3.3 | 1.99 | 65 | 0.60 | 3.3 | 0.94 |
| 34 | 1.04 | 3.3 | 1.90 | 66 | 0.60 | 3.3 | 0.92 |
| 35 | 0.93 | 3.3 | 1.93 | 67 | 0.60 | 3.3 | 0.89 |
| 36 | 0.93 | 3.3 | 1.85 | 68 | 0.60 | 3.3 | 0.87 |
| 37 | 0.93 | 3.3 | 1.77 | 69 | 0.60 | 3.3 | 0.85 |
| 38 | 0.93 | 3.3 | 1.70 | 70 | 0.56 | 3.3 | 0.87 |
| 39 | 0.93 | 3.3 | 1.63 | 71 | 0.56 | 3.3 | 0.85 |
| 40 | 0.83 | 3.3 | 1.67 | 72 | 0.56 | 3.3 | 0.83 |
| 41 | 0.83 | 3.3 | 1.61 | 73 | 0.56 | 3.3 | 0.81 |
| 42 | 0.83 | 3.3 | 1.55 | 74 | 0.56 | 3.3 | 0.79 |
| 43 | 0.83 | 3.3 | 1.50 | 75 | 0.53 | 3.3 | 0.80 |
| 44 | 0.83 | 3.3 | 1.44 | 76 | 0.53 | 3.3 | 0.79 |
| 45 | 0.78 | 3.3 | 1.44 | 77 | 0.53 | 3.3 | 0.78 |
| 46 | 0.78 | 3.3 | 1.39 | 78 | 0.53 | 3.3 | 0.75 |

续表

| 筘号（筘齿数/10cm） | 筘片厚 | 筘片宽 | 筘片间距 | 筘号（筘齿数/10cm） | 筘片厚 | 筘片宽 | 筘片间距 |
|---|---|---|---|---|---|---|---|
| 79 | 0.53 | 3.3 | 0.74 | 80 | 0.50 | 2.7 | 0.73 |
| 允许公差 | ± 0.015 | ± 0.02 | — | 允许公差 | ± 0.015 | ± 0.02 | — |

表8-4-25　筘号密度（80# ~ 155#）　　　　　单位：mm

| 筘号（筘齿数/10cm） | 筘片厚 | 筘片宽 | 筘片间距 | 筘号（筘齿数/10cm） | 筘片厚 | 筘片宽 | 筘片间距 |
|---|---|---|---|---|---|---|---|
| 80 | 0.50 | 2.7 | 0.73 | 120 | 0.36 | 2.7 | 0.47 |
| 85 | 0.50 | 2.7 | 0.68 | 125 | 0.35 | 2.7 | 0.45 |
| 90 | 0.48 | 2.7 | 0.63 | 130 | 0.34 | 2.7 | 0.43 |
| 95 | 0.46 | 2.7 | 0.59 | 135 | 0.33 | 2.7 | 0.41 |
| 100 | 0.44 | 2.7 | 0.56 | 140 | 0.32 | 2.7 | 0.39 |
| 105 | 0.42 | 2.7 | 0.53 | 145 | 0.31 | 2.7 | 0.38 |
| 110 | 0.40 | 2.7 | 0.51 | 150 | 0.30 | 2.7 | 0.37 |
| 115 | 0.38 | 2.7 | 0.49 | 155 | 0.29 | 2.7 | 0.36 |
| 允许公差 | ± 0.01 | ± 0.03 | — | 允许公差 | ± 0.01 | ± 0.03 | — |

## （二）钢筘的技术要求

（1）筘片材料采用优质碳素结构钢，含碳0.45% ~ 0.70%，含硫磷≤0.040%。

（2）筘片和筘边的表面应平整，无伤痕毛刺，筘片的两侧面应成圆弧形，筘片垂直下看无阴影。

（3）筘片编扎后不倾侧、不倾斜、应与筘面、筘梁垂直。筘片排列平行，稀密均匀。

（4）筘面光滑平整，筘表面及筘片间均应清洁。

（5）柏油筘扎筘用的木条应光洁平直、干燥（回潮率10% ~ 12%），木纹顺直，无虫蛀、节疤等现象。

（6）柏油筘扎筘用的棉线采用18.2tex（32英支）优级纱合股，应被沥青和松香溶液（松香占20%）完全渗透，沥青的溶化点不低于90℃。

（7）柏油筘上下两边用纸或布包贴，粘着平服、牢固。

（8）柏油筘筘帽用厚0.30 ~ 0.35mm的铁皮制成，表面加防锈涂层。

（9）钢丝边筘的筘边和筘梁采用普通碳素钢，要求光洁平整，无锈斑。

（10）钢丝边筘编筘用的扎筘丝选用铁丝，1 ~ 3根，粗细SWG14 ~ 30号，根据筘号而定。

（11）钢丝边筘的筘梁、筘边和扎筘丝用焊锡焊成一体，焊锡饱满牢固，四周光洁平整。

（12）筘片总数的差异不超过0.2%。

（13）筘片与筘梁的垂直度可用角尺测定，允许公差：120号以内的钢筘为半个筘齿节距，121号以上的钢筘为一个筘齿节距。

## 六、纬管

### （一）普通纬管

1. 规格（表8-4-26、图8-4-35）

表8-4-26　普通纬管规格　　　　　　　　　　　　　单位：mm

| 类　　别 | $L$ | $L_1$ | $L_2$ | $L_3$ | $D$ | $D_1$ | $D_2$ | $D_3$ | $d$ | $d_1$ | 备注 |
|---|---|---|---|---|---|---|---|---|---|---|---|
| 配精纺木轧头梭子 | 234 | 52 | 9 | 10 | 31 | 25 | 20 | 16 | 12 | 8 | 如不用光电探纬，透光圆槽可不开 |
| 配精纺铁轧头梭子 | | | | 4.5 | | | 17 | | | | |
| 粗纺用 | 229 | 65 | 12 | 5 | 36 | 28 | 17.3 | 16 | 13.5 | 8.4 | |
| 允许公差 | ±1.0 | ±0.5 | ±0.3 | — | ±0.5 | ±0.2 | ±0.2 | ±0.2 | ±0.2 | +0.2 −0 | |

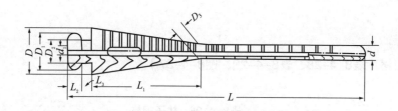

图8-4-35　普通纬管

2. 技术要求

（1）纬管材料采用青岗栗、檀木或物理机械性能相当的其他木材，也可采用聚丙烯等塑料。

（2）木质要求无腐烂、无破裂、无蛀眼、无毛刺，木纹要求顺直。

（3）木材含水率根据当地温湿度条件，控制在8%～13%。

（4）管身表面应光滑无毛刺，不应有节疤，并经涂料。沟槽不应有毛刺和棱角。

（5）管箍与管身吻合要紧密，不得有活动现象。

（6）管身正直，不弯曲，在卷纬机上高速回转时不震动、不摇头。

### （二）半空心纡子用纬管

#### 1. 规格（表8-4-27、图8-4-36）

表8-4-27　塑料半空心纡子用纬管规格　　　　　　　　　　单位：mm

| $D$ | $D_1$ | $D_2$ | 方孔$S$ | $D_3$ | $L$ | $L_1$ | $L_2$ | $L_3$ | $L_4$ | $L_5$ | 材料 |
|---|---|---|---|---|---|---|---|---|---|---|---|
| 28 | 25 | 17 | 8×8 | 12.5 | 62 | 12 | 6×6=36 | 5 | 4 | 5 | 聚乙烯或尼龙 |
| 27 | 25 | 17 | 8×8 | 12.5 | 56 | 12 | 6×5=30 | 4.5 | 4.5 | 5 | 聚乙烯或尼龙 |

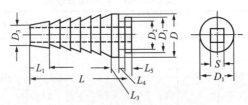

图8-4-36　半空心纡子用纬管

#### 2. 技术要求

（1）底面不准凹心，表面光滑平整，不得有重皮或气泡、气孔现象。

（2）马丁氏耐热性75℃以上。

（3）布氏硬度23～25。

## 七、梭子

### （一）梭子规格（表8-4-28、表8-4-29、图8-4-37）

表8-4-28　梭子规格　　　　　　　　　　单位：mm

| 梭子长$L$ | 梭子宽$B$ | 梭子内宽$b$ | 梭子后高 | 梭子前高 | 角度（°） | 适用机型 | 备注 |
|---|---|---|---|---|---|---|---|
| 410 | 44.5 | 33.3 | 36 | 35 | 88.5 | HZ72型 | 瓷眼或卫生式，木轧头或铁轧头 |
| 444 | 52 | 37 | 42 | 40 | 90 | H212A型 | |
| 425 | 50 | 36 | 38 | 36 | 90 | H212型（4×4） | |

表8-4-29　梭子允许公差　　　　　　　　　　单位：mm

| 名　称 | 允许公差 | 名　称 | 允许公差 |
|---|---|---|---|
| 梭子长 | ±1 | 内腔宽 | ±0.5 |
| 梭子高 | ±0.2 | 角度 | ±20′ |
| 梭子宽 | ±0.2 | — | — |

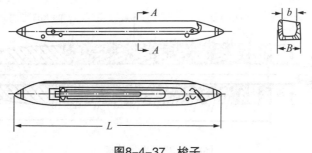

图8-4-37　梭子

### （二）梭子的技术要求

（1）梭身材料应用青岗栗、柿木、压缩木或其他物理机械性能相当的材料。

（2）对木质要求：无裂缝、无蛀眼、无毛刺、木材纹路应顺直，如有倾斜不得超过5°。在离梭尖根部和出纱道30mm处以及底部、面上不得有节疤，其他部位如有节疤，其直径不超过5mm，并与木质无脱节现象。

（3）木质含水率根据当地温湿度条件，控制在8%~15%。

（4）梭子表面及内腔应光滑，边缘应成圆角，并经涂料和抛光。

（5）梭尖应尖锐，表面光滑平整，用中碳钢制成。头部经热处理，应达肖氏硬度40~45。

（6）梭子两端的梭尖应在一水平线上，左右面高低允许公差±0.2mm。梭尖应牢固地装在梭身上。

（7）梭芯位置正确，无松动，扳起角度与梭子上部平面成45°，压下能自然弹回。

（8）导纱器外表应光滑，在水平方向引纱时，纱能顺畅通过。

（9）固定导纱器的螺帽及其加固螺钉须旋合紧密，头与帽须埋入梭面3~5mm。

（10）同尺寸同材料的梭子，重量允许公差±5%（以100只平均重量计算）。

（11）梭子重心，偏后约15°。

（12）装上标准纬纱管后，纱管不得动摇，且在梭子中心线上，不应歪斜。

## 八、边撑

### （一）边撑规格

毛纺常用边撑分为塔形、平形、全幅边撑三种（图8-4-38、图8-4-39）。

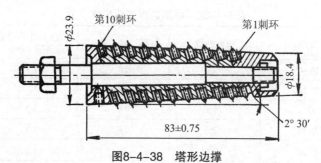

图8-4-38　塔形边撑

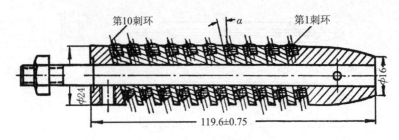

图8-4-39 平形边撑

边撑规格见表8-4-30~表8-4-32。

表8-4-30 边撑辊规格

| 项 目 | 类 型 | |
|---|---|---|
| | 塔 形 | 平 形 |
| 长度（mm） | 83 ± 0.75 | 119.6 ± 0.75 |
| 直径（mm） | 23.9 | 24 |
| 锥度 | 2° 30′ | 0° |
| 刺环数（只） | 10 | 10 |

表8-4-31 塔形边撑刺环规格

| 刺环顺序 | 倾角（°） | 植针列数 | 每列针数（枚） | 针尖伸出铜环表面高度（mm） | 植针号数（SWG） |
|---|---|---|---|---|---|
| 1 | 17 | 2 | 13 | 1 | 21 |
| 2 | 17 | 2 | 14 | 1 | 21 |
| 3 | 17 | 2 | 15 | 1 | 21 |
| 4 | 17 | 1 | 30 | 1 | 21 |
| 5 | 17 | 1 | 30 | 1 | 21 |
| 6 | 17 | 1 | 30 | 1 | 21 |
| 7 | 17 | 1 | 30 | 1 | 21 |
| 8 | 17 | 1 | 30 | 1 | 21 |
| 9 | 17 | 1 | 30 | 1 | 21 |
| 10 | 17 | 1 | 30 | 1 | 21 |

表8-4-32 平形边撑刺环规格

| 刺环顺序 | 倾角α | 植针列数 | 每列针数（枚） | 针尖伸出铜环表面高度（mm） | 植针号数（SWG） |
|---|---|---|---|---|---|
| 1 | 11° 30′ | 2 | 18 | 1.2 | 21 |
| 2 | 11° 30′ | 2 | 18 | 1.2 | 21 |
| 3 | 13° | 2 | 18 | 1.2 | 21 |
| 4 | 13° 30′ | 2 | 18 | 1.2 | 21 |
| 5 | 14° 30′ | 2 | 18 | 1.2 | 21 |

续表

| 刺环顺序 | 倾角α | 植针列数 | 每列针数（枚） | 针尖伸出铜环表面高度（mm） | 植针号数（SWG） |
|---|---|---|---|---|---|
| 6 | 15° | 2 | 18 | 1.2 | 21 |
| 7 | 15°30′ | 2 | 18 | 1.2 | 21 |
| 8 | 16°30′ | 2 | 18 | 1.2 | 21 |
| 9 | 16°30′ | 2 | 18 | 1.2 | 21 |
| 10 | 17°30′ | 2 | 18 | 1.2 | 21 |

**（二）边撑的技术要求**

（1）刺环与衬环之间的轴向和径向间隙不应超过0.15mm。

（2）钢针不应弯曲或脱落。

（3）边撑辊的芯轴不允许弯曲。

（4）刺环和衬环加工要光洁，装配后，刺环转动必须灵活。

（5）钢针针尖伸出铜环表面的高度。

普通精纺织物：0.8～1.2mm。

特细精纺薄织物：0.6mm。

粗纺织物：1.6～2mm。

（6）平形边撑的刺环倾角从织物内侧的第一只刺环到近布边的末一只刺环逐步加大，以适应布幅的收缩。

**（三）全幅边撑工作原理（图8-4-40）**

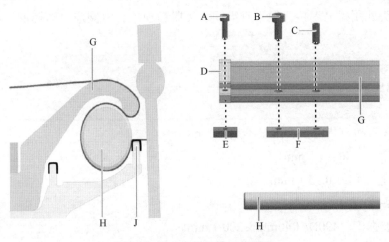

图8-4-40　全幅边撑工作原理

A、B—螺栓　C—调整螺丝　D—终端片　E—夹片

F—边撑支架夹片　G—边撑盖　H—伸幅辊　J—托布板

如图8-4-40所示，织物形成后在托布板J的唇缘上方通过，绕在带有双向螺纹的伸幅辊H的周围，从边撑盖G上方延至卷取辊。在织造过程中，带双向螺纹杆用尼龙做成的伸幅辊随织物运动被动旋转，形成向织物两侧的拉力，起到伸幅作用。全幅边撑没有刺针，能有效规避因刺针损坏引起的疵点以及边撑痕。

## 九、卷布辊包覆物

### （一）刺毛铁皮

1. 规格（表8-4-33）

表8-4-33 刺毛铁皮规格 单位：mm

| 种 类 | 名 称 | | | | 刺 数 | |
|---|---|---|---|---|---|---|
| | 宽 | 厚 | 刺高 | 刺孔内径 | 单列 | 双列 |
| 粗 | 38 | 0.15 | 0.85 | 1 | 10 | 11 |
| 中 | 38 | 0.13 | 0.70 | 0.8 | 11 | 12 |
| 细 | 38 | 0.11 | 0.50 | 0.65 | 12 | 13 |
| 允许公差 | 0.2 | ±0.015 | ±0.07 | +00.1 | — | — |

2. 技术要求

（1）刺毛铁皮材料采用$B_3F$带钢制成。

（2）表面无黑斑、黄锈、翘皮，不能有显著砂轮痕迹，压延光洁。

（3）厚度、宽度应一致，两边不应有荷叶边及弯曲不直现象。

（4）毛刺高低应一致，不得歪斜，刺孔距离均匀，刺形保持3~5瓣开花，大小均匀。

（5）接头处用碰电焊接，须平直牢固，无脱粒现象，每圈应喷防锈液，然后用防潮纸包装。

### （二）粒面橡皮条

1. 规格

（1）长度：按订货需要，最长不超过25m。

（2）宽度：（40±1）mm。

（3）厚度：（2±0.15）mm。

2. 技术要求

（1）断裂强度：490N/（40mm×200）mm。

（2）断裂伸长：15%以下。

（3）剥离力：40mm宽，9.8N（1kgf）以上。

（4）总厚度（2±0.15）mm，硫化橡皮厚度（1.6±0.05）mm。

（5）橡皮面和坯布两边必须裁直，坯布必须平整，并不得有接头。

（6）粒面橡皮条的整条长度公差，不应比规定长度少100mm以上。

（7）粒面橡皮条表面不应有大于颗粒的硬胶块，并不应有欠硫过硫现象。

（8）粒面橡皮条表面应比较清洁，不应有锈水渍及其他任何污渍。

（9）粒面橡皮条表面在1m长度内缺粒不得超过60个，在一行或一处连续不得超过5颗缺粒。

## 十、聚乙烯皮结（表8-4-34、图8-4-41）

表8-4-34　聚乙烯皮结规格　　　　　　　　　　　单位：mm

| 型号 | 规格 | | | | | | | | | | | | |
|---|---|---|---|---|---|---|---|---|---|---|---|---|---|
| | $H$ | $a$ | $b$ | $d_1$ | $d_2$ | $h_1$ | $h_2$ | $S_1$ | $S_2$ | $L_1$ | $L_2$ | $L_3$ | 适用机型 |
| B-1-1 | 83 | 26 | 30 | 12 | 28 | 11 | 16 | 18 | 13 | 120 | 66 | 45 | H212型，H212A型 |
| B-10 | 75 | 24 | 28 | 13 | 30 | 13 | 16 | 20 | 13 | 105 | 58 | 45 | HZ72型 |

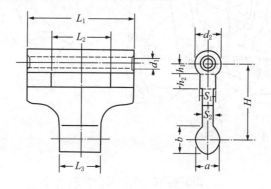

图8-4-41　聚乙烯皮结

# 第六节　高速多臂机

## 一、史陶比尔（Staubli）111型多臂机

### （一）主要规格和技术特征

（1）类型：复动式半开梭口，采用双联凸轮控制开口，有110°的停止时间。拉钩变换时，综框下降为6.4mm。

（2）提综刀片：20片，其中16片用于提综，4片用于梭箱运动。

（3）综框动程：调节范围为65～180mm。

（4）回综：消极式弹簧回综，采用史陶比尔1837型单杆恒张力弹簧箱，左右各一。

（5）转速：最高250r/min。

（6）找断纬装置：手摇式。

（7）纹板：纹板纹钉均为尼龙件，每块纹板装两列纹钉。

（8）多臂机位置：安装于织机上梁上。

（9）传动：由织机曲轴通过链轮、链条和伞齿轮等传动体，以2：1的速比传动多臂机主轴，即织机转两转，多臂机转一转。

（10）机身尺寸（长×宽×高）：730mm×80mm×520mm。

## （二）传动机构（图8-4-42）

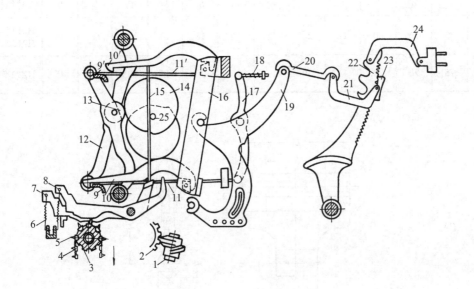

图8-4-42　凸轮开口机构

1—蜗杆　2—蜗轮　3—纹筒　4—纹板　5—纹钉　6—弹簧　7，8—重尾片　9，9′—上下拉刀

10，10′—上下拉钩　11，11′—上下回复连杆　12，13—拉刀摆杆　14—双连凸轮

15—竖针　16—摇动片　17—回复摆杆　18—弹簧　19—拉臂　20，21，24—连杆

22—提综刀片　23—调节接头　25—多臂机主轴

（1）由多臂机主轴25上的双连凸轮14，传动拉刀摆杆12、13将拉刀9或9′推出。

（2）由拉刀回复连杆11、11′，使拉刀摆杆及拉刀恢复原位。

（3）拉钩带动摇动片16摆动，由连杆带动提综刀片22及综框运动。

（4）由纹钉指挥重尾片7、8使拉钩抬高或下降。

（5）纹筒由多臂机主轴7通过一对伞齿轮8、11与蜗杆13蜗轮12传动（图8-4-43）。

（6）传动纹筒的蜗杆13，一个圆周中，180°为斜面，180°为平面。斜面部分推动蜗轮回转，使纹板转动。平面部分使蜗轮保持不动，纹筒静止。

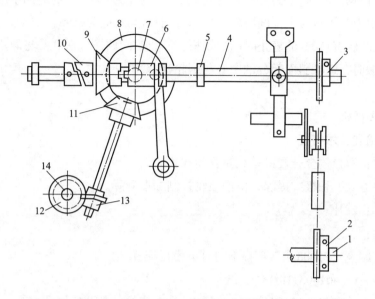

**图8-4-43 多臂机主轴和纹筒的传动机构**

1—织机曲轴 2，3—链轮 4—横轴 5—挡圈 6—离合器 7—多臂机主轴 8—从动伞齿轮

9—主动伞齿轮 10—调整紧圈 11—信号伞齿轮 12—蜗轮 13—蜗杆 14—纹筒轴

## （三）安装调节（图8-4-44）

（1）蜗轮与蜗杆在平面部分的中部啮合，第二块和第四块纹板的纹钉与相对应的重尾片，应保持2mm的距离。

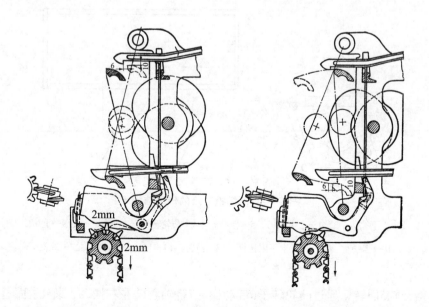

**图8-4-44 拉钩拉刀与纹筒的安装要求**

（2）当下拉钩工作时，上拉刀与上拉钩上下的间距为10mm，前后间距应为6mm。上拉钩工作时，下拉刀与下拉钩上下间距应为10mm，前后间距应为6mm。

（3）双联凸轮有110°的静止时间，纹板在静止时间调换，双联凸轮静止弧的中心与拉刀摆杆活轮接触时，蜗杆斜面部分的中心与蜗轮啮合。

## 二、GT401型多臂机

### （一）主要规格和技术特征

（1）类型：双拉钩全开梭口单纹筒复动式。

（2）提综方式：积极式提综，由槽凸轮控制综框升降。

（3）综片：28片。

（4）手向：左手。

（5）穿筘幅宽：2100mm，筘幅不同时可另行配置。

（6）纹板：GT401–03118涤纶纹纸。

（7）传动：由织机曲轴通过套筒滚子链轮和伞齿轮传动开口槽凸轮。

（8）自动找头：采用550W电动机，其运转方向与织机相反，工作时先打开与织机曲轴连接的联合器，使多臂机及织机的送经部件倒转，以达到拆除少量纬纱又不必校对纹纸即可开车的目的。

（9）控制部件：由伞齿轮传动，使控制部件的凸轮组分别控制纹筒、竖针及顶针的运动，以达到任意提综的目的。

### （二）传动机构

1.综框升降部分（图8–4–45）

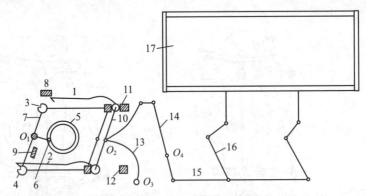

**图8–4–45 综框升降的传动结构**

1，2—上下拉钩 3，4—上下拉刀 5—槽凸轮 6—凸轮转子 7—摆臂 8，9—上下定刀

10—摇动片 11，12—上下限位杆 13—拉臂 14，15，16—连杆 17—综框

（1）槽凸轮5回转，通过凸轮转子6带动摆臂7绕轴心$O_1$左右摆动，装于摆臂上的拉钩，随之进出。

（2）下拉钩2与下拉刀4吻合，下拉钩随下拉刀左移，带动摇动片10，以上限位杆11为支点移动。

（3）摇动片10的中心$O_2$与拉臂13联结，使拉臂绕轴心$O_3$左移。

（4）通过短连杆使连杆14绕轴心$O_4$回转，连杆15右移，综框上升。

**2. 拉钩运动部分**（图8-4-46）

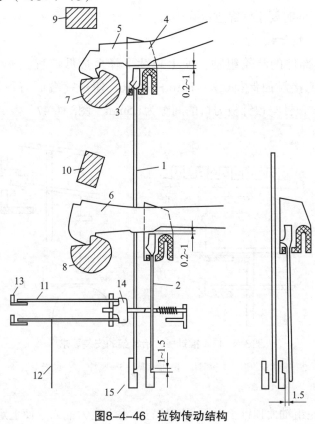

**图8-4-46 拉钩传动结构**

1—上顶针 2—下顶针 3—尼龙件 4—栅栏 5，6—上下拉钩 7，8—上下拉刀

9，10—上下定刀 11—横针 12—竖针 13—推针板 14—横针座 15—顶针板

（1）竖针12受纹纸指挥，纹纸有孔，竖针下降。

（2）竖针下降，横针11随着下降。推针板13作左右前后运动，推针板向前运动时，推动横针向前。横针后部与下顶针2联结，因此顶针被推离顶针板15。

（3）顶针板作上下运动，顶针板上升时，被推离顶针板的顶针不被顶起，拉钩6与拉刀8吻合，拉钩左移时，综框上升。

（4）推针板、顶针板、纹筒，均由控制部件的凸轮组分别控制。

**（三）安装调节**

**1. 推针板与抬针架**（图8-4-47）

（1）转动凸轮组轴，使推针板由左向右移动至静止位置马上要做下一步推针运动时，将推针板凸齿2和横针3端面对准，并调整推针板推针后退到最后方时，推针板平面与横针端面保持2～3mm的间隙。

（2）当抬针架在最低位置时，松开螺钉，将横针抬起时离推针板上平面0.5mm间距；当抬足时，横针不能碰上推针板的底面。

（3）当保险凸轮使抬针架将横针抬至最高位置时，要保证竖针与打孔纹纸平面的间隙为1～1.5mm。竖针下伸时要刚好穿进纹孔中心。

### 2. 拉刀、定刀、顶针板

（1）转动控制部件的凸轮组轴，使上顶针下降至最低位置，松开栅栏螺钉，使顶针尼龙件端面与拉钩接触面保持0.2～1mm的间隙，使顶针端面与顶针板刀口的间隙为1～1.5mm，推针后，顶针与顶针板刀口的间隙为1.5mm（图8–4–47）。

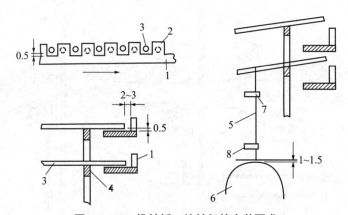

图8–4–47　推针板、抬针架的安装要求

1—推针板　2—推针板凸齿　3—横针　4—抬针架　5—竖针　6—纹纸　7，8—上下栅板

（2）再转动凸轮组轴使顶针上升至最高位置，将上定刀插入，使上定刀端面与上拉钩角尺口保持0.5～0.8mm的间隙，与下平面保持0.2～1mm的间隙，紧固上定刀（图8–4–48）。

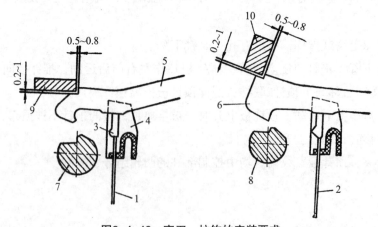

图8–4–48　定刀、拉钩的安装要求

1，2—上下顶针　3—尼龙件　4—栅栏　5，6—上下拉钩　7，8—上下拉刀　9，10—上下定刀

（3）下顶针、下定刀的调节，只要使下拉钩向外运动至终点位置，其余调节方法与上述（1）、（2）两条相同。

### 3. 多臂拉杆在提综臂上的位置

提综臂与多臂拉杆联结时，第1片综拉杆应在距提综臂顶端100mm处固定，第28片综，拉杆应在距提综臂顶端195mm处固定。中间各片综可用直尺以第1片和第28片综作基准排成一条直线来固定。如上机后感到动程不合适，再作适当调整。

# 第七节　变节径无级变速送经装置

变节径无级变速送经装置是半积极式送经，以美国亨脱（Hunt）型应用最广，有多种有梭织机及无梭织机采用。它是由经纱送出装置、经纱张力检测装置、经纱输出调节装置组成（图8-4-49）。

（1）由经纱施加给活动后梁的压力，通过检测装置，促使无级变速器自动调节经轴的转速。

（2）变节径式无级变速装置由上、下两对锥形皮带轮组成。上面一对装在主动轴上，左边一只皮带轮17固定，右边一只皮带轮18可在轴上轴向滑动。下面一对装在从动轴上，右边一只皮带轮32固定，左边一只皮带轮33可在轴上轴向滑动。当受到检测装置的作用时，上拨叉24推动上滑动皮带轮18向左移动，并通过连杆使下拨叉2带动下滑动皮带轮33向左移动。这样，上面一对皮带轮工作直径变大，下面一对皮带轮工作直径变小，从而使从动轴增速。

（3）经纱张力检测是利用装于后梁摆杆12上的活动后梁13，感应经纱张力变化，并利用重锤1通过重锤杆5、长连杆16与张力杆10等一套杠杆装置实现张力平衡，控制调节装置。此外，在长连杆与张力杆接头15上部，套有一段缓冲弹簧14，以补偿开口张力的波动。

（4）经轴的传动由中心轴传来，主动链轮装于中心轴上，由链条传动从动链轮23，通过蜗杆22、蜗轮21、变速装置、蜗杆31、蜗轮30、主动轮6、经轴齿轮9，使经轴运转。

（5）纬密的变换，可由改变传动轮系中的一对链轮和蜗杆蜗轮的齿数搭配来达到。目前，采用的链轮规格有$20^T$、$25^T$与$30^T$三种，变换蜗杆有单头、双头与4头三种（蜗轮齿数均为$40^T$），利用它们搭配的变换，完全可以适应不同织物的纬密要求。

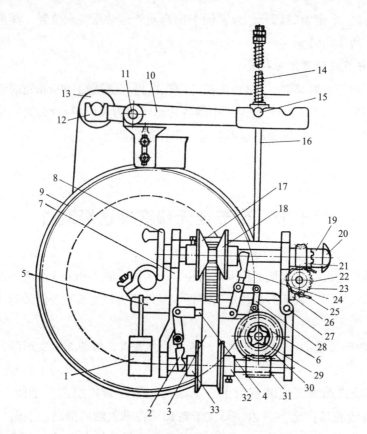

图8-4-49　变节径无级变速送经装置

1—重锤　2—下拨叉　3—变节径皮带　4—横连杆　5—重锤杆　6—主动轮　7—托架

8—手轮　9—经轴齿轮　10—张力杆　11—支轴　12—后梁摆杆　13—活动后梁　14—缓冲弹簧

15—张力杆接头　16—长连杆　17—上固定皮带轮　18—上滑动皮带轮　19—上离合器　20—捏手

21—蜗轮　22—蜗杆　23—从动链轮　24—上拨叉　25—传动链条　26—可调托架　27—重锤杆销

28—直连杆　29—下离合器捏手　30—蜗轮　31—蜗杆　32—下固定皮带轮　33—下滑动皮带轮

# 第八节　提花机

## 一、提花机的主要技术特征（表8-4-35）

表8-4-35　提花机的主要技术特征

| 型　号 | TH251型 | TH215型 | TK212型 | GT503型 | TH214型 | TH213型 | 泰烈勃埃DL/42型 |
|---|---|---|---|---|---|---|---|
| 适用织物 | 织边字 | 织边字 | 大花纹组织 | 大花纹组织 | 大花纹组织 | 大花纹组织 | 大花纹组织 |

续表

| 型　号 | TH251型 | TH215型 | TK212型 | GT503型 | TH214型 | TH213型 | 泰烈勃埃 DL/42型 |
|---|---|---|---|---|---|---|---|
| 开口类型 | 中开口复动式 | 卧式，中开口单动式，弹簧回综 | 中开口单动式 | 中开口单动式 | 双花筒，中开口单动式 | 中开口单动式 | 倾斜半开口复动式 |
| 左右手 | 左右手通用 | 左右手通用 | 左右手通用 | 左右手通用 | 左右手通用 | 左右手通用 | — |
| 针数和行数 | 96针、4行 | 64针、4行 | 1480针、16行 | 992针、12行 | 1020针、12行 | 992针、12行 | 1320针、16行 |
| 开口高度（mm） | 160 | 120 | 120 | 150 | 160 | 170 | — |
| 开口次数（次/min） | 160 | 140~160 | 160 | 160~180 | 140 | 130~171 | 160 |
| 纹筒尺寸（mm） | 方形，每面宽35 | 五角形，每面宽25.4 | 方形，每面宽70 | 五角形，每面宽67 | 方形，每面宽65，其中1只供织毛毯匹与匹之间的地布用 | 方形，每面宽67 | 五角形，每面宽70 |
| 纹板孔距、孔径（mm） | 7，$\phi$5.5 | 5.12，$\phi$4 | 4，$\phi$3.3 | 5.12，$\phi$4 | 5，$\phi$3.6 | 5.12，$\phi$4 | 4.01，$\phi$3.2 |
| 传动类型 | 立轴传动 | 链条通过曲轴连杆传动 | 立轴传动 | 立轴传动 | 立轴传动 | 双连杆传动 | 链条传动 |
| 外形尺寸：长×宽×高（mm） | 582×532×935 | 500×250×300 | 1200×900×1020 | 1020×800×670 | 1160×800×700 | 700×950×800 | 1013×810×1100 |
| 重量（kg） | 265 | 50 | 310 | 240 | 320 | 171.5 | 500 |

## 二、提花机的传动结构和调节

### （一）TH251型复动式边字提花机

1. 传动结构（图8-4-50）

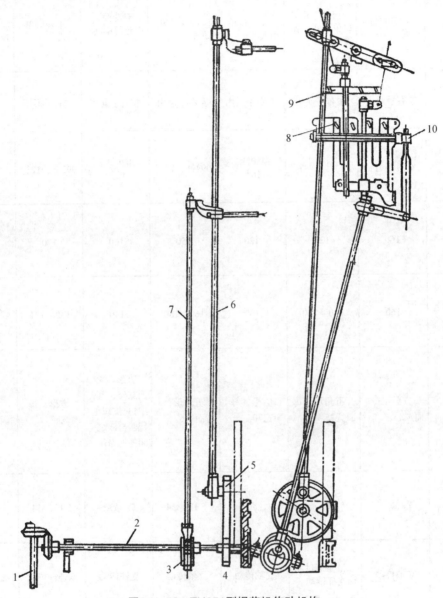

图8-4-50　TH251型提花机传动机构

1—提花机立轴　2—横轴　3—偏心盘　4—小齿轮　5—大齿轮

6—长连杆　7—短连杆　8，9—刀架　10—纹筒

（1）织机曲轴通过锥形齿轮、提花机立轴传动横轴。

（2）大齿轮用销子与长连杆连接，传动刀架升降。

（3）偏心盘通过短连杆传动纹筒架，使纹筒往复摆动。

### 2．安装调节

（1）刀箱放到最低点时，提刀上沿与竖针上端弯钩顶部要有10mm的距离（图8-4-51）。

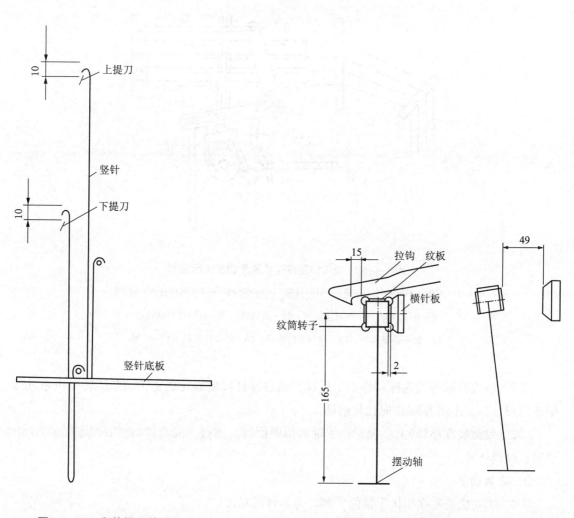

**图8-4-51 竖钩提刀的间距**　　　　　　　**图8-4-52 纹筒动程**

（2）刀箱动程的大小，要根据边字开口大小的要求而定，一般动程应在110mm左右。

（3）纹筒摆动到最里侧位置时，纹筒上的纹板应距横针板面2mm，此时拉钩与纹筒转子应相距15mm左右，便于纹筒转身。纹筒摆动到最外侧位置时，纹板距横针板面应为49mm左右（图8-4-52）。

（4）边字提花机的综平时间，应比同机上多臂机的综平时间迟20°~25°（织机曲轴转角）左右。

### 3．纹板打孔

纹板打孔可采用HC202A型纹板打孔机。

### （二）JH215型卧式边字提花机

#### 1. 传动结构（图8-4-53）

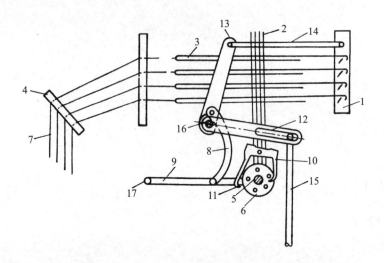

**图8-4-53　JH215型提花机的传动结构示意图**

1—刀架　2—横针　3—竖钩　4—目板　5—纹筒轴　6—纹筒转盘　7—纹综

8—升降弯臂　9—纹筒座横杆　10—纹筒顺转钩　11—纹筒倒转钩

12，15—传动连杆　13，14—刀架连杆　16—提花机主轴　17—芯轴

（1）织机曲轴传动连杆15作上下运动，通过连杆12使提花机主轴倒顺回转，再通过刀架连杆13、14，传动刀架l横向往复运动。

（2）纹筒装在横杆9上。提花机主轴的倒顺回转，通过升降弯臂8使横杆绕芯轴17上下摆动，纹筒转身。

#### 2. 安装调节

（1）提花机安装在织机上梁的一侧，与多臂机对称。

（2）纹筒在最高位置时，纹筒平面与横针板平面应有2mm的隔距。

（3）纹筒在最低位置时，纹筒平面与横针板平面应有一定的距离，以便于五角纹筒转身为限。

（4）刀架在最后位置（相当于立式提花机刀架的最下位置），竖针弯钩的钩端与提刀上沿应有5mm的距离。

#### 3. 纹板打孔。

纹板打孔可采用JGU-205型纹板打孔机。

### （三）TK212型提花机

#### 1. 传动结构（图8-4-54）

（1）由织机主轴通过立轴传动提花机横轴1。

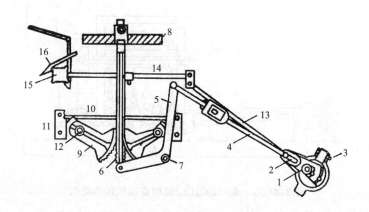

**图8-4-54 TK212型提花机的传动结构**

1—横轴 2—开口曲柄 3—偏心盘 4—开口曲柄连杆 5—双臂连杆

6—升降直齿杆 7—芯轴 8—刀架 9—扇形齿轮 10—底板 11—直齿条

12—芯轴 13—偏心盘连杆 14—纹筒运动连杆 15—纹筒 16—拉钩

（2）横轴上的开口曲柄2，通过连杆4与双臂连杆5由升降直齿杆6传动刀架上下运动。

（3）由升降直齿杆6通过一对扇形齿轮9传动底板10升降。

（4）横轴上的偏心盘连杆13传动纹筒进出，并依靠拉钩16转身。

**2．安装调节**

（1）底板10在最高位置时，直齿条11与扇形齿轮9最下一齿啮合，升降直齿杆6的最上一齿与扇形齿轮啮合。调节扇形齿轮与升降齿杆的相对位置，每调过一齿，刀架上升或下降的动程为9mm。

（2）纹筒的高低及左右位置，必须与横针板对齐，横针头对准纹筒孔眼，纹板孔必须与纹筒孔对齐。

（3）压针板后方的弹簧，弹力不宜过大，以不损伤纹板为度。

（4）横针露出横针板应为10～12mm，各横针保持平齐。

（5）刀架处于最低位置时，竖针钩头离刀片3～5mm，竖针杆与刀片应依靠分档架的作用使其有细微的间距，不碰刀片。

（6）纹筒转过45°时，纹筒棱边与横针头端的距离以15～20mm为宜。

**3．纹板打孔**

纹板打孔可采用国产K902型纹板打孔机。

**（四）泰烈勃埃DL/42型复动式提花机**

**1．传动结构**（图8-4-55）

（1）由织机曲轴用链条链轮传动装在机顶横梁上的锥形齿轮2，再传动横轴3。

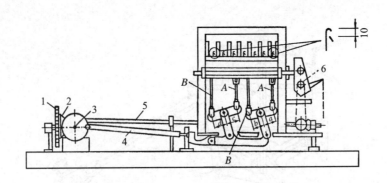

**图8-4-55　泰烈勃埃DL/42型提花机传动结构**

1—链轮　2—锥形齿轮　3—横轴　4—刀架传动连杆　5—花筒传动连杆　6—偏心轮轴

（2）由横轴上的曲柄通过刀架传动连杆4，与两个T形杆连接，由连杆A、B分别传动上、下刀架。

（3）由横轴上的偏心轮通过连杆5、锥形齿轮、链条，传动偏心轮轴6。由偏心轮轴上的偏心轮的回转，使纹筒摆动。

（4）偏心轮轴与纹筒轴联结为一体，由偏心轮轴1上的齿轮传动拨盘2，拨盘的拨销3拨动纹筒轴的槽盘4使纹筒转身（图8-4-56）。

2．**安装调节**

（1）根据前综与后综开口大小的差异，校正前后不同刀架上销子的距离$a$、$b$、$c$、$d$（表8-4-36、图8-4-57）。

**表8-4-36　开口形式与刀架销子的距离**

| 开 口 形 式 | 刀架销子的距离（mm） | | | |
| --- | --- | --- | --- | --- |
| | $a$ | $b$ | $c$ | $d$ |
| 倾斜梭口前后综开口大小差异15mm | 65 | 68 | 71 | 74 |
| 倾斜梭口前后综开口大小差异20mm | 60 | 70 | 72 | 80 |
| 倾斜梭口前后综开口大小差异25mm | 59 | 66 | 73 | 80 |
| 水平梭口前后综开口无差异 | 65 | 65 | 65 | 65 |

（2）梭口开足时，停在下面的竖针弯钩上沿与位于下面位置的提刀上沿应有10mm的距离。

（3）下提刀的上沿与未被提起的竖针弯钩下沿平齐时，偏心轮大半径向右侧，纹筒左移与横针起作用。纹筒与横针板应保持细微的空隙（图8-4-57）。

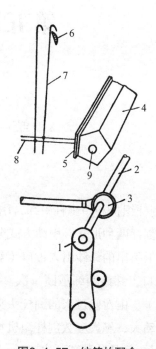

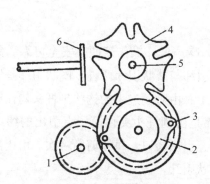

图8-4-56 纹筒转身结构

1—偏心轮轴 2—拨盘 3—拨销

4—槽盘 5—纹筒轴 6—横针板

图8-4-57 纹筒的配合

1—链轮 2—偏心轮轴 3—偏心轮

4—纹筒 5—横针板 6—提刀 7—竖钩

8—横针 9—纹筒轴

### 3. 纹板打孔

纹板打孔可利用K902型纹板打孔机稍加改装后进行。

# 第五章  无梭织机

## 第一节  剑杆织机

### 一、特点

（1）剑杆织机利用剑杆引纬，引纬率高，噪声低，操作简便，安全可靠。剑杆有刚性剑杆与挠性剑杆两种形式。引纬方式分为圈状引纬与线状引纬两种。圈状引纬是以叉状剑杆头叉住筒子上引出的纬纱引入梭口（双纬引入），由对侧过来的钩状剑杆头勾住纬纱，边拉直边引出梭口，纬纱两纬剪断一次。线状引纬是由剑杆头夹住筒子上引出的纬纱引入梭口（单纬引入），由对侧过来的剑杆头夹住纬纱，引出梭口，每纬剪断一次。由于圈状引纬时纱线速度波动大，绝大多数剑杆织机均采用线状引纬。

（2）引纬每分钟最高可达1000m以上。

（3）纬纱色泽变化，有可供8种纬纱的选色机构，结构简单。

（4）边道处理有三种方式：热熔边（适用于纯化学纤维产品）、绞边和折入边（一般适用于毛织物）。

### 二、引纬过程

以PICANOL公司OPTIMAX挠性剑杆织机为例说明。

（1）筒子架上引出的纬纱，依次通过张力器3、压电陶瓷传感器4（电子控制的断纬自停装置）、选色机构的顶针孔眼，到达织口（图8-5-1）。

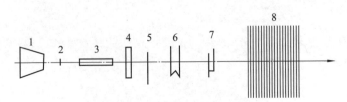

**图8-5-1  剑杆织机的引纬过程**

1—供纬筒子  2—导纱磁眼  3—张力器  4—压电陶瓷传感器

5—选纬顶针  6—钩纱器  7—剪刀  8—梭口

（2）打纬时纬纱被钢筘推向织口，剪刀下降，将纬纱勾在织口处。

（3）筘座离开织口，剑杆向梭口前进，选色机构的顶针（选色杆）按织物的色纬排列次序，将需要织入的纬纱，向前推至剑杆的通道上。

（4）装在筘座上的一对小钩子组成的钩纱器6，将纬纱勾住，并使纬纱压低到与剑杆头夹口同一水平位置。这样，使钩纱器6至剪刀的一段纬纱具有一定的张力，便于剑杆头的夹口握持纬纱。

（5）剑杆继续前进，上述这段纬纱正好进入剑杆头的夹口，被剑杆头内部的弹簧压住。

（6）剪刀7剪断纬纱。

（7）剑杆继续前进，伸入梭口8的中央部位，纬纱头传递给从对侧过来的剑杆头。

（8）两侧剑杆同时回退，对侧剑杆头将夹持的纬纱引出梭口8，并在布边处由纬纱释放器释放纬纱，两侧剑杆退到原来位置，准备下一次引纬。

## 三、PICANOL公司的OPTIMAX挠性剑杆织机

### （一）主要技术特征（表8-5-1）

表8-5-1　PICANOL公司的OPTIMAX挠性剑杆织机的主要技术特征

| 项　　目 | 主　要　技　术　特　征 |
|---|---|
| 有效筘幅（mm） | 2200 |
| 手　　向 | 全左手 |
| 转　　速 | 最高620r／min。还可以根据软件设定更高车速 |
| 传动形式 | 电动机上的多级齿轮轴与同步齿轮传动 |
| 引　　纬 | 线状引纬，中央交接，由偏心连杆机构传动，纬纱筒子最大直径250mm |
| 打　　纬 | 共轭凸轮通过摆轴从两侧驱动筘座轴 |
| 开　　口 | 采用STAUBLI 2670B型多臂机 |
| 送　　经 | 电子送经电动机控制，织轴轴管直径200mm，盘板直径800mm |
| 卷　　取 | 电子卷取电动机控制 |
| 储纬器 | IRO公司的LUNA储纬器 |
| 选　　纬 | 任意8色换纬 |
| 绞　　边 | 独立式电子绞边 |
| 纬　　停 | 压电陶瓷传感器控制断纬停车 |
| 经　　停 | 两侧双电子经停式 |
| 润　　滑 | 采用强制性集中润滑，其余主要运动部件，在全密闭的油箱中工作 |

### （二）机构

#### 1. 传动

（1）此织机是伺服电动机直接传动织机的主轴，机器的速度由微处理器来设定，而且伺服电动机参与织机的开车与停车，它的握持力能使织机继续停留在原来的位置，因而伺服电动机在织机停车后不再得到电力供应，液压系统操纵活塞，使电动机主轴移动到两个不同的位置来实现的。

（2）速度控制有三种形式。

①固定式（标准配置）：织机停止时，可通过显示屏来设定速度的数值，其每个速度的档位差为20r/min。

②复合式（可选配置）：能实现无级变速（差值为1r/min），也是通过显示屏来输入，在织机停止和运动时，输入数值后，转速立即会改变（但每次变速的最大改变量为50r/min）。

③自由式（可选配置）：与复合式有相同的功能，并且，速度可根据预定的程序自动更改，如采用了复合颜色花型时，可根据纬纱的不同自由地选择速度，从而使速度可根据花型的改变而改变。

**2. 剪刀**

（1）纬纱剪刀。纬纱剪刀由一凸轮驱动而剪切每一根纬纱。

（2）电子废边剪。废边剪位于边撑支架上，并随织造宽度的改变而移动。

**3. QS型独立式选纬器**

QS型选纬器是一种配置2-4-6或8色的电子选纬器，每一通道都有一个电动机单独传动。选纬器没有机械传动，并且其同织机的同步是由微处理器执行的。由于其快速的响应时间，加上和机器没有机械的联接，故选纬纱的操作是由选纬器自己执行的。

**4. 开口**

剑杆织机的开口过程如图8-5-2所示。

（1）多臂机。

①2668型。标准型，无油泵及油过滤器，油浴润滑。

②2670B型。高速增强，3种综框片数：12，20或24片。

③2861型。级速超增强型，3种综框片数：12，20或24片，有油泵及油过滤器（在多臂机后侧）。

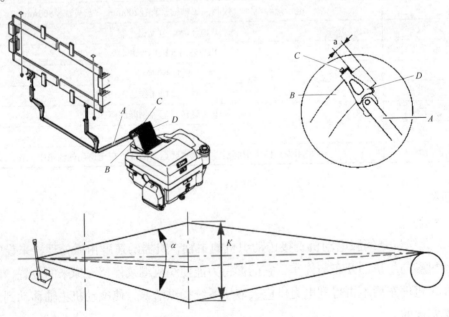

图8-5-2　剑杆织机的开口过程

（2）多臂机同步。综平时多臂机必须和轴编码器绝对同步，织机配置综平自动设定装置，综平必须总是经显示屏设定，绝不可以在多臂机和机器之间的连轴节处调节。为了保证引纬有效，综平线位置必须正确设置，按照标准设定综平度320°。

5. 送经

（1）感应罗拉的运动：感应罗拉在织造时的理想动程为3mm，对于易产生开车痕的织物，这个动程为±1mm，对于轻薄产品，无需使用后梁罗拉，对于重型织物，后梁罗拉和感应罗拉是一块使用的，根据所织织物的不同，以及后梁罗拉的个数和织机的幅宽，有4种不同直径的弹簧可以使用：8mm、10mm、12mm、16mm。感应罗拉只能在特定的范围内移动，一旦超出这一范围，有接近开关将被激活并使织机停车，只有将罗拉恢复到范围区域之后，织机才可以重新开机（FAST织机的特点）。

（2）经纱张力的设定：为设定理想的张力值，可以从单纱所需张力开始，然后将单纱张力（cN/纱）克/纱和经轴总经根数相乘所得。

①经纱张力传感器置零。

②换织轴。

③改变后梁深度。

④换装弹簧。

⑤改变弹簧位置。

⑥改变感应罗拉高度。

（3）保护和过滤值：为保护送经机构，给出了经纱张力的极限值，包涵过高和过低张力。这些数值以百分数显示，其实际数值取决于品种和织幅。如果超出极限范围，织机就会停车直到张力恢复到允许范围之内。

经纱张力传感器在织造过程中持续测量经纱的张力，为了稳定送经电动机转速，需将来自传感器（TSF和TSW）中的信号进行过滤。电动机转速越稳定，经纱退绕越连续。为了稳定电动机转速，有3种过滤值（P/F/F）可供选择，建议使用P型作为标准过滤值，以便于滤去张力的峰值。

①P型：表示过滤值取决于织造花型（循环数），用于小于或等于16纬的组织，过滤类型后的数字为过滤值。

②T型：表示过滤值取决于时间，当选用花式纱线或织物循环组织超过16纬时使用。

③组合T型：若T型过滤值大于9，则是P型与T型组合，此时，第一个数字为P型的数值，第二个数字为T型的数值，最大为T99，即P9与T9组合。组合T型适于过滤值大的张力值变化，P型可用于过滤有规律的基本组织，当花型转化时造成的大的张力变化被T型过滤。

换轴时的操作如下：

①经纱张力传感器置零。

②检查微处理器数据是否和后梁的机械设定一致（后梁高度，深度，罗拉数量等）。

③按换轴按钮。

④设置所需经纱张力。

⑤调节"弹簧设定控制"。

### 6. 卷取机构

电子卷取是通过一个独立的伺服电动机来传动，它是由电脑控制的，这个系统的优点在于使用中无须更换纬密牙，而且卷取机构相对于织机是独立工作的。

### 7. 电子绞边装置（ELSY）

电子绞边装置安装在织物的布边，如果是双幅织物则安装在两幅中间。

（1）作用：废边纱的驱动。

①绞边纱的驱动。

②布边纱的驱动（一个$\frac{1}{1}$或$\frac{2}{2}$在织物中的缎带）。

（2）设定：花纹，ELSY中的废边纱和绞边纱有一标准花型。在需要另一种花型的机器上，每一个ELSY装置的花型能被单独改变。

平综时间：所有的装置边被设定在275°和0°之间。在织机织造时可用以改变其设定。

### 8. LUNA储纬器

LUNA储纬器是IRO公司最新的型号。它是新一代产品的象征。它的设计对于高速织机都是操作最轻松，最安全的。LUNA储纬器能装备常规的张力器、共轴输出张力器（CAT）、挠性张力器或毛刷。它能装备最广泛和通用的张力系统并覆盖现在所有的应用层面。

LUNA储纬器的特性：

（1）理想的纬纱参数控制。

（2）智能储纱传感器系统。

（3）共轴输出张力器（CAT）。

（4）挠性张力器。

（5）真正意义上的一步穿纱。

（6）完备的断纱张力器。

（7）紧凑的外形尺寸。

（8）专利的传感器系统。

（9）全自动调速。

（10）封闭式绕纱鼓。

（11）简便的S/Z转换。

（12）连续可调纱距（最大至2.2/2.7mm）。

（13）喂纱速度可达1800m/min。

（14）更宽的纱支范围。

（15）功率强大的免保养电动机。

（16）低能耗。

（17）串行通讯接口。

## 四、GN722型、GN722A型、GN722C型挠性剑杆织机

### （一）主要技术特征（表8-5-2）

表8-5-2　GN722型、GN722A型、GN722C型挠性剑杆织机的主要技术特征

| 机　型 | GN722型（基本型） | GN722A型 | GN722C型 |
|---|---|---|---|
| 配　置 | $\frac{2}{2}$斜纹凸轮开口装置 | GT401多臂机 | TK212提花机 |
| 有效筘幅（mm） | 2100 | 2100 | 2400 |
| 手　向 | 全左手 | 全左手 | 全左手 |
| 转速（r/min） | 140～170 | 140～170 | 140～170 |
| 传动形式 | 电动机经三角皮带和同步齿形带传动 | 电动机经三角皮带和同步齿形带传动 | 电动机经三角皮带和同步齿形带传动 |
| 外形尺寸（长×宽×高）（mm） | 2070×5450×1890 | 2070×5450×1360 | 2070×5750×4273 |
| 机　架 | 胸梁高度为870mm，机架由左右墙板、前后横梁和纵撑挡组成，横梁用异形钢管焊接而成 | | |
| 引　纬 | 采用冲孔尼龙带，纬纱中央交接，由偏心连杆机构传动 | | |
| 打　纬 | 采用双摇杆六连杆短牵手式打纬，曲轴和摇轴直径为60mm，均由联轴器分三段连接而成 | | |
| 开　口 | 4页综，吊综辘轳回综 | 28页综，提综、回综积极控制 | 1480针由纹板控制 |
| 送　经 | 采用摩擦传动式自动送经 | | 采用摩擦消极式送经，经轴盘板直径为610mm |
| 卷　取 | 采用连续式积极卷取，用链传动卷布，最大布卷直径500mm | | 采用撑齿式卷取，用链传动卷布，最大布卷直径500mm |
| 选　色 | 采用电气机械相结合的机构，信号由纹纸带发出，通过电磁作用，控制选色杆运动，纬色数为8种 | | |
| 绞　边 | 采用绳形绞边装置 | | |
| 纬　停 | 采用压电陶瓷装置，控制断纬、关车 | | |
| 经　停 | 采用六列电气停经装置 | | |
| 剪　边 | 撞剪式剪刀剪边，刀片用硬质合金制成 | | |
| 传　动 | 单电动机经三角皮带和同步齿形带传动，由电气按钮控制。采用附有电磁离合器的自制动电动机 | | |
| 电动机 | 930r/min，2.2kW，电动机型号FS326型 | | |

## （二）剑杆传动

（1）电动机皮带轮10用三角皮带传动织机皮带轮1，由皮带轮1同轴上的同步皮带轮2传动主轴皮带轮3和偏心轮4，偏心轮使摆轮6摆动并传动行星轮7。行星轮装在筘座上，由摆轮和筘座摆动的合成运动，通过伞齿轮传动剑杆运行齿轮8，使剑杆进出（图8-5-3）。

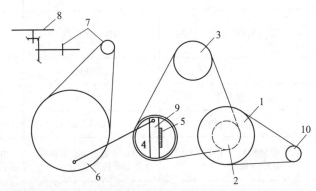

图8-5-3 剑杆传动

1—织机皮带轮 2—同步皮带轮 3—主轴皮带轮 4—偏心轮 5—偏心刻度板

6—摆轮 7—行星轮 8—剑杆运行齿轮 9—偏心调节板 10—电动机皮带轮

（2）由偏心轮上的偏心调节板9调节剑杆进出动程。

## （三）安装调节

### 1. 钢筘位置

（1）穿筘必须自左向右，从左端第一筘齿开始穿起，8mm范围内穿假边经，再空出10mm距离作剪刀切口，然后穿正式织物的经纱，穿完全幅织物，空出10mm距离的剪刀切口，再穿与左端相同宽度（8mm）的假边经。

（2）假边经一般8～12根，绞边线穿在实际织物幅宽的第一筘齿内，其单线强力必须大于19.6N/根（2kgf/根），可用涤纶线或坚牢的其他线。

（3）上机时实际上机织物幅宽的中心（包括假边宽度）对准织机筘座中心，钢筘中心则偏于筘座中心的右侧。钢筘伸出织物的长度，以不碰筘座脚为限。

### 2. 送纬剑杆进出时间

（1）主轴度盘以前死心位置为0°。

（2）主轴度盘在297°位置，偏心调节板垂直向上（图8-5-4）。

（3）主轴度盘在187°位置校正送纬侧偏心轮的偏心值$B$。$B$值随幅宽变化，按织机上实际情况校正。

（4）主轴度盘在187°位置，送纬剑杆尖端伸过织物上机幅宽中心线的距离$A=40mm$（图8-5-5）。

（5）主轴度盘在74°±1°位置，送纬剑杆头端与第一根假边经接触。

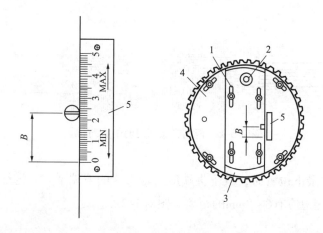

**图8-5-4　偏心调节板**

1—偏心调节板　2—偏心连杆螺钉　3—滑槽　4—偏心盘　5—标尺

### 3．接纬剑杆进出时间

（1）主轴度盘在187°位置，校正接纬侧偏心值B小于送纬侧1.5mm。

（2）同时，接纬剑杆头中的钩子头端与送纬剑杆头上螺钉距离应为Z值。有效筘幅2100mm的织机，Z=10mm；有效筘幅2400mm的织机，Z=15mm。

（3）送纬剑退出梭口，送纬剑杆头与第一根边经接触时，接纬剑应在织口内30mm±5mm处（图8-5-6）。

### 4．送纬剪刀的位置与运动

（1）主轴度盘在327°时，定刀片凸轮下的标记，应对准选纬箱体上的销钉中心。

（2）主轴度盘在66°时，定刀片下端与走剑板应保持3mm的间隙，定刀片与钢筘侧边应保持3mm的间隙。

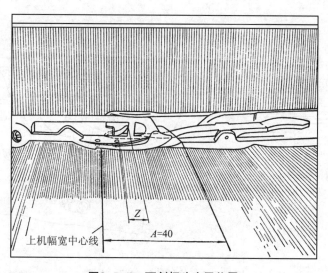

**图8-5-5　两剑杆头交叉位置**

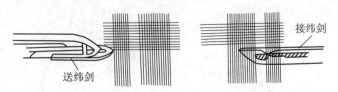

图8-5-6　两剑杆头回退时的相对位置

（3）动刀片在最下位置时，其下尖端应与定刀片的下端平齐。送纬剑进入梭口时，动刀片与送纬剑杆头侧边应有6~8mm的距离（图8-5-7）。

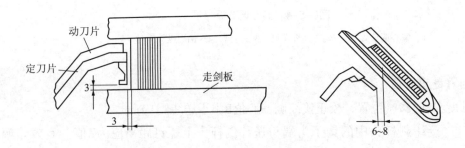

图8-5-7　剪刀的时间、位置

## 5．钩纱器的位置与运动

（1）定钩高低位置应距走剑板17.5mm。定钩伸出座体尺寸为40~45mm。压纬钩伸出座体尺寸为18~20mm。

（2）主轴度盘在327°位置，压纬钩（动钩）凸轮上的标记对准选纬箱体上的销钉中心。

（3）主轴度盘在50°~55°位置，调整调节螺杆，使定钩与动钩基本平齐（图8-5-8）。

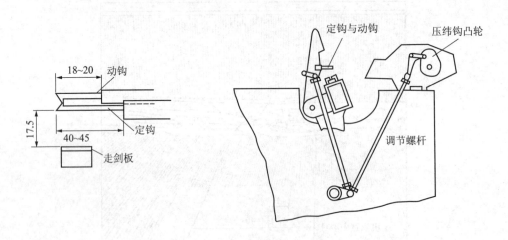

图8-5-8　钩纱器的时间、位置

### 6．选纬杆的位置与运动

（1）选纬杆的排列：在主轴度盘300°位置时，第一根选纬杆杆尖伸出孔板40mm，最后一根（第八根）选纬杆杆尖伸出孔板75mm，中间各杆杆尖应在首末两杆的斜线位置上。

（2）主轴度盘在300°位置时，推刀与推刀轴的间距应为2.5～3.5mm，在324°位置时，推刀与推刀轴吻合（图8-5-9）。

（3）主轴度盘在324°位置时，摆臂凸轮尖端对准摆臂转子。在主轴度盘22°位置时，选色杆向前伸足。

（4）摆臂凸轮（即回复凸轮）在主轴度盘324°时，凸轮大半径尖端对准摆臂上的活轮，此后随着凸轮的转动，摆臂开始回退，使不送纬纱的选色杆从伸出40～75mm的位置后退（图8-5-10）。

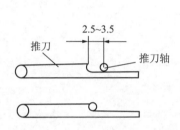

图8-5-9 推刀轴的时间、装置

图8-5-10 摆臂凸轮的时间、位置

## 五、GN723型挠性剑杆提花织机

### （一）主要技术特征（表8-5-3）

表8-5-3 GN723型挠性剑杆提花织机的主要技术特征

| 项　　目 | 主 要 技 术 特 征 |
| --- | --- |
| 有效筘幅（mm） | 2400 |
| 转　　速 | 最高140r/min |
| 引　　纬 | 线状引纬，中央交接，由偏心连杆传动，纬纱筒子最大直径250mm |
| 打　　纬 | 六连杆打纬机构。曲轴直径55mm，曲拐半径55mm。打纬（由后死心转至前死心）曲轴转角197°7′。回退（由前死心转至后死心）曲轴转角162°53′ |
| 开　　口 | 采用GT503型提花机 |
| 送　　经 | 消极送经，织轴轴管直径154mm，盘板直径600mm |
| 卷　　取 | 棘轮式积极卷取 |
| 选　　纬 | 任意换纬，8色 |
| 绞　　边 | 绳状绞边 |

续表

| 项　　目 | 主　要　技　术　特　征 |
|---|---|
| 纬　　停 | 压电陶瓷传感器控制断纬关车 |
| 经　　停 | 电气式 |
| 胸梁高度（mm） | 835 |
| 外形尺寸（长×宽×高）（mm） | 4844（包括纱架为5652）×2000×4000（包括提花机） |
| 电　动　机 | FS326型、2.2kW，电磁制动停车 |

## （二）剑杆传动

与图8-5-3相同。

## （三）安装调节

### 1. 钢筘位置

钢筘位置同GN722型。

### 2. 剑杆进出时间

（1）主轴度盘以前死心位置为0°。

（2）主轴度盘在285°位置，偏心调节板垂直向上。

（3）主轴度盘在188°位置，送纬剑杆头尖端，伸过上机幅宽中心40mm。接纬剑杆头尖端伸过上机幅宽中心20~26mm（图8-5-11）。

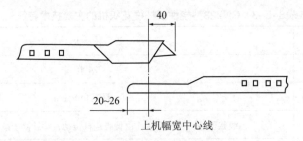

图8-5-11　GN723型两剑杆头的交叉位置

（4）主轴度盘在78°~80°位置，送纬剑杆头与第一根经纱接触。

### 3. 送纬剪刀的位置与运动

（1）主轴度盘在15°时，定刀片处于最下位置，下端距走剑板应保持3mm的间隙。定刀片与钢筘侧边应保持3mm的间隙。

（2）动刀片在最下位置时，其下端应与定刀片的下端平齐。送纬剑杆进入梭口时，动刀片与送纬剑杆头侧边应有4~8mm的间隙。

4. **钩纱器的位置与运动**

主轴度盘在50°时，动钩下降至最低位置，与定钩保持平行，到260°时，开始上升。

5. **选纬杆的位置与运动**

（1）选纬杆在290°~335°时，第一根选纬杆杆尖伸出孔板40mm，最后一根（第八根）伸出孔板75mm，中间各杆杆尖，应在首尾两杆的斜线位置上。

（2）主轴度盘在335°位置，推刀与推刀轴吻合，需要供纬的选纬杆在选纬杆控制凸轮的作用下，开始伸出，在40°时，向前伸足，250°时，开始回退。

（3）主轴度盘在290°~335°位置时，推刀与推刀轴的距离应为2~4mm，推刀轴推动推刀外伸时，与不外伸推刀上面的间隙为0.3~1mm。

（4）主轴度盘在335°位置，摆臂凸轮大半径尖端对准摆臂上的活轮，此后摆臂凸轮开始带动不需供纬的选色杆从伸出40~75mm的位置后退。

## 六、GA731型挠性剑杆织机的主要技术特征

1. **筘幅（mm）**

1900、2100、2300、2800、3000、3400、3600、3800、4600。

2. **车速（r/min）**

筘幅1900mm，312~430；筘幅2800mm，232~320；筘幅3200mm，224~300；筘幅3800mm，195~280。

3. **入纬率**

最高达1000m/min。

4. **开口**

可配备各种开口装置。

（1）积极式踏盘开口装置，最多可带12片综。

（2）多臂机开口装置，纹板纹钉型最多可带12片综；纹纸链型，最多可带20片综。

（3）提花机。所有各种开口装置均配备自动找纬机构，自动找纬机构与选纬、送经、卷取同步。

5. **引纬**

线状引纬，中间交接。左右共轭凸轮通过摆轴、连杆和扇形齿轮传动两侧传剑轮。调节连杆的滑块，即可改变连杆的动程。

6. **选纬**

纬纱最多有8色可供选择，电子选色装置与选色器联动。

7. **控制与检测**

织机配备电压式断纬检测器、机械—电气式停经装置、各种停车位置控制开关。检测信号输入电气箱内，通过微处理器及控制电路，控制织机协调动作。织机还可以解除自动寻纬，采用手动寻纬。

8．**送经与卷取**

积极式送经，无级变速器自动调节。纬密调节器与送经卷取机构联动，转动手轮即可调节纬密。纬密范围30～800根/10cm。经轴直径φ800mm，有单织轴和双织轴，用双织轴时，有差微器调节两轴的张力。

卷取与送经机构联动，最大卷布直径可达φ500mm。

9．**打纬**

共轭凸轮通过摆轴从两侧驱动筘座轴。打纬共轭凸轮与引纬共轭凸轮集于一轴，由传动轴驱动。

10．**布边**

根据需要，在两侧及中央可配备绞边、热熔边和折入边装置。

11．**润滑**

筘座采用强制性集中润滑，其余主要运动部件在全密闭的油箱中工作。

12．**主传动**

主电动机通过三角皮带—电磁离合器驱动主齿轮箱传动织机。

13．**功率消耗**

整机耗电量4.6kW。

## 七、绞边装置

### （一）适用于多臂机或踏盘开口的绞边装置

1．**绞边装置的结构**（图8-5-12）。

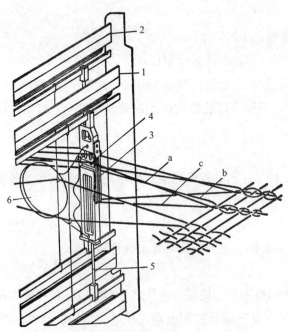

图8-5-12　适用于多臂机或踏盘开口的绞边装置

1—第一片综　2—第二片综　3—竖针　4—换位器　5—竖杆　6—弹簧　a，b—绞经　c—中线

（1）绞边装置的上半部由弹簧紧抵于第一片综的上部，它的下半部由弹簧紧抵于第二片综的下部。其上半部和下半部，均可在两根竖杆5上上下滑动。

（2）绞边组织由一根中线c和两根绞经纱a、b组成，织平纹组织。中线穿过绞边装置上半部的竖针3的孔眼，随第一片综框升降。两根绞经纱穿过绞边装置下半部的换位器4的孔眼，随第二片综框升降。

2. **绞边的形成**（图8-5-13）

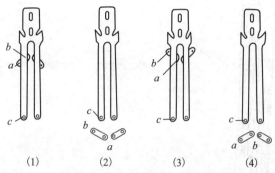

**图8-5-13　绞经换位示意图**

（1）绞经纱在上，中线在下，纬纱引入，经纱排列为a、c、b。

（2）中线在上，绞经纱在下，绞经换位。

（3）绞经在上，中线在下，纬纱引入，经纱排列为b、c、a。

（4）中线在上，绞经在下，绞经换位。

### （二）适用于提花机开口的绞边装置

1. **绞边装置的结构**（图8-5-14）

（1）绞边装置固装于织机顶梁上，主要由滑杆E及联结于滑杆的沟槽板D、钢丝圈A、指杆B、横杆C等组成。滑杆通过绳子F由提花机竖钩带动，作上下运动。钢丝圈A、指杆B及横杆C固定不动。

（2）中线1、2穿过钢丝圈A及指杆B上部的孔眼，通向织口，绞经3、4穿过沟槽板的沟槽，经过指杆B的左侧或右侧通向织口，两者穿入同一筘齿中。

2. **绞边的形成**

（1）设绞经在指杆B的右侧最下位置。此时中线在上，绞经在下，形成梭口，引入第一纬。

（2）滑杆E上提，绞经沿指杆B右侧上升，绞经在沟槽板D沟槽的下部。当上升到指杆尖端之上，滑向左侧。此时中线、绞经均处于上层经纱位置，引入第二纬，纬纱在中线、绞经下部通过，不交织。

（3）滑杆下降，绞经沿指杆左侧落到最下位置，碰到横杆C，使绞经稍微上抬，绞经滑到沟槽板沟槽的上部弯钩处。此时绞经在下，中线在上，形成梭口，引入第三纬。

（4）滑杆上提，绞经沿指杆左侧上升到指杆尖端之上，滑向右侧。此时中线、绞经均处于上层经纱位置，引入第四纬。纬纱在中线、绞经下部通过，不交织。

（5）滑杆下降，绞经沿指杆右侧落下，当落到最低位置碰到横杆C时，使绞经稍微上抬，绞经滑出沟槽板上部弯钩，然后进入下一个循环（图8-5-15）。

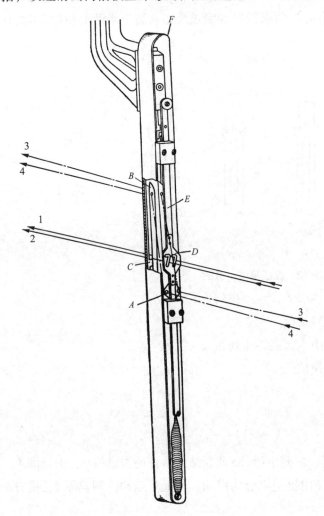

图8-5-14　适用提花机开口的绞边装置

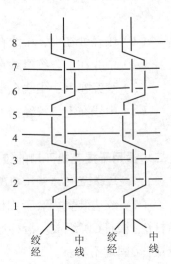

图8-5-15　绞边组织图

## 八、国外剑杆织机

精粗纺织物的织造一般采用挠性剑杆织机，国外剑杆织机品种繁多，其中挠性剑杆织机的主要技术特征见表8-5-4。

表8-5-4　挠性剑杆织机的主要技术特性

| 项　目 | 机　型 | | | |
| --- | --- | --- | --- | --- |
| | TP500型 | FAST型 | GAMMA型 | OPTIMAX型 |
| 筘幅（mm） | 1900/2200 | 2200 | 2200 | 2200 |

续表

| 项　目 | 机　　　型 | | | |
|---|---|---|---|---|
| | TP500型 | FAST型 | GAMMA型 | OPTIMAX型 |
| 曲轴转速（mm） | 240~300 | 240~300 | 100~500 | 100~620 |
| 曲轴直径（mm） | 无 | 无 | 无 | 无 |
| 曲拐半径（mm） | 无 | 无 | 无 | 无 |
| 牵手长度（mm） | 无 | 无 | 无 | 无 |
| 打　纬 | 连杆打纬 | 共轭凸轮打纬 | 共轭凸轮打纬 | 共轭凸轮打纬 |
| 投　梭 | 剑杆 | 剑杆 | 剑杆 | 剑杆 |
| 开　口 | 史陶比尔2232多臂 | 史陶比尔2660多臂 | 史陶比尔2668多臂 | 史陶比尔2670B多臂 |
| 最多综片数 | 20片 | 20片 | 20片 | 20片 |
| 梭箱升降 | 无 | 无 | 无 | 无 |
| 纬纱补给 | 无 | 自动补纬 | 自动补纬 | 自动补纬 |
| 送　经 | 机械无级变速 | 电子 | 电子 | 电子 |
| 卷　取 | 机械齿轮变速 | 电子 | 电子 | 电子 |
| 卷取辊直径（mm） | 178 | 178 | 172 | 172 |
| 断经自停 | 6列电控式 | 6列电控式 | 6列电控式 | 两侧双6列电控式 |
| 断纬自停 | 压电陶瓷装置 | 压电陶瓷装置 | 压电陶瓷装置 | 压电陶瓷装置 |
| 经纱保护 | 无 | 后梁极限行程开关保护 | 张力传感器极限值保护 | 张力传感器极限值保护 |
| 启　动 | 三角带电磁离合传动 | 三角带电磁离合传动 | SUMO电动机油压变速传动 | SUMO电动机油压变速传动 |
| 制　动 | 自制动电磁离合 | 自制动电磁离合 | SUMO电动机自制动电磁离合 | SUMO电动机自制动电磁离合 |
| 胸梁高度（mm） | 903 | 903 | 892 | 882 |
| 织轴轴管直径（mm） | 200 | 200 | 220 | 220 |
| 织轴边盘直径（mm） | 800 | 800 | 800 | 800 |
| 外形尺寸（长×宽×高）（mm） | 5200×2000×2150 | 5250×1800×2200 | 5600×2000×2400 | 5697×2039×2100 |
| 重量（kg） | 4500 | 4200 | 4300 | 4150 |
| 电动机型号及功率 | Y132S4 5.5kW | 132S B2 7.5kW | SUMO 7.6kW | SUMO 7.6kW |

# 第二节 新型剑杆织机

现在的新型剑杆织机具有安全性能高、噪声低、操作简单、织造快速等特点。以Picanol公司的GAMMAX型剑杆织机为例说明。

## 一、GAMMAX型剑杆织机的主要技术特征（表8-5-5）

表8-5-5 GAMMAX型剑杆织机的主要技术特征

| 项 目 | 主 要 技 术 特 征 |
|---|---|
| 有效筘幅（mm） | 2400 |
| 手 向 | 全左手 |
| 转 速 | 最高500r/min |
| 传动形式 | 电动机上的多级齿轮轴与同步齿轮传动 |
| 引 纬 | 线状引纬，中央交接，由偏心连杆机构传动，纬纱筒子最大直径250mm |
| 打 纬 | 共轭凸轮通过摆轴从两侧驱动筘座轴 |
| 开 口 | 采用Staubli2670型、Staubli2668型多臂机 |
| 送 经 | 电子送经电动机控制，织轴轴管直径200mm，盘板直径800mm |
| 卷 取 | 电子卷取电动机控制 |
| 选 纬 | 任意8色换纬 |
| 绞 边 | 独立式电子绞边 |
| 纬 停 | 压电陶瓷传感器控制断纬停车 |
| 经 停 | 两侧双电子经停式 |
| 润 滑 | 采用强制性集中润滑，其余主要运动部件在全密闭的油箱中工作 |

## 二、安装调试

### 1. 传动

（1）此织机是伺服电动机直接传动织机的主轴，机器的速度由微处理器来设定，而且伺服电动机参与织机的开车与停车，它的握持力能使织机继续停留在原来的位置，因而伺服电动机在织机停车后不再得到电力供应，液压系统操纵活塞，使电动机主轴移动到两个不同的位置。如图8-5-16，位置（PFI）正常运转和慢动，齿轮A和齿轮B啮合，传动筘座和传剑轮，多臂机和编码器。位置（PFO）在找纬过程中，齿轮B（直接传动筘座的）不啮合，而齿轮A和C继续啮合，这样开口系统将完成一套完整的寻纬过程。

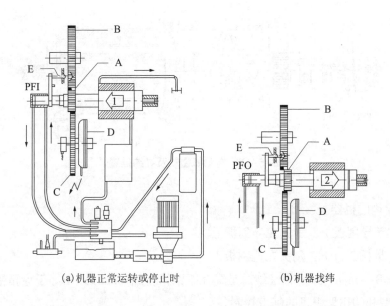

(a)机器正常运转或停止时 　　　　　　(b)机器找纬

**图8-5-16 电动机运转、停止、寻纬位置**

（2）速度控制有三种形成方式。

①固定式（标准配置）：织机停止时，可通过显示屏来设定速度的数值，其每个速度的档位差为20r/min。

②复合式（可选配置）：能实现无级变速（差值为1r/min），也是通过显示屏来输入的，在织机停止和运动时，数值输入后，转速立即会改变（但每次变速的最大改变量为50r/min）。

③自由式（可选配置）：与复合式有相同的功能，并且速度可根据预定的程序自动更改，如采用复合颜色花型时，可根据纬纱的不同，自由选择速度，自由变速也可用在WPS功能中，从而使速度可根据花型的改变而改变。

（3）液压控制。油同时供给PF活塞和织机的润滑，油先引入过滤器，然后到液压控制箱。在液压控制箱上，一只2位4通的电磁阀（VPF）控制着PFI和PFO的用油需要。VUL阀门的主要作用是计量和定时分配油到储存器中，并提供所需要的油到每一个活塞，VUL阀门控制存储器最小油压为0.8MPa（8bar），并直接加压于液压系统。循环润滑系统和冷却系统的油压设定在最小0.5MPa（5bar），最大的油循环压力设定为1.4MPa（14bar）。在循环系统的主油管中，由温度传感器来监控油的温度。

（4）缩语解释说明。VUL：负载阀门，VPF：找纬电磁阀门，PFI：正常运转和慢动进油口，PFO：找纬运动进油口（图8-5-17）。

2. **引纬与打纬**

（1）带导钩的机器。剑头为GH型和GHL型：剑头由两种导钩引导。剑头为GHB型：剑头由一种导钩和导剑板引导。

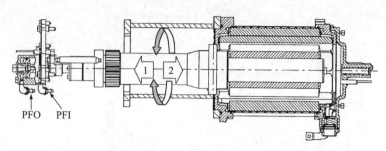

PFO PFI

图8-5-17 电动机慢动及寻纬位置

（2）无导钩的机器。

①VB型（带导剑板）：剑头在导剑板上。

②VD型（带托剑板）：剑头在托剑板上。

钢筘长度=B+35mm，第一根经纱总是穿在距钢筘左侧15mm处，B等于穿筘幅度。

（3）GH型和GHB型织机的剑带控制。

①应定期检查剑带（每三个月），通过观察颜色变化及穿孔的磨损可观察剑带的磨损程度。

②剑带厚度的检查：当剑带露出黑线，尤其是其在受压的部位，此时建议测量该区域的剑带厚度。若剑带厚度小于1.8mm，则必须更换。

③剑带齿孔磨损的检查：新的GH型和GHB型剑带，其齿孔的宽度为5mm，若孔大于6mm，则需要更换剑带。

3. 剪刀

（1）纬纱剪刀。纬纱剪刀由一凸轮驱动而剪切每一根纬纱，该剪刀可以调整剪切位置，为了使机器左边的废边纱最短，通常剪刀的起始位置最靠近织物。

（2）电子废边剪。废边剪位于边撑支架上并随织造宽度的改变而移动。

①横向位置：松掉横向紧固螺丝，横向移动剪刀直至其离织物的边为3mm并拧紧螺丝。

②高度：松掉纵向紧固螺丝，调节剪刀的高度，使固定刀片的剪切面的末端比织物高出2mm并重新拧紧螺丝。

（3）机械式废边剪刀。

机械式废边剪刀每一次大的横向移动时，凸轮必须随布幅单独移动。使引导罗拉位于凸轮的旋转表面的中心。在进行剪刀横向位置设置时，凸轮不能再被移动。调节方法与电子废边剪相同。

4. QS型独立式选纬器（图8-5-18）

QS型选纬器是一种配置2—4—6或8色的电子选纬器，每一通道都有一个电子电动机单独传动。选纬器没有机械传动，并且其同织机的同步是由微处理器执行的。由于其快速的响应时间以及和机器没有机械的联接，故选纬纱的操作是由选纬器自己执行的。此选纬器可执行两种形式的选纬。

（1）一个通道一次选纬。选纬器有三个位置，分别是"休止位置""选纬位置""引纬位置"。"休止位置"是选纬针完全向上的位置，此时不选纬，"选纬位置"是选纬针完全向下的位置，此时纬纱被左剑头夹持。在纬纱被左剑头夹持后，选纬指针被稍微提起一点以利护纬（这是引纬位置）。在引纬结束后，选纬针被带回到其"休止位置"。

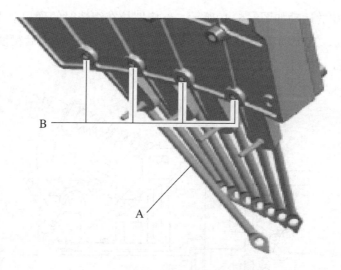

图8-5-18　QS型独立式选纬器

（2）同一通道数次引纬。在选纬后，当纬纱被左剑头夹持后，选纬针被稍微提升，直到"引纬位置"。在下一次引纬时，选纬针从"引纬位置"再次进行引纬动作，在这个通道最后一次引纬以后，选纬针被带回到"休止位置"。在纬停时，下一纬被顺次取消。在纬停以后，所要的选纬针处于"休止位置"。在寻纬运动以后，压穿纱按钮，使断纱的这根选纬针移到其动程的一半位置，以便穿纱。当按钮再一次被按下时，选纬针回到其归零位置。选纬器在前后方向不可调整。高度方向可通过松掉前排支架上的四颗螺丝，整个选纬器能够被移动2cm。这样，就可以设定整个选纬器相对于剑头的选纬高度。对于高度的设定，宜采用尽可能高的高度（缩短取消纬纱的动程），可通过按慢动按钮并检查纬纱是否被左剑头夹持，以确定选纬器是否在合适位置。所有的通道上都需要用此方式来设定。

5．开口

（1）多臂机。

①2668型是标准型，无油泵及油过滤器，油浴润滑。

②2670型是高速增强型，3种综框片数：12、20或24片。

③2861型是级速超增强型，3种综框片数：12、20或24片，有油泵及油过滤器（在多臂机后侧）。

（2）多臂机同步。综平时，多臂机必须和轴编码器绝对同步，织机配置综平自动设定装置，综平必须总是经显示屏设定，绝不可以在多臂机和机器之间的连轴节处调节。为了保证引纬有效，综平线位置必须正确设置，按照标准设定综平线 320°。

综平线的位置：综平线低时，剑头底板对下层经纱的摩擦就小。当梭口满开时，下层经纱不可以触及导剑钩的底部，所以，当剑头进入梭口时，上层纱将低于剑头。

综平时间：综平时间越迟，剑头对经纱的摩擦越小，但剑头开始进入梭口时，梭口越小。

### 6. 送经

（1）感应罗拉的运动如图8-5-19所示。感应罗拉在织造时的理想动程为3mm，对于易产生开车痕的织物，这个动程为±1mm。对于轻薄产品，无需使用后梁罗拉；对于重型织物，后梁罗拉和感应罗拉是一块使用的。

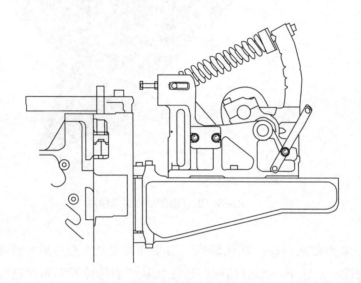

**图8-5-19　感应罗拉的运动**

根据所织的织物不同以及后梁罗拉的个数和织机的幅宽，有4种不同直径的弹簧可以使用：8mm、10mm、12mm、16mm。

感应罗拉只能在特定的范围内移动，一旦超出这一范围，接近开关将被激活并使织机停车，只有将感应罗拉恢复到范围区域之后，织机才可以重新开机。

（2）经纱张力的设定。为设定理想的张力值，可以从单纱所需张力开始，然后将单纱张力克/纱（厘牛/纱）和经轴总经根数相乘所得。

经纱张力传感器置零，换织轴，输入织轴的直径改变后梁深度、高度，换装弹簧改变弹簧位置，改变感应罗拉高度。

（3）保护和过滤值。为保护送经机构，给出了经纱张力的极限值（包含过高和过低张力），这些数值以百分数显示，其实际数值取决于品种和织幅。为了稳定送经电动机转速，需将来自传感器中的信号进行过滤，电动机转速越稳定，经纱退绕越连续。为了稳定电动机转速，有三种过滤值（P/T/混合T）可供选择，一情况下使用P型作为标准过滤值以便于滤去张力的峰值。P型表示过滤值取决于织造花型（循环数），用于小于或等于16纬的组织；T型表示过滤值取决于时间，当选用花式纱线或织物循环组织超过16纬时使用；组合T型适于过滤值大的张力值变化。

换轴时的操作：经纱张力传感器置零，检查微处理器数据是否和后梁的机械设定一致（后梁高度、深度，罗拉数量等）。按换轴按钮设置所需经纱张力调节"弹簧设定控制"。

**7. 卷取机构**

电子卷取通过一个独立的伺服电动机来传动，它是由电脑控制的，这个系统的优点在于使用中无需更换纬密齿轮，而且卷取机构相对于织机是独立工作的。

**8. 电子绞边装置（ELSY）**

电子绞边装置安装在织物的布边，如果是双幅织物则安装在两幅中间。

### 三、布面检查方法及预控措施

**1. 丝毛类**

（1）重点控制丝纱磨损，检查纬纱通道、经纱通道。为避免乱头纱织入布面，在纬纱通道纬纱压杆前加密号筘、隔距片。

（2）丝毛产品的纬弓不易检查，并且修补困难。检查的方法：

①在底灯下直看看不出；而侧看30°可以用眼看到。

②织口到胸梁的布面直看也不易看出，侧看30°～45°，从左向右看，然后用手摸着布面也可看出。

③把卷布辊松开，放开布对着上灯光透视布面，用手摸触布面显示像小粗节。

（3）丝毛产品布面严禁飞毛、回丝织入。丝毛产品清洁纬纱通道半小时做一次，并且把清洁纬纱通道的一段纬纱拉出来后方可开车。

（4）丝毛产品落布放在专用车上。

**2. 毛氨产品**

（1）毛氨产品重点预防水渍、油污。放布查布面时严禁地面水渍沾上布面，毛氨产品未整理前沾上水渍后，后道工序无法弥补。

（2）毛氨产品经纱需要绕倒接头时，经纱必须绕6～7圈，并且机后巡回时重点对倒接头进行检查，严防布面长经弓。

（3）接班前重点对经停片进行检查，经停片内纱线粘连导致的经弓在布面上不易看出，而到坯检台上显示一道黑印，修补困难。

（4）重点预控布面松紧档，使用纬纱必须大小逐个排开使用。

**3. 赛络菲尔产品**

（1）检查布面内有无假边纱织入，断经后的带头及时在织口处挑出，减少小稀印，保证成品质量。

（2）赛络菲尔产品量大、色号多，加强布面把关，防混纱批。

（3）经纱开扣严重，造成布面经弓多，此产品加强机前布面检查，用手摸的方法检查经弓，杜绝布面长经弓。

**4. 细特哔叽类**

（1）重点检查布面经档、刺毛档，特别是断刺毛，此类产品布面重点检查两侧的边撑位置，用手摸着布面检查，发现类似小毛羽、小黑点，用手摘一下。如果还有，仔细地查看，确认是断刺毛后，及时通知修机工卸下刺毛辊进行排查。修机工修后，挡车工必须进行复查，并且一定与下一班挡车工进行交接。

（2）检查布面有刺毛档时，挡车工一定通知修机工对刺毛进行检查，否则，刺毛印到后道整理完后，容易出现无法弥补的密集小断刺毛。

**5. 毛涤类**

（1）着重检查布面吊纬、吊经，接班必须对纬纱释放进行检查，特别是修机工修车后（或修剑头后），挡车工必须对纬纱释放进行复查无异常方可开车。

（2）毛涤类除对布面检查外，机后巡回检查更为重要，此类产品的机后巡回次数要比其他产品多出1~2倍，才能有效控制布面的吊经、吊条。

**6. 粗特纱产品**

（1）重点查布面是否吊纬，胸梁至布辊间布面在灯底下从右向左以30°~45°看，特别靠布面小头50cm以内，如有一根又细又亮的纬向印，就可能是吊纬，然后把布放松，用手触摸稍紧，立刻通知修机工进行维修。

（2）布面如果出现吊纬，在假边长度上有时能暴露出来，挡车工检查此类产品布面的同时，对假边长度重点检查一下，取一段假边，正常假边长度长短几乎一致，如果偶尔有一根长的假边纱，说明布面已出现吊纬，挡车工应该立刻通知修机人员检查。

**7. 经纬异色类**

（1）重点查布面：纬档、经档、刺毛印、停车印的检查，纬档、停车印在灯光下查看不明显，有效的检查方法：底灯关闭，把布撩起来，利用上灯光检查，发现片断稀密纬向印，即为纬档。一条很直且又细的纬向印，即为停车印。

（2）经档、刺毛印：重点检查钢筘是否凹凸不平、稀密是否均匀和边撑位置，布面重点检查刺毛印。

（3）对此类产品，挡车工要做到心中有数。查布面，接班后，断经、断纬和停车时间较长些，用约3cm白棉纱在织口处夹上做标识，待织2~3m后，放开布对着上灯光进行查看是否有纬向印，这样能够预防通班、通匹性的纬档、停车印；避免出现等坏检反馈后再修车的现象（等坏检反馈后，至少出现2~3匹）。

**8. 花型复杂类**

（1）多种经纱、嵌线，查布前首先吃透工艺，明确经纱排列再进行布面检查。首先把布用手抬平，垂直看一遍，再以30°~45°侧身看，一般性缺经、错纹、错纱容易看出。

（2）把布面垂直放松，侧身30°~45°检查，然后把布从卷布辊内层拽出进行反面检查，检查反面时可垂直查，不同角度察看。正面不易暴露的疵点，经过反面检查，大多数都可查出。

（3）到印后，几个纬纱必须用几个白棉纱打码印，除正常的检查外，把码印竖起检查，能有效地查出提综检查遗留的疵点。

### 9．条格产品类

（1）首先检查两边撑是否高低一致，防纬斜。

（2）把布面放开对折：条对条，格子对格子检查。

（3）查边道两侧边宽是否一致。

### 10．松结构产品

（1）不能放布查布面，防折痕到印后仔细提综检查。

（2）检查两边是否边稀，处理断纬时，两边撑位置用手轻压一下。

（3）处理断经时，经停片间隙不能扒得太大，防布面稀密印。

# 第三节　片梭织机

## 一、苏尔寿片梭织机的主要技术特征

苏尔寿（Sulzer）片梭织机有完整的机型系列，能适应各种不同产品及其织造的工艺要求。

苏尔寿片梭织机的型号由德文字母与阿拉伯数字组成，如PU85VSDKRD1型，其中PU：型号系列；85：名义幅宽；VSD：纬纱换色机构；KR：开口机构；D1：片梭规格。该型号表示：通用型（PU型）系列，名义幅宽为85英寸（2159mm），四色纬纱换色机构，由多臂机控制纬纱换色，开口机构为KR型回转式多臂机，片梭规格为D1型。

### 1．片梭织机的型号系列

（1）PU型——通用型（引纬速度550～965m/min）。

（2）PS型——高速型（引纬速度1100m/min）。

### 2．片梭织机的名义幅宽

（1）73英寸——名义幅宽1854mm，最大筘幅1894mm。

（2）85英寸——名义幅宽2159mm，最大筘幅2200mm。

（3）110英寸——名义幅宽2749mm，最大筘幅2830mm。

（4）130英寸——名义幅宽3302mm，最大筘幅3340mm。

（5）153英寸——名义幅宽3336mm，最大筘幅3930mm。

（6）183英寸——名义筘幅4648mm，最大筘幅4690mm。

（7）213英寸——名义筘幅5410mm，最大筘幅5450mm。

### 3．纬纱换色机构

（1）ES——单色纬纱。

（2）MW——混纬装置（可以1a、1b混纬）。

（3）ZSD——两色纬纱变换机构，由多臂机控制。

（4）ZSM——两色纬纱变换机构，由踏盘机构控制。

（5）VSD——四色纬纱变换机构，由多臂机控制。

第八篇　织造

（6）VSK——四色纬纱变换机构，由专用机构控制。

（7）VSI——四色纬纱变换机构，由提花机控制。

（8）SSD——六色纬纱变换机构，由多臂机控制。

（9）SSKI——六色纬纱变换机构，由提花机控制。

**4．开口机构**

（1）E10——10片综踏盘开口机构。

（2）E14——14片综踏盘开口机构。

（3）KR——回转式高速多臂机。

（4）J——提花机。

**5．片梭规格**

（1）D1——配备D1型金属片梭，适用于一般织物。

（2）D2——配备D2型金属片梭，适用于高特纱及花式纱织物。

（3）K2——配备K2型塑料片梭，适用于低特纱织物。

**6．片梭的附加特征说明**

（1）G——适用于毛巾织物。

（2）F——适用于长丝织物。

（3）H——适用于麻类织物。

（4）R——适用于特别重厚型的织物，如牛仔布等。

PU型系列片梭织机的技术特征见表8-5-6。

PU型系列片梭织机的外廓尺寸见表8-5-7。

### 表8-5-6　PU型系列片梭织机的技术特征

| 型　　号 | | 筘　　幅 | | | 纬纱色泽数 | 纬纱色泽变换程序（跳档数） | 最高引纬速度（m/min） | 织机最高转速（r/min） | 装机功率（kW） |
|---|---|---|---|---|---|---|---|---|---|
| | | 最大筘幅（mm） | 单幅织物最小筘幅（mm） | 多幅织物最小筘幅（mm） | | | | | |
| PU73 | ES KR D1 | 1894 | 1100 | 330 | 1 | — | 720 | 400 | 4.25 |
| | Z5D KR D1 | | | | 2 | 1 | 720 | 400 | |
| | VSD KR D1 | | | | 4 | 1~2 | 720 | 400 | |
| | | | | | | 3 | 680 | 360 | |
| PU85 | ES KR D1/D2 | 2200 | 1100 | 330 | 1 | — | 720 | 360 | 4.25 |
| | ZSD KR D1/D2 | | | | 2 | 1 | 720 | 360 | |
| | VSD KR D1/D2 | | | | 4 | 1~2 | 720 | 360 | |
| | | | | | | 3 | 720 | 340 | |
| | SSD KR D1/D2 | | | | 6 | 1~3 | 570 | 260 | |
| | | | | | | 4~5 | 550 | 250 | |

续表

| 型　号 | | 筘　幅 | | | 纬纱色泽数 | 纬纱色泽变换程序（跳档数） | 最高引纬速度（m/min） | 织机最高转速（r/min） | 装机功率（kW） |
|---|---|---|---|---|---|---|---|---|---|
| | | 最大筘幅（mm） | 单幅织物最小筘幅（mm） | 多幅织物最小筘幅（mm） | | | | | |
| PU110 | ES KR D1/D1 | 2830 | 1420 | 330 | 1 | — | 880 | 340 | 4.25 |
| | ZSD KR D1/D2 | | | | 2 | 1 | 880 | 310 | |
| | VSD KR D1/D2 | | | | 4 | 1 | 880 | 340 | |
| | | | | | | 2～3 | 880 | 320 | |
| | SSD KR D1/D2 | | | | 6 | 1～3 | 700 | 260 | |
| | | | | | | 4～5 | 680 | 240 | |
| PU130 | ES KR D1/D1 | 3340 | 1670 | 330 | 1 | — | 950 | 330 | 4.25 |
| | ZSD KR D1/D2 | | | | 2 | 1 | 950 | 330 | |
| | VSD KR D1/D2 | | | | 4 | 1 | 950 | 330 | |
| | | | | | | 2～3 | 900 | 290 | |
| | SSD KR D1/D2 | | | | 6 | 1～3 | 750 | 240 | |
| | | | | | | 4～5 | 750 | 230 | |
| PU153 | ES KR D1/D2 | 3930 | 1970 | 330 | 1 | — | 1000 | 300 | 4.25 |
| | ZSD KR D1/D2 | | | | 2 | 1 | 1000 | 300 | |
| | VSD KR D1/D2 | | | | 4 | 1 | 1000 | 300 | |
| | | | | | | 2～3 | 1000 | 270 | |
| | SSD KR D1/D2 | | | | 6 | 1～3 | 900 | 229 | |
| | | | | | | 4～5 | 900 | 229 | |
| PU183 | ES KR D2 | 4690 | 2350 | 330 | 1 | — | 980 | 240 | 4.25 |
| | ZSD KR D2 | | | | 2 | 1 | 980 | 240 | |
| | VSD KR D2 | | | | 4 | 1～3 | 980 | 240 | |
| PU213 | ES KR D2 | 5450 | 2750 | 330 | 1 | — | 980 | 225 | 4.25 |
| | ZSD KR D2 | | | | 2 | 1 | 980 | 225 | |
| | VSD KR D2 | | | | 4 | 1～3 | 980 | 225 | |

**注**　表中机器型号带"D1/D2"时，所列出的最高引纬速度与织机最高转速相当于片梭型号为D1时的情况。当片梭型号为D2时，织机的速度比上述数据略低。

表8-5-7　PU型系列片梭织机的外廓尺寸

| 机型 | 机 器 外 廓 长 度 | | | 机 器 外 廓 深 度 | | |
| --- | --- | --- | --- | --- | --- | --- |
| | 具体型号 | 纬纱筒子架类型 | 机器外廓长度<br>（mm） | 经轴直径<br>（mm） | 布轴直径<br>（mm） | 机器外廓深度<br>（mm） |
| PU73 | ES KR | 可调式，有储纬器 | 4244 | 700 | 500 | 2045 |
| | ZSD KR | 可调式，有储纬器 | 4309 | 800 | 500 | 2045 |
| | VSD KR | 可调式，有储纬器 | 4419 | 940 | 500 | 2115 |
| PU85 | ESKR | 固定式 | 4483 | 700 | 500 | 2045 |
| | ZSD KR | 活动式 | 4483 | 800 | 500 | 2045 |
| | VSD KR | 固定式，筒子罩45° | 4483 | 940 | 500 | 2115 |
| | SSD KR | 固定式，筒子罩35° | 4443 | — | — | — |
| PU110 | ES KR | 固定式 | 5118 | 700 | 500 | 2045 |
| | ZSD KR | 活动式 | 5118 | 800 | 500 | 2045 |
| | VSD KR | 固定式，筒子罩45° | 5118 | 940 | 500 | 2115 |
| | SSD KR | 固定式，筒子罩35° | 5078 | — | — | — |
| PU130 | ES KR | 固定式 | 5626 | 700 | 500 | 2045 |
| | ZSD KR | 活动式 | 5626 | 800 | 500 | 2045 |
| | VSD KR | 固定式，筒子罩45° | 5626 | 940 | 500 | 2115 |
| | SSD KR | 固定式，筒子罩35° | 5586 | — | — | — |
| PU153 | ES KR | 固定式 | 6211 | 700 | 500 | 2040 |
| | ZSD KR | 活动式 | 6211 | 800 | 500 | 2040 |
| | VSD KR | 固定式，筒子罩45° | 6211 | 940 | 500 | 2115 |
| | SSD KR | 固定式，筒子罩35° | 6171 | — | — | — |
| PU183 | ES KR | 固定式 | 6998 | 800 | 500 | 2054 |
| | ZSD KR | 活动式 | 6998 | 940 | 500 | 2115 |
| | VSD KR | 固定式，筒子罩45° | 6998 | — | — | — |
| PU123 | SE KR | 固定式 | 7734 | 800 | 500 | 2054 |
| | ZSD KR | 活动式 | 7734 | 940 | 500 | 2115 |
| | SV RKD | 固定式，筒子罩45° | 7734 | — | — | — |

## 二、引纬过程

片梭织机是依靠带有梭夹的片梭从筒子上引纬。片梭是由梭壳及装在梭壳内的梭夹所组成。梭夹两臂的端部组成一个钳口，钳口之间有一定的夹持力。当钳口闭合时，梭夹就把纬纱头夹住，当钳口张开时，就可释放纬纱头或把新的纬纱头送入钳口。在片梭织机的运转过程中，梭夹的钳口必须根据片梭所在的工作部位反复进行张开和闭合。

片梭织机的引纬过程如图8-5-20所示。

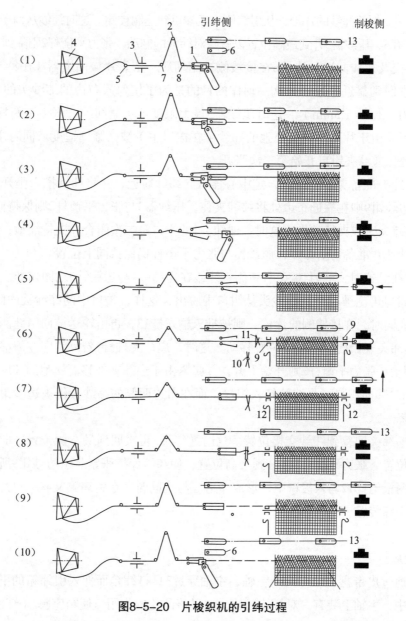

**图8-5-20 片梭织机的引纬过程**

1—递纬夹 2—张力平衡杆 3—压纱器 4—筒子 5、7、8—导纱孔

6—片梭 9—边纱钳 10—剪刀 11——定中心器 12—钩针 13—输送链

（1）片梭6开始从输送链13送往引纬的位置。这时梭夹钳口逐渐张开，并向握持着纬纱头的递纬夹1靠近。同时张力平衡杆2位于最高位置，使纬纱张紧，压纱器3则压紧纬纱。

（2）片梭6到达引纬位置，这时张开的梭夹钳口对准递纬夹的钳日，张力平衡杆2与压纱器3保持同上状态。

（3）完成把纬纱从递纬夹转交给梭夹的交接过程，这时梭夹的钳口闭合，握住纬纱，递纬夹的钳口则张开。同时片梭6已作好向梭口飞行的准备，压纱器3则开始上升，而张力平衡杆2则开始下降。

（4）投梭。握持纬纱的片梭，从引纬侧飞经梭口到达制梭侧。这时纬纱从筒子4上退绕下来，穿过导纱孔5，压纱器3升到最高位置以解除对纬纱的制动，张力平衡杆2则降到水平位置。

（5）制梭及片梭回退。片梭6在接梭侧被制动后，依靠片梭回退器（图8-5-20中未示出）将片梭推回到靠近布边处。这一动作的目的是为了使勾入布边的纬纱头的长度控制在最小限度以内（1.2～1.5mm）。这时压纱器3最大限度地压紧纬纱，张力平衡杆2则略微上升，这样就可使由于片梭回退而松弛的纬纱（在梭口中）被张紧到适度。同时递纬夹1移动到靠近布边处，递纬夹钳口开始第二次张开。

（6）递纬夹准备夹纱。这时，定中心器11向纬纱靠近，并将纬纱推入张开的递纬夹钳口中。两只边纱钳9则在靠近布边处将纬纱夹住，压纱器3与张力平衡杆2则保持同上位置。

（7）递纬夹完成夹纱动作。这时，递纬夹1的钳口第二次闭合并夹持纬纱，张开的剪刀10上升到纬纱处并准备切断纬纱，压纱器与张力平衡杆仍保持同上位置。

（8）剪纬。这时，剪刀10在引纬侧将纬纱在递纬夹1与边钳纱9之间切断。在接梭侧，片梭的梭夹钳口再次被打开，纬纱头从钳口中脱出，这样，梭口中的纬纱被两侧的边纱钳9所夹持。与此同时，在接梭侧的片梭，则被推入输送链13，再由输送链向引纬侧回送。

（9）递纬夹开始向引纬交接位置移动。这时，递纬夹1握持着纬纱向左侧移动，压纱器3仍对纬纱制动，张力平衡杆2则开始上升，并张紧由于递纬夹外移而松弛的纬纱。两只边纱钳9与钢筘同时移向织口，将纬纱打入织口，而在布边两侧的纬纱头仍被边纱钳所握持，同时剪刀10下降。

（10）递纬夹回复到纬纱交接位置。这时递纬夹1再次回到最左侧位置，即与梭夹发生纬纱交接的位置。张力平衡杆2上升到最高位置，使纬纱保持张紧。由边纱钳9所夹持的纬纱头则被左右两根钩针12勾入梭口中，形成布边。与此同时，在引纬侧又有一只片梭开始从输送链13移向引纬装置。

## 三、传动系统

电动机通过皮带盘传动织机的主轴，主轴穿过3只打纬箱而伸入引纬箱的下半部中。在每只打纬箱中，主轴上装有一对打纬凸轮，通过该凸轮的作用，使筘座脚轴产生往复摆动。在筘座脚轴上固装有筘座脚，在筘座脚上装有筘座、钢筘与梭导片。

在引纬箱的下半部，主轴上装有一对锥形齿轮，并传动位于引纬箱下半部中的直轴。直轴上装有投梭凸轮，用以传动投梭机构；还装有三槽凸轮，用以传动递纬夹打开机构、升梭器机构与梭夹打开机构。直轴上齿轮通过轮系传动链轮，使输送链获得传动。直轴的最后端装有链轮，通过传动链条传动固装在侧轴上的链轮，由侧轴再分别传动卷取、送经、开口与边字提花机构。

## 四、检查与调节（表8-5-8）

表8-5-8　片梭织机的检查与调节

| 检查和调节内容 | | 织机的标准停机位置 | | | | 备注 |
|---|---|---|---|---|---|---|
| | | ES110° | MS110° | ES120° | MS120° | |
| 检修引纬箱与接梭箱 | | 50° | 60° | 55° | 65° | — |
| 拆卸综框与经轴 | | 50° | 50° | 55° | 55° | — |
| 拆装梭导片 | | 38° | 38° | 42° | 42° | 在此位置，接梭箱可在梭导片的上方自由移动 |
| 拆装钩边箱 | | 85° | 85° | 90° | 90° | — |
| 从织机取出片梭或将片梭置入织机 | | 30° | 30° | 30° | 30° | |
| 调节综平度 | | 0° | 0° | 0° | 0° | 调节范围为30°～350° |
| 检查边撑盖与钩边针的关系位置 | | 0° | 0° | 0° | 0° | 钩边针不应接触边撑盖 |
| 停经装置的停机时间 | 用提花机时 | 290°/300° | 290°/300° | 290°/300° | 290°/300° | 数字开关上的数字为"45" |
| | 用多臂机或踏盘开口时 | 325°/335° | 325°/335° | 325°/335° | 325°/335° | 数字开关上的数字为"50" |
| 检查送经机构凸轮盘的刻度记号 | | 0° | 0° | 0° | 0° | 凸轮盘的刻度记号指向垂直正上方 |
| 检查和校正摆动后梁的高度位置 | | 190° | 190° | 190° | 190° | — |
| 调换纬密变换齿轮 | | 55° | 50° | 55° | 55° | |
| 调节纬纱张力平衡杆的高度位置 | | 210° | 210° | 210° | 210° | 在ES型织机上，张力平衡杆的瓷眼比水平线高5mm；在MS型织机上，张力平衡杆的瓷眼比水平线高6mm |
| 纬纱制纱器释压 | | 100° | 100° | 105° | 105° | |
| 升梭器在最上方位置 | | 125° | 125° | 125° | 125° | 拆除托脚上的压板，此时升梭器盖板的平面应比托脚的平面高出0.35～0.45mm |
| 升梭器在垂直位置 | | 260° | 260° | 260° | 260° | 此时升梭器对定位板有一定的压力 |
| 检查梭夹打开钩的最高位置 | | 83° | 86° | 87° | 95° | 此时梭夹打开钩的尖端位于引纬箱导轨平面的下方11.5～12mm |

续表

| 检查和调节内容 | 织机的标准停机位置 | | | | 备注 |
|---|---|---|---|---|---|
| | ES110° | MS110° | ES120° | MS120° | |
| 检查梭夹打开钩的最后方位置 | 340° | 340° | 340° | 340° | 梭夹打开钩尖端至少应距片梭表面1mm |
| 递纬器的左侧极端位置 | 90° | 70° | 90° | 70° | 此时，递纬夹应位于梭夹凹口的中部 |
| 递纬器的右侧极端位置 | 0° | 0° | 0° | 0° | 递纬夹与剪刀相距0.2～0.5mm |
| 检查递纬夹打开器的位置 | 50° | 50° | 50° | 50° | — |
| 检查剪刀机构的曲线沟槽板的位置 | 25° | 25° | 25° | 25° | — |
| 检查剪刀机构升降齿杆的最高位置 | 10° | 10° | 10° | 10° | 此时，升降齿杆顶面与引纬箱顶面的距离为1～2.5mm |
| 检查纬纱的剪切时间 | 356°/0° | 356°/0° | 356°/0° | 356°/0° | |
| 调节剪刀弯臂托架的位置 | 345° | 345° | 345° | 345° | 调节剪刀弯臂托架的位置，使纬纱位于剪刀口的中央，同时，定中心片将纬纱推入递纬夹的中央位置 |
| 检查引纬箱内投梭凸轮与转子的间隙 | 55° | 55° | 65° | 65° | 此间隙应为0.1～0.2mm |
| 检查扭轴的零度位置 | 55° | 55° | 65° | 65° | 当将扭轴放松时，扇形套筒板的记号线应对准刻度标尺的0°处 |
| 检查击梭块与片梭的间隙 | 85° | 85° | 90° | 90° | 此间隙应为0.15～0.30mm |
| 检查投梭时间 | 115° | 115° | 125° | 125° | 不迟于所列出的时间 |
| 调节输送链的传动块 | 328° | 331° | 332° | 340° | 此时输送链上的某一个传动块的后边与引纬箱托脚的外边缘平齐 |
| 调节选色机构的锁位臂杆 | — | 200° | — | 200° | 当锁位臂杆的转子进入扇形定位板的凹槽中时，递纬器滑杆可自由滑动，直至到达靠近剪刀处 |
| 调节弹簧蓄力器 | — | 75° | — | 75° | — |
| 调节多色织机纬纱张力凸轮的位置 | — | 180° | — | 180° | — |
| 钢箱的打纬时间 | 50° | 50° | 55° | 55° | |
| 放置梭导片定规时织机的位置 | 38° | 38° | 42° | 42° | |
| 检查箱座相对于引纬箱及接梭箱是否对齐 | 130° | 120° | 130° | 130° | 梭导片定规应能顺利通入引纬箱与接梭箱 |

续表

| 检查和调节内容 | | 织机的标准停机位置 | | | | 备注 |
|---|---|---|---|---|---|---|
| | | ES110° | MS110° | ES120° | MS120° | |
| 检查片梭回退器 | | 352° | 352° | 352° | 352° | — |
| 检查接梭侧的梭夹打开器与片梭梭夹的相对位置 | | 0° | 0° | 3° | 3° | 梭夹打开器尖端对准梭夹的中央 |
| 调节梭夹被打开的程度 | | 25° | 25° | 25° | 25° | 调节梭夹打开器，使梭夹的钳口被打开1~1.5mm |
| 调节梭夹打开器的高度位置 | | 125° | 125° | 125° | 125° | 梭夹打开器的尖端应与片梭表面至少相距1mm |
| 用定规确定压梭凸轮的工作时间 | | 170° | 170° | 170° | 170° | — |
| 检查压梭锤的最低位置 | | 125° | 125° | 128° | 128° | 当压梭锤在最低位置时，压梭锤与片梭（在输送链内）的间隙为1.5~2mm |
| | | 165° | 165° | 168° | 168° | |
| | | 245° | 245° | 248° | 248° | |
| | | 350° | 350° | 356° | 356° | |
| 检查边纱钳的高度位置与水平位置 | | 2° | 2° | 2° | 2° | — |
| 检查边纱钳的开口程度 | | 350° | 350° | 350° | 350° | 以刚好能夹入纬纱为度 |
| 检查和调节钩边针与边纱钳的关系位置 | 在织机的幅度方向（钩边针头端与边纱钳内侧平面之间） | 195° | 195° | 195° | 195° | 两者相距1mm |
| | 在织机的深度方向（钩边针头部与边纱钳前侧边之间） | 240° | 240° | 240° | 240° | 两者相距1~1.5mm |
| | 在垂直方向（钩边针在边纱钳的下方） | 270° | 270° | 270° | 270° | 两者在垂直方向有少许间隙，以不碰触为度 |